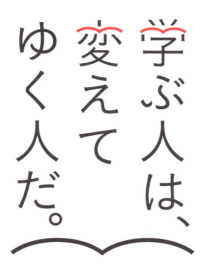

学ぶ人は、
変えて
ゆく人だ。

目の前にある問題はもちろん、

人生の問いや、

社会の課題を自ら見つけ、

挑み続けるために、人は学ぶ。

「学び」で、

少しずつ世界は変えてゆける。

いつでも、どこでも、誰でも、

学ぶことができる世の中へ。

旺文社

JN247906

# 全国高校入試問題正解

2021年受験用

## 理科

旺文社

# 本書の刊行にあたって

　全国の入学試験問題を掲載した「全国高校入試問題正解」が誕生して，すでに70年が経ちます。ここでは，改めてこの本を刊行する3つの意義を確認しようと思います。

## ①事実をありのままに伝える「報道性」

　その年に出た入学試験問題がどんなもので，解答が何であるのかという事実を正確に伝える。この本は，無駄な加工を施さずにありのままを皆さんにお伝えする「ドキュメンタリー」の性質を持っています。また，客観資料に基づいた傾向分析と次年度への対策が付加価値として付されています。

## ②いちはやく報道する「速報性」

　報道には事実を伝えるという側面のほかに，スピードも重要な要素になります。その意味でこの「入試正解」も，可能な限り迅速に皆さんにお届けできるよう最大限の努力をしています。入学試験が行われてすぐ問題を目にできるということは，来年の準備をいち早く行えるという利点があります。

## ③毎年の報道の積み重ねによる「資料性」

　冒頭でも触れたように，この本には長い歴史があります。この時間の積み重ねと範囲の広さは，この本の資料としての価値を高めています。過去の問題との比較，また多様な問題同士の比較により，目指す高校の入学試験の特徴が明確に浮かび上がってきます。

　以上の意義を鑑み，これからも私たちがこの「全国高校入試問題正解」を刊行し続けることが，微力ながら皆さんのお役にたてると信じています。どうぞこの本を有効に活用し，最大の効果を得られることを期待しています。


　最後に，刊行にあたり入学試験問題や貴重な資料をご提供くださった各都道府県教育委員会・教育庁ならびに国立・私立高校，高等専門学校の関係諸先生方，また解答・校閲にあたられた諸先生方に，心より御礼申し上げます。


2020年6月　　　　　　　　　　　　　　　　　　　　旺文社

# CONTENTS
# 2020／理科

## 公立高校

北海道 ———————————— 1
青森県 ———————————— 5
岩手県 ———————————— 9
宮城県 ———————————— 13
秋田県 ———————————— 17
山形県 ———————————— 20
福島県 ———————————— 25
茨城県 ———————————— 30
栃木県 ———————————— 35
群馬県 ———————————— 39
埼玉県 ———————————— 43
千葉県 ———————————— 48
東京都 ———————————— 54
神奈川県 ——————————— 60
新潟県 ———————————— 65
富山県 ———————————— 68
石川県 ———————————— 71
福井県 ———————————— 75
山梨県 ———————————— 79
長野県 ———————————— 84
岐阜県 ———————————— 88
静岡県 ———————————— 92
愛知県（A・Bグループ）———— 95
三重県 ———————————— 104
滋賀県 ———————————— 109
京都府 ———————————— 113
大阪府 ———————————— 117
兵庫県 ———————————— 121
奈良県 ———————————— 126
和歌山県 ——————————— 129
鳥取県 ———————————— 134
島根県 ———————————— 139
岡山県 ———————————— 143
広島県 ———————————— 147
山口県 ———————————— 151
徳島県 ———————————— 155
香川県 ———————————— 159
愛媛県 ———————————— 165
高知県 ———————————— 169
福岡県 ———————————— 172
佐賀県 ———————————— 176
長崎県 ———————————— 180
熊本県 ———————————— 184
大分県 ———————————— 188
宮崎県 ———————————— 194
鹿児島県 ——————————— 200
沖縄県 ———————————— 203

## 国立高校

東京学芸大附高 ——————— 210
お茶の水女子大附高 ————— 215
筑波大附高 —————————— 219
筑波大附駒場高 ——————— 223
大阪教育大附高（池田）———— 227
大阪教育大附高（平野）———— 230
広島大附高 —————————— 233

## 私立高校

愛光高 ———————————— 241
市川高 ———————————— 244
大阪星光学院高 ——————— 247
開成高 ———————————— 250
久留米大附設高 ——————— 253
青雲高 ———————————— 256
清風南海高 —————————— 259
高田高 ———————————— 262
滝高 ————————————— 266
東海高 ———————————— 268
同志社高 ——————————— 271
東大寺学園高 ———————— 274
灘高 ————————————— 277
西大和学園高 ———————— 280
函館ラ・サール高 —————— 284
洛南高 ———————————— 287
ラ・サール高 ———————— 290

## 高等専門学校

国立工業高専・商船高専・高専 ——— 236

# この本の特長と効果的な使い方

## しくみと特長

### ◆公立全都道府県，国立・私立高校の問題を掲載

都道府県の公立高校，国立大学附属高校，国立高専，私立高校の理科の入試問題を，上記の順で配列してあります。

### ◆「解答」には「解き方」も収録

問題は各都道府県・各校ごとに掲げ，巻末に各都道府県・各校ごとに「解答」と「解き方」を収めました。難しい問題には，特にくわしい「解き方」をそえました。

### ◆「時間」・「満点」・「実施日」を問題の最初に明示

2020年入試を知るうえで，参考になる大切なデータです。満点を公表しない高校の場合は「非公表」としてありますが，全体の何％ぐらいが解けるか，と考えて活用してください。

また，各都道府県・各校の最近の「出題傾向と対策」を問題のはじめに入れました。志望校の出題傾向の分析に便利です。

### ◆各問題に，問題内容や出題傾向を表示

それぞれの問題のはじめに，学習のめやすとなるように問題内容を明示し，さらに次のような表記もしました。

よく出る ………よく出題される重要な問題
新傾向 ………新しいタイプの問題
思考力 ………思考力を問う問題
基本 ………基本的な問題
やや難 ………やや難しい問題
難 ………特に難しい問題

### ◆出題傾向を分析し，効率のよい受験対策を指導

巻頭の解説記事に「2020年入試の出題傾向と2021年の予想・対策」および公立・国立・私立高校別の「2020年の出題内容一覧」など，関係資料を豊富に収めました。これを参考に，志望校の出題傾向にターゲットをしぼった効果的な学習計画を立てることができます。

◇なお，編集上の都合により，写真や図版を差し替えた問題や一部掲載していない問題があります。あらかじめご了承ください。

## 効果的な使い方

### ■志望校選択のために

一口に高校といっても，公立のほかに国立，私立があり，さらに普通科・理数科・英語科など，いろいろな課程があります。

志望校の選択には，自分の実力や適性，将来の希望などもからんできます。入試問題の手ごたえや最近の出題傾向なども参考に，先生や保護者ともよく相談して，なるべく早めに志望校を決めるようにしてください。

### ■出題の傾向を活用して

志望校が決定したら，「2020年の出題内容一覧」を参考にしながら，どこに照準を定めたらよいか判断します。高校によっては入試問題にもクセがあるものです。そのクセを知って受験対策を組み立てるのも効果的です。

やたらに勉強時間ばかり長くとっても，効果はありません。年間を通じて，ムリ・ムダ・ムラの

ない学習を心がけたいものです。

### ■解答は入試本番のつもりで

まず，志望校の問題にあたってみます。問題を解くときは示された時間内で，本番のつもりで解答しましょう。必ず自分の力で解き，「解答」「解き方」で自己採点し，まちがえたところは速やかに解決するようにしてください。

### ■よく出る問題を重点的に

本文中に よく出る および 基本 と表示された問題は，自分の納得のいくまで徹底的に学習しておくことが必要です。

### ■さらに効果的な使い方

志望校の問題が済んだら，他校の問題も解いてみましょう。苦手分野を集中的に学習したり，「模擬テスト」として実戦演習のつもりで活用するのも効果的です。

［編集協力］株式会社 瑪瑠企画　［表紙デザイン］土屋真郁＋Ⓨⓐ　［図版・写真］株式会社アート工房

# 2020年入試の出題傾向と 2021年の予想・対策

　2020年の高校入試ではどのような問題が多く出題されたか，問題を分析し，出題傾向を明らかにして，2021年の高校入試には，どのような対策を講じたらよいかを考えることにしよう。

# 理科

## 2020年入試の出題傾向

> 理科は，「化学・物理・生物・地学」の各分野からバランスよく出題されるとみてよい。それぞれの分野のどこに重点をおいて学ぶべきか，データを参考に考えてみよう。

　2020年も例年通り，実験・観察を中心とした基本的事項の理解の程度をみると同時に，科学的にすじ道を立てて考える科学的思考力と結果を分析して考察する論理的思考力，実験・観察の技能などをみる問題が多く出題された。また，自分の考えを文章で答える表現力を要求される問題も多かった。問題内容は，化学，物理，生物，地学の4分野と学年ごとの学習事項とがバランスよく出題されている。

### ●とくに目立った増減項目

　毎年，それぞれの分野の間で，出題率の増減をくり返している。2020年は，化学，生物の出題率が増加し，物理，地学の出題率が減った。物理では「電流」「運動の規則性」，化学では「物質のすがた」「物質の成り立ち」，生物では「植物の体のつくりと働き」「動物の体のつくりと働き」，地学では「火山と地震」「天体の動きと地球の自転・公転」「太陽系と恒星」から多く出題されている。

### ●実験・観察の重視

　各教育委員会が出題の意図として，まっ先に「実験・観察を中心に」をあげていることからもわかるように，実験・観察の方法，留意点，結果，考察が重要なポイントとなる。

〈実験〉光の反射と屈折，凸レンズでできる像，水圧と浮力，電流による発熱，磁界中で電流の受ける力，電磁誘導，力と運動，力学的エネルギー，炭酸水素ナトリウムの熱分解，金属の酸化・還元と質量の変化，水・塩化銅水溶液の電気分解，電池，中和，光合成と呼吸，蒸散，だ液による消化など。

〈観察〉根・茎・葉のつくり，花と果実，細胞分裂，地震，マグマと火山の形，火成岩の組織と鉱物，気象観測，太陽や星の動き，月や惑星の見え方。

### ●解答形式の約半分は記述式

　記述式の対策としては，理科用語を覚えるだけでなく，文章記述やグラフ，力の分解などの作図の練習もしておくことが大切である。

## 2021年入試の予想・対策

### ◆予想・対策

　出題される項目は，当然のことながら毎年変化し，同じ内容が同じ県で2年連続して出題されることはほとんどないといってよいだろう。しかし，過去にA県で出題された問題とよく似た問題がB県で出題されることはよくあるので，他県での出題についてもできる限り研究しておくことがのぞましい。また，文章記述の出題も多いので，簡潔で適切な文章表現ができるようじゅうぶんな練習が必要である。

旺文社 2021 全国高校入試問題正解 ●

# 公立・国立・私立高校別 2020年の出題内容一覧

| 理科 | 化学 | | | | | | | | 物理 | | | | | | 1分野総合 | | 共通 |
|---|---|---|---|---|---|---|---|---|---|---|---|---|---|---|---|---|---|
| | 身の回りの物質 | | | 化学変化と原子・分子 | | | 化学変化とイオン | | 身近な物理現象 | | 電流とその利用 | | 運動とエネルギー | | 科学技術と人間 | | |
| | 物質のすがた | 水溶液 | 状態変化 | 物質の成り立ち | 化学変化 | 化学変化と物質の質量 | 水溶液とイオン | 酸・アルカリとイオン | 光と音 | 力と圧力 | 電流 | 電流と磁界 | 運動の規則性 | 力学的エネルギー | エネルギー | 科学技術の発展 | 自然環境の保全と科学技術の利用（1・2分野共通） |
| 1 北海道 | ▲ | | | | ▲ | ▲ | | | ▲ | ▲ | ▲ | ▲ | | | | | |
| 2 青森県 | | ▲ | | ▲ | | | | ▲ | | ▲ | | | ▲ | | | | |
| 3 岩手県 | | | ▲ | | ▲ | ▲ | | | | | ▲ | ▲ | ▲ | | | | |
| 4 宮城県 | ▲ | | | | | | | ▲ | | ▲ | ▲ | | ▲ | | | | |
| 5 秋田県 | ▲ | | | | ▲ | | | | ▲ | | | | ▲ | | | | |
| 6 山形県 | ▲ | ▲ | | | | | | | | ▲ | ▲ | | | | | | |
| 7 福島県 | | | | ▲ | | ▲ | | | | | ▲ | | | ▲ | | | |
| 8 茨城県 | | ▲ | ▲ | | | | ▲ | | | | ▲ | | | ▲ | ▲ | ▲ | |
| 9 栃木県 | ▲ | | | | | | | | | | ▲ | | | | | | |
| 10 群馬県 | ▲ | | | ▲ | | ▲ | | | | | ▲ | | | | | | |
| 11 埼玉県 | | ▲ | | | ▲ | | | ▲ | ▲ | | ▲ | | | ▲ | | | |
| 12 千葉県 | | | | ▲ | | ▲ | | | ▲ | ▲ | ▲ | | ▲ | | | | |
| 13 東京都 | ▲ | ▲ | ▲ | | | | ▲ | | ▲ | | ▲ | | | ▲ | | | |
| 14 神奈川県 | ▲ | | ▲ | | ▲ | | ▲ | | | | | ▲ | | ▲ | | | |
| 15 新潟県 | ▲ | | | ▲ | | | | ▲ | | | | ▲ | ▲ | | | | |
| 16 富山県 | | ▲ | ▲ | | ▲ | ▲ | | | | | | | ▲ | | ▲ | | |
| 17 石川県 | ▲ | ▲ | ▲ | | ▲ | | ▲ | | ▲ | | ▲ | ▲ | | | | | |

旺文社 2021 全国高校入試問題正解

# 理科

| No. | 県名 | 生物 | | | | | | | | | 地学 | | | | | | | 2分野総合 | |
|---|---|---|---|---|---|---|---|---|---|---|---|---|---|---|---|---|---|---|---|
| | | 植物の生活と種類 | | | 動物の生活と生物の変遷 | | | | 生命の連続性 | | 大地の成り立ちと変化 | | 気象とその変化 | | | 地球と宇宙 | | 自然と人間 | |
| | | 生物の観察 | 植物の体のつくりと働き | 植物の仲間 | 生物と細胞 | 動物の体のつくりと働き | 動物の仲間 | 生物の変遷と進化 | 生物の成長と殖え方 | 遺伝の規則性と遺伝子 | 火山と地震 | 地層の重なりと過去の様子 | 気象観測 | 天気の変化 | 日本の気象 | 天体の動きと地球の自転・公転 | 太陽系と恒星 | 生物と環境 | 自然の恵みと災害 |
| 1 | 北 海 道 | | | ▲ | ▲ | ▲ | | | | | ▲ | ▲ | ▲ | | | ▲ | ▲ | | |
| 2 | 青 森 県 | ▲ | | | | ▲ | | | ▲ | ▲ | ▲ | | ▲ | | | | ▲ | | |
| 3 | 岩 手 県 | ▲ | | | ▲ | ▲ | ▲ | | ▲ | ▲ | ▲ | | | | | | ▲ | | |
| 4 | 宮 城 県 | | ▲ | | | ▲ | | | | | | | | ▲ | ▲ | ▲ | | | |
| 5 | 秋 田 県 | | | ▲ | | ▲ | | | | | | | | ▲ | | ▲ | | | |
| 6 | 山 形 県 | | | | | ▲ | ▲ | | | | | | | ▲ | | | | | ▲ |
| 7 | 福 島 県 | ▲ | ▲ | | | ▲ | ▲ | | ▲ | | | | | ▲ | | | | | |
| 8 | 茨 城 県 | | ▲ | | ▲ | | | | ▲ | ▲ | ▲ | | ▲ | | | ▲ | | ▲ | |
| 9 | 栃 木 県 | | ▲ | ▲ | | | ▲ | | | ▲ | | ▲ | | ▲ | | | | | |
| 10 | 群 馬 県 | ▲ | | | | ▲ | | | | | | | | | | ▲ | | ▲ | |
| 11 | 埼 玉 県 | | ▲ | | | ▲ | | | ▲ | | | ▲ | | ▲ | | | ▲ | | |
| 12 | 千 葉 県 | ▲ | ▲ | | | ▲ | ▲ | | | ▲ | ▲ | | | ▲ | | | | | |
| 13 | 東 京 都 | | | | | ▲ | | | | | ▲ | | | ▲ | | | | ▲ | |
| 14 | 神 奈 川 県 | | ▲ | | | ▲ | ▲ | | ▲ | | | ▲ | | | | ▲ | ▲ | | |
| 15 | 新 潟 県 | | ▲ | ▲ | | | | | | | | ▲ | ▲ | ▲ | ▲ | | | ▲ | |
| 16 | 富 山 県 | | ▲ | | | | | | | ▲ | | ▲ | ▲ | | | | ▲ | | |
| 17 | 石 川 県 | | ▲ | | | | | | ▲ | | ▲ | ▲ | | | | ▲ | | | |

| | | 化学 | | | | | | | | 物理 | | | | | | 1分野総合 | | 共通 |
|---|---|---|---|---|---|---|---|---|---|---|---|---|---|---|---|---|---|---|
| | | 身の回りの物質 | | | 化学変化と原子・分子 | | | 化学変化とイオン | | 身近な物理現象 | | 電流とその利用 | | 運動とエネルギー | | 科学技術と人間 | | | |
| | 理科 | 物質のすがた | 水溶液 | 状態変化 | 物質の成り立ち | 化学変化 | 化学変化と物質の質量 | 水溶液とイオン | 酸・アルカリとイオン | 光と音 | 力と圧力 | 電流 | 電流と磁界 | 運動の規則性 | 力学的エネルギー | エネルギー | 科学技術の発展 | 自然環境の保全と科学技術の利用(1・2分野共通) |
| 18 | 福井県 | | ▲ | | ▲ | | | ▲ | ▲ | ▲ | | | ▲ | | | | | |
| 19 | 山梨県 | | ▲ | | ▲ | ▲ | | | | | ▲ | | | ▲ | ▲ | | | |
| 20 | 長野県 | ▲ | | | | | | ▲ | | | ▲ | | | ▲ | | | | ▲ |
| 21 | 岐阜県 | ▲ | | | ▲ | | | | | | ▲ | ▲ | | | | | | |
| 22 | 静岡県 | | ▲ | | | ▲ | ▲ | | | | | | | ▲ | ▲ | ▲ | | |
| 23 | 愛知県（A） | | | | | ▲ | ▲ | | ▲ | ▲ | | ▲ | | | | | | |
| 23 | 〃（B） | ▲ | | ▲ | ▲ | | | | | | | | ▲ | | ▲ | | | |
| 24 | 三重県 | ▲ | | | | ▲ | ▲ | | | | ▲ | | | ▲ | ▲ | | | |
| 25 | 滋賀県 | ▲ | | | | | | ▲ | ▲ | | | | | | | ▲ | | |
| 26 | 京都府 | | | ▲ | ▲ | | | ▲ | | | | ▲ | ▲ | ▲ | | | | |
| 27 | 大阪府 | | | ▲ | | | | | | | | | ▲ | ▲ | ▲ | | | |
| 28 | 兵庫県 | ▲ | ▲ | | | | | ▲ | | ▲ | | ▲ | | | | | | |
| 29 | 奈良県 | | | | ▲ | ▲ | ▲ | | ▲ | | | ▲ | | ▲ | | ▲ | | |
| 30 | 和歌山県 | ▲ | | | ▲ | | | ▲ | | | | | | | | ▲ | ▲ | ▲ |
| 31 | 鳥取県 | | ▲ | | | ▲ | ▲ | | | | | | | ▲ | ▲ | | | |
| 32 | 島根県 | ▲ | ▲ | | ▲ | | ▲ | ▲ | ▲ | ▲ | | ▲ | ▲ | | | | | |
| 33 | 岡山県 | ▲ | ▲ | ▲ | ▲ | | | ▲ | | | | | | ▲ | ▲ | | | |
| 34 | 広島県 | | | | ▲ | | ▲ | | ▲ | | | | | ▲ | ▲ | | | |
| 35 | 山口県 | ▲ | ▲ | | | | | | ▲ | | | ▲ | | ▲ | | | | |

## 理科

| | 生物 | | | | | | | | | 地学 | | | | | | | 2分野総合 | |
| | 植物の生活と種類 | | | 動物の生活と生物の変遷 | | | | 生命の連続性 | | 大地の成り立ちと変化 | | 気象とその変化 | | | 地球と宇宙 | | 自然と人間 | |
| 理科 | 生物の観察 | 植物の体のつくりと働き | 植物の仲間 | 生物と細胞 | 動物の体のつくりと働き | 動物の仲間 | 生物の変遷と進化 | 生物の成長と殖え方 | 遺伝の規則性と遺伝子 | 火山と地震 | 地層の重なりと過去の様子 | 気象観測 | 天気の変化 | 日本の気象 | 天体の動きと地球の自転・公転 | 太陽系と恒星 | 生物と環境 | 自然の恵みと災害 |
|---|---|---|---|---|---|---|---|---|---|---|---|---|---|---|---|---|---|---|
| 18 福井県 | | ▲ | | | ▲ | | | ▲ | | ▲ | ▲ | | | | | ▲ | | |
| 19 山梨県 | ▲ | | | | ▲ | ▲ | | ▲ | | ▲ | | | | ▲ | ▲ | | | |
| 20 長野県 | | | ▲ | ▲ | ▲ | | ▲ | | | ▲ | | | | | | ▲ | | |
| 21 岐阜県 | | | | | ▲ | ▲ | | | | | ▲ | | | | | ▲ | | |
| 22 静岡県 | ▲ | ▲ | | | ▲ | | | | | ▲ | | | ▲ | ▲ | ▲ | ▲ | | ▲ |
| 23 愛知県（A） | ▲ | | | | | | | | | | | ▲ | | ▲ | | | | |
| 23 〃（B） | | | ▲ | | ▲ | ▲ | | | | ▲ | | | | | | ▲ | | |
| 24 三重県 | ▲ | ▲ | | | | | | | | | | | | ▲ | | | | |
| 25 滋賀県 | | | ▲ | | ▲ | | | | | | | | | | ▲ | ▲ | ▲ | |
| 26 京都府 | | | | | ▲ | | | | ▲ | | | ▲ | ▲ | | | ▲ | | |
| 27 大阪府 | | | ▲ | ▲ | | ▲ | | | | ▲ | ▲ | ▲ | | | | | | |
| 28 兵庫県 | | | | ▲ | ▲ | ▲ | | ▲ | | ▲ | ▲ | | | | | ▲ | | |
| 29 奈良県 | ▲ | ▲ | | | | | | ▲ | ▲ | ▲ | | | | | | | | ▲ |
| 30 和歌山県 | | ▲ | ▲ | | ▲ | | | | | ▲ | | | | | | ▲ | | |
| 31 鳥取県 | | ▲ | ▲ | | ▲ | | | | | ▲ | | | | | | ▲ | ▲ | |
| 32 島根県 | | | ▲ | | ▲ | | | | | ▲ | | | | ▲ | ▲ | | ▲ | |
| 33 岡山県 | | | ▲ | | | | | | | ▲ | ▲ | | | ▲ | | ▲ | ▲ | ▲ |
| 34 広島県 | | | | | | ▲ | ▲ | | | ▲ | ▲ | | | | | | | |
| 35 山口県 | | | | | ▲ | | | ▲ | | ▲ | ▲ | | ▲ | | | | | |

# 2020年の出題内容一覧　解説 | 6

| 理科 | | 化学 | | | | | | | | 物理 | | | | | | 1分野総合 | | 共通 |
|---|---|---|---|---|---|---|---|---|---|---|---|---|---|---|---|---|---|---|
| | | 身の回りの物質 | | | 化学変化と原子・分子 | | | 化学変化とイオン | | 身近な物理現象 | | 電流とその利用 | | 運動とエネルギー | | 科学技術と人間 | | | |
| | | 物質のすがた | 水溶液 | 状態変化 | 物質の成り立ち | 化学変化 | 化学変化と物質の質量 | 水溶液とイオン | 酸・アルカリとイオン | 光と音 | 力と圧力 | 電流 | 電流と磁界 | 運動の規則性 | 力学的エネルギー | エネルギー | 科学技術の発展 | 自然環境の保全と科学技術の利用（1・2分野共通） |
| 36 | 徳島県 | ▲ | | | ▲ | | ▲ | | | ▲ | | | | | | ▲ | | |
| 37 | 香川県 | ▲ | ▲ | | ▲ | | ▲ | | | | ▲ | ▲ | ▲ | ▲ | ▲ | | | |
| 38 | 愛媛県 | ▲ | | | ▲ | | | | ▲ | ▲ | ▲ | | ▲ | | | | | |
| 39 | 高知県 | | ▲ | | ▲ | | ▲ | | | | | | ▲ | | ▲ | | | |
| 40 | 福岡県 | | | | | ▲ | ▲ | | ▲ | | | | | | | ▲ | | |
| 41 | 佐賀県 | | | ▲ | | | | | ▲ | | | | ▲ | | ▲ | | | |
| 42 | 長崎県 | ▲ | ▲ | | | ▲ | | ▲ | | | | | ▲ | | | | | |
| 43 | 熊本県 | ▲ | ▲ | | | | | ▲ | | | | | ▲ | | ▲ | | | |
| 44 | 大分県 | ▲ | | ▲ | | ▲ | ▲ | | | | | | | ▲ | ▲ | | | |
| 45 | 宮崎県 | ▲ | | | | ▲ | ▲ | ▲ | | ▲ | | | | ▲ | ▲ | | | |
| 46 | 鹿児島県 | ▲ | ▲ | | ▲ | | | ▲ | | | | | ▲ | | | | | |
| 47 | 沖縄県 | | | | ▲ | ▲ | ▲ | ▲ | | | | | ▲ | ▲ | | | | |
| 48 | 東京学芸大附高 | | | ▲ | ▲ | | | | ▲ | | | ▲ | | ▲ | ▲ | | | |
| 49 | お茶の水女子大附高 | ▲ | | ▲ | | ▲ | | | | | | ▲ | ▲ | ▲ | | ▲ | | |
| 50 | 筑波大附高 | ▲ | | | ▲ | | ▲ | | | | | | ▲ | ▲ | | | | |
| 51 | 筑波大附駒場高 | | | | | | | ▲ | ▲ | | | ▲ | | ▲ | | | | |
| 52 | 大阪教育大附高(池田) | ▲ | ▲ | | ▲ | | | ▲ | ▲ | ▲ | | | | | | | | |
| 53 | 大阪教育大附高(平野) | ▲ | | | | | ▲ | | | ▲ | | | | | | | | |
| 54 | 広島大附高 | ▲ | | | | ▲ | ▲ | ▲ | | | | | | ▲ | ▲ | | | |

旺文社 2021 全国高校入試問題正解

| No | 理科 | 生物 | | | | | | | | | 地学 | | | | | | | 2分野総合 | |
|---|---|---|---|---|---|---|---|---|---|---|---|---|---|---|---|---|---|---|---|
| | | 植物の生活と種類 | | | 動物の生活と生物の変遷 | | | | 生命の連続性 | | 大地の成り立ちと変化 | | 気象とその変化 | | | 地球と宇宙 | | 自然と人間 | |
| | | 生物の観察 | 植物の体のつくりと働き | 植物の仲間 | 生物と細胞 | 動物の体のつくりと働き | 動物の仲間 | 生物の変遷と進化 | 生物の成長と殖え方 | 遺伝の規則性と遺伝子 | 火山と地震 | 地層の重なりと過去の様子 | 気象観測 | 天気の変化 | 日本の気象 | 天体の動きと地球の自転・公転 | 太陽系と恒星 | 生物と環境 | 自然の恵みと災害 |
|---|---|---|---|---|---|---|---|---|---|---|---|---|---|---|---|---|---|---|---|
| 36 | 徳島県 | | | | | | ▲ | | | | ▲ | | | ▲ | | | | ▲ | |
| 37 | 香川県 | | | ▲ | | ▲ | | | | | | | | | ▲ | | ▲ | ▲ | |
| 38 | 愛媛県 | | ▲ | | | ▲ | ▲ | | | | | ▲ | ▲ | ▲ | | | | | |
| 39 | 高知県 | | | ▲ | | ▲ | | | | | ▲ | | | | | | ▲ | | |
| 40 | 福岡県 | | ▲ | | | ▲ | | | | | | | | | ▲ | ▲ | | | |
| 41 | 佐賀県 | | ▲ | | | ▲ | | | | | | | | | ▲ | | | | |
| 42 | 長崎県 | | ▲ | ▲ | | ▲ | | | | | | ▲ | | ▲ | | | | | |
| 43 | 熊本県 | ▲ | ▲ | | | | ▲ | | | | | | | | ▲ | ▲ | ▲ | ▲ | |
| 44 | 大分県 | ▲ | | ▲ | | ▲ | | | | | ▲ | | | | | | ▲ | | |
| 45 | 宮崎県 | | ▲ | ▲ | | | | | | | ▲ | ▲ | | | | | | | |
| 46 | 鹿児島県 | | | | | ▲ | ▲ | | ▲ | | | | | | ▲ | | | ▲ | |
| 47 | 沖縄県 | | ▲ | ▲ | | ▲ | ▲ | | ▲ | | ▲ | ▲ | | | | ▲ | ▲ | ▲ | |
| 48 | 東京学芸大附高 | ▲ | ▲ | ▲ | | | | ▲ | ▲ | | ▲ | | ▲ | ▲ | | ▲ | ▲ | | |
| 49 | お茶の水女子大附高 | | ▲ | ▲ | ▲ | ▲ | ▲ | | ▲ | | | | | | | | | | |
| 50 | 筑波大附高 | | | ▲ | | | ▲ | ▲ | ▲ | | | | | | | ▲ | ▲ | | |
| 51 | 筑波大附駒場高 | ▲ | ▲ | ▲ | | | ▲ | | | | ▲ | | | | | ▲ | ▲ | | |
| 52 | 大阪教育大附高(池田) | | ▲ | | ▲ | | | | | ▲ | ▲ | | | | | | | | |
| 53 | 大阪教育大附高(平野) | | ▲ | | | | | | | ▲ | | | | | ▲ | ▲ | | | |
| 54 | 広島大附高 | | | | | ▲ | | | | | ▲ | | | | | | | | |

| 理科 | 化学 | | | | | | | | 物理 | | | | | | 1分野総合 | | 共通 |
|---|---|---|---|---|---|---|---|---|---|---|---|---|---|---|---|---|---|
| | 身の回りの物質 | | | 化学変化と原子・分子 | | | 化学変化とイオン | | 身近な物理現象 | | 電流とその利用 | | 運動とエネルギー | | 科学技術と人間 | | 自然環境の保全と科学技術の利用（1・2分野共通） |
| | 物質のすがた | 水溶液 | 状態変化 | 物質の成り立ち | 化学変化 | 化学変化と物質の質量 | 水溶液とイオン | 酸・アルカリとイオン | 光と音 | 力と圧力 | 電流 | 電流と磁界 | 運動の規則性 | 力学的エネルギー | エネルギー | 科学技術の発展 | |
| 55 愛光高 | ▲ | | | | ▲ | | | ▲ | | ▲ | ▲ | | ▲ | ▲ | | | |
| 56 市川高 | ▲ | | | ▲ | | | | ▲ | | | | | | ▲ | ▲ | | |
| 57 大阪星光学院高 | | ▲ | ▲ | | | | ▲ | ▲ | | ▲ | ▲ | | ▲ | | | | |
| 58 開成高 | | | | ▲ | | ▲ | ▲ | | ▲ | | | | | | | | |
| 59 久留米大附設高 | | ▲ | | | | | | | | | | | ▲ | | | | |
| 60 青雲高 | ▲ | | | | ▲ | | ▲ | | | ▲ | | | | ▲ | | | |
| 61 清風南海高 | ▲ | | | | ▲ | | ▲ | | | | ▲ | | | | | | |
| 62 高田高 | | | | | | | | ▲ | | ▲ | ▲ | | | | | | |
| 63 滝高 | ▲ | | | | ▲ | ▲ | | | | | ▲ | | | | | | |
| 64 東海高 | ▲ | ▲ | | ▲ | ▲ | ▲ | | ▲ | | | ▲ | | ▲ | | ▲ | | ▲ |
| 65 同志社高 | ▲ | | | ▲ | ▲ | ▲ | ▲ | | | | | | | ▲ | | | |
| 66 東大寺学園高 | ▲ | | | ▲ | ▲ | ▲ | | | | | ▲ | ▲ | | ▲ | | | |
| 67 灘高 | | ▲ | | ▲ | | | | ▲ | ▲ | ▲ | | | ▲ | | | | |
| 68 西大和学園高 | ▲ | ▲ | ▲ | ▲ | | ▲ | | | ▲ | | | | | | | | ▲ |
| 69 函館ラ・サール高 | | | | ▲ | | ▲ | | | ▲ | ▲ | ▲ | | | | | | |
| 70 洛南高 | | ▲ | | ▲ | | | | | | | ▲ | | ▲ | ▲ | | | |
| 71 ラ・サール高 | ▲ | ▲ | | ▲ | | | ▲ | ▲ | | | | | ▲ | ▲ | | | |
| 72 国立工業高専・商船高専・高専 | | | | ▲ | | ▲ | | ▲ | ▲ | | ▲ | | | | | | |

解説｜9　理科

| # | 理科 | 生物 |  |  |  |  |  |  |  |  | 地学 |  |  |  |  |  |  | 2分野総合 |  |
|---|---|---|---|---|---|---|---|---|---|---|---|---|---|---|---|---|---|---|---|
|  |  | 植物の生活と種類 |  |  | 動物の生活と生物の変遷 |  |  |  | 生命の連続性 |  | 大地の成り立ちと変化 |  | 気象とその変化 |  |  | 地球と宇宙 |  | 自然と人間 |  |
|  |  | 生物の観察 | 植物の体のつくりと働き | 植物の仲間 | 生物と細胞 | 動物の体のつくりと働き | 動物の仲間 | 生物の変遷と進化 | 生物の成長と殖え方 | 遺伝の規則性と遺伝子 | 火山と地震 | 地層の重なりと過去の様子 | 気象観測 | 天気の変化 | 日本の気象 | 天体の動きと地球の自転・公転 | 太陽系と恒星 | 生物と環境 | 自然の恵みと災害 |
| 55 | 愛光高 |  | ▲ |  |  | ▲ | ▲ |  | ▲ | ▲ | ▲ |  |  |  | ▲ |  |  |  |  |
| 56 | 市川高 |  |  |  |  |  |  |  |  |  |  | ▲ |  |  |  |  | ▲ | ▲ |  |
| 57 | 大阪星光学院高 |  | ▲ |  |  | ▲ |  |  |  |  |  | ▲ |  | ▲ |  |  |  |  |  |
| 58 | 開成高 |  |  |  |  | ▲ |  |  |  |  |  |  |  |  |  | ▲ | ▲ |  |  |
| 59 | 久留米大附設高 | ▲ | ▲ |  |  | ▲ |  |  |  |  |  |  |  | ▲ |  |  |  | ▲ |  |
| 60 | 青雲高 |  | ▲ |  | ▲ |  | ▲ |  |  |  | ▲ |  | ▲ |  |  |  | ▲ |  |  |
| 61 | 清風南海高 |  |  |  |  | ▲ |  |  |  |  |  |  |  | ▲ |  |  |  |  |  |
| 62 | 高田高 |  | ▲ | ▲ |  |  | ▲ |  |  |  | ▲ | ▲ |  |  |  | ▲ |  |  |  |
| 63 | 滝高 |  |  |  |  | ▲ |  |  |  |  |  |  |  |  |  |  | ▲ |  |  |
| 64 | 東海高 | ▲ |  |  | ▲ | ▲ |  |  |  |  |  |  |  |  |  | ▲ | ▲ | ▲ |  |
| 65 | 同志社高 |  | ▲ | ▲ |  |  |  |  | ▲ |  |  |  | ▲ |  |  |  | ▲ |  |  |
| 66 | 東大寺学園高 |  |  |  |  | ▲ |  |  |  |  |  |  |  |  |  | ▲ | ▲ |  |  |
| 67 | 灘高 |  |  | ▲ |  |  |  |  | ▲ |  |  |  |  |  |  | ▲ |  |  |  |
| 68 | 西大和学園高 |  |  |  | ▲ |  | ▲ | ▲ |  |  |  |  |  |  |  |  | ▲ |  |  |
| 69 | 函館ラ・サール高 |  |  |  |  |  |  |  | ▲ | ▲ |  |  | ▲ |  |  |  |  |  |  |
| 70 | 洛南高 |  |  | ▲ |  | ▲ |  |  | ▲ |  | ▲ |  |  |  |  |  |  | ▲ |  |
| 71 | ラ・サール高 |  |  |  |  | ▲ |  |  |  | ▲ |  |  |  |  |  | ▲ | ▲ |  |  |
| 72 | 国立工業高専・商船高専・高専 |  |  |  |  | ▲ |  |  |  |  | ▲ |  |  | ▲ |  |  | ▲ |  |  |

旺文社　2021　全国高校入試問題正解

# 分野別・2020年の入試の出題内容分析

## 理科

10～13ページに掲載したグラフは，中学校で学習する理科の内容を，化学，物理，生物，地学のそれぞれの分野に分け，単元（大項目）ごとに中項目に細かく分けて，出題された全問題について，その該当する中項目が含まれているときには，大問，小問の↗

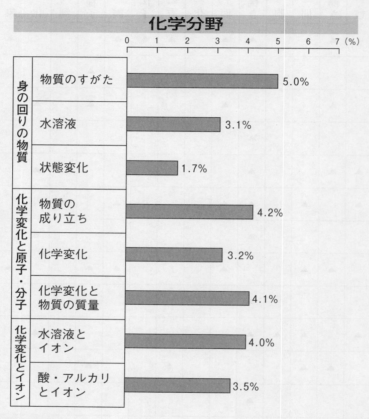

### ◆化学分野の出題傾向

「物質のすがた」が最も多く，ついで「物質の成り立ち」「化学変化と物質の質量」「水溶液とイオン」「酸・アルカリとイオン」の順になっている。

- 「物質のすがた」…気体の発生と性質に関する出題が多い。また，物質の性質をもとに物質を区別する問題，濃度や密度を求める問題もよく見られる。
- 「物質の成り立ち」…炭酸水素ナトリウムの熱分解や水の電気分解の出題が多い。
- 「化学変化と物質の質量」…「化学変化」と組み合わせた問題が大半を占める。銅やマグネシウムが酸素と化合するときの質量の割合を求める問題がよく見られる。
- 「水溶液とイオン」…塩酸や塩化銅水溶液の電気分解や電池がよく出題される。生じる気体に関する出題が目立つ。電池では，電子の流れに関する出題にも注意したい。
- 「酸・アルカリとイオン」…中和に関係する水溶液の量についての出題が多い。モデルによって中和の際のイオンの変化を表す出題も見られる。

区別なく1，含まれていないときには0として，その合計の数をもとにして，出題された割合をパーセント（%）で表した棒グラフである。

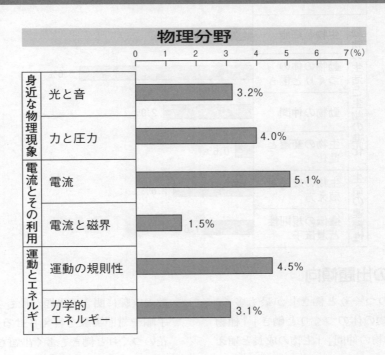

## ◆物理分野の出題傾向

「電流」の出題が最も多く，「運動の規則性」「力と圧力」「光と音」「力学的エネルギー」もよく出題されている。

- 「電流」…電流による発熱に関する出題が多い。直列回路や並列回路での電流・電圧に関する出題もよく見られる。
- 「運動の規則性」…記録タイマーの打点のようすから物体の運動のようすを答える問題が多い。斜面上の物体にはたらく重力を分解する作図もよく出題される。
- 「力と圧力」…物体の置き方による圧力の違いや，ばねや動滑車と組み合わせた浮力に関する出題が多い。
- 「光と音」…鏡や凸レンズによってつくられる像などを作図によって求める出題が多い。また，音の波形から音の大きさや高さを考える問題や音の速さを求める問題も見られる。
- 「力学的エネルギー」…斜面と水平面を組み合わせた面を運動している物体における位置エネルギーと運動エネルギーの移り変わりに関する出題がよく見られる。

# 出題内容分析　解説 | 12

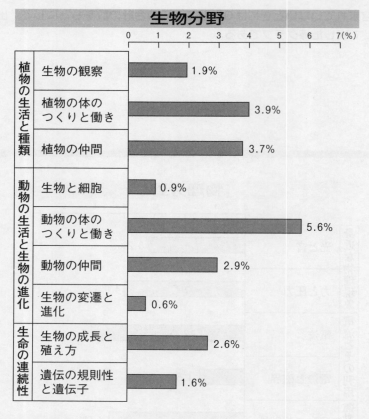

## ◆生物分野の出題傾向

「動物の体のつくりと働き」が最も多く，ついで「植物の体のつくりと働き」「植物の仲間」「動物の仲間」「生物の成長と殖え方」となる。

- 「動物の体のつくりと働き」…だ液による消化の実験に関する出題が多く，実験の手順や指示薬，対照実験に関する出題が目立った。栄養分の吸収などと結びつけた血液循環や，反射など刺激と反応に関する出題も多かった。
- 「植物の体のつくりと働き」…光合成や蒸散の実験に関する出題が最も多く，実験の手順や対照実験を答えさせる問題もある。花のつくりと働きもよく出題されている。
- 「植物の仲間」…双子葉類と単子葉類の葉脈，茎の維管束，根に関する出題が多い。
- 「動物の仲間」…セキツイ動物の分類に関する出題が多く見られる。
- 「生物の成長と殖え方」…有性生殖と無性生殖の違いや，体細胞分裂や減数分裂に関する出題が多い。

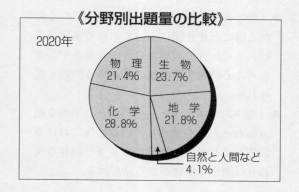

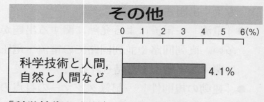

「科学技術と人間」からの出題はあまり見られない。「自然と人間」は，食物連鎖や物質の循環に関する出題，地球温暖化などの環境破壊に関する出題が多い。

● 旺文社　2021　全国高校入試問題正解

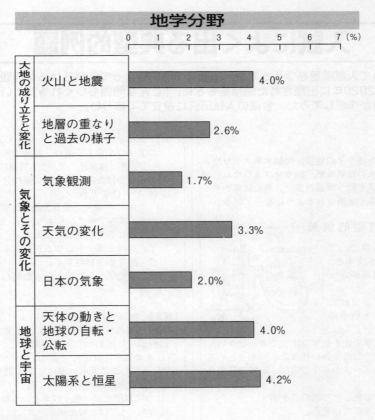

## ◆地学分野の出題傾向

「太陽系と恒星」が最も多く，ついで「火山と地震」「天体の動きと地球の自転・公転」からの出題が多い。「天気の変化」からもよく出題される。

- 「太陽系と恒星」…金星や月の見え方の変化，日食や月食のときの太陽・月・地球の位置関係などを問うものが多い。
- 「火山と地震」…地震の観測記録から，P波やS波の速さ，震源からの距離，地震発生時刻を求めさせる問題が多い。また，マグマの冷え方と火成岩のつくりに関する出題もよく見られる。
- 「天体の動きと地球の自転・公転」…透明半球を用いた太陽の日周運動や年周運動に関する出題が多い。恒星の日周運動や年周運動に関する出題もよく見られる。
- 「天気の変化」…気温と露点から湿度や空気中の水蒸気量を求めさせる出題がよく見られる。雲のでき方を調べる実験や前線の通過と天気の変化もよく出題される。

---

### 〈全般としての出題傾向〉

それぞれの項目の出題率は，毎年増減を繰り返しているので，出題率を予想することはむずかしい。しかし，それぞれの分野の出題には次のような傾向がある。

化学では，例年「物質のすがた」と「化学変化と物質の質量」がよく出題され，「水溶液とイオン」の出題が増加している。

物理では，例年「電流」と「運動の規則性」がかなり高い確率で出題されている。また，「力と圧力」の出題も多い。

生物は，例年「植物の体のつくりと働き」「動物の体のつくりと働き」の出題が多い。

地学は，「火山と地震」「天気の変化」「太陽系と恒星」がよく出題されている。

# 入試によく出る典型的例題

●同じ項目について入試問題をつくっても，出題者の意図によって，いろいろな問題ができる。ここでは，2019年と2020年に出題された問題をもとに，「こんな問題もつくれる」という主旨で，典型的な例題をいくつか作成してみた。今後の入試研究に役立ててほしい。

## 化 学

例年，気体の発生方法やその性質，炭酸水素ナトリウムや酸化銀の熱分解，水の電気分解，銅やマグネシウムの酸化についての量的関係を問う問題が多い。最近は電池やイオンに関する問題が多く出題されるようになっている。

### 典型的例題①

右図のような装置で，うすい塩酸に電流を流すと，発生した気体は陽極側のほうが少なかった。
(1) うすい塩酸に含まれている陰イオンの名前を書きなさい。
(2) このときの化学変化を化学反応式で表しなさい。
(3) 陽極側から発生した気体の性質としてもっとも適当なものを次のア〜エから1つ選び，記号で答えなさい。
　ア．赤インクで着色したろ紙の色を消す。
　イ．石灰水を白くにごらせる。
　ウ．音を立てて激しく燃える。
　エ．火のついた線香を入れると，線香が炎をあげて燃える。
(4) 発生した気体が陽極側のほうが少なかった理由を説明しなさい。

【答え】(1) 塩化物イオン　(2) $2HCl \rightarrow H_2 + Cl_2$　(3) ア
(4) 塩素は水に非常に溶けやすいから。
【解説】(1) 塩酸は塩化水素の水溶液である。塩化水素は，水に溶けて，陽イオンの水素イオン（$H^+$）と陰イオンの塩化物イオン（$Cl^-$）に電離する。
(2) 塩化水素（$HCl$）が電気分解されて，陰極側から水素（$H_2$），陽極側から塩素（$Cl_2$）が発生する。
(3) 塩素には漂白作用がある。イは二酸化炭素，ウは水素，エは酸素の性質である。
(4) 塩酸の電気分解で発生する水素と塩素の体積は等しいが，水素は水に溶けにくく，塩素は水に非常に溶けやすいため，管内にたまる気体の体積は，陽極側より陰極側のほうが多い。

### 典型的例題②

下の表の気体A〜Dは，酸素，水素，アンモニア，二酸化炭素のいずれかである。

| 性質＼気体 | A | B | C | D |
|---|---|---|---|---|
| 空気を1としたときの密度の比 | 0.07 | 0.60 | 1.11 | 1.53 |
| 水1cm³に溶ける気体の体積[cm³] | 0.019 | 740 | 0.033 | 0.935 |

(1) 気体Aを集めるのにもっとも適切な方法を，次のア〜ウから1つ選び，記号で答えなさい。
　ア．水上置換法　イ．上方置換法　ウ．下方置換法
(2) 水をつけた赤色リトマス紙の色を変えるのは，気体A〜Dのどれか。
(3) 気体Cを発生させる方法としてもっとも適当なものを，次のア〜エから1つ選び，記号で答えなさい。
　ア．鉄にうすい塩酸を加える。
　イ．炭酸水素ナトリウムを加熱する。
　ウ．酸化銀を加熱する。
　エ．塩化アンモニウムと水酸化バリウムを混ぜ合わせる。

【答え】(1) ア　(2) B　(3) ウ
【解説】気体Aは水素，気体Bはアンモニア，気体Cは酸素，気体Dは二酸化炭素。
(1) 水素は水にほとんど溶けないので，水上置換法。
(2) アンモニアは水に溶けてアルカリ性を示す。二酸化炭素は水に溶けて酸性を示す。
(3) ウでは酸化銀→銀＋酸素という変化が起こる。アでは水素，イでは二酸化炭素，エではアンモニアが発生。

## 物 理

光の進み方，物体の運動のようす，電流による発熱，磁界中を流れる電流の受ける力や電磁誘導などについての出題が多い。また，力学的エネルギー保存や仕事，フックの法則と浮力を組み合わせた問題もよく見られる。

### 典型的例題③

図1のように，斜面と水平面が滑らかにつながった台を用意し，記録テープをとりつけた力学台車をS点から運動させR点を通過した。図2はそのときの記録テープの記録で，図3は，記録テープをA点から6打点ごとに切り離し，方眼紙にはりつけたものである。ただし，この実験で用いた記録タイマーは1秒間に60回打点するもので，図3にはりつけたテープは1秒間分である。また，摩擦や空気による影響はないものとする。

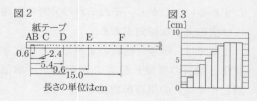

長さの単位はcm

●旺文社　2021　全国高校入試問題正解

(1) EF間の台車の平均の速さは何cm/sか。
(2) 力学台車が等速直線運動をするのは，運動を始めてから何秒後以降か。次のア～エから1つ選び，記号で答えなさい。
　ア．0.5秒後　　　イ．0.6秒後
　ウ．0.7秒後　　　エ．0.8秒後
(3) 図4のように，斜面の傾きを大きくして，図1のS点と同じ高さから台車を運動させたとき，次の①～③は図1のときと比べてどうなるか。あとのア～ウから1つずつ選びなさい。

図4
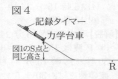
記録タイマー
力学台車
図1のS点と同じ高さ
R

① 斜面を下るときに台車にはたらく運動方向の力
　ア．大きくなる　イ．小さくなる　ウ．変わらない
② 斜面を下るときの速さが増加する割合
　ア．大きくなる　イ．小さくなる　ウ．変わらない
③ R点での台車の速さ
　ア．速くなる　　イ．遅くなる　　ウ．変わらない

【答え】(1) 54 cm/s
(2) エ
(3) ① ア　② ア　③ ウ
【解説】(1) 台車の速さは，(15.0 − 9.6) ÷ 0.1 = 54 [cm/s]
(2) 紙テープの長さが一定になった部分では台車が等速直線運動をしている。
(3) ① 斜面の傾きが大きくなると，重力の斜面方向の分力が大きくなる。
② 大きな力がはたらくほど，速さが変化する割合が大きくなる。
③ 高さが等しいので，動き出す前に台車がもっていた位置エネルギーは等しく，R点で台車がもつ運動エネルギーも等しいので，速さは変わらない。

――― 典型的例題④ ―――

右の図のような装置を使って，電熱線が消費する電力と水の上昇温度の関係を調べる実験を行った。 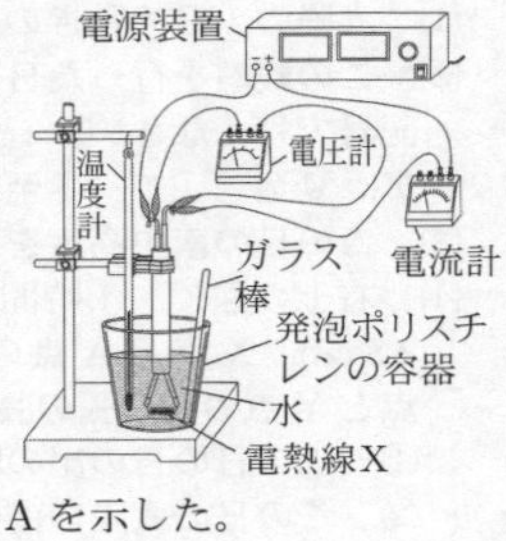
① 装置に電熱線Xを取りつけ，容器に16.9℃の水100gを入れた。
② 電圧計の示す値が6.0Vになるように電圧を加えると，電流計は0.5Aを示した。
③ 5分後，水の温度は18.7℃になった。
(1) 電熱線Xによってあたためられた水は容器内を上昇して熱を運び，上のほうにあった水は下へ移動する。このような熱の伝わり方を何というか。
(2) 電熱線Xの抵抗は何Ωか。
(3) 5分間に電熱線Xから発生した熱量は何Jか。
(4) この実験で，5分間に熱などとして失われた熱量は何Jか。ただし，水1gの温度を1℃上げるのに必要な熱量を4.2Jとする。

【答え】(1) 対流　(2) 12 Ω　(3) 900 J　(4) 144 J
【解説】(1) 水以外に空気なども対流によってあたたまる。

(2) 6.0Vの電圧を加えると0.5Aの電流が流れたので，電熱線Xの抵抗は $\frac{6.0}{0.5} = 12$ [Ω]
(3) 電熱線Xの消費電力は 6.0 × 0.5 = 3.0 [W] なので，5分間電流を流したときに電熱線Xから発生した熱量は 3.0 × 5 × 60 = 900 [J]
(4) 5分間に水の温度は 18.7 − 16.9 = 1.8 [℃] 上昇した。100gの水が得た熱量は 4.2 × 100 × 1.8 = 756 [J] である。したがって，5分間に熱などとして失われた熱量は 900 − 756 = 144 [J]

## 生物

例年，植物や動物の体のつくりと働きからの出題が最も多く，植物や動物の仲間，細胞分裂，生物の殖え方についての問題もよく見られる。遺伝についての出題では，孫の遺伝子の組み合わせや染色体の数の変化が問われる。

――― 典型的例題⑤ ―――

1%デンプン溶液を7mLずつ入れた試験管A，Bを用意し，試験管Aには水でうすめただ液2mL，試験管Bには水2mLを加え，38℃の水に10分間入れたあと，試験管A，Bの液を別の試験管（A′，B′）に半分ずつ分けた。試験管A，Bにヨウ素液を加え，色の変化を見た。また，試験管A′，B′にベネジクト液を加え，沸騰石を入れて加熱し，色の変化を見た。表はその結果を示したものである。

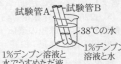
試験管A　試験管B
38℃の水
1%デンプン溶液
1%デンプン溶液と水でうすめただ液

| 試験管A | 試験管B | 試験管A′ | 試験管B′ |
|---|---|---|---|
| 変化しなかった | 青紫色になった | 赤褐色の沈殿ができた | 変化しなかった |

(1) 下線部の操作を行う理由を書きなさい。
(2) 次の①，②からわかることを，あとのア～エから1つずつ選び，記号で答えなさい。
① 試験管Aと試験管Bの結果
② 試験管A′と試験管B′の結果
ア．だ液のはたらきでデンプンができたこと。
イ．だ液のはたらきでデンプンがなくなったこと。
ウ．だ液のはたらきで麦芽糖ができたこと。
エ．だ液のはたらきで麦芽糖がなくなったこと。
(3) だ液に含まれる消化酵素を，次のア～ウから1つ選び，記号で答えなさい。
ア．リパーゼ　イ．ペプシン　ウ．アミラーゼ

【答え】(1) (例) 液が急に沸騰するのを防ぐため。
(2) ① イ　② ウ　(3) ウ
【解説】(1) 急に沸騰すると，まわりに熱い液が飛び出す危険がある。
(2) ヨウ素液はデンプンの検出，ベネジクト液は麦芽糖などの検出に用いられる。
(3) リパーゼはすい液，ペプシンは胃液に含まれる。アミラーゼはだ液以外にすい液にも含まれる。

――― 典型的例題⑥ ―――

マツバボタンには，赤色の花をさかせる個体と白色の花をさかせる個体がある。赤花の純系の個体と白花

の純系の個体を受粉させてできた子は，右の図のようにすべて赤花であった。ただし，赤花の遺伝子をA，白花の遺伝子をaとする。

親 赤花 白花
子 すべて赤花

(1) 減数分裂のとき，対になっている遺伝子は分かれて別々の生殖細胞に入る。これを何の法則というか。
(2) 次の個体の遺伝子の組み合わせを書きなさい。
　① 親として用いた赤花
　② 親として用いた白花
　③ 受粉してできた子
(3) 実験でできた子を自家受粉させると，8300個の孫の種子ができた。孫の種子のうち，遺伝子Aを持つ個体の数はおよそ何個か。
(4) (3)で得られた孫を自家受粉させたところ，赤花の個体と白花の個体ができた。生じた赤花と白花の個体数の比を，もっとも簡単な整数比で答えなさい。

【答え】　(1) 分離の法則　(2) ① AA　② aa　③ Aa
(3) 6225個　(4) 赤花：白花＝5：3
【解説】　(3) 子は親の遺伝子を1つずつ受け継ぐ。
(3) 孫では，赤花：白花＝3：1の割合で個体が生じる。赤花の種子は遺伝子Aを持つので，$8300 \times \frac{3}{3+1} = 6225$ [個]
(4) 孫の遺伝子の組み合わせは，AA：Aa：aa＝1：2：1となる。孫のうちでAAの個体からはAAの個体，aaの個体からはaaの個体しかできない。Aaの個体からは，AA：Aa：aa＝1：2：1の割合で個体が生じる。よって，孫を自家受粉させると，AA：Aa：aa＝(2＋1)：2：(2＋1)＝3：2：3の割合で個体が生じるので，赤花：白花＝(3＋2)：3＝5：3となる。

## 地学

例年，火山と地震，地層の重なりと過去のようす，天気の変化，天体の日周運動・年周運動，太陽系と恒星からの出題が多い。空気中の水蒸気量や露点を求めたり，金星や月の見え方，柱状図から地層の広がりなどが問われる。

### 典型的例題⑦

下表は，同じ地震を観測した地点A～Cについて，震源からの距離と，小さなゆれと大きなゆれの始まった時刻をまとめたものである。ただし，地震のゆれを伝える2種類の波はそれぞれ一定の速さで伝わるものとする。

| 地点 | 震源からの距離 | 小さなゆれが始まった時刻 | 大きなゆれが始まった時刻 |
|---|---|---|---|
| A | 150 km | 15時15分59秒 | 15時16分24秒 |
| B | 120 km | 15時15分54秒 | X |
| C | 90 km | 15時15分49秒 | 15時16分4秒 |

(1) 地震そのものの規模は何で表されるか。
(2) A地点の初期微動継続時間は何秒か。
(3) この地震において，P波の速さは何km/sか。
(4) この地震が発生した時刻を求めなさい。
(5) Xにあてはまる時刻を求めなさい。
(6) この地震が発生してから緊急地震速報が発表されるまでに5秒かかるとすると，震源から60 km離れた地点では，緊急地震速報が発表されてから大きなゆれがくるのは何秒後か。

【答え】　(1) マグニチュード　(2) 25秒　(3) 6 km/s
(4) 15時15分34秒　(5) 15時16分14秒
(6) 15秒後
【解説】　(2) 15時16分24秒－15時15分59秒＝25秒
(3) P波は150－120＝30 [km] 進むのに，15時15分59秒－15時15分54秒＝5秒かかっているので，P波の速さは，30÷5＝6 [km/s]
(4) P波が震源からA地点に到着するのにかかった時間は，$\frac{150}{6} = 25$ [s]　よって，地震が発生した時刻は，15時15分59秒－25秒＝15時15分34秒
(5) S波の速さは，$\frac{150-90}{24-4} = 3$ [km/s] より，S波が震源からB地点まで到着するのにかかる時間は，$\frac{120}{3} = 40$ [s]　よって，B地点で大きなゆれが始まった時刻は，15時15分34秒＋40秒＝15時16分14秒
(6) 震源から60km離れた地点にS波が到着するのに，$\frac{60}{3} = 20$ [s] かかるので，緊急地震速報が発表されて20－5＝15 [s] 後に大きなゆれがくる。

### 典型的例題⑧

右の図は，北緯38度の地点で，8時から15時まで1時間ごとに太陽の位置を観察し，その位置を●で透明半球に記録し，なめらかな曲線で結び，透明半球のふちまで延長したものである。Aは8時，Bは15時の太陽の位置を表している。

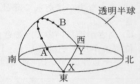
透明半球　B　西　Y　A　南　X　東　北

(1) 太陽の1日の動きの原因を簡単に説明しなさい。
(2) この観察を行った日を，次のア～ウから1つ選び，記号で答えなさい。
　ア．夏至　イ．冬至　ウ．春分・秋分
(3) この日の南中高度を求めなさい。
(4) 右上の図で，1時間ごとの，●印の弧の長さは2.8 cm，X点とA点の間の弧の長さは6.3 cm，B点とY点の間の弧の長さは7.7 cmだった。
　① この日の日の出の時刻を求めなさい。
　② この日の太陽の南中時刻を求めなさい。

【答え】　(1) (例) 地球が自転しているから。
(2) ウ　(3) 52度　(4) ① 5時45分　② 11時45分
【解説】　(2) 日の出の位置が真東，日の入りの位置が真西なので，春分・秋分である。　(3) 90－38＝52 [度]
(4) ① 日の出の時刻は$8 - \frac{6.3}{2.8} = 5\frac{3}{4}$ [時] ＝5時45分。

② 日の入りの時刻は$15 + \frac{7.7}{2.8} = 17\frac{3}{4}$ [時] ＝17時45分。日の出から太陽が南中するまでにかかった時間は(17時45分－5時45分)÷2＝6時間。よって，南中時刻は5時45分＋6時間＝11時45分

# 公立高等学校

## 北海道

時間 45分　満点 60点　解答 P2　3月4日実施

### 出題傾向と対策

- 小問集合1題と物理，化学，生物，地学各1題の計5題の出題。選択式と記述式が同じくらい出題され，計算や文章記述もあった。また，図や表を読みとって解答する科学的思考力を要する問題が複数見られた。
- 基本的な知識をただ覚えるだけではなく，理由を含めて授業のときからしっかりと身につけるようにしよう。過去問など，できるだけ多くの問題に触れ，図や表から必要な情報を正確に読みとる読解力と，要点を押さえた簡潔な文章表現力，科学的思考力を養っておこう。

## 1 小問集合　よく出る

次の問いに答えなさい。

問1．次の文の ① ～ ⑥ に当てはまる語句を書きなさい。（各1点）
(1) 肺動脈には，動脈血に比べ，含まれる酸素が少なく二酸化炭素が多い ① 血が流れている。
(2) 化学変化（化学反応）が起きるときに，周囲の熱を吸収して温度が下がる反応を ② 反応という。
(3) サンゴの化石のように，その化石を含む地層のたい積した当時の環境を推定することができる化石を ③ 化石という。
(4) 化学変化の前後で，その化学変化に関係する物質全体の質量が変わらないことを ④ の法則という。
(5) 力を表す三つの要素には，力の大きさ，力の向き， ⑤ がある。
(6) 図1のように，物体が凸レンズと焦点との間にあるとき，凸レンズをのぞくと，物体より大きな像が実際と同じ向きに見える。このような像を ⑥ という。

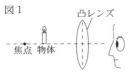
図1

問2．次の文の ① ， ② に当てはまる語句を，それぞれ書きなさい。（2点）
　生命活動で生じた有害なアンモニアは，血液に取り込まれて ① に運ばれ，害の少ない尿素につくり変えられる。次に，尿素は ② に運ばれ，余分な水分や塩分とともに血液中からこし出され，尿として排出される。

問3．次の文の ① ， ② に当てはまる語句を，それぞれ書きなさい。（2点）
　火山岩は，肉眼で斑点状に見える比較的大きな鉱物が，肉眼ではわからないほど細かい粒やガラス質に囲まれている。この比較的大きな鉱物を ① ，そのまわりの細かい粒などでできた部分を ② という。

問4．胞子をつくって子孫を増やす植物を，ア～カからすべて選びなさい。（2点）
ア．アブラナ　イ．イチョウ　ウ．マツ
エ．ゼニゴケ　オ．サクラ　カ．スギナ

問5．次の化学反応式の □ に当てはまる化学式を書きなさい。（2点）
　2CuO ＋ □ → 2Cu ＋ CO₂

問6．図2は，気温と飽和水蒸気量との関係を示したものである。11℃の空気の湿度が30％のとき，この空気1m³に含まれる水蒸気量は何gか，書きなさい。（2点）

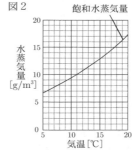

問7．図3のように，底面積が2m²の円柱を水平面に置いたとき，円柱が水平面におよぼす圧力は150Paであった。このときの円柱にはたらく重力の大きさは何Nか，書きなさい。（2点）

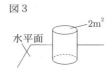
図3

## 2 物質のすがた　よく出る

次の問いに答えなさい。
物質の密度について調べるため，次の実験1，2を行った。

実験1．質量がいずれも13.5gの3種類の金属A～Cを用意した。次に，図1のようにあらかじめ50.0cm³の水を入れておいたメスシリンダーにAを入れ，水中に沈んだときの ⓐメスシリンダーの目盛りを読み取った。さらに，B，Cについても，それぞれ同じように実験を行い，メスシリンダーの目盛りを読み取った。
表は，このときの結果をまとめたものである。

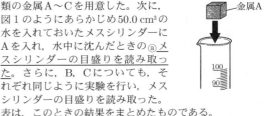
図1

|  | 金属A | 金属B | 金属C |
| --- | --- | --- | --- |
| 読み取った体積[cm³] | 55.0 | 51.7 | 51.5 |

実験2．図2のような3種類のプラスチックからできているペットボトルを用意した。
[1] ペットボトルから，3種類のプラスチックの小片を切り取り，S，T，Uとした。
[2] 次の図3のように，3つのビーカーを用意し，水，エタノール（E），ⓑ水とエタノールの質量の比が3：2になるように混合した液体（Z）を，それぞれ入れた。
[3] 水が入ったビーカーに，S～Uを入れたところ，TとUは浮き，Sは沈んだ。
[4] エタノール（E）が入ったビーカーに，S～Uを入れたところ，すべて沈んだ。

図2

［5］液体（Z）が入ったビーカーに、S～Uを入れたところ、Uは浮き、SとTは沈んだ。
図3

水

エタノール（E）

液体（Z）
（水とエタノールの質量の比が3:2になるように混合）

問1. 基本　実験1について、次の(1)、(2)に答えなさい。
(1) 次の文は、下線部ⓐにおいて正しく読み取る方法を説明したものである。①に当てはまる語句を書き、②の{ }に当てはまるものをア～ウから選んで、説明を完成させなさい。　　　　　（2点）
　　メスシリンダーを水平なところに置き、目の位置を液面（メニスカス）と同じ高さにして、液面の①　　　を見つけて、最小目盛り（1目盛り）の②{ア．2分の1　イ．10分の1　ウ．100分の1}まで目分量で読み取る。
(2) 金属Aの密度は何g/cm³か、書きなさい。また、金属Aの密度を$a$、金属Bの密度を$b$、金属Cの密度を$c$とするとき、$a$、$b$、$c$の関係を表しているものを、ア～カから選びなさい。　　　　　（3点）
ア．$a>b>c$　　　イ．$a>c>b$
ウ．$b>a>c$　　　エ．$b>c>a$
オ．$c>a>b$　　　カ．$c>b>a$

問2. 思考力　実験2について、次の(1)～(3)に答えなさい。
(1) 次の文の①に当てはまる語句を書きなさい。また、②、③の{ }に当てはまるものを、それぞれア～ウから選びなさい。　　　　　（2点）
　　プラスチックは、石油を主な原料として人工的につくられ、合成①　　　ともよばれている。プラスチックには、PETやPEなど、さまざまな種類があり、ペットボトルのボトルは、②{ア．ポリエチレン　イ．ポリエチレンテレフタラート　ウ．ポリプロピレン}からできている。実験2の結果から、ペットボトルのボトルから切り取ったプラスチックの小片は、③{ア．S　イ．T　ウ．U}であることがわかる。
(2) 下線部ⓑを、水50.0 cm³にエタノールを加えてつくるとき、加えるエタノールの体積[cm³]は、どのような式で表すことができるか。水の密度を1.0[g/cm³]、エタノールの密度を$e$[g/cm³]とし、$e$を用いて書きなさい。　　　　　（2点）
(3) プラスチックの小片S～U、エタノール（E）、液体（Z）のうち、水よりも密度が小さいものをすべて選び、密度の大きい順に並べて記号で書きなさい。　　　　　（2点）

## 3  天体の動きと地球の自転・公転、太陽系と恒星

次の問いに答えなさい。
北海道のS町で、太陽や惑星の見え方について調べるため、次の観察を行った。

観察1.
［1］ある日、太陽投影板をとりつけた天体望遠鏡を太陽に向け、円をかいた記録用紙を太陽投影板に固定して太陽の像を円に重ね、黒点を2つすばやくスケッチし、A、Bとした。また、観察していると、太陽の像が動いて記録用紙の円から外れていったので、外れていった方向を矢印（←）で記入

図1
記録用紙　　円
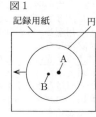

した。図1は、このときの結果をまとめたものである。なお、2つの黒点A、Bは、ほぼ円の形をしていた。
［2］5日後に、［1］と同じ方法で、周辺部に移動した黒点A、Bを観察し、記録用紙にスケッチした。

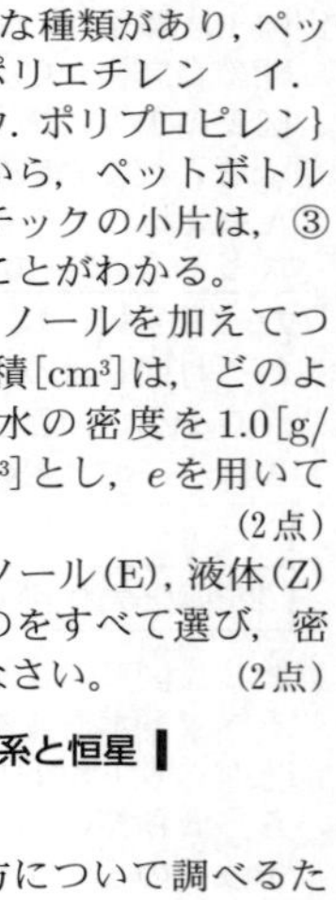

観察2. ある日、日の出の1時間前に、金星と火星を観察し、それぞれの位置を調べた。図2は、このときの結果をまとめたものである。

図2
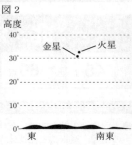

問1. 基本　観察1について、次の(1)、(2)に答えなさい。
(1) 太陽投影板に投影された太陽の像が、記録用紙の円から外れていったのと同じ原因で起こる現象を、ア～エから1つ選びなさい。　　　　　（1点）
ア．秋分の日の昼の長さが、夏至の日の昼の長さに比べ短くなった。
イ．夏の南の空に見えたさそり座が、冬には見えなくなった。
ウ．6月の日の出の方位が、3月に比べて北側になった。
エ．東の空に見えたオリオン座が、その日の真夜中に南中した。
(2) 下線部のスケッチはどのようになっているか、右の図にかき加えなさい。その際、図1のように黒点AとBがわかるように区別すること。　　　　　（3点）

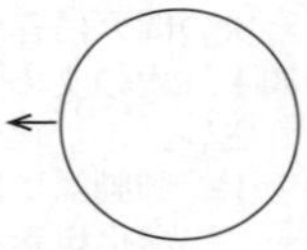

問2. よく出る　図3は、観察2を行った日の太陽（●）と金星（●）、地球（○）の位置関係を模式的に示したものである。なお、円はそれぞれの公転軌道を、矢印（↘）は公転の向きを表している。次の(1)～(3)に答えなさい。

図3
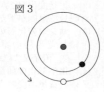

(1) 観察2を行った日の金星を天体望遠鏡で観察し、上下左右が実際と同じになるようにスケッチしたものとして、最も適当なものを、ア～エから選びなさい。　　　　　（2点）

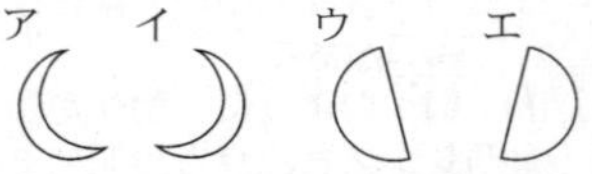

(2) 火星の公転軌道と、観察2を行った日の火星（★）の位置を図3にかき加えたものとして、最も適当なものを、ア～エから選びなさい。　　　　　（2点）

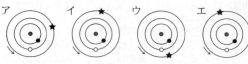

(3) 次の文の①～③の{ }に当てはまるものを、それぞれア、イから選びなさい。なお、金星の公転周期はおよそ0.6年、火星の公転周期はおよそ1.9年である。　　　　　（2点）
　　観察2を行った日の1か月後の日の出の1時間前に、金星と火星を観察すると、観察2を行った日に比べ、金星の高度は①{ア．高く　イ．低く}なり、金星と火星は②{ア．離れて　イ．近づいて}見えると考えられる。また、金星の見かけの大きさは③{ア．大きく　イ．小さく}なると考えられる。

## 4 電流, 電流と磁界 よく出る

次の問いに答えなさい。
手回し発電機を用いて, 次の実験1, 2を行った。

実験1.
[1] 図1のように, 手回し発電機に抵抗10Ωの電熱線および電流計をつないで, 回路をつくった。

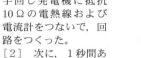

[2] 次に, 1秒間あたり1回の回転数で, ハンドルを反時計回り(矢印の向き)に繰り返し回転させ, 回路に流れる電流の大きさを調べた。
[3] ハンドルの回転数を, 2回, 3回にかえ, それぞれ同じように電流の大きさを調べた。
表は, このときの結果をまとめたものである。

| 1秒間あたりのハンドルの回転数[回] | 1 | 2 | 3 |
|---|---|---|---|
| 電流の大きさ[A] | 0.14 | 0.28 | 0.42 |

実験2.
[1] 1本のエナメル線を用意し, 図2のように, エナメル線の両端を少し残して, 正方形のコイルをつくり, 残した線の下側半分のエナメルをそれぞれはがして, 線X, Yとした。

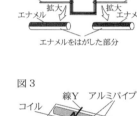

[2] 図3のように, 水平な台の上に, 導線A, Bをそれぞれつないだ2本のアルミパイプを固定し, S極を上にした円形磁石の真上にコイルを垂直にして, 線X, Yをパイプにのせた。このとき, エナメルをはがした側を下にしておいた。

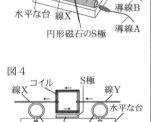

[3] 導線A, Bに手回し発電機をつなぎ, ハンドルを反時計回りに回したところ, 電流は図4の矢印(→)の向きに流れ, コイルは回転しながら移動した。

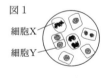

問1. 実験1について, 次の(1), (2)に答えなさい。(各2点)
(1) [2]のときの, 電熱線に加わる電圧は何Vか, 書きなさい。
(2) 図1の回路に, 抵抗10Ωの電熱線を図5のようにもう1つつなぎ, 1秒間あたりのハンドルの回転数を3回にしたとき, 回路に流れる電流の大きさは何Aになるか, 最も適当なものを, ア〜エから選びなさい。ただし, 回転数が同じときの, 手回し発電機が回路に加える電圧は, 電熱線の数に関係なく, 変わらないものとする。

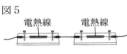

ア. 0.07 A
イ. 0.14 A
ウ. 0.21 A
エ. 0.28 A

問2. 思考力 実験2について, 次の(1)〜(3)に答えなさい。
(1) [3]でコイルが回転するしくみを説明した次の文の①, ②の{ }に当てはまるものを, それぞれア, イから選びなさい。 (2点)
ハンドルを回すと, コイルに電流が流れて電流が磁界から力を受けるため, コイルは, 線Xから線Yの方向に見て, ①{ア. 時計回り イ. 反時計回り}に回りはじめる。コイルが回っていくと, 線X, Yのエナメルをはがしていない部分がアルミパイプに接するため, コイルに電流が流れなくなり, 磁界から力を受けなくなる。一方, 物体には, ②{ア. 慣性 イ. 弾性}という性質があるため, コイルは止まることなく回っていく。このようにしてコイルがさらに回っていくと, 線X, Yのエナメルをはがしている部分が, 再びアルミパイプに接するため, 電流が流れてコイルはさらに回る。
(2) [3]において, ハンドルを時計回りに回すと, 電流の向きが逆になるため, コイルは実験結果と逆向きに回転する。ハンドルを時計回りに回して, 実験結果と同じ向きにコイルを回転させるためには, どのようなことをすればよいか書きなさい。ただし, 導線A, Bとアルミパイプのつなぎ方, および導線A, Bと手回し発電機のつなぎ方は, いずれも変えないものとする。 (3点)
(3) 実験2を, 線X, Yの上側半分のエナメルもはがして行うと, コイルは垂直の状態からどのようになるか, 最も適当なものを, ア〜エから選びなさい。 (2点)
ア. 垂直のまま, まったく回転しない。
イ. 4分の1回転し, 回転が止まる。
ウ. 半回転し, 回転が止まる。
エ. 1回転し, 回転が止まる。

## 5 生物と細胞

次の問いに答えなさい。
植物の根の成長を調べるため, タマネギを用いて, 次の観察と実験を行った。
観察. タマネギの根の先端部分を切り取り, 染色液で染色してプレパラートをつくった。このプレパラートを顕微鏡のステージにのせ, 最初に低倍率で細胞分裂が行われている細胞を探し, 次に, 高倍率で観察した。図1は, このとき観察した細胞のようすである。

実験.
[1] 図2のように, 長さが15 mmの同じような2本の根を根A, Bとし, Aには, 根の先端から1 mmのところを1つ目として, 1 mmごとに10 mmまで印(●)を計10個つけた。印をつけた後すぐに, Bだけ根もとから切り取り, Aは水につけた。次に, Bを縦方向にうすく切って, 根の先端から1 mmごとに細胞の縦方向の長さを調べた。図3は, 5 mmのところにあった細胞を調べたときのようすである。

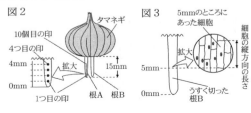

［2］印をつけてから24時間後，図4のように，Aの長さは約21mmになっており，1つ目の印の位置はほとんど変わらなかったが，2つ目の印からは先端からの距離が長くなり，先端から10mmのところに4つ目の印があった。また，4つ目から10個目の印までの間は，印と印の間隔がほとんど変わらず，いずれも約1mmであった。印の位置を調べた後すぐに，Aを根もとから切り取り，根の先端から20mmまで，［1］のBと同様に，細胞の縦方向の長さを調べた。

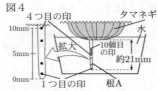

図4

図5は，［1］で調べた根Bの細胞の縦方向の長さと，［2］で調べた根Aの細胞の縦方向の長さを，グラフに表したものであり，根の先端から同じ距離にあるAとBの細胞の長さに違いはほとんどなかった。

図5

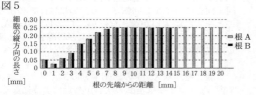

問1．**よく出る** 観察について，次の(1),(2)に答えなさい。
(各2点)
(1) 次の文は，顕微鏡で観察するとき，下線部のように最初に低倍率で探す理由を説明したものである。説明が完成するように，□□の中に当てはまる語句を書きなさい。
　　低倍率の方が高倍率よりも，□□，明るく見えるので，観察したいものが探しやすいから。
(2) 図1の細胞Xにある染色体を，図6のように模式的に示すとすると，細胞Y(の核)にある染色体はどのように示すことができるか，最も適当なものを，ア～エから選びなさい。なお，図6の染色体は，複製された染色体が2本ずつくっついた状態になっている。また，細胞Yは，細胞分裂直後の，2つの細胞のうちの1つであるが，核の中の染色体は，模式的に示すことができるものとする。

図6

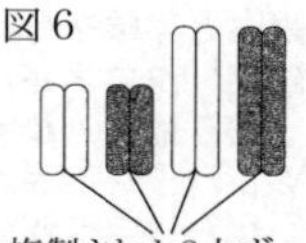

複製された2本ずつの染色体

問2．**思考力** 実験について，次の(1),(2)に答えなさい。
(1) 実験［1］で4つ目の印のところにあった根Aの細胞の縦方向の長さは，何mmであったと考えられるか，書きなさい。また，印をつけてから24時間後，その細胞は，縦方向に何mmのびたと考えられるか，書きなさい。
(3点)
(2) **難** 実験の結果について説明した次の文の①～③に当てはまるものとして最も適当なものを，それぞれア～コから選びなさい。
(3点)
　　実験［1］で印をつけてから24時間で，根Aは，どの部分でも同じようにのびたのではなく，印をつけたときに根の先端からの距離が①の範囲にあった部分がよくのびていた。また，根の細胞が縦方向にのびたのは，印をつけたときに根の先端からの距離が②の範囲にあった細胞であった。これらのことから，根の先端からの距離が③の範囲にあった細胞の縦方向ののびは，実際の根ののびにほとんど影響しないことがわかる。

ア．0mm～約4mm　　イ．0mm～約8mm
ウ．0mm～約10mm　　エ．0mm～約15mm
オ．約1mm～約4mm　　カ．約1mm～約8mm
キ．約2mm～約4mm　　ク．約2mm～約10mm
ケ．約4mm～約8mm　　コ．約4mm～約10mm

# 青森県

時間 45分　満点 100点　解答 P3　3月10日実施

## 出題傾向と対策

- 例年通り、小問集合2題、物理、化学、生物、地学各1題の計6題の出題。解答形式は記述式が多く、その内容は用語記述、文章記述、計算、作図など多岐にわたった。基本事項を問うものが大半であったが、計算問題には科学的思考力を必要とする出題も見られた。
- 基本的な問題が幅広く出題されているので、教科書の内容をじゅうぶんに理解しておくこと。文章記述が多いので、要点を押さえた文章表現力も求められる。問題演習によって、科学的思考力や計算力を養っておこう。

## 1 小問集合

次の(1)～(4)に答えなさい。

(1) よく出る　下の文章は、顕微鏡でミカヅキモを観察したときの操作について述べたものである。次のア、イに答えなさい。

> ミカヅキモを観察するために、池の水を試料としてプレパラートをつくった。視野が最も明るくなるように調節してから、プレパラートをステージにのせ、顕微鏡を ① から見ながら、調節ねじを回して対物レンズとプレパラートをできるだけ ② た。その後、接眼レンズをのぞきながら、調節ねじを回してピントを合わせ、しぼりで明るさを調節して、観察した。

ア．ミカヅキモのように、からだが1つの細胞でできている生物を何というか、書きなさい。(2点)

イ．文章中の ① 、② に入る語の組み合わせとして最も適切なものを、次の1～4の中から一つ選び、その番号を書きなさい。(3点)
1．① 横　② 近づけ
2．① 上　② 近づけ
3．① 横　② 遠ざけ
4．① 上　② 遠ざけ

(2) 基本　ヒトの目と耳について、次のア、イに答えなさい。

ア．目や耳のように、周囲からの刺激を受け取る器官を何というか、書きなさい。(2点)

イ．ものが見えたと感じたり、音が聞こえたと感じたりするときの刺激の伝わり方について述べたものとして適切なものを、次の1～4の中から二つ選び、その番号を書きなさい。(3点)
1．目に入った光は、レンズを通って、網膜の上に像を結ぶ。
2．光の刺激は、網膜から毛細血管を通して脳に伝えられる。
3．耳でとらえた音は、振動としてうずまき管を振動させ、次に耳小骨を振動させる。
4．音の刺激は、振動から電気の信号に変えられ、神経を通して脳に伝えられる。

(3) 地震について、次のア、イに答えなさい。

ア．地震の発生やゆれについて述べたものとして適切でないものを、次の1～4の中から一つ選び、その番号を書きなさい。(2点)
1．地震が起こると、P波とS波が発生し、P波はS波よりも伝わる速さが速い。
2．地震が起こると、がけくずれや液状化が起こることがある。
3．地震のゆれの大きさは、マグニチュードで表される。
4．地震のゆれは、地表面では震央を中心にほぼ同心円状にまわりに伝わる。

イ．よく出る　ある地震を地点A～Cで観測した。初期微動継続時間は地点Aが10秒、地点Bが15秒、地点Cが35秒であり、また震源から地点Aまでの距離は70km、震源から地点Cまでの距離は245kmであった。震源から地点Bまでの距離は何kmと考えられるか、求めなさい。ただし、P波とS波はそれぞれ一定の速さで伝わるものとする。(3点)

(4) 右の図は、地球の北極側から見たときの、地球と月の位置関係および太陽の光を模式的に表したものである。次のア、イに答えなさい。

ア．基本　月のように、惑星のまわりを公転している天体を何というか、書きなさい。(2点)

イ．下の文は、月食について述べたものである。文中の ① に入る語句として最も適切なものを、あとの1～4の中から一つ選び、その番号を書きなさい。また、② に入る月の位置として最も適切なものを、図のA～Dの中から一つ選び、その記号を書きなさい。(3点)

> 月食は、 ① のときに起こることがあり、そのときの月の位置は、図の ② である。

1．新月　2．上弦の月　3．満月　4．下弦の月

## 2 物質の成り立ち、酸・アルカリとイオン、力と圧力、運動の規則性

次の(1)～(4)に答えなさい。

(1) 右の図の装置を用いて、酸化銀を加熱して発生した気体を集めた。集めた気体に火のついた線香を入れると、線香が炎を上げて燃えた。加熱した試験管が冷めてから、中に残った白い物質を取り出した。次のア、イに答えなさい。

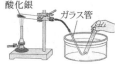

ア．白い物質の性質について述べたものとして適切なものを、次の1～4の中から一つ選び、その番号を書きなさい。(2点)
1．電気を通しやすい。
2．水に溶けやすい。
3．燃えやすい。
4．水より密度が小さい。

イ．よく出る　酸化銀の変化のようすを表した右の化学反応式を完成させなさい。

2Ag₂O → ☐ + ☐

(3点)

(2) うすい塩酸10cm³にうすい水酸化ナトリウム水溶液を16cm³加えてよくかき混ぜたところ、中性になった。次に、この混合液を加熱して水をすべて蒸発させると、塩化ナトリウムが0.24g得られた。次のア、イに答えなさい。

ア．基本　酸性の水溶液とアルカリ性の水溶液を混ぜると、たがいにその性質を打ち消し合う。このような化学変化の名称を書きなさい。(2点)

イ．同じうすい塩酸とうすい水酸化ナトリウム水溶液を20cm³ずつ混ぜ合わせた。この混合液を加熱して水をすべて蒸発させたとき、得られる塩化ナトリウムの質量は何gか、求めなさい。(3点)

(3) 基本 あるばねにいろいろな質量のおもりをつるして、ばねののびを測定した。右の図は、測定した結果をもとに、ばねののびが、ばねに加える力の大きさに比例する関係を表したものである。次のア、イに答えなさい。ただし、質量100gの物体にはたらく重力の大きさを1Nとする。

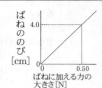

ア．下線部のような関係を表す法則を何というか、書きなさい。（2点）
イ．ばねののびが2.8cmのとき、つるしたおもりの質量は何gか、求めなさい。（3点）

(4) 図1のように、台車をなめらかな斜面上に置いて、手で止めておいた。手をはなすと台車は斜面を運動した。このときの台車の運動のようすを、1秒間に50打点する記録タイマーでテープに記録した。図2は、その一部を、時間の経過順に5打点ごとに切って紙にはりつけたものである。また、下の表は、手をはなしてから経過した時間と、手をはなした位置からの移動距離をまとめたものである。次のア、イに答えなさい。

| 経過した時間[秒] | 0 | 0.1 | 0.2 | 0.3 | 0.4 | 0.5 |
|---|---|---|---|---|---|---|
| 移動距離[cm] | 0 | 2.9 | 11.7 | 26.4 | 46.9 | 73.3 |

ア．よく出る 図3は、台車が斜面上を運動しているときのようすを方眼紙にうつしたもので、矢印は台車にはたらく重力を示している。台車にはたらく重力を、斜面に沿った方向の分力と斜面に垂直な方向の分力に分解し、それぞれの力を表す矢印を図にかき入れなさい。（2点）

イ．表をもとにすると、経過した時間が0.4秒から0.5秒の間の台車の平均の速さは、0.1秒から0.2秒の間の台車の平均の速さの何倍になると考えられるか。求めなさい。（3点）

## 3 生物の成長と殖え方、遺伝の規則性と遺伝子

植物の根の成長について調べるために、次の実験を行った。あとの(1)～(4)に答えなさい。

実験．
目的．タマネギの根の細胞を㋐染色液で染色して顕微鏡で観察し、根の成長について調べる。
手順1．タマネギの根の先端を切り取り、試験管に入れて㋑うすい塩酸を加え、約60℃の湯で3分間あたためた。

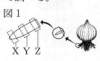

手順2．手順1の処理をした根から、図1のX～Zの各部分を切り取って染色し、プレパラートをつくった。そのうち、Xのプレパラートを顕微鏡で観察すると、細胞の中に、核と㋒染色体が見られた。図2のa～fは、そのときに観察したいくつかの細胞のスケッチである。

手順3．手順2で作成したX～Zのプレパラートを、すべて同じ倍率で観察した。図3は、そのときのスケッチである。

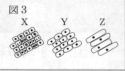

(1) 基本 この実験で用いる下線部㋐として最も適切なものを、次の1～4の中から一つ選び、その番号を書きなさい。（2点）
1．フェノールフタレイン溶液
2．ヨウ素液
3．酢酸オルセイン液
4．ベネジクト液

(2) 下線部㋑の処理を行うことで、細胞が観察しやすくなる理由を書きなさい。（3点）

(3) 手順2について、次のア～ウに答えなさい。
ア．下線部㋒の中にある遺伝子の本体は何という物質か、書きなさい。（2点）
イ．下の文は、細胞分裂の前後における染色体のようすについて述べたものである。文中の ① 、 ② に入る語句の組み合わせとして最も適切なものを、あとの1～4の中から一つ選び、その番号を書きなさい。（2点）

根などのからだをつくる細胞が分裂するとき、染色体が ① されて、もとの細胞と ② の染色体をもつ2個の細胞ができる。

1．① 複製されてから2等分　② 同じ数
2．① 2等分されてから複製　② 同じ数
3．① 複製されてから2等分　② 異なる数
4．① 2等分されてから複製　② 異なる数

ウ．よく出る 図2のa～fを、細胞分裂が進む順に並べ、その記号を書きなさい。ただし、細胞分裂の過程の最初をaとする。（3点）

(4) 実験をもとにすると、植物の根は、細胞がどのような変化をすることによって成長すると考えられるか。X～Zのようすに着目して、書きなさい。（3点）

## 4 水溶液

砂糖、デンプン、塩化ナトリウム、硝酸カリウムの4種類の物質を用いて、水への溶け方や溶ける量について調べるために、次の実験1～4を行った。あとの(1)～(4)に答えなさい。ただし、水の蒸発は考えないものとする。

実験1．砂糖とデンプンをそれぞれ1.0gずつはかり取り、20℃の水20.0gが入った2つのビーカーに別々に入れてかき混ぜたところ、㋐砂糖はすべて溶けたが、デンプンを入れた液は全体が白くにごった。デンプンを入れた液をろ過したところ、㋑ろ過した液は透明になり、ろ紙にはデンプンが残った。

実験2．塩化ナトリウムと硝酸カリウムをそれぞれ50.0gずつはかり取り、20℃の水100.0gが入った2つのビーカーに別々に入れてかき混ぜたところ、どちらも粒がビーカーの底に残り、㋒それ以上溶けきれなくなった。次に、2つの水溶液をあたためて、温度を40℃まで上げてかき混ぜたところ、塩化ナトリウムは溶けきれなかったが、㋓硝酸カリウムはすべて溶けた。

実験3．塩化ナトリウム、硝酸カリウムをそれぞれ ___ gずつはかり取り、60℃の水200.0gが入った2つのビーカーに別々に入れてかき混ぜたところ、どちらもすべて溶けたが、それぞれを冷やして、温度を15℃まで下げると、2つの水溶液のうち1つだけか

ら結晶が出てきた。
実験4．水に硝酸カリウムを入れて、あたためながら、質量パーセント濃度が30.0%の水溶液300.0gをつくった。この水溶液を冷やして、温度を10℃まで下げたところ、硝酸カリウムの結晶が出てきた。

(1) |基本| 下線部㋐のときのようすを、粒子のモデルで表したものとして最も適切なものを、次の1～4の中から一つ選び、その番号を書きなさい。ただし、水の粒子は省略しているものとする。 (2点)

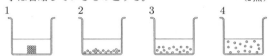

(2) 下線部㋑のようになるのはなぜか。水の粒子とデンプンの粒子の大きさに着目して、「ろ紙のすきま」という語句を用いて書きなさい。 (3点)

(3) 下線部㋒のときの水溶液を何というか、書きなさい。 (2点)

(4) 下の図は、硝酸カリウムと塩化ナトリウムについて、水の温度と100gの水に溶ける物質の質量との関係を表したものである。次のア～ウに答えなさい。

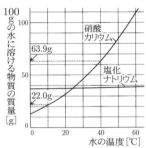

ア．下線部㋓について、この水溶液を40℃に保った場合、硝酸カリウムをあと何g溶かすことができるか、求めなさい。 (2点)

イ．実験3の□□に入る数値として最も適切なものを、次の1～4の中から一つ選び、その番号を書きなさい。 (3点)
1．20.0  2．40.0
3．60.0  4．80.0

ウ．|思考力| 実験4について、出てきた硝酸カリウムの結晶は何gか、求めなさい。 (3点)

## 5 |電流|

電熱線に流れる電流と電熱線の発熱量について調べるために、次の実験1、2を行った。あとの(1)、(2)に答えなさい。ただし、電熱線以外の抵抗は考えないものとする。

実験1.
手順1．図1のように、2.0Ωの電熱線aを用いて回路をつくり、電圧をかけたときの、㋐電流計の値を読み取ったところ、1.5Aであった。
手順2．図2のように、手順1と同じ電熱線aと3.0Ωの電熱線bを用いて並列回路をつくり、6.0Vの電圧をかけたときの、電流の大きさをはかった。

実験2．図3の装置で、実験1と同じ電熱線を用いて、発生する㋑熱量を求めるために、6.0Vの電圧をかけ、電流を流した時間と水の上昇温度の関係を調べた。実験は、はじめ電熱線aで行い、次に電熱線bで行った。図4は、実験結果を表したものである。さらに、同じ実験を電熱線aと電熱線bを直列につないだ場合と、並列につないだ場合でも行った。なお、すべての実験において水の量は一定であり、はじめの水温も同じであった。

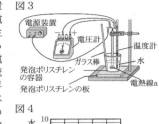

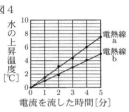

(1) |基本| 実験1について、次のア～エに答えなさい。
ア．下線部㋐のときの電流計の端子のつなぎ方とそのときの電流計のようすを表したものとして適切なものを、次の1～4の中から一つ選び、その番号を書きなさい。 (2点)

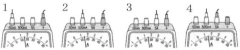

イ．手順1において、電熱線aにかかった電圧は何Vか、求めなさい。 (3点)

ウ．手順2において、電熱線bに流れた電流は何Aか、求めなさい。 (2点)

エ．手順2において、回路全体の抵抗は何Ωか。適切なものを、次の1～4の中から一つ選び、その番号を書きなさい。 (3点)
1．0.6Ω  2．1.2Ω
3．5.0Ω  4．6.0Ω

(2) 実験2について、次のア、イに答えなさい。
ア．下線部㋑について述べた下の文中の（　）に入る適切な語を、カタカナで書きなさい。 (2点)

熱量の単位の記号にはJが用いられ、その読み方は（　　　）である。

イ．右の表のように、各電熱線で発生した熱量を、$Q_1$～$Q_4$とするとき、熱量の大小関係を表したものとして適切なものを、次の1～4の中からすべて選び、その番号を書きなさい。ただし、$Q_1$～$Q_4$は、6.0Vの電圧を5分間かけたときに、それぞれの電熱線で発生する熱量であるものとする。 (3点)

| 電熱線 | 熱量 |
|---|---|
| aのみ | $Q_1$ |
| bのみ | $Q_2$ |
| aとbを直列につないだもの | $Q_3$ |
| aとbを並列につないだもの | $Q_4$ |

1．$Q_1 > Q_2$  2．$Q_3 > Q_1$
3．$Q_2 > Q_3$  4．$Q_3 > Q_4$

## 6 |天気の変化|

空気中の水蒸気の変化と雲のでき方について調べるために、次の実験1、2を行った。あとの(1)、(2)に答えなさい。

実験1.
　手順1. 理科室の室温をはかったところ，24℃であった。
　手順2. 金属製のコップの中に，くんでおいた水を3分の1くらい入れて水温をはかったところ，室温と同じであった。
　手順3. 図1のようにして，金属製のコップの中の水に氷水を少しずつ加え，ガラス棒で静かにかき混ぜた。
　手順4. 手順3をくり返したところ，金属製のコップの表面に<u>水滴</u>ができた。水滴ができはじめたときの水温をはかったところ，14℃であった。

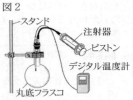

実験2. 丸底フラスコの中を水でぬらし，線香の煙を少し入れた。図2のように，丸底フラスコに注射器をつなぎ，デジタル温度計を接続した。注射器のピストンを引いたり押したりして，丸底フラスコ内のようすの変化と温度の変化を調べた。

(1) 実験1について，次のア～エに答えなさい。
　ア．【基本】空気中にふくまれる水蒸気が凝結しはじめるときの温度を何というか，書きなさい。　（2点）
　イ．次の1～4の中で，下線部と同じ状態変化をふくむ現象として最も適切なものを一つ選び，その番号を書きなさい。　（2点）
　　1. 晴れた日に道路の水たまりがなくなった。
　　2. 明け方に霧が発生した。
　　3. しめっていた洗濯物が乾いた。
　　4. 冬にバケツの中の水がこおった。
　ウ．下の文は，手順2～4において金属製のコップを用いている理由について述べたものである。文中の（　）に入る適切な内容を書きなさい。　（3点）

　　金属には（　　　　　）性質があるため，コップの中の水温とコップの表面付近の空気の温度が，ほぼ等しくなると考えることができるから。

　エ．【よく出る】下の表は，空気の温度と飽和水蒸気量との関係を表したものである。実験1を行ったときの理科室の湿度は何％か，小数第一位を四捨五入して整数で求めなさい。ただし，理科室の空気中にふくまれる水蒸気量は変わらないものとする。　（3点）

| 空気の温度[℃] | 10 | 12 | 14 | 16 | 18 | 20 | 22 | 24 | 26 | 28 |
|---|---|---|---|---|---|---|---|---|---|---|
| 飽和水蒸気量[g/m³] | 9.4 | 10.7 | 12.1 | 13.6 | 15.4 | 17.3 | 19.4 | 21.8 | 24.4 | 27.2 |

(2) 【基本】次の文章は，実験2を終えたある生徒が，実験の結果から自然界における雲のでき方について考察して，まとめたものの一部である。あとのア，イに答えなさい。

　　実験では，ピストンを急に　①　たときに，フラスコ内の空気の温度が下がることで　②　が生じ，それによってフラスコ内が白くくもった。自然界では，し

めった空気のかたまりが上昇すると，上空ほど　③　ために，膨張して温度が下がり，雲ができると考えられる。

ア．文章中の　①　，　②　に入る語の組み合わせとして最も適切なものを，次の1～4の中から一つ選び，その番号を書きなさい。　（2点）
　1. ① 引い　② 水蒸気
　2. ① 押し　② 水蒸気
　3. ① 引い　② 水滴
　4. ① 押し　② 水滴
イ．文章中の　③　に入る適切な内容を書きなさい。
　　　　　　　　　　　　　　　　　　　　（3点）

# 岩手県

時間 50分　満点 100点　解答 P3　3月6日実施

## 出題傾向と対策

- 例年通り、小問集合1題、物理、化学、生物、地学各1題、複合問題2題の計7題の出題。記述式と選択式がほぼ半々で、記述式は文章記述、作図、計算問題、化学式などがあった。基本事項を問うものがほとんどだが、科学的思考力を要する問題や新傾向の問題もあった。
- 基本的な問題が中心なので、教科書の内容を確実に押さえておくことが重要。そのうえで、問題集などで知識の定着をはかり、文章記述や作図、計算問題などに慣れ、問題文から条件を読みとる読解力をつけておこう。

## 1 小問集合　基本

次の(1)～(8)の問いに答えなさい。　　　　　（各2点）

(1) 次のア～エのうち、無脊椎動物はどれですか。一つ選び、その記号を書きなさい。

ア バッタ　イ トカゲ　ウ サケ　エ ハト

(2) ヒトの耳では空気の振動を受けとり、音を感じています。このように外界の刺激を受けとる器官を何といいますか。また、右の図で、X、Yのどちらが最初に空気の振動を受けとりますか。次のア～エのうちから、その組み合わせとして最も適当なものを一つ選び、その記号を書きなさい。

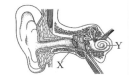

|  | ア | イ | ウ | エ |
|---|---|---|---|---|
| 器官の名称 | 運動器官 | 運動器官 | 感覚器官 | 感覚器官 |
| 最初に受けとるところ | X | Y | X | Y |

(3) メスシリンダーを使って、水 $50.0\ cm^3$ をはかりました。次のア～エのうち、目の位置をこのメスシリンダーの液面と同じ高さにして見たとき、目盛りと液面を示した図として最も適当なものはどれですか。一つ選び、その記号を書きなさい。

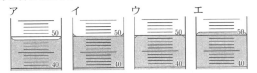

(4) ポリエチレンのふくろにエタノールを少量入れて口をしばり、熱湯につけると、ふくろが大きくふくらみました。次のア～エのうち、ふくろがふくらんだ理由として最も適当なものはどれですか。一つ選び、その記号を書きなさい。
　ア．ふくろの中のエタノール分子の数が増えたから。
　イ．ふくろの中のエタノール分子が大きくなったから。
　ウ．ふくろの中のエタノール分子の運動が激しくなったから。
　エ．ふくろの中のエタノール分子そのものの質量が増えたから。

(5) 三角州と扇状地は、流水の同じはたらきによってつくられます。次のア～エのうち、三角州および扇状地がつくられる場所と、流水のはたらきの組み合わせとして最も適当なものはどれですか。一つ選び、その記号を書きなさい。

|  | 三角州<br>がつくられる場所 | 扇状地<br>がつくられる場所 | 流水の<br>はたらき |
|---|---|---|---|
| ア | 平地から海にかわるところ | 山地から平地にかわるところ | 堆積 |
| イ | 平地から海にかわるところ | 山地から平地にかわるところ | 侵食 |
| ウ | 山地から平地にかわるところ | 平地から海にかわるところ | 堆積 |
| エ | 山地から平地にかわるところ | 平地から海にかわるところ | 侵食 |

(6) ゴム栓をしたフラスコに、水蒸気を含む空気が入っています。この空気を冷やしていくとき、フラスコの中の水蒸気の質量と湿度はそれぞれどうなりますか。次のア～エのうちから、その組み合わせとして最も適当なものを一つ選び、その記号を書きなさい。ただし、水滴は生じていないものとします。

|  | ア | イ | ウ | エ |
|---|---|---|---|---|
| 水蒸気の質量 | 増加する | 増加する | 変化しない | 変化しない |
| 湿度 | 高くなる | 低くなる | 高くなる | 低くなる |

(7) 右の図のように斜面上のA点から、小球を静かにはなし、B点まで移動する間の運動のようすを調べました。次のア～エのうち、このときの力学的エネルギーを表したグラフとして最も適当なものはどれですか。一つ選び、その記号を書きなさい。ただし、小球にはたらく摩擦や空気抵抗は考えないものとします。

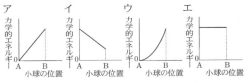

(8) 電流の正体を調べるため、右の図のような真空放電管（クルックス管）に高い電圧を加え真空放電させると、蛍光面に十字形の金属板のかげができました。次のア～エのうち、真空放電管の＋極と、真空放電管中の電子の流れの向きの組み合わせとして正しいものはどれですか。一つ選び、その記号を書きなさい。

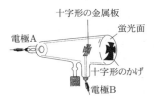

|  | ア | イ | ウ | エ |
|---|---|---|---|---|
| ＋極 | 電極A | 電極A | 電極B | 電極B |
| 電子の流れの向き | A→B | B→A | A→B | B→A |

## 2 遺伝の規則性と遺伝子

親から子への形質の伝わり方を調べるため、次のような資料収集を行いました。これについて、あとの(1)～(4)の問いに答えなさい。

資　料．
　　メンデルはエンドウを栽培し、純粋な品種（純系）を選び出した。そして種子の形と草たけ（茎の長さ）に着目し

て，次の実験を行った。
　図Ⅰは，[1]，[2]の実験を説明したもので，図Ⅱは，草たけ（茎の長さ）の高低（長短）を示したものである。

[1] 種子の形が丸い純系の個体（親）としわの純系の個体（親）をかけ合わせると，できた種子の形はすべて丸（子）となった。

[2] [1]でできた丸い種子から成長した個体（子）を自家受粉させると，丸い種子（孫）が5474個，しわの種子（孫）が1850個できた。

[3] 草たけが低い純系の個体（親）と，草たけが高い純系の個体（親）とをかけ合わせてできた種子を育てると，できた個体（子）は　X　になった。

[4] [3]でできた個体（子）を自家受粉させてできた種子を育てると，草たけが低い個体（孫）の数は，草たけの高い個体（孫）の約3分の1になった。

図Ⅰ
親　丸　しわ
　すべて丸
子
孫　丸　しわ
　5474個　1850個

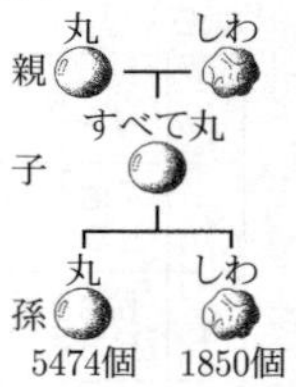

図Ⅱ
草たけ（茎の長さ）が
高い（長い）　低い（短い）

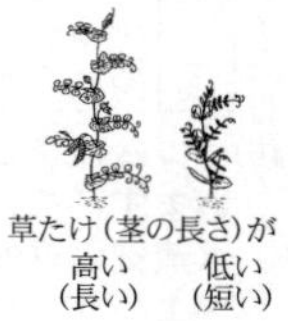

(1) **よく出る**　右の図Ⅲは，被子植物の花の構造を模式的に示したものです。将来種子になるのは，花のどの部分が成長したものですか。また，その部分は図ⅢのY，Zのどちらですか。次のア〜エのうちから最も適当なものを一つ選び，その記号を書きなさい。（3点）

図Ⅲ

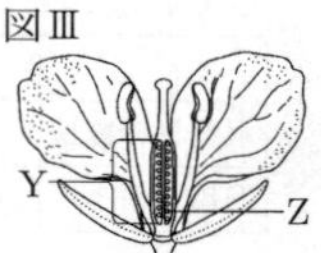

ア．被子植物の種子は，胚珠が成長したもので，胚珠は図ⅢのYで示される。
イ．被子植物の種子は，胚珠が成長したもので，胚珠は図ⅢのZで示される。
ウ．被子植物の種子は，子房が成長したもので，子房は図ⅢのYで示される。
エ．被子植物の種子は，子房が成長したもので，子房は図ⅢのZで示される。

(2) [3]で，次のア〜エのうち，　X　にあてはまる内容として最も適当なものはどれですか。一つ選び，その記号を書きなさい。（3点）
ア．すべて低い草たけ
イ．すべて高い草たけ
ウ．すべて両親の中間の草たけ
エ．草たけが低い個体と高い個体がほぼ同数

(3) [4]で，できた個体（孫）のうち，草たけを高くする遺伝子だけをもつ個体の割合は何%になると考えられますか。数字で書きなさい。（4点）

(4) 次の図Ⅳ，Ⅴは，有性生殖をする生物の，からだをつくる細胞の核の中にある染色体の一部を模式的に示したものです。両親と子の，染色体の組み合わせが図Ⅳのようなとき，図Ⅳの両親から図Ⅴのような染色体の組み合わせをもつ子は生じません。それは減数分裂で生殖細胞ができるとき，染色体がどのように受けつがれるからですか。簡単に書きなさい。（4点）

図Ⅳ　　　　　　　　図Ⅴ
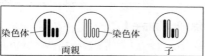
染色体　両親　染色体　子

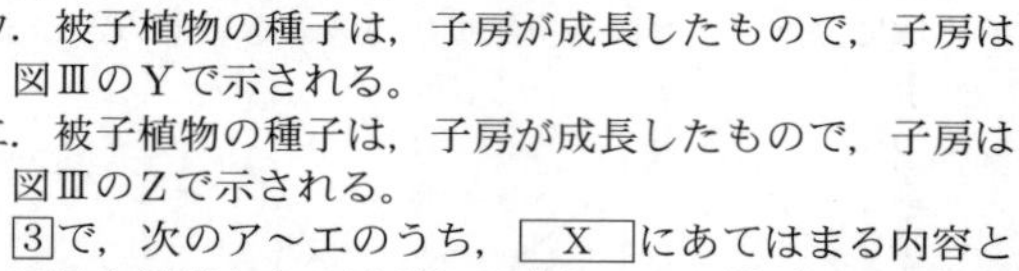

### 3　太陽系と恒星

太陽系の天体の関係を調べるため，次のような資料収集を行いました。これについて，あとの(1)〜(4)の問いに答えなさい。

資料．
[1] 図Ⅰは，赤道に近い北太平洋上において，カメラで撮影された皆既日食の写真である。皆既日食の間は，あたりが暗くなり，金星が見えていた。天体望遠鏡で金星を見ると，金星はほとんど欠けていなかった。なお，図Ⅰの下の方に水平線がある。

[2] 図Ⅱは，日食が始まって太陽が欠けていくようすを模式的に示したものである。図のように，太陽は金星が見えている側から欠け始めた。

[3] 図Ⅲは，地球の公転軌道と月の公転軌道を模式的に示したものである。

図Ⅰ　　　図Ⅱ　　　図Ⅲ

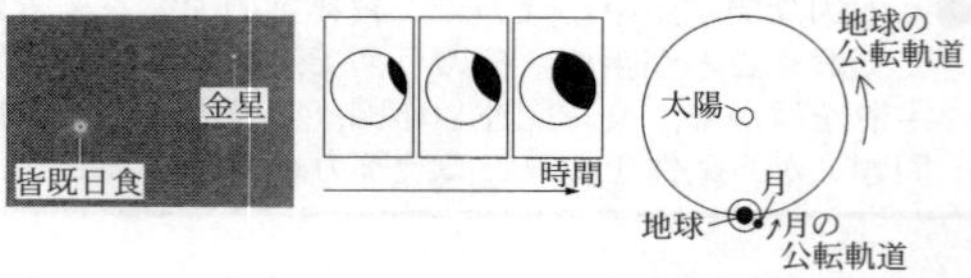

(1) 太陽系の天体には，それぞれちがった特徴があります。次のア〜エのうち，金星の特徴を述べているものはどれですか。一つ選び，その記号を書きなさい。（3点）
ア．大気の主な成分は水素で，表面の平均温度は400℃以上である。
イ．大気の主な成分は水素で，表面の平均温度は−100℃以下である。
ウ．大気の主な成分は二酸化炭素で，表面の平均温度は400℃以上である。
エ．大気の主な成分は二酸化炭素で，表面の平均温度は−100℃以下である。

(2) 金星は，明け方や夕方に見ることができ，真夜中の空には見ることができません。その理由を簡単に書きなさい。（3点）

(3) [1]，[2]で，皆既日食が起きたこのとき，太陽，月，金星を，地球から見て近いものから並べるとどのような順番になりますか。次のア〜エのうちから最も適当なものを一つ選び，その記号を書きなさい。（4点）
ア．月　−　太陽　−　金星
イ．月　−　金星　−　太陽
ウ．金星　−　月　−　太陽
エ．金星　−　太陽　−　月

(4) [2]で，皆既日食が起きたあと，太陽はどちらの方向へ動いて見えますか。右の図のア〜エのうちから一つ選び，その記号を書きなさい。（4点）

### 4　力と圧力，運動の規則性

ゆきこさんは，深く積もった雪の上をスキーですべり，止まったときにスキー板を脱いだところ，足が深くしずんで歩きにくいことを経験しました。その理由を調べるため，次のような実験を行いました。これについて，あとの(1)〜(4)の問いに答えなさい。

疑問．
[1] スキー板をはいていないとき，スキー板をはいたときよりも足がしずむのはなぜだろう。

予想．
[2] 質量が同じなのに，足が雪にしずむ深さが変化するのは，スキー板と靴では，雪に接する面積が異なるからである。

実験．
[3] 図Ⅰのように，いずれも質量3kgの直方体Pと直方体Q，底面積が大きい直方体のスポンジを用意した。

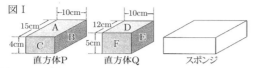

直方体P　　直方体Q　　スポンジ

④ 図Ⅱのように，スポンジに直方体Pを乗せ，台ばかりで重さをはかった。

⑤ 図Ⅲのように，スポンジに直方体Pを乗せ，面A，面B，面Cをそれぞれ下にしたときに，スポンジがしずんだ深さを測定した。

⑥ 直方体Pと同様に，直方体Qについても，面D，面E，面Fをそれぞれ下にしたときに，スポンジがしずんだ深さを測定した。

⑦ ⑤，⑥の結果を表にまとめた。

図Ⅱ　　図Ⅲ

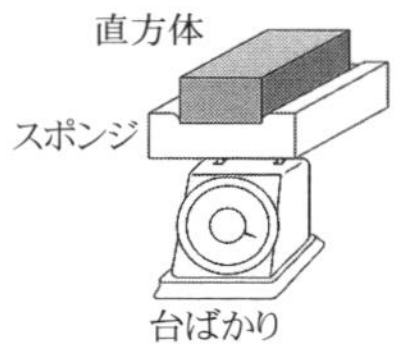

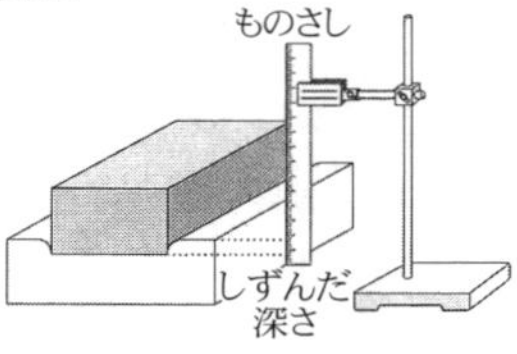

| 底面 | 面A | 面B | 面C | 面D | 面E | 面F |
|---|---|---|---|---|---|---|
| しずんだ深さ[cm] | 0.8 | 2.0 | 3.0 | 1.0 | 2.0 | 2.4 |

(1) **基本** ④で，直方体Pの面A，面B，面Cを下にしたときに台ばかりが指す，それぞれの目盛りはどうなりますか。次のア～エのうちから最も適当なものを一つ選び，その記号を書きなさい。（3点）
ア．面Aが底面のときが最も大きい値になる。
イ．面Bが底面のときが最も大きい値になる。
ウ．面Cが底面のときが最も大きい値になる。
エ．面A，面B，面Cのどれが底面でも同じ値になる。

(2) **よく出る** 右の図中の矢印は，⑤で，面Aを下にして，面Cの側から見た直方体Pにはたらく重力を示しています。このとき，直方体Pにはたらく垂直抗力はどのようになりますか。作用点を●で右の図にかき入れ，その作用点から垂直抗力の矢印（→）をかきなさい。（3点）

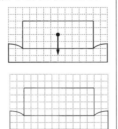

(3) ③，⑦で，直方体の底面の面積と，スポンジがしずんだ深さの関係をグラフに表すとどのようになりますか。次のア～エのうちから最も適当なものを一つ選び，その記号を書きなさい。（4点）

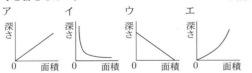

(4) **思考力** ゆきこさんがスキー板をはいて片方の足で雪の上に立つと，5.0cm雪にしずみました。ゆきこさんがスキー板をぬぎ，靴のまま片方の足で雪の上に立つと，どれくらい雪にしずむと考えられますか。実験の結果をもとに，次の数値を用いて計算し，答えを数字で書きなさい。ただし，スキー板の質量は考えないものとします。（4点）

| スキー板の底面積[cm²] | 1470 |
|---|---|
| 靴の底面積[cm²] | 350 |

## 5 化学変化と物質の質量

化学変化と物質の質量の関係について調べるため，次のような実験を行いました。これについて，あとの(1)～(4)の問いに答えなさい。

予想．
① 炭(炭素)や，スチールウール(鉄)を燃やす実験を行う前に次のように予想した。

> 炭やスチールウールを燃やすと，ろうそくが燃えたときのように反応して気体ができ，その気体が空気中に出ていく。

実験1．
② 図Ⅰのように，炭をガスバーナーで加熱し，ステンレス皿にのせ，ガラス管を使って息をふいたところ，炭は小さくなり，最後には灰がわずかに残った。

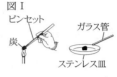

図Ⅰ

③ 次に，スチールウールの質量をはかり，ガスバーナーで加熱し，ガラス管を使って火のついたスチールウールに息をふいた。冷めてから燃やした後の物質の質量をはかったところ，質量がふえていた。

燃やす前のスチールウールと比べて，燃やした後の物質の質量がふえたのはなぜかを調べるため，実験2を行った。

実験2．
④ 図Ⅱのように，試験管に酸素とスチールウールを入れ，風船で栓をして加熱したところ，風船が試験管の中に吸いこまれた。

図Ⅱ

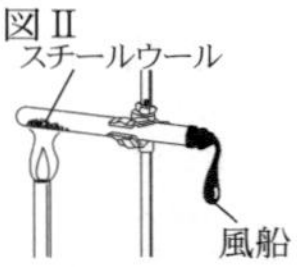

密閉した状態でスチールウールや炭を燃やしたときに，反応の前後で質量がどのようになるかを調べるため，実験3を行った。

実験3．
⑤ 図Ⅲのように，丸底フラスコにスチールウールを入れ導線をつないだ装置をつくり，酸素を入れて密閉した後，電流を流してスチールウールを燃やしたところ，

図Ⅲ　　図Ⅳ

反応の前後で装置全体の質量は変化しなかった。

⑥ 別の丸底フラスコに小さな炭を入れ，酸素を入れて密閉した後，装置全体の質量をはかり，図Ⅳのように炭を燃やしたところ，炭は小さくなり最後には灰がわずかに残った。反応後，再び装置全体の質量をはかった。

(1) ①～③で，次のア～エのうち，予想と実験1の結果を比べたときにいえることとして最も適当なものはどれですか。一つ選び，その記号を書きなさい。（3点）
ア．炭，スチールウールともに，予想にそった結果であった。
イ．炭，スチールウールともに，予想にそった結果ではなかった。
ウ．炭については，予想にそった結果であった。一方，スチールウールについては，予想にそった結果ではなかった。
エ．炭については，予想にそった結果ではなかった。一方，スチールウールについては，予想にそった結果であった。

(2) ③で，燃えた後の物質の電流の流れやすさと，うすい塩酸に入れたときの反応について，燃やす前と比べまし

た。次のア～エのうち，物質のようすの組み合わせとして最も適当なものはどれですか。一つ選び，その記号を書きなさい。(3点)

| | 電流の流れやすさ | うすい塩酸に入れたときの反応 |
|---|---|---|
| ア | 燃える前より流れやすくなった。 | 気体が発生した。 |
| イ | 燃える前より流れやすくなった。 | ほとんど気体が発生しなかった。 |
| ウ | 燃える前より流れにくくなった。 | 気体が発生した。 |
| エ | 燃える前より流れにくくなった。 | ほとんど気体が発生しなかった。 |

(3) ④で，風船が試験管の中に吸いこまれたのはなぜですか。その理由を簡単に書きなさい。(4点)

(4) ⑥で，反応の前後で，装置全体の質量はどうなりましたか。また，その理由を，燃焼によりできた物質を明らかにして，簡単に書きなさい。(4点)

**6 生物の観察，生物と細胞，火山と地震**

太郎さんは，火成岩と植物のつくりについて調べるため，次のような観察，実験を行い，先生と会話しました。これについて，あとの(1)～(4)の問いに答えなさい。

観察1．
① 表面をみがいた火成岩A，Bと，オオカナダモの葉を，ルーペを用いて観察した。
② オオカナダモの葉は，ルーペでは細かいつくりまで観察できなかったので，顕微鏡を用いて観察した。
③ 図Ⅰは，①と②のスケッチである。
④ 図Ⅰのオオカナダモの葉には，動物の細胞には見られない X と Y が観察されたが，核は観察できなかった。

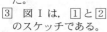

図Ⅰの火成岩A，Bに観察された構造が，どのようにしてできたかを調べるため，次の実験を行った。

実験．
⑤ 2つのペトリ皿C，Dに70℃のミョウバン水溶液をとり，図Ⅱのように，ペトリ皿Cを氷水に，ペトリ皿Dを湯に入れた。しばらくすると，図Ⅲのような結晶が生じた。

会話．
⑥ 先生：これは，ミョウバン水溶液をマグマに見立てた実験です。ペトリ皿Cとペトリ皿Dで，結晶に何か違いがありますか。
太郎：はい。ペトリ皿Cに比べると，ペトリ皿Dでは結晶が大きくなっています。
先生：それでは，火成岩A，Bはどのようにしてできたのでしょうか。
太郎： Z のだと思います。
先生：そのとおりです。では，これまでの観察，実験から，オオカナダモの葉や岩石全体の色合いを決めているのは何だと考えますか。
太郎： X や鉱物といった小さな粒の色でしょうか。

観察2．
⑦ 図Ⅳのように，図Ⅰの火成岩A，Bの表面に，透明の方眼紙を重ね，方眼の交点と重なっている鉱物を種類ごとに数え，表にまとめた。

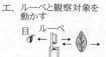

(1) **よく出る** 観察対象を動かすことができるとき，ルーペを用いた観察のしかたを示した図として最も適当なものはどれですか。次のア～エのうちから一つ選び，その記号を書きなさい。(3点)

ア．観察対象だけを動かす　　イ．顔だけを動かす

ウ．ルーペだけを動かす　　エ．ルーペと観察対象を動かす

(2) **基本** ④で， X ， Y のつくりを何といいますか。それぞれことばで書きなさい。また，核を観察するために必要な操作は何ですか。簡単に書きなさい。(4点)

(3) ⑥で， Z に入る文として最も適当なものはどれですか。次のア～エのうちから一つ選び，その記号を書きなさい。(3点)
ア．ペトリ皿Cと同じように急速に冷え固まってできた
イ．ペトリ皿Cと同じようにゆっくり冷え固まってできた
ウ．ペトリ皿Dと同じように急速に冷え固まってできた
エ．ペトリ皿Dと同じようにゆっくり冷え固まってできた

(4) **新傾向** ⑥，⑦で，図Ⅰの火成岩Aが，火成岩Bと比べて白っぽく見える理由は何ですか。火成岩A，Bそれぞれに含まれる無色鉱物の割合[％]を計算し，その数値を用いて説明しなさい。(4点)

**7 物質の成り立ち，水溶液とイオン，電流，エネルギー**

電気分解と燃料電池におけるエネルギー変換と効率との関係について調べるため，次のような実験を行いました。これについて，あとの(1)～(4)の問いに答えなさい。

実験．
① 質量パーセント濃度が5％の水酸化ナトリウム水溶液を100gつくった。
② 図Ⅰのように，燃料電池をかねた簡易電気分解装置に①の水溶液を入れて直流電源装置につなぎ，3Vで0.2Aの電流を流して100秒間電気分解を行ったところ，両極から気体が発生した。
③ ②のあと，簡易電気分解装置から直流電源装置をはずして図Ⅱのように電子オルゴールをつなぎ，電流を取り出した。②で発生した気体がすべて消費されるまでに，電子オルゴールは90秒間鳴った。電子オルゴールの説明書によると，消費電力は0.5Wであった。

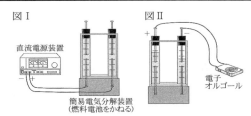

(1) **基本** ①で，この水溶液100gをつくるために必要な水酸化ナトリウムと水の質量は，それぞれ何gですか。数字で書きなさい。 (4点)

(2) **よく出る** ②で，このとき起こった化学変化を化学反応式で表すとき，（　）に入る化学式をそれぞれ書きなさい。 (3点)

$$2H_2O \rightarrow (\quad) + (\quad)$$

(3) この実験で，図Ⅰと図Ⅱにおいて，エネルギーはそれぞれどのように変換されましたか。次のア〜エのうちから，その組み合わせとして最も適当なものを一つ選び，その記号を書きなさい。 (3点)

|   | 図Ⅰ | 図Ⅱ |
|---|---|---|
| ア | 電気エネルギー → 化学エネルギー | 電気エネルギー → 化学エネルギー |
| イ | 電気エネルギー → 化学エネルギー | 化学エネルギー → 電気エネルギー |
| ウ | 化学エネルギー → 電気エネルギー | 電気エネルギー → 化学エネルギー |
| エ | 化学エネルギー → 電気エネルギー | 化学エネルギー → 電気エネルギー |

(4) ②の電気分解で消費した電力量と，③のオルゴールが消費した電力量はそれぞれ何Jですか。数字で書きなさい。 (4点)

# 宮城県

時間 50分　満点 100点　解答 P4　3月4日実施

## 出題傾向と対策

● 例年通り，小問集合1題，物理，化学，生物，地学各1題の計5題の出題であった。選択式と記述式がほぼ同数で，記述式では文章記述が目立った。実験・観察を中心に基本事項を問うものが多かったが，与えられたデータをもとに解答を導く問題も見られた。
● 教科書の実験・観察を中心に基本事項をじゅうぶんに理解したうえで，数多くの問題演習によって科学的思考力や論理的思考力を身につけておこう。要点を押さえた文章表現力も求められる。

## 1 小問集合 **基本**

次の1〜4の問いに答えなさい。

1. **よく出る** 図1は，ヒトの神経を伝わる信号の経路を模式的に表したものです。Aは脳，Bはせきずい，C〜Fは神経を表しています。次の(1)，(2)の問いに答えなさい。

(1) ヒトの手の皮膚は図1に示されている感覚器官の1つです。ヒトの手の皮膚で受けとることができる刺激として，最も適切なものを，次のア〜エから1つ選び，記号で答えなさい。 (3点)
　ア．光　　　イ．におい
　ウ．圧力　　エ．味

(2) ヒトの手の皮膚が熱いものにふれたとき，意識とは無関係に手を引っこめる反応が起こります。この反応について，次の①，②の問いに答えなさい。 (各3点)
　① この反応のように，刺激を受けて，意識とは無関係に決まった反応が起こることを何というか，答えなさい。
　② この反応が起こるまでの，信号が伝わる経路を表したものとして，最も適切なものを，次のア〜エから1つ選び，記号で答えなさい。
　　ア．感覚器官→C→A→F→運動器官
　　イ．感覚器官→D→B→E→運動器官
　　ウ．感覚器官→D→B→A→B→E→運動器官
　　エ．感覚器官→C→A→B→E→運動器官

2．気体の性質について調べた次の実験Ⅰについて，あとの(1)〜(3)の問いに答えなさい。 (各3点)

〔実験Ⅰ〕
① 図2のように，試験管Aにベーキングパウダーと食酢を入れて気体を発生させ，水を満たした試験管Bに，試験管1本分の気体を集めたところで，集めた気体をすてた。
② 試験管Bと試験管Cに水を満たしてから，それぞれの試験管に，試験管Aから発生した気体を集めた。
③ 試験管Bに火のついた線香を入れたところ，線香の火は消えた。また，試験管Cに石灰水を入れてよくふったところ，石灰水は白くにごった。

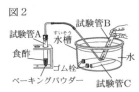

(1) ①で，水を満たした試験管Bに気体を集める方法を何というか，答えなさい。
(2) ①で，下線部のように，集めた試験管1本分の気体をすてる理由を，簡潔に述べなさい。
(3) ②で発生した気体と同じ気体を発生させる方法として，最も適切なものを，次のア～エから1つ選び，記号で答えなさい。
　ア．石灰石にうすい塩酸を加える。
　イ．二酸化マンガンにうすい過酸化水素水を加える。
　ウ．水にエタノールを加える。
　エ．鉄にうすい塩酸を加える。

3．打ち上げ花火をビデオカメラで撮影し，音の速さを求めた次の実験Ⅱについて，あとの(1)～(3)の問いに答えなさい。 (各3点)

〔実験Ⅱ〕 録画した映像を再生したところ，ヒュルルという小さく高い音を出しながら上昇した花火が，光を出しながら開いたあとに，ドンという大きく低い音が聞こえた。花火が光を出しながら開いた瞬間からドンという大きく低い音が聞こえるまでの時間を，ストップウォッチで測定したところ，2.0秒だった。

(1) 下線部の音は，打ち上げ花火に付けられた笛の振動によるものです。この笛のように，振動して音を出すものを何というか，答えなさい。
(2) 実験Ⅱで，下線部の音とドンという大きく低い音を比べたとき，ドンという大きく低い音について述べたものとして，最も適切なものを，次のア～エから1つ選び，記号で答えなさい。
　ア．振幅が小さく，振動数が少ない。
　イ．振幅が小さく，振動数が多い。
　ウ．振幅が大きく，振動数が少ない。
　エ．振幅が大きく，振動数が多い。
(3) **よく出る** 実験Ⅱにおける撮影場所から，花火が光を出しながら開いたところまでの距離を690mとするとき，花火の音が伝わる速さは何m/sか，求めなさい。

4．次の表は，図3に示した宮城県沿岸部の観測地における，ある日の7時から19時までの，気温，天気，風向，風力を示したものです。あとの(1)～(3)の問いに答えなさい。 (各3点)

図3

| 時刻 | 7時 | 9時 | 11時 | 13時 | 15時 | 17時 | 19時 |
|---|---|---|---|---|---|---|---|
| 気温〔℃〕 | 12.1 | 15.4 | 17.2 | 18.5 | 17.4 | 14.0 | 12.5 |
| 天気 | 晴れ | 晴れ | 晴れ | 晴れ | 晴れ | 晴れ | 晴れ |
| 風向 | 西 | 西北西 | 東北東 | 東 | 東南東 | 西南西 | 西 |
| 風力 | 3 | 1 | 3 | 2 | 2 | 1 | 1 |

(「気象庁のホームページ」より作成)

(1) この日の11時に観測された，天気，風向，風力を表す天気図の記号を，右の図にかき入れなさい。
(2) この日の観測地の風のようすを，表をもとに述べたものとして，最も適切なものを，次のア～エから1つ選び，記号で答えなさい。
　ア．9時に海風が吹いていた。
　イ．7時と19時に海風が吹いていた。
　ウ．13時に海風が吹いていた。
　エ．7時と比べて17時の方が強い風が吹いていた。
(3) この日の観測地では，風向きが1日のうちで変化し，海風と陸風が入れかわりました。陸上から海上に向かって風が吹いた理由を述べたものとして，最も適切なものを，次のア～エから1つ選び，記号で答えなさい。
　ア．海上で上昇気流が生じ，陸上の気圧より海上の気圧が低くなったから。
　イ．海上で下降気流が生じ，陸上の気圧より海上の気圧が低くなったから。
　ウ．陸上で上昇気流が生じ，陸上の気圧より海上の気圧が高くなったから。
　エ．陸上で下降気流が生じ，陸上の気圧より海上の気圧が高くなったから。

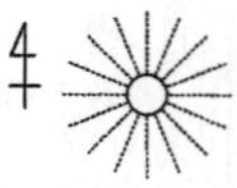

## 2 酸・アルカリとイオン

水酸化ナトリウム水溶液に塩酸を混ぜ合わせたときの変化を調べた実験について，あとの1～5の問いに答えなさい。

〔実験〕
① ビーカーにうすい水酸化ナトリウム水溶液を10cm³入れ，BTB溶液を2滴入れたところ，ₐ溶液の色が青色になった。その後，溶液のpHを測定した。
② 図1のように，ビーカー内のうすい水酸化ナトリウム水溶液に，うすい塩酸を少しずつ加えながら，ガラス棒でよくかき混ぜ，ᵦ溶液の色が緑色になったところで，塩酸を加えるのをやめた。このときまでに加えた塩酸の体積は10cm³だった。その後，溶液のpHを測定した。

図1

③ さらにうすい塩酸2cm³をビーカーに加えたところ，c溶液の色が黄色になった。その後，溶液のpHを測定した。

1．水酸化ナトリウム水溶液の性質を述べたものとして，最も適切なものを，次のア～エから1つ選び，記号で答えなさい。 (3点)
　ア．電気を通さない。
　イ．マグネシウムリボンを入れると，泡が出る。
　ウ．青色リトマス紙を赤色に変える。
　エ．フェノールフタレイン溶液を赤色に変える。
2．下線部a～cについて，それぞれの溶液を比較したとき，pHの値の大きさの関係を，不等号を用いて表したものとして，正しいものを，次のア～エから1つ選び，記号で答えなさい。 (3点)
　ア．a＜b＜c　　　イ．b＜c＜a
　ウ．c＜b＜a　　　エ．a＜c＜b
3．**基本** 水酸化ナトリウム水溶液に塩酸を加えたときのように，アルカリと酸のたがいの性質を打ち消し合う反応を何というか，答えなさい。 (3点)
4．下線部bのときの溶液について述べた次の文の内容が正しくなるように，( ① )に物質名を，( ② )，( ③ )にイオン式をそれぞれ入れなさい。 (3点)

溶液の中には，水酸化ナトリウムと塩酸の反応により，( ① )と塩ができるが，塩は電離し，( ② )と( ③ )として存在している。

5．**よく出る** 図2は，実験における，ビーカー内の溶液中にふくまれるイオンの総数の変化を示したグラフです。図2のA点およびB点における溶液中のイオンの数について述べたものとして，最も適切なものを，次のア～エから1つ選び，記号で答えなさい。 (4点)

図2
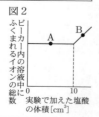

ア．A点で最も多くふくまれるイオンは水酸化物イオンで，B点で最も多くふくまれるイオンは塩化物イオンである。
イ．A点で最も多くふくまれるイオンはナトリウムイオンで，B点で最も多くふくまれるイオンは塩化物イオンである。
ウ．A点で最も多くふくまれるイオンはナトリウムイオンで，B点で最も多くふくまれるイオンは水素イオンである。
エ．A点で最も多くふくまれるイオンは水酸化物イオンで，B点で最も多くふくまれるイオンは水素イオンである。

### 3 天体の動きと地球の自転・公転，太陽系と恒星

2018年1月25日の20時に，宮城県のある場所で月とオリオン座を観察しました。図1は，そのときのようすをスケッチしたものです。次の1～4の問いに答えなさい。

1. スケッチを終えた後で引き続き観察していると，月とオリオン座が動いていました。月が動いた向きを示す矢印として，最も適切なものを，図1のア～エから1つ選び，記号で答えなさい。（3点）

2. 基本　月のように，惑星のまわりを公転する天体を何というか，答えなさい。（3点）

3. 2018年1月25日から6日後の2018年1月31日の20時に，同じ場所で月とオリオン座を観察しました。次の(1)，(2)の問いに答えなさい。
(1) 2018年1月25日の20時と2018年1月31日の20時とで，月とオリオン座のそれぞれの位置を比べたとき，月の位置は大きく移動していたのに対して，オリオン座の位置の移動はわずかでした。オリオン座の位置の移動がわずかであった理由を，地球と月の公転の周期にふれながら説明しなさい。（4点）

(2) 観察を続けると，21時頃から月食があり，全体が暗い赤かっ色になった月が見られました。このときの太陽，月，地球の位置関係を，地球の北極側から見た場合，月の位置を表したものとして，最も適切なものを，図2のア～エから1つ選び，記号で答えなさい。ただし，図2の○は月を示しています。（3点）

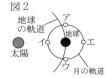

4. 2018年1月25日から30日後の2018年2月24日の20時に，同じ場所で月とオリオン座を観察しました。このときの月とオリオン座の位置を示したものとして，最も適切なものを，次のア～エから1つ選び，記号で答えなさい。（3点）

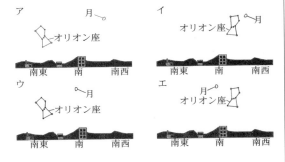

### 4 植物の体のつくりと働き

たかしさんは，花を生けた花びんの水が減っていくことに興味をもち，実験Ⅰ，Ⅱを行いました。あとの1～5の問いに答えなさい。ただし，気孔1個あたりから出ていく水蒸気の量はすべて等しいものとします。

〔実験Ⅰ〕　葉の枚数と葉の大きさが同じスズランA～Dを準備した。図1のように，スズランA～Dの葉に，水や水蒸気を通さないワセリンを用いて，それぞれ異なる処理をし，水が20 cm³ずつ入った4本のメスシリンダーに1つずつ入れ，メスシリンダーの水が水面から蒸発しないようにした。次に，日光が当たる風通しのよい場所に，スズランA～Dを入れた4つのメスシリンダーを置き，3時間後にメスシリンダーの目盛りを読んで，水の減少量を調べた。表1は，スズランに行った処理と水の減少量をまとめたものである。

図1 スズラン

表1

|  | スズランA | スズランB | スズランC | スズランD |
|---|---|---|---|---|
| 葉への処理 | 葉にワセリンをぬらなかった | すべての葉の表側と裏側にワセリンをぬった | すべての葉の表側にだけワセリンをぬった | すべての葉の裏側にだけワセリンをぬった |
| 模式図 葉の表 | ○ | ● | ● | ○ |
| 模式図 葉の裏 | ○ | ● | ○ | ● |
| 水の減少量[cm³] | 7.6 | 0.5 | 5.8 | 2.2 |

■：ワセリンをぬった部分

〔実験Ⅱ〕
① 実験Ⅰの結果から，葉の気孔の分布について，次の仮説を立てた。

仮説：気孔は，葉の表でも裏でも，どの部分にも均一に分布している。

② 実験Ⅰで用いたスズランと葉の枚数や大きさが同じスズランE，Fを，新たに準備した。

③ スズランE，Fの葉に，葉の付け根側と葉先側で，ワセリンをぬった面積とぬらなかった面積とが等しくなるように，それぞれ異なる処理をし，水が入った2本のメスシリンダーを用いて，実験Ⅰと同じように，3時間後の水の減少量を調べた。表2は，スズランに行った処理と水の減少量をまとめたものである。

表2

|  | スズランE | スズランF |
|---|---|---|
| 葉への処理 | すべての葉の付け根側にワセリンをぬった | すべての葉の葉先側にワセリンをぬった |
| 模式図 葉の表 | 付け根側●　葉先側○ | 付け根側○　葉先側● |
| 模式図 葉の裏 | 付け根側●　葉先側○ | 付け根側○　葉先側● |
| 水の減少量[cm³] | 4.7 | 2.6 |

■：ワセリンをぬった部分

1. 実験Ⅰの下線部の操作として，最も適切なものを，次のア～エから1つ選び，記号で答えなさい。（3点）
ア．水面にヨウ素液をたらす。
イ．水面に油をたらす。
ウ．水面にエタノールをたらす。
エ．水面に砂糖水をたらす。

2. よく出る　吸い上げられた水が，植物のからだから水蒸気となって出ていく現象を何というか，答えなさい。

3．実験Ⅰで，スズランAの葉から出ていった水蒸気の量として，最も適当なものを，次のア～エから1つ選び，記号で答えなさい。 (3点)
ア．0.5 cm³　　　イ．7.1 cm³
ウ．7.6 cm³　　　エ．8.1 cm³

4．**思考力** 実験Ⅰの結果から，葉の表と裏における気孔の数の違いについて述べたものとして，最も適切なものを，次のア～エから1つ選び，記号で答えなさい。(3点)
ア．葉の表側には，裏側の約3.1倍の数の気孔が分布している。
イ．葉の表側には，裏側の約5.3倍の数の気孔が分布している。
ウ．葉の裏側には，表側の約3.1倍の数の気孔が分布している。
エ．葉の裏側には，表側の約5.3倍の数の気孔が分布している。

5．実験Ⅱの結果から，たかしさんは，仮説が正しくないと判断しました。そのように判断した理由にふれながら，葉の気孔の分布がどのようになっていると考えられるか，表2をもとに簡潔に述べなさい。 (4点)

### 5 電流，電流と磁界，運動の規則性

電流が磁界から受ける力について調べた実験について，あとの1～5の問いに答えなさい。ただし，アルミニウム棒にはたらく摩擦や空気の抵抗は考えないものとします。

〔実験〕アルミニウムでできたレールを2本水平におき，これにスイッチ，電源装置，抵抗器を導線でつないだ。図1のように，P点と，P点から12 cmはなれたQ点の2点をレール上にとり，P点からQ点までのレールの間に，N極を上にした同じ磁石をすきまなく並べて固定した。P点にアルミニウム棒をのせてスイッチを入れると，アルミニウム棒はP点からQ点に向かって動きだし，Q点の先にあるレール上のR点を通過した。図2は，このときのアルミニウム棒の動きを0.2秒ごとに撮影したもので，Q点とR点の間では，アルミニウム棒は等速直線運動をしていた。

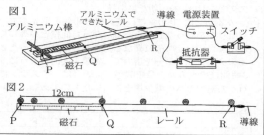

1．実験で，P点からQ点までの区間におけるアルミニウム棒の平均の速さは何cm/sか，求めなさい。 (3点)

2．**よく出る** 実験で，アルミニウム棒がP点からQ点に向かって動きだしたとき，アルミニウム棒に流れる電流によってできる磁界の向きを矢印で模式的に表したものとして，最も適切なものを，次のア～エから1つ選び，記号で答えなさい。 (3点)

3．実験で，Q点からR点に向かって等速直線運動をするアルミニウム棒にはたらく力の組み合わせとして，最も適切なものを，次のア～エから1つ選び，記号で答えなさい。 (3点)

ア．重力と垂直抗力
イ．進行方向と同じ向きの力と，重力と垂直抗力
ウ．どの向きの力もはたらいていない
エ．進行方向と逆向きの力と，重力と垂直抗力

4．実験と同じ抵抗器を新たに回路中の抵抗器につないで，P点からQ点までの区間におけるアルミニウム棒の平均の速さを比較したとき，最も平均の速さが速くなると考えられる抵抗器のつなぎ方を，次のア～エから1つ選び，記号で答えなさい。ただし，電源装置の電圧は，同じ大きさとします。 (3点)
ア．2つの抵抗器を直列につなぐ。
イ．3つの抵抗器を直列につなぐ。
ウ．2つの抵抗器を並列につなぐ。
エ．3つの抵抗器を並列につなぐ。

5．図3のように，R点の高さがQ点よりも高くなるように，木片でレールをのせた台を固定し，R点にアルミニウム棒を置くと同時にスイッチを入れたところ，アルミニウム棒はレール上を移動し，Q点をすぎた位置で静止しました。アルミニウム棒が静止した理由を，アルミニウム棒にはたらく力にふれながら，説明しなさい。 (4点)

図3

# 秋田県

時間 50分　満点 100点　解答 p4　3月5日実施

### 出題傾向と対策

● 例年通り、生物、地学、化学、物理各1題と総合問題1題の計5題の出題であった。実験・観察を中心に基本事項を問う問題が多いが、結果を考察する科学的思考力が必要な問題もある。解答形式は用語記述、文章記述、計算の過程を含めた計算問題、作図など多岐にわたる。

● 教科書の実験・観察の基本事項を押さえておくとともに、結果の考察を文章で表現できる力も身につけておこう。また、練習問題で、さまざまな解答形式に慣れておく必要もある。

## 1　動物の体のつくりと働き　よく出る

明さんは、短距離走の3つの場面をもとに、からだのつくりとはたらきについてまとめた。次の(1)〜(3)の問いに答えなさい。

(1) スタートしたときのようすについて、次のようにまとめた。

> 音は、感覚器官である耳に伝わる。短距離走では、図1のように選手は<sub>a</sub>スタートの合図に反応して走り出す。

図1

① 下線部aのように、意識して起こる反応を、次から2つ選んで記号を書きなさい。 (3点)
　ア．暗い場所に行くとひとみが大きくなった
　イ．相手が投げたボールをつかんだ
　ウ．熱いものにふれて思わず手を引っこめた
　エ．名前を呼ばれたので振り向いた

② 明さんは、走り出すときの命令の信号の伝わり方について、次のようにまとめたが、見直したところ誤りに気づいた。下線部b〜dのうち、誤りのあるものを1つ選んで記号を書きなさい。また、選んだものを正しく書き直しなさい。 (3点)

> <sub>b</sub>脳からの命令の信号は、せきずいに伝わり、その後、末しょう神経である<sub>c</sub>感覚神経を通って、<sub>d</sub>運動器官であるうでやあしなどの筋肉に伝わる。

(2) 走っているときのようすをもとに、からだの動きについて、次のようにまとめた。

> 図2のようにからだが動くのは、骨と筋肉がはたらくためである。図3は、うでの筋肉のようすを表しており、うでを曲げたりのばしたりするとき、<sub>e</sub>筋肉Cと筋肉Dは交互にはたらく。

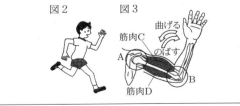

① 図3のA、Bのように、骨と骨のつなぎ目で、曲がる部分を何というか、書きなさい。 (3点)

② 表は下線部eについてまとめたものである。W〜Zのうち、「縮む」の語句が入るのはどれか、2つ選んで記号を書きなさい。 (3点)

|  | 筋肉C | 筋肉D |
|---|---|---|
| うでを曲げるとき | W | X |
| うでをのばすとき | Y | Z |

(3) ゴールした後のようすについて、次のようにまとめた。

> 走ると、図4のように呼吸が激しくなる。このとき、肺ではさかんに<sub>f</sub>酸素と二酸化炭素の交換が行われている。

図4

① 体内で不要になった二酸化炭素を、肺に運ぶ役割をもつ血液の成分は何か、書きなさい。 (3点)

② 下線部fのとき、呼気の酸素と二酸化炭素の濃度は、吸気に比べてそれぞれどのようなちがいがあるか、「吸気に比べて」に続けて書きなさい。 (3点)

## 2　天体の動きと地球の自転・公転　よく出る

洋さんは、7月1日と8月1日に秋田県のある場所で同じ時間帯に天体を観察した。次のノートと図1、図2は、洋さんが観察記録と資料をもとに作成したものである。下の(1)〜(6)の問いに答えなさい。ただし、図1、図2の金星の形と大きさについては、天体望遠鏡を使って同じ倍率で観察したものを、肉眼で見たときと同じ向きになるようにかいている。

<ノート>
・夜空の天体は、<sub>a</sub>天球上にちりばめられたように見えた。
・<sub>b</sub>天体の位置は、1時間で約15°動くことがわかった。
・地球から見た<sub>c</sub>金星の形と大きさは変化することがわかった。
・午後8時の<sub>d</sub>星座の位置は、1か月で約30°移動していることがわかった。

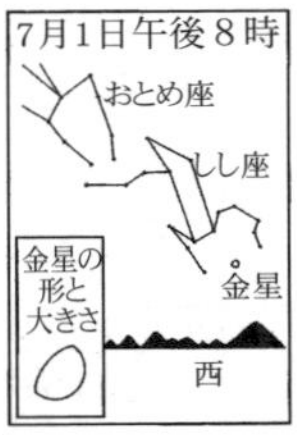

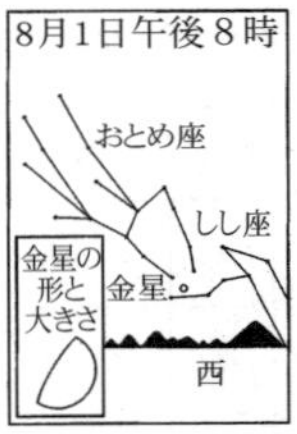

(1) 次のうち、金星はどれに分類されるか、1つ選んで記号を書きなさい。 (2点)
　ア．恒星　　イ．惑星
　ウ．衛星　　エ．すい星

(2) 下線部aにおいて、金星などの天体の位置を表すために必要なものは何か、次から2つ選んで記号を書きなさい。 (3点)
　ア．高度　　イ．距離
　ウ．明るさ　エ．方位角

(3) 下線部bについて、図1の金星は、1時間後どの方向に動いたか、図3のア〜オから最も適切なものを1つ選んで記号を書きなさい。 (3点)

図3

(4) 図4は、地球を静止させた状態で、地球の北極側から見た、太陽、金星、地球の位置関係を模式的に表したものである。日の入り後、西の空に肉眼で金星を観察することができるのは、金星がどの位置にあるときか、A〜Hからすべて選んで記号を書きなさい。 (3点)

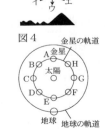

図4

(5) 下線部cについて、洋さんは次のようにまとめた。ま

とめが正しくなるように，X，Yに当てはまる語句をそれぞれ書きなさい。（4点）

> 金星は，地球から観察できる位置にあるとき，地球に近いほど次のように見える。
> ・大きさは（ X ）見える。 ・欠け方は（ Y ）なる。

(6) 下線部dについて，洋さんは次のように考えた。洋さんの考えが正しくなるように，Zに当てはまる最も適切な時刻を，下のア〜オから1つ選んで記号を書きなさい。（3点）

> 8月1日から10か月後，図2と同じ位置におとめ座が見えるのは（ Z ）ごろであると考えました。

ア．午後8時　イ．午後10時　ウ．午前0時
エ．午前2時　オ．午前4時

### 3 物質のすがた

愛さんは，気体の性質について興味をもち，計画を立てて，実験を行った。次の(1)，(2)の問いに答えなさい。
(1) 愛さんは，次のように4種類の気体A〜Dを集める実験の計画を立てた。

> 気体を表1の方法で発生させ，図1のように水上置換法で集める。

図1

表1

| 気体 | 発生方法 |
|---|---|
| A | 水素 | （ X ）にうすい塩酸を加える。 |
| B | 二酸化炭素 | 石灰石にうすい塩酸を加える。 |
| C | 酸素 | 二酸化マンガンにオキシドールを加える。 |
| D | アンモニア | 塩化アンモニウムと水酸化カルシウムを混ぜ合わせて熱する。 |

① A〜Dのうち，単体はどれか，すべて選んで記号を書きなさい。（3点）
② 次のうち，表1のXに当てはまるものはどれか，1つ選んで記号を書きなさい。（3点）
ア．貝がら　　　　　イ．硫化鉄
ウ．アルミニウムはく　エ．炭酸水素ナトリウム
③ Bが二酸化炭素であることを確かめるために使うものはどれか，次から1つ選んで記号を書きなさい。（3点）
ア．石灰水
イ．水でぬらした赤色のリトマス紙
ウ．塩化コバルト紙
エ．無色のフェノールフタレイン溶液
④ 愛さんは，実験の計画を見直したところ，水上置換法ではDを集めることができないと判断した。そのように判断したのは，Dにどのような性質があるためか，書きなさい。（3点）

(2) 次に愛さんは，空気と，3種類の気体A〜Cについて，それぞれの密度のちがいを調べる実験を行った。

> 【実験】 同じ質量の4つのポリエチレンのふくろに空気（密度0.0012 g/cm³），A〜Cを同じ体積ずつそれぞれ入れて密閉した。その後，風の影響がない室内でポ

図2

リエチレンのふくろを棒ではさんで，ポリエチレンのふくろを同時にはなしたときのようすを調べた。表2は，このときの結果をまとめたものである。

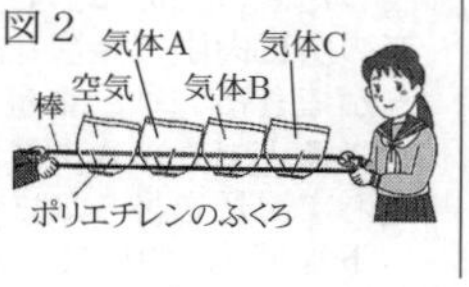

表2

| 気体 | ポリエチレンのふくろのようす |
|---|---|
| 空気 | 下降して床についた。 |
| A | 水素 | 上昇して天井についた。 |
| B | 二酸化炭素 | 空気よりも短い時間で床についた。 |
| C | 酸素 | 空気とほぼ同じ時間で床についた。 |

① 空気をポリエチレンのふくろに600 cm³入れたときの空気の質量は何gか，求めなさい。（3点）
② 愛さんは，表2から，気体の密度のちがいについて，次のように考えた。愛さんの考えが正しくなるように，Yに当てはまる内容を「密度」という語句を用いて書きなさい。（3点）

> 実験から，気体によって密度がちがうことがわかりました。Aは明らかに空気やB，Cと比べて　Y　ということがいえると考えました。

### 4 運動の規則性　よく出る

力と運動について，次の(1)，(2)の問いに答えなさい。
(1) 図1のように，水平面と傾きが30°の斜面をなめらかにつなぎ，水平面上のA点から小球を矢印の向きにはじくと，小球はB点まで速さと向きが変化せずに進んだ。その後，小球

図1

は斜面を上り，斜面上のC点で速さが0になった後，下り始めた。ただし，小球にはたらく空気抵抗と摩擦は考えないものとする。
① 小球がAB間を図1の矢印の向きに進んでいるとき，小球にはたらくすべての力を表しているものは次のどれか，最も適切なものを1つ選んで記号を書きなさい。（3点）

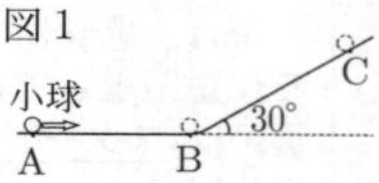

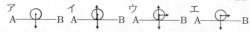

② 図2は，小球がB点からC点まで上るようすを0.1秒間隔で6回撮影したストロボ写真を表したものである。BC間の実際の距離が60 cmであるとき，小球のBC間の平均の速さは何cm/sか，求めなさい。（3点）

図2

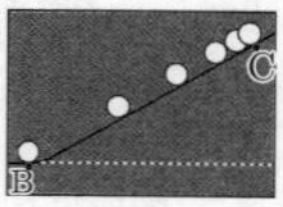

③ 図3は，C点上にある小球にはたらく重力を表したものである。このとき，次のア〜ウの大きさを大きい順に並べて記号を書きなさい。（3点）
ア．小球にはたらく重力
イ．小球にはたらく斜面下向きの力
ウ．小球にはたらく垂直抗力

図3

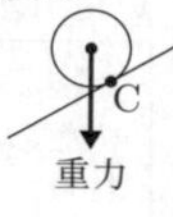

(2) 300gのおもり1個に同じ長さの2本の糸を取りつけた。ただし，100gの物体にはたらく重力の大きさを1Nとする。また，糸はのび縮みせず，1本の糸を引く力の大きさが3N以上になった瞬間に切れるものとし，糸の質量は考えないものとする。
① 図4のように，糸Pと糸Qをそれぞれ真上の方向にしておもりをつるしたとき，糸1本あたりのおもりを引く力の大きさは何Nか，求めなさい。（3点）

図4

② 2本の糸を図5のaとf，bとe，cとdの組み合わせにしてそれぞれおもりをつるすとき，おもりにはたらく引く力のつり合いについて次のように説明した。説明が正しくなるように，Xには下のア～カから1つ選んで記号を，Yには当てはまる内容をそれぞれ書きなさい。（各3点）

図5

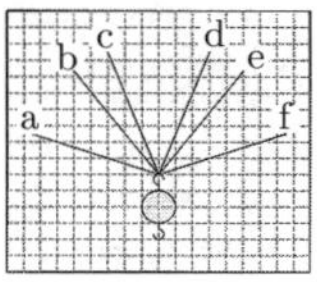

図5のaとf，bとe，cとdの組み合わせのうち，糸が切れるのは（ X ）のときである。糸が切れずに，おもりが静止している組み合わせのときには，おもりにはたらく重力の大きさと，それぞれの糸がおもりを　Y　の大きさは等しくなっている。

ア．aとf  イ．bとe
ウ．cとd  エ．aとf，bとe
オ．aとf，cとd  カ．bとe，cとd

## 5 小問集合

純さんは，生活日誌に書きとめた疑問を次のようにノートに整理し，資料を調べたり，実験を行ったりした。下の(1)～(4)の問いに答えなさい。

[10/27] イチョウの木に，図1のような黄色く色づいた丸いものが見えた。この_a_丸いものは何なのか疑問に思った。
[11/1] 寒くなり，朝，温かい化学かいろを学校に持っていったが，夕方には冷たくなっていた。_b_化学かいろが一度しか使えないのはなぜなのか疑問に思った。
[11/5] 登校する時，カーブミラーがくもっていた。_c_どのような条件のときにくもるのか疑問に思った。

図1 丸いもの

(1) 最初に，下線部aの疑問を解決するため，資料を調べて次のようにまとめた。

・イチョウは，胚珠が（ P ）に包まれていないので，_d_裸子植物に分類される。
・図2のように，イチョウの胚珠は受粉して成長すると丸いものになる。したがって，丸いものはイチョウの（ Q ）である。

図2 胚珠 丸いもの

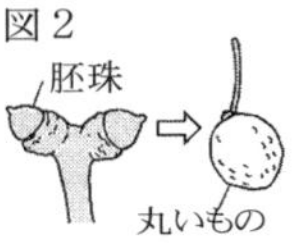

① P，Qに当てはまる語句を，次からそれぞれ1つずつ選んで記号を書きなさい。（2点）
ア．果実  イ．花弁  ウ．子房
エ．種子  オ．胞子

② 次のうち，下線部dに分類される植物はどれか，1つ選んで記号を書きなさい。（2点）
ア．マツ  イ．イネ
ウ．サクラ  エ．アブラナ

(2) 次に，下線部bの疑問を解決するため，実験Ⅰを行った。

【実験Ⅰ】図3のように，ビーカーに鉄粉8gと活性炭4gを入れ，_e_5％食塩水を加えて，ガラス棒でかき混ぜながら5分ごとに温度を調べた。図4は，このときの結果を表したものである。

図3 ガラス棒 食塩水 温度計 ビーカー 鉄粉と活性炭

図4 温度[℃] 時間[分]

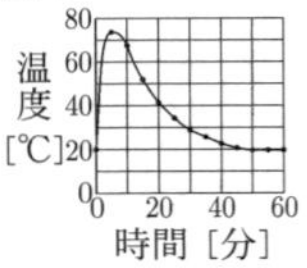

① 純さんは，下線部eを40gつくった。このとき，何gの水に何gの食塩をとかしたか，それぞれ求めなさい。（3点）

② 図4のように，化学変化が起こるときに温度が上がる反応を何というか，書きなさい。（3点）

③ 下線部bについて，純さんは次のように考えた。純さんの考えが正しくなるように，R，Sに当てはまる数値や語句を，下のア～オからそれぞれ1つずつ選んで記号を書きなさい。（3点）

図4をみると，（ R ）分から温度が変化しなくなることがわかります。このときすでに化学変化が終わっていると考えられます。化学変化が終わったのは，酸素や水と反応できる（ S ）がなくなったからではないかと考えました。だから，化学かいろは一度しか使えないのだと思います。

ア．10  イ．30  ウ．50  エ．炭素  オ．鉄

(3) 思考力 続いて，下線部cの疑問を解決するため，実験Ⅱを行った。

【実験Ⅱ】理科室で，図5のように，室温と同じ20℃の水を金属製のボウルに入れた。次に，ボウルの中の水をかき混ぜながら氷水を少しずつ加えると，水の温度が12℃のときにボウルの表面がくもりはじめ，12℃よりも低くなると水滴がはっきり見えた。ただし，_f_金属製のボウルの表面付近の空気の温度は，ボウルの中の水の温度と同じであると考えるものとする。また，表は，各気温における飽和水蒸気量を表したものである。

図5 温度計 金属製のボウル

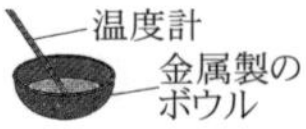

| 気温[℃] | 8 | 12 | 16 | 20 | 24 |
|---|---|---|---|---|---|
| 飽和水蒸気量[g/m³] | 8.3 | 10.7 | 13.6 | 17.3 | 21.8 |

① 下線部fのように考えられるのは，金属にどのような性質があるためか，書きなさい。（2点）

② 実験Ⅱを行ったときの理科室の湿度は何％か，四捨五入して小数第1位まで求めなさい。求める過程も書きなさい。（4点）

③ 下線部cについて，純さんは次のように考えた。純さんの考えが正しくなるように，Xに当てはまる内容を書きなさい。（3点）

実験Ⅱから，「カーブミラーの表面付近の空気の温度が下がり，1m³の空気に含まれる水蒸気の質量が　X　こと」が，カーブミラーがくもる条件の1つと考えました。

(4) 実験Ⅱを終え，カーブミラーのつくりに興味をもった純さんは，カーブミラーが図6のように中央部分がふくらんだ鏡になっていることに気づき，その理由を調べるため，実験Ⅲ，Ⅳを行った。

図6 カーブミラー

【実験Ⅲ】図7のように，鏡A～C，物体D，E，板を置き，F点から鏡を見たところ，D，Eは鏡にうつらず見えなかった。ただし，F点からD，Eは直接見えないものとする。

【実験Ⅳ】図7の状態から，図8のようにAとCに角度をつけてカーブミラーに見立てた。その後，F点から鏡を見ると，D，Eは鏡にうつって見えた。

図7（真上から見た図）　鏡A 鏡B 鏡C

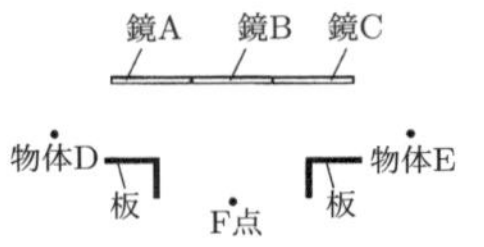

図8（真上から見た図）　鏡A 鏡B 鏡C
物体D 板　物体E 物体D 板　物体E
F点　F点

① 図9は，図8の一部である。Eからの光が鏡で反射してF点に届くまでの光の進む道筋を，図9にかきなさい。　(3点)

図9

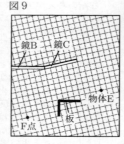

② 純さんは，カーブミラーの中央部分がふくらんでいる理由を次のようにまとめた。まとめが正しくなるように，Yに当てはまる内容を書きなさい。　(3点)

実験Ⅲ，Ⅳから，カーブミラーの中央部分がふくらんでいるのは，　Y　ためといえる。

# 山形県

時間 50分　満点 100点　解答 P5　3月10日実施

## 出題傾向と対策

● 例年通り，物理，化学，生物，地学各2題の計8題の出題であった。解答形式は記述式が多く，その内容は用語記述，文章記述，計算，作図など多岐にわたった。実験，観察を中心に基本事項を問う問題が大半を占めたが，科学的思考力を必要とする出題もあった。
● 基本的な問題が幅広く出題されているので，まずは教科書の内容をしっかりと理解しておくこと。さらに，問題演習によって，作図や計算問題に慣れ，科学的思考力を養っておく必要がある。

## 1 植物の仲間，生物と環境

美咲さんは，ワラビの生産量において，山形県が全国第一位であることを知ったことから，シダ植物のワラビに興味をもち，植物の特徴や生育する場所について調べた。次の問いに答えなさい。

1．図1は，ワラビの葉のスケッチであり，次は，美咲さんが調べたことをまとめたものである。 a ， b にあてはまる語をそれぞれ書きなさい。　(各2点)

ワラビの葉が緑色をしているのは葉の細胞に a があるからである。光合成は a で行われている。また，ワラビの葉の裏側にはつぶ状のものの集まりがあり，つぶ状のものの中に b が入っている。ワラビなどのシダ植物は， b によって子孫をふやす。

図1

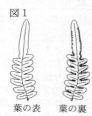

葉の表　葉の裏

2．**基本** ワラビなどのシダ植物とサクランボなどの被子植物は，子孫をふやす方法は異なるが，からだのつくりなどに共通する特徴をもつ。シダ植物と被子植物に共通する特徴を，次のア～エからすべて選び，記号で答えなさい。　(3点)
　ア．師管をもつ
　イ．根，茎，葉の区別がある
　ウ．胚珠がある
　エ．花がさく

3．美咲さんは，ワラビなどのさまざまな植物が生育している場所の土の特徴を調べるため，次の①～⑤の手順で実験をした。表は，実験結果である。
【実験】
① さまざまな植物が生育している場所から採取した土3gをビーカーにとり，水50mLを加えてよくかき混ぜ，ろ過し，ろ液を得た。
② ①のろ液の半分を別のビーカーにとり，それを十分に加熱した。
③ 図2のように，容器A，Bそれぞれに，0.1％デンプン溶液9mLを入れ，容器Aには①の加熱していないろ液1mLを加え，容器Bには②の十分に加熱したろ液1mLを加えた。

図2

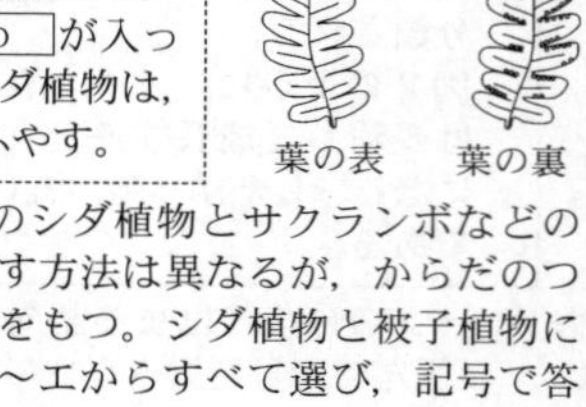

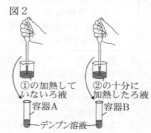

①の加熱していないろ液　②の十分に加熱したろ液
容器A　容器B
デンプン溶液

④ 容器A，Bにふたをして，室温で1週間保存した。
⑤ ④のあと，容器A，Bにヨウ素液を加えて，色の変化を観察した。

| 容器 | ヨウ素液との反応 |
|---|---|
| A | 反応しなかった。 |
| B | 青紫色になった。 |

次は，美咲さんが，実験結果から考えたことをまとめたものである。あとの問いに答えなさい。　　（各3点）

容器A内でヨウ素デンプン反応がみられないことから，さまざまな植物が生育していた場所の土に含まれていた微生物がデンプンを分解したと考えられる。容器B内でヨウ素デンプン反応がみられたのは，ろ液を十分に加熱したことで，　c　ためと考えられる。
さまざまな植物が生育している場所には落ち葉などがあり，微生物は，　d　によって，落ち葉に含まれるデンプンなどの　e　物を，　f　物に分解する。植物はこの　f　物を養分として生育に利用している。これらのことから，微生物のはたらきが植物の生育に役立っていると考えられる。

(1) 　c　にあてはまる言葉を書きなさい。
(2) 　d　～　f　にあてはまる語の組み合わせとして適切なものを，次のア～カから一つ選び，記号で答えなさい。

ア．d．排出　　e．無機　　f．有機
イ．d．排出　　e．有機　　f．無機
ウ．d．呼吸　　e．無機　　f．有機
エ．d．呼吸　　e．有機　　f．無機
オ．d．消化　　e．無機　　f．有機
カ．d．消化　　e．有機　　f．無機

## 2 動物の体のつくりと働き，動物の仲間

悠斗さんは，夏休みに訪れた水族館で，イカの泳ぎ方に興味をもち，動物のからだのつくりや特徴について調べた。次は，悠斗さんがまとめたものの一部である。あとの問いに答えなさい。

【イカのからだのつくり】
図は，イカのからだの模式図である。イカのからだはさまざまな器官からなりたっている。
【調べたこと】
・ろうとから水をはき出して泳いでいる。
・からだに，節や①背骨をもたない。
・肝臓，えら，②心臓，胃などの器官をもつ。
・内臓を包みこんでいる膜を外とう膜という。
【さらに知りたいこと】
水族館内の③他の動物との違いや共通点はどんなものがあるか。

1. **よく出る**　下線部①について，次は，悠斗さんが，無セキツイ動物について調べたことをまとめたものである。　a　，　b　にあてはまる語を書きなさい。（各3点）

イカと貝は，一見すると異なって見えるが，からだに節がなく，外とう膜が内臓を包んでいるという共通点をもち，無セキツイ動物のなかでも　a　動物に分類される。
カニなどの甲殻類やミズカマキリなどの昆虫類は，からだに節があり，からだの外側が　b　というかたい殻でおおわれている。

2. **基本**　下線部②に関連して，次は，悠斗さんが，ヒトの心臓と血液の流れについてまとめたものである。　c　，　d　にあてはまる語の組み合わせとして適切なものを，あとのア～カから一つ選び，記号で答えなさい。　　（3点）

心臓の　c　から送り出された血液は，大動脈を通って全身に送られる。送り出された血液は，全身の細胞に酸素や養分をあたえ，二酸化炭素などを受けとり，大静脈を通って心臓の　d　に戻る。

ア．c．左心室　　d．左心房
イ．c．右心室　　d．右心房
ウ．c．左心室　　d．右心室
エ．c．右心室　　d．左心室
オ．c．左心室　　d．右心房
カ．c．右心室　　d．左心房

3. 下線部③について，表は，悠斗さんが，水族館にいる動物や身近にいる動物の特徴をまとめたものである。表の　e　にあてはまる言葉を書きなさい。　（3点）

| 動物名＼特徴 | イカカニ | メダカサケ | カエルイモリ | カメヘビ | ペンギンハト | クジライルカ |
|---|---|---|---|---|---|---|
| 有性生殖である | ○ | ○ | ○ | ○ | ○ | ○ |
| 背骨をもつ | × | ○ | ○ | ○ | ○ | ○ |
| 　e　 | × | × | △ | ○ | ○ | ○ |
| 恒温動物である | × | × | × | × | ○ | ○ |
| 胎生である | × | × | × | × | × | ○ |

注：○は表中の特徴をもつこと，△はもつ時期ともたない時期があること，×はもたないことを表している。

## 3 気象観測，日本の気象

次郎さんは，山形県の天気の変化に興味をもち，大気の動きと天気の関係について調べた。図1～3は，2019年4月27日から29日のいずれかの午前9時における日本付近の天気図である。あとの問いに答えなさい。

図1
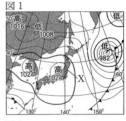

図2
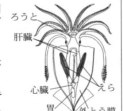

図3
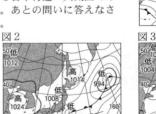

1. **よく出る**　図1のX地点は，山形県内のある地点を示している。図1のときのX地点では，雲量が7，風向は北西の風，風力は2であった。このことを，天気図で用いる記号で表したものとして最も適切なものを，次のア～カから一つ選び，記号で答えなさい。　（3点）

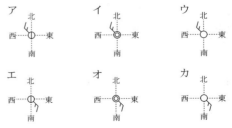

2. 次は，次郎さんが，日本の春の天気について調べたことをまとめたものである。あとの問いに答えなさい。
(各3点)

　春の天気は，高気圧と低気圧が日本列島を交互に通り，晴れの日と雨の日をくり返す。これは，日本が位置する中緯度地域の上空にふく ａ という強い風が影響している。また，この風の影響により，春の天気は西から東へ変わることが多い。

(1) **基本** ａ にあてはまる語を書きなさい。
(2) 次郎さんは，まとめたものをもとに，図1～3を日付の早い順に並べた。図1～3を日付の早い順に並べたものを，次のア～カから一つ選び，記号で答えなさい。
ア．図1→図2→図3　　イ．図1→図3→図2
ウ．図2→図1→図3　　エ．図2→図3→図1
オ．図3→図1→図2　　カ．図3→図2→図1

3. 次は，次郎さんが，さらに日本の冬の天気について調べたことをまとめたものである。 ｂ にあてはまる言葉を書きなさい。
(3点)

　日本列島はユーラシア大陸と太平洋にはさまれている。冬は大陸が冷え，海洋の方があたたかくなるので，大陸上の気圧が高く，海洋上の気圧が低くなる。このため，ユーラシア大陸から太平洋に向かって，冷たく乾燥した空気が移動する。冷たく乾燥した空気が，日本海をわたるとき，この空気より温度の高い海面上であたためられ， ｂ ことによって雲ができる。その後，日本列島の山脈にあたって上昇気流となり雲が発達して，山形県を含む日本海側に雪を降らせる。

## 4 天体の動きと地球の自転・公転，太陽系と恒星

　山形県内に住む恵子さんは，天体の運動について興味をもち，星座の観察をした。次は，恵子さんがまとめたものである。あとの問いに答えなさい。

【星座の観察】
　星座の形や星座の見える位置を比べるために，2019年7月3日と8月5日の午前0時に，自宅の窓から，南の空に見える星を，デジタルカメラのタイマー機能を使って撮影した。図1，2は，撮影した星の画像をもとに，7月3日と8月5日の午前0時におけるそれぞれの南の空の星座をスケッチしたものである。

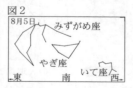

【観察の結果】
　8月5日に南の空で観察できた星座の位置は，7月3日の同じ時刻に比べて西へ移っていた。また，7月3日にはさそり座の近くに①木星を観察できた。
【調べたこと】
　星座を形づくる星々は，太陽と同じように自ら光を出している ａ である。地球から星座を形づくるそれぞれの星までの距離は ｂ ため，星は天球にはりついているように見える。同じ時刻に見える星座の位置が1年を周期として変化したり，②太陽が天球上を1年かけて動いていくように見えたりするのは，③地球が太陽のまわりを1年に1回公転しているからである。

【さらに知りたいこと】
　天球上において，④太陽と星座の位置関係はどのように変化するのだろうか。

1. **基本** ａ ， ｂ にあてはまる言葉の組み合わせとして適切なものを，次のア～カから一つ選び，記号で答えなさい。
(2点)
ア．ａ．衛星　ｂ．異なるが，とても遠い
イ．ａ．衛星　ｂ．等しく，とても遠い
ウ．ａ．恒星　ｂ．異なるが，とても遠い
エ．ａ．恒星　ｂ．等しく，とても遠い
オ．ａ．惑星　ｂ．異なるが，とても遠い
カ．ａ．惑星　ｂ．等しく，とても遠い

2. **よく出る** 下線部①について，木星は真夜中に見ることができるが，金星は明け方か夕方にしか見ることができない。金星が明け方か夕方にしか見ることができない理由を書きなさい。
(3点)

3. **基本** 下線部②について，天球上の太陽の通り道を何というか，書きなさい。
(2点)

4. 下線部③について，地球が公転の軌道上を1か月で移動する角度は何度か。最も適切なものを，次のア～エから一つ選び，記号で答えなさい。
(3点)
ア．約15°　　　　イ．約30°
ウ．約45°　　　　エ．約60°

5. 下線部④について，図3は，太陽のまわりを公転する地球と，天球上の太陽の通り道にある星座の位置関係を表した模式図である。9月のはじめに，天球上に見える太陽は，何座の位置にあるか。観察の結果をもとに，最も適切なものを，模式図中の星座名で答えなさい。(3点)

図3
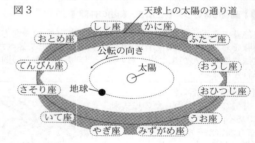

## 5 物質のすがた，水溶液，酸・アルカリとイオン

　里奈さんは，物質の溶け方や水溶液について調べるため，次の①～③の手順で実験を行った。あとの問いに答えなさい。
【実験】
① 図1のように，塩化ナトリウムとミョウバンを，10gずつはかりとり，60℃の水50gにそれぞれ溶かした。
② それぞれの水溶液を40℃に冷やしたときの様子を観察した。
③ それぞれの水溶液を20℃に冷やしたときの様子を観察した。

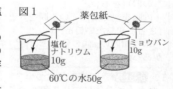

【結果】
・水溶液の温度が40℃のとき，両方の水溶液中に変化はみられなかった。
・水溶液の温度が20℃のとき，片方の水溶液中に固体が出てきた。

1. **よく出る** ①の水のように，物質を溶かす液体を何というか，書きなさい。
(2点)

2. ③において，固体が出なかった方の水溶液の体積を，100 mLのメスシリンダーを用いてはかった。液面を真横から水平に見ると，図2のようであった。この水溶液の密度は何g/cm³か。式と答えを書きなさい。答えは，小数第2位を四捨五入して，小数第1位まで求めなさい。なお，1 mL=1 cm³であり，途中の計算は書かなくてよい。(3点)

図2

3. 表は，水100 gに溶けるそれぞれの物質の最大の質量を表している。次は，里奈さんが考えたことをまとめたものである。あとの問いに答えなさい。

|  | 20℃ | 40℃ | 60℃ |
|---|---|---|---|
| 塩化ナトリウムの質量[g] | 35.8 | 36.3 | 37.1 |
| ミョウバンの質量[g] | 11.4 | 23.8 | 57.4 |

固体をいったん水に溶かし，冷やして，もう一度固体をとり出すことを a という。表をもとにすると，実験では， b の固体が c g出てきたと考えられる。出てきた固体を観察すると，いくつかの平面で囲まれた規則正しい形をしていた。

(1) a にあてはまる語を書きなさい。(2点)
(2) b ， c にあてはまるものの組み合わせとして適切なものを，次のア〜カから一つ選び，記号で答えなさい。(3点)
 ア．b．塩化ナトリウム　c．1.4
 イ．b．ミョウバン　　c．1.4
 ウ．b．塩化ナトリウム　c．4.3
 エ．b．ミョウバン　　c．4.3
 オ．b．塩化ナトリウム　c．6.2
 カ．b．ミョウバン　　c．6.2

4. **基本** 次は，里奈さんが，中和によっても塩化ナトリウム水溶液ができることを知り，調べたことをまとめたものである。 d に適切な化学式や記号を書き，化学反応式を完成させなさい。(3点)

酸性の水溶液とアルカリ性の水溶液を混ぜ合わせると，中和が起きて，おたがいの性質を打ち消し合う。塩酸と水酸化ナトリウム水溶液を中性になるように混ぜ合わせると，塩化ナトリウム水溶液になる。塩酸と水酸化ナトリウム水溶液の中和は，次の化学反応式で表すことができる。
HCl + NaOH → d

## 6 化学変化と物質の質量

化学変化と熱の関係について調べるため，次の実験1，2を行った。表は，実験結果である。あとの問いに答えなさい。ただし，水の温度は実験の温度変化には関係しないものとする。

【実験1】試験管に塩化アンモニウム1.00 gと水酸化バリウム3.00 gの混合物を入れ，その混合物の温度を測定した。その後，水1.00 gを加えて，ふたをせずに，再び温度を測定した。

【実験2】蒸発皿に酸化カルシウム3.00 gの粉末を入れ，その粉末の温度を測定した。その後，水1.00 gを加えて，ふたをせずに，再び温度を測定した。

|  | 実験1 | 実験2 |
|---|---|---|
| 水を加える前の温度[℃] | 21.7 | 20.8 |
| 水を加えた後の温度[℃] | 3.1 | 63.7 |

1. 実験1では，気体のアンモニアが発生し，試験管の口から特有のにおいがした。次の問いに答えなさい。
(1) **基本** アンモニアを化学式で書きなさい。(2点)
(2) 実験1のあと，試験管内の物質の質量をはかった。その質量を表したものとして最も適切なものを，次のア〜ウから一つ選び，記号で答えなさい。(3点)
 ア．5.00 gより大きい
 イ．5.00 g
 ウ．5.00 gより小さい

(3) 次は，実験1についてまとめたものである。 a ， b にあてはまる言葉の組み合わせとして最も適切なものを，あとのア〜エから一つ選び，記号で答えなさい。(3点)

実験1の温度変化がみられたのは，実験1の反応が a 反応だからである。また，実験後の試験管にBTB溶液を加えたところ，アルカリ性であることを示す b 色に変化した。

 ア．a．周囲から熱を吸収する　b．青
 イ．a．周囲から熱を吸収する　b．緑
 ウ．a．周囲に熱が吸収される　b．青
 エ．a．周囲に熱が吸収される　b．緑

2. 実験2の化学変化は，加熱式弁当などに利用されている。加熱式弁当に，酸化カルシウムと水のみで起こる化学変化が利用されるのは，どのような利点があるからか，あたたまるしくみに着目して，書きなさい。(4点)

## 7 電流

二つの抵抗器にかかる電圧と，流れる電流の関係を調べるため，次の実験を行った。あとの問いに答えなさい。ただし，電流計と導線の電気抵抗は無視できるものとする。

【実験】図1のように，電気抵抗の大きさが20 Ωの抵抗器Aと，30 Ωの抵抗器Bを直列に接続し，電源装置の電圧を調整して，電圧計と電流計のそれぞれが示す値を読みとった。表は，実験結果である。

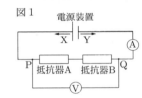

図1

| 電圧[V] | 電流[mA] |
|---|---|
| 0 | 0 |
| 1.0 | 20 |
| 2.0 | 40 |
| 3.0 | 60 |
| 4.0 | 80 |
| 5.0 | 100 |

1. **基本** 下線部に関連して，金属などのように，電気抵抗が小さく電流が流れやすい物質を何というか，漢字2字で書きなさい。(2点)

2. 次は，電子の移動についてまとめたものである。 a ， b にあてはまるものの組み合わせとして適切なものを，あとのア〜エから一つ選び，記号で答えなさい。(3点)

図1の回路に電流が流れているとき， a の電気をもった電子が，図1の b の向きに移動している。

 ア．a．+　b．X
 イ．a．+　b．Y
 ウ．a．-　b．X
 エ．a．-　b．Y

3. 電圧計の示す値を0 Vから5.0 Vまで変化させたとき，抵抗器Aにかかる電圧と流れる電流の関係を表すグラフを，図2にかきなさい。(4点)

4. **よく出る** 図1のPQ間の抵抗器A，Bをとりはずし，抵抗器A，Bを並列につなぎかえて再びPQ間に接続した。電圧計の示す値が6.0 Vのとき，抵抗器Bで消費される電力は何Wか，求めなさい。(4点)

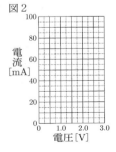

図2

8 力と圧力

ばねののびと力の大きさの関係を用いて，浮力について調べるため，次の実験1，2を行った。なお，質量が100gの物体にはたらく重力の大きさを1Nとする。また，糸はのび縮みせず，質量と体積は無視できるものとする。あとの問いに答えなさい。

【実験1】
図1のように，質量10gのおもりを1個つるした。さらに，おもりを1個ずつ増やし，5個になるまで，ばねののびをそれぞれ測定した。グラフ1はその結果を表したものである。

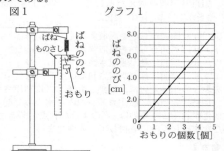

【実験2】
質量が100gで体積の異なるおもりA，Bを用意し，実験1と同じばねを用いてそれぞれつるした。その後，図2のように，台を上げながら，おもりを水に入れ，水面からおもりの下面までの深さと，そのときのばねののびをそれぞれ測定した。グラフ2は，その結果を表したものである。なお，実験は，下面までの深さが5cmになるまで行い，おもりが容器の底につくことはなかった。

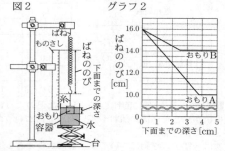

1. 基本 次は，実験1についてまとめたものである。 a にあてはまる語を書きなさい。　(2点)

> グラフ1より，おもりの個数が増えるほど，ばねがおもりから受ける力は大きくなり，ばねののびも大きくなる。ばねののびが，ばねが受ける力の大きさに比例する関係を a の法則という。

2. 実験2について，次の問いに答えなさい。

(1) 次は，結果から考えられることをまとめたものである。 b ， c にあてはまる言葉の組み合わせとして適切なものを，あとのア～カから一つ選び，記号で答えなさい。　(3点)

> グラフ2より，水中におもり全体が入ると，ばねののびは一定になり，このときのばねののびの違いから，おもりAよりおもりBの方が体積が b ことがいえる。また，水中におもり全体が入ったあとの浮力の大きさは c ことがいえる。

　ア．b．大きい　　c．深いほど大きくなる
　イ．b．小さい　　c．深いほど大きくなる
　ウ．b．大きい　　c．深いほど小さくなる
　エ．b．小さい　　c．深いほど小さくなる
　オ．b．大きい　　c．深さに関係しない
　カ．b．小さい　　c．深さに関係しない

(2) 水中におもり全体が入ったあと，おもりを横から見たときの，おもりにはたらく水圧の向きと大きさを矢印で表した模式図として最も適切なものを，次のア～エから一つ選び，記号で答えなさい。　(3点)

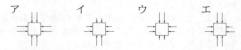

(3) 思考力 水中におもりA全体が入ったとき，おもりAにはたらく浮力の大きさは何Nか。小数第2位を四捨五入し，小数第1位まで求めなさい。　(4点)

**3月4日実施**

## 出題傾向と対策

●例年出題されていた小問集合が無く，物理，化学，生物，地学各2題の計8題であった。実験や観察を題材に基本事項を問うものが多いが，実験結果から考察させる科学的思考力を必要とする設問もあった。解答形式は選択式が多いが，計算や作図の問題も出題されている。

●幅広い範囲の基本的事項を押さえておくことが重要である。実験・観察は手順を理解し，結果からわかることを考察する科学的思考力を磨こう。記述式の問題では，要点を押さえた文を簡潔に書く力が求められる。

## 1 生物の観察，植物の体のつくりと働き，植物の仲間，生物の成長と殖え方

次の観察について，(1)～(4)の問いに答えなさい。

観察．
Ⅰ．図1のように，水を満たしたビーカーの上にタマネギを置いて発根させ，根のようすを観察した。

Ⅱ．図2のように，1本の根について，根が約2cmの長さにのびたところで，根もと，根もとから1cm，根もとから2cmの3つの場所にペンで印をつけ，それぞれa，b，cとした。

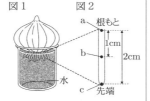

印をつけた根が約4cmの長さにのびたところで，再び各部分の長さを調べると，aとbの間は1cm，aとcの間は4cmになっていた。

Ⅲ．Ⅱの根を切り取り，塩酸処理を行った後，a，b，cそれぞれについて，印をつけた部分を含むように2mmの長さに輪切りにし，別々のスライドガラスにのせて染色液をたらした。数分後，カバーガラスをかけ，ろ紙をのせて押しつぶし，プレパラートを作成した。それぞれのプレパラートを，顕微鏡を用いて400倍で観察したところ，視野全体にすき間なく細胞が広がっていた。視野の中の細胞の数を数えたところ，右表のようになった。

| | a | b | c |
|---|---|---|---|
| 細胞の数 | 13 | 15 | 63 |

また，cの部分を含んだプレパラートでのみ，ひものような染色体が観察された。

(1) **基本** 次の文は，Ⅰについて述べたものである。A，Bにあてはまることばを，それぞれ書きなさい。

図1のように，タマネギからはたくさんの細い根が出ていた。このような根を A といい，この根の特徴から，タマネギは被子植物の B 類に分類される。

(2) **よく出る** 顕微鏡の使い方について述べた文として正しいものを，次のア～エの中から1つ選びなさい。
ア．観察するときには，顕微鏡をできるだけ直射日光のあたる明るいところに置く。
イ．観察したいものをさがすときには，視野のせまい高倍率の対物レンズを使う。
ウ．視野の右上にある細胞を視野の中央に移動させるときには，プレパラートを右上方向に移動させる。
エ．ピントを合わせるときには，接眼レンズをのぞきながらプレパラートと対物レンズを近づけていく。

(3) 下線部について，図3は細胞分裂の過程のさまざまな細胞のようすを模式的に示したものである。次の①，②の問いに答えなさい。

図3

① **よく出る** 図3のP～Tを，Pを1番目として細胞分裂の順に並べ替えたとき，3番目となるものはどれか。Q～Tの中から1つ選びなさい。
② 染色体の複製が行われているのはどの細胞か。P～Tの中から1つ選びなさい。

(4) 次の文は，観察からわかったことについて述べたものである。X～Zにあてはまることばの組み合わせとして最も適切なものを，次のア～クの中から1つ選びなさい。

印をつけた根は X の間がのびていた。aとbの部分の細胞の大きさはほとんど同じだが，aとbの部分の細胞に比べてcの部分の細胞は Y ことがわかった。また，cの部分では，ひものような染色体が観察された。
以上のことから，根は Z に近い部分で細胞分裂が起こり，その細胞が大きくなっていくことで，根が長くなることがわかった。

| | X | Y | Z |
|---|---|---|---|
| ア | aとb | 大きい | 根もと |
| イ | aとb | 大きい | 先端 |
| ウ | aとb | 小さい | 根もと |
| エ | aとb | 小さい | 先端 |
| オ | bとc | 大きい | 根もと |
| カ | bとc | 大きい | 先端 |
| キ | bとc | 小さい | 根もと |
| ク | bとc | 小さい | 先端 |

## 2 動物の体のつくりと働き，動物の仲間

次の文は，ヒトのからだのはたらきについて述べたものである。(1)～(5)の問いに答えなさい。

筋肉による運動や〈sub〉a〈/sub〉体温の維持など，からだのさまざまなはたらきにはエネルギーが必要であり，そのエネルギーを得るためヒトは食物をとっている。
食物は，消化管の運動や消化酵素のはたらきによって吸収されやすい物質になり，養分として〈sub〉b〈/sub〉小腸のかべから吸収される。養分は，〈sub〉c〈/sub〉血液によって全身の細胞に運ばれ，〈sub〉d〈/sub〉細胞の活動に使われる。
細胞の活動によって，二酸化炭素やアンモニアなどの物質ができる。これらの〈sub〉e〈/sub〉排出には，さまざまな器官が関わっている。

(1) **基本** 下線部aについて，右のグラフは，気温とセキツイ動物の体温との関係を表したものである。これについて述べた次の文の□□にあてはまることばを書きなさい。

生物が生息している環境の温度は，昼と夜，季節などによって，大きく変化する。セキツイ動物には，気温に対してAのような体温を表す動物と，Bのような体温を表す動物がいる。Aのような動物は，□□動物とよばれる。

(2) **よく出る** 下線部bについて，図は，小腸のかべの断面の模式図である。小腸のかべが，効率よく養分を吸収することができる理由を，「ひだや柔

(3) **基本** 下線部cについて、ヒトの血液の成分について述べた文として正しいものを、次のア〜エの中から1つ選びなさい。
ア．赤血球は、毛細血管のかべを通りぬけられない。
イ．白血球は、中央がくぼんだ円盤型をしている。
ウ．血小板は、赤血球よりも大きい。
エ．血しょうは、ヘモグロビンをふくんでいる。

(4) 下線部dについて、次の文は、細胞による呼吸について述べたものである。□にあてはまる適切なことばを、エネルギー、酸素、養分という3つのことばを用いて書きなさい。

> ひとつひとつの細胞では、□□□□□□。このとき、二酸化炭素と水ができる。細胞のこのような活動を、細胞による呼吸という。

(5) 下線部eについて、次の文は、アンモニアが体外へ排出される過程について述べたものである。①、②にあてはまることばの組み合わせとして正しいものを、次のア〜カの中から1つ選びなさい。

> 蓄積すると細胞のはたらきにとって有害なアンモニアは、血液によって運ばれ、①で無害な尿素に変えられる。血液中の尿素は、②でとり除かれ、尿の一部として体外へ排出される。

| | ① | ② |
|---|---|---|
| ア | じん臓 | ぼうこう |
| イ | じん臓 | 肝臓 |
| ウ | ぼうこう | じん臓 |
| エ | ぼうこう | 肝臓 |
| オ | 肝臓 | じん臓 |
| カ | 肝臓 | ぼうこう |

## 3 気象観測、日本の気象

次の文は、生徒と先生の会話の一部である。(1)〜(5)の問いに答えなさい。

生徒　海岸付近の風のふき方について調べるため、夏休みに気象観測を行いました。気象観測は、よく晴れたおだやかな日に、東に海が広がる海岸で行い、観測データを表にまとめました。表から、この日の風向は6時から8時の間と、□X□の間に大きく変化したことがわかりました。

| 時 | 天気 | 風向 | 風力 |
|---|---|---|---|
| 6 | 快晴 | 北北西 | 1 |
| 8 | 快晴 | 東 | 1 |
| 10 | 晴れ | 東 | 2 |
| 12 | 晴れ | 東南東 | 2 |
| 14 | 晴れ | 東南東 | 1 |
| 16 | 晴れ | 東南東 | 1 |
| 18 | 曇り | 西南西 | 1 |
| 20 | 晴れ | 南西 | 1 |

先生　よいところに気がつきましたね。海の近くでは1日のうちで海風と陸風が入れかわる現象が起こることが知られています。風向きはなぜ変化するのでしょう。太陽の光が当たる日中には、陸上と海上では、どのようなちがいが生じると思いますか。

生徒　はい。水には岩石と比べて□Y□性質があります。そのため、太陽の光が当たる日中には、陸と海には温度の差ができるので、陸上と海上にも気温の差ができると思います。

先生　そうです。それぞれの気温を比べてみると、日中には□①□の気温の方が高くなりますね。気温の変化は、空気の動きや気圧にどう影響すると思いますか。

生徒　ええと、空気があたためられると膨張して密度が小さくなり、□②□気流が発生するので、その場所の気圧は低くなっていると思います。反対に、空気が冷やされて収縮して密度が大きくなり、□③□気流が発生するので、気圧は高くなっていると思います。
　　　あ、そうか。日中に私が観測した東寄りの風は、気圧が高くなった海から気圧が低くなった陸上へ向かってふいた風だったのですね。

先生　そのとおりです。気圧の差が生じて風がふくということをよくとらえましたね。では、夜にふく風についてはどのように考えられますか。

生徒　はい。夜には水の□Y□性質によって、□④□の気温の方が高くなるので、日中とは反対に、陸から海へ向かって風がふくと思います。

先生　そうです。これらの風を海陸風といいます。実は、同じような現象は、より広範囲の大陸と海洋の間でも起こることが知られています。

(1) **基本** 表の10時の観測データを天気図記号で表したものを、次のア〜クの中から1つ選びなさい。

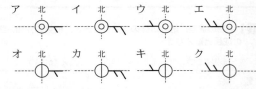

(2) 文中のXにあてはまるものを、次のア〜ウの中から1つ選びなさい。
ア．10時から12時
イ．16時から18時
ウ．18時から20時

(3) 文中のYにあてはまることばを、次のア〜エの中から1つ選びなさい。
ア．あたたまりやすく冷えやすい
イ．あたたまりやすく冷えにくい
ウ．あたたまりにくく冷えやすい
エ．あたたまりにくく冷えにくい

(4) 文中の①〜④にあてはまることばの組み合わせとして正しいものを、次のア〜エの中から1つ選びなさい。

| | ① | ② | ③ | ④ |
|---|---|---|---|---|
| ア | 陸上 | 上昇 | 下降 | 海上 |
| イ | 陸上 | 下降 | 上昇 | 海上 |
| ウ | 海上 | 上昇 | 下降 | 陸上 |
| エ | 海上 | 下降 | 上昇 | 陸上 |

(5) 下線部について、次の文は、日本付近で、冬に北西の季節風がふくしくみを説明したものである。□にあてはまる適切なことばを、気温、気圧という2つのことばを用いて書きなさい。

> 冬になると、ユーラシア大陸上では太平洋上と比べて□□□□□。その結果、ユーラシア大陸から太平洋へ向かって北西の季節風がふく。

## 4 天体の動きと地球の自転・公転、太陽系と恒星

福島県のある場所で、日の出前に南東の空を観察した。(1)〜(5)の問いに答えなさい。

午前6時に南東の空を観察すると、明るくかがやく天体A、天体B、天体Cが見えた。図は、このときのそれぞれの天体の位置をスケッチしたものである。
また、天体Aを天体望遠鏡で観察すると、aちょうど半分が欠けて見えた。
その後も、b空が明るくなるまで観察を続けた。
それぞれの天体についてコンピュータソフトで調べると、天体Aは金星、天体Bは木星であり、天体Cはアン

タレスと呼ばれる恒星であることがわかった。
(1) **基本** 金星や木星は，恒星のまわりを回っていて，自ら光を出さず，ある程度の質量と大きさをもった天体である。このような天体を何というか。書きなさい。
(2) 次の表は，金星，火星，木星，土星の特徴をまとめたものである。木星の特徴を表したものとして最も適切なものを，次のア～エの中から1つ選びなさい。

|   | 密度[g/cm³] | 主な成分 | 公転の周期[年] | 環の有無 |
|---|---|---|---|---|
| ア | 0.7 | 水素とヘリウム | 29.5 | 有 |
| イ | 1.3 | 水素とヘリウム | 11.9 | 有 |
| ウ | 3.9 | 岩石と金属 | 1.9 | 無 |
| エ | 5.2 | 岩石と金属 | 0.6 | 無 |

(3) 下線部aについて，このときの天体Aの見え方の模式図として最も適切なものを，次のア～オの中から1つ選びなさい。ただし，ア～オは，肉眼で観察したときの向きで表したものである。

(4) **基本** 下線部bについて，観察を続けると天体Cはどの方向に移動して見えるか。最も適切なものを，右のア～エの中から1つ選びなさい。

(5) 次の文は，観察した日以降の金星の見え方について述べたものである。①，②にあてはまることばの組み合わせとして最も適切なものを，次のア～カの中から1つ選びなさい。

| 15日おきに，天体望遠鏡を使って日の出前に見える金星を観察すると，見える金星の形は ① いき，見かけの金星の大きさは ② 。 |

|   | ① | ② |
|---|---|---|
| ア | 欠けて | 大きくなっていく |
| イ | 欠けて | 変わらない |
| ウ | 欠けて | 小さくなっていく |
| エ | 満ちて | 大きくなっていく |
| オ | 満ちて | 変わらない |
| カ | 満ちて | 小さくなっていく |

## 5 物質のすがた，化学変化と物質の質量

うすい塩酸と炭酸水素ナトリウムを用いて，次の実験を行った。(1)～(5)の問いに答えなさい。

実験1.
I. 図のように，うすい塩酸30 cm³を入れたビーカーとa炭酸水素ナトリウム1.0 gを入れた容器Xを電子てんびんにのせ，反応前の全体の質量として測定した。
II. うすい塩酸に容器Xに入った炭酸水素ナトリウムをすべて加えたところ，気体が発生した。
III. 気体が発生し終わったビーカーと，容器Xを電子てんびんに一緒にのせ，反応後の全体の質量として測定した。
IV. うすい塩酸30 cm³を入れたビーカーを他に4つ用意し，それぞれに加える炭酸水素ナトリウムの質量を2.0 g，3.0 g，4.0 g，5.0 gに変えて，実験1のI～IIIと同じ操作を行った。

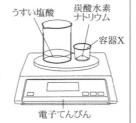

実験1の結果.

| 炭酸水素ナトリウムの質量[g] | 1.0 | 2.0 | 3.0 | 4.0 | 5.0 |
|---|---|---|---|---|---|
| 反応前の全体の質量[g] | 96.2 | 94.5 | 97.9 | 96.2 | 99.7 |
| 反応後の全体の質量[g] | 95.7 | 93.5 | 96.4 | 94.7 | 98.2 |

実験2.
I. 炭酸水素ナトリウム4.0 gを入れた容器Xと，実験1で使用したものと同じ濃度のうすい塩酸10 cm³を入れたビーカーを電子てんびんにのせ，反応前の全体の質量として測定した。
II. うすい塩酸に容器Xに入った炭酸水素ナトリウムをすべて加えたところ，気体が発生した。
III. 気体が発生し終わったビーカーと容器Xを電子てんびんに一緒にのせ，反応後の全体の質量として測定した。
IV. うすい塩酸20 cm³，30 cm³，40 cm³，50 cm³を入れたビーカーを用意し，それぞれに加える炭酸水素ナトリウムの質量をすべて4.0 gとして，実験2のI～IIIと同じ操作を行った。

実験2の結果.

| うすい塩酸の体積[cm³] | 10 | 20 | 30 | 40 | 50 |
|---|---|---|---|---|---|
| 反応前の全体の質量[g] | 78.6 | 86.4 | 96.3 | 107.0 | 116.2 |
| 反応後の全体の質量[g] | 78.1 | 85.4 | 94.8 | 105.0 | 114.2 |

実験終了後.
実験1，2で使用した10個のビーカーの中身すべてを，1つの大きな容器に入れた。その際，b反応せずに残っていたうすい塩酸と炭酸水素ナトリウムが反応し，気体が発生した。

(1) 下線部aについて，電子てんびんを水平におき，電源を入れた後，容器Xに炭酸水素ナトリウム1.0 gをはかりとる手順となるように，次のア～ウを並べて書きなさい。
ア．表示を0.0 gにする。
イ．容器Xをのせる。
ウ．炭酸水素ナトリウムを少量ずつのせ，表示が1.0 gになったらのせるのをやめる。

(2) **よく出る** うすい塩酸と炭酸水素ナトリウムが反応して発生した気体は何か。名称を書きなさい。

(3) 実験1の結果をもとに，加えた炭酸水素ナトリウムの質量と発生した気体の質量の関係を表すグラフを右にかきなさい。

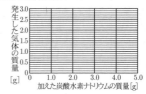

(4) 実験2で使用したものと同じ濃度のうすい塩酸24 cm³に炭酸水素ナトリウム4.0 gを加えたとすると，発生する気体の質量は何gになるか。求めなさい。

(5) **思考力** 下線部bについて，発生した気体の質量は何gになるか。求めなさい。

## 6 物質のすがた，物質の成り立ち，化学変化，酸・アルカリとイオン

次の文は，ある生徒が，授業から興味をもったことについてまとめたレポートの一部である。(1)～(4)の問いに答えなさい。

授業で行った実験で，ビーカーに水酸化バリウムと塩化アンモニウムを入れてガラス棒でかき混ぜたところ，aビーカーが冷たくなった。このことに興味をもち，温度の変化を利用した製品について調べることにした。

| 温度の変化を利用した製品について |||
|---|---|---|
| 製品 | 主な材料 | 温度変化のしくみ |
| 冷却パック | 硝酸アンモニウム・水 | パックをたたくことで硝酸アンモニウムが水と混ざり，水に溶ける際に，温度が下がる。 |
| 加熱式容器 | 酸化カルシウム・水 | 容器側面のひもを引くと，容器の中にある酸化カルシウムと水が反応する。その際，b水酸化カルシウムが生じ，熱が発生し，温度が上がる。 |
| 化学かいろ | 鉄粉・水・活性炭・塩化ナトリウム | ［ X ］は空気中の酸素を集めるはたらきがあり，［ Y ］が酸素により酸化する際に，温度が上がる。 |

(1) 次の文は，下線部aについて，その理由を述べたものである。□にあてはまる適切なことばを書きなさい。

> ビーカーが冷たくなったのは，ビーカー内の物質が化学変化したときに，その周囲から□ためである。

(2) **基本** 冷却パックに含まれる硝酸アンモニウム，化学かいろに含まれる塩化ナトリウムはともに，酸とアルカリが反応したときに，酸の陰イオンとアルカリの陽イオンが結びつくことによってできる物質である。このようにしてできる物質の総称を何というか。書きなさい。

(3) 下線部bについて，次の①，②の問いに答えなさい。
① **基本** 水酸化カルシウムの化学式を書きなさい。
② 水酸化カルシウムが示す性質について述べた文として適切なものを，次のア〜エの中から1つ選びなさい。
ア．水酸化カルシウムの水溶液に緑色のBTB溶液を加えると，黄色に変化する。
イ．水酸化カルシウムと塩化アンモニウムを混ぜ合わせて加熱すると，塩素が発生する。
ウ．水酸化カルシウムの水溶液にフェノールフタレイン溶液を加えると，赤色に変化する。
エ．水酸化カルシウムの水溶液にマグネシウムリボンを加えると，水素が発生する。

(4) 化学かいろの温度変化のしくみについて，上の文のX，Yにあてはまることばの組み合わせとして正しいものを，次のア〜カの中から1つ選びなさい。

|  | X | Y |
|---|---|---|
| ア | 鉄粉 | 塩化ナトリウム |
| イ | 鉄粉 | 活性炭 |
| ウ | 活性炭 | 塩化ナトリウム |
| エ | 活性炭 | 鉄粉 |
| オ | 塩化ナトリウム | 鉄粉 |
| カ | 塩化ナトリウム | 活性炭 |

## 7 力と圧力，運動の規則性

次の実験について，(1)〜(5)の問いに答えなさい。ただし，ばねと糸の質量や体積は考えないものとする。また，質量100gの物体にはたらく重力の大きさを1Nとする。

実験．
ばねとてんびんを用い，物体の質量や物体にはたらく力を測定する実験を行った。
グラフは，実験で用いたばねを引く力の大きさとばねののびの関係を表している。

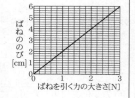

実験で用いたてんびんは，支点から糸をつるすところまでの長さが左右で等しい。

Ⅰ．図1のように，てんびんの左側にばねと物体Aをつるし，右側に質量270gのおもりXをつるしたところ，てんびんは水平につりあった。

Ⅱ．Ⅰの状態から，図2のように，水の入った水槽を用い，物体Aをすべて水中に入れ，てんびんの右側につるされたおもりXを，質量170gのおもりYにつけかえたところ，てんびんは水平につりあった。このとき，物体Aは水槽の底から離れていた。

Ⅲ．物体Aを水槽から出し，おもりYを物体Aと同じ質量で，体積が物体Aより小さい物体Bにつけかえ，Ⅱで用いた水槽よりも大きな水槽を用い，物体AとB両方をすべて水中に入れた。すると，図3のように，てんびんは物体Bの方に傾いた。このとき，物体Bは水槽の底につき，物体Aは水槽の底から離れていた。

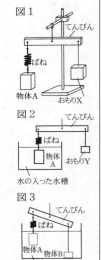

(1) **基本** 次の文は，ばねを引く力の大きさとばねののびの関係について述べたものである。□にあてはまることばを書きなさい。

> ばねを引く力の大きさとばねののびの間には比例関係がある。このことは，発表したイギリスの科学者の名から，□の法則と呼ばれている。

(2) **基本** Ⅰについて，このときばねののびは何cmか。求めなさい。

(3) 月面上で下線部の操作を行うことを考える。このとき，ばねののびとてんびんのようすを示したものの組み合わせとして適切なものを，次のア〜カの中から1つ選びなさい。ただし，月面上で物体にはたらく重力の大きさは地球上の6分の1であるとする。

|  | ばねののび | てんびんのようす |
|---|---|---|
| ア | 地球上の6分の1 | 物体Aの方に傾いている |
| イ | 地球上の6分の1 | おもりXの方に傾いている |
| ウ | 地球上の6分の1 | 水平につりあっている |
| エ | 地球上と同じ | 物体Aの方に傾いている |
| オ | 地球上と同じ | おもりXの方に傾いている |
| カ | 地球上と同じ | 水平につりあっている |

(4) Ⅱについて，このとき物体Aにはたらく浮力の大きさは何Nか。求めなさい。

(5) **思考力** Ⅲについて，てんびんが物体Bの方に傾いた理由を，体積，浮力という2つのことばを用いて書きなさい。

## 8 運動の規則性

水平面上および斜面上での，台車にはたらく力と台車の運動について調べるため，台車と記録タイマー，記録テープを用いて，次の実験を行った。(1)〜(5)の問いに答えなさい。

実験1．
　図1のように，水平面上に記録テープをつけた台車を置き，手で押すと，台車は図1の右向きに進み，その後，車止めに衝突しはねかえった。図2は，台車が手から離れたあとから車止めに衝突する直前までの運動について，記録テープを0.1秒間の運動の記録ごとに切り，左から順番にはりつけたものである。図2から，台車は等速直線運動をしていなかったという結果が得られた。

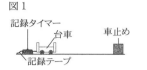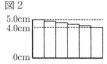

実験2．
　実験1と同じ台車と，実験1の水平面と材質や表面の状態が同じである斜面A，斜面Bを用意し，図3のように，斜面Aの傾きをBよりも大きくして実験を行った。斜面A上に記録テープをつけた台車を置き，手で支え静止させた。その後，手を離すと台車は斜面A，B上を下った。図4は，台車が動き出した直後からの運動について，記録テープを0.1秒間の運動の記録ごとに切り，左から順番にはりつけたものである。図4のXで示した範囲の記録テープ4枚は台車が斜面B上を運動しているときのものであり，同じ長さであった。

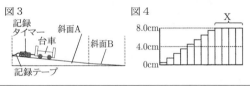

(1) 基本　実験1について，台車が車止めと衝突したときに，車止めが台車から受ける力の大きさを$F_1$，台車が車止めから受ける力の大きさを$F_2$とする。$F_1$，$F_2$の関係について述べた文として正しいものを，次のア～ウの中から1つ選びなさい。
　ア．$F_1$より$F_2$の方が大きい。
　イ．$F_1$より$F_2$の方が小さい。
　ウ．$F_1$と$F_2$は同じである。

(2) 下線部について，車止めに衝突する直前までの間の台車にはたらく力の合力について述べた文として正しいものを，次のア～エの中から1つ選びなさい。
　ア．右向きに進んでいるので，合力は運動の向きと同じ向きである。
　イ．速さがだんだんおそくなっているので，合力は運動の向きと逆向きである。
　ウ．水平面上を運動しているので，合力は0Nである。
　エ．摩擦力と重力がはたらいているので，合力は左下を向いている。

(3) 実験2について，台車が斜面B上を運動しているときの速さは何cm/sか。求めなさい。

(4) 図5は斜面A上で台車が運動しているときの台車にかかる重力Wと，重力Wを斜面方向に分解した力Pと斜面と垂直な方向に分解した力Qを矢印で表したものである。台車が斜面A上から斜面B上へ移ったとき，P，Qの大きさがそれぞれどのようになるかを示した組み合わせとして正しいものを，次のア～カの中から1つ選びなさい。

図5

|  | Pの大きさ | Qの大きさ |
|---|---|---|
| ア | 小さくなる | 大きくなる |
| イ | 小さくなる | 小さくなる |
| ウ | 小さくなる | 変化しない |
| エ | 変化しない | 大きくなる |
| オ | 変化しない | 小さくなる |
| カ | 変化しない | 変化しない |

(5) 基本　次の文は，物体にはたらく力と運動の関係について説明したものである。①，②にあてはまることばを，それぞれ書きなさい。

　物体にはたらいている力が　①　とき，動いている物体は等速直線運動をし，静止している物体は静止し続ける。これを　②　の法則という。
　実験2においては，図4のXが示すように，台車は斜面B上を同じ速さで下っている。このとき，運動の向きにはたらいている力と，それと逆向きにはたらいている力が　①　。

# 茨城県

時間 50分　満点 100点　解答 p.6　3月4日実施

## 出題傾向と対策

● 例年通り，小問集合2題と，物理，化学，生物，地学各1題の計6題の出題であった。記述式の出題が多く，用語記述，文章記述，計算など形式はさまざまであるが，2020年は図やグラフで表す問題は出題されなかった。基本事項を問う問題が多いが，しっかり考えさせる問題も出題された。

● 教科書で基本事項をじゅうぶんに理解し，身につけることが重要である。文章記述対策として，実験・観察の手順，結果を文章で簡潔にまとめる練習をしておきたい。

## 1 水溶液，力と圧力，植物の体のつくりと働き，気象観測

次の(1)～(4)の問いに答えなさい。

(1) 図は，いろいろな物質の溶解度曲線である。硝酸カリウム，硫酸銅，ミョウバン，塩化ナトリウムを35gずつはかりとり，それぞれを60℃の水100gが入った4個のビーカーに別々に入れて，すべて溶かした。これらのビーカーを冷やして，水溶液の温度が10℃になるようにしたとき，溶けきれなくなって出てくる結晶の質量が最も多い物質として正しいものを，次のア～エの中から一つ選んで，その記号を書きなさい。(3点)
　ア．硝酸カリウム
　イ．硫酸銅
　ウ．ミョウバン
　エ．塩化ナトリウム

(2) 図1に示すような物体A～D，軽い板a～dを用意した。図2のように，スポンジの上に板aを水平にのせ，その上に物体Aを置き，ものさしでスポンジのへこみをはかった。
　スポンジのへこみが図2のときと同じ値になる物体と板の組み合わせとして正しいものを，下のア～エの中から一つ選んで，その記号を書きなさい。ただし，いずれの場合も板の重さは無視でき，板はスポンジの上からはみ出たり，傾いたりすることはなく，スポンジのへこみは，圧力の大きさに比例するものとする。(3点)

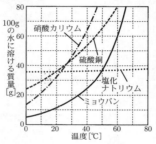

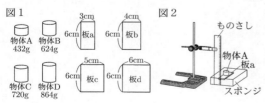

　ア．物体Bと板b
　イ．物体Bと板c
　ウ．物体Cと板d
　エ．物体Dと板d

(3) **基本** 着色した水を吸わせた植物の茎をうすく輪切りにし，プレパラートをつくって，顕微鏡で観察した。図はそのスケッチである。スケッチを見ると，この植物は，維管束が輪状に並んでいることがわかった。このような茎のつくりをもつ植物のなかまとその特徴について書かれた文として正しいものを，次のア～エの中から一つ選んで，その記号を書きなさい。(3点)

色水で染まった部分

　ア．ツユクサやユリなどが同じなかまであり，葉脈は平行で，根は主根と側根からなる。
　イ．アブラナやエンドウなどが同じなかまであり，葉脈は網目状で，根は主根と側根からなる。
　ウ．アブラナやエンドウなどが同じなかまであり，葉脈は平行で，根はひげ根からなる。
　エ．ツユクサやユリなどが同じなかまであり，葉脈は網目状で，根はひげ根からなる。

(4) 図は，茨城県内のある場所で，3時間ごとの気温，湿度を2日間測定し，天気を記録したものである。この観測記録から考察したこととして正しいものを，下のア～エの中から一つ選んで，その記号を書きなさい。ただし，図中のA，Bは気温，湿度のいずれかを表している。(3点)

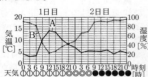

　ア．晴れた日の日中は気温が上がると湿度が下がることが多いことから，Aが気温，Bが湿度を表す。
　イ．くもりや雨の日の日中は気温が上がると湿度が下がることが多いことから，Aが気温，Bが湿度を表す。
　ウ．くもりや雨の日の日中は，気温・湿度とも変化が小さいことから，Aが湿度，Bが気温を表す。
　エ．晴れた日の日中は，気温・湿度とも変化が小さいことから，Aが湿度，Bが気温を表す。

## 2 小問集合

次の(1)～(3)の問いに答えなさい。

(1) 花子さんは，赤ワインから，その成分の一つであるエタノールをとり出せないかという疑問をもち，実験を行い，ノートにまとめた。次の①～③の問いに答えなさい。

花子さんの実験ノートの一部．
【課題】　赤ワインからエタノールをとり出せるだろうか。
【実験】
❶ 試験管Aに赤ワイン約10mLを入れてから図のような装置を組み立て，弱火で加熱した。

❷ 沸騰し始めたとき，ガラス管の先から出てきた気体を水で冷やして液体にし，試験管B～Dの順に約1mLずつ集めた。
❸ 試験管B～Dに集めた液体と試験管Aに残った液体の性質を次の方法で調べた。
　・においをかぐ。
　・脱脂綿につけ，火をつける。
【結果】
　試験管B～Dに集めた液体と試験管Aに残った液

体のうちで，エタノールのにおいが最も強く，長く燃えたのは［あ］であった。

① 文中の［あ］に当てはまる試験管はどれか。試験管A〜Dのうち最も適当なものを，一つ選んでその記号を書きなさい。

ただし，水とエタノールの融点・沸点は表のとおりである。（2点）

|  | 融点[℃] | 沸点[℃] |
|---|---|---|
| 水 | 0 | 100 |
| エタノール | −115 | 78 |

② **よく出る** 花子さんは，実験の結果から，次のように考察した。次の文中の［い］に当てはまる語を書きなさい。（2点）

液体を沸騰させて気体にし，それをまた冷やして液体にして集めることを［い］という。［い］を利用すると，沸点のちがいから液体の混合物をそれぞれの物質に分けてとり出すことができる。

③ **基本** この実験を行う場合の器具の操作や動作として正しいものを，次のア〜エの中から二つ選んで，その記号を書きなさい。（2点）
ア．急に沸騰するのを防ぐために，試験管Aに沸騰石を入れる。
イ．ガスバーナーに点火したら，空気調節ねじを回して炎が赤色になるようにする。
ウ．ガラス管の先が試験管に集めた液体の中やビーカー内の水の中に入っていないことを確かめ，ガスバーナーの火を止める。
エ．試験管内の液体のにおいを調べるときは，鼻を試験管の口にできるだけ近づけてかぐ。

(2) 太陽光パネルの設置について，次の①，②の問いに答えなさい。

① 次の文中の［あ］，［い］に当てはまる数値をそれぞれ書きなさい。ただし，100 gの物体にはたらく重力の大きさを1 Nとし，滑車，ロープ，板，ひも，ばねばかりの質量や摩擦は考えないものとする。（各2点）

太郎さんの家では，太陽光パネルを設置して自家発電を行うことになった。太郎さんは，作業員が図1のような引き上げ機をつかって容易に引き上げているのを見て，そのしくみに興味をもった。図2は，引き上げ機のしくみを簡単に表した図である。

さらに，太郎さんは滑車のはたらきをくわしく知りたいと思い，先生と相談し，次のような実験を行った。あとの図3，図4のように，定滑車や動滑車を使い，10 kgの物体をばねばかりでゆっくりと引き上げた。

図3と図4で，10 kgの物体を60 cmの高さまでゆっくりと引き上げたときの仕事の大きさは，どちらの場合も60 Jであった。このように，道具を使っても仕事の大きさが変わらないことを，仕事の原理という。

このことから，図2の装置で10 kgの太陽光パネルを60 cmの高さまでゆっくりと引き上げるとき，ロープを引く力は［あ］Nとなり，図3と比べて小さくなることがわかる。一方，ロープを引いた距離

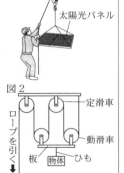

は［い］cmとなり，図3と比べて長くなる。

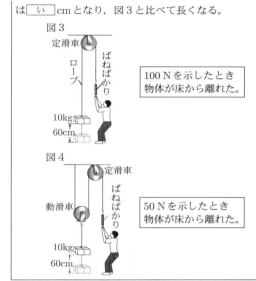

図3 定滑車 ばねばかり ロープ 100 Nを示したとき物体が床から離れた。10kg 60cm

図4 定滑車 動滑車 ばねばかり 50 Nを示したとき物体が床から離れた。10kg 60cm

② 太陽光パネルは太陽の光が当たる角度が垂直に近いほど，より多く発電することができる。日本では太陽の南中高度が季節によって

図5 太陽光パネル 南←　→北

変化することから，太陽光パネルに効率よく太陽の光を当てるため，図5のように傾けて設置されていることが多い。

日本で太陽の南中高度が季節によって変化する原因として適当なものを，次のア〜エの中から二つ選んで，その記号を書きなさい。（2点）
ア．地軸の傾き　　　イ．地球の公転
ウ．太陽の自転　　　エ．地球の自転

(3) 科学部の太郎さんと顧問の先生が，地球環境について話している。次の会話を読んで，あとの①〜⑤の問いに答えなさい。

太郎：近年，「地球温暖化」という言葉をよく聞きます。その原因は二酸化炭素などの温室効果ガスが大気中に増えてきているからだといわれています。
先生：大気中の二酸化炭素の濃度はなぜ高くなってきているのでしょうか。
太郎：それは，a石炭や石油，天然ガスなど太古の生物の死がいが変化してできた［あ］燃料が大量に燃やされているからだと思います。
先生：そうですね。それも原因の一つと考えられていますね。実は，地球温暖化によって環境が変わると，b生態系ピラミッドのつり合いがもとに戻らないことがあるともいわれています。他に何か原因は考えられますか。
太郎：社会科の授業では，大規模な開発によって，熱帯雨林が伐採されていることを学びました。c植物には二酸化炭素を吸収して使うしくみがあるので，伐採量が多くなると，二酸化炭素の吸収が少なくなり，更に二酸化炭素が増加し，ますます地球温暖化が進むのではないでしょうか。一方で，熱帯雨林では雨量が多く，植物の体は大量の雨風にさらされます。しかし，d植物の体には雨風に耐えるしくみが備わっていて，簡単には倒れたりしません。そうして，熱帯雨林の環境が保たれているのだと思います。

① 下線部aの［あ］に当てはまる語を書きなさい。

② 次の化学反応式は，下線部aの あ 燃料にふくまれる炭素が完全燃焼する反応を表したものである。化学反応式中の い ， う に当てはまる化学式を書きなさい。 (3点)

C ＋ い → う

③ 下線部bについて，適当でないものはどれか。次のア〜エの中から一つ選んで，その記号を書きなさい。 (2点)

ア．無機物から有機物を作り出す生物を生産者といい，水中では，植物プランクトンがおもな生産者であり，通常，数量が最も多い。
イ．生態系の生物は，食べる・食べられるという関係でつながっている。このような関係を食物連鎖といい，通常，食べる生物よりも食べられる生物の方の数量が多い。
ウ．一つの生態系に着目したとき，上位の消費者は下位の消費者が取り込んだ有機物のすべてを利用している。
エ．土の中の生態系では，モグラは上位の消費者で，ミミズは下位の消費者であり分解者でもある。

④ 基本 下線部cについて，二酸化炭素を使って光合成が行われる部分として正しいものを図のア〜エの中から一つ選んで，その記号を書きなさい。 (2点)

※植物の細胞を表している。

⑤ よく出る 下線部dについて，体を支えるのに役立っている部分として正しいものを上の図のア〜エの中から一つ選んで，その記号を書きなさい。 (2点)

## 3 水溶液とイオン

花子さんは，水溶液から電流をとり出すために実験を行い，ノートにまとめた。下の(1)〜(3)の問いに答えなさい。

花子さんの実験ノートの一部．
【課題】どのような水溶液と金属の組み合わせにすると電流がとり出せるか。
【実験】水溶液に2枚の金属を入れて，図のような回路をつくり，電子オルゴールが鳴るかどうかを調べる。

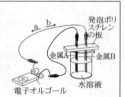

【結果】

| | 調べた水溶液 | 金属A | 金属B | 電子オルゴールが鳴ったか |
|---|---|---|---|---|
| 実験1 | うすい塩酸 | 亜鉛 | 銅 | 鳴った |
| 実験2 | うすい塩酸 | 銅 | 銅 | 鳴らなかった |
| 実験3 | エタノール水溶液 | 亜鉛 | 銅 | 鳴らなかった |
| 実験4 | エタノール水溶液 | 銅 | 銅 | 鳴らなかった |

(1) 基本 実験1の金属で起こる現象として最も適当なものを，次のア〜エの中から一つ選んで，その記号を書きなさい。また，そのときに電流の流れる向きはどちらか。図のa，bから選んで，その記号を書きなさい。 (4点)

ア．亜鉛が電子を放出して，亜鉛イオンになる。
イ．亜鉛が電子を受けとって，亜鉛イオンになる。
ウ．銅が電子を放出して，銅イオンになる。
エ．銅が電子を受けとって，銅イオンになる。

(2) 実験1〜4の結果から，うすい塩酸と亜鉛，銅を使うと電子オルゴールが鳴ることがわかった。「水溶液」と「金属」という語を用いて，電流をとり出すために必要な条件を書きなさい。 (3点)

(3) よく出る 次の文は，化学電池について説明したものである。文中の あ ， い に当てはまる語を書きなさい。また，下線部の化学変化を化学反応式で書きなさい。 (各3点)

物質がもつ あ エネルギーを い エネルギーに変換して電流をとり出すしくみを化学電池という。身の回りでは様々な化学電池が使われている。近年，水素と酸素が化合すると，水が生成する化学変化を利用した燃料電池の研究・開発が進んでいる。

## 4 生物の成長と殖え方，遺伝の規則性と遺伝子

次は，花子さんがメンデルの実験と生物のふえ方について図書館で調べ，まとめたノートの一部である。あとの(1)〜(5)の問いに答えなさい。

花子さんのノートの一部．
＜メンデルの実験＞
メンデルは，自分で行った実験の結果にもとづいて，遺伝の規則性を発見した。

実験1．丸い種子をつくる純系のエンドウのめしべに，しわのある種子をつくる純系のエンドウの花粉をつけた。
結果1．できた種子(子)はすべて丸い種子であった。

実験2．子の代の丸い種子をまいて育て，自家受粉させた。
結果2．できた種子(孫)には，丸い種子としわのある種子があった。

次の図は，実験1，2の結果を表したもので，( )内はエンドウの細胞の染色体と遺伝子の組み合わせを示している。丸い形質を表す遺伝子をA，しわの形質を表す遺伝子をaとしている。

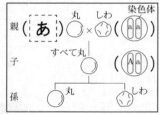

＜生物のふえ方＞
エンドウのような有性生殖によって新しい個体をつくる生物のほかに，無性生殖によってふえる生物がいる。
有性生殖では，子に，両親のどちらとも異なる形質が現れることがある。これは，生殖細胞ができるとき，対になっている親の代の遺伝子がそれぞれ別の生殖細胞に入り，受精によって新たな遺伝子の組み合わせができるからである。
無性生殖では，子の形質は親の形質と同じになる。これは， い からである。

(1) 実験1で，親の代の丸い種子をつくる純系のエンドウの細胞について，図のあに当てはまる染色体と遺伝子の組み合わせとして，最も適当なものを次のア〜エの中から一つ選んで，その記号を書きなさい。 (3点)

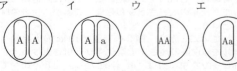

(2) 実験1で得られた子のエンドウの種子をまいて育て，

成長した個体のめしべに，実験2で得られた孫のしわのある種子をまいて育てたエンドウの花粉をつけて他家受粉させた。このとき，得られる丸い種子としわのある種子の数の割合はどうなると考えられるか。最も適当なものを，次のア～エの中から一つ選んで，その記号を書きなさい。
(2点)
ア．丸い種子：しわのある種子＝3：1
イ．丸い種子：しわのある種子＝1：1
ウ．すべて丸い種子
エ．すべてしわのある種子

(3) **よく出る** 下線部のような法則を何というか，書きなさい。
(3点)

(4) **基本** 文中の い に当てはまる内容を，「体細胞分裂」と「遺伝子」という語を用いて書きなさい。(4点)

(5) 次の文中の う ， え に当てはまる語を書きなさい。
(各2点)

> 植物の細胞では， う の中に染色体があり，染色体には，遺伝子の本体である え という物質がふくまれている。染色体は普段は観察できないが，細胞分裂の準備に入ると， う に変化が起き，染色体が見えるようになる。

**5** 電流

太郎さんと花子さんは電流による発熱について調べる実験を次のように計画した。その後，実験結果について予想し，先生と話し合いながら実験を行った。あとの(1)～(4)の問いに答えなさい。

実験の計画．
【課題】 一定時間，電流を流したとき，電熱線に加える電圧の大きさを変えると，水の上昇温度はどのように変化するだろうか。
【手順】
❶ 発泡ポリスチレンのコップA～Dに水を100gずつ入れしばらく置き，水の温度をはかる。
❷ コップAに電熱線を入れて図1のような装置を組み立て，電圧計が3.0Vを示すように電圧を調整し，電流を流す。
❸ 電流と電圧の大きさが変化しないことを確認し，ガラス棒で水をゆっくりかき混ぜながら，電圧を加え，電流を流し始めてから5分後の水の温度をはかる。
❹ コップBに電熱線を入れ，電圧計が6.0Vを示すように電圧を加えて，❸と同様の操作を行う。
❺ コップCに電熱線を入れ，電圧計が9.0Vを示すように電圧を加えて，❸と同様の操作を行う。

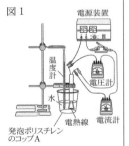

太郎さんと花子さんは，先生と実験前に次のような会話をした。

> 先生：発泡ポリスチレンのコップをしばらく置くと水温はどうなりますか。
> 太郎：水温は室温と同じになると思います。
> 先生：なぜ，水温を室温と同じにする必要があるのでしょうか。
> 太郎：それは， あ ためです。
> 先生：そのとおりですね。では，水温の測定までの間に，この実験結果を予想してみましょう。電熱線に加える電圧の大きさを2倍にすると，5分間電流を流したときの水の上昇温度はどうなると思いますか。
> 花子：水の上昇温度も2倍になり，5分後の水の上昇温度は電熱線に加える電圧の大きさに比例すると思います。
> 先生：本当にそうなるでしょうか。実験をして確かめてみる必要がありますね。さて，太郎さん，実験前の水温は何℃になりましたか。
> 太郎：水温は17.0℃で室温と同じになっています。
> 先生：準備はできましたね。では，実験を開始しましょう。

太郎さんと花子さんは，実験後に先生と次のような会話をした。

> 花子：実験結果は表(表1)のようになりました。

表1

|  | コップA | コップB | コップC |
|---|---|---|---|
| 電圧計が示した値[V] | 3.0 | 6.0 | 9.0 |
| 電流計が示した値[A] | 0.50 | 1.00 | 1.50 |
| 5分後の水の上昇温度[℃] | 0.9 | 3.6 | 8.1 |

> 太郎：結果を見ると，5分後の水の上昇温度は電熱線に加える電圧の大きさに比例していませんね。予想は外れました。
> 先生：それでは，5分後の水の上昇温度は何に比例していると思いますか。
> 花子：もしかしたら電力かもしれませんね。5分後の水の上昇温度と電力の大きさを表(表2)にまとめ，その関係をグラフにかいてみましょうよ(図2)。

表2

|  | コップA | コップB | コップC |
|---|---|---|---|
| 電力[W] | 1.5 | 6.0 | 13.5 |
| 5分後の水の上昇温度[℃] | 0.9 | 3.6 | 8.1 |

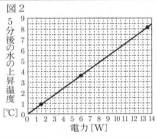

> 太郎：グラフを見ると，5分後の水の上昇温度は電力の大きさに比例していることがわかりますね。
> 先生：そのとおりですね。では，コップDを使って，電圧を12.0Vにして同様の実験を行うと，5分後の水の温度は何℃になるでしょう。
> 太郎：5分後の水の上昇温度は電力の大きさに比例し，電熱線から発生する熱が他へ逃げないことを考えると，5分後の水の温度は い ℃になると思います。
> 先生：そのとおりですね。では，さらに実験をして確かめてみましょう。

太郎さんと花子さんは，先生と今後の実験について次のような会話をした。

> 先生：ここまでの実験と話し合いを振り返って，新たな疑問はありませんか。
> 花子：電熱線を2本つなぐと水の上昇温度はどうなるのかな。

太郎：2本の電熱線を，直列につなぐ（図3）か，並列につなぐ（図4）かによって，水の上昇温度はちがうと思います。

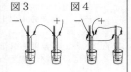

先生：なぜ，そう思うのですか。
太郎：つなぎ方によって，電熱線1本あたりにかかる電圧や流れる電流の大きさがちがうと思うからです。
先生：では，また実験して確かめてみましょう。

(1) 新傾向  文中の あ に当てはまる内容を書きなさい。(4点)
(2) この実験で用いた電熱線の抵抗は何Ωか，求めなさい。(4点)
(3) 文中の い に当てはまる数値を求めなさい。(4点)
(4) 基本  回路全体に加わる電圧が3.0Vのとき，図1，図3，図4の電熱線1本あたりの発熱量について述べた文として，正しいものを次のア〜エの中から一つ選んで，その記号を書きなさい。ただし，用いた電熱線はすべて同じものとする。(4点)
  ア．図1の電熱線よりも，直列につないだ図3の電熱線の方が大きくなる。
  イ．図1の電熱線よりも，直列につないだ図3の電熱線の方が小さくなる。
  ウ．図1の電熱線よりも，並列につないだ図4の電熱線の方が大きくなる。
  エ．図1の電熱線よりも，並列につないだ図4の電熱線の方が小さくなる。

## 6 火山と地震

太郎さんがある日，テレビを見ていたとき，次のニュース速報が表示された。

ニュース速報.
10時24分ごろ，地震がありました。震源地は○○県南部で，震源の深さは約15km，地震の規模を表す あ (M)は4.2と推定されます。この地震による津波の心配はありません。この地震により観測された最大震度は3です。

次は，太郎さんが気象庁のホームページなどで，この地震の震度分布や観測記録を調べ，まとめたノートの一部である。あとの(1)〜(5)の問いに答えなさい。ただし，この地域の地下のつくりは均質で，地震の伝わる速さは一定であるものとする。

太郎さんのノートの一部.
図1

この地震による各地の震度分布は，図1のとおりであった。
図1の地点A，Bの地震の観測記録は，下表のとおりであった。

| 地点 | 震源からの距離 | ゆれ始めた時刻 | 初期微動継続時間 |
|---|---|---|---|
| A | 42 km | 10時24分12秒 | 5秒 |
| B | 84 km | 10時24分18秒 | 10秒 |

(1) 文中の あ に当てはまる語を書きなさい。(3点)
(2) よく出る  この地震で，P波の伝わる速さは何km/sか，求めなさい。(3点)
(3) 思考力 この地震の震央の位置として考えられる地点を，図1のア〜エの中から一つ選んで，その記号を書きなさい。(3点)
(4) 2地点A，Bでは，初期微動継続時間が異なっていた。震源からの距離と初期微動継続時間の関係について説明しなさい。「S波の伝わる速さの方がP波の伝わる速さよりも遅いので，」という書き出しに続けて説明しなさい。(4点)
(5) 新傾向  地震が多く発生する日本では，地震災害から身を守るためのさまざまな工夫がされている。例えば図2では，変形したゴムがもとに戻ろうとするゴムの弾性という性質を利用して，地震による建物の揺れを軽減する工夫がされている。このような工夫で地震の揺れを軽減することができる理由を，「運動エネルギー」，「弾性エネルギー」の語を用いて説明しなさい。(3点)

図2
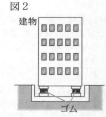

# 栃木県

時間 45分 / 満点 100点 / 解答 P7 / 3月5日実施

## 出題傾向と対策

●例年通り，小問集合1題と，物理，化学，生物，地学各2題の計9題の出題であった。実験・観察を中心にした基礎問題の出題が多かった。解答形式は記述式が多く，文章記述や作図，計算なども出題された。また，科学的思考力を必要とする問題もあった。

●教科書で扱われている実験・観察は，手順，結果，考察などを確実に理解しておくこと。また，文章記述，作図，計算なども出題されるので，過去問などを解き，それらの技術を身につけておこう。

## 1 小問集合 基本

次の1から8までの問いに答えなさい。 (各2点)

1. 次のうち，混合物はどれか。
   ア．塩化ナトリウム
   イ．アンモニア
   ウ．石油
   エ．二酸化炭素

2. 次のうち，深成岩はどれか。
   ア．玄武岩
   イ．花こう岩
   ウ．チャート
   エ．凝灰岩

3. 蛍光板を入れた真空放電管の電極に電圧を加えると，図のような光のすじが見られた。このとき，電極A, B, X, Yについて，＋極と－極の組み合わせとして，正しいものはどれか。

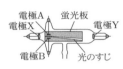

| | 電極A | 電極B | 電極X | 電極Y |
|---|---|---|---|---|
| ア | ＋極 | －極 | ＋極 | －極 |
| イ | ＋極 | －極 | －極 | ＋極 |
| ウ | －極 | ＋極 | ＋極 | －極 |
| エ | －極 | ＋極 | －極 | ＋極 |

4. 次のうち，軟体動物はどれか。
   ア．ミミズ
   イ．マイマイ
   ウ．タツノオトシゴ
   エ．ヒトデ

5. 化学変化のときに熱が放出され，まわりの温度が上がる反応を何というか。

6. 地震の規模を数値で表したものを何というか。

7. 染色体の中に存在する遺伝子の本体は何という物質か。

8. 1秒間に50打点する記録タイマーを用いて，台車の運動のようすを調べた。図のように記録テープに打点されたとき，区間Aにおける台車の平均の速さは何cm/sか。

区間A 2.3cm

## 2 天体の動きと地球の自転・公転，太陽系と恒星

金星の見え方について調べるために，次の実験(1), (2), (3)を順に行った。

(1) 教室の中心に太陽のモデルとして光源を置く。その周りに金星のモデルとしてボールを，地球のモデルとしてカメラを置いた。また，教室の壁におもな星座名を書いた紙を貼った。図1は，実験のようすを模式的に表したものである。

図1
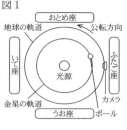

(2) ボールとカメラが図1に示す位置関係にあるとき，カメラでボールを撮影した。このとき，光源の背後に，いて座と書かれた紙が写っていた。

(3) 次に，おとめ座が真夜中に南中する日を想定し，その位置にカメラを移動した。ボールは，図2のようにカメラに写る位置に移動した。

図2

このことについて，次の1, 2, 3の問いに答えなさい。
(各3点)

1. カメラの位置を変えると，光源の背後に写る星座が異なる。これは，地球の公転によって，太陽が星座の中を動くように見えることと同じである。この太陽の通り道を何というか。

2. 実験(2)のとき，撮影されたボールはどのように写っていたか。図3を例にして，明るく写った部分を，図4の破線(-----)をなぞって表しなさい。

図3  図4
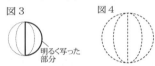
明るく写った部分

3. 実験(3)から半年後を想定した位置にカメラとボールを置いて撮影した。このとき，撮影されたボールは何座と何座の間に写っていたか。ただし，金星の公転周期は0.62年とする。
   ア．おとめ座といて座
   イ．いて座とうお座
   ウ．うお座とふたご座
   エ．ふたご座とおとめ座

## 3 電流

電球が電気エネルギーを光エネルギーに変換する効率について調べるために，次の実験(1), (2), (3)を順に行った。

(1) 明るさがほぼ同じLED電球と白熱電球Pを用意し，消費電力の表示を表にまとめた。

| | LED電球 | 白熱電球P |
|---|---|---|
| 消費電力の表示 | 100V 7.5W | 100V 60W |

(2) 実験(1)のLED電球を，水が入った容器のふたに固定し，コンセントから100Vの電圧をかけて点灯させ，水の上昇温度を測定した。図1は，このときのようすを模式的に表したものである。実験は熱の逃げない容器を用い，電球が水に触れないように設置して行った。

(3) 実験(1)のLED電球と同じ「100V 7.5W」の白熱電球Q(図2)を用意し，実験(2)と同じように水の上昇温度を測定した。
   なお，図3は，実験(2), (3)の結果をグラフに表したものである。

このことについて，次の1，2，3の問いに答えなさい。
1. 白熱電球Pに100Vの電圧をかけたとき，流れる電流は何Aか。(2点)
2. 白熱電球Pを2時間使用したときの電力量は何Whか。また，このときの電力量は，実験(1)のLED電球を何時間使用したときと同じ電力量であるか。ただし，どちらの電球にも100Vの電圧をかけることとする。(4点)
3. 白熱電球に比べてLED電球の方が，電気エネルギーを光エネルギーに変換する効率が高い。その理由について，実験(2)，(3)からわかることをもとに，簡潔に書きなさい。(3点)

## 4 植物の体のつくりと働き，植物の仲間 【基本】

あきらさんとゆうさんは，植物について学習をした後，学校とその周辺の植物の観察会に参加した。次の(1)，(2)，(3)は，観察したときの記録の一部である。

(1) 学校の近くの畑でサクラとキャベツを観察し，サクラの花の断面(図1)とキャベツの葉のようす(図2)をスケッチした。
(2) 学校では，イヌワラビとゼニゴケのようす(図3)を観察した。イヌワラビは土に，ゼニゴケは土や岩に生えていることを確認した。
(3) 植物のからだのつくりを観察すると，いろいろな特徴があり，共通する点や異なる点があることがわかった。そこで，観察した4種類の植物を，子孫のふえ方にもとづいて，P(サクラ，キャベツ)とQ(イヌワラビ，ゼニゴケ)になかま分けをした。

図1    図2     図3

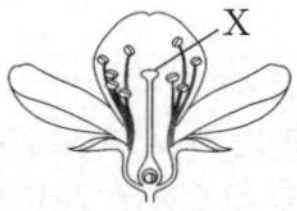

このことについて，次の1，2，3，4の問いに答えなさい。

1. 図1のXのような，めしべの先端部分を何というか。(2点)
2. 次の図のうち，図2のキャベツの葉のつくりから予想される，茎の横断面と根の特徴を適切に表した図の組み合わせはどれか。(3点)

(茎)   (根)

ア．AとC　　イ．AとD
ウ．BとC　　エ．BとD

3. 次の □ 内の文章は，土がない岩でもゼニゴケが生活することのできる理由について，水の吸収にかかわるからだのつくりに着目してまとめたものである。このことについて，①，②に当てはまる語句をそれぞれ書きなさい。(4点)

イヌワラビと異なり，ゼニゴケは（ ① ）の区別がなく，水を（ ② ）から吸収する。そのため，土がなくても生活することができる。

4. 次の □ 内は，観察会を終えたあきらさんとゆうさんの会話である。(3点)

あきら 「校庭のマツは，どのようになかま分けできるかな。」
ゆう 「観察会でPとQに分けた基準で考えると，マツはPのなかまに入るよね。」
あきら 「サクラ，キャベツ，マツは，これ以上なかま分けできないかな。」
ゆう 「サクラ，キャベツと，マツの二つに分けられるよ。」

ゆうさんは，(サクラ，キャベツ)と(マツ)をどのような基準でなかま分けしたか。「胚珠」という語を用いて，簡潔に書きなさい。

## 5 化学変化と物質の質量，酸・アルカリとイオン

マグネシウムの反応について調べるために，次の実験(1)，(2)を行った。

(1) うすい塩酸とうすい水酸化ナトリウム水溶液をそれぞれ，表1に示した体積の組み合わせで，試験管A，B，C，Dに入れてよく混ぜ合わせた。それぞれの試験管にBTB溶液を加え，色の変化を観察した。さらに，マグネシウムを0.12gずつ入れたときに発生する気体の体積を測定した。気体が発生しなくなった後，試験管A，B，Cでは，マグネシウムが溶け残っていた。表1は，これらの結果をまとめたものである。

表1

|  | A | B | C | D |
|---|---|---|---|---|
| 塩酸[cm³] | 6.0 | 8.0 | 10.0 | 12.0 |
| 水酸化ナトリウム水溶液[cm³] | 6.0 | 4.0 | 2.0 | 0.0 |
| BTB溶液の色 | 緑 | 黄 | 黄 | 黄 |
| 発生した気体の体積[cm³] | 0 | X | 90 | 112 |
| マグネシウムの溶け残り | あり | あり | あり | なし |

(2) 班ごとに質量の異なるマグネシウム粉末を用いて，次の実験①，②，③を順に行った。
① 図1のように，マグネシウムをステンレス皿全体にうすく広げ，一定時間加熱する。
② 皿が冷えた後，質量を測定し，粉末をかき混ぜる。
③ ①，②の操作を質量が変化しなくなるまで繰り返す。

図1 マグネシウムの粉末 ステンレス皿

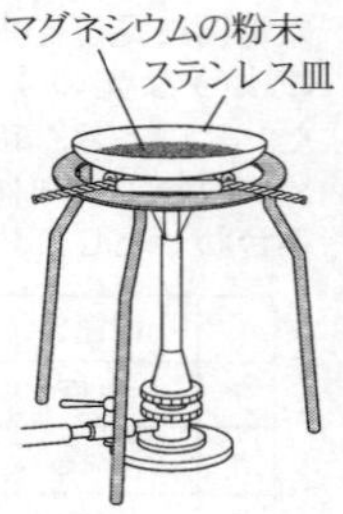

表2は，各班の加熱の回数とステンレス皿内にある物質の質量について，まとめたものである。ただし，5班はマグネシウムの量が多く，実験が終わらなかった。

表2

|  | 加熱前の質量[g] | 測定した質量[g] 1回 | 2回 | 3回 | 4回 | 5回 |
|---|---|---|---|---|---|---|
| 1班 | 0.25 | 0.36 | 0.38 | 0.38 |  |  |
| 2班 | 0.30 | 0.41 | 0.46 | 0.48 | 0.48 |  |
| 3班 | 0.35 | 0.44 | 0.50 | 0.54 | 0.54 |  |
| 4班 | 0.40 | 0.49 | 0.55 | 0.61 | 0.64 | 0.64 |
| 5班 | 0.45 | 0.52 | 0.55 | 0.58 | 0.59 | 0.61 |

このことについて，次の1，2，3，4の問いに答えなさい。(各3点)

1. 実験(1)において，試験管Bから発生した気体の体積Xは何cm³か。
2. 実験(2)で起きた化学変化を，図2の書き方の例にならい，文字や数字の大きさを区別して，図3に化学反応式で書きなさい。

図2　　図3　──────

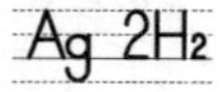

3. **よく出る** 実験(2)における1班,2班,3班,4班の結果を用いて,マグネシウムの質量と化合する酸素の質量の関係を表すグラフを右にかきなさい。

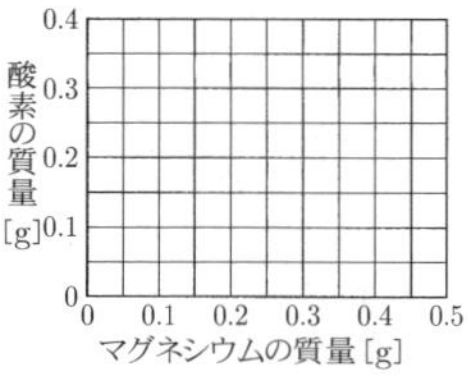

4. 5回目の加熱後,5班の粉末に,実験(1)で用いた塩酸を加え,酸化されずに残ったマグネシウムをすべて塩酸と反応させたとする。このとき発生する気体は何cm³と考えられるか。ただし,マグネシウムと酸素は3:2の質量の比で化合するものとする。また,酸化マグネシウムと塩酸が反応しても気体は発生しない。

## 6 動物の体のつくりと働き

図は,ヒトの血液循環を模式的に表したものである。P, Q, R, Sは,肺,肝臓,腎臓,小腸のいずれかを,矢印は血液の流れを示している。

このことについて,次の1, 2, 3の問いに答えなさい。
(各3点)

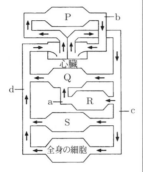

1. **よく出る** 血液が,肺や腎臓を通過するとき,血液中から減少するおもな物質の組み合わせとして正しいものはどれか。

| | 肺 | 腎臓 |
|---|---|---|
| ア | 酸素 | 尿素 |
| イ | 酸素 | アンモニア |
| ウ | 二酸化炭素 | 尿素 |
| エ | 二酸化炭素 | アンモニア |

2. a, b, c, dを流れる血液のうち,aを流れている血液が,ブドウ糖などの栄養分の濃度が最も高い。その理由は,QとRのどのようなはたらきによるものか。QとRは器官名にしてそれぞれ簡潔に書きなさい。

3. あるヒトの体内には,血液が4000 mLあり,心臓は1分間につき75回拍動し,1回の拍動により,右心室と左心室からそれぞれ80 mLの血液が送り出されるものとする。このとき,体循環により,4000 mLの血液が心臓から送り出されるまでに何秒かかるか。

## 7 物質のすがた

種類の異なるプラスチック片A, B, C, Dを準備し,次の実験(1), (2), (3)を順に行った。

(1) プラスチックの種類とその密度を調べ,表1にまとめた。

表1

| | 密度 [g/cm³] |
|---|---|
| ポリエチレン | 0.94〜0.97 |
| ポリ塩化ビニル | 1.20〜1.60 |
| ポリスチレン | 1.05〜1.07 |
| ポリプロピレン | 0.90〜0.91 |

(2) プラスチック片A, B, C, Dは,表1のいずれかであり,それぞれの質量を測定した。

(3) 水を入れたメスシリンダーにプラスチック片を入れ,目盛りを読みとることで体積を測定した。このうち,プラスチック片C, Dは水に浮いてしまうため,体積を測定することができなかった。なお,水の密度は1.0 g/cm³である。

このことについて,次の1, 2, 3の問いに答えなさい。

1. 実験(2), (3)の結果,プラスチック片Aの質量は4.3 g,体積は2.8 cm³であった。プラスチック片Aの密度は何g/cm³か。小数第2位を四捨五入して小数第1位まで書きなさい。(3点)

2. プラスチック片Bと同じ種類でできているが,体積や質量が異なるプラスチックをそれぞれ水に沈めた。このときに起こる現象を,正しく述べたものはどれか。(3点)
ア.体積が大きいものは,密度が小さくなるため,水に浮かんでくる。
イ.体積が小さいものは,質量が小さくなるため,水に浮かんでくる。
ウ.質量が小さいものは,密度が小さくなるため,水に浮かんでくる。
エ.体積や質量に関わらず,沈んだままである。

3. **思考力** 実験(3)で用いた水の代わりに,表2のいずれかの液体を用いることで,体積を測定することなくプラスチック片C, Dを区別することができる。その液体として,最も適切なものはどれか。また,どのような実験結果になるか。表1のプラスチック名を用いて,それぞれ簡潔に書きなさい。(3点)

表2

| | 液体 | 密度 [g/cm³] |
|---|---|---|
| ア | エタノール | 0.79 |
| イ | なたね油 | 0.92 |
| ウ | 10%エタノール溶液 | 0.98 |
| エ | 食塩水 | 1.20 |

## 8 天気の変化 **よく出る**

湿度について調べるために,次の実験(1), (2), (3)を順に行った。

(1) 1組のマキさんは,乾湿計を用いて理科室の湿度を求めたところ,乾球の示度は19℃で,湿度は81%であった。図1は乾湿計用の湿度表の一部である。

図1

| 乾球の示度 [℃] | 乾球と湿球の示度の差 [℃] |
|---|---|
| | 0 | 1 | 2 | 3 | 4 |
| 23 | 100 | 91 | 83 | 75 | 67 |
| 22 | 100 | 91 | 82 | 74 | 66 |
| 21 | 100 | 91 | 82 | 73 | 65 |
| 20 | 100 | 91 | 81 | 73 | 64 |
| 19 | 100 | 90 | 81 | 72 | 63 |
| 18 | 100 | 90 | 80 | 71 | 62 |

(2) マキさんは,その日の午後,理科室で露点を調べる実験をした。その結果,気温は22℃で,露点は19℃であった。

(3) マキさんと2組の健太さんは,別の日にそれぞれの教室で,(2)と同様の実験を行った。

このことについて,次の1, 2, 3, 4の問いに答えなさい。なお,図2は,気温と空気に含まれる水蒸気量の関係を示したものであり,図中のA, B, C, Dはそれぞれ気温や水蒸気量の異なる空気を表している。(各3点)

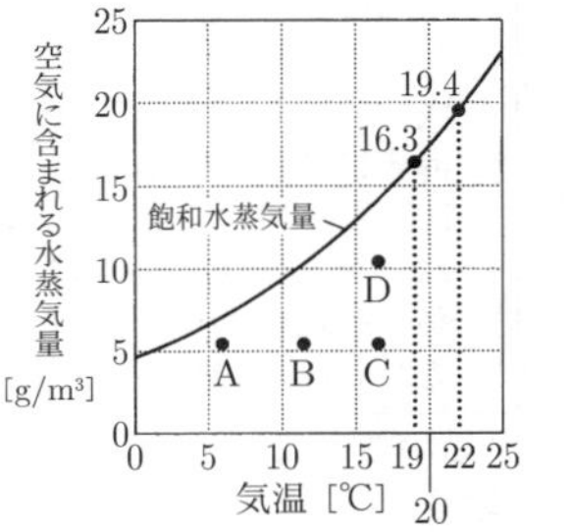

1. 実験(1)のとき,湿球の示度は何℃か。

2. 実験(2)のとき，理科室内の空気に含まれている水蒸気の質量は何gか。ただし，理科室の体積は350 m³であり，水蒸気は室内にかたよりなく存在するものとする。
3. 図2の点A，B，C，Dで示される空気のうち，最も湿度の低いものはどれか。
4. 次の□□□内は，実験(3)を終えたマキさんと健太さんの会話である。

| マキ | 「1組の教室で調べたら露点は6℃で，湿度が42％になったんだ。」 |
| 健太 | 「えっ，本当に。2組の教室の湿度も42％だったよ。」 |
| マキ | 「湿度が同じなら，気温も同じかな。1組の教室の気温は20℃だったよ。」 |
| 健太 | 「2組の教室の気温は28℃だったよ。」 |

この会話から，2組の教室で測定された露点についてわかることは，アからカのうちどれか。当てはまるものをすべて選び，記号で答えなさい。
ア．28℃より大きい。　　イ．28℃より小さい。
ウ．20℃である。　　　　エ．14℃である。
オ．6℃より大きい。　　カ．6℃より小さい。

## 9 力と圧力，運動の規則性

物体にはたらく浮力の性質を調べるために，次の実験(1)，(2)，(3)，(4)を順に行った。

(1) 高さが5.0 cmで重さと底面積が等しい直方体の容器を二つ用意した。容器Pは中を空にし，容器Qは中を砂で満たし，ふたをした。ふたについているフックの重さと体積は考えないものとする。図1のように，ばねばかりにそれぞれの容器をつるしたところ，ばねばかりの値は上の表のようになった。

| | 容器P | 容器Q |
|---|---|---|
| ばねばかりの値 | 0.30N | 5.00N |

(2) 図2のように，容器Pと容器Qを水が入った水そうに静かに入れたところ，容器Pは水面から3.0 cm沈んで静止し，容器Qはすべて沈んだ。

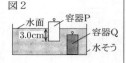

(3) 図3のように，ばねばかりに容器Qを取り付け，水面から静かに沈めた。沈んだ深さ $x$ とばねばかりの値の関係を調べ，図4にその結果をまとめた。

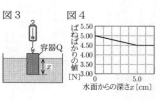

(4) 図5のように，ばねばかりにつけた糸を，水そうの底に固定してある滑車に通して容器Pに取り付け，容器Pを水面から静かに沈めた。沈んだ深さ $y$ とばねばかりの値の関係を調べ，図6にその結果をまとめた。ただし，糸の重さと体積は考えないものとする。

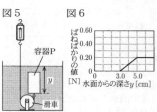

このことについて，次の1，2，3，4の問いに答えなさい。

1. 実験(2)のとき，容器Pにはたらく浮力の大きさは何Nか。 (2点)
2. 実験(3)で，容器Qがすべて沈んだとき，容器Qにはたらく浮力の大きさは何Nか。 (3点)
3. 図7は，実験(4)において，容器Pがすべて沈んだときの容器Pと糸の一部のようすを模式的に表したものである。このとき，容器Pにはたらく重力と糸が引く力を，下の図にそれぞれ矢印でかきなさい。ただし，図の方眼の1目盛りを0.10 Nとする。 (4点)

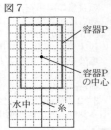

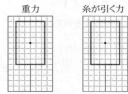

4. 実験(1)から(4)の結果からわかる浮力の性質について，正しく述べている文には○を，誤って述べている文には×をそれぞれ書きなさい。 (3点)
① 水中に沈んでいる物体の水面からの深さが深いほど，浮力が大きくなる。
② 物体の質量が小さいほど，浮力が大きくなる。
③ 物体の水中に沈んでいる部分の体積が大きいほど，浮力が大きくなる。
④ 水中に沈んでいく物体には，浮力がはたらかない。

※時間は45〜60分の間で各校が定める

## 出題傾向と対策

- 小問集合1題，物理，化学，生物，地学の各分野1題の計5題の出題。解答形式は選択式よりも記述式が多い。とくに文章記述が多く，作図や計算問題もあった。実験・観察を中心にした基本問題がほとんどだが，科学的思考力を必要とする問題もあった。
- 基本問題が中心なので，教科書の内容を確実に理解することが重要。実験・観察に関する文章記述問題が多いので，ふだんから操作の目的や注意点，結果から導かれる考察などを簡潔にまとめる練習をしておくとよい。

## 1 物質のすがた，電流，動物の体のつくりと働き，火山と地震

次のA〜Dの問いに答えなさい。 (16点)

A．ヒトの生命維持のしくみについて，次の(1), (2)の問いに答えなさい。

(1) 血液の成分のうち，体内に入った細菌などの異物をとらえることによって，体を守るはたらきをしているものは何か，書きなさい。

(2) **基本** 表は，吸気と呼気に含まれる気体の成分の種類とその割合を体積比で示したものである。

|   | 窒素 | a | b | その他 |
|---|---|---|---|---|
| X | 74.6% | 15.6% | 4.0% | 5.8% |
| Y | 78.2% | 20.8% | 0.04% | 0.96% |

表中の a と b のうち一方が酸素，もう一方が二酸化炭素を表し，X と Y のうち一方が吸気，もう一方が呼気を表している。a と X が表しているものの組み合わせとして正しいものを，次のア〜エから選びなさい。
ア．[ a．酸素　　　　X．吸気 ]
イ．[ a．二酸化炭素　X．吸気 ]
ウ．[ a．酸素　　　　X．呼気 ]
エ．[ a．二酸化炭素　X．呼気 ]

B．大地の変動について，次の(1), (2)の問いに答えなさい。

(1) **基本** 次の文は，日本付近のプレートの境界で起こる地震について述べたものである。文中の ① 〜 ③ に当てはまる語の組み合わせとして正しいものを，下のア〜エから選びなさい。

> 日本付近のプレートの境界では， ① のプレートが ② のプレートの下に沈み込んでいくことで ② のプレートにひずみが生じる。このとき， ③ のプレートの先端部が引きずりこまれていき，このひずみが少しずつ大きくなる。このひずみが限界に達すると， ③ のプレートの先端部が急激に元に戻ろうとしてはね上がり，大きな地震が発生する。

ア．[ ① 陸　② 海　③ 陸 ]
イ．[ ① 海　② 陸　③ 陸 ]
ウ．[ ① 陸　② 海　③ 海 ]
エ．[ ① 海　② 陸　③ 海 ]

(2) **よく出る** 地層や岩盤に大きな力が加わると，地層や岩盤が破壊されてずれが生じることがある。このずれを何というか，書きなさい。

C．金属について，次の(1), (2)の問いに答えなさい。

(1) **よく出る** 金属に共通する性質として当てはまるものを，次のア〜エから全て選びなさい。
ア．電気をよく通す
イ．磁石につく
ウ．みがくと光を受けて輝く
エ．たたくとうすく広がる

(2) 3種類の金属a〜cの質量と体積を測定した。表はその結果をまとめたものである。表の中の金属a〜cのうち，密度が最も大きいものと最も小さいものを，それぞれ選びなさい。

| 金属 | a | b | c |
|---|---|---|---|
| 質量[g] | 47.2 | 53.8 | 53.8 |
| 体積[cm$^3$] | 6.0 | 6.0 | 20.0 |

D．電気エネルギーについて，次の(1), (2)の問いに答えなさい。

(1) **基本** 1 Whは何Jか，書きなさい。

(2) LED電球を100 Vの電源につなぎ，6 Wで5分間使用した。このとき，このLED電球が消費した電気エネルギーのうち，450 Jが光エネルギーになったとする。このLED電球が消費した電気エネルギーのうち，光エネルギーになったエネルギーは何％か，書きなさい。

## 2 天体の動きと地球の自転・公転

GさんとMさんは，群馬県内のある地点での太陽の動きを調べるために，次の観察を行った。後の(1)〜(3)の問いに答えなさい。 (21点)

[観察1]

図Iは，水平な厚紙の上に透明半球を置き，実際の方位に合わせて固定したものである。ある年の秋分の日（9月23日）の午前9時から午後3時まで，1時間おきにペンの先端の影が点Oにくるようにして，透明半球に•印を付けた。次に，•印をなめらかな線で結び，その線を透明半球のふちまでのばし，厚紙との交点をX，Yとした。図IIは，なめらかな線に沿ってXからYまで貼った細い紙テープに，•印を写しとったものである。

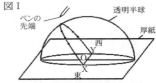

図I
※台の上に透明半球と同じ大きさの円をかいて，その中心をOとする。透明半球のふちを円に合わせて固定する。

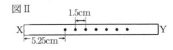

図II

(1) 次の文は，図IIについて，GさんとMさんが交わした会話の一部である。後の①〜③の問いに答えなさい。

> Gさん：紙テープには等間隔で•印が並んでいるね。このことから a ことが分かると思うよ。
> Mさん：そうだね。そのほか，紙テープのXY間の長さが b の長さに対応するから，•と•の間隔から，日の出や日の入りのおよその時刻が分かるんじゃないかな。
> Gさん：確かにそうだね。じゃあ，この1か月後だと紙テープの長さはどうなるかな。
> Mさん：図IIと比べて，紙テープのXY間の長さは c｛ア．長く　イ．短く｝なると思うよ。
> Gさん：なるほど。では，観察する時期ではなくて，観察する場所を別の場所に変えると，太陽の動きはどうなるだろうか。

① 　a　に当てはまる文を，簡潔に書きなさい。また，　b　には当てはまる語を書き，cについては{ }内のア，イから正しいものを選びなさい。
② **よく出る** 観察した日の，日の出のおよその時刻として最も適切なものを，次のア～エから選びなさい。
　ア．午前5時　　　　　　イ．午前5時30分
　ウ．午前6時　　　　　　エ．午前6時30分
③ 下線部について，南緯36°のある地点での9月23日の太陽の動きを線と矢印で表しているものとして最も適切なものを，次のア～エから選びなさい。ただし，点線は北緯36°のある地点での9月23日の太陽の動きを示している。

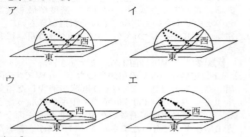

[観察2]
　図Ⅲは，厚紙に垂直に立てた棒がつくる影を記録するための装置である。図Ⅲの装置を使って，観察1を行ったのと同

じ地点で，秋分の日の午前9時から午後3時まで，1時間おきに棒の影の先端の位置を・印で記録した。図Ⅳは，・印をなめらかな線で結んだものである。
(2) 棒の影が動いていくのは，図ⅢのA，Bのうちどちらの方向か，記号を書きなさい。
(3) 観察2と同様の観察を，夏至の日，冬至の日に行った。夏至の日と冬至の日に付けた・印を結んだ線を示したものとして最も適切なものを，次のア～エから選びなさい。

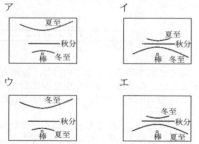

**3 生物の観察，生物と環境**

Mさんは，土壌中の生物について興味を持ち，次の観察と実験を行った。後の(1)～(4)の問いに答えなさい。(21点)
[観察] 落ち葉をルーペで観察したところ，欠けていたり，カビが生えていたりするものがあった。また，落ち葉の下や土の中には，ダンゴムシ，ミミズ，ムカデ，クモが見つかった。
(1) **よく出る** 図Ⅰは，Mさんが観察に用いたルーペを示したものである。落ち葉などの動かすことができるものを観察するときの，ルーペの使い方として最も適切なものを，次のア～エから選びなさい。
　ア．ルーペをできるだけ落ち葉に近づけて持ち，顔を前後に動かしてよく見える位置を探す。

　イ．ルーペをできるだけ落ち葉に近づけて持ち，落ち葉とルーペをいっしょに前後に動かしてよく見える位置を探す。
　ウ．落ち葉と顔は動かさずに，ルーペを前後に動かしてよく見える位置を探す。
　エ．ルーペをできるだけ目に近づけて持ち，落ち葉を前後に動かしてよく見える位置を探す。
(2) 観察で見つかった生物について，
① ダンゴムシ，ムカデ，クモに共通する体のつくりを，次のア～ウから選びなさい。
　ア．体やあしに節がない。
　イ．体が外骨格でおおわれている。
　ウ．内臓が外とう膜でおおわれている。
② クモがふえても鳥などの生物に食べられて減るため，限りなくふえ続けることはない。クモがふえても限りなくふえ続けることがないそのほかの理由を，食べる・食べられるという関係に着目して，簡潔に書きなさい。

[実験]
観察を行った場所から持ち帰った土を使って，図Ⅱのような手順でビーカーA，Bを用意した。その後，ビーカーA，Bに同量のうすいデンプン溶液を加え，ふたをして室温のままで暗い場所に置いた。次に，ふたをした直後，3日後，5日後，10日後に，ビーカー内の溶液をよくかき混ぜた後，溶液をそれぞれ2mLずつ試験管にとり，ヨウ素液を加えて色の変化を観察した。表は，このときの色の変化をまとめたものである。

図Ⅱ

|  | 直後 | 3日後 | 5日後 | 10日後 |
|---|---|---|---|---|
| ビーカーA | ○ | ○ | × | × |
| ビーカーB | ○ | ○ | ○ | ○ |

○：青紫色に変化した。　×：変化しなかった。

(3) 次の文は，実験について先生とMさんが交わした会話の一部である。文中の　①　，　②　に当てはまる文を，それぞれ簡潔に書きなさい。

先　生：今回は，微生物のはたらきを調べる実験を行いました。ビーカーBの実験は，対照実験です。上澄み液を沸騰させた理由は何でしょうか。
Mさん：沸騰させて温度を上げることで，上澄み液中の　①　ためだと思います。
先　生：そうですね。では，表のビーカーA，Bの結果を比べると，何が分かりますか。
Mさん：ビーカーBでは10日後まで青紫色に変化しましたが，ビーカーAは3日後までは青紫色に変化し，5日後に初めて色の変化が見られなくなりました。このことから，ビーカーAでは，3日後の観察から5日後の観察までの間に，微生物によって　②　ことがいえると思います。

(4) 微生物のはたらきを環境の保全に役立てている取組の例を，1つ書きなさい。

4 ┃ 物質の成り立ち，化学変化と物質の質量 ┃

　GさんとMさんは，金属（マグネシウムや銅）と酸素が化合するときの質量の関係を調べるために，次の実験を行った。後の(1)，(2)の問いに答えなさい。　　　(21点)
[実験1]
(A) マグネシウムの粉末をはかりとり，図Iのようにステンレス皿に広げて熱した。粉末の色の変化が見られなくなった後，冷やしてから加熱後の物質の質量を測定し，その後，物質をよく混ぜてから再び熱して，質量の変化が見られなくなるまでこの操作を繰り返した。

(B) マグネシウムの粉末の質量を変えて，(A)と同じ実験を行った。表Iは，マグネシウムの質量と，変化が見られなくなるまで熱した後の物質の質量を，それぞれまとめたものである。

表I

| マグネシウムの質量[g] | 0.50 | 0.75 | 1.00 | 1.25 | 1.50 |
|---|---|---|---|---|---|
| 加熱後の物質の質量[g] | 0.83 | 1.25 | 1.67 | 2.08 | 2.50 |

[実験2]
　マグネシウムの粉末の代わりに銅の粉末を用いて，実験1と同じ実験を行った。表IIは，銅の質量と，変化が見られなくなるまで熱した後の物質の質量を，それぞれまとめたものである。

表II

| 銅の質量[g] | 0.50 | 0.75 | 1.00 | 1.25 | 1.50 |
|---|---|---|---|---|---|
| 加熱後の物質の質量[g] | 0.59 | 0.90 | 1.18 | 1.49 | 1.78 |

　また，図IIは，マグネシウムの粉末1.00gと銅の粉末1.00gをそれぞれ熱したときの，加熱回数と加熱後の物質の質量の関係を示したものである。

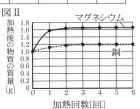

(1) 次の文は，実験結果について，Gさん，Mさん，先生が交わした会話の一部である。後の①～③の問いに答えなさい。

　Gさん：表Iと表IIを見ると，加熱後の物質の質量は，酸素と化合する前と比べて大きくなっているね。でも，図IIのグラフの変化を見ると，［　a　］から，マグネシウムや銅と化合する酸素の量には限界がありそうだね。
　Mさん：そうだね。マグネシウムと銅が化合する酸素の質量にも違いがあるね。表Iの結果から，マグネシウムの質量と化合する酸素の質量の比は，［　b　］くらいになるよ。
　先　生：マグネシウムの質量と化合する酸素の質量の比は，理論上でも［　b　］になります。
　Gさん：表IIの結果を見ると，銅の質量と化合する酸素の質量の比は，5：1くらいですか。
　先　生：そうですね。でも実は，銅の質量と化合する酸素の質量の比は，正しくは4：1なのです。実験結果が4：1にならなかった原因はいくつか考えられますが，その一つとして銅を保管している間に空気が影響したことが考えられます。
　Gさん：それは，保管している間に銅の粉末が［　c　］ということですね。

　Mさん：私は4：1にならなかったのは，銅が内部まで完全に反応せずに残ってしまったからだと思います。

① 文中の［　a　］，［　c　］に当てはまる文を，それぞれ簡潔に書きなさい。また，［　b　］に当てはまるものを，次のア～エから選びなさい。
　　ア．3：5　　イ．2：5　　ウ．3：2　　エ．2：1
② 銅の質量と化合する酸素の質量の比が4：1であるとすると，銅1.00gを加熱し完全に反応させたとき，生じる化合物は何gであると考えられるか，書きなさい。
③ 下線部のとおり，銅が内部まで完全に反応せずに残ってしまったことのみが，銅の質量と化合する酸素の質量の比が4：1にならなかった原因であるとする。この場合，銅1.00gを加熱したとき，反応せずに残っている銅の質量は，反応する前の銅全体の質量の何%を占めると考えられるか，書きなさい。

(2) 次の①～③の問いに答えなさい。
① [基本] 次の図IIIは，この実験で起こった化学変化をモデルで表したものである。金属原子1個を●で，酸素原子1個を○で表すものとして，［　a　］，［　b　］に当てはまるモデルをかきなさい。
　　図III

② 次の文は，実験の結果を踏まえて，マグネシウム原子と銅原子の質量について考察したものである。文中のa～dについて｛　　｝内のア，イから正しいものを，それぞれ選びなさい。

　図IIより，マグネシウムは，同じ質量の銅に比べて化合することのできる酸素の質量がa｛ア．多い　イ．少ない｝。そのことから，同じ質量のマグネシウムと銅に化合することのできる酸素原子の数は，b｛ア．マグネシウム　イ．銅｝の方が多いことが分かる。また，図IIIより，金属原子1個は酸素原子1個と結びつくため，同じ質量のマグネシウムと銅に含まれる原子の数は，c｛ア．マグネシウム　イ．銅｝の方が多いことが分かる。よって，原子1個の質量は，d｛ア．マグネシウム　イ．銅｝の方が大きいと考えられる。

③ [思考力] マグネシウム原子1個の質量は銅原子1個の質量のおよそ何倍であると考えられるか，(1)の会話の内容を踏まえ，小数第3位を四捨五入して書きなさい。

5 ┃ 力と圧力，運動の規則性 ┃

　GさんとMさんは，物体にはたらく力と圧力について調べるために，次の実験を行った。後の(1)～(3)の問いに答えなさい。　　　(21点)
[実験1]
　図Iのような物体Xと物体Yを用意した。物体X，Yはともに直方体で，それぞれの重さと面の面積は次のとおりである。
・物体X：重さ1N，
　　　　面Pの面積2cm²，
　　　　面Qの面積4cm²
・物体Y：重さ2N，
　　　　面Rの面積5cm²，
　　　　面Sの面積10cm²

　図IIのように，物体X，Yをそれぞれスポンジの上にのせた

とき，スポンジがへこむ深さを調べた。
(1) 基本 スポンジが最も深くへこむのはどれか，次のア～エから選びなさい。
ア．物体Ｘを，面Ｐを下にして，スポンジの上にのせる。
イ．物体Ｘを，面Ｑを下にして，スポンジの上にのせる。
ウ．物体Ｙを，面Ｒを下にして，スポンジの上にのせる。
エ．物体Ｙを，面Ｓを下にして，スポンジの上にのせる。

[実験２]
(A) ばねにつるすおもりの重さを変えて，図Ⅲのようにばねののびを測定した。図Ⅳは，ばねにつるすおもりの重さとばねののびの関係をグラフに表したものである。ただし，ばねの重さは考えないものとする。

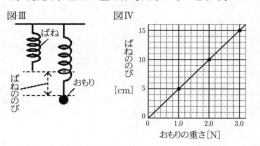

(B) (A)で用いたばねと同じばねを用いて，ある重さの物体をばねにつるし，台ばかりの上に静かにのせ，図Ⅴのように，ばねののびがなくなるまで，ゆっくりおろしていった。図Ⅵは，台ばかりの示す値とばねののびの関係をグラフに表したものである。

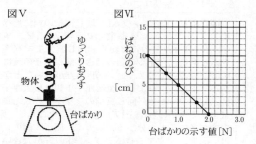

(2) 次の①，②の問いに答えなさい。
① 図Ⅵのグラフから分かる，台ばかりの示す値とばねののびの関係について，簡潔に書きなさい。
② 次の文は，実験２の結果について，ＧさんとＭさんが交わした会話の一部である。文中の a ～ c に当てはまる数値を書きなさい。また， d に当てはまる文を，「合力」という語を用いて，簡潔に書きなさい。

> Ｇさん：図Ⅳと図Ⅵから，ばねののびが2.5cmのとき，ばねにはたらく力は a Nになって，台ばかりが示す値は b Nになるね。
> Ｍさん：そうだね。ばねののびが5cmのときも，同様に値が分かるね。
> Ｇさん：あれ，ばねののびが2.5cmと5cmで違うのに，ばねにはたらく力と台ばかりの示す値を足してみると，どちらも同じ値になるね。
> Ｍさん：本当だ。この物体にはたらく重力は c Nだよね。
> Ｇさん：物体には，重力，ばねが物体を引く力，台ばかりが物体を押す力の３つの力がはたらいているから，これら３つの力に着目する

と， d という関係がありそうだね。

(3) 新傾向 実験２(B)で用いた物体の代わりに，実験１で用いた重さが１Ｎの物体Ｘを，面積２cm²の面を下にしてばねにつるし，実験２(B)と同じ操作を行った。同様に，実験１で用いた重さが２Ｎの物体Ｙを，面積10cm²の面を下にしてばねにつるし，実験２(B)と同じ操作を行った。このとき，次のa，bで表されるグラフとして最も適切なものを，下のア～エからそれぞれ選びなさい。

> ａ．横軸を台ばかりが物体から受ける力としたときの，ばねののびを表すグラフ
> ｂ．横軸を台ばかりが物体から受ける圧力としたときの，ばねののびを表すグラフ

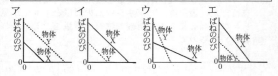

# 埼玉県

時間 50分　満点 100点　解答 P8　2月28日実施

## 出題傾向と対策

●例年通り，小問集合1題と地学，生物，化学，物理各1題の計5題の出題であった。実験・観察を中心に，基本的事項を問うものがほとんどであるが，いずれも科学的思考力が必要な出題であった。解答は文章記述がかなり多く，作図もあった。

●教科書の実験・観察を中心に，基本事項を押さえておくとともに，結果を考察して文章で表現できるように練習しておくことが必要である。練習問題で，計算力，作図なども身につけておきたい。

## 1 小問集合 よく出る

次の各問に答えなさい。　　　　　　　　　（各3点）

問1．次は，チャートと石灰岩の性質を調べるために行った実験A，Bについてまとめたものです。下線部の正誤の組み合わせとして正しいものを，下のア～エの中から一つ選び，その記号を書きなさい。

> A．チャートと石灰岩にうすい塩酸を数滴かけると，チャートでは気体が発生したが，石灰岩では気体が発生しなかった。
> B．チャートと石灰岩をこすり合わせると，チャートは傷がつかなかったが，石灰岩は傷がついた。

ア．A．正　B．正　　イ．A．正　B．誤
ウ．A．誤　B．正　　エ．A．誤　B．誤

問2．キイロショウジョウバエのからだをつくっている細胞1つがもつ染色体の数は8です。キイロショウジョウバエにおける，精子1つがもつ染色体の数，卵1つがもつ染色体の数，受精卵1つがもつ染色体の数の組み合わせとして最も適切なものを，次のア～エの中から一つ選び，その記号を書きなさい。

|   | 精子1つがもつ染色体の数 | 卵1つがもつ染色体の数 | 受精卵1つがもつ染色体の数 |
|---|---|---|---|
| ア | 4 | 4 | 8 |
| イ | 4 | 4 | 4 |
| ウ | 8 | 8 | 8 |
| エ | 8 | 8 | 4 |

問3．次のア～エの中から，ろ過の操作として最も適切なものを一つ選び，その記号を書きなさい。

ア 　イ 　ウ 　エ

問4．図1のように，管内を真空にした放電管の電極A，Bを電源装置につないで電極A，B間に高い電圧を加えたところ，蛍光板に陰極線があらわれました。さらに，図2のように電極P，Qを電源装置につないで電極板の間に電圧を加えたところ，陰極線が曲がりました。図2において，電源装置の－極につないだ電極の組み合わせとして正しいものを，あとのア～エの中から一つ選び，その記号を書きなさい。

ア．電極A，電極P　　イ．電極A，電極Q
ウ．電極B，電極P　　エ．電極B，電極Q

問5．図3は，皆既日食のようすを示しています。図3のXは太陽をかくしている天体です。図3のXの天体の名称を書きなさい。

問6．図4のYは，ヒトの血液中の不要な物質をとり除く器官を模式的に表したものです。図4のYの器官の名称を書きなさい。

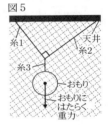

問7．銅の粉末を空気中でじゅうぶんに加熱して，酸化銅をつくる実験をしました。次の表は銅の粉末の質量と，できた酸化銅の質量の関係をまとめたものです。この表から，銅の粉末2.60gをじゅうぶんに加熱してできた酸化銅に化合している酸素の質量を求めなさい。

| 銅の粉末の質量[g] | 0.20 | 0.40 | 0.60 | 0.80 | 1.00 |
|---|---|---|---|---|---|
| 酸化銅の質量[g] | 0.25 | 0.50 | 0.75 | 1.00 | 1.25 |

問8．図5のように，質量1.0kgのおもりを糸1と糸2で天井からつるしました。図5中の矢印は，おもりにはたらく重力を表しています。糸1と糸2が，糸3を引く力を，矢印を使ってすべてかき入れなさい。ただし，糸の質量は考えないものとし，矢印は定規を用いてかくものとします。なお，必要に応じてコンパスを用いてもかまいません。

## 2 天気の変化

Kさんは，理科の授業で雲のでき方と雨や雪の降り方を学習し，雲ができ始める高さに興味をもちました。問1～問5に答えなさい。

Kさんのノート

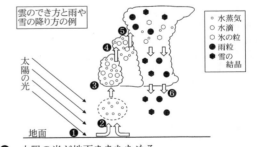

❶ 太陽の光が地面をあたためる。
❷ 地面の熱であたためられた空気が上昇する。
❸ ①空気が上昇して温度が下がると，水滴ができる。
❹ 気温が0℃以下になると，氷の粒ができ始める。
❺ ②水滴や氷の粒が大きくなって，雨粒や雪の結晶ができる。
❻ 雨や雪として落ちてくる。

問1．下線部①について，水蒸気が水滴に変わる温度を何といいますか。その名称を書きなさい。　　（3点）

問2. Kさんのノートに示されたでき方によってできる雲の一つに,積乱雲があります。積乱雲はKさんのノートで示されたほかに,どのようなときにできますか。上昇気流,寒冷前線付近,寒気という語句を使って説明しなさい。 (4点)

問3. 下線部②に関して,水滴や氷の粒が雨や雪として落ちてくるまでにどのようにして大きくなるか書きなさい。 (3点)

授業

先生

地表付近の空気の温度と湿度がわかると,雲ができ始める高さが予測できます。地表付近の空気は上昇するにつれてその温度が下がります。ここでは空気が100m上昇するごとに温度が1℃下がるものとして,地表付近の空気の温度と湿度から,夏のある日の日本各地の雲ができ始める高さを予測し,表1にまとめてみましょう。ただし,空気が上昇するとき,空気1m³あたりに含まれる水蒸気量は変化しないものとします。

表1

| 地点 | 福岡 | 名古屋 | 熊谷 | 札幌 |
|---|---|---|---|---|
| 温度[℃] | 34 | 36 | 37 | 31 |
| 湿度[%] | 55 | 50 | 45 | 61 |
| 水蒸気が水滴に変わる温度[℃] | A | 23 | B | 22 |
| 雲ができ始める高さ[m] | C | 1300 | D | 900 |

問4. 思考力 表2は,気温と飽和水蒸気量の関係を表したものです。表2を用いて次の(1),(2)に答えなさい。 (各3点)

表2

| 気温[℃] | 20 | 21 | 22 | 23 | 24 | 25 | 26 | 27 | 28 |
|---|---|---|---|---|---|---|---|---|---|
| 飽和水蒸気量[g/m³] | 17.3 | 18.4 | 19.4 | 20.6 | 21.8 | 23.1 | 24.4 | 25.8 | 27.2 |
| 気温[℃] | 29 | 30 | 31 | 32 | 33 | 34 | 35 | 36 | 37 |
| 飽和水蒸気量[g/m³] | 28.8 | 30.4 | 32.1 | 33.8 | 35.7 | 37.6 | 39.6 | 41.7 | 43.9 |

(1) 表1の A にあてはまる数値を,表2を用いて整数で書きなさい。
(2) 表1の4つの地点の中から,この日の雲ができ始める高さが最も高い地点と最も低い地点をそれぞれ書きなさい。ただし,各地点の標高は等しいものとします。

Kさんは先生から,雲ができ始める高さについて予測の精度を上げるには,空気1m³あたりに含まれる水蒸気量の変化と空気の体積の変化の関係についても,考えるとよいと教わりました。
そこでKさんは,上昇による空気の体積の変化を考えると,雲ができ始める高さが授業での予測からどのように変化するかを考察し,Kさんのノートの続きにまとめました。

Kさんのノートの続き

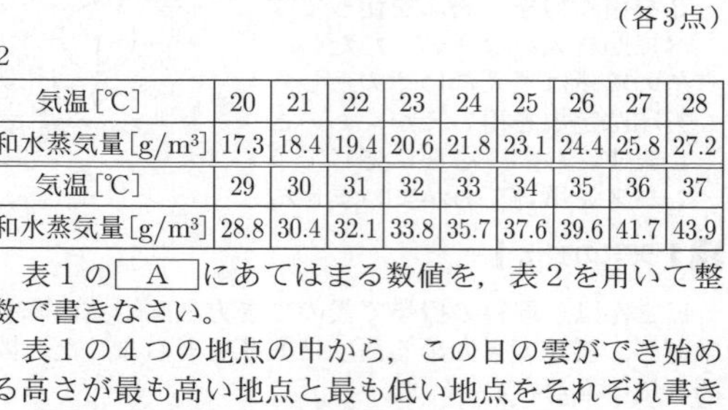

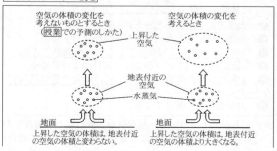

考察.
上昇した空気は,空気の体積の変化を考えるときの方が,空気1m³あたりに含まれる水蒸気量が Ⅰ 。よって,雲ができ始める高さは,授業で予測した高さよりも Ⅱ なる。

問5. 考察の Ⅰ , Ⅱ にあてはまる語の組み合わせとして正しいものを,次のア〜エの中から一つ選び,その記号を書きなさい。 (3点)
ア. Ⅰ.多い   Ⅱ.高く
イ. Ⅰ.多い   Ⅱ.低く
ウ. Ⅰ.少ない  Ⅱ.高く
エ. Ⅰ.少ない  Ⅱ.低く

3 植物の体のつくりと働き,植物の仲間 よく出る

Uさんは,光合成や蒸散について調べるため,ふ入りの葉をもつコリウスを使って観察と実験を行いました。問1〜問6に答えなさい。

観察.
図1は,コリウスの葉脈のようすを観察し模式的に示したものである。図2は,コリウス全体を上から観察し,その一部を模式的に示したものである。

図1    図2
緑色の部分
ふの部分

観察してわかったこと.
○ コリウスは,双子葉類であることがわかった。
○ コリウスの葉は,緑色の部分とふの部分にわかれていた。
○ コリウスの葉は,葉どうしが重ならないようについていた。

問1. 下線部について,次のア〜エの植物の中から,双子葉類に分類されるものを一つ選び,その記号を書きなさい。 (3点)

ア チューリップ   イ グラジオラス   ウ イヌワラビ   エ アジサイ

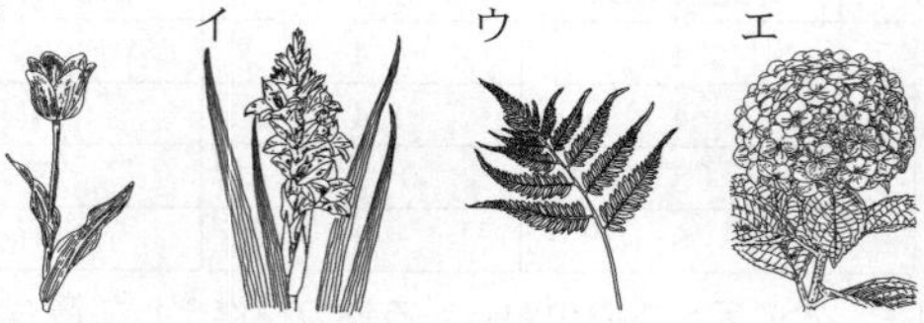

問2. 次の文章は,コリウスの葉のつきかたの特徴について説明したものです。文章中の Ⅰ にあてはまることばを書きなさい。 (3点)

コリウスは,図2のようにたがいに重なり合わないように葉がついている。これにより,多くの葉に Ⅰ ため,光合成がさかんに行われ,多くの栄養分がつくられる。

Uさんは,光合成に必要な条件を調べるため,コリウスの葉を使って次の実験を行いました。

実験1.
(1) 鉢植えのコリウスを，暗室に1日 図3
　おいた。
(2) 翌日，1枚の葉の一部を，図3の
　ようにアルミニウムはくでおおい，
　日中にじゅうぶん光を当てた。
(3) アルミニウムはくでおおった葉
　を，茎から切りとった。
(4) 葉からアルミニウムはくをはずしたあと，90℃の湯
　に1分間ひたした。
(5) (4)の葉を湯からとり出し，温めたエタノールで脱
　色した。
(6) エタノールから葉をとり出したあと，ビーカーに入
　れた水にひたして洗った。
(7) 水で洗った葉を，ヨウ素液が 図4
　入ったペトリ皿に入れてひたし，
　色の変化を調べた。図4は，ヨ
　ウ素液にひたしたあとの葉のよ
　うすを模式的に示したものであ
　る。
　①：光を当てた緑色だった部分
　②：光を当てたふの部分
　③：アルミニウムはくでおおった緑色だった部分
　④：アルミニウムはくでおおったふの部分
(8) 表1は，葉をヨウ素液にひたしたあとの色の変化を
　まとめたものである。
表1

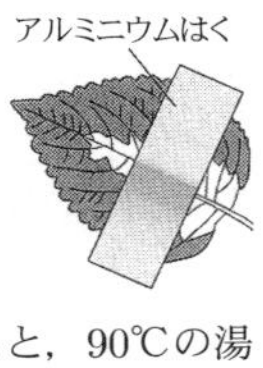

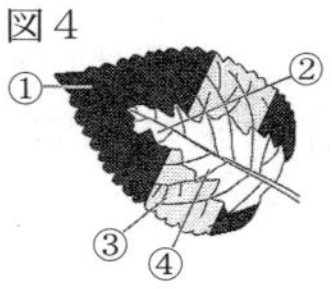

| 葉の部分 | ① | ② | ③ | ④ |
|---|---|---|---|---|
| 色の変化 | 青紫色に染まった | 変化なし | 変化なし | 変化なし |

問3．図4の①でヨウ素液と反応した物質は何ですか。そ
の物質の名称を書きなさい。　　　　　　　　　(2点)

問4．次の文章は，表1から光合成に必要な条件について
考察したものの一部です。文章中の　Ⅰ　，　Ⅱ　にあ
てはまるものを，下のア～カの中から一つずつ選び，そ
の記号をそれぞれ書きなさい。　　　　　　　　(4点)

光合成が葉の緑色の部分で行われていることは，図
4の　Ⅰ　の色の変化を比較するとわかる。また，光
合成に光が必要であることは，図4の　Ⅱ　の色の変
化を比較するとわかる。

ア．①と②　　　　　イ．①と③
ウ．①と④　　　　　エ．②と③
オ．②と④　　　　　カ．③と④

Uさんは，植物がどこから蒸散を行っているかを調べる
ため，次の実験を行いました。

実験2.
(1) 葉の枚数や大きさ，茎の太さや長さがほぼ同じであ
　る3本のコリウスの枝X～Zを用意した。
(2) 枝X～Zに次の操作を行った。
　X：すべての葉の表側にワセリンをぬる
　Y：すべての葉の裏側にワセリンをぬる
　Z：すべての葉の表側と裏側にワセリンをぬる
　※ワセリンは，水や水蒸気を通さない性質をもつ物質
　　である。
(3) 図5のように枝X～Zをメスシリンダーにさしたあ
　と，それぞれの液面が等しくなるように水を入れ，水
　面を油でおおった。

(4) (3)の枝X～Zを日当たりがよく風通しのよい場所に
　置き，1日後にそれぞれの水の減少量を調べ，その結
　果を表2にまとめた。
表2

| 枝 | X | Y | Z |
|---|---|---|---|
| 水の減少量[cm³] | 5.4 | 2.4 | 0.6 |

問5．表2から，コリウスの蒸散量は，葉の表側と葉の裏
側のどちらが多いといえるか，書きなさい。また，その理
由を水の減少量という語句を使って説明しなさい。(4点)
問6．表2から，このときの葉の表側の蒸散量と葉の裏側
の蒸散量の合計は何gになると考えられますか。次のア
～エの中から最も適切なものを一つ選び，その記号を書
きなさい。ただし，メスシリンダー内の水の減少量は，コ
リウスの蒸散量と等しいものとし，水の密度は1g/cm³
とします。　　　　　　　　　　　　　　　　(3点)
ア．8.4g　　イ．7.8g　　ウ．7.2g　　エ．6.6g

**4** 水溶液，化学変化と物質の質量，水溶液とイオン，酸・ア
ルカリとイオン　　よく出る

科学部のWさんは中和反応によってできる塩に興味を
もち，実験を行って　レポート　にまとめました。問1～問
5に答えなさい。

レポート

課題．
　中和反応では，酸とアルカリの組み合わせによって，
水に溶けない塩ができたり，水に溶ける塩ができたり
する。これによって，反応後の水溶液の性質にどのよ
うな違いが生じるのだろうか。
実験1．うすい硫酸とうすい水酸化バリウム水溶液の中
和反応．
(1) 図1のように，4つのビーカーA1～A4にうすい
　硫酸をそれぞれ10.0gずつ，4つのビーカーB1～
　B4にうすい水酸化バリウム水溶液を7.5g，15.0g，
　22.5g，30.0g入れた。

図1

(2) 図2のようにビーカーA1とB1の質量をいっしょ
　にはかった。①ビーカーA1の水溶液にビーカーB1
　の水溶液をすべて加えて，よく混ぜ合わせて反応さ
　せると白い沈殿ができた。反応後，再びビーカー
　A1とB1の質量をいっしょにはかり，反応前の質量
　と比較した。なお，混合後の水溶液をX1とした。
図2

(3) 水溶液X1を試験管に白い沈殿を入れないように1cm³とり，BTB溶液を加えて色の変化を調べた。

(4) 水溶液X1をビーカーに白い沈殿を入れないように10cm³とり，図3のような装置で3Vの電圧をかけ，水溶液に電流が流れるかどうかを，豆電球が点灯するかどうかで調べた。

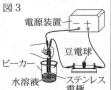

(5) ビーカーA2とB2，A3とB3，A4とB4についても(2)と同じ操作を行い，混合後のビーカーの水溶液をそれぞれX2，X3，X4とし，得られた水溶液X2～X4について(3)，(4)と同じ操作を行った。

(6) 水溶液X1～X4の中の白い沈殿を集めて蒸留水で洗浄し，乾燥させて質量をはかった。

実験2．うすい塩酸とうすい水酸化ナトリウム水溶液の中和反応．

実験1で用いたうすい硫酸をうすい塩酸に，うすい水酸化バリウム水溶液をうすい水酸化ナトリウム水溶液にそれぞれ代えて，実験1の(1)～(5)と同じ操作を行った。混合後の水溶液を，加えた水酸化ナトリウム水溶液の量が少ない方から，それぞれY1，Y2，Y3，Y4とした。なお，(2)と同じ操作を行ったとき，Y1～Y4のいずれも沈殿はできなかった。

結果．
○ 実験1，実験2のいずれにおいても②化学変化の前後で物質全体の質量に変化はなかった。
○ BTB溶液の色，豆電球の点灯，沈殿の質量については次の表の通りである。

|  | 実験1 |  |  |  | 実験2 |  |  |  |
|---|---|---|---|---|---|---|---|---|
| 水溶液 | X1 | X2 | X3 | X4 | Y1 | Y2 | Y3 | Y4 |
| BTB溶液の色 | 黄色 | 黄色 | 緑色 | 青色 | 黄色 | 黄色 | 緑色 | 青色 |
| 豆電球の点灯 | あり | あり | なし | あり | あり | あり | あり | あり |
| 沈殿の質量[g] | 0.1 | 0.2 | 0.3 | 0.3 | - | - | - | - |

問1．実験1の下線部①について，この化学変化を化学反応式で表しなさい。(4点)
問2．結果の下線部②のような，化学変化における法則を何というか，その名称を書きなさい。(3点)
問3．表中の水溶液X3で電流が流れなかったのはなぜだと考えられますか。水溶液X3と水溶液Y3を比較し，生じた塩の性質にふれながら，イオンという語を使って，その理由を書きなさい。(5点)
問4．表中の水溶液Y3は中性になりました。このとき，水溶液Y1～Y3から塩をとり出すために行う操作と，その操作を行うことで塩が純粋な物質として得られる水溶液の組み合わせとして正しいものを，次のア～エの中から一つ選び，その記号を書きなさい。(3点)

|  | 水溶液に行う操作 | 塩が純粋な物質として得られる水溶液 |
|---|---|---|
| ア | 冷却する | Y1, Y2, Y3 |
| イ | 冷却する | Y3 |
| ウ | 蒸発させる | Y1, Y2, Y3 |
| エ | 蒸発させる | Y3 |

問5．実験1で使用した水酸化バリウム水溶液の質量パーセント濃度は1%でした。うすい硫酸の濃度を変えず，水酸化バリウム水溶液の濃度のみを2%に変えて実験1と同じ操作を行います。加える水酸化バリウム水溶液の質量と生じる沈殿の質量の関係を表すグラフを，次のア～カの中から一つ選び，その記号を書きなさい。(4点)

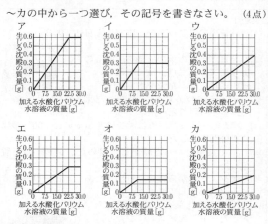

## 5 光と音，電流と磁界

Mさんは，理科の授業で音の学習を行いました。問1～問5に答えなさい。

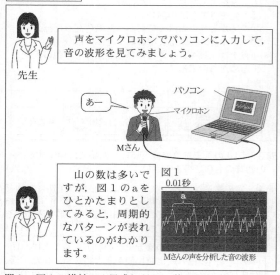

問1．図1の横軸の1目盛りが0.01秒のとき，図1の波形の音の振動数は何Hzか求めなさい。なお，図1のaで示した範囲の音の波形を1回の振動とします。(4点)
問2．Mさんが図1で表された波形の音よりも高い声を出すと，音の波形はどのようになりますか。次のア～エの中から，最も適切なものを一つ選び，その記号を書きなさい。(3点)

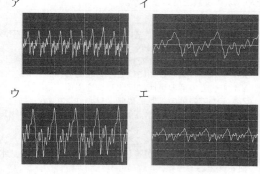

授業後に質問している場面

マイクロホンとスピーカーは同じつくりだときいたのですが，本当ですか。

本当です。図2は，あるマイクロホンのしくみを模式的に表したものです。振動板をとりつけたコイルが音によって振動します。①振動で，固定された磁石によるコイルをつらぬく磁界が変化すると，その変化にともなってコイルに電圧が生じ，交流電流が流れます。このように，振動が電気信号に変換されるのがマイクロホンです。
図3は，あるスピーカーのしくみを模式的に表したものです。②図3のスピーカーは，図2のマイクロホンの逆のしくみで音を出します。このスピーカーのしくみを考えてみましょう。

図2　　　　　　図3

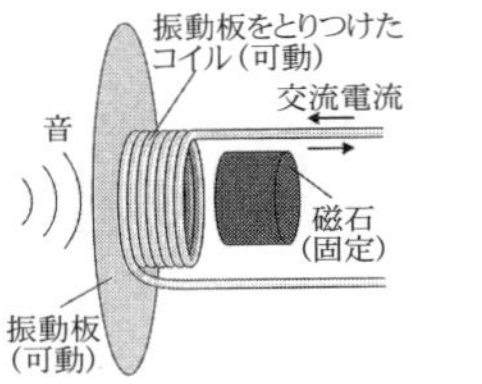

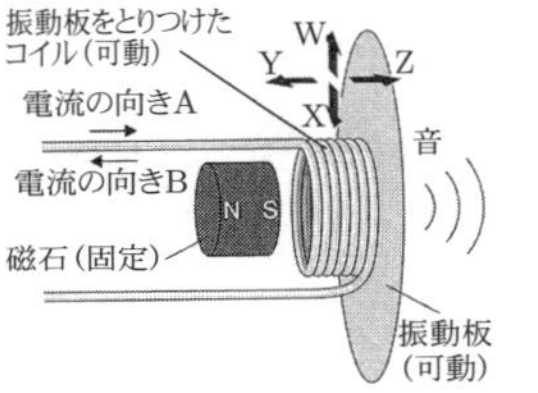

問3．下線部①について，コイルをつらぬく磁界が変化することによって生じる電流を何というか，その名称を書きなさい。（3点）

問4．思考力　次は，下線部②について，図3のスピーカーがどのようなしくみになっていることで音が生じるのかを説明したものです。Ⅰ，Ⅱにあてはまる，図3で示されたW～Zの向きの組み合わせとして正しいものを，下のア～エの中から一つ選び，その記号を書きなさい。また，Ⅲにあてはまることばを，交互，磁界という語を使って書きなさい。（5点）
電流がコイルに流れることでコイルが電磁石となる。Aの向きに電流が流れると振動板をとりつけたコイルはⅠの向きに動く。同様にBの向きに電流が流れると振動板をとりつけたコイルはⅡの向きに動く。先生のマイクロホンの説明から考えると，図3のスピーカーのしくみはⅢことで振動板が振動し，音が生じるようになっているとわかる。

ア．Ⅰ…W　Ⅱ…X
イ．Ⅰ…X　Ⅱ…W
ウ．Ⅰ…Y　Ⅱ…Z
エ．Ⅰ…Z　Ⅱ…Y

日常生活との関連を考える場面

音が伝わるのは空気中だけではありません。アーティスティックスイミング（シンクロナイズドスイミング）で水に潜っている選手は，水中に設置されたスピーカーから水中を伝わる音を聞いています。なお，水中の方が空気中より音が速く伝わります。

図4

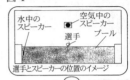

選手とスピーカーの位置のイメージ

すると図4のように水面から顔を出したときに，水中のスピーカーと空気中のスピーカーから同時に音楽が出ているのに，わずかに音楽がずれて聞こえるのではないですか。

確かにそうですね。実際には認識できないくらいの違いです。しかし，③スピーカーと選手の距離によっては，音楽がまったくずれずに聞こえる場所もあるでしょう。

問5．下線部③について，水面で音楽がずれずに伝わる位置を点P，水中のスピーカーと点Pの距離を22.5 mとするとき，空気中のスピーカーと点Pの距離は何mですか。空気中を伝わる音の速さを340 m/s，水中を伝わる音の速さを1500 m/sとして求めなさい。（4点）

# 千葉県

| 時間 | 満点 | 解答 | |
|---|---|---|---|
| 50分 | 100点 | P9 | 2月12日実施 |

### 出題傾向と対策

●例年通り，小問集合1題と物理，化学，生物，地学各2題の計9題の出題であった。実験や観察を中心に基本事項を問うものが多かったが，グラフや数値をもとに推論するような科学的思考力を要するものも出題された。解答形式は，選択式と記述式がほぼ同数で，記述式は文章記述や作図・グラフ作成など多岐にわたっている。

●教科書の実験・観察を中心に，基本事項をしっかりと理解しておきたい。また，問題文や図，グラフから要点を読みとる力も求められている。過去問で練習しておこう。

## 1 物質の成り立ち，光と音，遺伝の規則性と遺伝子，気象観測 基本

次の(1)〜(4)の問いに答えなさい。 （各3点）

(1) 無機物として最も適当なものを，次のア〜エのうちから一つ選び，その符号を書きなさい。
　ア．エタノール
　イ．砂糖
　ウ．食塩
　エ．プラスチック

(2) 図は，千葉県内のある地点で観測された風向，風力，天気を天気図に使う記号で表したものである。このときの風向と天気として最も適当なものを，次のア〜エのうちから一つ選び，その符号を書きなさい。

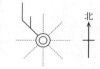

　ア．風向：北西　　天気：晴れ
　イ．風向：北西　　天気：くもり
　ウ．風向：南東　　天気：晴れ
　エ．風向：南東　　天気：くもり

(3) 光が，空気中からガラスの中に進むとき，ガラスの中に進む光が，空気とガラスの境界面（境界の面）で折れ曲がる現象を光の何というか。その名称を書きなさい。

(4) エンドウを栽培して遺伝の実験を行い，分離の法則などの遺伝の規則性を見つけた人物名として最も適当なものを，次のア〜エのうちから一つ選び，その符号を書きなさい。
　ア．ダーウィン
　イ．パスカル
　ウ．フック
　エ．メンデル

## 2 生物の観察，植物の体のつくりと働き

校庭や学校周辺の生物について調べるため，次の観察1，2を行いました。これに関して，あとの(1)〜(4)の問いに答えなさい。

観察1．
図1のように，校庭で摘み取ったアブラナの花のつくりを観察した。さらに，アブラナの花の各部分をくわしく調べるために，図2の双眼実体顕微鏡で観察した。

観察2．
学校周辺の池で採取した水を図3の顕微鏡で観察し，水中で生活している微小な生物のスケッチを行った。図4は，スケッチした生物の一つである。また，<手順>にしたがって，接眼レンズおよび対物レンズを変え，同じ生物の，顕微鏡での見え方のちがいを調べた。

<手順>
① 最初の観察では，接眼レンズは倍率5倍，対物レンズは倍率4倍を使用した。
② 接眼レンズを倍率10倍に変え，対物レンズは①で使用した倍率4倍のまま変えずに観察したところ，①の観察のときに比べて，観察している生物の面積が4倍に拡大されて見えた。
③ 接眼レンズは②で使用した倍率10倍のまま変えずに，対物レンズを別の倍率に変えて観察したところ，①の観察のときに比べて，観察している生物の面積が25倍に拡大されて見えた。

図5は，①〜③の観察における見え方のちがいを表したものである。

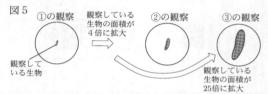

(1) 観察1の下線部について，アブラナの花の各部分を，外側から中心の順に並べたものとして最も適当なものを，次のア〜エのうちから一つ選び，その符号を書きなさい。 （3点）
　ア．花弁，がく，めしべ，おしべ
　イ．花弁，がく，おしべ，めしべ
　ウ．がく，花弁，めしべ，おしべ
　エ．がく，花弁，おしべ，めしべ

(2) 次の文は，図2の双眼実体顕微鏡の，ものの見え方の特徴について述べたものである。文中の　　　にあてはまる最も適当なことばを漢字2字で書きなさい。 （3点）

> 双眼実体顕微鏡は，図3のような顕微鏡とは異なり，プレパラートをつくる必要はなく，観察するものを　　　的に見ることができる。

(3) 観察2で，4種類の微小な生物をスケッチしたものが，次のア〜エである。スケッチの大きさと縮尺をもとに，次のア〜エの生物を，実際の体の長さが長いものから短いものへ，左から順に並べて，その符号を書きなさい。 （3点）

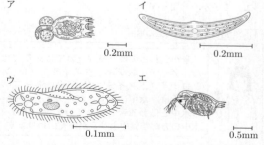

(4) 観察2の<手順>の③で使用した対物レンズの倍率は何倍か，書きなさい。 （3点）

## 3 化学変化と物質の質量

鉄と硫黄を混ぜて加熱したときの変化を調べるため，次の実験1，2を行いました。これに関して，あとの(1)〜(4)の問いに答えなさい。

**実験1.**
① 図1のように，鉄粉7.0gと硫黄4.0gを乳ばちに入れてよく混ぜ合わせた。その混合物の$\frac{1}{4}$くらいを試験管Aに，残りを試験管Bにそれぞれ入れた。
② 図2のように，試験管Bに入れた混合物の上部を加熱し，混合物の上部が赤くなったところで加熱をやめた。その後も反応が進んで鉄と硫黄は完全に反応し，黒い物質ができた。
③ 試験管Bを十分に冷ました後，試験管A, Bに，図3のように，それぞれ磁石を近づけて試験管内の物質が磁石に引きつけられるかどうかを調べた。
④ ③の試験管A, B内の物質を少量とり，それぞれ別の試験管に入れた。次に，図4のように，それぞれの試験管にうすい塩酸を数滴入れたところ，どちらも気体が発生した。a発生した気体に，においがあるかどうかを調べた。

表1は，実験1の③と④の結果をまとめたものである。

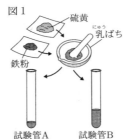
図1

図2

図3

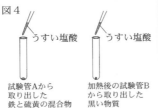
図4

表1

|  | 磁石を近づけたとき | うすい塩酸を数滴入れたとき |
|---|---|---|
| 鉄と硫黄の混合物（試験管A） | 磁石に引きつけられた | においのない気体が発生した |
| 加熱後の黒い物質（試験管B） | 磁石に引きつけられなかった | x のようなにおいの気体が発生した |

**実験2.**
試験管C〜Fを用意し，表2に示した質量の鉄粉と硫黄をそれぞれよく混ぜ合わせて各試験管に入れた。次に，実験1の②の試験管Bと同様に試験管C〜Fを加熱したところ，試験管C, D, Eの鉄と硫黄は完全に反応したが，b試験管Fの鉄と硫黄は，完全には反応せずにどちらか一方の物質が残った。

表2

|  | 試験管C | 試験管D | 試験管E | 試験管F |
|---|---|---|---|---|
| 鉄粉の質量 | 2.8g | 4.2g | 5.6g | 6.6g |
| 硫黄の質量 | 1.6g | 2.4g | 3.2g | 3.6g |

(1) 実験1の②で，鉄と硫黄の反応でできた黒い物質の名称と化学式を書きなさい。（2点）
(2) 実験1の②で，加熱をやめた後も，そのまま反応が進んだのは，この化学変化が発熱反応のためである。次のI〜Ⅲの操作における化学変化は，発熱反応と吸熱反応のどちらか。その組み合わせとして最も適当なものを，次のア〜エのうちから一つ選び，その符号を書きなさい。（3点）

|  | I. 酸化カルシウムに水を加える | Ⅱ. 炭酸水素ナトリウムを混ぜた水に，レモン汁またはクエン酸を加える | Ⅲ. 塩化アンモニウムと水酸化バリウムを混ぜる |
|---|---|---|---|
| ア | 発熱反応 | 発熱反応 | 吸熱反応 |
| イ | 発熱反応 | 吸熱反応 | 吸熱反応 |
| ウ | 吸熱反応 | 発熱反応 | 発熱反応 |
| エ | 吸熱反応 | 吸熱反応 | 発熱反応 |

(3) 実験1の④の下線部aについて，発生した気体のにおいをかぐ方法を簡潔に書きなさい。また，表1の x にあてはまるものとして最も適当なものを，次のア〜エのうちから一つ選び，その符号を書きなさい。（各2点）
ア．エタノール
イ．くさった卵
ウ．プールの消毒
エ．こげた砂糖

(4) 実験2の下線部bについて，完全には反応せずに残った物質は鉄と硫黄のどちらか，物質名を書きなさい。また，反応せずに残った物質をのぞき，この反応でできた物質の質量は何gか，書きなさい。（3点）

## 4 天体の動きと地球の自転・公転

Sさんは天体の動きを調べるため，千葉県内のある場所で，晴れた日には毎日，午後9時に北斗七星とオリオン座の位置を観測し，記録しました。これに関する先生との会話文を読んで，あとの(1)〜(4)の問いに答えなさい。

Sさん：最初に観測した日の午後9時には，北斗七星は図1のように北の空に見えました。また，オリオン座のリゲルという恒星が，図2のように真南の空に見えました。その日以降の観測によって，北斗七星やオリオン座の午後9時の位置は，日がたつにつれて少しずつ移動していることがわかりました。最初に観測した日から2か月後の午後9時には，北斗七星は， x の図のように見えました。
先生：そうですね。同じ時刻に同じ場所から，同じ方向の空を観測しても，季節が変われば見ることができる星座が異なります。なぜだと思いますか。
Sさん：それは，地球が太陽のまわりを1年かかって1周しているからだと思います。以前に，この運動を地球の y ということを習いました。太陽，星座，地球の位置関係を考えると，地球の y によって，地球から見て z と同じ方向に位置するようになった星座は，その季節には見ることができなくなるはずです。
先生：そうですね。その他に，星座の動きについて何か気づいたことはありますか。
Sさん：はい。同じ日の午後9時以外の時刻に観測を行うと，北斗七星やオリオン座の位置が，午後9時とは異なって見えました。

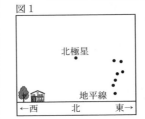
図1

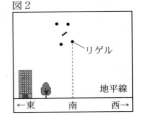
図2

先生 ：そのとおりです。同じ日に同じ場所で観測しても，時刻が変われば，その星座が見える位置が異なるのです。しっかりと観測を続けた成果ですね。
Sさん：先生，季節や時刻だけでなく，観測地が変われば見える星座が異なると聞きました。いつか海外に行って，千葉県とは異なる星空を見てみたいです。
先生 ：それはいいですね。日本からは１年中地平線の下に位置するために見ることができない星座を，ぜひ観測してみましょう。

(1) よく出る　会話文中の　x　にあてはまる図として最も適当なものを，次のア～エのうちから一つ選び，その符号を書きなさい。(3点)

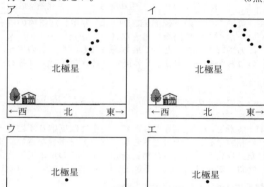

(2) 会話文中の　y　，　z　にあてはまる最も適当なことばを，それぞれ書きなさい。(3点)
(3) 最初に観測した日から１か月後および11か月後に，同じ場所から観測した場合，図２と同じようにリゲルを真南の空に見ることができる時刻として最も適当なものを，次のア～エのうちからそれぞれ一つずつ選び，その符号を書きなさい。(3点)
　ア．午後７時頃　　　　イ．午後８時頃
　ウ．午後10時頃　　　　エ．午後11時頃
(4) 図１で，観測した場所での地平線から北極星までの角度を測ったところ，35°であった。また図２で，観測した場所でのリゲルの南中高度を測ったところ，47°であった。リゲルが１年中地平線の下に位置するために観測できない地域として最も適当なものを，次のア～エのうちから一つ選び，その符号を書きなさい。ただし，観測は海面からの高さが０mの場所で行うものとする。(3点)
　ア．北緯82°よりも緯度が高いすべての地域
　イ．北緯55°よりも緯度が高いすべての地域
　ウ．南緯82°よりも緯度が高いすべての地域
　エ．南緯55°よりも緯度が高いすべての地域

## 5 力と圧力，運動の規則性，力学的エネルギー

力のつり合いと，仕事とエネルギーについて調べるため，次の実験１，２を行いました。これに関して，あとの(1)～(4)の問いに答えなさい。ただし，滑車およびばねの質量，ひもの質量およびのび縮みは考えないものとし，物体と斜面の間の摩擦，ひもと滑車の間の摩擦，空気抵抗はないものとします。また，質量100gの物体にはたらく重力の大きさを１Nとします。

実験１．
　質量が等しく，ともに２kgの物体Ａと物体Ｂをひもでつなぎ，そのひもを滑車にかけ，物体Ａを斜面上に置いた。静かに手をはなしたところ，物体Ａ，Ｂがゆっくり動きだしたので，図１のように，物体Ａ，Ｂが床から同じ高さになるように，物体Ｂを手で支えた。その後，ひもを切ると同時に物体Ｂから手をはなし，物体Ａ，Ｂの運動のようすを調べた。

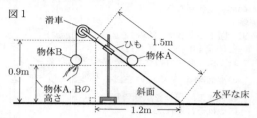

実験２．
　ばねの一端と物体Ｃをひもでつなぎ，ばねの他端を手で持ち，ばねが斜面と平行になるように，実験１で用いた斜面上に物体Ｃを置いたところ，ばねののびは６cmであった。次に，ばねを手で引き，物体Ｃを斜面に沿ってゆっくり0.5m引き上げ，図２の位置で静止させた。物体Ｃが移動している間，ばねののびは，つねに６cmであった。
　使用したばねは，ばねに加えた力の大きさとばねの長さの関係が表のとおりである。

| 加えた力の大きさ[N] | 0 | 1 | 2 | 3 | 4 | 5 | 6 | 7 | 8 | 9 |
|---|---|---|---|---|---|---|---|---|---|---|
| ばねの長さ[cm] | 15 | 16 | 17 | 18 | 19 | 20 | 21 | 22 | 23 | 24 |

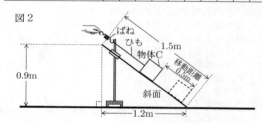

(1) 実験１で，物体Ａ，Ｂを同じ高さで静止させるためには，物体Ｂを何Nの力で支えればよいか，書きなさい。(3点)
(2) 実験１で，ひもを切ると同時に物体Ｂから手をはなした場合，物体Ａ，Ｂの高さが床から半分に達したときの，物体Ａと物体Ｂの運動エネルギーの大きさの関係について，簡潔に書きなさい。(3点)
(3) 図３は，実験２で，物体Ｃを斜面上に静止させたときのようすを模式的に表したものである。このとき，物体Ｃにはたらく力を，右の図中に矢印でかきなさい。ただし，力が複数ある場合はすべてかき，作用点を●で示すこと。また，図３の矢印は，実験２において斜面上に静止している物体Ｃにはたらく重力を示している。(3点)

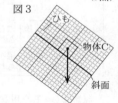

(4) 実験２で用いた物体Ｃの質量は何kgか，書きなさい。また，物体Ｃを斜面に沿って0.5m引き上げたとき，ばねを引いた手が物体Ｃにした仕事は何Jか，書きなさい。(3点)

## 6 火山と地震

中国地方で発生した地震Ⅰと地震Ⅱについて調べました。次の図は，地震Ⅰの震央×の位置と，各観測地点における震度を示しています。また表は，地震Ⅱで地点Ａ～ＦにＰ波，Ｓ波が届いた時刻を表していますが，一部のデータは不明です。これに関して，あとの(1)～(3)の問いに答えなさい。

×は地震Ⅰの震央の位置，□の中の数字や文字は各観測地点の震度を表している。

| 地点 | 地震Ⅱの震源からの距離 | 地震ⅡのP波が届いた時刻 | 地震ⅡのS波が届いた時刻 |
|---|---|---|---|
| A | 40 km | 午前7時19分26秒 | データなし |
| B | 56 km | データなし | 午前7時19分35秒 |
| C | 80 km | 午前7時19分31秒 | データなし |
| D | 100 km | データなし | 午前7時19分46秒 |
| E | 120 km | 午前7時19分36秒 | データなし |
| F | 164 km | データなし | 午前7時20分02秒 |

(1) 図に示された各観測地点における震度から，地震Ⅰについてどのようなことがいえるか。次のア～エのうちから最も適当なものを一つ選び，その符号を書きなさい。(2点)

ア．震央から観測地点の距離が遠くなるにつれて，震度が小さくなる傾向がある。
イ．観測された震度から，この地震のマグニチュードは，6.0よりも小さいことがわかる。
ウ．観測地点によって震度が異なるのは，土地のつくり(地盤の性質)のちがいのみが原因である。
エ．震央付近の震度が大きいのは，震源が海底の浅いところにあることが原因である。

(2) 次の文章は，地震の波とゆれについて説明したものである。文章中の y ， z にあてはまるものの組み合わせとして最も適当なものを，あとのア～エのうちから一つ選び，その符号を書きなさい。(2点)

地震が起こると y ，P波がS波より先に伝わる。S波によるゆれを z という。

ア．y：P波が発生した後に，遅れてS波が発生するため
　　z：初期微動
イ．y：P波が発生した後に，遅れてS波が発生するため
　　z：主要動
ウ．y：P波とS波は同時に発生するが，伝わる速さがちがうため
　　z：初期微動
エ．y：P波とS波は同時に発生するが，伝わる速さがちがうため
　　z：主要動

(3) **よく出る** 地震Ⅱについて，次の①，②の問いに答えなさい。なお，P波，S波が地中を伝わる速さは，それぞれ一定であり，P波もS波もまっすぐ進むものとする。
① 地震Ⅱが発生した時刻は午前何時何分何秒か，書きなさい。(3点)
② 表をもとに，地震Ⅱの震源からの距離と，初期微動継続時間の関係を表すグラフを右に完成させなさい。また，初期微動継続時間が18秒である地点から震源までの距離として最

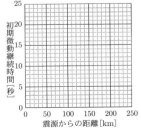

も適当なものを，次のア～エのうちから一つ選び，その符号を書きなさい。(3点)
ア．約108 km　　イ．約126 km
ウ．約144 km　　エ．約162 km

## 7 電流

回路に流れる電流の大きさと，電熱線の発熱について調べるため，次の実験1～3を行いました。これに関して，あとの(1)～(4)の問いに答えなさい。ただし，各電熱線に流れる電流の大きさは，時間とともに変化しないものとします。

実験1．
① 図1のように，電熱線Aを用いて実験装置をつくり，発泡ポリスチレンのコップに水120 gを入れ，しばらくしてから水の温度を測ったところ，室温と同じ20.0℃だった。

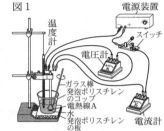

② スイッチを入れ，電熱線Aに加える電圧を6.0 Vに保って電流を流し，水をゆっくりかき混ぜながら1分ごとに5分間，水の温度を測定した。測定中，電流の大きさは1.5 Aを示していた。
③ 図1の電熱線Aを，発生する熱量が $\frac{1}{3}$ の電熱線Bにかえ，水の温度を室温と同じ20.0℃にした。電熱線Bに加える電圧を6.0 Vに保って電流を流し，②と同様に1分ごとに5分間，水の温度を測定した。

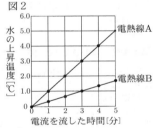

図2は，測定した結果をもとに，「電流を流した時間」と「水の上昇温度」の関係をグラフに表したものである。

実験2．
図3，図4のように，電熱線A，Bを用いて，直列回路と並列回路をつくった。それぞれの回路全体に加える電圧を6.0 Vにし，回路に流れる電流の大きさと，電熱線Aに加わる電圧の大きさを測定した。その後，電圧計をつなぎかえ，電熱線Bに加わる電圧の大きさをそれぞれ測定した。

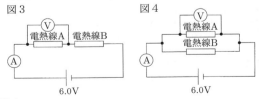

実験3．
図4の回路の電熱線Bを，抵抗(電気抵抗)の値がわからない電熱線Cにかえた。その回路全体に加える電圧を5.0 Vにし，回路に流れる電流の大きさと，それぞれの電熱線に加わる電圧の大きさを測定した。そのとき，電流計の目もりが示した電流の大きさは，1.5 Aであった。

(1) 電流計を用いて，大きさが予想できない電流を測定するとき，電流計の－端子へのつなぎ方として最も適当なものを，次のア～エのうちから一つ選び，その符号を書

きなさい。なお，用いる電流計の＋端子は1つであり，電流計の－端子は5A，500mA，50mAの3つである。
(2点)

ア．はじめに，電源の－極側の導線を500mAの－端子につなぎ，針が目もり板の中央より左側にある場合は5Aの－端子につなぎかえ，右側にある場合は50mAの－端子につなぎかえて，針が示す中央付近の目もりを正面から読んで電流の大きさを測定する。

イ．はじめに，電源の－極側の導線を50mAの－端子につなぎ，針の振れが大きければ，500mA，5Aの－端子の順につなぎかえて，針が示す目もりを正面から読んで電流の大きさを測定する。

ウ．はじめに，電源の－極側の導線を50mAの－端子につなぎ，針の振れが小さければ，500mA，5Aの－端子の順につなぎかえて，針が示す目もりを正面から読んで電流の大きさを測定する。

エ．はじめに，電源の－極側の導線を5Aの－端子につなぎ，針の振れが小さければ，500mA，50mAの－端子の順につなぎかえて，針が示す目もりを正面から読んで電流の大きさを測定する。

(2) 実験1で，電熱線Aに電流を5分間流したときに発生する熱量は何Jか，書きなさい。(2点)

(3) 思考力 実験2で，消費電力が最大となる電熱線はどれか。また，消費電力が最小となる電熱線はどれか。次のア～エのうちから最も適当なものをそれぞれ一つずつ選び，その符号を書きなさい。(3点)
ア．図3の回路の電熱線A
イ．図3の回路の電熱線B
ウ．図4の回路の電熱線A
エ．図4の回路の電熱線B

(4) 実験3で，電熱線Cの抵抗（電気抵抗）の値は何Ωか，書きなさい。(3点)

## 8 動物の体のつくりと働き，動物の仲間　基本

Sさんたちは，「動物は，生活場所や体のつくりのちがいから，なかま分けすることができる」ことを学びました。これに関する先生との会話文を読んで，あとの(1)～(4)の問いに答えなさい。

先　生：図1を見てください。背骨をもつ動物のカードを5枚用意しました。

図1

ウサギ　カエル　ハト　フナ　ワニ

先　生：Sさん，これらのカードの動物のように，背骨をもつ動物を何といいますか。
Sさん：はい。　a　といいます。
先　生：そのとおりです。それでは，動物のいろいろな特徴のちがいから，5枚のカードを分けてみましょう。
Tさん：私は「子は水中で生まれるか，陸上で生まれるか」というちがいから，図2のようにカードを分けてみました。

図2

カエル　フナ　　　ウサギ　ハト　ワニ
子は水中で生まれる　　　子は陸上で生まれる

Sさん：私は「変温動物か，恒温動物か」というちがいから，カードを分けてみました。
先　生：ふたりとも，よくできました。では次に，図3を見てください。これは，カエルとウサギの肺の一部を模式的に表した図です。

Tさん：ウサギの肺は，カエルの肺に比べてつくりが複雑ですね。
先　生：そうですね。ウサギのなかまの肺には，肺胞と呼ばれる小さな袋が多くあります。肺胞の数が多いと，　b　ため，肺胞のまわりの血管で酸素と二酸化炭素の交換が効率よく行えるのです。なお，カエルやイモリのなかまは，皮ふでも呼吸を行っています。

図3

カエルの肺の一部　ウサギの肺の一部

Sさん：イモリなら理科室で飼われていますね。外見はトカゲに似ていますが，他の特徴なども似ているのでしょうか。
先　生：確かに外見は似ていますね。イモリとトカゲの特徴を調べて，まとめてみましょう。

(1) 会話文中の　a　にあてはまる最も適当な名称を書きなさい。(2点)

(2) 会話文中の下線部について，恒温動物であるものを，次のア～オのうちからすべて選び，その符号を書きなさい。(2点)
ア．ウサギ　イ．カエル　ウ．ハト
エ．フナ　オ．ワニ

(3) 会話文中の　b　にあてはまる内容を，「空気」ということばを用いて，簡潔に書きなさい。(3点)

(4) 表は，イモリとトカゲの特徴をまとめたものである。表中の　w　，　x　にあてはまるものの組み合わせとして最も適当なものを，Ⅰ群のア～エのうちから一つ選び，その符号を書きなさい。また，　y　，　z　にあてはまるものの組み合わせとして最も適当なものを，Ⅱ群のア～エのうちから一つ選び，その符号を書きなさい。(3点)

| 生物の名称 | イモリ | トカゲ |
|---|---|---|
| 外見 |  |  |
| 産み出された卵のようす | w | x |
| 体表のようす | y | z |
| 同じ分類のなかま | カエル | ワニ |

Ⅰ群　ア．w：殻がある
　　　　x：寒天のようなもので包まれている
　　イ．w：寒天のようなもので包まれている
　　　　x：殻がある
　　ウ．w：殻がある
　　　　x：殻がある
　　エ．w：寒天のようなもので包まれている
　　　　x：寒天のようなもので包まれている

Ⅱ群　ア．y：しめった皮ふでおおわれている
　　　　z：うろこでおおわれている
　　イ．y：うろこでおおわれている
　　　　z：しめった皮ふでおおわれている
　　ウ．y：しめった皮ふでおおわれている
　　　　z：しめった皮ふでおおわれている
　　エ．y：うろこでおおわれている
　　　　z：うろこでおおわれている

## 9 物質の成り立ち，化学変化と物質の質量　よく出る

電気分解によって発生する気体を調べるため，次の実験1，2を行いました。これに関して，あとの(1)～(4)の問

いに答えなさい。

実験1．
① 図1のように，電気分解装置にうすい塩酸を満たし，一定の電圧をかけて電流を流したところ，電極a，電極bからは，それぞれ気体が発生した。
② 1分後，電極a側，電極b側に集まった気体の体積が，図2のようになったところで，電源を切った。
③ 電極a側のゴム栓をとり，電極a側に集まった気体の性質を調べるための操作を行った。

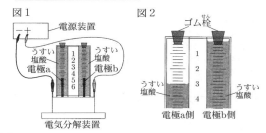

実験2．
① 図3のように，電気分解装置に少量の水酸化ナトリウムをとかした水を満たし，一定の電圧をかけて電流を流したところ，電極c，電極dからは，それぞれ気体が発生した。
② 1分後，電極c側に集まった気体の体積が，図4のようになったところで，電源を切った。なお，電極d側にも気体が集まっていた。

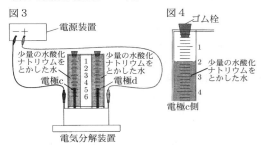

(1) 実験1の①で，電極bから発生した気体の化学式を書きなさい。(2点)
(2) 実験1の②で，電極b側に集まった気体の体積が，電極a側に集まった気体に比べて少ないのはなぜか。その理由を簡潔に書きなさい。(2点)
(3) 実験1の③で，下線部の操作とその結果として最も適当なものを，Ⅰ群のア～エのうちから一つ選び，その符号を書きなさい。また，電極a側に集まった気体と同じ気体を発生させる方法として最も適当なものを，Ⅱ群のア～エのうちから一つ選び，その符号を書きなさい。
(3点)

Ⅰ群　ア．水性ペンで色をつけたろ紙を入れると，色が消えた。
　　　イ．水でぬらした赤色リトマス紙を入れると，青色になった。
　　　ウ．火のついた線香を入れると，炎を上げて燃えた。
　　　エ．マッチの炎をすばやく近づけると，ポンと音を出して燃えた。

Ⅱ群　ア．石灰石に，うすい塩酸を加える。
　　　イ．うすい塩酸に，うすい水酸化ナトリウム水溶液を加える。
　　　ウ．亜鉛に，うすい塩酸を加える。
　　　エ．二酸化マンガンに，うすい過酸化水素水を加える。

(4) 次の文は，実験2の②で，電極から発生した気体について述べたものである。文中の x ， y にあてはまるものの組み合わせとして最も適当なものを，あとのア～エのうちから一つ選び，その符号を書きなさい。
(3点)

　x　からは，実験1の電極aから発生した気体と同じ気体が発生し，電極d側に集まった気体の体積は，電極c側に集まった気体の体積の約　y　であった。

ア．x：電極c　　y：2倍
イ．x：電極c　　y：$\frac{1}{2}$倍
ウ．x：電極d　　y：2倍
エ．x：電極d　　y：$\frac{1}{2}$倍

# 東京都

時間 50分　満点 100点　解答 p9　2月21日実施

## 出題傾向と対策

●例年通り，小問集合2題と物理，化学，生物，地学各1題の計6題の出題。解答形式は選択式(マークシート)がほとんどであるが，文章記述や計算問題も出題された。実験や観察をもとにした基礎問題が中心だが，問題文や選択肢が長いのが特徴である。

●教科書を中心に基本的事項を確実に押さえ，実験・観察の内容を論理的に考察する力を養っておこう。長い問題文を正確に読みとる力や要点を押さえて簡潔に文章をまとめる力が必要なので，過去問などで対策しておこう。

## 1 小問集合　基本

次の各問に答えよ。　（各4点）

〔問1〕 有性生殖では，受精によって新しい一つの細胞ができる。受精後の様子について述べたものとして適切なのは，次のうちではどれか。

ア．受精により親の体細胞に含まれる染色体の数と同じ数の染色体をもつ胚ができ，成長して受精卵になる。
イ．受精により親の体細胞に含まれる染色体の数と同じ数の染色体をもつ受精卵ができ，細胞分裂によって胚になる。
ウ．受精により親の体細胞に含まれる染色体の数の2倍の数の染色体をもつ胚ができ，成長して受精卵になる。
エ．受精により親の体細胞に含まれる染色体の数の2倍の数の染色体をもつ受精卵ができ，細胞分裂によって胚になる。

〔問2〕 図1のように，電気分解装置に薄い塩酸を入れ，電流を流したところ，塩酸の電気分解が起こり，陰極からは気体Aが，陽極からは気体Bがそれぞれ発生し，集まった体積は気体Aの方が気体Bより多かった。気体Aの方が気体Bより集まった体積が多い理由と，気体Bの名称とを組み合わせたものとして適切なのは，次の表のア～エのうちではどれか。

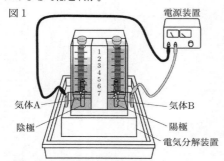

| | 気体Aの方が気体Bより集まった体積が多い理由 | 気体Bの名称 |
|---|---|---|
| ア | 発生する気体Aの体積の方が，発生する気体Bの体積より多いから。 | 塩素 |
| イ | 発生する気体Aの体積の方が，発生する気体Bの体積より多いから。 | 酸素 |
| ウ | 発生する気体Aと気体Bの体積は変わらないが，気体Aは水に溶けにくく，気体Bは水に溶けやすいから。 | 塩素 |
| エ | 発生する気体Aと気体Bの体積は変わらないが，気体Aは水に溶けにくく，気体Bは水に溶けやすいから。 | 酸素 |

〔問3〕 150gの物体を一定の速さで1.6m持ち上げた。持ち上げるのにかかった時間は2秒だった。持ち上げた力がした仕事率を表したものとして適切なのは，下のア～エのうちではどれか。
ただし，100gの物体に働く重力の大きさは1Nとする。

ア．1.2W　　　イ．2.4W
ウ．120W　　　エ．240W

〔問4〕 図2は，ある火成岩をルーペで観察したスケッチである。観察した火成岩は有色鉱物の割合が多く，黄緑色で不規則な形の有色鉱物Aが見られた。観察した火成岩の種類の名称と，有色鉱物Aの名称とを組み合わせたものとして適切なのは，次の表のア～エのうちではどれか。

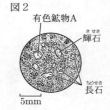

図2

| | 観察した火成岩の種類の名称 | 有色鉱物Aの名称 |
|---|---|---|
| ア | はんれい岩 | 石英（せきえい） |
| イ | はんれい岩 | カンラン石 |
| ウ | 玄武岩（げんぶがん） | 石英（せきえい） |
| エ | 玄武岩（げんぶがん） | カンラン石 |

〔問5〕 酸化銀を加熱すると，白色の物質が残った。酸化銀を加熱したときの反応を表したモデルとして適切なのは，下のア～エのうちではどれか。
ただし，●は銀原子1個を，○は酸素原子1個を表すものとする。

ア　●○●　●○●　→　●●　＋　○○
イ　●●　●●　●●　●●　→　●●●●●●●●　＋　○○
ウ　●○　→　●　＋　○
エ　●○　●○　→　●●　＋　○○

## 2 状態変化，光と音，天気の変化，生物と環境

生徒が，水に関する事物・現象について，科学的に探究しようと考え，自由研究に取り組んだ。生徒が書いたレポートの一部を読み，次の各問に答えよ。　（各4点）

<レポート1> 空気中に含まれる水蒸気と気温について。
雨がやみ，気温が下がった日の早朝に，霧が発生していた。同じ気温でも，霧が発生しない日もある。そこで，霧の発生は空気中に含まれている水蒸気の量と温度に関連があると考え，空気中の水蒸気の量と，水滴が発生するときの気温との関係について確かめることにした。

教室の温度と同じ24℃のくみ置きの水を金属製のコップAに半分入れた。次に，図1のように氷を入れた試験管を出し入れしながら，コップAの中の水をゆっくり冷やし，コップAの表面に水滴がつき始めたときの温度を測ると，14℃であった。教室の温度は24℃で変化がなかった。

また，飽和水蒸気量[g/m³]は表1のように温度によって決まっていることが分かった。

図1

表1

| 温度[℃] | 飽和水蒸気量[g/m³] |
|---|---|
| 12 | 10.7 |
| 14 | 12.1 |
| 16 | 13.6 |
| 18 | 15.4 |
| 20 | 17.3 |
| 22 | 19.4 |
| 24 | 21.8 |

〔問1〕 **よく出る** ＜レポート1＞から，測定時の教室の湿度と，温度の変化によって霧が発生するときの空気の温度の様子について述べたものとを組み合わせたものとして適切なのは，次の表のア～エのうちではどれか。

|   | 測定時の教室の湿度 | 温度の変化によって霧が発生するときの空気の温度の様子 |
|---|---|---|
| ア | 44.5% | 空気が冷やされて，空気の温度が露点より低くなる。 |
| イ | 44.5% | 空気が暖められて，空気の温度が露点より高くなる。 |
| ウ | 55.5% | 空気が冷やされて，空気の温度が露点より低くなる。 |
| エ | 55.5% | 空気が暖められて，空気の温度が露点より高くなる。 |

＜レポート2＞ 凍結防止剤と水溶液の状態変化について．
雪が降る予報があり，川にかかった橋の歩道で凍結防止剤が散布されているのを見た。凍結防止剤の溶けた水溶液は固体に変化するときの温度が下がることから，凍結防止剤は，水が氷に変わるのを防止するとともに，雪をとかして水にするためにも使用される。そこで，溶かす凍結防止剤の質量と温度との関係を確かめることにした。
3本の試験管A～Cにそれぞれ10 cm³の水を入れ，凍結防止剤の主成分である塩化カルシウムを試験管Bには1g，試験管Cには2g入れ，それぞれ全て溶かした。試験管A～Cのそれぞれについて－15℃まで冷却し試験管の中の物質を固体にした後，試験管を加熱して試験管の中の物質が液体に変化するときの温度を測定した結果は，表2のようになった。

表2

| 試験管 | A | B | C |
|---|---|---|---|
| 塩化カルシウム[g] | 0 | 1 | 2 |
| 試験管の中の物質が液体に変化するときの温度[℃] | 0 | －5 | －10 |

〔問2〕 ＜レポート2＞から，試験管Aの中の物質が液体に変化するときの温度を測定した理由について述べたものとして適切なのは，次のうちではどれか。
ア．塩化カルシウムを入れたときの水溶液の沸点が下がることを確かめるには，水の沸点を測定する必要があるため。
イ．塩化カルシウムを入れたときの水溶液の融点が下がることを確かめるには，水の融点を測定する必要があるため。
ウ．水に入れる塩化カルシウムの質量を変化させても，水溶液の沸点が変わらないことを確かめるため。
エ．水に入れる塩化カルシウムの質量を変化させても，水溶液の融点が変わらないことを確かめるため。

＜レポート3＞ 水面に映る像について．
池の水面にサクラの木が逆さまに映って見えた。そこで，サクラの木が水面に逆さまに映って見える現象について確かめることにした。
鏡を用いた実験では，光は空気中で直進し，空気とガラスの境界面で反射することや，光が反射するときには入射角と反射角は等しいという光の反射の法則が成り立つことを学んだ。水面に映るサクラの木が逆さまの像となる現象も，光が直進することと光の反射の法則により説明できることが分かった。

〔問3〕 **基本** ＜レポート3＞から，観測者が観測した位置を点Xとし，水面とサクラの木を模式的に表したとき，点Aと点Bからの光が水面で反射し点Xまで進む光の道筋と，点Xから水面を見たときの点Aと点Bの像が見える方向を表したものとして適切なのは，下のア～エのうちではどれか。ただし，点Aは地面からの高さが点Xの2倍の高さ，点Bは地面からの高さが点Xと同じ高さとする。

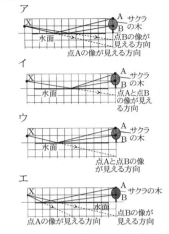

＜レポート4＞ 水生生物による水質調査について．
川にどのような生物がいるかを調査することによって，調査地点の水質を知ることができる。水生生物による水質調査では，表3のように，水質階級はⅠ～Ⅳに分かれていて，水質階級ごとに指標生物が決められている。調査地点で見つけた指標生物のうち，個体数が

表3

| 水質階級 | 指標生物 |
|---|---|
| Ⅰ きれいな水 | カワゲラ・ナガレトビケラ・ウズムシ・ヒラタカゲロウ・サワガニ |
| Ⅱ ややきれいな水 | シマトビケラ・カワニナ・ゲンジボタル |
| Ⅲ 汚い水 | タニシ・シマイシビル・ミズカマキリ |
| Ⅳ とても汚い水 | アメリカザリガニ・サカマキガイ・エラミミズ・セスジユスリカ |

多い上位2種類を2点，それ以外の指標生物を1点として，水質階級ごとに点数を合計し，最も点数の高い階級をその地点の水質階級とすることを学んだ。そこで，学校の近くの川について確かめることにした。
学校の近くの川で調査を行った地点では，ゲンジボタルは見つからなかったが，ゲンジボタルの幼虫のエサとして知られているカワニナが見つかった。カワニナは内臓が外とう膜で覆われている動物のなかまである。カワニナのほかに，カワゲラ，ヒラタカゲロウ，シマトビケラ，シマイシビルが見つかり，その他の指標生物は見つからなかった。見つけた生物のうち，シマトビケラの個体数が最も多く，シマイシビルが次に多かった。

〔問4〕 ＜レポート4＞から，学校の近くの川で調査を行った地点の水質階級と，内臓が外とう膜で覆われている動物のなかまの名称とを組み合わせたものとして適切なのは，次の表のア～エのうちではどれか。

|   | 調査を行った地点の水質階級 | 内臓が外とう膜で覆われている動物のなかまの名称 |
|---|---|---|
| ア | Ⅰ | 節足動物 |
| イ | Ⅰ | 軟体動物 |
| ウ | Ⅱ | 節足動物 |
| エ | Ⅱ | 軟体動物 |

## 3 天体の動きと地球の自転・公転

太陽の1日の動きを調べる観察について、次の各問に答えよ。

東京の地点X(北緯35.6°)で、ある年の夏至の日に、＜観察＞を行ったところ、＜結果1＞のようになった。

＜観察＞
(1) 図1のように、白い紙に透明半球の縁と同じ大きさの円と、円の中心Oで垂直に交わる直線ACと直線BDをかいた。かいた円に合わせて透明半球をセロハンテープで固定した。

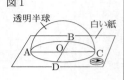
図1

(2) 日当たりのよい水平な場所で、N極が黒く塗られた方位磁針の南北に図1の直線ACを合わせて固定した。

(3) 9時から15時までの間、1時間ごとに、油性ペンの先の影が円の中心Oと一致する透明半球上の位置に・印をつけ観察した時刻を記入した。

(4) 図2のように、記録した・印を滑らかな線で結び、その線を透明半球の縁まで延ばして東側で円と交わる点をFとし、西側で円と交わる点をGとした。

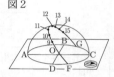
図2

(5) 透明半球にかいた滑らかな線に紙テープを合わせて、1時間ごとに記録した・印と時刻を写し取り、点Fから9時までの間、・印と・印の間、15時から点Gまでの間をものさしで測った。

＜結果1＞
図3のようになった。

図3
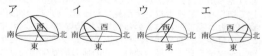

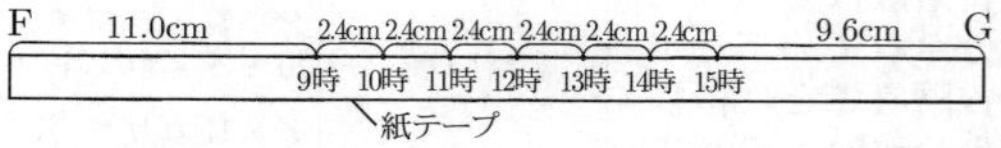

〔問1〕 よく出る ＜観察＞を行った日の日の入りの時刻を、＜結果1＞から求めたものとして適切なのは、次のうちではどれか。 (4点)
ア. 18時　　　　イ. 18時35分
ウ. 19時　　　　エ. 19時35分

〔問2〕 ＜観察＞を行った日の南半球のある地点Y(南緯35.6°)における、太陽の動きを表した模式図として適切なのは、次のうちではどれか。 (4点)

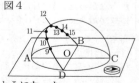

次に、＜観察＞を行った東京の地点Xで、秋分の日に＜観察＞の(1)から(3)までと同様に記録し、記録した・印を滑らかな線で結び、その線を透明半球の縁まで延ばしたところ、図4のようになった。

図4

次に、秋分の日の翌日、東京の地点Xで、次の＜実験＞を行ったところ、あとの＜結果2＞のようになった。

＜実験＞
(1) 黒く塗った試験管、ゴム栓、温度計、発泡ポリスチレンを二つずつ用意し、黒く塗った試験管に24℃のくみ置きの水をいっぱいに入れ、空気が入らないようにゴム栓と温度計を差し込み、次の図5のような装置を2組作り、装置H、装置Iとした。

図5
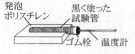
図6

(2) 12時に、図6のように、日当たりのよい水平な場所に装置Hを置いた。また、図7のように、装置Iを装置と地面(水平面)でできる角を角a、発泡ポリスチレンの上端と影の先を結んでできる線と装置との角を角bとし、黒く塗った試験管を取り付けた面を太陽に向けて、太陽の光が垂直に当たるように角bを90°に調節して、12時に日当たりのよい水平な場所に置いた。

図7

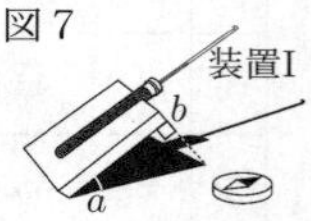

(3) 装置Hと装置Iを置いてから10分後の試験管内の水温を測定した。

＜結果2＞

|  | 装置H | 装置I |
|---|---|---|
| 12時の水温[℃] | 24.0 | 24.0 |
| 12時10分の水温[℃] | 35.2 | 37.0 |

〔問3〕 南中高度が高いほど地表が温まりやすい理由を、＜結果2＞を踏まえて、同じ面積に受ける太陽の光の量(エネルギー)に着目して簡単に書け。 (4点)

〔問4〕 図8は、＜観察＞を行った東京の地点X(北緯35.6°)での冬至の日の太陽の光の当たり方を模式的に表したものである。次の文は、冬至の日の南中時刻に、地点Xで図7の装置Iを用いて、黒く塗った試験管内の水温を測定したとき、10分後の水温が最も高くなる装置Iの角aについて述べている。

図8

文中の ① と ② にそれぞれ当てはまるものとして適切なのは、下のア～エのうちではどれか。
ただし、地軸は地球の公転面に垂直な方向に対して23.4°傾いているものとする。 (4点)

> 地点Xで冬至の日の南中時刻に、図7の装置Iを用いて、黒く塗った試験管内の水温を測定したとき、10分後の水温が最も高くなる角aは、図8中の角 ① と等しく、角の大きさは ② である。

① ア. c　　イ. d　　ウ. e　　エ. f
② ア. 23.4°　　イ. 31.0°
　 ウ. 59.0°　　エ. 66.6°

## 4 動物の体のつくりと働き

消化酵素の働きを調べる実験について、次の各問に答えよ。

＜実験1＞を行ったところ、＜結果1＞のようになった。
＜実験1＞
(1) 図1のように、スポンジの上に載せたアルミニウムはくに試験管用のゴム栓を押し付けて型を取り、アルミニウムはくの容器を6個作った。

図1
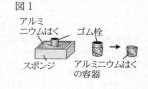

(2) (1)で作った6個の容器に1%デンプン溶液をそれぞ

れ2cm³ずつ入れ、容器A～Fとした。
(3) 容器Aと容器Bには水1cm³を、容器Cと容器Dには水で薄めた唾液1cm³を、容器Eと容器Fには消化酵素Xの溶液1cm³を、それぞれ加えた。容器A～Fを、図2のように、40℃の水を入れてふたをしたペトリ皿の上に10分間置いた。

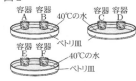
図2

(4) (3)で10分間置いた後、図3のように、容器A、容器C、容器Eにはヨウ素液を加え、それぞれの溶液の色を観察した。また、図4のように、容器B、容器D、容器Fにはベネジクト液を加えてから弱火にしたガスバーナーで加熱し、それぞれの溶液の色を観察した。

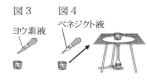
図3　図4

<結果1>

| 容器 | 1％デンプン溶液2cm³に加えた液体 | 加えた試薬 | 観察された溶液の色 |
|---|---|---|---|
| A | 水1cm³ | ヨウ素液 | 青紫色 |
| B | 水1cm³ | ベネジクト液 | 青色 |
| C | 水で薄めた唾液1cm³ | ヨウ素液 | 茶褐色 |
| D | 水で薄めた唾液1cm³ | ベネジクト液 | 赤褐色 |
| E | 消化酵素Xの溶液1cm³ | ヨウ素液 | 青紫色 |
| F | 消化酵素Xの溶液1cm³ | ベネジクト液 | 青色 |

次に、<実験1>と同じ消化酵素Xの溶液を用いて<実験2>を行ったところ、<結果2>のようになった。

<実験2>
(1) ペトリ皿を2枚用意し、それぞれのペトリ皿に60℃のゼラチン水溶液を入れ、冷やしてゼリー状にして、ペトリ皿GとHとした。ゼリー状のゼラチンの主成分はタンパク質であり、ゼリー状のゼラチンは分解されると溶けて液体になる性質がある。
(2) 図5のように、ペトリ皿Gには水をしみ込ませたろ紙を、ペトリ皿Hには消化酵素Xの溶液をしみ込ませたろ紙を、それぞれのゼラチンの上に載せ、24℃で15分間保った。

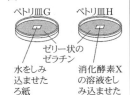
図5

(3) (2)で15分間保った後、ペトリ皿GとHの変化の様子を観察した。

<結果2>

| ペトリ皿 | ろ紙にしみ込ませた液体 | ろ紙を載せた部分の変化 | ろ紙を載せた部分以外の変化 |
|---|---|---|---|
| G | 水 | 変化しなかった。 | 変化しなかった。 |
| H | 消化酵素Xの溶液 | ゼラチンが溶けて液体になった。 | 変化しなかった。 |

次に、<実験1>と同じ消化酵素Xの溶液を用いて<実験3>を行ったところ、<結果3>のようになった。

<実験3>
(1) ペトリ皿に60℃のゼラチン水溶液を入れ、冷やしてゼリー状にして、ペトリ皿Iとした。
(2) 図6のように、消化酵素Xの溶液を試験管に入れ80℃の水で10分間温めた後に24℃に戻し、加熱後の消化酵素Xの溶液とした。図7のように、ペトリ皿Iには加熱後の消化酵素Xの溶液をしみ込ませたろ紙を、ゼラチンの上に載せ、24℃で15分間保った後、ペトリ皿Iの変化の様子を観察した。

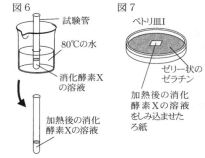
図6　図7

<結果3>
ろ紙を載せた部分も、ろ紙を載せた部分以外も変化はなかった。

〔問1〕　**基本**　<結果1>から分かる、消化酵素の働きについて述べた次の文の①～③にそれぞれ当てはまるものとして適切なのは、下のア～エのうちではどれか。（4点）

①の比較から、デンプンは②の働きにより別の物質になったことが分かる。さらに、③の比較から、②の働きによりできた別の物質は糖であることが分かる。

① ア．容器Aと容器C　イ．容器Aと容器E
　 ウ．容器Bと容器D　エ．容器Bと容器F
② ア．水　　　　　　イ．ヨウ素液
　 ウ．唾液　　　　　エ．消化酵素X
③ ア．容器Aと容器C　イ．容器Aと容器E
　 ウ．容器Bと容器D　エ．容器Bと容器F

〔問2〕　<結果1>と<結果2>から分かる、消化酵素Xと同じ働きをするヒトの消化酵素の名称と、<結果3>から分かる、加熱後の消化酵素Xの働きの様子とを組み合わせたものとして適切なのは、次の表のア～エのうちではどれか。（4点）

| | 消化酵素Xと同じ働きをするヒトの消化酵素の名称 | 加熱後の消化酵素Xの働きの様子 |
|---|---|---|
| ア | アミラーゼ | タンパク質を分解する。 |
| イ | アミラーゼ | タンパク質を分解しない。 |
| ウ | ペプシン | タンパク質を分解する。 |
| エ | ペプシン | タンパク質を分解しない。 |

〔問3〕　ヒトの体内における、デンプンとタンパク質の分解について述べた次の文の①～④にそれぞれ当てはまるものとして適切なのは、下のア～エのうちではどれか。（4点）

デンプンは、①から分泌される消化液に含まれる消化酵素などの働きで、最終的に②に分解され、タンパク質は、③から分泌される消化液に含まれる消化酵素などの働きで、最終的に④に分解される。

① ア．唾液腺・胆のう　イ．唾液腺・すい臓
　 ウ．胃・胆のう　　　エ．胃・すい臓
② ア．ブドウ糖　　　　イ．アミノ酸
　 ウ．脂肪酸　　　　　エ．モノグリセリド
③ ア．唾液腺・胆のう　イ．唾液腺・すい臓
　 ウ．胃・胆のう　　　エ．胃・すい臓
④ ア．ブドウ糖　　　　イ．アミノ酸
　 ウ．脂肪酸　　　　　エ．モノグリセリド

〔問4〕 **よく出る** ヒトの体内では，食物は消化酵素などの働きにより分解された後，多くの物質は小腸から吸収される。図8は小腸の内壁の様子を模式的に表したもので，約1mmの長さの微小な突起で覆われていることが分かる。分解された物質を吸収する上での小腸の内壁の構造上の利点について，微小な突起の名称に触れて，簡単に書け。 (4点)

5 物質のすがた，水溶液，物質の成り立ち，水溶液とイオン

基本

物質の性質を調べて区別する実験について，次の各問に答えよ。

4種類の白色の物質A～Dは，塩化ナトリウム，ショ糖（砂糖），炭酸水素ナトリウム，ミョウバンのいずれかである。

＜実験1＞を行ったところ，＜結果1＞のようになった。

＜実験1＞
(1) 物質A～Dをそれぞれ別の燃焼さじに少量載せ，図1のように加熱し，物質の変化の様子を調べた。
(2) ＜実験1＞の(1)では，物質Bと物質Cは，燃えずに白色の物質が残り，区別がつかなかった。そのため，乾いた試験管を2本用意し，それぞれの試験管に物質B，物質Cを少量入れた。物質Bの入った試験管にガラス管がつながっているゴム栓をし，図2のように，試験管の口を少し下げ，スタンドに固定した。
(3) 試験管を加熱し，加熱中の物質の変化を調べた。気体が発生した場合，発生した気体を水上置換法で集めた。
(4) ＜実験1＞の(2)の物質Bの入った試験管を物質Cの入った試験管に替え，＜実験1＞の(2)，(3)と同様の実験を行った。

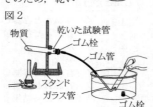

＜結果1＞

|  | 物質A | 物質B | 物質C | 物質D |
|---|---|---|---|---|
| ＜実験1＞の(1)で加熱した物質の変化 | 溶けた。 | 白色の物質が残った。 | 白色の物質が残った。 | 焦げて黒色の物質が残った。 |
| ＜実験1＞の(3),(4)で加熱中の物質の変化 |  | 気体が発生した。 | 変化しなかった。 |  |

〔問1〕 ＜実験1＞の(1)で，物質Dのように，加熱すると焦げて黒色に変化する物質について述べたものとして適切なのは，次のうちではどれか。 (4点)
ア．ろうは無機物であり，炭素原子を含まない物質である。
イ．ろうは有機物であり，炭素原子を含む物質である。
ウ．活性炭は無機物であり，炭素原子を含まない物質である。
エ．活性炭は有機物であり，炭素原子を含む物質である。

〔問2〕 ＜実験1＞の(3)で，物質Bを加熱したときに発生した気体について述べた次の文の ① に当てはまるものとして適切なのは，下のア～エのうちではどれか。また， ② に当てはまるものとして適切なのは，あとのア～エのうちではどれか。 (4点)

物質Bを加熱したときに発生した気体には ① という性質があり，発生した気体と同じ気体を発生させるには， ② という方法がある。

① ア．物質を燃やす
  イ．空気中で火をつけると音をたてて燃える
  ウ．水に少し溶け，その水溶液は酸性を示す
  エ．水に少し溶け，その水溶液はアルカリ性を示す

② ア．石灰石に薄い塩酸を加える
  イ．二酸化マンガンに薄い過酸化水素水を加える
  ウ．亜鉛に薄い塩酸を加える
  エ．塩化アンモニウムと水酸化カルシウムを混合して加熱する

次に，＜実験2＞を行ったところ，＜結果2＞のようになった。
＜実験2＞
(1) 20℃の精製水（蒸留水）100gを入れたビーカーを4個用意し，それぞれのビーカーに図3のように物質A～Dを20gずつ入れ，ガラス棒でかき混ぜ，精製水（蒸留水）に溶けるかどうかを観察した。
(2) 図4のように，ステンレス製の電極，電源装置，豆電球，電流計をつないで回路を作り，＜実験2＞の(1)のそれぞれのビーカーの中に，精製水（蒸留水）でよく洗った電極を入れ，電流が流れるかどうかを調べた。
(3) 塩化ナトリウム，ショ糖（砂糖），炭酸水素ナトリウム，ミョウバンの水100gに対する溶解度を，図書館で調べた。

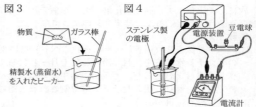

＜結果2＞
(1) ＜実験2＞の(1)，(2)で調べた結果は，次の表のようになった。

|  | 物質A | 物質B | 物質C | 物質D |
|---|---|---|---|---|
| 20℃の精製水（蒸留水）100gに溶けるかどうか | 一部が溶けずに残った。 | 一部が溶けずに残った。 | 全て溶けた。 | 全て溶けた。 |
| 電流が流れるかどうか | 流れた。 | 流れた。 | 流れた。 | 流れなかった。 |

(2) ＜実験2＞の(3)で調べた結果は，次の表のようになった。

| 水の温度[℃] | 塩化ナトリウムの質量[g] | ショ糖（砂糖）の質量[g] | 炭酸水素ナトリウムの質量[g] | ミョウバンの質量[g] |
|---|---|---|---|---|
| 0 | 35.6 | 179.2 | 6.9 | 5.7 |
| 20 | 35.8 | 203.9 | 9.6 | 11.4 |
| 40 | 36.3 | 238.1 | 12.7 | 23.8 |
| 60 | 37.1 | 287.3 | 16.4 | 57.4 |

〔問3〕 物質Cを水に溶かしたときの電離の様子を，化学式とイオン式を使って書け。 (4点)

〔問4〕 ＜結果2＞で，物質の一部が溶けずに残った水溶液を40℃まで加熱したとき，一方は全て溶けた。全て溶けた方の水溶液を水溶液Pとするとき，水溶液Pの溶質の名称を書け。また，40℃まで加熱した水溶液P120g

を20℃に冷やしたとき，取り出すことができる結晶の質量[g]を求めよ。　　　　　　　　　　　　（各2点）

## 6 電流

電熱線に流れる電流とエネルギーの移り変わりを調べる実験について，次の各問に答えよ。

＜実験1＞を行ったところ，＜結果1＞のようになった。
＜実験1＞
(1) 電流計，電圧計，電気抵抗の大きさが異なる電熱線Aと電熱線B，スイッチ，導線，電源装置を用意した。
(2) 電熱線Aをスタンドに固定し，図1のように，回路を作った。

図1

(3) 電源装置の電圧を1.0Vに設定した。
(4) 回路上のスイッチを入れ，回路に流れる電流の大きさ，電熱線の両端に加わる電圧の大きさを測定した。
(5) 電源装置の電圧を2.0V，3.0V，4.0V，5.0Vに変え，＜実験1＞の(4)と同様の実験を行った。
(6) 電熱線Aを電熱線Bに変え，＜実験1＞の(3)，(4)，(5)と同様の実験を行った。

＜結果1＞

| | 電源装置の電圧[V] | 1.0 | 2.0 | 3.0 | 4.0 | 5.0 |
|---|---|---|---|---|---|---|
| 電熱線A | 回路に流れる電流の大きさ[A] | 0.17 | 0.33 | 0.50 | 0.67 | 0.83 |
| | 電熱線Aの両端に加わる電圧の大きさ[V] | 1.0 | 2.0 | 3.0 | 4.0 | 5.0 |
| 電熱線B | 回路に流れる電流の大きさ[A] | 0.25 | 0.50 | 0.75 | 1.00 | 1.25 |
| | 電熱線Bの両端に加わる電圧の大きさ[V] | 1.0 | 2.0 | 3.0 | 4.0 | 5.0 |

〔問1〕　**よく出る**　＜結果1＞から，電熱線Aについて，電熱線Aの両端に加わる電圧の大きさと回路に流れる電流の大きさの関係を，右の方眼を入れた図に●を用いて記入し，グラフをかけ。また，電熱線Aの両端に加わる電圧の大きさが9.0Vのとき，回路に流れる電流の大きさは何Aか。　　　　　　　　　　　（各2点）

次に，＜実験2＞を行ったところ，＜結果2＞のようになった。
＜実験2＞
(1) 電流計，電圧計，＜実験1＞で使用した電熱線Aと電熱線B，200gの水が入った発泡ポリスチレンのコップ，温度計，ガラス棒，ストップウォッチ，スイッチ，導線，電源装置を用意した。
(2) 図2のように，電熱線Aと電熱線Bを直列に接続し，回路を作った。

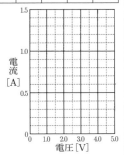

図2

(3) 電源装置の電圧を5.0Vに設定した。
(4) 回路上のスイッチを入れる前の水の温度を測定し，ストップウォッチのスタートボタンを押すと同時に回路上のスイッチを入れ，回路に流れる電流の大きさ，回路上の点aから点bまでの間に加わる電圧の大きさを測定した。
(5) 1分ごとにガラス棒で水をゆっくりかきまぜ，回路上のスイッチを入れてから5分後の水の温度を測定した。
(6) 図3のように，電熱線Aと電熱線Bを並列に接続し，回路を作り，＜実験2＞の(3)，(4)，(5)と同様の実験を行った。

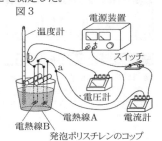

図3

＜結果2＞

| | 電熱線Aと電熱線Bを直列に接続したとき | 電熱線Aと電熱線Bを並列に接続したとき |
|---|---|---|
| 電源装置の電圧[V] | 5.0 | 5.0 |
| スイッチを入れる前の水の温度[℃] | 20.0 | 20.0 |
| 回路に流れる電流の大きさ[A] | 0.5 | 2.1 |
| 回路上の点aから点bまでの間に加わる電圧の大きさ[V] | 5.0 | 5.0 |
| 回路上のスイッチを入れてから5分後の水の温度[℃] | 20.9 | 23.8 |

〔問2〕　＜結果1＞と＜結果2＞から，電熱線Aと電熱線Bを直列に接続したときと並列に接続したときの回路において，直列に接続したときの電熱線Bに流れる電流の大きさと並列に接続したときの電熱線Bに流れる電流の大きさを最も簡単な整数の比で表したものとして適切なのは，次のうちではどれか。　　　　　　　　　（4点）
ア．1：5　　　　　　　イ．2：5
ウ．5：21　　　　　　エ．10：21

〔問3〕　＜結果2＞から，電熱線Aと電熱線Bを並列に接続し，回路上のスイッチを入れてから5分間電流を流したとき，電熱線Aと電熱線Bの発熱量の和を＜結果2＞の電流の値を用いて求めたものとして適切なのは，次のうちではどれか。　　　　　　　　　　　（4点）
ア．12.5J　　　　　　イ．52.5J
ウ．750J　　　　　　エ．3150J

〔問4〕　＜結果1＞と＜結果2＞から，電熱線の性質とエネルギーの移り変わりの様子について述べたものとして適切なのは，次のうちではどれか。　（4点）
ア．電熱線には電気抵抗の大きさが大きくなると電流が流れにくくなる性質があり，電気エネルギーを熱エネルギーに変換している。
イ．電熱線には電気抵抗の大きさが大きくなると電流が流れにくくなる性質があり，電気エネルギーを化学エネルギーに変換している。
ウ．電熱線には電気抵抗の大きさが小さくなると電流が流れにくくなる性質があり，熱エネルギーを電気エネルギーに変換している。
エ．電熱線には電気抵抗の大きさが小さくなると電流が流れにくくなる性質があり，熱エネルギーを化学エネルギーに変換している。

# 神奈川県

時間 50分　満点 100点　解答 P10　2月14日実施

## 出題傾向と対策

●例年通り，物理，化学，生物，地学各2題の計8題の出題。実験や観察を中心とした基礎問題が多くを占めたが，問題文や図から必要な情報を読みとって考察する科学的思考力を問うものもあった。解答形式は選択式がほとんどであったが，計算や文章記述も出た。

●教科書などで知識をしっかりと押さえ，基礎問題は素早く正確に解答できるようにしておこう。問題文や図から情報を読みとって解答する科学的思考力を問う問題に時間を使えるよう，時間配分に注意したい。

## 1 力と圧力，電流と磁界，力学的エネルギー

次の各問いに答えなさい。　　　　　　　　（各3点）

(ア) 基本　次の□□□は，ジェットコースターのもつエネルギーについてまとめたものである。文中の（ X ），（ Y ）にあてはまるものの組み合わせとして最も適するものをあとの1～4の中から一つ選び，その番号を答えなさい。

　　ジェットコースターがコース上の最も高い位置で静止したのち，そこから動力を使わずに下降した。摩擦や空気抵抗がないとすると，高さが最も低い位置でのジェットコースターの速さは（ X ）となる。ジェットコースターの位置エネルギーと運動エネルギーの和は最も高い位置で静止したジェットコースターの位置エネルギーの大きさと等しくなることから，ジェットコースターは下降し始めた高さと同じ高さまで再び上昇できると考えられる。
　　しかし，実際に鉄球をジェットコースターに見立てて実験をすると，鉄球は手を離したときと同じ高さまで上昇することができない。これは，鉄球がもつ力学的エネルギーが熱エネルギーや（ Y ）などの別の種類のエネルギーに変わるためである。

1. X：最小　Y：電気エネルギー
2. X：最小　Y：音エネルギー
3. X：最大　Y：電気エネルギー
4. X：最大　Y：音エネルギー

(イ) 基本　次の□□□は，磁界と磁針（方位磁針）の関係についてまとめたものである。文中の（ あ ），（ い ），（ う ）にあてはまるものの組み合わせとして最も適するものをあとの1～4の中から一つ選び，その番号を答えなさい。

　　地球のまわりには磁界があり，磁力線は地球の（ あ ）付近から出て，（ い ）付近に向かっている。このため，図1のように，磁針のN極がほぼ北をさす。また，導線に電流を流すと，導線を中心に磁界ができる。磁界の向きは電流の向きによって決まり，磁針の向きが図2のような場合，電流は（ う ）の向きに流れている。

図1

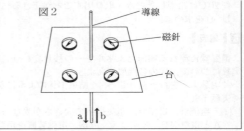

1. あ：北極　い：南極　う：a
2. あ：北極　い：南極　う：b
3. あ：南極　い：北極　う：a
4. あ：南極　い：北極　う：b

(ウ) 右のグラフは，ばねA，ばねB，ばねCのそれぞれについて，ばねを引く力とばねののびの関係を示したものである。これらのばねA～Cをそれぞれスタンドにつるし，ばねAには200 gのおもりを1個，ばねBには150 gのおもりを1個，ばねCには70 gのおもりを1個

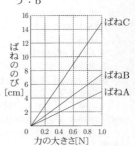

つるした。おもりが静止したときのばねAののびを$a$ [cm]，ばねBののびを$b$ [cm]，ばねCののびを$c$ [cm]とする。このときの$a$～$c$の関係を，不等号（＜）で示したものとして最も適するものを次の1～6の中から一つ選び，その番号を答えなさい。ただし，質量100 gの物体にはたらく重力を1.0 Nとし，実験でつるしたおもりの重さにおいてもグラフの関係が成立するものとする。また，ばねA～Cの重さは考えないものとする。

1. $a<b<c$　　　　2. $a<c<b$
3. $b<a<c$　　　　4. $b<c<a$
5. $c<a<b$　　　　6. $c<b<a$

## 2 物質のすがた，状態変化，化学変化

次の各問いに答えなさい。　　　　　　　　（各3点）

(ア) 次の表は，20℃における様々な気体の密度をまとめたものである。空気が窒素80％と酸素20％の混合物であるとすると，表の5種類の気体のうち，同じ条件で比べたときに同じ体積の空気よりも重いものとして最も適するものをあとの1～6の中から一つ選び，その番号を答えなさい。

| 気体の種類 | 窒素 | 酸素 | 二酸化炭素 | アンモニア | 塩素 |
|---|---|---|---|---|---|
| 密度[g/L] | 1.17 | 1.33 | 1.84 | 0.72 | 3.00 |

1. 窒素，アンモニア
2. 窒素，酸素，二酸化炭素
3. 窒素，酸素，アンモニア
4. 酸素，二酸化炭素，塩素
5. 酸素，二酸化炭素，アンモニア，塩素
6. 窒素，酸素，二酸化炭素，塩素

(イ) 右の図のような装置を組み立て，大型試験管に水とエタノールの混合物を入れ，ゆっくりと加熱した。出てくる液体を2 cm³ずつ順に3本の試験管に集め，そのときの温度をデジタル温度計で測定

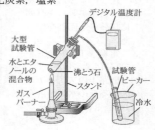

した。液体を3本の試験管に集めたところでガスバーナーの火を消し，それぞれの試験管に集めた液体のにおいを確かめた。また，それぞれの試験管に集めた液体にろ紙をひたし，ろ紙にマッチの火を近づけたときのようすを調べた。表は実験の結果をまとめたものである。この実験結果からわかる内容として最も適するものをあとの1～6の中から一つ選び，その番号を答えなさい。

|  | 1本目の液体 | 2本目の液体 | 3本目の液体 |
| --- | --- | --- | --- |
| 温度[℃] | 73.5～81.5 | 81.5～90.5 | 90.5～95.5 |
| におい | エタノールのにおいがした。 | エタノールのにおいが少しした。 | ほとんどにおいがしなかった。 |
| ろ紙に火を近づけたときのようす | よく燃えた。 | 少しだけ燃えた。 | 燃えなかった。 |

1．水は100℃にならないと蒸発しない。
2．エタノールの沸点は78℃である。
3．水は73.5～81.5℃で最も蒸発する量が多い。
4．エタノールは81.5～90.5℃では蒸発しない。
5．水の沸点は100℃である。
6．エタノールは水よりも低い温度で蒸発しやすい。

(ウ) 次の□は，たたら製鉄についてまとめたものである。文中の( X )，( Y )にあてはまるものの組み合わせとして最も適するものをあとの1～4の中から一つ選び，その番号を答えなさい。

> たたら製鉄は，砂鉄から鉄をつくる日本古来の製鉄法である。炉の中で砂鉄と一緒に木炭を燃やすことにより，木炭の炭素が砂鉄を( X )し，鉄をつくることができる。
> 銅の場合も同様の化学反応を利用し，( Y )のように単体にすることができる。

1．X：酸化　　Y：2CuO + C → 2Cu + CO₂
2．X：酸化　　Y：2Cu + O₂ → 2CuO
3．X：還元　　Y：2CuO + C → 2Cu + CO₂
4．X：還元　　Y：2Cu + O₂ → 2CuO

## 3 植物の体のつくりと働き，動物の仲間，生物の成長と殖え方　基本

次の各問いに答えなさい。　　　　　　　　（各3点）

(ア) オランダイチゴは種子によって子孫をふやす以外に，右の図のように茎の一部がのび，その茎の先に新しい個体をつくることもできる。右の図のオランダイチゴの葉の細胞に含まれる染色体に関する説明として最も適するものを次の1～4の中から一つ選び，その番号を答えなさい。

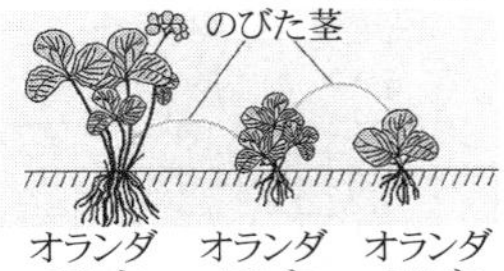

1．オランダイチゴAの葉の細胞1個に含まれる染色体にある遺伝子は，オランダイチゴCの葉の細胞1個に含まれる染色体にある遺伝子と同じである。
2．オランダイチゴBの葉の細胞1個に含まれる染色体にある遺伝子は，オランダイチゴCの葉の細胞1個に含まれる染色体にある遺伝子と異なる。
3．オランダイチゴAの葉の細胞1個に含まれる染色体の数は，オランダイチゴBの葉の細胞1個に含まれる染色体の数の半分である。
4．オランダイチゴAの葉の細胞1個に含まれる染色体の数は，オランダイチゴCの葉の細胞1個に含まれる染色体の数の2倍である。

(イ) 次の表は，Kさんが一般的なセキツイ動物の特徴をまとめている途中のものであり，A～Eは，魚類，両生類，ハチュウ類，鳥類，ホニュウ類のいずれかである。A～Eに関する説明として最も適するものをあとの1～5の中から一つ選び，その番号を答えなさい。

|  | A | B | C | D | E |
| --- | --- | --- | --- | --- | --- |
| 背骨がある | ○ | ○ | ○ | ○ | ○ |
| 親は肺で呼吸する |  |  |  | ○ | × |
| 子は水中で生まれる |  | ○ |  | × | ○ |
| 体温を一定に保つことができる | ○ | × |  | × |  |
| 胎生である | × | × |  | × |  |

1．Aのからだの表面は体毛でおおわれ，肺で呼吸する。
2．Bのからだの表面はうろこでおおわれて乾燥しており，親は陸上で生活する。
3．Cのからだの表面は羽毛でおおわれ，空を飛ぶのに適したからだのつくりをしている。
4．Dのからだの表面は常にしめっており，親は陸上で生活する。
5．Eのからだの表面はうろこでおおわれ，えらで呼吸する。

(ウ) 右の図1はマツの花を，図2はアブラナの花のつくりを模式的に表したものである。これらの花の説明として最も適するものをあとの1～4の中から一つ選び，その番号を答えなさい。

図1 　図2

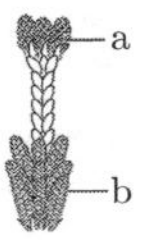

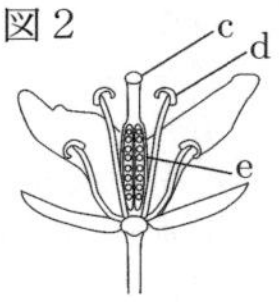

1．aとdはどちらも花粉がつくられるところである。
2．bとeはどちらも受精が行われるところである。
3．aとcはどちらも受粉が行われるところである。
4．bとeはどちらにも胚珠があり，子房につつまれているかいないかの違いがある。

## 4 地層の重なりと過去の様子，天気の変化

次の各問いに答えなさい。

(ア) よく出る　右の図のような前線について，X－Yの線での地表から鉛直方向の断面を模式的に表した図として最も適するものを次の1～4の中から一つ選び，その番号を答えなさい。　　（3点）

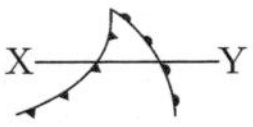

1 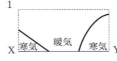　　2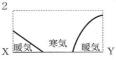

3 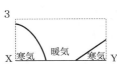　　4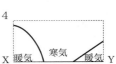

(イ) Kさんは，右の図のような装置を使って雲の発生について調べる実験を行った。次の□は，Kさんが実験についてまとめたものである。文中の( あ )，( い )，( う )にあてはまるものの組み合わせとして最も適するものをあとの1～6の中から一つ選び，その番号を答えなさい。（3点）

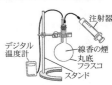

> フラスコ内を湿らせ，線香の煙を入れたのち，フラスコにデジタル温度計と注射器をつないで密閉した。注射器のピストンを( あ )と，フラスコ内がくもった。これは，空気が( い )，温度が下がることで露

点に達したためである。

このことから，大気中では空気が（う）することによってまわりの気圧が変化し，フラスコ内と同様の現象が起こり，雲が発生していると考えられる。

1. あ：引く　　い：膨張し　　う：上昇
2. あ：押す　　い：圧縮され　う：下降
3. あ：引く　　い：膨張し　　う：下降
4. あ：押す　　い：圧縮され　う：上昇
5. あ：引く　　い：圧縮され　う：下降
6. あ：押す　　い：膨張し　　う：上昇

(ウ) 右の図は，太平洋上の島や海底の山である海山が列をつくって並んでいるようすを表したものである。これらは，現在のハワイ島付近でできた火山が，図中の⇨のように太平洋プレートが移動することで形成されたと考えられている。太平洋プレートが年間で平均8.5 cm移動し，ハワイ島から海山Bまでの距離がおよそ3500 km，海山Bから海山Aまでの距離がおよそ2500 kmであるとすると，(i)海山Aがハワイ島付近でできた時期，(ii)その時期を含む地質年代に地球上で起きた主なできごととして最も適するものをそれぞれの選択肢の中から一つずつ選び，その番号を答えなさい。
(3点)

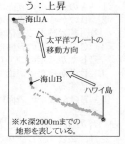

(i) 海山Aがハワイ島付近でできた時期
1. およそ7万年前
2. およそ70万年前
3. およそ700万年前
4. およそ7000万年前
5. およそ7億年前

(ii) その時期を含む地質年代に地球上で起きた主なできごと
1. 生命が誕生した。
2. 恐竜が繁栄した。
3. 人類が誕生した。

## 5 光と音

Kさんは，音の性質を調べるために，次のような実験を行った。これらの実験とその結果について，あとの各問いに答えなさい。

〔実験1〕 音が出ているブザーを容器の中に入れ密閉したところ，ブザーの音は容器の外まで聞こえた。真空ポンプを使い，この容器内の空気を抜いていくと，ブザーの音は徐々に小さくなり，やがて聞こえなくなった。

〔実験2〕 図1のようなモノコードを用意し，ことじとaの間の弦の長さを50 cmにした。ことじとaとの間の弦をはじき，オシロスコープで音の波形を調べたところ，図2のようになった。図2の縦軸は振幅を，横軸は時間を表している。

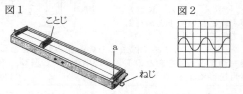

〔実験3〕 図1のモノコードのことじとaの間の弦の長さ，弦の太さ，弦を張る強さを変え，ことじとaの間の弦を同じ強さではじき，様々な条件で発生した音の振動数を調べた。表は，Kさんが実験結果をまとめたものである。

| 条件 | 弦の長さ[cm] | 弦の太さ[mm] | 弦を張る強さ | 発生した音の振動数[Hz] |
|---|---|---|---|---|
| Ⅰ | 25 | 0.6 | 弱い | 600 |
| Ⅱ | 25 | 0.6 | 条件Ⅰより強い | 800 |
| Ⅲ | 50 | 0.6 | 条件Ⅱと同じ | 400 |
| Ⅳ | 50 | 0.6 |  | 200 |
| Ⅴ | 50 | 0.9 |  | 400 |
| Ⅵ | 50 | 0.9 |  | 200 |

(ア) 次の□□□は，Kさんが〔実験1〕と〔実験2〕についてまとめたものである。文中の（あ），（い），（う）にあてはまるものの組み合わせとして最も適するものをあとの1～6の中から一つ選び，その番号を答えなさい。
(4点)

〔実験1〕の結果から，真空中で音が（あ）ことがわかる。また，〔実験2〕からモノコードの弦をはじくと，弦の振動が（い）として空気中を伝わることがわかる。ヒトが音を聞くことができるのは，空気中を伝わった振動により耳の（う）が振動するためと考えられる。

1. あ：伝わる　　　い：粒子　　う：聴神経
2. あ：伝わる　　　い：粒子　　う：鼓膜
3. あ：伝わる　　　い：波　　　う：鼓膜
4. あ：伝わらない　い：波　　　う：聴神経
5. あ：伝わらない　い：波　　　う：鼓膜
6. あ：伝わらない　い：粒子　　う：聴神経

(イ) **よく出る** 〔実験2〕においてモノコードの弦をはじくときの条件を次の(i)，(ii)のように変えたときの音の波形として最も適するものをあとの1～4の中からそれぞれ一つずつ選び，その番号を答えなさい。ただし，いずれもことじとaとの間で弦をはじき，1～4のオシロスコープの1目盛りの値は図2と同じであるものとする。
(4点)

(i) 〔実験2〕のことじの位置は変えず，〔実験2〕よりも弦を強くはじいたときの音の波形。
(ii) ことじの位置を〔実験2〕よりもaの側に近づけ，〔実験2〕と音の大きさが同じになるように弦をはじいたときの音の波形。

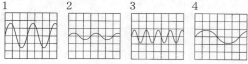

(ウ) 次の□□□中のA～Dのうち，〔実験3〕の条件Ⅰ～条件Ⅲの結果から考えられることはどれか。最も適するものをあとの1～6の中から一つ選び，その番号を答えなさい。
(4点)

A. 弦の太さと弦を張る強さが同じときは，弦の長さを長くすると音は高くなる。
B. 弦の太さと弦を張る強さが同じときは，弦の長さを長くすると音は低くなる。
C. 弦の長さと弦の太さが同じときは，弦を張る強さを強くすると音は高くなる。
D. 弦の長さと弦の太さが同じときは，弦を張る強さを強くすると音は低くなる。

1. Aのみ　　2. Bのみ　　3. AとC
4. AとD　　5. BとC　　6. BとD

(エ) **思考力** 次の□□□は，〔実験3〕についてのKさんと先生の会話である。文中の（X），（Y）に最も適するものをあとの1～3の中からそれぞれ一つずつ選

び，その番号を答えなさい。 (4点)

| Kさん | 「〔実験3〕の条件Ⅳ～条件Ⅵで弦を張る強さの記録をするのを忘れてしまいました。」 |
| 先生 | 「それで記録が抜けているのですね。実は，弦の長さと弦を張る強さが同じならば，弦が太い方が音が低くなります。このことから，〔実験3〕の条件Ⅳ～条件Ⅵでの弦を張った強さを考えることができます。では，〔実験3〕の条件Ⅳ～条件Ⅵのうちで，弦を張った力が最も強いものと弱いものはそれぞれどれだと考えられますか。」 |
| Kさん | 「条件Ⅳ～条件Ⅵで，弦を張った力が最も強いものは（ X ），最も弱いものは（ Y ）だと思います。」 |
| 先生 | 「そのとおりですね。」 |

1．条件Ⅳ　　2．条件Ⅴ　　3．条件Ⅵ

## 6 物質の成り立ち，水溶液とイオン

Kさんは，いろいろな水溶液に電流を流したときの反応について調べるために，次のような実験を行った。これらの実験とその結果について，あとの各問いに答えなさい。ただし，電気分解を行うときに使用する電極は，それぞれの水溶液に適したものとする。

〔実験1〕 図1のような装置を組み立て，うすい塩化銅水溶液を入れたビーカーに電極を入れて，直流電流を流したところ，陰極には<u>赤色の物質</u>が付着した。
また，陽極で気体が発生しているときに陽極付近の液をこまごめピペットでとり，赤インクで色をつけた水が入った試験管に入れて色の変化を観察したところ，インクの赤色が消えた。

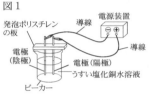

〔実験2〕 図2のように電気分解装置にうすい水酸化ナトリウム水溶液を満たし，電源装置につないで電圧をかけたところ，陰極には水素が，陽極には酸素が発生した。表1は電圧をかけた時間とたまった気体の体積をまとめたものである。ただし，かけた電圧の大きさは一定であるものとする。

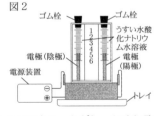

表1

| 電圧をかけた時間[分] | 0 | 2 | 4 | 6 |
|---|---|---|---|---|
| 陰極にたまった水素の体積[$cm^3$] | 0 | 1.2 | 2.4 | 3.6 |
| 陽極にたまった酸素の体積[$cm^3$] | 0 | 0.6 | 1.2 | 1.8 |

〔実験3〕 図2のうすい水酸化ナトリウム水溶液のかわりに，うすい塩酸を満たし，電圧をかけたところ，陰極と陽極それぞれで気体が発生した。表2は電圧をかけた時間とたまった気体の体積をまとめたものである。ただし，かけた電圧の大きさは一定であるものとする。

表2

| 電圧をかけた時間[分] | 0 | 2 | 4 | 6 |
|---|---|---|---|---|
| 陰極にたまった気体の体積[$cm^3$] | 0 | 1.2 | 2.4 | 3.6 |
| 陽極にたまった気体の体積[$cm^3$] | 0 | ー | ー | ー |

※ ー：気体は発生していたが，たまった量が少なく測定ができなかった。

(ア) 基本 〔実験1〕の下線部について，(i)赤色の物質の名称，(ii)その特徴として最も適するものをそれぞれの選択肢の中から一つずつ選び，その番号を答えなさい。 (4点)

(i) 赤色の物質の名称
1．塩化銅　　　　2．銅
3．塩化水素　　　4．塩素

(ii) その特徴
1．ろ紙にとり，薬さじでこすると光沢が出る。
2．ろ紙にとり，空気中にしばらく置くと蒸発する。
3．水によく溶ける。
4．磁石につく。

(イ) 〔実験2〕で，電圧を9分間かけたときにたまる水素の体積と酸素の体積の差は何$cm^3$になると考えられるか。その値を書きなさい。 (4点)

(ウ) 次の□□は，〔実験2〕と〔実験3〕に関するKさんと先生の会話である。文中の□X□に適する内容を，〔実験3〕の陽極で発生した気体名を用いて10字以内で書きなさい。 (4点)

| Kさん | 「〔実験2〕の結果から，電圧をかけた時間とたまった気体の体積には比例関係があると考えられます。」 |
| 先生 | 「そうですね。〔実験3〕では，陽極からも気体は発生していたのに，測定できるほど気体がたまらなかったのはどうしてだと思いますか。」 |
| Kさん | 「〔実験3〕の陽極に測定できるほど気体がたまらなかったのは，陽極で発生した X ためだと思います。」 |
| 先生 | 「そのとおりですね。」 |

(エ) 電気分解をしたときに陰極と陽極に出てくる物質は，水溶液中で電解質が電離してできるイオンの種類によって決まる。〔実験1〕～〔実験3〕の結果から，図2の電気分解装置にうすい塩化ナトリウム水溶液を満たし，電源装置につないで電圧をかけたときに陰極と陽極に出てくる物質の組み合わせとして最も適するものを次の1～6の中から一つ選び，その番号を答えなさい。 (4点)

1．陰極：水素　　　陽極：酸素
2．陰極：ナトリウム　陽極：酸素
3．陰極：水素　　　陽極：塩素
4．陰極：ナトリウム　陽極：塩素
5．陰極：水素　　　陽極：塩化水素
6．陰極：ナトリウム　陽極：塩化水素

## 7 動物の体のつくりと働き

Kさんは，刺激に対する反応のしくみについて調べるために，次のような実験を行った。これらの実験とその結果について，あとの各問いに答えなさい。

〔実験1〕 次の①～④の手順で実験を行った。

① Kさんを含めたクラスの生徒8人で，Kさんから順に図1のように手をつないだ。最初に，Kさんが左手でストップウォッチをスタートさせると同時に右手でとなりの人の左手をにぎった。

② 左手をにぎられた人は，すぐに右手で次の人の左手をにぎった。

③ ②を繰り返し，最後の人は自分の左手をにぎられたら右手を挙げた。

④ 最後の人の右手が挙がったのを見て，Kさんはストップウォッチを止めた。

〔実験2〕 次の①～③の手順で実験を行った。

① 図2のように，Lさんがものさしの上部をつまみ，Kさんはものさしにふれないように0の目盛りの位置に指をそえた。

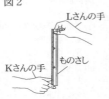

② Lさんが合図をせずにものさしを離し，ものさしが落ち始めたらすぐにKさんは手の高さを変えずにものさしをつかみ，ものさしが落ちた距離を測定した。この手順を5回行い，ものさしが落ちた距離をもとにものさしをつかむまでにかかった時間を求め，表の記録1の欄にまとめた。

③ 次に①の手順のあと②において，Kさんが目を閉じてものさしをつかむようにした。Lさんがものさしを離す瞬間がわかるように声で合図し，その声によってKさんがものさしをつかむまでに落ちた距離を測定した。この手順を5回行い，ものさしをつかむまでにかかった時間を求め，表の記録2の欄にまとめた。

|  | 1回目 | 2回目 | 3回目 | 4回目 | 5回目 |
|---|---|---|---|---|---|
| 記録1〔秒〕 | 0.18 | 0.16 | 0.16 | 0.15 | 0.16 |
| 記録2〔秒〕 | 0.12 | 0.12 | 0.12 | 0.13 | 0.11 |

(ア) よく出る 〔実験1〕②において，左手の皮膚で刺激を受けとってから信号が右手の筋肉に伝わるまでの経路を，図3のA～Fを用いて表したものとして最も適するものを次の1～6の中から一つ選び，その番号を答えなさい。(4点)

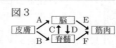

1. A→E
2. A→D→F
3. A→D→C→E
4. B→F
5. B→C→E
6. B→C→D→F

(イ) 〔実験1〕の結果，ストップウォッチの値は2.2秒であった。Kさんは，皮膚で刺激を受けてからとなりの人の手をにぎる反応に要する時間の一人あたりの平均の値を，2.2÷8という式で求めようとした。しかし，〔実験1〕の手順の中にこの式で求める上で適さない経路があることに気がついた。次の□□□は，Kさんがそのことについてまとめたものである。文中の（ X ），（ Y ）に最も適するものをそれぞれの選択肢の中から一つずつ選び，その番号を答えなさい。(4点)

〔実験1〕の手順の中で適さない経路となるのは（ X ）という部分である。これは（ Y ）という経路であるため，皮膚で刺激を受けてからとなりの人の手をにぎる反応に要する時間にならないと考えられる。

Xの選択肢
1. Kさんが左手でストップウォッチをスタートさせると同時に右手でとなりの人の左手をにぎった
2. 左手をにぎられた人は，すぐに右手で次の人の左手をにぎった
3. 最後の人の右手が挙がったのを見て，Kさんはストップウォッチを止めた

Yの選択肢
1. 皮膚で刺激を受け，脳が筋肉に命令し，筋肉を動かす
2. 目で刺激を受け，脳が筋肉に命令し，筋肉を動かす
3. 耳で刺激を受け，脳が筋肉に命令し，筋肉を動かす

(ウ) Kさんは，〔実験2〕を「自転車で走っているときに，障害物があることに気づいてブレーキをかけ，自転車を止める。」という場面に置きかえて考えてみた。〔実験2〕②のものさしが落ちたことを確認してからものさしをつかむまでに要する時間に相当するものとして最も適するものを次の1～4の中から一つ選び，その番号を答えなさい。(4点)

1. 障害物に気づくまでの時間
2. 障害物に気づいてから，ブレーキをかけるまでの時間
3. 障害物に気づいてから，自転車が止まるまでの時間
4. ブレーキをかけてから，自転車が止まるまでの時間

(エ) 〔実験2〕の表から立てられる仮説として最も適するものを次の1～4の中から一つ選び，その番号を答えなさい。(4点)

1. ヒトが刺激を受けてから反応するまでにかかる時間は，音の刺激の方が光の刺激よりも短い。
2. ヒトが刺激を受けてから反応するまでにかかる時間は，音の刺激，光の刺激，皮膚への刺激のうち，音の刺激が最も短い。
3. ヒトが刺激を受けてから反応するまでにかかる時間は，光の刺激の方が音の刺激よりも短い。
4. ヒトが刺激を受けてから反応するまでにかかる時間は，音の刺激，光の刺激，皮膚への刺激のうち，光の刺激が最も短い。

**8** 天体の動きと地球の自転・公転，太陽系と恒星 ■基本

Kさんは，神奈川県のある場所で次のような天体の観察を行った。これらの観察とその記録について，あとの各問いに答えなさい。

〔観察〕 ある日の午前6時に空を観察すると，木星と月と金星が見えた。また，木星の近くにはさそり座の1等星であるアンタレスが見えた。図1は，それらの位置をスケッチしたものである。

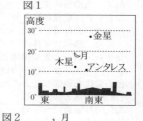

(ア) 図2は，月が地球のまわりを公転するようすを模式的に表している。〔観察〕を行ったときの月の位置として最も適するものを図2の1～8の中から一つ選び，その番号を答えなさい。(4点)

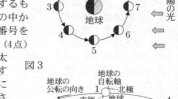

(イ) 図3は，地球が太陽のまわりを公転するようすを模式的に表している。(i)さそり座が夜中に南中する季節の地球の位置，(ii)〔観察〕を行った季節の地球の位置として最も適するものを図3の1～4の中からそれぞれ一つずつ選び，その番号を答えなさい。(4点)

(ウ) 〔観察〕から1か月後に，さそり座のアンタレスが〔観察〕を行ったときとほぼ同じ位置に見えるのは何時か。その時間を午前または午後という語句を必ず用いて書きなさい。(4点)

(エ) 次の□□□は，〔観察〕についてのKさんと先生の会話である。また，次の図4は，天の北極側から見た金星と地球のそれぞれの公転軌道と太陽との位置の模式図である。文中の（ X ），（ Y ）に最も適するものをそれぞれの選択肢の中から一つずつ選び，その番号を答えなさ

い。　　　　　　　　　　　　　　　　　　(4点)

| Kさん | 「〔観察〕で，金星を天体望遠鏡で観察したところ，欠けて見えました。」 |
|---|---|
| 先　生 | 「金星は，月のように満ち欠けして見えますね。では，〔観察〕で見たとき金星の位置は図4のA～Dのどこだと思いますか。」 |
| Kさん | 「このときの金星の位置は（ X ）だと思います。」 |
| 先　生 | 「そのとおりですね。」 |
| Kさん | 「以前，木星を何回か天体望遠鏡で観察しましたが，欠けて見えることがありませんでした。」 |
| 先　生 | 「そうですね。実は火星を天体望遠鏡で観察すると少し欠けて見えることがありますが，金星のように三日月のような形にはなりません。これらのことから，木星が欠けて見えることがないのはどうしてだと思いますか。」 |
| Kさん | 「それは，（ Y ）からだと思います。」 |
| 先　生 | 「そのとおりですね。」 |

Xの選択肢
1．A　　2．B
3．C　　4．D

図4

Yの選択肢
1．木星の赤道半径が，金星の赤道半径よりも大きい
2．木星の赤道半径が，地球の赤道半径よりも大きい
3．木星が，太陽のように自ら輝いている
4．木星は，地球よりも外側を公転しており，火星よりも地球からの距離が近い
5．木星は，地球よりも外側を公転しており，火星よりも地球からの距離が遠い

---

# 新潟県

時間 50分　満点 100点　解答 P11　3月5日実施

## 出題傾向と対策

● 物理，化学，生物，地学各2題の計8題の出題。解答形式は記述式が多く，文章記述や計算問題が目立った。基本事項を問う問題が大半を占めたが，科学的思考力や論理的思考力を必要とする出題も見られた。
● 基本的な問題が幅広く出題されているので，まずは教科書の内容をしっかりと理解しておくこと。さらに問題演習によって，計算問題に慣れ，科学的思考力や論理的思考力を養っておく必要がある。実験・観察の結果や考察などを文章にまとめる練習もしておきたい。

## 1 気象観測，天気の変化，日本の気象

下の図は，新潟市における平成30年4月3日から4月4日までの2日間の気象観測の結果をまとめたものである。この図をもとにして，あとの(1)～(3)の問いに答えなさい。

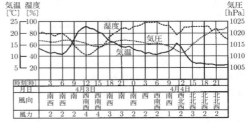

(1) **基本** 新潟市の4月3日18時における天気は晴れであった。このときの，風向，風力，天気のそれぞれを表した記号として，最も適当なものを，次のア～エから一つ選び，その符号を書きなさい。　(3点)

(2) 日本の春の天気の特徴について述べた文として，最も適当なものを，次のア～エから一つ選び，その符号を書きなさい。　(3点)
ア．発達したシベリア気団の影響で，強い北西の風が吹き，太平洋側では晴れることが多い。
イ．太平洋高気圧が勢力を増し，暖かく湿った気団におおわれ，高温多湿で晴れることが多い。
ウ．高気圧と低気圧が西から東へ向かって交互に通過するため，同じ天気が長く続かない。
エ．南の湿った気団と北の湿った気団の間に停滞前線ができ，雨やくもりの日が多くなる。

(3) **よく出る** 前線の通過について，次の①，②の問いに答えなさい。　(各3点)
① 新潟市を寒冷前線が通過した時間帯として，最も適当なものを，次のア～エから一つ選び，その符号を書きなさい。
ア．4月3日　3時から9時
イ．4月3日　9時から15時
ウ．4月4日　3時から9時
エ．4月4日　9時から15時
② 西から東に向かって進んでいる寒冷前線を南から見

たときの，地表面に対して垂直な断面を考える。この
とき，前線付近の大気のようすを模式的に表すとどの
ようになるか。最も適当なものを，次のア～エから一
つ選び，その符号を書きなさい。ただし，ア～エの図
中の⇨は冷たい空気の動きを，➡は暖かい空気の動
きを表している。

## 2 力と圧力，力学的エネルギー

物体を引き上げるときの仕事について調べるために，水平な床の上に置いた装置を用いて，次の実験1，2を行った。この実験に関して，下の(1)～(3)の問いに答えなさい。ただし，質量100gの物体にはたらく重力を1Nとし，ひもと動滑車の間には，摩擦力ははたらかないものとする。また，動滑車およびひもの質量は，無視できるものとする。

実験1．図1のように，フックのついた質量600gの物体をばねばかりにつるし，物体が床面から40cm引き上がるまで，ばねばかりを10cm/sの一定の速さで真上に引き上げた。

実験2．図2のように，フックのついた質量600gの物体を動滑車につるし，物体が床面から40cm引き上がるまで，ばねばかりを10cm/sの一定の速さで真上に引き上げた。

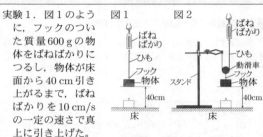

(1) **基本** 実験1について，次の①，②の問いに答えなさい。 (各2点)
① ばねばかりを一定の速さで引き上げているとき，ばねばかりが示す値は何Nか。求めなさい。
② 物体を引き上げる力がした仕事は何Jか。求めなさい。

(2) **よく出る** 実験2について，次の①，②の問いに答えなさい。
① ばねばかりを一定の速さで引き上げているとき，ばねばかりが示す値は何Nか。求めなさい。(2点)
② 物体を引き上げる力がした仕事の仕事率は何Wか。求めなさい。(3点)

(3) 物体を引き上げる実験1，2における仕事の原理について，「動滑車」という語句を用いて，書きなさい。(4点)

## 3 植物の体のつくりと働き，植物の仲間  **基本**

アブラナのからだのつくりを調べるために，アブラナの観察を行った。図1はアブラナの花のつくりを，図2はアブラナのめしべの子房の断面を，また，図3はアブラナの葉のようすを，それぞれ模式的に表したものである。このことに関して，次の(1)～(4)の問いに答えなさい。

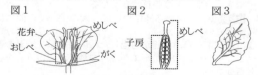

(1) 図1について，おしべの先端の袋状になっている部分の中に入っているものとして，最も適当なものを，次のア～エから一つ選び，その符号を書きなさい。 (2点)
ア．果実　　　イ．種子
ウ．胞子　　　エ．花粉

(2) アブラナは，花のつくりから離弁花類に分類される。離弁花類に分類される植物として，最も適当なものを，次のア～エから一つ選び，その符号を書きなさい。(3点)
ア．エンドウ　　　イ．ツユクサ
ウ．ツツジ　　　エ．アサガオ

(3) 図2について，アブラナが被子植物であることがわかる理由を書きなさい。 (4点)

(4) 図3の葉の葉脈のようすから判断できる，アブラナのからだのつくりについて述べた文として，最も適当なものを，次のア～エから一つ選び，その符号を書きなさい。 (3点)
ア．茎を通る維管束は，茎の中心から周辺部まで全体に散らばっている。
イ．からだの表面全体から水分を吸収するため，維管束がない。
ウ．根は，主根とそこからのびる側根からできている。
エ．根は，ひげ根とよばれるたくさんの細い根からできている。

## 4 物質のすがた，物質の成り立ち

二酸化炭素，水素，アンモニアの性質を調べるために，それぞれの気体を別々の乾いた試験管にとった後，ゴム栓をして，次の実験1～3を行った。この実験に関して，あとの(1)～(3)の問いに答えなさい。

実験1．二酸化炭素が入った試験管のゴム栓をはずし，
   X を加え，再びゴム栓をしてよく振ったところ，
   X は白く濁った。
実験2．水素が入った試験管のゴム栓をはずし，試験管の口にマッチの炎を近づけたところ，ポンと音をたてて燃えた。
実験3．アンモニアが入った試験管を，フェノールフタレイン溶液を加えた水の中で，試験管の口を下に向けて立て，ゴム栓をはずしたところ，試験管の中に勢いよく水が入り，試験管の中の水の色は赤くなった。

(1) **基本** 実験1について， X にあてはまる液体として，最も適当なものを，次のア～エから一つ選び，その符号を書きなさい。 (2点)
ア．食塩水　　　イ．石灰水
ウ．砂糖水　　　エ．炭酸水

(2) 実験2について，次の①，②の問いに答えなさい。(各3点)
① この実験で生じた物質は何か。その物質の化学式を書きなさい。
② **よく出る** 水素を発生させる方法として，最も適当なものを，次のア～エから一つ選び，その符号を書きなさい。
ア．石灰石にうすい塩酸を加える。
イ．二酸化マンガンにオキシドールを加える。
ウ．亜鉛にうすい硫酸を加える。
エ．酸化銀を加熱する。

(3) 実験3について，次の①，②の問いに答えなさい。
① 下線部分のことからわかるアンモニアの性質を，書きなさい。 (2点)
② 右の図のように，水酸化カルシウムの粉末と塩化アンモニウムの粉末を混ぜたものを，乾いた試験管に入れて十分に加熱し，発生するアンモニアを乾いた試験管に集めることができる。このようにして集めるのは，アンモニアのどのような性質のためか。書きなさい。 (3点)

## 5 生物と環境 | 基本

右の図は，生態系における炭素の循環を模式的に表したものである。図中の ➡ は有機物の流れを，また，⇨ は無機物の流れを表している。この図をもとにして，次の(1)〜(5)の問いに答えなさい。

(1) 図中のXで示される流れは，植物の何というはたらきによるものか。その用語を書きなさい。(3点)
(2) 生態系において，生物Aや生物Bを消費者，生物Cを分解者というのに対し，植物を何というか。その用語を書きなさい。(3点)
(3) 植物，生物A，生物Bは，食べる，食べられるという関係でつながっている。このつながりを何というか。その用語を書きなさい。(3点)
(4) **よく出る** 何らかの原因で，生物Aの数量が急激に減少すると，植物や生物Bの数量はその後，一時的にどのようになるか。最も適当なものを，次のア〜エから一つ選び，その符号を書きなさい。(2点)
ア．植物は増加し，生物Bは減少する。
イ．植物は増加し，生物Bも増加する。
ウ．植物は減少し，生物Bも減少する。
エ．植物は減少し，生物Bは増加する。
(5) 生物A〜Cに当てはまる生物の組合せとして，最も適当なものを，右のア〜エから一つ選び，その符号を書きなさい。(2点)

| | 生物A | 生物B | 生物C |
|---|---|---|---|
| ア | ミミズ | ヘビ | バッタ |
| イ | ウサギ | イヌワシ | ミミズ |
| ウ | ヘビ | ウサギ | シロアリ |
| エ | バッタ | シロアリ | イヌワシ |

## 6 電流

電流とそのはたらきを調べるために，抵抗器a，bを用いて回路をつくり，次の実験1〜3を行った。この実験に関して，下の(1)〜(5)の問いに答えなさい。ただし，抵抗器aの電気抵抗は30Ωとする。

実験1．図1のように，回路をつくり，スイッチを入れ，電圧計が6.0Vを示すように電源装置を調節し，電流を測定した。
実験2．図2のように，回路をつくり，スイッチを入れ，電圧計が6.0Vを示すように電源装置を調節したところ，電流計は120mAを示した。
実験3．図3のように，回路をつくり，スイッチを入れ，電圧計が6.0Vを示すように電源装置を調節し，電流を測定した。

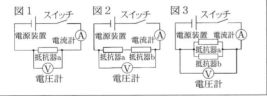

(1) **基本** 実験1について，電流計は何mAを示すか。求めなさい。(2点)
(2) 抵抗器bの電気抵抗は何Ωか。求めなさい。(2点)
(3) **よく出る** 実験2について，抵抗器bの両端に加わる電圧は何Vか。求めなさい。(2点)
(4) **よく出る** 実験3について，電流計は何mAを示すか。求めなさい。(3点)
(5) 実験2で抵抗器aが消費する電力は，実験3で抵抗器aが消費する電力の何倍か。求めなさい。(3点)

## 7 酸・アルカリとイオン

濃度の異なる塩酸と水酸化ナトリウム水溶液の中和について調べるために，次のⅠ〜Ⅲの手順で実験を行った。この実験に関して，あとの(1)〜(4)の問いに答えなさい。

Ⅰ　ビーカーA，B，Cを用意し，ビーカーAにはうすい塩酸を，ビーカーBにはうすい水酸化ナトリウム水溶液を，それぞれ60cm³ずつ入れた。ビーカーCに，ビーカーAのうすい塩酸10cm³を注ぎ，ある薬品を数滴加えたところ，ビーカーCの水溶液は黄色になった。

Ⅱ　Ⅰで黄色になったビーカーCの水溶液に，ビーカーBのうすい水酸化ナトリウム水溶液10cm³を加え，よく混ぜたところ，ビーカーCの水溶液は青色になった。

Ⅲ　Ⅱで青色になったビーカーCの水溶液に，ビーカーAのうすい塩酸2cm³を加え，よく混ぜたところ，ビーカーCの水溶液は緑色になった。

(1) Ⅰについて，ビーカーCに数滴加えた薬品は何か。最も適当なものを，次のア〜エから一つ選び，その符号を書きなさい。(3点)
ア．ベネジクト液　　イ．ヨウ素液
ウ．酢酸カーミン液　エ．BTB溶液
(2) **よく出る** Ⅱについて，青色になったビーカーCの水溶液中で最も数が多いイオンは何か。そのイオン式を書きなさい。(3点)
(3) Ⅲについて，次の□の中に化学式を書き入れて，塩酸と水酸化ナトリウム水溶液が中和したときの化学変化を表す化学反応式を完成させなさい。(3点)
□ ＋ □ → □ ＋ □
(4) **思考力** Ⅲのあとに，ビーカーAに残っているうすい塩酸48cm³を中性にするためには，ビーカーBのうすい水酸化ナトリウム水溶液が何cm³必要か。最も適当なものを，次のア〜オから一つ選び，その符号を書きなさい。(3点)
ア．16cm³　　イ．24cm³　　ウ．32cm³
エ．40cm³　　オ．48cm³

## 8 地層の重なりと過去の様子

ある丘陵に位置する3地点A，B，Cで，ボーリングによって地下の地質調査を行った。次の図1は，地質調査を行ったときの，各地点A〜Cの地層の重なり方を示した柱状図である。また，図2は，各地点A〜Cの地図上の位置を示したものである。図1，2をもとにして，次の(1)〜(4)の問いに答えなさい。ただし，地質調査を行ったこの地域の各地層は，それぞれ同じ厚さで水平に積み重なっており，曲がったり，ずれたりせず，地層の逆転もないものとする。また，図1の柱状図に示した火山灰の層は，同じ時期の同じ火山による噴火で，堆積したものとする。

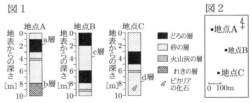

(1) **よく出る** 図1のa層〜d層は，どのような順序で堆積したか。古い方から順に，その符号を書きなさい。(3点)
(2) 地点Bの標高は40mであった。このとき，地点Cの標高は何mか。求めなさい。(3点)
(3) **基本** 火山灰が固まってできた岩石の名称として，最も適当なものを，次のア〜エから一つ選び，その符号

を書きなさい。 (3点)
ア．花こう岩　　　　　イ．玄武岩
ウ．凝灰岩　　　　　　エ．石灰岩
(4) 地点Cの砂の層に含まれていたビカリアの化石から，地層が堆積した時代を推定することができる。このビカリアのように，地層が堆積した時代の推定に利用することができる化石となった生物は，どのような生物か。「期間」，「分布」という語句を用いて書きなさい。 (4点)

# 富山県

時間 50分　満点 40点　解答 P.11　3月5日実施

## 出題傾向と対策

● 物理，化学，生物，地学各2題，計8題の出題であった。実験や観察をもとに，基本的な内容を問う問題がほとんどであるが，科学的思考力を必要とするものも見られた。解答形式は選択式よりも記述式が多く，文章記述や作図も出題された。

● 教科書の内容をしっかりと身につけたあと，問題演習によって科学的思考力を養っておく必要がある。また，正確で迅速な計算力，要点を押さえて簡潔にまとめる文章力も身につけておこう。

## 1  太陽系と恒星

ある日の明け方，真南に半月が見え，東の空に金星が見えた。あとの問いに答えなさい。

(1) **よく出る** 金星は朝夕の限られた時間にしか観察することができない。この理由を簡単に書きなさい。

(2) 図は，静止させた状態の地球の北極の上方から見た，太陽，金星，地球，月の位置関係を示したモデル図である。金星，地球，月は太陽の光が当たっている部分（白色）と影の部分（黒色）をぬり分けている。この日の月と金星の位置はどこと考えられるか。月の位置はA～H，金星の位置はa～cからそれぞれ1つずつ選び，記号で答えなさい。

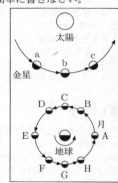

(3) この日のちょうど1年後に，同じ場所で金星を観察すると，いつごろ，どの方角の空に見えるか。次のア～エから1つ選び，記号で答えなさい。ただし，地球の公転周期は1年，金星の公転周期は0.62年とする。
ア．明け方，東の空に見える。
イ．明け方，西の空に見える。
ウ．夕方，東の空に見える。
エ．夕方，西の空に見える。

(4) この日の2日後の同じ時刻に，同じ場所から見える月の形や位置として適切なものを，次のア～エから1つ選び，記号で答えなさい。
ア．2日前よりも月の形は満ちていて，位置は西側に移動して見える。
イ．2日前よりも月の形は満ちていて，位置は東側に移動して見える。
ウ．2日前よりも月の形は欠けていて，位置は西側に移動して見える。
エ．2日前よりも月の形は欠けていて，位置は東側に移動して見える。

(5) 図において，月食が起きるときの月の位置はどこになるか。A～Hから1つ選び，記号で答えなさい。

## 2  植物の体のつくりと働き  基本

ある種子植物を用いて，植物が行う吸水のはたらきについて調べる実験を行った。あとの問いに答えなさい。
＜実験＞

㋐　葉の大きさや数，茎の太さや長さが等しい枝を４本準備した。
㋑　それぞれ，下の図のように処理して，水の入った試験管Ａ～Ｄに入れた。
㋒　試験管Ａ～Ｄの水面に油を１滴たらした。
㋓　試験管Ａ～Ｄに一定の光を当て，10時間放置し，水の減少量を調べ，表にまとめた。

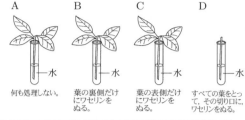

A
B
C
D
水
何も処理しない。
葉の裏側だけにワセリンをぬる。
葉の表側だけにワセリンをぬる。
すべての葉をとって，その切り口に，ワセリンをぬる。

| 試験管 | A | B | C | D |
|---|---|---|---|---|
| 水の減少量[g] | $a$ | $b$ | $c$ | $d$ |

(1)　㋒において，水面に油をたらしたのはなぜか，その理由を簡単に書きなさい。
(2)　種子植物などの葉の表皮に見られる，気体の出入り口を何というか，書きなさい。
(3)　表中の$d$を$a$，$b$，$c$を使って表すと，どのような式になるか，書きなさい。
(4)　10時間放置したとき，$b=7.0$，$c=11.0$，$d=2.0$であった。Ａの試験管の水が10.0 g減るのにかかる時間は何時間か。小数第１位を四捨五入して整数で答えなさい。
(5)　種子植物の吸水について説明した次の文の空欄（　Ｘ　），（　Ｙ　）に適切なことばを書きなさい。

> ・吸水の主な原動力となっているはたらきは（　Ｘ　）である。
> ・吸い上げられた水は，根，茎，葉の（　Ｙ　）という管を通って，植物のからだ全体に運ばれる。

## 3 水溶液，状態変化

物質の状態変化に関する実験を行った。あとの問いに答えなさい。

＜実験＞

㋐　図１のように装置を組み立て，水64 gとエタノール９gの混合物を弱火で加熱した。
㋑　出てきた気体の温度を温度計で１分おきに20分間はかり，グラフに表したところ図２のようになった。
㋒　４分おきに試験管を交換し，出てきた液体を20分間で５本の試験管に集めた。
㋓　試験管に集めた液体の性質を調べ，表にまとめた。

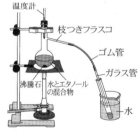

図１

温度計
枝つきフラスコ
ゴム管
ガラス管
沸騰石
水とエタノールの混合物
水

図２

温度[℃]
100
80
60
40
20
0
0
4
8
12
16
20
加熱時間［分］

| 試験管 | 体積[cm³] | におい | 火をつけたとき |
|---|---|---|---|
| A | 11.3 | ほとんどしない | 燃えない |
| B | 7.5 | する | 燃える |
| C | 4.6 | 少しする | 燃えない |
| D | 5.3 | する | 少し燃える |
| E | 0.4 | する | 燃える |

(1)　液体を熱して沸騰させ，出てくる蒸気を冷やして再び液体として取り出すことを何というか，書きなさい。
(2)　**よく出る**　㋐において，エタノールを溶質，水を溶媒としたときの質量パーセント濃度はいくらか，小数第１位を四捨五入して整数で答えなさい。
(3)　沸騰は加熱開始から何分後に始まったか，図２のグラフをもとに書きなさい。
(4)　表の結果から，試験管Ａ～Ｅを集めた順に並べ，記号で答えなさい。

## 4 電流 基本

電気に関する実験を行った。あとの問いに答えなさい。

＜実験１＞

図１の電気器具を使って，抵抗の大きさがわからない抵抗器Ｐの両端に加わる電圧の大きさと流れる電流の大きさを同時に調べたところ，図２の結果になった。

図１

電源装置
スイッチ
抵抗器P
電圧計
電流計

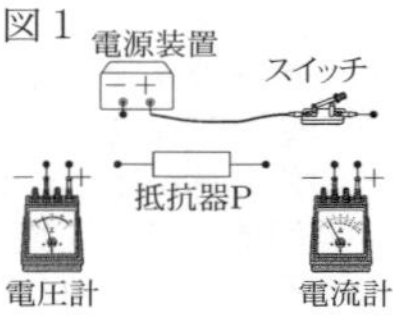

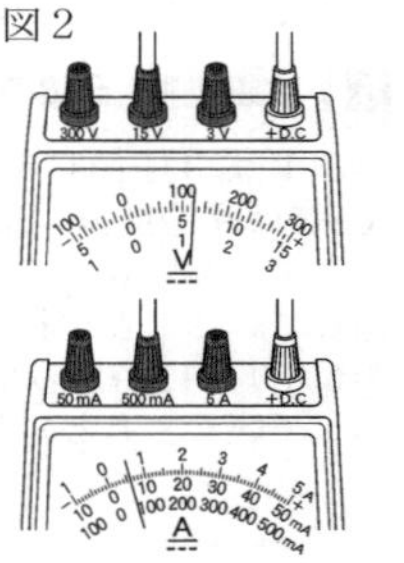

図２

(1)　実験１を行うには，どのように回路をつくればよいか。図１中の•をつなぐ導線をかき加え，回路を完成させなさい。
(2)　抵抗器Ｐの抵抗の大きさは何Ωか，図２から求めなさい。

＜実験２＞

抵抗の大きさが30 Ω，50 Ω，60 Ωのいずれかである抵抗器Q，R，Sを使って，図３，図４のように２つの回路をつくり，それぞれについてAB間の電圧の大きさと点Aを流れる電流の大きさとの関係を調べた。図５の２つのグラフは，一方が図３，もう一方が図４の結果を表している。

図３

A
B
抵抗器Q
抵抗器R
電源装置

図４

A
B
抵抗器R
抵抗器S
電源装置

図５

電流[A]
0.6
0.5
0.4
0.3
0.2
0.1
0
0
2
4
6
8
10
電圧[V]

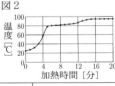

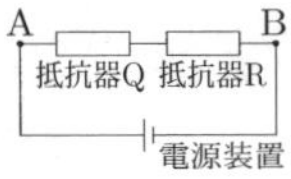

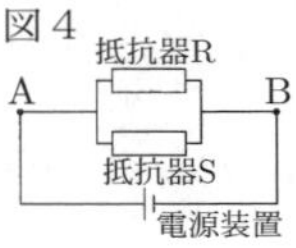

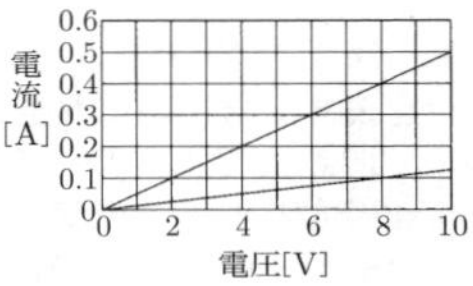

(3)　**思考力**　抵抗器Q，R，Sの抵抗の大きさは何Ωか，それぞれ求めなさい。
(4)　回路の電源の電圧を等しくしたとき，図３の抵抗器Rで１秒間あたりに発生する熱量は，図４の抵抗器Rで１秒間あたりに発生する熱量の何倍か，分数で答えなさい。

## 5 遺伝の規則性と遺伝子

メンデルはエンドウの種子の形などの形質に注目して，形質が異なる純系の親をかけ合わせ，子の形質を調べた。さらに，子を自家受粉させて，孫の形質の現れ方を調べた。表は，メンデルが行った実験の結果の一部である。あとの問いに答えなさい。

| 形質 | 親の形質の組合せ | 子の形質 | 孫に現れた個体数 | |
|---|---|---|---|---|
| 種子の形 | 丸形×しわ形 | すべて丸形 | 丸形 5474 | しわ形 1850 |
| 子葉の色 | 黄色×緑色 | すべて黄色 | 黄色 （　Ｘ　） | 緑色 2001 |
| 草たけ | 高い×低い | すべて高い | 高い 787 | 低い 277 |

(1)　遺伝子の本体である物質を何というか，書きなさい。
(2)　種子の形を決める遺伝子を，丸形はA，しわ形はaと表すことにすると，丸形の純系のエンドウがつくる生殖

細胞にある，種子の形を決める遺伝子はどう表されるか，書きなさい。

(3) **よく出る** 表の（ X ）に当てはまる個体数はおおよそどれだけか。次のア～エから1つ選び，記号で答えなさい。なお，子葉の色についても，表のほかの形質と同じ規則性で遺伝するものとする。
　ア．1000　　　　イ．2000
　ウ．4000　　　　エ．6000

(4) 種子の形に丸形の形質が現れた孫の個体5474のうち，丸形の純系のエンドウと種子の形について同じ遺伝子をもつ個体数はおおよそどれだけか。次のア～エから1つ選び，記号で答えなさい。
　ア．1300　　　　イ．1800
　ウ．2700　　　　エ．3600

(5) 草たけを決める遺伝子の組合せがわからないエンドウの個体Yがある。この個体Yに草たけが低いエンドウの個体Zをかけ合わせたところ，草たけが高い個体と，低い個体がほぼ同数できた。個体Yと個体Zの草たけを決める遺伝子の組合せを，それぞれ書きなさい。ただし，草たけを高くする遺伝子をB，低くする遺伝子をbとする。

## 6 気象観測，天気の変化 | 基本

図1は，3月10日9時の日本付近の天気図である。X―Y, X―Zは寒冷前線，温暖前線のいずれかを表しており，地点Aでは3月10日の6時から9時の間にX―Yの前線が通過していることがわかっている。図2は，図1の地点Aでの3月9日12時から3月10日21時までの気象観測の結果を示している。あとの問いに答えなさい。

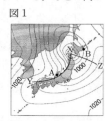
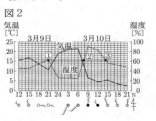

(1) 図1のX―Y, X―Zを，前線を表す記号で右にかきなさい。
(2) 地点Aでは，X―Yの前線が通過する前後で天気と風向はそれぞれどのように変化したか。図2の天気図の記号をもとに前後のようすを読みとり，下線部を埋めて答えなさい。
　（天気）　　　　→　　　　，（風向）　　　　→

(3) 寒冷前線付近の空気のようすと温暖前線付近の空気のようすを説明したものはどれか。次のア～カから最も適切なものをそれぞれ1つずつ選び，記号で答えなさい。
　ア．もぐりこもうとする寒気とはい上がろうとする暖気がぶつかり合う。
　イ．もぐりこもうとする暖気とはい上がろうとする寒気がぶつかり合う。
　ウ．寒気が暖気の下にもぐりこみ，暖気をおし上げる。
　エ．暖気が寒気の下にもぐりこみ，寒気をおし上げる。
　オ．寒気が暖気の上にはい上がり，暖気をおしやる。
　カ．暖気が寒気の上にはい上がり，寒気をおしやる。

(4) 図1のとき，地点A，B付近の気象について説明した次の文のうち，正しいものはどれか。ア～エからすべて選び，記号で答えなさい。
　ア．地点Aと地点Bを比較すると，地点Bの方が気圧が高い。
　イ．地点Aと地点Bを比較すると，地点Aの方が気圧が高い。
　ウ．地点Aと地点Bを比較すると，地点Aの方が積乱雲が発達しやすい。
　エ．地点Aと地点Bを比較すると，地点Aの方が乱層雲が発達しやすい。

(5) 図2の①～③はいずれも湿度が同じ値となっている。湿度が①～③の状態の空気を，1 m³中に含まれる水蒸気量が多い順に並べ，①～③の記号で答えなさい。ただし，気圧などの条件は考えなくてよいものとする。

## 7 運動の規則性

力学台車の運動を調べる実験を行った。あとの問いに答えなさい。なお，この実験で用いた記録タイマーは1秒間に60回打点するものである。また，摩擦や空気抵抗による影響はないものとする。
〈実験〉
㋐ 図1のように，斜面と水平面がなめらかにつながった台を用意した。
㋑ 記録テープを後ろに取り付けた力学台車をS点に置いて手で支えた。
㋒ 記録テープを記録タイマーに通し，スイッチを入れてから静かに手をはなしたところ，台車は斜面を下ったのち水平面上を運動し，そのようすが記録テープに記録された。
㋓ 図2のように，記録テープをA点から6打点ごとに区切ってA点からの長さを測定した。
㋔ ㋓の区切りで，記録テープを切り離し，図3のように下端をそろえて方眼紙に貼り付けた。

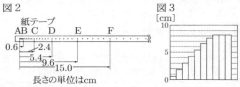

(1) **よく出る** CE間の力学台車の平均の速さは何cm/sか，求めなさい。

(2) 次の文は図3をもとに，この力学台車の運動について説明したものである。

> 力学台車は，<u>はじめは一定の割合で速さが増加する運動</u>をするが，手をはなしてから（ X ）秒後から（ Y ）秒後の0.1秒の間に（ Z ）運動に変化する。

① 文中の空欄（ X ）～（ Z ）に適切なことばや数値を書きなさい。
② 文中の下線部について，速さは0.1秒ごとに何cm/sずつ速くなるか，図2から求めなさい。

(3) 図4は台車が水平面上を運動しているときのようすを模式的に表したものである。このとき，台車にはたらく力を矢印で正しく示しているものはどれか。次のア～エから1つ選び，記号で答えなさい。ただし，一直線上にある力については，見やすさを考えて力の矢印をずらしてかいている。

(4) 図5のように，斜面の傾きを大きくして，図1のS点と同じ高さから同様の実験を行った場合，次の①～③は，斜面の傾きを大きくする前と

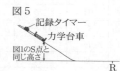

比較してどうなるか。ア～ウからそれぞれ1つずつ選び，記号で答えなさい。
① 斜面を下るときの台車にはたらく斜面下向きの力の大きさ
　ア．大きくなる
　イ．小さくなる
　ウ．変わらない
② 斜面を下るときの速さが増加する割合
　ア．大きくなる
　イ．小さくなる
　ウ．変わらない
③ R点での台車の速さ
　ア．速くなる
　イ．遅くなる
　ウ．変わらない

**8 化学変化と物質の質量**

酸化銅から銅を取り出す実験を行った。あとの問いに答えなさい。
〈実験〉
㋐ 酸化銅6.00gと炭素粉末0.15gをはかり取り，よく混ぜた後，試験管Aに入れて図1のように加熱したところ，ガラス管の先から気体が出てきた。
㋑ 気体が出なくなった後，ガラス管を試験管Bから取り出し，ガスバーナーの火を消してから<u>ピンチコックでゴム管をとめ</u>，試験管Aを冷ました。
㋒ 試験管Aの中の物質の質量を測定した。
㋓ 酸化銅の質量は6.00gのまま，炭素粉末の質量を変えて同様の実験を行い，結果を図2のグラフにまとめた。

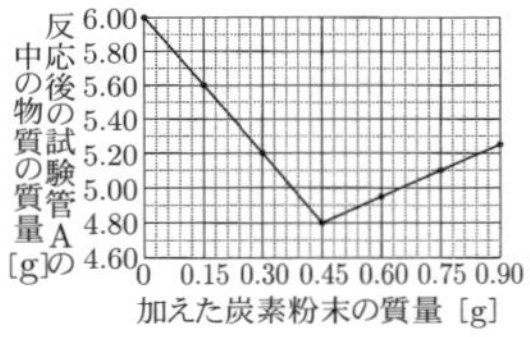

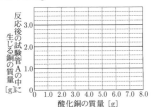

(1) ㋑において，下線部の操作を行うのはなぜか。「銅」ということばを使って簡単に書きなさい。
(2) 試験管Aで起こった化学変化を化学反応式で書きなさい。
(3) 酸化銅は，銅と酸素が一定の質量比で化合している。この質量比を最も簡単な整数比で書きなさい。
(4) ㋓において，炭素粉末の質量が0.75gのとき，反応後に試験管Aの中に残っている物質は何か，すべて書きなさい。また，それらの質量も求め，例にならって答えなさい。
　例．○○が××g，□□が△△g
(5) 試験管Aに入れる炭素粉末の質量を0.30gにし，酸化銅の質量を変えて実験を行った場合，酸化銅の質量と反応後の試験管Aの中に生じる銅の質量との関係はどうなるか。右にグラフでかきなさい。

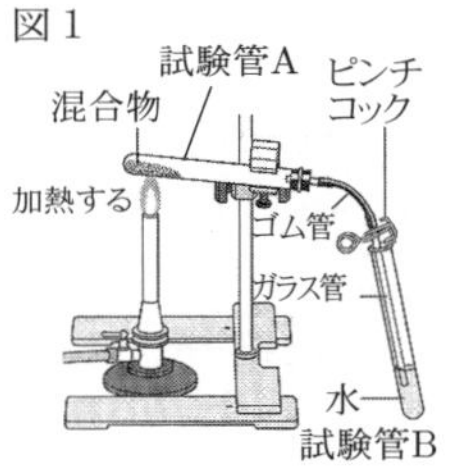

---

# 石川県

時間 50分　満点 100点　解答 p.12　3月10日実施

## 出題傾向と対策

● 小問集合1題と物理，化学，生物，地学各1題，融合問題1題の計6題の出題。解答形式は記述式が多く，長文の文章記述問題が複数題出題された。基本事項を問うものが中心であるが，文章記述や計算問題では，科学的思考力を必要とする問題があった。
● 教科書の基本的事項を確実に身につけておくことが重要である。長文の記述対策として，日ごろから，実験・観察の結果から考察を導く過程を簡潔な文章にまとめて科学的思考力を養い，文章力をつけておこう。

**1 物質のすがた，光と音，生物の成長と殖え方，火山と地震**

以下の各問に答えなさい。
問1．生殖について，次の(1)，(2)に答えなさい。（各2点）
(1) 分裂や栄養生殖などのように，受精を行わずに新しい個体をつくる生殖を何というか，書きなさい。
(2) 分裂や栄養生殖などのように，受精を行わずに新しい個体をつくることができる生物はどれか，次のア～エからすべて選び，その符号を書きなさい。
　ア．イソギンチャク
　イ．オランダイチゴ
　ウ．ミカヅキモ
　エ．メダカ

問2．**よく出る** 火山について，次の(1)，(2)に答えなさい。（各2点）

(1) 火山岩をルーペで観察すると，図1のように，比較的大きな鉱物が，肉眼では形がわからないほどの小さな鉱物に囲まれていることがわかる。このような岩石のつくりを何というか，書きなさい。

図1

(2) 図2のように，傾斜がゆるやかな形の火山が形成されたときの噴火のようすと溶岩の色について述べたものはどれか，次のア～エから最も適切なものを1つ選び，その符号を書きなさい。

図2

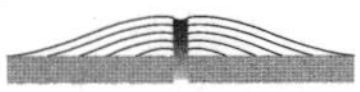

　ア．噴火のようすは激しく爆発的で，溶岩の色は白っぽい。
　イ．噴火のようすは激しく爆発的で，溶岩の色は黒っぽい。
　ウ．噴火のようすはおだやかで，溶岩の色は白っぽい。
　エ．噴火のようすはおだやかで，溶岩の色は黒っぽい。

問3．**基本** アンモニアの気体を集めるために，塩化アンモニウムと物質Aを混合し，図3のような装置を使って実験を行った。次の(1)，(2)に答えなさい。（各2点）
(1) 物質Aはどれか，次のア～エから最も適切なものを1つ選び，その符号を書きなさい。
　ア．硫黄
　イ．塩化ナトリウム
　ウ．水酸化カルシウム

図3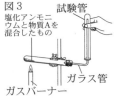

エ．炭素
(2) アンモニアの気体を集めるためには，図3のような集め方が適している。それはなぜか，理由をアンモニアの気体の性質に着目して書きなさい。
問4．音について，次の(1), (2)に答えなさい。 （各2点）
(1) **よく出る** 音の性質について述べたものはどれか，次のア～エから最も適切なものを1つ選び，その符号を書きなさい。
    ア．音は水中でも真空中でも伝わる。
    イ．音は水中では伝わるが，真空中では伝わらない。
    ウ．音は水中では伝わらないが，真空中では伝わる。
    エ．音は水中でも真空中でも伝わらない。
(2) 自動車が10 m/sの速さでコンクリート壁に向かって一直線上を進みながら，音を出した。音がコンクリート壁に反射して自動車に返ってくるまでに1秒かかった。音を出したときの自動車とコンクリート壁との距離は何mか，求めなさい。ただし，空気中の音の伝わる速さを340 m/sとし，風の影響はないものとする。

## 2 植物の体のつくりと働き

アジサイとトウモロコシを用いて次の実験を行った。これらをもとに，以下の各問に答えなさい。

[実験Ⅰ] 図1のように，アジサイとトウモロコシを赤インクで着色した水につけた。1時間後，茎の一部を切り取り，図2のように茎の中心を通る面で縦に切り，その縦断面を観察したところ，一部が①赤く染まっていた。

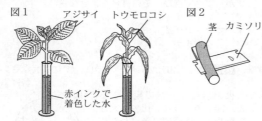

[実験Ⅱ] 葉の数や大きさなどがほぼ同じ3本のアジサイA, B, Cを用意した。また，葉の数や大きさなどがほぼ同じ3本のトウモロコシD, E, Fを用意した。A, Dは葉の表側に，B, Eは葉の裏側にワセリンをぬり，C, Fは葉の表側にも裏側にもワセリンをぬらなかった。次に6本のメスシリンダーを用意し，それぞれのメスシリンダーに同量の水を入れて，A～Fを1本ずつさした後，少量の②油を注ぎ，図3のような実験装置を6つ準備した。

それぞれの実験装置の質量を測定した後，明るいところに置いた。4時間後にそれぞれの実験装置の質量を調べ，実験装置の質量の減少量を求めたところ，表のような結果になった。なお，ワセリンは蒸散を防ぐために使用した。

| 植物 | アジサイ ||| トウモロコシ |||
|---|---|---|---|---|---|---|
|  | A | B | C | D | E | F |
| 実験装置の質量の減少量[g] | 3.0 | 1.8 | 5.1 | 2.0 | 1.8 | 3.9 |

問1．**よく出る** アジサイやトウモロコシのように，胚珠が子房の中にある植物を何というか，書きなさい。(2点)
問2．アジサイもトウモロコシも，上から見ると葉が重なり合わないようについているのはなぜか，理由を書きなさい。 (3点)
問3．実験Ⅰについて，下線部①の部分を■，茎の表皮の部分を▨で表したとき，アジサイとトウモロコシの茎の縦断面のようすを模式的に表したものはどれか，次のア～エから最も適切なものをそれぞれ1つ選び，その符号を書きなさい。 （各2点）

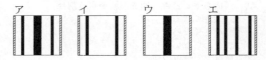

問4．実験Ⅱについて，次の(1), (2)に答えなさい。
(1) **よく出る** 下線部②について，油を注いだのはなぜか，理由を書きなさい。 (3点)
(2) アジサイとトウモロコシの葉のつくりの違いについて，どのようなことがわかるか，実験結果をもとに書きなさい。 (4点)

## 3 電流，電流と磁界

電流と磁界に関する，次の実験を行った。これらをもとに，以下の各問に答えなさい。

[実験Ⅰ] a, b2種類の抵抗器それぞれについて，加える電圧と，流れる電流を測定したところ，図1のような結果が得られた。

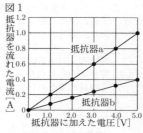

[実験Ⅱ] 1辺30 cmの正方形の台の中央にコイルを設置し，抵抗器aを接続し，図2のような回路をつくった。スイッチを入れたところ，コイルには➡の向きに電流が流れた。このとき，台に置かれた方位磁針の針の向きを調べた。また，電流計を使って，点X, Y, Zそれぞれに流れる電流の大きさを測定した。なお，図3はスイッチが入っていないときの方位磁針を上から見たようすを模式的に表したものである。

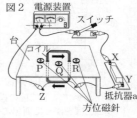

問1．実験Ⅰについて，次の(1), (2)に答えなさい。
(1) **よく出る** 抵抗器を流れる電流は，抵抗器に加える電圧に比例することがわかる。この関係を表す法則を何というか，書きなさい。 (2点)
(2) 抵抗器bの抵抗の大きさは，抵抗器aの抵抗の大きさの何倍か，求めなさい。 (3点)
問2．実験Ⅱについて，次の(1)～(4)に答えなさい。（各3点）
(1) **よく出る** 点X, Y, Zで測定した電流の大きさをそれぞれ$x, y, z$とする。$x, y, z$の大きさの関係を正しく表している式はどれか，次のア～エから最も適切なものを1つ選び，その符号を書きなさい。
    ア．$x > y > z$　　イ．$x < y < z$
    ウ．$x = y = z$　　エ．$x = y + z$
(2) 下線部について，方位磁針P, Q, Rの針の向きを正しく表しているものはどれか，次のア～エから最も適切なものを1つ選び，その符号を書きなさい。

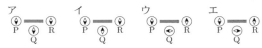

(3) スイッチを入れた状態で，方位磁針Pを図4の → の方向にゆっくりと移動させながら，その針の向きを観察したところ，ある地点までは針の向きは変化したが，それ以降は変化しなかった。それはなぜか，理由を書きなさい。

(4) 抵抗器cとdを用意した。抵抗の大きさは抵抗器dがcよりも大きい。抵抗器aの代わりにXY間に次のア〜エのいずれかの抵抗器をつないでも点Xで測定する電流の大きさが同じになるように電源装置の電圧を調節した。このとき，次のア〜エを消費される電力が小さいものから順に並べ，その符号を書きなさい。
ア．抵抗器cのみ
イ．抵抗器dのみ
ウ．抵抗器cとdを直列に接続したもの
エ．抵抗器cとdを並列に接続したもの

### 4 物質のすがた，状態変化

エタノールに関する，次の実験を行った。これらをもとに，以下の各問に答えなさい。

[実験Ⅰ] 図1のように，少量のエタノールを入れたポリエチレン袋の口を閉じ，熱い湯をかけると，袋がふくらんだ。

[実験Ⅱ] 図2のように，枝つきフラスコにエタノール3 cm³と水17 cm³の混合物を入れ，ガスバーナーで加熱した。しばらくすると沸とうが始まり，試験管に液体がたまり始めた。その液体が2 cm³集まるごとに試験管を取り替え，集めた順に液体をA，B，Cとした。ガスバーナーの火を消した後，A〜Cのそれぞれの液体を蒸発皿に入れ，マッチの火を近づけたところ，表のような結果になった。

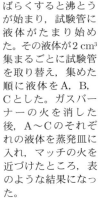

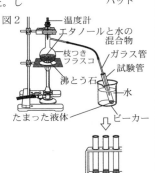

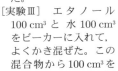

| 液体 | 火を近づけた後の様子 |
|---|---|
| A | よく燃えた |
| B | 燃えたが，すぐ消えた |
| C | 燃えなかった |

[実験Ⅲ] エタノール100 cm³と水100 cm³をビーカーに入れて，よくかき混ぜた。この混合物から100 cm³をはかりとり，質量を測定したところ，93 gであった。

問1．物質は温度によって固体，液体，気体とすがたを変える。この変化を何というか，書きなさい。 (2点)

問2．**基本** 実験Ⅰについて，ポリエチレン袋がふくらんだのはなぜか，次のア〜エから最も適切なものを1つ選び，その符号を書きなさい。 (3点)
ア．エタノールの分子の数が増えたから。
イ．エタノールの分子の大きさが大きくなったから。
ウ．エタノールの分子と分子の間隔が広くなったから。
エ．エタノールの分子が別の物質の分子に変わったから。

問3．**よく出る** 実験Ⅱについて，次の(1)〜(3)に答えなさい。 (各3点)

(1) ガスバーナーの火を消す前に，ガラス管の先が，試験管内の液体の中に入っていないことを確認するのはなぜか，理由を書きなさい。

(2) 次の文は，この実験で確認できたことをまとめたものである。文中の①，②にあてはまる内容の組み合わせを，下のア〜エから1つ選び，その符号を書きなさい。

> 表の結果より，液体A，B，Cを，水に対するエタノールの割合が高いものから順に並べると（ ① ）になることがわかった。このことより，エタノールの方が，水より沸点が（ ② ）ことが考えられる。

ア．①：A，B，C　②：高い
イ．①：A，B，C　②：低い
ウ．①：C，B，A　②：高い
エ．①：C，B，A　②：低い

(3) エタノールは$C_2H_6O$で表される有機物である。エタノールが燃焼する変化を，化学反応式で表しなさい。

問4．実験Ⅲについて，エタノール100 cm³と水100 cm³を混ぜた後の体積は何cm³か，求めなさい。ただし，小数第1位を四捨五入すること。なお，エタノールの密度は0.79 g/cm³，水の密度は1.00 g/cm³とし，蒸発はしないものとする。 (3点)

### 5 天体の動きと地球の自転・公転

太陽の動きに関する，次の観測を行った。これをもとに，以下の各問に答えなさい。

[観測] 石川県内の地点Xで，よく晴れた春分の日に，9時から15時まで2時間ごとに，太陽の位置を観測した。図1のように，観測した太陽の位置を透明半球の球面に記録し，その点をなめらかな曲線で結んだ。なお，点Oは観測者の位置であり，点A〜Dは，点Oから見た東西南北のいずれかの方位を示している。また，表は，地点Xの経度と緯度を示したものである。

| | 経度 | 緯度 |
|---|---|---|
| | 東経136.7度 | 北緯36.6度 |

問1．**基本** 太陽は，みずから光を出す天体である。このような天体を何というか，書きなさい。 (2点)

問2．**基本** 観測者から見た北はどちらか，図1の点A〜Dから最も適切なものを1つ選び，その符号を書きなさい。 (2点)

問3．**よく出る** 9時に記録した点をP，11時に記録した点をQとする。∠POQは何度か，次のア〜エから最も適切なものを1つ選び，その符号を書きなさい。 (2点)
ア．15度　イ．20度
ウ．25度　エ．30度

問4．地点Xでの，春分の日の太陽の南中高度は何度か，求めなさい。ただし，地点Xの標高を0 mとする。 (3点)

問5．地点Xで，春分の日に行った観測と同じ手順で，夏至の日，冬至の日にも太陽の位置を観測し，9時に記録した点から15時に記録した点までの曲線の長さを調べた。曲線の長さについて述べたものはどれか，次のア〜エから最も適切なものを1つ選び，その符号を書きなさい。 (3点)
ア．春分の日が最も長い。

イ．夏至の日が最も長い。
ウ．冬至の日が最も長い。
エ．すべて同じである。

問6．|思考力| 図2は，太陽の光が当たっている地域と当たっていない地域を表した図である。このように表されるのは地点Xではいつ頃か，次のア〜エから最も適切なものを1つ選び，その符号を書きなさい。また，そう判断した理由を，「自転」，「地軸」という2つの語句を用いて書きなさい。(5点)

図2

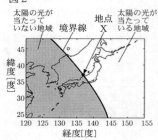

ア．夏至の日の朝方　　イ．夏至の日の夕方
ウ．冬至の日の朝方　　エ．冬至の日の夕方

## 6 | 小問集合

太郎さんと花子さんの所属する科学部では，塩酸を使って，次の実験を行った。これらをもとに，以下の各問に答えなさい。ただし，塩酸の濃度は質量パーセント濃度を表すものとする。

[実験Ⅰ] 岩石A，Bは，石灰岩，チャートのいずれかである。岩石A，Bにそれぞれ，5％の塩酸をスポイトで3滴かけたところ，岩石Aのみ気体が発生した。

[実験Ⅱ] 図1のように，5％の塩酸が入った水そうに亜鉛板と銅板を入れたところ，塩酸の中の亜鉛板の表面では気体が発生したが，銅板の表面では気体が発生しなかった。

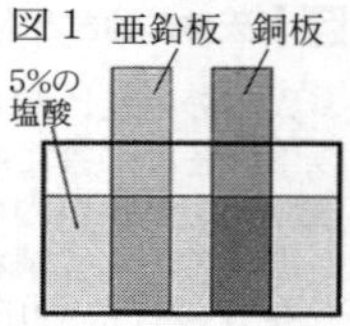

図1
亜鉛板　銅板
5％の塩酸

問1．|基本| 塩酸の溶質は何か，名称を書きなさい。(2点)

問2．5％の塩酸50gに水を加えて2％の塩酸をつくった。このとき，加えた水の質量は何gか，求めなさい。(3点)

問3．実験Ⅰについて，岩石Aについて述べたものはどれか，次のア〜エから最も適切なものを1つ選び，その符号を書きなさい。(2点)
ア．岩石Aは，石灰岩で，炭酸カルシウムが多く含まれている。
イ．岩石Aは，石灰岩で，鉄くぎで表面に傷をつけることができないくらいかたい。
ウ．岩石Aは，チャートで，炭酸カルシウムが多く含まれている。
エ．岩石Aは，チャートで，鉄くぎで表面に傷をつけることができないくらいかたい。

問4．実験Ⅱについて，次の(1)，(2)に答えなさい。(各3点)
(1) 次の文は，この実験について書かれたものである。文中の①，②にあてはまる内容の組み合わせを，下のア〜エから1つ選び，その符号を書きなさい。

> 塩酸と亜鉛との化学反応は，熱を（ ① ）反応であり，反応後の物質がもつ化学エネルギーは，反応前の物質がもつ化学エネルギーより（ ② ）。

ア．①：周囲からうばう　②：大きい
イ．①：周囲からうばう　②：小さい
ウ．①：周囲に与える　②：大きい
エ．①：周囲に与える　②：小さい

(2) 太郎さんは，反応のようすを観察していたところ，図2のように液面を境に亜鉛板も銅板も左にずれて見えることに気づいた。図3は，太郎さんが点Xの位置から水そうの中の銅板を見たとき，銅板の点Yが点Y′に見えたことを説明するための図である。点Yで反射した光が点Xに届くまでの光の道すじを，図3にかき入れなさい。なお，▭は，銅板の見かけの位置を表している。また，水そうのガラスの厚さは考えないものとする。

図2
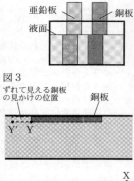

図3
ずれて見える銅板の見かけの位置　銅板
Y′ Y

X

問5．実験Ⅱの後に，花子さんが図4のように2つの金属板の一部を空気中で触れさせたところ，塩酸の中の銅板の表面からも気体が発生した。発生した気体は何か，化学式を書きなさい。また，その気体が発生した理由を，書きなさい。(4点)

図4
亜鉛板　銅板

5％の塩酸

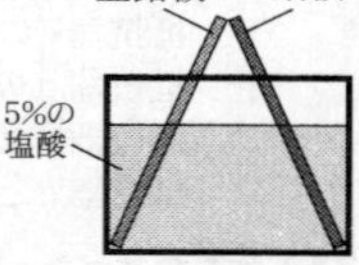

# 福井県

時間 60分　満点 100点　解答 P13　3月6日実施

## 出題傾向と対策

- 例年通り、物理、化学、生物、地学各2題の計8題の出題。解答形式は記述式が多く、その内容は用語記述、文章記述、計算、作図など多岐にわたった。実験・観察を中心に基本事項を問う問題が多かったが、与えられたデータをもとに解答を導く問題も見られた。
- 教科書の実験・観察を中心に基本事項をじゅうぶんに理解したうえで、数多くの問題演習によって科学的思考力や論理的思考力を身につけておこう。文章記述が多いので、要点を押さえた文章表現力も求められる。

## 1 植物の仲間、生物の成長と殖え方

陸上に生息する4種類の植物A～Dの特徴を、次の3つの観点で表にまとめた。なお、植物A～Dは、スギゴケ、イヌワラビ、マツ、アサガオのいずれかである。あとの問いに答えよ。

|  | 維管束の有無 | 子房の有無 | ふえ方 |
|---|---|---|---|
| 植物A | 有 | 有 | 種子 |
| 植物B | 有 | 無 | 胞子 |
| 植物C | 無 | 無 | 胞子 |
| 植物D | 有 | 無 | 種子 |

問(1) **基本** 植物A～Dのうち、マツはどれか。その記号を書け。(2点)

(2) 植物A、B、Dの水分の吸収のしかたと、植物Cの水分の吸収のしかたにはちがいがある。そのちがいがわかるように、それぞれ簡潔に書け。(3点)

(3) 「子房の有無」と結果が同じになる観点はどれか。最も適当なものを、次のア～エから1つ選んで、その記号を書け。(2点)
　ア．花の有無
　イ．葉・茎・根の区別の有無
　ウ．ひげ根の有無
　エ．果実の有無

(4) 植物Aにできる種子内部の胚のすべての細胞は、ある「1個の細胞」からくり返し体細胞分裂することによってできる。この「1個の細胞」はどのようにつくられるか。最も適当なものを、次のア～エから1つ選んで、その記号を書け。また、この植物の葉の細胞の染色体の数を調べたところ、30本であった。この植物の胚の細胞の染色体の数は何本か書け。(3点)
　ア．減数分裂によりつくられる。
　イ．体細胞分裂によりつくられる。
　ウ．減数分裂した細胞が受精することでつくられる。
　エ．くり返し減数分裂することでつくられる。

(5) **基本** (4)の「1個の細胞」が胚になり、さらに、個体としてのからだのつくりが完成していく過程を何というか書け。(2点)

## 2 動物の体のつくりと働き

動物が養分を吸収するためには、さまざまな消化酵素によって食物を分解する必要がある。このことについて次の実験を行った。あとの問いに答えよ。

〔実験1〕　温度を5℃にしたデンプン溶液とうすめたヒトのだ液を試験管に入れて混ぜ合わせ、その温度で5分間放置した後、少量のヨウ素液を加え、試験管内の色が青紫色になるかどうかを確認した。同様の実験を20℃、30℃、40℃、60℃、90℃で行い、表1にその結果をまとめた。なお、各実験で準備したデンプン溶液およびだ液の量は同じである。

表1

| 温度[℃] | 5 | 20 | 30 | 40 | 60 | 90 |
|---|---|---|---|---|---|---|
| 色 | + | − | − | − | + | − |

＋：青紫色になる。
−：青紫色にならない。

〔実験2〕　実験1で用いたうすめたヒトのだ液のかわりに、水を用いて同様の実験を行った。表2にその結果をまとめた。

表2

| 温度[℃] | 5 | 20 | 30 | 40 | 60 | 90 |
|---|---|---|---|---|---|---|
| 色 | + | + | + | + | + | − |

＋：青紫色になる。
−：青紫色にならない。

問(1) **基本** 実験1と比較するために行った実験2のように、1つの条件以外を同じにして行う実験を何というか書け。(2点)

(2) 実験1の結果から、温度を60℃にした試験管内の成分についてどのようなことがいえるか。最も適当なものを、次のア～カから1つ選んで、その記号を書け。(2点)
　ア．デンプンが含まれている。
　イ．デンプンは含まれているが、麦芽糖は含まれていない。
　ウ．麦芽糖が含まれている。
　エ．デンプンは含まれていないが、麦芽糖は含まれている。
　オ．デンプンと麦芽糖の両方が含まれている。
　カ．デンプンと麦芽糖の両方が含まれていない。

(3) **基本** 実験1に関係する消化酵素の名称を書け。(2点)

(4) (3)の消化酵素のはたらきについて、実験1、実験2の結果からわかることを、表1、表2の温度を用いて簡潔に書け。(3点)

(5) デンプンが分解されて生じた麦芽糖は、ベネジクト液を用いて確かめることができる。麦芽糖が生じたと考えられる試験管にベネジクト液を加えたあと、どのような操作をして、どのような変化が見られることによって麦芽糖が生じたことを確かめることができるか。簡潔に書け。(2点)

(6) **よく出る** 次の文中の　　　に当てはまる語句を書け。(2点)
　「麦芽糖がさらに分解されて生じたブドウ糖は、小腸の柔毛で吸収されて　　　に入ったのち、肝臓を通って全身の細胞に運ばれる。」

## 3 太陽系と恒星

日本のある地域で、天体望遠鏡を使って太陽の表面を観察する実習を行った。あとの問いに答えよ。

〔実習〕
　晴れた日の同じ時刻に、下記の操作を行い、1週間続けて黒点の位置を観察した。

〔操作〕
・図1のように、望遠鏡に投影板としゃ光板をとりつけ、投影板に記録用紙を固定した。
・対物レンズを太陽に向けて

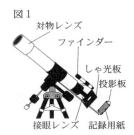

図1　対物レンズ／ファインダー／しゃ光板／投影板／接眼レンズ／記録用紙

ピントを合わせたところ，図2のように太陽の像が投影された。
・A太陽の像の大きさを記録用紙の円に合わせるための操作をして，図3のようにした。
・B太陽の像は記録用紙の円から外れていくので，すばやく黒点の位置と形をスケッチした。なお，図4はスケッチ後に太陽の像が円から外れたときのようすである。

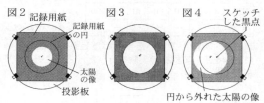

・観察できた日の黒点は，図5のように1枚の記録用紙に記録した。

〈気づいたこと〉
① 黒点はしだいに位置を変えていった。
② 1日目に記録した円形の黒点が，7日目にはだ円形に形が変わって見えた。

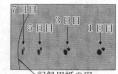

問(1) 下線の部分Aについて，どのような操作をしたか。「接眼レンズ」「投影板」の2つの語句を用いて簡潔に書け。(3点)
(2) 下線の部分Bについて，このようになるのは，何のどのような運動によるものか。簡潔に書け。(3点)
(3) **よく出る** 〈気づいたこと〉の①と②から，太陽についてわかることとして最も適当なものを，次のア〜エからそれぞれ1つずつ選んで，その記号を書け。(3点)
ア．太陽は高温である。
イ．太陽は球形である。
ウ．太陽は自転している。
エ．太陽は自ら光を発している。
(4) 図6のように，分度器の0°の線と対物レンズの軸が平行になるようにして，分度器を望遠鏡に貼り付け，分度器の中心から軽いおもりを糸でつるした。夏至の日の南中時刻に太陽の観察を行い，図6に示す角度を測定し

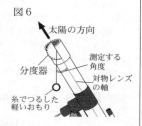

たところ，12.5°であった。このときの南中高度と，観察地点の緯度を求め，小数第1位まで書け。ただし，地球の地軸は公転面に対して垂直な方向から23.4°傾いているものとする。

## 4 火山と地震，地層の重なりと過去の様子

ある地域の地層に関するあとの問いに答えよ。なお，この地域では，地層にしゅう曲や断層は見られず，地層は古いものから順に積み重なっている。また，地層はある方向に傾いていることがわかっている。　(各2点)

〔調査〕 A〜Cの3地点でボーリング調査が行われた。図1は3地点の位置と標高が示された図であり，図2はボーリング試料をもとに作成した柱状図である。また，各地層には次のような特徴があった。

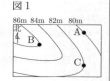

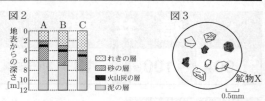

〈火山灰の層〉
・各地点の火山灰を双眼実体顕微鏡で観察したところ，どの地点でも同じ鉱物が同じ割合で見られた。図3はそのスケッチである。

〈れきの層〉
・れきの層から採取したさまざまなれきに，うすい塩酸をかけると，一部のれき（れきY）から二酸化炭素が発生した。
・れきYの表面をみがいてよく観察したところ，フズリナの化石が含まれていた。

〈砂の層〉
・砂の層からはビカリアの化石が見つかった。

問(1) 図3の鉱物Xは，無色で不規則に割れるという特徴があった。鉱物Xの名称を書け。
(2) 次の文中の□□□に当てはまる語句を書け。
「図3のような火山灰を噴出する火山では，火砕流が発生し大きな被害をもたらすことがある。過去の噴火の様子は，その火山の噴火で起こる災害を予測する手がかりとなる。災害の予測を地図上にまとめたものが□□□である。」
(3) **よく出る** 泥の層かられきの層が海底で堆積するまでに，海の深さはどのように変化していったと考えられるか。簡潔に書け。
(4) **よく出る** この地層の傾きはどの方位に向かって下がっているか書け。
(5) れきYのもとになった岩石の名称を書け。
(6) **新傾向** 下の表の(a)〜(d)は，れきYが，現在この地層で見られるまでの出来事である。(a)〜(d)の出来事が起こった年代を表したものとして，最も適当なものを，表のア〜オから1つ選んで，その記号を書け。

| 〈出来事〉 | ア | イ | ウ | エ | オ |
|---|---|---|---|---|---|
| (a) 堆積物が固まって，れきYのもとになった岩石ができた。 | ー | 中生代 | 中生代 | 古生代 | 古生代 |
| (b) (a)で形成された岩石が隆起し，地上に出てきた。 | 中生代 | ー | 中生代 | 中生代 | ー |
| (c) (b)が侵食されて，れきYとなって運搬され，その他のれきとともに堆積し，れきの層が形成された。 | 古生代 | 新生代 | 中生代 | ー | 新生代 |
| (d) (c)で形成された地層が隆起し，れきYを含む，れきの層が地上に現れた。 | 古生代 | 新生代 | ー | 新生代 | 新生代 |

※表の中の「ー」は，この調査結果からは年代を判断できないことを示している。

## 5 水溶液，物質の成り立ち，水溶液とイオン

エタノールと水の混合物，塩酸，塩化銅水溶液，砂糖水，水酸化ナトリウム水溶液の5種類の液体を用いて，次の実験を行った。あとの問いに答えよ。
〔実験〕 炭素を電極として電気分解を行ったところ，電極

のまわりに変化が見られた液体が3種類あった。下の表は、その3種類の液体で見られた変化についてまとめたものである。また、液体A、液体Bについては電気分解装置を用いて電気分解を行い、発生した気体をそれぞれ集めた。

|  | 陰極 | 陽極 |
|---|---|---|
| 液体A | 気体Xが発生した。 | 気体Yが発生した。 |
| 液体B | 気体Xが発生した。 | 気体Zが発生した。 |
| 液体C | 固体が付着した。 | 気体Zが発生した。 |

問(1) **基本** 5種類の液体のうち、電極のまわりに変化が見られなかったものはどれか。次のア〜オから2つ選んで、その記号を書け。 (2点)
ア．エタノールと水の混合物
イ．塩酸
ウ．塩化銅水溶液
エ．砂糖水
オ．水酸化ナトリウム水溶液

(2) **よく出る** この実験で使用した塩酸は、質量パーセント濃度が30％の塩酸を水でうすめ、5％にしたものである。30％の塩酸10gを用いて5％の塩酸をつくるには、何gの水を加えればよいか。 (3点)

(3) 原子は本来、電気を帯びていない状態にあるが、電子を失ったり受け取ったりすることでイオンになる。塩素原子から塩化物イオンができるときの説明として正しいものはどれか。最も適当なものを、次のア〜エから1つ選んで、その記号を書け。 (2点)
ア．塩素原子が電子を1個受け取って陽イオンとなる。
イ．塩素原子が電子を1個受け取って陰イオンとなる。
ウ．塩素原子が電子を1個失って陽イオンとなる。
エ．塩素原子が電子を1個失って陰イオンとなる。

(4) **思考力** 表の中にある気体Yの名称を書け。また、その気体の性質として正しいものはどれか。最も適当なものを、次のア〜エから1つ選んで、その記号を書け。 (3点)
ア．石灰水に通すと石灰水を白くにごらせる。
イ．火のついた線香を入れると線香を激しく燃やす。
ウ．マッチの火を近づけると燃える。
エ．湿らせた赤色リトマス紙を青色にする。

(5) 液体Bで、陰極側と陽極側に集まった気体の体積を比べたところ、気体Xに比べ気体Zの方が小さかった。このときの気体のようすを、モデルを使って正しく説明したものはどれか。最も適当なものを、次のア〜エから1つ選んで、その記号を書け。 (2点)

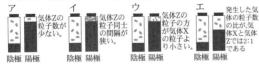

## 6 酸・アルカリとイオン

ある濃度の塩酸と水酸化ナトリウム水溶液を用いて、中和の実験を行った。あとの問いに答えよ。
〔実験〕
操作1．塩酸10cm³をビーカーAに、水酸化ナトリウム水溶液30cm³をビーカーBに入れた。
操作2．ビーカーAに、BTB溶液を2滴加え、水溶液の色を ア にした。
操作3．ビーカーBの中の水溶液を、ビーカーAに2cm³ずつ加え、そのつどよくかき混ぜ、ビーカーAの中の水溶液の色の変化を調べた。ビーカーBの水溶液を20cm³加えるまでこの操作を続けた。
〔結果〕 ビーカーBの中の水溶液を12cm³入れたときにビーカーAの中の水溶液は緑色に変化し、20cm³入れたときにはビーカーAの中の水溶液の色は イ であった。

問(1) **基本** 上の文章中の ア 、 イ に当てはまる適当な色を書け。 (2点)
(2) 塩酸の中の陽イオンと水酸化ナトリウム水溶液の中の陰イオンが結びつく中和の反応を、イオン式と化学式を用いて書け。 (3点)
(3) 操作3において、ビーカーAが少しあたたかくなった。この中和の反応のように、温度が上がる反応を何というか書け。 (2点)
(4) **よく出る** この実験で、ビーカーAに加えた水酸化ナトリウム水溶液の体積と、ビーカーAの中の水素イオンの数、ナトリウムイオンの数の関係を表すグラフはどれか。最も適当なものを、次のア〜クからそれぞれ1つずつ選んで、その記号を書け。ただし、塩酸10cm³中の塩化物イオンの数をn個とする。 (各2点)

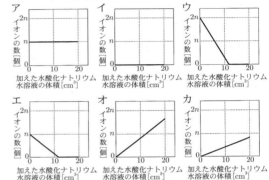

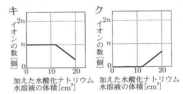

(5) **よく出る** 操作3で水酸化ナトリウム水溶液を20cm³入れたあとに、ビーカーAの中の水溶液を再び緑色に変化させるには、実験で用いたものと同じ塩酸を何cm³入れるとよいか。最も適当なものを、次のア〜カから1つ選んで、その記号を書け。 (2点)
ア．4.0cm³　　イ．6.7cm³
ウ．8.0cm³　　エ．9.6cm³
オ．12.0cm³　　カ．16.7cm³

## 7 光と音

Ⅰ・Ⅱについて、あとの問いに答えよ。
Ⅰ．弦を張る力の大きさと、弦をはじいたときの弦の振動数の関係を調べるために、次の実験を行った。
〔実験〕 図1のように弦の両端を机とばねばかりに固定し、コマを使い、はじく弦の長さを1.0mに調整した。ばねばかりで弦を張る力の大きさを10Nずつ変化させて弦をはじき、このときの弦の振動数を調べた。次に、はじく弦の長さを0.50mと0.25mに調整し、同様の操作を行った。図2は、結果をまとめたグラフである。

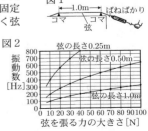

問(1) 基本 下線の部分について，弦の振動数とは何か。簡潔に書け。 (2点)
(2) 図2から考えられることとして適当なものはどれか。次のア～ウからすべて選んで，その記号を書け。 (3点)
ア．弦を張る力の大きさが同じであれば，はじく弦の長さと振動数は反比例の関係である。
イ．はじく弦の長さが同じであれば，弦を張る力の大きさと振動数は比例の関係である。
ウ．同じ振動数の音を出すためには，はじく弦が長いほど弦を張る力を大きくしなければならない。

II. 空気とガラスの境界での光の進み方について調べるために，次の実験を行った。
〔実験〕 図3のように直方体のガラスに光を入射し，光の道筋を調べた。光が曲がったところにまち針P，Qを立て，ガラスを通ったあとの道筋上に点Aをとった。図4は，実験の様子を真上から見た図である。

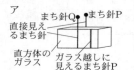
図3

図4

問(3) 空気とガラスの境界面で光が曲がる現象を何というか。その名称を書け。 (2点)
(4) 点Aからまち針Pをガラス越しに見たときの見え方として，最も適当なものを，次のア～オから1つ選んで，その記号を書け。 (3点)

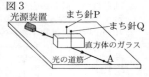

(5) 図4でガラスを右に平行に移動させ，図5のようにガラスの左の側面に光源装置からの光が入射するようにした。このときの光の道筋として最も適当なものを，図5のア～カから1つ選んで，その記号を書け。 (3点)

図5

## 8 電流

電流と熱の関係について調べるために，次の実験を行った。あとの問いに答えよ。

〔実験1〕 発泡ポリスチレンのカップに10℃の水を200g入れ，図1のような実験装置を用意した。PQ間に電熱線Xを接続し，□内には，PQ間に加わる電圧と流れる電流を測定できる回路をつくった。PQ間に加わる電圧を4.0Vにし，カップの水をゆっくりかき混ぜながら，水温を記録した。

図1

〔実験2〕 電熱線Xを電熱線Yに取りかえ，実験1と同じ操作を行った。

〔結果〕 実験1と実験2の結果を図2のグラフに示した。なお，発泡ポリスチレンのカップにふたをすることにより，水温の上昇に室温の影響はなかった。

図2
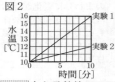

問(1) 基本 図3は，図1の□内と電熱線Xの回路図で，ac間，cd間，bd間には，図4の電圧計と電流計，導線を接続する。図3の点a～dに，図4の点①～⑥のどれを接続すればよいか。適当な組み合わせを下の表のア～クから2つ選んで，その記号を書け。ただし，図4の電圧計と電流計の＋と－はそれぞれの＋端子と－端子を表す。 (2点)

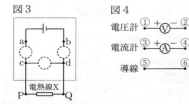

|   | ac間 |   | cd間 |   | bd間 |   |
|---|---|---|---|---|---|---|
|   | a | c | c | d | b | d |
| ア | ① | ② | ③ | ④ | ⑤ | ⑥ |
| イ | ② | ① | ③ | ④ | ⑤ | ⑥ |
| ウ | ③ | ④ | ① | ② | ⑤ | ⑥ |
| エ | ④ | ③ | ① | ② | ⑤ | ⑥ |
| オ | ⑤ | ⑥ | ① | ② | ③ | ④ |
| カ | ⑤ | ⑥ | ② | ① | ④ | ③ |
| キ | ⑤ | ⑥ | ② | ① | ① | ② |
| ク | ⑤ | ⑥ | ③ | ④ | ② | ① |

(2) 基本 実験1で，電熱線Xには2.1Aの電流が流れた。電熱線Xで消費される電力は何Wか書け。 (3点)

(3) 実験1で，電熱線Xのかわりに，PQ間に電熱線を2つ接続して水温を早く上昇させたい。最も早く水温が上昇するものはどれか。最も適当なものを，次のア～カから1つ選んで，その記号を書け。また，その結果として予想される水温の変化を上のグラフにかけ。 (各2点)

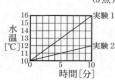

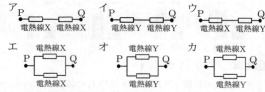

(4) 室温25℃に保たれた実験室で，実験1を発泡ポリスチレンのふたをはずして行った。このときの水温の上昇は，図2の実験結果と比べてどのように変化したと考えられるか。「熱」という語句を使って，変化の理由もあわせて簡潔に書け。 (3点)

# 山梨県

時間 45分　満点 100点　解答 P13　3月4日実施

## 出題傾向と対策

- 例年通り，物理，化学，生物，地学各2題の計8題の出題であった。記述式の出題が多く，文章記述や作図が目立った。基本事項を問う問題が多かったが，実験・観察の結果をもとに解答を導く科学的思考力や論理的思考力を必要とする出題も見られた。
- 教科書の実験・観察を中心に基本事項をしっかりと理解したうえで，数多くの問題演習によって科学的思考力や論理的思考力を身につけよう。実験・観察の手順や結果，考察などを簡潔な文章でまとめる練習もしておこう。

## 1 生物の観察，生物の成長と殖え方

次の1，2の問いに答えなさい。

1. **基本** 動物の有性生殖における，受精卵の変化を調べるために，次の観察を行った。(1)，(2)の問いに答えなさい。（各2点）

   〔観察〕カエルの受精卵を採取し，双眼実体顕微鏡で細胞分裂のようすを観察した。観察では，受精卵の細胞分裂の過程における特徴的なようすをスケッチした。

   (1) 次のアはカエルの受精卵，イ～オはその後の細胞分裂のようすをスケッチしたものである。アの受精卵は細胞分裂の過程でどのように変化するか。イ～オを，変化していく順に並べて記号で書きなさい。

   ア　イ　ウ　エ　オ

   (2) 受精卵が細胞分裂をくり返すことで，形やはたらきの異なるいくつかの部分に分かれ，親と同じような形へと成長し，個体としてのからだのつくりが完成していく過程を何というか，その名称を漢字2字で書きなさい。

2. 植物の生殖について，次の(1)～(3)の問いに答えなさい。

   (1) 次の□は，植物の有性生殖についてまとめた文章である。①～③に当てはまるものを，ア，イから一つずつ選び，その記号をそれぞれ書きなさい。（2点）

   > 被子植物では，花粉がめしべの柱頭につくと，花粉から柱頭の内部へと花粉管がのびる。このとき，花粉の中でつくられた①〔ア．卵細胞　イ．精細胞〕が，花粉管の中を移動していく。花粉管が胚珠に達すると，胚珠の中につくられた生殖細胞と受精して，受精卵ができる。そして，受精卵は細胞分裂をくり返して②〔ア．胚　イ．核〕になり，胚珠全体はやがて③〔ア．果実　イ．種子〕になる。

   (2) **よく出る** 花粉から花粉管がのびるようすは，顕微鏡で観察することができる。顕微鏡の観察では，はじめは広い視野で観察できるようにする。ある顕微鏡を確認したところ，倍率が10倍，15倍の接眼レンズと，4倍，10倍，40倍の対物レンズがあった。この顕微鏡で観察をするとき，最も広い視野で観察できるレンズの組み合わせでは，顕微鏡の倍率は何倍になるか，求めなさい。（3点）

   (3) リンゴやイチゴなどを栽培するときは，有性生殖と無性生殖の2種類の生殖方法が使い分けられている。新しい品種を開発するときには有性生殖が利用され，開発した品種を生産するときには無性生殖が利用される。次の文は，開発した品種を生産するときに，無性生殖を利用する理由について述べたものである。「染色体」，「形質」という二つの語句を使って，□に入る適当な言葉を書きなさい。（3点）

   理由：無性生殖では，子は□□□ため，開発した品種と同じ品種を生産することができる。

## 2 水溶液

次の表は，塩化ナトリウム，ミョウバン，硝酸カリウムそれぞれの溶解度を表したものである。この3種類の物質の粉末と，図のような器具を用いて下の実験を行った。ただし，溶解度は，100gの水に溶ける物質の最大の質量を表す。1～4の問いに答えなさい。

| 水の温度〔℃〕 | 0 | 10 | 20 | 30 | 40 | 50 | 60 | 70 | 80 |
|---|---|---|---|---|---|---|---|---|---|
| 塩化ナトリウム〔g〕 | 38 | 38 | 38 | 38 | 38 | 39 | 39 | 39 | 40 |
| ミョウバン〔g〕 | 6 | 8 | 11 | 17 | 24 | 36 | 57 | 110 | 322 |
| 硝酸カリウム〔g〕 | 13 | 22 | 32 | 46 | 64 | 85 | 109 | 136 | 169 |

〔実験1〕ビーカーに20℃の水100gをとり，塩化ナトリウムを10g入れよくかき混ぜてすべて溶かし，塩化ナトリウム水溶液をつくった。

〔実験2〕ビーカーを二つ用意し，70℃の水100gをそれぞれに入れた。一つのビーカーにはミョウバンを30g入れ，もう一つのビーカーには塩化ナトリウムを30g入れ，それぞれすべて溶かした後，しばらく放置して冷やした。

〔実験3〕ビーカーに水100gをとり，硝酸カリウムを80g入れ，70℃になるまでガスバーナーでゆっくり加熱した。このとき硝酸カリウムはすべて溶けていた。しばらく放置して冷やすと，水溶液の温度が50℃のときに固体が出てきた。

1. **基本** 〔実験1〕の塩化ナトリウム水溶液をつくったときに用いた水のように，物質を溶かしている液体を何というか，その名称を書きなさい。（2点）

2. 〔実験1〕の塩化ナトリウム水溶液について述べた文として，最も適当なものを次のア～エから一つ選び，その記号を書きなさい。（2点）
   ア．水溶液の質量は，溶かす前の塩化ナトリウムと水の質量の和より大きくなる。
   イ．水溶液のこさは，時間が経過しても，どの部分も変わらない。
   ウ．水溶液に緑色のBTB溶液を数滴加えると，黄色に変化する。
   エ．水溶液に電圧を加えても，電流は流れない。

3. 次の□は，〔実験2〕について述べた文章である。①，②に当てはまるものをア，イから一つずつ選び，その記号をそれぞれ書きなさい。また，③には当てはまる語句を書きなさい。（5点）

   > 〔実験2〕で二つのビーカーを放置した後のようすを比較したとき，出てくる固体の量が多いと考えられるのは，①〔ア．ミョウバン　イ．塩化ナトリウム〕を溶かした水溶液である。これは，①の方が，水溶液の温度が下がることによる溶解度の変化が②〔ア．大きい　イ．小さい〕ためである。このように，固体の物質を水に溶かし，温度による溶解度の差を利用して再び固体としてとり出すことを□③□という。

4. **よく出る** 〔実験3〕では，加熱時に水の一部が蒸発しているようすが確認できた。蒸発した水は，およそ何g

と考えられるか。次のア～エから最も適当なものを一つ選び，その記号を書きなさい。ただし，加熱時以外に水は蒸発しなかったものとする。　　　　　　　　　（3点）
　ア．2g　　イ．4g　　ウ．6g　　エ．8g

## 3 天気の変化，日本の気象

次の□□□は，前線と気象の関係について，先生とゆりさんの間で交わされた会話である。図1は，日本付近で見られた温帯低気圧のようすを表す天気図であり，前線Xと前線Yは異なる種類の前線である。図2は，図1の線ABに沿って，海面に対して垂直な断面を模式的に表したものである。また，表は気温と飽和水蒸気量との関係をまとめたものである。1～5の問いに答えなさい。

先生：図2のP点の上空では，どのような雲が観測されると考えられますか。
ゆり：はい，□①□です。強い上昇気流が生じるためです。
先生：そうですね。雲ができるのは，上昇した空気の温度が下がり，露点以下になるからでしたね。今，理科室内の気温は17℃，湿度は54％です。理科室内の空気の露点は何℃と考えられますか。
ゆり：はい，およそ□②□℃です。表の気温と飽和水蒸気量の関係から求めることができます。
先生：そうですね。よくできましたね。ところで，日本付近では一般に，天気は西から東へ変わっていきます。この理由は分かりますか。
ゆり：はい，□　　③　　□ため，温帯低気圧や移動性高気圧が西から東へ移動するからです。
先生：そうですね。気象について理解が深まっていますね。ところで先ほど，気温と湿度から，表を用いて露点を求めましたが，湿度は乾湿計の乾球と湿球の示す温度から湿度表を用いて求めることができます。通常，湿球の示す温度は，乾球の示す温度より低くなりますが，この理由はわかりますか。
ゆり：はい，湿球を包んでいる水で湿らせたガーゼから水が蒸発するときに，周囲から熱をうばうため，湿球の示す温度は乾球の示す温度より低くなります。
先生：そのとおりですね。同じ気温であっても，湿度が④［ⓐ 高い　ⓑ 低い］ほど，湿球と乾球の示す温度の差は大きくなりますね。

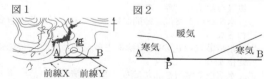

図1　　　　　　　図2
前線X　前線Y　　寒気　暖気　寒気
　　　　　　　　　　　　　P

| 気温 [℃] | 0 | 1 | 2 | 3 | 4 | 5 | 6 | 7 | 8 | 9 | 10 | 11 | 12 | 13 | 14 | 15 | 16 | 17 | 18 | 19 | 20 |
|---|---|---|---|---|---|---|---|---|---|---|---|---|---|---|---|---|---|---|---|---|---|
| 飽和水蒸気量 [g/m³] | 4.8 | 5.2 | 5.6 | 5.9 | 6.4 | 6.8 | 7.3 | 7.8 | 8.3 | 8.8 | 9.4 | 10.0 | 10.7 | 11.4 | 12.1 | 12.8 | 13.6 | 14.5 | 15.4 | 16.3 | 17.3 |

1．①に当てはまるものを，次のア～オから一つ選び，その記号を書きなさい。　　　　　　　　（2点）
　ア．巻雲　　　イ．高層雲　　ウ．積乱雲
　エ．乱層雲　　オ．高積雲
2．前線Yの名称を答えなさい。また，図3は，前線Yの一部を表そうとしたものである。点線を利用して，右に前線記号を完成させなさい。　　　　　　　　　　　（3点）

図3
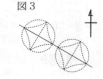

3．よく出る　②に当てはまる数値を求め，整数で答えなさい。　　　（3点）
4．基本　③に入る適当な言葉を書きなさい。　　　　　　　　　　　　　　（3点）
5．□□□中の下線部と同じしくみで温度が下がる現象を述べた文として適当なものを，次のア～エから二つ選び，その記号を書きなさい。また，④に当てはまるものを，ⓐ，ⓑから一つ選び，その記号を書きなさい。　　（2点）
　ア．夏の暑い日，庭先に打ち水をする（水をまく）と，涼しくなった。
　イ．冬のよく晴れた朝，冷え込みが特に強くなった。
　ウ．体温が高いとき，氷のうに氷と水を入れて首に当てておいたところ，体温が下がった。
　エ．予防接種のとき，アルコールで消毒した部分が冷たく感じた。

## 4 運動の規則性，力学的エネルギー

ストロボスコープを用いて，金属球の運動について調べた。次の1，2の問いに答えなさい。ただし，金属球や糸にはたらく摩擦や空気の抵抗の影響は考えないものとする。
1．よく出る　斜面を下る金属球の運動を調べるために，次の実験を行った。(1)～(3)の問いに答えなさい。
〔実験〕図1のように，斜面が木片で固定され，真上から見ると，斜面と水平面が一直線につながっているレールを用意した。aの位置に金属球を置き，静かに手を離したところ，金属球は斜面を下り，その後水平面を運動した。このようすを1秒間に10回発光するように設定したストロボスコープを用いて撮影した。図1のa～hは，撮影した連続写真をもとに，発光ごとの金属球の位置を模式的に表したものであり，表はa～hの各区間の距離をまとめたものである。

図1
金属球　a b c d e f g h 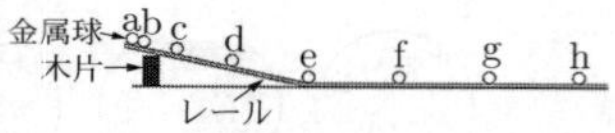
木片　　レール

| 区間 | ab | bc | cd | de | ef | fg | gh |
|---|---|---|---|---|---|---|---|
| 区間の距離 [cm] | 1 | 3 | 5 | 7 | 8 | 8 | 8 |

(1) e～hの間での金属球の運動を何というか，その名称を書きなさい。　　　　　　　　　（2点）
(2) 金属球にはたらく力についての説明として正しいものを，次のア～カの中からすべて選び，その記号を書きなさい。　　　　　　　　　（2点）
　ア．a～eの間では，重力より大きい垂直抗力がはたらいている。
　イ．a～eの間では，運動の向きにはたらく力は，次第に増加している。
　ウ．e～hの間では，運動の向きに力がはたらいている。
　エ．e～hの間では，重力と垂直抗力はつりあっている。
　オ．a～hの間では，重力の大きさは一定である。
　カ．a～hの間では，垂直抗力の大きさは一定である。
(3) a～fの間の金属球の平均の速さを求め，単位をつけて答えなさい。ただし，単位は記号で書きなさい。　　　　　　　　　　　（3点）

2．金属球のふりこの運動とエネルギーとの関係について調べるために，次の実験を行った。あとの(1)，(2)の問いに答えなさい。
〔実験〕
① 図2のように，伸び縮みしない糸の端を天井の点Oに固定し，もう一方の端に金属球をつけ，糸がたるまないようにAの位置まで持ち上げて静止させ

図2
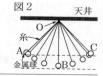
天井　O　糸　A　C　金属球　B

た。その後，静かに手を離し，金属球が点Oの真下で最も低いBの位置を通過し，Cの位置まで運動したようすをストロボスコープを用いて撮影した。図2は撮影した連続写真をもとに金属球の運動のようすを模式的に表したものである。

② 図3のように，点Oの真下にある点Pの位置にくぎをうち，金属球がBの位置を通過するときに，糸がくぎにかかるようにした。次に，〔実験〕の①と同様に，金属球をAの位置に静止させ，静かに手を離した後の金属球の運動のようすを調べた。

(1) 〔実験〕の①において，金属球の位置がAからCに変わるときの金属球のもつ位置エネルギーの変化は，図4の破線（- -）のように表すことができる。このとき，金属球のもつ運動エネルギーの変化は，どのように表すことができるか。図4の点線を利用して，実線（——）でかき入れなさい。(3点)

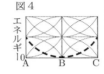

(2) 〔実験〕の②において，糸が点Pのくぎにかかった後，金属球はどの位置まで上がると考えられるか。図5のア〜エから最も適当なものを一つ選び，その記号を書きなさい。(2点)

## 5 動物の体のつくりと働き，動物の仲間

太郎さんと花子さんは，刺激に対する反応を調べるために，次の実験を行った。実験の後，花子さんは目のつくりと受けとった刺激に対する反応のしくみについて興味をもち，調べた。□□は，花子さんが調べたことについて，先生と太郎さんと花子さんの間で交わされた会話である。あとの1，2の問いに答えなさい。

〔実験〕
① 図1のように10人が片手を上げて一列に並び，太郎さんはストップウォッチを持ち，他の9人の方を向いて立った。
② 太郎さんは，ストップウォッチをスタートさせると同時に手を下げた。
③ 花子さんは，太郎さんの手が下がり始めるのを見たら，すぐに手を下げた。残りの人も目の前の人の手が下がり始めるのを見たら，すぐに手を下げた。
④ 太郎さんは，列の一番後ろの人の手が下がり始めるのを見たら，すぐにストップウォッチを止め，かかった時間を記録した。
⑤ ②〜④をあと2回行い，結果を右の表にまとめた。

| | 時間[秒] |
|---|---|
| 1回目 | 1.98 |
| 2回目 | 1.71 |
| 3回目 | 1.80 |

花子：実験では，目で刺激を受け取ってから反応するまでの時間を調べました。そこで，目のつくりに興味をもち調べたところ，像を結び光の刺激を受け取る部分は，図2の ⓐ であることが分かりました。
先生：そうですね。目などの刺激を受け取る器官は感覚器官といいましたね。

太郎：花子さん。そういえば動物には目が二つあるけれど，ライオンとシマウマの目のつき方は違うよね。ライオンは前向きで，シマウマは横向きだけど，見え方に違いがあるのかな。
花子：はい。ライオンは目が前向きについていることで，シマウマと比べて視野がせまくなっている一方で，ⓑ 範囲が広くなっているため，距離を正確につかみやすくなっています。
先生：そのとおりです。他にも調べたことはありますか。
花子：はい。目で受け取った刺激に対する反応は，どのようなしくみで起こるか調べました。まず，受け取った刺激は信号に変えられ，感覚神経を通って脳に伝わり，ものが見えたと感じます。次に，脳から出た信号がせきずいから運動神経を通って，運動器官に伝わることで反応します。
先生：目からの信号が脳に伝わるまでの経路は，花子さんの調べたとおりです。また，手の皮ふなどからの信号は，感覚神経を通ってせきずいに伝わり，せきずいから脳に伝わります。このように，信号が伝わる経路はすべてが同じというわけではありません。
太郎：私は，熱いものに触れてしまって手を引っこめたことがあったけど，そのときは体が勝手に動いた気がしたよ。これは，どのようなしくみになっているのかな。
花子：それは，無意識に起こる反応で反射といいます。この反射は，皮ふで刺激を受け取ると，信号が ⓒ に伝わることで，反応までの時間が短くなり，少しでも早く危険を回避することができるしくみになっています。
先生：そのとおりです。調べたことから新たな疑問をもち，追究する姿勢が素晴らしいですね。

1. 〔実験〕で，刺激を受け取ってから反応するまでにかかる一人あたりの時間は，何秒になるか。3回の実験結果の平均をもとに求めなさい。ただし，手を下げる反応とストップウォッチを止める反応は同じ反応と考えるものとし，時間は小数第3位を四捨五入して，小数第2位まで書きなさい。(3点)
2. 先生と太郎さんと花子さんの会話について，次の(1)〜(4)の問いに答えなさい。
  (1) **よく出る** 図2は目のつくりの断面を模式的に表したものである。ⓐ に当てはまるものを，図2のア〜エから一つ選び，その記号を書きなさい。(2点)
  (2) ⓑ に入る適当な言葉を書きなさい。(3点)
  (3) 「脳」，「せきずい」という二つの語句を使って ⓒ に入る適当な言葉を書きなさい。(3点)
  (4) **基本** 信号の伝達や命令を行う器官を神経系という。そのうち，脳やせきずいのような判断や命令などを行う神経を何というか，その名称を書きなさい。(2点)

## 6 火山と地震

次の1，2の問いに答えなさい。
1. 図1は，日本列島付近の断面を模式的に表したものである。日本列島付近で地震が起こるしくみについて，(1)，(2)の問いに答えなさい。

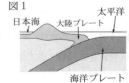

  (1) **基本** 次の □□ は，日本列島付近のプレートの運動について述べた文章である。①〜③ に当てはまる語句の組み合

わせとして最も適当なものを，下のア〜エから一つ選び，その記号を書きなさい。また，④ には当てはまる語句を書きなさい。（各2点）

> 地球の表面はプレートとよばれる岩盤でおおわれており，日本列島付近には ① のプレートが集まっている。海洋プレートと大陸プレートの境界で起こる地震の震源は，太平洋側で ② ，日本海側に近づくにつれて ③ なっている。
> プレートの運動によって起こった大地の変化には，地層が破壊されてずれることによってできた断層や，地層が押し曲げられることによってできた ④ などがある。

ア．①4つ ②深く ③浅く
イ．①3つ ②浅く ③深く
ウ．①4つ ②浅く ③深く
エ．①3つ ②深く ③浅く

(2) 海洋プレートと大陸プレートの境界付近では，海洋プレートの動きにともなって大陸プレートに大きな力がゆっくりと加わり，大陸プレートはひずむ。やがてひずみが限界に達すると，大陸プレートの先端部が急激に動き，大きな地震が発生する。このときの先端部における上下方向の動きを模式的な図に表すと，どのようになると考えられるか。次のア〜エから最も適当なものを一つ選び，その記号を書きなさい。ただし，図の------は，大きな地震が発生したときの先端部の動きを表している。 (3点)

2. 日本のある地点を震源として地震が起こった。この地震の発生時刻は6時11分29秒である。表は，地点A，地点Bそれぞれにおける震源からの距離と，初期微動が始まった時刻および主要動が始まった時刻をまとめたものであり，図2は，震源とそれぞれの地点の位置関係を模式的に表した断面図である。(1)，(2)の問いに答えなさい。

|  | 震源からの距離 | 初期微動が始まった時刻 | 主要動が始まった時刻 |
|---|---|---|---|
| 地点A | 90km | 6時11分44秒 | 6時11分59秒 |
| 地点B | 120km | 6時11分49秒 | 6時12分09秒 |

(1) **よく出る** 地震の大きさは，地震の規模とゆれの大きさで表される。このうち，地震の規模を表すときに用いられる尺度を何というか，その名称を書きなさい。(2点)

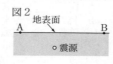

図2

(2) **思考力** 地表面上のある地点Xに，6時11分39秒にP波が到着した。震央からある地点Xまでの距離が48 kmであるとき，この地震の震源の深さは何kmであると考えられるか，求めなさい。ただし，震央，地点A，地点B，地点Xの標高はすべて等しく，地震のゆれの伝わる速さは一定であるものとする。(3点)

## 7 物質の成り立ち，化学変化

物質を加熱して起こる化学変化について調べるために，次の実験を行った。□は実験の結果をまとめた文章である。1〜5の問いに答えなさい。

〔実験〕
① 試験管A，Bを用意し，試験管Aには酸化銅とよく乾燥させた炭素粉末の混合物，試験管Bには炭酸水素ナトリウムを入れた。

② 図のような装置で，試験管A，Bをそれぞれ加熱し，発生した気体を別の試験管に2本ずつ集めた。

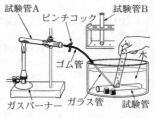

③ 試験管Aから発生した気体を集めた2本の試験管のうち，はじめに気体を集めた試験管は使用せず，2本目の試験管に石灰水を入れてよく振った。また，試験管Bについても同様の操作を行った。

④ 加熱後の試験管Aの中に残った固体をろ紙の上にとり出して色を確認し，乳棒でこすった。

⑤ 加熱後の試験管Bの内側にできた液体を，塩化コバルト紙につけた。また，試験管Bの中に残った固体を水に溶かし，フェノールフタレイン液を入れた。

> 〔実験〕の③では，試験管A，Bから発生した気体を集めた試験管は，どちらも石灰水が白くにごった。〔実験〕の④では，残った固体の色は赤く，こすると光沢がみられた。〔実験〕の⑤では，塩化コバルト紙の色は ⓐ ，残った固体は水に ⓑ 。また，フェノールフタレイン液を入れた水溶液の色は ⓒ 。

1. 〔実験〕の②で，試験管Aから気体を集めた後の操作は，どのような順で行えばよいか。次のア〜ウを最も適当な順に並べて，記号で書きなさい。 (2点)
ア．ゴム管をピンチコックで閉じる。
イ．ガスバーナーを試験管Aから遠ざけてから火を消す。
ウ．ガラス管を水の中からとり出す。

2. **よく出る** 次の文は，〔実験〕の③の下線部の理由について述べたものである。□に入る適当な言葉を書きなさい。 (3点)
理由：はじめに出てくる気体には，□ふくまれるため。

3. **基本** □の文章について，ⓐ〜ⓒに当てはまる言葉の組み合わせとして最も適当なものを，次のア〜カから一つ選び，その記号を書きなさい。(2点)
ア．ⓐ赤く変化し ⓑ溶けやすかった ⓒ赤く変化した
イ．ⓐ赤く変化し ⓑ溶けにくかった ⓒ青く変化した
ウ．ⓐ赤く変化し ⓑ溶けやすかった ⓒ変化しなかった
エ．ⓐ青く変化し ⓑ溶けにくかった ⓒ赤く変化した
オ．ⓐ青く変化し ⓑ溶けやすかった ⓒ青く変化した
カ．ⓐ青く変化し ⓑ溶けにくかった ⓒ変化しなかった

4. 〔実験〕の結果から，試験管Aを加熱すると酸化と還元が起こったと考えられる。次の文は，加熱によって起こった酸化と還元のようすについて述べたものである。酸化と還元によってできる二つの物質名と，「酸化されて」，「還元されて」という二つの語句を使って，□に入る適当な言葉を書きなさい。 (3点)
試験管Aを加熱することで，□に変化した。

5. 二酸化炭素中でマグネシウムを燃焼させても酸化と還元が起こる。この化学変化では，マグネシウムと二酸化炭素が反応することで，酸化マグネシウムと炭素ができ

る。次の式は，この化学変化を原子のモデルで表そうとしたものである。このとき，マグネシウム原子を◎，酸素原子を〇，炭素原子を●のモデルで表すと，どのようになるか。 X と Y に当てはまるモデルをそれぞれかきなさい。ただし，酸化マグネシウムの化学式はMgOであり，反応の前後で原子の種類と数は変わらないものとする。 (3点)

| X |+ ●〇〇 →| Y |+ ●

## 8 光と音

次の1，2の問いに答えなさい。

1. **よく出る** 光の性質によるさまざまな現象について，(1)，(2)の問いに答えなさい。

(1) 空のカップにコインを入れて水をそそぎ，斜め上から見ると，コインが浮かんでいるように見える。これは，水中のコインからの光が水面で屈折するために起こる現象であり，図1は，コインからの光の道すじを模式的に表している。このときのコインからの光の道すじとして，最も適当なものを図1のア〜エから一つ選び，その記号をかきなさい。 (2点)

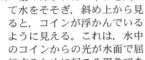

(2) 図2は，鏡の前に立っている観察者が，鏡にうつるある物体を見ているところを，真上から見たときの模式図である。点Pは観察者の位置を，点Qは鏡にうつって見える物体の像の位置を，それぞれ示している。このとき，実際の物体の位置はどこか，図2に●で記入しなさい。また，物体からの光が鏡に反射し，観察者に届くまでの道すじを実線（──）でかき入れなさい。 (3点)

2. 丸底フラスコの球の部分に水を入れたとき，その球の部分は凸レンズに似た性質をもつ。この性質を使い，次の実験を行った。(1)〜(3)の問いに答えなさい。

〔実験1〕
① 球の部分の直径が10cmの丸底フラスコを用意し，球の部分に水を入れた。
② 図3のように，水を入れた球の部分を通して遠くにある校舎を見ると，凸レンズを通して見たときと同じように，校舎がはっきりと見えた。

〔実験2〕
① 図4のように，光源と厚紙，球の部分に水を入れた丸底フラスコ，スクリーンを置いた。厚紙には，図5のような「ヤ」の形を切り抜いている。

② 厚紙と光源を一緒に動かし，厚紙から丸底フラスコの球の部分までの距離Xを下表のように変え，スクリーンにはっきりと像ができるようにスクリーンを動かした。

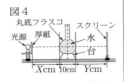

③ スクリーンにはっきりと像ができたときの，丸底フラスコの球の部分からスクリーンまでの距離Yを測定し，結果を下表にまとめた。

| X[cm] | 25 | 20 | 15 | 10 |
|---|---|---|---|---|
| Y[cm] | 10 | 12 | 15 | 25 |

(1) 〔実験1〕において，丸底フラスコの球の部分を通して校舎はどのように見えたと考えられるか。最も適当なものを，次のア〜エから一つ選び，その記号をかきなさい。ただし，丸底フラスコの球の中心から観察者の目までの距離は，この球の部分を凸レンズとしたときの焦点距離よりも長いものとする。 (2点)

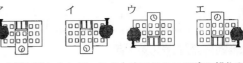

(2) 〔実験2〕において，この丸底フラスコの球の部分を凸レンズとしたときの焦点距離は何cmか，求めなさい。 (3点)

(3) **基本** 〔実験2〕の装置を使って，Xの値を表以外のある距離に変えて実験を行ったところ，スクリーン上に像ができなかった。次の □ は，このときのようすについて述べた文章である。 ⓐ に当てはまる語句をかきなさい。また，「焦点」という語句を使って ⓑ に入る適当な言葉をかきなさい。 (3点)

> スクリーン上に像ができなかったとき，スクリーン側から丸底フラスコの球の部分をのぞくと，実際の「ヤ」より大きな像が確認された。この像を ⓐ といい， ⓐ ができる条件は，厚紙の位置が， ⓑ にあるときである。

# 長野県

時間 50分　満点 100点　解答 P.14　3月10日実施

## 出題傾向と対策

● 物理，化学，生物，地学から1題ずつ計4題の出題であった。実験や観察を中心とした基礎問題の出題がほとんどであるが，文章記述が多く，科学的思考力を問うものも見られた。

● 教科書を中心に，基礎的な知識をしっかりと押さえておくことが重要である。そのうえで，実験・観察の手順や結果を理解し，問題演習によって考察する力を養っておきたい。要点を押さえて簡潔に文章をまとめる練習もしておこう。

---

**1** 植物の体のつくりと働き，生物と細胞，動物の体のつくりと働き，生物の変遷と進化

各問いに答えなさい。

Ⅰ．太郎さんは，近所の林の中に，シダ植物のオシダがたくさん生えていることに気づいた。そこで，林の中と外に生えている主な植物の種類を調べ，図1にまとめた。

太郎さんは，図1から林の中と外で生えている植物の種類がちがう理由は，光の当たり方が関係しているのではないかと考え，林の中のオシダと林の外のタンポポを用いて実験1を行った。

図1

【日当たりのよい林の外】タンポポ　スズメノカタビラ　オオバコ
【うす暗い林の中】オシダ　リョウメンシダ

〔実験1〕
① 無色透明の同じポリエチレンの袋A～Fを用意し，林の中のオシダの葉をAとDに，林の外のタンポポの葉をBとEに，それぞれ同じ質量を入れ，CとFには葉を入れなかった。すべての袋に呼気をじゅうぶん吹き込んだ後，袋の中の気体全体に対する酸素の割合を気体検知管で調べ，袋を閉じた。
② A～Cには，図2のように，林の中と同程度の弱い光を，D～Fには，図3のように，A～Cよりも強い光を当て続けた。
③ 2時間後，すべての袋の中の気体全体に対する酸素の割合を気体検知管で調べ，実験の結果を表にまとめた。

図2　弱い光
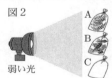

図3　強い光
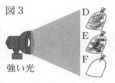

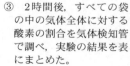

|  | A | B | C | D | E | F |
|---|---|---|---|---|---|---|
| 光を当てる直前の酸素の割合[％] | 18.3 | 18.3 | 18.3 | 18.3 | 18.3 | 18.3 |
| 2時間後の酸素の割合[％] | 19.0 | 15.9 | 18.3 | 19.2 | 19.4 | 18.3 |

(1) **基本** オシダとタンポポの葉を顕微鏡で観察すると，葉緑体をふくんだ，たくさんの小さな部屋のようなものが見られた。この小さな部屋のようなものを何というか，書きなさい。（2点）

(2) **よく出る** 実験1で，Cを用意した理由として最も適切なものを，次のア～エから1つ選び，記号を書きなさい。（3点）
ア．光が酸素を二酸化炭素に変えていることを確かめるため。
イ．光がオシダとタンポポの蒸散のはたらきに影響をあたえないことを確かめるため。
ウ．葉緑体で光合成が行われていることを確かめるため。
エ．実験に用いた袋は，袋の中の酸素の割合に影響をあたえないことを確かめるため。

(3) 太郎さんは，実験1の結果をもとに次のように考えた。あ，いに当てはまる最も適切なものを，下のア～ウから1つずつ選び，記号を書きなさい。また，うに当てはまる適切な言葉を，光合成と呼吸により出入りする酸素の量にふれて書きなさい。（5点）

> A，D，Eでは酸素の割合があ。これは，オシダとタンポポが光合成をさかんに行ったためである。一方，Bでは酸素の割合がい。これは，タンポポのうからである。このことから，タンポポと比べて，オシダは弱い光でも光合成ができるため，うす暗い林の中で生活できると考えられる。

ア．増えている
イ．減っている
ウ．変わらない

Ⅱ．花子さんは，買い物に出かけたとき，図4のようなニワトリの肉の部位の看板を見つけた。花子さんは，骨がついた状態で売られている手羽先という部位に興味をもち，動物の筋肉や骨格について調べた。

図4　手羽先

〔実験2〕　図5のようにニワトリの手羽先を解剖し，筋肉と骨のつながりがわかるようにした。筋肉aを矢印（→）の向きに引くと，X部分が矢印（⇒）の向きに動くことが確かめられた。さらに，筋肉などを丁寧に取り除き，骨を並べて，図6のような骨格の標本をつくった。

図5
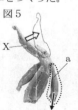

図6

(1) 手羽先の筋肉をつくる，アミノ酸が結合してできた物質を何というか，書きなさい。（3点）
(2) 筋肉が骨につく部分を何というか，書きなさい。（2点）
(3) 実験2から，図5のaが骨についている場所として最も適切なものを，図6のア～エから1つ選び，記号を書きなさい。（2点）
(4) 花子さんは，動物の骨格についてさらに調べると，セキツイ動物の前あしに，共通のつくりがあることに気づき，セキツイ動物の前あしの骨格のつくりを図7にまとめた。

ⅰ．図6のYまたはZにあたる骨を，図7のア〜シからすべて選び，記号を書きなさい。（3点）

ⅱ．ハトとコウモリを分類すると，鳥類，ホニュウ類とグループは異なるが，前あしのはたらきに共通点がある。どのようなはたらきか，最も適切なものを次のア〜エから1つ選び，記号を書きなさい。（2点）
ア．水をかく
イ．空をとぶ
ウ．地面を走る
エ．音をとらえる

図7
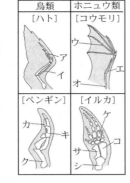

ⅲ．花子さんは，図7をもとに，次のようにセキツイ動物の前あしのはたらきやつくりについてまとめた。えに当てはまる適切な言葉を，環境という語句を使って簡潔に書きなさい。（3点）

> 長い年月をかけて鳥類もホニュウ類もそれぞれ進化してきたが，前あしのはたらきや基本的なつくりに共通点があるのは，生息する え ように変化してきたからである。

### 2 物質のすがた，水溶液とイオン，自然環境の保全と科学技術の利用

各問いに答えなさい。

Ⅰ．花子さんは，木炭とアルミニウムはくと食塩水でつくることができる木炭電池について調べ，アルミニウムはく以外の金属でも木炭電池をつくることができるか確かめる実験を行った。

〔実験1〕 図1のようにつくった木炭電池で，モーターを約1時間回した後，アルミニウムはくをはがし，表面を観察したところ，図2のように多くの穴が見られた。

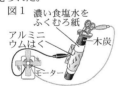

〔実験2〕 図1のアルミニウムはくを，5種類のうすい金属にかえて巻きつけ，モーターが回転するか調べ，結果を表にまとめた。

| うすい金属 | アルミニウム | 銅 | 亜鉛 | 鉄 | マグネシウム |
|---|---|---|---|---|---|
| モーターの回転 | ◎ | × | ○ | △ | |

◎：よく回る，○：回る，△：わずかに回る，×：回らない

(1) 花子さんは，実験1，実験2について，次のようにまとめた。あに当てはまるイオン式を書きなさい。また，い，うに当てはまる最も適切な語句を，それぞれ書きなさい。（8点）

> 図3のモデルのように，木炭電池のアルミニウムはくでは，Al→あ+⊖⊖⊖ という反応が起き，アルミニウム原子がいを失ってアルミニウムイオンとなるため，図2のように多くの穴が生じる。一方，木炭ではいを受けとる化学変化が起きている。

電池は化学変化によって電流をとり出すしくみをもつもので，いを失う化学変化が起きている側がう極となる。

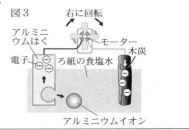

(2) 実験2の表の □ には◎，○，△，×のいずれが当てはまるか，図4をもとに書きなさい。ただし，図4は金属のイオンへのなりやすさをまとめたものである。（2点）

図4
イオンになりやすい
マグネシウム＞アルミニウム＞亜鉛＞鉄＞銅
イオンになりにくい

(3) ■基本■ 花子さんは，実験2の結果から，授業で習った図5の電池のしくみは，2種類の金属のイオンへのなりやすさのちがいを応用したものだとわかった。図3，図4をもとに，図5で＋極になる金属板とモーターのようすの組み合わせとして最も適切なものを，次のア〜エから1つ選び，記号を書きなさい。ただし，図5のモーターは図3と同じものであり，同じ方向から見たものとする。（3点）

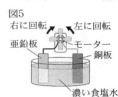

ア．＋極：銅板　　　モーターのようす：右に回転
イ．＋極：銅板　　　モーターのようす：左に回転
ウ．＋極：亜鉛板　　モーターのようす：右に回転
エ．＋極：亜鉛板　　モーターのようす：左に回転

Ⅱ．化石燃料の消費などにより放出される二酸化炭素は温室効果ガスの1つである。放出された二酸化炭素の一部は海洋にとけており，海洋は大気中の二酸化炭素の量に影響をあたえている。近年，地球温暖化により気温だけでなく，図6のように海面水温も上昇傾向にある。

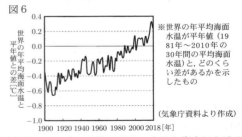

※世界の年平均海面水温が平年値（1981年〜2010年の30年間の平均海面水温）と，どのくらい差があるかを示したもの

（気象庁資料より作成）

太郎さんは，次の実験を行い，水温と海水にとける二酸化炭素の量の関係について調べ，地球温暖化について考えた。

〔実験3〕
① 図7の方法で，二酸化炭素をじゅうぶんに集めたペットボトルを3本用意した。
② 図8のように，二酸化炭素を集めた3本のペットボトルに水温1℃，15℃，26℃の海水をそれ

二酸化炭素を発生させるために必要な試薬

それ100g入れ，ふたをしてペットボトルをじゅうぶんにふると，図9のようになった。

図8　　　　　　　　　　図9

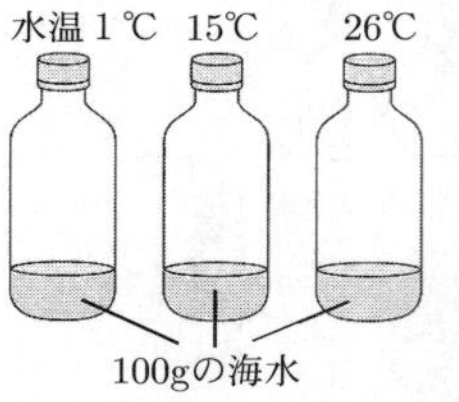

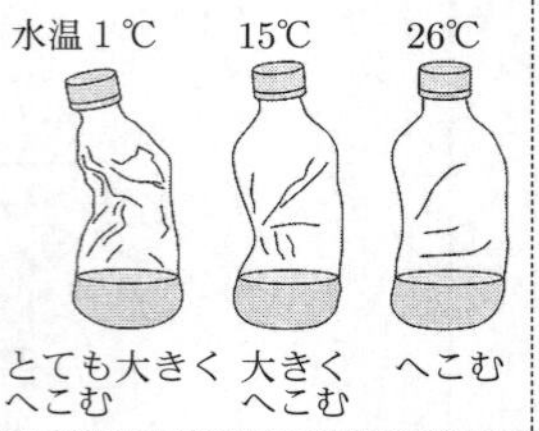

水温 1℃　15℃　26℃　　水温 1℃　15℃　26℃

100gの海水　　　　とても大きくへこむ　大きくへこむ　へこむ

(1) **よく出る**　二酸化炭素を発生させるために必要な試薬を，次のア〜カから2つ選び，記号を書きなさい。
（2点）

ア．うすい過酸化水素水
イ．石灰石
ウ．うすい水酸化ナトリウム水溶液
エ．うすい塩酸
オ．二酸化マンガン
カ．塩化アンモニウム

(2) **よく出る**　図7の　　　のようにして気体を集める方法を何というか，書きなさい。（2点）

(3) **よく出る**　(2)の方法は，二酸化炭素のどのような性質を利用したものか。最も適切なものを，次のア〜エから1つ選び，記号を書きなさい。（2点）
ア．無色
イ．石灰水を白くにごらせる
ウ．空気より密度が大きい
エ．無臭

(4) 図8，図9より，水温と海水にとける二酸化炭素の量にはどのような関係があるといえるか，簡潔に書きなさい。（3点）

(5) 太郎さんは，実験3をもとに，次のように地球温暖化について考えた。えに当てはまる最も適切なものを，下のア〜ウから1つ選び，記号を書きなさい。（3点）

> 人間活動により大気中に放出された二酸化炭素の一部は，海洋にとけて吸収される。そのため，大気中の二酸化炭素の量の増加は，一定程度おさえられている。将来，大気中の二酸化炭素の量の増加などにより地球温暖化が進行して，気温だけでなく海面水温が上昇すると，海洋の二酸化炭素の吸収能力は変化し，その結果，気温は え と予想される。

ア．ゆっくり下降する
イ．ますます上昇する
ウ．変わらない

## 3 天気の変化，天体の動きと地球の自転・公転

各問いに答えなさい。

I. 北極圏では夏に1日じゅう太陽が沈まない白夜という現象があると知った花子さんは，夏至の日に太陽がどのように動いて見えるか調べるため，次のような調査と実験を行った。

〔調査〕　ある年のアラスカの北緯70°のプルドー湾周辺で見られた，夏至の前日から夏至の日にかけて，2時間ごとの太陽の位置は図1のようであった。

図1
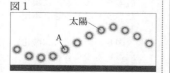
太陽　A

〔実験〕　図1の日の太陽の日周運動を，透明半球に記録する実験を行った。
① 図2のように，小型の透明半球の中心を地球儀上のプルドー湾の位置である点Pと一致するように，地球儀にのせた。
② 光源で一方から光を当てながら，地球儀を自転の方向に30°ずつ回転させ，太陽（光源）の位置をペンで透明半球に記録すると，図3のようになった。

図2　　　　　　　　図3
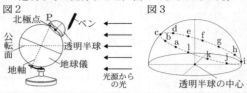

(1) **基本**　ペンで透明半球に，太陽の位置を記録する方法を説明した次の文の あ に当てはまる適切な言葉を書きなさい。（2点）

> ペンの先のかげが　あ　に重なるようにして，印をつける。

(2) 図1のAに対応する太陽の位置を記録したものとして，最も適切なものを，図3のa〜lから1つ選び，記号を書きなさい。（3点）

(3) 花子さんは，北極圏において冬至の日は太陽の動きがどうなっているのかを確かめるため，図4のように地球儀に一方から光を当てた。地球儀を自転の方向に1回転させたとき，光源からの光が当たり続けた範囲を示したものとして最も適切なものを，次のア〜エから1つ選び，記号を書きなさい。ただし，光が当たり続けた範囲を白く示している。（3点）

図4
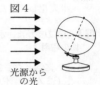
光源からの光

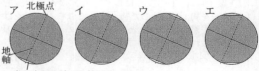
ア 北極点　イ　ウ　エ
地軸
光が当たり続けた範囲

(4) 地球上に1日じゅう太陽の光が当たり続ける範囲ができるのはなぜか。地軸という語句を使って，簡潔に説明しなさい。（3点）

II. 冬のある日，太郎さんは，風呂上がりに脱衣所の鏡がくもったので，鏡のくもり止めヒーターのスイッチを入れると，くもりがとれた。太郎さんは，鏡のくもりがとれた理由を，表1をもとに調べた。

表1

| 気温[℃] | 6 | 8 | 10 | 12 | 14 | 16 | 18 | 20 | 〜 | 28 | 30 |
|---|---|---|---|---|---|---|---|---|---|---|---|
| 飽和水蒸気量[g/m³] | 7.3 | 8.3 | 9.4 | 10.7 | 12.1 | 13.6 | 15.4 | 17.3 | 〜 | 27.2 | 30.4 |

〔観察〕
① 図5のように，鏡がくもっていたとき，鏡の表面温度は6℃，脱衣所の気温は20℃であった。
② くもり止めヒーターのスイッチを入れると，鏡の中央部分があたたかくなり，図6のようにくもりがとれはじめた。そのときの鏡の中央部分の表面温度は12℃であった。

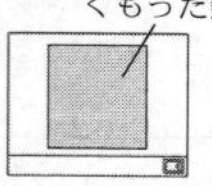

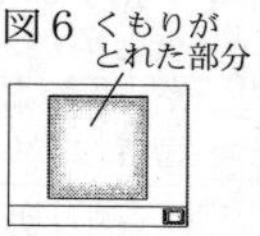

図5 くもった鏡 　　図6 くもりがとれた部分

(1) **基本** 湿度について述べた次の文の，「い」に当てはまる最も適切な語句を書きなさい。また，「う」に当てはまる最も適切な値を，下のア～エから1つ選び，記号を書きなさい。ただし，鏡の表面付近の空気の温度は，鏡の表面温度と同じであるとする。（各2点）

> 湿度とは，空気のしめりぐあいを数値で表したものであり，ある温度の1m³の空気にふくまれる「い」の質量が，その温度での飽和水蒸気量に対してどれくらいの割合かを百分率で表したものである。例えば，観察における脱衣所の湿度は「う」である。

ア．約30％　　　　イ．約40％
ウ．約50％　　　　エ．約60％

(2) くもり止めヒーターのスイッチを入れてから，くもりがとれるまでの説明として適切な順になるように，次のア～エを左から並べて，記号を書きなさい。（2点）
ア．鏡の表面付近の空気の温度が上がる。
イ．水滴が水蒸気に変化する。
ウ．鏡の表面付近の空気の飽和水蒸気量が大きくなる。
エ．鏡の表面温度が上がる。

(3) 太郎さんは，夏はくもり止めヒーターを使う機会が少なかったことに気づき，冬の方が夏よりも鏡がくもりやすいのではないかと考えた。そこで，ある夏と冬の日における風呂上がりの脱衣所の状況を表2のように想定し，冬の方が夏よりもくもりやすい理由を考えた。次の文の「え」には当てはまる最も適切な語句を，「か」「き」には適切な言葉を書きなさい。また，「お」に当てはまる値を，小数第2位を四捨五入して，小数第1位まで書きなさい。ただし，「か」，「き」の順序は問わない。（8点）

表2
|  | 鏡の表面温度[℃] | 脱衣所の気温[℃] | 脱衣所の湿度[％] |
|---|---|---|---|
| 夏 | 28 | 30 | 80 |
| 冬 | 8 | 20 | 50 |

> 鏡がくもりだすのは，脱衣所の空気が鏡の表面付近で冷やされ，空気中にふくむことができる水蒸気の質量が小さくなり，空気の温度が「え」に達するからである。表2の夏の日は，脱衣所の空気が鏡の表面付近で28℃になっても，1m³の空気はあと「お」gの水蒸気をふくむことができ，「え」に達していない。一方で，表2の冬の日は，空気が鏡の表面付近で8℃になったときには，「え」に達している。
> 以上より，冬の方が夏よりも鏡がくもりやすいのは，「か」と「き」の差が大きくなりやすく，鏡の表面付近の空気が「え」に達しやすいためである。

## 4 力と圧力，電流と磁界

各問いに答えなさい。

Ⅰ．花子さんは，吸盤が壁や天井にはりつくことに興味をもち，次のような実験を行った。

〔実験1〕 図1のように，なめらかな板の表面に吸盤をはりつけ，おもりをつり下げた。おもりの質量と吸盤のようすとの関係を表1にまとめた。

図1

表1
| おもりの質量[g] | 2800 | 2900 | 3000 | 3100 |
|---|---|---|---|---|
| 吸盤のようす | はがれない | はがれない | はがれ落ちる | はがれ落ちる |

〔実験2〕 図2のように，簡易真空容器のふたの内側のなめらかな面に実験1で用いた吸盤をはりつけ，おもりをつり下げた。容器内の空気を可能な限りぬいていったときの，おもりの質量と吸盤のようすとの関係を表2にまとめた。

図2

表2
| おもりの質量[g] | 500 | 600 | 700 | 800 |
|---|---|---|---|---|
| 吸盤のようす | はがれない | はがれない | はがれ落ちる | はがれ落ちる |

(1) 実験1で，吸盤にはたらく大気圧を表しているものはどれか。最も適切なものを，次のア～エから1つ選び，記号を書きなさい。ただし，矢印は大気圧を表している。（2点）

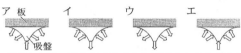

(2) 花子さんは，表1と表2をもとに考えたことを次のようにまとめた。「あ」～「う」に当てはまる適切な言葉を，それぞれ書きなさい。（2点）

> 実験2は実験1と比べて，吸盤がはがれ落ちるときのおもりの質量が「あ」。これは，容器内の気圧が「い」くなり，吸盤を押しつける力が「う」くなったためである。

(3) **思考力** 花子さんは，実験の結果から吸盤についてさらに考えた。

ⅰ．高度0mの地点で約5000gのおもりをつり下げたときにはがれ落ちる吸盤を用いて，高度2000mの山頂で，実験1のようにおもりの質量をかえて実験を行ったとする。この吸盤がはがれ落ちるおもりの質量は約何gか。高度による気圧の変化を示した図3をもとに，適切なものを，次のア～オからすべて選び，記号を書きなさい。（3点）

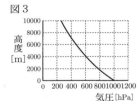
図3

ア．約2000g　　　イ．約3000g
ウ．約4000g　　　エ．約5000g
オ．約6000g

ⅱ．吸着する面積が異なる2つの吸盤がなめらかな板にはりついている。面積の大きさ以外は同じ条件で，2つの吸盤につり下げるおもりの質量を増やしていく。このとき，吸盤がはがれ落ちるようすとして最も適切なものを，次のア～ウから1つ選び，記号を書きなさい。また，そのように判断した理由を，大気圧の大きさにふれて説明しなさい。（4点）
ア．面積の大きい吸盤が先に落ちる
イ．面積の小さい吸盤が先に落ちる
ウ．両方同時に落ちる

Ⅱ．冬のある日の19時30分に，太郎さんが1200Wのドライヤーを使ったところ，家の電気が一時的にしゃ断され，家全体が停電した。そこで，太郎さんは電気の使用状況を調べた。

〔調査1〕 自宅の電気料金請求書を手に入れた。図4はその一部である。

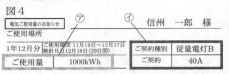

〔調査2〕 電気がしゃ断されたこの日の6時から22時の間に使われた主な電気製品について，100Vの交流電源につないだときの消費電力と使用していた時間を調べ，図5のようにまとめた。ただし，⟷は，電気製品を使用していた時間を示している。

図5

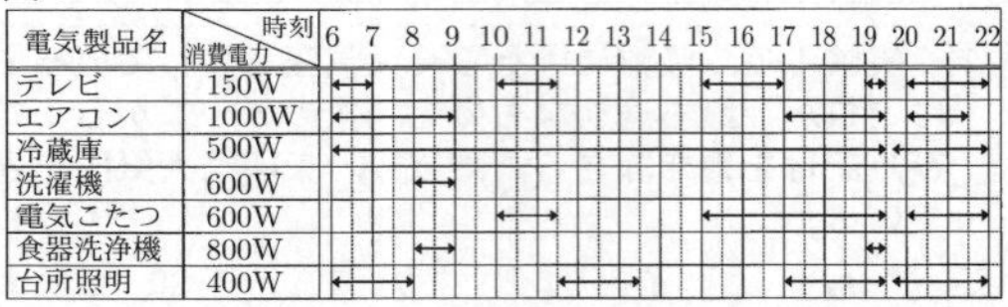

| 電気製品名 | 消費電力 |
|---|---|
| テレビ | 150W |
| エアコン | 1000W |
| 冷蔵庫 | 500W |
| 洗濯機 | 600W |
| 電気こたつ | 600W |
| 食器洗浄機 | 800W |
| 台所照明 | 400W |

(1) 太郎さんは，図4の㋐について調べ，次のようにまとめた。え〜かに当てはまる値をそれぞれ求め，整数で書きなさい。ただし，質量100gの物体にはたらく重力の大きさを1Nとする。 (各2点)

1kWhは，えWhである。また，1Whは，1Wの電力を1時間消費したときの電力量であり，おJに等しい。1000kWhという電気エネルギーの大きさは，質量100kgの物体を，重力に逆らって10m持ち上げることをか回行うときの仕事の大きさに等しい。

(2) 思考力 図4の㋑は，太郎さんの家庭で使用できる電流の最大の値が40Aであることを示している。ただし，各電気製品を使用しているときの消費電力は一定であり，コンセントにさしたままで使用していないときの消費電力は考えないものとする。

i．太郎さんは，図5を作成した後，電気がしゃ断された理由を次のようにまとめた。きに当てはまる適切な言葉を書きなさい。また，くに当てはまる値を求め，小数第1位まで書きなさい。 (5点)

家庭の電気配線は，つないだすべての電気製品に対して100Vの電圧が加わるようにき回路となっている。この日の19時30分に停電したのは，ドライヤーのスイッチを入れたとき，家に40Aをこえるく Aの電流が流れ込み，安全装置がはたらいて電気がしゃ断されたためだと考えられる。

ii．太郎さんは，電気製品の買いかえについて，いくつか提案をした。電気製品の使用状況が図5のような場合，電気使用量の節約が最も期待できるものを，次のア〜エから1つ選び，記号を書きなさい。(3点)
ア．800Wのエアコン
イ．200Wの洗濯機
ウ．400Wの冷蔵庫
エ．100Wのテレビ

# 岐阜県

時間 50分　満点 100点　解答 P14　3月10日実施

## 出題傾向と対策

● 例年通り，小問集合，物理，化学，生物，地学各1題の計5題の出題であった。実験・観察を中心に基本事項を問う問題が多数であったが，科学的思考力によって計算式を立てなければ解けないものも出題された。解答形式は選択式が多いが，用語記述，化学反応式の記述，計算，作図などもあった。
● 教科書の実験・観察を中心に基本事項を押さえておくとともに，結果からわかることを考察する科学的思考力も養っておこう。計算力，文章記述力も必要。

## 1 物質の成り立ち，力と圧力，動物の仲間，地層の重なりと過去の様子 よく出る

1〜4について，それぞれの問いに答えなさい。

1．ビーカーに10%の塩化銅水溶液を入れ，炭素棒ア，イを電極とする図1のような装置を作った。電圧を加えて1〜2分間電流を流すと，一方の電極の表面には赤色の物質が付着し，もう一方の電極の表面からはにおいのある気体が発生した。 (各2点)

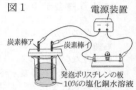

図1

(1) 赤色の物質が付着する炭素棒は，図1のア，イのどちらか。符号で書きなさい。
(2) 電圧を加えて1〜2分間電流を流すと，塩化銅水溶液の濃度は初めの濃度に比べてどのようになるか。ア〜ウから1つ選び，符号で書きなさい。
　ア．高くなる。
　イ．変わらない。
　ウ．低くなる。

2．3種類のA〜Cの堆積岩について，ルーペなどを用いて特徴を調べた。表1は，その結果をまとめたものである。 (各2点)

表1

| 堆積岩 | 特徴 |
|---|---|
| A | 角ばった鉱物の結晶からできていた。 |
| B | 化石が見られ，うすい塩酸をかけるととけて気体が発生した。 |
| C | 鉄のハンマーでたたくと鉄が削れて火花が出るほどかたかった。 |

(1) Bの堆積岩はサンゴの仲間の化石を含んでいたので，あたたかくて浅い海で堆積したことが分かる。このように，堆積した当時の環境を推定できる化石を何というか。言葉で書きなさい。
(2) A〜Cの堆積岩は石灰岩，チャート，凝灰岩のいずれかである。ア〜カから最も適切な組み合わせを1つ選び，符号で書きなさい。
　ア．A：石灰岩　　B：チャート　　C：凝灰岩
　イ．A：石灰岩　　B：凝灰岩　　C：チャート
　ウ．A：チャート　　B：石灰岩　　C：凝灰岩
　エ．A：チャート　　B：凝灰岩　　C：石灰岩
　オ．A：凝灰岩　　B：石灰岩　　C：チャート
　カ．A：凝灰岩　　B：チャート　　C：石灰岩

3．表2は，無セキツイ動物を分類したものである。
（各2点）

表2

| 節足動物 | 軟体動物 | その他 |
|---|---|---|
| ザリガニ | マイマイ | ヒトデ |
| バッタ | イカ | ウニ |
| クモ | クリオネ | ミミズ |

(1) 節足動物の特徴として適切なものを，ア〜エから2つ選び，符号で書きなさい。
　ア．背骨がある。
　イ．からだが外骨格でおおわれている。
　ウ．内臓がある部分が外とう膜で包まれている。
　エ．からだとあしに節がある。

(2) 軟体動物に分類されるものを，ア〜オから全て選び，符号で書きなさい。
　ア．ミジンコ　　　　イ．タコ
　ウ．ハマグリ　　　　エ．カブトムシ
　オ．カニ

4．図2のように，水を入れてふたをしたペットボトルを逆さまにして，正方形のプラスチック板を置いたスポンジの上に立て，スポンジが沈んだ深さを測定した。表3は，プラスチック板の面積を変えて行った実験の結果をまとめたものである。
（各2点）

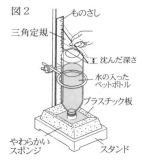

表3

| プラスチック板の面積[cm²] | 9 | 16 | 25 | 36 |
|---|---|---|---|---|
| スポンジが沈んだ深さ[mm] | 14 | 10 | 6 | 2 |

(1) 次の□の①，②に当てはまる正しい組み合わせを，ア〜エから1つ選び，符号で書きなさい。
　表3より，プラスチック板の面積が ① ほど，スポンジの変形は大きくなる。プラスチック板が，スポンジの表面を垂直に押す ② の大きさを圧力という。スポンジの表面が大きな圧力を受けるとき，スポンジの変形は大きい。
　ア．①大きい　　②面全体に働く力
　イ．①大きい　　②単位面積あたりの力
　ウ．①小さい　　②面全体に働く力
　エ．①小さい　　②単位面積あたりの力

(2) 図2で，面積が16 cm²の正方形のプラスチック板と，水を入れてふたをしたペットボトルの質量の合計は320 gであった。このとき，プラスチック板からスポンジの表面が受ける圧力は何Paか。ア〜エから1つ選び，符号で書きなさい。ただし，質量100 gの物体に働く重力の大きさを1Nとする。また，1 Pa＝1 N/m²である。
　ア．0.0005 Pa　　　イ．0.05 Pa
　ウ．20 Pa　　　　　エ．2000 Pa

## 2 動物の体のつくりと働き　よく出る

刺激に対するヒトの反応を調べる実験1，2を行った。1〜7の問いに答えなさい。

〔実験1〕 図1のように，6人が手をつないで輪になる。ストップウォッチを持った人が右手でストップウォッチをスタートさせると同時に，右手で隣の人の左手を握る。左手を握られた人は，右手でさらに隣の人の左手を握り，次々に握っていく。ストップウォッチを持った人は，自分の左手が握られたら，すぐにストップウォッチを止め，時間を記録する。これを3回行い，記録した時間の平均を求めたところ，1.56秒であった。

〔実験2〕 図2のように，手鏡で瞳を見ながら，明るい方から薄暗い方に顔を向け，瞳の大きさを観察したところ，意識とは無関係に，瞳は大きくなった。

1．実験1で，1人の人が手を握られてから隣の人の手を握るまでにかかった平均の時間は何秒か。（3点）

2．実験1で，「握る」という命令の信号を右手に伝える末しょう神経は何という神経か。言葉で書きなさい。（2点）

3．図3は，実験1で1人の人が手を握られてから隣の人の手を握るまでの神経の経路を模式的に示したものである。

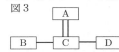

Aは脳，Bは皮膚，Cはせきずい，Dは筋肉，実線（——）はそれらをつなぐ神経を表している。実験1で，1人の人が手を握られてから隣の人の手を握るまでに，刺激や命令の信号は，どのような経路で伝わったか。信号が伝わった順に符号で書きなさい。ただし，同じ符号を2度使ってもよい。（4点）

4．実験2の下線部の反応のように，刺激を受けて，意識とは無関係に起こる反応を何というか。言葉で書きなさい。（2点）

5．意識とは無関係に起こる反応は，意識して起こる反応と比べて，刺激を受けてから反応するまでの時間が短い。その理由を，図3を参考にして「外界からの刺激の信号が，」に続けて，「脳」，「せきずい」という2つの言葉を用いて，簡潔に説明しなさい。（4点）

6．図4は，ヒトの腕の骨と筋肉の様子を示したものである。熱い物に触ってしまったとき，意識せずにとっさに腕を曲げて手を引っこめた。このとき，「腕を曲げる」という命令の信号が伝わった筋肉は，図4のア，イのどちらか。符号で書きなさい。（3点）

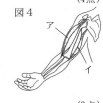

7．意識とは無関係に起こる反応として適切なものを，ア〜エから1つ選び，符号で書きなさい。（3点）
　ア．ボールが飛んできて，「危ない」と思ってよけた。
　イ．食べ物を口に入れると，だ液が出た。
　ウ．後ろから名前を呼ばれ，振り向いた。
　エ．目覚まし時計が鳴り，音を止めた。

## 3 物質のすがた　よく出る

混合物を分ける実験1，2を行った。1〜8の問いに答えなさい。

〔実験1〕 図1のように，試験管にアンモニア水約10 cm³と沸騰石を入れ，弱火で熱して出てきた気体を乾いた丸底フラスコに集めた。このとき，丸底フラスコの口のところに，水でぬらした赤色リトマス紙を近づけると青くなった。次に，気体を集めた丸底フラスコを用いて図2のような装置を作り，スポイトの中には水を入れた。スポイトを押して丸底フラスコの中に水を入れると，水槽

の水が吸い上げられ，噴水が見られた。

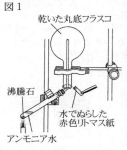
図1

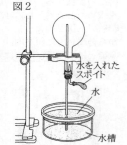
図2

〔実験2〕 図3のような装置を作り，枝つきフラスコにエタノールの濃度が10％の赤ワイン30 cm³と沸騰石を入れ，弱火で熱し，出てきた液体を約2 cm³ずつ試験管A，B，Cの順に集めた。次に，A～Cの液体をそれぞれ蒸発皿に移し，マッチの火をつけると，A，Bの液体は燃えたが，Cの液体は燃えなかった。

図3

1．実験1で，水でぬらした赤色リトマス紙を青色に変化させた気体は何か。化学式で書きなさい。 (2点)
2．次の □ の(1)，(2)に当てはまる正しい組み合わせを，ア～エから1つ選び，符号で書きなさい。 (3点)
　　実験1で集めた気体は，空気より密度が □(1)□ ，水に □(2)□ 性質をもつため，上方置換法で集める必要がある。
　ア．(1)大きく　　(2)溶けにくい
　イ．(1)大きく　　(2)溶けやすい
　ウ．(1)小さく　　(2)溶けにくい
　エ．(1)小さく　　(2)溶けやすい
3．実験1で，図2の水槽の水にBTB溶液を加えて実験を行うと，噴水は何色になるか。ア～オから最も適切なものを1つ選び，符号で書きなさい。 (2点)
　ア．無色　　　　　イ．赤色
　ウ．青色　　　　　エ．黄色
　オ．緑色
4．実験1と同じ気体を発生させるには，塩化アンモニウムと何を反応させればよいか。ア～オから2つ選び，符号で書きなさい。 (3点)
　ア．水酸化カルシウム
　イ．二酸化マンガン
　ウ．水酸化バリウム
　エ．酸化鉄
　オ．塩酸
5．図3で，温度計の球部を，枝つきフラスコのつけ根の高さにした理由を，簡潔に説明しなさい。 (3点)
6．実験2で，A，Cの液体の密度の説明として最も適切なものを，ア～ウから1つ選び，符号で書きなさい。ただし，エタノールの密度を0.79 g/cm³，水の密度を1.0 g/cm³とする。 (2点)
　ア．Aの液体よりCの液体の方が密度は大きい。
　イ．Aの液体よりCの液体の方が密度は小さい。
　ウ．Aの液体とCの液体の密度は同じである。
7．実験2で，エタノール（$C_2H_6O$）が燃えたときの化学変化を化学反応式で表すと，次のようになる。それぞれの □ に当てはまる整数を書き，化学反応式を完成させなさい。ただし，同じ数字とは限らない。 (3点)

$C_2H_6O$ ＋ 3$O_2$ → □$CO_2$ ＋ □$H_2O$
エタノール　　酸素　　　　二酸化炭素　　　水

8．アンモニア水や赤ワインのように，いくつかの物質が混じり合った物を混合物という。ア～オから混合物を全て選び，符号で書きなさい。 (3点)
　ア．炭酸水素ナトリウム
　イ．食塩水
　ウ．ブドウ糖
　エ．塩酸
　オ．みりん

## 4 天体の動きと地球の自転・公転　よく出る

透明半球を用いて，太陽の動きを観察した。1～6の問いに答えなさい。
〔観察〕 秋分の日に，北緯34.6°の地点で，水平な場所に置いた厚紙に透明半球と同じ大きさの円をかき，円の中心Oで直角に交わる2本の線を引いて東西南北に合わせた。次に，図1のように，その円に透明半球のふちを合わせて固定し，9時から15時までの1時間ごとに，太陽の位置を透明半球に印を付けて記録した後，滑らかな線で結んで太陽の軌跡をかいた。点A～Dは東西南北のいずれかの方角を示している。

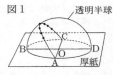
図1

その後，軌跡に紙テープを当て，図2のように，印を写しとって太陽の位置を記録した時刻を書き込み，9時から15時までの隣り合う印と印の間隔を測ったところ，長さは全て等しく2.4 cmであった。図2の点a，cは図1の点A，Cを写しとったものであり，9時の太陽の位置を記録した点から点aまでの長さは7.8 cmであった。

図2

| c• | 15時 14時 13時 12時 11時 10時 9時 | →a |
|---|---|---|
| | 2.4cm 2.4cm 2.4cm 2.4cm 2.4cm 2.4cm　7.8cm | |

1．図1で，西の方角を示す点を，点A～Dから選び，符号で書きなさい。 (2点)
2．観察で，9時から15時までの隣り合う印と印の間隔が全て等しい長さになった理由として最も適切なものを，ア～エから1つ選び，符号で書きなさい。 (2点)
　ア．太陽が一定の速さで公転しているため。
　イ．太陽が一定の速さで自転しているため。
　ウ．地球が一定の速さで公転しているため。
　エ．地球が一定の速さで自転しているため。
3．図2で，点aは観察を行った地点の日の出の太陽の位置を示している。観察を行った地点の日の出の時刻は何時何分か。 (3点)
4．次の □ の(1)～(3)に当てはまるものを，ア～カからそれぞれ1つずつ選び，符号で書きなさい。 (各2点)
　　同じ地点で2か月後に同様の観察を行うと，日の出の時刻は □(1)□ なり，日の出の位置は □(2)□ へずれた。これは，地球が公転面に対して垂直な方向から地軸を約 □(3)□ 傾けたまま公転しているからである。
　ア．遅く　　　　　イ．早く
　ウ．南　　　　　　エ．北
　オ．23.4°　　　　カ．34.6°
5．思考力　次のア～エは，春分，夏至，秋分，冬至のいずれかの日に，観察を行った地点で太陽が南中したとき，公転面上から見た地球と太陽の光の当たり方を示した模式図である。秋分の日の地球を表している図を1つ選び，符号で書きなさい。また，観察を行った地点で，秋分の日の太陽の南中高度は何度か。 (5点)

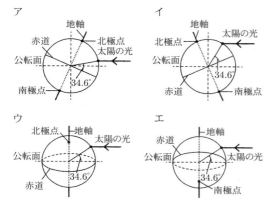

6．北半球で冬至の日に，南緯34.6°の地点で，子午線を通過するときの太陽を観察した説明として最も適切なものを，ア〜エから1つ選び，符号で書きなさい。 （3点）
ア．太陽は南の空にあり，高度は年間を通じて最も高かった。
イ．太陽は北の空にあり，高度は年間を通じて最も高かった。
ウ．太陽は南の空にあり，高度は年間を通じて最も低かった。
エ．太陽は北の空にあり，高度は年間を通じて最も低かった。

## 5 電流

10 Ωの抵抗器aと15 Ωの抵抗器b及び直流の電源装置を用いて，実験1，2を行った。1〜6の問いに答えなさい。

〔実験1〕 図1のように，抵抗器a，bを直列につないだ回路を作り，回路全体を流れる電流の大きさや，抵抗器a，bを流れる電流と加わる電圧の大きさを調べた。その結果，<u>抵抗器a，bを流れる電流の大きさは回路全体を流れる電流の大きさと等しかった</u>。また，抵抗器a，bに加わる電圧の大きさの和は，電源装置の電圧の大きさと等しかった。

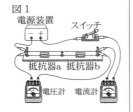

〔実験2〕 図2のように，抵抗器a，bを並列につないだ回路を作り，回路全体を流れる電流の大きさや，抵抗器a，bを流れる電流と加わる電圧の大きさを調べた。その結果，抵抗器a，bを流れる電流の大きさの和は，回路全体を流れる電流の大きさと等しかった。また，抵抗器a，bに加わる電圧の大きさは，電源装置の電圧の大きさと等しかった。

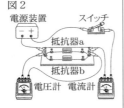

1．実験1で，電流計の500 mAの－端子を使って電流の大きさを測定したところ，電流計の針は，図3のようになった。電流の大きさは何mAか。 （3点）

2．表は，実験1で抵抗器bの両端に加わる電圧の大きさを変え，抵抗器bを流れる電流の大きさをまとめたものである。表をもとに，電圧の大きさと電流の大きさの関係を右のグラフにかきなさい。なお，グラフの縦軸には適切な数値を書きなさい。 （3点）

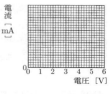

| 電圧[V] | 0 | 1.5 | 3.0 | 4.5 | 6.0 |
|---|---|---|---|---|---|
| 電流[mA] | 0 | 100 | 200 | 300 | 400 |

3．実験1で，下線部のような結果になる理由として最も適切なものを，ア〜エから1つ選び，符号で書きなさい。 （3点）
ア．抵抗器a，bそれぞれに，オームの法則が成り立つから。
イ．抵抗器a，bには，ともに等しい大きさの電圧が加わっているから。
ウ．抵抗器aの抵抗の大きさよりも抵抗器bの抵抗の大きさの方が大きいから。
エ．電圧計を除いたとき，抵抗器a，bを含む回路が枝分かれしていないから。

4．実験2で，抵抗器a，bそれぞれを流れる電流の大きさの比を，最も簡単な整数の比で表しなさい。 （4点）

5．実験1，2の回路で，電源装置の電圧の大きさを同じにして，それぞれの回路の抵抗で消費する電力量を等しくしたとき，図2の回路に電流を流す時間は，図1の回路に電流を流す時間の何倍か。 （4点）

6．**思考力** スマートフォンなどに使用されているタッチパネルでは，回路を流れる電流の変化を利用して，接触した位置を特定している。抵抗器a，bを用いて図4の回路を作り，電源装置の電圧を3.9 Vにしたとき，電流計は130 mAを示した。次にPとX，Y，Zのいずれかを接続すると，電流計は390 mAを示した。PはX，Y，Zのうちのどこに接続されたか，符号で書きなさい。 （4点）

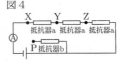

# 静岡県

時間 50分　満点 50点　解答 P15　3月4日実施

## 出題傾向と対策

● 例年通り、小問集合1題、物理、化学、生物各1題、地学2題の計6題の出題。記述式が多く文章記述、計算、作図、化学反応式もあった。各分野とも基本的な問題から科学的思考力を要する問題まで幅広く出題された。

● 教科書を中心に基本的事項を確実に理解したうえで、問題演習や過去問によって応用力を養っておこう。要点を押さえて簡潔にまとめる文章力、図や表から必要なデータを読みとる読解力、正確な計算力、論理的な科学的思考力など、総合的に力をつけておくことが重要。

## 1 水溶液、力と圧力、火山と地震、生物と環境

次の(1)～(4)の問いに答えなさい。

(1) **よく出る** 自然界で生活している生物の間にある、食べる・食べられるという関係のつながりは、一般に何とよばれるか。その名称を書きなさい。 (1点)

(2) **よく出る** 次のア～エの中から、ろ過のしかたを表した図として、最も適切なものを1つ選び、記号で答えなさい。 (1点)

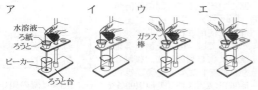

(3) **基本** 図1は、異なる高さに同じ大きさの穴をあけた、底のある容器である。この容器のAの位置まで水を入れ、容器の穴から飛び出る水のようすを観察する。この容器の穴から、水はどのように飛び出ると考えられるか。次のア～ウの中から、適切なものを1つ選び、記号で答えなさい。また、そのように考えられる理由を、水の深さと水圧の関係が分かるように、簡単に書きなさい。 (2点)

ア．上の穴ほど、水は勢いよく飛び出る。
イ．下の穴ほど、水は勢いよく飛び出る。
ウ．穴の高さに関係なく、水はどの穴からも同じ勢いで飛び出る。

(4) **よく出る** 図2は、雲仙普賢岳と三原山の火山灰を、双眼実体顕微鏡を用いて観察したときのスケッチである。図2の火山灰に含まれる鉱物の色に着目すると、それぞれの火山におけるマグマのねばりけと火山の噴火のようすが推定できる。三原山と比べたときの、雲仙普賢岳のマグマのねばりけと噴火のようすを、それぞれ簡単に書きなさい。 (2点)

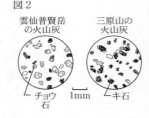

## 2 生物の観察、植物の体のつくりと働き、植物の仲間、動物の体のつくりと働き

植物の生活と種類及び動物の生活と生物の変遷に関する(1)、(2)の問いに答えなさい。

(1) ツユクサの葉を採取し、葉のようすを観察した。

① **基本** ツユクサの葉脈は平行に通っている。このように、被子植物の中で、葉脈が平行に通っているなかまは何とよばれるか。その名称を書きなさい。 (1点)

② ツユクサの葉の裏の表皮をはがしてプレパラートをつくり、図3のように、顕微鏡を用いて観察した。

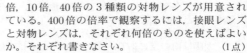

a．観察に用いる顕微鏡には、10倍、15倍の2種類の接眼レンズと、4倍、10倍、40倍の3種類の対物レンズが用意されている。400倍の倍率で観察するには、接眼レンズと対物レンズは、それぞれ何倍のものを使えばよいか。それぞれ書きなさい。 (1点)

b．図4は、ツユクサの葉の裏の表皮を顕微鏡で観察したときのスケッチである。図4のア～エの中から、気孔を示す部分として、最も適切なものを1つ選び、記号で答えなさい。 (1点)

③ **基本** 次の□□の中の文が、気孔について適切に述べたものとなるように、文中の( あ )、( い )のそれぞれに補う言葉の組み合わせとして、下のア～エの中から正しいものを1つ選び、記号で答えなさい。 (1点)

> 光合成や呼吸にかかわる二酸化炭素や酸素は、おもに気孔を通して出入りする。また、根から吸い上げられた水は、( あ )を通って、( い )の状態で、おもに気孔から出る。

ア．あ 道管　い 気体
イ．あ 道管　い 液体
ウ．あ 師管　い 気体
エ．あ 師管　い 液体

(2) 図5は、ヒトの血液の循環経路を模式的に表したものである。図5の矢印（→）は、血液の流れる向きを表している。空気中の酸素は、肺による呼吸で、肺の毛細血管を流れる血液にとり込まれ、全身の細胞に運ばれる。

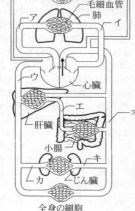

① 血液中の赤血球は、酸素を運ぶはたらきをしている。このはたらきは、赤血球に含まれるヘモグロビンの性質によるものである。赤血球によって、酸素が肺から全身の細胞に運ばれるのは、ヘモグロビンがどのような性質をもっているからか。その性質を、酸素の多いところにあるときと、酸素の少ないところにあるときの違いが分かるように、簡単に書きなさい。 (2点)

② 一般的な成人の場合、体内の全血液量は5600 cm³であり、心臓の拍動数は1分につき75回で、1回の拍動により心臓の右心室と左心室からそれぞれ64 cm³の

血液が送り出される。このとき，体内の全血液量に当たる5600 cm³の血液が心臓の左心室から送り出されるのにかかる時間は何秒か。計算して答えなさい。(2点)

③ **よく出る** 図5のア～キの血管の中から，ブドウ糖を最も多く含む血液が流れる血管を1つ選び，記号で答えなさい。(1点)

④ ヒトが運動をすると，呼吸数や心臓の拍動数が増え，多くの酸素が血液中にとり込まれ，全身に運ばれる。ヒトが運動をしたとき，多くの酸素が血液中にとり込まれて全身に運ばれる理由を，細胞の呼吸のしくみに関連づけて，簡単に書きなさい。(2点)

## 3 化学変化と物質の質量，水溶液とイオン

化学変化と原子・分子に関する(1), (2)の問いに答えなさい。

(1) 試験管P, Qを用意し，それぞれに鉄粉と硫黄をよく混ぜ合わせて入れた。試験管Pは，そのままおき，試験管Qは，図6のように加熱した。このとき，試験管Qでは，光と熱を出す激しい反応が起こり，黒色の硫化鉄ができた。

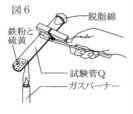

① **基本** 化学変化が起こるときに熱を放出し，まわりの温度が上がる反応は何とよばれるか。その名称を書きなさい。(1点)

② **よく出る** 鉄と硫黄が化合して硫化鉄ができるときの化学変化を，化学反応式で表しなさい。(2点)

③ 試験管Pと，反応後の試験管Qに，うすい塩酸を数滴加え，それぞれの試験管で起こる反応を観察した。

 a. 次の□□の中の文が，試験管Pにうすい塩酸を加えたときに起こる反応について適切に述べたものとなるように，文中の（あ）には言葉を，（い）には値を，それぞれ補いなさい。(各1点)

> 塩酸中では，塩化水素は電離して，陽イオンである水素イオンと，陰イオンである（あ）イオンを生じている。うすい塩酸を加えた試験管Pの中の鉄は，電子を失って陽イオンになる。その電子を水素イオンが1個もらって水素原子になり，水素原子が（い）個結びついて水素分子になる。

 b. 試験管Qからは気体が発生し，その気体は硫化水素であった。硫化水素は分子からなる物質である。次のア～エの中から，分子からなる物質を1つ選び，記号で答えなさい。(1点)
  ア．塩化ナトリウム　イ．マグネシウム
  ウ．銅　　　　　　　エ．アンモニア

(2) 5つのビーカーA～Eを用意し，それぞれにうすい塩酸12 cm³を入れた。図7のように，うすい塩酸12 cm³の入ったビーカーAを電子てんびんにのせて反応前のビーカー全体の質量をはかったところ，59.1 gであった。次に，このビーカーAに石灰石0.5 gを加えたところ，反応が始まり，気体Xが発生した。気体Xの発生が見られなくなってから，ビーカーAを電子てんびんにのせて反応後のビーカー全体の質量をはかった。その後，ビーカーB～Eのそれぞれに加える石灰石の質量を変えて，同様の実験を行った。表1は，その結果をまとめたものである。ただし，発生する気体Xはすべて空気中に出るものとする。

表1

|  | A | B | C | D | E |
|---|---|---|---|---|---|
| 加えた石灰石の質量 [g] | 0.5 | 1.0 | 1.5 | 2.0 | 2.5 |
| 反応前のビーカー全体の質量 [g] | 59.1 | 59.1 | 59.1 | 59.1 | 59.1 |
| 反応後のビーカー全体の質量 [g] | 59.4 | 59.7 | 60.0 | 60.5 | 61.0 |

① 気体Xは何か。その気体の名称を書きなさい。(1点)

② 表1をもとにして，a, bの問いに答えなさい。

 a. うすい塩酸12 cm³の入ったビーカーに加えた石灰石の質量と，発生した気体Xの質量の関係を表すグラフを，図8にかきなさい。(2点)

 図8 [発生した気体Xの質量[g]，ビーカーに加えた石灰石の質量[g]]

 b. **思考力** ビーカーFを用意し，ビーカーA～Eに入れたものと同じ濃度のうすい塩酸を入れた。続けて，ビーカーFに石灰石5.0 gを加え，いずれか一方が完全に反応するまで反応させた。このとき，発生した気体Xは1.0 gであった。ビーカーFに入れたうすい塩酸の体積は何cm³と考えられるか。計算して答えなさい。ただし，塩酸と石灰石の反応以外の反応は起こらないものとする。(2点)

## 4 天体の動きと地球の自転・公転，太陽系と恒星

地球と宇宙に関する(1), (2)の問いに答えなさい。

静岡県内のある場所で，ある年の3月1日の，正午に太陽を，真夜中に星を観察した。

(1) 図9のように，天体望遠鏡で投影板に太陽の像を投影して，太陽を観察した。

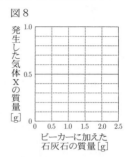

① **基本** 太陽は，自ら光を出している天体である。太陽のように，自ら光を出している天体は，一般に何とよばれるか。その名称を書きなさい。(1点)

② **よく出る** 図10は，この日の正午に太陽の表面のようすを観察し，スケッチしたものである。図10のように，太陽の表面には，黒点とよばれる黒く見える部分がある。黒点が黒く見える理由を，簡単に書きなさい。(2点)

(2) 図11は，この年の3月1日の真夜中に南の空を観察し，しし座のようすをスケッチしたものである。図12は，この日から3か月ごとの，地球と火星の，軌道上のそれぞれの位置と，太陽と黄道付近にある星座の位置関係を表した模式図である。図11，図12をもとにして，①，②の問いに答えなさい。(各1点)

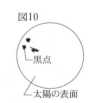

① 次のア～エの中から，この年の6月1日の真夜中に，静岡県内のある場所で，東の空に見える星座を1つ選び，記号で答えなさい。

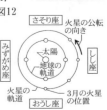

ア．おうし座　　　　イ．しし座
ウ．さそり座　　　　エ．みずがめ座

② 次のア〜エの中から、この年に地球から見て、一日中火星が観察できない時期を1つ選び、記号で答えなさい。

ア．3月　イ．6月　ウ．9月　エ．12月

## 5 天気の変化，日本の気象

気象とその変化に関する(1)，(2)の問いに答えなさい。

(1) **よく出る**　次のア〜エは、それぞれ異なる時期の、特徴的な天気図である。ア〜エの中から、梅雨の時期の特徴的な天気図として、最も適切なものを1つ選び、記号で答えなさい。(1点)

ア　　イ　　ウ　　エ　

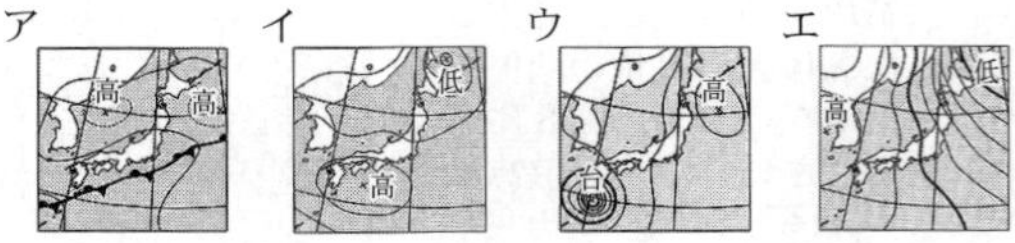

(2) 図13は、空気のかたまりが、標高0 mの地点Aから斜面に沿って上昇し、ある標高で露点に達して雲ができ、標高1700 mの山を越え、反対側の標高0 mの地点Bに吹き下りるまでのようすを模式的に表したものである。表2は、気温と飽和水蒸気量の関係を示したものである。

図13

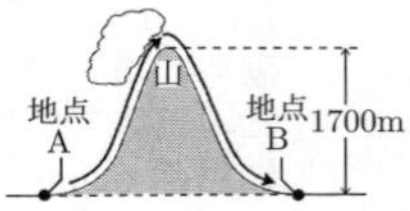

表2

| 気温<br>[℃] | 飽和水<br>蒸気量<br>[g/m³] |
|---|---|
| 1 | 5.2 |
| 2 | 5.6 |
| 3 | 6.0 |
| 4 | 6.4 |
| 5 | 6.8 |
| 6 | 7.3 |
| 7 | 7.8 |
| 8 | 8.3 |
| 9 | 8.8 |
| 10 | 9.4 |
| 11 | 10.0 |
| 12 | 10.7 |
| 13 | 11.4 |
| 14 | 12.1 |
| 15 | 12.8 |
| 16 | 13.6 |
| 17 | 14.5 |
| 18 | 15.4 |
| 19 | 16.3 |
| 20 | 17.3 |

① **よく出る**　次の□□の中の文が、空気のかたまりが上昇すると、空気のかたまりの温度が下がる理由について適切に述べたものとなるように、文中の（あ），（い）のそれぞれに補う言葉の組み合わせとして、下のア〜エの中から正しいものを1つ選び、記号で答えなさい。(1点)

上空ほど気圧が（あ）くなり、空気のかたまりが（い）するから。

ア．あ 高　い 膨張
イ．あ 高　い 収縮
ウ．あ 低　い 膨張
エ．あ 低　い 収縮

② **思考力**　ある晴れた日の午前11時、地点Aの、気温は16℃、湿度は50％であった。この日、図13のように、地点Aの空気のかたまりは、上昇して山頂に到達するまでに、露点に達して雨を降らせ、山を越えて地点Bに吹き下りた。表2をもとにして、a，bの問いに答えなさい。ただし、雲が発生するまで、1 m³あたりの空気に含まれる水蒸気量は、空気が上昇しても下降しても変わらないものとする。

a．地点Aの空気のかたまりが露点に達する地点の標高は何mか。また、地点Aの空気のかたまりが標高1700 mの山頂に到達したときの、空気のかたまりの温度は何℃か。それぞれ計算して答えなさい。ただし、露点に達していない空気のかたまりは100 m上昇するごとに温度が1℃下がり、露点に達した空気のかたまりは100 m上昇するごとに温度が0.5℃下がるものとする。
(各1点)

b．山頂での水蒸気量のまま、空気のかたまりが山を吹き下りて地点Bに到達したときの、空気のかたま

りの湿度は何％か。小数第2位を四捨五入して、小数第1位まで書きなさい。ただし、空気のかたまりが山頂から吹き下りるときには、雲は消えているものとし、空気のかたまりは100 m下降するごとに温度が1℃上がるものとする。
(2点)

## 6 電流と磁界，運動の規則性，力学的エネルギー，エネルギー

電流とその利用及び運動とエネルギーに関する(1)，(2)の問いに答えなさい。

図14のように、棒磁石を台車に固定する。また、図15のように、斜面P，水平面，斜面Qをなめらかにつなぐ。

図14　　　図15

(1) **よく出る**　図15のように、図14の台車を、Aに置き、静かにはなした。このとき、台車は、斜面Pを下り、水平面を進み、斜面Qを上った。ただし、摩擦や空気の抵抗はないものとする。

① 台車が水平面を進む速さは一定であった。このように、直線上を一定の速さで進む運動は何とよばれるか。その名称を書きなさい。(1点)

② 図16は、図14の台車が斜面Qを上っているときの模式図である。図16の矢印(→)は、台車にはたらく重力を表している。このとき、台車にはたらく重力の、斜面に平行な分力と斜面に垂直な分力を、図16に矢印(→)でかきなさい。(2点)

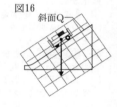

図16

(2) 図17のように、コイルと検流計をつないだ。棒磁石のN極を、コイルのⓐ側から近づけると、検流計の指針は左に振れ、コイルのⓑ側から近づけると検流計の指針は右に振れた。

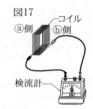

図17

次に、図18のように、図15の水平面を、図17のコイルに通した装置をつくり、図14の台車をAに置き、静かにはなした。このとき、台車は斜面Pを下り、コイルを通り抜け、斜面QのDで静止した後、斜面Qを下り、コイルを通り抜けてBを通過した。ただし、摩擦や空気の抵抗はないものとする。

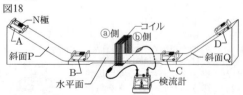

図18

① 台車が斜面Qを下り、CからBに向かってコイルを通り抜けるときの、検流計の指針の振れ方として最も適切なものを、次のア〜エの中から1つ選び、記号で答えなさい。ただし、検流計の指針は、はじめは0の位置にあるものとする。(1点)

ア．左に振れ、0に戻ってから右に振れる。
イ．左に振れ、0に戻ってから左に振れる。
ウ．右に振れ、0に戻ってから右に振れる。
エ．右に振れ、0に戻ってから左に振れる。

② 図18のように、台車が、AからB，Cを通過してDで静止した後、再びC，Bを通過した。このとき、台

車のもつ運動エネルギーはどのように変化すると考えられるか。次のア～カの中から、台車がA、B、C、Dの、それぞれの位置にあるときの、台車の位置と台車のもつ運動エネルギーの関係を表したものとして、最も適切なものを1つ選び、記号で答えなさい。ただし、水平面における台車のもつ位置エネルギーを0としたときの、Aにおける台車のもつ位置エネルギーを1とする。　　　　　　　　　　　　　　　　　（2点）

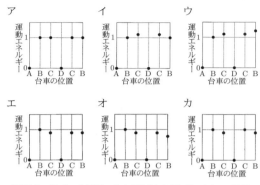

（注）横軸の「台車の位置」は、台車が移動した順に並べたものである。

③　図19のように、図18の斜面Pを、傾きの大きい斜面Rに変え、斜面Rを水平面となめらかにつなげた装置をつくる。水平面からの高さがAと同じであるEから図14の台車を静かにはなした。

図19

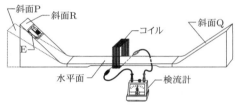

Aから静かにはなした場合と比べて、Eから静かにはなした場合の、台車が最初にコイルを通り抜けるときのコイルに流れる電流の大きさは、どのようになると考えられるか。次のア～ウの中から、適切なものを1つ選び、記号で答えなさい。また、そのように考えられる理由を、台車のもつエネルギーに関連づけて、簡単に書きなさい。ただし、摩擦や空気の抵抗はないものとする。　　　　　　　　　　　　（3点）
　ア．小さくなる。　　　イ．変わらない。
　ウ．大きくなる。

④　思考力　火力発電所などでは、コイルに磁石を近づけたときに起こる現象を利用して電気エネルギーをつくっている。照明器具は、この電気エネルギーを光エネルギーに変換しているが、その際、電気エネルギーは熱エネルギーにも変換される。

明るさがほぼ同じ、40Wの白熱電球と4.8WのLED電球を10分間点灯させたとき、白熱電球で発生した熱エネルギーは、LED電球で発生した熱エネルギーの何倍か。小数第2位を四捨五入して小数第1位まで書きなさい。ただし、白熱電球のエネルギー変換効率は10%、LED電球のエネルギー変換効率は30%とし、電気エネルギーは光エネルギーと熱エネルギー以外に変換されないものとする。　　（2点）

# 愛知県

| | Aグループ | Bグループ |
|---|---|---|
| 時間 | 45分 | 45分 |
| 満点 | 22点 | 22点 |
| 解答 | P16 | P16 |
| 実施 | 3月5日実施 | 3月9日実施 |

《Aグループ》

## 出題傾向と対策

●生物と化学、物理と地学の集合問題が各1題と、物理、化学、生物、地学各1題の計6題の出題。解答形式は選択式が大部分であるが、記述式では計算や作図、化学反応式などが出題された。選択式であっても、科学的思考力を必要とする問題が複数あった。
●教科書の内容を確実に身につけ、日ごろから実験・観察に積極的に取り組み、結果を論理的に考察する力を養っておこう。さらに、問題演習で知識の定着をはかり、計算や作図に慣れ、科学的思考力をつけておこう。

## 1　酸・アルカリとイオン、生物の観察

次の(1)、(2)の問いに答えなさい。　　　（各1点）

(1)　次のaからfまでの文は、図の顕微鏡の操作について説明したものである。このうち、正しい内容を述べている文の組み合わせとして最も適当なものを、下のアからクまでの中から選んで、そのかな符号を書きなさい。

　a．低倍率から高倍率にすると、視野は広く、明るくなる。
　b．低倍率から高倍率にすると、視野は狭く、暗くなる。
　c．観察を行うときは、対物レンズをプレパラートに近づけながらピントを合わせる。
　d．観察を行うときは、対物レンズをプレパラートから遠ざけながらピントを合わせる。
　e．ピントが合ったままの状態でレボルバーを回して対物レンズを高倍率のものにかえたところ、対物レンズとプレパラートの距離が近くなった。
　f．ピントが合ったままの状態でレボルバーを回して対物レンズを高倍率のものにかえたところ、対物レンズとプレパラートの距離が遠くなった。

　ア．a, c, e　　　　　イ．a, c, f
　ウ．a, d, e　　　　　エ．a, d, f
　オ．b, c, e　　　　　カ．b, c, f
　キ．b, d, e　　　　　ク．b, d, f

(2)　3つのビーカーA、B、Cを用意し、それぞれのビーカーに次の表1に示した体積の、濃度 $a$ の塩酸と濃度 $b$ の水酸化ナトリウム水溶液を入れて混ぜた後、BTB溶液を加えて色の変化を調べたところ、ビーカーBの水溶液だけが緑色になり、中性であることがわかった。

表1

| ビーカー | A | B | C |
|---|---|---|---|
| 濃度 $a$ の塩酸の体積[cm³] | 80 | 60 | 70 |
| 濃度 $b$ の水酸化ナトリウム水溶液の体積[cm³] | 50 | 40 | 50 |

また、別の3つのビーカーD、E、Fを用意し、それぞれのビーカーに次の表2に示した体積の、濃度 $c$ の塩酸と表1と同じ濃度 $b$ の水酸化ナトリウム水溶液を入れて混ぜた後、BTB溶液を加えて色の変化を調べたところ、ビーカーEの水溶液だけが緑色になり、中性であることがわかった。

表2

| ビーカー | D | E | F |
|---|---|---|---|
| 濃度$c$の塩酸の体積[cm³] | 60 | 30 | 30 |
| 濃度$b$の水酸化ナトリウム水溶液の体積[cm³] | 50 | 40 | 50 |

その後，ビーカーAからFまでの全ての水溶液を別の大きな容器に入れて混ぜ合わせた。この大きな容器の水溶液に，ある液体を加えたら中性になった。このとき，加えた液体とその体積として最も適当なものを，次のアからカまでの中から選んで，そのかな符号を書きなさい。

ア．濃度$a$の塩酸 10 cm³
イ．濃度$a$の塩酸 20 cm³
ウ．濃度$a$の塩酸 60 cm³
エ．濃度$b$の水酸化ナトリウム水溶液 10 cm³
オ．濃度$b$の水酸化ナトリウム水溶液 20 cm³
カ．濃度$b$の水酸化ナトリウム水溶液 40 cm³

## 2 生物と環境

生物と環境とのかかわりについて調べるため，ある林の落ち葉の下の土を採取して持ち帰り，次の〔実験1〕と〔実験2〕を行った。

〔実験1〕
① ペトリ皿の中に，デンプン溶液を寒天で固めた培地をつくり，ふたをした。
② 持ち帰った土の一部を①の培地にのせ，ふたをして，25℃に保った。
③ ②の7日後，培地の表面を観察した。

〔実験1〕の③では，白い毛のようなものが観察できた。

〔実験2〕
① ビーカーに，水と林から持ち帰った土を入れてよくかき回した後，布でこしてろ液をつくった。
② 同じ大きさのペットボトルAとBを用意し，ペットボトルAには①のろ液100 cm³とデンプン溶液200 cm³を入れた。また，ペットボトルBには水100 cm³とデンプン溶液200 cm³を入れた。
③ ペットボトルAとBの中の気体に含まれる二酸化炭素の濃度を気体検知管で調べてから，それぞれふたをして密閉し，25℃に保った。
④ ③の7日後，ペットボトルAとBの中の気体に含まれる二酸化炭素の濃度を気体検知管で調べ，それぞれ③の濃度と比較した。
⑤ 4本の試験管a, b, c, dを用意し，図1のように，ペットボトルAの液を試験管aとbに，ペットボトルBの液を試験管cとdにそれぞれ3 cm³ずつ入れた。
⑥ 試験管aとcにヨウ素液を加えた。また，試験管bとdにベネジクト液を加えた後に加熱し，それぞれの試験管の液の色を調べた。

図1

a, bまたはc, dの試験管
AまたはBのペットボトル

表は，〔実験2〕の結果をまとめたものである。

| ペットボトル | ペットボトル中の二酸化炭素の濃度 | 試験管 | 使用した試薬 | 試験管の液の色の変化 |
|---|---|---|---|---|
| A | ③より④のほうが濃度は高かった。 | a | ヨウ素液 | 変化しなかった。 |
| | | b | ベネジクト液 | 赤かっ色に変化した。 |
| B | ③と④の濃度は同じであった。 | c | ヨウ素液 | 青紫色に変化した。 |
| | | d | ベネジクト液 | 変化しなかった。 |

次の(1)から(4)までの問いに答えなさい。

(1) 〔実験1〕の③で見られた白い毛のようなものは，菌糸であった。菌糸でできている生物として適当なものを，次のアからオまでの中から2つ選んで，そのかな符号を書きなさい。 (1点)
ア．スギゴケ　　　イ．シイタケ
ウ．ミカヅキモ　　エ．アオカビ
オ．乳酸菌

(2) 次の文章は，〔実験2〕の結果について説明したものである。文章中の（ⅰ）から（ⅲ）までにあてはまる語句の組み合わせとして最も適当なものを，下のアからクまでの中から選んで，そのかな符号を書きなさい。 (1点)

> 試験管（ⅰ）において液の色の変化が（ⅱ）ことから，試験管（ⅰ）ではデンプンが分解されたことがわかる。また，試験管（ⅲ）のベネジクト液の反応から，試験管（ⅲ）には糖があることがわかる。

ア．ⅰ. a，ⅱ. 起こった，ⅲ. b
イ．ⅰ. a，ⅱ. 起こった，ⅲ. d
ウ．ⅰ. a，ⅱ. 起こらなかった，ⅲ. b
エ．ⅰ. a，ⅱ. 起こらなかった，ⅲ. d
オ．ⅰ. c，ⅱ. 起こった，ⅲ. b
カ．ⅰ. c，ⅱ. 起こった，ⅲ. d
キ．ⅰ. c，ⅱ. 起こらなかった，ⅲ. b
ク．ⅰ. c，ⅱ. 起こらなかった，ⅲ. d

(3) 次の文章は，〔実験1〕と〔実験2〕についての太郎さんと花子さんと先生の会話である。会話中の（ⅰ）から（ⅲ）までにあてはまる語句の組み合わせとして最も適当なものを，下のアからクまでの中から選んで，そのかな符号を書きなさい。 (1点)

> 太郎：〔実験1〕と〔実験2〕の結果から，土の中には肉眼では見えない微生物がいて，その微生物がデンプンを分解して，二酸化炭素を発生させていることが考えられます。
> 花子：しかし，〔実験1〕と〔実験2〕だけではデンプンの分解や二酸化炭素の発生が，土の中の微生物のはたらきであることはわからないと思います。それを確認するためには，ペットボトル（ⅰ）の実験の対照実験として，〔実験2〕の①のろ液を沸騰させてから冷ましたものをあらたに用意したペットボトルCに入れ，〔実験2〕と同じ実験を行う方法があると思います。
> 太郎：ペットボトルAとBの実験を比較するだけではいけないのですか。
> 先生：その比較では，（ⅱ）がデンプンを分解しないことはわかりますが，それだけでは，微生物のはたらきによりデンプンが分解されたかどうかはわからないですね。土をこしたろ液を沸騰させることによって，微生物の活動が（ⅲ），ペットボトルBとCの実験が同じ結果になれば，土の中の微生物のはたらきによってデンプンが分解されたことを確かめることができます。

ア．ⅰ. A，ⅱ. 水，ⅲ. 活発になり
イ．ⅰ. A，ⅱ. 水，ⅲ. 停止し
ウ．ⅰ. A，ⅱ. ろ液，ⅲ. 活発になり
エ．ⅰ. A，ⅱ. ろ液，ⅲ. 停止し
オ．ⅰ. B，ⅱ. 水，ⅲ. 活発になり
カ．ⅰ. B，ⅱ. 水，ⅲ. 停止し
キ．ⅰ. B，ⅱ. ろ液，ⅲ. 活発になり
ク．ⅰ. B，ⅱ. ろ液，ⅲ. 停止し

(4) 太郎さんと花子さんは、〔実験1〕と〔実験2〕の後、土の中の微生物が分解者としてはたらき、生態系における炭素の循環と関係していることを学んだ。図2は、ある生態系における、大気と生物P、Q、R、Sとの間の炭素の流れを矢印で表したものである。生物P、Q、R、Sは、それぞれ光合成を行う植物、草食動物、肉食動物、土の中の微生物のいずれかであり、この肉食動物が光合成を行う植物を食べることはないものとする。

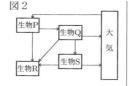

なお、図2では矢印が2本省略されている。
この生態系の生物P、Q、R、Sの中で分解者はどれか。図2の生物Pから生物Sまでの中から1つ選んで、○で囲みなさい。また、省略されている2本の矢印を図2に書きなさい。 (2点)

### 3 化学変化と物質の質量

酸化銅の反応について調べるため、次の〔実験〕を行った。
〔実験〕
① 黒色の酸化銅2.40gに、乾燥した黒色の炭素粉末0.12gを加え、よく混ぜてから試験管Aに全てを入れた。
② 図1のような装置をつくり、①の試験管Aをスタンドに固定した後、ガスバーナーで十分に加熱して気体を発生させ、試験管Bの石灰水に通した。

③ 気体が発生しなくなってから、ガラス管を試験管Bから取り出し、その後、ガスバーナーの火を消してから、空気が試験管Aに入らないようにピンチコックでゴム管をとめた。
④ その後、試験管Aを室温になるまで冷やしてから、試験管Aの中に残った物質の質量を測定した。
⑤ 次に、酸化銅の質量は2.40gのままにして、炭素粉末の質量を0.15g、0.18g、0.21g、0.24g、0.27g、0.30gに変えて、①から④までと同じことを行った。

〔実験〕の②では、石灰水が白く濁った。
また、〔実験〕の⑤で、加えた炭素粉末が0.15g、0.18g、0.21g、0.24g、0.27g、0.30gのいずれかのとき、酸化銅と炭素がそれぞれ全て反応し、気体と赤色の物質だけが生じた。この赤色の物質を薬さじで強くこすると、金属光沢が見られた。
表は、〔実験〕の結果をまとめたものである。ただし、反応後の試験管Aの中にある気体の質量は無視できるものとする。

| 酸化銅の質量[g] | 2.40 | 2.40 | 2.40 | 2.40 | 2.40 | 2.40 | 2.40 |
|---|---|---|---|---|---|---|---|
| 加えた炭素粉末の質量[g] | 0.12 | 0.15 | 0.18 | 0.21 | 0.24 | 0.27 | 0.30 |
| 反応後の試験管Aの中にある物質の質量[g] | 2.08 | 2.00 | 1.92 | 1.95 | 1.98 | 2.01 | 2.04 |

次の(1)から(4)までの問いに答えなさい。
(1) 〔実験〕で起こった化学変化について説明した文として最も適当なものを、次のアからエまでの中から選んで、そのかな符号を書きなさい。 (1点)
ア. 酸化銅は酸化され、同時に炭素も酸化された。
イ. 酸化銅は還元され、同時に炭素も還元された。
ウ. 酸化銅は酸化され、同時に炭素は還元された。
エ. 酸化銅は還元され、同時に炭素は酸化された。

(2) **よく出る** 〔実験〕では、黒色の酸化銅と黒色の炭素粉末が反応して、気体と赤色の物質が生じた。このときの化学変化を表す化学反応式を書きなさい。 (1点)

(3) **よく出る** 酸化銅の質量を2.40gのままにして、加える炭素粉末の質量を0gから0.30gまでの間でさまざまに変えて、〔実験〕と同じことを行ったとき、加えた炭素粉末の質量と発生した気体の質量との関係はどのようになるか。横軸に加えた炭素粉末の質量を、縦軸に発生した気体の質量をとり、その関係を表すグラフを上の図2に書きなさい。 (1点)

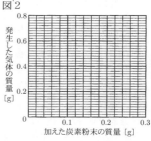

(4) **思考力** 酸化銅の質量を3.60g、加える炭素粉末の質量を0.21gに変えて、〔実験〕と同じことを行った。このとき、気体と赤色の物質が生じたほか、黒色の物質が一部反応せずに残っていた。反応後の試験管A中の赤色の物質と黒色の物質はそれぞれ何gか。次のアからシまでの中から、それぞれ最も適当なものを選んで、そのかな符号を書きなさい。 (2点)

ア. 0.69g イ. 0.80g ウ. 0.99g
エ. 1.20g オ. 1.36g カ. 1.52g
キ. 1.65g ク. 1.76g ケ. 2.00g
コ. 2.24g サ. 2.40g シ. 2.88g

### 4 力と圧力

物体にはたらく浮力について調べるため、次の〔実験1〕と〔実験2〕を行った。ただし、糸の質量は無視できるものとする。
〔実験1〕
① 高さ4.0cm、重さ1.0Nの直方体である物体Aの上面に糸を取り付け、底面が水平になるようにばねばかりにつるした。
② ビーカーを用意し、ビーカーに水を入れた。
③ 図1のように、ばねばかりにつるした物体Aを、底面が水平になるように②のビーカーの水面の位置に合わせた。

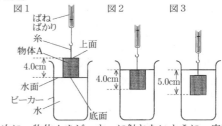

④ 次に、物体Aをビーカーに触れないように、底面が水面と平行な状態を保って、図2のように物体Aの上面が水面の位置になるまで、ゆっくりと沈めた。このときの、水面から物体Aの底面までの距離とばねばかりの示す値との関係を調べた。
⑤ さらに、物体Aを、底面が水面と平行な状態を保って、図3のように水面から物体Aの底面までの距離が5.0cmとなる位置まで沈めた。
図4は、〔実験1〕の④の結果をグラフに表したものである。

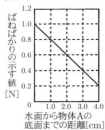

〔実験2〕
① 物体Aをもう1つ用意し、図5のように、2つの物体Aをすき間がないよう接着させて、高さ8.0cm、重さ2.0Nの直方体である物体Bをつくり、物体Bの上面に糸を取り付け、底面が水平になるようにばねばかりにつるした。
② 次に、物体Bをビーカーに触れないように、底面が水面と平行な状態を保って、水の中に沈めた。

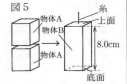

次の(1)から(4)までの問いに答えなさい。

(1) **よく出る** 〔実験1〕の④で、水面から物体Aの底面までの距離が1.0cmになったとき、物体Aにはたらく浮力の大きさは何Nか、小数第1位まで求めなさい。 (1点)

(2) 次の文章は、〔実験1〕の④の結果からわかることについて説明したものである。文章中の（ Ⅰ ）には下のアとイのいずれかから、（ Ⅱ ）には下のウからオまでの中から、（ Ⅲ ）には下のカからクまでの中から、それぞれ最も適当なものを選んで、そのかな符号を書きなさい。 (1点)

〔実験1〕の④では、水面から物体Aの底面までの距離が大きくなるほど、ばねばかりの示す値が小さくなった。これは、物体Aの底面の位置が水面から深くなるほど、底面にはたらく水圧が（ Ⅰ ）なり、それに伴って物体Aの受ける浮力が（ Ⅰ ）なるためである。図2の位置に物体Aがあるとき、物体Aにはたらく重力と浮力の大きさを比べると、（ Ⅱ ）ため、その位置で物体Aが静止した状態で糸を切ると、物体Aは（ Ⅲ ）。

ア．大きく
イ．小さく
ウ．浮力のほうが大きい
エ．重力のほうが大きい
オ．どちらも同じ大きさである
カ．静止したままである
キ．沈んでいく
ク．浮き上がる

(3) 次の文章は、〔実験1〕の⑤の結果について説明したものである。文章中の（ Ⅰ ）には下のアからウまでの中から、（ Ⅱ ）には下のエからカまでの中から、（ Ⅲ ）には下のキからコまでの中から、それぞれ最も適当なものを選んで、そのかな符号を書きなさい。 (1点)

〔実験1〕の⑤で、図3の位置に物体Aがあるとき、ばねばかりの示す値は（ Ⅰ ）Nである。また、水面から物体Aの底面までの距離が4.0cmより大きくなっていくとき、ばねばかりの示す値が（ Ⅱ ）のは、物体Aの底面にはたらく水圧と、上面にはたらく水圧の（ Ⅲ ）が（ Ⅱ ）ためである。

ア．0　　　　　　イ．0.2
ウ．0.4　　　　　エ．大きくなっていく
オ．小さくなっていく　カ．変わらない
キ．積　　　　　　ク．商
ケ．和　　　　　　コ．差

(4) 〔実験2〕の②で、物体Bを水の中に沈めたところ、ばねばかりの示す値が0.8Nとなった。このときの、水面から物体Bの底面までの距離は何cmか、整数で答えなさい。 (1点)

## 5 気象観測、日本の気象

次の文章は、花子さんと太郎さんが天気図について調べたときに話し合った会話である。

太郎：春の天気の特徴を表した天気図（図1）と冬の天気の特徴を表した天気図（図2）を探してきたよ。天気図からはどんな情報がわかるのかな。
花子：この2つの天気図には天気を表す記号が書かれていないけれど、その記号が書かれていたら、各地の天気や風向、風力がわかるよ。それから、天気図には、気圧の値の等しい地点を結んだ等圧線が示されているね。図2の天気図に見られる西高東低の気圧配置は、冬の特徴だよ。
太郎：冬のように、それぞれの季節に特徴的な天気や気圧配置があるのかな。
花子：あると思うわ。日本は広い大陸と海洋にはさまれていて、大陸と海洋上には、季節ごとに気温や湿度の違う気団が発達するから、その影響でそれぞれの季節に特徴的な天気をもたらすそうよ。
太郎：それなら、夏や秋に台風が日本付近に近づくことが多いのはどうしてなのかな。もう少し天気のことを調べてみたいな。

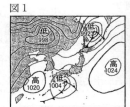
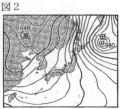

次の(1)から(4)までの問いに答えなさい。

(1) **基本** 図1は、ある年の3月の天気図である。図3は、このときのある地点の風向、風力、天気を表した記号である。この記号が表す風向、風力、天気をそれぞれ書きなさい。
なお、図3の点線は、16方位を表している。 (1点)

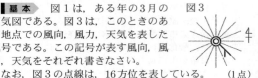

(2) **基本** 次の文章は、地上付近での風のふき方について説明したものである。文章中の（ Ⅰ ）から（ Ⅲ ）までにあてはまる語句の組み合わせとして最も適当なものを、下のアからクまでの中から選んで、そのかな符号を書きなさい。 (1点)

地上付近の風は、（ Ⅰ ）へ向かって空気が移動することで生じ、等圧線の間隔が（ Ⅱ ）ほど風は強くふく。また、低気圧の中心部では（ Ⅲ ）気流が起こっている。

ア．Ⅰ．高気圧から低気圧、Ⅱ．広い、Ⅲ．上昇
イ．Ⅰ．高気圧から低気圧、Ⅱ．広い、Ⅲ．下降
ウ．Ⅰ．高気圧から低気圧、Ⅱ．狭い、Ⅲ．上昇
エ．Ⅰ．高気圧から低気圧、Ⅱ．狭い、Ⅲ．下降
オ．Ⅰ．低気圧から高気圧、Ⅱ．広い、Ⅲ．上昇
カ．Ⅰ．低気圧から高気圧、Ⅱ．広い、Ⅲ．下降
キ．Ⅰ．低気圧から高気圧、Ⅱ．狭い、Ⅲ．上昇
ク．Ⅰ．低気圧から高気圧、Ⅱ．狭い、Ⅲ．下降

(3) **思考力** 次の図4は、ある年に日本に上陸した台風の移動経路を模式的に示したものである。黒点（●）は、台風の中心位置を、9月29日午前9時から9月30日午前9時まで3時間ごとに表したものであり、これらの黒点を通る線はその移動経路を表したものである。図4の台風の進路の西側にある地点Ⅹと、東側にある地点Ｙの風

向の変化について，次の文章中の（　）にあてはまる最も適当な語句を，下のアからエまでの中から選んで，そのかな符号を書きなさい。

また，下表は，図4の地点AからDまでのいずれかの地点における3時間ごとの気温，湿度，気圧，天気，風力，風向を記録したものである。この表の記録は，地点AからDまでのどの地点のものか，最も適当なものを，下のオからクまでの中から選んで，そのかな符号を書きなさい。（1点）

図4

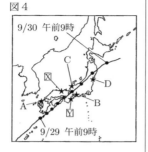

| 日 | 時刻[時] | 気温[℃] | 湿度[％] | 気圧[hPa] | 天気 | 風力 | 風向 |
|---|---|---|---|---|---|---|---|
| 9/29 | 9 | 20 | 86 | 1007 | 雨 | 2 | 北東 |
| | 12 | 22 | 82 | 1004 | 雨 | 2 | 東 |
| | 15 | 25 | 87 | 999 | 雨 | 4 | 南東 |
| | 18 | 26 | 79 | 992 | 雨 | 6 | 南東 |
| | 21 | 25 | 90 | 979 | 雨 | 6 | 南東 |
| | 24 | 24 | 92 | 977 | 雨 | 4 | 南 |
| 9/30 | 3 | 23 | 75 | 994 | くもり | 4 | 西南西 |
| | 6 | 22 | 70 | 998 | 晴れ | 2 | 西 |
| | 9 | 24 | 48 | 1004 | 晴れ | 4 | 北西 |

台風の中心は，地点Xの東側を移動している。地点Xでは，台風の移動に伴い，9月29日午後6時から6時間後までの間に，風向が（　）に変化した。地点Yでは台風の中心がその西側を移動している。地点Yでも，風向が大きく変化した。

ア．北よりから西よりへ反時計回り
イ．東よりから南よりへ時計回り
ウ．南よりから東よりへ反時計回り
エ．西よりから北よりへ時計回り
オ．A　カ．B　キ．C　ク．D

(4) 次の文章は，下線部の台風の進路について説明したものである。文章中の（Ⅰ）から（Ⅲ）までにあてはまる語句の組み合わせとして最も適当なものを，下のアからクまでの中から選んで，そのかな符号を書きなさい。（1点）

秋が近くなると，太平洋の（Ⅰ）が（Ⅱ）ので，台風は日本付近に近づくように北上する。その後，北上した台風が東向きに進路を変えるのは，（Ⅲ）の影響によるものだと考えられる。

ア．Ⅰ．高気圧，Ⅱ．発達する，Ⅲ．偏西風
イ．Ⅰ．高気圧，Ⅱ．おとろえる，Ⅲ．偏西風
ウ．Ⅰ．低気圧，Ⅱ．発達する，Ⅲ．偏西風
エ．Ⅰ．低気圧，Ⅱ．おとろえる，Ⅲ．偏西風
オ．Ⅰ．高気圧，Ⅱ．発達する，Ⅲ．季節風
カ．Ⅰ．高気圧，Ⅱ．おとろえる，Ⅲ．季節風
キ．Ⅰ．低気圧，Ⅱ．発達する，Ⅲ．季節風
ク．Ⅰ．低気圧，Ⅱ．おとろえる，Ⅲ．季節風

**6　光と音，天体の動きと地球の自転・公転**

次の(1)，(2)の問いに答えなさい。（各1点）
(1) 凸レンズによってできる像について調べるため，次の実験を行った。

〔実験〕
① 図のように，光源，厚紙を立てる台，凸レンズ，スクリーンを一直線上に並べ，光軸（凸レンズの軸）とスクリーンが垂直になるように机の上に立てた。

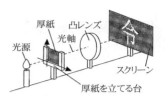

② 厚紙を立てる台に，「令」の文字をくりぬいた厚紙を取り付け，その像がスクリーンにはっきりと映る位置までスクリーンを動かした。

なお，厚紙を立てる台の矢印は，厚紙を取り付ける向きを確認するためのものである。

〔実験〕では，光源側からスクリーンを観察したとき，スクリーンに図の「令」の文字が見られた。このとき，厚紙は厚紙を立てる台にどのように取り付けられていたか。光源側から見たときの，厚紙を取り付けた向きとして最も適当なものを，次のアからクまでの中から選んで，そのかな符号を書きなさい。

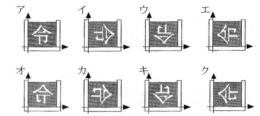

(2) 日本のある地点で，ある年の冬から夏にかけてオリオン座を観察した。その年の1月1日午後5時には図の①のようにオリオン座のベテルギウスが東の地平線付近に見え，同じ日の午後11時には図の②のように南中した。

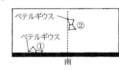

次の文章は，その後，同じ地点でベテルギウスを観察したときのようすについて説明したものである。文章中の（Ⅰ）と（Ⅱ）にあてはまる語句の組み合わせとして最も適当なものを，下のアからエまでの中から選んで，そのかな符号を書きなさい。

1月1日から1か月後，ベテルギウスが南中したのは（Ⅰ）頃である。また，オリオン座は夏にも観察することができ，（Ⅱ）頃には，図の①と同じように東の地平線付近に見えた。

ア．Ⅰ．午後9時，Ⅱ．7月1日午後9時
イ．Ⅰ．午後9時，Ⅱ．8月1日午前3時
ウ．Ⅰ．午前1時，Ⅱ．7月1日午後9時
エ．Ⅰ．午前1時，Ⅱ．8月1日午前3時

《Bグループ》

**出題傾向と対策**

●物理と化学，生物と地学の集合問題が各1題と，物理，化学，生物，地学各1題の計6題の出題。解答形式は選択式が大部分である。記述式では計算や作図，化学反応式などが出題された。科学的思考力を必要とする問題や新傾向の問題が複数題あった。
●教科書の内容を確実に身につけ，日ごろから実験・観察に積極的に取り組み，結果を論理的に考察する力を養っておこう。さらに，問題演習で知識の定着をはかり，計算や作図に慣れ，科学的思考力をつけておこう。

## 1 物質のすがた，状態変化，力学的エネルギー

次の(1), (2)の問いに答えなさい。

(1) 仕事と物体の速さとの関係について調べるため，次の〔実験〕を行った。
ただし，〔実験〕では，物体にはたらく摩擦力や空気の抵抗は無視でき，物体は水平面から離れることなく運動するものとする。

〔実験〕
① 図のように，点Aに質量0.50 kgの物体Pを置き，水平方向に一定の大きさ4.0 Nの力で押して，その力の向きに点Aから点Bまで0.090 m動かした。

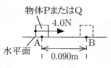

② 点Bで力を加えるのをやめたところ，物体Pは水平面上を等速直線運動した。このときの物体Pの速さを測定した。
③ 次に，質量2.0 kgの物体Qにかえて，①，②と同じことを行った。

〔実験〕で，物体に仕事をすると，その分だけ物体の運動エネルギーが変化する。4.0 Nの力が質量0.50 kgの物体Pにした仕事を$W_1$，点Bにおける物体Pの速さを$V_1$とする。また，4.0 Nの力が質量2.0 kgの物体Qにした仕事を$W_2$，点Bにおける物体Qの速さを$V_2$とするとき，$W_1$と$W_2$の値と，$V_1$と$V_2$の値の大小関係を表している組み合わせとして最も適当なものを，次のアからカまでの中から選んで，そのかな符号を書きなさい。 (1点)
ア．$W_1 = 0.18$ J, $W_2 = 0.72$ J, $V_1 < V_2$
イ．$W_1 = 0.36$ J, $W_2 = 0.36$ J, $V_1 < V_2$
ウ．$W_1 = 0.18$ J, $W_2 = 0.72$ J, $V_1 = V_2$
エ．$W_1 = 0.36$ J, $W_2 = 0.36$ J, $V_1 = V_2$
オ．$W_1 = 0.18$ J, $W_2 = 0.72$ J, $V_1 > V_2$
カ．$W_1 = 0.36$ J, $W_2 = 0.36$ J, $V_1 > V_2$

(2) 混合物の分離について調べるため，次の〔実験〕を行った。

〔実験〕
① 水11 cm³とエタノール13 cm³の混合液と，沸騰石を試験管Xに入れ，図のような装置を用いて弱火でゆっくり加熱した。

② ガラス管から出てくる物質を試験管aに集め，液体が4 cm³集まるたびに，新しい試験管と交換し，順に試験管b, c, d, eとした。
③ 試験管a, b, c, d, eに集めたそれぞれの液体に密度0.90 g/cm³のポリプロピレンの小片を入れたときの浮き沈みと，脱脂綿にそれぞれの液体をしみこませて火をつけたときのようすを調べた。

表は，〔実験〕の③の結果をまとめたものである。

| 試験管 | a | b | c | d | e |
|---|---|---|---|---|---|
| ポリプロピレンの小片の浮き沈み | 沈んだ | 沈んだ | 沈んだ | 浮いた | 浮いた |
| 火をつけたときのようす | 燃えた | 燃えた | 燃えた | 燃えるがすぐ消えた | 燃えなかった |

この実験について説明した文として正しいものを，次のアからオまでの中から2つ選んで，そのかな符号を書きなさい。 (1点)

ア．この〔実験〕では，物質の密度のちがいを利用して，混合液から純物質を取り出している。
イ．試験管aの液体の質量は，試験管dの液体の質量よりも小さい。
ウ．試験管bの液体の質量は，4.0 gよりも大きい。
エ．脱脂綿に試験管cからeまでの液体をしみこませて火をつけたときのようすを比較すると，試験管cの液体は水であるといえる。
オ．試験管aからeまでの液体のうち，水を最も多く含んでいるのは，試験管eの液体である。

## 2 動物の体のつくりと働き，動物の仲間

動物には，外界のさまざまな刺激を受けとる感覚器官や，刺激に応じてからだを動かす運動器官がある。次の文章は，太郎さんと花子さんが運動器官について調べるため，ニワトリの翼の先端に近い部分である手羽先の解剖を行ったときの先生との会話である。

先生：前回の授業では，運動器官について勉強しました。図1は，①ヒトの腕の骨格と筋肉を模式的に表したものです。今日の授業では，ニワトリの手羽先を解剖して，動物の骨格と筋肉のしくみを学びます。まず，手羽先の皮を解剖ばさみで取り除き，ピンセットで筋肉をつまんでみてください。

花子：②手羽先の筋肉をピンセットで直接引くと，先端部が動きます(図2)。

先生：そうですね。次に筋肉を取り除いて，手羽先を骨格のみにしてください。

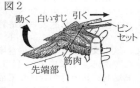

太郎：できました(図3)。先端部にある2つのとがった部分は何ですか。

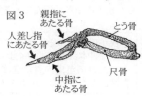

先生：はい。これらはヒトの親指にあたる骨と人差し指にあたる骨です。さらに，中指にあたる骨も痕跡として観察できます。

花子：図3のとう骨と尺骨は，調理された手羽先を食べたときに見たことがあります。

先生：図1を見るとヒトの腕にも同じ骨があることがわかりますね。このように③共通の祖先から進化した生物は，共通する構造を残しながら環境に適応して，少しずつかたちを変えています。

太郎：④ヒトとニワトリで，他にも似ているところがあるのかな。調べてみようと思います。

次の(1)から(4)までの問いに答えなさい。

(1) **基本** 下線部①と②について，次の文章は，ヒトとニワトリの筋肉のはたらきを説明したものである。文章中の（Ⅰ）から（Ⅳ）までにあてはまる語の組み合わせとして最も適当なものを，下のアからクまでの中から選んで，そのかな符号を書きなさい。(1点)

> ヒトは，筋肉で骨格を動かすことによってからだを動かしている。筋肉は（Ⅰ）で骨とつながっており，図1で矢印の向きに腕を曲げるとき，Aの筋肉は（Ⅱ），Bの筋肉は（Ⅲ）。図2で花子さんが手羽先の筋肉を引き，先端部を動かしたことは，その筋肉が（Ⅳ）ことで，からだが動くことを確認した実験である。

ア．Ⅰ．けん，Ⅱ．縮み，Ⅲ．ゆるむ，Ⅳ．ゆるむ
イ．Ⅰ．運動神経，Ⅱ．縮み，Ⅲ．ゆるむ，Ⅳ．ゆるむ
ウ．Ⅰ．けん，Ⅱ．縮み，Ⅲ．ゆるむ，Ⅳ．縮む
エ．Ⅰ．運動神経，Ⅱ．縮み，Ⅲ．ゆるむ，Ⅳ．縮む
オ．Ⅰ．けん，Ⅱ．ゆるみ，Ⅲ．縮む，Ⅳ．ゆるむ
カ．Ⅰ．運動神経，Ⅱ．ゆるみ，Ⅲ．縮む，Ⅳ．ゆるむ
キ．Ⅰ．けん，Ⅱ．ゆるみ，Ⅲ．縮む，Ⅳ．縮む
ク．Ⅰ．運動神経，Ⅱ．ゆるみ，Ⅲ．縮む，Ⅳ．縮む

(2) ヒトやニワトリなどの動物には，外界からの刺激を受けとると，それに反応するしくみが備わっている。刺激は電気的な信号として神経に伝わる。右の図4は，刺激を受けとってから感覚が生じ，反応が起こるまでの信号が伝わる経路を模式的に示したものである。脳とせきずいがあてはまるものとして最も適当なものを，図4のアからエまでの中からそれぞれ選んで，そのかな符号を書きなさい。ただし，アからエまでは，それぞれ感覚器官，筋肉，脳，せきずいのいずれかであり，矢印は信号が伝わる向きを表している。(1点)

図4

(3) **よく出る** 下線部③について，ヒトの腕とニワトリの翼のように，現在の見かけのかたちやはたらきは異なっていても，基本的なつくりが同じで，もとは同じものであったと考えられる器官を何というか。漢字4字で書きなさい。(1点)

(4) **基本** 下線部④について，太郎さんは，ヒトやニワトリなどいくつかの動物のからだのつくりや生活の特徴を調べた。次の表は太郎さんが調べた結果をまとめたものであり，ⅠからⅣまでの特徴について，その特徴をもつ場合は○，もたない場合は×，子と親で特徴が異なる場合は△を記入してある。なお，アからカまでは，ヒト，ニワトリ，カメ，カエル，メダカ，イカのいずれかである。表のアからカまでの中から，ヒトとニワトリにあてはまるものとして最も適当なものをそれぞれ選んで，そのかな符号を書きなさい。(1点)

| 特徴＼動物 | ア | イ | ウ | エ | オ | カ |
|---|---|---|---|---|---|---|
| Ⅰ　胎生である | × | × | ○ | × | × | × |
| Ⅱ　恒温動物である | × | × | ○ | × | ○ | × |
| Ⅲ　背骨がある | ○ | ○ | ○ | ○ | ○ | × |
| Ⅳ　肺で呼吸する | × | ○ | ○ | × | ○ | △ |

## 3 物質の成り立ち，化学変化と物質の質量

水溶液の電気分解と発生した気体の性質について調べるため，次の〔実験1〕から〔実験3〕までを行った。

〔実験1〕
① 図1のように，陽極と陰極に炭素棒を使用して，H形のガラス管を用いて電気分解装置を組み立てた。

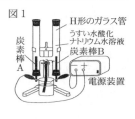

図1

② H形のガラス管の中にうすい水酸化ナトリウム水溶液を入れた。
③ 炭素棒Aが陽極（＋極）に，炭素棒Bが陰極（−極）になるようにして電流を流し，炭素棒付近から発生する気体をそれぞれ集めた。

〔実験1〕の③で発生した気体の性質を確かめたところ，気体は酸素と水素であった。

〔実験2〕
① 図2のような装置を準備し，2.0 cm³の酸素と4.0 cm³の水素をプラスチックの筒に入れた。

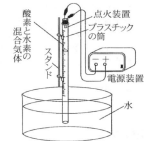

図2

② 点火装置を用いて筒の中の気体に点火し，プラスチックの筒が冷えてから，プラスチックの筒の中に残った気体の体積を測定した。
③ ①の水素の体積は4.0 cm³のままにして，酸素の体積を0 cm³，1.0 cm³，3.0 cm³，4.0 cm³，5.0 cm³，6.0 cm³に変え，それぞれについて②と同じことを行った。
④ 次に，プラスチックの筒に入れる気体の体積が，酸素と水素を合わせて6.0 cm³になるように，酸素と水素の体積をさまざまに変えて，②と同じことを行った。

表は，〔実験2〕の①から③までの結果をまとめたものである。

| 酸素の体積[cm³] | 0 | 1.0 | 2.0 | 3.0 | 4.0 | 5.0 | 6.0 |
|---|---|---|---|---|---|---|---|
| 水素の体積[cm³] | 4.0 | 4.0 | 4.0 | 4.0 | 4.0 | 4.0 | 4.0 |
| 残った気体の体積[cm³] | 4.0 | 2.0 | 0 | 1.0 | 2.0 | 3.0 | 4.0 |

〔実験3〕
① 図3のように，塩化銅水溶液の入ったビーカーに，発泡ポリスチレンの板に取り付けた炭素棒Aと炭素棒Bを入れ，炭素棒Aが陽極（＋極）に，炭素棒Bが陰極（−極）になるようにして，0.25 Aの電流を流した。

図3

② 10分ごとに電源を切って，炭素棒を取り出し，炭素棒の表面に付いていた金属の質量を測定した。
③ ①と同じ塩化銅水溶液を用意し，電流の値を0.50 A，0.75 Aに変え，それぞれについて②と同じことを行った。

次の(1)から(4)までの問いに答えなさい。

(1) **よく出る** 〔実験1〕で起こった化学変化を化学反応式で表しなさい。(1点)

(2) 〔実験2〕の④で，プラスチックの筒に入れた酸素の体積と，点火後にプラスチックの筒の中に残った気体の体積との関係はどのようになるか。横軸に筒に入れた酸素の体積を，縦軸に筒の中に残った気体の体積をとり，その関係を表すグラフを図4に書きなさい。(1点)

図4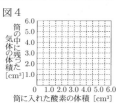

(3) 〔実験3〕の①では，一方の炭素棒付近から気体が発生した。炭素棒A，Bのどちらから気体が発生したか，AまたはBで答えなさい。また，発生した気体は何か，化学式で書きなさい。　　　　　　　　　　　　　　(1点)

(4) **思考力** **新傾向**
図5は，〔実験3〕のうち，0.25Aと0.75Aの電流を流した2つの実験について，電流を流した時間と炭素棒の表面に付いていた金属の質量との関係をグラフに表したものである。0.25A，0.50A，0.75Aの電流をそれぞれ同じ時間流したときに，炭素棒の表面に付いていた金属の質量を合計すると1.5gであった。このとき，それぞれの電流を流した時間は何分か。最も適当なものを，下のアからコまでの中から選んで，そのかな符号を書きなさい。　　　　　　　　　(2点)

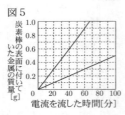
図5

ア．30分　　イ．40分　　ウ．50分
エ．60分　　オ．70分　　カ．80分
キ．90分　　ク．100分　　ケ．110分
コ．120分

### 4 電流

電熱線の長さと抵抗の大きさとの関係を調べるため，次の〔実験1〕と〔実験2〕を行った。

〔実験1〕
① 図1のように，抵抗器a，電源装置，スイッチ，電流計，クリップを導線で接続し，クリップの金属部分Aを端子Qに接続した回路をつくった。
　なお，抵抗器aの電熱線は，一定の太さの金属線でできたらせん状の電熱線を一直線にのばし，その両端を端子P，Qに固定したものである。また，この電熱線の抵抗は40Ωであり，端子Pから端子Qまでの長さは40cmである。
② スイッチを入れ，電源装置の電圧を10Vにして，電流計が示す値を測定した。
③ 次に，図2のように，端子Pから10cmの位置にクリップの金属部分Aを接続して②と同じことを行った。
④ さらに，クリップの金属部分Aを抵抗器aの電熱線に接続する位置をさまざまに変えて，②と同じことを行った。

図1　　　図2

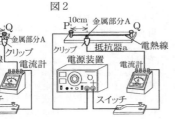

〔実験1〕の③では，電流計の示す値が②の4倍であった。図3は，〔実験1〕の結果をもとに端子Pからクリップの金属部分Aまでの距離と電流計が示す値との関係をグラフに表したものであり，縦軸の目盛りに数値は示していない。

〔実験2〕
① 電熱線の長さと抵抗の大きさが抵抗器aと等しい抵抗器bを用意した。

図3

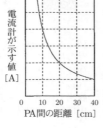

② 図4のように，抵抗器a，抵抗器b，電源装置，スイッチ，電流計，クリップを導線で接続し，クリップの金属部分Aを端子Qに接続した回路をつくった。

図4
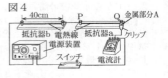

③ スイッチを入れ，電源装置の電圧を10Vにして，電流計が示す値を測定した。
④ 次に，クリップの金属部分Aを抵抗器aの電熱線に接続する位置をさまざまに変えて，③と同じことを行った。

次の(1)から(4)までの問いに答えなさい。

(1) **基本** 〔実験1〕の②で，電流計が示す値は何Aか，小数第2位まで求めなさい。　　　　　　(1点)

(2) 次の文章は，〔実験1〕の結果からわかることについて説明したものである。文章中の（Ⅰ）から（Ⅲ）までにあてはまる数値と語句の組み合わせとして最も適当なものを，下のアからクまでの中から選んで，そのかな符号を書きなさい。　　　　　　(1点)

〔実験1〕で，PA間の距離が10cm，20cm，40cmのとき，端子Pとクリップの金属部分Aとの間の抵抗の大きさは順に，（Ⅰ），（Ⅱ），40Ωとなる。この結果から，PA間の抵抗の大きさは，PA間の距離に（Ⅲ）することがわかる。

ア．Ⅰ．160Ω，Ⅱ．80Ω，Ⅲ．比例
イ．Ⅰ．160Ω，Ⅱ．80Ω，Ⅲ．反比例
ウ．Ⅰ．80Ω，Ⅱ．60Ω，Ⅲ．比例
エ．Ⅰ．80Ω，Ⅱ．60Ω，Ⅲ．反比例
オ．Ⅰ．20Ω，Ⅱ．30Ω，Ⅲ．比例
カ．Ⅰ．20Ω，Ⅱ．30Ω，Ⅲ．反比例
キ．Ⅰ．10Ω，Ⅱ．20Ω，Ⅲ．比例
ク．Ⅰ．10Ω，Ⅱ．20Ω，Ⅲ．反比例

(3) 次の文章は，〔実験2〕について説明したものである。文章中の（Ⅰ）から（Ⅲ）までにあてはまる数値と語句の組み合わせとして最も適当なものを，下のアからクまでの中から選んで，そのかな符号を書きなさい。(1点)

〔実験2〕の③で，図4の回路全体の抵抗の大きさは（Ⅰ）である。
また，〔実験2〕の④で，PA間の距離を小さくしていくとき，抵抗器aのPA間にかかる電圧は（Ⅱ）なり，抵抗器bで消費される電力は（Ⅲ）なる。

ア．Ⅰ．80Ω，Ⅱ．大きく，Ⅲ．大きく
イ．Ⅰ．80Ω，Ⅱ．大きく，Ⅲ．小さく
ウ．Ⅰ．80Ω，Ⅱ．小さく，Ⅲ．大きく
エ．Ⅰ．80Ω，Ⅱ．小さく，Ⅲ．小さく
オ．Ⅰ．20Ω，Ⅱ．大きく，Ⅲ．大きく
カ．Ⅰ．20Ω，Ⅱ．大きく，Ⅲ．小さく
キ．Ⅰ．20Ω，Ⅱ．小さく，Ⅲ．大きく
ク．Ⅰ．20Ω，Ⅱ．小さく，Ⅲ．小さく

(4) **思考力** **新傾向** 〔実験1〕の図2の回路で，抵抗器aの端子Qに固定していた電熱線の端を取り外し，次の図5のように電熱線を曲げ，円周の長さが40cmの1つの円になるようにして端子Pに固定した。さらに，クリップの金属部分Aを，端子Pから円形に曲げた電熱線に沿って10cmの位置に接続してスイッチを入れ，電源装置の電圧を12Vにしたとき，電流計が示す値は何Aか，小数第1位まで求めなさい。　　(2点)

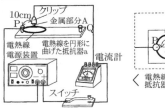

## 5 火山と地震

次の文章は、火山活動と大地の運動についての太郎さんと先生との会話である。

太郎：家族でハワイに行ったときに、授業で学んだキラウエア火山の周辺が国立公園になっていて、溶岩が流れているようすを間近で見ることができました。

先生：①キラウエア火山はねばりけが弱いマグマを噴出しているので、溶岩が流れるようすが観察できたのでしょう。

太郎：先生は、ハワイ島が火山活動によってつくられたとおっしゃっていましたね。

先生：そうです。図1を見てください。ハワイ島付近には、地球内部からマグマが上昇してくるホットスポットとよばれる場所があり、その付近の島や海山は、火山活動によって形成されたと一般的には考えられています。また、ホットスポットは、長い年月にわたり同じ場所で火山活動をしていると考えられています。

太郎：図2のように、ハワイ島から島々がつらなっているのはなぜですか。

先生：図1のように、②太平洋プレートが動いていて、そのプレート上にホットスポットの断続的な火山活動で島や海山がつくられているためだと考えられています。この③プレートの動きは、地震の発生にも関係しています。

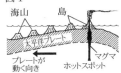
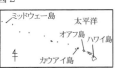

次の(1)から(4)までの問いに答えなさい。

(1) **基本** 下線部①について、図3はキラウエア火山の岩石の模式図とその一部の拡大図である。この岩石の名称を次のアからカまでの中から1つ選んで、そのかな符号を書きなさい。また、拡大図に見られる大きな結晶の周りにあるごく小さな鉱物の集まりやガラス質の部分の名称を次のキからケまでの中から1つ選んで、そのかな符号を書きなさい。(1点)

ア．流紋岩　　　イ．凝灰岩
ウ．玄武岩　　　エ．花こう岩
オ．石灰岩　　　カ．はんれい岩
キ．石基　　　　ク．斑晶
ケ．れき

(2) **新傾向** 下線部②について、太郎さんはハワイ島からミッドウェー島まで島々がつらなっていることから、点在する島のハワイ島からの距離と、その島が形成された年代を調べることでプレートの移動の速さと向きを推定できると考えた。

| 島の名称 | ハワイ島からの距離 | 形成年代 |
|---|---|---|
| オアフ島 | 320km | 370万年前 |
| カウアイ島 | 490km | 530万年前 |
| ミッドウェー島 | 2400km | 2800万年前 |

表は、太郎さんが集めたデータをまとめたものである。表と図2からわかることを説明した文として最も適当なものを、次のアからエまでの中から選んで、そのかな符号を書きなさい。(1点)

ア．プレートは年間約9cmの速さで西北西の向きに移動している。
イ．プレートは年間約9cmの速さで東南東の向きに移動している。
ウ．プレートは年間約90cmの速さで西北西の向きに移動している。
エ．プレートは年間約90cmの速さで東南東の向きに移動している。

(3) **よく出る** 下線部③について、図4は日本付近のプレートを示したものである。プレートの移動やプレートどうしの境界で起こる地震について説明した次のaからfまでの文の中から正しい内容を述べている文の組み合わせとして最も適当なものを、下のアからクまでの中から選んで、そのかな符号を書きなさい。(1点)

a．東に移動する北アメリカプレートと西に移動する太平洋プレートが押し合って、プレートの境界が隆起している。
b．西に移動する北アメリカプレートと東に移動する太平洋プレートが引き合って、プレートの境界が沈降している。
c．ユーラシアプレートの下にフィリピン海プレートが沈みこんで生じたひずみが限界になると、もとにもどるようにはね返るため、地震が起こる。
d．フィリピン海プレートの下にユーラシアプレートが沈みこんで生じたひずみが限界になると、もとにもどるようにはね返るため、地震が起こる。
e．プレートの境界で起こる地震の震源は、大陸側から太平洋側にいくにしたがって深くなる。
f．プレートの境界で起こる地震の震源は、大陸側から太平洋側にいくにしたがって浅くなる。

ア．a, e　　イ．a, f　　ウ．b, e
エ．b, f　　オ．c, e　　カ．c, f
キ．d, e　　ク．d, f

(4) ある日の朝、日本のある地点Xで震度4の地震Aを観測した。このとき、地点Xでの初期微動継続時間は8秒であった。同じ日の夜、地点Xで震度2の地震Bを観測した。このとき、地点Xでの初期微動継続時間は4秒であった。次の文章は、地点Xで観測した2つの地震について説明したものである。文章中の（Ⅰ）と（Ⅱ）にあてはまる語の組み合わせとして最も適当なものを、あとのアからエまでの中から選んで、そのかな符号を書きなさい。ただし、2つの地震のP波とS波の速さはそれぞれ同じであり、地点Xにおける震度は地震の規模と震

源からの距離により決まるものとする。(1点)

> 地点Xから震源までの距離は，地震Aの方が地震Bよりも（ Ⅰ ）。また，地震の規模を表すマグニチュードは，地震Aの方が地震Bよりも（ Ⅱ ）。

ア．Ⅰ．近い，Ⅱ．小さい
イ．Ⅰ．近い，Ⅱ．大きい
ウ．Ⅰ．遠い，Ⅱ．小さい
エ．Ⅰ．遠い，Ⅱ．大きい

### 6 植物の仲間，太陽系と恒星

次の(1), (2)の問いに答えなさい。

(1) **基本** 図は，校庭で見られたツユクサ，トウモロコシ，アブラナ，エンドウの模式図である。太郎さんはこの4種類の植物をなかま分けしようと考えた。図の植物を2種類ずつの2つのなかまに分けることができる特徴として適当なものを，下のアからオまでの中から**2つ**選んで，そのかな符号を書きなさい。(1点)

ツユクサ　トウモロコシ　アブラナ　エンドウ

ア．種子で増えるか，胞子で増えるか
イ．葉脈は網状脈か，平行脈か
ウ．維管束があるか，ないか
エ．根はひげ根か，主根と側根の区別があるか
オ．胚珠が子房に包まれているか，胚珠がむき出しか

(2) **よく出る** 図1は，ある日に，日本のある地点から天体望遠鏡で観察した金星の像を，上下左右を入れかえて肉眼で見える形に直して，模式的に表したものである。また，図2は，地球と金星の公転軌道と，太陽，金星，地球の位置関係を模式的に表したものである。
図1のような金星の像が観察できるのは，図2において，金星がa，b，c，dのどの位置にあるときか。また，金星はどの方角に見られるか。その組み合わせとして最も適当なものを，下のアからシまでの中から選んで，そのかな符号を書きなさい。(1点)

図1　図2
 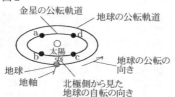

ア．a，東　　イ．a，西　　ウ．a，南
エ．b，東　　オ．b，西　　カ．b，南
キ．c，東　　ク．c，西　　ケ．c，南
コ．d，東　　サ．d，西　　シ．d，南

---

# 三重県

時間 45分　満点 50点　解答 p17　3月10日実施

## 出題傾向と対策

● 例年通り，物理，化学，生物，地学各2題，計8題の出題。解答形式は記述式が多く，文章記述，計算，化学反応式などがあった。基本事項を問う問題が中心だが，問題数が多く，科学的思考力を必要とする問題，やや難しい問題もあり，時間配分に注意が肝要。
● 教科書の内容を実験・観察を中心に，確実に身につけておくことが重要である。また，ふだんから実験操作の目的や結果から考察を導く過程を文章にまとめるように努め，さらに，問題集などで実戦力をつけておこう。

### 1 動物の体のつくりと働き

図1は，ヒトの体の細胞と毛細血管を模式的に示したものである。図2は，ヒトの血液の循環を模式的に示したものであり，a～hは血管を表し，矢印→は血液が流れる向きを表している。また，W～Zは，肝臓，小腸，じん臓，肺のいずれかの器官を表している。このことについて，あとの各問いに答えなさい。（各1点）

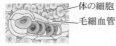
図1

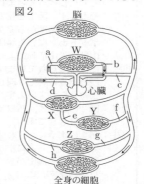
図2

(1) **基本** 次の文は，図1に示した体の細胞と毛細血管の間で行われている物質のやりとりについて説明したものである。文中の（ あ ）に入る最も適当な言葉は何か，漢字で書きなさい。

> 血しょうの一部は毛細血管からしみ出して（ あ ）となり，細胞のまわりを満たす。血液によって運ばれてきた養分や酸素は，（ あ ）を通して細胞に届けられる。

(2) **よく出る** 図2で，ブドウ糖やアミノ酸などは器官Yで吸収されて毛細血管に入り，血管eを通って器官Xに運ばれる。器官Xは何か，次のア～エから最も適当なものを1つ選び，その記号を書きなさい。
ア．肝臓　　　　　イ．小腸
ウ．じん臓　　　　エ．肺

(3) **よく出る** 尿素の割合が最も低い血液が流れている血管はどれか，図2のa～hから最も適当なものを1つ選び，その記号を書きなさい。

(4) **よく出る** 動脈血が流れている血管はどれか，図2のa～dから適当なものを**すべて**選び，その記号を書きなさい。

### 2 天気の変化

まさみさんの部屋には水温を管理できる，水の入った水そうがある。まさみさんは，水そうの表面に水滴がついているときと，ついていないときがあることに気づき，室温，湿度，水そうの水温を測定し，水そうの表面の水滴がつい

ているか，ついていないかを調べた。結果は表1のとおりであった。また，表2は，温度と飽和水蒸気量の関係を示したものである。このことについて，あとの各問いに答えなさい。ただし，水そうの表面付近の空気の温度は水温と等しいものとする。

表1

| 測定 | 室温[℃] | 湿度[%] | 水温[℃] | 水そうの表面の水滴 |
|---|---|---|---|---|
| 測定1 | 28 | 54 | 20 | （ B ） |
| 測定2 | 26 | 62 | 20 | ついていない |
| 測定3 | X | 62 | 20 | ついている |
| 測定4 | 26 | Y | 20 | ついている |
| 測定5 | 26 | 62 | Z | ついている |

表2

| 温度[℃] | 飽和水蒸気量[g/m³] | 温度[℃] | 飽和水蒸気量[g/m³] |
|---|---|---|---|
| 0 | 4.8 | 16 | 13.6 |
| 2 | 5.6 | 18 | 15.4 |
| 4 | 6.4 | 20 | 17.3 |
| 6 | 7.3 | 22 | 19.4 |
| 8 | 8.3 | 24 | 21.8 |
| 10 | 9.4 | 26 | 24.4 |
| 12 | 10.7 | 28 | 27.2 |
| 14 | 12.1 | 30 | 30.4 |

(1) **よく出る** 水そうの表面に水滴がついたのは，空気中の水蒸気が冷やされて水滴に変わったためである。空気中の水蒸気が冷やされて水滴に変わりはじめるときの温度を何というか，その名称を書きなさい。 (1点)

(2) 次の文は，測定1の結果について，まさみさんが考えたことをまとめたものである。文中の（ A ）に入る最も適当な数を書きなさい。また，（ B ）に入る言葉は何か，下のア，イから最も適当なものを1つ選び，その記号を書きなさい。ただし，（ A ）は小数第2位を四捨五入し，小数第1位まで求めなさい。 (2点)

> 測定1のとき，この部屋の空気1m³にふくまれる水蒸気量は（ A ）gであるので，20℃のときの飽和水蒸気量から考えると，水そうの表面に水滴は（ B ）。

（ B ）の語群
ア．ついている　　イ．ついていない

(3) 表1の測定3～測定5では，水そうの表面に水滴がついていた。測定3の室温X，測定4の湿度Y，測定5の水温Zは，測定2の室温，湿度，水温と比べて高いか，低いか，次のア～クから最も適当なものを1つ選び，その記号を書きなさい。 (1点)

|  | ア | イ | ウ | エ | オ | カ | キ | ク |
|---|---|---|---|---|---|---|---|---|
| 測定3の室温 X | 高い | 高い | 高い | 高い | 低い | 低い | 低い | 低い |
| 測定4の湿度 Y | 高い | 高い | 低い | 低い | 高い | 高い | 低い | 低い |
| 測定5の水温 Z | 高い | 低い | 高い | 低い | 高い | 低い | 高い | 低い |

**3** 光と音

たろうさんは，家から花火大会の花火を見ていて，次の①，②のことに気づいた。このことについて，あとの各問いに答えなさい。

> ① 花火が開くときの光が見えてから，その花火が開くときの音が聞こえるまでに，少し時間がかかる。
> ② 花火が開くときの音が聞こえるたびに，家の窓ガラスが揺れる。

(1) たろうさんが，家で，花火が開くときの光が見えてから，その花火が開くときの音が聞こえるまでの時間を，図のようにストップウォッチで計測した結果，3.5秒であった。家から移動し，花火が開く場所に近づくと，その時間が2秒になった。このとき，花火が開く場所とたろうさんとの距離は何m短くなったか，求めなさい。ただし，音が空気中を伝わる速さは340m/秒とする。 (1点)

(2) **基本** ①について，花火が開くときの光が見えてから，その花火が開くときの音が聞こえるまでに，少し時間がかかるのはなぜか，その理由を「光の速さ」という言葉を使って，簡単に書きなさい。 (2点)

(3) ②について，次の文は，たろうさんが，花火が開くときの音が聞こえるときに，家の窓ガラスが揺れる理由をまとめたものである。文中の（ X ），（ Y ）に入る最も適当な言葉は何か，それぞれ書きなさい。 (1点)

> 音は，音源となる物体が（ X ）することによって生じる。音が伝わるのは，（ X ）が次々と伝わるためであり，このように（ X ）が次々と伝わる現象を（ Y ）という。
> 花火が開くときの音で窓ガラスが揺れたのは，花火が開くときに空気が（ X ）し，（ Y ）として伝わったためである。

**4** 物質のすがた

次の実験について，あとの各問いに答えなさい。

> 〈実験〉 気体の性質を調べるために，次の①，②の実験を行った。
> ① 図1の実験装置を用いて，三角フラスコに入れた石灰石に，うすい塩酸を加え，発生した気体Aを水上置換法で集気びんに集めた。
> ② 図2の実験装置を用いて，試験管aに塩化アンモニウムと水酸化カルシウムを入れて加熱し，発生した気体Bを上方置換法で乾いた試験管bに集めた。気体Bがじゅうぶんに集まったことを確認するために，試験管bの口に水でぬらしたリトマス紙をあらかじめ近づけておいた。

(1) ①，②について，気体A，Bはそれぞれ何か，化学式で書きなさい。 (各1点)

(2) ②について，次の(a)，(b)の各問いに答えなさい。

(a) **基本** 気体Bを上方置換法で集めたのは，気体Bには，水に溶けやすいという性質以外にどのような性質があるからか，「密度」という言葉を使って，簡単に書きなさい。 (2点)

(b) 次の文は，気体Bがじゅうぶんに集まったことを確認するために，試験管bの口に水でぬらしたリトマス紙を近づけておいた理由をまとめたものである。文中の（ X ）～（ Z ）に入る言葉はそれぞれ何か，あとのア～エから最も適当な組み合わせを1つ選び，その記号を書きなさい。 (1点)

> 気体Bは水に溶けると（ X ）性を示すので，水でぬらしたリトマス紙に気体Bがふれると，（ Y ）色のリトマス紙が（ Z ）色に変化する。

試験管bの口に近づけておいたリトマス紙の色の変化を観察することで、試験管bの口まで気体Bが集まったことを確認することができるため。

ア．Ⓧ—酸　　　Ⓨ—青　　　Ⓩ—赤
イ．Ⓧ—アルカリ　Ⓨ—青　　　Ⓩ—赤
ウ．Ⓧ—酸　　　Ⓨ—赤　　　Ⓩ—青
エ．Ⓧ—アルカリ　Ⓨ—赤　　　Ⓩ—青

## 5 天体の動きと地球の自転・公転，太陽系と恒星

次の文を読んで，あとの各問いに答えなさい。

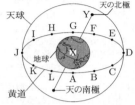

図は，天球上の黄道を模式的に示したものである。図のように，黄道を12等分した位置を点A〜Lで示したところ，天の北極Yに最も近い黄道上の位置が点Dになった。この図を見て，三重県に住んでいるみずきさんは，太陽や星座を1年を通して観測したことや，資料集やインターネットで調べたことを，次の①〜③のようにノートにまとめた。ただし，みずきさんが観測をした地点は北緯34.0°とする。

【みずきさんのノートの一部】

① 太陽と星の見かけの動きについて
　太陽と星座の星を1年を通して観測したとき，太陽は，星座の星の位置を基準にすると，天球上の星座の間を少しずつ移動するように見える。

② 季節ごとの太陽と黄道上の星の位置について
　黄道は天の赤道から23.4°傾いている。このことと，観測をする地点の緯度から，天の北極の位置Yと太陽の位置との間の角度や，季節ごとに観測できる黄道上の星，および，太陽の南中高度がわかる。

③ 太陽の見かけの動きと「うるう年」の関係について
　暦の上では，1年は365日である。これに対して，見かけの太陽の位置が，点Aから黄道上を1周して，次に点Aの位置になるまでの時間はおよそ（　あ　）日である。このことから，太陽の位置と毎年の暦が大きくずれないようにするために，暦の上で1年を366日にする「うるう年」が定められていることが説明できる。

(1) ①について，太陽と星座の星を1年を通して観測したとき，次の(a)〜(c)の各問いに答えなさい。
 (a) 黄道上を太陽が1周する見かけの動きはどちらからどちらへの向きか，その向きを東，西，南，北を使って書きなさい。（1点）
 (b) ▶基本　黄道上を太陽が1周する見かけの動きは地球の何という動きによるものか，その名称を漢字で書きなさい。（1点）
 (c) 太陽の見かけの動きが星座の星の見かけの動きとちがうのはなぜか，その理由を「地球」，「距離」という2つの言葉を使って，簡単に書きなさい。（2点）

(2) ▶思考力　②について，次の(a)〜(d)の各問いに答えなさい。（各1点）
 (a) 夏至の日の太陽の位置を点Zとするとき，地球の中心X，天の北極Yについて∠ZXYは何度か，求めなさい。ただし，∠ZXYは180°より小さい角とする。
 (b) 太陽の位置が黄道上の点Gの位置になる日，点Bの位置にある星が南中するのは日の入りから何時間後か，整数で求めなさい。
 (c) 春分の日の午前0時に，地平線からのぼりはじめる黄道上の星はどの位置にあるか，点A〜Lから最も適当なものを1つ選び，その記号を書きなさい。
 (d) ▶難　点Fの位置にある星が南中してから2時間後に日の出を迎えた。この日の太陽の南中高度は何度か，求めなさい。

(3) ③について，文中の（　あ　）に入る数は何か，次のア〜エから最も適当なものを1つ選び，その記号を書きなさい。（1点）
 ア．364.76　　　イ．365.24
 ウ．365.76　　　エ．366.24

## 6 化学変化と物質の質量

次の文は，マグネシウムをガスバーナーで加熱した実験を振り返ったときの，やすおさんと先生の会話文と，その後，やすおさんが疑問に思ったことを別の実験で確かめ，ノートにまとめたものである。これらを読んで，あとの各問いに答えなさい。

① 【やすおさんと先生の会話】

先　生：マグネシウムをガスバーナーで加熱すると，どのような化学変化が起きましたか。

やすお：加熱した部分から燃焼が始まり，加熱をやめても燃焼し続けました。マグネシウムがあんなに激しく反応するとは予想していなかったので驚きました。

先　生：そうでしたね。では，燃焼した後の物質のようすはどうでしたか。

やすお：燃焼後は，マグネシウムが白い物質になりました。マグネシウムが空気中の酸素と結びついたと考えると，白い物質は酸化マグネシウムだと思います。

先　生：そのとおりです。ほかに調べてみたいことはありますか。

やすお：マグネシウムが空気中の酸素と結びついたということから，燃焼前のマグネシウムと燃焼後の酸化マグネシウムの質量を比べると，結びついた酸素の分だけ質量が増加していると思います。マグネシウムが酸化マグネシウムに化学変化するときの，マグネシウムと酸素の質量の比について，実験で調べてみたいです。
　　　　　また，マグネシウムは空気中で燃焼し続けましたが，二酸化炭素で満たした集気びんに，燃焼しているマグネシウムを入れるとどのようになるのか，実験で調べてみたいです。

② やすおさんは，マグネシウムが酸化マグネシウムに化学変化するときの，マグネシウムと酸素の質量の比について調べる実験を行い，次のようにノートにまとめた。

【やすおさんのノートの一部】

〈課題〉　マグネシウムが酸化マグネシウムに化学変化するときの，マグネシウムと酸素の質量の比はどのようになるのだろうか。

〈方法〉　図1のように，細かくけずったマグネシウム0.60gをステンレス皿全体にうすく広げ，加熱したときにマグネシウムが飛び散るのを防ぐために，ステンレス皿に金あみでふたを

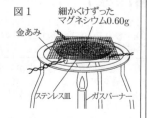
図1

して，ガスバーナーで一定時間加熱した。加熱後，ステンレス皿全体をよく冷ましてから，加熱後の物質の質量を測定した。

測定後，ステンレス皿の中の物質をよくかき混ぜてからふたたび加熱し，冷ましてから質量を測定する操作を，質量が増えることなく一定になるまでくり返した。加熱後の物質の質量は，加熱後の金あみをふくむ皿全体の質量から，金あみと皿の質量を引いて求めた。
〈結果〉 加熱回数ごとの加熱後の物質の質量は，次の表のようになった。

| 加熱回数 | 1回目 | 2回目 | 3回目 | 4回目 | 5回目 | 6回目 | 7回目 |
|---|---|---|---|---|---|---|---|
| 加熱後の物質の質量[g] | 0.86 | 0.88 | 0.94 | 0.98 | 1.00 | 1.00 | 1.00 |

③ やすおさんは，二酸化炭素で満たした集気びんの中に燃焼しているマグネシウムを入れるとどのようになるのか実験で調べ，次のようにノートにまとめた。

【やすおさんのノートの一部】

〈課題〉 二酸化炭素で満たした集気びんの中でもマグネシウムは燃焼し続けるのだろうか。
〈方法〉 空気中でマグネシウムをガスバーナーで加熱し，燃焼しているマグネシウムを，図2のように，二酸化炭素で満たした集気びんに入れた。
〈結果〉 二酸化炭素で満たした集気びんの中でも，マグネシウムは燃焼し続けた。燃焼後，集気びんの中には，酸化マグネシウムと同じような白い物質のほかに，黒い物質もできていた。

図2
二酸化炭素

(1) ①について，次の(a)，(b)の各問いに答えなさい。
 (a) マグネシウムを空気中で加熱したときに起きた化学変化を，化学反応式で表すとどうなるか，書きなさい。ただし，できた酸化マグネシウムは，マグネシウムと酸素の原子が1：1の割合で結びついたものとする。
 (2点)
 (b) **基本** 次の文は，燃焼について説明したものである。文中の( A )，( B )に入る最も適当な言葉は何か，それぞれ漢字で書きなさい。 (1点)

 燃焼とは，( A )や( B )を出して，激しく酸化する化学変化のことである。

(2) ②について，次の(a)，(b)の各問いに答えなさい。
 (a) **よく出る** マグネシウムと酸素が結びついて酸化マグネシウムができるとき，マグネシウムと酸素の質量の比はどうなるか，最も簡単な整数の比で表しなさい。 (1点)
 (b) マグネシウムの加熱回数が1回目のとき，加熱後の物質にふくまれる酸化マグネシウムは何gか，求めなさい。 (2点)

(3) ③について，次の(a)，(b)の各問いに答えなさい。 (各1点)
 (a) 二酸化炭素で満たした集気びんの中で，マグネシウムが燃焼したときにできる黒い物質は何か，その名称を漢字で書きなさい。
 (b) 二酸化炭素で満たした集気びんの中で，マグネシウムが燃焼したときに，二酸化炭素に起きる化学変化を何というか，書きなさい。

## 7 生物の観察，植物の体のつくりと働き

次の観察や実験について，あとの各問いに答えなさい。

植物の葉のはたらきを調べるために，オオカナダモを使って，次の観察や実験を行った。
〈観察〉
 図1のように，明るいところに置いたオオカナダモLと，1日暗いところに置いたオオカナダモMから，それぞれ先端近くの葉をとり，次の①，②の観察を行った。

図1
L    M

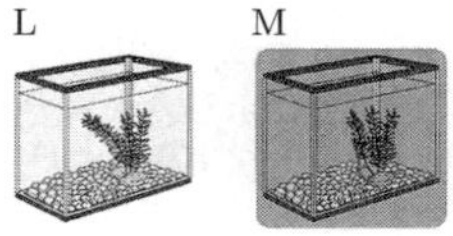

① L，Mそれぞれの葉のプレパラートをつくり，図2の顕微鏡で観察した。図3は，顕微鏡で観察したオオカナダモの葉の細胞をスケッチしたものである。
② L，Mそれぞれの葉を熱湯に入れた後，あたためたエタノールの中に入れ，エタノールからとり出して水でよくゆすいだ。この葉をスライドガラスにのせて，うすめたヨウ素液をたらし，カバーガラスをかけて，顕微鏡で観察した。表1は，ヨウ素液による色の変化をまとめたものである。

図2

図3
L  緑色の粒  M

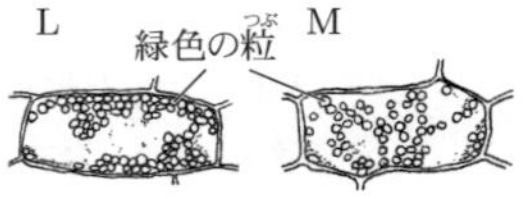

表1

|  | ヨウ素液による色の変化 |
|---|---|
| オオカナダモLの葉 | 青紫色(あおむらさきいろ)になった |
| オオカナダモMの葉 | 変化しなかった |

〈実験〉
 青色のBTB溶液に二酸化炭素をふきこんで緑色にした後，これを4本の試験管A，B，C，Dに入れた。図4のように，試験管AとCにオオカナダモを入れ，試験管BとDにはオオカナダモを入れなかった。また，試験管CとDにはアルミニウムはくを巻き，光が当たらないようにした。4本の試験管A，B，C，Dにしばらく光を当てた後，BTB溶液の色の変化を調べた。表2は，4本の試験管A，B，C，DにおけるBTB溶液の色の変化をまとめたものである。ただし，BTB溶液の温度は変化しないものとする。

図4
A B C D
オオカナダモ  アルミニウムはく

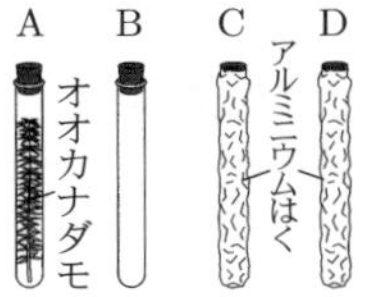

表2

| 試験管 | BTB溶液の色の変化 |
|---|---|
| A | 青色になった |
| B | 変化しなかった |
| C | 黄色になった |
| D | 変化しなかった |

(1) **よく出る** 観察について，次の(a)〜(d)の各問いに答えなさい。 (各1点)
 (a) 顕微鏡を用いて観察するときの，顕微鏡の使い方や説明として正しいものはどれか，次のア〜エから最も適当なものを1つ選び，その記号を書きなさい。
  ア．ピントを合わせるときは，対物レンズとプレパラートを遠ざけておいて，接眼レンズをのぞきながら調節ねじをゆっくり回し，対物レンズとプレパラートを近づける。

イ. 高倍率で観察するときは，低倍率の対物レンズでピントを合わせた後，レボルバーを回して高倍率の対物レンズにし，しぼりなどで明るさを調節する。
ウ. 観察倍率は，接眼レンズの倍率と対物レンズの倍率の和で求められる。
エ. 対物レンズの倍率が高くなると，ピントを合わせたとき，対物レンズの先端とプレパラートの間隔は，対物レンズの倍率が低いときと比べて広くなる。

(b) ①では，細胞の中に多くの緑色の粒が観察できた。図3に示した，緑色の粒のことを何というか，その名称を漢字で書きなさい。

(c) ②で，あたためたエタノールの中に葉を入れたのは何のためか，その目的を簡単に書きなさい。

(d) ②で，明るいところに置いたオオカナダモLの葉の細胞の中にある粒の色が，ヨウ素液で青紫色に変化したことから，緑色の粒の中で，ある物質ができていたと考えられる。緑色の粒の中でできていたと考えられる物質は何か，その名称を書きなさい。

(2) 実験について，次の(a)～(c)の各問いに答えなさい。

(a) 試験管Bを用意して実験を行ったのはなぜか，その理由を「試験管Aで見られたBTB溶液の色の変化は」に続けて，簡単に書きなさい。 (2点)

(b) 次の文は，表2にまとめたBTB溶液の色の変化について考察したものである。文中の（あ）～（え）に入る言葉は何か，次のア～オから最も適当なものを1つずつ選び，その記号を書きなさい。 (1点)

試験管Aでは，BTB溶液に溶けている二酸化炭素が（あ）なり，（い）性に変化したと考えられる。また，試験管Cでは，BTB溶液に溶けている二酸化炭素が（う）なり，（え）性に変化したと考えられる。

ア. 多く　　イ. 少なく　　ウ. 酸
エ. 中　　オ. アルカリ

(c) 表2にまとめたBTB溶液の色の変化には，オオカナダモの光合成と呼吸が関係している。試験管Aで出入りする気体の量について正しく述べたものはどれか，次のア～ウから最も適当なものを1つ選び，その記号を書きなさい。 (1点)
ア. 光合成によって出入りする気体の量は，呼吸によって出入りする気体の量より多い。
イ. 光合成によって出入りする気体の量は，呼吸によって出入りする気体の量より少ない。
ウ. 光合成によって出入りする気体の量と，呼吸によって出入りする気体の量は等しい。

## 8 運動の規則性，力学的エネルギー

次の実験について，あとの各問いに答えなさい。

〈実験〉 物体の運動について調べるため，台車，斜面Iに固定した1秒間に60回打点する記録タイマーを用いて，次の①～③の実験を行った。①，②では，いずれの台車も斜面Iを下り，水平面をまっすぐに進み，斜面IIを上り，斜面II上で一瞬静止してふたたび斜面IIを逆向きに下りはじめた。斜面IIを下りはじめてから台車を手で停止させた。③では，木片を水平面に置いて実験を行った。ただし，斜面Iおよび斜面IIのそれぞれと水平面はなめらかにつながっており，台車の運動にかかわる摩擦や空気の抵抗，記録タイマーと紙テープの間の摩擦はないものとする。また，③では，台車のもっているエネルギーはすべて木片に伝わるものとする。

① 図1のように，台車の後ろに紙テープをつけ，台車の先端部をAの位置に合わせて静かに手をはなした。

② 図2のように，①と同じ装置を用いて，水平面からのDの高さが，図1における水平面からのAの高さの2倍になるように斜面Iの傾きを大きくした。次に台車の先端部をDの位置に合わせて静かに手をはなした。

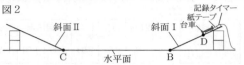

③ 図3のように，②と同じ装置の水平面に木片を置き，台車の先端部をDの位置に合わせて静かに手をはなして，台車を木片に当てた。

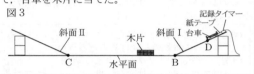

(1) ①について，図4は，①で台車が斜面Iを下りるときに記録された紙テープの一部を示したものである。また，図4の打点(あ)～(え)は，(あ)，(い)，(う)，(え)の順に記録されたもので，打点(あ)～(い)間の距離は0.9cm，打点(い)～(う)間の距離は1.8cm，打点(う)～(え)間の距離は2.7cmであった。次の(a)～(d)の各問いに答えなさい。

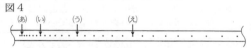

(a) **基本** 台車が斜面Iを下りるとき，台車にはたらく力のうち，斜面に平行で下向きの力の大きさについて正しく述べたものはどれか，次のア～エから最も適当なものを1つ選び，その記号を書きなさい。 (1点)
ア. 力の大きさは，しだいに小さくなる。
イ. 力の大きさは，しだいに大きくなる。
ウ. 力の大きさは，常に一定である。
エ. 力は，はたらいていない。

(b) **基本** 台車が斜面Iを下りるとき，図4の打点(あ)～(え)間の台車の平均の速さは何cm/秒か，求めなさい。 (2点)

(c) **よく出る** 台車が斜面Iを下りるとき，台車がもつ位置エネルギーと運動エネルギーは，それぞれどのように変化するか，簡単に書きなさい。 (各1点)

(d) 台車がBを通過した後から，水平面をまっすぐに進むとき，水平面上での台車の運動を何というか，その名称を漢字で書きなさい。 (1点)

(2) ①，②について，それぞれの台車が運動をはじめてから斜面IIで一瞬静止するまでの速さと時間の関係を模式的に示しているグラフはどれか，次のア～エから最も適当なものを1つ選び，その記号を書きなさい。ただし，①，②において，斜面I上のAB間の距離とDB間の距離は等しく，BC間の距離と，斜面IIの傾きはそれぞれ等しいものとする。 (1点)

(3) ③について，台車が木片に当たり，木片はCに向かって移動し水平面上で静止した。移動している木片が静止するまでの間に，木片がもつエネルギーはどのように変わるか，次のア～エから最も適当なものを1つ選び，その記号を書きなさい。 (1点)
ア．運動エネルギーが位置エネルギーに変わる。
イ．位置エネルギーが運動エネルギーに変わる。
ウ．運動エネルギーが音，熱のエネルギーに変わる。
エ．音，熱のエネルギーが運動エネルギーに変わる。

# 滋賀県

時間 50分　満点 100点　解答 P.18　3月10日実施

### 出題傾向と対策

● 例年通り，物理，化学，生物，地学各1題の計4題の出題。解答形式は選択式よりも記述式が多く，実験や観察について，結果からの考察や判断理由を問う文章記述問題が多かった。
● 基本事項を押さえておくとともに，教科書の実験・観察では，内容や結果から何がわかるかを整理して理解することが大切である。さらに，問題集や過去問などで，記述問題に対応する文章力や図表等の資料を読み解く力，考察を深める科学的思考力を養っておきたい。

---

**1** 天体の動きと地球の自転・公転，太陽系と恒星

太郎さんと花子さんは，季節によって日の出や日の入りの時刻が変化することに興味をもち，調べ学習をしました。後の1から5までの各問いに答えなさい。

太郎さん：私の祖父が住んでいる千葉県にある犬吠埼は，初日の出を早く見ることができることで有名で，犬吠埼より東にある北海道の納沙布岬よりも初日の出の時刻が早いんだって。

花子さん：普通は，東にある地点の方が日の出の時刻は早いと思うんだけど。

先生：確かに同じ緯度なら東の方が日の出が早くなるけれど，緯度が違う地点を比べると話が変わります。冬至をはさんだ11月下旬から1月中旬ごろまでは，納沙布岬より犬吠埼の日の出の時刻の方が早くなります。国立天文台のWebページでは，日本各地の日の出や日の入りの時刻がわかるから調べてみるといいよ。

【調べ学習】

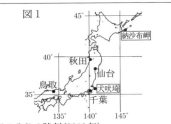
図1

日の出と日の入りの時刻(2019年)

|  |  | 3/21 春分 | 6/22 夏至 | 9/23 秋分 | 12/22 冬至 |
|---|---|---|---|---|---|
| 秋田市 | 日の出 | 5:43 | 4:12 | 5:27 | 6:57 |
|  | 日の入り | 17:52 | 19:11 | 17:36 | 16:19 |
| 仙台市 | 日の出 | 5:40 | 4:13 | 5:24 | 6:50 |
|  | 日の入り | 17:49 | 19:03 | 17:33 | 16:20 |
| 千葉市 | 日の出 | 5:43 | 4:24 | 5:27 | 6:45 |
|  | 日の入り | 17:52 | 18:59 | 17:36 | 16:30 |
| 鳥取市 | 日の出 | 6:06 | 4:48 | 5:51 | 7:08 |
|  | 日の入り | 18:15 | 19:22 | 18:00 | 16:54 |

(国立天文台暦計算室Webページより作成)

【話し合い1】 太郎さんたちは，調べ学習の表と図1を見ながらわかることについて話し合いました。

| 太郎さん：同じ緯度なら東の方が日の出の時刻が早いね。 |
| 花子さん：同じ経度にある都市は，春分と秋分のときは，日の出の時刻が同じだね。 |
| 太郎さん：a 夏至と冬至のときは，東にある都市の方が日の出の時刻が遅いことがあるよ。 |
| 花子さん：不思議だね。どうしてそうなるのかな。 |

1. ▶基本  太陽のように自ら光を出してかがやいている天体を何といいますか。書きなさい。 (3点)
2. 下線部aにあてはまるのはどれですか。夏至のときと冬至のときについて，それぞれ下のアからカまでの中から1つ選びなさい。 (各2点)
   ア．秋田市と鳥取市
   イ．秋田市と千葉市
   ウ．秋田市と仙台市
   エ．仙台市と千葉市
   オ．仙台市と鳥取市
   カ．千葉市と鳥取市

【話し合い2】 太郎さんたちは，さらに話し合いをして，考えを深めることにしました。

| 花子さん：地球は，図2のように，太陽のまわりを公転しているよ。 |
| 太郎さん：図3は夏至，図4は冬至の地球と地球に届く太陽の光を模式的に表したものだけど，夏至と冬至では，同じ地点でも太陽の光の当たり方がずいぶん違うね。 |
| 花子さん：そうだね。だから，b 季節の変化があるんだね。 |
| 太郎さん：昼と夜の境界は，季節によって傾きがずいぶん異なるね。 |

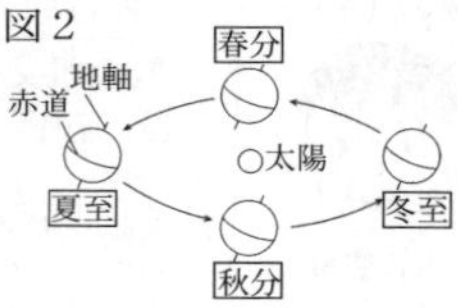

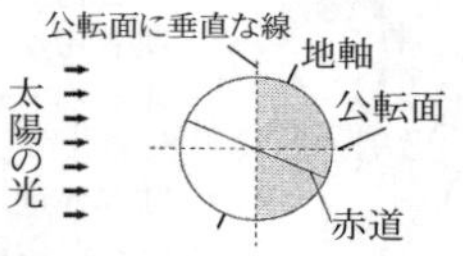

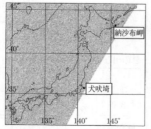

3. 下線部bについて，夏に気温が高くなる理由を，調べ学習と図3，図4から考えて2つ書きなさい。 (各3点)
4. 夏至のときの，図3のAからCの3地点を，日の出をむかえる順に並べ，記号で書きなさい。ただし，AからCまでの3地点は，同じ経線上にあるものとする。 (6点)
5. ▶思考力  太郎さんは，花子さんに，納沙布岬より犬吠埼で初日の出が早く見られる理由を説明するために，1月1日に，日本付近で太陽がのぼり始める日の出のころのようすを示した図5を使うことにしました。図5を使って，納沙布岬より犬吠埼で初日の出が早く見られる理由をどのように説明しますか。「地軸」，「昼と夜の境界」という2語を使って書きなさい。 (6点)

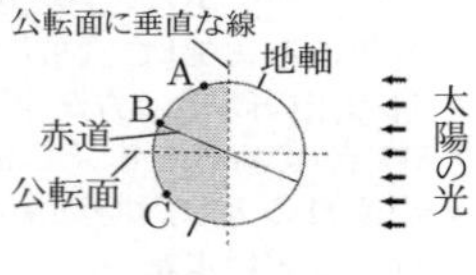

図5
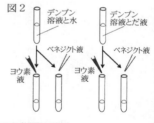
■太陽の光が当たっていないところ

2 | 植物の仲間，動物の体のつくりと働き，生物と環境

太郎さんと花子さんは，植物のさまざまなはたらきに興味をもち，実験して調べることにしました。図1は，太郎さんがかいたかいわれ大根のスケッチです。後の1から5までの各問いに答えなさい。

図1

太郎さん：かいわれ大根は大根とは別の植物だと思っていたら，発芽したばかりの大根の芽で，小さい葉は子葉だそうだよ。

花子さん：食べずに育てれば大根ができるということだね。

太郎さん：子葉以外の部分が大きくなっていくそうだよ。大根は消化を助けると聞くけれど，本当かな。もし本当なら，かいわれ大根はどうだろう。発芽したばかりのときから，消化を助けるはたらきはあるのかな。

花子さん：消化を助けるということは，消化液に似たはたらきをするのかな。消化液といえば，だ液のはたらきを調べる実験をしたね。

1. 子葉の数が，かいわれ大根と同じものを，下のアからオまでの中からすべて選びなさい。 (4点)
   ア．エンドウ　イ．トウモロコシ　ウ．イネ
   エ．タンポポ　オ．ユリ

太郎さんと花子さんは，だ液のはたらきを調べる実験を振り返りました。次は，そのレポートの一部です。

【レポート】
<方法>
① 2本の試験管にデンプン溶液を3cm³ずつ入れる。
② 一方の試験管には水，もう一方には薄めただ液をそれぞれ3cm³加えてよく混ぜる。
③ 2本の試験管を，体温に近い36℃の湯に10分間つける。
④ ヨウ素液とベネジクト液の反応のようすを調べる。

図2

<結果>
表1は結果をまとめたものである。
表1

|  | ヨウ素液 | ベネジクト液 |
|---|---|---|
| デンプン溶液と水 | 青紫色 | 変化なし |
| デンプン溶液とだ液 | 変化なし | 赤褐色の沈殿ができた |

【話し合い】

太郎さん：レポートを参考にして，デンプン溶液に大根やかいわれ大根のしぼり汁を加えて実験しよう。結果をレポートと比べることで，大根やかいわれ大根のしぼり汁がだ液に似たはたらきをするかがわかるね。

花子さん：まずヨウ素液の色の変化から調べよう。

太郎さん：大根とかいわれ大根を比べるために，かいわれ大根の子葉以外の部分を使おう。
花子さん：私たちは食物から養分を得る生物だから，だ液はよくはたらくようだね。a大根は食物から養分を得る生物ではない生物だから，時間がかかるかもしれないね。時間を長くして実験しよう。
太郎さん：bデンプン溶液と水の試験管については，だ液のはたらきを調べる実験で調べているから，用意しなくてもよいね。

2．消化とは，どのようなことをいいますか。書きなさい。
（5点）
3．基本　下線部aについて，植物のように，生態系において無機物から有機物をつくり出す生物のことを何といいますか。書きなさい。（4点）
4．下線部bについて，大根やかいわれ大根のしぼり汁を使った実験のときに，デンプン溶液と水の試験管を用意しなくてもよいのは，だ液のはたらきを調べる実験で，どのようなことがわかっているからですか。書きなさい。
（6点）

太郎さんと花子さんは，次の仮説を立てて，実験を行いました。
仮説：「大根には消化を助けるはたらきがある。そのはたらきは，発芽したばかりのときからある。」

【実験】

＜予想＞
　デンプン溶液に大根やかいわれ大根のしぼり汁を入れると，ヨウ素液の色は変化しない。
＜方法＞
①　大根をすりおろし，ガーゼでろ過して大根のしぼり汁をつくる。
②　子葉の部分を切りとった50本のかいわれ大根を乳鉢ですりつぶし，ガーゼでろ過してかいわれ大根のしぼり汁をつくる。
③　試験管AとBにデンプン溶液を3cm³ずつ入れる。
④　試験管Aに大根のしぼり汁，試験管Bにかいわれ大根のしぼり汁をそれぞれ3cm³加えて，よく混ぜる。
⑤　試験管立てに，20分間置く。
⑥　試験管の中の液を一部とり，ヨウ素液を加え，色の変化を調べる。
⑦　ヨウ素液の色が変化しなくなるまで，20分おきに⑥をくり返す。
⑧　ヨウ素液の色が変化しなくなったら，残りの液にベネジクト液を加え，沸とう石を入れてガスバーナーで加熱し，変化を調べる。
＜結果＞
　表2は結果をまとめたものである。
表2

|  | ヨウ素液 | ベネジクト液 |
|---|---|---|
| 試験管A | 40分後に変化しなくなった | 赤褐色の沈殿ができた |
| 試験管B | 3時間後に変化しなくなった | 赤褐色の沈殿ができた |

5．大根やかいわれ大根のしぼり汁のはたらきについて，実験の結果からいえることは何ですか。仮説をもとに，書きなさい。
（6点）

3　物質のすがた，水溶液とイオン，酸・アルカリとイオン

太郎さんと花子さんは，塩酸に亜鉛を入れると水素が発生することに興味をもち，実験を行いました。後の1から5までの各問いに答えなさい。

花子さん

試験管の中の塩酸に亜鉛を入れると，a水素が発生し，亜鉛はbとけていくよね。あの水素は，どこからきたのかな。

太郎さん

塩酸の中の水素イオンが変化して，水素が発生したと思うよ。それを確かめるいい方法はないかな。

花子さん

水素イオンについて調べることができるといいよね。中和の反応を利用できないかな。中和の実験を振り返ってみよう。

1．よく出る　下線部aについて，発生した気体が水素であることをどのような方法で確かめることができますか。書きなさい。　　（4点）
2．下線部bについて，亜鉛は塩酸にとけると亜鉛イオンになります。亜鉛イオンについて，正しく説明しているものはどれですか。下のアからエまでの中から1つ選びなさい。　　（3点）
ア．亜鉛原子が，電子を2個受けとって，＋の電気を帯びた陽イオンになったもの。
イ．亜鉛原子が，電子を2個受けとって，－の電気を帯びた陰イオンになったもの。
ウ．亜鉛原子が，電子を2個失って，＋の電気を帯びた陽イオンになったもの。
エ．亜鉛原子が，電子を2個失って，－の電気を帯びた陰イオンになったもの。

太郎さんと花子さんは，中和の実験を振り返りました。次は，そのレポートの一部です。

【レポート】

＜方法＞
①　うすい塩酸をメスシリンダーで10.0cm³はかりとり，ビーカーに入れる。
②　緑色のBTB溶液を数滴加え，水酸化ナトリウム水溶液をこまごめピペットで3.0cm³ずつ加えていき，ビーカーの中の溶液の色の変化を調べる。
＜結果＞
　表は結果をまとめたものである。

| 水酸化ナトリウム水溶液の体積[cm³] | 0 | 3.0 | 6.0 | 9.0 | 12.0 | 15.0 |
|---|---|---|---|---|---|---|
| 溶液の色 | 黄 | 黄 | 黄 | 黄 | 緑 | 青 |

3．レポートで使ったものと同じうすい塩酸10.0cm³に水酸化ナトリウム水溶液12.0cm³を加えた溶液を，スライドガラスに1滴とり，水を蒸発させるとスライドガラスに残る結晶は何ですか。化学式を書きなさい。　　（6点）

【話し合い】

花子さん：塩酸に水酸化ナトリウム水溶液を加えていったときのようすをモデルで表してみよう。
太郎さん：塩酸10.0cm³中のイオンを模式的に表したものを図1とすると，水酸化ナトリウム水溶液6.0cm³を加えたときは図2のようになって，12.0cm³を加えたときは図3となると思うよ。
花子さん：図1から図3をみると，水素イオンの数が減っていくようすがわかるね。

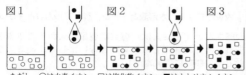

ただし、○は水素イオン、□は塩化物イオン、■はナトリウムイオン、●は水酸化物イオン、◎は中和によって生じた水分子を表している。

4. レポートで，水酸化ナトリウム水溶液15.0 cm³を加えたときのようすは，モデルでどのように表すことができますか。レポートと話し合いの内容から考えて，右にかき入れなさい。
(6点)

花子さん

中和の実験を利用すれば，水素イオンの数を比べることができそうだね。レポートで使ったものと同じうすい塩酸と水酸化ナトリウム水溶液を用意して，実験をしよう。

【実験】
<方法>
① うすい塩酸をメスシリンダーで6.0 cm³はかりとり，試験管に入れる。
② 亜鉛板を①の試験管に入れる。
③ 水素が発生している途中で亜鉛板をとり出し，試験管に緑色のBTB溶液を数滴加える。
④ 溶液の色が黄色から緑色になるまで，こまごめピペットで水酸化ナトリウム水溶液を少しずつ加え，加えた水酸化ナトリウム水溶液の体積を調べる。
<結果>
水酸化ナトリウム水溶液6.4 cm³を加えたとき，中性になった。

この結果から，c 発生した水素は，塩酸中に含まれていた水素イオンから生じたものだとわかるね。

太郎さん

5. 下線部cのように考えたのはなぜですか。レポートと実験からわかる数値を用い，「水素イオンの数」という語を使って説明しなさい。(6点)

4 電流，エネルギー

太郎さんと花子さんは，電気ストーブについて興味をもち，実験を行いました。後の1から5までの各問いに答えなさい。

電気ストーブa

電気ストーブb

電気ストーブaは，電熱線が1本で消費電力が600 Wあるよ。電気ストーブbは，電熱線が2本あって，消費電力が400 Wと800 Wに切りかえることができるよ。400 Wのときは電熱線が1本だけ，800 Wのときは2本とも熱くなるね。
花子さん

消費電力が大きい方が暖かいね。どんな電熱線がどのようにつながっているのかな。実験室の電熱線を使って調べよう。電熱線を水の中に入れて，水の温度変化を調べればいいね。

太郎さん

1. ■基本■ 電気ストーブは，電熱線の熱を離れているところに伝えています。このように熱が伝わる現象を何といいますか。書きなさい。(4点)

【実験1】
<方法>
① 抵抗が4.0 Ωの電熱線Aを使って図1のような回路をつくる。発泡ポリスチレンのコップには，室温と同じ温度の水100 gを入れる。
② 電熱線Aに6.0 Vの電圧を加える。
③ ガラス棒でゆっくりかき混ぜながら，1分ごとに5分間，水温を測定する。
④ 電熱線Aを抵抗が6.0 Ωの電熱線Bにかえて，同様の実験を行う。

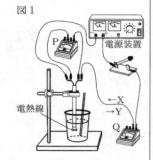
図1

<結果>
表1は実験の結果をまとめたものである。
表1

| 電流を流した時間[分] | 0 | 1 | 2 | 3 | 4 | 5 |
|---|---|---|---|---|---|---|
| 水温[℃] 電熱線A | 20.0 | 21.2 | 22.4 | 23.6 | 24.8 | 26.0 |
| 電熱線B | 20.0 | 20.8 | 21.6 | 22.4 | 23.2 | 24.0 |

2. ■基本■ 実験1の図1について，電圧計の位置，および，電流の向きは，どのようになりますか。正しい組み合わせを右のアからエまでの中から1つ選びなさい。(5点)

| | ア | イ | ウ | エ |
|---|---|---|---|---|
| 電圧計の位置 | P | P | Q | Q |
| 電流の向き | X | Y | X | Y |

3. ■基本■ 電熱線Aが消費した電力は何Wですか。求めなさい。(4点)

4. 電熱線Bに6.0 Vの電圧を加えて，8分間電流を流したとき，室温と同じ温度の水100 gは何℃になりますか。求めなさい。また，そのときに電熱線Bが消費した電力量は何Jですか。求めなさい。(各3点)

花子さん
400 Wと800 Wを切りかえる電気ストーブbは，2本の電熱線をどのようにつなげているのかな。

電熱線Bを2本用意して，つなぎ方をかえて確かめてみよう。直列につなぐ場合と，並列につなぐ場合が考えられるね。
太郎さん

【実験2】
<方法>
① 抵抗が6.0 Ωの電熱線Bを2本用意し，図2のように直列につなぎ，実験1と同じ回路をつくる。発泡ポリスチレンのコップに室温と同じ温度の水100 gを入れる。
② 回路全体に6.0 Vの電圧を加える。
③ ガラス棒でゆっくりかき混ぜながら，1分ごとに5分間，水温を測定する。
④ 2本の電熱線Bを図3のように並列につなぎかえて，同様の実験

図2

図3

を行う。
<結果>
表2は実験の結果をまとめたものである。

表2

| 電流を流した時間[分] | | 0 | 1 | 2 | 3 | 4 | 5 |
|---|---|---|---|---|---|---|---|
| 水温[℃] | 直列つなぎ | 20.0 | 20.4 | 20.8 | 21.2 | 21.6 | 22.0 |
| | 並列つなぎ | 20.0 | 21.6 | 23.2 | 24.8 | 26.4 | 28.0 |

花子さん

2本の電熱線を並列につなげた方が，温度上昇が大きく，電力も大きいね。電気ストーブbは，抵抗が同じ電熱線を並列につなげているのかな。

5．2本の電熱線Bを並列につなげると回路全体の電力が大きくなるのはなぜですか。「電圧」という語を使って理由を書きなさい。 (6点)

# 京都府

時間 40分　満点 40点　解答 P.18　3月6日実施

## 出題傾向と対策

●例年通り，物理，化学，生物，地学各2題，計8題が出題された。解答形式は選択式が多いが，漢字・ひらがな指定のある用語記述や字数指定のある文章記述，作図なども出題されている。実験・観察を中心に基本事項を問うものがほとんどである。

●教科書の実験・観察を中心に基本事項をしっかりと理解し身につけておく必要がある。また，問題文や図，グラフから要点を読みとる力も求められている。解答形式に特徴があるので，過去問を解いて慣れておきたい。

## 1 動物の体のつくりと働き

一郎さんと京子さんは，ヒトの消化液のはたらきについて調べるために，次の〈実験〉を行った。また，下の会話は，一郎さんと京子さんが，〈実験〉に関して交わしたものの一部である。これについて，下の問い(1)・(2)に答えよ。

〈実験〉
操作①　試験管A・Bを用意し，試験管Aには1％デンプン溶液7mLと水でうすめただ液2mLを入れてよく混ぜ，試験管Bには1％デンプン溶液7mLと水2mLを入れてよく混ぜる。

I 図　試験管A　試験管B　38℃の水　1％デンプン溶液と水でうすめただ液　1％デンプン溶液と水

操作②　右上のI図のように，試験管A・Bを38℃の水に入れ，10分後にとり出す。
操作③　試験管A・Bにヨウ素液を数滴加えてよく混ぜ，それぞれの試験管中の溶液のようすを観察する。

一郎　〈実験〉の結果，　P　中の溶液の色は青紫色に変化したけれど，もう一方の試験管中の溶液の色は青紫色に変化しなかったよ。なぜこのような差が生じたのかな。

京子　だ液に含まれている消化酵素である　Q　のはたらきによって，デンプンが分解されたからだよ。

一郎　そうなんだね。デンプンは　Q　のはたらきによって分解された後，体内でどうなるのかな。

京子　さまざまな消化液のはたらきによってブドウ糖にまで分解されてから吸収されるんだよ。

(1) 基本　会話中の　P　・　Q　に入る語句の組み合わせとして最も適当なものを，次の(ア)〜(エ)から1つ選べ。 (1点)
(ア) P．試験管A　　Q．アミラーゼ
(イ) P．試験管A　　Q．ペプシン
(ウ) P．試験管B　　Q．アミラーゼ
(エ) P．試験管B　　Q．ペプシン

(2) 右のII図は，ヒトの消化器官を表した模式図である。会話中の下線部ブドウ糖を吸収する器官と，吸収されたブドウ糖を異なる物質に変えて貯蔵する器官を示しているものとして最も適当なものを，II図中のW〜Zからそれぞれ1つずつ選べ。ま

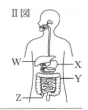
II 図

た，消化液に関して述べた文として最も適当なものを，次の(ア)〜(エ)から1つ選べ。 (各1点)
(ア) 胃液は，デンプンを分解するはたらきをもつ。
(イ) 胆汁は，タンパク質を水に混ざりやすい状態にするはたらきをもつ。
(ウ) すい液は，デンプン，タンパク質，脂肪を分解するはたらきをもつ。
(エ) だ液は，デンプンだけではなく，タンパク質も分解するはたらきをもつ。

## 2 遺伝の規則性と遺伝子

遺伝のしくみについて調べるために，エンドウを用いて次の〈実験〉を行った。これについて，下の問い(1)〜(3)に答えよ。ただし，種子の形を丸くする遺伝子をA，しわのあるものにする遺伝子をaとする。

〈実験〉
操作① 丸い種子をつくる純系のエンドウと，しわのある種子をつくる純系のエンドウをかけ合わせる。
操作② 操作①でできた種子をすべて集め，種子の形について調べる。
操作③ 操作②で調べた種子をまいて育て，それぞれ自家受粉させる。
操作④ 操作③でできた種子をすべて集め，種子について調べる。
【結果】 操作②で集めた種子はすべて丸い種子であった。また，操作④で集めた種子は，丸い種子が2544個，しわのある種子が850個であった。

(1) 基本　下線部丸い種子をつくる純系のエンドウのもつ，種子の形を決める遺伝子の組み合わせとして最も適当なものを，次の(ア)〜(ウ)から1つ選べ。また，メンデルの見いだした遺伝の法則のうち，ある1つの形質に関して対になっている遺伝子が減数分裂によって分かれ，それぞれ別々の生殖細胞に入ることを何の法則というか，ひらがな3字で書け。 (各1点)
(ア) AA　(イ) Aa　(ウ) aa

(2) 操作④で調べた種子のうち，操作②で調べた種子と，種子の形を決める遺伝子の組み合わせが同じものの占める割合を分数で表すとどうなると考えられるか，最も適当なものを，次の(ア)〜(オ)から1つ選べ。 (2点)
(ア) $\frac{1}{4}$　(イ) $\frac{1}{3}$　(ウ) $\frac{1}{2}$
(エ) $\frac{2}{3}$　(オ) $\frac{3}{4}$

(3) 遺伝子に関して述べた文として適当なものを，次の(ア)〜(オ)からすべて選べ。 (2点)
(ア) 遺伝子は，多量の放射線を受けると傷ついてしまうことがある。
(イ) 遺伝子の本体は，DNA（デオキシリボ核酸）という物質である。
(ウ) 植物には，遺伝子のすべてが親と子でまったく同じである個体は存在しない。
(エ) 遺伝子を操作する技術を利用して，ヒトの病気の治療に役立つ物質が生産されている。
(オ) 染色体は遺伝子を含み，染色体の複製は体細胞分裂のときに細胞の両端に移動しながら行われる。

## 3 太陽系と恒星

次の会話は令子さんと和馬さんが，星の動きについて交わしたものの一部である。これについて，次の問い(1)・(2)に答えよ。

令子　昨日夜空を見ていたら，冬の①星座の1つであるオリオン座が見えたよ。オリオン座の位置は時間がたつにつれて変わったように見えたけれど，星の動きを観測するにはどうすればよいかな。
和馬　それなら，カメラのシャッターを長時間開いて②夜空を撮影すると，星の動きが線になった写真が撮れるので，星の動きをよりわかりやすく観測できるよ。
令子　今日，夜空を撮影して，実際に観測してみるよ。ありがとう。

(1) 基本　下線部①星座について，次の文章は，星座を形づくる星々の特徴を説明したものである。文章中の X に入る最も適当な語句を，ひらがな4字で書け。また，文章中の Y ・ Z に入る表現の組み合わせとして最も適当なものを，下の(ア)〜(カ)から1つ選べ。 (3点)

星座を形づくる星々のように，自ら光を出す天体を X という。星座を形づくる X は太陽系の Y あり，地球から見たときの明るさは等級で表され，明るいほど等級の数字は Z なる。

(ア) Y. 内側にのみ　　Z. 大きく
(イ) Y. 内側にのみ　　Z. 小さく
(ウ) Y. 外側にのみ　　Z. 大きく
(エ) Y. 外側にのみ　　Z. 小さく
(オ) Y. 内側にも外側にも　Z. 大きく
(カ) Y. 内側にも外側にも　Z. 小さく

(2) 下線部②夜空を撮影するについて，京都府内の，周囲に高い山や建物がない場所で，写真の中央が天頂となるようにカメラを夜空に向けて三脚に固定し，シャッターを1時間開いたままにして星の動きを撮影した。その結果，それぞれの星の動きが線となった写真が撮影された。このとき撮影された写真を模式的に表したものとして最も適当なものを，次の(ア)〜(オ)から1つ選べ。 (2点)

## 4 気象観測，天気の変化

右のⅠ図は，明日香さんが調べたある年の3月7日午前9時における日本付近の天気図であり，低気圧の中心からのびる前線をそれぞれ前線Aと前線B，明日香さんの通う学校のグラウンドを地点Xとして示している。これについて，次の問い(1)〜(3)に答えよ。

Ⅰ図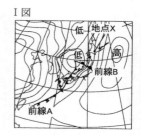

(1) 3月5日から7日にかけての前線の変化について述べた次の文章中の □ に共通して入る最も適当な語句を，ひらがな4字で書け。 (1点)

3月5日は日本付近に □ 前線がみられた。□ 前線は寒気と暖気の強さが同じくらいのときにできるもので，ほとんど動かない。この前線上に低気圧が発生したことで，3月7日にみられた前線Aや前線Bができたと考えられる。

(2) 明日香さんは，地点Xでの大気の流れ，前線A付近で雨が降るまでの過程，前線B付近で雨が降るまでの過程について，右のⅡ図のように黒板にパネルを3つずつ並べて貼り，クラスで発表することになった。次の(ア)～(ケ)は，明日香さんが発表のために作成したパネルである。前線A付近で雨が降るまでの過程を説明するために必要なものを，次の(ア)～(ケ)から3つ選び，順を追って説明できるように並べて記号で書け。 (2点)

Ⅱ図　地点Xでの大気の流れ／前線A付近で雨が降るまでの過程／前線B付近で雨が降るまでの過程

明日香さん

| (ア) 暖気が寒気の上をはいあがるようにして進む。 | (イ) それに対して，低気圧の中心付近では，ふき込むような風が吹く。 |
|---|---|
| (ウ) これにより，気団どうしが作る前線面の傾きは急になる。 | (エ) 高気圧の中心付近で，ふき出すような風が吹く。 |
| (オ) その結果，せまい範囲で雲ができ，短時間強い雨が降る。 | (カ) その結果，気圧の高い方から低い方へ大気は動き，東よりの風が吹く。 |
| (キ) 寒気が暖気を押しあげるようにして進んでいく。 | (ク) これにより，気団どうしが作る前線面の傾きはゆるやかになる。 |
| (ケ) その結果，広い範囲で雲ができ，長時間雨が降る。 | |

(3) 次の文章は，明日香さんが3月7日午前9時に地点Xで気圧を測定し，その結果とⅠ図からわかることについてまとめたものである。文章中の▢に入る適当な表現を，海面という語句を用いて6字以内で書け。 (2点)

地点Xで気圧を測定すると984 hPaであったが，Ⅰ図では地点Xは1004 hPaの等圧線上にあった。測定結果が天気図の等圧線の値より低くなった理由は，地点Xが▢ところにあるためだと考えられる。

## 5 物質の成り立ち，化学変化と物質の質量

次の〈実験〉に関して，あとの問い(1)～(3)に答えよ。ただし，〈実験〉においてステンレス皿と金あみは加熱の前後で他の金属や空気と反応したり，質量が変化したりしないものとする。また，ステンレス皿上の物質は加熱時に金あみから外へ出ることはないものとする。

〈実験〉
操作① ステンレス皿と金あみの質量を測定する。また，マグネシウム0.3 gをはかりとってステンレス皿にのせる。

操作② ステンレス皿の上に金あみをのせ，右の図のように2分間加熱する。

操作③ ステンレス皿が冷めてから，金あみをのせたままステンレス皿の質量をはかり，ステンレス皿上の物質の質量を求める。

操作④ ステンレス皿上の物質をよくかき混ぜて再び2分間加熱し，冷めた後にステンレス皿上の物質の質量を求める。これを質量が変化しなくなるまでくり返し，変化がなくなったときの質量を記録する。

操作⑤ ステンレス皿にのせるマグネシウムの質量を変えて，操作②～④を行う。

【結果】

| 加熱前のステンレス皿上のマグネシウムの質量[g] | 0.3 | 0.6 | 0.9 | 1.2 | 1.5 |
|---|---|---|---|---|---|
| 加熱をくり返して質量の変化がなくなったときのステンレス皿上の物質の質量[g] | 0.5 | 1.0 | 1.5 | 2.0 | 2.5 |

(1) **よく出る** 〈実験〉においてマグネシウムと化合した物質は，原子が結びついてできた分子からできている。次の(ア)～(オ)のうち，分子であるものをすべて選べ。(1点)
(ア) $H_2O$　(イ) $Cu$　(ウ) $NaCl$
(エ) $N_2$　(オ) $NH_3$

(2) 【結果】から考えて，加熱をくり返して質量の変化がなくなったときの物質が7.0 g得られるとき，マグネシウムと化合する物質は何gになるか求めよ。(2点)

(3) **思考力** マグネシウム2.1 gと銅の混合物を用意し，ステンレス皿にのせて操作②～④と同様の操作を行った。このとき，加熱をくり返して質量の変化がなくなったときの混合物が5.5 g得られたとすると，最初に用意した混合物中の銅は何gか求めよ。ただし，銅だけを加熱すると，加熱前の銅と加熱をくり返して質量の変化がなくなったときの物質との質量比は4：5になるものとする。また，金属どうしが反応することはないものとする。(2点)

## 6 状態変化

健さんが行った次の〈実験〉について，次の問い(1)・(2)に答えよ。

〈実験〉
操作① 水とエタノールの混合物30 mLを枝つきフラスコに入れ，右のⅠ図のようにゆっくりと加熱して沸とうさせ，ガラス管から出てくる気体を氷水で冷やし，液体にして試験管に集める。

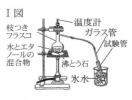

Ⅰ図 枝つきフラスコ／温度計／ガラス管／試験管／水とエタノールの混合物／沸とう石／氷水

操作② 集めた液体が試験管についている5 mLの目盛りまでたまったら，次の試験管にとりかえる。この操作を3本目の試験管まで続け，得られた順に試験管A～Cとする。

操作③ 試験管A～Cの液体をそれぞれ蒸発皿に移してマッチの火を近づけ，それぞれの液体に火がつくかどうかを調べる。

【結果】

| 試験管A | 試験管B | 試験管C |
|---|---|---|
| 長い間火がついた | 火はついたがすぐに消えた | 火はつかなかった |

(1) 〈実験〉のように，液体を加熱して沸とうさせ，出てきた気体を再び液体にして集める方法を何というか，ひらがな6字で書け。また，次の文章は【結果】からわかることを健さんがまとめたものである。文章中の X ・ Y に入る語句の組み合わせとして最も適当なものを，次のi群(ア)・(イ)から， Z に入る最も適当な表現を，ii群(カ)～(ケ)からそれぞれ1つずつ選べ。(3点)

水が最も多く含まれるのは X ，エタノールが最も多く含まれるのは Y であると考えられる。このような【結果】になったのは，水よりエタノールの方が Z ためであると考えられる。

i群．(ア) X．試験管A　Y．試験管C
　　　(イ) X．試験管C　Y．試験管A
ii群．(カ) 沸点が高い　(キ) 沸点が低い
　　　(ク) 融点が高い　(ケ) 融点が低い

(2) 健さんは〈実験〉を応用して，海水から水を分けてとり出すことにした。室温が一定の理科室で，右のⅡ図のような半球状の容器とⅢ図とⅣ図のような容器，一定量の海水と冷水を用意し，それらを組み合わせて三脚にのせ，ガスバーナーに火をつけゆっくりと加熱した。次の(ア)～(エ)のうち，海水から分けてとり出される水がⅣ図の容器の中に最も多く得られるものを1つ選べ。ただし，加熱前の(ア)～(エ)におけるⅣ図の容器は空であり，加熱中に各容器は割れたり動いたりしないものとする。　(2点)

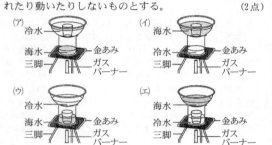

### 7 光と音

舞子さんは，モノコードとオシロスコープを用いて次の〈実験〉を行った。また，下のまとめは舞子さんが〈実験〉についてまとめたものの一部である。これについて，あとの問い(1)・(2)に答えよ。

〈実験〉
操作① 右のⅠ図のように，モノコードに弦をはり，木片をモノコードと弦の間に入れる。このとき，弦が木片と接する点をA，固定した弦の一端をBとする。AB間の中央をはじいたときに出る音をオシロスコープで観測し，オシロスコープの画面の横軸の1目盛りが0.0005秒となるように設定したときに表示された波形を記録する。

操作② 木片を移動させてAB間の長さをさまざまに変える。AB間の弦のはる強さを操作①と同じになるよう調節し，AB間の中央を操作①と同じ強さではじいたときに出る音を，操作①と同じ設定にしたオシロスコープで観測し，表示された波形をそれぞれ記録する。

まとめ．
〈実験〉で記録した音の波形をそれぞれ比較すると，音の波形の振幅は，AB間の長さに関わらず一定であることが確認できた。
右のⅡ図は，操作①で記録した音の波形であり，音の振動数を求めると， X Hzであった。次に，操作②で記録した音の波形から，それぞれの音の振動数を求め，AB間の長さと振動数の関係

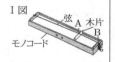

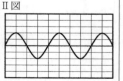

について調べたところ，AB間の長さが Y なるほど，音の振動数が少なくなっていることが確認できた。音の高さと振動数の関係をふまえて考えると，AB間の長さが Y なると，弦をはじいたときに出る音の高さが Z なるといえる。

(1) まとめ中の X に入る数値として最も適当なものを，次の(ア)～(エ)から1つ選べ。　(2点)
(ア) 200　(イ) 500　(ウ) 2000　(エ) 5000

(2) 右のⅢ図は，まとめ中の下線部操作②で記録した音の波形のうち，Ⅱ図から求めた振動数の半分であった音の波形を表そうとしたものであり，図中の点線(-----)のうち，いずれかをなぞると完成する。図中の点線のうち，その音の波形を表していると考えられる点線を，実線(――)で横軸10目盛り分なぞって図を完成させよ。ただし，縦軸と横軸の1目盛りが表す大きさは，Ⅱ図と等しいものとする。また，まとめ中の Y ・ Z に入る語句の組み合わせとして最も適当なものを，次の(ア)～(エ)から1つ選べ。　(3点)

(ア) Y．長く　Z．高く
(イ) Y．長く　Z．低く
(ウ) Y．短く　Z．高く
(エ) Y．短く　Z．低く

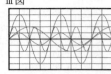

### 8 力と圧力，運動の規則性

右の図のように，2本のまっすぐなレールをなめらかにつなぎあわせて傾きが一定の斜面と水平面をつくり，斜面上に球を置いて手で支え，静止させた。手を静かに離し，球がレール上を動き始めたのと同時に，0.1秒ごとにストロボ写真（連続写真）を撮影した。次の表は，球が動き始めてからの時間と，球が静止していた位置からレール上を動いた距離を，撮影した写真から求めてまとめたものの一部である。これについて，下の問い(1)～(3)に答えよ。ただし，球にはたらく摩擦力や空気の抵抗は考えないものとし，球がレールを離れることはないものとする。

| 球が動き始めてからの時間[s] | 0.1 | 0.2 | 0.3 | 0.4 | 0.5 | 0.6 | 0.7 | 0.8 |
|---|---|---|---|---|---|---|---|---|
| 球が静止していた位置からレール上を動いた距離[cm] | 1.5 | 6.0 | 13.5 | 24.0 | 36.0 | 48.0 | 60.0 | 72.0 |

(1) 球が動き始めてからの時間が0.2秒から0.3秒までの間における，球がレール上を動いた平均の速さは何cm/sか求めよ。　(1点)

(2) 表から考えて，球が静止していた位置からレール上を動いた距離が120.0cmに達したのは，球が動き始めてからの時間が何秒のときか求めよ。ただし，水平面は十分な長さがあったものとする。　(2点)

(3) 球が動き始めてからの時間が0.1秒から0.3秒までの間，および球が動き始めてからの時間が0.6秒から0.8秒までの間における，球にはたらく球の進行方向に平行な力について述べた文として最も適当なものを，次の(ア)～(エ)からそれぞれ1つずつ選べ。　(各1点)
(ア) 一定の大きさではたらき続ける。
(イ) はたらき続け，しだいに大きくなる。
(ウ) はたらき続け，しだいに小さくなる。
(エ) はたらいていない。

# 大阪府

時間 40分　満点 90点　解答 P19　3月11日実施

## 出題傾向と対策

● 例年通り，物理，化学，生物，地学各1題の計4題の出題であった。記述式より選択式がやや多い。記述式では，計算や文章記述，作図などが出題された。基本事項を問う問題がほとんどであるが，新傾向の問題や科学的思考力を必要とする問題が複数題あった。

● 教科書の内容をしっかりと身につけておくことが重要。そのうえで，計算問題や記述問題，作図などの応用力をつけよう。新傾向の問題や工夫された問題に対応するため，受験が近づいたら過去問に取り組むとよい。

## 1 火山と地震，地層の重なりと過去の様子

授業で火山や地震について学んだMさんは，火山Pや，火山P付近の地下に広がる地層や岩石について調べた。あとの問いに答えなさい。

【Mさんが火山Pについて調べたこと】
・火山Pは，現在は活発に活動していないが，数百年前に噴火し大量の火山灰を噴出した。
・数百年前の噴火によって噴出した火山灰は，火山Pの火口付近に吹いていた風の影響で，火山Pの西側に比べて東側に厚く降り積もった。
・図Ⅰは，火山Pのふもと付近に露出していた火成岩の組織を観察し，スケッチしたものである。図Ⅰ中のXは大きな鉱物の結晶の一つを，Yは大きな鉱物の結晶の周りをうめている小さな粒からなる部分をそれぞれ示している。
・図Ⅰのような，大きな鉱物の結晶の周りを小さな粒がうめているつくりは，火山岩にみられる特徴である。

図Ⅰ

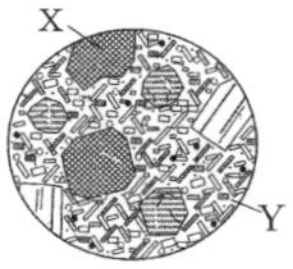

(1) **基本** 火山Pのようにおおむね過去1万年以内に噴火したことがある火山，および現在活発に活動している火山は何と呼ばれる火山か，書きなさい。（2点）

(2) 次の文中の①〔　〕，②〔　〕から適切なものをそれぞれ一つずつ選び，記号を○で囲みなさい。（2点）
　火山Pが数百年前に噴火し大量の火山灰を噴出していたとき，火山Pの火口付近には，主に風向が①〔ア．東寄り　イ．西寄り〕の風が吹いていたと考えられる。降り積もった火山灰が長い年月をかけて固まると，②〔ウ．石灰岩　エ．凝灰岩〕と呼ばれる堆積岩となる。

(3) **よく出る** 次の文中の　ⓐ　，　ⓑ　に入れるのに適している語をそれぞれ書きなさい。（各2点）
　一般に，図Ⅰ中のXのような大きな鉱物の結晶はは
ん晶と呼ばれており，大きな鉱物の結晶の周りをうめている小さな粒からなるYのような部分は　ⓐ　と呼ばれている。図Ⅰのような火山岩のつくりは　ⓑ　組織と呼ばれている。

(4) 次のア～エのうち，図Ⅰ中のXやYについて述べた文として最も適しているものはどれか。一つ選び，記号を○で囲みなさい。（2点）
　ア．X，Yともに，マグマが地表付近に上がってくる前に，地下で同じようにゆっくりと冷やされてできた。
　イ．X，Yともに，マグマが地下から地表付近に上がってきたときに，同じように急冷されてできた。
　ウ．Xを含んだマグマが地下から地表付近に上がってきたときに，マグマが急冷されてYができた。
　エ．Yを含んだマグマが地下から地表付近に上がってきたときに，マグマが急冷されてXができた。

【Mさんが火山P付近の地下に広がる地層や岩石について調べたこと】
・図Ⅱは，火山P付近の地下に広がる地層や岩石のようすを模式的に表したものであり，同じ地質年代に堆積した複数の地層をまとめて，上から地層群A，地層群Bとした。
・地層群Aは中生代に，地層群Bはⓐ古生代に堆積したものである。
・地層群Bからは，ⓑ示相化石としてもよく利用されるサンゴの化石が多く見つかっている。
・大規模な火成岩のかたまりである火成岩体Gは，地下深くのマグマが上昇し，地層中で岩石化したものである。
・断層Fは，この地域に唯一存在する断層であり，水平方向から押す力がはたらいて形成されたものである。

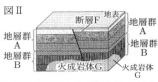
図Ⅱ

・地層群Aと地層群Bには断層Fによるずれがみられるが，火成岩体Gにはずれがみられない。
・地表が火山灰や植物に覆われているため，地表では断層Fは隠されている。

(5) 次のア～エのうち，地層群Aが堆積した地質年代に生存していた生物はどれか。一つ選び，記号を○で囲みなさい。（2点）
　ア．サンヨウチュウ　　イ．アンモナイト
　ウ．ビカリア　　　　　エ．フズリナ

(6) 下線部ⓐについて，古生代は約5.4億年前から始まる。図Ⅲは，地球誕生から現在までの期間を，100cmのものさしを用いて表した模式図である。ものさしの左端は地球誕生を，右端は現在をそれぞれ表すものとする。このとき，古生代の始まりは，ものさしの右端からおよそ何cm離れたところになるか，求めなさい。答えは小数第1位を四捨五入して整数で書きなさい。ただし，このものさしにおいて，1mmの長さが示す期間の長さは，いずれも同じであるものとする。（3点）

図Ⅲ
地球誕生　ものさし　現在
|←100cm→|

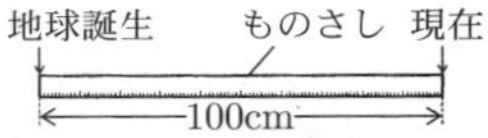

(7) **新傾向** 下線部ⓑについて，地層が堆積した当時の環境をより限定できる生物の化石ほど，示相化石として有効であるといえる。図Ⅳは，3種類の海洋生物R，S，Tが主に生息していた水温の範囲を表したものである。次の文中の　　　に入れるのに適している内容を，「水温」の語を用いて簡潔に書きなさい。（3点）
　海洋生物R，S，Tの化石のうち，地層が堆積した当時の環境を，水温について限定できる示相化石として最も有効なものは，Sの化石であるといえる。なぜなら，図ⅣよりSが　　　　　ことが分かるからである。

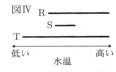
図Ⅳ
低い　水温　高い

(8) 次のア～カのうち，地層群A，地層群B，火成岩体G，断層Fのそれぞれができた順序として最も適しているものはどれか。一つ選び，記号を○で囲みなさい。（3点）
　ア．火成岩体G → 断層F → 地層群B → 地層群A
　イ．火成岩体G → 地層群B → 断層F → 地層群A

ウ．火成岩体G → 地層群B → 地層群A → 断層F
エ．地層群B → 断層F → 地層群A → 火成岩体G
オ．地層群B → 地層群A → 断層F → 火成岩体G
カ．地層群B → 地層群A → 火成岩体G → 断層F

## 2 状態変化

身近な液体の性質に興味をもったCさんは，水とエタノールについて調べた。また，Y先生と一緒に水とエタノールの混合溶液からエタノールを分ける実験を行い，蒸留について考察した。次の問いに答えなさい。

(1) **基本** 図Ⅰは，25℃の水を加熱したときの，加熱時間と水の温度との関係を表したグラフであり，P，Qはグラフ上の点である。

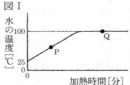
図Ⅰ

① Pにおける水の状態は何か。次のア～ウのうち，最も適しているものを一つ選び，記号を○で囲みなさい。(2点)
ア．固体　　イ．液体　　ウ．気体

② 次の文中の@〔　〕，ⓑ〔　〕から適切なものをそれぞれ一つずつ選び，記号を○で囲みなさい。(2点)

水が純粋な物質であることは，@〔ア．Pの前後で温度が変化している　イ．Qの前後で温度が変化していない〕ことから分かる。また，水のような，2種類以上の原子からなる物質はⓑ〔ウ．単体　エ．化合物〕と呼ばれている。

(2) 空気中でエタノールが燃焼すると，水と二酸化炭素が生じる。

① **基本** 次のア～エのうち，反応で生じる液体が水であることを確認するために用いるものとして最も適しているものはどれか。一つ選び，記号を○で囲みなさい。(2点)
ア．pH試験紙　　　　イ．青色リトマス紙
ウ．赤色リトマス紙　エ．塩化コバルト紙

② **基本** 次の文中の　@　に入れるのに最も適しているものを，あとのア～エから一つ選び，記号を○で囲みなさい。(2点)

エタノールが燃焼すると二酸化炭素が生じるのは，エタノールが　@　を含んでいるためである。このような　@　を含む物質は有機物と呼ばれている。
ア．水素原子　　イ．炭素原子
ウ．窒素原子　　エ．酸素原子

③ 2.3gのエタノールを完全に燃焼させると，二酸化炭素が4.4g，水が2.7g生じる。この化学変化では，何gの酸素がエタノールと反応すると考えられるか，求めなさい。(3点)

【実験】エタノール(沸点78℃)8cm³をはかりとり，水を加えて20cm³とした混合溶液をつくり，図Ⅱのような装置で実験を行った。

・混合溶液10cm³をはかりとり，蒸留用試験管で沸とうさせた。発生した蒸気は，ゴム管を通って冷却用試験管に移り，氷水で冷やされて液体になった。図Ⅱ中の矢印は蒸気の流れを表している。冷却用試験管を3本用意し，液体が2cm³集まるごとに素早く交換した。集めた順に液体(i)，(ii)，(iii)とし，それぞれの液体を集め始めたときの温度計の値を記録した。

図Ⅱ

・液体(i)～(iii)と蒸留前の混合溶液をそれぞれ1cm³ずつはかりとり，蒸発皿に移してマッチの火を近づけた。表Ⅰは，これらの結果をまとめたものである。

表Ⅰ

|  | 液体(i) | 液体(ii) | 液体(iii) | 蒸留前の混合溶液 |
|---|---|---|---|---|
| 液体を集め始めたときの温度 | 79.0℃ | 82.5℃ | 89.5℃ |  |
| 火を近づけたときのようす | 長い間燃えた | 小さな炎で短い間燃えた | 燃えなかった | 燃えなかった |

【CさんとY先生の会話】

Cさん：表Ⅰから，液体(i)中のエタノールの割合は，蒸留前の混合溶液中のエタノールの割合よりも①〔ア．大きく　イ．小さく〕なったことが分かりました。また，液体(i)～(iii)を比べると，液体を集め始めたときの温度が②〔ウ．高い　エ．低い〕液体の方が，エタノールをより多く含んでいたことも分かりました。これは，水とエタノールで沸点が異なることが影響しているのでしょうか。

Y先生：その通りです。実験では，水の沸点よりも低い温度で混合溶液の沸とうが始まり，先に発生していた蒸気ほど，水よりも沸点の低いエタノールを多く含んでいたと考えられます。

Cさん：多く含んでいたということは，蒸気になっていたのはエタノールだけではなかったのですね。

Y先生：はい。混合溶液が沸とうすると，水とエタノールは同時に蒸気になります。このとき，沸とうしている混合溶液中のエタノールの質量の割合と，蒸気中のエタノールの質量の割合の関係は，図Ⅲのようになることが知られています。

Cさん：では，例えば沸とうしている混合溶液中のエタノールの質量の割合が60％のとき，蒸気中のエタノールの質量の割合は約70％になるのですね。

Y先生：その通りです。次に，その蒸気を氷水で十分に冷却すると，エタノールの質量の割合が70％の液体に変化します。これは，エタノールの蒸気も水の蒸気もすべて液体になるためです。

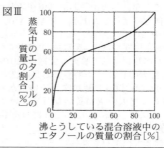
図Ⅲ

(3) 上の文中の①〔　〕，②〔　〕から適切なものをそれぞれ一つずつ選び，記号を○で囲みなさい。(3点)

(4) 液体(i)1.0cm³をはかりとり，質量を測定したところ，0.88gであった。このとき，液体(i)中のエタノールの質量の割合は何％か。エタノールの密度を0.80g/cm³，水の密度を1.0g/cm³として求めなさい。答えは小数第1位を四捨五入して整数で書きなさい。ただし，水とエタノールの混合溶液の体積は，混合前の水とエタノールの体積の和と等しいものとする。(3点)

(5) **思考力** **新傾向** 水とエタノールの混合溶液を蒸留し，得られた液体をさらに蒸留することを考える。はじめの混合溶液中のエタノールの質量の割合が10％である

とき，2回の蒸留の後に得られる液体中のエタノールの質量の割合はおよそ何%になると考えられるか。次のア～エのうち，最も適しているものを一つ選び，記号を○で囲みなさい。ただし，それぞれの蒸留において，沸とうしている液体中のエタノールの質量の割合は蒸留中に変化しないものとし，冷却は氷水で十分に行われるものとする。 (3点)

ア．5％　　イ．50％
ウ．65％　　エ．90％

(6) 蒸留を利用している例として，原油を石油ガスやガソリンなどの物質に分ける精留塔（蒸留塔）がある。図Ⅳは，複数の段からなる精留塔の模式図であり，図Ⅳ中に示した温度は，それぞれの段の温度を表している。次の文中の　　　に入れるのに適している内容を，「沸点」の語を用いて簡潔に書きなさい。 (3点)

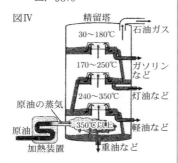
図Ⅳ

加熱装置で十分高温にした原油の蒸気は，精留塔に入ると徐々に冷却され，蒸気から液体になる温度が高い物質が下方の段で液体として得られる。液体にならなかった物質は蒸気のまま残り，より温度の低い上方の段に上がる。このため，　　　物質が上方の段で得られる。

3 植物の体のつくりと働き，植物の仲間，動物の仲間，遺伝の規則性と遺伝子

イチゴ狩りに行ったGさんは，植物の受粉に興味をもち，RさんとE先生と一緒に，遺伝に関するモデル実験を行った。あとの問いに答えなさい。

【GさんとRさんとE先生の会話1】
Gさん：イチゴ狩りのときに聞いたのですが，イチゴはⓐミツバチを用いて受粉させるそうですね。
E先生：ミツバチはいろいろな植物の受粉に用いられます。ミツバチなどの昆虫は，花弁の色などを頼りに蜜や花粉を求めて花を訪れます。
Gさん：授業ではアブラナやエンドウの花を観察しました。種子植物のうち，アブラナやエンドウのように胚珠が子房の中にある植物は　ⓐ　植物と呼ばれているのでしたね。
Rさん：エンドウは花弁が1枚ずつ分かれている①〔ア．合弁花類　イ．離弁花類〕に分類されます。でも，エンドウの花はきれいな花弁をもちますが，アブラナと違って，おしべとしべが花弁に包まれていて，昆虫が入れないようになっていますよね。
エンドウの花
E先生：はい。エンドウは，一つの個体（株）にいくつかの花を咲かせ，ⓑ自然の状態では自家受粉します。受粉後，めしべの中で精細胞と卵細胞が受精すると，胚珠は②〔ウ．種子　エ．果実〕になります。
Gさん：エンドウを用いて，遺伝の規則性を調べたのがメンデルですね。メンデルの実験の結果をもとに，授業で聞いた遺伝に関するモデル実験を一緒にしてみませんか。

Rさん：ええ，ぜひそうしましょう。

(1) 下線部ⓐについて，ミツバチは節足動物に分類される。次のア～エのうち，節足動物に分類される生物を一つ選び，記号を○で囲みなさい。 (2点)
ア．ウニ　　　　イ．アサリ
ウ．イモリ　　　エ．カニ

(2) **よく出る** 上の文中の　ⓐ　に入れるのに適している語を書きなさい。 (2点)

(3) **よく出る** 上の文中の①〔　　〕，②〔　　〕から適切なものをそれぞれ一つずつ選び，記号を○で囲みなさい。 (2点)

(4) 下線部ⓑについて，自家受粉とはどのような現象か。「個体」「めしべ」の2語を用いて簡潔に書きなさい。 (3点)

【GさんとRさんがメンデルの実験についてまとめたこと】
・メンデルは，親にあたる個体として，丸形の種子をつくる純系のエンドウと，しわ形の種子をつくる純系のエンドウとをかけ合わせた。得られた種子（子にあたる個体）の形はすべて丸形であった。
・次に，メンデルは，この丸形の種子（子にあたる個体）を育て，自家受粉させた。得られた種子（孫にあたる個体）の形は丸形としわ形の両方であった。
・表Ⅰは，メンデルの実験の結果を示したものである。
・メンデルは，この結果を説明するために，対立形質を決める1対の要素（遺伝子）があると考えた。

表Ⅰ
| 純系の親の形質 | 丸 | しわ |
|---|---|---|
| 子に現れた形質 | すべて丸 ||
| 孫に現れた形質の個体数の比 | 丸 ： しわ = 5474 : 1850 ||

(5) **基本** 表Ⅰについて，子に現れなかったしわ形の形質に対して，子に現れた丸形の形質は一般に何と呼ばれる形質か，書きなさい。 (3点)

(6) 表Ⅰについて，孫に現れた形質のうち，丸形の個体数はしわ形の個体数のおよそ何倍か，求めなさい。答えは小数第1位を四捨五入して整数で書きなさい。 (3点)

【モデル実験】袋A，B，C，Dおよび複数の黒玉（●）と白玉（○）を用意する。黒玉と白玉による2個の玉の組み合わせ（●●，●○，○○）は，表Ⅰにおけるエンドウの種子の形を決める遺伝子の組み合わせをそれぞれ表すものとして，次の操作を順に行う。

操作1：Aに2個の黒玉を入れ，Bに2個の白玉を入れる。
操作2：Aから玉を1個取り出し，Bから玉を1個取り出す。
操作3：取り出した2個の玉をCに入れ，Cに入れたのと同じ組み合わせの2個の玉をDにも入れる。

操作4：Cから玉を1個取り出し，Dから玉を1個取り出す。
操作5：取り出した2個の玉の組み合わせを記録した後，それぞれの玉を操作4で取り出したもとの袋に戻す。
操作4から操作5を続けて300回くり返す。ただし，袋から取り出すときに玉は互いに区別できないものとする。

【GさんとRさんとE先生の会話2】
E先生：CとDから取り出した2個の玉の組み合わせは，表Ⅱのように考えられますね。

表Ⅱ
|  | Dから取り出した玉 ● | Dから取り出した玉 ○ |
|---|---|---|
| Cから取り出した玉 ● | ●● | ●○ |
| Cから取り出した玉 ○ | ○● | ○○ |

Rさん：表Ⅱから，それぞれの組み合わせが，次のような回数の比で現れると予想することができます。
●●の回数：●○の回数：○○の回数
＝ □
Gさん：では，実際に300回やってみましょう。

Rさん：大変でしたが，結果はほぼ予想通りでしたね。
Gさん：⑤このモデル実験における●●，●○，○○の現れ方によって，表Ⅰにおける親，子，孫の形質の現れ方の規則性を説明することができました。

(7) 上の文中の □ に入れるのに適している比を，最も簡単な整数の比で表しなさい。(3点)

(8) 遺伝のしくみに関して，減数分裂のとき，1対の遺伝子が分かれて別々の生殖細胞に入ることは，分離の法則と呼ばれている。モデル実験において，生殖細胞ができるときに1対の遺伝子が分かれることを表すのはどの操作か。次のア〜エから二つ選び，記号を○で囲みなさい。(3点)
ア．操作1　　　　イ．操作2
ウ．操作3　　　　エ．操作4

(9) 下線部⑤のとき，●●，●○，○○が表す遺伝子の組み合わせによって決まる形質は，それぞれ丸形としわ形のいずれであると考えられるか。次のア〜カのうち，●●，●○，○○と形質との組み合わせとして適しているものを二つ選び，記号を○で囲みなさい。(3点)
ア．●●ー丸　　●○ー丸　　○○ーしわ
イ．●●ー丸　　●○ーしわ　○○ー丸
ウ．●●ー丸　　●○ーしわ　○○ーしわ
エ．●●ーしわ　●○ーしわ　○○ー丸
オ．●●ーしわ　●○ー丸　　○○ーしわ
カ．●●ーしわ　●○ー丸　　○○ー丸

**4** 電流，運動の規則性，力学的エネルギー

電気のはたらきに興味をもったFさんは，静電気や電流の性質について調べた。また，電流の流れる回路についての実験1を行うとともに，J先生と一緒に水の流れる装置を作って実験2を行い，回路との関連を考えることにした。次の問いに答えなさい。

(1) **基本** 一般に電流が流れやすい物質は導体と呼ばれている。次のア〜エのうち，導体はどれか。一つ選び，記号を○で囲みなさい。(3点)
ア．ニクロム　　　　イ．空気
ウ．ガラス　　　　　エ．ゴム

(2) ポリ袋で作ったチョウを，図Ⅰのように，下敷きにためた静電気によって空中で短時間静止させた。図Ⅰ中の点線の矢印は，チョウにはたらく重力を表している。この重力とつりあっている，チョウにはたらく電気の力を，右下の図中に1本の矢印でかき加えなさい。ただし，P点を作用点として実線でかくこと。(3点)

図Ⅰ

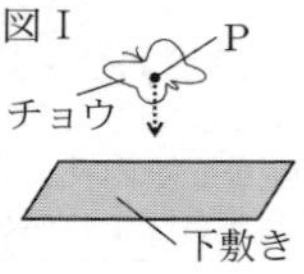

(3) 次の文中の①〔　〕，②〔　〕から適切なものをそれぞれ一つずつ選び，記号を○で囲みなさい。(2点)
図Ⅱのような発光ダイオードを点灯させるためには，端子a，bのうち，電源装置の＋極には①〔ア．a　イ．b〕をつなぎ，－極にはもう一方をつなげばよい。また，発光ダイオードが点灯していると

図Ⅱ

き，aを流れる電流の大きさは，bを流れる電流の大きさと②〔ウ．等しい　エ．異なる〕。

【実験1】図Ⅲのような回路について，電気抵抗を調節できる抵抗器に電源装置で電圧をかけて電流を流し，この電気抵抗，電圧，電流をそれぞれ測定した。表Ⅰは，電圧を一定にして調べた電気抵抗と電流について，表Ⅱは，電気抵抗を一定にして調べた電圧と電流について，それぞれ示したものである。

図Ⅲ

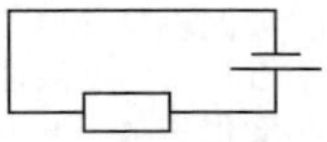

表Ⅰ

| 電気抵抗[Ω] | 5 | 10 | 15 | 20 |
|---|---|---|---|---|
| 電流[A] | 0.60 | 0.30 | 0.20 | 0.15 |

表Ⅱ

| 電圧[V] | 5 | 10 | 15 | 20 |
|---|---|---|---|---|
| 電流[A] | 0.15 | 0.30 | 0.45 | 0.60 |

【FさんとJ先生の会話1】
J先生：表Ⅰについて，このとき抵抗器にかけた電圧はいくらでしたか。
Fさん：表Ⅰからオームの法則を使って計算される値と同じ ⓐ Vでした。
J先生：表Ⅱについて，電流が大きくなるほど抵抗器でより多くの熱が発生する点には注意しましたか。
Fさん：はい。抵抗器で電流によって発生する熱の量を少なくするために， ⓑ ようにしました。
J先生：回路では，ⓐ導体内に多数ある，－の電気をもつ粒子が次々に流れることで電流が生じ，この流れが抵抗器でさまたげられます。電流は水の流れと対比されることがあります。抵抗器のように流れをさまたげる役割をもつ通り道を用意し，水を流して実験してみましょう。

(4) **基本** 上の文中の ⓐ に入れるのに適している数を求めなさい。また，次のア〜エのうち， ⓑ に入れるのに最も適しているものを一つ選び，記号を○で囲みなさい。(各2点)
ア．電流は測定のときだけ流し，長時間流さない
イ．水を満たした容器の中に抵抗器を入れる
ウ．電源装置の＋極と－極とを逆につなぎかえる
エ．電気抵抗の等しい小型の抵抗器を用いる

(5) **基本** 下線部ⓐで述べられている粒子は何と呼ばれているか，書きなさい。(2点)

【実験2】図Ⅳのように，小さく切ったスポンジをつめた管で，容器X，Yをつなぎ，ホースcからXに一定の割合で水を入れ続けた。水は管を通り，Yの排出口dから出るが，スポンジ部分での水の流れにく

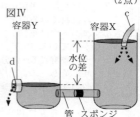
図Ⅳ

さのために，XとYの水位に一定の差ができた状態となった。このとき，管を通る水量は，dから出る水量と等しい。表Ⅲは，水位の差と1分間に管を通る水量を示したものである。

表Ⅲ

| 水位の差[cm] | 3.5 | 7.0 | 10.5 | 14.0 |
|---|---|---|---|---|
| 1分間に管を通る水量[L] | 0.42 | 0.84 | 1.26 | 1.68 |

【FさんとJ先生の会話2】

Fさん：表Ⅲにおける水位の差と1分間に管を通る水量との関係は①〔ア．比例　イ．反比例〕の関係にあり，これは②〔ウ．表Ⅰにおける電気抵抗と電流との関係　エ．表Ⅱにおける電圧と電流との関係〕にもみられることが分かりました。

J先生：水の流れと電流との対比はうまくいきそうですね。

Fさん：はい。複雑な回路における電流についても，水の流れとの対比で考えてみたいと思います。例えば，電気抵抗の等しい二つの抵抗器を含む図Ⅴのような回路の場合はどうでしょうか。

図Ⅴ

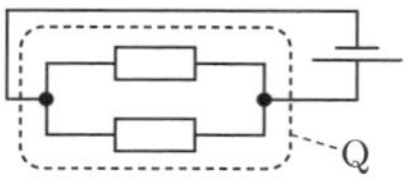

J先生：では，図Ⅵのように高さをそろえた2本の管でX，Yをつなぎ実験してみましょう。管と，管につめるスポンジは，いずれも図Ⅳのものと同じです。水の通り道は2本ですが，各管を通る水量は水位の差で決まると考えれば，表Ⅲにおける水位の差と1分間に管を通る水量との関係が，各管について成り立つはずです。

図Ⅵ

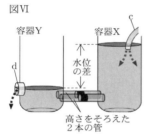

Fさん：実験してみた結果，先生のお話の通り，図Ⅵで水位の差が7.0cmのとき，1分間にdから出る水量は③〔オ．0.42L　カ．0.84L　キ．1.68L〕でした。

J先生：その結果をもとに，電流の流れにくさを表す量が電気抵抗であったことを思い出して，図Ⅴ中のQで示した部分の全体の電気抵抗について考えてみてください。

Fさん：そうか，Qの全体の電気抵抗は，抵抗器1個の電気抵抗の④〔ク．$\frac{1}{4}$倍　ケ．$\frac{1}{2}$倍　コ．2倍　サ．4倍〕ですね。水の流れとの対比でよく分かりました。

(6) 【新傾向】 上の文中の①〔　〕～④〔　〕から適切なものをそれぞれ一つずつ選び，記号を○で囲みなさい。ただし，接続した抵抗器以外の電気抵抗は考えないものとする。（5点）

(7) 実験2において，dから出た水をくみ上げcから再び入れて循環させるためには，回路における電源装置のような役割をするポンプが必要である。ポンプを用い，0.2Wの仕事率で水を30cm高い位置にくみ上げ続けるとき，1分あたり何Lの水をくみ上げることができるか，求めなさい。ただし，ポンプは，重力と等しい大きさの力で水を真上に持ち上げる仕事のみを行うものとする。また，100gの物体にはたらく重力の大きさは1Nとし，1Nの水の質量は1kgとする。（3点）

---

# 兵庫県

時間 50分　満点 100点　解答 P19　3月12日実施

## 出題傾向と対策

●例年通り，小問集合1題と物理，化学，生物，地学各1題の計5題の出題であった。実験や観察を中心とした基礎問題の出題が多いが，図やグラフを読みとり考察する，科学的思考力を必要とするものも出題された。解答形式は選択式がほとんどで，文章記述や作図は出題されなかった。
●教科書の実験・観察を中心に，基礎的な知識をしっかりと押さえたうえで，演習問題などで実戦力を養うとともに図やグラフから解答を読み解く力を養っておこう。

## 1 物質のすがた，光と音，動物の体のつくりと働き，天体の動きと地球の自転・公転　基本

次の問いに答えなさい。

1．光の性質について，答えなさい。
(1) 図1は，光がガラスから空気へ進む向きを表している。この進んだ光の向きとして適切なものを，図1のア～エから1つ選んで，その符号を書きなさい。（2点）

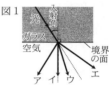

(2) (1)のように光が異なる物質どうしの境界へ進むとき，境界の面で光が曲がる現象を何というか，漢字で書きなさい。（2点）

2．ヒトの器官について，答えなさい。
(1) 図2は，ヒトの目の断面の模式図である。レンズと網膜の部分として適切なものを，図2のア～エからそれぞれ1つ選んで，その符号を書きなさい。（2点）

(2) 図3は，ヒトの体を正面から見たときのうでの模式図である。図3の状態からうでを曲げるときに縮む筋肉と，のばすときに縮む筋肉の組み合わせとして適切なものを，次のア～エから1つ選んで，その符号を書きなさい。（2点）

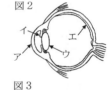

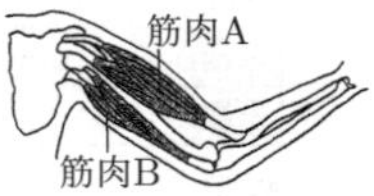

|   | 曲げるとき | のばすとき |
|---|---|---|
| ア | 筋肉A | 筋肉A |
| イ | 筋肉A | 筋肉B |
| ウ | 筋肉B | 筋肉A |
| エ | 筋肉B | 筋肉B |

3．気体を発生させる実験について，答えなさい。
(1) 石灰石にうすい塩酸を加えたとき，発生する気体の化学式として適切なものを，次のア～エから1つ選んで，その符号を書きなさい。（2点）
　ア．$CO_2$　イ．$O_2$　ウ．$Cl_2$　エ．$H_2$

(2) (1)で発生した気体を水にとかした水溶液の性質として適切なものを，次のア～エから1つ選んで，その符号を書きなさい。（2点）
　ア．ヨウ素溶液を加えると水溶液は青紫色にかわる。
　イ．BTB溶液を加えると水溶液は緑色にかわる。
　ウ．青色リトマス紙に水溶液をつけると赤色にかわる。

エ．フェノールフタレイン溶液を加えると水溶液は赤色にかわる。

4. **よく出る** 太陽と地球の関係について、答えなさい。
(1) 図4は，太陽と公転軌道上の地球の位置関係を模式的に表したもので，ア〜エは春分，夏至，秋分，冬至のいずれかの地球の位置を表している。日本が夏至のときの地球の位置として適切なものを，図4のア〜エから1つ選んで，その符号を書きなさい。(2点)

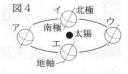

(2) 地球の自転と公転について説明した次の文の ① ， ② に入る語句の組み合わせとして適切なものを，あとのア〜エから1つ選んで，その符号を書きなさい。(2点)
　　地球を北極側から見たとき，地球の自転の向きは ① であり，地球の公転の向きは ② である。
ア．①時計回り　②時計回り
イ．①時計回り　②反時計回り
ウ．①反時計回り　②時計回り
エ．①反時計回り　②反時計回り

## 2 植物の仲間，動物の仲間，生物の成長と殖え方

植物と動物の細胞分裂となかま分けに関する次の問いに答えなさい。
1. 根が成長するしくみを調べるために，図1のように根がのびたタマネギを用いて，次の観察1，2を行った。

&lt;観察1&gt;
根が成長する場所を調べるために，図2のように根の先端に点Aをつけ，点Aから1.5 mm間隔で点B〜Dをつけた。表1は，点をつけてから，12時間後，24時間後に根の先端からB，C，Dまでの長さをはかった結果をまとめたものである。なお，点Aは24時間後，根の先端の同じ場所についていた。

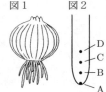

表1

| | 点をつけた直後 | 12時間後 | 24時間後 |
|---|---|---|---|
| 先端からB[mm] | 1.5 | 5.7 | 11.0 |
| 先端からC[mm] | 3.0 | 7.2 | 12.5 |
| 先端からD[mm] | 4.5 | 8.7 | 14.0 |

&lt;観察2&gt;
根が成長する場所の細胞のようすを調べるために，観察1で用いた根とは別の根を1本切りとり，根の先端に点A′をつけ観察1と同じように，点A′から1.5 mm間隔で点B′〜D′をつけた。その後，うすい塩酸にしばらくつけ，塩酸をとりのぞいてから図3のようにX〜Zの3か所を切りとり，それぞれ異なるスライドガラスにのせた。染色液で染色し，カバーガラスをかけ，ろ紙をのせてからゆっくりとおしつぶしてプレパラートを作成した。顕微鏡を同じ倍率にしてそれぞれのプレパラートについて，視野全体の細胞が重ならず，すき間なく観察できる状態で細胞の数を確認した。表2は，視野の中の細胞の数をまとめたものである。

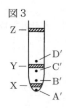

表2

| 切りとった部分 | X | Y | Z |
|---|---|---|---|
| 細胞の数[個] | 120 | 30 | 30 |

(1) **基本** 顕微鏡で細胞を観察するとき，図4のPの部分をさらにくわしく観察するための操作について説明した次の文の ① に入る順として適切なものを，あとのア〜ウから1つ選んで，その符号を書きなさい。また， ② に入る方向として適切なものを，図5のア〜エから1つ選んで，その符号を書きなさい。(3点)
　　 ① の順で操作し，操作(c)でプレパラートを動かす方向は ② である。

&lt;操作&gt;
(a) レボルバーを回して高倍率の対物レンズにする。
(b) しぼりを調節して見やすい明るさにする。
(c) プレパラートを動かし，視野の中央にPの部分を移動させる。

【①の順】　ア．(a)→(c)→(b)　イ．(b)→(a)→(c)
　　　　　ウ．(c)→(a)→(b)

(2) 点をつけてから24時間で根の先端から点Dまでの長さは何mmのびたか，表1から求めなさい。(3点)

(3) **よく出る** 観察2で作成した3枚のプレパラートのうち1枚でのみ図6のような細胞が観察できた。このことと表1，2から，次の文が，根が成長するしくみについての適切な推測となるように， ① ， ② に入る語句の組み合わせを，あとのア〜エから1つ選んで，その符号を書きなさい。(3点)
　　細胞分裂が ① の部分で起こり，分裂後のそれぞれの細胞の大きさはその後 ② と考えられる。
ア．①X　②変化しない　イ．①X　②大きくなる
ウ．①Y　②変化しない　エ．①Y　②大きくなる

(4) **基本** タマネギのようにひげ根をもつ植物のなかまについて説明した次の文の ① ， ② に入る語句の組み合わせとして適切なものを，あとのア〜エから1つ選んで，その符号を書きなさい。(3点)
　　ひげ根をもつ植物のなかまは ① とよばれ，このなかまの葉脈は ② に通っている。
ア．①単子葉類　②平行
イ．①単子葉類　②網目状
ウ．①双子葉類　②平行
エ．①双子葉類　②網目状

2. 図7は，ヒキガエルの受精卵が発生するようすの模式図である。
図7

受精卵　　　　　　　　　　　　　　　　細胞A

(1) ヒキガエルの受精卵，図7の細胞A，ヒキガエルの皮ふの細胞の染色体の数を比較したグラフとして適切なものを，次のア〜エから1つ選んで，その符号を書きなさい。(3点)

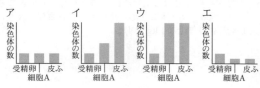

(2) 表3は，ヒキガエルのように背骨を持つ動物のなかまの特徴をまとめたものである。5つのなかまについて，多くの動物がその特徴にあてはまる場合には○，あてはまらない場合には×を記入するとき，①，②に入る○と×の組み合わせとして適切なものを，あとのア～エから1つ選んで，その符号を書きなさい。(3点)

表3

| 特徴＼なかま | 魚類 | 両生類 | は虫類 | 鳥類 | 哺乳類 |
|---|---|---|---|---|---|
| 背骨をもつ | ○ | ○ | ○ | ○ | ○ |
| 成体は陸上で生活する | × | ○ | ○ | ○ | ○ |
| 体表がうろこでおおわれている | ○ | × | ① | × | × |
| 変温動物である | ○ | ○ | ○ | ② | × |
| 卵生である | ○ | ○ | ○ | ○ | × |
| 一生を肺で呼吸する | × | × | ○ | ○ | ○ |

ア．①○　②○
イ．①○　②×
ウ．①×　②○
エ．①×　②×

(3) 表3の6つの特徴のうち，「背骨をもつ」，「成体は陸上で生活する」の2つの特徴に注目すると，記入された○と×の並び方が，魚類とほかの4つのなかまとでは異なるため区別できるが，両生類，は虫類，鳥類，哺乳類は同じであるため区別できない。このように○と×の並び方について考えると，3つの特徴に注目することで，5つのなかまを区別できることがわかった。このとき注目した3つの特徴のうちの1つが「卵生である」であったとき，「卵生である」以外に注目した特徴として適切なものを，次のア～オから2つ選んで，その符号を書きなさい。(3点)

ア．背骨をもつ
イ．成体は陸上で生活する
ウ．体表がうろこでおおわれている
エ．変温動物である
オ．一生を肺で呼吸する

## 3 水溶液，水溶液とイオン

電気分解と溶解度に関する次の問いに答えなさい。

1. **基本** 10％塩化銅水溶液200 gと炭素棒などを用いて，図1のような装置をつくった。電源装置を使って電圧を加えたところ，光電池用プロペラつきモーターが回った。

図1

(1) 炭素棒A，B付近のようすについて説明した次の文の ① ～ ④ に入る語句の組み合わせとして適切なものを，あとのア～エから1つ選んで，その符号を書きなさい。(3点)

光電池用プロペラつきモーターが回ったことから，電流が流れたことがわかる。このとき，炭素棒Aは ① 極となり，炭素棒Bは ② 極となる。また，炭素棒Aでは ③ し，炭素棒Bでは ④ する。

ア．①陰　②陽　③銅が付着　④塩素が発生
イ．①陰　②陽　③塩素が発生　④銅が付着
ウ．①陽　②陰　③銅が付着　④塩素が発生
エ．①陽　②陰　③塩素が発生　④銅が付着

(2) 塩化銅が水溶液中で電離しているとき，次の電離を表す式の □ に入るものとして適切なものを，あとのア～エから1つ選んで，その符号を書きなさい。(3点)

CuCl₂ → □

ア．Cu⁺ + Cl²⁻
イ．Cu⁺ + 2Cl⁻
ウ．Cu²⁺ + Cl⁻
エ．Cu²⁺ + 2Cl⁻

(3) 水にとかすと水溶液に電流が流れる物質について説明した次の文の ① ～ ③ に入る語句の組み合わせとして適切なものを，あとのア～エから1つ選んで，その符号を書きなさい。(3点)

塩化銅は，水溶液中で原子が電子を ① ，全体としてプラスの電気を帯びた陽イオンと，原子が電子を ② ，全体としてマイナスの電気を帯びた陰イオンに分かれているため，水溶液に電流が流れる。塩化銅のように水にとかすと水溶液に電流が流れる物質を電解質といい，身近なものに ③ などがある。

ア．①受けとり　②失い　③食塩
イ．①受けとり　②失い　③砂糖
ウ．①失い　②受けとり　③食塩
エ．①失い　②受けとり　③砂糖

2. 図2は，3種類の物質A～Cについて100gの水にとける物質の質量と温度の関係を表している。

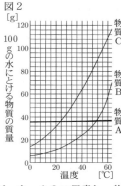
図2

(1) 60℃の水150 gが入ったビーカーを3つ用意し，物質A～Cをそれぞれ120 g加えたとき，すべてとけることができる物質として適切なものを，A～Cから1つ選んで，その符号を書きなさい。(3点)

(2) 40℃の水150 gが入ったビーカーを3つ用意し，物質A～Cをとけ残りがないようにそれぞれ加えて3種類の飽和水溶液をつくり，この飽和水溶液を20℃に冷やすと，すべてのビーカーで結晶が出てきた。出てきた結晶の質量が最も多いものと最も少ないものを，A～Cからそれぞれ1つ選んで，その符号を書きなさい。(3点)

(3) **よく出る** 水150 gを入れたビーカーを用意し，物質Cを180 g加えて，よくかき混ぜた。

① 物質Cをすべてとかすためにビーカーを加熱したあと，40℃まで冷やしたとき，結晶が出てきた。また，加熱により水10 gが蒸発していた。このとき出てきた結晶の質量は何gと考えられるか。結晶の質量として最も適切なものを，次のア～エから1つ選んで，その符号を書きなさい。(3点)

ア．60.4 g
イ．84.0 g
ウ．90.4 g
エ．140.0 g

② ①のときの水溶液の質量パーセント濃度として最も適切なものを，次のア～エから1つ選んで，その符号を書きなさい。(3点)

ア．33％
イ．39％
ウ．60％
エ．64％

## 4 火山と地震，地層の重なりと過去の様子

地層と地震に関する次の問いに答えなさい。

1. **よく出る** はなこさんは，理科の授業で自然災害について学び，自分の住む地域の地形の特徴や災害について調べ，レポートにまとめた。

【目的】
家の近くの地域の地層を観察し，図書館や防災センターで地形の特徴を調べる。

【方法】
図1の地点A, Bで，地面に対し垂直に切り立った崖を観察し，地層をスケッチしたものが図2である。

図書館や防災センターで資料の収集とインタビューを行い，表1に図1の地点A, B, C, Dの標高を，図3に地点Dの柱状図を示した。

注）図2のスケッチの●はA, Bそれぞれの地点で崖を観察した位置を示しており，表1に示した標高と同じ高さである。

図1 調査を行った場所

地点A, Bでは，矢印の方向から地層を観察した

表1 各地点の標高

| 地点 | A | B | C | D |
|---|---|---|---|---|
| 標高[m] | 18 | 17 | 19 | 20 |

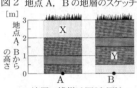

図2 地点A, Bの地層のスケッチ

地層の模様は図3と同じ

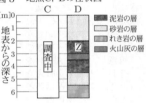

図3 地点C, Dの柱状図

【わかったこと】
○この地域の地層は断層やしゅう曲，上下の逆転がなく，地層の厚さも一定で広がっている。
○図2, 3の地点A, B, Dの火山灰の層ができたのは同じ年代である。
○火山灰の層は，大雨などで水を含むと土砂くずれなどの災害の原因になることがある。また，地震によるゆれでも土砂くずれなどの災害になることがある。
○地点Cでは現在ボーリング調査が行われている。

【考察】
○地点Dの柱状図から，この地域でれき岩の層が堆積し，火山灰の層が堆積するまでに，この地域は大地の変動により ① し，海岸から ② と考えられる。
○地層の上下の逆転がないことから，砂岩の層Xと泥岩の層Y, Zは ③ の順に堆積したと考えられる。
○図1, 2, 3から，地層は一定の傾きで ④ の向きに傾いて低くなっていると考えられる。

【感想】
○自分が住んでいる地域の地形の特徴を調べることで，地層が災害に関わっていることがわかった。緊急地震速報などの情報に注意したり，日ごろからハザードマップを見て災害の時の行動を考えたりすることが大切だと思った。

(1) レポートの考察の中の ① ， ② に入る語句の組み合わせとして適切なものを，次のア～エから1つ選んで，その符号を書きなさい。 (3点)
 ア．①沈降　②遠くなった
 イ．①沈降　②近くなった
 ウ．①隆起　②遠くなった
 エ．①隆起　②近くなった

(2) レポートの考察の中の ③ に入る順として適切なものを，次のア～エから1つ選んで，その符号を書きなさい。 (3点)
 ア．X→Y→Z　イ．Z→Y→X
 ウ．X→Z→Y　エ．Y→Z→X

(3) レポートの考察の中の ④ に入る語句として適切なものを，次のア～エから1つ選んで，その符号を書きなさい。 (3点)
 ア．東　イ．西　ウ．南　エ．北

(4) 図3のCの柱状図として適切なものを，図4のア～エから1つ選んで，その符号を書きなさい。 (3点)

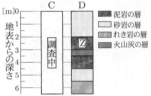

図4

(5) 緊急地震速報について説明した次の文の ① ～ ③ に入る語句の組み合わせとして適切なものを，次のア～エから1つ選んで，その符号を書きなさい。 (3点)

緊急地震速報は，震源に近い地震計で ① 波を感知して ② 波の到着時刻や，ゆれの大きさを予測して知らせる気象庁のシステムである。震源からの距離が ③ 地域では，① 波が到達してから ② 波が到着するまでの時間は長くなるため，② 波が到着する前のほんの数秒間でも地震に対する心構えができ，ゆれに備えることで地震の被害を減らすことが期待されている。

 ア．①S　②P　③近い
 イ．①S　②P　③遠い
 ウ．①P　②S　③近い
 エ．①P　②S　③遠い

2. はなこさんは，旅行で淡路島の北淡震災記念公園を訪れ，地震が起こるしくみについて興味を持ち，調べることにした。

(1) 図5は地震が起こるときに生じる断層の1つを模式図で表している。図のような断層ができるとき，岩石にはたらく力の加わる向きを→で示した図として適切なものを，次のア～エから1つ選んで，その符号を書きなさい。 (3点)

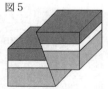

図5

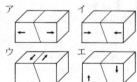

(2) プレートの境界付近で起こる地震について説明した次の文の ① ～ ③ に入る語句の組み合わせとして適切なものを，あとのア～エから1つ選んで，その符号を書きなさい。 (3点)

西日本の太平洋沖には，大陸プレートである ① プレートと海洋プレートであるフィリピン海プレートとの境界がある。このようなプレートの境界付近では，② プレートの下に沈みこむ ③ プレートに引きずられた ② プレートのひずみが限界になり，もとに戻ろうと反発して地震が起こると考えられている。

 ア．①ユーラシア　②大陸　③海洋
 イ．①ユーラシア　②海洋　③大陸
 ウ．①北アメリカ　②大陸　③海洋
 エ．①北アメリカ　②海洋　③大陸

5 | 電流

電気に関する次の問いに答えなさい。

1. エネルギーの変換について調べるために，電源装置，手回し発電機，豆電球，発光ダイオードを用いて，次の(a)，(b)の手順で実験を行った。ただし，実験で使用した発光ダイオードは，破損を防ぐために抵抗がつけられている。

＜実験＞

(a) 豆電球または発光ダイオードを電源装置につなぎ，2.0 Vの電圧を加えたとき，それぞれ点灯することを確かめ，そのとき流れる電流の大きさをはかり，表1にまとめた。

表1

| つないだもの | 電流の大きさ[mA] |
|---|---|
| 豆電球 | 180 |
| 抵抗がつけられた発光ダイオード | 2 |

(b) 図1のように，豆電球または発光ダイオードを同じ手回し発電機につなぎ，手回し発電機のハンドルを一定の速さで回転させ，2.0 Vの電圧を回路に加え，点灯させた。このとき，2.0 Vの電圧を加えるために必要な10秒あたりのハンドルの回転数とハンドルを回転させるときの手ごたえのちがいを比較し表2にまとめた。ただし，図では電圧計を省略している。

図1
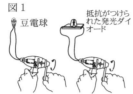

表2

| つないだもの | 10秒あたりの回転数[回] | 手ごたえのちがい |
|---|---|---|
| 豆電球 | 29 | 重い |
| 抵抗がつけられた発光ダイオード | 23 | 軽い |

(1) 手回し発電機のハンドルを回して豆電球を点灯させるときのエネルギーの変換について説明した次の文の ① ～ ③ に入る語句として適切なものを，それぞれあとのア～オから1つ選んで，その符号を書きなさい。 (3点)

手回し発電機のハンドルを回す ① エネルギーが， ② エネルギーとなり，その一部が豆電球で光エネルギーに変換されるが， ② エネルギーのほとんどが ③ エネルギーとして失われている。

ア．音　　イ．電気　　ウ．熱
エ．化学　　オ．運動

(2) 表1，2から考察した文として適切なものを，次のア～エから1つ選んで，その符号を書きなさい。(3点)

ア．手回し発電機に電力の値が大きいものをつないだときと小さいものをつないだときを比べると，小さいものをつないだときのほうが，2.0 Vの電圧を加えるために必要な10秒あたりのハンドルの回転数は多い。

イ．手回し発電機に電力の値が大きいものをつないだときと小さいものをつないだときを比べると，大きいものをつないだときのほうが，ハンドルを回転させるときの手ごたえは軽い。

ウ．手回し発電機に抵抗の大きさが大きいものをつないだときと小さいものをつないだときを比べると，小さいものをつないだときのほうが，2.0 Vの電圧を加えるために必要な10秒あたりのハンドルの回転数は少ない。

エ．手回し発電機に抵抗の大きさが大きいものをつないだときと小さいものをつないだときを比べると，大きいものをつないだときのほうが，ハンドルを回転させるときの手ごたえは軽い。

(3) 手順(a)において，2.0 Vの電圧を1分間加えたとき，発光ダイオードの電力量は豆電球の電力量より何J小さいか，四捨五入して小数第1位まで求めなさい。 (3点)

2. よく出る　表3は，3種類の抵抗器X～Zのそれぞれについて，両端に加わる電圧と流れた電流をまとめたものである。ただし，抵抗器X～Zはオームの法則が成り立つものとする。

表3

| 抵抗器 | 電圧[V] | 電流[mA] |
|---|---|---|
| X | 3.0 | 750 |
| Y | 3.0 | 375 |
| Z | 3.0 | 150 |

(1) 抵抗器Xの抵抗の大きさは何Ωか，求めなさい。 (3点)

(2) 図2のように，抵抗器XとZを用いて回路を作り，電源装置で6.0 Vの電圧を加えたとき，電流計が示す値は何Aか，求めなさい。 (3点)

図2

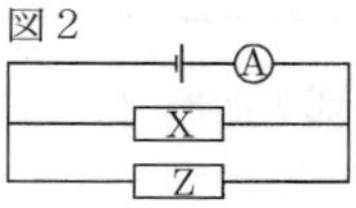

(3) 図3のように，抵抗器X～Zと2つのスイッチを用いて回路を作った。ただし，図の ① ～ ③ には抵抗器X～Zのいずれかがつながれている。表4はスイッチ1，2のいずれか1つを入れ，電源装置で6.0 Vの電圧を加えたときの電流計が示す値をまとめたものである。図3の ① ～ ③ につながれている抵抗器の組み合わせとして適切なものを，あとのア～カから1つ選んで，その符号を書きなさい。 (3点)

図3
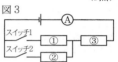

表4

|  | 電流計の値[mA] |
|---|---|
| スイッチ1だけを入れる | 250 |
| スイッチ2だけを入れる | 500 |

ア．①抵抗器X　②抵抗器Y　③抵抗器Z
イ．①抵抗器X　②抵抗器Z　③抵抗器Y
ウ．①抵抗器Y　②抵抗器X　③抵抗器Z
エ．①抵抗器Y　②抵抗器Z　③抵抗器X
オ．①抵抗器Z　②抵抗器X　③抵抗器Y
カ．①抵抗器Z　②抵抗器Y　③抵抗器X

(4) 思考力　抵抗器X～Zと4つの端子A～Dを何本かの導線でつなぎ，箱の中に入れ，図4のような装置をつくった。この装置の端子A，Bと電源装置をつなぎ6.0 Vの電圧を加え電流の大きさを測定したのち，端子C，Dにつなぎかえ再び6.0 Vの電圧を加え電流の大きさを測定すると，電流の大きさが3倍になることがわかった。このとき箱の中の抵抗器X～Zはそれぞれ端子A～Dとどのようにつながれているか，箱の中のつなぎ方を表した図として適切なものを，次のア～エから1つ選んで，その符号を書きなさい。 (3点)

図4
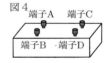

【箱の中のつなぎ方の図】
□は抵抗器X～Zを，・は端子A～Dを表している。

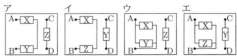

# 奈良県

時間 50分　満点 50点　解答 P.20　3月11日実施

## 出題傾向と対策

● 生物2題，物理，化学，地学各1題，物理・化学の複合問題1題の計6題の出題。実験や観察をもとにした問題を中心に出題された。出題形式は記述式が多く，用語記述，文章記述，計算，作図が主である。科学的思考力を必要とする問題も見られた。

● 教科書で基本事項をしっかりと理解することが重要である。文章記述，作図問題の対策としては，実験の手順・結果を自分の言葉や図で簡潔にまとめる練習をしておくとよい。

## 1　化学変化，電流，エネルギー

真理さんは，ノーベル化学賞受賞者の吉野彰さんが持続可能な社会の実現について語っているニュースを見て，エネルギー資源の有効利用について興味をもち，調べることにした。次の□内は，真理さんが，各家庭に普及し始めている燃料電池システムについてまとめたものである。各問いに答えよ。

> 家庭用燃料電池システムは，<u>都市ガスなどからとり出した水素と空気中の酸素が反応して水ができる化学変化</u>を利用して，電気エネルギーをとり出す装置である。電気をつくるときに発生する熱を給湯などに用いることで，エネルギーの利用効率を高めることができる。

家庭用燃料電池システム

(1) **基本**　下線部に関して，水素と酸素が反応して水ができる化学変化を化学反応式で書け。　(2点)

(2) 図1は従来の火力発電について，図2は家庭用燃料電池システムについて，それぞれ発電に用いた燃料がもつエネルギーの移り変わりを模式的に表したものである。なお，図中の□内は，燃料がもつエネルギーを100としたときの，エネルギーの割合を示している。

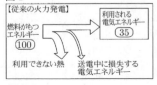

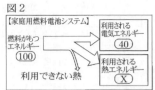

① 図1において，送電中に損失する電気エネルギーは，主にどのようなエネルギーに変わることで失われるか。最も適切なものを，次のア〜エから1つ選び，その記号を書け。　(1点)
　ア．光エネルギー
　イ．運動エネルギー
　ウ．音エネルギー
　エ．熱エネルギー

② 図2において，利用される電気エネルギーが，消費電力が40Wの照明器具を連続して10分間使用できる電気エネルギーの量であるとき，利用される熱エネルギーの量は34200Jである。Xに当てはまる値を書け。　(2点)

## 2　力と圧力，運動の規則性

物体にはたらく力について調べるために，次の実験1〜3を行った。各問いに答えよ。ただし，質量100gの物体にはたらく重力の大きさを1Nとし，ばねや糸の質量はないものとする。

実験1．水平な台の上にスタンドを置き，ばねをつり棒につるした。次に，図1のように，1個の質量が20gのおもりを，1個から8個まで個数を変えてばねにつるし，ばねののびをそれぞれはかった。表1は，その結果をまとめたものである。

図1
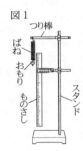

表1

| おもりの数[個] | 1 | 2 | 3 | 4 | 5 | 6 | 7 | 8 |
|---|---|---|---|---|---|---|---|---|
| ばねののび[cm] | 1.0 | 2.0 | 3.0 | 4.0 | 5.0 | 6.0 | 7.0 | 8.0 |

実験2．質量160gで一辺の長さが5.0cmの立方体である物体Aと，実験1で用いたばねを使って，水平な台の上に図2のような装置をつくり，物体Aの底面のすべてが電子てんびんの計量皿に接するまでつり棒を下げた。この状態から，ゆっくりとつり棒を下げていきながら，ばねののびがなくなるまで，ばねののびと電子てんびんの示す値との関係を調べた。

図2

実験3．図3のように，実験1で用いたばねと，糸1〜3を使って，実験2で用いた物体Aを持ち上げた。次に，糸3を延長した線と糸1および糸2がそれぞれつくる角X，Yの大きさが常に等しくなるようにしながら，角X，Yの大きさを合わせた糸1，2の間の角度が大きくなる方向に糸1を動かし，ばねののびの変化を調べた。表2は，その結果をまとめたものである。

図3
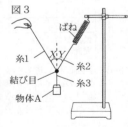

表2

| 糸1，2の間の角度[°] | 60 | 90 | 120 |
|---|---|---|---|
| ばねののび[cm] | 4.6 | 5.7 | 8.0 |

(1) **基本**　実験1で用いたばねを使って，質量110gの物体をつるしたときのばねののびは何cmになると考えられるか。その値を書け。　(2点)

(2) 実験2で，ばねののびが6.0cmのとき電子てんびんの値は40gを示していた。このとき，計量皿が物体Aの底面から受けた圧力の大きさは何Paか。その値を書け。また，物体Aの底面のすべてが電子てんびんの計量皿に接してからばねののびがなくなるまでの間の，ばねののびと電子てんびんの示す値との関係を述べたものとして，最も適切なものを，次のア〜ウから1つ選び，その記号を書け。　(3点)
　ア．ばねののびが小さくなるにしたがって，電子てんびんの示す値は大きくなる。
　イ．ばねののびが小さくなるにしたがって，電子てんびんの示す値は小さくなる。
　ウ．ばねののびが小さくなっても，電子てんびんの示す

値は変わらない。

(3) **よく出る** 実験3で,糸1,2がそれぞれ結び目を引く力を合成し,その合力を右の図に矢印で表せ。なお,合力を矢印で表すために用いた線は消さずに残しておくこと。
(2点)

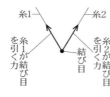

(4) **思考力** 図4は,斜張橋とよばれる橋を模式的に表したものである。塔からななめに張った多数のケーブルが橋げたに直接つながっており,このケーブルが橋げたを引くことで,橋げたを支えている。図5のように,ケーブルa,bが橋げたを引くようすに着目したとき,図6のように塔をより高くし,ケーブルをより高い位置から張ると,ケーブルa,bがそれぞれ橋げたを引く力の大きさはどのように変化すると考えられるか。ケーブルa,bの間の角度に触れながら,簡潔に書け。ただし,橋げたの質量や塔の間隔は変わらないものとし,ケーブルの質量はないものとする。
(2点)

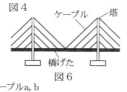

## 3 生物の成長と殖え方,遺伝の規則性と遺伝子

遺伝の規則性を調べるために,エンドウを用いて次の実験1,2を行った。なお,エンドウには図のような丸い種子としわのある種子がある。また,丸い種子をつくる遺伝子をA,しわのある種子をつくる遺伝子をaとし,丸い種子をつくる純系のエンドウがもつ遺伝子の組み合わせをAA,しわのある種子をつくる純系のエンドウがもつ遺伝子の組み合わせをaaで表すものとする。各問いに答えよ。

実験1. 丸い種子をつくる純系のエンドウの花粉を,しわのある種子をつくる純系のエンドウのめしべに受粉させると,子はすべて丸い種子になった。次に,子の種子を育てて自家受粉させると,孫には丸い種子としわのある種子の両方ができた。

実験2. 遺伝子の組み合わせがわからないエンドウの苗を4本育てて,咲いた花をかけ合わせた。表1は,その結果をまとめたものである。ただし,エンドウの苗は,①〜④でそれぞれの個体を表すものとする。

表1

| かけ合わせ | | できた種子の形質と割合 |
|---|---|---|
| エンドウの苗①の花粉 | エンドウの苗②のめしべ | すべて丸い種子だった。 |
| エンドウの苗①の花粉 | エンドウの苗③のめしべ | 丸い種子としわのある種子の数が3:1の割合となった。 |
| エンドウの苗①の花粉 | エンドウの苗④のめしべ | 丸い種子としわのある種子の数が1:1の割合となった。 |

(1) **基本** エンドウの花粉は,受粉したのちに花粉管をのばす。花粉管の中を移動する生殖細胞を何というか。その名称を書け。
(1点)

(2) **よく出る** 実験1でできた孫の丸い種子がもつ遺伝子の組み合わせとして考えられるものをすべて書け。(2点)

(3) 実験2でできた種子の結果から,エンドウの苗がもつ遺伝子の組み合わせを推定することができる。エンドウの苗①〜④がそれぞれもつ遺伝子の組み合わせを正しく表しているものを,表2のア〜エから1つ選び,その記号を書け。
(2点)

表2

| | エンドウの苗 | | | |
|---|---|---|---|---|
| | ① | ② | ③ | ④ |
| ア | AA | Aa | AA | aa |
| イ | Aa | AA | Aa | aa |
| ウ | AA | AA | aa | Aa |
| エ | Aa | aa | Aa | AA |

(4) **基本** 遺伝子は,細胞の核内の染色体にある。染色体の中に存在する遺伝子の本体は何という物質か。その名称を書け。
(1点)

(5) エンドウは有性生殖で子をつくるが,無性生殖で子をつくる生物もある。無性生殖について述べたものとして正しいものを,次のア〜エから1つ選び,その記号を書け。
(2点)

ア. 減数分裂によって子がつくられるので,子は親と同じ遺伝子を受けつぎ,子に現れる形質は親と同じである。
イ. 減数分裂によって子がつくられるので,子は親と同じ遺伝子を受けつぎ,子に現れる形質は親と異なる。
ウ. 体細胞分裂によって子がつくられるので,子は親と同じ遺伝子を受けつぎ,子に現れる形質は親と同じである。
エ. 体細胞分裂によって子がつくられるので,子は親と同じ遺伝子を受けつぎ,子に現れる形質は親と異なる。

## 4 火山と地震

気象庁のWebサイトのデータを活用して,日本列島付近で発生した地震について調べた。図1は,図2の地点Xを震央とする地震が起きたときの,地点Aでの地震計の記録である。表は,この地震を観測した地点A,Bについて,震源からの距離と,小さなゆれと大きなゆれが始まった時刻をまとめたものである。ただし,地震のゆれを伝える2種類の波はそれぞれ一定の速さで伝わるものとする。各問いに答えよ。

| 地点 | 震源からの距離 | 小さなゆれが始まった時刻 | 大きなゆれが始まった時刻 |
|---|---|---|---|
| A | 150km | 15時15分59秒 | 15時16分14秒 |
| B | 90km | 15時15分49秒 | 15時15分58秒 |

(1) **基本** 図1のように,小さなゆれの後にくる大きなゆれを何というか。その用語を書け。また,小さなゆれの後に大きなゆれが観測される理由として最も適切なものを,次のア〜エから1つ選び,その記号を書け。
(各2点)

ア. 震源ではP波が発生した後にS波が発生し,どちらも伝わる速さが同じであるため。
イ. 震源ではP波が発生した後にS波が発生し,P波の方がS波より伝わる速さが速いため。
ウ. 震源ではS波が発生した後にP波が発生するが,P波の方がS波より伝わる速さが速いため。
エ. 震源ではP波もS波も同時に発生するが,P波の方がS波より伝わる速さが速いため。

(2) **よく出る** この地震が発生した時刻は15時何分何秒か。表から考えられる,その時刻を書け。(2点)

(3) 調べた地震のマグニチュードの値は7.6であった。マグニチュード7.6の地震のエネルギーは,マグニチュー

ド5.6の地震のエネルギーの約何倍になるか。最も適切なものを，次のア〜エから1つ選び，その記号を書け。
(2点)

ア．約2倍　　　　　　イ．約60倍
ウ．約1000倍　　　　エ．約32000倍

(4) 図3は，2013年から2017年の間に，この地域で起きたマグニチュード5.0以上の規模の大きな地震について，震央の位置を○で示したものである。また，図4は，図3に表す地域の大陸プレートと海洋プレートを模式的に表したものである。図3で規模の大きな地震が太平洋側に集中しているのはなぜか。その理由を「沈みこむ」の言葉を用いて簡潔に書け。
(2点)

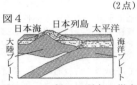

(5) 地震によって起こる現象や災害対策について述べたものとして正しいものを，次のア〜エから1つ選び，その記号を書け。
(2点)
ア．地震にともない海底が大きく変動することにより，津波が起こる。
イ．地震のゆれによって，地面がとけてマグマになる現象を液状化現象という。
ウ．科学技術の発展により災害への対策は進歩しているため，今日では地震が起こったときの行動を考える必要はない。
エ．地震が発生する前に震源を予測し，発表されるのが緊急地震速報である。

**5** 生物の観察，植物の体のつくりと働き，生物と環境

春香さんは12月に，学校の裏山の地面や土の中のようすを観察した。各問いに答えよ。

観察．地面をおおっている落ち葉や，落ちているまつかさのりん片を図1のようなルーペで観察した。図2は，観察したまつかさのりん片の写真である。まつかさのりん片は，5月に観察したマツの雌花のりん片とは形がずいぶん違っていた。

落ち葉やその下の土を観察すると，落ち葉のようすは下にいくほど細かいものに変化しており，落ち葉の下にはダンゴムシやミミズが見られた。また，地面を10cmほど掘った土の中は全体が黒っぽくなっており，落ち葉の形はほとんどわからなかった。

(1) **基本**　落ち葉を見るときの，図1のルーペの使い方として最も適切なものを，次のア〜エから1つ選び，その記号を書け。
(1点)

(2) 図3のXは，春香さんが5月に観察したマツの雌花である。右にあるXのりん片の模式図に，胚珠の大まかな図をかき入れよ。
(2点)

(3) 観察で，地面を10cmほど掘った土の中で，落ち葉の形がほとんどわからなかったのはなぜか。「菌類や細菌類」，「有機物」という言葉を用いて簡潔に書け。(2点)

**6** 物質の成り立ち，化学変化と物質の質量，酸・アルカリとイオン

研一さんと花奈さんは，化学変化と物質の質量の関係について調べるために，次の実験1，2を行った。□内は，それぞれの実験後の，2人の会話である。各問いに答えよ。

実験1．図1のように，うすい硫酸20cm³を入れたビーカーAと，うすい水酸化バリウム水溶液20cm³を入れたビーカーBの質量をまとめてはかったところ，165.9gであった。その後，ビーカーAにビーカーBの水溶液をすべて入れたところ白い沈殿が生じ，図2のように質量をはかると，165.9gであった。

研一：反応前の質量と反応後の質量が同じだね。
花奈：そうだね。これまでの学習では，①化学変化を原子や分子のモデルで表すことで，いろんな反応がわかりやすくなったね。だから，反応の前後の質量が同じになったことも，モデルで表すとわかりやすくなるのではないのかな。

実験2．図3のように，炭酸水素ナトリウム1.0gを入れたビーカーCと，うすい塩酸40cm³を入れたビーカーDの質量をまとめてはかり，反応前の全体の質量とした。その後，ビーカーCにビーカーDの水溶液をすべて加えたところ気体が発生し，反応が終わってから全体の質量をはかった。同様の操作を，炭酸水素ナトリウムのみ，2.0g，3.0g，4.0g，5.0g，6.0gと質量を変えて行った。表は，その結果をまとめたものである。

| 炭酸水素ナトリウムの質量[g] | 1.0 | 2.0 | 3.0 | 4.0 | 5.0 | 6.0 |
|---|---|---|---|---|---|---|
| 全体の質量[g] 反応前 | 171.0 | 172.0 | 173.0 | 174.0 | 175.0 | 176.0 |
| 反応後 | 170.5 | 171.0 | 171.5 | 172.0 | 172.5 | 173.5 |

花奈：すべての結果で，反応前の全体の質量より反応後の全体の質量が小さくなっているね。
研一：実験1の結果から考えると，実験2においても，②反応前の全体の質量と反応後の全体の質量が同じになるはずだよね。どんな方法で実験を行えば，それが証明できるのかな。

(1) **基本**　実験1で生じた白い沈殿は，陽イオンと陰イオンが結びついてできた物質である。陽イオンと結びついてこの白い沈殿をつくった陰イオンを，イオン式で書け。
(1点)

(2) 下線部①について，化学変化を原子や分子のモデルで適切に表したものを，次のア〜エから1つ選び，その記号を書け。なお，○は原子とし，○の中の記号は原子の種類を表している。
(2点)

ア　(Cu)(O)(Cu)(O) + (C) ⟶ (Cu)(Cu) + (C)(O)

イ　(Mg)(Mg) + (O)(O) ⟶ (Ag)(O)(Ag)(O)

ウ　(Ag)(O)(Ag)(Ag)(O)(Ag) ⟶ (Ag)(Ag)(Ag)(Ag) + (O)(O)

エ　(C) + (O) ⟶ (O)(C)(O)

(3) 実験2のすべての結果をもとに，炭酸水素ナトリウムの質量と，発生した気体の質量との関係を，次の図にグラフで表せ。また，実験2の結果について考察した次のア～エから，内容が正しいものを1つ選び，その記号を書け。　　　　　　　　　　　　　　　　　(4点)

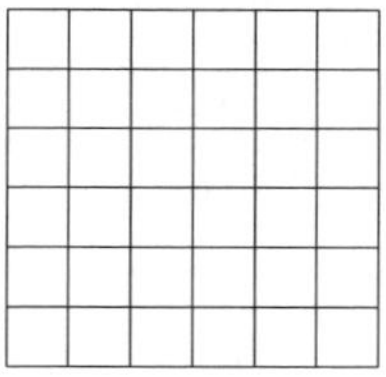

ア．発生した気体は酸素である。
イ．炭酸水素ナトリウム6.0 gをすべて反応させるには，同じ濃度のうすい塩酸が48 cm³必要である。
ウ．発生した気体の質量は，炭酸水素ナトリウムの質量に常に比例する。
エ．炭酸水素ナトリウム5.0 gにうすい塩酸40 cm³を入れたビーカーには，反応していない炭酸水素ナトリウムが2.5 g存在する。

(4) 花奈さんは，ベーキングパウダーに炭酸水素ナトリウムが含まれていることを知り，炭酸水素ナトリウムの代わりにベーキングパウダー2.0 gを使って実験2の操作を行ったところ，気体が0.22 g発生した。炭酸水素ナトリウムとうすい塩酸との反応でのみ気体が発生したものとすると，使用したベーキングパウダーに含まれる炭酸水素ナトリウムの質量の割合は何%であると考えられるか。その値を書け。　　　　　　　　　(2点)

(5) 実験2で，下線部②を証明するための適切な方法を，簡潔に書け。　　　　　　　　　　　　　　　(2点)

# 和歌山県

時間 50分　満点 100点　解答 P.21　3月10日実施

### 出題傾向と対策

●例年通り，小問集合1題，物理，化学，生物，地学各1題の計5題の出題であった。解答形式は選択式より記述式が多く，とくに文章記述が多い。そのほかに，作図や計算問題もあった。実験・観察を中心にした問題が多いが，2020年は新聞記事を基にした出題があった。
●基本事項を問う問題が中心なので，教科書の内容をしっかり押さえておくことが重要。実験・観察では，ふだんから操作の目的や注意点，結果から導かれる考察を簡潔な文章にまとめる練習をしておくことが大切である。

## 1 小問集合

和美さんたちは，「新聞記事から探究しよう」というテーマで調べ学習に取り組んだ。次の〔問1〕，〔問2〕に答えなさい。

〔問1〕　次の文は，和歌山県内初の水素ステーション開設の新聞記事の内容を和美さんが調べ，まとめたものの一部である。下の(1)～(4)に答えなさい。

水素は宇宙で最も多く存在する原子と考えられており，地球上では，ほとんどが他の原子と結びついた化合物として存在する。水素原子を含む化合物から　X　の水素をとり出す方法の1つとして，水の電気分解がある（図1）。

図1　水の電気分解
⑭+電気エネルギー→⑭素+酸素

図2　水の電気分解と逆の化学変化
⑭素+酸素→⑭+電気エネルギー

一方で，①水の電気分解と逆の化学変化（図2）を利用して水素と酸素から電気エネルギーをとり出す装置がある。この装置を利用した自動車に水素を供給する設備として，水素ステーション（図3）が，2019年に和歌山県内に開設された。水素は，②化石燃料とは異なる新しいエネルギー源としての利用が注目されている。

図3　水素ステーション

(1) 基本　文中の　X　にあてはまる，1種類の原子だけでできている物質を表す語を，次のア～エの中から1つ選んで，その記号を書きなさい。　(2点)
ア．混合物　　イ．酸化物
ウ．純物質　　エ．単体

(2) 水の電気分解に用いる電気エネルギーは，太陽光発電で得ることもできる。化石燃料のように使った分だけ資源が減少するエネルギーに対して，太陽光や水力，風力など，使っても減少することがないエネルギーを何というか，書きなさい。　(2点)

(3) 下線部①の装置を何というか，書きなさい。　(2点)

(4) 下線部②について，化石燃料を利用するのではなく，水素をエネルギー源にすると，どのような利点があるか。化学変化によって生じる物質に着目して，簡潔に書きなさい。　(3点)

〔問2〕　次の文は，人類初の月面着陸から50周年の新聞記事の内容を和夫さんが調べ，まとめたものの一部である。あとの(1)～(4)に答えなさい。

Ⅰ．月面着陸と地球への帰還
　日本の日付で1969年7月21日，宇宙船（アポロ11号）は月に到着した。二人の宇宙飛行士は月面での活動を行った後，7月22日に月を出発した。そして，7月25日に無事に地球に帰還した。
Ⅱ．ロケットの打ち上げのしくみ
　月に向かった宇宙船は，ロケットで打ち上げられた。ロケットを打ち上げるためには，燃料を燃焼させてできた高温の気体を下向きに噴射させ，噴射させた気体から受ける上向きの力を利用する。このとき，ロケットが高温の気体を押す力と高温の気体がロケットを押す力の間には，　Y　の法則が成り立っている（図1）。
Ⅲ．宇宙服の着用
　月には大気がなく，月面での温度変化は極端である。地球上と同じように③呼吸や体温の維持をしながら月面で活動できるよう，宇宙飛行士は宇宙服を着用した（図2）。宇宙服には酸素濃度や温度等を調節するための装置が備わっていた。

図1　ロケット　　図2　宇宙服

(1) ■基本■　月のように惑星のまわりを公転している天体を何というか，書きなさい。(2点)
(2) ある晴れた日の18時に，和歌山から図3のような月が見えた。このときの月の位置として最も適切なものを，図4のア〜エの中から1つ選んで，その記号を書きなさい。(2点)

図3　ある晴れた日の　　図4　地球と月の位置関係
　　　18時の月

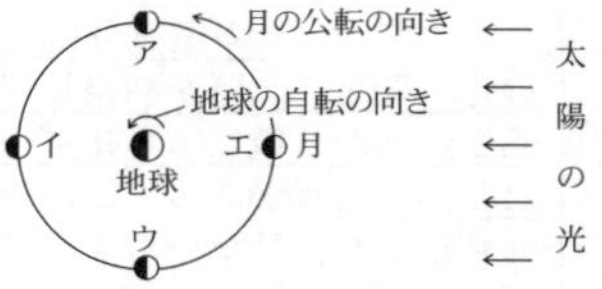

(3) 文中の　Y　にあてはまる適切な語を書きなさい。(2点)
(4) ■よく出る■　下線部③について，図5はヒトの肺のつくりを模式的に表したものである。図5中の　Z　にあてはまる，気管支の先につながる小さな袋の名称を書きなさい。
　また，この小さな袋が多数あることで，酸素と二酸化炭素の交換の効率がよくなる。その理由を，簡潔に書きなさい。(5点)

図5　肺のつくり

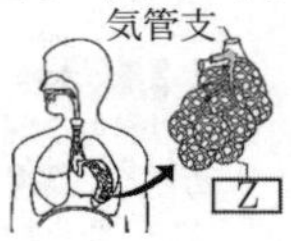

② | 植物の体のつくりと働き，植物の仲間 |

　植物の分類に関する次の文を読み，あとの〔問1〕〜〔問7〕に答えなさい。ただし，文中と図1の　X　には，同じ語があてはまる。

　5種類の植物（ゼニゴケ，イヌワラビ，マツ，ツユクサ，アブラナ）を，それぞれの特徴をもとに分類した（図1）。
　植物は，種子をつくらない植物と種子をつくる植物に分類することができる。
　種子をつくらない植物は，①維管束のようすや，葉，茎，根のようすからコケ植物と　X　植物に分類することができる。コケ植物にあたるのがゼニゴケであり，　X　植物にあたるのがイヌワラビである。
　種子をつくる植物は，②胚珠の状態から③裸子植物と被子植物に分類することができる。裸子植物にあたるのが④マツである。
　被子植物は，芽生えのようすから，⑤単子葉類と⑥双子葉類に分類することができる。単子葉類にあたるのがツユクサであり，双子葉類にあたるのがアブラナである。

図1　植物の分類

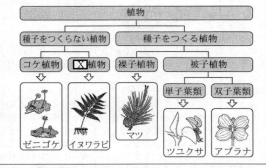

〔問1〕 ■基本■　下線部①について，コケ植物の特徴として適切なものを，次のア〜エの中から1つ選んで，その記号を書きなさい。(2点)
ア．維管束があり，葉，茎，根の区別もある。
イ．維管束があり，葉，茎，根の区別はない。
ウ．維管束がなく，葉，茎，根の区別はある。
エ．維管束がなく，葉，茎，根の区別もない。
〔問2〕 ■基本■　文中および図1の　X　にあてはまる適切な語を書きなさい。(2点)
〔問3〕 ■よく出る■　下線部②について，次の文の　Y　にあてはまる適切な内容を書きなさい。(2点)

　裸子植物は，被子植物と異なり，胚珠が　Y　という特徴がある。

〔問4〕 下線部③について，裸子植物を次のア〜エの中からすべて選んで，その記号を書きなさい。(2点)
ア．アサガオ　　　イ．イチョウ
ウ．イネ　　　　　エ．スギ
〔問5〕 ■よく出る■　下線部④について，次の(1)，(2)に答えなさい。(各2点)
(1) 図2は，マツの枝先を模式的に表したものである。雄花はどれか，図2中のア〜エの中から1つ選んで，その記号を書きなさい。
(2) 図3は，マツの雌花のりん片を模式的に表したものである。受粉後，種子となる部分をすべて黒く塗りなさい。

図2　マツの枝先

図3　マツの雌花のりん片

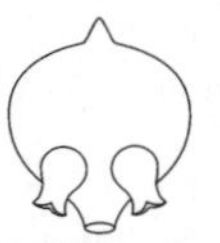

〔問6〕 下線部⑤について，図4は，単子葉類のつくりを模式的に表そうとしたものである。葉脈と根のようすはどのようになっているか，それぞれの特徴がわかるように，次の図の　　　　に実線（——）でかき入れなさい。(4点)

図4　単子葉類のつくり

〔問7〕 下線部⑥について、双子葉類は、花のつくりによって、離弁花類と合弁花類の2つに分類することができる。離弁花類の植物を下のア〜エの中からすべて選んで、その記号を書きなさい。
また、離弁花類の特徴として、花のどの部分がどのようなつくりになっているか、簡潔に書きなさい。（4点）
ア．アブラナ　　　イ．サクラ
ウ．タンポポ　　　エ．ツツジ

## 3 天気の変化、日本の気象

台風に関する次の文を読み、あとの〔問1〕〜〔問7〕に答えなさい。ただし、文中と図1の X には、同じ語があてはまる。

熱帯で発生する低気圧を熱帯低気圧とよぶ。このうち、最大風速が約17 m/s以上のものを台風とよぶ。熱帯低気圧や台風の内部には①積乱雲が発達している。

台風は、台風周辺の気圧配置や上空の風の影響を受けて移動する。②台風は、通常、低緯度では西に移動し、 X のまわりを北上して中緯度に達すると、上空の偏西風の影響を受けて進路を東よりに変えて速い速度で進むようになる（図1）。

図1 台風の進路の傾向

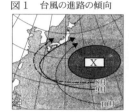

表1は、ある台風が日本に上陸した日の気象観測の結果をまとめたものの一部である。

表1 和歌山地方気象台における気象観測記録

| 時刻 | 気圧<br>[hPa] | 降水量<br>[mm] | 平均風速<br>[m/s] | 風向 |
|---|---|---|---|---|
| 12：00 | 974.7 | 3.5 | 11.7 | 東 |
| 12：10 | 972.7 | 3.5 | 12.3 | 東 |
| 12：20 | 970.7 | 6.5 | 12.6 | 東南東 |
| 12：30 | 968.3 | 8.5 | 16.0 | 東南東 |
| 12：40 | 966.8 | 8.5 | 18.7 | 南東 |
| 12：50 | 964.9 | 17.0 | 20.8 | 南南東 |
| 13：00 | 962.2 | 13.0 | 24.3 | 南南東 |
| 13：10 | 962.5 | 0.5 | 28.3 | 南 |
| 13：20 | 964.3 | 0.0 | 37.6 | 南南西 |
| 13：30 | 969.2 | 0.0 | 37.1 | 南南西 |
| 13：40 | 973.9 | 0.0 | 33.4 | 南南西 |
| 13：50 | 977.9 | 1.0 | 28.7 | 南西 |
| 14：00 | 980.3 | 0.5 | 24.1 | 南西 |

（出典 気象庁公式ウェブサイト）

〔問1〕 基本 下線部①について、積乱雲を説明した文として正しいものを、次のア〜エの中から2つ選んで、その記号を書きなさい。（3点）
ア．積乱雲が発達すると弱い雨が広い範囲に降ることが多い。
イ．積乱雲が発達すると強い雨が局地的に降ることが多い。
ウ．積乱雲は寒冷前線を特徴づける雲である。
エ．積乱雲は温暖前線を特徴づける雲である。

〔問2〕 下線部②について、低緯度から中緯度における大気の動きを模式的に表した図として最も適切なものを、次のア〜エの中から1つ選んで、その記号を書きなさい。（3点）

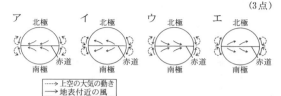

〔問3〕 基本 文中および図1の X にあてはまる高気圧または気団の名称を書きなさい。（2点）

〔問4〕 基本 台風が接近すると大気中の水蒸気量が増え、降水量が多くなることがある。気温が25℃、湿度が80％のとき、1 m³の空気に含まれる水蒸気の質量は何gか。気温と飽和水蒸気量の関係（図2）より求めなさい。（3点）

図2 気温と飽和水蒸気量の関係 [g/m³]

〔問5〕 よく出る 次の文は、雲のでき方を説明したものである。文中の①、②について、それぞれア、イのうち適切なものを1つ選んで、その記号を書きなさい。（3点）

水蒸気を含む空気の塊が上昇すると、周囲の気圧が①{ア．高い　イ．低い}ために膨張して気温が②{ア．上がる　イ．下がる}。やがて、空気中に含みきれなくなった水蒸気が水滴になることで、雲ができる。

〔問6〕 難 思考力 表1の気象観測記録から、この台風はどこを進んだと考えられるか。台風の通過経路（→）を表した図として最も適切なものを、次のア〜エの中から1つ選んで、その記号を書きなさい。ただし、表1の記録が観測された地点を■で、各時刻の台風の中心の位置を●で示している。（3点）

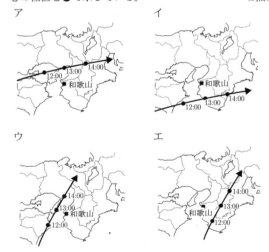

〔問7〕 台風により、高潮が発生することがある。高潮が発生するしくみを、簡潔に書きなさい。（3点）

## 4 物質のすがた、物質の成り立ち、水溶液とイオン

水溶液を電気分解したときにできる物質を調べるために、次の実験Ⅰ、実験Ⅱを行った。あとの〔問1〕〜〔問6〕に答えなさい。

実験Ⅰ.「塩化銅水溶液の電気分解」
　(i)　図1のような装置(炭素棒電極)を組み立て,塩化銅水溶液に電流を流した。
　(ii)　陰極表面に付着した物質を取り出して,薬さじの裏でこすった。
　(iii)　陽極付近から発生した気体のにおいを調べた。

図1　実験装置

　(iv)　実験の結果をまとめた(表1)。
表1　実験Ⅰの結果

| 陰極 | 陽極 |
|---|---|
| ・付着した赤色の物質を薬さじの裏でこすると,金属光沢が見られた。 | ・発生した気体はプールの消毒薬のようなにおいがした。 |

実験Ⅱ.「塩酸の電気分解」
　(i)　図2のように,ゴム栓をした電気分解装置(白金めっきつきチタン電極)に,①質量パーセント濃度が3.5%のうすい塩酸を入れ,電流を流した。
　(ii)　どちらかの極側に気体が4目盛りまでたまったところで,電流を止めた。
　(iii)　陰極側と陽極側にたまった気体のにおいをそれぞれ調べた。
　(iv)　陰極側にたまった気体にマッチの火を近づけた。
　(v)　陽極側の管の上部の液をスポイトで少量とって,赤インクに加えた(図3)。
　(vi)　実験の結果をまとめた(表2)。

図2　実験装置　　図3　赤インクに加えるようす

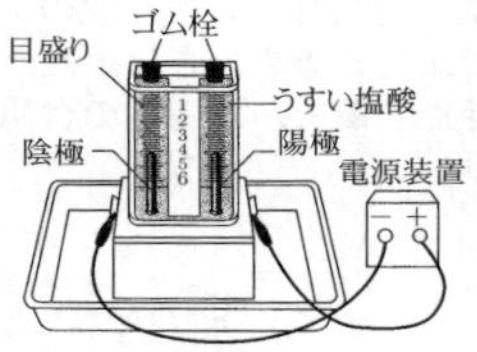

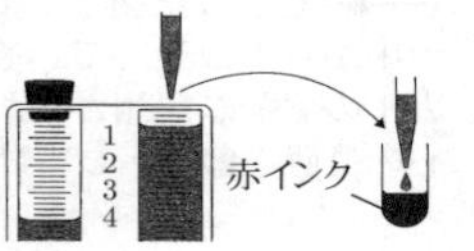

表2　実験Ⅱの結果

| 陰極 | 陽極 |
|---|---|
| ・4目盛りまで気体がたまった。<br>・気体は無臭であった。<br>・マッチの火を近づけると,　X　。 | ・たまった気体の量は陰極側より少なかった。<br>・気体はプールの消毒薬のようなにおいがした。<br>・赤インクに加えると,②インクの色が消えた。 |

〔問1〕　基本　実験Ⅰについて,陰極の表面に付着した物質は何か,化学式で書きなさい。(2点)
〔問2〕　基本　実験Ⅰと実験Ⅱについて,気体のにおいを調べるときの適切なかぎ方を,簡潔に書きなさい。(2点)
〔問3〕　実験Ⅰについて,水溶液中で溶質が電離しているようすをイオンのモデルで表したものとして最も適切なものを,次のア〜エの中から1つ選んで,その記号を書きなさい。ただし,図中の○は陽イオンを,●は陰イオンをそれぞれ表している。(2点)

　ア　　　　イ　　　　ウ　　　　エ

〔問4〕　実験Ⅱの下線部①について,質量パーセント濃度が35%の塩酸20gに水を加えて,3.5%のうすい塩酸をつくった。このとき加えた水の質量は何gか,書きなさい。(3点)
〔問5〕　実験Ⅱ(iv)について,表2の　X　にあてはまる適切な内容と,陰極側にたまった気体の名称を書きなさい。(3点)
〔問6〕　実験Ⅰと実験Ⅱで陽極側から発生した気体は,においの特徴から,どちらも塩素であると考えられる。次の(1)〜(3)に答えなさい。
　(1)　塩素の特徴である,表2の下線部②のような作用を何というか,書きなさい。(2点)
　(2)　よく出る　次の文は,塩素が陽極側から発生する理由について説明したものである。文中の①,②について,それぞれア,イのうち適切なものを1つ選んで,その記号を書きなさい。(3点)

　　塩素原子を含む電解質は,水溶液中で電離して塩化物イオンを生じる。塩化物イオンは,塩素原子が①{ア.電子　イ.陽子}を1個②{ア.受けとる　イ.失う}ことで生じ,-(マイナス)の電気を帯びている。そのため,電気分解で塩素の気体が生じるときは,陽極側から生じることになる。

　(3)　よく出る　実験Ⅱについて,陰極側と陽極側からは同じ体積の気体が発生すると考えられるが,表2のようにたまった気体の量には違いが見られた。その理由を,簡潔に書きなさい。(3点)

## 5　力と圧力

物体にはたらく圧力について調べるため,実験Ⅰ〜実験Ⅲを行った。あとの〔問1〕〜〔問7〕に答えなさい。

実験Ⅰ.「スポンジにはたらく圧力の違いを調べる実験」
　(i)　質量が500gの直方体の物体を用意し,この物体の面積の異なる3つの面を面A,面B,面Cとした(図1)。
　(ii)　直方体の物体の面A,面B,面Cをそれぞれ上にして,図2のようにスポンジの上に置き,スポンジの変形のようすを調べた。

図1　直方体の物体　図2　物体の置き方とスポンジの変形のようす

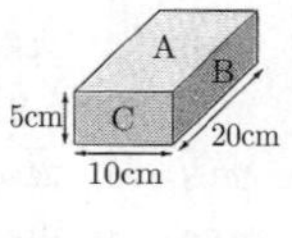

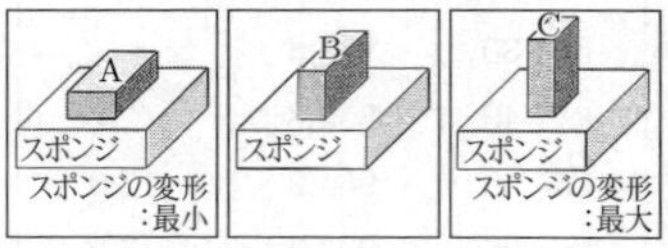

実験Ⅱ.「水圧や浮力について調べる実験」
　(i)　直方体の形をした全く同じ容器を2つ用意し,それぞれの容器の中に入れるおもりの数を変えて密閉し,容器A,容器Bとした(図3)。
　(ii)　容器Aをばねばかりに取り付け,①空気中,②容器が半分水中に沈んだとき,③容器が全部水中に沈んだときの順で,ばねばかりが示す値をそれぞれ読み取った(図4)。
　(iii)　容器Bに替えて(ii)と同様の操作を行った。
　(iv)　実験結果を表にまとめた(表1)。

図3　2つの容器　　　図4　測定のようす

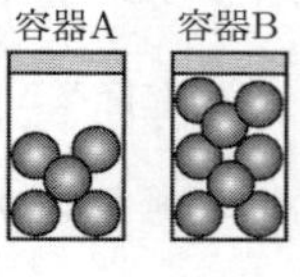

  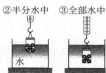

表1　実験結果

|  | 容器 | ①空気中 | ②半分水中 | ③全部水中 |
|---|---|---|---|---|
| ばねばかりが示す値[N] | A | 1.00 | 0.60 | 0.20 |
|  | B | 1.50 | 1.10 | 0.70 |

実験Ⅲ.「大気圧について調べる実験」
(i) フックを取り付けたゴム板をなめらかな面でできた容器の内側に押しつけて，ゴム板と容器の間の空気を追い出した(図5)。
(ii) フックに糸でおもりを取り付け，容器を逆さまにしても落ちないことを確認した(図6)。
(iii) 容器にふたをし，簡易真空ポンプを使って，容器内の空気を少しずつ抜いた(図7)。

図5　容器の内側にゴム板を置いたようす　
図6　容器を逆さまにしたようす 　
図7　容器内の空気を抜くようす　

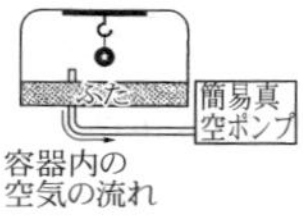

〔問1〕　圧力の大きさは「Pa」という単位で表される。この単位のよみをカタカナで書きなさい。(2点)

〔問2〕　図1の直方体の物体を2つ用意し，重ね方を変えながら，はみ出さないようにスポンジの上に置いた。スポンジにはたらく圧力が，図2の面Cを上にしたときと等しくなるものを，次のア～エの中からすべて選んで，その記号を書きなさい。(3点)

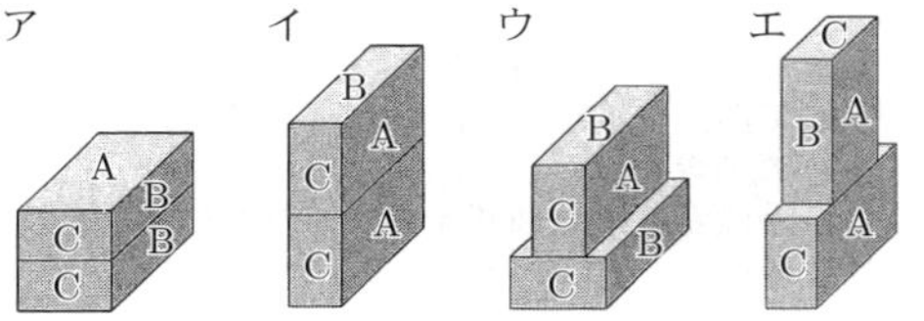

ア　　イ　　ウ　　エ　

〔問3〕　やわらかい雪の上を移動するときに，スキー板をはいて歩くと，足が雪に沈みにくくなる。この理由を実験Ⅰの結果をふまえて簡潔に書きなさい。ただし，「面積」「圧力」という語を用いること。(3点)

〔問4〕　よく出る　実験Ⅱで，容器Aが全部水中に沈んだとき，容器にはたらく水圧のようすを模式的に表したものとして最も適切なものを，次のア～エの中から1つ選んで，その記号を書きなさい。ただし，ア～エは，容器Aを真横から見たものであり，矢印の向きは水圧のはたらく向き，矢印の長さは水圧の大きさを示している。(2点)

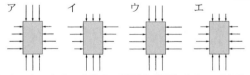

〔問5〕　次の文は，実験Ⅱの結果を考察したものである。 X ， Y にあてはまる適切な数値をそれぞれ書きなさい。また， Z にあてはまる適切な内容を書きなさい。(4点)

> 容器Aについて，半分水中にあるときに受ける浮力の大きさは X Nで，全部水中にあるときに受ける浮力の大きさは Y Nである。
> また，容器Bに替えたとき，容器Aのときと水中にある部分の体積が同じであれば，受ける浮力の大きさは Z 。

〔問6〕　実験Ⅲ(i)のとき，ゴム板は大気圧を受けて容器の内側にはりつき，真上に引き上げても容器からはずれなかった。このとき，ゴム板が大気から受ける力は何Nか，書きなさい。ただし，容器の底の大気圧を1000 hPa，ゴム板の面積は25 cm²とする。また，1 hPaは100 Paである。(3点)

〔問7〕　思考力　実験Ⅲ(iii)で，容器内の空気を抜いていくと，ゴム板はおもりとともに容器からはずれて落下した。ゴム板が落下した理由を，簡潔に書きなさい。ただし，実験器具は変形しないものとする。(3点)

# 鳥取県

時間 50分　満点 50点　解答 P.21　3月5日実施

## 出題傾向と対策

●例年通り，物理，化学，生物，地学各2題，計8題の出題。選択式より記述式がやや多く，記述式では用語記述のほか，文章記述，計算，作図などが出題された。実験・観察を中心に基本事項を問う問題がほとんどであるが，科学的思考力を必要とする問題もあった。

●基本的な問題が中心なので，教科書の内容を確実に理解しておくことが重要。実験・観察は操作の手順や注意点，結果，考察を図や簡潔な文章でまとめておこう。さらに，問題集や過去問で，実戦力をつけておこう。

## 1 植物の体のつくりと働き，植物の仲間

まことさんは，ナシの果実（梨）がカキノキの果実（柿）のようすと少しちがうことに疑問をもち，梨農園を訪れて話を聞いた。図は，ナシの果実とカキノキの果実の断面写真である。あとの会話は，まことさんと梨農家の山田さんとのものである。あとの各問いに答えなさい。

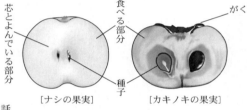

[ナシの果実]　[カキノキの果実]

会話.

| まことさん | 柿にはがくがついているのに，梨にはがくがついていないので，梨と柿では，花のつくりのそれぞれちがう部分が成長して，食べる部分になっていると思ったのですが，どうですか。 |
| 山田さん | いいところに気づきましたね。 |
| まことさん | 柿の食べる部分は，花のつくりの（ ① ）が成長したもので，種子は，花のつくりの（ ② ）が成長したものですよね。 |
| 山田さん | その通りです。しかし，梨では，花のつくりの（ ① ）が成長したものは，芯とよんでいる部分で，食べる部分は，おしべやめしべを支えている部分が大きくなったものなのですよ。 |
| まことさん | そうだったのですね。 |

問1．会話の（ ① ），（ ② ）にあてはまる花のつくりは何か，それぞれ答えなさい。なお，（ ① ）には同じ語が入るものとする。　　　　　　　　　　　　（各1点）
問2．次の文は，果実などにたくわえられる栄養分について，説明したものである。あとの(1)〜(3)に答えなさい。

文

　果実などにたくわえられる栄養分は，光合成とよばれるはたらきにより，水と（ ③ ）からつくり出したデンプンがもととなっている。光合成は，葉の内部の細胞の中にある（ ④ ）で行われる。葉でつくられたデンプンは（ ⑤ ）性質をもつ物質に変わって，果実や根，茎などに運ばれ，再びデンプンに変わってたく

わえられる。

(1) **基本** 文の（ ③ ），（ ④ ）にあてはまる，最も適切な語をそれぞれ答えなさい。　　　　　　（各1点）
(2) 文の下線部について，デンプンはどのような性質をもつ物質に変わるか，（ ⑤ ）にあてはまる内容を答えなさい。　　　　　　　　　　　　　　　　　　　　（1点）
(3) **よく出る** ナシの枝には，植物の体の中で物質を運ぶための2種類の管が通っている。葉でつくられた栄養分が運ばれる管が集まっている部分をぬりつぶした模式図として，最も適切なものを，次のア〜エからひとつ選び，記号で答えなさい。なお，ナシの葉脈は網状脈である。　　　　　　　　　　　　　　　　　　（1点）

ア　　　　イ　　　　ウ　　　　エ

## 2 物質のすがた

プラスチックの種類を区別するために，次の実験を行った。あとの会話1，会話2は，班で話し合ったものである。あとの各問いに答えなさい。

実験
操作1．身のまわりの容器などに使われている4種類のプラスチックA〜Dの小片（約1cm四方）を用意する。
操作2．ビーカーに水を入れ，図1のように，プラスチックAの小片をピンセットではさみ，水中に入れて静かにはなして，小片の動きを観察し，浮いたか沈んだかを判断する。プラスチックB〜Dの小片についても同様の操作を行う。
操作3．操作2について，水のかわりに飽和食塩水を使用し，同様の操作を行う。

次の表1は，実験の結果をまとめたものである。

表1

| プラスチック | A | B | C | D |
| --- | --- | --- | --- | --- |
| 水（密度1.0g/cm³） | 沈んだ | 浮いた | 沈んだ | 浮いた |
| 飽和食塩水 | 沈んだ | 浮いた | 沈んだ | 浮いた |

問1．**基本** 操作3で使用する飽和食塩水を10cm³取り出して質量をはかると，12gであった。この飽和食塩水の密度は何g/cm³か，答えなさい。　　　　　（1点）
問2．次の表2は，実験で使用した4種類のプラスチックとその密度を示したものである。プラスチックAとして最も適切なものを，表2のア〜エからひとつ選び，記号で答えなさい。　　　　　　　　　　　　　　　　　　　　　　　　（1点）

表2

| | プラスチックの種類 | 密度[g/cm³] |
| --- | --- | --- |
| ア | ポリプロピレン | 0.90 |
| イ | ポリエチレン | 0.95 |
| ウ | ポリスチレン | 1.06 |
| エ | ポリエチレンテレフタラート | 1.40 |

会話1．

| あきらさん | この結果では，プラスチックBとDを区別することができないね。これらを区別するためには，どんな実験をすればいいのかな。 |
| なおこさん | プラスチックBとDで浮き沈みの結果にちがいが出る液体を使って調べればいいよ。 |

| まさとさん | それでは，まだ区別できていないプラスチックの密度が（ ① ）g/cm³と（ ② ）g/cm³だから，飽和食塩水のかわりに，密度が（ ① ）g/cm³よりも大きくて（ ② ）g/cm³よりも小さい液体を使えばいいね。 |

問3．会話1の（ ① ），（ ② ）にあてはまる，最も適切な数字をそれぞれ答えなさい。なお，（ ① ）および（ ② ）にはそれぞれ同じ数字が入るものとする。(1点)

会話2．

| あきらさん | プラスチックにはさまざまな種類があり，その性質に応じていろいろな製品に利用されているね。 |
| なおこさん | プラスチックを廃棄する際には，プラスチック以外の物質と分けたり，種類別に回収したりしているね。 |
| まさとさん | そのために，③プラスチック製品には，リサイクルのための識別マークがついているものがあるよね。 |
| あきらさん | リサイクルすることは，資源の有効利用や環境保全という点で重要だよね。 |
| なおこさん | そういえば，ニュースでもプラスチックの小さな破片が，海にすむ生物に影響を与えていると伝えていたね。 |
| まさとさん | 最近では，④微生物のはたらきによって分解されるプラスチックも使われはじめているらしいよ。 |

問4．会話2の下線部③について，図2はプラスチック製品に記されている識別マークのひとつである。この識別マークが示すプラスチックは，衣類などの繊維製品にリサイクルすることがわかった。このプラスチックの種類は何か，次のア～エからひとつ選び，記号で答えなさい。(1点)

図2

ア．ポリプロピレン
イ．ポリエチレン
ウ．ポリスチレン
エ．ポリエチレンテレフタラート

問5．会話2の下線部④について，このようなプラスチックを何というか，答えなさい。(1点)

## 3 火山と地震

右の図1は，ある地震が発生した時刻からの，地点A，Bにおける地震計の記録を表したものである。この地震の震源からの距離は，地点Aは96km，地点Bは120kmである。図1に示した①，②は地点A，Bで初期微動がはじまった時刻を，③，④は地点A，Bで主要動がはじまった時刻をそれぞれ示しており，右の表は，図1に示した①～④の時刻を表している。なお，この地震のP波，S波はそれぞれ一定の速さで伝わるものとする。次の各問に答えなさい。

図1
地点A
地点B
① ③ 時刻
② ④ 時刻

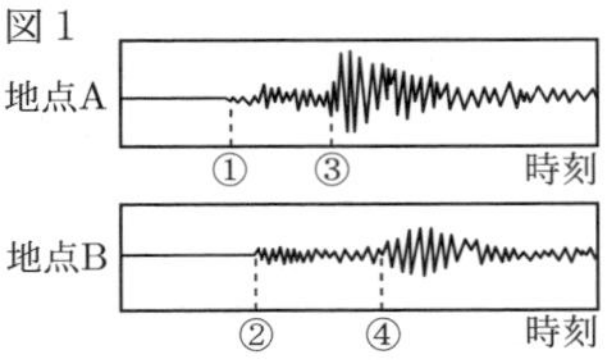

| ① | 15時23分01秒 |
| ② | 15時23分05秒 |
| ③ | 15時23分17秒 |
| ④ | 15時23分25秒 |

問1．よく出る　地震は，地下の岩石に巨大な力がはたらいて，その力に岩石がたえきれなくなると起こる。このとき地下の岩石は破壊され，大地に断層とよばれるずれができる。中でも，くり返し活動した証拠があり，今後も活動して地震を起こす可能性がある断層を何というか，答えなさい。(1点)

問2．思考力　図1および表から，この地震が発生した時刻を答えなさい。(2点)

問3．この地震において，震源からの距離が60kmである地点Cにおける地震計の記録として，最も適切なものを，右の図2のア～エからひとつ選び，記号で答えなさい。なお，図2は図1と同じ時間帯に記録したものであり，地点A，B，Cにおいて土地のつくりやようすにちがいはないものとする。(1点)

図2
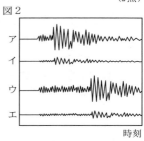
時刻

問4．緊急地震速報は，地震が発生したときに，震源に近い地震計でP波を感知し，その情報をもとに瞬時に各地のS波の到達時刻やゆれの大きさを予測して，可能な限りすばやく知らせる気象庁のシステムである。次の(1)，(2)に答えなさい。

(1) 緊急地震速報には，大きく分けて「警報」と「予報」の2種類がある。緊急地震速報(警報)は，最大震度が5弱以上と予測された場合に発表される。震度5弱のゆれや被害のようすを説明した文として，最も適切なものを，次のア～エからひとつ選び，記号で答えなさい。(1点)

ア．屋内で静かにしている人のなかには，ゆれをわずかに感じる人がいる。
イ．大半の人が恐怖を覚え，物につかまりたいと感じる。たなの食器類や本が落ちることがある。
ウ．屋内にいるほとんどの人がゆれを感じる。たなの食器類が音を立てることがある。
エ．立っていることができず，はわないと動くことができない。補強されていないブロック塀の多くがくずれる。

(2) 思考力　図1に表される地震において，震源から12kmの距離にある地震計でP波を感知し，その5秒後に緊急地震速報(警報)が発表された。緊急地震速報(警報)が発表されてから10秒後にS波が到達するのは，震源から何kmの地点か，答えなさい。なお，緊急地震速報(警報)は瞬時に各地域に伝わるものとする。(2点)

## 4 電流と磁界

電流と磁界の関係を調べるために，次の実験1，実験2，実験3を行った。あとの各問いに答えなさい。

**実験1**
操作1．図1のような装置をつくり，導線のまわりに方位磁針を置き，導線に電流をaの向きに流して，磁界の向きを調べる。
操作2．操作1の後，図2のように方位磁針を電流が流れている導線から遠ざけていき，方位磁針の針がさす向きの変化を調べる。
操作3．操作2の後，方位磁針を遠ざけたまま，導線に流れる電流の向きは変化させず，電流の大きさをしだいに大きくしていき，方位磁針の針がさす向きの変化を調べる。

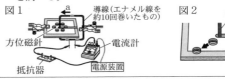

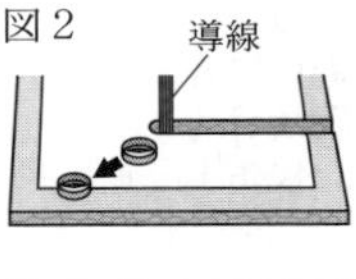

問1．実験1について、次の(1)，(2)に答えなさい。（各1点）
(1) **基本** 操作1について，方位磁針を上から見たときのようすを模式的に表したものとして，最も適切なものを，次のア〜エからひとつ選び，記号で答えなさい。なお，図3は実験1で使用した方位磁針を表したものである。

図3 N極
方位磁針

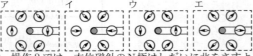
ア　　イ　　ウ　　エ

(2) 操作2では，方位磁針のN極はしだいに北をさすようになり，操作3では，しだいに操作1と同じ向きをさすようになった。これらのことから，導線を流れる電流と磁界の強さの関係についてわかることとして，最も適切なものを，次のア〜エからひとつ選び，記号で答えなさい。
ア．磁界の強さは，電流が大きいほど強くなるが，導線との距離には関係がない。
イ．磁界の強さは，導線に近いほど強くなるが，電流の大きさには関係がない。
ウ．磁界の強さは，電流が大きいほど，また導線に近いほど，強くなる。
エ．磁界の強さは，電流の大きさや導線との距離には関係がない。

実験2
図4のようにコイルAと検流計をつないだ装置をつくり，棒磁石のN極をコイルAの左側から入れ，コイルAの中で静止させたところ，検流計の指針は，はじめ右に振れ，その後，0の位置に戻り止まった。

図4

問2．実験2の結果について，棒磁石をコイルAの中で静止させたとき，検流計の指針が0の位置に戻り止まった理由を「磁界」という語を用いて，説明しなさい。（1点）
問3．実験2と同じ装置および同じ棒磁石を使って，検流計の指針が実験2の振れ幅よりも大きく左に振れるようにするには，どのようにすればよいか，「コイルAの左側から」という書き出しに続けて答えなさい。（1点）

実験3
実験2のコイルAと同じ向きに巻いたコイルBを使い，図5のような装置を組み立てた。その後，電源装置にスイッチを入れ，一定の大きさの直流電流を流し続けて，検流計の指針の動きを観察した。

図5 電源装置

問4．実験3について，検流計の指針の動きはどのようになるか，最も適切なものを，次のア〜エからひとつ選び，記号で答えなさい。（2点）
ア．左に振れ，その位置で止まった。
イ．右に振れ，その位置で止まった。
ウ．はじめ左に振れ，その後，0の位置に戻り止まった。
エ．はじめ右に振れ，その後，0の位置に戻り止まった。

**5 化学変化と物質の質量**

銅と酸化銅のそれぞれの変化について調べるために，A〜Dの班ごとに，次の実験1，実験2を行った。あとの各問いに答えなさい。

実験1
操作1．銅の粉末を3.2gはかりとり，図1のようにステンレス皿にうすく広げるように入れ，皿をふくめた全体の質量をはかる。
操作2．図2のように，強い火で皿ごと5分間加熱する。
操作3．加熱をやめ，皿がじゅうぶん冷めてから，図3のように皿をふくめた全体の質量をはかる。質量をはかった後，粉末をよくかき混ぜる。
操作4．質量の変化がなくなるまで，操作2と操作3を繰り返す。

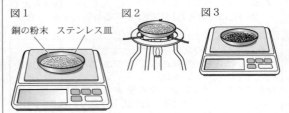
図1　　　　図2　　　図3
銅の粉末　ステンレス皿

問1．**基本** 実験1の結果，粉末はすべて酸化銅となり，その質量は4.0gであった。このとき，銅の質量と，化合した酸素の質量の比として，最も適切なものを，次のア〜エからひとつ選び，記号で答えなさい。（1点）
ア．5：4　　イ．4：5
ウ．4：1　　エ．1：4
問2．実験1の銅の反応のように，物質が空気中の酸素と化合する化学変化が起こるものとして，最も適切なものを，次のア〜エからひとつ選び，記号で答えなさい。（1点）
ア．酸化銀を加熱する。
イ．二酸化マンガンにうすい過酸化水素水を加える。
ウ．塩化アンモニウムと水酸化バリウムを混ぜ合わせる。
エ．鉄粉に活性炭と少量の塩化ナトリウム水溶液を加え，混ぜ合わせる。

実験2
実験1で得られた酸化銅4.0gに，班ごとに質量を変えた活性炭（粉末）をよく混ぜ合わせ，図4のように，試験管Ⅰに入れて加熱した。しばらくすると，気体が発生して試験管Ⅱの中の石灰水が白くにごった。気体の発生が終わった後，ガラス管を石灰水から引きぬき，火を消した。その後，目玉クリップでゴム管を閉じて，試験管Ⅰがじゅうぶん冷めてから試験管Ⅰに残った物質の質量をはかった。

図4
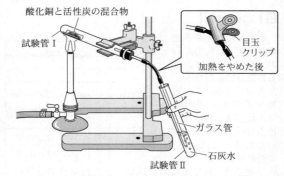
酸化銅と活性炭の混合物
試験管Ⅰ
目玉クリップ
加熱をやめた後
ガラス管
石灰水
試験管Ⅱ

次の表は，実験2の結果をまとめたものである。なお，B班では，試験管Ⅰの中の酸化銅と活性炭がすべて反応し，赤色の物質だけが残っていた。この赤色の物質は銅であった。

| 班 | A | B | C | D |
|---|---|---|---|---|
| 活性炭の質量[g] | 0.15 | 0.30 | 0.45 | 0.60 |
| 試験管Ⅰに残った物質の質量[g] | ( ① ) | 3.20 | 3.35 | 3.50 |

問3．実験2について，次の(1)～(3)に答えなさい。
(1) 下線部の操作を行った理由を答えなさい。（1点）
(2) 酸化銅と活性炭を混ぜ合わせて加熱したときの化学変化を，化学反応式で表しなさい。（2点）
(3) [思考力] 表の( ① )にあてはまる数字を答えなさい。なお，試験管Ⅰの中では，酸化銅と活性炭との反応以外は起こらないものとする。（2点）

## 6 動物の体のつくりと働き，生物と環境

ヒメダカの行動について調べるために，次の実験を行った。あとの会話1，会話2は，みゆきさんと岡本先生が話し合ったものである。あとの各問いに答えなさい。

[実験]
円形の水そうにヒメダカを数ひき入れ，操作1～操作3の刺激を与えてヒメダカの反応を観察した。次の表は，実験の結果をまとめたものである。なお，何も刺激を与えなかったときには，ヒメダカはそれぞれ自由に泳ぎ回っていた。

| | 操作1 | 操作2 | 操作3 |
|---|---|---|---|
| 刺激を与える方法 | 棒の先につけた鳥の模型を，すばやく水そうのふちにおく。  | ガラス棒で一定方向に水をかき回して水流をつくる。 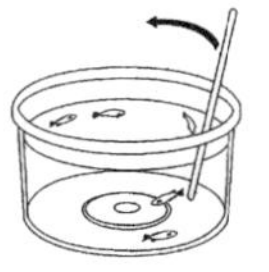 | 水の流れがない状態で，水そうの外側で縦じま模様の紙を一定方向に回転させる。 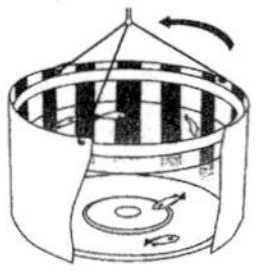 |
| ヒメダカの反応 | ヒメダカは，模型から遠ざかるように水そうの底に移動した。 | ヒメダカは，水の流れと( ① )に泳いだ。 | ヒメダカは，縦じま模様の紙が回転する向きと( ② )に泳いだ。 |

会話1．

| みゆきさん | ヒメダカは，操作1と操作3ではおもに目で受けとった刺激に反応していますね。一方，操作2ではおもに体の表面で受けとった刺激に反応したと言っていいのでしょうか。 |
|---|---|
| 岡本先生 | 操作2では，水流をつくった後に，ガラス棒を引き上げてから観察したので，目で受けとったガラス棒の動きは刺激になっていません。したがって，おもに体の表面で受けとった刺激に反応したと言っていいと思います。 |
| みゆきさん | なぜヒメダカは，操作2で水の流れと( ① )に泳いだのですか。 |
| 岡本先生 | ヒメダカのような川魚には，今の位置を保とうとする本能があるからです。 |
| みゆきさん | だから操作3では，水は流れていないのに，目で受けとった刺激によって，その位置にとどまろうと，縦じま模様の紙が回転する向きと( ② )に泳いだのですね。 |
| 岡本先生 | そう考えられますね。 |

問1．目や耳などのように，外界からの刺激を受けとる器官を何というか，答えなさい。（1点）

問2．[基本] 次の図1は，魚の目の断面を，図2は，ヒトの目の断面を模式的に表したものであり，基本的なつくりは似ている。なお，図1と図2のa～dは，それぞれ同じはたらきをする部分を示している。光を刺激として受けとる細胞がある部分として，最も適切なものを，図のa～dからひとつ選び，記号で答えなさい。また，その名称を答えなさい。（1点）

図1 　図2

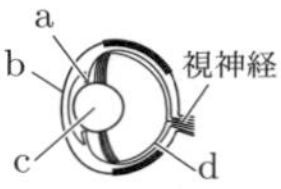

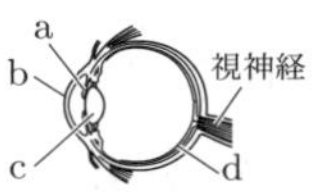

問3．表と会話1の( ① )，( ② )にあてはまるヒメダカの反応として，最も適切な組み合わせを，次のア～エからひとつ選び，記号で答えなさい。なお，表と会話1の( ① )および( ② )にはそれぞれ同じ語句が入るものとする。（2点）

| | ( ① ) | ( ② ) |
|---|---|---|
| ア | 同じ向き | 同じ向き |
| イ | 同じ向き | 逆向き |
| ウ | 逆向き | 同じ向き |
| エ | 逆向き | 逆向き |

会話2．

| みゆきさん | ヒメダカを長く飼育するには，水そうに，何を入れたらいいですか。 |
|---|---|
| 岡本先生 | 光合成をする水草を入れるといいですね。また，水そうの底に砂などをしいて，③生物の遺骸やふんなどから栄養分を得ている生物が生活できる環境にするとさらにいいですね。 |
| みゆきさん | わかりました。飼育を続けて，いろいろとヒメダカの行動を観察してみます。 |

問4．会話2の下線部③のような生物は「分解者」とよばれる。「分解者」とよばれる生物を，次の【語群】から2つ選び，答えなさい。（各1点）
【語群】 モグラ，ムカデ，ミミズ，クモ，ダンゴムシ，トカゲ

## 7 運動の規則性

斜面をのぼり下りする力学台車の運動を調べるために，次の実験1，実験2を行った。あとの各問いに答えなさい。

[実験1]
図1のように傾きの大きい斜面上の点aと点bで，ばねばかりと糸でつないだ力学台車を斜面に平行に引き，静止させた。この状態でばねばかりの値を測定した。次に，図2のように，図1より斜面の傾きを小さくして，斜面上の点aで同様に測定した。なお，図1と図2の点Oから点aまでの距離は同じである。また，糸の重さや伸び縮み，摩擦や空気の抵抗は考えないものとする。

問1．実験1について，次の(1)，(2)に答えなさい。
(1) 図3は実験1の図1の点aにおいて，斜面上で静止している力学台車にはたらく重力を矢印で表したものである。ばねばかりにつなげた糸が力学台車を引く力を，点Pからはじまる矢印で図3に表しなさい。（1点）

図3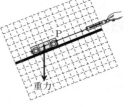

(2) [基本] 図1の斜面上の点a，bでばねばかりが示

した値をそれぞれ $F_1$，$F_2$ とし，図2の斜面上の点aでばねばかりが示した値を $F_3$ とするとき，$F_1$ と $F_2$，$F_1$ と $F_3$ の大小関係を式で表すとどうなるか，次の（ア），（イ）にあてはまる，等号または不等号を答えなさい。 (1点)

$F_1$（ア）$F_2$　　　$F_1$（イ）$F_3$

**実験2**

図4のような装置において，力学台車を斜面上の点Aから手で一瞬で押し出したとこ

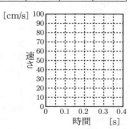

図4

ろ，力学台車は斜面をのぼり，点Eで停止した。そのようすを発光間隔0.1秒のストロボ写真で記録し，各時間における力学台車の点Aからの距離を調べた。なお，点A〜Eは各時間における力学台車の位置を示している。また，摩擦や空気の抵抗は考えないものとする。

次の表は，実験2の結果をまとめたものである。

| 力学台車の位置 | A | B | C | D | E |
|---|---|---|---|---|---|
| 時間[s] | 0 | 0.1 | 0.2 | 0.3 | 0.4 |
| 点Aからの距離[cm] | 0 | 7.0 | 12.0 | 15.0 | 16.0 |

問2．実験2の点A〜Eについて，表からAB間，BC間，CD間，DE間の各区間における力学台車の平均の速さをそれぞれ求め，各区間の中央の時間に点（・）を用いて記入し，時間と力学台車の速さの関係を表すグラフを右にかきなさい。（2点）

問3．次の文は，実験2の力学台車の運動について説明したものである。文の①，②の（　）のア，イのうち，適切な語をそれぞれひとつずつ選び，記号で答えなさい。 (1点)

**文**

力学台車が斜面をのぼるときは，速さはしだいに①（ア．大きく，イ．小さく）なっていく。これは，力学台車にはたらく重力の分力のうち，斜面に平行な分力が，力学台車の運動の向きと②（ア．同じ，イ．反対）向きにはたらくからである。

問4．実験2の後，図4の点Eで力学台車を下向きに静止させ，その後静かに手をはなし，斜面を下りる力学台車の運動のようすを実験2と同様にストロボ写真で記録した。このとき，力学台車が動きはじめてから0.3秒までの，各時間における力学台車の点Eからの距離を表したものとして，最も適切なものを，次のア〜エからひとつ選び，記号で答えなさい。（2点）

|  | 時間[s] | 0 | 0.1 | 0.2 | 0.3 |
|---|---|---|---|---|---|
| ア | 点Eからの距離[cm] | 0 | 1.0 | 2.0 | 3.0 |
| イ | 点Eからの距離[cm] | 0 | 2.0 | 4.0 | 6.0 |
| ウ | 点Eからの距離[cm] | 0 | 1.0 | 4.0 | 9.0 |
| エ | 点Eからの距離[cm] | 0 | 2.0 | 6.0 | 12.0 |

**8　太陽系と恒星**

けいたさんは，月と金星の動きを調べるために，1月のある日，鳥取市において明け方の南東の空のようすを観測した。図1は，このとき観測した空のようすを模式的に表したものである。なお，○と●は月と金星の位置を

図1

表しており，大きさと形は表していない。あとの各問いに答えなさい。

問1．**よく出る**　太陽系の惑星のうち，太陽に近い4個の惑星（水星，金星，地球，火星）は，小型で平均密度が大きい。このような惑星を何というか，答えなさい。(1点)

問2．このとき観測された月の見え方として，最も適切なものを，次のア〜エからひとつ選び，記号で答えなさい。なお，白色の部分が月の見え方を表している。 (1点)

ア　　　　イ　　　　ウ　　　　エ

問3．けいたさんはこの翌日の同じ時刻に，同じ場所で，同じ方位の空のようすを観測した。このとき観測した空のようすを模式的に表したものとして，最も適切なものを，次のア〜エからひとつ選び，記号で答えなさい。(1点)

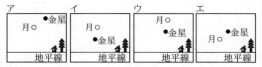

問4．図2は，けいたさんがはじめに観測した日の太陽，金星，地球の位置を模式的に表したものである。この後，2か月間観測を続けていくと，金星の見え方はどのように変化していくか，最も適切なものを，次のア〜エからひとつ選び，記号で答えなさい。なお，図2は地球の北極側から見た模式図であり，金星の公転周期は約0.62年である。 (1点)

図2

ア．形は満ちていき，大きく見えるようになる。
イ．形は満ちていき，小さく見えるようになる。
ウ．形は欠けていき，大きく見えるようになる。
エ．形は欠けていき，小さく見えるようになる。

問5．**よく出る**　金星は，地球からは真夜中に観測することはできない。その理由を「公転」という語を用いて，説明しなさい。 (2点)

時間 50分　満点 50点　解答 P.22　3月5日実施

### 出題傾向と対策

- 例年通り，小問集合1題と物理，化学，生物，地学各1題の計5題の出題であった。各大問にいろいろな内容の設問が含まれているのが特徴である。実験や観察について基本事項を問う問題から思考力を要する問題まで，幅広い知識や理解力が必要な問題が出題された。
- まずは，教科書に出てくる基本事項をしっかりと身につけることが重要である。また，実験や観察を中心に，考察の記述まで対策しておくことが必要である。問題演習をして，いろいろな解答形式に慣れておこう。

## 1 小問集合

次の問1～問3に答えなさい。

問1．**基本** 次の1～4に答えなさい。

1．図1は，おもな種子植物の分類を示したものである。図1の C にあてはまる分類名として最も適当なものを，次のア～エから一つ選び，記号で答えなさい。（1点）

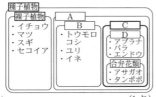

ア．被子植物　イ．双子葉類
ウ．単子葉類　エ．離弁花類

2．ある気体Xを石灰水に通すと，石灰水が白くにごる。この気体Xを発生させる方法として適当なものを，次のア～エから2つ選び，記号で答えなさい。（1点）
ア．亜鉛にうすい塩酸を加える。
イ．石灰石にうすい塩酸を加える。
ウ．二酸化マンガンにオキシドール（うすい過酸化水素水）を加える。
エ．重そう（炭酸水素ナトリウム）を加熱する。

3．次の文章の ◯◯ にあてはまる語は何か，その名称を漢字で答えなさい。（1点）

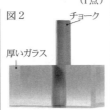

図2のように厚いガラスの向こう側にチョークを置くと，直接チョークが見える部分と，厚いガラスを通して見える部分とがずれて見えた。この原因となる光の進み方を，光の ◯◯ という。

4．太陽や星などの天体は，天球とともに1日に1回地球のまわりを回っているように見える。1日における天体の見かけの動きを何というか，その名称を答えなさい。（1点）

問2．図3のように，電子てんびんで質量をはかって食塩水をつくる。これについて，次の1，2に答えなさい。

1．質量パーセント濃度が6％の食塩水100gをつくるには，水と食塩をそれぞれ何gずつはかりとればよいか，答えなさい。（1点）

2．電子てんびんを用いた質量の測定ではたらいている次のA～Cの力から，「力のつり合い」と「作用と反作用」の関係にあるものを，それぞれ2つずつ選び，記号で答えなさい。なお，A～Cは図4に矢印で示された力と一致している。（2点）

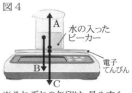

※それぞれの矢印は，見やすくするために少しずらしている。

A．電子てんびんが水の入ったビーカーをおす力
B．地球が水の入ったビーカーを引く力
C．水の入ったビーカーが電子てんびんをおす力

問3．**よく出る** 川の水は，生物が生きるために欠かせないものになっている一方で，災害をもたらすこともある。これについて，次の1，2に答えなさい。

1．図5は，ある年の夏の終わりごろの天気図である。図中のAは，このときに島根県にかかっていた前線を示している。島根県ではこの日から数日の間にまとまった雨が降り，川が氾濫しそうになった地域があった。Aの前線を何というか，その名称を答えなさい。（1点）

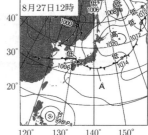

2．表のア～エの水生生物群は，川の水質調査の指標になるものである。このうち，「大変きたない水」の指標となる水生生物群はエである。表のア～ウを，「きれいな水」→「少しきたない水」→「きたない水」の指標の順に並びかえなさい。（2点）

| ア | ヒメタニシ，ミズカマキリ，ミズムシ，タイコウチ |
| イ | サワガニ，ウズムシ，ヘビトンボ，カワゲラ |
| ウ | カワニナ，ゲンジボタル，ヤマトシジミ，イシマキガイ |
| エ（大変きたない水） | アメリカザリガニ，サカマキガイ，セスジユスリカ |

## 2 動物の体のつくりと働き

次の文章を読んで，あとの問1，問2に答えなさい。
サクラさんは，動物が生命活動に必要なエネルギーを得るしくみについて調べたところ，次の2点でガソリン自動車と共通することに興味をもち，研究を行った。

共通点①：エネルギーは有機物からとり出すこと。
共通点②：エネルギーをとり出すときに酸素が必要であること。

問1．共通点①について，動物ではエネルギー源となる有機物は体内で消化・吸収される。消化に関係するだ液のはたらきによってデンプンがどのように変化するかを調べる目的で実験1，実験2を行った。これについて，あとの1～4に答えなさい。なお，図1は実験1の操作1～操作3を示したものである。

実験1．

操作1．試験管A，Bを用意し，Aにはうすめただ液2cm³を入れ，Bには水2cm³を入れ，A，Bそれぞれを40℃に保った。

操作2．A，Bそれぞれにデンプン溶液10 cm³を入れ，よくふり混ぜた後に40℃の状態で10分間保った。
操作3．A，Bの溶液を半分ずつ別の試験管C～Fにとり分けた。
操作4．CとEにヨウ素液（茶褐色）を入れて反応を確認した。
操作5．DとFにベネジクト液（青色）と沸騰石を入れてガスバーナーで加熱し，反応を確認した。
結果．操作4と操作5の結果は表1のようになった。

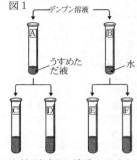
図1

表1

| 試験管 | C | D | E | F |
|---|---|---|---|---|
| 溶液の色 | 茶褐色 | 赤褐色 | 青紫色 | 青色 |

1．操作5で，試験管に沸騰石を入れたのはなぜか，その理由を簡単に答えなさい。（1点）
2．**よく出る** 試験管Dの溶液の色が赤褐色になったのは，試験管中のデンプンが分解されて何が生じたためか，生じた物質の名称を答えなさい。（1点）
3．操作1で，試験管Bに水を加えて反応を調べたのはなぜか，その目的を簡単に説明しなさい。（2点）

実験2．

だ液のはたらきと温度との関係を調べるために，実験1の操作1，操作2で，保った温度を40℃から2℃と75℃にかえ，その他は同様に操作して試験管CとDの反応を確認した。
結果．実験の結果，各試験管の溶液の色は表2のようになった。

表2

| 保った温度＼試験管 | C | D |
|---|---|---|
| 2℃ | 青紫色 | 青色 |
| 75℃ | 青紫色 | 青色 |

4．温度によるだ液のはたらきのちがいについて，実験1，実験2の結果からいえることは何か，正しく説明したものを，次のア～エから2つ選び，記号で答えなさい。（1点）
ア．温度によるだ液のはたらきにちがいはない。
イ．温度によるだ液のはたらきにちがいがあり，40℃のときより75℃のときによくはたらく。
ウ．温度によるだ液のはたらきにちがいがあり，2℃のときにははたらかない。
エ．温度によるだ液のはたらきにちがいがあるが，15℃のときのはたらきはわからない。

問2．共通点②について，ヒトの肺呼吸によって気体成分の割合がどのように変化するかを資料で調べたところ，図2のようであった。また，からだのしくみと共通点①，共通点②について整理し，次の図3のようにまとめた。これについて，あとの1～4に答えなさい。

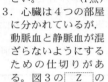
図2

1．図2の Y にあてはまる気体は何か，その名称を答えなさい。（1点）
2．**よく出る** 図3のa～dは血管と血液の流れを示している。このうち，消化・吸収によって取り込まれた養分が，最も多く含まれるものを，a～dから一つ選び，記号で答えなさい。（1点）
3．心臓は4つの部屋に分かれているが，動脈血と静脈血が混ざらないようにするための仕切りがある。図3の Z の位置にある仕切りの形を模式的に示したものとして最も適当なものを，次のア～エから一つ選び，記号で答えなさい。なお，選択肢の図の上下と図3の上下の位置関係は一致していることとする。（1点）

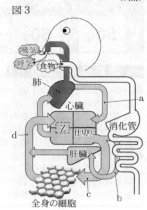
図3

ア　イ　ウ　エ

4．激しい運動をすると，呼吸や心臓の拍動が激しくなるのはなぜか。エネルギーを得るしくみの共通点①と共通点②に着目して，説明しなさい。（2点）

**3** 化学変化と物質の質量，水溶液とイオン，酸・アルカリとイオン

次の問1，問2に答えなさい。
問1．次の3種類の水溶液A～Cがある。それぞれの水溶液中のイオンの性質を調べるために，実験1を行った。これについて，あとの1～3に答えなさい。

水溶液A：うすい塩酸
水溶液B：食塩水
水溶液C：うすい水酸化ナトリウム水溶液

実験1．
操作1．図1のような装置をつくり，それぞれの水溶液をしみこませた糸（たこ糸）を青色のリトマス紙の中央に置いて電圧を加え，青色のリトマス紙の色の変化を調べた。
操作2．操作1で用いた青色のリトマス紙を赤色のリトマス紙にかえて同様の実験を行い，赤色のリトマス紙の色の変化を調べた。

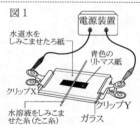
図1

結果．

| | 操作1 | 操作2 |
|---|---|---|
| 水溶液A | 赤色に変化し，赤色がクリップXの方へ移動した。 | 色の変化はなかった。 |
| 水溶液B | 色の変化はなかった。 | 色の変化はなかった。 |
| 水溶液C | a | b |

1．**基本** 3種類の水溶液A～Cは，それぞれ塩化水素，塩化ナトリウム（食塩），水酸化ナトリウムを水にとかしたものであり，いずれの水溶液も電流が流れ

る。このように水にとかしたときに電流が流れる物質を何というか、その名称を答えなさい。　(1点)

2. 実験1で使用した水溶液A〜Cのそれぞれで、電離して生じているイオンを整理すると表1のようになる。

表1

|  | 陽イオン | 陰イオン |
|---|---|---|
| 水溶液A | ① | ② |
| 水溶液B |  |  |
| 水溶液C | ③ | ④ |

表1と実験1の結果から、青色のリトマス紙を赤色に変化させる原因となるのはどのイオンであると考えられるか、表1の①〜④から一つ選び、その番号とイオン式を答えなさい。　(2点)

3. **よく出る**　実験1の結果の　a　および　b　にあてはまる文の組み合わせとして、最も適当なものを、次のア〜エから一つ選び、記号で答えなさい。　(1点)

|  | a | b |
|---|---|---|
| ア | 色の変化はなかった。 | 青色に変化し、青色がクリップXの方へ移動した。 |
| イ | 色の変化はなかった。 | 青色に変化し、青色がクリップYの方へ移動した。 |
| ウ | 赤色に変化し、赤色がクリップXの方へ移動した。 | 色の変化はなかった。 |
| エ | 赤色に変化し、赤色がクリップYの方へ移動した。 | 色の変化はなかった。 |

問2. うすい塩化バリウム水溶液とうすい硫酸を反応させると、白い沈殿ができる。この反応について、反応する水溶液の体積と、沈殿した物質の質量との関係を調べるために、実験2を行った。これについて、あとの1〜3に答えなさい。

実験2.

操作1. 5つのビーカーA〜Eを用意し、ある濃度のうすい塩化バリウム水溶液をそれぞれ50 cm³ずつ入れた。次に、ある濃度のうすい硫酸を表2のように加えて反応させ、沈殿した物質をろ過して取り出し、よく乾燥させてから質量を測定したところ、下の結果を得た。右の図2はその結果をグラフに表したものである。

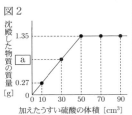

表2

| ビーカー | A | B | C | D | E |
|---|---|---|---|---|---|
| うすい塩化バリウム水溶液の体積[cm³] | 50 | 50 | 50 | 50 | 50 |
| 加えたうすい硫酸の体積[cm³] | 10 | 30 | 50 | 70 | 90 |

結果.

| ビーカー | A | B | C | D | E |
|---|---|---|---|---|---|
| 沈殿した物質の質量[g] | 0.27 | a | 1.35 | 1.35 | 1.35 |

操作2. 新たに5つのビーカーF〜Jを用意し、操作1で用いたうすい塩化バリウム水溶液とうすい硫酸を、表3のようにそれぞれの体積の合計が100 cm³になるように混合して反応させた。そして操作1と同様にして沈殿した物質の質量を測定した。

表3

| ビーカー | F | G | H | I | J |
|---|---|---|---|---|---|
| うすい塩化バリウム水溶液の体積[cm³] | 90 | 70 | 50 | 30 | 10 |
| うすい硫酸の体積[cm³] | 10 | 30 | 50 | 70 | 90 |

1. 操作1で、うすい塩化バリウム水溶液にうすい硫酸を加えたときに起こった化学変化を化学反応式で表しなさい。また、そのときに沈殿した物質の物質名を答えなさい。　(2点)

2. 操作1のビーカーBで、うすい硫酸30 cm³を加えたときに沈殿した物質の質量　a　は何gであると考えられるか、結果の数値および図2をもとに小数第2位まで求めなさい。　(2点)

3. **思考力**　操作2について、「混合したうすい硫酸の体積」と「沈殿した物質の質量」の関係をグラフに表すとどのようになると考えられるか、最も適当なものを、次のア〜エから一つ選び、記号で答えなさい。　(2点)

ア　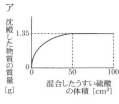　イ　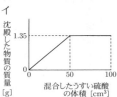

ウ　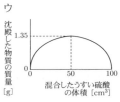　エ　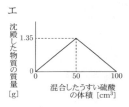

## 4 | 電流 |

次の問1、問2に答えなさい。

問1. 図1の異なる3つの放電について考える。これらの放電は互いに離れたところにある2つの物体間において、一方から他方へ向かって粒子が飛び出すことにより電流が流れる現象である。表は、それらを比較したものである。これについて、次の1〜4に答えなさい。

図1

落雷　　誘導コイルで起こした放電　　真空放電管での真空放電

| 放電の種類 | 飛び出してくる粒子 | 放電のようす |
|---|---|---|
| 落雷 | A | 電流の道筋が見える |
| 誘導コイルで起こした放電 | A | 電流の道筋が見える |
| 真空放電管での真空放電 | A | 電流の道筋は見えない |

1. 表において　A　は3つの放電に共通であることがわかっている。　A　は何か、その名称を答えなさい。　(1点)

2. 雷雲の中では大小の氷の粒がこすれあって静電気が発生し、雲の中にたまる。異なる物質がこすれあうときに静電気が発生するしくみについて説明した文として、最も適当なものを、次のア〜エから一つ選び、記号で答えなさい。　(1点)

ア．一方の物質の－の電気が，他方の物質に移動することによる。
イ．一方の物質の＋の電気が，他方の物質に移動することによる。
ウ．一方の物質の－の電気や＋の電気が，他方の物質に移動することによる。
エ．摩擦により，はじめ物質にはなかった電気の粒子が発生することによる。

3. **基本** 表の A が電気をもつことと，その電気が＋または－のどちらであるかを，図2のような真空放電管を用いて調べた。調べた方法と結果について説明した次の文章の B には適当な文を， C には＋または－の符号を入れなさい。(1点)

図2

　はじめ＋極と－極にのみ電圧を加えると，蛍光板にうつる粒子の道筋は直進した。次に，もう一つ別の電源を準備し，電極Xが＋極，電極Yが－極となるように電圧を加えてから，図2の左右の＋極と－極の間で真空放電させると，蛍光板にうつる粒子の道筋が B ので，飛び出してくる粒子は C の電気をもつことがわかる。

4. 図1の落雷では，雲の下方から地表に向かって粒子が飛び出している。このとき，地表は＋極，－極のどちらの役割をしているか，答えなさい。(1点)

問2. 電流回路において，抵抗の大きさやつなぎ方を変えたときに，電流の大きさがどのように変わるかについて調べる目的で実験を行った。これについて，あとの1～4に答えなさい。

実験.

操作1. 図3の①～③の回路を，抵抗器aと抵抗器bを用いてそれぞれつくった。電源装置で抵抗器に加える電圧を調節し，「MN間に加えた電圧の大きさ」と「Pを流れる電流の大きさ」の関係を調べ，結果1を得た。ただし，測定を行うときには図の回路のスイッチは閉じている。

図3
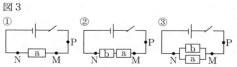

操作2. 図3の③で抵抗器bを，抵抗の大きさがそれぞれ30Ω，50Ω，100Ω，300Ω，500Ωの別の抵抗器にとりかえた。MN間に加える電圧を5.0Vに固定して，「抵抗器bととりかえた抵抗器の抵抗の大きさ」と「Pを流れる電流の大きさ」の関係を調べ，結果2を得た。

結果1
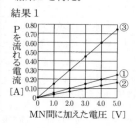

結果2
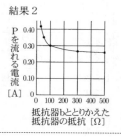

1. **基本** 図3の①で測定を行ったときにつくった回路を，図4のそれぞれの器具の●印の間を線でつないで完成させなさい。線は互いに交差してもかまわない。(1点)

図4
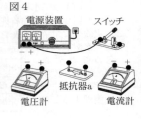

2. 抵抗器aの抵抗の大きさは何Ωか，求めなさい。(1点)

3. 抵抗器bの抵抗の大きさは何Ωか，求めなさい。(2点)

4. 次の文章は，結果2を参考にして，操作2で抵抗器bととりかえる抵抗器の抵抗の大きさを500Ωよりもさらに大きくしたときの，Pを流れる電流の大きさについて考察したものである。 D には適当な語を， E には適当な数値を入れなさい。(2点)

　抵抗器bととりかえる抵抗器の抵抗の大きさをさらに大きくすると，Pを流れた電流のほぼすべてが D に流れるようになっていく。よって，Pを流れる電流の大きさはしだいに E Aに近づくと考えられる。

## 5 火山と地震

次の問1，問2に答えなさい。

問1. リカさんは，自分の住んでいる地域で発生した地震について興味をもち，インターネットを使って調べることにした。調べてみると，過去に震源の深さ9km，マグニチュード7.3の地震が発生していたことがわかった。この地震について，下の表や図1のデータがのっていた。表は，各観測地点の震度，初期微動と主要動がそれぞれ始まった時刻をまとめたものである。図1は，この地震のゆれを観測地点Dで観測したときの地震計の記録を模式的に示したものである。これについて，次の1～4に答えなさい。

| 観測地点 | 震度 | 初期微動が始まった時刻 | 主要動が始まった時刻 |
|---|---|---|---|
| A | 5強 | 13時30分21秒 | 13時30分24秒 |
| B | 5弱 | 13時30分24秒 | 13時30分29秒 |
| C | 5弱 | 13時30分30秒 | 13時30分38秒 |
| D | 5弱 | 13時30分40秒 | 13時30分54秒 |

1. 図1のaのように初期微動が始まってから主要動が始まるまでの時間を何というか，その名称を答えなさい。(1点)

図1
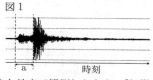

2. この地震をさまざまな地点で観測したとき，「初期微動が始まった時刻」と「初期微動が始まってから主要動が始まるまでの時間」の関係はどのようになるか。その関係を表すグラフをかきなさい。ただし，発生する初期微動を伝える波(P波)，主要動を伝える波(S波)はそれぞれ一定の速さで伝わるものとする。(1点)

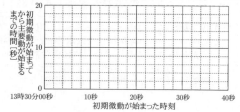

3．2でかいたグラフの線と横軸との交点は何を表しているのか，答えなさい。（1点）
4．**基本** 地震の震度とマグニチュードのちがいについて説明した次の文章の X ， Y に入る適当な語句を答えなさい。（2点）

> 震度は観測地点における X を表しており，マグニチュードは Y を表している。

問2．リカさんは，日本付近で起きた地震についてインターネットを使ってさらに調べた。図2は，ある年の1か月間に起きた地震の震源を地図上に表したものである。また，図3は，過去に東北地方付近で起きた地震の震源の深さを地球の断面図上に表したものである。これについて，下の1～4に答えなさい。

図2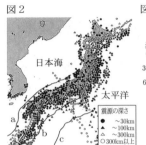

図3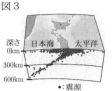

1．次の文章は，地球の表面をおおっているプレートについて説明したものである。文章中の Z ， W のそれぞれにあてはまる語の組み合わせとして最も適当なものを，下のア～エから一つ選び，記号で答えなさい。（1点）

> プレートには，海のプレートと陸のプレートがある。海のプレートは，主に太平洋や大西洋，インド洋などの海底の Z で生じる。こうして生じた海のプレートは， Z の両側に広がっていく。海のプレートの一つである太平洋プレートは，日本列島付近では W の方向に移動している。

ア．Z－海溝　　W－東から西
イ．Z－海溝　　W－西から東
ウ．Z－海嶺　　W－東から西
エ．Z－海嶺　　W－西から東

2．日本付近には，4つのプレートがある。このうちのユーラシアプレートとフィリピン海プレートの地球表面上における境界として最も適当なものを，図2のa～cから一つ選び，記号で答えなさい。（1点）

3．リカさんが図3を分析すると，震源の深さには次の2つの傾向があることがわかった。①について，その理由を説明しなさい。（2点）

> ① 日本海溝から日本列島に向かって，震源の分布がだんだん深くなっている。
> ② 陸地では震源の浅い地震も起こっている。

4．**よく出る** 地下の浅いところで大地震が起こると，そのときの大地がずれたあとが地表に残ることがある。このうち，再びずれる可能性があるものを何というか，その名称を答えなさい。（1点）

---

# 岡山県

時間 45分　満点 70点　解答 P23　3月10日実施

## 出題傾向と対策

●例年通り，小問集合1題と物理，化学，生物，地学各1題の計5題が出題された。解答形式は，用語記述，文章記述，作図，計算問題など，全体的に記述式が多い。図を読みとる問題や科学的思考力を必要とする問題も見られた。

●教科書で基本事項をしっかりと理解することが重要である。文章記述の対策としては，基本的な用語の内容や観察・実験の手順・結果を自分の言葉で簡潔にまとめる練習をしておくとよい。

## 1 小問集合

陽子さんと光一さんが，「東京2020オリンピック・パラリンピック競技大会」について会話をしている。次は，そのときの会話の一部である。①～⑥に答えなさい。

> 陽子：今年は日本でオリンピックが開催されるね。
> 光一：(a)日本の夏は高温・多湿なので，選手も観客も熱中症にならないように(b)水分や塩分の補給をしないとね。陽子さんは，どの競技に興味があるの。
> 陽子：私は(c)スポーツクライミングに興味があるわ（図1）。道具を使わずに，人工の壁を登るなんてすごいよね。光一さんは，どの競技に興味があるの。
> 光一：(d)スケートボードの選手はかっこいいね（図2）。
> 陽子：表彰式ではメダルと一緒に，宮城県で育てられた(e)ヒマワリなどを使った花束も渡す予定みたいだよ。
> 光一：(f)使い捨てプラスチックを再生利用して表彰台を製作したり，使用済みの小型家電などから集めたリサイクル金属でメダルを作ったりもするみたいだね。限りある資源を有効に使うのは大切だね。

図1

図2

① 下線部(a)となるのは，日本の南の太平洋上で発達する暖かく湿った気団の影響が大きい。この気団を何といいますか。

② **基本** 下線部(b)には，塩化ナトリウムを含む経口補水液などを飲むことが有効である。塩化ナトリウムが水に溶けるときの電離の様子を，化学式とイオン式を使って書きなさい。

③ **よく出る** 下線部(c)について，図3はヒトの骨格と筋肉を模式的に表している。腕を矢印の向きに曲げたとき，筋肉X，Yの様子の組み合わせとして正しいものは，ア～エのうちではどれですか。一つ答えなさい。

|  | 筋肉X | 筋肉Y |
|---|---|---|
| ア | 縮んでいる | ゆるんでいる |
| イ | 縮んでいる | 縮んでいる |
| ウ | ゆるんでいる | 縮んでいる |
| エ | ゆるんでいる | ゆるんでいる |

図3

④ 下線部(d)について，光一さんはスケートボードの動きを小球で考えた。(1)，(2)に答えなさい。ただし，空気

抵抗や摩擦は考えないものとする。
(1) 図4は，静止した小球を表した模式図であり，小球には矢印のような，床が小球を押す力がはたらいている。この力と作用・反作用の関係にある力を下の図に，作用点を「•」で示して矢印でかきなさい。

図4

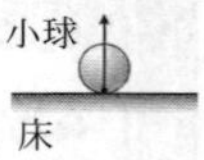

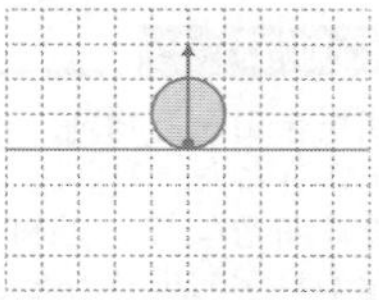

(2) 図5の模式図のように斜面上の点Pに小球をおき，手を離した。小球が点Pから点Qまで移動するときのエネルギーの変化について述べた次の文章の (A) ， (B) に当てはまることばとして最も適当なのは，ア〜ウのうちではどれですか。それぞれ一つ答えなさい。ただし，同じ記号を選んでもよい。

図5

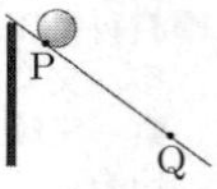

> 小球が点Pから点Qまで移動するとき，運動エネルギーは (A) 。また，力学的エネルギーは (B) 。

ア．大きくなる
イ．小さくなる
ウ．一定に保たれる

⑤ 基本 下線部(e)は双子葉類である。一般的に，双子葉類は単子葉類とは違い，中心に太い根と，そこから枝分かれした細い根をもつという特徴がある。この枝分かれした細い根を何といいますか。

⑥ 下線部(f)について，プラスチックを再生利用するとき，種類を区別するために密度の違いを利用する。下の表は代表的なプラスチックの種類とその密度をそれぞれ表したものである。質量5.6g，体積4cm³のプラスチックと考えられるのは，ア〜エのうちではどれですか。一つ答えなさい。

| 種　類 | 密　度[g/cm³] |
|---|---|
| ポリプロピレン | 0.90〜0.91 |
| ポリエチレン | 0.92〜0.97 |
| ポリスチレン | 1.05〜1.07 |
| ポリエチレンテレフタラート | 1.38〜1.40 |

ア．ポリプロピレン
イ．ポリエチレン
ウ．ポリスチレン
エ．ポリエチレンテレフタラート

## 2 電流，電流と磁界

中学生の花子さんは，家庭学習として身近な電気の技術について調べた。次は，そのときのノートの一部である。①〜③に答えなさい。

> 1．電気を使った新しい技術
> 　近所の図書館では，図1のような新しい貸出機が導入された。台上にICタグのついた本を同時に複数冊置くと，バーコードのように1冊ずつではなく，まとめて手続きができる。
> 　調べてみると，このICタグにはコイルと，情報を管理するチップが内蔵されていて，貸出機の台が磁界を発生させているとがわかった。

図1

> 【実験1】 コイルのはたらきを確認するため，図2のように，静止したコイルの上で棒磁石を動かして，電流が発生するかを調べた。

図2

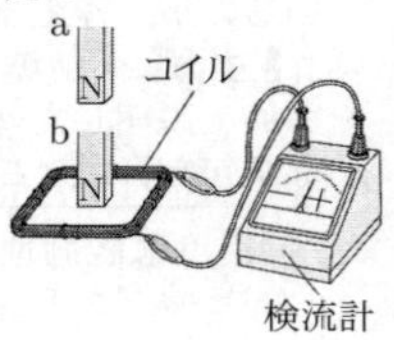

> 〈結果1〉
> ・棒磁石をaからbの位置に動かすと，検流計の針は右に振れた。
> ・棒磁石をbからaの位置に動かすと，検流計の針は (X) 。
> ・棒磁石のS極を下に向けてaからbの位置に動かすと，検流計の針は (Y) 。

> 電源がなくても，コイルには電流が流れることがわかった。この現象は家庭の電磁調理器(IH調理器)などにも利用されているようだ。
> 2．家庭の電化製品調べ
> 電化製品には，電圧や電力の表示があるが，電流の表示がないものが多かった。

> 【実験2】 電圧と電流の関係を確認するために，図3のような回路をつくって電圧と電流の関係を調べた。

図3

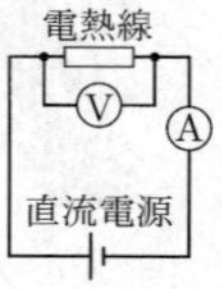

> 〈結果2〉

| 電圧[V] | 0 | 2 | 4 | 6 | 8 |
|---|---|---|---|---|---|
| 電流[mA] | 0 | 41 | 80 | 122 | 160 |

> ほとんどの家庭用の電化製品は100Vで使うので，消費電力は，抵抗の値に関係があると考えた。電気スタンドに取り付けられていた消費電力5WのLED電球の箱には，明るさは消費電力36Wの白熱電球に相当すると書いてあり，省電力化が進んでいるとわかった。

① 【実験1】について，(1)〜(4)に答えなさい。
(1) 基本 コイルの中の磁界が変化することで電圧が生じ，コイルに電流が流れる現象を何といいますか。
(2) コイルの中の磁界が変化することで電圧が生じ，コイルに電流が流れる現象を利用したものとして最も適当なのは，ア〜エのうちではどれですか。一つ答えなさい。
　ア．モーター　　　　イ．電熱線
　ウ．電磁石　　　　　エ．手回し発電機
(3) よく出る (X) ， (Y) に当てはまることばとして最も適当なのは，ア〜ウのうちではどれですか。それぞれ一つ答えなさい。ただし，同じ記号を選んでもよい。
　ア．右に振れた　　　イ．左に振れた
　ウ．振れなかった
(4) コイルや棒磁石を変えずに，N極を下に向けた棒磁石をaからbの位置に動かすとき，流れる電流を大きくするためには，どのような方法があるか書きなさい。

② 【実験2】について，(1)，(2)に答えなさい。
(1) 〈結果2〉をもとに電圧と電流の関係を表すグラフを下にかきなさい。

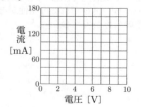

(2) 下線部について，【実験2】と同じ電熱線を用いて，ア～ウの回路をつくった。直流電源の電圧が同じとき，ア～ウを回路全体での消費電力の大きい方から順に並べ，記号で答えなさい。

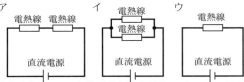

③ 消費電力36Wの白熱電球と消費電力5WのLED電球をそれぞれ5分間点灯したとき，それぞれの消費する電力量の差は何Jですか。

**3** 火山と地震，地層の重なりと過去の様子，太陽系と恒星

探査機はやぶさ2のニュースを聞いた純子さんは，過去に探査機はやぶさが持ち帰った小惑星「イトカワ」の微粒子の分析結果について資料を調べた。次は，そのときのメモである。①～⑦に答えなさい。

小惑星「イトカワ」について
　　　　　～地球の岩石と比べてわかること～
○ イトカワは他の小惑星と同様に(a)太陽のまわりを公転している。
○ 微粒子の(b)年代分析により，イトカワのもととなった岩石は，約46億年前の太陽系誕生に近い時期にできたと推測された。(c)イトカワには，誕生から現在にいたるまで，その岩石が残っている。
○ 地球に落ちてくるコンドライトいん石とイトカワの微粒子の成分が一致した。このいん石は岩石質で，(d)一度とけた岩石が急激に冷え固まって粒状になったものを含んでいる。このことから，いん石の一部は小惑星からきているとわかった。
○ 微粒子に含まれていた□□の中から水が検出された。□□は柱状，緑褐色や黒緑色の有色鉱物で，地球の(e)火成岩にも含まれる。
○ イトカワは(f)太陽などの影響で起こる宇宙風化の影響を受けていて，約10億年後には消滅する可能性がある。

① 基本 下線部(a)には小惑星の他にも惑星などがあるが，太陽系には，惑星のまわりを公転する月のような天体もある。このような天体を何といいますか。

② 下線部(b)の方法について，地球では地層に含まれる特定の生物の化石によっても，その地層の年代を知ることができる。ある地層から，図1のような示準化石となる生物の化石が見つかった。この示準化石から推定される地質年代として最も適当なのは，ア～エのうちではどれですか。一つ答えなさい。
ア．古生代より前　イ．古生代
ウ．中生代　　　　エ．新生代

③ 下線部(c)である一方，地球では，表面をおおう複数のプレートの活動によって絶えず地形変化や地震が起こり，大地が変化している。日本列島付近の大陸プレートと海洋プレートの境界で地震が起こるしくみを「大陸プレート」「海洋プレート」という語を使って，プレートの動きがわかるように説明しなさい。

④ 基本 下線部(d)のように地球のマグマが急激に冷やされてできた岩石を観察すると，石基に囲まれた比較的大きな鉱物が見えた。この鉱物を石基に対して何といいますか。

⑤ □□に共通して当てはまる語として最も適当なのは，ア～エのうちではどれですか。一つ答えなさい。
ア．石英（セキエイ）　イ．黒雲母（クロウンモ）
ウ．長石（チョウ石）　エ．輝石（キ石）

⑥ 下線部(e)について，地球上では，含まれる鉱物の割合とつくり(組織)によって図2のように大きく分類される。

ある岩石Xは，ほぼ同じ大きさの鉱物が組み合わさったつくりをもっていた。純子さんは，岩石Xの表面のスケッチをもとに，図3のように，それぞれ無色鉱物は「□」，有色鉱物は「■」で模式的に表した。表面の鉱物の様子が岩石全体と同じであると考えると，この岩石Xとして最も適当なのは，ア～カのうちではどれですか。一つ答えなさい。
ア．流紋岩　イ．安山岩　ウ．玄武岩
エ．花こう岩　オ．せん緑岩　カ．斑れい岩

⑦ よく出る 下線部(f)に対して，地球の表面では，水などの影響による風化の後，土砂が運搬されて堆積し，地層を形成する。図4はボーリング調査が行われたA～C地点の位置を示した略地図であり，曲線は等高線を，数値は標高を表している。図5はボーリング調査から作成された柱状図である。これらの地点で見られた火山灰の層は同一のものであり，地層の上下の逆転や断層は起こっていない。図5の層ア～ウを堆積した年代の古いものから順に並べ，記号で答えなさい。

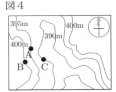

**4** 小問集合

中学生の洋平さんは，近所にできた水素ステーションとそれを利用する自動車を見て，興味をもち，放課後に先生と実験を行った。次は，そのときのレポートの一部である。①～④に答えなさい。

水素の反応　～燃料電池～
1．はじめに
図1は，燃料電池によってモーターを回転させて動く自動車である。水素ステーションで供給された水素と空気中の酸素が反応し，水ができるときに電気を生み出す。水素と酸素がどのような比で反応するかについて，燃料電池を用いて調べた。
2．実験と結果
図2の模式図のような燃料電池で，水を満たした容器の一方に水素，もう一方に酸素を入れるとモーターが動き，容器内の気体が減少した。6 cm³の水素に対して入れる酸素の量を変え，モーターが動いた時間と反応後に残った気体の体積を測定した。次の表

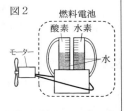

はこのとき行った実験A〜Dをまとめたものである。

| 実験 | A | B | C | D |
|---|---|---|---|---|
| 水素の体積[cm³] | 6 | 6 | 6 | 6 |
| 酸素の体積[cm³] | 1 | 3 | 5 | 7 |
| 残った気体の体積[cm³] | 4 | 0 | 2 | 4 |
| モーターが動いた時間[分] | 2 | 6 | 6 | 6 |

3. 考察
　実験Aでは水素が残り，実験C，実験Dではそれぞれ酸素が残った。実験Bでは気体が残らなかったことから，水素と酸素がすべて反応したことがわかった。このことから，水の電気分解のときに発生する水素と酸素の体積の比と同様に，反応する水素と酸素の体積比は2：1であることがわかった。また，実験結果から考えると，実験A〜Dで反応によってできる水の量は図3のようになると予想できる。

図3

(X)

① **基本** 水素の発生について述べた次の文の　(あ)　，(い)　に当てはまる語として最も適当なのは，ア〜クのうちではどれですか。それぞれ一つ答えなさい。

水素は　(あ)　に　(い)　を加えることによって発生する。

ア．銅　　　　　　イ．石灰石
ウ．亜鉛　　　　　エ．二酸化マンガン
オ．うすい塩酸　　カ．過酸化水素水
キ．食塩水　　　　ク．水

② 水素の貯蔵方法の一つに，水素を液体にする方法がある。(1)，(2)に答えなさい。
(1) **よく出る** 右のア〜ウは固体，液体，気体のいずれかにおける粒子の集まりを表したモデルである。液体と気体のモデルとして最も適当なのは，ア〜ウのうちではどれですか。それぞれ一つ答えなさい。

ア  イ  ウ

(2) 気体の水素を液体にして貯蔵する利点を「質量」「体積」という語を使って説明しなさい。

③ 下線部について，蒸留水に少量の水酸化ナトリウムなどを加える場合がある。(1)，(2)に答えなさい。
(1) 水の電気分解で，水酸化ナトリウムを加える理由を説明した次の文の　(う)　に当てはまる適当なことばを書きなさい。

水に　(う)　するため。

(2) 質量パーセント濃度5％の水酸化ナトリウム水溶液200gに水を加えて，質量パーセント濃度2％の水溶液をつくるとき，加える水の質量は何gですか。

④ 図3の(X)に当てはまる，洋平さんが正しく予想して作成したグラフとして最も適当なのは，ア〜エのうちではどれですか。一つ答えなさい。

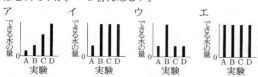

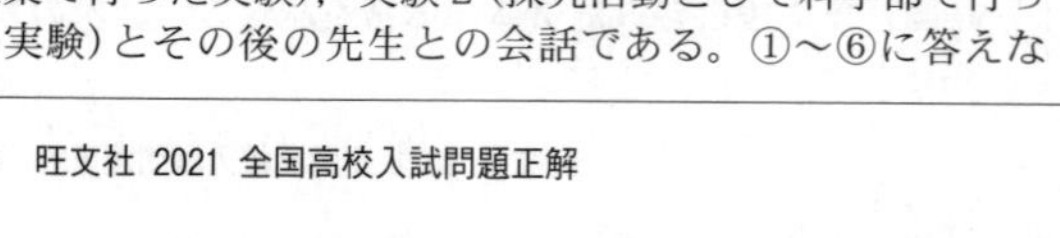

**5** 動物の体のつくりと働き，生物と環境

中学生の健太さんは理科の授業でヒトが栄養分をとり入れるしくみについて学習した。次は，実験1（健太さんが授業で行った実験），実験2（探究活動として科学部で行った実験）とその後の先生との会話である。①〜⑥に答えな

さい。
実験1．
　だ液のはたらきを確かめるため，図1のように，試験管a〜dにデンプンのりを入れ，だ液または水を加えて40℃で10分間あたためた。その後，試験管a，cにはヨウ素液を少量加えた。試験管b，dにはベネジクト液を少量加えて加熱した。このときの試験管a〜dそれぞれの色の変化を観察し，表1にまとめた。

図1
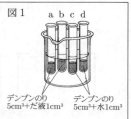
デンプンのり5cm³＋だ液1cm³
デンプンのり5cm³＋水1cm³

表1

| | 試験管a | 試験管b | 試験管c | 試験管d |
|---|---|---|---|---|
| 色の変化 | Ⅰ | Ⅱ | Ⅲ | Ⅳ |

実験2．
　試験管にアミラーゼ水溶液を入れ，図2のように食品の分解について調べた。アミラーゼの代わりに，ペプシンとリパーゼでもこの実験を行い，結果を表2にまとめた。なお，実験はそれぞれの消化酵素がはたらきやすい環境に整えて行った。

図2
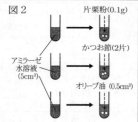
片栗粉(0.1g)
かつお節(2片)
アミラーゼ水溶液(5cm³)
オリーブ油(0.5cm³)

表2

| 消化酵素＼食品の主成分(食品) | デンプン(片栗粉) | タンパク質(かつお節) | 脂肪(オリーブ油) |
|---|---|---|---|
| アミラーゼ | ○ | × | × |
| ペプシン | × | ○ | × |
| リパーゼ | × | × | ○ |

食品の主成分が消化酵素によって分解された場合は○，分解されなかった場合は×とする。

【会話】
健太：表2から，消化酵素のはたらきの特徴について，それぞれの消化酵素は，　　　　　ということが確認できました。
先生：その通りです。消化酵素によって分解された栄養分は，主に小腸で吸収され，生命活動のエネルギーとして利用されます。
健太：複数の消化酵素を含む水溶液をつくると，食品の主成分を同時に分解できるのではないでしょうか。
先生：それはおもしろい考えですね。実際にやってみましょう。

① ヒトは有機物を摂取して栄養分とするため，生態系では消費者とよばれている。これに対して，生態系において生産者とよばれるものとして適当なのは，ア〜オのうちではどれですか。当てはまるものをすべて答えなさい。
ア．アブラナ　　　イ．カメ
ウ．シイタケ　　　エ．ウサギ
オ．オオカナダモ

② 表1のⅠ〜Ⅳに当てはまる組み合わせとして最も適当なのは，ア〜エのうちではどれですか。一つ答えなさい。

|     | I | II | III | IV |
|---|---|---|---|---|
| ア | 変化なし | 変化なし | 青紫色になった | 赤褐色になった |
| イ | 青紫色になった | 赤褐色になった | 変化なし | 変化なし |
| ウ | 変化なし | 赤褐色になった | 青紫色になった | 変化なし |
| エ | 青紫色になった | 変化なし | 変化なし | 赤褐色になった |

③ **基本** だ液やすい液などの消化液は消化酵素を含んでいる。すい液に含まれる，タンパク質を分解する消化酵素を何といいますか。

④ ▢ に当てはまる適当なことばを書きなさい。

⑤ **よく出る** 小腸内部の表面は柔毛でおおわれている。このつくりによって栄養分を効率よく吸収することができる理由を書きなさい。

【会話】の下線部について調べるために，さらに実験を行った。次はそのときの実験3である。
実験3．

ペプシンがはたらきやすい環境でペプシン，アミラーゼが同量入った混合溶液を充分においた。この混合溶液を図3のように，試験管A，Bに分け，試験管Bはアミラーゼがはたらきやすい環境に整えた。その後，試験管Aにはかつお節を，試験管Bには片栗粉を入れ，食品の分解について調べた結果を表3にまとめた。

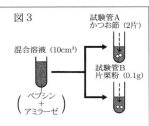
図3

表3

| 試験管<br>混合溶液 | A | B |
|---|---|---|
| ペプシン＋アミラーゼ | ○ | × |

食品の主成分が消化酵素によって分解された場合は○，分解されなかった場合は×とする。

・混合溶液では，同時に食品を分解することができなかった。

⑥ **思考力** 健太さんは実験1〜3の結果をもとに考察した。このとき正しく考察したものとして最も適当なのは，ア〜エのうちではどれですか。一つ答えなさい。

ア．実験1と実験2から，だ液にはペプシンが含まれていることが確認でき，実験3からアミラーゼはタンパク質でできていると考えられる。

イ．実験1と実験2から，だ液にはペプシンが含まれていることが確認でき，実験3からアミラーゼはデンプンでできていると考えられる。

ウ．実験1と実験2から，だ液にはアミラーゼが含まれていることが確認でき，実験3からアミラーゼはタンパク質でできていると考えられる。

エ．実験1と実験2から，だ液にはアミラーゼが含まれていることが確認でき，実験3からアミラーゼはデンプンでできていると考えられる。

# 広島県

時間 50分　満点 50点　解答 P23　3月6日実施

## 出題傾向と対策

● 例年通り，物理，地学，生物，化学各1題，計4題の出題。実験や観察をもとにしたレポートや会話形式の出題で，基本事項を問うものが中心であったが，科学的思考力を必要とする問題も見られた。解答形式は選択式よりも記述式が多く，少し長めの文章記述も見られた。

● 教科書を中心に基本事項を確実に身につけておくとともに，実験・観察の手順や注意点，結果などを整理して理解することが大切である。問題集や過去問などで，要点を押さえた文章表現力や図表等を読み解く力を養おう。

## 1 運動の規則性，力学的エネルギー

ある学級の理科の授業で，成美さんたちは，小球を斜面から転がし，木片に当てて，木片が移動する距離を調べる実験をして，それぞれでレポートにまとめました。次に示した【レポート】は，成美さんのレポートの一部です。あとの1〜5に答えなさい。

【レポート】

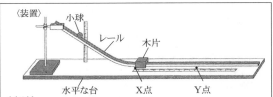
〈装置〉

〔方法〕
Ⅰ．上の図のように装置を組み立て，水平な台の上に置く。
Ⅱ．この装置を用いて，質量が20.0gと<u>50.0gの小球</u>を，10.0cm，20.0cm，30.0cmの高さからそれぞれ静かに転がし，X点に置いた木片に当てる。
Ⅲ．小球が木片に当たり，木片が移動した距離をはかる。
Ⅳ．小球の高さと，木片が移動した距離との関係を表に整理し，グラフに表す。

〔結果〕
小球の質量が20.0gのとき

| 小球の高さ[cm] | 10.0 | 20.0 | 30.0 |
|---|---|---|---|
| 木片が移動した距離[cm] | 3.6 | 8.3 | 12.0 |

小球の質量が50.0gのとき

| 小球の高さ[cm] | 10.0 | 20.0 | 30.0 |
|---|---|---|---|
| 木片が移動した距離[cm] | 13.3 | 26.7 | 40.0 |

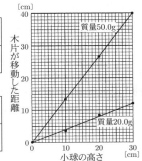

1．**基本** 〔方法〕の下線部について，質量50.0gの小球の重さは何Nですか。また，水平な台の上にある質量50.0gの小球を，水平な台の上から20.0cmの高さまで持ち上げる仕事の量は何Jですか。ただし，質量100gの物体に働く重力の大きさを1Nとします。（各1点）

2. **よく出る** 右の図は，この装置を用いて実験したときの，小球と木片の様子を模式的に示したものです。
右の図中の矢印は，小球が当たった後の木片の移動の向きを示しています。木片が右の図中の矢印の方向へ移動しているとき，木片に働く水平方向の力を矢印で表すとどうなりますか。次のア～エの中から適切なものを選び，その記号を書きなさい。 (2点)

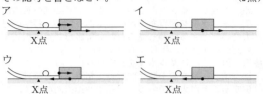

3. 〔結果〕のグラフから，質量20.0gの小球を30.0cmの高さから静かに転がしたときの木片の移動距離と同じ距離だけ木片を移動させるためには，質量50.0gの小球を何cmの高さから静かに転がせばよいと考えられますか。その値を書きなさい。 (2点)

4. 成美さんたちは，木片を置く位置を〈装置〉のX点からY点に変えて，質量20.0gの小球を10.0cmの高さから静かに転がし，Y点に置いた木片に当てる実験をしました。このとき，木片が移動した距離は，X点に木片を置いて実験したときの3.6cmよりも小さくなりました。それはなぜですか。その理由を簡潔に書きなさい。 (3点)

5. **基本** 成美さんたちは，授業で学んだことを基に，ふりこについて考えることにしました。右の図は，ふりこのおもりを，糸がたるまないようにa点まで持ち上げ静かに手を離し，おもりがb点を通り，a点と同じ高さのc点まで上がった運動の様子を模式的に示したものです。次のア～オの中で，図中のおもりがもつエネルギーの大きさについて説明している文として適切なものはどれですか。その記号を全て書きなさい。ただし，糸は伸び縮みしないものとし，おもりがもつ位置エネルギーと運動エネルギーはそれらのエネルギー以外には移り変わらないものとします。 (3点)

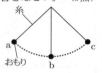

ア．a点とb点のおもりがもつ運動エネルギーの大きさを比べると，b点の方が大きい。
イ．b点とc点のおもりがもつ運動エネルギーの大きさを比べると，同じである。
ウ．b点とc点のおもりがもつ位置エネルギーの大きさを比べると，b点の方が大きい。
エ．a点とc点のおもりがもつ位置エネルギーの大きさを比べると，同じである。
オ．a点とb点とc点のおもりがもつ力学的エネルギーの大きさを比べると，全て同じである。

## 2 火山と地震，地層の重なりと過去の様子

図1は，あるがけに見られる地層の様子を模式的に示したものです。あとの1～5に答えなさい。

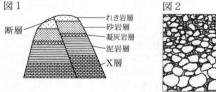

1. **基本** 図2は，図1のれき岩層を観察し，スケッチしたものです。このスケッチに示された粒の形には，丸みを帯びたものが多く見られます。このような形になるのはなぜですか。その理由を簡潔に書きなさい。 (2点)

2. 次のア～エは，花こう岩，安山岩，砂岩，泥岩のいずれかの表面の様子を撮影したものです。図1中の砂岩層の砂岩を示しているものはどれですか。ア～エの中から最も適切なものを選び，その記号を書きなさい。 (1点)

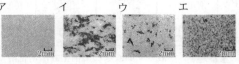

3. **よく出る** 図1中のX層の岩石には，砂岩や泥岩などに見られる特徴が観察されなかったため，「X層の岩石は石灰岩である」という予想を立てました。そして，この予想を確かめるために，X層の岩石にうすい塩酸を2,3滴かける実験を行いました。この予想が正しい場合，この実験はどのような結果になりますか。簡潔に書きなさい。 (2点)

4. 図1の断層は，図1中のそれぞれの層ができた後に生じたものと考えられます。そのように考えられる理由として適切なものを，次のア～エの中から2つ選び，その記号を書きなさい。 (2点)
ア．断層の右と左で，れき岩層の厚さが異なっている。
イ．断層の右と左で，それぞれの層の下からの順番が同じである。
ウ．断層の右と左のどちらも，それぞれの層の境目がはっきりと分かれている。
エ．断層の右と左で，砂岩層，凝灰岩層，泥岩層のそれぞれの層の厚さが同じである。

5. 次の文章は，先生と生徒が図1を見ながら話したときの会話の一部です。あとの(1)・(2)に答えなさい。

> 先生：図1は，あるがけに見られる地層の様子を模式的に示したものです。この地層の中に，離れた地域の地層を比較するのに役立つかぎ層があります。それはどの層でしょうか。
> 美子：　A　層です。
> 先生：なぜ，その岩石の層は，離れた地域の地層を比較することに役立つのでしょうか。
> 美子：　A　は　B　からできており，　B　は　C　にわたって降り積もるので，地層の広がりを知る手がかりになります。
> 先生：その通りです。
> 海斗：先生，そのほかに，図1を見て不思議に思うことがあります。
> 先生：何ですか。
> 海斗：図1の地層全体をみると，下になるほど小さい粒でできている層になっています。普通は，下になるほど粒が大きくなるはずなのに，なぜですか。
> 先生：よく気が付きましたね。その疑問を解決するためには，図1の地層ができた場所の環境の変化に着目して考えるといいですよ。
> 海斗：そうか。泥岩層が下側にあって，れき岩層が上側にあることから，泥岩層の方が　D　，図1の地層ができた場所は水深がだんだんと　E　なってきたと考えられるね。その理由は，粒の大きさが大きいほど，河口から　F　ところに堆積するからだよね。
> 先生：そうです。地層の見方が分かれば，大地の歴史が分かりますね。

(1) 会話中の　A　に当てはまる岩石の種類は何ですか。その名称を書きなさい。また，　B　・　C　に当ては

まる語句をそれぞれ書きなさい。　　(各1点)
(2) **よく出る** 会話中の D ～ F に当てはまる語として適切なものを、それぞれ次のア・イから選び、その記号を書きなさい。　　(3点)

| D | ア．新しく | イ．古く |
| --- | --- | --- |
| E | ア．浅く | イ．深く |
| F | ア．近い | イ．遠い |

**3** 動物の仲間、生物の変遷と進化、地層の重なりと過去の様子

科学部の翔太さんたちは、山へ野外観察に行き、見たことがない生物を見付けて観察しました。右の図は、そのとき翔太さんがスケッチしたものです。次に示した【会話】は、このときの先生と生徒の会話の一部です。あとの1～4に答えなさい。

【会話】

翔太：この生物って、どの動物の仲間なのかな。
先生：しっかりと観察して、その結果をノートにまとめて、みんなで考えてみましょう。

　　ノートのまとめ
　　・背骨がある。　　・あしがある。
　　・うろこがない。　・体長は約12 cmである。
　　・体表の温度が気温とほぼ同じである。

先生：このノートのまとめを見て、皆さんはどの動物の仲間だと思いますか。
翔太：背骨があるということは①無セキツイ動物ではなくセキツイ動物ですね。
希実：見た目がトカゲに似ているから、私はハチュウ類だと思うわ。
翔太：僕はノートのまとめから考えて、②この生物はハチュウ類ではないと思うよ。両生類じゃないかな。
希実：この生物が両生類であるとすると、ほかにどんな特徴が観察できるかな。
翔太：③子のうまれ方も特徴の一つだよね。
先生：そうですね。では、図鑑を使ってこの生物を何というのか調べてみましょう。
希実：図鑑から、きっとブチサンショウウオだと思うわ。今まで、このような生物なんて見たことがなかったわ。私たちの周りにはたくさんの種類の生物がいるよね。なぜかな。
先生：それは、④生物が長い年月をかけて、さまざまな環境の中で進化してきたからだといわれています。

1. **基本** 下線部①について、無セキツイ動物の仲間には、軟体動物がいます。軟体動物の体の特徴を次の(ア)・(イ)から選び、その記号を書きなさい。また、次の(ウ)～(キ)の中で、軟体動物はどれですか。その記号を全て書きなさい。　　(2点)

| 体の特徴 | (ア)外骨格 | (イ)外とう膜 | |
| --- | --- | --- | --- |
| 生物名 | (ウ)バッタ | (エ)アサリ | (オ)クモ |
| | (カ)イカ | (キ)メダカ | |

2. 下線部②について、翔太さんがこの生物はハチュウ類ではないと考えた理由を、ノートのまとめを基に、簡潔に書きなさい。　　(2点)
3. 下線部③について、次の(ア)～(オ)のセキツイ動物の仲間の中で、殻のない卵をうむ仲間はどれですか。その記号を全て書きなさい。　　(1点)
　(ア)　ホニュウ類　　(イ)　鳥類
　(ウ)　ハチュウ類　　(エ)　両生類
　(オ)　魚類

4. 下線部④に関して、次の(1)～(3)に答えなさい。
(1) 生物が進化したことを示す証拠として、重要な役割を果たすものに化石があります。次の資料は、シソチョウの化石についてまとめたものです。資料中の A ～ D に当てはまる特徴はそれぞれ何ですか。資料中の[特徴]のア～エの中からそれぞれ選び、その記号を書きなさい。　　(2点)

[特徴]
　ア．口には歯がある
　イ．体全体が羽毛でおおわれている
　ウ．前あしが翼になっている
　エ．前あしの先にはつめがある

[シソチョウの化石が進化の証拠だと考えられる理由]
　 A という特徴と B という特徴は現在のハチュウ類の特徴で、 C という特徴と D という特徴は現在の鳥類の特徴であり、ハチュウ類と鳥類の両方の特徴をもつことから、シソチョウの化石は進化の証拠であると考えられる。

(2) 生物が進化したことを示す証拠は、現存する生物にも見られます。右の資料は、ホニュウ類の前あしの骨格を比べたものです。これらは相同器官と呼ばれ、進化の証拠だと考えられています。次の文章は、このことについて説明したものです。文章中の X ・ Y に当てはまる語をそれぞれ書きなさい。また、 Z に当てはまる内容として適切なものを、下のア～エの中から選び、その記号を書きなさい。　　(3点)

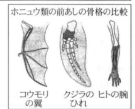

資料中のホニュウ類の前あしを比べてみると、形やはたらきは X のに、骨格の基本的なつくりは Y ことから、これらはもとは同じ器官であったと推測できる。このような器官のことを相同器官といい、相同器官の存在から、現在のホニュウ類は、 Z といえる。

　ア．地球上にほぼ同じころ出現した
　イ．どのような環境でも生活することができる
　ウ．陸上での生活に適した形をしている
　エ．共通の祖先が変化して生じたものである

(3) **よく出る** 生物は環境と密接な関係の中で生きています。ある生物が生きていた場所の当時の環境を推定することができる化石を示相化石といい、その例としてサンゴの化石があります。ある場所でサンゴの化石が見付かったとき、そのサンゴが生きていた場所の当時の環境は、どのような環境だったと推定できますか。簡潔に書きなさい。　　(2点)

**4** 物質の成り立ち、化学変化と物質の質量、酸・アルカリとイオン

ある学級の理科の授業で、雅人さんたちは、化学変化の前後における物質の質量の変化を調べる実験をして、それぞれでレポートにまとめました。次に示した【レポート】は、雅人さんのレポートの一部です。あとの1～5に答えなさい。

【レポート】

◆実験1．
〔方法〕
Ⅰ．うすい硫酸20 cm³とうすい水酸化バリウム水溶液20 cm³を別々のビーカーに入れ、その2つのビーカーの質量をまとめて電子てんびんではかる（図1）。
Ⅱ．うすい硫酸が入っているビーカーにうすい水酸化バリウム水溶液を加え、反応の様子を観察する。
Ⅲ．反応後、2つのビーカーの質量をまとめて電子てんびんではかる（図2）。

〔結果〕
・2つの水溶液を混合すると、白い沈殿ができた。

| | 反応前 | 反応後 |
|---|---|---|
| 2つのビーカーの質量の合計 | 100.94g | 100.94g |

〔考察〕
・反応の前後で、2つのビーカーの質量の合計は変化しなかった。
・この反応を化学反応式で表すと、
$H_2SO_4 + Ba(OH)_2 \rightarrow BaSO_4 + 2H_2O$ となり、白い沈殿は　A　だと考えられる。

◆実験2．
〔方法〕
Ⅰ．プラスチック容器の中にうすい塩酸15 cm³が入った試験管と、炭酸水素ナトリウム0.50 gを入れて、ふたをしっかりと閉め、容器全体の質量を電子てんびんではかる（図3）。
Ⅱ．プラスチック容器を傾けて、うすい塩酸と炭酸水素ナトリウムを混ぜ合わせ、反応させる。
Ⅲ．反応後、プラスチック容器全体の質量を電子てんびんではかる（図4）。

〔結果〕
・炭酸水素ナトリウムとうすい塩酸を混合すると、気体が発生した。

| | 反応前 | 反応後 |
|---|---|---|
| プラスチック容器全体の質量 | 81.88g | 81.88g |

〔考察〕
・反応の前後で、プラスチック容器全体の質量は変化しなかった。
・この反応を化学反応式で表すと、
$NaHCO_3 + HCl \rightarrow$　B　$+ H_2O + CO_2$
となり、発生した気体は二酸化炭素だと考えられる。

1. **よく出る** 実験1の〔方法〕の下線部について、この2つの水溶液を混合すると、互いの性質を打ち消し合う反応が起こります。このような反応を何といいますか。その名称を書きなさい。（1点）
2. **基本** 実験1の〔考察〕の　A　に当てはまる物質は何ですか。その物質の名称を書きなさい。また、実験2の〔考察〕の　B　に当てはまる物質は何ですか。その物質の化学式を書きなさい。（各1点）
3. **基本** 実験1・2の結果から分かるように、化学変化の前後で物質全体の質量は変わりません。この法則を何といいますか。その名称を書きなさい。また、次の文章は、この法則が成り立つことについて雅人さんと博史さんが話したときの会話の一部です。会話中の　X　・　Y　に当てはまる語をそれぞれ書きなさい。（3点）

> 雅人：以前、化学反応式のつくり方を学んだよね。そのとき、化学反応式は反応前の物質と反応後の物質を矢印で結び、その矢印の左側と右側で、原子の　X　と　Y　は同じにしたよね。
> 博史：そうか。化学変化の前後で、原子の組み合わせは変わるけど、原子の　X　と　Y　が変わらないから、化学変化の前後で物質全体の質量は変化しないんだね。

4. 実験2の〔方法〕Ⅲの後、プラスチック容器のふたをゆっくりと開けて、もう一度ふたを閉めてからプラスチック容器全体の質量を再びはかると、質量はどうなりますか。次のア～ウの中から適切なものを選び、その記号を書きなさい。また、その記号が答えとなる理由を簡潔に書きなさい。（2点）
ア．増加する
イ．減少する
ウ．変わらない

5. 雅人さんたちは、その後の理科の授業で、金属を空気中で熱して酸素と化合させたとき、加熱後の物質の質量がどのように変化するのかを調べる実験をしました。次に示したものは、その方法と結果です。あとの(1)～(3)に答えなさい。

〔方法〕
Ⅰ．ステンレス皿の質量をはかった後、銅の粉末1.00 gをステンレス皿に入れる。
Ⅱ．右の写真のように、ステンレス皿に入っている銅の粉末をガスバーナーで5分間加熱する。
Ⅲ．よく冷ました後、ステンレス皿全体の質量をはかる。
Ⅳ．Ⅱ・Ⅲの操作を6回繰り返す。
Ⅴ．結果をグラフに表す。

〔結果〕

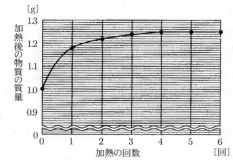

(1) 〔結果〕のグラフから，1回目の加熱で，銅に化合した酸素の質量は何gだと考えられますか。次のア～エの中から適切なものを選び，その記号を書きなさい。
(1点)

ア．0.18　　　　　　　イ．0.25
ウ．1.18　　　　　　　エ．1.25

(2) 〔結果〕のグラフについて，加熱を繰り返すと，ある加熱の回数から，加熱後の物質の質量が変化しなくなりました。加熱後の物質の質量が変化しなくなった理由を，簡潔に書きなさい。
(2点)

(3) 思考力　雅人さんたちは，この実験を，銅の粉末の質量を1.00gから0.80gに変えて行いました。その結果，1.00gのときと同じように，ある加熱の回数から，加熱後の物質の質量が変化しなくなりました。このとき，銅に化合した酸素の質量は何gだと考えられますか。〔結果〕のグラフを基に求め，その値を書きなさい。
(2点)

# 山口県

時間 50分　満点 50点　解答 P24　3月5日実施

## 出題傾向と対策

● 物理，化学，生物，地学各2題と化学中心の複合問題1題の計9題の出題。記述式が多く，その内容は用語記述，文章記述，計算，作図など多岐にわたった。基本事項を問う問題が中心であるが，仮説を証明する探究的な活動に関する出題もあった。
● 教科書を中心に基本事項を確実に理解しておくこと。問題演習によって，さまざまな解答形式に慣れておくとともに，科学的思考力や論理的思考力を養っておく必要がある。要点を整理する読解力も求められる。

## 1 電流 基本

図1のように2本のプラスチックのストローA，Bをティッシュペーパーでよくこすり，図2のように，ストローAを竹ぐしにかぶせ，ストローBを近づけると，2本のストローはしりぞけ合った。次の(1)，(2)に答えなさい。

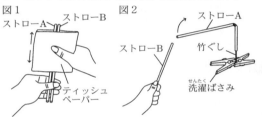

(1) プラスチックと紙のように異なる種類の物質を，たがいにこすり合わせたときに発生する電気を何というか。書きなさい。
(1点)

(2) 図3のように，竹ぐしにかぶせたストローAに，ストローAをこすったティッシュペーパーを近づけた。次の文が，このとき起きる現象を説明したものとなるように，(　)内のa～dの語句について，正しい組み合わせを，下の1～4から1つ選び，記号で答えなさい。
(2点)

竹ぐしにかぶせたストローAと，ストローAをこすったティッシュペーパーは，(a. 同じ種類　b. 異なる種類)の電気を帯びているため，たがいに(c. 引き合う　d. しりぞけ合う)。

1．aとc　　　　　　2．aとd
3．bとc　　　　　　4．bとd

## 2 水溶液 よく出る

60℃の水100gを入れた2つのビーカーに，それぞれ塩化ナトリウムとミョウバンを加えてとかし，飽和水溶液をつくり，図1のようにバットに入れた水の中で冷やした。
このとき，ミョウバンは結晶として多くとり出すことができたのに対し，塩化ナトリウムはほとんどとり出すこと

ができなかった。
次の(1), (2)に答えなさい。
(1) 水溶液における水のように, 溶質をとかしている液体を何というか。書きなさい。 (1点)
(2) 塩化ナトリウムが結晶としてほとんどとり出すことができなかったのはなぜか。図2をもとに,「温度」と「溶解度」という語を用いて, 簡潔に述べなさい。 (2点)

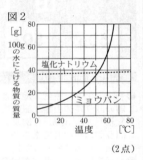
図2

### 3 生物の成長と殖え方 | 基本

ジャガイモのいもを, 水を入れた皿に置いておくと, 図1のように芽が出て成長し, 新しい個体となった。このように, 植物や動物などにおいて, 親の体の一部から新しい個体がつくられることを無性生殖という。次の(1), (2)に答えなさい。

図1

(1) さまざまな生物にみられる無性生殖のうち, ジャガイモなどの植物において, 体の一部から新しい個体ができる無性生殖を何というか。書きなさい。 (1点)
(2) 無性生殖において, 親の体の一部からつくられた新しい個体に, 親と全く同じ形質が現れるのはなぜか。理由を簡潔に述べなさい。 (2点)

### 4 天気の変化

図1のように, 氷を入れた大型試験管を用いて, 金属製のコップの中に入れた水の温度を下げていき, コップの表面がくもり始める温度を測定した。次の(1), (2)に答えなさい。

図1

(1) コップの表面がくもったのは, コップの表面にふれている空気が冷やされて, 空気中の水蒸気の一部が水滴となったためである。このように, 空気中の水蒸気が冷やされて水滴に変わり始めるときの温度を何というか。書きなさい。 (1点)
(2) **よく出る** **思考力** 図2は, ある年の4月15日から17日にかけての気温と湿度をまとめたものである。図2の期間において, 図1のようにコップの表面がくもり始める温度を測定したとき, その温度が最も高くなるのはいつか。次の1～4から1つ選び, 記号で答えなさい。 (2点)

図2

1. 4月15日12時　　2. 4月16日16時
3. 4月17日8時　　4. 4月17日16時

### 5 動物の体のつくりと働き | 基本

AさんとBさんは, 刺激に対する反応について調べるために, 次の実験を行った。あとの(1)～(4)に答えなさい。

[実験]
① 30cmのものさしを用意した。
② 図1のように, Aさんは, ものさしの上端を持ち, ものさしの0の目盛りをBさんの手の位置に合わせた。また, AさんとBさんはお互いに空いている手をつなぎ, Bさんは目を閉じた。
③ Aさんは, つないだ手を強くにぎると同時に, ものさしをはなした。Bさんは, つないだ手が強くにぎられたのを感じたら, すぐものさしをつかんだ。
④ 図2のように, ものさしが落下した距離を測定した。
⑤ ②～④の操作をさらに4回繰り返した。表1はその結果である。
⑥ 5回測定した距離の平均値を求めた。

図1
図2

表1

|  | 1回目 | 2回目 | 3回目 | 4回目 | 5回目 |
|---|---|---|---|---|---|
| ものさしが落下した距離[cm] | 19.0 | 20.8 | 18.5 | 20.0 | 19.2 |

(1) 図3は, Bさんがつないだ手を強くにぎられてから, 刺激が信号に変えられ, 反対側の手でものさしをつかむまでの, 信号が伝わる経路を示したものである。図3の a , b にあてはまる末しょう神経の名称をそれぞれ書きなさい。 (各1点)

図3　にぎられた手の皮ふ→ a →中枢神経→ b →反対側の手の筋肉

(2) 実験においてより正しい値を求めるためには, [実験]の⑤, ⑥のように繰り返し測定し, 平均値を求める必要がある。その理由を簡潔に述べなさい。 (2点)

(3) 図4は, 30cmのものさしが落下する時間と落下する距離の関係を示したものである。図4と, [実験]の⑥で求めた距離の平均値から, 手を強くにぎられてから反対側の手でものさしをつかむまでの時間として最も適切なものを, 次の1～4から選び, 記号で答えなさい。 (2点)

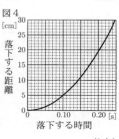
図4

1. 0.19秒　　2. 0.20秒
3. 0.21秒　　4. 0.22秒

(4) 手で熱いものにふれたとき, 熱いと感じる前に思わず手を引っこめる反応は, 反射の一つであり, 危険から体を守ることに役立っている。この反応が, [実験]の③の下線部のような意識して起こす反応に比べて, 短い時間で起こるのはなぜか。「せきずい」という語を用いて, その理由を簡潔に述べなさい。 (2点)

### 6 物質のすがた, 酸・アルカリとイオン | よく出る

Yさんは, 酸とアルカリの反応について調べるために, 次の実験を行った。あとの(1)～(4)に答えなさい。

[実験1]
① 2%の塩酸4cm³を入れた試験管に, 緑色のBTB溶液を数滴加えると, 黄色に変化した。この試験管にマグネシウムリボンを入れると, 図1のAのよう

に，気体が発生した。

図1

| | A | B | C | D |
|---|---|---|---|---|
| 試験管のようす |  | | | |
| 水溶液の色 | 黄色 | 黄色 | 緑色 | 青色 |
| 気体発生のようす | さかんに発生した。 | 発生が弱くなった。 | 発生しなくなった。 | |

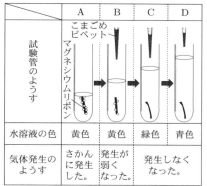

② ①の試験管に，こまごめピペットで2％の水酸化ナトリウム水溶液を少しずつ加えていくと，図1のBのように，しだいに気体の発生が弱くなった。

③ さらに水酸化ナトリウム水溶液を加えていくと，図1のC，Dのように，気体が発生しなくなり，水溶液の色が緑色に変化した後，青色になった。

Yさんは，酸とアルカリの種類をかえて，[実験2]を行った。

[実験2]

① うすい硫酸をビーカーに入れた。

② ①のビーカーに，こまごめピペットでうすい水酸化バリウム水溶液を少しずつ加えた。

(1) [実験1]の①で発生した気体の性質として最も適切なものを，次の1～4から選び，記号で答えなさい。(1点)

1．フェノールフタレイン溶液を赤色に変化させる。
2．特有の刺激臭がある。
3．ものを燃やすはたらきがある。
4．空気より密度が小さい。

(2) 水300 gに水酸化ナトリウムを加えて，[実験1]の②の下線部をつくった。このとき，加えた水酸化ナトリウムは何gか。小数第2位を四捨五入し，小数第1位まで求めなさい。(2点)

(3) [実験1]で起こった，塩酸と水酸化ナトリウム水溶液の反応を化学反応式で書きなさい。(2点)

(4) 図2は，[実験2]の②の操作をモデルで示したものである。図2のように，水素イオン($H^+$)が6個存在する硫酸に，水酸化物イオン($OH^-$)が4個存在する水酸化バリウム水溶液を加えたとする。

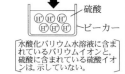

このとき，反応後にビーカー内に残っている「バリウムイオン」と「硫酸イオン」の数はいくつになるか。次のア～キからそれぞれ1つずつ選び，記号で答えなさい。(2点)

図2

[水酸化バリウム水溶液に含まれているバリウムイオンと，硫酸に含まれている硫酸イオンは，示していない。]

ア．0個　イ．1個　ウ．2個
エ．3個　オ．4個　カ．5個
キ．6個

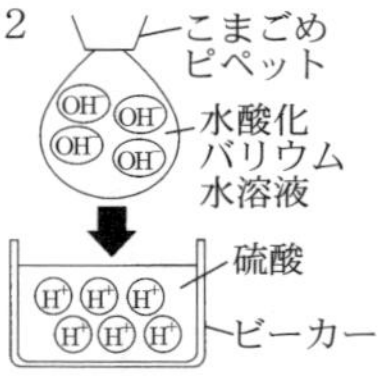

## 7 運動の規則性 よく出る

小球の運動について調べるために，次の実験を行った。小球とレールの間の摩擦や空気の抵抗はないものとして，あとの(1)～(4)に答えなさい。(各2点)

[実験]

① 図1のように，目盛りをつけたレールを用いて，斜面と水平面がなめらかにつながった装置を作り，0の目盛りの位置を$P_0$点とした。

図1

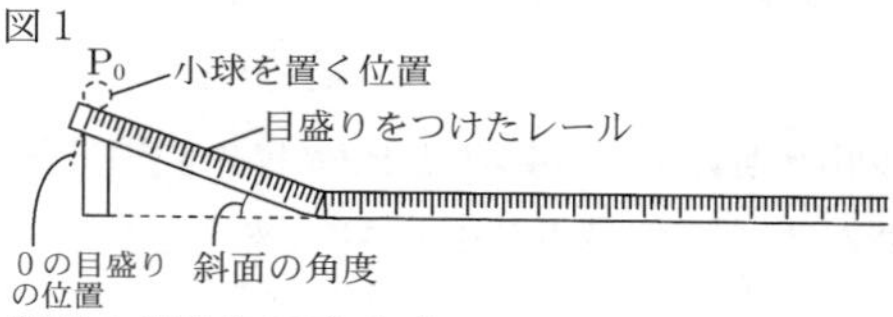

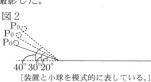

② 斜面の角度を20°にした。

③ 小球を$P_0$点に置いた。

④ 小球から静かに手をはなした。このときの小球の運動をビデオカメラで撮影した。

⑤ 図2のように，②の斜面の角度を30°，40°にかえて，②～④の操作を繰り返した。

図2

[装置と小球を模式的に表している。]

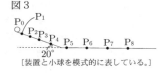

⑥ 表1は，小球を手からはなして0.1秒後，0.2秒後，0.3秒後，…，0.8秒後の小球の位置をそれぞれ$P_1$，$P_2$，$P_3$，…，$P_8$とし，2点間の小球の移動距離をまとめたものである。

なお，図3は，斜面の角度を20°としたときの小球の位置を示したものである。

図3

[装置と小球を模式的に表している。]

表1

| 斜面の角度 | 2点間の小球の移動距離[cm] | | | | | | | |
|---|---|---|---|---|---|---|---|---|
| | $P_0P_1$ | $P_1P_2$ | $P_2P_3$ | $P_3P_4$ | $P_4P_5$ | $P_5P_6$ | $P_6P_7$ | $P_7P_8$ |
| 20° | 1.7 | 5.0 | 8.4 | 11.7 | 14.8 | 15.3 | 15.3 | 15.3 |
| 30° | 2.5 | 7.4 | 12.3 | 17.0 | 18.5 | 18.5 | 18.5 | 18.5 |
| 40° | 3.1 | 9.4 | 15.7 | 20.6 | 21.0 | 21.0 | 21.0 | 21.0 |

⑦ 表1から，斜面を下る小球の速さは一定の割合で大きくなるが，斜面の角度を大きくすると，速さの変化の割合が大きくなることが確かめられた。

(1) 斜面の角度を20°としたときの$P_2P_3$間の平均の速さは，$P_1P_2$間の平均の速さの何倍か。表1から，小数第2位を四捨五入して，小数第1位まで求めなさい。

(2) 図4は，$P_6$の位置で水平面上を運動している小球にはたらく重力を矢印で表したものである。重力以外に小球にはたらく力を，図4に矢印でかきなさい。なお，作用点を「•」で示すこと。

図4

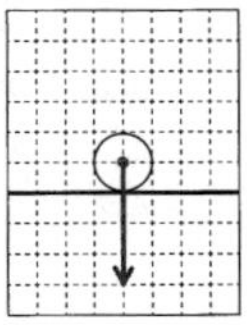

(3) [実験]の⑦の下線部のようになるのはなぜか。理由を簡潔に述べなさい。

(4) 図1の装置を用いて，図5のように，斜面の角度を20°にし，小球を高さ$h$の位置から静かにはなした。次に，斜面の角度を30°にかえ，小球を高さ$h$の位置から静かにはなした。

図5

[装置と小球を模式的に表している。]

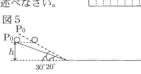

このときの「小球の速さ」と小球をはなしてからの「経過時間」の関係を表すグラフとして，最も適切なものを，次の1～4から選び，記号で答えなさい。

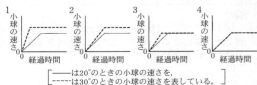

[ ―は20°のときの小球の速さを，
------は30°のときの小球の速さを表している。]

## 8 火山と地震，地層の重なりと過去の様子 ＞よく出る

Yさんは，地層の重なりや広がりに興味をもち，次の観察と調査を行った。あとの(1)〜(4)に答えなさい。

[観察]
① 砂，れき，火山灰の層がみられる地層を，(ア)ルーペで観察し，粒の大きさを調べた。
② 火山灰を採集し，ルーペで観察すると，(イ)多数の鉱物が含まれていた。

別のある地域の地層について，インターネットを用いて次の[調査]を行った。

[調査]
① ある地域のあ地点，い地点，う地点，え地点の柱状図を収集し，図1のようにまとめた。

図1

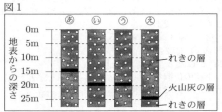

② この地域の標高を調べ，図2のようにまとめた。

Yさんは，T先生と，図1，2を見ながら，次の□のような会話をした。

Yさん：この地域にも火山灰の層がみられますね。
T先生：この火山灰の層は，現在の九州地方の火山が約7300年前に噴火したときにふき出した火山灰が堆積したものであることが分かっているそうです。
Yさん：そうすると，火山灰の層の下にある，れきの層は，約7300年前以前に堆積したということですね。
T先生：そのとおりです。火山灰の層は，(ウ)離れた地層を比較する手がかりになりますね。
Yさん：はい。各地点の柱状図とこの地域の標高をもとに，火山灰の層を水平方向につなげてみたところ，(エ)火山灰の層がずれているところがあることもわかりました。
T先生：よく気づきましたね。

(1) 下線(ア)について，地表に現れている地層を観察するときのルーペの使い方として，最も適切なものを，次の1〜4から選び，記号で答えなさい。(1点)
1. ルーペは目に近づけて持ち，地層に自分が近づいたり離れたりしてピントを合わせる。
2. ルーペは目から離して持ち，地層に自分が近づいたり離れたりしてピントを合わせる。
3. 自分の位置を固定し，ルーペを地層に近づけたり離したりしてピントを合わせる。
4. 自分の位置を固定し，地層と自分の中間の位置にルーペを構えてピントを合わせる。

(2) 下線(イ)は，「有色の鉱物」と「無色・白色の鉱物」に分けられる。「無色・白色の鉱物」を，次の1〜4から1つ選び，記号で答えなさい。(2点)
1. キ石　　　　　　2. チョウ石
3. カクセン石　　　4. カンラン石

(3) 火山灰の層が，下線(ウ)となるのはなぜか。簡潔に述べなさい。(2点)

(4) 思考力 下線(エ)のようになっている原因は，あ地点からえ地点の間に，図3の模式図のような断層が1か所あるからである。この断層による火山灰の層のずれは，図2のA〜Cのいずれかの「区間」の下にある。その「区間」として最も適切なものを，図2のA〜Cから選び，記号で答えなさい。ただし，この地域の火山灰の層は水平に堆積しているものとする。

図3

また，この断層ができるときに「地層にはたらいた力」を模式的に表した図として適切なものを，次の1，2から1つ選び，記号で答えなさい。(2点)

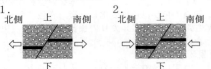

[⇨は地層にはたらいた力の向きを示している。]

## 9 物質のすがた，動物の体のつくりと働き

AさんとBさんは，消化を促す胃腸薬にタンパク質を分解する消化酵素が含まれていることを知り，そのはたらきを調べようと考え，次の作業と実験を行った。あとの(1)〜(4)に答えなさい。

胃腸薬と，(ア)タンパク質を主成分とする脱脂粉乳(牛乳からつくられる加工食品)を用意し，胃腸薬のはたらきについて次の仮説を立て，下の作業と実験を行った。

＜仮説Ⅰ＞ 白くにごった脱脂粉乳溶液は，胃腸薬によって徐々に分解され透明になる。

[作業]
液の「透明の度合い」を測定するために，図1のような二重十字線をかいた標識板をつくり，図2のようにメスシリンダーの底に標識板をはりつけた「装置」をつくった。
この装置で透明の度合いを測定する手順を図3のようにまとめた。

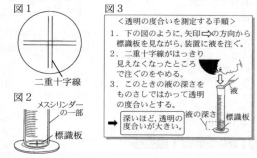

[実験1]
① 三角フラスコに水と胃腸薬を入れてよく混ぜ，「酵素液」とした。
② ビーカーに水90 mLと脱脂粉乳0.5 gを入れてよ

く混ぜ「脱脂粉乳溶液」とし，図4のように，①の三角フラスコと一緒に40℃の水を入れた水そうに入れた。

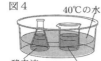
図4

③ 酵素液10 mLを②のビーカーに加え，よく混ぜると同時にストップウォッチのスタートボタンを押した。
④ 0分，1分，2分，…，10分経過したときに，ビーカーからとった液の透明の度合いを，[作業]でつくった装置を用いて測定した。
⑤ 結果を表1にまとめた。透明の度合いは，時間の経過とともに大きくなった。

表1

| 経過した時間[分] | 0 | 1 | 2 | 3 | 4 | 5 | 6 | 7 | 8 | 9 | 10 |
|---|---|---|---|---|---|---|---|---|---|---|---|
| 透明の度合い[mm] | 8 | 8 | 8 | 9 | 11 | 13 | 16 | 20 | 25 | 31 | 37 |

AさんとBさんは，さらに，次の仮説を立て，下の実験を行った。

<仮説Ⅱ> 胃腸薬のはたらきの強さは，温度が高いほど大きくなる。

[実験2]
① [実験1]の②の水そうの水温を50℃，60℃にかえて，[実験1]と同様の操作を行った。
② 結果を，[実験1]の結果と合わせて，図5のようにまとめた。

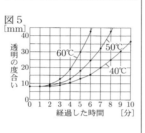
図5

(1) 下線㋐は有機物であり，砂糖やほかの有機物と同じように，燃やすとある気体を発生する。酸素が十分ある条件で有機物を燃やしたときに，水蒸気以外に共通して発生する気体を化学式で書きなさい。 (1点)
(2) 脱脂粉乳溶液が白くにごって見えるのは，脱脂粉乳溶液にタンパク質の分子が多数集まってできた粒子が含まれており，この粒子に光が当たっていろいろな方向にはね返るためである。光ででこぼこした面に当たって，いろいろな方向にはね返ることを何というか。答えなさい。 (2点)
(3) <仮説Ⅰ>を正しく検証するためには，[実験1]の対照実験を行う必要がある。次の文が，その対照実験の計画を示したものとなるように，[ あ ]に入る物質と，[ い ]に入る適切な語句を書きなさい。 (3点)

[実験1]の③においてビーカーに加える液を[ あ ]10 mLにかえ，②〜④の操作と同様の操作を行い，ビーカー内の液が[ い ]であることを確かめる。

(4) AさんとBさんは，図5をもとに，<仮説Ⅱ>が正しいと言えるかどうかについて，次の□□□□のような会話をした。Bさんの発言が，<仮説Ⅱ>が正しいと言える根拠を示したものとなるように，図5をもとにして，□□□□に入る適切な語句を書きなさい。 (2点)

Aさん：胃腸薬のはたらきの強さは，透明の度合いが変化するのにかかる時間を比較することで判断することができるよね。
Bさん：はい。例えば，透明の度合いが20 mmから30 mmになるまでの時間は，□□□□□ね。
Aさん：そうだね。だから，仮説Ⅱは正しいと言えるね。

---

# 徳島県

時間 45分　満点 100点　解答 P24　3月10日実施

## 出題傾向と対策

● 例年通り，小問集合1題，物理，化学，生物，地学各1題の計5題の出題であった。解答形式は記述式が多く，用語記述，文章記述が目立った。実験，観察を中心に基本事項を問う問題が大半を占めたが，結果をもとに推論する論理的思考力を必要とする出題もあった。
● 基本的な問題が幅広く出題されているので，まずは教科書の内容を確実に押さえておくことが重要である。さらに問題演習によって，文章記述や計算問題に慣れ，論理的思考力を養っておく必要がある。

## 1　物質のすがた，エネルギー，動物の仲間，火山と地震　基本

次の(1)〜(4)に答えなさい。
(1) は虫類と哺乳類について，(a)・(b)に答えなさい。
　(a) 次の文は，は虫類のトカゲについて述べたものである。正しい文になるように，文中の①・②について，ア・イのいずれかをそれぞれ選びなさい。 (3点)

は虫類のトカゲは，①[ア．変温　イ．恒温]動物で，体表がうろこでおおわれており，②[ア．肺　イ．えら]で呼吸する。

　(b) よく出る　哺乳類のウサギは，子宮内で酸素や栄養分を子に与え，ある程度成長させてから子を産む。このようななかまのふやし方を何というか，書きなさい。 (3点)

(2) ある地震において，震央から離れた位置にある地点Xで，図のような地震計の記録が得られた。(a)・(b)に答えなさい。

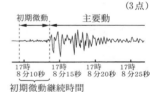

　(a) 地震が起こったとき発生した2種類の地震の波のうち，初期微動をもたらした，伝わる速さが速い地震の波を何というか，書きなさい。 (3点)
　(b) 地点Xにおける初期微動継続時間からわかることとして正しいものはどれか，ア〜エから1つ選びなさい。 (3点)

ア．地点Xから見た震源のおよその方向
イ．地点Xから震源までのおよその距離
ウ．震源のおよその深さ
エ．地震のおよその規模

(3) プラスチックについて，(a)・(b)に答えなさい。
　(a) 次の文は，プラスチックが有機物または無機物のいずれに分類されるかについて述べたものである。正しい文になるように，文中の(　)にあてはまる言葉を書きなさい。 (3点)

プラスチックは(　)を含むので，有機物に分類される。

　(b) 身のまわりで使われている4種類のプラスチックA〜Dの密度を測定した。表はその結果を示したものである。これらのうち，水に沈み，飽和食塩水に浮くものはどれか，A〜Dから1つ選びなさい。ただし，水の密度は1.00 g/cm³，飽和食塩水の密度は1.19 g/cm³

とする。　　　　　　　　　　　　　　　　(3点)

| プラスチック | 密度[g/cm³] |
|---|---|
| A | 1.06 |
| B | 0.92 |
| C | 1.38 |
| D | 0.90 |

(4) 放射線について，(a)・(b)に答えなさい。
　(a) 放射線について述べた文として，誤っているものはどれか，ア〜エから1つ選びなさい。　(3点)
　　ア．放射線は目に見えないが，霧箱等を使って存在を調べることができる。
　　イ．放射線は，農作物の殺菌や発芽の防止に利用されている。
　　ウ．放射線には共通して，物質を通りぬける能力(透過力)がある。
　　エ．放射線は自然には存在しないため，人工的につくられている。
　(b) 次の文は，放射線の種類について述べたものである。正しい文になるように，文中の(　)にあてはまる言葉を書きなさい。　(3点)

　　　放射線にはα線，β線，γ線など多くの種類がある。医療診断で体内のようすを撮影するために用いられる(　)も放射線の一種であり，レントゲン線とよばれることもある。

## 2 生物と環境

図1は，自然界で生活している植物，草食動物，肉食動物の食べる・食べられるの関係のつながりを示したものである。図2は，地域Yにおける植物，草食動物，肉食動物の数量的な関係を模式的に示したものである。植物，草食動物，肉食動物の順に数量は少なくなり，この状態でつり合いが保たれている。(1)〜(4)に答えなさい。

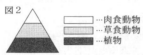

(1) 図1のような，食べる・食べられるの関係のつながりを何というか，書きなさい。　(3点)
(2) 図1の草食動物にあたる生物の組み合わせとして，最も適切なものをア〜エから選びなさい。　(3点)
　ア．チョウ，クモ　　　イ．バッタ，カエル
　ウ．チョウ，バッタ　　エ．クモ，カエル
(3) 基本　次の文は，図1の生物の生態系における役割について説明したものである。文中の(①)・(②)にあてはまる言葉を書きなさい。ただし，(②)にはあてはまるものをすべて書くこと。　(各2点)

　　　生態系において，自分で栄養分をつくることができる生物を生産者とよぶ。これに対して，自分で栄養分をつくることができず，ほかの生物から栄養分を得ている生物を(①)とよび，図1の生物の中では(②)があたる。

(4) 生物の数量的なつり合いについて，(a)・(b)に答えなさい。
　(a) よく出る　次の図3は，地域Yにおいて，なんらかの原因により肉食動物が一時的に増加したのち，再びもとのつり合いのとれた状態にもどるまでの変化のようすを示したものである。正しい変化のようすになるように，ア〜エを図3の(A)〜(D)に1つずつ入れたとき，(B)・(C)にあてはまるものを，それぞれ書きなさい。ただし，数量の増減は図形の面積の大小で表している。また，図の-----線は，図2で示した数量のつり合いのとれた状態を表している。　(4点)

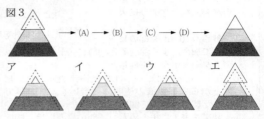

　(b) 地域Yにおいて，なんらかの原因により肉食動物がすべていなくなったために，植物および草食動物も最終的にすべていなくなったとする。このとき，肉食動物がいなくなってから植物および草食動物がいなくなるまでの過程を，植物および草食動物の数量の変化にふれて書きなさい。　(4点)

## 3 光と音

音についての実験を行った。(1)〜(5)に答えなさい。

実験1
　図1のように，モノコードの弦のXの位置をはじいて出た音を，オシロスコープで調べると，図2の波形が表示された。図2の縦軸は振幅を，横軸は時間を表している。

実験2
① AさんとBさんが電話で話をしながらそれぞれの家から花火を見ていると，2人には同じ花火の音がずれて聞こえた。2人はこのことを利用して，音の伝わる速さを調べることにした。
② AさんとBさんは，花火の打ち上げの合間にそれぞれの時計の時刻を正確に合わせ，花火が再開するのを待った。
③ AさんとBさんは，花火が再開して最初に花火の破裂する音が聞こえた瞬間，それぞれの時計の時刻を記録した。表はそのときの時計の時刻をまとめたものである。

| | 時計の時刻 |
|---|---|
| Aさん | 午後8時20分15秒 |
| Bさん | 午後8時20分23秒 |

④ 地図で確かめると，花火の打ち上げ場所とAさんの家との直線距離は2200 m，花火の打ち上げ場所とBさんの家との直線距離は4900 mであった。

(1) 基本　次の文は，音が発生するしくみについて述べたものである。正しい文になるように，文中の(　)にあてはまる言葉を書きなさい。　(3点)

　　　音は物体が振動することによって生じる。音を発生しているものを(　)，または発音体という。

(2) 実験1のモノコードの弦を，Xの位置で実験1より強くはじいたときのオシロスコープに表示される波形として，最も適切なものをア〜エから選びなさい。ただし，ア〜エの縦軸と横軸は，図2と同じである。　(3点)

(3) 実験1のとき，モノコードの弦の音の振動数は何Hzか，求めなさい。　(4点)

(4) 実験1で出た音より低い音を出す方法として正しいものを，ア〜エからすべて選びなさい。(4点)
　ア．弦のはりの強さはそのままで，弦の長さを実験1より長くしてXの位置をはじく。
　イ．弦のはりの強さはそのままで，弦の長さを実験1より短くしてXの位置をはじく。
　ウ．弦の長さはそのままで，弦のはりを実験1より強くしてXの位置をはじく。
　エ．弦の長さはそのままで，弦のはりを実験1より弱くしてXの位置をはじく。
(5) よく出る　実験2でわかったことをもとに，音の伝わる速さを求めた。この速さは何m/sか，小数第1位を四捨五入して整数で答えなさい。ただし，花火が破裂した位置の高さは考えないものとする。(4点)

## 4 天気の変化

登山をしたときに，気温や湿度，周辺のようすなどを調べた。(1)〜(4)に答えなさい。

観測
① 山に登る前に，ふもとに設置されていた乾湿計で気温と湿度を調べると，気温26℃，湿度（　　）％であった。
② 山頂に着いたときには，山頂は霧に包まれていたが，しばらくすると霧が消えた。
③ 山頂で水を飲み，空になったペットボトルにふたをした。そのとき，ペットボトルはへこんでいなかった。
④ ふもとに着いたとき，山に登る前に見た乾湿計で気温と湿度を調べると，気温28℃，湿度85％であった。
⑤ 山頂から持ち帰った空のペットボトルを調べると，手で押すなどしていないのに少しへこんでいた。
⑥ ふもとでしばらく過ごしていると気温が下がり，周囲は霧に包まれた。ただし，ふもとに着いてからは，風のない状態が続いていた。

(1) 基本　乾湿計について，(a)・(b)に答えなさい。
　(a) 乾湿計を設置する場所として正しいものを，ア〜エから1つ選びなさい。(3点)
　　ア．地上1.5mぐらいの風通しのよい日なた
　　イ．地上1.5mぐらいの風通しのよい日かげ
　　ウ．地上1.5mぐらいの風があたらない日なた
　　エ．地上1.5mぐらいの風があたらない日かげ
　(b) 図1は，観測①で用いた乾湿計とその目盛りを拡大したものである。表は湿度表の一部である。図1と表をもとに，観測①の（　　）にあてはまる数字を書きなさい。(3点)

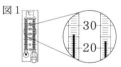
図1

| | 乾球の示度と湿球の示度の差[℃] | | | | | |
|---|---|---|---|---|---|---|
| | 1.0 | 2.0 | 3.0 | 4.0 | 5.0 | 6.0 |
| 27 | 92 | 84 | 77 | 70 | 63 | 56 |
| 26 | 92 | 84 | 76 | 69 | 62 | 55 |
| 25 | 92 | 84 | 76 | 68 | 61 | 54 |
| 24 | 91 | 83 | 75 | 68 | 60 | 53 |
| 23 | 91 | 83 | 75 | 67 | 59 | 52 |
| 22 | 91 | 82 | 74 | 66 | 58 | 50 |

乾球の示度[℃]

(2) 次の文は，観測②の山頂の湿度と気温について考察したものである。正しい文になるように，文中の（　あ　）にあてはまる数字を書き，（　い　）にはあてはまる言葉を書きなさい。(各2点)

　山頂に着いたときの湿度は（　あ　）％であったと考えられる。その後，霧が消えたのは，山頂の気温が（　い　）より高くなったためであると考えられる。

(3) 基本　観測⑤で，山頂から持ち帰ったペットボトルがへこんでいたのはなぜか，その理由を書きなさい。(4点)

(4) 図2は，温度と空気1m³中に含むことのできる水蒸気の最大量（飽和水蒸気量）との関係を表したグラフである。観測⑥で霧が生じ始めたときの気温は何℃か，求めなさい。ただし，気温は整数で答えること。(4点)

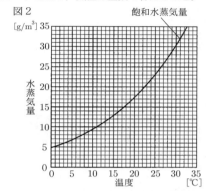
図2

## 5 物質のすがた，物質の成り立ち，化学変化と物質の質量

ひろきさんたちは，炭酸水素ナトリウムの利用について考えた。(1)〜(5)に答えなさい。

ひろきさん　炭酸水素ナトリウムを使ってカルメ焼きをつくりましたが，炭酸水素ナトリウムは汚れを落とすときに使うこともあるという話を聞きました。どうして汚れを落とすときに使うことができるのでしょうか。
ちなつさん　炭酸水素ナトリウムを加熱して炭酸ナトリウムと二酸化炭素，水に変化させる実験をしましたね。そのときの実験結果と関係があるのかもしれません。
なおみさん　もう一度実験をして考えてみましょう。

実験
① 図1のような装置で，炭酸水素ナトリウム2.0gを乾いた試験管Xに入れて加熱し，発生した気体を水上置換法で試験管に集めた。
② 発生した気体のうち，はじめに出てくる試験管1本分の気体は捨て，続いて発生する気体を3本の試験管A〜Cに集め，ゴム栓をした。
③ さらに気体の発生が終わるまで加熱を続けた後，⑦ガラス管を水そうからぬき，火を消した。このとき，試験管Xの口のあたりには水滴がついていた。
④ 次の図2のように，3本の試験管A〜Cに集めた気体の性質を調べた。

図1　炭酸水素ナトリウム

図2

⑤ 試験管X中の加熱後の炭酸ナトリウムをとり出し，十分に乾燥させて質量を測定したところ，1.3gであった。
⑥ 炭酸水素ナトリウムと加熱後の炭酸ナトリウムを0.5gずつ，それぞれ水5cm³にとかして，とけ方のちがいを見た後，フェノールフタレイン溶液を1，2滴加えた。表はその結果をまとめたものである。

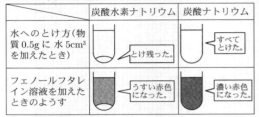

(1) **基本** 炭酸水素ナトリウムが，炭酸ナトリウムと二酸化炭素，水に変化したように，1種類の物質が2種類以上の物質に分かれる化学変化を何というか，書きなさい。 (3点)
(2) **よく出る** 下線部⑦について，ガラス管を水そうからぬいた後に火を消すのはなぜか，その理由を書きなさい。 (3点)
(3) 次の文は，実験④の結果をもとに，発生した気体について考察したものである。正しい文になるように，文中の①〜③について，ア・イのいずれかをそれぞれ選びなさい。 (4点)

> 試験管Aでは，①[ア．気体が音を立てて燃え　イ．変化がなく]，試験管Bでは，②[ア．線香が激しく燃え　イ．線香の火が消え]，試験管Cでは，③[ア．石灰水が白くにごった　イ．変化がなかった]ことから，この気体は二酸化炭素であると考えられる。

(4) **思考力** 炭酸水素ナトリウム4.0gについて実験①と同様の操作を行ったが，気体の発生が終わる前に加熱をやめた。試験管に残った物質を十分に乾燥させたところ，質量は3.2gであった。このとき，反応せずに残っている炭酸水素ナトリウムの質量は何gか，小数第2位を四捨五入して，小数第1位まで求めなさい。 (4点)

| ひろきさん | 炭酸水素ナトリウムを加えると，加熱したときに発生した二酸化炭素によってカルメ焼きがふくらむと教わりましたが，汚れを落とすときには，炭酸水素ナトリウムはどのようなはたらきをするのでしょうか。 |
| なおみさん | 炭酸水素ナトリウムで汚れを落とすことができるのは，炭酸水素ナトリウムの水溶液がアルカリ性を示すからです。アルカリ性の水溶液には，油やタンパク質の汚れを落とすはたらきがあります。アルカリ性が強いほど汚れが落ちるのですが，アルカリ性が強すぎると，肌や衣類をいためてしまいます。④実験結果から考えると，炭酸水素ナトリウムは，肌や衣類をいためる心配は少なそうですね。 |
| ちなつさん | 私の家では，汚れを落とすときに炭酸水素 |

| | |
| --- | --- |
| | ナトリウムを粉のまま使っています。キッチンの汚れているところに炭酸水素ナトリウムの粉を多めに振りかけて，ぬれたスポンジでこすって，粉で汚れをけずり落としています。このような使い方は，実験結果と関係がありますか。 |
| なおみさん | 実験結果から炭酸水素ナトリウムが（　　　　　）ことがわかりましたね。この性質を利用しているのです。 |

(5) 汚れを落とすときの炭酸水素ナトリウムのはたらきについて，(a)・(b)に答えなさい。
(a) 下線部④について，炭酸水素ナトリウムが肌や衣類をいためる心配が少ないと考えた理由を，その根拠となる実験⑥の結果を具体的に示して書きなさい。 (4点)
(b) （　　）にあてはまる，炭酸水素ナトリウムの性質を書きなさい。 (4点)

# 香川県

| 時間 | 50分 | 満点 | 50点 | 解答 | P25 | 3月10日実施 |

## 出題傾向と対策

● 例年通り，物理，化学，生物，地学各1題の計4題の出題であった。解答形式は記述式が多く，文章記述，用語記述，計算，グラフの作図などが見られた。実験，観察を中心に基本事項を問う問題が大半を占めたが，問題文が相当長いので読解力が求められる。

● 基本的な問題が幅広く出題されているので，まずは教科書の内容をしっかりと理解しておくこと。さらに，数多くの問題演習によって，文章記述や計算問題に慣れ，科学的思考力を養っておく必要がある。

## 1 日本の気象，太陽系と恒星

次のA，Bの問いに答えなさい。

A．気象に関して，次の(1)～(3)の問いに答えよ。

(1) **基本** 右の図Ⅰは，日本付近の4月のある日の天気図を示したものである。これに関して，次のa，bの問いに答えよ。 （各1点）

図Ⅰ

a． **よく出る** 図Ⅰ中のXは低気圧を示している。北半球の低気圧における地表をふく風と中心付近の気流を表したものとして，最も適当なものを，次の⑦～㋓から一つ選んで，その記号を書け。

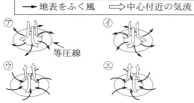

b．次の文は，日本付近における春の天気の特徴について述べようとしたものである。文中の　　　内にあてはまる最も適当な言葉を書け。

　　　図Ⅰ中にYで示した移動性高気圧の前後には，図Ⅰ中にXで示したような温帯低気圧ができやすい。春には，これらの高気圧と低気圧が，中緯度帯の上空をふく　　　風と呼ばれる西寄りの風の影響を受けて日本付近を西から東へ交互に通過するため，「春に三日の晴れなし」とことわざにあるように，春の天気は数日の周期で変わることが多い

(2) 右の図Ⅱは，日本付近のつゆ（梅雨）の時期の天気図を示したものである。次の文は，つゆ明けのしくみについて述べようとしたものである。文中のP～Rの　　　内にあてはまる言葉の組み合わせとして最も適当なものを，あとの表のア～エから一つ選んで，その

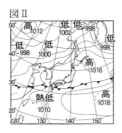
図Ⅱ

記号を書け。 （1点）
　つゆが明けるころには梅雨前線の P 側の Q が勢力を強めてはり出し，梅雨前線が R に移動する。こうしてつゆ明けとなる。

|   | P | Q | R |
|---|---|---|---|
| ア | 北 | シベリア気団（シベリア高気圧） | 南 |
| イ | 北 | 小笠原気団（太平洋高気圧） | 南 |
| ウ | 南 | シベリア気団（シベリア高気圧） | 北 |
| エ | 南 | 小笠原気団（太平洋高気圧） | 北 |

(3) 右の図Ⅲは，日本付近の8月のある日の天気図を示したものである。太郎さんは，夏にこのような気圧配置になる理由を調べるために，次の実験をした。これに関して，あとのa，bの問いに答えよ。

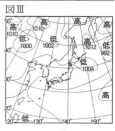
図Ⅲ

実験．右の図Ⅳのように，同じ大きさのプラスチック容器に砂と水をそれぞれ入れ，透明なふたのある水槽の中に置いた。この装置をよく日の当たる屋外に置き，3分ごとに15分間，温度計で砂と水の温度を測定し，その後，火のついた線香を入れてふたを閉め，しばらく観察した。下の図Ⅴは，砂と水の温度変化を，下の図Ⅵは，線香の煙のようすを示したものである。

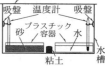
図Ⅳ

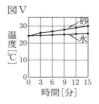
図Ⅴ

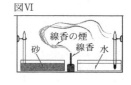
図Ⅵ

a．図Ⅵから，空気は砂の上で上昇し，水の上で下降していることがわかった。砂の上の空気が上昇したのはなぜか。その理由を，図Ⅴの結果から考えて密度　の言葉を用いて，下に示した文の下線部を補う形で書け。 （2点）

　　日が当たったとき，砂は水と比べて　　　　　　　　　　　　　　　　　　　　。このため，砂の上の空気が，水の上の空気より　　　　　　　　　　　　ため。

b．日本付近の夏の気圧配置と季節風は，この実験と同じようなしくみで起こると考えられる。日本付近の夏の気圧配置と季節風について述べた文として最も適当なものを，次の⑦～㋓から一つ選んで，その記号を書け。 （1点）

⑦ ユーラシア大陸の方が太平洋よりもあたたかくなり，ユーラシア大陸上に高気圧が，太平洋上に低気圧が発達するため，北西の季節風がふく

㋑ ユーラシア大陸の方が太平洋よりもあたたかくなり，ユーラシア大陸上に低気圧が，太平洋上に高気圧が発達するため，南東の季節風がふく

㋒ 太平洋の方がユーラシア大陸よりもあたたかくなり，太平洋上に低気圧が，ユーラシア大陸上に高気圧が発達するため，北西の季節風がふく

㋓ 太平洋の方がユーラシア大陸よりもあたたかくなり，太平洋上に高気圧が，ユーラシア大陸上に低気圧が発達するため，南東の季節風がふく

B．天体について，次の(1)〜(3)の問いに答えよ。
(1) 基本 右の図Ⅰは，地球の半径を1としたときの太陽系の8つの惑星の半径と，それぞれの惑星の密度の関係を表したものである。これに関して，次のa，bの問いに答えよ。

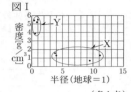
図Ⅰ

（各1点）
　a．太陽系の8つの惑星は，その特徴から，図Ⅰ中にX，Yで示した2つのグループに分けられる。Xのグループは何と呼ばれるか。その名称を書け。
　b．図Ⅰより，Yのグループの惑星は，Xのグループの惑星に比べて，半径は小さく，密度は大きいということがわかる。このことのほかに，Yのグループの惑星の特徴について，下に示した文の下線部を補う形で，簡単に書け。
　　Yのグループの惑星は，Xのグループの惑星に比べて，質量は＿＿＿＿＿＿，太陽からの距離は＿＿＿＿＿＿。

(2) よく出る 日本のある地点で，金星を観察した。これについて，次のa，bの問いに答えよ。
　a．右の図Ⅱは，地球を基準とした太陽と金星の位置関係を模式的に示したものである。天体望遠鏡を使って同じ倍率で図Ⅱ中の地球の位置から金星を観察したとき，金星の位置が図Ⅱ中のPの位置にあるときに比べて，Qの位置にあるときの金星の見かけの大きさと欠け方は，どのように変化するか。次のア〜エのうち，最も適当なものを一つ選んで，その記号を書け。

図Ⅱ

（1点）
　ア．見かけの大きさは小さくなり，欠け方は小さくなる
　イ．見かけの大きさは小さくなり，欠け方は大きくなる
　ウ．見かけの大きさは大きくなり，欠け方は小さくなる
　エ．見かけの大きさは大きくなり，欠け方は大きくなる

　b．下の図Ⅲは，ある日の太陽と金星と地球の位置関係を模式的に示したものである。地球は太陽のまわりを1年で1回公転する。それに対して，金星は太陽のまわりを約0.62年で1回公転する。図Ⅲに示したある日から地球は，半年後に図Ⅳに示した位置にある。このときの金星の位置として最も適当なものを，図Ⅳ中のR〜Uから一つ選んで，その記号を書け。また，あとの文は，図Ⅲに示したある日から半年後に，日本のある地点から，金星がいつごろ，どの方向に見えるかについて述べようとしたものである。文中の2つの〔　〕内にあてはまる言葉を，⑦〜⑨から一つ，㊀〜㊄から一つ，それぞれ選んで，その記号を書け。（2点）

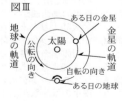
図Ⅲ

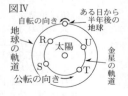
図Ⅳ

金星は〔⑦日の出直前　④真夜中　⑨日の入り直後〕に，〔㊀北　㊅天頂付近　㊆東　㊇西〕の空に見える。

(3) 次の文は，太陽系のある天体について述べようとしたものである。文中の＿＿＿内に共通してあてはまる言葉として最も適当なものを，あとのア〜エから一つ選んで，その記号を書け。（1点）
　太陽系の天体には，惑星以外にもさまざまな天体があり，2019年，日本の探査機「はやぶさ2」が探査したことで知られている＿＿＿「リュウグウ」もその一つである。＿＿＿は，主に火星と木星の軌道の間に数多く存在する天体で，太陽のまわりを公転しており，不規則な形をしているものが多い。
　ア．衛星　　　　　　　イ．小惑星
　ウ．すい星　　　　　　エ．太陽系外縁天体

## 2  植物の仲間，動物の体のつくりと働き，生物と環境

次のA，B，Cの問いに答えなさい。
A．刺激に対する反応に関して，次の(1)，(2)の問いに答えよ。
(1) 右の図Ⅰのように，太郎さん，花子さん，次郎さんが順に手をつないでいる。花子さんは，太郎さんに右手をにぎられると，すぐに次郎さんの右手をにぎり，刺激に対する反応について調べた。これに関して，次のa，bに答えよ。

図Ⅰ　太郎さん　花子さん　次郎さん

　a．基本 次の文は，花子さんが，太郎さんに右手をにぎられてから，次郎さんの右手をにぎるまでの刺激の信号の伝わるようすについて述べようとしたものである。文中の＿＿＿内にあてはまる最も適当な言葉を書け。（1点）
　　花子さんが，太郎さんに右手をにぎられると，刺激の信号が末しょう神経である感覚神経を通って，＿＿＿神経である脳やせきずいに伝わる。そのあと，信号が末しょう神経である運動神経を通って運動器官に伝わり，次郎さんの右手をにぎった。

　b．新傾向 花子さんは，ヒトが反応するのにかかる時間に興味をもち，図書館で調べた

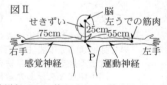
図Ⅱ　脳　左うでの筋肉　せきずい　25cm　55cm　75cm　右手　P　左手　感覚神経　運動神経

ところ，脳での判断に0.10秒から0.20秒かかり，信号が神経を伝わる速さが40 m/sから90 m/sであることがわかった。上の図Ⅱは，右手で受けた刺激の信号が脳に伝わり，脳で判断してから，命令の信号が左うでの筋肉まで伝わる経路を模式的に表したものである。図Ⅱ中のPは，感覚神経と運動神経がせきずいとつながっているところを表している。右手からPまでが75 cm，Pから脳までが25 cm，Pから左うでの筋肉までが55 cmと仮定する。この仮定と，花子さんが図書館で調べた数値から考えて，右手で刺激の信号を受けとってから，脳で判断し，左うでの筋肉に伝わるまでの時間が最も短くなるとき，その時間は何秒と考えられるか。（2点）

(2) **よく出る** 右の図Ⅲは，熱いものにふれてしまい，とっさに手を引っ込めるときのようすを模式的に示そうとしたものである。これに関して，次のa〜cの問いに答えよ。

a．熱いものにふれてしまい，とっさに手を引っ込めるときのように，刺激に対して無意識におこる反応は何と呼ばれるか。その名称を書け。 (1点)

b．このとき，収縮している筋肉は，図Ⅲ中の筋肉Xと筋肉Yのどちらか。その記号を書け。また，うでを曲げのばしするためには，筋肉Xと筋肉Yは，それぞれ骨とどのようにつながっていなければならないと考えられるか。次の⑦〜①のうち，最も適当なものを一つ選んで，その記号を書け。 (1点)

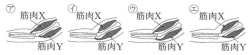

c．次の文は，熱いものに手がふれてしまったときの反応について述べようとしたものである。文中の〔　〕内にあてはまる最も適当な言葉を，⑦〜⑦から一つ，①〜⑦から一つ，それぞれ選んで，その記号を書け。 (1点)

　熱いものにふれてしまうと，無意識に手を引っ込める反応が起こる。このとき，手を引っ込める信号を出すのは〔⑦脳 ①せきずい ⑦筋肉〕である。また，熱いと意識するのは〔①脳 ⑦せきずい ⑦手の皮膚〕である。

B．下の図は，さまざまな植物を，からだのつくりやふえ方の特徴をもとに，なかま分けしたものである。これに関して，次の(1)〜(4)の問いに答えよ。

(1) 次の文は，図中に示した子孫をふやす方法について述べようとしたものである。文中の□□内にあてはまる最も適当な言葉を書け。 (1点)

　植物には，サクラ，トウモロコシ，イチョウなどのように種子をつくって子孫をふやすものと，イヌワラビやゼニゴケなどのように種子をつくらず□□をつくって子孫をふやすものがある。

(2) 図中のサクラにできた「さくらんぼ」は，食べることができる。また，図中のイチョウは，秋ごろになると，雌花がある木にオレンジ色の粒ができるようになる。この粒は，イチョウの雌花が受粉したことによってできたものであり，乾燥させたあと，中身を取り出して食べられるようにしたものを「ぎんなん」という。次の文は，「さくらんぼ」と「ぎんなん」のつくりのちがいについて述べようとしたものである。文中のP〜Sの□□内にあてはまる言葉の組み合わせとして，最も適当なものを，右の表のア〜エから一つ選んで，その記号を書け。 (1点)

|   | P | Q | R | S |
|---|---|---|---|---|
| ア | 子房 | 果実 | 胚珠 | 種子 |
| イ | 子房 | 種子 | 胚珠 | 果実 |
| ウ | 胚珠 | 果実 | 子房 | 種子 |
| エ | 胚珠 | 種子 | 子房 | 果実 |

「さくらんぼ」の食べている部分は P が成長した Q であり，「ぎんなん」の食べている部分は R が成長した S の一部である。

(3) **基本** 次の⑦〜①のうち，図中のアブラナとトウモロコシのからだのつくりについて述べたものとして，最も適当なものを一つ選んで，その記号を書け。 (1点)

⑦ アブラナの茎の維管束は散らばっており，トウモロコシの茎の維管束は輪の形に並んでいる

① アブラナの子葉は1枚であり，トウモロコシの子葉は2枚である

⑦ アブラナの葉脈は網目状であり，トウモロコシの葉脈は平行である

① アブラナはひげ根をもち，トウモロコシは主根とそこから伸びる側根をもつ

(4) 次の文は，図中のイヌワラビとゼニゴケのからだのつくりについて述べようとしたものである。文中の〔　〕内にあてはまる言葉を，⑦，①から一つ，⑦，①から一つ，それぞれ選んで，その記号を書け。 (1点)

　イヌワラビには，葉・茎・根の区別が〔⑦あり ①なく〕，ゼニゴケには，維管束が〔⑦ある ①ない〕。

C．生態系における生物の役割やつながりに関して，次の(1)，(2)の問いに答えよ。

(1) **基本** 下の図は，ある森林の生態系における炭素の循環を模式的に示したものである。これに関して，あとのa，bの問いに答えよ。 (各1点)

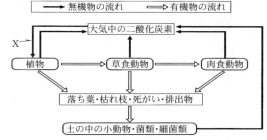

a．図中にXで示した炭素の流れは，植物のあるはたらきによるものである。このはたらきは何と呼ばれるか。その名称を書け。

b．次のア〜エのうち，図中の生物について述べたものとして誤っているものを一つ選んで，その記号を書け。

ア．土の中の小動物には，落ち葉などを食べて二酸化炭素を放出しているものがいる

イ．肉食動物は消費者と呼ばれ，有機物を消費している

ウ．生態系における生物は，植物，草食動物，肉食動物の順に数量が少なくなることが多い

エ．草食動物は，肉食動物に食べられることから，生産者と呼ばれている

(2) 土壌中の微生物のはたらきについて調べるために，次のような実験をした。

　ある森林の落ち葉の下から土を採取してビーカーに入れ，そこに水を加えてよくかき回し，布でこして，ろ液をつくった。試験管Aと試験管Bに同量のろ液を入れ，試験管Bのみ沸騰するまで加熱した。試験管Bをよく冷やしてから，試験管Aと試験管Bに同量のデンプン溶液を加え，ふたをした。3日間放置したあと，各試験管にヨウ素液を加えて，色の変化を観察した。次の表は，そのときのヨウ素液の色の変化についてまとめたものである。試験管Aの色が変化しなかった理由を　微生物　の言葉を用いて，簡単に書け。 (1点)

|  | 試験管A | 試験管B |
|---|---|---|
| ヨウ素液を加えたあとの色の変化 | 変化なし | 青紫色になった |

## 3 小問集合

次のA，Bの問いに答えなさい。

A．物質のとけ方について調べるために，次の実験Ⅰ～Ⅲをした。これに関して，あとの(1)～(5)の問いに答えよ。
(各1点)

実験Ⅰ．5つのビーカーに20℃の水を100gずつはかりとり，それぞれのビーカーに塩化銅，砂糖，硝酸カリウム，ミョウバン，塩化ナトリウムを50gずつ入れてよくかき混ぜ，それぞれのビーカー内のようすを調べた。下の表Ⅰは，その結果をまとめたものである。

表Ⅰ
| 調べたもの | 塩化銅 | 砂糖 | 硝酸カリウム | ミョウバン | 塩化ナトリウム |
|---|---|---|---|---|---|
| 調べた結果 | すべてとけた | すべてとけた | とけ残りがあった | とけ残りがあった | とけ残りがあった |

(1) 実験Ⅰで水にとけた塩化銅CuCl₂は，水溶液中で銅イオンと塩化物イオンに電離している。その電離のようすを，化学式とイオンの記号を用いて表せ。

実験Ⅱ．砂糖を100gはかりとり，実験Ⅰで50gの砂糖がすべてとけたビーカー内に，少しずつ入れてよくかき混ぜ，その砂糖がどれぐらいまでとけるか調べた。その結果，はかりとった100gの砂糖はすべてとけた。

(2) **よく出る** 実験Ⅱでできた，砂糖をとかした水溶液の質量パーセント濃度は何％か。

(3) **基本** 右の図Ⅰは，実験Ⅱで砂糖を入れてかき混ぜたあとのビーカー内での砂糖の粒子のようすを，モデルで表したものである。このとき，ビーカー内の水溶液の濃さはどの部分も均一になっており，水溶液の温度は20℃であった。このビーカーを一日置いたあとで水溶液の温度をはかると，温度は20℃のままであった。次の⑦～㊀のうち，一日置いたあとのビーカー内での砂糖の粒子のようすを表したモデルとして，最も適当なものを一つ選んで，その記号を書け。

砂糖の粒子

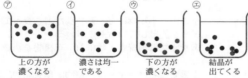
⑦ 上の方が濃くなる　④ 濃さは均一である　⑤ 下の方が濃くなる　㊀ 結晶が出てくる

実験Ⅲ．実験Ⅰでとけ残りがあった硝酸カリウム，ミョウバン，塩化ナトリウムについてさらに調べるため，3つの試験管に20℃の水を5.0gずつ入れて，硝酸カリウム，ミョウバン，塩化ナトリウムをそれぞれ2.5gずつ入れた。右の図Ⅱのように，それぞれの物質を入れた試験管をビーカー内の水に入れ，温度をはかりながらガスバーナーでゆっくりと加熱し，ときどき試験管をビーカーからとり出して，ふり混ぜながら試験管内のようすを調べた。次の表Ⅱは，ビーカー内の水の温度と試験管内のようすをまとめたものである。

図Ⅱ　温度計

表Ⅱ
|  | 硝酸カリウム | ミョウバン | 塩化ナトリウム |
|---|---|---|---|
| 40℃ | すべてとけていた | とけ残りがあった | とけ残りがあった |
| 60℃ | すべてとけていた | すべてとけていた | とけ残りがあった |
| 80℃ | すべてとけていた | すべてとけていた | とけ残りがあった |

(4) **思考力** 右の図Ⅲ中にA～Cで表したグラフは，砂糖，硝酸カリウム，ミョウバンのいずれかの溶解度曲線であり，Dのグラフは塩化ナトリウムの溶解度曲線である。実験Ⅱ，Ⅲの結果から，図Ⅲ中のA～Cのグラフは砂糖，硝酸カリウム，ミョウバンのどの溶解度曲線であると考えられるか。その組み合わせとして最も適当なものを，下の表のア～エから一つ選んで，その記号を書け。

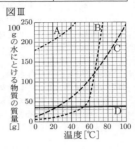
図Ⅲ

|  | A | B | C |
|---|---|---|---|
| ア | ミョウバン | 硝酸カリウム | 砂糖 |
| イ | 硝酸カリウム | ミョウバン | 砂糖 |
| ウ | 砂糖 | 硝酸カリウム | ミョウバン |
| エ | 砂糖 | ミョウバン | 硝酸カリウム |

(5) **よく出る** 図Ⅲから，塩化ナトリウムは80℃の水100gに38gとけることがわかる。実験Ⅲで温度が80℃のとき，水5.0gと塩化ナトリウム2.5gを入れた試験管内にとけ残っている塩化ナトリウムは何gと考えられるか。

B．物質の分解について調べるために，次の実験Ⅰ，Ⅱをした。これに関して，あとの(1)～(3)の問いに答えよ。

実験Ⅰ．右の図Ⅰのような装置を用いて，水に水酸化ナトリウム水溶液を加えて電流を流すと，水が電気分解されて，それぞれの電極で気体が発生した。

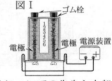
図Ⅰ　ゴム栓　電極　電極　電源装置

(1) **よく出る** 次の文は，実験Ⅰについての先生と太郎さんの会話の一部である。これに関して，あとのa～cの問いに答えよ。
(各1点)

先生：太郎さん，水を電気分解したときにそれぞれの電極で発生した気体は何ですか。
太郎：はい。陰極で発生した気体は水素で，①陽極で発生した気体は酸素です。
先生：そうですね。つまり，水を電気分解すると，②水素と酸素が発生するということですね。では，この化学変化の化学反応式を書いてください。
太郎：はい。水分子の化学式はH₂Oで，水素分子はH₂，酸素分子はO₂なので，次の図Ⅱのようになります。
先生：その化学反応式では，式の左辺と右辺，つまり化学変化の前後で， P 原子の数が違いますね。
太郎：では， P 原子の数を同じにするために，水分子の係数を2にすればいいですか。
先生：それだけでは，今度は，式の左辺と右辺で， Q 原子の数が等しくなりませんね。
太郎：ということは，正しい化学反応式は，次の図

Ⅲのようになりますか。
先生：その通りです。

図Ⅱ

H₂O → H₂ + O₂
（太郎さんが初めに書いた化学反応式）

図Ⅲ

R
（太郎さんが書き直した化学反応式）

a．文中の下線部①に陽極で発生した気体は酸素とあるが，気体が酸素であることを確認するため，右の図Ⅳのように，火のついた線香を陽極に発生した気体に近づける操作をおこなったとき，どのような結果が確認できればよいか。下に示した文の下線部を補う形で，簡単に書け。

図Ⅳ

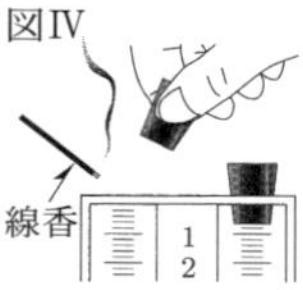

火のついた線香を陽極に発生した気体に近づけると，＿＿＿＿＿＿＿＿＿ことを確認する。

b．文中の下線部②に水素とあるが，次のア〜エのうち，水素について述べたものとして，最も適当なものを一つ選んで，その記号を書け。
ア．石灰水を白く濁らせる
イ．鼻をさすような特有の刺激臭がある
ウ．非常に軽い気体で，物質の中で密度が最も小さい
エ．空気中に含まれる気体のうち，最も体積の割合が大きい

c．文中のP，Qの□□内と，図Ⅲ中のRの□□内にあてはまるものの組み合わせとして，最も適当なものを，下の表のア〜エから一つ選んで，その記号を書け。

| | P | Q | R |
|---|---|---|---|
| ア | 酸素 | 水素 | 2H₂O → H₂ + 2O₂ |
| イ | 酸素 | 水素 | 2H₂O → 2H₂ + O₂ |
| ウ | 水素 | 酸素 | 2H₂O → H₂ + 2O₂ |
| エ | 水素 | 酸素 | 2H₂O → 2H₂ + O₂ |

実験Ⅱ．下の図Ⅴのように，酸化銀の黒い粉末をステンレス皿に入れて加熱したあと，よく冷やしてから質量をはかった。この操作を繰り返しおこない，ステンレス皿の中の物質の質量の変化を調べた。下の図Ⅵは，5.8gの酸化銀の粉末を用いて実験したときの結果を表したものである。この実験で，酸化銀の黒い粉末は，少しずつ白い固体に変化し，3回目に加熱したあとは，すべて白い固体になり，それ以上は変化しなかった。このときの質量は5.4gであった。また，③白い固体を調べると銀であることがわかった。

図Ⅴ 　　図Ⅵ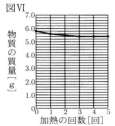

(2) 下線部③に白い固体を調べるとあるが，次の文は，実験Ⅱにおいて，加熱後に残った白い固体の性質を調べる操作とその結果について述べようとしたものである。文中のX，Yの□□内にあてはまる言葉の組み合わせとして，最も適当なものを，あとの表のア〜エから一つ選んで，その記号を書け。(1点)

ステンレス皿に残った白い固体は，金づちでたたくとうすく広がり，その表面をみがくと X ，電気を通すかどうか調べたとき，電流が Y 。このことから，この白い固体には金属特有の性質があることがわかった。

| | X | Y |
|---|---|---|
| ア | 黒くなり | 流れなかった |
| イ | 黒くなり | 流れた |
| ウ | 光沢が出て | 流れなかった |
| エ | 光沢が出て | 流れた |

(3) **よく出る**　実験Ⅱにおいて，酸化銀の粉末5.8gを1回目に加熱したあと，ステンレス皿の中の物質の質量をはかると，5.6gであった。このとき，ステンレス皿の中にできた銀は何gと考えられるか。(2点)

## 4　小問集合

次のA，B，Cの問いに答えなさい。

A．浮力に関する実験をした。これに関して，次の(1)，(2)の問いに答えよ。(各1点)

実験．右の図Ⅰのように，高さ4.0cmの円柱のおもりを，ばねばかりにつるすと1.1Nを示した。次に，おもりをばねばかりにつるしたまま，図Ⅱのように，おもりの底を水を入れたビーカーの水面につけた。さらに，ばねばかりを下げながら，水面からおもりの底までの距離が4.0cmになるところまでゆっくりとおもりを沈めた。図Ⅲは，水面からおもりの底までの距離と，ばねばかりの示す値の関係をグラフに表したものである。

図Ⅰ

図Ⅱ 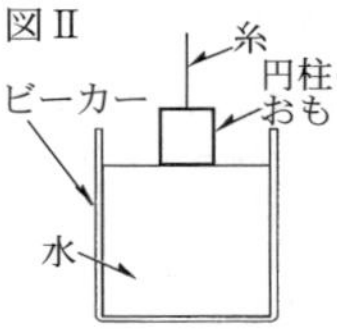 　　図Ⅲ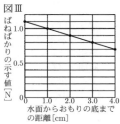

(1) 実験の結果から考えて，水面からおもりの底までの距離と，おもりにはたらく浮力の大きさとの関係を，右のグラフに表せ。

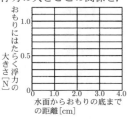

(2) **よく出る**　実験で用いたおもりを，水面からおもりの底までの距離が7.0cmになるところまで沈めたとき，おもりにはたらく水圧を模式的に表すとどうなるか。次の⑦〜㋑のうち，最も適当なものを一つ選んで，その記号を書け。

⑦ 　　㋑ 　　㋒ 　　㋓

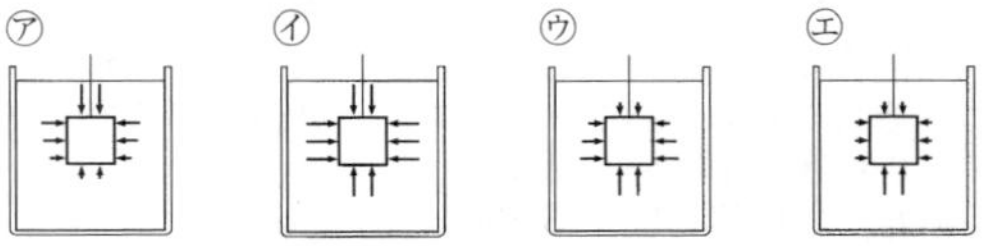

B．仕事と仕事率に関する実験Ⅰ，Ⅱをした。これに関して，あとの(1)〜(5)の問いに答えよ。

実験Ⅰ. 右の図Ⅰのように、おもりを滑車にとりつけ、この滑車に糸をかけ、糸の一端をスタンドに固定し、もう一端をばねばかりに結びつけた。次に、おもりが図Ⅰの位置より20cm高くなるように、ばねばかりを4.0cm/sの一定の速さで真上に引き上げた。このとき、ばねばかりは5.0Nを示していた。

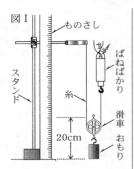

(1) 実験Ⅰにおいて、おもりが動きはじめてから、図Ⅰの位置より20cm高くなるまでにかかった時間は何秒か。(1点)
(2) 基本 実験Ⅰにおいて、糸がおもりをとりつけた滑車を引く力がした仕事の大きさは何Jか。(1点)
(3) 次の文は、実験Ⅰにおけるおもりのエネルギーの変化について述べようとしたものである。文中の2つの〔 〕内にあてはまる言葉を、⑦、④から一つ、⑨〜④から一つ、それぞれ選んで、その記号を書け。(1点)

　　おもりが動きはじめてから、1秒後から4秒後までの間に、おもりの〔⑦運動 ④位置〕エネルギーは増加するが、おもりの〔⑨運動 ④位置 ④力学的〕エネルギーは変化しない。

実験Ⅱ. 右の図Ⅱのように、花子さん、太郎さん、春子さんは、それぞれおもりP、おもりQ、おもりRにつけたひもを天井に固定した滑車にかけ、その一端を真下に引き下げて、それぞれのおもりが図Ⅱの位置より2.0m高くなるまでひもを引き、その高さでとめた。おもりを引き上げ始めてから、2.0mの高さでとめるまでの時間をはかり、そのときの仕事率を調べた。下の表は、その結果をまとめたものである。

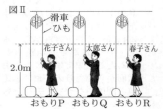

| 引く人 | 花子さん | 太郎さん | 春子さん |
|---|---|---|---|
| おもり | P | Q | R |
| おもりの重さ[N] | 240 | 210 | 110 |
| 時間[秒] | 6.0 | 5.0 | 2.5 |

(4) 基本 次の文は、重さと質量について述べようとしたものである。文中の2つの〔 〕内にあてはまる言葉を、⑦、④から一つ、⑨、④から一つ、それぞれ選んで、その記号を書け。(1点)

　　重さと質量は、区別して使う必要がある。〔⑦重さ ④質量〕は場所によって変わらない物質そのものの量であり、地球上と月面上でその大きさは変わらない。また、ばねばかりは物体の〔⑨重さ ④質量〕を測定するので、地球上と月面上で同じおもりをつり下げたとき、異なる値を示す。

(5) 実験Ⅱにおいて、おもりP、おもりQ、おもりRを図Ⅱの位置より2.0m高くなるまで引き上げるときの、それぞれのひもがおもりを引く仕事率のうち、最も大きい仕事率は何Wか。(2点)

C. 電流と磁界に関する実験をした。これに関して、あとの(1)〜(5)の問いに答えよ。

実験. 右の図Ⅰのような装置を用いて、スイッチを入れたとき、コイルには電流が流れ、コイルが動いた。

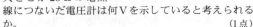

(1) 基本 スイッチを入れたとき、電流計は180mAを示していた。このとき、抵抗の大きさが20Ωの電熱線につないだ電圧計は何Vを示していると考えられるか。(1点)

(2) 基本 右の図Ⅱのように、コイルにA→B→C→Dの向きに電流を流した。このとき、コイルのB→Cの向きに流れる電流のまわりには磁界ができる。このコイルのB→Cの向きに流れる電流がつくる磁界の向きを磁力線で表した図として最も適当なものを、次の⑦〜④から一つ選んで、その記号を書け。(1点)

(3) この実験において、コイルの動き方をより大きくするためには、どのようにすればよいか。その方法を一つ書け。(1点)

(4) よく出る 図Ⅰの装置を用いて、電熱線Xを抵抗の大きさが20Ωの電熱線に並列につないでからスイッチを入れた。電源装置の電圧を変化させ、20Ωの電熱線と電熱線Xの両方に4.8Vの電圧を加えたところ、電流計は400mAを示した。電熱線Xの抵抗は何Ωか。(2点)

(5) コイルに流れる電流が磁界から受ける力を利用したものとして、モーターがある。下の図Ⅲ、図Ⅳは、コイルが回り続けるようすを示そうとしたものである。次の文は、コイルのEFの部分に流れる電流と、コイルのEFの部分が磁界から受ける力について述べようとしたものである。文中の2つの〔 〕内にあてはまる言葉を、⑦、④から一つ、⑨、④から一つ、それぞれ選んで、その記号を書け。(1点)

　　図Ⅲは、コイルにE→Fの向きに電流を流したときに、コイルのEFの部分が、磁石がつくる磁界から受ける力の向きを矢印(→)で示している。このコイルが図Ⅲの状態から、180度回転して図Ⅳのようになったときに、コイルのEFの部分に流れる電流の向きは〔⑦E→F ④F→E〕となり、コイルのEFの部分が、磁石がつくる磁界から受ける力は図Ⅳ中の〔⑨P ④Q〕の矢印の向きである。

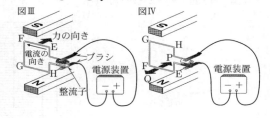

**愛媛県**
時間 50分　満点 50点　解答 P26　3月11日実施

### 出題傾向と対策

● 例年通り，物理，化学，生物，地学各1題と小問集合1題の計5題の出題であった。実験・観察を中心に基本事項を問う問題から科学的思考力が必要な問題まで総合的に出題された。解答形式は選択式，作図，計算，用語・文章記述まで多岐にわたっている。

● 教科書の実験・観察の基本事項を確実に押さえるとともに結果を考察して文章で表現できる力を養っておく必要がある。また，練習問題でさまざまな解答形式に慣れておくこと。

## 1 光と音，運動の規則性　よく出る

光と力に関する次の1〜3の問いに答えなさい。

1. [実験1] 図1のように，正方形のマス目の描かれた厚紙の上に，透明で底面が台形である四角柱のガラスXと，スクリーンを置き，光源装置から出た光の進み方を調べた。図2は，点Pを通り点QからガラスXに入る光aの道筋を厚紙に記録したものである。次に，光源装置を移動し，図2の点Rを通り点Sに進む光bの進み方を調べると，光bは，面Aで屈折してガラスXに入り，ガラスXの中で面B，Cで反射したのち，面Dで屈折してガラスXから出てスクリーンに達した。このとき，面B，Cでは，通り抜ける光はなく，全ての光が反射していた。

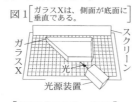

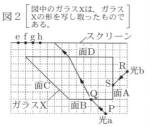

(1) 次の文の①，②の{ }の中から，それぞれ適当なものを1つずつ選び，その記号を書け。また，③に当てはまる最も適当な言葉を書け。
　光がガラスから空気中へと屈折して進むとき，屈折角は入射角より①{ア. 大きく　イ. 小さく}なる。また，このとき，入射角を②{ウ. 大きく　エ. 小さく}していくと，下線部のような反射が起こる。この下線部のように反射する現象を ③ という。

(2) 図2の点e〜hのうち，光bが達する点として，最も適当なものを1つ選び，e〜hの記号で書け。

2. [実験2] 図3のように，質量80gの物体Eをばねyと糸でつないで電子てんびんにのせ，ばねyを真上にゆっくり引き上げながら，電子てんびんの示す値とばねyの伸びとの関係を調べた。表1は，その結果をまとめたものである。ただし，糸とばねYの質量，糸の伸び縮みは考えないものとし，質量100gの物体にはたらく重力の大きさを1.0Nとする。

表1

| 電子てんびんの示す値[g] | 80 | 60 | 40 | 20 | 0 |
|---|---|---|---|---|---|
| 電子てんびんが物体Eから受ける力の大きさ[N] | 0.80 | 0.60 | 0.40 | 0.20 | 0 |
| ばねYの伸び[cm] | 0 | 4.0 | 8.0 | 12.0 | 16.0 |

(1) 表1をもとに，手がばねYを引く力の大きさとばねYの伸びとの関係を表すグラフを下にかけ。

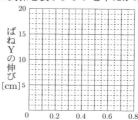

(2) 実験2で，ばねYの伸びが6.0cmのとき，電子てんびんの示す値は何gか。

(3) 図3の物体Eを，質量120gの物体Fにかえて，実験2と同じ方法で実験を行った。電子てんびんの示す値が75gのとき，ばねYの伸びは何cmか。

3. [実験3] 図4のように，糸G〜Iを1か所で結んで結び目をつくり，糸Gをスタンドに固定して，糸Hにおもり Jをつるし，糸Iを水平に引いて，糸Iを延長した直線と糸Gとの間の角度が45°になるように静止させた。このとき，糸Iが結び目を引く力の大きさは3.0Nであった。

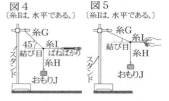

　次に，図5のように，糸Iを水平に引いて，糸Iを延長した直線と糸Gとの間の角度が図4のときより小さくなるように静止させた。

　次の文の①に当てはまる適当な数値を書け。また，②，③の{ }の中から，それぞれ適当なものを1つずつ選び，その記号を書け。ただし，糸の質量，糸の伸び縮みは考えないものとする。

　おもりJの重さは ① Nである。糸Iが結び目を引く力の大きさを，図4と図5で比べると，②{ア. 図4が大きい　イ. 図5が大きい　ウ. 同じである}。糸Iと糸Gが結び目を引く力の合力の大きさを，図4と図5で比べると，③{ア. 図4が大きい　イ. 図5が大きい　ウ. 同じである}。

## 2 物質の成り立ち，酸・アルカリとイオン　よく出る

水溶液とイオン，化学変化に関する次の1・2の問いに答えなさい。

1. [実験1] 図1のように，電流を流れやすくするために中性の水溶液をしみ込ませたろ紙の上に，青色リトマス紙A，Bと赤色リトマス紙C，Dを置いたあと，うすい水酸化ナトリウム水溶液をしみ込ませた糸を置いて，電圧を加えた。しばらくすると，赤色リトマス紙Dだけ色が変化し，青色になった。

(1) 水酸化ナトリウムのような電解質が，水に溶けて陽

イオンと陰イオンに分かれる現象を□という。□に当てはまる適当な言葉を書け。
(2) 次の文の①，②の{ }の中から，それぞれ適当なものを1つずつ選び，その記号を書け。
　実験1で，赤色リトマス紙の色が変化したので，水酸化ナトリウム水溶液はアルカリ性を示す原因となるものを含んでいることが分かる。また，赤色リトマス紙は陽極側で色が変化したので，色を変化させたものは①{ア．陽イオン　イ．陰イオン}であることが分かる。これらのことから，アルカリ性を示す原因となるものは②{ウ．ナトリウムイオン　エ．水酸化物イオン}であると確認できる。
(3) うすい水酸化ナトリウム水溶液を，ある酸性の水溶液にかえて，実験1と同じ方法で実験を行うと，リトマス紙A～Dのうち，1枚だけ色が変化した。色が変化したリトマス紙はどれか。A～Dの記号で書け。

2. [実験2] 図2のように，試験管Pに入れた炭酸水素ナトリウムを加熱し，発生する気体Xを試験管に集めた。しばらく加熱を続け，気体Xが発生しなくなったあと，⒜ある操作を行い，加熱を止めた。加熱後，試験管Pの底には固体Yが残り，口近くの内側には液体Zがついていた。気体Xを集めた試験管に石灰水を加えて振ると，白く濁った。また，液体Zに塩化コバルト紙をつけると，⒝塩化コバルト紙の色が変化したことから，液体Zは水であることがわかった。

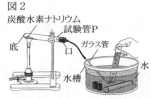

[実験3] 図3のように，試験管Qに炭酸水素ナトリウム1.0 g，試験管Rに固体Y 1.0 gをとったあと，⒞1回の操作につき，試験管QとRに水を1.0 cm³ずつ加え，20℃での水への溶けやすさを調べた。ある回数この操作を行ったとき，試験管Rの固体Yだけが全て溶けた。次に，この試験管Q，Rに⒟無色の指示薬を加えると，水溶液はどちらも赤色に変化したが，その色の濃さに違いが見られた。これらのことから，固体Yが炭酸ナトリウムであると確認できた。

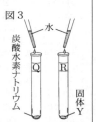

(1) 下線部⒜の操作は，試験管Pが割れるのを防ぐために行う。この操作を簡単に書け。
(2) 次のア～エから，下線部⒝の色の変化として，最も適当なものを1つ選び，その記号を書け。
　ア．青色→赤色　　イ．青色→緑色
　ウ．赤色→青色　　エ．赤色→緑色
(3) 実験2では，炭酸水素ナトリウムから炭酸ナトリウムと水と気体Xができる化学変化が起こった。この化学変化を化学反応式で表すとどうなるか。次の□に当てはまる化学式をそれぞれ書き，化学反応式を完成させよ。
　　$2NaHCO_3 \rightarrow$ □ ＋ □ ＋ □
(4) 実験3で，試験管Rの固体Y(炭酸ナトリウム)だけが全て溶けたのは，下線部⒞の操作を，少なくとも何回行ったときか。ただし，炭酸ナトリウムは，水100 gに20℃で最大22.1 g溶けるものとし，20℃での水の密度は1.0 g/cm³とする。
(5) 下線部⒟の指示薬の名称を書け。また，指示薬を加えたあと，試験管Q，Rの水溶液の色を比べたとき，赤色が濃いのはどちらか。Q，Rの記号で書け。

3 植物の体のつくりと働き，動物の体のつくりと働き，動物の仲間　よく出る

植物の葉のはたらき，動物の仲間と体のつくりに関する次の1・2の問いに答えなさい。

1. [実験] ふた付きの透明な容器と光を通さない箱を用いて，図1のような装置A～Dを作り，植物の光合成と呼吸による気体の出入りについて調べた。装置Aは，容器に葉が付いたツバキの枝を入れて息を十分に吹き込みふたをしたもの，装置Bは，容器に葉が付いたツバキの枝を入れて息を十分に吹き込みふたをして箱をかぶせたもの，装置Cは，容器に息を十分に吹き込みふたをしたもの，装置Dは，容器に息を十分に吹き込みふたをして箱をかぶせたものである。これらの装置A～Dに6時間光を当てた。このとき，光を当てる前後の，容器内の，酸素と二酸化炭素それぞれの体積の割合を測定し，増減を調べた。表1は，その結果をまとめたものである。

表1

| | A | B | C | D |
|---|---|---|---|---|
| 酸素の割合 | 増加した | 減少した | 変化なし | 変化なし |
| 二酸化炭素の割合 | 減少した | 増加した | 変化なし | 変化なし |

(1) 図2は，顕微鏡で観察したツバキの葉の断面を模式的に表したものである。図2で示された，光合成を行う緑色の粒は何と呼ばれるか。その名称を書け。

(2) ツバキは，光が当たっているときのみ光合成を行うことが分かっている。ツバキの呼吸による酸素と二酸化炭素それぞれの出入りの様子を確認するためには，表1のA～Dのうち，どの2つを比較すればよいか。A～Dから2つ選び，その記号を書け。
(3) 図3は，装置Aの，酸素と二酸化炭素それぞれの出入りの様子を模式的に表したものである。XとYには，それぞれ図4のa～dのどれが当てはまるか。表2のア～エから，最も適当なものを1つ選び，ア～エの記号で書け。

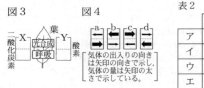

2. 図5のように，コウモリ，ニワトリ，トカゲ，アサリを，それぞれが持つ特徴をもとに分類した。P～Sは，それぞれ卵生，胎生，恒温動物，変温動物のいずれかである。

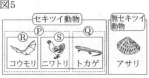

(1) 図5において，アサリは，無セキツイ動物に分類されるが，内臓などが□膜と呼ばれる膜でおおわれているという特徴をもつことから，さらに軟体動物に分類される。□に当てはまる適当な言葉を書け。
(2) 次の文の①，②の{ }の中から，それぞれ適当なものを1つずつ選び，その記号を書け。
　トカゲは，①{ア．えら　イ．肺}で呼吸を行い，体表は②{ウ．外骨格　エ．うろこ}でおおわれている。
(3) 胎生と変温動物は，図5のP～Sのどれに当たるか。

それぞれ1つずつ選び、P～Sの記号で書け。
(4) 図6は、コウモリの翼とヒトのうでをそれぞれ表したものである。この2つは、□□□が同じであることから、もとは同じ器官であったと考えられる。このような器官を相同器官という。□に当てはまる適当な言葉を、「形やはたらき」「基本的なつくり」の2つの言葉を用いて、簡単に書け。

図6 コウモリの翼 ヒトのうで

(5) 次の文の①、②の{ }の中から、それぞれ適当なものを1つずつ選び、その記号を書け。
皮をはいだニワトリの手羽先を用意し、図7のように、ピンセットでつまんだ筋肉MとNで示された、骨と筋肉Mをつなぐ①{ア. 関節 イ. けん}の様子を観察した。筋肉Mを➡の向きに引っぱると、Nが引っぱられ、手羽先の先端は⇨の向きに動いた。下線部のような動きは、実際には、筋肉Mが②{ウ. 縮む エ. ゆるむ}ことで起こる。

図7
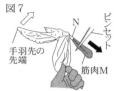

**4** 気象観測、天気の変化、天体の動きと地球の自転・公転、太陽系と恒星 **よく出る**

気象と天体に関する次の1・2の問いに答えなさい。
1. 図1は、ある年の11月24日21時と翌日の25日21時の天気図である。

図1

(1) 図2は、図1の24日21時の地点Aの風向、風力、天気を、天気図で使われる記号を用いて表したものである。図2の記号が表している、地点Aの風向、風力、天気をそれぞれ書け。

図2
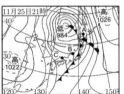

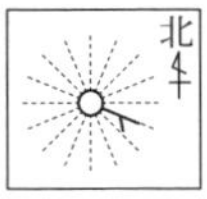

(2) 図1の地点Bにおける、24日21時と25日21時の気圧の差は何hPaか。ただし、24日と25日の地点Bは、それぞれ等圧線と重なっている。

(3) 図3は、24日21時から25日21時までの、図1の地点Cにおける気温と湿度の1時間ごとの記録をグラフで表したものである。図3の、ある時間帯に、図1の▲▲▲の記号で示されている前線が地点Cを通過した。次のア～エのうち、この前線が地点Cを通過したと考えられる時間帯として、最も適当なものを1つ選び、その記号を書け。
ア. 25日 4～6時　　イ. 25日 9～11時
ウ. 25日 12～14時　エ. 25日 17～19時

図3
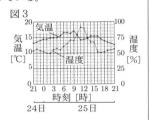

(4) 次の文の①、②の{ }の中から、それぞれ適当なものを1つずつ選び、その記号を書け。
図1の25日の天気図で、低気圧の中心付近にある、▲▲▲の記号で示されている前線は、①{ア. 停滞前線 イ. 閉そく前線}であり、その前線の地表付近が寒気におおわれると、低気圧は②{ウ. 発達 エ. 衰退}していくことが多い。

2. ある年に、X市(北緯43°、東経141°)やY市(北緯35°、東経135°)など、日本各地で、太陽が月によって部分的にかくされる部分日食が見られた。また、同じ年に、アルゼンチンやチリでは、太陽が月によって完全にかくされる日食が見られた。

(1) 太陽の1日の動きを観察すると、太陽は、東の空から南の空を通り、西の空へ動くように見える。また、地平線の下の太陽の動きも考えると、1日に1回地球のまわりを回るように見える。このような見かけの動きを、太陽の何というか。

(2) Y市で太陽が南中する時刻は、X市で太陽が南中する時刻の何分後か。次のア～エのうち、最も適当なものを1つ選び、その記号を書け。
ア. 12分後　　イ. 16分後
ウ. 24分後　　エ. 32分後

(3) 次の文の①、②の{ }の中から、それぞれ適当なものを1つずつ選び、その記号を書け。
下線部のような日食を①{ア. 金環日食 イ. 皆既日食}という。また、太陽が月によって完全にかくされるときに観察される、太陽をとり巻く高温のガスの層は②{ウ. コロナ エ. 黒点}と呼ばれる。

(4) 図4は、太陽、月、地球の位置関係を模式的に表したものである。次の文の①、②の{ }の中から、それぞれ適当なものを1つずつ選び、ア～エの記号で書け。
地球の自転により、月は太陽と同じ向きに天球上を移動する。月が地球のまわりを、図4の①{ア. a イ. b}の向きに公転することと、地球の自転の向きとを合わせて考えると、天球上を移動する見かけの動きは、月の方が太陽よりも②{ウ. 速く エ. 遅く}なることが分かる。

図4
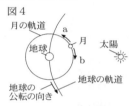

**5** 物質のすがた、電流、植物の体のつくりと働き、地層の重なりと過去の様子 **よく出る**

次の1～4の問いに答えなさい。
1. **思考力** [実験1] 抵抗器a～cを用意し、それぞれの抵抗器の両端に加わる電圧とその抵抗器に流れる電流の大きさとの関係を調べた。図1は、その結果を表したグラフである。
[実験2] 図2のような、端子A～Dがついた中の見えない箱と実験1で用いた3個の抵抗器a～cでつくった装置Xがある。この箱の内部では、抵抗器bがCD間に、抵抗器a、cがそれぞれAB間、BC間、DA間のうち、いずれかの異なる区間につながれている。次に、この装置Xを用いて次の図3と図4の回路をつくり、電圧計の示す値と電流計の示す値との関係をそれぞれ調べた。図5は、その結果を表したグラフである。

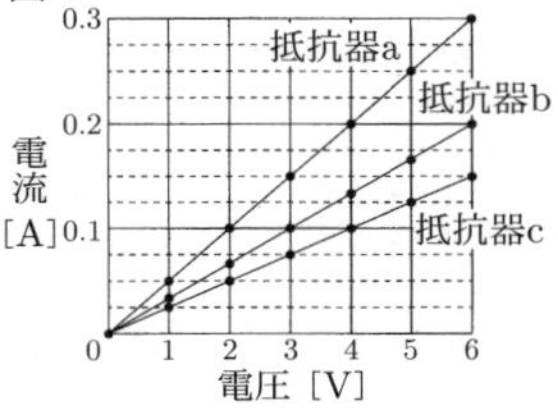

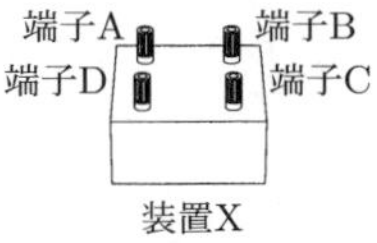

図3 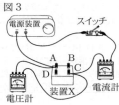 図4

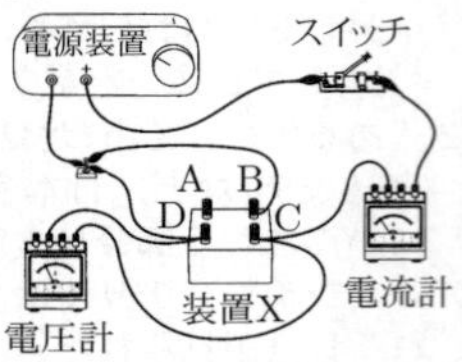

(1) 実験1で，抵抗器aと抵抗器cに同じ大きさの電流が流れているとき，抵抗器cが消費する電力は，抵抗器aが消費する電力の何倍か。次のア～エのうち，最も適当なものを1つ選び，その記号を書け。
ア．0.25倍
イ．0.5倍
ウ．2倍
エ．4倍

図5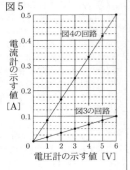

(2) 抵抗器a，cは，装置XのAB間，BC間，DA間のうち，どの区間にそれぞれつながれているか。表1のア～エから，最も適当なものを1つ選び，ア～エの記号で書け。

表1

| | 抵抗器a | 抵抗器c |
|---|---|---|
| ア | AB間 | BC間 |
| イ | BC間 | AB間 |
| ウ | BC間 | DA間 |
| エ | DA間 | BC間 |

2．太郎さんは，土の中の微生物が有機物を分解するはたらきを確認する実験方法を考え，次のようにノートにまとめたあと，実験を行った。

【実験方法】

① ビーカーに野外の土50gと水150cm³を入れ，ガラス棒でよくかき混ぜ，しばらく放置する。
② 試験管A，Bに，上ずみ液を5cm³ずつとる。
③ 試験管Bを加熱し，上ずみ液を沸騰させて冷ます。
④ 試験管A，Bに，1%デンプンのりを5cm³ずつ加え，アルミニウムはくでふたをし，2時間放置する。
⑤ 試験管A，Bに，ヨウ素液を数滴ずつ加える。

(1) ⑤の操作後，試験管A，Bのうち， X のみが青紫色に変化すれば，微生物のはたらきを確認できるが，太郎さんの実験では，試験管A，Bともに青紫色に変化してしまった。そこで，太郎さんが，花子さんから助言を得て，再び実験を行ったところ， X のみが青紫色に変化した。Xに当てはまるのは，試験管A，試験管Bのどちらか。A，Bの記号で書け。また，次のア～エのうち，花子さんの助言として，最も適当なものを1つ選び，その記号を書け。
ア．①で，土の量を少なくする。
イ．③で，加熱時間を長くする。
ウ．④で，デンプンのりの濃度を高くする。
エ．④で，放置する時間を長くする。

(2) 有機物を分解する微生物の例として，カビや大腸菌があげられる。次のア～エのうち，カビと大腸菌について述べたものとして，適当なものを1つ選び，その記号を書け。
ア．カビと大腸菌は，ともに細菌類に含まれる。
イ．カビは細菌類，大腸菌は菌類に含まれる。
ウ．カビは菌類，大腸菌は細菌類に含まれる。
エ．カビと大腸菌は，ともに菌類に含まれる。

3．銅球と金属球A～Gの密度を求めるために，次の実験を行った。

[実験3] 銅球の質量を測定し，糸で結んだあと，図6のように，メスシリンダーに水を50cm³入れ，銅球全体を沈めて，体積を測定した。次に，A～Gについても，それぞれ同じ方法で実験を行い，その結果を図7に表した。ただし，A～Gは，4種類の金属のうちのいずれかでできた空洞の無いものであり，それぞれ純物質とする。また，質量や体積は20℃で測定することとし，糸の体積は考えないものとする。

図6 図7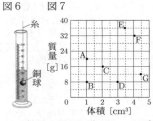

(1) 18gの銅球を用いたとき，実験後のメスシリンダーは図8のようになった。銅の密度は何g/cm³か。

図8

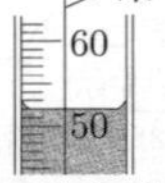

[図6の液面付近を模式的に表しており，液面のへこんだ面を，真横から水平に見て，目盛りと一致している。]

(2) 4種類の金属のうち，1つは密度7.9g/cm³の鉄である。A～Gのうち，鉄でできた金属球として，適当なものを全て選び，A～Gの記号で書け。

(3) 図9は，図7に2本の直線l，mを引き，Ⅰ～Ⅳの4つの領域に分けたものである。次のア～エのうち，Ⅰ～Ⅳの各領域にある物質の密度について述べたものとして，最も適当なものを1つ選び，その記号を書け。ただし，Ⅰ～Ⅳの各領域に重なりはなく，直線l，m上はどの領域にも含まれないものとする。

図9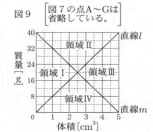

[図7の点A～Gは省略している。]

ア．領域Ⅰにあるどの物質の密度も，領域Ⅳにあるどの物質の密度より小さい。
イ．領域Ⅱにある物質の密度と領域Ⅳにある物質の密度は，全て等しい。
ウ．領域Ⅲにあるどの物質の密度も，領域Ⅳにあるどの物質の密度より大きい。
エ．領域Ⅲにあるどの物質の密度も，領域Ⅰにあるどの物質の密度より小さい。

4．図10は，ある露頭の模式図である。太郎さんは，この露頭で見られる地層P～Sについて観察し，地層Rの泥岩から，図11のようなアンモナイトの化石を見つけた。

図10 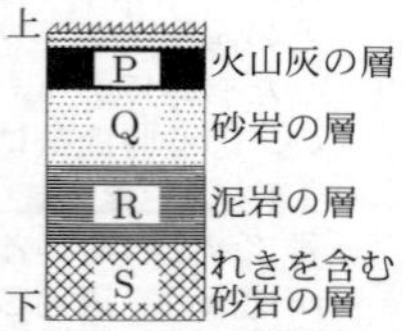
露頭
上
P 火山灰の層
Q 砂岩の層
R 泥岩の層
S れきを含む砂岩の層
下
[地層には上下の逆転はない。]

(1) 地層Q～Sの岩石に含まれる粒については，風によって広範囲に運ばれる地層Pの火山灰の粒とは異なる方法で運搬され，堆積していることが分かっている。また，地層Q～Sの岩石に含まれる粒と地層Pの火山灰の粒では，形の特徴にも違いが見られた。地層Q～Sの岩石に含まれる粒の形の特徴を，その粒が何によって運搬され

図11
2cm

たかについて触れながら，「地層Q～Sの岩石に含まれる粒は，」の書き出しに続けて簡単に書け。
(2) 次の文の①，②の{ }の中から，それぞれ適当なものを１つずつ選び，ア～エの記号で書け。
太郎さんは，後日，下線部の露頭をもう一度観察した。すると，地層Q，Sのいずれかの地層の中から，図12のようなビカリアの化石が見つかった。ビカリアの化石が見つかったのは，①{ア．地層Q　イ．地層S}であり，その地層が堆積した地質年代は②{ウ．中生代　エ．新生代}である。

図12

2cm

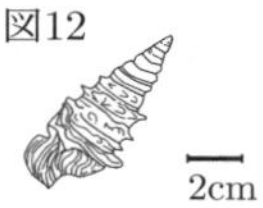

# 高知県

時間 50分　満点 50点　解答 P.26　3月4日実施

## 出題傾向と対策

● 例年通り，小問集合１題と，物理，化学，生物，地学各１題の計５題の出題であった。記述式が多く，用語・文章記述，計算問題，化学反応式などがあった。実験・観察を中心に基本事項を問う問題が多く，難問はない。
● 基本事項を問う問題が中心なので，教科書の内容をじゅうぶんに理解しておくことが重要。実験・観察では操作の目的や注意点，結果と考察の過程を整理してまとめておこう。そのうえで，問題演習によって知識の定着をはかり，計算問題や文章記述に慣れておこう。

## 1 水溶液，電流，動物の体のつくりと働き，火山と地震

次の１～４の問いに答えなさい。

1. 次のⅠ・Ⅱは，刺激に対するヒトの反応について述べた文である。また，図は，Ⅰにおける刺激を受け取ってから反応が起こるまでの，信号が伝わる経路を模式的に表したものであり，図中の矢印は信号が伝わる向きを示している。このことについて，下の(1)～(3)の問いに答えよ。

Ⅰ．暗いトンネルから出てきたとき，まぶしさのあまり思わず目を細めた。

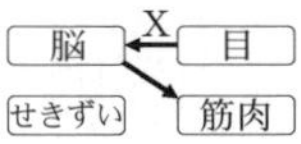

Ⅱ．キャッチボールで，友人が投げたボールをグローブで捕った。

(1) よく出る　Ⅰのように，刺激に対して無意識に起こる反応を何というか，書け。　（１点）
(2) 図中のXの矢印は，目から脳へ信号が伝わっていることを示している。このように，感覚器官から中枢神経に信号を伝える神経を何というか，書け。　（１点）
(3) Ⅱについて，信号が伝わる経路を模式的に表した図はどれか。最も適切なものを，次のア～エから一つ選び，その記号を書け。　（２点）

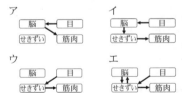

2. 次の表は，水の温度と100gの水に溶けるホウ酸の質量との関係を表したものである。このことについて，下の(1)・(2)の問いに答えよ。　（各２点）

| 水の温度[℃] | 0 | 20 | 40 | 60 | 80 |
|---|---|---|---|---|---|
| 100gの水に溶けるホウ酸の質量[g] | 3 | 5 | 9 | 15 | 24 |

(1) 基本　40℃におけるホウ酸の飽和水溶液の質量パーセント濃度は何％か。答えは小数第２位を四捨五入せよ。
(2) 60℃におけるホウ酸の飽和水溶液115gに水100gを加えた後，20℃まで冷却すると，再結晶するホウ酸は何gか。

3. 地震について，次の(1)～(3)の問いに答えよ。
(1) よく出る　次の文は，地震による揺れの大きさを表す震度について述べたものである。文中の Y ・ Z に当てはまる数字をそれぞれ書け。　（２点）

日本では現在、震度は、人が揺れを感じない震度0から最大の震度 Y までの Z 段階に分けられている。

(2) 基本 地震により発生したP波とS波の伝わる速さと、P波とS波による揺れの大きさについて述べた文として最も適切なものを、次のア〜エから一つ選び、その記号を書け。(1点)
 ア．伝わる速さはP波の方がS波より速く、揺れの大きさはP波の方がS波より大きい。
 イ．伝わる速さはP波の方がS波より速く、揺れの大きさはS波の方がP波より大きい。
 ウ．伝わる速さはS波の方がP波より速く、揺れの大きさはP波の方がS波より大きい。
 エ．伝わる速さはS波の方がP波より速く、揺れの大きさはS波の方がP波より大きい。

(3) 地震の規模の大きさを表す尺度を何というか、書け。(1点)

4．静電気について調べるために、次の実験Ⅰ・Ⅱを行った。このことについて、下の(1)・(2)の問いに答えよ。
 実験Ⅰ．右の図のように、糸でつるしたストローをティッシュペーパーで十分にこすり、引き離した後、ストローにティッシュペーパーを近づけると、引き合った。
 次に、綿の布で十分にこすったガラス棒をストローに近づけると、引き合った。
 実験Ⅱ．化学繊維の布でこすったプラスチック板を蛍光灯の一端に接触させると、蛍光灯が点灯した。

(1) 次の文は、実験Ⅰの結果からわかることについて述べたものである。文中の あ 〜 う に当てはまる電気の種類は、＋、－のいずれか、それぞれ書け。ただし、ガラス棒を綿の布でこすると、ガラス棒は＋の電気を帯びることがわかっている。(2点)

ガラス棒とストローが引き合ったことから、ストローは あ の電気を帯びており、ティッシュペーパーは い の電気を帯びていることがわかる。これは、ストローをティッシュペーパーでこすることによって、ティッシュペーパーの中にある う の電気がストローに移動したためである。

(2) 基本 実験Ⅱにおいて、蛍光灯が点灯したのは、プラスチック板にたまっていた静電気が蛍光灯の中を流れたからである。このように、たまっていた静電気が流れ出したり、電流が空間を流れたりする現象を何というか、書け。(1点)

## 2 植物の仲間

あかりさん、そうたさん、まことさんの3人は、校庭や学校の周辺に生えていたゼニゴケ、ゼンマイ、アサガオ、イチョウ、サクラ、ツユクサの6種類の植物について、それぞれの特徴によってグループ分けを行った。次の図は、3人がこれらの植物の特徴についてまとめたものである。このことについて、次の1〜3の問いに答えなさい。

1．花をつける植物は種子によってふえるが、花をつけないゼニゴケやゼンマイなどの植物は、何によってふえるか、その名称を書け。(1点)

2．よく出る からだに根・茎・葉の区別がないゼニゴケなどの植物は、どのようにして水分を吸収しているか、簡潔に書け。(2点)

3．3人は、花をつける植物をさらに細かいグループに分けるため、それぞれの植物の特徴について話し合った。次の【会話】は、そのときのやりとりであり、植物A〜Dは、アサガオ、イチョウ、サクラ、ツユクサのいずれかである。このことについて、下の(1)〜(4)の問いに答えよ。

【会話】

あかり：四つの植物のうち、植物Aと植物Bの二つは樹木だったね。
そうた：まず、二つの樹木の中で、植物Aの花は、おしべだけの雄花とめしべだけの雌花に分かれているという特徴があったよ。
まこと：植物Aの雌花をルーペで観察すると、胚珠がむき出しになっていたね。
そうた：ということは、植物Aは X 植物に分類するのがよさそうだね。
あかり：植物Bについてはどうかな。
まこと：植物Bは、一つの花の中におしべとめしべが両方あったことと、めしべの根もとにある子房の中に胚珠が入っていたことの二つの点で、植物Aではなく、植物Cや植物Dと共通していたよ。
そうた：なるほど。ということは、植物Bは、植物Aのなかまよりも植物Cや植物Dのなかまに近いと言えそうだね。
まこと：植物Bと植物Cを比べてみよう。この二つの植物に何か違いはなかったかな。
あかり：植物Bの花びらは、5枚別々になっていたけれど、植物Cの花びらは、全部つながってラッパのような形をしていたよ。
まこと：植物Dについてはどうかな。
あかり：①植物Dの葉には、植物Bや植物Cには見られない特徴があった。それから、植物Cと植物Dの茎の横断面を②顕微鏡で観察してみると、植物Cでは維管束が輪の形に並んでいたのに対して、植物Dでは茎の中にばらばらに散らばっていたよ。
そうた：つまり、植物Dは、植物Aのなかまよりも、植物Bや植物Cのなかまに近いけれど、植物Bや植物Cとは違うグループに分けるべきだとわかるね。
あかり：私もそう思うな。

(1)【会話】中の X に当てはまる語を書け。(1点)

(2)【会話】から判断して、植物Bと植物Cに当てはまる植物の組み合わせとして最も適切なものを、次のア〜エから一つ選び、その記号を書け。(2点)
 ア．B－サクラ　　C－アサガオ
 イ．B－サクラ　　C－ツユクサ
 ウ．B－イチョウ　C－アサガオ
 エ．B－イチョウ　C－ツユクサ

(3)【会話】中の下線部①に「植物Dの葉には、植物Bや植物Cには見られない特徴があった」とあるが、植物Bや植物Cには見られない植物Dの葉の特徴を、「葉脈」の語を使って、簡潔に書け。(2点)

(4) よく出る 【会話】中の下線部②に「顕微鏡で観察してみる」とあるが、顕微鏡についての説明として正しいものを、次のア〜エから一つ選び、その記号を書け。(1点)
 ア．顕微鏡は、直射日光が当たる場所に置き、観察を行う。

イ．ピントを合わせるときには，接眼レンズをのぞきながら対物レンズとプレパラートが近づくように動かす。
ウ．ピントが合っているときの対物レンズの先端部とプレパラートの間の距離は，高倍率の対物レンズを使用したときの方が，低倍率の対物レンズを使用したときよりも近い。
エ．10倍の接眼レンズと40倍の対物レンズを使用したとき，顕微鏡の倍率は50倍である。

## 3 物質の成り立ち，化学変化と物質の質量

化学変化と物質の質量の変化との関係を調べるために，次の実験Ⅰ・Ⅱを行った。このことについて，下の1〜5の問いに答えなさい。

実験Ⅰ．図1のように，炭酸水素ナトリウムの粉末の入ったプラスチック容器に，うすい塩酸の入った試験管Aを入れ，ふたを密閉をした後，プラスチック容器全体の質量をはかった。次に，プラスチック容器を密閉したまま傾け，うすい塩酸と炭酸水素ナトリウムを混ぜ合わせると，反応して気体Xが発生した。気体Xが発生しなくなってから，再びプラスチック容器全体の質量をはかると，化学変化の起こる前と質量は変わらなかった。

実験Ⅱ．図2のように，試験管Bに酸化銀1.00gを入れ，ガスバーナーで加熱をして，発生した気体Yを試験管Cに集めた。気体Yが発生しなくなってから，試験管Bに生じた銀の質量をはかった。同様の実験を，試験管Bに入れる酸化銀の質量を，2.00g，3.00gに変えて行った。下の表は，この実験の結果をまとめたものである。

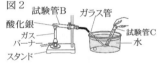

| 酸化銀の質量[g] | 1.00 | 2.00 | 3.00 |
| --- | --- | --- | --- |
| 銀の質量[g] | 0.93 | 1.86 | 2.79 |

1．実験Ⅰにおける化学変化を，化学反応式で表せ。(2点)
　　NaHCO₃ ＋ HCl ⟶

2．基本　実験Ⅰのように，化学変化の前後で，化学変化に関係する物質全体の質量に変化はないという法則を何というか，書け。(1点)

3．基本　次の文は，実験Ⅰの結果について述べたものである。文中の D ・ E に当てはまる語の組み合わせとして正しいものを，下のア〜エから一つ選び，その記号を書け。(2点)

> 化学変化が起こっても物質全体の質量が変化しなかったのは，化学変化の前後で，原子の D は変化するが，原子の E は変化しないからである。

ア．D－組み合わせ　　E－種類や数
イ．D－種類や数　　　E－組み合わせ
ウ．D－種類　　　　　E－数や組み合わせ
エ．D－数や組み合わせ　E－種類

4．基本　実験Ⅱで発生した気体Yは酸素であると考えられる。気体Yが酸素であることを確かめるためには，どのような実験を行えばよいか，簡潔に書け。(2点)

5．実験Ⅱの結果から考えて，1.70gの酸化銀から得られる銀と気体Yはそれぞれ何gか。答えは小数第3位を四捨五入せよ。(2点)

## 4 太陽系と恒星　よく出る

右の図は，地球の北極側から見た，太陽，金星，地球，月の位置関係を模式的に表したものである。このことについて，下の1〜6の問いに答えなさい。

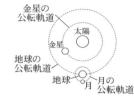

1．太陽，金星，地球が図のような位置関係にあるとき，日本で金星が見える時間帯と方角について述べた文として正しいものを，次のア〜エから一つ選び，その記号を書け。(1点)
ア．明け方，東の空に見える。
イ．明け方，西の空に見える。
ウ．夕方，東の空に見える。
エ．夕方，西の空に見える。

2．金星は，日本で真夜中に見えることはない。これはなぜか。その理由を，「金星」，「地球」，「公転」の三つの語を使って，簡潔に書け。(2点)

3．金星を天体望遠鏡で毎日観測すると，見える形と大きさが少しずつ変化する。このことについて述べた次の文中の A 〜 D に当てはまる語の組み合わせとして正しいものを，下のア〜エから一つ選び，その記号を書け。(1点)

> 金星の大部分が輝いて見えるときは，金星と地球との距離が A なっているため B 見え，三日月のように一部分が輝いて見えるときは，金星と地球との距離が C なっているため D 見える。

ア．A－近く　B－小さく　C－遠く　D－大きく
イ．A－近く　B－大きく　C－遠く　D－小さく
ウ．A－遠く　B－小さく　C－近く　D－大きく
エ．A－遠く　B－大きく　C－近く　D－小さく

4．太陽系の惑星には，地球型惑星と木星型惑星の2種類が存在する。地球型惑星に比べて，木星型惑星にはどのような特徴があるか。最も適切なものを，次のア〜エから一つ選び，その記号を書け。(1点)
ア．大型で，密度が大きい。
イ．大型で，密度が小さい。
ウ．小型で，密度が大きい。
エ．小型で，密度が小さい。

5．月のように，惑星のまわりを公転する天体を何というか，書け。(1点)

6．基本　太陽，地球，月が図のような位置関係にあるとき，地球上で月食が観測されることがある。月食が起こる理由を，簡潔に書け。(2点)

## 5 力学的エネルギー

物体を引き上げるときの仕事について調べるために，滑車とばねばかり，質量200gの物体を用いて，次の実験Ⅰ〜Ⅲを行った。表は，この実験の結果をまとめたものである。このことについて，あとの1〜5の問いに答えなさい。ただし，質量100gの物体にはたらく重力の大きさを1Nとし，糸と滑車の質量，糸の伸び，糸と滑車の摩擦は考えないものとする。

実験Ⅰ．図1のように，糸の一方の端に物体を付け，糸のもう一方の端にばねばかりを取り付けた。物体をゆっくりと一定の速さで10cmの高さまで引き上げ，このときの糸を引く力の大きさと糸を引く距離を調べた。

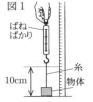

実験Ⅱ. 図2のように、糸の一方の端に物体を付け、その糸をスタンドに固定した定滑車にかけ、糸のもう一方の端にばねばかりを取り付けた。物体をゆっくりと一定の速さで10cmの高さまで引き上げ、このときの糸を引く力の大きさと糸を引く距離を調べた。

実験Ⅲ. 図3のように、糸の一方の端をスタンドに固定し、その糸を物体を付けた動滑車にかけ、糸のもう一方の端にばねばかりを取り付けた。物体をゆっくりと一定の速さで10cmの高さまで引き上げ、このときの糸を引く力の大きさと糸を引く距離を調べた。

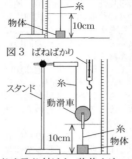

|  | 糸を引く力の大きさ[N] | 糸を引く距離[cm] |
|---|---|---|
| 実験Ⅰ | 2 | 10 |
| 実験Ⅱ | 2 | 10 |
| 実験Ⅲ | 1 | 20 |

1. **基本** 糸を引く力がした仕事について、実験Ⅰの仕事の大きさを$A$、実験Ⅱの仕事の大きさを$B$、実験Ⅲの仕事の大きさを$C$とするとき、$A$、$B$、$C$の大小関係として正しいものを、次のア〜エから一つ選び、その記号を書け。　(1点)
   ア. $A > B > C$　　　イ. $A = B > C$
   ウ. $A = B < C$　　　エ. $A = B = C$

2. 実験Ⅰにおいて、物体が引き上げられ動いている間の、物体のもつ運動エネルギーの大きさと力学的エネルギーの大きさについて述べた文として正しいものを、次のア〜エから一つ選び、その記号を書け。　(1点)
   ア. 運動エネルギーはしだいに小さくなるが、力学的エネルギーはしだいに大きくなる。
   イ. 運動エネルギーはしだいに小さくなるが、力学的エネルギーは一定である。
   ウ. 運動エネルギーは一定であるが、力学的エネルギーはしだいに大きくなる。
   エ. 運動エネルギーも力学的エネルギーも、一定である。

3. 実験Ⅰ、Ⅱの結果から、定滑車にはどのようなはたらきがあるとわかるか。「糸を引く力の大きさ」、「糸を引く距離」、「力の向き」の三つの語を使って、書け。　(2点)

4. 実験Ⅲにおいて、ばねばかりが糸を引き上げた速さは5cm/sであった。このときの仕事率は何Wか。　(2点)

5. **思考力** 建設現場などで使われるクレーンでは、定滑車と動滑車を用いて、小さい力で重いものを持ち上げる工夫がされている。右の図は、あるクレーンの内部を模式的に表したものである。

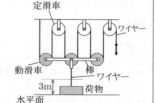

このクレーンは、三つの定滑車と三つの動滑車が一本のワイヤーでつながれ、三つの動滑車は棒で連結されていて、棒とワイヤーを引くと棒と水平面と平行な状態のまま上昇する。このクレーンで、質量120kgの荷物を水平面から3mの高さまでゆっくりと一定の速さで引き上げるときの、ワイヤーを引く力の大きさは何Nか。また、ワイヤーを引く距離は何mか。ただし、ワイヤーと滑車と棒の質量、ワイヤーの伸び、ワイヤーと滑車の摩擦は考えないものとする。　(3点)

# 福岡県

時間 50分　満点 60点　解答 P27　3月10日実施

## 出題傾向と対策

- 例年通り、物理、化学、生物、地学各2題の計8題の出題であった。解答形式は記述式が多く、その内容は用語記述、文章記述、計算、作図など多岐にわたった。基本事項を問う問題が大半を占めたが、与えられたデータをもとに解答を導く問題も見られた。
- 基本的な問題が幅広く出題されているので、標準的な問題集に取り組んで、教科書に出てくる実験・観察を中心に基本事項をじゅうぶんに理解しておくこと。文章記述が多いので、要点を押さえた文章表現力が求められる。

## 1 植物の体のつくりと働き

光合成について調べるために、鉢植えしたアサガオの、ふ入りの葉を使って実験を行った。下の□□内は、その実験レポートの一部である。

【手順】
　図1のように、葉の一部を表裏ともにアルミニウムはくでおおい、暗いところに一晩置いた後、十分に光をあてる。次に、図2のように、茎から葉を切りとり、アルミニウムはくをはずして、<u>あたためたエタノールにひたす</u>。最後に、エタノールから葉をとり出して水洗いし、ヨウ素液につけ、葉の色の変化を観察する。

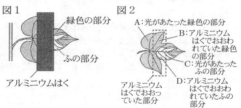

【結果】

| 図2の葉の部分 | ヨウ素液による葉の色の変化 |
|---|---|
| A | 青紫色になった。 |
| B | 変化しなかった。 |
| C | 変化しなかった。 |
| D | 変化しなかった。 |

【考察】
○ AとCの結果を比べると、光合成を行うためには、( ア )が必要だとわかった。
○ イ[( ) と ( )]の結果を比べると、光合成を行うためには、光が必要だとわかった。

問1. 下線部の操作を行ったのは、エタノールにどのようなはたらきがあるからか、簡潔に書け。　(2点)

問2. **よく出る** 【考察】の( ア )に、適切な語句を入れよ。また、イ[( ) と ( )]のそれぞれの( )にあてはまる葉の部分を、A〜Dから選び、記号で答えよ。　(3点)

問3. **基本** 次の□□内は、実験後、生徒が、光合成によって葉でつくられた養分のゆくえについて調べた内容の一部である。図3は、葉の断面の一部を模式的に表したものである。文中の( P )に、a、bのうち適切な記号を入れよ。また、( Q )、( R )に、適切な語

句を入れよ。 (2点)

葉でつくられた養分は、図3の( P )で示される、維管束の中の( Q )という管を通って植物の体全体に運ばれる。また、養分が( Q )を通るときは、( R )に溶けやすい物質になっている。

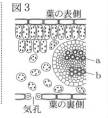
図3

## 2 動物の体のつくりと働き

下の□内は、刺激に対するヒトの反応について、生徒が調べた内容の一部である。

刺激に対するヒトの反応には、「後ろから肩を①たたかれたので、振り返る(反応1)」などの意識して行われる反応と、「熱いものに手がふれたとき、熱いと感じる前に、思わず②手を引っこめる(反応2)」などの③意識と関係なく起こる反応がある。
刺激を受けとってから反応するまでの時間は、反応2に比べて反応1の方が長い。この理由は、反応2に比べて反応1は、受けとった刺激の信号を〔　　〕、再び信号をせきずいに伝えるための時間が必要になるからである。

問1. 基本 下線部①という刺激は、皮ふで受けとられる。皮ふや目、耳のように、まわりのさまざまな状態を刺激として受けとることができる部分を何というか。 (2点)

問2. 下線部②の運動は、筋肉のはたらきで行われており、筋肉は、けんの部分で骨についている。ヒトの腕の、筋肉、骨、けんの部分のつき方を示した模式図として、最も適切なものを、次の1～4から1つ選び、番号で答えよ。 (2点)

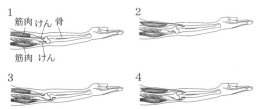

問3. よく出る 下線部③を何というか。また、その反応の例として適切なものを、次の1～4から1つ選び、番号で答えよ。 (2点)
1. 暗いところから明るいところに行くと、ひとみが小さくなった。
2. 花火が打ち上げられる音がしたので、その方向を見上げた。
3. 携帯電話の着信音が鳴ったので、急いで電話に出た。
4. 高く飛んできたバスケットボールを、ジャンプしてつかんだ。

問4. 文中の〔　　〕にあてはまる内容を、「せきずい」、「判断」の2つの語句を用いて、簡潔に書け。 (2点)

## 3 化学変化と物質の質量

銅と酸素が化合するときの質量の変化を調べるために、銅粉の質量を変え、A～Cの3つの班に分かれて実験を行った。次の□内は、その実験の手順と結果である。

【手順】
① ステンレス皿の質量をはかる。
② ステンレス皿に銅粉をはかりとる。
③ 図1のように、銅粉を皿にうすく広げて、ガスバーナーで加熱する。
④ 冷ました後、皿をふくめた全体の質量をはかる。
⑤ 金属製の薬さじで、皿の中の物質を、こぼさないようによくかき混ぜる。
⑥ ③～⑤の操作を、くり返す。

図1

【結果】

|  |  | A班 | B班 | C班 |
|---|---|---|---|---|
| 銅粉の質量[g] |  | 1.20 | 1.60 | 2.00 |
| ステンレス皿の質量[g] |  | 17.53 | 17.51 | 17.55 |
| 皿をふくめた全体の質量[g] | 1回目 | 18.88 | 19.35 | 19.82 |
|  | 2回目 | 18.99 | 19.46 | 19.97 |
|  | 3回目 | 19.03 | 19.51 | 20.03 |
|  | 4回目 | 19.03 | 19.51 | 20.05 |
|  | 5回目 | 19.03 | 19.51 | 20.05 |

問1. 基本 下の□内は、手順③でガスバーナーを操作するとき、点火して生じた赤色(オレンジ色)の炎を、ガスの量を変えずに青色の炎にするための操作について説明したものである。文中の( ア )に、a、bのうち適切な記号を入れよ。また、( イ )に、X、Yのうち適切な記号を入れよ。 (2点)

図2に示すガスバーナーのねじ( ア )だけを、( イ )の方向に回して調節する。

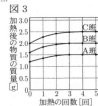
図2

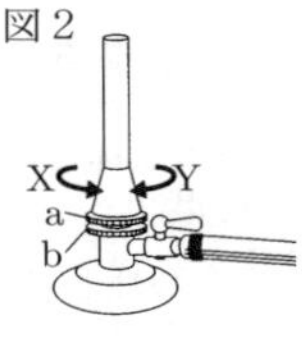

問2. 図3は、結果をもとに、加熱の回数と加熱後の物質の質量の関係をグラフに表したものである。また、下の□内は、この実験について考察した内容の一部である。 (各2点)

図3のグラフから、加熱後の物質の質量は、〔　　〕ので、一定量の銅と化合する酸素の質量には、限界があることがわかった。また、この実験から、銅の質量と化合する酸素の質量との間には、一定の関係があることもわかった。

(1) 文中の〔　　〕にあてはまる内容を、「加熱の回数」という語句を用いて、簡潔に書け。
(2) 思考力 下線部のことから、C班の2回目の加熱後の皿には、酸素と化合していない銅は、何gあったか。

問3. 銅と酸素が化合する化学変化を、化学反応式で表すとどうなるか。下の図4を完成させよ。 (2点)
図4
2Cu +（　　　）→（　　　　）

## 4 酸・アルカリとイオン

塩酸と水酸化ナトリウム水溶液を混ぜ合わせたときの、水溶液の性質を調べる実験を行った。次の□内は、その実験の手順と結果である。

【手順】
　うすい塩酸（A液）と，うすい水酸化ナトリウム水溶液（B液）を用意し，A液5 mLをビーカーにとって，BTB液を数滴加える。
　次に，図1のように，B液をこまごめピペットで2 mL加えるごとに，ビーカーを揺り動かして液を混ぜる。加えたB液が6 mLになったとき，ビーカー内の液の色を観察する。
　その後，ビーカー内の液に，A液をこまごめピペットで1滴加えるごとに，ビーカーを揺り動かし，液が緑色に変わったところで，A液を加えるのをやめる。
　最後に，この緑色の液をスライドガラスに少量とって水分を蒸発させ，残った固体をルーペで観察する。

図1　こまごめピペット／B液／BTB液を加えたA液／ろ紙

【結果】
○　A液5 mLに加えたB液が6 mLになったときのビーカー内の液は，（　　）だった。その後，A液を加え，液が緑色に変わったとき，加えたA液は1 mLだった。
○　スライドガラスに残った固体は，<u>白い結晶</u>だった。

問1．文中の（　　）にあてはまる色を書け。（1点）
問2．下線部は，何の結晶か。その物質の化学式を書け。（2点）
問3．**基本**　下の□□内は，この実験についてまとめた内容の一部である。文中の（①）に入る，陽イオンの名称を書け。また，（②）に入る，陰イオンの名称を書け。（2点）

　酸性とアルカリ性の水溶液を混ぜ合わせると，お互いの性質を打ち消し合うことがわかった。これを中和という。中和では，酸の（①）とアルカリの（②）が結びついて水ができる。

問4．図2は，実験で用いたA液とB液を使って，A液6 mLにB液を加え，液を中性にするまでの，液中のイオンをモデルで表そうとしたものである。イについて，A液6 mLにB液を3 mL加えて，完全に中和した液中の，<u>イオンの種類と数を</u>，ア，ウにならって，図2のイにモデルで表せ。ただし，液中で塩化水素が電離してできる陽イオンを○，陰イオンを⊗で表し，また，必要であれば，水酸化ナトリウムが電離してできる陽イオンを◎，陰イオンを●で表せ。（2点）

図2
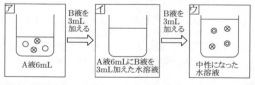
ア　A液6 mL／B液を3 mL加える／イ　A液6 mLにB液を3 mL加えた水溶液／B液を3 mL加える／ウ　中性になった水溶液

## 5　天気の変化

　次は，雲のでき方を調べる実験を行い，結果を考察しているときの，愛さんと登さんと先生の会話の一部である。

先生

　フラスコ内を少量の水でぬらしたあと，フラスコ内に〔　　〕ことで，雲をできやすくし，図のような装置を組み立て，ピストンを引き，フラスコ内のようすと温度変化を観察しましょう。

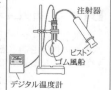
注射器／ピストン／ゴム風船／デジタル温度計

【ピストンを引き，フラスコ内を観察する。】

愛さん
　ピストンを引くと，フラスコ内が白くくもりました。そのとき，ゴム風船は①（P．ふくらみ　Q．しぼみ）ました。

登さん
　ゴム風船の変化から，フラスコ内の気圧は②（R．上がった　S．下がった）といえます。また，フラスコ内の空気の温度は下がりました。

　よく気づきましたね。では，ピストンを引くと，フラスコ内が白くくもったのはなぜか，露点に着目して考えてみましょう。

　ピストンを引くと，フラスコ内の空気の温度が下がり，露点に達します。露点以下になると，水蒸気が（X）になるので，フラスコ内が白くくもったと考えられます。

　そのとおりです。上空にある雲も，この実験と同じしくみでできています。また，雲は，地上付近にできる場合もあります。地上付近にできた雲を（Y）といい，内陸の盆地などで，深夜から早朝にかけてよく見られます。

問1．会話文中の〔　　〕にあてはまる操作を，簡潔に書け。（2点）
問2．**基本**　会話文中の①，②の（　　）内から，それぞれ適切な語句を選び，記号で答えよ。また，（X），（Y）に，適切な語句を入れよ。（4点）
問3．下線部について，ピストンを引いて，フラスコ内の温度が露点に達するまでの間，フラスコ内の湿度はどうなるか。「飽和水蒸気量」という語句を用いて，簡潔に書け。（2点）

## 6　天体の動きと地球の自転・公転

　福岡県のある地点で，10月20日の午後6時から午後10時まで2時間ごとに3回，カシオペヤ座と北極星を観察し，それぞれの位置を記録した。図1は，その観察記録である。また，図2は，10月20日の1か月後の11月20日の午後10時に，同じ地点で観察したカシオペヤ座と北極星の位置を記録したものである。

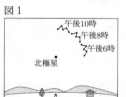
図1　午後10時／午後8時／午後6時／北極星／北

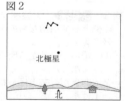
図2　北極星／北

問1．10月20日の観察で見られたカシオペヤ座の動きのように，1日の間で時間がたつとともに動く，星の見かけ上の運動を，星の何というか。また，このような星の見かけ上の運動が起こる理由を，簡潔に書け。（2点）
問2．10月20日に観察している間，北極星の位置がほぼ変わらないように見えた理由を，簡潔に書け。（2点）
問3．**よく出る**　図3のXは，図2に記録したカシオペヤ座の位置を示したものである。
　次の□□内は，図1と図2の記録から，同じ時刻に観察したカシオペヤ座の位置のちがいに関心をも

図3
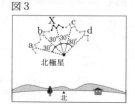
X／b／c／a／30°／30°／30°／d／北極星／北

た生徒が，11月20日の2か月後の1月20日に，同じ地点で観察したときに見えたカシオペヤ座がXの位置にあった時刻について，図3を用いて説明した内容の一部である。

文中の〔　〕にあてはまる内容を，簡潔に書け。また，（①）にあてはまるものを，図3のa〜dから1つ選び，記号で答え，（②）には，適切な数値を入れよ。
(3点)

> 1月20日の午後10時に見えたカシオペヤ座は，地球が〔　　〕ことから，（①）の位置にあったといえます。このことから，1月20日に見えたカシオペヤ座が，Xの位置にあった時刻は，午後（②）時だったといえます。

## 7 光と音

凸レンズによる像のでき方を調べる実験を行った。下の□内は，その実験の手順と結果である。

【手順】
① 図1のような装置を準備し，焦点距離が10cmの凸レンズAを固定する。
② フィルター付き光源を動かし，Xを変化させるごとに，スクリーン上に文字Fの像がはっきりとできるように，スクリーンの位置を変える。
③ 像がはっきりとできたとき，Yを測定する。
④ 凸レンズAを焦点距離がわからない凸レンズBにとりかえ，②，③の操作を行う。

図1

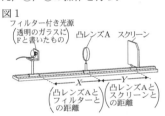

【結果】

| 凸レンズAとフィルターとの距離(X)[cm] | 35 | 30 | 25 | 20 | 15 | 10 | 5 |
|---|---|---|---|---|---|---|---|
| 凸レンズAとスクリーンとの距離(Y)[cm] | 14 | 15 | 17 | 20 | 30 | はかれない | はかれない |

| 凸レンズBとフィルターとの距離(X)[cm] | 35 | 30 | 25 | 20 | 15 | 10 | 5 |
|---|---|---|---|---|---|---|---|
| 凸レンズBとスクリーンとの距離(Y)[cm] | 26 | 30 | 38 | 60 | はかれない | はかれない | はかれない |

問1. **よく出る** スクリーン上に像がはっきりとできたとき，光源側から見たスクリーン上の像の向きを示した図として，最も適切なものを，次の1〜4から1つ選び，番号で答えよ。
(1点)

1  2  3  4

問2. 次の□内は，実験結果を考察した内容の一部である。文中の〔　〕にあてはまる内容を，「焦点距離」という語句を用いて，簡潔に書け。また，（　）に，適切な数値を入れよ。
(3点)

> 凸レンズによって像ができるとき，Xが短くなるとYは長くなることがわかる。また，凸レンズAを用いた実験で，XとYが〔　　〕ことから，凸レンズBの焦点距離は（　　）cmであると考えられる。

問3. **よく出る** 図2は，凸レンズAを用いた実験で，Xを30cmにしたときの，フィルター付き光源，凸レンズA，スクリーンの位置関係を示す模式図である。P点を出てQ点を通った光は，その後，スクリーンまでどのように進むか。その光の道すじを，図2に――線で示せ。ただし，作図に必要な線は消さずに残しておくこと。
(2点)

図2

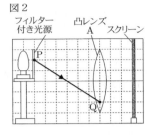

## 8 電流，エネルギー

電熱線に電流を流したときの水の温度変化を調べるために，A〜Dの4つの班に分かれ，抵抗の大きさが同じ電熱線を用いて図1の回路をそれぞれつくり，実験を行った。

図1

実験では，発泡ポリスチレンのコップに水100gを入れ，しばらくしてから水温をはかった。次に，コップの中の水に電熱線を入れ，各班で電熱線に加える電圧を変えて，回路に電流を流した。その後，水をガラス棒でゆっくりかき混ぜながら1分ごとに5分間，水温をはかった。

表は，この実験で電流を流している間の，各班の電圧，電力の大きさを示したものであり，図2は，実験の結果をもとに，電熱線に電流を流した時間と水の上昇温度の関係をグラフで表したものである。

|  | A班 | B班 | C班 | D班 |
|---|---|---|---|---|
| 電圧[V] | 3.0 | 4.0 | 5.0 | 6.0 |
| 電力[W] | 2.2 | 4.0 | 6.2 | 8.8 |

図2

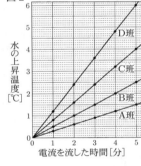

問1. **よく出る** 図1の回路を組み立てた実験装置を示した図として，最も適切なものを，次の1〜4から1つ選び，番号で答えよ。
(1点)

1 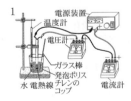 2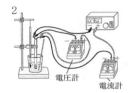

3 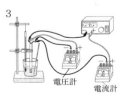 4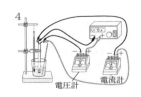

問2. 下の□内は，この実験についてまとめた内容の一部である。「電力」と「5分後の水の上昇温度」の関係を，右の図3にグラフで表せ。なお，グラフには，表と図2から読みとった値を●で示すこと。また，文中の〔　〕にあてはまる内容を，簡潔に書け。(3点)

図3
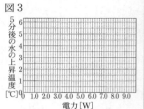

　図2，図3の2つのグラフから，電流によって発生する熱量は，〔　　〕のそれぞれに比例すると考えられる。

問3. 下は，実験後，電熱線の発熱量と水が得た熱量について考察しているときの，花さんと健さんと先生の会話の一部である。

先生：B班の実験結果から，5分間電流を流したときの電熱線の発熱量と，水が得た熱量を比べて考えてみましょう。

花さん：電熱線の発熱量に比べて水が得た熱量は，(　　)J小さいことがわかります。

：そのとおりです。では，水が得た熱量が小さくなるのはなぜだと思いますか。

：電熱線から水に伝わった熱が，コップや温度計などに伝わり，熱の一部が逃げてしまったからだと思います。

健さん：熱の一部が空気中に逃げてしまうことも関係していると思います。

：よく気づきましたね。

(1) 会話文中の(　　)に入る，数値を書け。ただし，1gの水の温度を1℃上昇させるのに必要な熱量を，4.2Jとする。(3点)
(2) 下線部について，温度の異なる物体が接しているとき，熱が温度の高いほうから低いほうへ移動する現象を何というか。(1点)

問4. ■基本■ 下の□内は，明るさが同程度の白熱電球とLED電球を用意し，それぞれの電球を一定時間使用したときの，消費電力のちがいについて説明した内容の一部である。文中の(①)に，適切な語句を入れよ。また，②の(　　)内から，適切な語句を選び，記号で答えよ。(1点)

　白熱電球に比べてLED電球は，電気エネルギーを(①)エネルギーに変換する際に発生する熱の量が少ないので，消費電力が②(ア．小さい　イ．大きい)。

## 佐 賀 県

時間 50分　満点 50点　解答 P27　3月4日実施

### 出題傾向と対策

● 小問集合1題，化学，物理，生物，地学各1題の計5題の出題。実験・観察を中心に基本事項を問う問題が大半であるが，結果を予測させたり結果を考察させる科学的思考力や論理的思考力が必要な問題もあった。解答形式は選択式が多いが，計算や作図，文章記述もあった。
● 教科書の実験・観察の基本事項をしっかり押さえておくとともに，実験器具の使い方も身につけておこう。さらに，実験や観察の結果からわかることを文章や計算式で表現できる力も養っておこう。

**1** 水溶液，力学的エネルギー，動物の体のつくりと働き，気象観測 ｜よく出る

次の1～4の各問いに答えなさい。
1. 気象について，(1)，(2)の問いに答えなさい。
(1) 図1の天気図記号で表している天気と風向をそれぞれ書きなさい。(2点)

図1
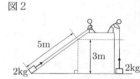

(2) 天気予報などで用いられる気圧について述べた文として最も適当なものを，次のア～エの中から1つ選び，記号を書きなさい。(1点)
ア．単位はhPa(ヘクトパスカル)が用いられ，1hPaは，1m²あたりに1Nの力がはたらいていることを表している。
イ．気圧が1000hPaよりも高いところを高気圧，1000hPaよりも低いところを低気圧という。
ウ．気圧は，空気にはたらく重力によって生じているので，標高が高くなるほど気圧は低くなる傾向がある。
エ．高気圧では周囲から中心に向かって風が吹くため，中心では上昇気流が生じ，雲が発生することが多い。

2. 図2のように，質量2kgの2つの物体を，次の2つの方法でそれぞれ高さ3mまでゆっくりと引き上げる。質量が100gの物体にはたらく重力の大きさを1Nとして，(1)，(2)の問いに答えなさい。ただし，ひもの重さおよび物体と斜面との間の摩擦は考えないものとする。

図2
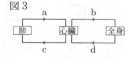

・物体を真上に引き上げる。
・物体を斜面にそって引き上げる。

(1) 物体を真上に3m引き上げるのに必要な仕事は何Jか，書きなさい。(1点)
(2) 物体を斜面にそって5m引き上げるときの引く力の大きさは何Nか，書きなさい。(1点)

3. 図3はヒトの血液の循環を模式的に表したものであり，a～dは血管で，矢印は血管の中の血液の流れの向きを表している。(1)，(2)の問いに答えなさい。

図3

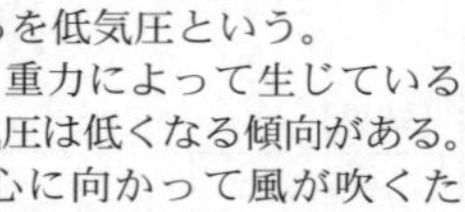

(1) 図3のa～dのうち，動脈血が流れている血管はどれか，適当なものをすべて選び，記号を書きなさい。

(2) 図3のbとdの血管を比較したとき，dの血管の特徴を説明しているものとして最も適当なものを，次のア～エの中から1つ選び，記号を書きなさい。　(1点)
　ア．壁が厚く，逆流を防ぐ弁がない。
　イ．壁が厚く，ところどころに逆流を防ぐ弁がある。
　ウ．壁がうすく，逆流を防ぐ弁がない。
　エ．壁がうすく，ところどころに逆流を防ぐ弁がある。
4．次の(1)，(2)の問いに答えなさい。
(1) 実験結果を発表用の大きな紙にまとめて，クラスで発表するときに注意することとして最も適当なものを，次のア～エの中から1つ選び，記号を書きなさい。　(1点)
　ア．実験結果や考察をたくさん伝えるために，グラフや表を書かず，文章をたくさん書いて，読んでもわかるようにつくる。
　イ．実験手順が誤っていたとしても，予想と結果があっていれば，誤っていたことには触れずに発表する。
　ウ．測定値が予想していた結果と違ったとしても，測定値からグラフを作成し，予想との違いも含めて考察を発表する。
　エ．実験結果や考察をわかりやすく伝えるために，実験の方法や順序を省略して書かずに，グラフなどをたくさん書く。
(2) 塩化ナトリウムは，60℃の水100gに最大で37.1g溶ける。60℃の塩化ナトリウム飽和水溶液の質量パーセント濃度は何％か。答えは小数第二位を四捨五入して小数第一位まで書きなさい。　(2点)

## 2 酸・アルカリとイオン　よく出る

次の1，2の問いに答えなさい。
1．酸性とアルカリ性を示すものの正体を調べるために【実験1】を行った。(1)～(4)の各問いに答えなさい。

【実験1】
　図1のように，ガラス板の上に，食塩水をしみこませたろ紙をのせ，その上に中央に鉛筆で線をひいた赤色リトマス紙と青色リトマス紙を置き，食塩水でしめらせた。両端を電極用のクリップではさみ電源につないだあと，両方のリトマス紙の中央部分に水酸化ナトリウム水溶液を一滴たらし，電圧を加えた。しばらくすると，①色の変化した部分が図1のBへ移動するようすが見られた。
　実験を行っているとき，ろ紙をはさんだクリップ部分（陽極）から②刺激臭のする気体が発生していた。実験は換気をよくして行った。

図1
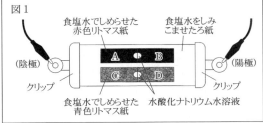

(1) 次の式は，水溶液中の水酸化ナトリウムの電離を表している。( a )，( b )にあてはまるイオン式を書きなさい。　(1点)
　　　　NaOH→( a )+( b )
(2) 【実験1】の下線部①について，この結果をもたらす原因となったのは何イオンだと考えられるか。イオンの名称を書きなさい。　(2点)

(3) 【実験1】で水酸化ナトリウム水溶液をうすい塩酸にかえて行ったとき，色の変化した部分の移動は，図1のどこで見られるか。図1のA～Dの中から1つ選び，記号を書きなさい。　(2点)
(4) 【実験1】の下線部②について，発生した気体は刺激臭のほかに，漂白作用の性質も持つ。この気体の化学式を書きなさい。　(1点)
2．うすい硫酸と水酸化バリウム水溶液の反応を調べるために【実験2】を行った。(1)～(4)の各問いに答えなさい。

【実験2】
　図2の実験装置をつくり，電極に電圧を加えたところ，水酸化バリウム水溶液に電流が流れることが確認された。電流を流しながらビーカーに，こまごめピペットを用いてうすい硫酸を少しずつ加えていった。うすい硫酸を加えながらビーカー内の溶液を観察したところ，硫酸バリウムが生じ白くにごった。また，電流はだんだんと流れなくなり，その後も硫酸を加え続けたところ，電流はふたたび流れるようになった。

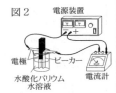

(1) こまごめピペットの正しい使用方法として最も適当なものを，次のア～エの中から1つ選び，記号を書きなさい。　(1点)
　ア．うすい硫酸が入ったまま，こまごめピペットの先を上に向けないようにする。
　イ．うすい硫酸の入った容器からうすい硫酸を吸い上げるときは，ゴム球に入るくらいまで，勢いよく吸い上げる。
　ウ．うすい硫酸をビーカーに加えるときは，こまごめピペットのガラス部分には触れないように，ゴム球だけを指でつまんで加える。
　エ．こまごめピペットの先が水酸化バリウム水溶液の中に入った状態で，うすい硫酸を加える。
(2) 酸性の水溶液とアルカリ性の水溶液を混ぜ合わせると，おたがいの性質を打ち消しあう。この化学変化を何というか，書きなさい。　(1点)
(3) 次の文は【実験2】で生じた硫酸バリウムについて述べたものである。文中の(　)にあてはまる語句を書きなさい。　(1点)

　ビーカー内の溶液が白くにごるのは硫酸バリウムが水に(　　)からである。

(4) 【実験2】を行っている間の，水溶液中の硫酸イオンの数の変化を表したグラフはどのようになるか。最も適当なものを次のア～エの中から1つ選び，記号を書きなさい。　(1点)

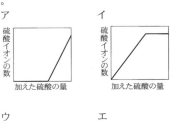

## 3 | 植物の体のつくりと働き　よく出る

次の1，2の問いに答えなさい。

1. 植物の蒸散について調べるために【実験1】を行った。(1)～(5)の各問いに答えなさい。

【実験1】
① ほぼ同じ大きさの葉で枚数がそろい，茎の太さもほぼ同じアジサイの枝を4本用意した。
② 図のように，用意した4本のアジサイにそれぞれ異なる処理をした後，10.0 mLの水が入った試験管にそれぞれさした。さらに，10.0 mLの水のみを入れた試験管を1本用意した。
③ ②で準備した5本の試験管内の水面に油を注いだ。実験の準備ができた試験管5本を，図のように装置A～Eとした。

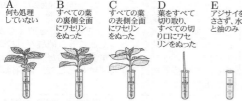

A 何も処理していない
B すべての葉の裏側全面にワセリンをぬった
C すべての葉の表側全面にワセリンをぬった
D 葉をすべて切り取り，すべての切り口にワセリンをぬった
E アジサイをささず，水と油のみ

※ワセリンは，蒸散を防ぐためのものである。

④ 上のA～Eについて，光の当たる明るい場所に置いて数時間たった後の試験管の水の量を測定した。表1はその結果をまとめたものである。

表1

| 装置 | A | B | C | D | E |
|---|---|---|---|---|---|
| 実験前の水の量[mL] | 10.0 | 10.0 | 10.0 | 10.0 | 10.0 |
| 実験後の水の量[mL] | 4.7 | 8.2 | 6.1 | 9.6 | 10.0 |

(1) 次の文は試験管内の減少した水のゆくえについて述べたものである。文中の(　)にあてはまる語句を書きなさい。(1点)

試験管内の水は，茎の維管束のうち水の通り道である(　)を通って，水蒸気として気孔から出て行った。

(2) 下線部について，水面に油を注ぐのは何を防ぐためか，書きなさい。また，防いだことを確かめるための装置として最も適当なものを，A～Eの中から1つ選び，記号を書きなさい。(2点)

(3) Dと実験結果が同じになると考えられる装置を作るためには，アジサイのどの部分にワセリンを塗ればよいか。最も適当なものを，次のア～エの中から1つ選び，記号を書きなさい。(2点)
ア．すべての葉の表側と裏側
イ．すべての葉の表側と茎
ウ．すべての葉の裏側と茎
エ．すべての葉の表側と裏側と茎

(4) A～Dについて，蒸散量の大きかったものから順に並べ，記号を書きなさい。(1点)

(5) 葉の裏側からのみの蒸散量として適当なものを，次のア～オの中からすべて選び，記号を書きなさい。(2点)
ア．Aの蒸散量とBの蒸散量の差
イ．Aの蒸散量とCの蒸散量の差
ウ．Aの蒸散量とDの蒸散量の差
エ．Bの蒸散量とDの蒸散量の差
オ．Cの蒸散量とDの蒸散量の差

2. 次に，植物の蒸散と光との関係を調べるために【実験2】を行った。(1), (2)の問いに答えなさい。

【実験2】
【実験1】の後の装置A～Eをそのまま使い，【実験1】と同様の実験を光の当たらない暗い場所で行った。表2はその結果をまとめたものである。ただし，光の条件以外は，【実験1】と同じ条件で実験を行っている。

表2

| 装置 | A | B | C | D | E |
|---|---|---|---|---|---|
| 【実験1】後の水の量[mL] | 4.7 | 8.2 | 6.1 | 9.6 | 10.0 |
| 【実験2】後の水の量[mL] | 4.1 | 8.0 | 5.7 | 9.6 | 10.0 |

(1) 次の文は【実験1】と【実験2】の結果から考えられることについて述べたものである。文中の( a )，( b )にあてはまる語句の組み合わせとして最も適当なものを，下のア～エの中から1つ選び，記号で書きなさい。(1点)

【実験1】と【実験2】の結果から，光の当たらない暗い場所に置くよりも，光の当たる明るい場所に置いたほうの蒸散量が( a )ことがわかる。このことから，光の当たる明るい場所に置いたほうが，気孔は( b )と考えられる。

| | a | b |
|---|---|---|
| ア | 少ない | 開いている |
| イ | 少ない | 閉じている |
| ウ | 多い | 開いている |
| エ | 多い | 閉じている |

(2) 光の当たる明るい場所に置いたときの，蒸散以外に気孔で行われている気体の出入りについて述べた文として最も適当なものを，次のア～エから1つ選び，記号を書きなさい。(1点)
ア．光合成のみが行われており，二酸化炭素が入って酸素が出ている。
イ．呼吸のみが行われており，酸素が入って二酸化炭素が出ている。
ウ．光合成と呼吸が行われており，全体としては二酸化炭素が入って酸素が出ている。
エ．光合成と呼吸が行われており，全体としては酸素が入って二酸化炭素が出ている。

## 4 | 電流

1～3の各問いに答えなさい。ただし，電熱線以外の回路中の抵抗の大きさは考えなくてよい。

1. 電熱線の太さと抵抗の関係を調べるために【実験1】を行った。(1)～(5)の各問いに答えなさい。ただし，細い電熱線と太い電熱線の長さと材質は同じである。

【実験1】
① 図1のように回路を組み立て，細い電熱線に加える電圧を0 V，1.0 V，2.0 V，3.0 V，4.0 V，5.0 Vと変化させ，電流の大きさを測定した。
② 図1の回路内の細い電熱線を太い電熱線にとりかえ，太い電熱線に加える電圧を①と同じように変化させ，電流の大きさを測定した。
③ ①と②の測定結果をグラフにまとめると，次の図2のようになった。

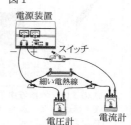

図1

図2

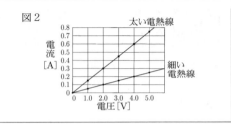

(1) 図1の回路を回路図で右にかきなさい。ただし，図には電源装置とスイッチがかいてあり，電熱線，電流計，電圧計の電気用図記号をそれぞれ —▭—，Ⓐ，Ⓥとしてかくこと。(1点)

(2) 図3のように電圧計の端子につなぎ，電圧の大きさを測定したところ，電圧計の針の振れは図4のようになった。このときの電圧の大きさは何Vか，書きなさい。(1点)

図3　　　図4

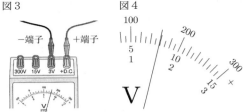

(3) 【実験1】の図2のグラフからわかることについて述べた文として最も適当なものを，次のア～エの中から1つ選び，記号を書きなさい。(1点)
ア．同じ大きさの電圧を加えるとき，細い電熱線のほうが，太い電熱線より大きな電流が流れる。
イ．同じ大きさの電流が流れるとき，細い電熱線のほうが，太い電熱線より大きな電圧が加わっている。
ウ．細い電熱線と太い電熱線を流れる電流の差は，加える電圧にかかわらず一定である。
エ．細い電熱線のほうが，太い電熱線よりも，グラフの傾きが大きいので，電流が流れやすい。

(4) 細い電熱線の抵抗の大きさは何Ωか，書きなさい。(1点)

(5) 細い電熱線に4.0Vの電圧を加え，1分間電流を流したときの電力量は何Jか，書きなさい。(1点)

2．次に電熱線のつなぎ方と抵抗の関係を調べるために【実験2】を行った。(1)，(2)の問いに答えなさい。

【実験2】
① 【実験1】で用いた2本の電熱線を用いて，図5のように並列回路を組み立てた。
② 電源装置の電圧を6.0Vに設定し，回路の各点の電流の大きさと，各部分の電圧の大きさを測定した。
③ 測定結果を表にまとめた。

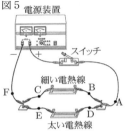

| 測定点 | 点A | 点B | 点C | 点D |
|---|---|---|---|---|
| 電流[A] | 1.2 | 0.3 | ( a ) | 0.9 |

| 測定部分 | AF間 | DE間 |
|---|---|---|
| 電圧[V] | 6.0 | ( b ) |

(1) 【実験2】の表中の( a )，( b )にあてはまる数値をそれぞれ書きなさい。(2点)

(2) 次の文は【実験2】の結果から，回路全体の抵抗の大きさについて述べたものである。文中の( c )，( d )，( e )には，「大きい」，「小さい」，「等しい」のいずれかの語がそれぞれあてはまる。正しい語をそれぞれ書きなさい。ただし，同じ語を何度用いてもよい。(2点)

　加える電圧を同じにして比べると，2本の電熱線を並列につないだとき，それぞれの電熱線に流れる電流の大きさは，【実験1】のように1本ずつつないだときに流れる電流の大きさと比べると( c )。また，回路全体を流れる電流の大きさは，この回路につながれたそれぞれの電熱線を流れる電流どちらと比べても( d )。よって，回路全体の抵抗の大きさは，それぞれの電熱線の抵抗の大きさと比べると( e )。

3．【実験1】の細い電熱線と太い電熱線を用いて回路をつくるとき，次のア～オの中で全体の抵抗の大きさが最も小さくなるのはどれか，【実験1】と【実験2】の結果を用いて1つ選び，記号を書きなさい。(1点)
ア．細い電熱線1本をつなぐ
イ．太い電熱線1本をつなぐ
ウ．細い電熱線2本を並列につなぐ
エ．太い電熱線2本を並列につなぐ
オ．細い電熱線と太い電熱線1本ずつを並列につなぐ

## 5 天体の動きと地球の自転・公転

図1は佐賀（東経130度，北緯33度）における1年間の日の出と日の入りの時刻の変化を表したもので，破線A～Dは1年のうち，それぞれ特徴的な日を示している。また，図2は，東京の小笠原（東経142度，北緯27度）と北海道の札幌（東経141度，北緯43度）における1年間の日の出と日の入りの時刻の変化をまとめて表したものである。表は，図1のA～Dの日における，佐賀と小笠原，札幌の太陽の南中高度をまとめたものである。1～7の各問いに答えなさい。

図1
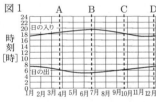

図2
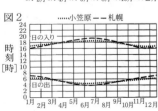

| | A | B | C | D |
|---|---|---|---|---|
| 札幌の南中高度 | 47° | 70° | 47° | 24° |
| 佐賀の南中高度 | 57° | ( X ) | 57° | 34° |
| 小笠原の南中高度 | 63° | 86° | ( Y ) | 40° |

1．図1のA～Dのうち，昼の長さが最も長い日はいつか。最も適当な日を1つ選び，記号を書きなさい。(1点)
2．昼の長さについて，図2を用いて説明しなさい。ただし，次の点を踏まえること。(2点)
・夏と冬それぞれについて，小笠原と札幌を比較すること。
3．表中の( X )，( Y )にあてはまる数値を，それぞれ整数で書きなさい。(2点)
4．次の文は表の太陽の南中高度について述べたものである。文中の( a )，( b )にあてはまる語句の組み合わせとして最も適当なものを，次のア～エの中から1つ

選び，記号を書きなさい。 (1点)

> 水平面に対して垂直に立てた棒が水平面につくる影の長さを観察すると，太陽の高度が高くなればなるほど，影の長さは（ a ）なるので，表の中で太陽が南中したときの影の長さが最も長くなるのは，（ b ）である。

| | a | b |
|---|---|---|
| ア | 長く | Bの札幌 |
| イ | 長く | Dの小笠原 |
| ウ | 短く | Bの小笠原 |
| エ | 短く | Dの札幌 |

5．地球の自転や公転，太陽の南中について述べた文として最も適当なものを，次のア～エの中から1つ選び，記号を書きなさい。 (1点)
　ア．地球から見ると，太陽は1時間で約15°西から東へ動く。
　イ．北極星から見た地球の自転の向きと公転の向きは同じである。
　ウ．同じ場所で同じ時刻に毎日観測すると，星座の位置は東のほうに動いて見える。
　エ．地軸が地球の公転面に対して垂直なため，太陽の南中高度が変化し，四季の変化が起こる。

図3は，小笠原における6月と12月の天球上の太陽の動きを表したものである。実線（――）が昼の太陽の動きを，破線（----）が夜の太陽の動きをそれぞれ表している。

図3
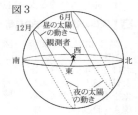

6．図3において，観測者の真上の天球上の点を何というか，書きなさい。 (1点)
7．思考力　札幌における6月と12月の天球上の太陽の動きを表した図として最も適当なものを，次のア～エの中から1つ選び，記号を書きなさい。 (2点)

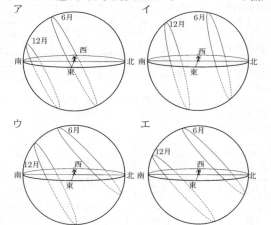

# 長崎県

時間 50分　満点 100点　解答 P28　3月10日実施

## 出題傾向と対策

●例年通り，物理，化学，生物，地学各2題の計8題が出題された。出題形式は多肢選択，用語記述，文章記述，計算問題が主で，作図問題は出題されなかった。実験・観察をもとにした基本的な内容からの出題が大部分を占めた。
●教科書で基本事項を中心に，幅広い知識を身につけることが必要である。また，文章記述問題の対策としては，基本的な用語の内容や実験の手順・結果を自分の言葉で簡潔にまとめる練習をしておくとよい。

## 1 植物の体のつくりと働き，植物の仲間

次の観察1，観察2について，あとの問いに答えなさい。
【観察1】　マツ，タンポポ，スギゴケ，イヌワラビを観察し，それぞれのからだの一部または全体をスケッチした。図1はマツ，図2はタンポポ，図3はスギゴケ，図4はイヌワラビのスケッチである。

問1．基本　図1のA～Dのうち，雄花はどれか。記号で答えよ。 (2点)
問2．タンポポはたくさんの花が集まっている。その花の集まりから一つの花を取り出してルーペで観察すると，花弁のつくりに特徴がみられる。どのような特徴か説明せよ。 (3点)
問3．基本　マツとタンポポは子孫をふやすために種子をつくるのに対して，種子をつくらないスギゴケとイヌワラビは子孫をふやすために何をつくるか。 (2点)
問4．スギゴケとイヌワラビを比較して，イヌワラビのみに当てはまる特徴として最も適当なものは，次のどれか。
 (2点)
　ア．葉，茎，根の区別がない。
　イ．仮根をもつ。
　ウ．維管束がある。
　エ．雌株と雄株がある。

【観察2】　スライドガラスに10％砂糖水を1滴落とし，その上にホウセンカの花粉をまいて，花粉のようすを顕微鏡で観察した。図5は観察を開始したときのスケッチ，図6は観察を開始してから5分後のスケッチである。

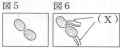

問5．ホウセンカの生殖について説明した次の文の（ X ），（ Y ）に適する語句を入れ，文を完成せよ。ただし，図6中の（ X ）と文中の（ X ）には同じ語句が入る。 (3点)

> ホウセンカの花粉がめしべの柱頭につくと，（ X ）とよばれる管がのび，胚珠に達する。（ X ）の中を通ってきた精細胞と胚珠の中の卵細胞が結合し，それぞれの核が合体して（ Y ）になり，その後，体細胞分裂をくり返して胚になる。

## 2 力と圧力

次のⅠ，Ⅱの問いに答えなさい。

Ⅰ．太郎さんは，図1のように水平な床の上に置いた体重計の上に両足でのった。

図1

図2

問1．**基本** 図1の状態において，体重計の示す値は図2のように40kgであった。太郎さんの両足が体重計に接触している面積を0.02m²とすると，太郎さんが体重計に加える圧力の大きさは何Paか。ただし，質量100gの物体にはたらく重力の大きさを1Nとする。(3点)

問2．**よく出る** 太郎さんは体重計からおりて，図3のように床の上に両足で立ったあと，図4のように片足で立った。次の文は，太郎さんが床に加える力の大きさと圧力の大きさについて，片足で立っているときと，両足で立っているときを比べて説明したものである。( ① )，( ② )に適する語句を下の語群から選び，文を完成せよ。ただし，同じ語句を何度用いてもよい。(3点)

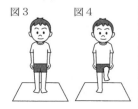
図3　図4

> 片足で立っているときに，太郎さんが床に加える力の大きさは，両足で立っているときと比べて( ① )。また，片足で立っているときに，太郎さんが床に加える圧力の大きさは，両足で立っているときと比べて( ② )。

| 語群 | 大きくなる　小さくなる　変わらない |

Ⅱ．図5のように，空気中で物体Aを糸でばねばかりにつるし，ばねばかりの示す値を読みとった。次に，図6のように，物体Aをすべて水に入れ，ばねばかりの示す値を読みとった。さらに，物体Aのかわりに，物体Aと質量が等しい物体Bを用いて，同様に測定し記録した。表は，ばねばかりの値をまとめたものである。ただし，糸の質量や体積は考えないものとし，物体A，物体Bの内部に空洞はなく，密度は均一であるとする。

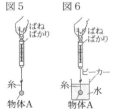
図5　図6

|  | 空気中での値 | 水中での値 |
|---|---|---|
| 物体A | 1N | 0.8N |
| 物体B | 1N | 0.6N |

問3．図6の状態で，物体Aにはたらく浮力の大きさは何Nか。(3点)

問4．物体A，物体Bの密度はどちらが小さいか記号で答えよ。また，その理由を物体A，物体Bの「質量」や「浮力と体積の関係」にふれながら説明せよ。(4点)

## 3 水溶液とイオン

次の実験1，実験2について，あとの問いに答えなさい。

【実験1】 精製水を用いて砂糖水，塩化銅水溶液，食塩水，うすい塩酸の4種類の水溶液を準備した。図1の装置を用いてそれぞれの水溶液に電極を入れ，電圧を加えて電流が流れるかどうかを調べた。

図1

問1．**基本** 電流が流れない水溶液として最も適当なものは，次のどれか。(2点)
ア．砂糖水　　　　　イ．塩化銅水溶液
ウ．食塩水　　　　　エ．うすい塩酸

問2．水溶液に電流が流れるのは，水溶液中でイオンが生じているためである。イオンのでき方を説明した次のa〜dの文のうち，正しいものの組み合わせを，ア〜エから選べ。(3点)
　a．原子が陽子を受けとって陽イオンになる。
　b．原子が陽子を失って陰イオンになる。
　c．原子が電子を受けとって陰イオンになる。
　d．原子が電子を失って陽イオンになる。
ア．aとb　　　　　イ．aとc
ウ．bとd　　　　　エ．cとd

【実験2】 図2はイオンの動きを調べるための装置である。電流を流しやすくするため，水道水をしみこませたろ紙をガラス板の上に置き，両端をクリップでとめ，電極ア，電極イとした。ろ紙の上に赤色リトマス紙AとB，青色リトマス紙CとDを置いた。うすい水酸化ナトリウム水溶液をしみこませた糸を中央に置き，一方のクリップを陽極，もう一方を陰極として電圧を加え，リトマス紙の色の変化を調べた。

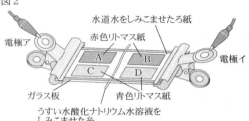
図2

問3．**基本** 水酸化ナトリウムを水に溶かしたときの電離のようすを化学式とイオン式を使って式で表せ。(4点)

問4．**よく出る** 実験2の結果，A〜DのうちBの色だけが変化した。陽極は電極ア，電極イのどちらか，記号で答えよ。また，その理由を説明せよ。(4点)

## 4 地層の重なりと過去の様子

地層の観察について，あとの問いに答えなさい。
図1に示した地図上の位置関係にあるP，Q，Rの3地点におけるボーリング調査をもとに柱状図を作成した。図2と図3は，それぞれ図1中の破線aa'，bb'における断面図に，作成した柱状図をかき込んだものである。これらの結果から，次の(1)〜(3)のことが分かった。なお，図2と図3のP地点の柱状図は同じものであり，この地域において各層は平行に重なり，地層のしゅう曲や断層は見られない。

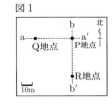
図1

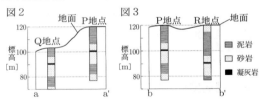
図2　図3

(1) P, Q, Rの3地点に①泥岩層, 砂岩層, および凝灰岩層がある。
(2) P, Q, Rの3地点に見られる②凝灰岩層はすべて同じ地層である。
(3) ③地層はすべて同じ方向に向かって低くなっている。

問1. 基本 この地域に見られる泥岩や砂岩など, 泥や砂などが積み重なって長い年月をかけて押し固められた岩石を何というか。 (2点)
問2. 下線部①の岩石をつくる粒は, 流水で運ばれたあとに地層をつくることが多い。このことから, これらの粒はどのような形の特徴がみられるか説明せよ。 (3点)
問3. 凝灰岩層があることから, この地域で過去に起こったと推測される自然現象は何か。 (3点)
問4. よく出る 下線部②, 下線部③について説明した次の文の( X )には適する語句を入れ, ( Y )には下の語群から適する方向を選び, 文を完成せよ。 (4点)

P, Q, Rの3地点に見られる凝灰岩層のように, 離れた地点の地層を比較する手がかりになる層を( X )という。図2, 図3の凝灰岩層を( X )として, P, Q, Rの3地点の地層を比べると, この地域の地層は( Y )の方向に向かって低くなっていると考えられる。

Yの語群　　北東　　北西　　南東　　南西

## 5 動物の体のつくりと働き

ヒトの消化のしくみについて, 次のⅠ, Ⅱの問いに答えなさい。

Ⅰ. だ液にふくまれる消化酵素のはたらきを確認するため, 次の実験を行った。
【実験】 1%デンプン溶液をそれぞれ5 cm³入れた試験管A～Dを準備した。試験管A, 試験管Bの一方に水を2 cm³, もう一方に水でうすめただ液を2 cm³入れた。そして, 図1のように, 試験管A, 試験管Bを40℃のお湯に10分間入れた。その後, お湯から取り出し, それぞれにヨウ素液を数滴加え, 溶液の反応のようすを調べた。同様に, 試験管C, 試験管Dの一方に水を2 cm³, もう一方に水でうすめただ液を2 cm³入れた。そして, 図2のように, 試験管C, 試験管Dを40℃のお湯に10分間入れた。その後, お湯から取り出し, それぞれにベネジクト液を数滴加え, さらに沸騰石を入れ, ガスバーナーで加熱し, 溶液の反応のようすを調べた。表はそれぞれの結果をまとめたものである。

図1　　　　図2
A B　　　C D
40℃のお湯　40℃のお湯

| 試験管 | 加えたもの | 反応のようす |
|---|---|---|
| A | ヨウ素液 | 変化しなかった |
| B | ヨウ素液 | 青紫色になった |
| C | ベネジクト液 | 変化しなかった |
| D | ベネジクト液 | 赤褐色の沈殿が生じた |

問1. 基本 だ液にふくまれ, デンプンを分解する消化酵素として最も適当なものは, 次のどれか。 (2点)
ア. ペプシン　　　　イ. トリプシン
ウ. リパーゼ　　　　エ. アミラーゼ
問2. よく出る 下線部の操作を行う理由を説明せよ。 (2点)
問3. よく出る 表の試験管A～Dのうち, 水でうすめただ液を入れた試験管の組み合わせとして最も適当なものは, 次のどれか。 (3点)
ア. AとC　　　　イ. AとD
ウ. BとC　　　　エ. BとD

Ⅱ. 食物にふくまれるデンプンや脂肪などの養分は消化管を移動しながら, だ液中やすい液中, 小腸のかべなどにある消化酵素などのはたらきによって消化される。それぞれの養分は決まった種類の消化酵素によって分解され, 小腸のかべから吸収されやすい物質になる。

問4. デンプンは消化酵素のはたらきによって分解され, 小腸のかべから吸収されるとき, 最終的に何という物質になっているか。物質名を答えよ。 (2点)
問5. 脂肪の消化に関する次の文の( X ), ( Y )に適する語句を入れ, 文を完成せよ。 (4点)

脂肪は, 胆のうから出される( X )のはたらきで小腸の中で水に混ざりやすい状態になり, すい液中の消化酵素のはたらきで脂肪酸と( Y )に分解され, 小腸のかべから吸収される。

## 6 電流

次のⅠ, Ⅱの問いに答えなさい。

Ⅰ. 図1のような回路をつくり, 抵抗器A, 抵抗器Bのそれぞれについて, 抵抗器に流れる電流と両端に加わる電圧との関係を調べた。図2のグラフは, その結果を表したものである。

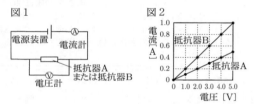

問1. 抵抗器Aの抵抗の大きさは, 抵抗器Bの抵抗の大きさの何倍か。 (2点)
問2. 基本 図3の回路で電流計が0.4 Aを示した。このとき, 抵抗器A, 抵抗器Bそれぞれの両端に加わる電圧の和は何Vか。 (3点)

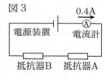

問3. 図4の回路をつくり, 電源装置の電圧の大きさを変えたところ, 電流計が0.6 Aを示した。このとき, 図2のグラフを用いて, 抵抗器Aおよび抵抗器Bの両端に加わる電圧の大きさを求める方法について説明した次の文の( ① ), ( ② )に適する数値を入れ, 文を完成せよ。 (4点)

図4の回路において, 抵抗器Aおよび抵抗器Bの両端に加わる電圧の大きさは等しい。また, 抵抗器A, 抵抗器Bそれぞれに流れる電流の和は( ① )Aであるので, 図2のグラフから2つの抵抗に流れる電流の和が( ① )Aになるような電圧の値を読みとると( ② )Vであり, これが抵抗器Aおよび抵抗器Bの両端に加わる電圧の大きさである。

Ⅱ. 抵抗が20Ωの抵抗器Pと抵抗器R, 抵抗が30Ωの抵抗器Qと抵抗器S, および電源装置を用いて, 次の図5と図6の回路をつくった。

図5

図6

問4．図5と図6のそれぞれの回路において，電源装置の電圧を10Vとしたとき，消費する電力が大きい方の抵抗器の組み合わせとして最も適当なものは，次のどれか。（3点）

|  | 図5 | 図6 |
|---|---|---|
| ア | 抵抗器P | 抵抗器R |
| イ | 抵抗器P | 抵抗器S |
| ウ | 抵抗器Q | 抵抗器R |
| エ | 抵抗器Q | 抵抗器S |

## 7 物質のすがた，水溶液，化学変化

健さん，咲さんと先生の会話文を読んで，あとの問いに答えなさい。

先　生：今日は化学かいろをつくりましょう。まず，水平な台の上に上皿てんびんを置き，調節ねじで左右をつり合わせたら，鉄粉6g，活性炭3g，食塩5gを正確にはかりとってください。今回は粉末の薬品を使うので薬包紙を使います。では，鉄粉6gをはかりとってください。

健さん：A 上皿てんびんがつり合ったから，これでいいかな。

咲さん：それだと鉄粉が6gより少なくなってしまうから，① 必要があるよ。

先　生：正しく薬品をはかり終えたら，次に5％食塩水をつくりましょう。はかりとった5gの食塩に，何gの水を加えればいいですか。

健さん：（ ② ）gです。

先　生：そのとおりです。では，はかりとった鉄粉と活性炭を蒸発皿に入れてよくかき混ぜ，さらに食塩水を2cm³加え，ガラス棒でよくかき混ぜたら，温度をはかってください。

咲さん：どんどん温度が上昇していますね。なぜ温度が上昇するのですか。

健さん：（ X ）と空気中の（ Y ）が化合し，熱が発生するためじゃないかな。

先　生：そうです。市販の化学かいろも同じしくみであたたまっているのですよ。だから使用中の市販の化学かいろを密閉できる袋に入れ，空気をできるだけ抜き，しっかり閉めて保存すれば，発熱を中断させることができますよ。

咲さん：そうなんですね。ところで，B 温度が下がる化学反応もありますか。

先　生：塩化アンモニウムと水酸化バリウムを混ぜ合わせて起こる化学反応があります。このときC 刺激臭のある気体が発生するので，換気に注意して直接かがないでくださいね。

問1．図は，健さんが下線部Aのように咲さんにたずねたときの上皿てんびんの状態である。会話文中の ① に入る会話文として最も適当なものは，次のどれか。（2点）

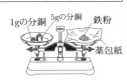

ア．鉄粉の下の薬包紙を水でぬらす
イ．分銅が置いてある皿にも薬包紙をのせる
ウ．分銅を軽いものにかえる
エ．鉄粉が置いてある皿にも分銅を置く

問2．会話文中の（ ② ）に適する数値を入れよ。（2点）

問3．会話文中の（ X ）には適する薬品の名称を，（ Y ）には適する気体の名称を入れよ。（4点）

問4．基本　会話文中の下線部Bの化学反応を何というか。（2点）

問5．会話文中の下線部Cの気体の性質として最も適当なものは，次のどれか。（2点）

ア．火のついた線香を激しく燃やす。
イ．漂白や殺菌のはたらきがある。
ウ．石灰水を白くにごらせる。
エ．水に溶けやすく，水溶液はアルカリ性である。

## 8 天気の変化

日本付近の天気図について，あとの問いに答えなさい。

高気圧や低気圧，前線などが通過すると天気が変化する。図はある日の日本周辺の天気図であり，図中の「高」は高気圧，「低」は低気圧を表している。また，高気圧と低気圧はそれぞれ図中の矢印（➡）の向きに進んでいる。

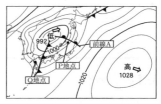

問1．図中の━━━━で表された前線Aは何前線か。（3点）

問2．次の表のア〜ウは，前線Aが通過するまでにP地点で見られた雲をまとめたものである。ア〜ウをP地点で見られた順に並べ，その記号を左から書け。（4点）

|  | ア | イ | ウ |
|---|---|---|---|
| 雲の種類 | 高積雲 | 巻雲 | 乱層雲 |
| 雲のようす |  |  |  |

問3．低気圧の中心付近における雲のでき方について説明した次の文の（ ① ）〜（ ③ ）に適する語句を入れ，文を完成せよ。（3点）

　空気のかたまりが上昇すると，上空にいくほど周囲の気圧が（ ① ）なるので，上昇した空気の体積が（ ② ）なり，その気温が（ ③ ）。やがて上昇した空気が露点に達すると，空気中の水蒸気の一部が無数の小さな水滴や氷の粒になり雲ができる。

問4．基本　図中のQ地点の気圧は何hPaか。（3点）

# 熊本県

時間 50分　満点 50点　解答 P29　3月10日実施

## 出題傾向と対策

● 例年通り，物理，化学，生物，地学各1題，計4題の出題で，各大問は1と2の2つの項目に分かれている。実験や観察を題材にした問題が多く，さまざまな分野から出題されている。実験結果からの考察など，科学的思考力を必要とする設問も多い。

● 基本事項をしっかりと身につけることが重要である。実験や観察については，手順，注意点，結果，考察などを整理して，その理由などを説明できるようにしておこう。また，ふだんから科学的思考力を意識しておこう。

## 1　小問集合

次の各問いに答えなさい。

1. 令子さんは，マツの花と花粉の観察を行い，記録をまとめた。次は，その記録の一部である。

〔マツの花と花粉の観察〕

〔観察日と天気〕
　4月19日　晴れ

〔目的〕
　マツの花と花粉の観察を行う。

〔方法〕
　Ⅰ．マツの枝の先端を観察する。
　Ⅱ．雄花と雌花から，りん片をはぎとり，ルーペで観察する。
　Ⅲ．雄花の花粉をスライドガラスにとり，顕微鏡で観察する。

〔結果〕
　・方法Ⅰで観察したマツの枝の先端のようすは図1のとおり。
　・方法Ⅱで観察した雄花と雌花のりん片のようすは図2のとおり。
　・方法Ⅲで観察した花粉のようすは図3のとおり。

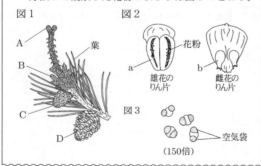

(1) 図1のA〜Dは，雄花，観察した年の雌花，1年前の雌花，2年前の雌花のいずれかである。雄花と2年前の雌花はどれか。図1のA〜Dから適当なものをそれぞれ一つずつ選び，記号で答えなさい。（1点）

(2) 基本　図2のaは，花粉が入っている部分で　①　という。図2のbは，②（ア．胚珠　イ．柱頭）であり，受粉後に種子となる。
　　①　に適当な語を入れなさい。また，②の（　）の中から正しいものを一つ選び，記号で答えなさい。（1点）

(3) 図3の空気袋は，マツの花粉にとってどんな点で都合が良いと考えられるか，書きなさい。（1点）

次に令子さんは，マツの種子の発芽について調べた。ペトリ皿A，B，C，Dに，水を含ませた脱脂綿を置き，それぞれ図4のようにマツの種子を20個ずつまいた。

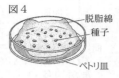

図4

表5は，温度と光の条件をかえて，2週間後に発芽した種子の数を示したものである。図6は，2週間後のペトリ皿Cとペトリ皿Dにおける，それぞれの発芽した個体のようすを示したものである。

表5

|   | 温度[℃] | 光 | 発芽した種子の数[個] |
|---|---|---|---|
| ペトリ皿A | 10 | 当てる | 0 |
| ペトリ皿B | 10 | 当てない | 0 |
| ペトリ皿C | 20 | 当てる | 18 |
| ペトリ皿D | 20 | 当てない | 15 |

(4) よく出る　光の条件だけをかえたペトリ皿　①　とペトリ皿Dの結果の比較と，温度の条件だけをかえたペトリ皿　②　とペトリ皿Cの結果の比較から，マツの種子の発芽には，光の影響に比べて温度の影響が大きいと判断できる。

図6

また，図6より，マツの種子は発芽した後，光を当てても当てなくても成長していたことがわかった。図6のペトリ皿Dのように光を当てなくてもマツが成長を続けていたのは，　③　と考えられる。

　①　，　②　に当てはまるものを，A〜Dからそれぞれ一つずつ選び，記号で答えなさい。また，　③　には，光を当てなくてもマツが成長を続けていた理由を，種子という語を用いて書きなさい。（2点）

さらに令子さんは，エンドウとイチョウの種子について調べた。

(5) 図7はエンドウの，図8はイチョウの，種子が見られる部分の写真である。次のア〜カのうち，エンドウとイチョウの種子がつくられるときのようすについて正しく説明したものを二つ選び，記号で答えなさい。（1点）

図7　図8

　ア．エンドウは受粉後に子房が果実になるが，イチョウは子房がなく受粉後に果実はできない。
　イ．エンドウは子房がなく受粉後に果実はできないが，イチョウは受粉後に子房が果実になる。
　ウ．エンドウとイチョウは，どちらも受粉後に子房が果実になる。
　エ．エンドウは花をつけて種子をつくるが，イチョウは花をつけずに種子をつくる。
　オ．エンドウは花をつけずに種子をつくるが，イチョウは花をつけて種子をつくる。
　カ．エンドウとイチョウは，どちらも花をつけて種子をつくる。

2. 博樹さんは，動物園で飼育されている動物の特徴について園内の資料館で調べた。図9は，ライオンとシマウマの頭骨を示したものである。

(1) シマウマの歯は、草をすりつぶすのに適した①(ア．門歯 イ．犬歯 ウ．臼歯)が発達している。また、ライオンとシマウマは、食物の違いから、体長に対する腸の長さの割合が、ライオンに比べてシマウマの方が②(ア．小さい イ．大きい)。
①、②の( )の中からそれぞれ正しいものを一つずつ選び、記号で答えなさい。 (1点)

図9
ライオンの頭骨　シマウマの頭骨

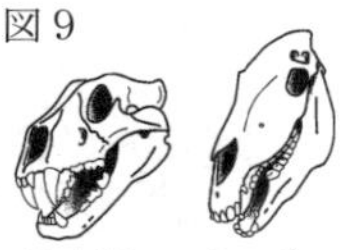

(2) 博樹さんはフクロウを観察したとき、目のつき方がシマウマよりライオンに似ていることに気づき調べたところ、フクロウは、獲物との距離をはかって、獲物をつかまえていることがわかった。フクロウが獲物との距離をはかることができる理由を、フクロウの目のつき方と見え方に着目して書きなさい。 (2点)

次に博樹さんは、図10のニホンイシガメとアカミミガメについて調べたところ、ニホンイシガメは日本固有の種であり、アカミミガメは北米原産の外来種であることがわかった。
表11は、1匹の雌からふえるニホンイシガメとアカミミガメの個体数に関するデータを示したものである。

図10
ニホンイシガメ　アカミミガメ

表11
|  | 1回の産卵数[個] | ふ化の割合[%] | 生き残り率[%] | 年間の産卵回数[回] |
|---|---|---|---|---|
| ニホンイシガメ | 10 | 50 | 20 | 2 |
| アカミミガメ | 20 | 50 | 20 | 3 |

※生き残り率とは、ふ化してから成体になるまでに生き残る割合のこと。

(3) 表11において、アカミミガメの雌1匹の1回の産卵数が20個のとき、成体まで生き残る個体数は ① 匹である。また、アカミミガメの雌1匹が1年間に産む卵のうち、成体まで生き残る個体数は、ニホンイシガメの雌1匹が1年間に産む卵のうち、成体まで生き残る個体数の ② 倍である。
①、②に適当な数字を入れなさい。 (2点)

さらに、博樹さんはニホンイシガメとアカミミガメの生態について調べ、次のようにまとめた。

・ニホンイシガメとアカミミガメは、生活場所とえさが共通していることが多い。
・アカミミガメはニホンイシガメよりも、短期間で成体になる。

(4) ニホンイシガメがすんでいる環境に、アカミミガメが持ち込まれ、定着すると、ニホンイシガメの個体数は減少すると考えられる。ニホンイシガメの個体数が減少すると考えられる理由を、表11と博樹さんのまとめをふまえて書きなさい。 (2点)

## 2 気象観測、日本の気象、天体の動きと地球の自転・公転、太陽系と恒星

次の各問いに答えなさい。

1. 明雄さんは、昨年8月8日に、熊本県内のある場所で、天体の観察を行った。図12は、午後9時に観察した木星、さそり座のアンタレス、月をスケッチしたものである。

図12

(1) 木星のように太陽のまわりを公転する天体を ① という。図12の天体のうち、自ら光を出しているのは②(ア．木星 イ．アンタレス ウ．月)である。
① に適当な語を入れなさい。また、②の( )の中から正しいものを一つ選び、記号で答えなさい。 (1点)

(2) アンタレスと月を、9日後の午後9時に同じ場所で観察すると、図12よりも、アンタレスは①(ア．東 イ．西)側に、月は②(ア．東 イ．西)側に移動して見える。また、このとき、図12よりも位置が大きく移動して見えるのは、③(ア．アンタレス イ．月)の方である。
①~③の( )の中からそれぞれ正しいものを一つずつ選び、記号で答えなさい。 (2点)

明雄さんは、地球と木星の軌道について調べたところ、太陽、地球、木星の順に周期的に一直線上に並ぶことがわかった。図13は、ある年の12月の太陽、地球、木星が一直線上に並んだときのようすを模式的に表したものである。ただし、地球と木星の軌道は、同じ平面上の円であるものとする。

図13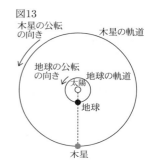

(3) 図13のとき、熊本県内のある場所で木星を観察すると、一日の中でいつ頃、どの方角に見えるか。次のア~エから最も適当なものを一つ選び、記号で答えなさい。 (1点)
ア．真夜中には東の空、明け方には南の空に見える。
イ．明け方には東の空、夕方には西の空に見える。
ウ．夕方には南の空、真夜中には西の空に見える。
エ．夕方には東の空、明け方には西の空に見える。

(4) 次は、明雄さんが図13をもとに太陽、地球、木星の位置関係について、先生と考えたときの会話である。①、②の( )の中からそれぞれ正しいものを一つずつ選び、記号で答えなさい。 (2点)

明雄：太陽、地球、木星が、この順で一直線上に並ぶ現象は、どれくらいの周期で起こるのでしょうか。
先生：まず地球と木星の公転周期から考えると、地球の公転周期は1年、木星の公転周期は11.9年なので、地球と木星が1か月で公転する角度は、それぞれ何度になるかな。
明雄：地球は約30°で、木星は約①(ア．0.5° イ．1.0° ウ．1.3° エ．2.5°)になります。
先生：次に1年後の地球と木星の位置関係をもとに考えると、再び一直線上に並ぶ周期が予想できますよ。
明雄：わかりました。そう考えると、13か月よりも②(ア．短い イ．長い)周期で、この現象が起こることになります。先生、ありがとうございました。

2. 優子さんは、海に近い場所では、晴れた日の昼と夜の風のふき方が異なることに興味を持ち、海岸付近の気象要素の観測記録を調べた。次の表14は、ある海岸付近の、ある日の天気、風向、風速を、表15は、風力階級表の一部を示したものである。

表14

| 時刻[時] | 3 | 6 | 9 | 12 | 15 | 18 | 21 | 24 |
|---|---|---|---|---|---|---|---|---|
| 天気 | 晴れ | 晴れ | 晴れ | 晴れ | 晴れ | 晴れ | 晴れ | 晴れ |
| 風向 | 東 | 東 | 西北西 | 西北西 | 北西 | 北西 | 東北東 | 東 |
| 風速[m/s] | 1.5 | 1.2 | 1.9 | 4.0 | 4.5 | 2.7 | 1.2 | 2.4 |

(1) 表14と表15から，12時の天気，風向，風力を，天気図に使用する記号で下の図中にかきなさい。（1点）

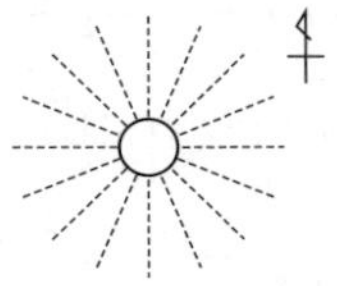

表15

| 風力 | 風速[m/s] |
|---|---|
| 0 | 0〜0.3未満 |
| 1 | 0.3〜1.6未満 |
| 2 | 1.6〜3.4未満 |
| 3 | 3.4〜5.5未満 |
| 4 | 5.5〜8.0未満 |
| 5 | 8.0〜10.8未満 |

次に優子さんは，海岸付近で昼と夜の風向きが異なる理由を調べるため，次の実験Ⅰ，Ⅱを行った。

実験Ⅰ．図16のように，ビーカーAには，かわいた砂500 cm³を，ビーカーBには，水500 cm³を入れた。次に，砂や水の表面近くの温度が測定できるように温度センサーをさし，コンピュータに接続した。その後，2つのビーカーに太陽の光を当て，2分ごとに20分間，それぞれの温度を測定した。

図16

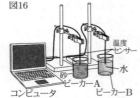

実験Ⅱ．実験Ⅰで用いたかわいた砂500 cm³と水500 cm³の温度を30℃にした後，太陽の光が当たらないところで，同様の実験を行った。

図17は実験Ⅰの結果を，図18は実験Ⅱの結果を，それぞれグラフに示したものである。

図17　　　図18

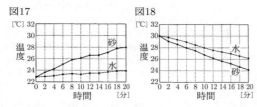

(2) 実験Ⅰ，Ⅱの結果から，陸は，太陽の光が当たると海よりも①（ア．あたたまりやすく　イ．あたたまりにくく），太陽の光が当たらないと海よりも②（ア．冷えやすい　イ．冷えにくい）と考えられる。陸上と海上で気温差が生じることは，風がふく原因の一つであり，晴れた日の昼の海岸付近では，③（ア．陸上から海上　イ．海上から陸上）に向かって風がふく。
　①〜③の（　　）の中からそれぞれ正しいものを一つずつ選び，記号で答えなさい。（2点）

さらに優子さんは，日本付近の大気の動きについて，天気図を使って調べた。次の図19の3つの図は，ある年の1月25日，1月26日，1月27日の午前9時の，それぞれの天気図である。また，A地点は，熊本県内の同一地点を示している。

図19

1月25日午前9時　　1月26日午前9時

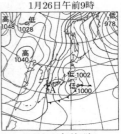

1月27日午前9時

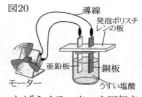

(3) 図19の1月25日から27日のA地点において，午前9時の風が最も強いと考えられるのは，1月①（ア．25日　イ．26日　ウ．27日）であり，気圧が最も高いと考えられるのは，1月②（ア．25日　イ．26日　ウ．27日）である。
　①，②の（　　）の中からそれぞれ正しいものを一つずつ選び，記号で答えなさい。（1点）

(4) 図19の1月25日から27日のように，冬の日本付近では，太平洋上で低気圧が，ユーラシア大陸上で高気圧が発達することが多い。ユーラシア大陸上で高気圧が発達する理由を，図18をふまえて，密度と下降気流という二つの語を用いて書きなさい。（2点）

3 物質のすがた，水溶液，水溶液とイオン

次の各問いに答えなさい。

1．令子さんは，電池のしくみを調べる実験を行った。図20のように，うすい塩酸に銅板と亜鉛板を入れ，モーターをつないだところ，銅板から気体が発生すると同時にモーターが回転しはじめた。しばらくモーターを回転させた後，うすい塩酸に入っていた亜鉛板を観察すると，表面がざらついていた。

図20

(1) 銅に見られる性質として誤っているものを，次のア〜エから一つ選び，記号で答えなさい。（1点）
　ア．熱がよく伝わる。
　イ．みがくと光沢がでる。
　ウ．たたくと広がる。
　エ．磁石に引きつけられる。

(2) 実験でモーターが回転しているときの亜鉛板の一部で起こる化学変化のようすを最もよく表したモデルはどれか。次のア〜エから一つ選び，記号で答えなさい。また，亜鉛イオンのイオン式を答えなさい。ただし，ア〜エの●は亜鉛イオン，⊖は電子を表すものとする。（1点）

ア　　イ　　ウ　　エ

(3) 実験でモーターが回転しているとき，銅板の表面では水素イオンが水素分子に変化している。水素分子が

N個できたとき，水素分子に変化した水素イオンの数は何個か，Nを使って表しなさい。 (1点)

次に令子さんは，図21のように，備長炭に食塩水でしめらせたキッチンペーパーを巻き，さらにその上にアルミニウムはくを巻いた装置をつくった。この装置と電子オルゴールを導線でつないだところ，メロディが鳴った。しばらくメロディを鳴らした後，アルミニウムはくのようすを観察すると，穴があいたり，厚さがうすくなったりしていた。

図21
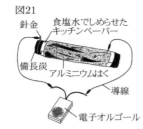

(4) 電子オルゴールのメロディが鳴ったのは，①からである。このことから，アルミニウムはくは，②（ア．＋極　イ．－極）であると考えられる。①にメロディが鳴った理由を，アルミニウムはくの変化のようすをふまえてイオンと移動という二つの語を用いて書きなさい。また，②の（ ）の中から正しいものを一つ選び，記号で答えなさい。 (2点)

2. 明雄さんは，しょう油に含まれる食塩の量を調べるため，I〜IVの順に実験を行い，しょう油に含まれる有機物を炭として取り除いた。図22は，用いたしょう油の食品表示ラベルの一部である。

図22
名称：こいくちしょうゆ
原材料名：大豆，小麦，食塩
内容量：200mL

I．図23のように，蒸発皿に10.0 cm³のしょう油を入れ，表面が黒くこげて炭になりはじめるまで，ガスバーナーで加熱した。
II．加熱後冷えてから，蒸発皿に蒸留水を加え，ろ過によって，ろ液と炭にわけた。
III．ろ液を別の蒸発皿に入れ，ガスバーナーで再び加熱すると，蒸発皿に食塩とともに少量の炭が得られた。
IV．蒸発皿に蒸留水を加え，再びろ過をして，ろ液と炭にわけた。ろ液を別の蒸発皿に入れ，ガスバーナーで再び加熱すると，蒸発皿に炭が混ざっていない食塩1.36 gが得られた。

図23 しょう油　蒸発皿　ねじA　ねじB　コック

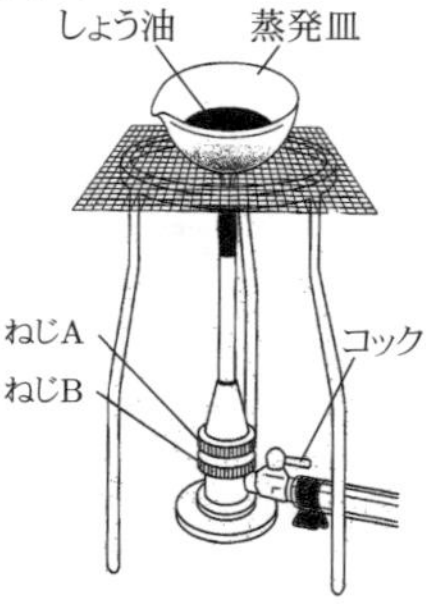

(1) しょう油と同じように，混合物であるものを次のア〜オからすべて選び，記号で答えなさい。 (1点)
ア．水　イ．鉄　ウ．空気
エ．塩酸　オ．二酸化炭素

(2) 図23のガスバーナーの使い方について，正しく説明しているものはどれか。次のア〜オから二つ選び，記号で答えなさい。 (2点)
ア．ガスバーナーを使用する前に，コックやねじA，ねじBが閉まっていることを確認する。
イ．点火するときは，コックを開き，ねじAを開いてからねじBを開く。
ウ．炎の大きさを調節するときは，ねじBを回して，空気の量を調節する。
エ．炎を適正な青い炎にするときは，ねじBを動かさないようにして，ねじAを回す。
オ．ガスバーナーの火を消すときは，最初にねじBを閉める。

(3) 下線部について，食塩とともに炭が得られた理由を，ろ過という語を用いて書きなさい。 (2点)

(4) 新傾向 明雄さんが，日本人が1日にしょう油から摂取している食塩の量について調べたところ，平均1.7 gであることがわかった。食塩1.7 gに相当するしょう油の体積を実験結果をもとに計算すると，小さじ何杯分になるか。次のア〜エから適当なものを一つ選び，記号で答えなさい。ただし，小さじ1杯は5.0 cm³とする。 (2点)
ア．$1\frac{1}{2}$杯　イ．$2\frac{1}{2}$杯　ウ．4杯　エ．6杯

## 4 力と圧力，電流，力学的エネルギー，エネルギー

次の各問いに答えなさい。

1. 博樹さんは，物体にはたらく浮力に興味をもち，高さ4.0 cm，重さ0.50 Nの直方体と，直径4.0 cm，重さ1.00 Nの球体を用いて，浮力を調べる実験を行った。図24のように，直方体と球体をそれぞれ糸でばねばかりにつるし，水を入れた水そうにゆっくりと沈めた。表25は，直方体または球体を水に沈めたときの水面からの深さと，そのときのばねばかりの値を示したものである。ただし，実験で使用する糸の伸び縮みや重さは考えないものとする。

図24
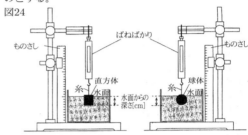

表25

| 水面からの深さ [cm] | 0 | 1.0 | 2.0 | 3.0 | 4.0 | 5.0 | 6.0 |
|---|---|---|---|---|---|---|---|
| ばねばかりの値 [N] 直方体 | 0.50 | 0.41 | 0.32 | 0.23 | 0.14 | 0.14 | 0.14 |
| ばねばかりの値 [N] 球体 | 1.00 | 0.95 | 0.84 | 0.72 | 0.67 | 0.67 | 0.67 |

(1) よく出る 直方体の表面にはたらく水圧について，水面からの深さが5.0 cmのときのようすを，最もよく表したものはどれか。次のア〜エから一つ選び，記号で答えなさい。ただし，ア〜エの矢印の長さと向きは，水圧の大きさと向きを表すものとする。 (1点)

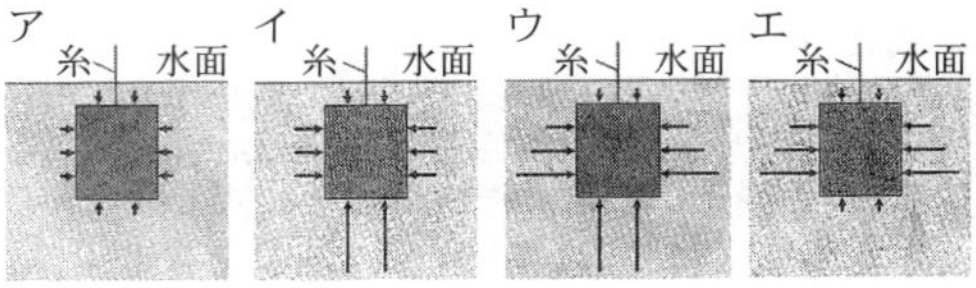

ア 　イ 　ウ 　エ

(2) 表25から，水面からの深さと直方体にはたらく浮力の関係を示すグラフを右にかきなさい。 (2点)

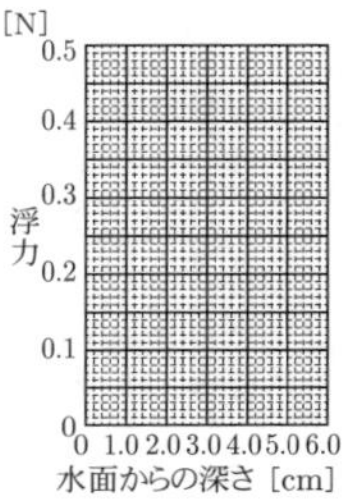

(3) 表25から，球体にはたらく力について正しく説明しているものを，次のア〜エからすべて選び，記号で答えなさい。 (1点)
ア．水面からの深さが4.0 cmまでは，深さが大きくなるほど糸が球体を引く力は小さくなる。
イ．水面からの深さが4.0 cmまでは，深さが大きくなるほど球体の重力の大きさは小さくなる。
ウ．水面からの深さが4.0 cmまでは，球体の浮力の大きさは深さに比例している。
エ．水面からの深さが4.0 cmから6.0 cmでは，球体の浮力の大きさは変化しない。

次に図26のように，4つの球体A，B，C，Dを水に入れたところ，A，Bは水面に浮き，C，Dは底に沈んだ。球体の直径はA，Cが7.0 cm，B，Dが10.0 cmであり，重さは，A，Bが1.00 N，C，Dが8.00 Nである。

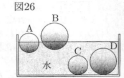
図26

(4) 図26のA～Dにはたらく浮力の大きさについて，大きい方から順に並べたとき，1番目と2番目にくるものをA～Dからそれぞれ一つずつ選び，記号で答えなさい。(2点)

2．優子さんは，モーターによるエネルギーの変換について調べるため，図27のように電源装置，電圧計，電流計，モーターを使って回路を作り，滑車につけた糸に，重さが0.20 Nのおもりをつり下げて，実験Ⅰ，Ⅱを行った。ただし，実験で使用する糸の伸び縮みや重さは考えないものとする。

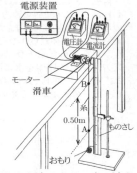
図27

実験Ⅰ．モーターに加える電圧を2.5 Vにして，おもりが0.50 m離れた点Aから点Bまで一定の速さで持ち上がったときの，モーターに流れた電流とかかった時間を調べた。

実験Ⅱ．実験Ⅰの電圧を5.0 Vにかえ，同様の実験を行った。

表28は，実験Ⅰ，Ⅱの結果を示したものである。

表28

|  | 実験Ⅰ | 実験Ⅱ |
|---|---|---|
| 加えた電圧[V] | 2.5 | 5.0 |
| 流れた電流[mA] | 40 | 48 |
| かかった時間[秒] | 5.0 | 2.2 |

(1) 実験Ⅰにおいて，点Aと点Bの間をおもりが動く速さは何m/sか，求めなさい。(1点)

(2) 実験Ⅰ，Ⅱのおもりについて，点Aでの運動エネルギーが大きいのは①(ア．実験Ⅰ　イ．実験Ⅱ)である。また，実験Ⅰにおいて，点Aと点Bでのおもりの力学的エネルギーの大きさを比べると②(ア．点Aの方が大きい　イ．点Bの方が大きい　ウ．点Aと点Bでは等しい)。さらに，実験Ⅰ，Ⅱで点Aから点Bまでのおもりの力学的エネルギーの増加した量を比べると③(ア．実験Ⅰの方が大きい　イ．実験Ⅱの方が大きい　ウ．実験ⅠとⅡでは等しい)。
①～③の(　)の中からそれぞれ適当なものを一つずつ選び，記号で答えなさい。(2点)

(3) **基本** 実験Ⅰにおいて，点Aから点Bまでにモーターが消費した電力量は何Jか，求めなさい。(2点)

(4) **思考力** 実験Ⅰ，Ⅱにおいて，点Aから点Bまでのモーターのエネルギー変換効率を考えると，モーターによって ① の約8割が ② に，約2割が ③ に変換されている。
① ～ ③ に当てはまるエネルギーの名称を，次のア～ウからそれぞれ一つずつ選び，記号で答えなさい。(2点)
ア．力学的エネルギー
イ．電気エネルギー
ウ．熱や音のエネルギー

---

# 大分県

時間 50分　満点 60点　解答 P29　3月10日実施

## 出題傾向と対策

● 例年通り，物理，化学，生物，地学各1題，小問集合1題の計5題の出題。解答形式は記述式が多く，文章記述，作図，計算問題などがあった。基本的な問題がほとんどであるが，実験結果を考察したり，仮説を確かめる実験を組み立てたりする思考型の問題もあった。

● 教科書の内容をしっかりと理解しておくことが重要。実験・観察の操作の手順や注意点，考察を導く過程や調べたことなどを文章にまとめる習慣をつけ，問題演習を通じて応用力や科学的思考力をつけておこう。

## 1 動物の体のつくりと働き

消化と吸収について調べるために，次の実験・調査を行った。(1)～(6)の問いに答えなさい。

Ⅰ デンプンに対するだ液のはたらきについて調べた。
① 4本の試験管A，B，C，Dを用意し，デンプン溶液を5 mLずつ入れた。
② ①の試験管A，Bに，水でうすめただ液を2 mLずつ入れ，試験管C，Dに，水を2 mLずつ入れ，それぞれよく混ぜ合わせた。
③ [図1]のように，②の試験管A，B，C，Dを，36℃くらいの水が入ったビーカーに10分間入れた。
④ ③の試験管A，Cに，それぞれヨウ素液を数滴加えて，色の変化を見た。
⑤ ③の試験管B，Dに，それぞれベネジクト液を数滴加えて，[図2]のように，沸騰石を入れて試験管を軽く振りながら加熱して，色の変化を見た。

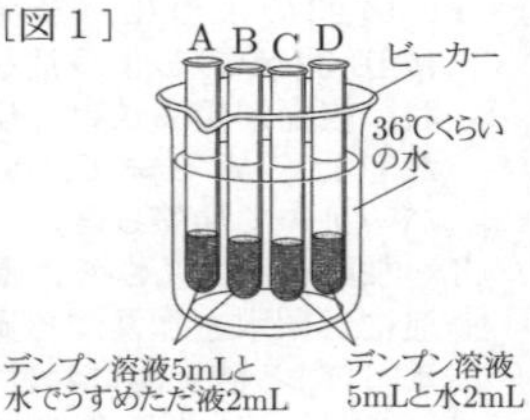

[図1]　ABCD　ビーカー　36℃くらいの水　デンプン溶液5mLと水でうすめただ液2mL　デンプン溶液5mLと水2mL

[図2]　B D　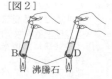　沸騰石

[表1]は④，⑤の結果をまとめたものである。

[表1]

|  | デンプン溶液と水でうすめただ液 |  | デンプン溶液と水 |  |
|---|---|---|---|---|
|  | 試験管A | 試験管B | 試験管C | 試験管D |
| ヨウ素液の反応 | 変化しなかった |  | 青紫色になった |  |
| ベネジクト液の反応 |  | 赤褐色の沈殿ができた |  | 変化しなかった |

(1) 次の文は，⑤で，下線部の操作を行う理由について述べたものである。(　)に当てはまる語句を書きなさい。(1点)

(　)を防ぐため。

(2) **よく出る** [表1]から，次のように考察した。正しい文になるように，( ① )～( ④ )に当てはまる語句として適切なものを，ア～エから1つずつ選び，記号を書きなさい。ただし，2箇所ある( ① )には同じ語句が入り，2箇所ある( ③ )には同じ語句が入る。(2点)

（ ① ）と（ ② ）での結果を比べると，（ ① ）では，デンプンがなくなったことがわかる。
（ ③ ）と（ ④ ）での結果を比べると，（ ③ ）では，ブドウ糖や，ブドウ糖が2～10個程度つながったものがあることがわかる。

ア．試験管A　　　イ．試験管B
ウ．試験管C　　　エ．試験管D

(3) Ⅰの実験からわかることを述べた文として最も適当なものを，ア～エから1つ選び，記号を書きなさい。(2点)
ア．だ液にふくまれている消化酵素は，高温では，はたらかない。
イ．だ液にふくまれている消化酵素は，水がないと，はたらかない。
ウ．だ液にふくまれている消化酵素は，中性で，よくはたらく。
エ．だ液にふくまれている消化酵素は，体外でも，はたらく。

Ⅱ 消化酵素について調べた。
⑥ 食物にふくまれている養分であるデンプン，タンパク質，脂肪が消化されるしくみについて本で調べた。
［図3］は，そのときにみつけた図である。
⑦ ［図3］をもとに，それぞれの消化液にふくまれる消化酵素がどの養分にはたらいているか調べた。
［表2］は，それをまとめたものである。

［図3］デンプン　タンパク質　脂肪
↓だ液中の消化酵素
↓胃液中の消化酵素
↓すい液中の消化酵素
↓小腸の壁の消化酵素
ブドウ糖　アミノ酸　脂肪酸とモノグリセリド

［表2］
| 食物にふくまれている養分 | はたらいている消化酵素 | 体内に吸収される養分 |
|---|---|---|
| デンプン | （ a ） | ブドウ糖 |
| タンパク質 | （ b ） | アミノ酸 |
| 脂肪 | すい液中の消化酵素 | 脂肪酸とモノグリセリド |

(4) ［表2］で，（ a ），（ b ）に当てはまる語句として適切なものを，それぞれア～エからすべて選び，記号を書きなさい。ただし，同じ記号を2度選んでよい。(各1点)
ア．だ液中の消化酵素　イ．胃液中の消化酵素
ウ．すい液中の消化酵素　エ．小腸の壁の消化酵素

(5) 基本　Ⅱで，消化酵素のはたらきとして最も適当なものを，ア～エから1つ選び，記号を書きなさい。(1点)
ア．体内に吸収されやすくするために，食物にふくまれる養分を別の物質に変化させる。
イ．体の器官を守るために，食物にふくまれる有害な物質を解毒させる。
ウ．消化管を通りやすくするために，食物を砕いて細かくする。
エ．体内に吸収されやすくするために，食物を適切な温度に保つ。

(6) よく出る　［図4］のように，小腸の壁にはたくさんのひだがあり，その表面は柔毛という小さな突起でおおわれていることで，効率よく養分を吸収できる。小腸で効率よく養分が吸収できる理由を，「ひだと柔毛があることで，」の書き出しに続けて，簡潔に書きなさい。(2点)

［図4］
ひだ　柔毛

## 2 天体の動きと地球の自転・公転，太陽系と恒星

太郎さんと花子さんは，太陽について調べるために，次の調査・実験を行った。(1)～(6)の問いに答えなさい。

Ⅰ 太陽の黒点について調べた。
① ［図1］は，あるWebページでみつけた，ある年の8月9日から21日までの2日おきの太陽の黒点の観察記録を，紙に印刷したものである。
この記録から，太陽の黒点は東から西へ動いていることがわかった。
② ［図1］で，円形に見えた8月15日の黒点の直径を紙の上ではかると3mm，太陽の直径を同様にはかると10cmであった。

［図1］西　8月9日　8月11日　8月13日　8月15日　8月17日　8月19日　8月21日　東
太陽の直径（紙の上で10cm）　円形に見えた黒点（紙の上で直径3mm）

Ⅱ 太陽光のあたり方について調べた。
③ 地球の公転について調べると，地軸が公転面に立てた垂線に対して23.4°傾いたまま公転していることがわかった。
④ ③をもとに，北緯x度の地点Pにおける夏至の日の南中高度について考えた。
［図2］は，そのときにかいた模式図である。

［図2］公転面に立てた垂線　地軸　水平面　23.4°　地点P　赤道　公転面　ア　イ　ウ　エ　太陽光　影の部分

⑤ 地球上のいくつかの地点の太陽の1日の動きを調べると，［図3］のように，夏至の日に，1日中太陽が沈まない地点があることがわかった。

［図3］

(1) よく出る　［図1］から，太郎さんは次のように考察した。正しい文になるように（ a ），（ b ）に当てはまる語句の組み合わせとして最も適当なものを，ア～エから1つ選び，記号を書きなさい。(1点)

時間とともに黒点の位置が東から西へ動いていることから，太陽は（ a ），丸い黒点は，太陽の中央部では円形に，周辺部では楕円形に見えることから，太陽は（ b ）形であることがわかる。

| | ア | イ | ウ | エ |
|---|---|---|---|---|
| a | 自転しており | 自転しており | 気体であり | 気体であり |
| b | 円 | 球 | 円 | 球 |

(2) ②で，円形に見えた3mmの黒点の実際の直径は，地球の実際の直径の何倍か。四捨五入して小数第一位まで求めなさい。ただし，太陽の実際の直径は地球の実際の直径の109倍であるものとする。(1点)

(3) ④について，①，②の問いに答えなさい。
① 地点Pの北緯および南中高度を表す角度として適切なものを，［図2］のア～エから1つずつ選び，記号を

書きなさい。 (各1点)
② 北緯 $x$ 度の地点Pにおける夏至の日の南中高度を, $x$ を使って表しなさい。 (1点)
(4) 北半球において,[図3]のように夏至の日に1日中太陽が沈まない地点として最も適当なものを,次のア〜エから1つ選び,記号を書きなさい。ただし,光の屈折による影響は考えないものとする。 (1点)
ア．北極点だけである
イ．赤道上だけである。
ウ．北緯23.4度よりも低い緯度の地点である。
エ．北緯66.6度よりも高い緯度の地点である。
Ⅱで,太陽の高度と四季の気温の変化に何か関係があるのではないかと考えた2人は,次の課題を設定して予想を立て,解決するための実験方法を考えた。

【課題】 夏の方が冬よりも,気温が高いのはどうしてだろうか。
【予想】 夏の方が冬よりも,太陽の南中高度が高いから。
【実験方法】 太陽光があたる角度と温度変化の関係を調べる。

そこで2人は,ある年の1月下旬に大分県のある地点で,次の実験を行った。
Ⅲ 黒い紙をはった同じ面積の長方形の板A,Bを準備し,太陽光があたる角度と温度変化の関係について調べた。
⑥ [図4]のように,板Aには,板の面に太陽光が垂直にあたるように調節し,板Bは,水平な位置に置いた。
⑦ 赤外線放射温度計を用いて,2分おきに10分間,板A,Bの表面温度をはかった。
[図5]は,その結果をグラフにまとめたものである。

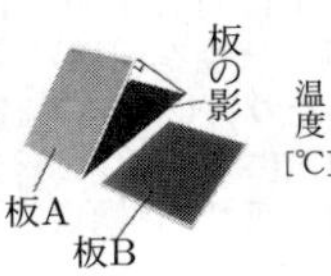

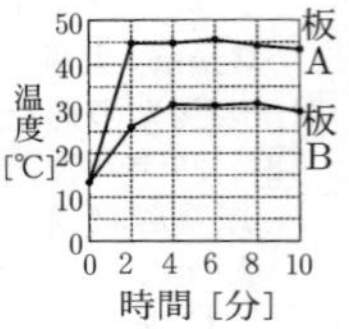

[図4] [図5]

(5) **よく出る** 次の文は,⑦の結果から,2人が考察したときの会話の一部である。正しい文になるように, c に当てはまる語句を簡潔に書きなさい。ただし,「面積」「光の量」という2つの語句を用いて書くこと。 (2点)

太郎：[図5]の温度の測定結果から,太陽光が垂直にあたる板Aの方が早く温度が上昇しているので,太陽の高度が高い方が,早く温度が上昇するといえるね。
花子：でも,なぜ太陽の高度が高い方が,早く温度が上昇するのだろう。
太郎：[図6]のように考えると,太陽の高度が高い方が,低い方よりも c からだよ。
花子：なるほどね。でも太陽の南中高度が高い方が,気温が高くなる理由は,本当にそれだけかしら。

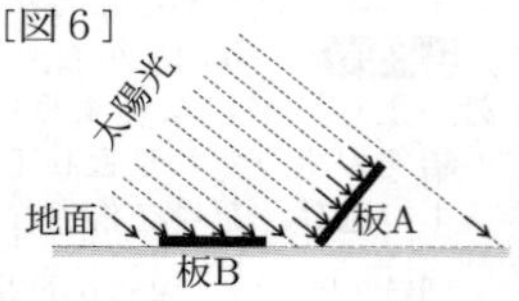

[図6]

新たな疑問が生じた2人は,それを解決するため,続けて次の観察を行った。
Ⅳ 太陽の1日の動きについて調べた。
⑧ [図7]のように,水平な位置に置いた白い紙に透明半球と同じ直径の円をかき,円の中心を通る2本の直角な線を引いた。方位磁針で東西南北を合わせ,透明半球を固

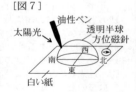

[図7]

定した。
⑨ 9時に油性ペンの先端の影が円の中心と一致する透明半球上の位置に,丸印とその時刻を記入した。15時まで,1時間おきに記録し,記録した点をなめらかな線で結んだ。
⑩ ⑧,⑨を,同じ地点で,半年後の7月下旬に行った。[図8]は,⑧〜⑩の結果を,模式的に表したものである。

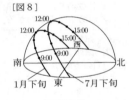

[図8]

(6) [図8]をもとに考えると,会話文の c 以外にもう一つ,夏の方が冬よりも気温が高くなる理由があることがわかる。その理由を,「夏の方が冬よりも,」の書き出しに続けて,簡潔に書きなさい。 (2点)

### 3 物質のすがた,状態変化

太郎さんと花子さんは,みりんについて調べるために,次の実験を行った。(1)〜(6)の問いに答えなさい。ただし,この実験で使用するみりんにふくまれる水とエタノール以外の物質は考えないものとする。

Ⅰ みりんを加熱して,エタノールと水をとり出せるか調べた。
① 枝つきフラスコにみりんを12cm³とり,弱火で加熱し,30秒おきに温度をはかった。
② 出てくる気体を冷やして液体にし,3本の試験管A,B,Cの順に,約1cm³ずつ集めた。
③ 集めた液体の色とにおいを調べた。
④ 集めた液体の一部を脱脂綿につけ,火をつけた。
[図2]は,①の結果を,[表1]は,②〜④の結果をそれぞれまとめたものである。

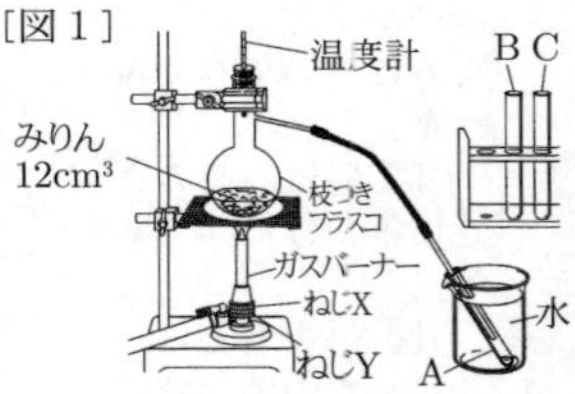

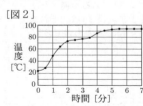

[図1] [図2]

[表1]

| | 液体を集めた時間帯 | 色 | におい | 火をつけたとき |
|---|---|---|---|---|
| 試験管A | 2分00秒〜3分30秒 | 無色 | 特有のにおいがした | 長く燃えた |
| 試験管B | 3分30秒〜4分30秒 | 無色 | 特有のにおいが少しした | 少し燃えるが,すぐに消えた |
| 試験管C | 4分30秒〜6分00秒 | 無色 | においはしなかった | 燃えなかった |

(1) **基本** [図1]のように,液体を沸騰させて気体にし,それをまた液体にして集める方法を何というか,書きなさい。 (1点)

(2) **よく出る** [図1]で,ガスバーナーの炎がオレンジ色で長く立ち上っているときに,適正な炎にするために行う操作として最も適当なものを,ア〜エから1つ選び,記号を書きなさい。 (1点)
ア．ねじXを押さえたまま,ねじYを動かしてガスの量が多くなるように調節する。
イ．ねじYを押さえたまま,ねじXを動かして空気の量が多くなるように調節する。
ウ．ねじXとねじYを動かして空気とガスの量がともに少なくなるように調節する。

エ．ねじXを閉じ，ねじYのみを動かして空気とガスの量を調節する。

(3) 混合物と純粋な物質をそれぞれ加熱すると，温度変化のようすにちがいが見られる。[図2]からわかる，混合物を加熱したときだけに見られる温度変化の特徴を，簡潔に書きなさい。 (2点)

2人は，Ⅰの結果から，得られた液体の成分について考えた。次の文は，そのときの会話の一部である。

> 太郎：得られた液体のにおいや火をつけたときのようすから考えると，試験管Aの液体の成分は純粋なエタノールであり，試験管Cの液体の成分は純粋な水といえるのかな。
> 花子：水が存在するかどうかは（ a ）紙が（ b ）色に変わることで確かめられるわ。
> 太郎：そうだね。他にも，得られた液体の密度を調べれば，液体の成分の割合を考えることができるよね。
> 花子：みりんはエタノールと水の混合物だから，その混合物の密度と，成分の質量パーセント濃度との関係がわかる資料も調べてみるわ。

そこで2人は，次の実験・調査を行った。

Ⅱ Ⅰで得られた液体の成分について調べた。

5 3本の試験管A～Cの液体の体積，質量，温度をはかった。
[表2]は，その結果をまとめたものである。
[表2]

|  | 試験管A | 試験管B | 試験管C |
|---|---|---|---|
| 体積[cm³] | 0.98 | 1.30 | 1.16 |
| 質量[g] | 0.80 | 1.19 | 1.13 |
| 温度[℃] | 15 | 15 | 15 |

6 15℃における，エタノールと水の混合物の密度と，その混合物にふくまれるエタノールの質量パーセント濃度との関係を表す資料を調べた。
[図3]は，その関係を表すグラフである。

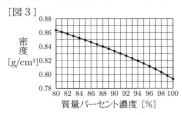

(4) 2人の会話が正しい文になるように，（ a ），（ b ）に当てはまる語句を書きなさい。 (1点)

(5) 試験管Aの液体について，①，②の問いに答えなさい。
① [表2]で，試験管Aの液体の密度は何g/cm³か。四捨五入して小数第二位まで求めなさい。 (2点)
② ①で求めた密度と[図3]をもとに考えると，試験管Aの液体にふくまれるエタノールの質量パーセント濃度は何%か。整数で求めなさい。 (1点)

(6) Ⅱで，3本の試験管A～Cの液体にふくまれる成分について述べた文として最も適当なものを，ア～エから1つ選び，記号を書きなさい。ただし，水の密度を1.00 g/cm³とする。
ア．試験管Aの液体は純粋なエタノールで，試験管B，Cの液体はエタノールと水の混合物である。
イ．試験管A，Bの液体はエタノールと水の混合物で，試験管Cの液体は純粋な水である。
ウ．試験管A～Cの液体はどれもエタノールと水の混合物で，ふくまれるエタノールの割合は試験管Cの液体が最も小さい。
エ．試験管A～Cの液体はどれもエタノールと水の混合物で，ふくまれるエタノールの割合は等しい。

## 4 運動の規則性，力学的エネルギー

太郎さんと花子さんは，[図1]のボウリングのように，球を物体にあてたときのようすに興味を持ち，次のように課題を設定し，予想を立て，実験を行うことにした。(1)～(6)の問いに答えなさい。ただし，球にはたらく摩擦力および空気の抵抗は考えないものとする。

【課題】
球を物体にあてたときの物体の「移動距離」は，球の何に関係しているのだろうか。

【予想】
球を物体にあてたときの球の「速さ」が大きい方が，物体の「移動距離」は長い。

【実験】
1 角度が一定の斜面と水平面がなめらかにつながったレールを机の上に置き，水平面上に木の物体を置いた。

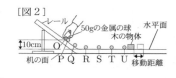

2 高さ10 cmのO点に，質量50 gの金属の球を静かに置いて手をはなすと，斜面を下りはじめ，木の物体にあたった。そのようすを，デジタルカメラの連続撮影の機能を用いて0.1秒間隔で撮影し，球のO点からの移動距離と時間の関係を調べた。また，木の物体の移動距離を調べた。
[図2]の●は，そのときのようすを記録したものであり，球の位置をそれぞれP，Q，R，S，T，U点とした。

3 高さ30 cmのo点に，質量50 gの金属の球を置いて，2と同様に調べた。
[図3]の●は，そのときのようすを記録したものであり，球の位置をそれぞれp，q，r，s，t，u点とした。
[表1]～[表4]は，2，3の結果をまとめたものである。

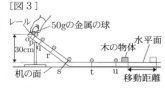

【結果】
[表1] 2における金属の球の移動距離と時間の関係

|  | O点 | P点 | Q点 | R点 | S点 | T点 | U点 |
|---|---|---|---|---|---|---|---|
| 時間[秒] | 0 | 0.1 | 0.2 | 0.3 | 0.4 | 0.5 | 0.6 |
| 距離[cm] | 0 | 3 | 12 | 24 | 38 | 52 | 66 |

[表2] 2における木の物体の移動距離

| 移動距離[cm] |
|---|
| 10.2 |

[表3] 3における金属の球の移動距離と時間の関係

|  | o点 | p点 | q点 | r点 | s点 | t点 | u点 |
|---|---|---|---|---|---|---|---|
| 時間[秒] | 0 | 0.1 | 0.2 | 0.3 | 0.4 | 0.5 | 0.6 |
| 距離[cm] | 0 | 3 | 12 | 27 | 48 | 72 | 96 |

[表4] 3における木の物体の移動距離

| 移動距離[cm] |
|---|
| 30.6 |

(1) **よく出る** [図4]，[図5]の力の矢印は，斜面上および水平面上を運動している球にはたらく重力を表している。球にはたらく，重力以外の力を，力の矢印で右の図に作図しなさい。
ただし，図に示されている重力のように，力の作用点は，黒い丸印で示して表しなさい。
(各1点)

(2) ③で，[表3]をもとに，球のo点からs点までの移動距離と時間の関係を，右のグラフに表しなさい。(2点)

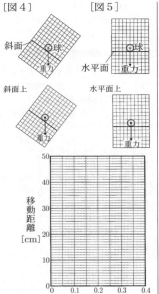

次の文は，【結果】について考察した2人の会話の一部である。

太郎：水平面上の球の運動について，
高さ10cmから下ったとき，[表1]から，TU間の速さは（ a ）[cm/s]，
高さ30cmから下ったとき，[表3]から，tu間の速さは（ b ）[cm/s]だね。
球の速さが大きい方が，木の物体の移動距離が長くなっているので，【予想】は確かめられたね。

花子：そうね。また，木の物体とレールとの間にはたらく摩擦力が$x$[N]であるとすると，球が木の物体にした仕事の大きさは，
高さ10cmから下ったとき，[表2]から，（ c ）[J]，
高さ30cmから下ったとき，[表4]から，（ d ）[J]だね。
球のもつエネルギーが大きい方が，仕事をする能力が大きいことから考えると，高さ（ e ）cmから球が下ったときの方が，球のもつエネルギーが大きいことがわかるね。

太郎：なるほど。エネルギーの移り変わりを考えると，球の位置が（ f ）方が，位置エネルギーは大きく，速さが（ g ）方が，運動エネルギーは大きいということも，この実験からわかるね。

花子：そうね。ところで，一つ疑問があってね。<u>球を物体にあてたときの物体の「移動距離」は，球の「速さ」のみに関係しているのかな。</u>

(3) 正しい文になるように，（ a ），（ b ）に当てはまる数値を書きなさい。(各1点)
(4) 正しい文になるように，（ c ），（ d ）に当てはまる式を，$x$を使って表しなさい。
(5) （ e ）～（ g ）に当てはまる語句の組み合わせとして最も適当なものを，ア～エから1つ選び，記号を書きなさい。(1点)

| | ア | イ | ウ | エ |
|---|---|---|---|---|
| e | 10 | 10 | 30 | 30 |
| f | 高い | 低い | 高い | 低い |
| g | 大きい | 小さい | 大きい | 小さい |

会話文の下線部の疑問について，次の課題を設定して予想を立て，解決するための実験方法を考えた。

《新たな課題》
　球を物体にあてたときの物体の「移動距離」は，球の「速さ」のみに関係しているのだろうか。

《予想》
　球の「速さ」が大きいだけでなく，球の ┃ h ┃ 方が，物体の「移動距離」は長い。

《実験方法》
　┃ i ┃，それぞれの球が水平面上で物体にあったときの物体の移動距離のちがいを比べる。

(6) 《予想》の ┃ h ┃ に，あなたが考える球の条件を1つ書きなさい。また，《実験方法》の ┃ i ┃ には，《予想》を確かめるための対照実験として，どのような球を用意して，どのような条件で行うのか，書きなさい。ただし，球の大きさによる物体の移動距離への影響は考えないものとする。(2点)

## 5 小問集合

次の(1)～(4)の問いに答えなさい。

(1) 地震について調べるため，次の調査を行った。①～③の問いに答えなさい。

図書館で，地震の記録について調べた。[表1]は，そのときにみつけた，ある日，ある地点で発生した地震の記録である。

[表1]
| 地点 | 震源からの距離 | 初期微動が始まった時刻 | 主要動が始まった時刻 |
|---|---|---|---|
| A | 24km | 9時30分01秒 | 9時30分04秒 |
| B | 48km | 9時30分04秒 | 9時30分10秒 |
| C | 72km | 9時30分07秒 | 9時30分16秒 |

① **基本** [表1]で，地点Bの初期微動継続時間は何秒か，求めなさい。(1点)
② [表1]で，初期微動継続時間が$x$秒の地点における震源からの距離を，$x$を使って表しなさい。(2点)
③ **思考力** [表1]で，震源からの距離が120kmの地点にいる人が，この地震の緊急地震速報を，その日の9時30分10秒に聞いた。この地点で主要動が始まるのは，緊急地震速報を聞いてから何秒後か，求めなさい。(2点)

(2) 被子植物について調べるために，次の観察・調査を行った。①～③の問いに答えなさい。
[1] 被子植物A～Dの花を，外側から順にはずして，スケッチした。
[2] 被子植物A～Dの葉を1枚はずして，葉脈のようすを，[図1]のようなルーペで観察してスケッチした。

[図2]は，[1]，[2]のスケッチをまとめたものであり，[1]ではずした各部分を，外側からa，b，c，dとし，[2]ではずした葉をeとした。

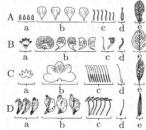

① **よく出る** [2]の下線部で，ルーペの使い方として最も適当なものを，ア～エから1つ選び，記号を書きなさい。(1点)

ア．ルーペを目に近づけてもち，葉のみを前後に動かす。
イ．ルーペを目から遠ざけてもち，葉のみを前後に動かす。
ウ．葉とルーペを両方動かす。
エ．葉は動かさず，ルーペを前後に動かす。

② **よく出る** 次の文は，被子植物の特徴を述べたものである。（　）に当てはまる語句を書きなさい。(2点)

> 被子植物は，種子になる（　　）が子房の中にある植物である。

③ 被子植物A〜Dを，[図3]の分類表を使って合弁花類，離弁花類，単子葉類のいずれかになかま分けするためには，[図2]のa〜eのうち，どの部分の特徴をみればよいか。最も適当なものを，ア〜キから1つ選び，記号を書きなさい。(2点)

ア．aのみ　　イ．bのみ　　ウ．eのみ
エ．aとb　　オ．aとe　　カ．bとe
キ．aとbとe

(3) マグネシウムの燃焼について調べるために，次の実験を行った。①〜③の問いに答えなさい。

① マグネシウムリボンを空気中で燃やすと，白い粉末ができた。

② [図4]のように，二酸化炭素で満たされた集気びんに，火のついたマグネシウムリボンを入れると，すべてよく燃えた。その後，集気びんの底を観察すると白い粉末と黒い粉末が残っていた。

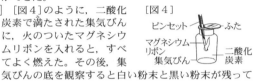

③ ②で，残っていた白い粉末を調べると，①でできた物質と同じであることがわかった。

① ①で，できた白い粉末は何か。物質名を書きなさい。(1点)

② 次の化学反応式は，②の化学変化のようすを表したものである。（　a　），（　b　）に当てはまる化学式を書きなさい。ただし，（　a　）には白い粉末，（　b　）には黒い粉末の化学式が入る。(2点)

$2Mg + CO_2 \longrightarrow 2(\ a\ ) + (\ b\ )$

③ **思考力** ②で，マグネシウムリボン2.40gを燃やすと4.00gの白い粉末ができた。このとき，できた黒い粉末の質量は何gか。四捨五入して小数第二位まで求めなさい。ただし，二酸化炭素分子100gにふくまれる炭素原子は27g，酸素原子は73gとする。(2点)

(4) 電磁調理器について調べるために，次の調査・実験を行った。①〜③の問いに答えなさい。

① 電磁調理器がものを温めるしくみについてインターネットで検索した。
[メモ]は，あるwebページでみつけた記事を，かき写したものである。

[メモ]

> ・電磁調理器そのものは熱を発生しないが，電磁調理器のはたらきによって鍋に電流が流れ，その電流のはたらきで，鍋そのものが発熱する。

② [図5]のように，電球につなげた導線の先端を，電磁調理器の上面の離れた2点にそれぞれ接触させ，電磁調理器のスイッチを入れ，ゆっくりと出力を強くして，電球が光るかどうか，そのようすを観察した。

[図5] 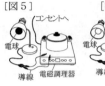　[図6]

③ [図6]のように，電球につなげた導線を，電磁調理器の上に置いたコイルにつないだ。その後，②と同様に観察した。
[表2]は，②，③の結果をまとめたものである。

表2

| 実験 | 電球のようす |
|---|---|
| ② | 光らなかった |
| ③ | 光った |

① 次の文は，①で，鍋に発生する熱量について述べたものである。（　a　），（　b　）に当てはまる語句の組み合わせとして最も適当なものを，ア〜エから1つ選び，記号を書きなさい。(1点)

> 鉄の鍋とアルミニウムの鍋に，それぞれ同じ大きさの電流が流れたときは，抵抗の大きさが（　a　）方が，鍋に発生する熱量が大きくなる。したがって，（　b　）の方が，鍋に発生する熱量が大きくなる。

|  | a | b |
|---|---|---|
| ア | 大きい | 電流が流れにくい鉄の鍋 |
| イ | 大きい | 電流が流れやすいアルミニウムの鍋 |
| ウ | 小さい | 電流が流れにくい鉄の鍋 |
| エ | 小さい | 電流が流れやすいアルミニウムの鍋 |

② 次の文は，②と③の結果を関連付けて考察したものである。正しい文になるように，（　c　），（　d　）に当てはまる語句を書きなさい。ただし，2箇所ある（　c　）には同じ語句が入り，2箇所ある（　d　）には同じ語句が入る。(3点)

> ②と③の結果から，電磁調理器は，鍋を置くと，（　c　）という現象により，鍋に電流を流していることがわかる。このことから，電磁調理器が（　d　）を発生させることで，鍋に電圧が生じ，電流が流れたと考えられる。（　d　）を発生させるために，電磁調理器の中にはコイルがあり，交流の電流が流れている。（　c　）という現象は，身のまわりのいろいろなものに利用されている。

③ 上の文中の下線部について，この現象が利用されているものとして適切なものを，ア〜エから2つ選び，記号を書きなさい。(1点)

ア　　　　イ　　　　ウ　　　　エ
非接触型ICカードの読みとり機　手回し発電機　スピーカー　電気ストーブ

# 宮崎県

|時間|50分|満点|100点|解答|P30|3月4日実施|

## 出題傾向と対策

● 物理・化学・生物・地学から各2題の計8題の出題であった。実験・観察を中心に基礎事項を問う問題から結果を考察させる科学的思考力が必要な問題まで広範囲に出題された。解答形式は選択肢，計算，用語・文章記述，作図と多岐にわたっている。問題文が長いのも特徴。

● 教科書の実験・観察の基本事項を押さえるとともに，結果を考察する科学的思考力を養っておく必要がある。練習問題でさまざまな解答形式に慣れておくこと。文章記述力も身につけておこう。

## 1 植物の体のつくりと働き，植物の仲間

後の1，2の問いに答えなさい。

1．健一さんたちは，植物のなかま分けを図1のようにまとめた。下の(1)，(2)の問いに答えなさい。

図1

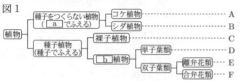

(1) 図1の a ， b に入る適切な言葉を書きなさい。

(2) 図1のA〜Fを，維管束がない植物と，維管束がある植物になかま分けしたものはどれか。次のア〜エから1つ選び，記号で答えなさい。

|   |維管束がない植物|維管束がある植物|
|---|---|---|
|ア|A|B, C, D, E, F|
|イ|A, B|C, D, E, F|
|ウ|A, B, C|D, E, F|
|エ|A, B, C, D|E, F|

2．健一さんたちは，図2のように，明るい昼と真っ暗な夜について，光合成と呼吸による気体の出入りの関係を学習した。そこで，うす暗いときに，植物は光

図2 昼 夜

合成を行っているのだろうかという疑問をもち，明るさと光合成の関係について調べ，後のようなレポートにまとめた。後の(1)，(2)の問いに答えなさい。

〔レポート〕（一部）

【学習問題】 明るさの違いは，光合成に関係しているだろうか。
【仮説】 日なたと日かげでは植物の成長に違いが見られるので，明るさの違いは光合成に関係しているだろう。
【実験】
① 暗い場所に一晩置いた植物にポリエチレンの袋をかぶせた。図3のように，ストローで息をふきこんだ後，袋の中

図3

の湿度を調べた。袋の中の二酸化炭素の割合が，空気中の約10倍である0.40%になっていることを，図4のように，気体検知管で確認し，息をふきこんだ穴を密閉した。

図4

② 照度計で測定した値が7000ルクスを示す明るさで，気温が28℃の場所に，①の植物を置いた。
③ ②から60分後，120分後，180分後における袋の中の二酸化炭素の割合を気体検知管で調べた。また，袋の中の湿度を調べた。
④ ②の照度計で測定した値が，2000ルクス，0ルクスを示す明るさに変えて，それぞれ①〜③と同様の操作を行った。

【結果】 気体検知管で調べた袋の中の二酸化炭素の割合は，次の表のようになった。

| | 照度計で測定した値 | 袋の中の二酸化炭素の割合[%] ||||
|---|---|---|---|---|---|
| | | 0分 | 60分後 | 120分後 | 180分後 |
|明↕暗|7000ルクス|0.40|0.32|0.24|0.16|
||2000ルクス|0.40|0.40|0.40|0.40|
||0ルクス(真っ暗)|0.40|0.44|0.48|0.52|

袋を密閉する前の湿度は，どの明るさのときも同じであり，時間による湿度の変化はなかった。

【考察】 表より，2000ルクスのときに，・・・

（注）明るさは照度であらわされ，「ルクス」という単位を用いる。

(1) 【結果】をもとに，7000ルクスのときの「光を当てた時間」と「袋の中の二酸化炭素の割合」の関係を表すグラフを，右の図にかき入れなさい。

(2) 下線部に関して，今回の実験では2000ルクスのときに袋の中の二酸化炭素の割合が変化しなかった理由を，「光合成」，「呼吸」という言葉を使って，簡潔に書きなさい。

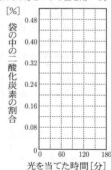

## 2 火山と地震，地層の重なりと過去の様子 よく出る

友美さんは，火山灰の観察と地層の調べ学習を行った。後の1，2の問いに答えなさい。

1．友美さんは，火山灰にふくまれる粒を観察して図1のようにスケッチし，次のようにまとめた。下の(1)〜(3)の問いに答えなさい。

〔まとめ〕
　図1のように，下線部双眼実体顕微鏡で観察した粒のうち，マグマからできた結晶は， a とよばれる。 a には，色のついているものと，白色や無色透明のものがあり，観察した火山灰では白色や無色透明のものが多かった。ねばりけが b マグマをふき出す火山ほど，火山灰などの火山噴出物の色は白っぽくなり， c になることが多い。

図1

(1) 下線部に関して，次の文は，図2の双眼実体顕微鏡について説明したものである。 ① ， ② に入る適切な言葉の組み合わせを，あとのア〜エから1つ選び，記号で答えなさい。

双眼実体顕微鏡は，プレパラートをつくる ① ，観察物を ② 程度で立体的に観察することができる。

ア．①：必要があり　②：40倍〜600倍
イ．①：必要があり　②：20倍〜40倍
ウ．①：必要はなく　②：40倍〜600倍
エ．①：必要はなく　②：20倍〜40倍

(2) まとめの a に入る適切な言葉を書きなさい。
(3) まとめの b ， c に入る適切な言葉の組み合わせを，次のア〜エから1つ選び，記号で答えなさい。
ア．b：大きい　　c：おだやかな噴火
イ．b：大きい　　c：激しい噴火
ウ．b：小さい　　c：おだやかな噴火
エ．b：小さい　　c：激しい噴火

2．友美さんは，住んでいる地域で行われたボーリング調査の資料を集め，地層の広がりについて調べた。図3は，A〜Cの3地点をふくむ地図に，海面からの高さが同じところを結んだ等高線をかき入れたものであり，数値は海面からの高さを示している。また，図4は，図3の3地点の，地下40mまでの地質のようすを表したものである。ただし，この地域の地層はすべて平行に重なっており，地層のずれや折れ曲がり，上下の逆転はなく，また，火山灰の層は1つしかないことがわかっている。下の(1)，(2)の問いに答えなさい。

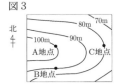
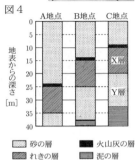

(1) 図4のC地点におけるX層とY層の境は，海面から何mの高さになるか，答えなさい。
(2) この地域の地層の傾きは，どのようになっていると考えられるか。最も適切なものを，次のア〜エから1つ選び，記号で答えなさい。
ア．北の方が低くなっている。
イ．南の方が低くなっている。
ウ．東の方が低くなっている。
エ．西の方が低くなっている。

## 3 運動の規則性，力学的エネルギー

美穂さんは，物体の運動を調べるために実験I，IIを行った。下の1，2の問いに答えなさい。ただし，摩擦や空気の抵抗は考えないものとする。

1．美穂さんは，傾きの角度が異なるレールを使って，レール上を走る模型自動車の運動を調べる実験Iを行い，結果を表にまとめた。あとの(1)，(2)の問いに答えなさい。

〔実験I〕
① 図1のように，傾きの角度が小さいレールを水平面に置き，水平面からの高さが10cmのところに，ぜんまいやモーターなどが付いていない模型自動車を置いた。
② 静かに手をはなして模型自動車を走らせ，水平なところで等速直線運動をする模型自動車の速さを測定した。
③ 水平面から模型自動車までの高さを20cm，30cm，40cmと変化させ，②と同様の測定をそれぞれ行った。
④ 図2のように，レールを傾きの角度が大きいものに替え，水平面からの高さが10cmのところに模型自動車を置いて，②，③と同様の操作を行った。

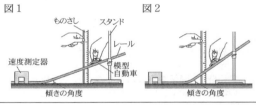

| 水平面から模型自動車までの高さ[cm] | 等速直線運動をする模型自動車の速さ[m/s] ||
|:---:|:---:|:---:|
| | 傾きの角度が小さいとき | 傾きの角度が大きいとき |
| 10 | 1.4 | 1.4 |
| 20 | 2.0 | 2.0 |
| 30 | 2.4 | 2.4 |
| 40 | 2.8 | 2.8 |

(1) 表中のある高さのとき，等速直線運動をする模型自動車は，1mを0.5秒間で通過する速さであった。このときの高さとして最も適切なものを，次のア〜エから1つ選び，記号で答えなさい。
ア．10cm　　イ．20cm
ウ．30cm　　エ．40cm

(2) 模型自動車がレール上を走りはじめてから等速直線運動をするまで，模型自動車のもつエネルギーの変化として，最も適切なものはどれか。次のア〜エから1つ選び，記号で答えなさい。
ア．位置エネルギーは大きくなり，運動エネルギーも大きくなる。
イ．位置エネルギーは大きくなり，運動エネルギーは小さくなる。
ウ．位置エネルギーは小さくなり，運動エネルギーは大きくなる。
エ．位置エネルギーは小さくなり，運動エネルギーも小さくなる。

2．[思考力] 美穂さんは，力学的エネルギー保存の法則から実験Iの結果を考えた。しかし，傾きの角度が異なっているのに速さが同じになることを不思議に思い，その理由を詳しく調べるために実験IIを行った。あとの(1)，(2)の問いに答えなさい。

〔実験II〕
① 斜面をつくり，斜面の角度を25°にした。また，1秒間に60回打点する記録タイマーを斜面に固定した。
② 図3のように，斜面上に台車を置き，斜面と同程度の長さに切った記録用テープを記録タイマーに通し，一端を台車にはりつけた。
③ 記録タイマーのスイッチを入れると同時に，静かに手をはなして台車を走らせ，斜面を下る台車の運動を記録した。
④ ①での斜面の角度を50°に変え，②，③と同様の操作を行った。
⑤ 記録されたテープを打点が重なり合わず，はっきりと判別できる点から0.1秒（6打点）ごとに切りとって，グラフ用紙に左から順に下端をそろえてはりつけると，図4，図5のようになった。

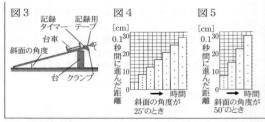

(1) 斜面の角度が25°，50°のときに，「台車が動きだしてからの時間」と，「台車が動きだしたところからの移動距離」の関係を表したグラフとして，最も適切なものはどれか。次のア〜エから1つ選び，記号で答えなさい。

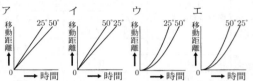

(2) 美穂さんは，斜面上やレール上を運動する物体について次のようにまとめた。□□□に入る適切な内容を，「速さのふえ方」という言葉を使って，簡潔に書きなさい。

〔まとめ〕
　実験Ⅱの図4，図5からは，斜面の角度が大きくなるほど，台車の速さのふえ方は大きくなることがわかる。
　実験Ⅰで，傾きの角度が異なるレールを使って同じ高さから模型自動車を走らせたとき，水平なところで等速直線運動をする模型自動車の速さは同じになった。その理由として，レールが傾いているところを模型自動車が走るとき，傾きの角度が大きいレールのときと比べて傾きの角度が小さいレールでの模型自動車の運動は，□□□□□から同じ速さになったと考えると，力学的エネルギー保存の法則から考えなくても理解することができる。

## 4 化学変化と物質の質量，水溶液とイオン　よく出る

裕子さんは，鉄と硫黄の混合物を加熱したときの変化を調べるために，次のような実験を行い，結果を表にまとめた。あとの1〜4の問いに答えなさい。

〔実験〕
① 図1のように，乳ばちと乳棒を用いて，鉄粉3.5gと硫黄2.5gをよく混ぜ合わせ，試験管Xにその$\frac{1}{4}$を，試験管Yに残りの分をそれぞれ入れた。
② 試験管Xは，試験管立てに立てておいた。
③ 試験管Yに脱脂綿でゆるく栓をし，図2のように，混合物の上部をガスバーナーで加熱した。a色が赤色になりはじめたら，ガスバーナーの火を消し，変化のようすを観察した。
④ 加熱した試験管が冷めたら，図3のように，試験管X，Yに磁石を近づけ，磁石へのつき方をそれぞれ調べた。
⑤ 試験管X，Yの中身を少量ずつ取り出して，別の試験管に入れ，図4のように，それぞれにうすい塩酸を2，3滴加えて，発生した気体のにおいを調べた。

| 試験管 | 磁石へのつき方 | 発生した気体のにおい |
|---|---|---|
| 試験管X（熱する前の混合物） | 引き寄せられた | cにおいはなかった |
| b試験管Y（熱した後の物質） | 引き寄せられなかった | 特有のにおいがした |

1．下線部aに関して，加熱をやめても反応が続いた。次の文は，いったん反応がはじまると加熱をやめても反応が続いた理由である。□A□，□B□に入る適切な言葉の組み合わせを，下のア〜エから1つ選び，記号で答えなさい。

　化学変化のときに熱を□A□したために，まわりの温度が□B□が起こったから。

ア．A：吸収　　B：上がる吸熱反応
イ．A：吸収　　B：下がる吸熱反応
ウ．A：放出　　B：上がる発熱反応
エ．A：放出　　B：下がる発熱反応

2．表中の下線部bに関して，試験管Y内には黒い物質ができた。試験管Yを熱した後の黒い物質の説明として，最も適切なものはどれか。次のア〜エから1つ選び，記号で答えなさい。
ア．単体で，分子が集まってできている物質である。
イ．単体で，分子というまとまりをもたない物質である。
ウ．化合物で，分子が集まってできている物質である。
エ．化合物で，分子というまとまりをもたない物質である。

3．表中の下線部cの気体は水素である。次の文は，裕子さんが，水素の発生についてまとめたものである。A，Bの□□□内の正しい方をそれぞれ選び，記号で答えなさい。

〔まとめ〕
・水素は，亜鉛や鉄などの金属に，うすい塩酸を加えると発生する。
・図5のように，うすい塩酸に亜鉛板と銅板を入れると，電池になって，モーターが回る。このとき，金属板の表面で水素が発生するのは，A□ア．＋極　イ．－極□である。
・図6のように，うすい塩酸に電流を通すことによって，うすい塩酸を電気分解する。このとき，B□ア．陽極側　イ．陰極側□に水素が発生する。

4．思考力　裕子さんは，実験の化学変化について，次のようにまとめた。□A□には適切な数値を入れなさい。また，Bの□□□内の正しい方を選び，記号で答えなさい。ただし，□A□の答えは，小数第3位を四捨五入して求めなさい。

〔まとめ〕
　表より，試験管Yを熱した後の黒い物質は，もとの鉄や硫黄と性質のちがう物質と考えることができる。
　化学変化において，反応する物質の質量の比はつねに一定であり，鉄と硫黄の反応では，図7のように，鉄2.8gと硫黄1.6gが化学反応し，4.4gの物質をつくる。よって，実験の試験管Yにおいては，| A |gのB| ア．硫黄　イ．鉄 |が化学変化せずに残ると考えられる。

図7 反応後の物質 4.4g／鉄 2.8g／硫黄 1.6g

## 5 天体の動きと地球の自転・公転，太陽系と恒星　よく出る

　和也さんは，太陽の1日の動きと，太陽の表面について調べることにした。次の1，2の問いに答えなさい。

1. 和也さんは，秋分の日に宮崎県のある場所（北緯32°）で，太陽の1日の動きを調べる観察を行い，結果を表にまとめた。後の(1)～(3)の問いに答えなさい。

〔観察〕
① 白い紙に透明半球のふちと同じ大きさの円をかき，円の中心で直角に交わる2本の線を引いた。

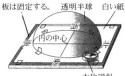
図1　図2

② 図1のように，かいた円に透明半球のふちを合わせて，透明半球をセロハンテープで固定した。日当たりのよい水平な場所で，方位磁針を使って東西南北の方位を合わせて固定した。
③ 図2のように，ペンの先の影が円の中心にくるようにして，太陽の位置を透明半球上に記録した。
④ 太陽の位置は1時間ごとに記録し，そのときの時刻も記入した。図3のように，記録した点をなめらかな曲線で結び，それを透明半球のふちまでのばし，ふちとぶつかるところをそれぞれA，Bとした。

図3
⑤ 曲線ABに紙テープを当て，透明半球に記録した点を写しとり，Aから記録した点までの長さをはかって，表にまとめた。

| 点を記録した時刻 | 点Aから記録した点までの長さ[cm] | 点を記録した時刻 | 点Aから記録した点までの長さ[cm] |
|---|---|---|---|
| 8:00 | 4.8 | X : | 17.4 |
| 9:00 | 7.2 | 14:00 | 19.2 |
| 10:00 | 9.6 | 15:00 | 21.6 |
| 11:00 | 12.0 | 16:00 | 24.0 |

(1) 太陽が，東の地平線から昇り，南の空を通って西の地平線に沈む。その理由として，最も適切なものはどれか。次のア～エから1つ選び，記号で答えなさい。
ア．太陽が地球のまわりを西から東へ回っているから。
イ．太陽が地球のまわりを東から西へ回っているから。
ウ．地球は西から東へ自転しているから。
エ．地球は東から西へ自転しているから。

(2) 12:00と13:00は雲の影響で記録ができなかったが，11:00から14:00の間に1回だけ記録をすることができた。表中の時刻Xを求めなさい。

(3) 秋分の日に，北海道のある場所（北緯43°）での太陽の1日の動きを透明半球に記録した図として，最も適切なものはどれか。次のア～エから1つ選び，記号で答えなさい。

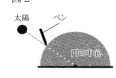
ア 宮崎県／北海道　イ 宮崎県／北海道　ウ 北海道／宮崎県　エ 北海道／宮崎県

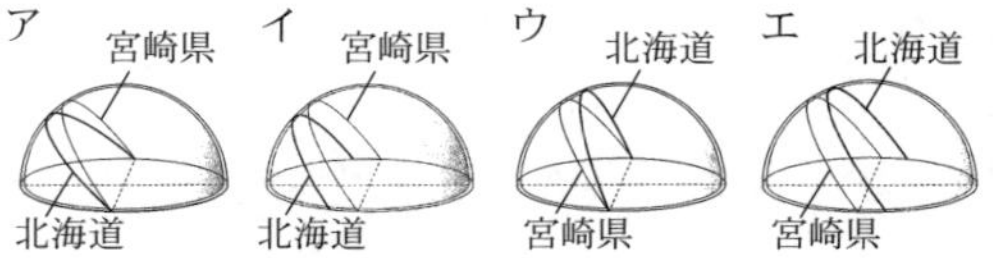

2. 図4は，2014年1月4日，6日，8日の同じ時刻における太陽の黒点の移動のようすである。図5の①は，1月4日，6日，8日の2つの黒点に注目し，その位置を太陽に見たてた発泡ポリスチレン球の球面上に和也さんがスケッチしたもので，図5の②は，図5の①を上から見たときの図である。次の(1)，(2)の問いに答えなさい。

図4　1月4日／6日／8日
図5　①　4日 6日 8日　②　26 26　4日 6日 8日　太陽面に見たてた球面

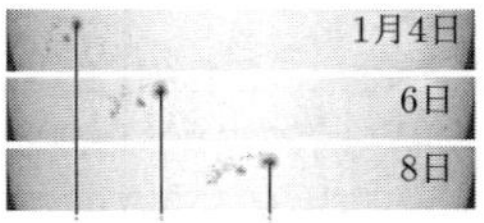

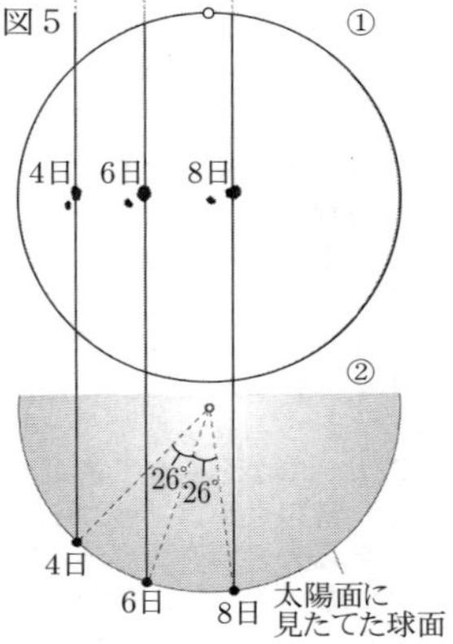

(1) 次の文は，黒点が黒く見える理由である。| A |，| B |に入る適切な言葉の組み合わせを，下のア～エから1つ選び，記号で答えなさい。

| 太陽の表面温度は約| A |℃で，黒点の部分は，それより1500℃～2000℃ほど温度が| B |から。|

ア．A：6000　B：高い
イ．A：6000　B：低い
ウ．A：9000　B：高い
エ．A：9000　B：低い

(2) 図5の②より，太陽面に見たてた球面の角度で見ると，黒点は一定の速さで移動していることがわかる。黒点が図4のように，一定の速さで移動し続けたとき，黒点が1周するのにかかる日数を答えなさい。ただし，答えは，小数第1位を四捨五入して求めなさい。

## 6 光と音

　直樹さんは，音の大小や高低と発音体の振動との関係を学習した後，身近なものでモノコードをつくって実験を行い，結果を表にまとめた。あとの1～4の問いに答えなさい。

〔実験〕
① 図1のような積み木と，ことじに見たてた木製の三角柱，輪ゴムを使って，図2のように，輪ゴム全体ののびが均一となるように輪ゴムを1回巻いたモノコードをつくった。モノコードは，三角柱の間の輪ゴムをはじいて振動を観察するようにした。
② 図2において，輪ゴムをはじく強さをしだいに強くしていき，音の大きさや高さと輪ゴムの振動のようすを調べた。
③ 図3のように，図2の状態から，三角柱の間の距離を縮めて振動する部分を短くしていき，音の大きさや

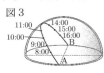

高さと輪ゴムの振動のようすを調べた。このとき，輪ゴムをはじく強さや輪ゴム全体ののびは，変えないようにした。
④ 図4のように，図2の状態に図1の積み木を足していくことで，輪ゴム全体ののびを均一に大きくしていき，音の大きさや高さと輪ゴムの振動のようすを調べた。このとき，三角柱の間の距離は図2と同じにし，輪ゴムをはじく強さは変えないようにした。

図1　図2　図3　図4
積み木　三角柱　積み木

|  | 音の大きさ | 音の高さ | 輪ゴムの振動のようす |
|---|---|---|---|
| 実験の②：輪ゴムをはじく強さを強くする | 大きくなる | 変化しない | 振幅が大きくなる |
| 実験の③：振動する部分を短くする | 変化しない | 高くなる | 振動数が多くなる |
| 実験の④：輪ゴム全体ののびを大きくする | 変化しない | 高くなる | 振動数が多くなる |

1．表中の下線部に関して，振動数の単位を答えなさい。
2．実験では，輪ゴムをはじくと同時に音を聞いた。しかし，雷では，光が見えてから少し遅れて音が聞こえてくる。雷は音と光が同時に出ているが，雷の光が見えてから少し遅れて雷の音が聞こえてくる理由を，「音が空気中を伝わる速さは，」の書き出しで，簡潔に書きなさい。
3．表からどのようなことがわかるか。適切なものを，次のア～エからすべて選び，記号で答えなさい。
　ア．音の大小は，輪ゴムの振幅に関係し，振幅が大きいほど大きい音が出る。
　イ．音の大小は，輪ゴムの振動数に関係し，振動数が多いほど大きい音が出る。
　ウ．音の高低は，輪ゴムの振幅に関係し，振幅が大きいほど高い音が出る。
　エ．音の高低は，輪ゴムの振動数に関係し，振動数が多いほど高い音が出る。
4．直樹さんがまとめた表を見た先生は，直方体の形をした木製の枠組みを持ってきた。図5は，枠組みの点a，b，cを通り，輪ゴム全体ののびが均一で，全体の長さが40cmとなるように輪ゴムを1回巻いたときの図である。図6は，図5のときの輪ゴムを，枠組みの点d，e，fを通り，輪ゴム全体ののびが均一で，全体の長さが30cmとなるように1回巻いたときの図である。

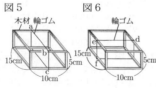

　ab，bc，de，ef部分をはじいて出る音の高低について，実際に輪ゴムを振動させなくても，表から音の高低を判別できると直樹さんは先生から聞いた。表をもとに，各部分をはじいて出る音の高低について，判別ができる振動部分の組み合わせは4つあると直樹さんは考えた。次の文の ① ， ② に入る適切な振動部分をあとのア～エから， ③ に入る適切な理由をあとのA～Fからそれぞれ選び，記号で答えなさい。ただし，同じ記号をくり返し選んでもよい。また，4つの組み合わせを答える順番は自由とする。

　 ① をはじいて出る音の高さは， ② をはじいて出る音の高さより高いと考えられる。その理由は， ③ からである。

【 ① ， ② に入る振動部分】
ア．ab部分　　イ．bc部分
ウ．de部分　　エ．ef部分
【 ③ に入る理由】
A．輪ゴム全体ののびは同じだが，輪ゴムをはじく部分の長さが長い
B．輪ゴム全体ののびは同じだが，輪ゴムをはじく部分の長さが短い
C．輪ゴムをはじく部分の長さは同じだが，輪ゴム全体ののびが大きい
D．輪ゴムをはじく部分の長さは同じだが，輪ゴム全体ののびが小さい
E．輪ゴム全体ののびは大きく，輪ゴムをはじく部分の長さは短い
F．輪ゴム全体ののびは小さく，輪ゴムをはじく部分の長さは長い

**7** 動物の体のつくりと働き　よく出る

麻衣さんは，ヒトが栄養分をとり入れるしくみを調べるために実験Ⅰ，Ⅱを行った。次の1，2の問いに答えなさい。
1．麻衣さんは，唾液のはたらきを調べるために実験Ⅰを行い，結果を表Ⅰのようにまとめ，唾液のはたらきについて下のようにまとめた。あとの(1)，(2)の問いに答えなさい。
〔実験Ⅰ〕
① 図1のように，試験管Aにうすめた唾液を2cm³入れ，試験管Bに水を2cm³入れた。試験管A，Bに，それぞれ1％デンプン溶液を10cm³入れ，よく振って混ぜた。
② 図2のように，ビーカーに約40℃の湯を入れ，試験管A，Bを約7分間あたためた。
③ 図3のように，試験管Aの溶液の半分を試験管Cにとり分け，試験管Bの溶液の半分を試験管Dにとり分けた。
④ 試験管A，Bにヨウ素溶液を入れて，色の変化を見た。
⑤ 試験管C，Dにベネジクト溶液を入れた。さらに，沸とう石を入れて軽く振りながら加熱し，色の変化を見た。

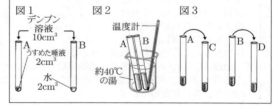

表Ⅰ

|  | ヨウ素溶液に対する反応 | ベネジクト溶液に対する反応 |
|---|---|---|
| 唾液＋デンプン溶液 | 試験管A　変化なし | 試験管C　赤褐色ににごった |
| 水＋デンプン溶液 | 試験管B　青紫色になった | 試験管D　変化なし |

〔まとめ〕
　唾液のはたらきによってデンプンがなくなっていることが， a の結果からわかる。また，唾液のはたらきによって麦芽糖などが生じることが， b の結果からわかる。よって，唾液のはたらきによって，デンプンが麦芽糖などに変化することがわかる。唾液は

消化液の一種で，唾液にはアミラーゼという　c　がふくまれている。

(1) まとめの　a　，　b　に入る適切な試験管の組み合わせを，次のア〜エから1つ選び，記号で答えなさい。
　ア．a：試験管A，B　　b：試験管C，D
　イ．a：試験管C，D　　b：試験管A，B
　ウ．a：試験管A，D　　b：試験管B，C
　エ．a：試験管B，C　　b：試験管A，D

(2) まとめの　c　に適切な言葉を書きなさい。

2．麻衣さんは，デンプンの分子の大きさと，アミラーゼのはたらきで生じた糖の分子の大きさを比べる実験Ⅱを行い，結果を表Ⅱのようにまとめた。あとの(1)，(2)の問いに答えなさい。

〔実験Ⅱ〕

① セロハンチューブAに1％デンプン溶液を20 cm³入れ，もれないようにひもで結び，外側を水でよく洗い流した。図4のように，セロハンチューブAをひもで割りばしにつるして，水が入った容器に両端がつからないように入れて，しばらくおいた。その後，セロハンチューブAを容器から取り出し，容器に残った液体を試験管E，Fに少量ずつとった。

② セロハンチューブBに1％デンプン溶液を20 cm³とうすめた唾液を4 cm³入れ，もれないようにひもで結び，外側を水でよく洗い流した。図5のように，セロハンチューブBをひもで割りばしにつるして，水が入った容器に両端がつからないように入れて，しばらくおいた。その後，セロハンチューブBを容器から取り出し，容器に残った液体を試験管G，Hに少量ずつとった。

③ 試験管E，Gにヨウ素溶液を入れて，色の変化を見た。

④ 試験管F，Hにベネジクト溶液を入れた。さらに，沸とう石を入れて軽く振りながら加熱し，色の変化を見た。

図4
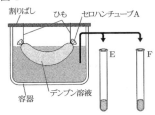

図5
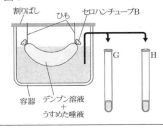

表Ⅱ

| | ヨウ素溶液に対する反応 | | ベネジクト溶液に対する反応 |
|---|---|---|---|
| 試験管E | E | 試験管F | F |
| 試験管G | G | 試験管H | H |

(1) 実験Ⅱから，アミラーゼのはたらきで生じた糖の分子はセロハンの小さな穴を通りぬけ，デンプンの分子はセロハンの小さな穴を通りぬけないことがわかった。実験Ⅱは，どのような結果になったと考えられるか。表ⅡのE〜Hに入る適切な内容を，次のア〜ウから1つ選び，記号で答えなさい。ただし，同じ記号をくり返し選んでもよい。
　ア．変化なし
　イ．青紫色になった
　ウ．赤褐色ににごった

(2) 食物は，消化によって小さなものに分解され，体内にとり入れられる。図6のように，小腸の壁には，たくさんのひだがあり，そのひだの表面に柔毛という小さな突起が多数ある。柔毛があることで効率よく栄養分を吸収することができる理由について，簡潔に書きなさい。

図6
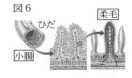

## 8 物質のすがた

大介さんは，1円硬貨がアルミニウムでできていることを知り，アルミニウムの密度を調べるために，次のような実験を行った。下の1〜4の問いに答えなさい。

〔実験〕

① 1円硬貨40枚の質量をはかった。
② 水の入ったメスシリンダーに1円硬貨を1枚ずつ沈めた。1円硬貨を40枚沈めて，ふえた体積をはかった。

1．1円硬貨を40枚沈める途中で液面を見ると，図のようになっていた。図のときの目盛りを読みとりなさい。

2．実験の①で，1円硬貨40枚の質量は40 gであった。また，実験の②で，1円硬貨40枚でふえた体積は14.8 cm³であった。アルミニウムの密度を求めなさい。ただし，答えは，小数第2位を四捨五入して求めなさい。

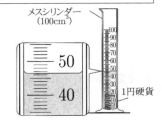

3．下線部に関して，水の中で1円硬貨が沈む理由を，簡潔に書きなさい。

4．大介さんは，5円硬貨が，銅と亜鉛でできた黄銅であることを知った。そこで，銅でできたおもりと5円硬貨の密度の大きさを比較することによって，銅と亜鉛の密度の大小関係がわかると考え，次のようにまとめた。　a　，　b　に入る適切な言葉の組み合わせを，下のア〜エから1つ選び，記号で答えなさい。

〔まとめ〕
銅でできたおもりと5円硬貨を同じ質量にして体積を比べると，5円硬貨の体積の方が大きくなった。これより，銅でできたおもりの密度の大きさと5円硬貨の密度の大きさは，　a　の方が大きいことがわかり，銅の密度の大きさと亜鉛の密度の大きさは，　b　の方が大きいことがわかる。

ア．a：銅でできたおもり　b：銅
イ．a：銅でできたおもり　b：亜鉛
ウ．a：5円硬貨　b：銅
エ．a：5円硬貨　b：亜鉛

# 鹿児島県

時間 50分　満点 90点　解答 P31　3月5日実施

### 出題傾向と対策

●例年通り、小問集合1題と物理、化学、生物、地学各1題の計5題の出題であった。解答形式は記述式が多く、文章記述、用語記述、計算、作図など多岐にわたった。基本事項を問うものがほとんどであったが、科学的思考力や論理的思考力を必要とする出題も見られた。

●まずは教科書の内容をしっかりと理解しておくこと。さらに、問題演習によって科学的思考力や論理的思考力を養っておく必要がある。また、実験・観察の結果、および考察などを文章にまとめる練習もしておきたい。

## 1 小問集合

次の各問いに答えなさい。答えを選ぶ問いについては記号で答えなさい。

1. **基本** 生態系の中で、分解者の役割をになっているカビやキノコなどのなかまは何類か。 (2点)

2. **よく出る** 日本列島付近の天気は、中緯度帯の上空をふく風の影響を受けるため、西から東へ変わることが多い。この中緯度帯の上空をふく風を何というか。 (2点)

3. 次のセキツイ動物のうち、変温動物をすべて選べ。 (3点)

　ア．ワニ
　イ．ニワトリ
　ウ．コウモリ
　エ．サケ
　オ．イモリ

4. **よく出る** 次の文中の①、②について、それぞれ正しいものはどれか。 (2点)

　　ある無色透明の水溶液Xに緑色のBTB溶液を加えると、水溶液の色は黄色になった。このことから、水溶液Xは①(ア．酸性　イ．中性　ウ．アルカリ性)であることがわかる。このとき、水溶液XのpHの値は②(ア．7より大きい　イ．7である　ウ．7より小さい)。

5. 表は、物質ア〜エのそれぞれの融点と沸点である。50℃のとき、液体の状態にある物質をすべて選べ。 (2点)

| 物質 | 融点[℃] | 沸点[℃] |
|---|---|---|
| ア | −218 | −183 |
| イ | −115 | 78 |
| ウ | −39 | 357 |
| エ | 63 | 360 |

6. 電気について、(1)、(2)の問いに答えよ。 (各2点)

(1) 家庭のコンセントに供給されている電流のように、電流の向きが周期的に変化する電流を何というか。

(2) 豆電球1個と乾電池1個の回路と、豆電球1個と乾電池2個の回路をつくり、豆電球を点灯させた。次の文中の①、②について、それぞれ正しいものはどれか。ただし、豆電球は同じものであり、乾電池1個の電圧の大きさはすべて同じものとする。

　　乾電池1個を用いて回路をつくった場合と比べて、乾電池2個を①(ア．直列　イ．並列)につないで回路をつくった場合は、豆電球の明るさは変わらず、点灯する時間は、②(ア．長くなる　イ．変わらない　ウ．短くなる)。

7. 図のア〜エは、台風の進路を模式的に示したものである。ある台風が近づいた前後の種子島での観測記録を調べたところ、風向きは東寄りから南寄り、その後西寄りへと変化したことがわかった。また、南寄りの風のときに特に強い風がふいていたこともわかった。この台風の進路として最も適当なものはア〜エのどれか。 (3点)

## 2 地層の重なりと過去の様子、天体の動きと地球の自転・公転

次のⅠ、Ⅱの各問いに答えなさい。答えを選ぶ問いについては記号で答えなさい。

Ⅰ．図1は、ある川の西側と東側の両岸で観察された地層の重なり方を模式的に表したものである。この地層からは、浅い海にすむホタテガイの化石や、海水と淡水の混ざる河口にすむシジミの化石が見つかっている。なお、ここで見られる地層はすべて水平であり、地層の上下の逆転や地層の曲がりは見られず、両岸に見られる凝灰岩は同じものである。また、川底の地層のようすはわかっていない。

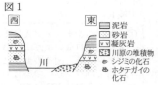

1. **基本** 下線部の「地層の曲がり」を何というか。 (2点)

2. 図2は、図1の地層が観察された地域の川の流れを模式的に表したものであり、観察された場所はP、Qのどちらかである。観察された場所はP、Qのどちらか。そのように考えた理由もふくめて答えよ。 (3点)

3. この地層を観察してわかったア〜エの過去のできごとを、古い方から順に並べよ。 (3点)
　ア．海水と淡水の混ざる河口で地層が堆積した。
　イ．浅い海で地層が堆積した。
　ウ．火山が噴火して火山灰が堆積した。
　エ．断層ができて地層がずれた。

Ⅱ．夏至の日に、透明半球を用いて太陽の1日の動きを調べた。図は、サインペンの先のかげが透明半球の中心Oにくるようにして、1時間ごとの太陽の位置を透明半球に記録し、印をつけた点をなめらかな線で結んで、太陽の軌跡をかいたものである。また、図のア〜エは、中心Oから見た東、西、南、北のいずれかの方位である。なお、太陽の1日の動きを調べた地点は北緯31.6°であり、地球は公転面に対して垂直な方向から地軸を23.4°傾けたまま公転している。

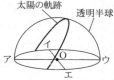

1. 東の方位は、図のア〜エのどれか。 (2点)

2. **基本** 地球の自転による太陽の1日の見かけの動きを何というか。 (2点)

3. 太陽の南中高度について、(1)、(2)の問いに答えよ。 (各3点)

(1) 南中高度にあたるのはどこか。右の図に作図し、「南中高度」と書いて示せ。ただし、右

の図は，この透明半球をエの方向から見たものであり，点線は太陽の軌跡である。
(2) **よく出る** この日の南中高度を求め，単位をつけて書け。

## 3 物質のすがた，水溶液，物質の成り立ち，水溶液とイオン

次のⅠ，Ⅱの各問いに答えなさい。答えを選ぶ問いについては記号で答えなさい。

Ⅰ．4種類の物質A～Dは，硝酸カリウム，ミョウバン，塩化ナトリウム，ホウ酸のいずれかである。ひろみさんとたかしさんは，一定量の水にとける物質の質量は，物質の種類と水の温度によって決まっていることを知り，A～Dがそれぞれどの物質であるかを調べるために，次の実験を行った。
図1は，水の温度と100gの水にとける物質の質量との関係を表したものである。

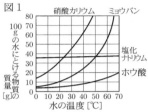

実験．4本の試験管を準備し，それぞれに30℃の水10gを入れた。次に，これらの試験管にA～Dをそれぞれ別々に3.0gずつ入れ，30℃に保ったままよくふり混ぜると，AとCはすべてとけたが，BとDは図2のようにとけ残った。とけ残ったBとDの質量は，DがBより大きかった。

次は，実験の後の，2人と先生の会話である。

> 先　　生：A～Dがそれぞれどの物質なのか見分けることができましたか。
> ひろみさん：AとCは見分けることができませんでしたが，Bは　a　，Dは　b　だとわかりました。
> 先　　生：そうですね。では，AとCはどのようにしたら見分けることができますか。
> たかしさん：水溶液を冷やしていけば，見分けることができると思います。
> 先　　生：では，AとCについて，確認してみましょう。

1. **基本** 実験で，30℃に保ったままよくふり混ぜた後の塩化ナトリウムのようすを模式的に表しているものとして最も適当なものはどれか。ただし，陽イオンは「●」，陰イオンは「○」とする。(2点)

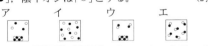

2. 会話文中の　a　，　b　にあてはまる物質の名称をそれぞれ書け。(2点)
3. 2人は，AとCを見分けるために，実験でつくったA，Cの水溶液が入った試験管を氷水が入ったビーカーにつけ，水溶液の温度を下げた。しばらくすると，Cが入った試験管では結晶が出てきたが，Aが入った試験管では結晶が出てこなかった。このことから，AとCを見分けることができた。Cの水溶液の温度を下げると結晶が出てきた理由を，「Cは，水溶液の温度を下げると，」という書き出しのことばに続けて書け。ただし，「溶解度」ということばを使うこと。(2点)
4. 2人は，実験でとけ残ったDを30℃ですべてとかすため，30℃の水を少なくともあと何g加えればよい

かを，30℃の水10gにDが$S$[g]までとけるものとし，次のように考えた。2人の考え方をもとに，加える水の質量を，$S$を用いて表せ。(3点)

> （2人の考え方）
> 水にとけるDの質量は水の質量に比例することから，3.0gのDがすべてとけるために必要な水の質量は$S$を用いて表すことができる。水は，はじめに10g入れてあるので，この分を引けば，加える水の質量を求めることができる。

Ⅱ．電気分解装置を用いて，実験1と実験2を行った。
実験1．電気分解装置の中にうすい水酸化ナトリウム水溶液を入れて満たし，電源装置とつないで，水の電気分解を行った。しばらくすると，図1のように陰極側の上部に気体Aが，陽極側の上部に気体Bがそれぞれ集まった。
実験2．実験1の後，電源装置を外して，図2のように電気分解装置の上部の電極に電子オルゴールをつなぐと，電子オルゴールが鳴った。

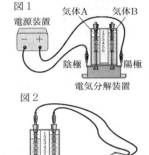

1. **基本** 実験1では，純粋な水ではなく，うすい水酸化ナトリウム水溶液を用いた。これは水酸化ナトリウムが電離することで，電流を流しやすくするためである。水酸化ナトリウムが電離するようすを，化学式とイオン式を用いて表せ。(2点)
2. **よく出る** 気体Aと同じ気体はどれか。(2点)
   ア．酸化銅を炭素の粉末と混ぜ合わせて加熱したときに発生する気体
   イ．酸化銀を加熱したときに発生する気体
   ウ．炭素棒を用いてうすい塩酸を電気分解したとき，陽極で発生する気体
   エ．亜鉛板と銅板をうすい塩酸に入れて電池をつくったとき，+極で発生する気体
3. 実験2で電子オルゴールが鳴ったことから，この装置が電池のはたらきをしていることがわかった。
   (1) **よく出る** この装置は，水の電気分解とは逆の化学変化を利用して，電気エネルギーを直接とり出している。このようなしくみで，電気エネルギーをとり出す電池を何電池というか。(2点)
   (2) 気体Aの分子が4個，気体Bの分子が6個あったとする。この電池の化学変化を分子のモデルで考えるとき，気体A，気体Bのどちらかが反応しないで残る。反応しないで残る気体の化学式と，反応しないで残る気体の分子の個数をそれぞれ答えよ。(3点)

## 4 動物の体のつくりと働き，生物の成長と殖え方

次のⅠ，Ⅱの各問いに答えなさい。答えを選ぶ問いについては記号で答えなさい。

Ⅰ．植物の根が成長するときのようすを調べる実験を行った。まず，タマネギの種子を発芽させ，伸びた根を先端から約1cm切りとった。図1は，切りとった根を模式的に表したものである。次に，一つ一つの細胞をはなれやすくする処理を行い，図1のA～Cの部分をそれぞれ切りとり，別々のスライドガラスにのせた。その後，核と染色体を見やすくするために染色してプレパラートをつくり，顕微鏡で観察した。図2は，A～Cを同じ倍率

で観察したスケッチであり，Aでのみひも状の染色体が見られ，体細胞分裂をしている細胞が観察された。

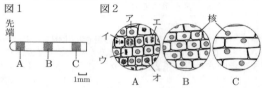

図1　図2

1. **基本** 核と染色体を見やすくするために使う染色液として適当なものは何か。名称を書け。(2点)
2. **よく出る** 図2のAのア〜オの細胞を，アを最初として体細胞分裂の順に並べよ。(2点)
3. 根はどのようなしくみで成長するか。図1，図2から考えられることを書け。(2点)
4. 体細胞分裂を繰り返しても，分裂後の一つの細胞の中にある染色体の数は変わらない。その理由を，体細胞分裂前の細胞で染色体に起こることに着目して書け。(2点)

Ⅱ. たかしさんとひろみさんは，ヒトのだ液のはたらきについて調べるため，次の手順1〜5で実験を行った。下の表は，実験の結果をまとめたものである。

手順1. デンプン溶液10 cm³を入れた2本の試験管を用意し，1本には水でうすめただ液2 cm³を入れ，試験管Aとする。もう1本には水2 cm³を入れ，試験管Bとする。

手順2. ビーカーに入れた約40℃の湯で試験管A，試験管Bをあたためる。

手順3. 試験管Aの溶液の半分を別の試験管にとり，試験管Cとする。また，試験管Bの溶液の半分を別の試験管にとり，試験管Dとする。

手順4. 試験管Aと試験管Bにそれぞれヨウ素液を入れ，結果を記録する。

手順5. 試験管Cと試験管Dにそれぞれベネジクト液と沸とう石を入れて加熱し，結果を記録する。

| 試験管 | 結　果 |
|---|---|
| A | 変化しなかった。 |
| B | 青紫色に変化した。 |
| C | 赤褐色の沈殿が生じた。 |
| D | 変化しなかった。 |

1. 試験管Aと試験管Bの実験のように，一つの条件以外を同じにして行う実験を何というか。(2点)
2. 手順2で，試験管をあたためる湯の温度を約40℃としたのはなぜか。(2点)
3. **よく出る** 表の結果をもとに，(1),(2)の問いに答えよ。(各2点)
   (1) 試験管Aと試験管Bの結果から，考えられることを書け。
   (2) 試験管Cと試験管Dの結果から，考えられることを書け。
4. 右の図は，実験の後に，たかしさんがだ液にふくまれる消化酵素の性質について本で調べたときのメモの一部である。これについて，次の2人の会話の内容が正しくなるように，□□□にあてはまるものとして最も適当なものを，図の①〜③から選べ。(2点)

　図
　① 水がないときは，はたらかない。
　② 中性の溶液中で最もよくはたらく。
　③ 体外でもはたらく。

たかしさん：だ液にふくまれる消化酵素には，①〜③の性質があることがわかったよ。
ひろみさん：それなら，その性質を確かめてみようよ。
たかしさん：あっ，でも，□□□の性質は，今回の実験で確認できているね。

---

**5** 光と音，力と圧力，運動の規則性，力学的エネルギー

次のⅠ，Ⅱの各問いに答えなさい。答えを選ぶ問いについては記号で答えなさい。

Ⅰ. ひろみさんは，登校前，洗面台の鏡を使って身なりを整えている。なお，洗面台の鏡は床に対して垂直である。

1. **基本** ひろみさんは，鏡による光の反射の実験を思い出した。その実験では，図1のように，光源装置から出た光が鏡の点Oで反射するようすが観察された。このときの入射角はいくらか。(2点)

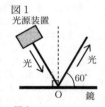

図1　光源装置

2. ひろみさんが図2のように洗面台の鏡の前に立ったとき，ひろみさんから見て，鏡にうつる自分の姿として最も適当なものはどれか。(2点)

図2
鏡の上端
目の高さ
鏡の下端
洗面台の鏡

ア　イ　ウ　エ

3. **思考力** ひろみさんは，図3のように，手鏡を用いて，正面にある洗面台の鏡に自分の後頭部をうつしている。図4は，このときのようすをひろみさんの目の位置をP，後頭部に位置する点をQとし，上から見て模式的に表したものである。Qからの光が手鏡，洗面台の鏡で反射して進み，Pに届くまでの光の道筋を図4に実線（——）でかけ。なお，作図に用いる補助線は破線（-----）でかき，消さずに残すこと。(3点)

図3　洗面台の鏡　手鏡
図4

Ⅱ. 図1のように，水平な台の上にレールをスタンドで固定し，質量20gと40gの小球を高さ5 cm, 10 cm, 15 cm, 20 cmの位置からそれぞれ静かに離し，木片に衝突させ，木片の移動距離を調べる実験を行った。表は，その結果をまとめたものである。ただし，小球は点Xをなめらかに通過した後，点Xから木片に衝突するまでレール上を水平に移動するものとし，小球とレールとの間の摩擦や空気の抵抗は考えないものとする。また，小球のもつエネルギーは木片に衝突後，すべて木片を動かす仕事に使われるものとする。

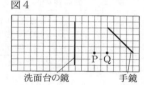

図1　スタンド　小球　木片　レール　点X　木片　基準面　小球の高さ　水平な台　ものさし

| 小球の高さ[cm] | 5 | 10 | 15 | 20 |
|---|---|---|---|---|
| 木片の移動距離[cm] 質量20gの小球 | 2.0 | 4.0 | 6.0 | 8.0 |
| 質量40gの小球 | 4.0 | 8.0 | 12.0 | 16.0 |

1. **基本** 質量20 gの小球を，基準面から高さ10 cmまで一定の速さで持ち上げるのに加えた力がした仕事は何Jか。ただし，質量100 gの物体にはたらく重力の大きさを1 Nとする。(2点)
2. **よく出る** 小球が点Xを通過してから木片に衝突するまでの間に，小球にはたらく力を表したものとして最も適当なものは次のどれか。ただし，力の矢印は重ならないように少しずらして示してある。(2点)

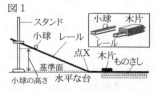

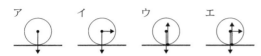

3．小球が木片に衝突したとき，はたらく力について述べた次の文中の□□□にあてはまることばを書け。
(2点)

> 小球が木片に力を加えると，同時に小球は木片から同じ大きさで逆向きの力を受ける。これは「□□□の法則」で説明できる。

4．図1の装置で，質量25 gの小球を用いて木片の移動距離を6.0 cmにするためには，小球を高さ何cmの位置で静かに離せばよいか。(2点)

5．図2のように，点Xの位置は固定したままレールの傾きを図1より大きくし，質量20 gの小球を高さ20 cmの位置から静かに離し，木片に衝突させた。図1の装置で質量20 gの小球を高さ20 cmの位置から静かに離したときと比べて，木片の移動距離はどうなるか。その理由もふくめて書け。(3点)

図2
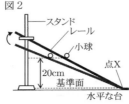

# 沖縄県

時間 50分　満点 60点　解答 P31　3月4日実施

## 出題傾向と対策

● 例年通り，物理，化学，生物，地学各2題，計8題の出題であった。実験や観察を中心に幅広い範囲から出題され，問題文が長く，問題数もかなり多かった。基本事項を問う問題が多かったが，与えられた情報から知識を使って判断する問題も出題された。

● 教科書に出てくる実験や観察を中心に，しっかりと基本事項を身につけ，作図問題，計算問題，用語や現象の記述まで対策しておくことが必要である。問題演習を通して，いろいろな解答形式に慣れておこう。

## 1 力と圧力

理佳さんは，先生から「＜実験Ⅰ＞ばねののびと力の関係を調べる。」と，「＜実験Ⅱ＞浮力の大きさについて調べる。」という課題をもらい実験を行った。しかし，先生の指示とは異なり，ばねののびではなく，ばね全体の長さを調べてしまった。ただし，ばね全体の長さとは，何もつるしていないときのばねの長さと，ばねののびをあわせた長さとする。次の問いに答えなさい。なお，100 gの物体にはたらく重力の大きさを1 Nとする。また，糸の重さと体積は無視する。

＜実験Ⅰ＞
　図1のような装置をつくった。150 gの密閉容器に，1個25 gのおもりを入れ実験を行った。おもりの個数が2個，6個，8個のとき，ばね全体の長さがそれぞれ4.0 cm，5.0 cm，5.5 cmとなった。

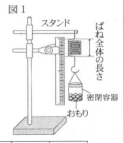

＜結果＞
表1

| おもりの個数[個] | 2 | 6 | 8 |
|---|---|---|---|
| ばね全体の長さ[cm] | 4.0 | 5.0 | 5.5 |

問1．基本　次の文は，ばねにはたらく力とばねののびに関する説明である。（　）に当てはまる語句を答えなさい。(1点)

> ばねののびは，ばねを引く力の大きさに比例する。これを（　　）の法則という。

問2．次の問いに答えなさい。

(1) ＜実験Ⅰ＞の＜結果＞をもとに，グラフを右に作成しなさい。グラフの縦軸は，ばね全体の長さ[cm]，横軸は，ばねにはたらく力の大きさ[N]とする。なお，ばねにはたらく力の大きさは，密閉容器とおもりをあわせた重さと等しい。また，グラフは，何もつるしていないときのばねの長さ[cm]まで分かるように作成すること。

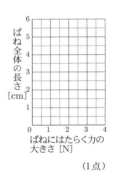

(1点)

(2) 何もつるしていないときのばねの長さは，何cmになるか答えなさい。　(1点)

<実験Ⅱ>
　図2のように，<実験Ⅰ>と同じ装置とおもりを使い，おもり8個を入れた密閉容器を水に沈ませて，浮力の大きさを調べた。実験はスタンドの高さを調整して，容器が(a)空気中にあるとき，(b)半分水中にあるとき，(c)全部水中にあるとき，(c)の状態から容器をさらに深く沈ませたときの順序で操作を行った。なお，密閉容器内に水は入らず，傾くことなくゆっくり沈んだ。

図2
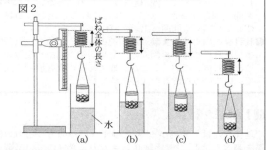

問3．　よく出る　図2の(a)〜(d)のばねにはたらく力の大きさの関係について正しく表したものを，次のア〜カの中から1つ選び記号で答えなさい。　(1点)
　ア．a＜b＜c＜d
　イ．a＜b＜c＝d
　ウ．a＜b＝c＝d
　エ．a＞b＞c＞d
　オ．a＞b＞c＝d
　カ．a＞b＝c＝d

問4．図2(c)のように容器が全部水中にあるとき，ばね全体の長さは3.5cmであった。このときの浮力の大きさは何Nになるか答えなさい。　(2点)

問5．　思考力　実験で使われた密閉容器の体積は何cm³だと考えられるか，次のアルキメデスの原理を参考に，整数で答えなさい。ただし，水の密度を1.0g/cm³とする。　(2点)

アルキメデスの原理
　水中の物体にはたらく浮力の大きさは，物体の水中にある部分の体積と同じ体積の水にはたらく重力の大きさに等しい。

## 2　天体の動きと地球の自転・公転，太陽系と恒星

太陽系の天体について，次の問いに答えなさい。
〔Ⅰ〕次の図1は，太陽系の惑星を太陽に近い惑星から順に並べたものである。次の問いに答えなさい。

図1

| ア | イ | ウ | エ | オ | カ | キ | ク |
|---|---|---|---|---|---|---|---|
| 太陽 | 水星 | 金星 | 地球 | 火星 | 木星 | 土星 | 天王星 | 海王星 |

問1．これらの惑星を地球型惑星と木星型惑星に分ける場合，どこで区分したらよいか。図1のア〜クの中から1つ選び記号で答えなさい。　(1点)
問2．図1のア〜クの中で，小惑星が最も多く存在するところはどこか。1つ選び記号で答えなさい。　(1点)
〔Ⅱ〕次の表1は，太陽系の惑星のうち，地球と5つの惑星についてまとめたものである。なお，直径と質量は地球を1としたときの比で表している。次の問いに答えなさい。

表1

| 惑星 | 直径 | 質量 | 密度[g/cm³] | 主な特徴 |
|---|---|---|---|---|
| 地球 | 1 | 1 | 5.51 | 主に窒素と酸素からなる大気をもつ。表面に液体の水があり，多様な生物が存在する天体である。 |
| A | 0.53 | 0.11 | 3.93 | 大気の主な成分は二酸化炭素である。水があったと考えられる複雑な地形が見られる。 |
| B | 0.38 | 0.06 | 5.43 | 大気はきわめてうすく，表面には巨大ながけやクレーターが見られる。 |
| C | 11.21 | 317.83 | 1.33 | 主に水素とヘリウムからなる気体でできている。太陽系で最大の惑星である。 |
| D | 0.95 | 0.82 | 5.24 | 二酸化炭素の厚い大気でおおわれている。自転は地球と反対向きである。 |
| E | 9.45 | 95.16 | 0.69 | 主に水素とヘリウムからなる気体でできている。氷の粒でできた巨大な環(リング)をもつ。 |

問3．　よく出る　表1のA〜Eに当てはまる惑星の正しい組み合わせはどれか。次のア〜エの中から1つ選び記号で答えなさい。　(1点)

|  | A | B | C | D | E |
|---|---|---|---|---|---|
| ア | 水星 | 金星 | 土星 | 火星 | 天王星 |
| イ | 水星 | 金星 | 木星 | 火星 | 土星 |
| ウ | 火星 | 水星 | 木星 | 金星 | 土星 |
| エ | 火星 | 水星 | 土星 | 金星 | 天王星 |

問4．表1の惑星について正しく述べている文はどれか。次のア〜エの中から1つ選び記号で答えなさい。　(1点)
　ア．A〜Eの惑星は全て，ほぼ同じ平面上で太陽のまわりを公転している。
　イ．A〜Eの惑星は全て，太陽からの平均距離が5天文単位以内に存在する。
　ウ．A〜Eの惑星は全て，地球から真夜中に見ることができる。
　エ．A〜Eの惑星は全て，星座を形づくる星のひとつである。

〔Ⅲ〕図2は，沖縄市のある地点において，12月のある1日の太陽の動きを観測し，透明半球に記録したものである。
　点Pが日の出の位置，点Rが日の入りの位置である。8時から16時までの2時間ごとに，太陽の位置を×印で5回記録したものをなめらかな線で結び，太陽の高度が最も高くなる位置を点Qとした。
　図3は，図2の透明半球に記録したものに，紙テープを当て写し取ったものである。次の問いに答えなさい。

図2
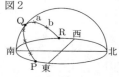

図3

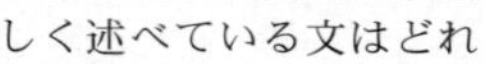

問5．観測の結果から，太陽が南中する時刻を求めるために必要なものはどれか。次のア〜エの中から2つ選び記号で答えなさい。　(1点)
　ア．日の出の時刻　　イ．PQの長さ
　ウ．Qaの長さ　　　　エ．abの長さ

問6．　思考力　沖縄市内の東経127°の場所で観測を行った。太陽の南中時刻が12時30分だった日に，久米島町内の東経126°にある観測地では太陽の南中時刻は何時何分だと考えられるか。　(2点)

# 3 動物の体のつくりと働き，動物の仲間

動物は，外界の環境変化の情報を刺激として受けとり，それに対して反応するしくみがある。動物のからだのしくみについての＜レポート1〜3＞を参考にして，次の問いに答えなさい。

＜レポート1＞
セキツイ動物のなかまは，環境の温度変化に対する体温変化をもとに，恒温動物と変温動物の2つになかま分けができる。

問1．＜レポート1＞の文中の恒温動物と変温動物に当てはまる動物のなかまの組み合わせとして，最も適当なものを次のア〜エの中から1つ選び記号で答えなさい。 (1点)

| | 恒温動物 | 変温動物 |
|---|---|---|
| ア | 魚類，両生類，ハチュウ類 | ホニュウ類，鳥類 |
| イ | 魚類，両生類，ハチュウ類，鳥類 | ホニュウ類 |
| ウ | ホニュウ類，鳥類 | 魚類，両生類，ハチュウ類 |
| エ | ホニュウ類 | 魚類，両生類，ハチュウ類，鳥類 |

問2．＜レポート1＞の文中の恒温動物と変温動物について，気温と体温の変化をグラフで表したとき，その例として最も適当なものを次のア〜エの中から1つ選び記号で答えなさい。 (1点)

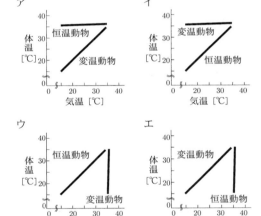

＜レポート2＞
うでを曲げたりのばしたりできるのは，骨と筋肉のはたらきのおかげである。図1は，ヒトのうでから肩にかけての骨を正面から見た図である。図1の肩の骨の上部(◎)に，けんがついている筋肉は，もう一方のけんが図1の（ ① ）についており，この筋肉はうでを曲げるときに（ ② ）筋肉である。
一方，イカなどの軟体動物は，（ ③ ）とよばれる筋肉でできた構造があり，内臓などがある部分を包み込んでいる。

図1 肩

問3．＜レポート2＞の文中の（ ① ）〜（ ③ ）に当てはまる語句の組み合わせとして，最も適当なものを次のア〜クの中から1つ選び記号で答えなさい。 (1点)

| | ① | ② | ③ |
|---|---|---|---|
| ア | a | 縮む(収縮する) | 外骨格 |
| イ | a | 縮む(収縮する) | 外とう膜 |
| ウ | a | のばされる(ゆるむ) | 外骨格 |
| エ | a | のばされる(ゆるむ) | 外とう膜 |
| オ | b | 縮む(収縮する) | 外骨格 |
| カ | b | 縮む(収縮する) | 外とう膜 |
| キ | b | のばされる(ゆるむ) | 外骨格 |
| ク | b | のばされる(ゆるむ) | 外とう膜 |

＜レポート3＞
ヒトが刺激を受けとってから反応するまでには，次に表される経路で信号が伝わる。

刺激 → A感覚器官 → B感覚神経 → C中枢神経 → D運動神経 → E運動器官 → 反応

AからEへと信号が伝わる時間を調べるために実験を行った。その方法と結果を下にまとめた。

1．方法
(1) 図2のように11人が外を向くように手をつないで輪をつくり，目を閉じる。
(2) ストップウォッチを持った最初の人が右手でストップウォッチをスタートさせると同時に，左手でとなりの人の右手をにぎる。
(3) 右手をにぎられた人はさらにとなりの人の右手を左手でにぎる。(これを次々に行う。)
(4) 最後の人は，自分の右手がにぎられたら，左手でストップウォッチを止め，かかった時間を記録する。ストップウォッチは，最初の人と最後の人が一緒に持っており，それぞれの操作に影響はないものとする。
(5) (1)〜(4)を3回繰り返し，かかった時間を表にまとめる。

図2 ストップウォッチ

2．結果

| 回数 | 1回目 | 2回目 | 3回目 |
|---|---|---|---|
| 実験結果[秒] | 2.9 | 2.4 | 2.5 |

問4．「熱いものにふれて，とっさに手を引っこめる」という反射の反応において，＜レポート3＞のC中枢神経の中では信号が伝わる部分と伝わらない部分がある。信号が伝わる部分の名称を答えなさい。 (1点)

問5．**よく出る** 右手をにぎられてから左手をにぎるという反応経路(A→E)にかかる時間は，1人あたり何秒になるか。＜レポート3＞の実験をもとに計算しなさい。ただし，かかった時間は3回の実験結果の平均値を使い，答えは小数第2位まで答えなさい。 (2点)

問6．＜レポート3＞の実験結果から考えられることをまとめた。次の文中の（ ④ ）〜（ ⑥ ）に当てはまる語句の組み合わせとして，最も適当なものをあとのア〜カの中から1つ選び記号で答えなさい。ただし，ヒトのB感覚神経やD運動神経を伝わる信号の速さは，およそ50[m/秒]とする。 (2点)

右手から左手までの経路(A→E)は1人あたり2.0mとして考え，ヒトが刺激を受けとってから反応するという現象を，信号が伝わる現象としてとらえる。問5の数値をもとに計算によって求められる信号が伝わる速さは，ヒトのB感覚神経やD運動神経を信号の伝わる速さよりも（ ④ ）なっていた。これは，（ ⑤ ）が（ ⑥ ）ための時間が影響したと考えられる。

|  | ④ | ⑤ | ⑥ |
|---|---|---|---|
| ア | おそく | A | 反射を行う |
| イ | おそく | C | 判断や命令を行う |
| ウ | おそく | E | 反射を行う |
| エ | はやく | A | 感覚を生じる(感じる) |
| オ | はやく | C | 感覚を生じる(感じる) |
| カ | はやく | E | 判断や命令を行う |

## 4 電流

電熱線を用いた実験について次の問いに答えなさい。ただし，電熱線1から電熱線3のうち，電熱線1と電熱線2は同じ電気抵抗であることがわかっている。

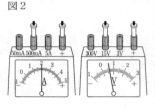

問1．図1において端子bと端子cを導線で接続して，電源装置の電圧を6.0Vに調整し，スイッチを入れた。
　このときの電流計と電圧計は図2のようになった。電流計に流れる電流は何Aか。また，電圧計にかかる電圧は何Vか。それぞれ答えなさい。(2点)

問2．図1において端子aと端子cおよび，端子bと端子dを導線で接続して，電源装置の電圧を6.0Vに調整し，スイッチを入れた。電流計に流れる電流は何Aか答えなさい。(1点)

問3．図1において電熱線1，電熱線2，電熱線3を並列に接続して，電源装置の電圧を6.0Vに調整し，スイッチを入れたとき，電流計が示す電流の大きさは，問2で求めた値と比べてどうなることが予想されるか。次のア～ウの中から1つ選び記号で答えなさい。(1点)
ア．大きくなる　　　　イ．小さくなる
ウ．変化しない

問4．次の文で，①に当てはまるものをアまたはイのどちらか1つ選び記号で答えなさい。また，②に当てはまる数値を答えなさい。(1点)

実験で使用した電熱線を，家庭で使用する電気器具に例えて考えてみる。
家庭では交流100Vのコンセントに電気器具のプラグを差し込むと並列に接続される。しばしばコンセントの数を増やそうとテーブルタップを利用することがある。
そこで気を付けなくてはならないのが，テーブルタップに多数の電気器具をつなぐいわゆる「たこ足配線」である(図3)。
この配線が危険な理由は，接続したすべての電気器具に同じ大きさの①(ア．電流が流れる　イ．電圧がかかる)ため，電気器具の数が増えるほどテーブルタップの導線を流れる電流が大きくなり，発熱して火災が発生する恐れがあるからだ。
テーブルタップに「合計1500Wまで」と表示されて

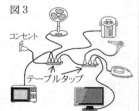

いたら，100Vの家庭用電源で使用するとき，( ② )Aより大きな電流を流してはいけないということになる。

問5．「100V 50W」と表示がある扇風機と，「100V 1200W」と表示があるドライヤーを，100Vの家庭用電源に接続した。ドライヤーを5分間使用したときと同じ電気料金になる扇風機の使用時間を次のア～カの中から1つ選び記号で答えなさい。ただし，電気料金は電力量に比例するものとする。(2点)
ア．60分　　イ．72分　　ウ．108分
エ．120分　　オ．180分　　カ．720分

## 5 水溶液とイオン

図1のように，うすい塩酸の電気分解実験を簡易的に行った。次の問いに答えなさい。

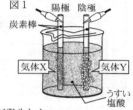

＜実験＞
手順1．図1のような装置をつくり，うすい塩酸に6Vの電圧を加えて，2分間，電流を流す。
手順2．電流を流しているときの，陽極と陰極の様子を観察する。
＜結果＞
1．陽極側からは気体Xが発生した。
2．陰極側からは気体Yが発生した。
3．発生する気体の見た目の量は，気体Yに比べて気体Xが少なかった。

問1．　基本　陽極から発生した気体Xと，陰極から発生した気体Yは何か。それぞれ化学式で答えなさい。化学式は，アルファベットの大文字，小文字，数字を書く位置や大きさに気をつけて書きなさい。(1点)

問2．次の文は気体Xの性質についてまとめたものである。文中の( ① )～( ④ )に当てはまる語句の組み合わせとして，最も適当なものを次のア～エの中から1つ選び記号で答えなさい。(1点)

＜結果＞の3は気体Xの( ① )という性質が影響している。また，陽極側の水溶液を取り出し，その液を赤インクで着色したろ紙につけると，ろ紙の色は( ② )。これは気体Xが( ③ )作用を持っているからである。また，気体Xは消毒(殺菌)作用も持っており，( ④ )等で利用されている。

|  | ① | ② | ③ | ④ |
|---|---|---|---|---|
| ア | 水にとけやすい | 青くなる | 変色 | 温泉 |
| イ | 水にとけやすい | 消える(薄くなる) | 漂白 | プール |
| ウ | 水にとけにくい | 消える(薄くなる) | 漂白 | 温泉 |
| エ | 水にとけにくい | 青くなる | 変色 | プール |

問3．　基本　塩酸の溶質は何か。名称を答えなさい。(2点)

問4．塩酸の溶質は，水にとけるとどのように電離するか。その電離のようすを表す式を化学式とイオン式を使って答えなさい。化学式とイオン式は，アルファベットの大文字，小文字，数字を書く位置や大きさに気をつけて書きなさい。(2点)

## 6 植物の体のつくりと働き，植物の仲間，生物の成長と殖え方，生物と環境

沖縄県のある学校の科学クラブのみんなで，近くのダムへ観察に出かけました。そのときの会話文を読み，次の問いに答えなさい。

先生，ダムの水面がかくれるぐらい，浮いて広がっている，あの植物は何でしょうか？　理佳

先生　よく気づいたね。あれは，ボタンウキクサといってアフリカ原産の植物だよ。今からおよそ100年前に，観賞用として沖縄に持ち込まれたものが広がったんだ。こういう生物を（①）といったね。

先生，もっと詳しく観察してもいいですか？　理佳

先生　よし，観察してみよう。今日は残念だけど，花が咲いていないようだね。この植物はこれ以上生息地を広げてはいけないため，持ち運びが法律で禁止されているので，注意が必要だよ。

わかりました。ここで，しっかり観察していきます。　理佳

図1

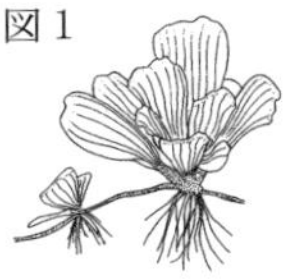

先生，スケッチ描けました。　理佳

先生，ボタンウキクサどうしをつないでいる茎のようなものは何でしょうか？　紗和

先生　その茎のようなものは，ほふく茎といって，オランダイチゴのように，そこで分かれると別々の個体になるんだよ。

でも先生，なぜ生息地を広げてはいけないのですか？　紗和

先生　実は，この植物は増えすぎると生態系に悪影響を与えることが知られているんだ。ダムの水面を眺めて，どんな影響があるのか，みんなで考えてみよう。

これだけびっしりと生えていると，水中に光が届きそうにないですね。　玲央

先生　いいところに気づいたね。そうすると，水中の生物の食べる・食べられるの関係にも影響がありそうだね。
ボタンウキクサは，沖縄県外の寒い地域では越冬できないそうだよ。冬場にいっせいに枯れて，悪臭を放つことも問題になっているんだ。春になると，発芽してまた広がり，同じことが繰り返されるそうだよ。

問1．会話文の（①）に当てはまる語句と，その生物の例の組み合わせとして，最も適当なものを次のア〜エの中から1つ選び記号で答えなさい。（1点）

|   | ① | 生物の例 |
|---|---|---|
| ア | 外来種（外来生物） | ノグチゲラ，カンムリワシ |
| イ | 外来種（外来生物） | グリーンアノール，オオクチバス |
| ウ | 在来種（在来生物） | ノグチゲラ，カンムリワシ |
| エ | 在来種（在来生物） | グリーンアノール，オオクチバス |

問2．図1は，理佳さんの描いた観察スケッチです。この観察スケッチと会話文をもとに植物の分類を行ったとき，最も適当なものを次のア〜エの中から1つ選び記号で答えなさい。（1点）
ア．根・茎・葉の区別があり，オオタニワタリのように胞子でふえるので，シダ植物。
イ．上から見たとき，ソテツのような葉の並び方になっているので，裸子植物。
ウ．葉の幅は太いが葉脈が平行で，テッポウユリのようにひげ根をもっているので，単子葉類。
エ．ハスやスイレンと同様に，水上に花をつけるので，双子葉類。

問3．会話文中の下線部による，ボタンウキクサがダムの水中の生物へ与える影響として考えられることについて，適当なものを次のア〜エの中から2つ選び記号で答えなさい。（1点）
ア．水中で光合成を行う生物が少なくなるため，水中に溶け込んでいる酸素が減少し，魚類などの生育環境が悪化する。
イ．生産者であるボタンウキクサが増えるため，水中の魚類が増える。
ウ．水中に届く光の量が減るので，寒い地方の水中で生息する生物が数多く見られるようになる。
エ．ボタンウキクサが水面を覆うので，水中に届く光の量が減り，植物プランクトンが少なくなる。

問4．ボタンウキクサの生殖について，最も適当なものを次のア〜エの中から1つ選び記号で答えなさい。（1点）
ア．受精による有性生殖のみを行う。
イ．ほふく茎をのばして分かれる無性生殖のみを行う。
ウ．ほふく茎をのばして分かれる無性生殖と，受精による有性生殖の両方を行う。
エ．暖かい地方ではほふく茎をのばして分かれる無性生殖を，寒い地方では胞子による無性生殖を行う。

問5．**よく出る**　ダムの水中生物の食べる・食べられるの関係は，何種類もの生物どうしが複雑な網の目のようにつながりあっている。この関係の名称を漢字で答えなさい。（1点）

問6．このダムでは，問3で示されたボタンウキクサの影響が，そこに生息する生物の個体数の変化として現れていると考えられます。その影響を調べるため，調査を行うことにしました。調査に先立ち情報収集を行うとき，集める情報としてより適当なものを，次のア〜エの中から2つ選び記号で答えなさい。（2点）
ア．ダム管理者が定期的に調査している，水質調査のデータ。
イ．気象庁が同じ市町村内の別の場所にある観測所で観測している，気温や降水量のデータ。
ウ．気象庁が県内の別の島で観測している，毎年の二酸化炭素濃度の変化のデータ。
エ．科学クラブの先輩方が，このダムでボタンウキクサが広がる前に調査した，過去の水中の生物のデータ。

**7**　火山と地震，地層の重なりと過去の様子

岩石と地層について，次の問いに答えなさい。
〔I〕 図1，図2は，2つの火成岩をルーペで観察しスケッチしたものである。次の問いに答えなさい。

問1. **よく出る** 次の文は，図1，図2について説明している。（ ① ）〜（ ③ ）に当てはまる語句の組み合わせとして，最も適当なものを次のア〜エの中から1つ選び記号で答えなさい。 (1点)

図1

図2

・図1は，肉眼で見分けられるぐらいの大きさの鉱物のみが集まってできている。このようなつくりを（ ① ）組織という。
・図2のaは，比較的大きな鉱物で（ ② ）とよばれ，bは形がわからないほどの小さな鉱物などで（ ③ ）とよばれる。

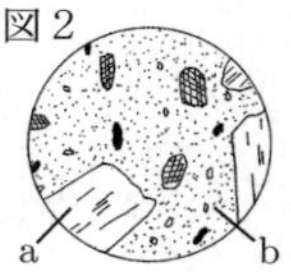

| | ① | ② | ③ |
|---|---|---|---|
| ア | 等粒状 | 斑晶 | 石基 |
| イ | 等粒状 | 石基 | 斑晶 |
| ウ | 斑状 | 斑晶 | 石基 |
| エ | 斑状 | 石基 | 斑晶 |

問2. 図1のような組織をつくる火成岩には，花こう岩，せん緑岩，斑れい岩などがある。これらをまとめて（　　）岩という。（　　）に入る最も適当な語句を漢字2文字で答えなさい。 (2点)

〔Ⅱ〕 ある地域の地点A〜Eでボーリング調査を行った。図3はこの地域の地形図であり，図中の線は等高線，数値は標高を表している。また，図4は地点A〜Dの柱状図である。次の問いに答えなさい。
ただし，この地域の地層はある一定の傾きをもって平行に積み重なっており，上の層ほど新しく，しゅう曲や断層はないものとする。また，この地域の凝灰岩層はひとつしかないものとする。

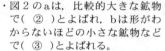
図3

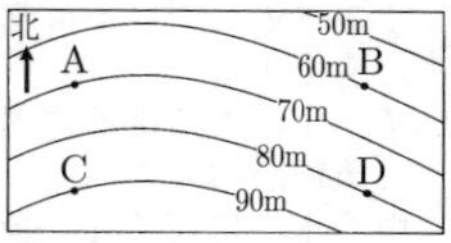

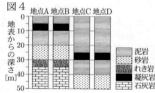
図4

問3. **基本** この地域の砂岩の中に，図5のビカリアの化石が見つかり，この層が堆積した地質年代がわかった。次の(1),(2)が示す語句の組み合わせとして，最も適当なものを次のア〜カの中から1つ選び記号で答えなさい。 (2点)

図5 ビカリア

(1) 地層が堆積した地質年代を推定することができる化石の名称
(2) この砂岩が堆積した地質年代

| | (1) | (2) |
|---|---|---|
| ア | 示相化石 | 古生代 |
| イ | 示相化石 | 中生代 |
| ウ | 示相化石 | 新生代 |
| エ | 示準化石 | 古生代 |
| オ | 示準化石 | 中生代 |
| カ | 示準化石 | 新生代 |

問4. 図4の地点Aを見て，石灰岩が堆積したあと凝灰岩が堆積するまでの地層の重なり方からわかる海の深さについて，最も適当なものを次のア〜ウの中から1つ選び記号で答えなさい。 (1点)
ア．深くなっていった
イ．浅くなっていった
ウ．変化しなかった

問5. 図3について，この地域の地層はある方向に低くなるように傾いている。どの方向に向かって低くなっているか。最も適当なものを次のア〜エの中から1つ選び記号で答えなさい。 (2点)
ア．北　　イ．南
ウ．西　　エ．東

## 8 物質の成り立ち，化学変化と物質の質量

玲央さんと紗和さんは，ホットケーキがふくらむことや，断面にすきまがたくさんできることに興味を持っていた。そこで先生から「ホットケーキがふくらむ理由は，原材料に含まれる炭酸水素ナトリウムの加熱で起こる化学変化」というアドバイスを受け，次の＜実験Ⅰ＞を行った。

＜実験Ⅰ＞
炭酸水素ナトリウム約2gを試験管に入れ，図1の装置で加熱した。

図1 炭酸水素ナトリウム／石灰水

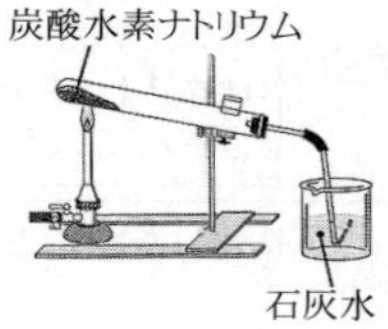

＜結果Ⅰ＞
1. 発生した気体Aがビーカーに入った石灰水を白くにごらせた。
2. 加熱後，気体が発生しなくなって，試験管には白い固体Bが残った。
3. 加熱していた試験管の口の内側には無色の液体Cが付着していた。

＜考察Ⅰ＞
1. 石灰水が白くにごったことから，発生した気体Aは（ ① ）であることがわかった。この気体が発生することでホットケーキがふくらむことがわかった。
2. 炭酸水素ナトリウムと白い固体Bを比較したところ，水へのとけ方やフェノールフタレイン溶液との反応で違いがみられたため，炭酸水素ナトリウムは違う物質に変化したことがわかった。
3. 無色の液体Cに，青色の（ ② ）を反応させると，うすい赤色（桃色）に変わったことから，無色の液体Cは（ ③ ）であることがわかった。

問1. （ ① ）に当てはまる**物質名**を答えなさい。 (1点)
問2. 気体Aについての説明文として**誤っているもの**を，次のア〜エの中から1つ選び記号で答えなさい。 (1点)
ア．ペットボトルに水を半分入れ，気体Aをペットボトルの水の入っていない空間に十分に入れた。ふたを閉め，よく振ったところ，ペットボトルが大きくへこんだ。
イ．気体Aを入れた集気びんに，点火したマグネシウムリボンを入れると，激しく燃えて，びんの中に黒い物質がところどころ付着していた。
ウ．化石燃料の使用により放出される気体Aは，地球温暖化の原因の1つである。化石燃料の使用を減らす取り組みとして，再生可能エネルギーの利用や省エネルギー技術の開発が進められている。
エ．気体Aのとけた水溶液にpH試験紙をつけると，pH7より大きくなり酸性を示す。また，大気中の気体Aは，雨にとけ強い酸性を示す酸性雨となる。

問3. 次の問いに答えなさい。
(1) （ ② ）に当てはまる語句を，次のア〜エの中から1つ選び記号で答えなさい。 (1点)
ア．ベネジクト液　　イ．BTB溶液
ウ．塩化コバルト紙　エ．ヨウ素溶液
(2) （ ③ ）に当てはまる物質を**化学式**で答えなさい。化学式はアルファベットの大文字，小文字，数字を書く位置や大きさに気をつけて答えなさい。 (1点)

問4. **よく出る** ＜考察Ⅰ＞下線部の結果で，最も適当な

ものを次のア〜エの中から１つ選び記号で答えなさい。
（1点）

|  | 水へのとけ方 | | フェノールフタレイン溶液との反応 | |
|---|---|---|---|---|
|  | 炭酸水素ナトリウム | 固体B | 炭酸水素ナトリウム | 固体B |
| ア | 少しとける | よくとける | 赤色 | うすい赤色 |
| イ | 少しとける | よくとける | うすい赤色 | 赤色 |
| ウ | よくとける | 少しとける | 赤色 | うすい赤色 |
| エ | よくとける | 少しとける | うすい赤色 | 赤色 |

　玲央さんと紗和さんは，＜実験Ⅰ＞より炭酸水素ナトリウムはアルカリ性であることがわかった。先生から，炭酸水素ナトリウムを塩酸と反応させたときの質量の関係について調べてみるようにアドバイスを受け，次の＜実験Ⅱ＞を行った。

＜実験Ⅱ＞
　図2のように，うすい塩酸25.00ｇに，炭酸水素ナトリウムを加え，反応前後の質量をはかった。これを，炭酸水素ナトリウムの質量を変えて6回おこなった。

図2
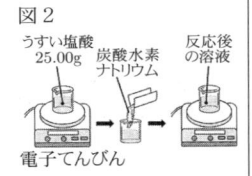
うすい塩酸25.00ｇ　炭酸水素ナトリウム　反応後の溶液
電子てんびん

＜結果Ⅱ＞
　1．塩酸に炭酸水素ナトリウムを加えたところ，気体が発生した。
　2．それぞれの反応前後の質量は表1のとおりであった。

表1

| 回数 | 1回目 | 2回目 | 3回目 | 4回目 | 5回目 | 6回目 |
|---|---|---|---|---|---|---|
| うすい塩酸25.00gを入れたビーカー全体の質量[g] | 85.50 | 85.50 | 85.50 | 85.50 | 85.50 | 85.50 |
| 加えた炭酸水素ナトリウムの質量[g] | 1.00 | 2.00 | 3.00 | 4.00 | 5.00 | 6.00 |
| 反応後のビーカー全体の質量[g] | 86.00 | 86.50 | 87.00 | 87.75 | 88.75 | 89.75 |

問5．次の文は玲央さんと紗和さんが＜結果Ⅱ＞をふまえて＜考察＞を行ったときの会話の一部である。なお，反応によって発生した気体はすべて空気中に出ていったものとする。

玲央　反応後のビーカー全体の質量は，うすい塩酸25.00ｇを入れたビーカー全体の質量と炭酸水素ナトリウムを合わせた質量に比べると，減っているよ。
紗和　発生した気体がビーカーの外に出ていったから，反応後の質量は減っているんだね。
玲央　炭酸水素ナトリウムの質量を変えると，発生する気体の質量も変わることがわかるね。
紗和　炭酸水素ナトリウムの質量と，発生した気体の質量の関係を表すグラフを作成してみるね。グラフでは炭酸水素ナトリウムの質量と，発生した気体の質量は，途中まで比例しているよ。
玲央　今回は実験しなかったけど，もし，炭酸水素ナトリウム7.00ｇをすべて反応させるとしたら，同じ濃度のうすい塩酸が最低□□□ｇ以上必要ってことが計算でわかるね。

（1）　思考力　会話文中のグラフとして，最も適当なものを次のア〜エの中から１つ選び記号で答えなさい。
（2点）

ア
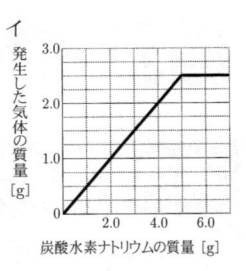
発生した気体の質量[g]
炭酸水素ナトリウムの質量[g]

イ
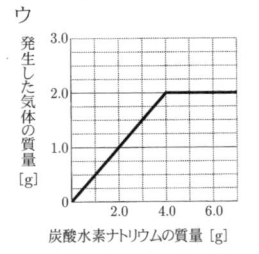
発生した気体の質量[g]
炭酸水素ナトリウムの質量[g]

ウ
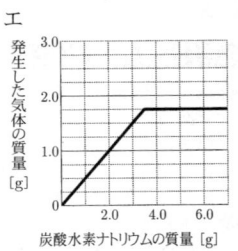
発生した気体の質量[g]
炭酸水素ナトリウムの質量[g]

エ
発生した気体の質量[g]
炭酸水素ナトリウムの質量[g]

（2）　よく出る　会話文中の□□□に入る適切な数値を，次のア〜クの中から１つ選び記号で答えなさい。（1点）
ア．25.00　　イ．30.00　　ウ．35.00
エ．40.00　　オ．45.00　　カ．50.00
キ．55.00　　ク．60.00

# 国立大学附属高等学校・高等専門学校

## 東京学芸大学附属高等学校

時間 50分　満点 100点　解答 P33　2月13日実施

### 出題傾向と対策

● 物理，生物各3題，化学，地学各2題の計10題の出題であった。マークシート方式の出題が多かったが，用語記述，文章記述，計算，作図などもあった。教科書の内容を超える出題も見られたが，与えられた条件やデータをもとに答えを導くことができる。

● 基本事項をしっかりと理解したうえで，数多くの応用問題に取り組み，科学的思考力や論理的思考力を養う必要がある。ケアレスミスを防ぐため，過去問研究などによって，マークシート方式の問題に慣れておくこと。

### 1　力と圧力，運動の規則性，力学的エネルギー

図1のように，12Nのおもりに伸び縮みしない糸を取り付け，滑車を通して糸の反対側を壁に取り付けた。滑車から壁までの糸は水平で，その25cm下方には物体がある。物体は床の上に置かれた台はかりの上にのせてあった。この状態で，おもりは床から高さ28cmのところにあった。物体にはフックがついており，糸をひっかけることができる。糸の水平部分を手でゆっくりと押し下げていき，図2のように物体に取り付けたところ，おもりの床からの高さは33cmとなった。以下の(1)～(4)に答えなさい。

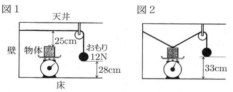

(1) 糸を手で押し下げていったとき，手が感じる力はどうなっていくか。(2点)
　① はじめ手ごたえは小さく，だんだんと大きくなる。
　② はじめ手ごたえは大きく，だんだんと小さくなる。
　③ ずっと一定の手ごたえを感じる。

(2) **基本** 糸を押し下げていったときの仕事は何Jか。(3点)

(3) 図3のように，滑車を台はかりの方に近づけた。このとき，台はかりの指す値は近づける前と比べてどうなるか。(1点)
　① 大きくなる
　② 小さくなる
　③ 変わらない

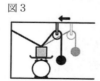

(4) (3)のようになる理由として適切なものはどれか。(2点)
　① おもりが下がることにより，位置エネルギーが小さくなるから。
　② 糸が物体を上向きに引く力が小さくなるから。
　③ 滑車を動かす仕事が加わるから。
　④ 台はかりが物体を上向きに押す力が小さくなるから。
　⑤ おもりの質量も物体の質量も変化せず，物体は静止していて変わらないから。

### 2　物質の成り立ち，酸・アルカリとイオン　よく出る

次の文章を読んで，後の(1)～(4)の問いに答えなさい。

2年生のとき，由美さんは「純粋な水（精製水）は電流を流さないが，水酸化ナトリウムなどをとかすと水を電気分解することができ，水素と酸素ができる」と学んだ。また，3年生になって，電気分解がイオンと関係があることを以下の実験1を通して学んだ。

実験1　図1のような装置をつくり，塩化銅水溶液に約3Vの電圧を加え，電流を流した。電流を流しているときの，陰極や陽極の様子を観察した。

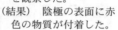
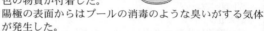

(結果) 陰極の表面に赤色の物質が付着した。陽極の表面からはプールの消毒のような臭いがする気体が発生した。

(考察) 陰極には銅が付着し，陽極には塩素が発生したことから，塩化銅水溶液の中に「銅原子のもと」と「塩素原子のもと」になる粒子があると考えられる。＋の電気と－の電気の間には，互いに引き合う力がはたらくことから，塩化銅水溶液の中にある「銅原子のもと」は（ ア ）の電気を帯びていて，「塩素原子のもと」は（ イ ）の電気を帯びていると考えられる。

3年生で学んだことを活用して，2年生で学んだ水の電気分解を探究しようと考えた由美さんは，以下のような4つの実験を行った。

実験2　硫酸ナトリウムを水にとかして，緑色のBTB溶液を加えた。
(結果) 溶液の色は緑色のままであった。
(考察) 硫酸ナトリウム水溶液は（ ウ ）性の溶液である。

実験3　実験2でできた緑色の溶液を，図2のような装置に入れて電流を流した。電流を流しているときの，陰極や陽極の様子を観察した。

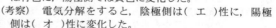

(結果) 陰極と陽極から気体が発生した。溶液の色が陰極側では青色に，陽極側では黄色に変化した。
(考察) 電気分解をすると，陰極側は（ エ ）性に，陽極側は（ オ ）性に変化した。

実験4　陰極側の気体には，火のついたマッチを近づけ，陽極側の気体には火のついた線香を入れ，実験3で発生した気体の性質を調べた。
(結果) 陰極から発生した気体は，ポンと音を立てて燃え，陽極から発生した気体の中では，線香が炎を出して激しく燃えた。
(考察) 陰極から発生した気体は水素，陽極から発生した気体は酸素である。

実験5　実験3でできた陰極側の青色の溶液と陽極側の黄色の溶液を混ぜた。

(結果) 溶液の色が緑色になった。

(1) （ア）,（イ）に入る語の組合せとして，正しいものはどれか。 (2点)

|   | ① | ② | ③ | ④ |
|---|---|---|---|---|
| ア | +（正） | +（正） | −（負） | −（負） |
| イ | +（正） | −（負） | +（正） | −（負） |

(2) （ウ）～（オ）に入る語の組合せとして，正しいものはどれか。 (2点)

|   | ① | ② | ③ | ④ | ⑤ | ⑥ |
|---|---|---|---|---|---|---|
| ウ | 酸 | 酸 | アルカリ | アルカリ | 中 | 中 |
| エ | 中 | アルカリ | 中 | 酸 | アルカリ | 酸 |
| オ | アルカリ | 中 | 酸 | 中 | 酸 | アルカリ |

(3) 実験3で，陽極に集まった気体の体積は，陰極に集まった気体の体積の何倍か。 (2点)
① 0.25倍　② 0.5倍　③ 1倍
④ 2倍　⑤ 4倍

(4) 由美さんは，硫酸ナトリウム水溶液に電流を流す実験を「硫酸ナトリウムの電気分解」とよばず，「水の電気分解」とよぶ理由を，実験の結果から次のように考えた。次の文中の（カ）～（ケ）に入るイオン式をそれぞれ書け。 (6点)

> 水溶液に電流を流すと，水が水素と酸素に分解されるだけでなく，陰極側には（カ）と（キ）が存在し，陽極側には（ク）と（ケ）が存在する。
> 陰極側の溶液と陽極側の溶液を混ぜると，（カ）と（ク）は反応して水になるが，（キ）と（ケ）はそのまま残るから。

## 3 生物の観察，植物の体のつくりと働き，植物の仲間，生物の成長と殖え方

次の(1), (2)の問いに答えなさい。

(1) **基本** ある細胞を顕微鏡で観察することにした。対物レンズを一番低倍率のものにして，10倍の接眼レンズをのぞきながら，反射鏡を調節して，視野全体が均一に明るく見えるようにした。ステージにプレパラートをのせ，10倍の対物レンズで観察したところ，細胞は図1のように見えた。
次に，接眼レンズはそのままの倍率で，対物レンズを40倍にして，その細胞を観察した。下の文中の（ア）～（ウ）に入るものの組合せとして，正しいものはどれか。 (3点)

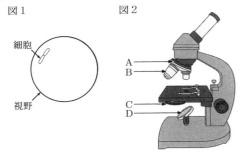

図2の（ア）の部分を持って，40倍の対物レンズに替えて，ピントを合わせる。次に，その細胞が視野の中央に来るように，プレパラートを（イ）の方向に動かす。最後に，（ウ）を使って，細胞が最もはっきり見えるように調節する。

|   | ① | ② | ③ | ④ | ⑤ | ⑥ | ⑦ | ⑧ |
|---|---|---|---|---|---|---|---|---|
| ア | A | A | A | A | B | B | B | B |
| イ | 右斜め下 | 右斜め下 | 左斜め上 | 左斜め上 | 右斜め下 | 右斜め下 | 左斜め上 | 左斜め上 |
| ウ | C | D | C | D | C | D | C | D |

(2) **よく出る** 世界の食糧として重要な作物にコムギ，ダイズ，トウモロコシ，イネ，ジャガイモがあげられる。これらの作物がどのような特徴をもつか，実際に育てて調べた。次の文中の（エ）～（キ）に入るものの組合せとして，正しいものはどれか。 (2点)

それぞれの茎の断面を調べたところ，維管束がバラバラに存在する植物は（エ）種類あった。また，根のつき方を調べたところ，主根と側根をもつ植物は（オ）種類あった。ダイズの種子を2つに割って，その断面にヨウ素溶液を数滴たらすと，子葉の部分が青紫色に変化したことから（カ）種子であることが分かった。ジャガイモは他の植物と異なり，種子以外の（キ）の部分に多くのデンプンを蓄えていた。

|   | ① | ② | ③ | ④ | ⑤ | ⑥ | ⑦ | ⑧ |
|---|---|---|---|---|---|---|---|---|
| エ | 2 | 2 | 2 | 2 | 3 | 3 | 3 | 3 |
| オ | 3 | 3 | 3 | 3 | 2 | 2 | 2 | 2 |
| カ | 無胚乳 | 無胚乳 | 有胚乳 | 有胚乳 | 無胚乳 | 無胚乳 | 有胚乳 | 有胚乳 |
| キ | 根 | 茎 | 根 | 茎 | 根 | 茎 | 根 | 茎 |

## 4 植物の体のつくりと働き

次の文章を読んで，後の(1)～(3)の問いに答えなさい。
学くんは，オオカナダモの光合成と呼吸による二酸化炭素の出入りを比較する実験を，次の方法で行い，以下の結果を得た。

【方法】
1．青色のBTB溶液にストローをさして息を吹き込み，二酸化炭素で溶液を緑色に変化させた。
2．1．の溶液を6本の試験管に分けた。A，B，Cはオオカナダモを入れてゴム栓で密閉した。D，E，Fはオオカナダモを入れずにゴム栓で密閉した。
3．下の図のように，AとDは光の当たるところに，BとEはうす暗いところに，CとFは暗室に，それぞれ4時間置いた。また，溶液の温度はすべて同じ温度で一定に保った。

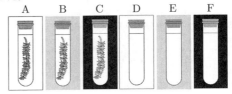

【結果】

| 試験管 | A | B | C | D | E | F |
|---|---|---|---|---|---|---|
| 溶液の色 | 青色 | 緑色 | 黄色 | 緑色 | 緑色 | 緑色 |

(1) **よく出る** オオカナダモの光合成のはたらきによって，試験管中の溶液の色が変化することを確かめたい。比較する試験管の組合せとして，正しいものはどれか。 (2点)
① AとD　② AとF　③ BとD
④ BとF　⑤ CとD　⑥ CとF

(2) **基本** 試験管Bの溶液の色は変化せず，緑色のままであった。その理由として，正しいものはどれか。 (2点)
① うす暗いところでは，オオカナダモが光合成によって吸収した二酸化炭素の量が，呼吸で放出した二酸化炭素の量と等しかったから。

② うす暗いところでは，オオカナダモが光合成によって吸収した酸素の量が，呼吸で放出した二酸化炭素の量と等しかったから。
③ うす暗いところでは，オオカナダモが光合成によって吸収した二酸化炭素の量が，呼吸で放出した酸素の量と等しかったから。

(3) **難** 青色に変化した試験管Aの溶液にうすい酢を加え，再び緑色にした。この試験管Aをもう一度光の当たるところに4時間置いたが，この実験では青色に変化することはなかった。再びオオカナダモの光合成によって青色に変化させるためには，どのような操作が必要か，簡単に述べよ。ただし，うすい酢はオオカナダモに影響しない。 (3点)

## 5 火山と地震

次の〔Ⅰ〕，〔Ⅱ〕の文章を読み，後の(1)～(6)の問いに答えなさい。

〔Ⅰ〕 **思考力** ある地震に対して，図1中の点(●)で示した4地点で地震波を観測し，その結果を表1に示した。A地点における震源までの距離は50kmであった。なお，地震波の伝わり方は震源を中心に四方八方に同じ速さで理想的に伝わるものとする。また，図1に示した領域は，同じ平面で均一な地質であるものと考える。

図1 震央と地震波の観測地点

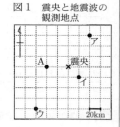

表1 地震波の到着時刻

| 地点 | P波の到着時刻 | S波の到着時刻 |
|---|---|---|
| A | 9時20分25秒 | 9時20分32秒 |
| B | 9時20分23秒 | 9時20分29秒 |
| C | 9時20分31秒 | 9時20分41秒 |
| D | 9時20分36秒 | 9時20分50秒 |

(1) 表1中の地点Cは，図1中の観測地点ア～ウのうちどれか。 (2点)
① ア　　② イ　　③ ウ

(2) 次の図は，表1中の地点A～Dの地震波の波形を示したものである。地点Bのものは次の選択肢のうちどれか。なお，図は地点Aで観測した地震波と同じ縮尺（スケール）で表示されており，初期微動から主要動へ移り変わった部分のみ示している。 (2点)

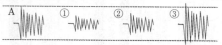

(3) この地震の震源の深さとして，最も近いものはどれか。 (2点)
① 30km　　② 40km　　③ 46km
④ 53km　　⑤ 56km

(4) この地震が発生した時刻として，最も近いものはどれか。 (2点)
① 9時19分30秒　　② 9時19分45秒
③ 9時20分00秒　　④ 9時20分15秒

〔Ⅱ〕 **よく出る** 次の図2・3はハワイ島で撮影した写真である。

図2 マウナ・ケア山の遠景　　図3 ハワイ島の溶岩

 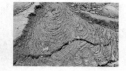

(5) 図2に示したマウナ・ケア山は，山の標高に対して，すそ野の距離が大変長いことで知られている。この火山や，この火山をつくったマグマの性質として，正しいものをそれぞれ選べ。 (2点)

火山の噴火の様子．
① 激しく爆発的に噴火する
② 比較的おだやかに噴火する

マグマのねばりけ．
① ねばりけが強い
② ねばりけが弱い

(6) 図3はハワイ島で観察された溶岩である。マウナ・ケア山も同様の火成岩でできている。この火成岩の名称と，この火成岩と同様のものを顕微鏡で観察した際に見られる組織を示した図の組合せとして正しいものはどれか。ただし，A，Bは同じ倍率で観察している。 (2点)

A  B

| | ① | ② | ③ | ④ | ⑤ | ⑥ |
|---|---|---|---|---|---|---|
| 火成岩の名称 | 流紋岩 | 流紋岩 | 閃緑岩 | 閃緑岩 | 玄武岩 | 玄武岩 |
| 火成岩の組織 | A | B | A | B | A | B |

## 6 電流

16Ωの電熱線Pと常温の水を用いて図1の装置を組み，電熱線Pに8Vの電圧を加えて実験すると，水の温度上昇は図2のPのグラフのようになった。
次に，抵抗値不明の電熱線Qを用いて，カップに同量の常温の水を入れ，電熱線Qに8Vの電圧を加えて実験すると，水の温度上昇は図2のQのグラフのようになった。後の(1)～(4)の問いに答えなさい。

図1
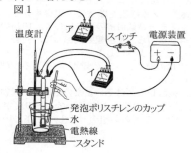

図2
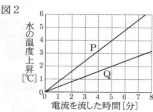

(1) **基本** 図1のアとイの測定器はそれぞれ何か。(1点)
① 電流計　　② 電圧計

(2) 次の各値を，後の①～⓪から選んでそれぞれ答えよ。 (各1点)

Pに流れる電流[A]
Pの消費電力[W]
Qの消費電力[W]
Qに流れる電流[A]
Qの電気抵抗[Ω]

① 0.125　② 0.25　③ 0.5
④ 1　⑤ 2　⑥ 4
⑦ 8　⑧ 16　⑨ 24
⓪ 32

(3) **基本** 5分間のPの電力量は何Jか。（3点）

(4) 図1の装置のカップに同量の常温の水を入れ、電熱線Pに4Vの電圧を加えて実験すると水の温度上昇はどうなるか。この場合のグラフを右に描け。なお、右には図2中のPのグラフが示してある。（3点）

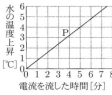

## 7 状態変化 よく出る

次の〔Ⅰ〕、〔Ⅱ〕を読み、後の(1)～(5)の問いに答えなさい。

〔Ⅰ〕 水とエタノールについて、それぞれ以下のような実験を行い、温度の上昇の仕方を調べた。

[実験1] 密度$1.0 g/cm^3$、10℃の水$10 cm^3$を試験管に取り、ガスバーナーで加熱している湯の中に試験管を入れることで、一定のエネルギーを与え続けた。

[実験2] 密度$0.80 g/cm^3$、10℃のエタノール$10 cm^3$を試験管に取り、実験1と同様にガスバーナーで加熱している湯の中に試験管を入れることで、実験1と同じ量のエネルギーを与え続けた。

この実験における水とエタノールの温度変化を示したものが図1である。なお、実験において液体が全てなくなることはなかった。

図1

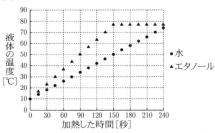

(1) エタノールが沸騰し始めると、液体の温度変化は見られなくなった。この理由を述べた以下の文に当てはまる語句を　X　は漢字一文字、　Y　は漢字四文字でそれぞれ書け。（3点）

　　与えられる　X　エネルギーが、　Y　に用いられたため。

(2) エタノールに関する記述として誤っているものはどれか。（2点）
① エタノールを空気中で燃焼させると二酸化炭素と水になり、熱と光が出る。
② 液体のエタノールは、固体にすると体積は小さくなり、気体にすると体積は大きくなる。
③ 温めたエタノールにアサガオの葉を入れると、アサガオの葉は脱色される。
④ エタノールを石灰岩にかけると、二酸化炭素が発生する。

(3) 液体の水やエタノールの温度が上昇するとき、加熱した時間$x$と液体の温度$y$との間には、図1のように$y = ax + b$の関係がみられる。このことから言えることとして適当なものはどれか。（2点）
① 液体の温度上昇は、与えられたエネルギーの量に比例する。
② 2つのグラフの傾き$a$の比が、同じ質量あたりの温まりやすさの違いを示す。
③ 液体に与えられるエネルギーの量を大きくすると、$a$の値は小さくなる。
④ 試験管内の液体の体積を2倍にして同じ実験を行うと、$a$の値も2倍になる。

〔Ⅱ〕 次に、$1.0 g/cm^3$の水と$0.80 g/cm^3$のエタノールをそれぞれ$50 cm^3$ずつ混ぜて、(a)水とエタノールの混合物をつくった。この30℃の水とエタノールの混合物を$10 cm^3$取り、〔Ⅰ〕と同様な加熱方法で一定のエネルギーを与えて温度変化を調べた。なお、実験において液体が全てなくなることはなかった。

(4) 下線部(a)の水とエタノールの混合物の体積[$cm^3$]を、小数第1位まで求めよ。ただし、この水とエタノールの混合物の密度は$0.92 g/cm^3$であり、小数第2位の値を四捨五入せよ。（3点）

(5) この水とエタノールの混合物の温度変化を表しているグラフとして最も適当なものはどれか。（3点）

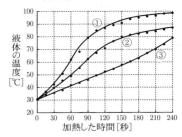

## 8 生物の変遷と進化、生物の成長と殖え方

次の文章を読み、後の(1)～(6)の問いに答えなさい。

図1は、ダチョウとニワトリの卵の大きさを比較したものである。図2は、ダチョウの卵殻の表面の写真である。卵殻には小さなあながあいていて、酸素や二酸化炭素、水蒸気などを通すことができる。ニワトリの卵にも、肉眼では見えないが小さなあながあいていて、気体を通すことができる。

図1　　　　図2

(1) **新傾向** ダチョウの卵を直径16 cmの球形とみなし、卵の表面積を求めると、およそいくらか。ただし、円周率は3.14として計算せよ。（2点）
① $25 cm^2$　② $50 cm^2$　③ $200 cm^2$
④ $800 cm^2$　⑤ $2000 cm^2$　⑥ $3200 cm^2$
⑦ $17000 cm^2$

(2) **新傾向** 図2の卵殻の写真において、面積$1 cm^2$の正方形を5ヶ所取り出し、あなの数を数えると、それぞれ14、13、15、14、14個であった。これらの平均の値と、(1)で求めた卵の表面積から、卵1個あたりのあなの数を求めると、およそいくらか。（2点）
① 350　② 700　③ 2800
④ 11000　⑤ 28000　⑥ 45000
⑦ 2380000

(3) **新傾向** ある資料によると、ニワトリの卵1個あたりのあなの数はおよそ1万個であった。単位面積あたりのあなの数を、ダチョウとニワトリとで比較すると、どのようになっているか。（2点）
① ダチョウの方が多い
② ニワトリの方が多い
③ ダチョウとニワトリとでは、ほぼ同じである

(4) 鳥類は産卵後，卵をあたためる行動をする。これは，現在は鳥類が行う行動であるが，一部の恐竜も行っていたと予測されている。いくつかの共通した特徴から，鳥類は恐竜から進化したという説が現在有力になっている。
一方，鳥類の祖先として長い間考えられていたものに始祖鳥がある。始祖鳥に関する次の文を読み，正しい場合は①，誤っている場合は②を答えよ。　　（各1点）
ア）始祖鳥は，1億5000万年ほど前の古生代の地層から化石として発見された。
イ）始祖鳥は，翼，羽毛といった鳥類の特徴と，歯，爪といったハチュウ類の特徴という，2つのグループの特徴を合わせもつ。

(5) 基本　動物の受精卵が体細胞分裂を始めてから，自分で食物をとりはじめる前までの個体のことを何というか。　　（2点）

(6) 卵などがつくられる際の減数分裂では，親の細胞で対をなす同じ長さの染色体が，1本ずつ生殖細胞に入る。その後，受精によって対をなす染色体の1本ずつが両親から子に引き継がれる。図3は減数分裂と受精のときの染色体の組合せを模式的に示したものである。
ニワトリの雌親，雄親の染色体のうち4本ずつを，図4のように染色体A～Hとした。ABEF，CDGHはそれぞれ同じ長さの染色体である。

図3　　　　　　　図4

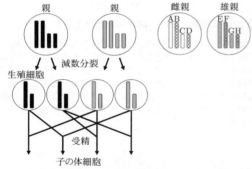

図3を参考に，ニワトリの子に引き継がれる染色体の組合せとして考えられるものを2つ選べ。ただし，解答の順序は問わない。　　（3点）
① ABEF　② CDGH　③ AECG
④ AEFH　⑤ ACEF　⑥ BCEH
⑦ BDGH　⑧ CDEF

**9** 気象観測，天気の変化，天体の動きと地球の自転・公転，太陽系と恒星

次の文章を読み，後の(1)～(6)の問いに答えなさい。
東京と秋田とがどれくらい離れているかを考えてみよう。ここで，地球は完全な球で，その全周は4万kmとし，東京と秋田とは同じ経度とみなして考えよう。東京と秋田とで，北極星の見える高度が4°異なっているとすると，東京と秋田とは約（ A ）km離れていることがわかる。
また，ある日の東京の気象観測の結果は次の通りであった。
　　風向：東北東の風　風力：1　天気：くもり
その日，秋田で乾湿計を使って，湿度を求めると，乾球25℃，湿球（ B ）℃であったので，表1をもとに求めると，湿度は84％であった。その時の天気図を見ると，秋田を温暖前線が通過していた。秋田に雨を降らした雲は（ C ）だと考えられる。また，東京では，気温が30℃で，露点が22℃であったので，表2をもとに求めると，湿度は（ D ）％であった。その時に，東京には停滞前線がかかっていた。

表1　湿度表

| 乾球の温度[℃] | 乾球と湿球との温度の読みの差[℃] |
|---|---|
| | 0 | 1 | 2 | 3 | 4 | 5 | 6 | 7 | 8 | 9 |
| 30 | 100 | 92 | 85 | 78 | 72 | 65 | 59 | 53 | 47 | 41 |
| 29 | 100 | 92 | 85 | 78 | 71 | 64 | 58 | 52 | 46 | 40 |
| 28 | 100 | 92 | 85 | 77 | 70 | 64 | 57 | 51 | 45 | 39 |
| 27 | 100 | 92 | 84 | 77 | 70 | 63 | 56 | 50 | 43 | 37 |
| 26 | 100 | 92 | 84 | 76 | 69 | 62 | 55 | 48 | 42 | 36 |
| 25 | 100 | 92 | 84 | 76 | 68 | 61 | 54 | 47 | 41 | 34 |
| 24 | 100 | 91 | 83 | 75 | 68 | 60 | 53 | 46 | 39 | 33 |
| 23 | 100 | 91 | 83 | 75 | 67 | 59 | 52 | 45 | 38 | 31 |
| 22 | 100 | 91 | 82 | 74 | 66 | 58 | 50 | 43 | 36 | 29 |
| 21 | 100 | 91 | 82 | 73 | 65 | 57 | 49 | 42 | 34 | 27 |
| 20 | 100 | 91 | 81 | 73 | 64 | 56 | 48 | 40 | 32 | 25 |

表2　気温と飽和水蒸気量の関係　　　[単位：g/m³]

| 10℃単位における温度[℃] | 1℃単位における温度　[℃] |
|---|---|
| | 0 | 1 | 2 | 3 | 4 | 5 | 6 | 7 | 8 | 9 |
| 40 | 51.1 | 53.7 | 56.4 | 59.3 | 62.2 | 65.3 | 68.5 | 71.9 | 75.4 | 79.0 |
| 30 | 30.3 | 32.0 | 33.7 | 35.6 | 37.6 | 39.6 | 41.7 | 43.9 | 46.2 | 48.6 |
| 20 | 17.2 | 18.3 | 19.4 | 20.6 | 21.8 | 23.0 | 24.4 | 25.8 | 27.2 | 28.7 |
| 10 | 9.39 | 10.0 | 10.7 | 11.3 | 12.1 | 12.8 | 13.6 | 14.5 | 15.4 | 16.3 |
| 0 | 4.85 | 5.19 | 5.56 | 5.94 | 6.36 | 6.79 | 7.26 | 7.75 | 8.27 | 8.81 |

夕方，東京で西の空に惑星が見えた。この惑星は明け方か夕方にしか観測できない。また，満ち欠けをすることがわかった。この惑星を探査機から観測した時に表面に大きなクレーターが見られれば（ E ）で，クレーターが見られなければ（ F ）であると考えられる。
みなさんも，是非，気象や天体の観測を通して，さまざまなことに気づいてほしい。

(1) （ A ）にあてはまる数値を整数で求めよ。ただし，割り切れない場合は，小数第1位を四捨五入せよ。　（2点）
(2) 太陽の南中高度や季節の変化について述べた次のア～カの文が正しければ①を，誤っていれば②を選べ。　（各1点）
ア．春分の日の太陽の南中高度は，東京より秋田の方が高い。
イ．夏至の日の昼の時間は，東京より秋田の方が長い。
ウ．昼と夜の長さの季節変化は，東京より秋田の方が小さい。
エ．秋分の日の太陽は，東京より秋田の方が，真東よりやや南側でのぼる。
オ．冬の降水量は，東京より秋田の方が多い。
カ．夏の平均気温は，東京より秋田の方が高い。

(3) よく出る　下線部の天気図記号を右の図に描け。　　（2点）

(4) よく出る　（ B ）と（ C ）にあてはまるものの組合せはどれか。　（1点）

| | ① | ② | ③ | ④ | ⑤ | ⑥ | ⑦ | ⑧ |
|---|---|---|---|---|---|---|---|---|
| B | 25 | 25 | 24 | 24 | 23 | 23 | 22 | 22 |
| C | 乱層雲 | 積乱雲 | 乱層雲 | 積乱雲 | 乱層雲 | 積乱雲 | 乱層雲 | 積乱雲 |

(5) よく出る　（ D ）に最も近いものはどれか。　（1点）
① 85　② 70　③ 64　④ 57

(6) よく出る　（ E ）と（ F ）にあてはまるものの組合せはどれか。　（1点）

| | ① | ② | ③ | ④ | ⑤ | ⑥ | ⑦ | ⑧ | ⑨ |
|---|---|---|---|---|---|---|---|---|---|
| E | 水星 | 水星 | 水星 | 金星 | 金星 | 金星 | 火星 | 火星 | 火星 |
| F | 金星 | 火星 | 木星 | 水星 | 火星 | 木星 | 水星 | 金星 | 木星 |

## 10 運動の規則性 〔難〕〔思考力〕 (5点)

2台の車が，壁Aと壁Bの間を異なる一定の速さで往復している。車は壁にぶつかると，速さを変えることなく向きだけ反対になり，はね返る。はじめ，図1のように2台の車は壁に接触した状態から同時にスタートした。スタート時の2台の距離は$L$であった。次に，図2のように壁Bの側から40cm離れたところで初めてすれ違った。その後，2台の車はそれぞれ壁ではね返り，図3のように壁Aの側から15cm離れたところで二度目のすれ違いが起こった。距離$L$は何cmか。

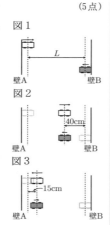

# お茶の水女子大学附属高等学校

時間 50分 | 満点 100点 | 解答 P34 | 2月13日実施

### 出題傾向と対策

● 例年通り，小問集合2題と物理，化学，生物，地学各1題の計6題の出題であった。解答形式は記述式のほうが選択式よりも多かった。教科書の範囲を超える出題も見られたが，問題文に沿って考えていけば解答できるものがほとんどであった。
● 基本事項をしっかりと理解したうえで，数多くの応用問題に取り組み，科学的思考力や論理的思考力を身につけ，計算力を養っておく必要がある。問題文中に条件やヒントが書かれているので，読解力も重要だ。

## 1 小問集合

次の各問いについて，それぞれの解答群の中から答えを選び，記号で答えなさい。なお，「すべて選びなさい」には，1つだけ選ぶ場合も含まれます。

(1) 融点の最も高い物質を選びなさい。
　ア．エタノール　　イ．二酸化炭素
　ウ．水　　　　　　エ．ろう
　オ．マグネシウム

(2) ガスバーナーで加熱することによって起こる反応をすべて選びなさい。
　ア．炭酸カルシウム＋塩酸→二酸化炭素＋塩化カルシウム＋水
　イ．マグネシウム＋酸素→酸化マグネシウム
　ウ．水→酸素＋水素
　エ．硫酸＋水酸化バリウム→硫酸バリウム＋水
　オ．炭酸水素ナトリウム→炭酸ナトリウム＋二酸化炭素＋水
　カ．酸化銀→銀＋酸素

(3) 図のような装置を用いて雲をつくる実験をした。大型注射器の操作に伴うフラスコ内の温度変化とようすの組みあわせとして正しいものを2つ選びなさい。

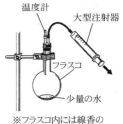

※フラスコ内には線香の煙も入っている

　ア．ピストンをすばやく引くと温度が上昇し，くもった
　イ．ピストンをすばやく引くと温度が上昇し，くもらなかった
　ウ．ピストンをすばやく引くと温度が下降し，くもった
　エ．ピストンをすばやく引くと温度が下降し，くもらなかった
　オ．ピストンをすばやく押すと温度が上昇し，くもった
　カ．ピストンをすばやく押すと温度が上昇し，くもらなかった
　キ．ピストンをすばやく押すと温度が下降し，くもった
　ク．ピストンをすばやく押すと温度が下降し，くもらなかった

(4) 自然界で雲が発生しやすい条件として適切なものをすべて選びなさい。
　ア．空気が山の斜面に沿って上がるとき
　イ．空気が山の斜面に沿って下がるとき
　ウ．太陽の熱によって地表付近の空気があたためられた

エ．地上付近での気流が1か所から様々な方向に吹き出るとき
オ．地上付近での気流が1か所に集まって上方に向かって吹くとき

(5) カモノハシとクジラに共通するものをすべて選びなさい。
ア．自然界での様子を沖縄県で観察することができる
イ．体表が毛でおおわれている
ウ．背骨がある
エ．肺呼吸をする
オ．胎生である
カ．子は乳によって育つ

(6) **よく出る** タマネギを用いた観察・実験について正しいものをすべて選びなさい。
ア．土の中にうめて育てると，平行脈のある葉を観察することができる。
イ．土の中にうめて育てると，根から新しい個体ができ，栄養生殖を観察することができる
ウ．りん葉を用いることで，細胞壁や葉緑体，液胞など，植物細胞の代表的なつくりを観察することができる
エ．根をうすい塩酸に入れ，60℃の湯で加熱すると，細胞どうしを離れやすくすることができる
オ．根の細胞は，根もとに比べて先端のほうが大きいものが多い
カ．根の先端，中間，根もとのどこであっても，染色体を観察できる細胞の割合は同じである

(7) 放射線やその性質として正しいものをすべて選びなさい。
ア．放射線は物体を通り抜ける能力がある
イ．放射線は1種類のみである
ウ．放射性物質から出される放射線量は時間とともに減少する
エ．胸部レントゲン1回で照射される放射線量は，1年間に受ける自然放射線量より多い
オ．体内に入った放射性物質から放射線が出ることはない

(8) **基本** ある質量の水を加熱して水温を上昇させたとき，加えた熱量が最も大きいものを選びなさい。ただし，加えた熱量はすべて水温を上昇させるのに使われたものとする。
ア．水100 gを10℃から30℃にした
イ．水50 gを10℃から20℃にした
ウ．水200 gを20℃から30℃にした
エ．水120 gを40℃から60℃にした
オ．水30 gを10℃から30℃にした

## 2 小問集合

次の各問いに答えなさい。
(1) 水分子10個の質量は，水素原子100個の質量の1.8倍である。酸素原子1個の質量は，水素原子1個の質量の何倍か。
(2) 炭素を含み，燃焼すると二酸化炭素と水を生成する物質を何というか。
(3) **基本** 小腸の内壁の表面にあり，消化された養分を効率的に吸収することに役立っている構造を何というか，漢字で答えなさい。
(4) **よく出る** 有性生殖には，親から生じる子に関して無性生殖にはない特徴がある。その特徴を簡潔に説明しなさい。
(5) 次の文章中の①，②にあてはまる適切な用語をそれぞれ答えなさい。
　地層の重なりに大地から力が加わると様々な地形の特徴が現れ，傾斜した地層や，波打ったようにみえる（ ① ）のつくりが見られる。地層に大きな力が加わると岩石が割れて断層ができる。断層があるところは過去に（ ② ）が起きた証拠になる。

(6) 図1の断層ができるときどのような向きの力が加わったか，右の図に矢印を書きなさい。なお，図中の矢印は，ずれの方向を示す。

図1
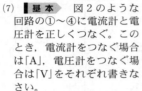

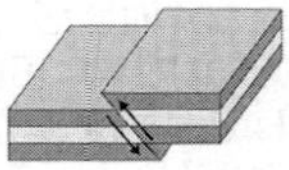

(7) **基本** 図2のような回路の①～④に電流計と電圧計を正しくつなぐ。このとき，電流計をつなぐ場合は「A」，電圧計をつなぐ場合は「V」をそれぞれ書きなさい。

図2
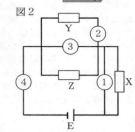

(8) (7)の回路に電圧計と電流計を正しくつなぎ，電源Eを5.0Vにした。抵抗器Xの抵抗の大きさと流れる電流の大きさはそれぞれ10Ω，0.30 A，抵抗器Yの抵抗の大きさが10Ωのとき，抵抗器Zの抵抗の大きさは何Ωか答えなさい

## 3 火山と地震，太陽系と恒星

文章を読み，以下の各問いに答えなさい。
　2019年は日本の科学・技術者が関わる宇宙の研究成果があった。4月には国際プロジェクトで X （正確には X シャドウ）が直接観測され，今までの理論を実証する第一歩となった。 X はA太陽系がある天の川銀河（銀河系）の中心にもあると考えられ，その観測も研究されている。
　7月には，B地球から約3億km離れている地球近傍C小惑星「Dリュウグウ」に小惑星探査機「はやぶさ2」が到着し，世界で初めて「リュウグウ」に人工 Y を作った。月にも Y があるがこれは月に微惑星がぶつかった証拠である。「リュウグウ」は，E炭素を含んでいて表面の色が非常に黒いこともわかっている。月の表面も一部が黒く見えるが，これはF玄武岩質であることが確認されている。

(1) X ， Y に当てはまる用語をそれぞれカタカナで答えなさい。
(2) 下線部Aについて，太陽系は天の川銀河のどのあたりにあるか，正しいものを選びなさい。
ア．中心から約28000 km
イ．中心から約2.8光年
ウ．中心から約28光年
エ．中心から約280光年
オ．中心から約28000光年
(3) 下線部Bについて，地球から3億km離れた「リュウグウ」付近の「はやぶさ2」に信号を送った場合，何分何秒後に着くか答えなさい。ただし，通信電波の速さを30万km/sとする。
(4) **よく出る** 下線部Cについて，太陽系の小惑星は主にどのあたりにあるか。
「【惑星1】と【惑星2】の軌道間」
という表現になるように【惑星1】，【惑星2】をそれぞれ漢字で答えなさい。ただし，【惑星1】の方が太陽に近い惑星とする。
(5) Y は地球ではほとんど見られないのはなぜか，その理由を1つ答えなさい。
(6) **難** 下線部Dについて，「リュウグウ」の直径はおよそ900 mと観測された。「はやぶさ2」が地球から「リュウグウ」に到達した精度を，月から地球にボールを落とす精度となぞらえたとき，ボールを地球のどの広さの範囲に落とすこととおおよそ同じになるか選びなさい。

ア．日本列島の範囲　　イ．北海道の範囲
ウ．東京都の範囲　　　エ．東京ドームの範囲
オ．教室の扉1枚分の範囲
(7) 下線部Eについて，炭素を含んでいない物質をすべて選びなさい。
ア．ガラス　　　　　イ．ポリエチレン
ウ．木材　　　　　　エ．食パン
オ．鶏肉　　　　　　カ．1円玉
(8) **よく出る** 下線部Fについて，玄武岩の分類や性質として正しいものはどれか，すべて選びなさい。
ア．堆積岩である　　イ．火成岩である
ウ．火山岩である　　エ．深成岩である
オ．とけた状態では，ねばりけが弱い
カ．とけた状態では，ねばりけが強い

### 4 物質の成り立ち

電気分解の実験を2種類(実験1，実験2)行った。以下の各問いに答えなさい。

実験1では，図1のように炭素棒を電極として，ある濃度の水酸化ナトリウム水溶液，塩化銅水溶液，塩酸の3種類の水溶液の電気分解を行った。電極Dでは赤色の物質が電極に付着し，その他の電極では気体が発生した。

図1

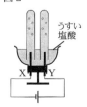

(1) 電極Dに付着した物質は何か。化学式で答えなさい。
(2) 電極E，Fでそれぞれ発生する気体の名称を答えなさい。
(3) 電極E，Fと同じ気体が発生する電極があれば，その記号を，同じものがなければ，「なし」と答えなさい。
(4) 電極BとCの間で，電子の移動する方向を矢印で示しなさい。
(5) 電極AとBで発生する気体の体積の関係について正しいものを次の中から選び，記号で答えなさい。
ア．1:1
イ．1:2
ウ．2:1
エ．2:3
オ．一定の決まった関係はない

実験2では，図2のように，炭素棒を電極として一定の電流を流し，うすい塩酸の電気分解を行った。発生した気体の体積と電流を流した時間との関係を調べたところ，下のグラフのようになった。

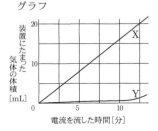

図2　　　グラフ

(6) 電極Yで発生する気体は，はじめのうち装置内にほとんどたまらない。この理由として最も適切なものを選び，記号で答えなさい。
ア．電極に付着した　　イ．電極と反応した
ウ．塩酸にとけた
(7) 電流を流しはじめてから5分後の塩酸2mLを中和するのに，ある濃度の水酸化ナトリウム水溶液18mLを要する。また，同じく12分後の塩酸5mLを中和するのに，同じ水酸化ナトリウム水溶液38mLを要する。同じ濃度の水酸化ナトリウム水溶液を用いるとして，電流を流す前の塩酸3mLを中和するのに必要な水酸化ナトリウム水溶液の体積を求めなさい。なお，発生する気体は塩酸の濃度に影響を与えないものとする。

### 5 力と圧力，電流と磁界，運動の規則性，力学的エネルギー

100gのおもりをつるすと1.5cm伸びるばねを用いて，さまざまな実験を行った。ただし，ばねの体積や質量は無視できるものとし，質量100gにはたらく重力の大きさを1Nとして，以下の各問いに答えなさい。

(1) **基本** このばねに円柱のおもり(図1)をつるすと6.0cm伸びた。この円柱の質量は何gか答えなさい。

図1

高さ5cm
底面積24cm²

(2) (1)の状態から，円柱のおもりを机の上に置き，ばねの伸びを1.5cmにした。このとき，机の上にはたらく圧力は何Paか答えなさい。

次に，図2のように台ばかりの上に水の入ったビーカーをのせた。

(3) **基本** ばねをつけた円柱のおもりをすべて水の中に入れたとき，水の高さは最初の位置から何cm上昇したか答えなさい。ただし，水はビーカーからあふれないものとする。

図2

底面積30cm²

(4) (3)のとき，ばねの伸びは4.2cmになった。ビーカーの下の台ばかりの示す値は，円柱のおもりを入れる前と比べて何g変化したか答えなさい。ただし，台ばかりの示す値が入れる前より小さくなった場合は答えに−(マイナス)をつけて答えなさい。

円柱のおもりと同じ質量と大きさの磁石を，上をN極，下をS極にしてばねに取り付けた。さらに，台ばかりに上側をS極にした磁石を置いて，図3のようにばねについた磁石を近づけた。

(5) このとき，ばねと台ばかりが示す値の変化について正しいものを選びなさい。
ア．ばねはさらに伸びて，台ばかりの値は小さくなった
イ．ばねはさらに伸びて，台ばかりの値は大きくなった
ウ．ばねはさらに伸びて，台ばかりの値は変化がなかった
エ．ばねは縮んで，台ばかりの値は小さくなった
オ．ばねは縮んで，台ばかりの値は大きくなった
カ．ばねは縮んで，台ばかりの値は変化がなかった

(6) 台ばかりに置いた磁石をひっくり返し上側をN極にして同様な実験を行った。このとき，ばねと台ばかりが示す値の変化について正しいものを(5)の選択肢から選びなさい。

図3
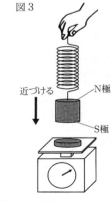
近づける
N極
S極

ばねについた磁石の下側にコイルをおく。図4のように，ばねの長さを自然長になるところ(A)まで上げてから手を離す。すると磁石は下向きに動き，コイルの直上(B)で磁石が止まり，上昇して元の位置(A)に戻る動きをしばらく繰り返す。コイルには発光ダイオードが付いており，電流が矢印の方向に流れると点灯する。図5はこのときの磁石の位置と発光ダイオードの点灯を表したもので，磁石はAとBの間を2往復しており，■でぬられたところで発光ダイオードは点灯した。

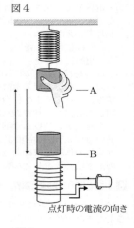

図4

点灯時の電流の向き

(7) 図5のように発光ダイオードが点灯したとき，ばねについた磁石の下側は何極になるか，答えなさい。

図5

はじめ　おわり
A　B　A　B　A
1往復め　2往復め

(8) **難** ばねについた磁石の上下を反対にして，同様な実験を行った。発光ダイオードが点灯したところを，図5のように右に表しなさい。

はじめ　おわり
A　B　A　B　A

**6** 植物の体のつくりと働き，生物と細胞，生物と環境

茶実子さんは理科の授業で学校内を散策し，様々な樹木を観察した。いくつかの植物を観察しているうちに，「樹木の内側は外側に比べて暗いけれど，内側の日当たりの悪い葉は光合成によってデンプンを蓄えることができるのかな」と疑問に思った。そこで探究活動の時間に，校内の樹木から日当たりのよい葉(A)と，日当たりの悪い葉(B)を1枚ずつとってきた。先生に教えてもらいながら，いろいろな明るさにおける葉の二酸化炭素の出入りを時間をおって調べ，右のグラフのように結果をまとめた。なお，葉(A)(B)ともに，単位時間あたりの呼吸による二酸化炭素の放出量は明るさに関係なく，一定であるものとする。この結果について，中間発表でクラスメイトから次のような質問を受けた。

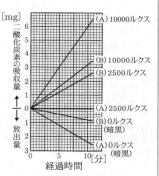

葉1枚あたりの二酸化炭素吸収量(放出量)
(たて軸のmgは質量の単位で1000mgで1gとなる)

蘭子　「(A)2500ルクスのとき，光があるのに光合成が起きていないように見えるけれど，実験は正しくできているのかな？」

茶実子　「大丈夫だよ。植物は光合成と同時に呼吸をしていて，このとき【　Ⅰ　】という理由だからだね。たとえば，(A)2500ルクスのとき，10分での光合成による二酸化炭素の吸収量は( ① )mgとグラフから計算できるね。」

蘭子　「そうなんだぁ。今回は二酸化炭素の出入りを調べているけれど，同じ気体なら( ② )の出入りを調べてもよさそうだね。」

菊子　「ところで，蘭子さんが二酸化炭素の出入りって言っていたけれど，どうやって測定したの？」

茶実子　「実験にはこんな装置を作ってみたんだ(右図)。二酸化炭素は赤外線をよく吸収するんだよね。だから，( ③ )ガスとして知られ，地球温暖化の原因にもなってるよね。この装置にある赤外線ガス分析器は赤外線を放出するんだけど，放出される赤外線が多く吸収されるほど二酸化炭素は多いとわかるし，赤外線があまり吸収されなければ二酸化炭素は少ないとわかるんだ。二酸化炭素の濃度は一般にppmの単位で表されていて，その数値の変化を記録したよ。」

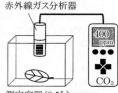

測定容器(0.5L)

菊子　「ppmっていう単位，環境問題の授業で習ったなぁ。%は全体を100(百)としたときの割合で，ppmは全体を1000000(百万)としたときの割合だったよね。計算過程も教えてもらえる？」

茶実子　「たとえば，ある時点で測定容器中の二酸化炭素の濃度が400 ppmだったとするね。測定容器の体積が0.5 Lで，実験をしたときの二酸化炭素1 Lあたりの質量を1.8 gとすると，容器中の二酸化炭素の質量は( ④ )mgと計算できるね。こんなふうに時間ごとに調べ，はじめとの差から二酸化炭素の吸収量・放出量を求めたんだよ。」

梅子　「その計算は葉1枚あたりだよね？　発表の中で(A)と(B)の葉の写真を見せてもらったけど，そもそも葉の大きさが違っていたなぁ。葉の大きさに比例して( ⑤ )の数も比例するから，二酸化炭素の出入りする量も変わってくると思うんだけど。」

茶実子　「確かに，同じ面積でないと葉の特徴は比べにくいよね。最終発表に向けて，もう一度，データを整理してくるね。」

(1) 植物細胞の中にあるつくりのうち，二酸化炭素を放出するものの名称を答えなさい。
(2) **思考力** 【　Ⅰ　】に入る文を答えなさい。
(3) ( ① )～( ⑤ )に入る語句・数値を答えなさい。ただし，( ② )，( ⑤ )は漢字2文字で，( ③ )は漢字4文字で答えること。

次の文章は，最終発表に向けて茶実子さんが今回の探究活動を整理した過程である。

<中間発表の振り返り>
梅子さんの質問を受けて，茶実子さんは(A)と(B)の葉の面積を調べることにした。まず，たて10 cm，横20 cmの長方形の厚紙を用意し，質量をはかったところ，10.5 gであった。次に，(A)と(B)の葉と同じ大きさに厚紙を切り抜いて質量をはかったところ，(A)は18.9 gで，(B)は25.2 gであった。この結果を利用して，茶実子さんは(A)と(B)の葉の面積を計算し，葉の面積100 cm²における二酸化炭素の吸収量・放出量を求めた。

<最終発表へ向けた要約>
問い：樹木における日当たりの悪い葉は，光合成によってデンプンを蓄えることができるのだろうか？
まとめ：葉がデンプンを蓄えることができるかは，光合成と呼吸のバランスによって決まる。葉の面積100 cm²における光合成による二酸化炭素の吸収量を比べると，2500ルクスでは日当たりのよい葉(A)は日当たりの悪い葉(B)の( ⑥ )倍で，10000ルクスでは(A)は(B)の( ⑦ )倍である。一方，葉の面積100 cm²

における呼吸による二酸化炭素の放出量を比べると，明るさに関係なく，(A)は(B)の( ⑧ )倍である。したがって，(A)の葉は(B)の葉に比べて，光が強いほど光合成の効率が高くなり，デンプンをより多く蓄えることができる。一方，(B)の葉は(A)の葉に比べて，光が弱いときの光合成の効率は同程度であるが，【 Ⅱ 】という特徴によって，光が弱いときでもデンプンを蓄えることができる。

(4) 思考力 難 ( ⑥ )～( ⑧ )に入る数値を答えなさい。
(5) 【 Ⅱ 】に入る文を「呼吸」という言葉を用いて答えなさい。

# 筑波大学附属高等学校

時間 50分　満点 60点　解答 P.35　2月13日実施

## 出題傾向と対策

● 例年通り，物理，化学，生物，地学各2題の計8題であった。記述式よりも選択式のほうが多かったが，記述式の問題の中では計算問題が目立った。教科書の範囲を超える出題も見られたが，問題文に沿って考えていけば解答できるものがほとんどであった。
● 基本事項をじゅうぶんに理解したうえで，数多くの応用問題に取り組み，科学的思考力や論理的思考力，計算力を身につけておく必要がある。要点を押さえた簡潔な文章表現力も求められる。過去問研究も大切である。

### 1 天体の動きと地球の自転・公転

A～Eは，日本国内の異なる地点である。冬至の日，A～Eの各地点で太陽の南中高度と南中時刻を調べたところ，次の表のようになった。また，E地点の夏至の日の南中高度は78.7°であった。あとの(1)～(3)の問いに答えよ。

|  | A地点 | B地点 | C地点 | D地点 | E地点 |
|---|---|---|---|---|---|
| 冬至の日の南中高度 | 30.9° | 31.9° | 35.0° | 33.0° | 31.9° |
| 冬至の日の南中時刻 | 11:35 | 11:38 | 12:20 | 12:13 | 11:58 |

(1) 次に示す記述にあてはまる地点はどこか。それぞれについて，A～Eからあてはまるものをすべて選び記号で答えよ。
① 緯度が同じである地点
② 冬至の日，太陽が出ている時間がもっとも長い地点
(2) A地点の秋分の日の南中高度を求めよ。
(3) B地点とE地点の経度の違いについて，B地点はE地点より何度西または，何度東の形で答えよ。

### 2 電流　よく出る

10Vの電源装置，豆電球A～C，抵抗器，電流計，電圧計を用いて図1～3の回路を組んだ。図1～3の豆電球Aと抵抗器は，同一のものを用いた。あとの(1)～(4)の問いに答えよ。

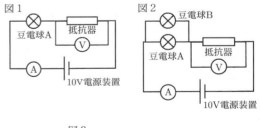

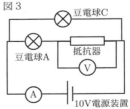

(1) 基本 図1の回路において，電流計は200 mAを，電圧計は3.0 Vを表示していた。抵抗器の抵抗は何Ωか。

(2) 図2の回路における電流計と電圧計の表示値について，図1のときと比べたものとして最も適切な組み合わせを，次のア～ケから1つ選び，記号で答えよ。

|   | 電流計の表示値 | 電圧計の表示値 |
|---|---|---|
| ア | 大きい | 大きい |
| イ | 大きい | 等しい |
| ウ | 大きい | 小さい |
| エ | 等しい | 大きい |
| オ | 等しい | 等しい |
| カ | 等しい | 小さい |
| キ | 小さい | 大きい |
| ク | 小さい | 等しい |
| ケ | 小さい | 小さい |

(3) 図3の回路における電流計と電圧計の表示値について，図1のときと比べたものとして最も適切なものを，(2)のア～ケから1つ選び，記号で答えよ。

(4) **難** 図1～図3の回路における豆電球Aの明るさを比べたとき，最も明るく光る豆電球Aはどの図のものか。最も適切なものを，次のア～クから1つ選び，記号で答えよ。
ア．図1
イ．図2
ウ．図3
エ．図1および図2
オ．図2および図3
カ．図1および図3
キ．どの図の豆電球Aも同じ明るさ
ク．判断するために必要な情報が足りない

## 3 動物の仲間，生物の変遷と進化 **よく出る**

次の文を読み，あとの(1)～(4)の問いに答えよ。
地球上には，さまざまなセキツイ動物が生息している。これらについて，呼吸のしかた・子のうまれ方・体表のようすで分けると，表の①～⑤のグループになった。

|   | 呼吸のしかた | 子のうまれ方 | 体表 |
|---|---|---|---|
| ① | 肺呼吸 | 卵生 | 羽毛 |
| ② | 肺呼吸 | 胎生 | 毛 |
| ③ | えら呼吸(幼生)→肺呼吸(成体) | 卵生 | しめった皮膚 |
| ④ | えら呼吸 | 卵生 | うろこ |
| ⑤ | 肺呼吸 | 卵生 | うろこ |

(1) 図は，まわりの温度と，あるセキツイ動物の体温の関係を表している。このグラフにあてはまる動物はどのグループか。表の①～⑤からあてはまるものを**すべて選び**，記号で答えよ。

(2) (1)で答えたグループ以外の体温の変化を表すとしたらどのようになるか。右の図中に描け。
温度0℃から描く必要はないが，図を参考にし，その特徴がわかるように描くこと。

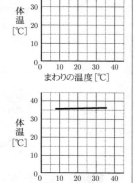

(3) 写真は，ドイツで中生代の地層から発見されたある生物の化石で，表の①と⑤の両方の特徴をもつ。その生物の名称をカタカナで答えよ。

写真

(4) 表の②のグループについて，空を飛ぶ前あしは翼，水中を泳ぐ前あしはひれ，二足歩行をして道具を使う前あしはうで，というように前あしがもつはたらきは異なっていても，骨格を比べてみると基本的なつくりに共通点がある。このように，現在の形やはたらきは異なっていても，もとは同じと考えられるものを何というか。漢字4字で答えよ。

## 4 物質のすがた **難**

次の文を読み，あとの(1)～(4)の問いに答えよ。ただし，(3)，(4)に関しては解答欄の行数以内で述べよ。
赤色色素，※ショ糖，香料で構成された，かき氷用シロップ(以下，シロップとする)がある。このシロップに活性炭の粉末を混ぜてしばらく放置すると，活性炭が沈み，無色透明の水溶液になった。この上澄み液を口に入れてみたところ，シロップの香料のにおいがするショ糖水溶液であった。そこで，シロップを用いてできるだけ香料のにおいがしないショ糖水溶液を作ろうと，上の実験とは別に以下の2つの実験を行った。
＜実験1＞シロップをろ過した。
＜実験2＞シロップを図のような装置で加熱した。

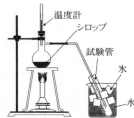

※ショ糖は砂糖の主成分である。

(1) ＜実験1＞において，ろ液に関して述べた次の文中の①～③について，それぞれ正しいものを1つ選び，記号で答えよ。

①( ア 赤色 ・ イ 無色透明 )で香料の②( ウ においがする ・ エ においがしない )，③( オ 甘い味の ・ カ 甘い味のしない )水溶液であった。

(2) ＜実験2＞において，収集した試験管内の水溶液に関して述べた次の文中の④～⑥について，それぞれ正しいものを1つ選び，記号で答えよ。

④( ア 赤色 ・ イ 無色透明 )で香料の⑤( ウ においがする ・ エ においがしない )，⑥( オ 甘い味の ・ カ 甘い味のしない )水溶液であった。

(3) ＜実験2＞のシロップの加熱を続けて，フラスコ内のシロップに含まれる水をすべて蒸発させて，ショ糖の結晶を得ようとした。どのような結果になるか，1行20字程度で答えよ。

(4) シロップを用いて無色で香料のにおいができるだけしないショ糖水溶液を作る方法を2行40字程度で説明せよ。

## 5 日本の気象 [基本]

次のA〜Dの図は、気象庁のwebサイトにある天気図を一部改変したものである。あとの(1)〜(3)の問いに答えよ。

A

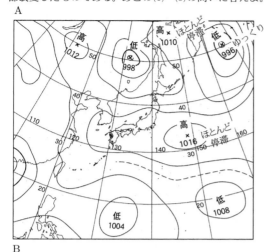

B

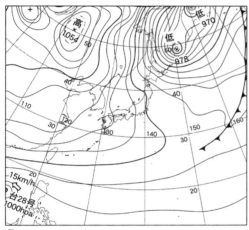

C

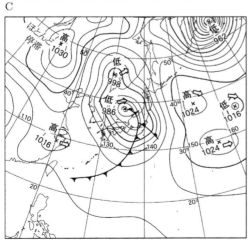

D

(1) 4つの天気図A〜Dの中で、東京に強い南風が吹くものはどれか。最も適当なものを1つ選び、記号で答えよ。

(2) Aは、ある季節によくみられる特徴的な天気図である。この季節の気象について述べた次のア〜オから正しいものを2つ選び、記号で答えよ。
ア．南北の気団の間に前線が停滞し、雨天が続く。
イ．上空に寒気が入り込み、地上との気温差で不安定な大気になることがある。
ウ．関東地方は高気圧におおわれ晴天になるが、日本海側は雪が降ることが多い。
エ．関東地方は西から低気圧と高気圧が数日ごとに交互に訪れ、晴天は続かない。
オ．関東地方は高気圧におおわれ、晴天が続き猛暑になる。

(3) 1気圧は1013 hPaである。Bの天気図で、日本の北西、ユーラシア大陸上に見られる高気圧は1054 hPaであり、非常に発達している。この高気圧はどのような理由で発達したと考えられるか。適切なものを次のア〜オから3つ選び、記号で答えよ。
ア．放射冷却によって、大陸上に寒気が蓄積されやすいため。
イ．地球温暖化がすすみ、大陸上に高気圧が発達しやすくなったため。
ウ．フェーン現象により、大陸上に高温の空気が吹き降りてくるため。
エ．ヒマラヤ山脈により、大陸上の寒気がせき止められやすいため。
オ．大陸の方が海洋よりもあたたまりやすく、冷えやすいため。

## 6 運動の規則性、力学的エネルギー [よく出る]

次の文を読み、あとの(1)〜(4)の問いに答えよ。

図1のようにまさつのある水平な台の上に、糸をつけた直方体の物体Xを置いた。糸を滑車にかけて、おもりYをつるし、糸がたるまないようにYを手で支えた。このときおもりYの底面は高さ0.4 mの位置にあった。次に、物体Xに記録テープをつけ、記録タイマーでXの運動を記録できるように準備した。

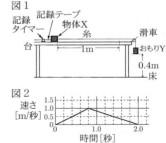

おもりYから手を離したところ，Yは落下して床で弾むことなく静止し，物体Xは1m進んで静止した。図2のグラフは，この実験から得られた物体Xの速さと時間との関係を表している。

(1) おもりYが動き始めてから床に着くまで，Yの平均の速さは何m/秒か。

(2) 物体Xの運動を記録したテープのうち，おもりYが床に着いたあとの部分を模式的に表すとどうなるか。最も適切なものを右のア～エから1つ選び，記号で答えよ。

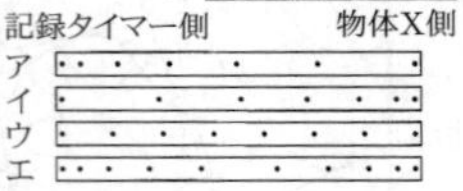

(3) おもりYが動き始めてから床に着く直前までの間に，Yが受けている上向きの力の大きさを$T$，下向きの力の大きさを$W$とする。$T$と$W$の関係について正しく述べているものを，次のア～オから1つ選び，記号で答えよ。
ア．つねに$T > W$である。
イ．つねに$T = W$である。
ウ．つねに$T < W$である。
エ．最初は$T > W$で，途中から$T < W$になる。
オ．最初は$T < W$で，途中から$T > W$になる。

(4) 物体Xがこの台を滑るとき，まさつによって熱エネルギーが生じている。その熱エネルギーの源は，おもりYの位置エネルギーだと考えられる。
おもりYが動き始めてから床に着く直前までの間に，次の①と②の量はどのように変化するか。あとの選択肢ア～ウからそれぞれ1つずつ選び，記号で答えよ。
① 「Yの位置エネルギー」と「Yの運動エネルギー」の和
② 「Yの位置エネルギー」と「Yの運動エネルギー」と「Xの運動エネルギー」の和
選択肢　ア．減少する　　イ．変わらない
　　　　ウ．増加する

### 7 植物の仲間，生物の成長と殖え方 |よく出る|

通学路や校庭に見られる植物について，あとの(1)～(4)の問いに答えよ。

図1は，イチョウの葉がついている部分を模式的に示したものである

図1

(1) イチョウの特徴について述べた次の文中のA，Bにあてはまる適切な語句を漢字で答えよ。また，Cはどちらか一方を選べ。
　A　が　B　におおわれて　C　いる・いない　花をつけ，種子をつくって増える。

(2) 図1中に○で示したものは何か。最も適切なものを次のア～オから1つ選び，記号で答えよ。
ア．芽　　イ．種子　　ウ．花
エ．果実　オ．つぼみ

図2のDは，イヌワラビの地上部を示したものである。Dの一部をちぎりとり，裏面を双眼実体顕微鏡で観察すると，EやFが見られた。

図2

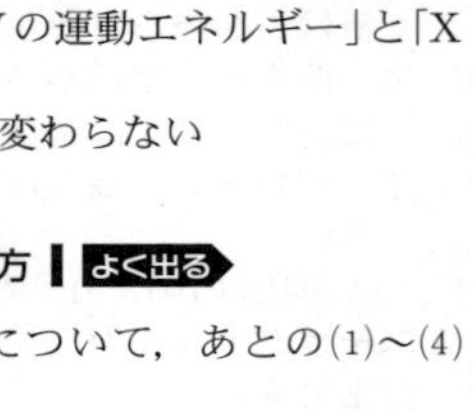

(3) イヌワラビの特徴について述べた文として適切なものを，次のア～キからすべて選び，記号で答えよ。
ア．シダ植物に分類される。
イ．根・茎・葉のはっきりとした区別がない。
ウ．維管束がある。
エ．根から有機物を吸収して成長する。
オ．からだ全体で有機物を吸収して成長する。
カ．光合成を行い，有機物を合成する。
キ．精子と卵の受精によって，種子をつくる。

(4) 図2のDやEの細胞の染色体数を調べると80本であったが，Fの染色体数は40本であった。EからFができる過程で何が起こったと考えられるか，漢字4字で答えよ。また，Eの名称を答えよ。

### 8 物質の成り立ち，化学変化と物質の質量 |思考力|

次の文を読み，あとの(1)～(4)の問いに答えよ。

硫黄はいろいろな元素と結合して化合物を作ることが知られている。
ある金属Xの粉末と硫黄粉末とを混ぜて加熱すると，金属Xの原子と硫黄原子とが原子数比1：1で結合する。金属Xの質量を変えて，生成した化合物の質量を調べると右図のようになった。

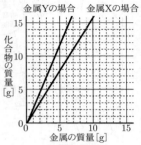

別の金属Yの原子と硫黄原子も原子数比1：1で結合し，金属Yの質量と化合物の質量との関係は上図のようになる。
一方，ある元素Aの原子と硫黄原子とは，原子数比1：2で結合して化合物Mを作る。この化合物Mに含まれる元素Aと硫黄との質量比は3：16である。
化合物Mは充分な量の酸素を加えて点火すると完全に燃焼して，酸素ではない2種類の気体GとHとが生成する。気体Gは無色透明でにおいはなく，石灰水に通すと石灰水が白濁する。気体Hは元素Bの原子と硫黄原子とが原子数比2：1，質量比1：1で結合している。

(1) 金属Xの原子1個の質量を$x$，金属Yの原子1個の質量を$y$，硫黄原子1個の質量を$z$とおく，それらの大小関係を表す式として最も適切なものを次のア～カから1つ選び，記号で答えよ。
ア．$x > y > z$　　　　イ．$x > z > y$
ウ．$y > x > z$　　　　エ．$y > z > x$
オ．$z > x > y$　　　　カ．$z > y > x$

(2) 元素Aの原子1個の質量を$a$，硫黄原子1個の質量を$z$とおく。$a：z$を最も簡単な整数比で答えよ。

(3) 気体Gの名称を答えよ。

(4) 19gの化合物Mに充分な量の酸素を加えて完全に燃焼させたとき，生成する気体Gの質量は何gか。小数第1位を四捨五入して整数で答えよ。

# 筑波大学附属駒場高等学校

時間 45分　満点 100点　解答 P37　2月13日実施

## 出題傾向と対策

- 物理,化学,生物各2題,地学1題の計7題の出題であった。解答形式は選択式が多かった。教科書の内容を超える出題も多かったが,与えられた条件やデータをもとに考えていけば答えを導くことができる。
- 基本事項をしっかりと理解したうえで,数多くの応用問題に取り組み,科学的思考力や論理的思考力を身につけておく必要がある。また,問題文の要点を整理する読解力も求められる。2019年の台風の被害に関する出題があったので,新聞記事やニュースにも注目しておこう。

## 1 動物の仲間 新傾向

以下の文を読んで,後に続く各問いに答えなさい。

海の中を彩るさまざまなサンゴは,クラゲやイソギンチャクと同じ仲間の動物で,ポリプと呼ばれる小さな1個体が集まり数百から数万個体もの群体を形成している。ポリプには口と肛門をかねた孔が一つあり,その孔から海水中のプランクトンを取り込むことでサンゴは栄養を得る。造礁サンゴと呼ばれる仲間のサンゴは,炭酸カルシウムの骨格をポリプの下につくりながら長い時間をかけて成長していくため,大きな土台を持つサンゴ礁を形成する。サンゴ礁がつくる地形は天然の防波堤となり,さまざまな海洋生物のすみか,かくれが,産卵の場として機能している。サンゴ礁は地球表面の約0.1％の面積しかないが,そこに約9万種もの生物が生息しており「海の熱帯林」とも言われる。

通常,サンゴには色がついているように見えるが,それはポリプの中で褐虫藻と呼ばれる光合成を行う生物が増殖しているためである。海水温が30℃以上の状態が長期間続くと,ポリプの中の褐虫藻が減少し,70〜75％がいなくなってしまうと,白い炭酸カルシウムの骨格が見えてくるためにサンゴが白く見える。これをサンゴの白化といい,白化した状態が半年以上続くとサンゴは栄養不足になり死にいたると言われている。近年,サンゴの大規模な白化現象が確認されている。

一方,大気中の二酸化炭素濃度の上昇に伴い海洋に溶け込む二酸化炭素が増加すると,特に造礁サンゴは成長することが難しくなるという研究結果もある。このように,近年サンゴは生息の危機にさらされている。

1. 思考力 難　一度白化したサンゴはこれまで回復しないと思われてきたが,近年の研究により,海水温が適度に下がって生き残っていた褐虫藻が光合成して増殖すると白化から回復することが明らかになりつつある。次のどのような気象条件がきっかけとなって白化から回復すると考えられますか。
   - ア．台風で波が非常に高くなる
   - イ．風のないおだやかな晴天が続く
   - ウ．曇りで日照時間の少ない日が続く
2. 次の中から適切と考えられるものをすべて選びなさい。
   - ア．サンゴは,海水温が30℃以上の暖かい海に多く分布する。
   - イ．サンゴは,ポリプの中の褐虫藻がつくり出す有機物を取り込んでいる。
   - ウ．サンゴは,海水中のプランクトンを取り込むだけで生きていくことができる。
   - エ．サンゴは,ポリプの中の褐虫藻にすみかを提供している。
   - オ．サンゴが減少しても,他の生物が減少するおそれはない。
   - カ．サンゴが生きていくには,適度な水温だけでなく光が必要である。
   - キ．海水温が上昇すると,北半球ではサンゴの生息域が南下する。
3. 難　次の文中の（　①　）と（　②　）に当てはまるものはどれですか。
   「二酸化炭素が海水に溶け込む量が増加すると,海水の（　①　）は徐々に下がる。すると,サンゴや（　②　）など炭酸カルシウムの骨格や殻をもつ海洋生物は十分に炭酸カルシウムを作り出すことができなくなるため,成長することが難しくなる。」
   - ア．pH
   - イ．塩分濃度
   - ウ．酸素濃度
   - エ．温度
   - オ．イワシ
   - カ．ホタテ
   - キ．植物プランクトン

## 2 生物の観察,植物の体のつくりと働き,植物の仲間

道ばたに生えていたエノコログサを抜いてきて,双眼実体顕微鏡で穂の部分を,ルーペで葉の部分を観察してみた。図1はエノコログサ全体のつくり,図2は穂の部分を20倍で観察したときのスケッチ,図3は葉の部分を10倍で観察したときのスケッチである。後の各問いに答えなさい。

図1　エノコログサ全体　　図2　穂の部分のスケッチ　　図3　葉の部分のスケッチ

1. 基本　双眼実体顕微鏡の特徴は次のうちどれですか。
   - ア．プレパラートを必要としない。
   - イ．見える像の上下左右が逆になる。
   - ウ．しぼりを調節することでより見えやすくなる。
   - エ．反射鏡を調節して光を取り入れる。
2. 基本　ルーペの使い方として正しいものをすべて選びなさい。
   - ア．ルーペを持った手を前後に動かす。
   - イ．ルーペを目に近づけたまま,葉を動かさずに頭を前後に動かす。
   - ウ．ルーペを目に近づけたまま,手に持った葉を前後に動かす。
   - エ．ルーペを持った手と葉の両方を前後に動かす。
   - オ．ルーペを葉に近づけたまま,頭を前後に動かす。
3. スケッチから,エノコログサはどのような分類の植物であると考えられるか。あてはまるものをすべて選びなさい。
   - ア．シダ植物
   - イ．コケ植物
   - ウ．種子植物
   - エ．胞子植物
   - オ．単子葉植物
   - カ．双子葉植物
   - キ．裸子植物
   - ク．被子植物

3. 火山と地震，日本の気象，天体の動きと地球の自転・公転，太陽系と恒星

筑波大学附属駒場中学校3年生の生徒3人が，神奈川県の三浦海岸で開催される附属学校合同研修会に参加した。以下の□内の文章を読み，後の問いに答えなさい。

夕食を食べた後，外に出て星をながめながら…
まさきくん：去年から，この研修会の場所が長野県の黒姫高原からこの神奈川県の三浦海岸に変わったんだよね。
かつやくん：そうらしいね。先輩がそう言ってたよ。
ゆうたくん：先輩の話だと，黒姫高原では夜の空は満天の星だったそうだよ。
かつやくん：この三浦海岸ではそこまで見えそうにないね。
まさきくん：でも，星や月の動き方は同じでしょ。

1. 星と月の動き方について，南中する時刻や南中高度の正しい様子はそれぞれどれですか。
   [星] ア．毎日約4分ずつ早く南中するが，南中高度は季節によって変化しない。
   イ．毎日約4分ずつ早く南中し，南中高度も季節によって変化する。
   ウ．毎日約4分ずつ遅く南中するが，南中高度は季節によって変化しない。
   エ．毎日約4分ずつ遅く南中し，南中高度も季節によって変化する。
   [月] ア．毎日約50分ずつ早く南中するが，満月の南中高度は季節によって変化しない。
   イ．毎日約50分ずつ早く南中し，満月の南中高度も季節によって変化する。
   ウ．毎日約50分ずつ遅く南中するが，満月の南中高度は季節によって変化しない。
   エ．毎日約50分ずつ遅く南中し，満月の南中高度も季節によって変化する。

かつやくん：でもまあ星は東京に比べればよく見えるよ。
ゆうたくん：あっ！ 流れ星!!
かつやくん：本当だ。もっと見えないかな？
まさきくん：何か願い事でもしようよ。
ゆうたくん：君，今日一緒の班になった彼女のこと考えてた？
まさきくん：そ，そ，そんなことないよ!!

2. 難　流れ星になる粒子は，太陽系のどのような天体によってもたらされますか。その天体の名前を答えなさい。また，流れ星の見える数が多いのはいつごろですか。
   ア．夕方から真夜中にかけて
   イ．真夜中ころ
   ウ．真夜中から明け方にかけて
   エ．昼間

次の日，朝の散歩をしながら…
かつやくん：このまわりを歩くと畑が多いね。
ゆうたくん：ああ，三浦大根の産地だからね。正月が近づくとすごく立派な大根が八百屋さんの店頭に並ぶよ。
まさきくん：なんで畑が多いの？
かつやくん：それは火山灰が多いからだよ。火山灰は軽くて耕しやすいから，畑にしやすいのさ。
まさきくん：その火山灰どこからきたの？

3. 三浦海岸周辺に火山灰をもたらした火山の名前を2つ答えなさい。

まさきくん：この三浦海岸は海に面していて，もし台風がきたらすごい被害になるだろうね。
ゆうたくん：うん。台風は風だけじゃなくて，ものすごい雨が降ることもあるよ。危険だよね。
かつやくん：10年くらい前，うちの学校の文化祭の日に台風が来て，午後の催しは打ち切りになったらしいよ。
まさきくん：とにかく，できるだけ正確な情報を得て，早めの避難が大切になるね。

4. 2019年9月に大きな被害をもたらした台風15号について，最も大きな被害を受けた被災地域と，その地域が受けた主な被害の種類をすべて選びなさい。
   [被災地域] ア．茨城県　イ．千葉県
   　　　　　ウ．福島県　エ．長野県
   　　　　　オ．宮城県
   [被害の種類] ア．家屋や建造物の破壊・倒壊
   　　　　　　イ．洪水
   　　　　　　ウ．高潮
   　　　　　　エ．停電
   　　　　　　オ．断水

かつやくん：あれ？ 何かゆれてない？ 地震だよ。震源はどこかな？ 津波は来ないよね？
ゆうたくん：わりと近いんじゃない？ このところ，関東地方の内陸で地震が良く発生するから心配だよ。
まさきくん：うん。地震の規模は小さくても，震源が浅くて近いとよくゆれるよね。
かつやくん：この三浦海岸でも，およそ100年前の関東大地震で大きな変動があったそうだよ。
ゆうたくん：それ，どんな変動なの？

5. 海岸付近を歩いていると，直径1cmくらいの小さな穴がたくさんあいた岩を見ることができる。それは波打ちぎわの岩に穴をほって生活する貝の仲間によるものである。上図に示すように，それによく似た穴が三浦市諸磯の海岸から離れたがけにも見られる。これらのことからわかる，この付近の大地の変動はどれですか。
   ア．地震のときに大地が隆起した。
   イ．地震のときに大地が沈降した。
   ウ．地震のときに大地が陸側へ水平移動した。
   エ．地震のときに大地が海側へ水平移動した。

4. 酸・アルカリとイオン　よく出る

うすい水酸化ナトリウム水溶液をうすい塩酸で中和する実験を行った。後の各問いに答えなさい。

＜操作1＞メスシリンダーで水酸化ナトリウム水溶液20cm³を測り取り，発泡ポリスチレン製の断熱容器に移した。
＜操作2＞操作1の容器内の水溶液に「指示薬」溶液を1滴加え，温度計で水溶液の温度を測った。
＜操作3＞操作2の容器内の水溶液に，塩酸を5cm³ずつ加えていくと，20cm³加えたところでちょうど「指示薬」の色が変化して，水溶液が中性になったことがわかった。実験中は，塩酸を加えてかき混ぜた後，毎回水溶液の温度を測った。
＜操作4＞水溶液が中性になった後も塩酸を5cm³ずつ2回加え，それぞれ水溶液の温度を測った。

1. この実験で「指示薬」として使用できる薬品名と，実験中の色の変化を答えなさい。

2. この実験中，中性になるまで(前)と中性になった後(後)で，断熱容器中の水溶液に溶けているイオンの数と，その数の変化について，それぞれあてはまるものをすべて選びなさい。
   ア．陽イオンと陰イオンの数が等しい。
   イ．陽イオンより陰イオンの数が多い。
   ウ．陽イオンより陰イオンの数が少ない。
   エ．陽イオンの数も陰イオンの数も変化しない。
   キ．陽イオンの数も陰イオンの数も増えていく。
   ク．陽イオンの数も陰イオンの数も減っていく。
   ケ．陽イオンの数が増えていくが，陰イオンの数は変化しない。
   コ．陰イオンの数が増えていくが，陽イオンの数は変化しない。
   サ．陽イオンの数が減っていくが，陰イオンの数は変化しない。
   シ．陰イオンの数が減っていくが，陽イオンの数は変化しない。
   ［編集部注］選択肢オ，カは学校希望により削除

3. この実験と同様の方法で，うすい水酸化バリウム水溶液を断熱容器に取り，うすい硫酸で中和する実験を行ったとき，中性になるまで(前)と中性になった後(後)で，断熱容器中の水溶液に溶けているイオンの数と，その数の変化について，それぞれあてはまるものを，2．の選択肢ア〜シからすべて選びなさい。

4. この実験中の水溶液の温度の変化を，縦軸に温度，横軸に加えた塩酸の体積を取ってグラフにした。横軸の★は，中性になるまでに加えた塩酸の体積(20 cm³)を示している。最も適切なグラフはどれですか。ただし，実験に使った水酸化ナトリウム水溶液と塩酸の温度は室温と等しく，断熱容器から熱は逃げないものとする。

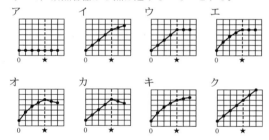

## 5 水溶液とイオン

原子の構造について述べた次の文を読み，後の各問いに答えなさい。

原子は＋の電気をもつ原子核と，その周囲にあり－の電気をもつ（ ① ）からなる。また，原子核は＋の電気をもつ（ ② ）と，電気をもたない（ ③ ）からできている。ただし，水素原子の原子核は（ ② ）1個だけからなる。電気的に中性の原子では，（ ② ）の数と（ ① ）の数は等しい。

原子の種類は（ ② ）の数で決められ，（ ② ）の数は原子番号とよばれる。例えば，水素原子の原子番号は1，ヘリウム原子の原子番号は2である。

ヘリウム原子の模式図
⊕：②　⊖：①
○：③

1. ①〜③にあてはまる語を答えなさい。
2. 下線部の性質が成り立つには，①と②それぞれがもつ電気の性質として，－と＋であること以外にどのような前提条件が必要か。「電気」を含む8字以内で答えなさい。
3. ①の数が18，②の数が16の原子Sのイオンと，①の数が10，②の数が11の原子Naのイオンが結びついている電解質が，水に溶けて電離するようすを化学式を用いて表しなさい。

## 6 電流　難　思考力　新傾向

しろうくんは，「静電気」という言葉を聞いたことがあるものの，それに関する知識は全くなかった。静電気について学びたいと思ったしろうくんは，やまだ先生のもとを訪れた。以下の会話文を読んで，後の各問いに答えなさい。

しろうくん：先生，先生！「静電気」について聞きに来たんですけど。教えてください！

やまだ先生：こらこら，いきなり部屋に入ってきて，その頼み方はなんだね！　落ち着きたまえ。いち早く知識を得たい気持ちもわかるが，せっかくの質問だ。いっしょに実験をしながら科学的に考えていこう。
　…まずは，どのようにしたら静電気を発生させることができるか。方法は簡単だ。2つの異なる物質をこすり合わせればいい。そうすると，双方のこすった部分に静電気が生じる。ここにストローがあるだろう？　これをティッシュペーパーでこすると…

しろうくん：それだけで，そこに静電気があるということなんですね！　思ったより簡単！　でも何も見た目は変わりませんよ。なんで静電気がそこにあるって言えるんですか？

やまだ先生：いい質問だ。それでは実験してみよう。しろうくん，この2枚のティッシュペーパーを使って，ここにある2つのストローをそれぞれこすってくれないかね？　どちらもストローの片端をこすればいいぞ。

しろうくん：はい。両方とも，ストローの片端をティッシュペーパーでこすりました。

やまだ先生：それでは，片方のストローをこのペットボトルのフタの上にのせよう（図1）。そして，もう一本のストローはきみが持つ。こすった部分を持たないようにな。そして，手に持っているストローの端をゆっくりとフタの上のストローの端に近づけてごらん。端というのは，さっききみがこすった側の端だよ。

図1

しろうくん：はい，近づけてみます。…すごい！　ストローが反発して，フタから落ちました！　すごい！

やまだ先生：ふっふっふ。それでは，フタから落ちたストローをもとの状態にして，今度は，手に持ったストローの端をフタの上のストローに近づけるとき，さっきとは逆側の端に近づけてごらん。

しろうくん：つまり，手に持っているストローのこすった部分と，フタの上のストローのこすってない部分を近づけるのですね？　やってみます！　…えっ，今度は反発しません！　むしろ，少し引き寄せられました！

しろうくん：今までの結果から，　A　ということが言えるのではないですか？

やまだ先生：その通り，それは正しい。ただ，まだこの結果だけではすべてのことがわかったとはいえないんだな。きみだったら，次にどんな実験をして，このことについてより調べてみたいかね？

しろうくん：　B

1. 文中の①までの段階で，しろうくんにはある考えが浮かんだ。これまでのやまだ先生の話と実験結果だけからわかる考えとして，空欄Aに入る最も適当な文はどれですか。
   ア．ティッシュペーパーでこすったストローは＋の電気を帯び，＋の電気どうしでは，互いに反発する力が生じる
   イ．ティッシュペーパーでこすったストローは－の電気を帯び，＋と－の電気では，互いに反発する力が生じる
   ウ．逆符号の電気どうしでは，おたがい引き合う力が生じる
   エ．同じ条件で発生させた静電気どうしでは，おたがい反発する力が生じる
   オ．こすらないことによって発生させた静電気では，おたがい引き合う力が生じる

2. 文中の空欄Bには，しろうくんが「静電気による力について新たなことがらを見出すために次にしたい実験」に関する文が入る。あなたなら，どんな実験をしますか。ただし，用いる道具は変えずに，かつ新たに道具などを追加しないで行える実験を考えるものとする。実験を行う目的と，具体的な実験内容を簡潔に書きなさい。

## 7 力と圧力，運動の規則性

同じ体積で質量の違う5種類の立方体A，B，C，D，Eがある。それぞれの立方体の一辺は10 cmである。質量はAが最も小さく，A，B，C，D，Eの順に大きくなっていて，その比は1:2:4:8:16である。BとEを，水の入った水槽に入れ，その上面が水面に接するようにし，それからゆっくりはなしたところ，図のように，底面が水面から深さ10 cm，80 cmの位置でそれぞれ止まった。

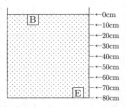

1. A，C，Dを同じようにゆっくりはなしたら，どの位置で止まるか。止まったときの立方体の底面の，水面からの深さをそれぞれ答えなさい。

今度は長さ10 cmの針金を12本使って，それぞれの針金が立方体の一辺となるようにした。この立方体の底面をゴム膜で覆い，4つの側面のうち互いに向かい合う2面も同様にゴム膜で覆った。残りの側面の2面は伸び縮みしない板で覆った。なお，上面は何も覆っていない。これを，中に水が入らないように注意しながらBと同じ深さで固定した。ゴム膜の重さは考えないものとして，後の問いに答えなさい。

2. ■基本■　側面のゴム膜と底面のゴム膜の変化を模式的に表した図の組み合わせとして，最も適当なものはどれとどれですか。

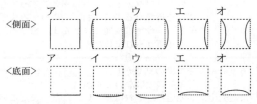

3. ■基本■　次に，側面の2面のゴム膜のうち，1面をさらに伸び縮みしない板に変えて覆った。前問と同じ深さのとき，残りの側面の1面のゴム膜と底面のゴム膜はどうなるか。それぞれ適切なものを答えなさい。

ア．問題2のときと比べてほとんど変化しない
イ．問題2のときよりも変化の量が大きくなる
ウ．問題2のときよりも変化の量が小さくなるが，ゴム膜は平らにはならない
エ．問題2のときよりも変化の量が小さくなり，最終的にはゴム膜が平らな状態になる

# 大阪教育大学附属高等学校　池田校舎

時間 50分　満点 100点　解答 P38　2月11日実施

## 出題傾向と対策

- 例年，物理，化学の一方が2題で，他の科目が各1題の計5題の出題で，2020年は化学が2題であった。解答形式は記述式のほうが多く，文章記述が目立った。教科書の範囲を超える出題も見られたが，問題文に沿って考えていけば解答できるものが大半を占めた。
- 基本事項をしっかりと理解したうえで，数多くの応用問題に取り組み，科学的思考力や論理的思考力，読解力を身につけておく必要がある。実験・観察の結果を考察して簡潔な文章でまとめる力も求められる。

## 1 火山と地震　基本

次の文章を読んで以下の問いに答えなさい。

みどりさんは，校外学習で訪れた峡谷にて火成岩に興味を持ち，「火山とその噴火物」のテーマについて調べ学習をした。右図は縦軸が「マグマの粘性」，横軸が「マグマに含まれる二酸化ケイ素の割合」の関係を表すグラフである。火山①～③は，①～③につれてマグマに二酸化ケイ素が含まれる割合が大きくなっている。

(1) 火山①，③の噴火物の色の組み合わせとして適当なものをX，Y，から選び，記号で答えなさい。
　X．火山①…黒っぽい　火山③…白っぽい
　Y．火山①…白っぽい　火山③…黒っぽい

次の表は，マグマが冷えて固まってできた岩石aと岩石bの断面をルーペで観察し，その結果をまとめたものである。

| | 岩石a | 岩石b |
|---|---|---|
| スケッチ | | |
| 岩石のつくり | 上図のAは比較的大きな鉱物で，Bは細かい粒からできている。 | やや角ばった大きな結晶ががっしりと組み合わさっている。 |

(2) 岩石aのAは比較的大きな鉱物で，Bは細かい粒からできている。この図のように比較的大きな鉱物と細かい粒などからできている火山岩のつくりは，何と呼ばれるか。その名称を答えなさい。

(3) 岩石bを細かく砕いた破片をルーペで観察したところ，色や形が異なる3種類の破片が見られた。その中の1種類は，黒くて板状の鉱物であり，さらにこの鉱物を調べると，決まった方向にうすくはがれる性質があった。この鉱物は何か。最も適当なものを次のア～エから1つ選び，記号で答えなさい。
　ア．カンラン石　　イ．カクセン石
　ウ．クロウンモ　　エ．セキエイ

(4) 岩石bは，肉眼でも見分けられるぐらいの大きさの鉱物のみからできていることが分かった。大阪府の摂津峡にも比較的多くみられるこの岩石は何か。最も適当なものを次のア～エから1つ選び，記号で答えなさい。
　ア．流紋岩　　　　イ．玄武岩
　ウ．斑れい岩　　　エ．花こう岩

(5) 岩石aと岩石bのつくりが違うのはなぜか，マグマの冷え方にふれながら，それぞれの岩石のでき方について20字以内ずつで説明しなさい。

右図の(ア)～(ウ)は火山の形を示している。

(6) 爆発的な噴火を引き起こす可能性が最も高い火山は(ア)～(ウ)のどれか，記号で答えなさい。

(7) 火山灰と溶岩が交互に堆積して形成された火山は(ア)～(ウ)のどれか1つ選び記号で答えなさい。

(8) マグマの粘性が最も小さい火山は(ア)～(ウ)のどれか記号で答えなさい。

(9) 地下のマグマがもつエネルギーでつくられた高温・高圧の水蒸気を利用する発電を何というか名称を答えなさい。

## 2 小問集合

次の文章を読んで以下の問いに答えなさい。

右図のような実験装置を組み立てて，1000 hPa，27 ℃において，(a)アンモニアを用いて噴水実験を行った。

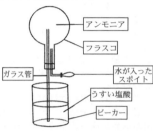

まず，(b)塩化アンモニウムと水酸化カルシウムの混合物をガスバーナーで加熱し，アンモニア0.98 Lを発生させ，発生したアンモニアをすべてフラスコ内に（ A ）置換で捕集した。フラスコの容積は1.0 Lで，その中にはアンモニアのほかに空気が入っている。(c)ビーカーには1.0 Lのうすい塩酸を入れ，フェノールフタレイン溶液を入れておいた。水が入ったスポイトのゴムの部分を勢いよく押して，アンモニアが入ったフラスコ内に水を入れたところ，ガラス管を通してビーカー内のうすい塩酸が噴き上がった。

噴水がはじまると，フラスコ内の水溶液は変色し，噴水が終わった時点でフラスコ内の水溶液がちょうど中和し，アンモニアと塩化水素は1：1で完全に反応した。

(1) 下線部(a)について，噴水が起こる理由を説明しなさい。

(2) 下線部(b)について，アンモニアを発生させる別の方法を考える。まず，乾いた試験管に細かい結晶状の塩化アンモニウムを入れ，そこにある物質（ X ）を加える。さらに，スポイトで水を加えると，アンモニアを発生させることができる。ある物質（ X ）として最も適切なものを下記の中から選び，番号で答えなさい。
　① 酢酸　　　　　② レモン汁
　③ 炭酸　　　　　④ 水酸化ナトリウム
　⑤ 硝酸カリウム　⑥ 食塩

(3) （ A ）に最も適切な語句を記入しなさい。

(4) 発生したアンモニアを（ A ）置換で捕集する理由について説明しなさい。

(5) 噴水がはじまったときにフラスコ内の水溶液が変色したのは，どのようなイオンが生じたからか，そのイオンの名称を答えなさい。

(6) 難　下線部(c)について，ビーカー内の1.0 Lのうすい塩酸の質量パーセント濃度は何％か，小数第3位を四捨五入し，小数第2位までの値で答えなさい。このときの温度は一定とし，スポイト内の水の体積，水の蒸気圧，ガラス管内の水による

表1

| H | N | Cl |
|---|---|---|
| 1.0 | 14 | 35.5 |

圧力差などは無視する。うすい塩酸の密度は1.0 g/cm³であり、1000 hPa、27℃において、アンモニア17 gは、25 Lの体積をもつものとする。また、それぞれの原子1個の質量の比は表1のとおりとする。なお、1 hPa＝100 Paであり、1 L＝1000 cm³である。

## 3 植物の体のつくりと働き、生物と細胞、遺伝の規則性と遺伝子

次の文章を読んで以下の問いに答えなさい。

山田くんは遺伝のしくみに興味を持ち、遺伝について調べてみた。ある本には(a)科学者Aについて書かれていた。科学者Aは(b)エンドウを用いた研究をまとめ、遺伝の法則を発表した。科学者Aが遺伝の法則を発見するまでは(c)「子の特徴は両親の特徴を混ぜ合わせた中間的なものになる」と考えられていた。この考えでは一度混ざった特徴は二度と分離できないため子孫は中間的な特徴になるはずである。しかし、そのようなことは起きないため、その考えは間違っていた。

別の本には科学者Bらについて書かれていた。科学者Bらによって遺伝子が(d)染色体にあるという説が提唱された。染色体はタンパク質とDNAからできているが、遺伝子はタンパク質とDNAのどちらにあるのかわかっていなかった。タンパク質の多様性等から遺伝子はタンパク質にあると考えている科学者が多かったようである。また、タンパク質には消化酵素だけでなくDNAやタンパク質といった様々な物質を分解したり合成したりすることを促すものもある。

さらに別の本には科学者Cについて書かれていた。科学者Cは細菌Xを用いて形質が変化する現象を発見した。細菌Xは病原性のある菌と病原性のない菌の2種類がある。科学者Cが発見した現象は病原性のある菌を加熱殺菌したものと病原性のない菌を混ぜ合わせると病原性のない菌の形質が病原性のある菌の形質に変化したというものである。この実験から加熱殺菌した病原性のある菌の何らかの物質が病原性のない菌に取りこまれ、このような現象が起きたと考えられる。

遺伝子によって形質が決まるため、山田くんは加熱殺菌した病原性のある菌から病原性のない菌に取りこまれた物質に遺伝子が関わっていると考えた。しかし、山田くんはこの物質を確かめる実験を行った資料を見つけることができなかった。(e)そこで山田くんは遺伝子に関係すると思われる物質を確かめることができる実験を考えてみることにした。

(1) 下線部(a)の科学者Aとは誰か、名前を答えなさい。
(2) 下線部(b)のエンドウに関して①、②についてそれぞれ答えなさい。
　① エンドウは双子葉類である。双子葉類の特徴を3つ答えなさい。ただし子葉の枚数以外の特徴について答えること。
　② エンドウの子葉には黄色と緑色の形質がある。子葉を黄色にする遺伝子Aは緑色にする遺伝子aに対して優性である。どの組み合わせの遺伝子を持っているかわからない黄色の形質を示すエンドウどうしをかけ合わせた場合、生まれてくる子の子葉の色として可能性があるものを過不足なく答えなさい。
(3) 下線部(c)の考えが正しかった場合、黒色と白色の形質のヒツジを親にもつ子ヒツジはすべて何色になると考えられるか黒、灰、白から1つ選び、答えなさい。
(4) 下線部(d)の染色体に関して①、②についてそれぞれ答えなさい。
　① 染色体を観察するときにはある試薬を用いて赤く染める。染色体を赤く染める試薬の名称を1つ答えなさい。
　② 染色体は細胞小器官である核の内部にみられる。液胞以外で植物細胞だけでみられる細胞小器官を過不足なく答えなさい。
(5) 下線部(e)の山田くんが考えた実験に関して①、②についてそれぞれ答えなさい。
　① 山田くんが読んだ本に書かれていた歴史的背景を踏まえると病原性のある菌から病原性のない菌に取りこまれた物質の候補が2つあると考えた。山田くんが考えた候補となる2つの物質を答えなさい。
　② [思考力] 山田くんは①の2つの物質のどちらが関わっているかを確かめる実験を考えた。まず、試験管Ⅰ、Ⅱ、Ⅲの3つを用意し、それぞれに加熱殺菌した病原性のある菌が入った液体を入れる。次に、試験管Ⅰに、病原性のない菌を混ぜ合わせる。試験管Ⅱには「ある物質」を加えてから病原性のない菌と混ぜ合わせる。さらに、試験管Ⅲには「試験管Ⅱに加えたものとは違う物質」を加えてから病原性のない菌と混ぜ合わせるという対照実験を考えた。試験管Ⅱ、Ⅲにそれぞれどのような物質を加えるべきか、下に示した文章の空欄に合うように30字以内で答えなさい。

　　試験管Ⅱ、Ⅲにそれぞれ＿＿＿＿＿＿＿＿＿＿＿＿＿＿＿＿＿＿＿＿＿＿＿を加えるべき。

## 4 物質の成り立ち 基本

次の文章を読んで以下の問いに答えなさい。

池田くんは炭酸水素ナトリウムを加熱したときの変化を調べるため、図のような装置を組み立てて実験を行った。

反応は完全に進んだものとする。

(1) 試験管Aで起こる反応の化学反応式を書きなさい。
(2) 実験前と実験後の石灰水の色を答えなさい。
(3) 炭酸水素ナトリウムと加熱後の物質をそれぞれ水の入った試験管に取り、フェノールフタレイン溶液を加えて色の変化を調べた。2つの物質の色の変化に違いがあれば簡潔に書きなさい。
(4) 炭酸水素ナトリウムを加熱すると液体が生じた。1度目の実験ではこの液体が原因で試験管が割れてしまった。その後、池田くんは実験器具の組み立て方に問題点があることに気づいた。その問題点と試験管が割れた理由を簡潔に書きなさい。
(5) 生じた液体に塩化コバルト紙を触れさせたら色が変わった。触れさせる前と触れさせた後の色を答えなさい。
(6) 池田くんは実験終了後、余った塩化コバルト紙をむきだしのまま引き出しの中に保管しようとした際、担当教員から指導を受けた。塩化コバルト紙をむきだしのまま保管してはいけない理由を簡潔に書きなさい。
(7) ガスバーナーで加熱してはいけない器具を次の①～⑤のうちから最も適切なものを選び、番号で答えなさい。
　① 三角フラスコ　　② 丸底フラスコ
　③ 50 mLビーカー　④ 100 mLビーカー
　⑤ ステンレス皿

## 5 光と音、電流

ある音の振動のようすをオシロスコープで観測すると、図1のようなグラフがみられた。

図1

(1) [よく出る] 図1の音は、0.01秒間に4回振動していた。この音の振動数は何Hzか求めなさい。
(2) [よく出る] 図1の音よりも大きさが大きく、高さが低

い音の振動のようすとして最も適当なものを次のア～エから1つ選び，記号で答えなさい。ただし，図の縦軸の方向は振幅を，横軸の方向は時間を表しており，ア～エの縦軸と横軸の目盛りの間隔は，図1と同じである。

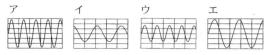

「ある強さの力」で弦を張り，弦の真ん中を弾いて音を出したとき，主に聞こえる音の振動数はちょうど440 Hzであった。材質，長さ，太さの等しい弦をいろいろな強さで張り，弦の真ん中を弾いたときの振動数を測定した（表1）。ただし，弦を張る強さは，「ある強さの力」の何倍の強さかを記載している。

表1

| 出る音の振動数[Hz] | 弦を張る強さ | 弦を張る強さの平方根 |
|---|---|---|
| 110 | 0.13 | 0.36 |
| 330 | 0.56 | 0.75 |
| 440 | 1（「ある強さの力」） | 1 |
| 495 | 1.27 | 1.13 |
| 550 | 1.56 | 1.25 |
| 587 | 1.78 | 1.33 |
| 660 | 2.25 | 1.5 |
| 733 | 2.78 | 1.67 |
| 825 | 3.51 | 1.87 |

(3) ■基本■ 弦を張る強さと出る音の振動数との関係を，下にグラフで表しなさい。ただし，グラフは原点を通り，最も適当と思われるなめらかな曲線で描くこと。

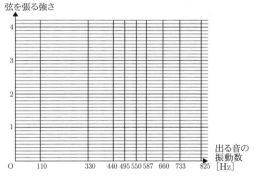

次に，材質，太さが同じで長さが異なる弦を同じ強さの力で張り，弦の真ん中を弾いたときの振動数を測定した（表2）。

表2

| 出る音の振動数[Hz] | 弦の長さ[cm] | 弦の長さの逆数[1/cm] |
|---|---|---|
| 440 | 40 | 0.025 |
| 495 | 35.6 | 0.028 |
| 550 | 32 | 0.031 |
| 587 | 30 | 0.033 |
| 660 | 26.7 | 0.037 |
| 733 | 24 | 0.042 |

(4) ■基本■ 弦の長さの逆数と出る音の振動数との関係

を，下にグラフで表しなさい。ただし，グラフは原点を通ること。

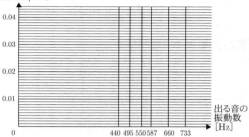

(5) 実験から得られた結果として，弦の真ん中を弾いて1オクターブ高い音（振動数が2倍の音）を出す方法を以下のようにまとめたい。空欄（あ）（い）に適当な数値をかきなさい。
・弦の長さを変えずに振動数を2倍にするためには，弦を張る強さを（あ）倍にすればよい。
・弦を張る強さを変えずに振動数を2倍にするためには，長さが（い）倍の弦を用いればよい。

（a）を用いて音のエネルギーを電気エネルギーに変換して波形をオシロスコープに表示させたり，スピーカーを用いて電気エネルギーを再び音エネルギーにして声を聞いたりすることができる。このように，身の回りでは様々なエネルギーの移り変わりが起こっており，これを利用した製品も多い。(i)エネルギーが移り変わっても，エネルギーの総量は変化せず，つねに一定に保たれる。

(6) （a）に適当な機器の名称を答えなさい。
(7) ■よく出る■ 下線部(i)の法則名を答えなさい。

200 g，100 g，200 gの水を入れたビーカーに電熱線A，B，Cを入れ，図2のような回路をつくった。電源装置を用いて回路に一定の電流を流すと，ビーカー内の水の温度が上がった。これは，ビーカー内の水が電熱線から熱エネルギーを得たためである。電源装置の電圧は100 V，電熱線Cの抵抗値は100 Ωであり，電熱線Aに流れる電流と電熱線Bに流れる電流の比は1：5であった。また，電熱線Bの消費電力と電熱線Cの消費電力の比は3：5であった。図2に示されている電熱線以外の部分でのエネルギーの消費はなく，液体の蒸発は考えないものとして，以下の各問いに答えなさい。

図2

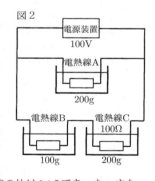

(8) ■よく出る■ 電熱線Aの消費電力を求めなさい。
(9) ■よく出る■ ■難■ ■思考力■ 同じ時間だけ電流を流し続けたとき，各電熱線が入ったビーカー内の水の温度上昇の比を，最も簡単な整数比で表しなさい。
(10) 電熱線Bを，100 gの液体Xが入ったビーカーに入れて同様に実験を行うと，液体Xの温度上昇と電熱線Cが入ったビーカー内の水の温度上昇の比は9：5となった。液体X 1 gの温度を1℃上昇させるには何Jの熱量が必要であるか求めなさい。
ただし，水1 gの温度を1℃上昇させるには4.2 Jの熱量が必要である。

# 大阪教育大学附属高等学校 平野校舎

時間 50分　満点 100点　解答 P39　2月12日実施

## 出題傾向と対策

●例年通り，物理，化学，生物，地学各1題の計4題の出題であった。解答形式は記述式のほうが多く，計算問題が目立った。教科書の範囲を超える出題も見られたが，問題文に沿って考えていけば解答できる。

●基本事項をしっかりと理解したうえで，数多くの応用問題に取り組み，科学的思考力や論理的思考力をじゅうぶん身につけ，計算力を養っておく必要がある。問題文中に条件やヒントが書かれているので，要点を読みとる読解力も求められる。

## 1 光と音

次の〔A〕・〔B〕の文章を読み，下の各問に答えなさい。

〔A〕 梅雨の晴れ間を「五月晴れ」という。これは現在の6月が旧暦の五月に相当したためである。この時期は梅雨前線に向かって南から湿った空気が流れ込み，空気中の湿度が高くなるとともに，人家近くでイエバエなどの昆虫の活動が活発になる。このことから「うるさい」を「五月蠅い」と表記するという。以下は，中学生の理科子さんが，学習した内容をもとに，ハエの音は本当にうるさいのかを考察するために，生物が発する音について調べた記録の一部である。

問1. よく出る　ハエの羽音を調べるために音を観察する方法として，オシロスコープを用いることができる。図1は音の振動の様子を表したものである。グラフの横軸は時間を表している。振幅を知るには図1のどこを見ればよいか。最も適当なものを1つ選び，番号で答えよ。

図1

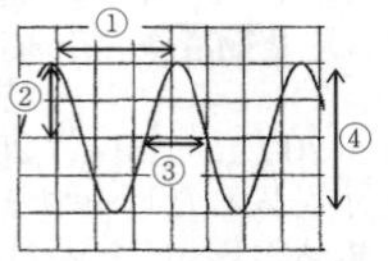

問2. よく出る　いろいろなおんさを鳴らしたときのオシロスコープに表示される波形を図2に示した。いずれのグラフも目盛りは等しい。以下の観察の内容が正しくなるように空欄に入る適語を答えよ。

【観察】 Aに比べてBの方が（ ア ）音である。また，Cの方が（ イ ）音である。

図2

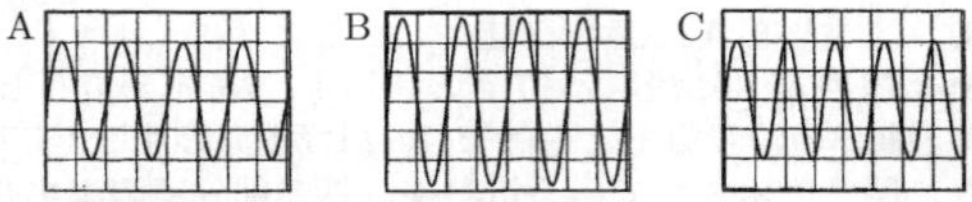

問3. よく出る　ハエの羽音の振動数には200 Hz前後のものがあり，人の耳にはよく聞こえやすい音である。羽が発音体となり，ハエが羽ばたく回数と羽音の振動数が一致する場合，200 Hzの音を15秒間鳴らす間に，ハエは何回羽ばたいているか答えよ。

〔B〕 セミやスズムシなどの昆虫が体の一部を振動させて発する音や，野鳥の鳴き声には，正確に一定間隔の音を繰り返すものがある。この一定のリズムが，ツクツクボウシやホトトギスなどの名の由来にもなっている。中学生の育大さんは，生物が発するこのような一定間隔の音に興味を持った。以下は，育大さんが考えたことの一部である。

【育大さんの考え】 コウモリは音の反射を利用して距離を把握している。音の速さを約340 m/sとすれば，音が壁で反射して戻ってくるまでの時間を測ることで壁までの距離を計算できる。しかし，正確には音の速さは気温によって少し変化することが知られている。また，音は目に見えず速いため，反射して戻ってくるまでのわずかな時間を正確に測ることは難しい。そこで，一定間隔の音を利用する方法で音の速さを調べる。

図3のようにスピーカーを壁から決まった距離だけ離して置き，スピーカーから一定間隔で音を発する。スピーカーと同じ位置にいると，スピーカーからの直接音と壁で反射して届く反射音とが聞こえる。音の間隔を調整し，ちょうど直接音と反射音が同時に耳に届くようにすれば，これによって音が反射して戻ってくるまでのわずかな時間を測ることができ，音の速さが計算できる。このような測定に，昆虫や野鳥が発する一定のリズムの音を利用できないだろうか。

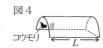

図3

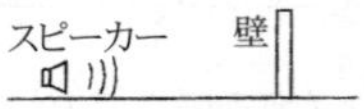

問4. 思考力　スピーカーを壁から56 mの位置に置き，発する音の間隔をしだいに短くしたところ，1秒間に3回の間隔で発したとき，初めて直接音と反射音が同時に耳に届いた。このとき音の速さは何m/sか答えよ。

問5. 新傾向　科学的な考察には，関係する要素を数量的にとらえて測定することが大切である。下線部の考えが実現できるかどうか確かめるために，育大さんが行う実験として適当でないと考えられるものを次から1つ選び，番号で答えよ。

① 公園で録音した数種類の野鳥の鳴き声をオシロスコープで調べて振動数を比較する。
② 野鳥の声が何メートルの距離まで反射して聞こえるかレコーダーで録音して調べる。
③ 飼育している昆虫が1秒間に何回の間隔で音を発するか動画を撮影して調べる。
④ 実験を行う日の音の速さを校庭で巻き尺とストップウォッチを用いて計測する。

問6. よく出る　一部の生物は，人の耳には聞こえない振動数の音（これを超音波という）を聞くことができる。コウモリは，この音を発したときの反射のようすから障害物の位置などを認識している。図4のように，コウモリが一定の速さ20 m/sで洞穴の奥へ向かって飛びながら，洞穴の入り口を通過する瞬間に音を発したとき，0.15秒後に洞穴の奥の壁で反射した音が聞こえた。洞穴の入り口から奥の壁までの距離Lは何mか答えよ。ただし，洞穴の中を伝わる音の速さは340 m/sであり，これはコウモリの運動状態によらず一定である。

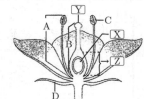

図4

## 2 植物の体のつくりと働き，遺伝の規則性と遺伝子

次の〔A〕・〔B〕の文章を読み，あとの各問に答えなさい。

〔A〕 藤原良経が歌った和歌「うちしめり あやめぞかおる ほととぎす 鳴くや五月の 雨の夕暮れ」には，梅雨の頃に開花するアヤメという植物が登場する。アヤメは被子植物に分類されている。図は，被子植物の花の断面を模式的に表している。

問1. 図のA～Dに示す各部の名称を答えよ。
問2. 被子植物と異なり，図中のXがむき出しになっている植物を次からすべて選び，番号で答えよ。

① アブラナ ② イチョウ
③ スギ ④ イヌワラビ
⑤ ツツジ

問3．被子植物に関して，図中のYに花粉がつくことを何というか。またその後，図中のZは何になるか答えよ。

問4．被子植物は，子葉が一枚の単子葉類と二枚の双子葉類に分類される。単子葉類の葉脈・根・茎の維管束の特徴を示した次の組合せのうち，最も適当なものを1つ選び，番号で答えよ。

| | 葉脈 | 根 | 茎の維管束 |
|---|---|---|---|
| ① | 平行脈 | 主根と側根 | 円形に並んでいる |
| ② | 平行脈 | 主根と側根 | 散らばっている |
| ③ | 平行脈 | ひげ根 | 円形に並んでいる |
| ④ | 平行脈 | ひげ根 | 散らばっている |
| ⑤ | 網状脈 | 主根と側根 | 円形に並んでいる |
| ⑥ | 網状脈 | 主根と側根 | 散らばっている |
| ⑦ | 網状脈 | ひげ根 | 円形に並んでいる |
| ⑧ | 網状脈 | ひげ根 | 散らばっている |

〔B〕 生物がもつ形や性質などの特徴を形質という。形質には，エンドウの種子の形の丸形としわ形のように互いに対立する形質があり，これを（ ア ）という。そして，（ ア ）に対応する遺伝子を対立遺伝子といい，これは（ イ ）分裂の際，別々の生殖細胞に分かれて入る。これを（ ウ ）の法則という。この（ ウ ）の法則など遺伝の規則性を発見した人物は，オーストリアの（ エ ）である。

しかし実際には，（ エ ）が発見した遺伝の規則性にはあてはまらない遺伝形質も多く存在する。例えば，カイコは体に黒いしま模様のある個体（PPという遺伝子の組み合わせ）と体色が白い個体（ppという遺伝子の組み合わせ）があり，これらをかけ合わせて得られる子では，すべて体が灰色の個体（Ppという遺伝子の組み合わせ）になる。このような個体を中間雑種という。

（ エ ）の発見した遺伝の規則性についてより詳しく知るため，エンドウを用いた［実験Ⅰ］とマルバアサガオを用いた［実験Ⅱ］を行った。

［実験Ⅰ］エンドウの草丈の優性形質の遺伝子をA，劣性形質の遺伝子をaとする。純系の草丈が高い個体（以降$P_1$と呼ぶ）と，純系の草丈が低い個体（以降$P_2$と呼ぶ）をかけ合わせ，子（以降$F_1$と呼ぶ）を得た。$F_1$は，すべて草丈が高くなった。

［実験Ⅱ］マルバアサガオには赤花のものと白花のものとがあり，これらをかけ合わせて，子（以降$F_1$と呼ぶ）を得た。$F_1$の花の色はすべて桃色になった。

問5．文章中の空欄（ ア ）～（ エ ）に入る適語を答えよ。

問6．実験Ⅰについて，以下の問いに答えよ。
(1) $P_1$と$P_2$それぞれがつくる配偶子の遺伝子をAかaで答えよ。
(2) $F_1$を自家受粉して得られる子（$F_2$と呼ぶ）の草丈について，高いものと低いものの個体数の比はどのようになると考えられるか，以下の例にならって答えよ。
例．「高い：低い＝1：2」

問7．（難） 実験Ⅱについて，以下の問いに答えよ。
(1) $F_1$の花の色が桃色になったことは，（ エ ）の実験から明らかになった法則のうち，どの法則にあてはまらないか答えよ。
(2) $F_1$を自家受粉して$F_2$をつくったとき，$F_2$の花の色について，赤色，桃色，白色の個体数の比はどのようになると考えられるか，以下の例にならって答えよ。
例．「赤：桃：白＝1：2：3」
(3) さらに$F_2$を自家受粉して子$F_3$をつくるというよ

うに，自家受粉を繰り返していく。このとき同世代で得られた全個体のうち，桃色の花をつける個体の割合は，自家受粉をくり返していくたびにどのように変化すると考えられるか。適当なものを次から1つ選び，番号で答えよ。
① 増加する ② 変化しない
③ 減少する ④ 増減を繰り返す

## 3 物質のすがた，化学変化と物質の質量

次の文章を読み，下の各問に答えなさい。なお，実験に使う石灰石は純粋な炭酸カルシウム$CaCO_3$であるものとする。

実験Ⅰ．
［操作1］ 図のように，うすい塩酸HCl 20 cm³を入れた試験管と粉末にした石灰石1.00 gをプラスチック製の容器に入れ，フタを閉じて全体の質量を測定したところ，51.30 gであった。

［操作2］ フタを閉じたまま容器を傾けて塩酸を試験管から出したところ，塩酸と石灰石が反応し，気体Xが発生した。このときの容器全体の質量は51.30 gであった。
［操作3］ フタをゆるめたところ，プシュッという音がした。フタをとり，しばらくした後に容器全体の質量を測定したところ，50.86 gであった。

実験Ⅱ．実験Ⅰと同様の実験を，石灰石の量を変えて行ったところ，表1に示すa～dの結果を得た。

表1

| | 実験Ⅰ | 実験Ⅱ | | | |
|---|---|---|---|---|---|
| | | a | b | c | d |
| 炭酸カルシウム[g] | 1.00 | 2.00 | 3.00 | 4.00 | 5.00 |
| 気体Xの質量[g] | 0.44 | 0.88 | 1.32 | 1.54 | 1.54 |

実験Ⅲ．炭酸ナトリウム$Na_2CO_3$ 2.12 gにうすい塩酸を加え，炭酸ナトリウムを完全に反応させると，気体X 0.88 gが発生した。

問1．次の文中の空欄（ ア ）に入る適語を答えよ。また，空欄（ イ ），（ ウ ）に入る最も適当な語句を下から選び，それぞれ番号で答えよ。

実験Ⅰ［操作1］と［操作2］で容器全体の質量が変化しなかったのは，その反応に関係する物質全体の質量が，反応の前後で変化しないからである。これを（ ア ）の法則という。この法則が成り立つのは，物質をつくる原子やイオンの（ イ ）は変化するが，（ ウ ）が変化しないためである。
① 数 ② 種類
③ 組み合わせ ④ 数と種類
⑤ 数と組み合わせ ⑥ 種類と組み合わせ

問2．次の記述のうち，発生した気体Xの性質として正しいものを2つ選び，番号で答えよ。
① マッチの火を近づけると燃える。
② 空気より重く，無色・無臭である。
③ 都市ガス（天然ガス）に主成分として含まれる。
④ マグネシウムに塩酸を加えると発生する。
⑤ 水に少し溶け，その水溶液は緑色のBTB溶液を黄色に変える。

問3．表1の実験Ⅱのbについて，塩酸を完全に反応させるためには，石灰石があと何g必要か答えよ。

問4．下線部の直後，容器全体の質量は50.86 gよりも大きかった。その理由を答えよ。

問5．次の文を読み，あとの問いに答えよ。

表2は，原子の中で一番軽い水素原子1個の質量を1としたときの，炭素原子および酸素原子それぞれ1個の質量の比(水素原子1個に比べて何倍重いか)を表したものである。これによると，例えば，水分子$H_2O$1個は，水素原子1個に比べて$1×2+16=18$倍重い。

表2

|  | H | C | O |
|---|---|---|---|
| H原子1個の質量を1としたときの質量の比 | 1 | 12 | 16 |

また，異なる種類の原子，分子やイオンをそれぞれ同じ数だけ集めると，それらの質量の比は，原子，分子やイオン1個の質量の比と等しくなる。

(1) 実験Ⅰ・Ⅱの炭酸カルシウムと塩酸の反応，および実験Ⅲの炭酸ナトリウムと塩酸の反応は次の化学反応式で表される。空欄 エ 〜 カ を補い，化学反応式を完成させよ。なお，空欄 エ には数字のみを入れよ。数字が1の場合は1と答えよ。

$CaCO_3 +$ エ $HCl → CaCl_2 +$ オ $+$ カ ……(i)
$Na_2CO_3 + 2HCl → 2NaCl +$ オ $+$ カ ……(ii)

(2) 気体Xの分子1個は，水素原子1個に比べて何倍重いか答えよ。

(3) **難** 「炭酸カルシウム1個」は，カルシウムイオン$Ca^{2+}$1個と炭酸イオン$CO_3^{2-}$1個からなり，「炭酸ナトリウム1個」は，ナトリウムイオン$Na^+$2個と炭酸イオン$CO_3^{2-}$1個からなるものとし，炭酸カルシウム1個は水素原子1個に比べて100倍重いものとする。これらをふまえて，式(i)，(ii)と実験Ⅱ，Ⅲより，炭酸ナトリウム1個は水素原子1個に比べて何倍重いか答えよ。

## 4 天気の変化，日本の気象

次の〔A〕・〔B〕の文章を読み，あとの各問に答えなさい。

〔A〕 次の文Ⅰ〜Ⅲはそれぞれある年の2月中旬，6月上旬，8月上旬のいずれかの天気を示したものである。また，図a〜cはそれぞれ，文Ⅰ〜Ⅲいずれかの月のある日の天気図である。ただし，図中のHは高気圧，Lは低気圧を示す。

Ⅰ．[1]梅雨前線が本州の南海上に位置しやすかった。一方，高気圧が日本海から本州の東へ移動しやすかった。このため，北・東日本では，天気は数日の周期で変化したものの，高気圧に覆われやすく，晴れた日が多かった。

Ⅱ．北日本から西日本にかけては，高気圧に覆われて晴れて厳しい暑さの日が多かった。この期間の後半には[2]台風が宮崎県に上陸した影響で西日本を中心に広い範囲で雨が降り，大荒れとなった所もあった。

Ⅲ．北日本では[3]冬型の気圧配置になりやすく，日本海側は曇りや雪の日が多く，太平洋側はおおむね晴れた。沖縄・奄美では，前線や南から暖かく湿った空気が流れ込んだ影響で曇りや雨の日が多かった。

a　　　　　b　　　　　c

問1．**基本** 文Ⅰ〜Ⅲとそれぞれに該当する図a〜cの組合せとして適当なものを1つ選び，番号で答えよ。

|  | ① | ② | ③ | ④ | ⑤ | ⑥ |
|---|---|---|---|---|---|---|
| Ⅰ | a | a | b | b | c | c |
| Ⅱ | b | c | a | c | a | b |
| Ⅲ | c | b | c | a | b | a |

問2．**基本** 下線部[1]や秋雨前線のように，暖気と寒気の境界にできる前線を何というか答えよ。

問3．下線部[2]に関する記述として正しいものを1つ選び，番号で答えよ。
① 中心から外側に向かった風が吹き出している。
② 台風の中心では上昇気流が特に発達し，激しい雨をもたらす。
③ 暖気が寒気に押し上げられて発達する。
④ 前線をともなわない同心円状の等圧線で表される。

問4．**基本** 下線部[3]について，以下の問いに答えよ。
(1) この現象を引き起こす気団の名称を答えよ。
(2) 大陸から日本海に向かって吹く風を何というか答えよ。

〔B〕 地表付近に暖かく湿った空気が流れ込むと大気が不安定になる。暖かい空気は冷たい空気よりも密度が（ ア ）いため上昇するが，上空では（ イ ）が低くなるため空気が（ウ：①収縮，②膨張）し，気温が（エ：①高，②低）くなる。気温が（ オ ）に達すると，空気中の水蒸気が凝結し，雲ができる。

ここで，地上付近にある21.0℃，湿度80％の湿った空気のかたまりをモデルにして考える。この空気1m³あたりに含まれる水蒸気量は（ カ ）gである。この空気が上昇した場合，高さ（ キ ）mにおいて(オ)に達し，水蒸気が凝結する。もしこの空気のかたまりが凝結を続けながら上昇を続けた場合，空気のかたまりとまわりの大気は（ ク ）mで温度が等しくなる。このような上昇気流に伴い，積乱雲が発達する。

問5．**基本** 空欄（ ア ），（ イ ），（ オ ）に入る適語を答えよ。

問6．**基本** 空欄（ ウ ），（ エ ）に入る語句を文中の選択肢からそれぞれ選び，番号で答えよ。

問7．**思考力** 飽和していない空気のかたまりは100m上昇するごとに温度が1℃下がり，飽和しているときは100mごとに0.5℃下がる。また，地表付近の大気は高度100mにつき温度が0.6℃下がるものとする。これらをふまえて，空欄（ カ ），（ キ ），（ ク ）に入る数値を答えよ。ただし，飽和水蒸気量は下表の値を用いること。

飽和水蒸気量[g/m³]

| 気温[℃] | 0.0 | 0.2 | 0.4 | 0.6 | 0.8 |
|---|---|---|---|---|---|
| 15 | 12.8 | 13.0 | 13.2 | 13.3 | 13.5 |
| 17 | 14.5 | 14.7 | 14.8 | 15.0 | 15.2 |
| 19 | 16.3 | 16.5 | 16.7 | 16.9 | 17.1 |
| 21 | 18.4 | 18.6 | 18.8 | 19.0 | 19.2 |

左端列は気温の整数部分，上端は小数部分を表す。
例えば17.6℃の飽和水蒸気量は15.0g/m³である。

# 広島大学附属高等学校

時間 50分　満点 100点　解答 P40　2月5日実施

## 出題傾向と対策

● 例年通り，物理，化学，生物，地学各1題の計4題の出題であった。記述式よりも選択式のほうがやや多く，記述式では文章記述や計算問題が目立った。教科書の範囲を超える出題も見られたが，問題文に沿って考えていくことで解答できるものが大半を占めた。

● 基本事項をしっかりと理解したうえで，数多くの応用問題に取り組み，科学的思考力や論理的思考力，計算力を身につけておく必要がある。問題文から要点を読みとる読解力や，要点を押さえた簡潔な文章表現力も求められる。

## 1 火山と地震

次の各問いに答えよ。

A. 図1は，ある地域におけるプレートの境界X，2014年から2018年までの間に発生したM4.0～9.0の地震の震央を○によって示したものである。これについて，あとの問いに答えよ。

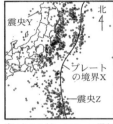

図1　※産業技術総合研究所データベースによる

浅いところ（0～100kmの深さ）で発生した地震の震央

深いところ（100～200kmの深さ）で発生した地震の震央

問1. 基本　記号Mで表される地震の規模のことを何というか。その名称を答えよ。

問2. 図1から分かることを述べた(1)～(3)について，正しければ○，正しくなければ×でそれぞれ答えよ。
(1) プレートの境界Xより西側では，東側よりも多くの地震が発生した。
(2) プレートの境界Xより西側では，浅いところで発生した地震のほうが，深いところで発生した地震よりも多かった。
(3) プレートの境界Xより西側で発生した地震の震央の分布範囲は，浅いところで発生した地震のほうが，深いところで発生した地震よりも広かった。

問3. 基本　プレートの境界Xに関する説明として，最も適切なものはどれか。次のア～エから1つ選び，記号で答えよ。
ア. 太平洋プレートがフィリピン海プレートの下に，または，太平洋プレートがユーラシアプレートの下に沈みこんでいる境界である。
イ. 太平洋プレートがフィリピン海プレートの下に，または，太平洋プレートが北アメリカプレートの下に沈みこんでいる境界である。
ウ. フィリピン海プレートが太平洋プレートの下に，または，フィリピン海プレートがユーラシアプレートの下に沈みこんでいる境界である。
エ. フィリピン海プレートが太平洋プレートの下に，または，フィリピン海プレートが北アメリカプレートの下に沈みこんでいる境界である。

問4. 難　震央Y，震央Zで示した地震によって，津波が発生する可能性はそれぞれあったか，なかったか。次のア～エから1つ選び，記号で答えよ。

| | 震央Yで示した地震 | 震央Zで示した地震 |
|---|---|---|
| ア | あった | あった |
| イ | あった | なかった |
| ウ | なかった | あった |
| エ | なかった | なかった |

B. 図2は，ある地震が起こったときに地表のさまざまな地点で初期微動と主要動が始まった時刻を調べ，その関係を示したものである。地点Qと地点qの初期微動と主要動が始まった時刻は点a，地点Rと地点rの初期微動と主要動が始まった時刻は点bで示され，震央，地点Q，地点q，地点R，地点rの標高は同じであった。震源で同時に発生したP波とS波は，どの方向にもそれぞれ一定の速さで伝わった。これについて，次の問いに答えよ。

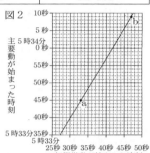

図2

問5. P波が伝わる速さは，S波が伝わる速さの何倍か。小数第2位を四捨五入して答えよ。

問6. 難　地震が発生した時刻は，5時何分何秒か。秒の数値は，小数第1位を四捨五入して答えよ。

問7. 地点Q，地点q，地点R，地点rがどのような位置にあれば，震央を1点に定めることができるか。次のア～エからすべて選び，記号で答えよ。ただし，図の1目もり分の長さは一定の距離を示している。

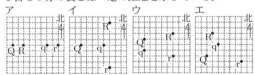

問8. 難　震央から地点Qまでの距離が100km，震央から地点Rまでの距離が185kmであったとき，震源の深さは何kmであったか。次のア～コから最も近いものを1つ選び，記号で答えよ。
ア. 5km　イ. 10km　ウ. 15km
エ. 20km　オ. 25km　カ. 30km
キ. 35km　ク. 40km　ケ. 45km
コ. 50km

## 2 電流と磁界，運動の規則性

次の各問いに答えよ。根号を含む値は，できるだけ簡単な形になおし，根号のまま答えること。

A. 図1は，糸を取り付けた磁石が鉄枠と引きあって，空中で静止しているようすを表している。また，図2は，図1で示した鉄枠，磁石，糸にはたらく力の一部を矢印で表している。ただし，矢印の長さは実際の力の大きさを表していない。また，糸の重さは考えないものとする。

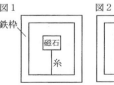
図1

図2

問1. 図2で表した力について，鉄枠にはたらく重力と

磁石にはたらく重力以外の力を書き加えると，どのようになるか。次のア〜エから1つ選び，記号で答えよ。

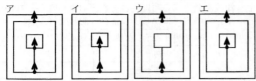

問2. **よく出る** 磁石にはたらく力がつり合っているとき，磁石にはたらく力の大きさにはどのような関係が成り立っているか。磁石にはたらく重力の大きさ$W_1$と，図2の①〜④の記号を用いて答えよ。

問3. 図2で示した力①〜④について，力の大きさはどのような関係になっているか。次のア〜クから当てはまる関係を1つ選び，記号で答えよ。
ア．①＝②＝③＝④　　イ．①＝②＞③＝④
ウ．①＝②＜③＝④　　エ．①＝②＞③＞④
オ．①＞②＞③＝④　　カ．①＞②＝③＝④
キ．①＞②＞③＞④　　ク．①＜②＜③＜④

B．図3は，アルミニウム製の2本のレールに平行になるように磁石を置き，レール上にアルミニウム製の金属棒Aを置いて，矢印の向きに電流を流したとき，金属棒Aにはたらく力の向きを示したものである。また，図4は，図3で示した装置全体を水平面から角度$a=30°$の状態に傾け，金属棒Aに，ある向きの電流を流し静止させたときのようすを示している。

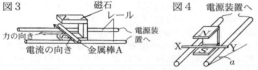

問4. **思考力** 図4のとき，金属棒Aに流れる電流の向きはどちら向きか。「XからYの向き」，または，「YからXの向き」のどちらかで答えよ。また，このとき，磁力と電流によって金属棒Aに生じる力は，金属棒Aの重さ$W_2$の何倍か。ただし，レールと金属棒Aとには摩擦力ははたらかないものとする。

問5. **思考力** 図5は，図4の磁石を水平に変えて横から見たときのようすを示している。この状態

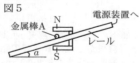

で金属棒Aが静止するように電流の大きさを調整した。このとき，磁力と電流によって金属棒Aに生じる力は，金属棒Aの重さ$W_2$の何倍か。ただし，レールと金属棒Aとには摩擦力ははたらかないものとする。

問6. **思考力** 図4の状態で，金属棒Aと同じ抵抗の大きさの金属棒Bを，図6で示した位置に置いて2本のレールに接続させた。金属棒Aはその後どう

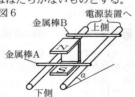

なるか。次のア〜オから1つ選び，記号で答えよ。
ア．静止したまま動かない。
イ．レールの上側に動く。
ウ．レールの下側に動く。
エ．はじめ，レールの下側に動き，続いてレールの上側に動く。
オ．はじめ，レールの上側に動き，続いてレールの下側に動く。

## 3 動物の体のつくりと働き

次の各問いに答えよ。
問1．だ液のはたらきによってデンプンが麦芽糖に分解されることを確かめるために，次の【実験1】を行った。
【実験1】
　図1に示すように，4本の試験管$A_1$〜$D_1$を用意し，試験管$A_1$と$B_1$には水でうすめただ液$2cm^3$を入れ，試験管$C_1$と$D_1$には水$2cm^3$を入れた。次に，試験管$A_1$と$C_1$にデンプン溶液$10cm^3$を入れ，試験管$B_1$と$D_1$に水$10cm^3$を入れ，それぞれ試験管を振り混ぜ

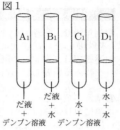

た。そして，4本の試験管を40℃の湯を入れたビーカーに入れ，10分間あたためた。
　10分後，試験管$A_1$〜$D_1$の溶液を別の試験管$A_2$〜$D_2$にそれぞれ$6cm^3$ずつ取り分けた。次に，図2と図3に示すように，試験管$A_1$〜$D_1$にはそれぞれヨウ素溶液を入れて，溶液の色の変化を調べた。また，試験管$A_2$〜$D_2$にはそれぞれベネジクト溶液と沸騰石を入れて加熱し，溶液の色の変化を調べた。結果はそれぞれ，表1のようになった。

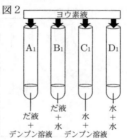 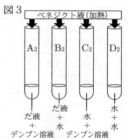

表1

| | 溶液の色の変化 |
|---|---|
| 試験管$A_1$ | 変化しなかった |
| 試験管$B_1$ | 変化しなかった |
| 試験管$C_1$ | 青紫色に変化した |
| 試験管$D_1$ | 変化しなかった |
| 試験管$A_2$ | 赤褐色に変化した |
| 試験管$B_2$ | 変化しなかった |
| 試験管$C_2$ | 変化しなかった |
| 試験管$D_2$ | 変化しなかった |

(1) この実験で，ベネジクト溶液は何のために用いたのか。簡潔に答えよ。
(2) 次の文章は，表1の結果をもとに考察を述べたものである。文章中の空欄ア〜カには$A_1$〜$D_1$，$A_2$〜$D_2$のどれが入るか，それぞれ答えよ。

> まず，試験管（ア）と試験管$D_1$の結果の比較から，溶液中にデンプンが含まれていないとヨウ素溶液の反応が起こらないこと，試験管（イ）と試験管$B_2$の結果の比較から，溶液中にデンプンが含まれていないとベネジクト溶液による反応が起こらないことがそれぞれわかる。次に，試験管（ウ）と試験管（エ）の結果の比較から，だ液によってデンプンが別の物質へ変化したこと，試験管（オ）と試験管（カ）の結果の比較から，だ液によってデンプンから麦芽糖ができたことがそれぞれわかる。

以上のことから，だ液のはたらきによってデンプンは麦芽糖へ分解されると考えられる。

問2．**基本** 図4は，デンプンがだ液などに含まれるアミラーゼという消化酵素によって麦芽糖に分解され，さらに麦芽糖が別の消化酵素Xによってブドウ糖に分解される流れを模式的に示したものである。

図4
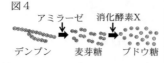

(1) だ液のほかに，アミラーゼが含まれている消化液を1つ答えよ。
(2) 消化酵素Xがはたらいている消化器官として正しいものを，次のア～オから1つ選び，記号で答えよ。
　ア．胃　　イ．肝臓　　ウ．すい臓
　エ．十二指腸　　オ．小腸

問3．デンプンは消化によってブドウ糖まで分解されたのち，小腸の内側の壁にある柔毛から吸収される。このことに関して，次のような仮説を立てた。

> ブドウ糖が柔毛から吸収されるのは，デンプンの分子に比べてブドウ糖の分子が非常に小さく，柔毛の表面を通り抜けることができるからである。よって，柔毛の表面を模したモデル実験を行えば，デンプンとブドウ糖の混合溶液からブドウ糖だけを取り出すことができる。

仮説が正しいかどうかを確かめるために，次の【実験2】を行った。

【実験2】
図5に示すように，表面に小さな穴が無数にあいたセロハンチューブの一方の端を糸でしばり，チューブ内にブドウ糖をとかしたデンプン溶液30 cm³を入れ，もう一方の端も糸でしばった。次に，水を入れた大型試験管にチューブを入れ，しばらくひたしておいた。

図5
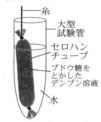

その後，別に用意した2本の試験管E，Fに，大型試験管の水をそれぞれ5 cm³ずつ入れた。そして，試験管Eにはヨウ素溶液を入れて溶液の色の変化を調べた。また，試験管Fにはベネジクト溶液と沸騰石を入れて加熱し，溶液の色の変化を調べた。

(1) **基本** この実験で用いたセロハンチューブの表面の穴は，どのような大きさの穴である必要があるか。簡潔に答えよ。
(2) **基本** 仮説が正しければ，試験管Eと試験管Fの溶液の色の変化について，どのような結果になると予想できるか。それぞれ答えよ。
(3) 結果を比較し考察するために，1つだけ条件を変えて対照実験を行いたい。図5に示したもののうち，変える条件を，次のア～ウから1つ選び，それをどう変えるかを簡潔に答えよ。
　ア．セロハンチューブ
　イ．ブドウ糖をとかしたデンプン溶液
　ウ．水

問4．ブドウ糖は小腸の内側の壁にある①柔毛から吸収された後，小腸内の毛細血管に運ばれ，血液中の血しょうにとけて運ばれる。また，毛細血管は合流しながら②静脈となり，肝臓へつながっている。③ブドウ糖は肝臓へ送られたあと，必要に応じて再び血しょうにとけて全身の細胞へ運ばれ，細胞呼吸のエネルギー源として使われている。

(1) 下線部①について，柔毛から吸収されたブドウ糖は何によって小腸内の毛細血管に運ばれているか，その名称を答えよ。
(2) 下線部②について，小腸と肝臓をつなぐ静脈について正しく述べたものを次のア～エから1つ選び，記号で答えよ。
　ア．二酸化炭素を多く含む血液が流れている。
　イ．動脈よりも壁が厚く弾力がある。
　ウ．途中でリンパ管と合流している。
　エ．ブドウ糖とともに小腸で吸収された脂肪を多く含む血液が流れている。
(3) 下線部③について，次の文は，肝臓のはたらきについて述べたものである。文中の（　　）に適する語句を答えよ。

> ブドウ糖の一部を（　　　　　　）ことによってたくわえ，必要に応じて再びブドウ糖にして，血液中に送り出している。

**4** 物質のすがた，化学変化と物質の質量，水溶液とイオン

次の各問いに答えよ。
白色の粉末A，B，Cがある。
粉末は砂糖，小麦粉，食塩，重曹（炭酸水素ナトリウム），チョーク（炭酸カルシウム）のいずれかをすりつぶしたものである。

粉末A，B，Cがそれぞれ何であるかを調べるために，次の実験1～実験5を行った。その結果をまとめたものが表1である。

実験1．粉末A，B，Cを薬さじで同じ量ずつとり，別々の試験管に加えた。それぞれの試験管に同じ量の蒸留水を入れ，よく振り混ぜて，粉末がとけるかどうかを調べた。
実験2．粉末A，Bの水溶液に緑色のBTB溶液を加え，色の変化を調べた。
実験3．ビーカーに入れた粉末A，Bの水溶液に電極を入れ，電流が流れるかどうか調べた。また，そのときの電極付近のようすを調べた。
実験4．図1のように，粉末A，B，Cをそれぞれ燃焼さじにのせ，ガスバーナーの炎で加熱した。また，火がついた場合は図2のように燃焼さじを石灰水を入れた集気びんに入れ，変化があるか調べた。

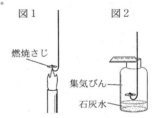

実験5．粉末A，B，Cを薬さじで少量ずつとり，別々の試験管に入れた後，こまごめピペットでうすい塩酸を加えた。気体が発生した場合は，その気体の性質を調べた。

表1

|  | 粉末A | 粉末B | 粉末C |
|---|---|---|---|
| 実験1 | とけた。 | とけた。 | とけなかった。 |
| 実験2 | 緑色であった。 | 緑色であった。 | ― |
| 実験3 | 電流が流れ，電極から気体が発生した。 | 電流は流れなかった。 | ― |
| 実験4 | パチパチと音をたてて粉末がとんだが，火はつかなかった。 | 火がついた。①集気びんの内側はくもり，②石灰水は白くにごった。燃焼さじには黒色の物質が残った。 | 火がつかなかった。 |
| 実験5 | 変化しなかった。 | 変化しなかった。 | 気体が発生し，石灰水に通すと白くにごった。 |

※「―」は実験を行っていないことを示す

問1．**よく出る** 粉末A，B，Cはそれぞれ何か。次のア～

オからそれぞれ選び，記号で答えよ。
ア．砂糖　　イ．小麦粉　　ウ．食塩
エ．重曹　　オ．チョーク

問2． 基本 粉末Aのように，水溶液に電流が流れる物質を何というか。漢字で答えよ。
　また，このような物質の水溶液の説明として正しくなるように，次の文章の空欄（あ）〜（お）にあてはまる適切な語句を答えよ。

> このような物質は，水に溶けると＋の電気を帯びた（あ）と－の電気を帯びた（い）に分かれる。この現象を（う）という。水溶液に電極を入れて電流を流すと，（あ）は（え）極に，（い）は（お）極に移動する。

問3． よく出る 実験3において，粉末Aをとかした水溶液に電流を流したときに，陽極から発生した気体の性質として正しいものを次のア〜クからすべて選び，記号で答えよ。
ア．無色である　　　　　　イ．黄緑色である
ウ．赤褐色である　　　　　エ．水にとけにくい
オ．水にとけやすい
カ．マッチの火を近づけると，音を立てて燃える
キ．火のついた線香を入れると，激しく燃える
ク．水溶液に赤インクを入れると，赤インクの色が消える

問4． よく出る 実験4の結果について，粉末Bが示した下線部①，②の結果は，それぞれどのような物質が発生したことによるものか，化学式で答えよ。

問5． 粉末Cに加えた塩酸の量と，発生する気体の体積との関係について調べるため，次の実験を行った。
【実験】
　粉末Cを1.0g用意し，うすい塩酸を加えて発生した気体の量をはかった。加えた塩酸の量と，発生した気体の体積の関係をグラフにしたものが図3である。
　【実験】の操作を，粉末Cの質量を2.0gに変更して行ったときに，得られる結果をグラフにしたものはどれか。次のア〜エから選び，記号で答えよ。

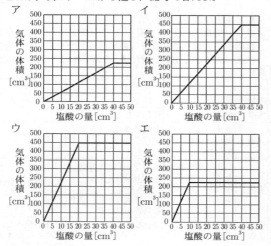

# 国立工業高等専門学校
# 国立商船高等専門学校
# 国立高等専門学校

時間 50分　満点 100点　解答 P41　2月16日実施

## 出題傾向と対策

●化学，地学各2題，物理，生物各1題，物理と生物の複合問題1題の計7題の出題。解答形式はマークシート方式であった。教科書の内容を超える出題も見られたが，問題文に沿って考えていけば解答できる。
●基本事項をしっかり理解したうえで，数多くの応用問題に取り組み，科学的思考力や論理的思考力を身につけておく必要がある。問題文中に条件やヒントが書かれているので，読解力も求められる。マークシート方式の問題に慣れるため，過去問研究も大切である。

## 1 電流

下の問1，問2に答えよ。
問1． けいこさんは，電気抵抗，電源装置とスイッチSを用意して電気回路を作った。この実験で使用するスイッチSは，回路を流れる電流が0.30 Aより大きくなると，自動的に開く仕組みを持っている。電源装置の電圧を3.0 Vにして，スイッチSを閉じてから，以下の実験1と実験2を行った。下の1，2に答えよ。　（各4点）
実験1．図1のように，抵抗値が2.0Ωの電気抵抗と抵抗Rを直列につなぎ，スイッチSが開くかどうかを実験した。抵抗Rの大きさは，3.0Ω，5.0Ω，7.0Ω，9.0Ωのどれかである。
実験2．図2のように，抵抗値が30Ωの電気抵抗と抵抗Rを並列につなぎ，スイッチSが開くかどうかを実験した。抵抗Rの大きさは，10Ω，20Ω，30Ω，40Ωのどれかである。

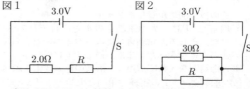

1．実験1において，抵抗Rの大きさについて，スイッチSが開く場合は○，開かない場合は×としたとき，正しい組み合わせを次のアからオの中から選べ。

|  | 3.0Ω | 5.0Ω | 7.0Ω | 9.0Ω |
|---|---|---|---|---|
| ア | ○ | ○ | ○ | ○ |
| イ | ○ | ○ | ○ | × |
| ウ | ○ | ○ | × | × |
| エ | ○ | × | × | × |
| オ | × | × | × | × |

2．実験2において，抵抗Rの大きさについて，スイッチSが開く場合は○，開かない場合は×としたとき，正しい組み合わせを次のアからオの中から選べ。

|  | 10Ω | 20Ω | 30Ω | 40Ω |
|---|---|---|---|---|
| ア | ○ | ○ | ○ | ○ |
| イ | ○ | ○ | ○ | × |
| ウ | ○ | ○ | × | × |
| エ | ○ | × | × | × |
| オ | × | × | × | × |

問2. ■基本■ かおりさんが留学している国では、コンセントから供給される電源の電圧が250 Vである。かおりさんは留学先の家庭で、消費電力が1500 Wのエアコン、1250 Wの電子レンジ、750 Wの掃除機を使用する。かおりさんの過ごす部屋では、電流の合計が10 Aより大きくなると、安全のために電源が遮断され、電気器具が使えなくなる。次の1、2に答えよ。

1. 電力について、正しく述べている文を、次のアからオの中から2つ選べ。　　　　　　　　　　(3点)
　ア．電力は、1秒間に消費された電気エネルギーに、使用時間をかけたものを表す。
　イ．電力は、1秒間あたりに消費される電気エネルギーを表す。
　ウ．電力の大きさは、電気器具にかかる電圧と流れる電流の大きさの和で表される。
　エ．電力の大きさは、電気器具にかかる電圧と流れる電流の大きさの積で表される。
　オ．電力の大きさは、電気器具を流れる電流が一定のとき、かかる電圧の大きさに反比例する。

2. 次の①から④について、かおりさんの過ごす部屋で使うことができる場合は〇、使うことができない場合は×と記せ。　　　　　　　　　　(4点)
　① エアコンと電子レンジを同時に使用する。
　② エアコンと掃除機を同時に使用する。
　③ 電子レンジと掃除機を同時に使用する。
　④ エアコンと電子レンジと掃除機を同時に使用する。

## 2 動物の体のつくりと働き

消化について次の実験を行った。下の問1から問3に答えよ。

実験．
① 試験管A、Bを用意し、表のように溶液を入れて40℃で10分間保った。
② それぞれの試験管から溶液をとり、試薬を用いてデンプンとデンプンの分解物(デンプンが分解されてできたもの)の有無を調べた。

| 試験管 | 溶　液 | 試薬X | 試薬Y |
|---|---|---|---|
| A | 1％デンプン溶液2mL＋水2mL | × | 〇 |
| B | 1％デンプン溶液2mL＋だ液2mL | 〇 | × |

〇：反応あり、×：反応なし

問1. この実験に関連して、正しいことを述べている文を次のアからカの中から2つ選べ。　　(3点)
　ア．試薬Xはヨウ素液である。
　イ．試験管Aにはデンプンの分解物が含まれていた。
　ウ．だ液に含まれる消化酵素は温度が高くなるほどよくはたらく。
　エ．だ液に含まれる消化酵素をリパーゼという。
　オ．だ液に含まれる消化酵素と同じはたらきをする消化酵素は、すい液にも含まれている。
　カ．デンプンの最終分解物は小腸で吸収されて毛細血管に入る。

問2. この実験について、友人と次のような会話をした。空欄(1)、(2)にあてはまる文として適当なものを、あとのアからエの中からそれぞれ選べ。　(3点)
　友　人「この実験からいえることは、40℃にすると、だ液がデンプンの分解物に変化する、ということ？」
　わたし「それは違うと思うな。こういう実験をすればはっきりするよ。
　　　新しい試験管に( 1 )を入れて40℃で10分間保った後、試験管の液にデンプンとデンプンの分解物があるかを調べよう。( 2 )、だ液がデンプンの分解物に変化したのではない、といえるよね。」

(1)の選択肢
　ア．1％デンプン溶液4 mL
　イ．だ液2 mLと1％ブドウ糖水溶液2 mL
　ウ．だ液2 mLと水2 mL
　エ．水4 mL

(2)の選択肢
　ア．デンプンが検出されれば
　イ．デンプンが検出されなければ
　ウ．デンプンの分解物が検出されれば
　エ．デンプンの分解物が検出されなければ

問3. ■基本■ 図はヒトの体内の器官の一部を模式的に表したものである。下の1から3にあてはまる器官を図中のアからクの中からそれぞれ選べ。なお、同じ選択肢を選んでもよい。(各2点)
1. ペプシンを含む酸性の消化液を出す器官
2. 消化酵素を含まないが、脂肪の消化を助ける液を出す器官
3. ブドウ糖をグリコーゲンに変えて蓄える器官

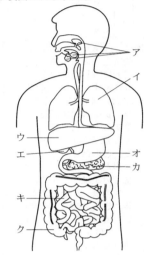

## 3 光と音、動物の体のつくりと働き

図1はヒトの目のつくり、図2はヒトの耳のつくりを表している。ヒトの感覚器官と、それに関連する実験について、下の問1から問4に答えよ。

図1　　　図2

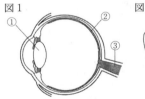 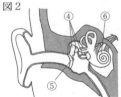

問1. ■よく出る■ ①から⑥のそれぞれの部位の名称を、次のアからクの中から選べ。　　(4点)
　ア．うずまき管　　イ．ガラス体
　ウ．虹彩　　　　　エ．鼓膜
　オ．耳小骨　　　　カ．神経
　キ．網膜　　　　　ク．レンズ(水晶体)

問2. 図3のように装置を配置すると、スクリーンに像が映った。厚紙には矢印の形の穴が空いており、電球の光を通すようになっている。図1の①から③に対応するものは、図3の中のどれか。次のアからカの中から選べ。　(各1点)
　ア．電球　　　　イ．厚紙
　ウ．凸レンズ　　エ．スクリーン
　オ．光学台　　　カ．対応するものはない

図3
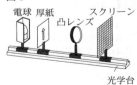

問3. 目の構造は, 図4のようにしばしばカメラの構造に例えられる。物がはっきり映るために, カメラと目のピントを調整する仕組みとして, 正しい組み合わせを次のアからエの中から選べ。 (2点)

図4
カメラ
目

| | カメラのピント調整 | 目のピント調整 |
|---|---|---|
| ア | レンズの位置を前後させる | レンズの位置を前後させる |
| イ | レンズの位置を前後させる | レンズの焦点距離を変える |
| ウ | レンズの焦点距離を変える | レンズの位置を前後させる |
| エ | レンズの焦点距離を変える | レンズの焦点距離を変える |

問4. 思考力 図3の装置と光の進み方を模式的に表したものを図5に示す。凸レンズの左側に矢印(PQ)があり, レンズの位置を調整すると, スクリーン上に像(P′Q′)が映った。このとき, 点Qから出た光は点Q′に集まっている。$a$はレンズから矢印までの距離を, $b$はレンズから像までの距離を, $f$はレンズの焦点距離を表す。この関係から焦点距離$f$を求めるとき, 次の文の空欄(1)から(5)にあてはまるものとして適当なものを, 各選択肢の中から選べ。

図5
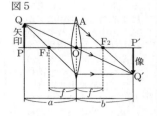

△PQOと△P′Q′Oは, 互いに( 1 )の関係にあり, 映った像P′Q′は( 2 )である。PQ:P′Q′は( 3 )である。同様に, △P′Q′F₂と△OAF₂は, 互いに( 1 )の関係にあり, OA:P′Q′は( 4 )である。PQ=OAより, ( 3 )=( 4 )である。これより$f$=( 5 )が言える。

( 1 )( 2 )の選択肢 (各1点)
　ア. 実像　　イ. 虚像　　ウ. 焦点
　エ. 合同　　オ. 相似

( 3 )の選択肢 (2点)
　ア. $a:b$　　イ. $b:a$　　ウ. $a:f$
　エ. $f:a$　　オ. $b:f$　　カ. $f:b$

( 4 )の選択肢 (2点)
　ア. $a:b$　　　　　　イ. $b:a$
　ウ. $(a-f):f$　　　　エ. $f:(a-f)$
　オ. $f:(b-f)$　　　　カ. $(b-f):f$

( 5 )の選択肢 (2点)
　ア. $\dfrac{ab}{a+b}$　　イ. $\dfrac{a^2}{a+b}$
　ウ. $\dfrac{b^2}{a+b}$　　エ. $\dfrac{ab}{a-b}$
　オ. $\dfrac{a^2}{a-b}$　　カ. $\dfrac{b^2}{a-b}$

## 4 火山と地震

ある日に大きな地震が発生し, 震源から数百kmの範囲で地震の揺れが観測された。次の図1の地点Aから地点Dではこの地震による地震波を観測した。図1に示された範囲内は全て同じ標高で, 点線は10kmおきにひいてある。この地震で, 地震波であるP波の速さは6.0 km/s, S波の速さは4.0 km/s, 震源の深さ(震源から震央までの距離)は30 kmであった。地震波が到達するまでの時間と震源からの距離の関係を図2に, 地震発生から地震波が各地点に到達するまでの時間と震央からの距離をその下の表に示した。後の問1から問4に答えよ。

図1
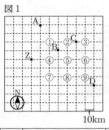
10km

図2
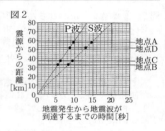
地震発生から地震波が到達するまでの時間[秒]

| 地点 | 震央からの距離[km] | P波の到達時間[秒] | S波の到達時間[秒] |
|---|---|---|---|
| A | 50.0 | 9.7 | 14.6 |
| B | 14.1 | 5.5 | 8.3 |
| C | 22.4 | 6.2 | 9.4 |
| D | 42.4 | 8.7 | 13.0 |

問1. 基本 震源から60 kmの地点で大きな揺れ(主要動)が観測されるのは地震発生から何秒後か答えよ。 (3点)
　アイ 秒後

問2. この地震の震央は図1の地点①から地点⑨のどこであると考えられるか。最も適当な地点を選べ。 (3点)

問3. 図1の地点Zは震源から何kmの地点に位置するか整数で答えよ。 (3点)
　アイ km

問4. よく出る この地震による揺れを地点Zで観測したとすると, 初期微動継続時間は何秒であるか。次のアからカの中から最も適当なものを選べ。 (3点)
　ア. 2.5秒　　イ. 3.3秒　　ウ. 4.2秒
　エ. 6.6秒　　オ. 10.0秒　　カ. 12.5秒

## 5 酸・アルカリとイオン

花子さんは, 所属する化学クラブで中和に関する実験を行った。まず, AからEの5個のビーカーを準備し, ある濃度のうすい塩酸(以後, 塩酸aと呼ぶ)と, ある濃度のうすい水酸化ナトリウム水溶液(以後, 水酸化ナトリウム水溶液bと呼ぶ)を, それぞれ別々の割合で混合した。その後, 実験1および実験2を行ったところ, 表に示すような結果になった。下の問1から問4に答えよ。

実験1. 各ビーカーの水溶液をそれぞれ試験管に少量とり, フェノールフタレイン溶液を加えて色の変化を調べた。

実験2. 各ビーカーの水溶液をそれぞれガラス棒に付けて少量とり, 青色リトマス紙に付けて色の変化を調べた。

| ビーカー | A | B | C | D | E |
|---|---|---|---|---|---|
| 塩酸aの体積[cm³] | 10 | 12 | 14 | 16 | 18 |
| 水酸化ナトリウム水溶液bの体積[cm³] | 30 | 30 | 30 | 30 | 30 |
| 実験1の結果 | 赤色 | 無色 | 無色 | 無色 | 無色 |
| 実験2の結果 | 変化なし | 変化なし | 赤色 | 赤色 | 赤色 |

問1. Eのビーカーの水溶液に亜鉛板を入れたとき, 発生する気体を次のアからオの中から選べ。 (2点)
　ア. 酸素　　　　　イ. 塩素
　ウ. 水素　　　　　エ. 二酸化炭素
　オ. 窒素

問2. 基本 Aのビーカーの水溶液を試験管に少量とり, 緑色のBTB溶液を加えると何色に変化するか, 次のアからオの中から選べ。 (2点)
　ア. 無色　　　　　イ. 青色
　ウ. 緑色のまま　　エ. 黄色
　オ. 赤色

問3．AからEの5個のビーカーに，実験1，実験2を行う前の混合溶液を再度用意し，それらをすべて混ぜ合わせた。その後，この溶液を中和して中性にした。このとき，何の水溶液を何cm³加えたか，次のアからカの中から選べ。　(4点)
ア．塩酸aを12 cm³
イ．塩酸aを25 cm³
ウ．塩酸aを30 cm³
エ．水酸化ナトリウム水溶液bを12 cm³
オ．水酸化ナトリウム水溶液bを25 cm³
カ．水酸化ナトリウム水溶液bを30 cm³

問4．**よく出る**　酸とアルカリの中和において，イオンの数の変化を考える。例えば100個の水素イオンと70個の水酸化物イオンが混合されると，70個の水酸化物イオンはすべて反応し70個の水分子ができ，30個の水素イオンは未反応のまま残ることになる。
　　6 cm³の塩酸aを新たなビーカーにとり，このビーカーに25 cm³の水酸化ナトリウム水溶液bを少しずつ加えた。このときの水溶液中の①ナトリウムイオン，②塩化物イオン，③水酸化物イオンの数の変化を示したグラフとして適切なものを，次のアからカの中からそれぞれ選べ。
(各2点)

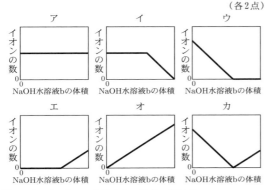

### 6 物質の成り立ち，化学変化と物質の質量

図のような実験装置を用いて酸化銀1.00 gを十分に加熱したところ，酸化銀が変化するようすが観察された。
同様の実験を酸化銀2.00 g, 3.00 g, 4.00 g, 5.00 gについても行い，加熱前の皿全体の質量と加熱後の皿全体の質量とを測定したところ，表に示すような結果になった。下の問1から問5に答えよ。

| 酸化銀の質量[g] | 1.00 | 2.00 | 3.00 | 4.00 | 5.00 |
|---|---|---|---|---|---|
| 加熱前の皿全体の質量[g] | 13.56 | 14.55 | 15.58 | 16.54 | 17.53 |
| 加熱後の皿全体の質量[g] | 13.49 | 14.41 | 15.37 | 16.26 | 17.18 |

問1．**基本**　次の文は酸化銀が変化するようすを表したものである。（　1　），（　2　）にあてはまる色として最も適当なものを下のアからオの中から選べ。　(2点)
　　酸化銀を加熱すると固体の色は（　1　）色から（　2　）色に変化した。
ア．青　　イ．赤　　ウ．緑
エ．黒　　オ．白

問2．**基本**　酸化銀を加熱すると，銀と酸素に分解することが知られている。この化学変化を次の化学反応式で表した。（　a　）から（　c　）にあてはまる数字をそれぞれ選べ。なお，この問題では「1」と判断した場合には省略せずに「1」を選ぶこと。　(3点)
　　（ a ）Ag₂O → （ b ）Ag+（ c ）O₂

問3．ステンレス皿の上に残った固体は，一見すると銀には見えない。そこで，この固体が金属であることを調べたい。調べる方法とその結果として適切なものを，次のアからオの中から3つ選べ。　(3点)
ア．ステンレス製薬さじのはらで残った固体をこすると，きらきらとした光沢が現れる。
イ．残った固体に磁石を近づけると引き寄せられる。
ウ．残った固体をたたくとうすく広がり，板状になる。
エ．残った固体を電池と豆電球でつくった回路にはさむと，豆電球が点灯する。
オ．残った固体を水に入れると，よく溶ける。

問4．酸化銀1.00 gを十分に加熱したときに発生した酸素の質量の値を表をもとに求めよ。　(3点)
　　ア．イウ　g

問5．**よく出る**　酸化銀6.00 gを十分に加熱したときに生成する銀の質量の値を表をもとに推定して求めよ。(3点)
　　ア．イウ　g

### 7 天気の変化，太陽系と恒星

次の文章は「ハビタブルゾーン」について説明したものである。下の問1から問4に答えよ。
地球のように，生命が生存することが可能な領域を「ハビタブルゾーン」と呼ぶ。生命が生存するためには，液体の水が存在することが必要である。惑星に液体の水が存在するための条件の一つに，A恒星からの距離が挙げられる。恒星である太陽からの距離が近すぎず，遠すぎず，B太陽からのエネルギーによりあたためられる惑星の温度が適当であることが必要である。また，C惑星の大気による気圧や温室効果の度合いなども関連していると考えられている。液体の水が存在する地球では，水蒸気，水，氷と状態を変えながら，D水は地球中を循環し，移動している。

問1．**思考力**　下線部Aに関連して，次の図1と図2を参考にして，火星が受け取るエネルギー量を試算したい。図1は，太陽からの距離と照らされる面積の関係を，図2は，太陽から光を受ける面の大きさと光を受ける火星の関係を模式的に表した。以下の文中の空欄（1）から（4）にあてはまる数値はいくらか。下のアからシの中からそれぞれ選べ。　(各2点)

図1　　　図2

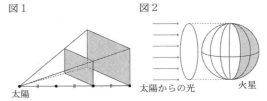

太陽　　　　　　　　太陽からの光　火星

太陽から火星までの距離は，太陽から地球までの距離の1.5倍である。太陽光線は太陽から四方八方に均等に放たれ，途中で無くなることはないものとする。
図1より，太陽からの距離が1.5倍離れると，（　1　）倍の面積を照らすようになり，単位面積あたりの光のエネルギー量は約（　2　）倍になる。
また，火星の半径は地球の半分であるため，図2より火星が太陽からの光を受ける面は地球の約（　3　）倍になる。
以上より，火星全体が受け取るエネルギー量は，地球の約（　4　）倍になる。

ア．$\dfrac{1}{9}$　　イ．$\dfrac{4}{9}$　　ウ．$\dfrac{1}{6}$
エ．$\dfrac{1}{4}$　　オ．$\dfrac{9}{4}$　　カ．$\dfrac{2}{3}$
キ．$\dfrac{1}{2}$　　ク．$\dfrac{3}{2}$　　ケ．2
コ．4　　サ．6　　シ．9

問2.　基本　下線部Bに関連して，太陽から地球へのエネルギーの伝わり方について，その名称と特徴として正しいものはどれか。次のアからカの中からそれぞれ選べ。　　　　　　　　　　　　　　　　　(2点)
【名称】ア．対流　イ．放射　ウ．伝導
【特徴】エ．接触している物質間でエネルギーが移動する
　　　　オ．物質の移動に伴いエネルギーが移動する
　　　　カ．接触していない物質間でエネルギーが移動する

問3．下線部Cに関連して，太陽系の惑星の大気や表面の特徴について説明した文として，波線部に誤りを含むものはどれか。次のアからエの中から選べ。(2点)
ア．水星の大気はほとんど存在しないため，昼夜の温度差が大きい。
イ．金星の大気は主に二酸化炭素から構成されており，温室効果が大きい。
ウ．火星の大気は地球同様，窒素と酸素から構成されている。
エ．木星の表面は気体でおおわれており，大気の動きがうず模様として観測できる。

問4．下線部Dに関連して，水の移動について考える。乾いた平面に，ある一度の降雨により水たまりが生じた。この際の水の移動を図3に模式的に表した。平面に降った水量をR，平面から蒸発した水量をE，水たまりの水量をP，水たまりに入らず平面に残った水量をF，平面から地下に浸透した水量をGとする。なお，図中の矢印は水の移動における出入りを表し，矢印以外に水の移動はないものとする。下の1，2に答えよ。　　　　　　　　　　　　　　　(各2点)

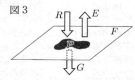
図3

1．水の移動について考えると，Pはどのように表されるか。次のアからエの中から選べ。
　ア．$P = R + E + F + G$
　イ．$P = -R + E + F + G$
　ウ．$P = R + E - F - G$
　エ．$P = R - E - F - G$

2．この降雨で100 m²の地面に5 mmの降水があり，そのうち10％分が地中に浸透した。浸透した水の量は何Lか。次のアからクの中から選べ。
　ア．10 L　　イ．45 L　　ウ．50 L
　エ．55 L　　オ．100 L　　カ．450 L
　キ．500 L　　ク．550 L

# 愛光高等学校

時間 60分　満点 100点　解答 p42　1月18日実施

### 出題傾向と対策

● 物理，化学，生物各2題，地学1題の計7題の出題であった。解答形式は選択式よりも記述式が多かった。各分野とも科学的思考力や論理的思考力を必要とする問題が中心で，教科書の範囲を超える出題も見られたが，問題文に沿って考えていけば解答できる。

● 基本事項をじゅうぶんに理解したうえで，数多くの過去問や応用問題に取り組み，科学的思考力や論理的思考力を身につけておく必要がある。問題文中に条件やヒントが書かれているので，読解力も求められる。

## 1　植物の体のつくりと働き，生物の成長と殖え方，遺伝の規則性と遺伝子

次の文章を読み，下の問いに答えよ。

被子植物の増殖方法には，①種子を用いて新たな個体を作る方法と，②種子を用いずに新たな個体を作る方法がある。それぞれの増殖方法には，前者では花を咲かせる必要があるが，後者では花を咲かせる必要がないという根本的な違いがある。また，それぞれに利点と欠点があり，結果として植物は状況に応じた有利な方法で増殖していると考えられる。

ところで，花には③完全花と不完全花の2種類があり，完全花は花の構造がすべてそろっているのに対し，不完全花は花の構造のうちのいずれかが不足している。例えば，農作物として栽培されているウリ科の雄花は（　④　）をもたず，イネの花は花びらをもたない。これまでは品種改良を行う上で，⑤完全花は不完全花より手間がかかっていた。しかし，ある研究グループは⑥もともと花粉のできないナタネを使い，ゲノム編集技術を用いて遺伝子Xを働かなくすると，正常に機能する花粉ができるようになることを確認した。このように，ゲノム編集技術で遺伝子の働きをコントロールできれば，⑦完全花でも簡単に品種改良ができるようになると考えられる。

(1) 被子植物の増殖方法としての下線部①・②を比較したとき，それぞれの利点として挙げられるものを，次の(ア)～(カ)から2つずつ選び，記号で答えよ。
 (ア) 親個体と全く同じ形の子個体を生じる
 (イ) 減数分裂をせずに増殖する
 (ウ) 環境の変化に適応できる可能性がある
 (エ) 一般に初期の成長速度が速い
 (オ) 親個体よりも必ず優れた形質をもつ
 (カ) 一般に乾燥や寒さに強い

(2) 基本　下線部③で，完全花の構造は中心部からどのような順に構成されているか。次の花の構造(ア)～(エ)を正しく並べよ。
 (ア) おしべ　　(イ) がく
 (ウ) 花びら　　(エ) めしべ

(3) ④に入る花の構造は何か。(2)の(ア)～(エ)から1つ選び，記号で答えよ。

(4) 下線部⑤の原因として最も適当なものを次の(ア)～(エ)から1つ選び，記号で答えよ。
 (ア) 人工受粉　　(イ) 自家受粉
 (ウ) 無性生殖　　(エ) 有性生殖

(5) 下線部⑥のナタネが，花粉を作ることができない理由を次の(ア)～(エ)から1つ選び，記号で答えよ。
 (ア) 花粉を作る遺伝子をもともともっていない。
 (イ) 花粉を作る遺伝子が突然変異し，正常に機能していない。
 (ウ) 遺伝子Xが働くことで，花粉を作る遺伝子の働きが抑制されている。
 (エ) 遺伝子Xが働くことで，花粉を作る遺伝子の働きが促進されている。

(6) 下線部⑦について，完全花を咲かせる植物で効率的に品種改良を行いたい。そのときに，ゲノム編集技術を用いて作成すべき有効な特徴をもつ植物は何か。次の(ア)～(エ)から1つ選び，記号で答えよ。
 (ア) 子房を作らない植物
 (イ) 花粉を作らない植物
 (ウ) がくを作らない植物
 (エ) 花びらを作らない植物

## 2　動物の体のつくりと働き，動物の仲間

ヒトの体温調節に関する次の文章を読み，下の問いに答えよ。

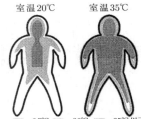

室温20℃と35℃における体内温度の分布

ヒトの身体の温度は内部の核心部と表面の外郭部で異なっており，異なる室温で体温を測定すると，右図のようになった。ヒトの体温はほぼ37℃になるように調節されているが，これは体内で発生する熱と体から逃げていく熱とのバランスをうまくとっているからである。例えば，外気温が25℃の環境でランニングをすると，筋肉で発生した熱が体から全く逃げていかなければ30分ほどで体温は40℃を超えてしまうが，実際の体温は1℃程度しか上昇しない。これは，体内で発生した熱を体の表面から放熱できたからである。

体の表面からの放熱方法には，①外気温度が皮膚温度よりも低い場合に有効な方法と，②外気湿度が低い場合に有効な方法がある。

(1) 基本　ヒトのように，体温をほぼ一定に保つことのできる動物を何と呼ぶか。漢字で答えよ。

(2) 体温をほぼ一定に保つことのできるセキツイ動物に共通している心臓のつくりを，次の(ア)～(エ)から1つ選び，記号で答えよ。
 (ア) 一心房一心室　　(イ) 二心房一心室
 (ウ) 一心房二心室　　(エ) 二心房二心室

(3) ヒトで体温が一定に保たれているところはどこか。文章中から3文字で抜き出して答えよ。

(4) 下線部①の方法で放熱するとき，体でどのような変化が起これば効果的か。次の(ア)～(エ)から1つ選び，記号で答えよ。
 (ア) 体の表面の血管を収縮させ，皮膚血流を増加させる。
 (イ) 体の表面の血管を拡張させ，皮膚血流を増加させる。
 (ウ) 体の表面の血管を収縮させ，皮膚血流を減少させる。

(エ) 体の表面の血管を拡張させ，皮膚血流を減少させる。
(5) 下線部②の方法で放熱するときに効果的だと考えられるものを，次の(ア)〜(オ)からすべて選び，記号で答えよ。
(ア) 汗をかいたら，自然に乾くまで放っておく。
(イ) 汗をかいたら，乾燥したタオルで直ぐにふき取る。
(ウ) 適度に塩分を補給する。
(エ) 乾きやすい素材の服を着る。
(オ) 白い帽子を深くかぶる。

## 3 火山と地震, 日本の気象

自然災害に関する次の文章を読み，下の問いに答えよ。
①火山活動や気象現象は，地球上の生物に対して多くの恵みをもたらす一方で，災害を引き起こすことがある。火山が噴火するときに，②火口から放出される火山灰や火山弾などが広い範囲に降りそそぐことで，公共交通機関や家屋などに被害がもたらされることがある。③台風や集中豪雨は洪水や土砂災害を引き起こし，家屋の損壊や浸水，場合によっては人的被害をもたらすこともある。また，地震活動は，④津波や土地の隆起・沈降，□□□などを引き起こす可能性がある。これらの災害から人身を守るために，気象庁をはじめとした行政機関は，⑤緊急地震速報などの警戒情報の発信を行っている。

(1) **基本** 文章中の空欄□□□に入る，『地震動により，水分を多く含む土壌で地面がやわらかくなる現象』を示す語を漢字で答えよ。
(2) 下線部①に関連して，次の現象と人類への恵みについて述べた文のうち，誤っているものを(ア)〜(エ)から1つ選び，記号で答えよ。
(ア) 山が沈降することによって形成されたリアス海岸では，複雑な地形を活かした魚介類の養殖が行われている。
(イ) 火山付近では，地下のマグマの熱でつくられた水蒸気によって，バイオマス発電が活発に行われている。
(ウ) 川の氾濫によって運ばれた土砂によって，人の住みやすい肥沃な平野がつくられる。
(エ) 台風がもたらす大量の雨によって，渇水状態のダムの水量が回復することもある。
(3) **基本** 下線部②の総称を何と呼ぶか。漢字で答えよ。
(4) **よく出る** 下線部③に関連して，次の文章は台風について説明したものである。文章中の X ， Y に当てはまる語をそれぞれ漢字で答えよ。

低緯度地域において発生した X 低気圧があたたかい海上で発達することで，一定以上の平均風速の領域を持つようになると，台風と呼ばれるようになる。夏から秋にかけて日本の上空を流れる Y の影響によって，台風はこの季節に日本に上陸しやすい。台風の発達には，あたたかい海面から供給される水蒸気が必要なため，上陸して水蒸気の供給が少なくなると勢力を弱めていくこととなる。

(5) 下線部④について述べた文のうち，誤っているものを(ア)〜(エ)から1つ選び，記号で答えよ。
(ア) 津波は海水の表面付近のみが動く現象であり，伝わる速度が速い。
(イ) 津波は非常に大きなエネルギーを持っており，数千km以上先まで伝わることがある。
(ウ) 土地の隆起・沈降は，海溝型地震と内陸型地震のどちらにおいても発生することがある。
(エ) 土地の隆起・沈降は，地震が発生する瞬間以外にも生じていることがある。
(6) 下線部⑤について述べた次の文章中の下線部(ア)〜(エ)から，誤りが含まれているものを1つ選び，記号で答えよ。
緊急地震速報は，(ア)地震の発生後に主要動の到達時刻や震度を予想し，可能な限り早く知らせる情報のことである。これは，(イ)初期微動と主要動の揺れの大きさの差を利用しており，(ウ)震源に近い地震計で初期微動と主要動を観測することによって予測を行い，テレビや携帯電話などのメディアを用いて情報を拡散している。(エ)S波はP波より遅いため，多くの地点では主要動が到達する前に情報を伝えることが可能であるものの，情報を受け取るのが主要動到達の直前になってしまう地点もある。それでも，揺れに備えるための有効な情報として広く活用されている。
(7) 火山災害や土砂災害などによる人的被害を減らすために，各市町村では被害の恐れのある地域や，避難に関する情報を示した災害予測図を作成している。この図の一般的な名称をカタカナで答えよ。
(8) 広範囲に降った雨水が河川に集まり，急激な増水が生じることで，洪水は発生する。流域面積（降水が河川へと流れる面積）が400 km²である河川の全域で1時間当たりの降水量が4 mmの雨が3時間降り注ぎ，地面に吸収されることなく河川に流れ込むとすると，この降水によって増える水量は何Lか。

## 4 酸・アルカリとイオン

水溶液に含まれているイオンと水溶液の性質との関係を調べるため，ある濃度の硝酸と水酸化カリウム水溶液を用いて，次のような操作で実験を行った。この実験について，下の問いに答えよ。

【操作1】 硝酸に水酸化カリウム水溶液を表のような条件で加えて，水溶液A〜Eをつくった。

| 水溶液 | A | B | C | D | E |
|---|---|---|---|---|---|
| 硝酸 [mL] | 10 | 10 | 10 | 10 | 10 |
| 水酸化カリウム水溶液 [mL] | 2 | 4 | 6 | 8 | 10 |

【操作2】 水道水をしみこませたろ紙の上に赤色リトマス紙a，bと青色リトマス紙c，dを図のように置き，ろ紙の両端を金属クリップで挟み，電源装置をつないだ。ろ紙の中央

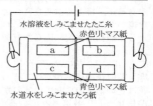

に水溶液Aをしみこませたたこ糸を置き，リトマス紙a〜dがどのように変色するかを確認した。水溶液B〜Eについても，同様に実験を行った。

【操作2の結果】 水溶液A，Bを用いた場合と，水溶液C，D，Eを用いた場合で，それぞれ同じリトマス紙が変色した。

(1) 硝酸と水酸化カリウム水溶液の反応を化学反応式で表せ。
(2) **よく出る** 水溶液Eをつくる際，硝酸に加えた水酸化カリウム水溶液の体積と水溶液中の水素イオンの数との関係を示すグラフのおおよその形として，最も適当なものを(ア)〜(ク)から1つ選び，記号で答えよ。

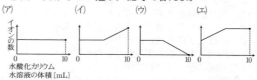

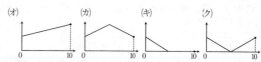

(3) **よく出る** 水溶液Eをつくる際，硝酸に加えた水酸化カリウム水溶液の体積と水溶液中のイオンの総数との関

係を示すグラフのおおよその形として，最も適当なものを(2)の選択肢(ア)～(ク)から1つ選び，記号で答えよ。
(4) この実験において，『水素イオンと水酸化物イオン以外のイオンはリトマス紙の色の変化に影響を与えない』ということを確認したい。【操作2】と同様の方法でこれを確認するためには，たこ糸に何の水溶液をしみこませればよいか。物質名で答えよ。
(5) 【操作2】を行った結果，変色したリトマス紙はどれか。水溶液A，Bを用いた場合と，水溶液C，D，Eを用いた場合について，図のリトマス紙a～dからすべて選び，記号で答えよ。
(6) 10 mLの水溶液Aと5 mLの水溶液Eを混合し，水溶液Fをつくった。水溶液Fを用いて【操作2】を行ったとき，変色したリトマス紙はどれか。図のリトマス紙a～dからすべて選び，記号で答えよ。

## 5 化学変化

次の文章を読み，下の問いに答えよ。
西暦1800年前後にイギリスで産業革命が起こって以来，人類のエネルギー消費量は増加の一途をたどることとなった。そのエネルギーの供給源は主に化石燃料であり，化学的には，化石燃料に含まれる多量の有機化合物(炭素化合物)の燃焼によって得られる熱エネルギーを取り出して利用している。
ところで，炭素(C)を空気中で完全燃焼する際の化学反応式は，
| 化学反応式 |
と表される。また，炭素1gの完全燃焼から生じる熱エネルギーは33 kJである。ここで，水1gの温度を1℃上昇させるのに必要な熱エネルギーは4.2 J，水の密度は1 g/cm³であるから，この33 kJの熱エネルギーで水1Lの温度を理論上 ア ℃上昇させることが可能である。
さて，一般の家庭などで広く普及しているガス燃料としては，プロパンガスが挙げられる。プロパンは，主に石油から得られる有機化合物のひとつで，その化学式は$C_3H_8$である。プロパンを空気中で完全燃焼させると，プロパンガス1Lあたり100 kJの熱エネルギーが生じる。プロパンガスは，その燃焼時の発熱量が大きいことから，風呂釜や湯沸かし器などの燃料としてよく用いられている。
(1) [基本] 文章中の空欄 化学反応式 にあてはまる化学反応式を書け。
(2) 文章中の空欄 ア にあてはまる数値を答えよ。ただし，小数点以下が出るときは，四捨五入して整数値で答えよ。
(3) 文章中の下線部の化学反応式を書け。
(4) ある家庭のお風呂に，水温22℃の水190 Lをはり，プロパンガスを燃料にしてお湯を沸かしたが少し熱すぎたので，水温22℃の水10 Lを加えてお湯の温度が42℃になるように調節した。このとき，プロパンガスは何L使われたか。ただし，この風呂釜では，燃焼したプロパンガスから生じる熱エネルギーの70％が水に吸収され，吸収された熱量はすべて水の温度上昇に使われるものとする。なお，小数点以下が出るときは，四捨五入して整数値で答えよ。
(5) ある家庭用のガス湯沸かし器は，プロパンガスを燃焼して22℃の水を76℃のお湯にすることができる。できたお湯は，図に示すように，蛇口部分で水と混合することにより温度を調節して使われ

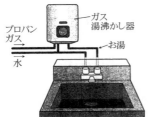

る。いま，お湯と水の両方の蛇口を開けて40℃のぬるま湯が毎秒120 cm³の量で流れ出るように調整した。このとき，蛇口で混合する水の量は毎秒何cm³か。また，この湯沸かし器では，毎分何Lのプロパンガスが消費されるか。ただし，水の温度は22℃とし，この湯沸かし器では燃焼したプロパンガスから生じる熱エネルギーの81％が水に吸収され，吸収された熱量はすべて水の温度上昇に使われるものとする。なお，小数点以下が出るときは，四捨五入して整数値で答えよ。

## 6 電流 [思考力]

6 Vの電池と10 Ωの抵抗$R_1$～$R_7$を図のように接続した。図の端子aは，端子b～dのいずれかひとつと接続することができる。次の問いに答えよ。

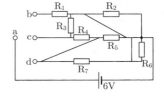

(1) 端子aを端子bと接続したとき，抵抗$R_1$，$R_2$を流れる電流はそれぞれ何Aか。
(2) 端子aを端子cと接続したとき，回路全体の合成抵抗は何Ωか。また，回路全体の消費電力は何Wか。
(3) 端子aを端子b～dのどの端子と接続しても電流が流れない抵抗がある。その抵抗は$R_1$～$R_7$のどれか。ただし，答えが複数ある場合はすべて答えよ。
(4) 抵抗$R_5$の消費電力が最も大きくなるのは，端子aを端子b～dのどの端子と接続したときか。また，その消費電力は何Wか。

## 7 物質のすがた，力と圧力，運動の規則性，力学的エネルギー

次のⅠ・Ⅱの各問いに答えよ。
Ⅰ．「氷山の一角」という言い方があるが，氷山の一角がどの程度であるかを調べてみた。まず，図1のような形状の物体を用意し，図2のように，1 Nの力を加えると0.5 cm伸びるばねにつるして，底面が水面に平行になるように水の中に沈めていった。このとき，底面の深さとばねの伸びの関係は表のようになった。ただし，100 gの物体にはたらく重力の大きさを1 N，水の密度を1.0 g/cm³とする。

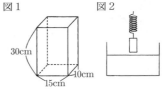

| 深さ[cm] | 0 | 4 | 8 | 12 | 16 | 20 | 24 | 28 | 32 | 36 | 40 |
|---|---|---|---|---|---|---|---|---|---|---|---|
| ばねの伸び[cm] | 49.5 | 46.5 | 43.5 | 40.5 | 37.5 | 34.5 | 31.5 | 28.5 | 27.0 | 27.0 | 27.0 |

(1) [よく出る] 物体の密度は何g/cm³か。
(2) [よく出る] 物体を20 cm沈めたとき，物体にはたらいている浮力の大きさは何Nか。
(3) 深さ20 cmにおける水圧は何Paか。
次に，図1のような形状の氷を用意し，物体を沈めたときと同じように氷を沈めていくと，完全に沈む前にばねの伸びは0 cmになった。ただし，氷は水にとけないものとし，氷の密度は0.92 g/cm³とする。
(4) ばねの伸びが0 cmになったとき，氷の底面の深さは何cmか。
(5) (4)のとき，氷全体の体積の何％が水面より上に出ているか。
(6) この実験から，物体にはたらく浮力の大きさは物体が押しのけた水の重さに相当することがわかる。海に浮いている氷山の場合，海面より上に出ている部分の体積の割合は，(5)の値よりも大きくなるか，小さくな

るか。ただし，氷山は純粋な水が凍ったものとし，海水の密度は水よりもわずかに大きい。

II．基本　図3のように，傾きを変えることができる斜面ABと水平面BCがなめらかにつながっている。斜面にも水平面にも摩擦はない。この斜面上の点Pから物体を静かに放したとき，物体を放してからの時間と速さの関係を表すとグラフのようになった。下の①〜③の条件で，斜面上のある位置から同じ物体を静かに放したとき，物体を放してからの時間と速さの関係を表すグラフとして最も適当なものを，下の(ア)〜(ケ)からそれぞれ選び，記号で答えよ。ただし，選択肢中の点線は，図3のときのグラフを示している。

図3

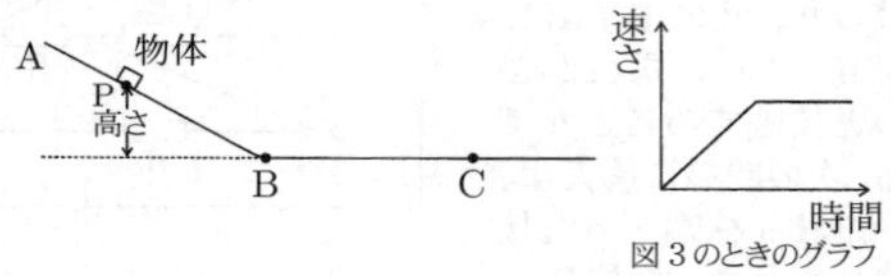

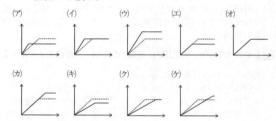

① 図3のときと斜面の傾きを変えずに，点Pより高い位置から放す。
② 図3のときより斜面の傾きを小さくし，点Pと同じ高さから放す。
③ 図3のときより斜面の傾きを大きくし，点Pより低い位置から放す。

(ア)　(イ)　(ウ)　(エ)　(オ)

(カ)　(キ)　(ク)　(ケ)

# 市川高等学校

時間 50分　満点 100点　解答 P43　1月17日実施

## 出題傾向と対策

● 物理，化学，生物，地学から各1題，計4題の出題であった。解答形式は記述式が多く，その内容も文章記述や用語記述，計算，作図など多岐にわたった。科学的思考力や論理的思考力を問うものが中心で，教科書の内容を超える問題も出題されている。
● 基本事項をじゅうぶんに理解したうえで，数多くの応用問題に取り組み，科学的思考力や論理的思考力を身につけておく必要がある。また，文章記述が多いので，要点を押さえた簡潔な文章表現力を養っておこう。

## 1　力学的エネルギー

1.0Nの力で1.0cm伸びるばねと，重さ3.0Nの物体を用意しました。水平な天井にとりつけた糸と一端を壁にとりつけたばねで物体を支えたところ，図1の状態で静止しました。物体が静止している位置をA点とします。ただし，物体の大きさは考えないものとし，ばねと糸の重さは無視できるものとします。

図1
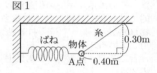

(1) よく出る　糸が物体を引く力は何Nですか。
(2) よく出る　ばねの伸びは何cmですか。

A点にある物体から静かにばねを外したところ，図2のように，物体はA点と同じ高さのB点との間で振り子の運動をしました。B点に到達したとき，物体から糸が外れました。ただし，空気抵抗は無視できるものとします。

図2
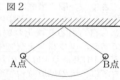

(3) 糸が外れた直後，物体が受ける力（複数の力を受けているときはその合力）の矢印を描きなさい。ただし，力の矢印の長さは考えないものとします。
(4) 糸が外れた後，物体はどの向きに運動をしますか。

図3のように，以下の①〜③のとき，それぞれ物体から糸が外れました。
① A点で運動を始めてから初めてB点に到達したとき
② A点で運動を始めてから初めてC点（B点とD点の間の点）に到達したとき
③ A点で運動を始めてから初めてD点（糸が天井と垂直になる点）に到達したとき

図3
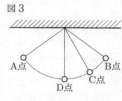

(5) 以下の文章は，①〜③で糸が外れた後に，物体がそれぞれの最高点に達したときのエネルギーについて述べたものです。　1　は「等しい」または「異なる」から選び，　2　と　3　は上の①〜③から選びなさい。
　　物体が最高点に達したとき，①〜③の力学的エネルギーの大きさは　1　。最高点での運動エネルギーが最も小さいのは　2　である。したがって，最高点の位置エネルギーが最も大きいのは　3　である。
(6) ①〜③で糸が外れた後に，物体が地面に落下する直前

にもつそれぞれの運動エネルギーの大小関係を【　】内の記号から適切なものを用いて示しなさい。ただし，同じ記号をくり返し用いてもよい。
【①，②，③，＞，＜，＝】　（解答例：②＞①＝③）

## 2 物質のすがた，物質の成り立ち，酸・アルカリとイオン，エネルギー

1766年，イギリスのキャベンディッシュは，　X　ことで生じる気体に関する論文を発表しました。この気体は後に①水素と名づけられました。彼は，この気体を燃焼させたことによって生じた物質が水であることを見出しました。

1800年，イタリアのボルタは，2種類の金属と電解質を用いて電池を発明しました。その6週間後，イギリスのニコルソンとカーライルは，ボルタが発明した電池を用いて②水に電圧をかける実験を行いました。すると，水の中に入れた2つの金属の電極板に気泡が生じました。一方の電極板に生じた気体は水素で，他方に生じた気体は酸素であると結論づけました。この実験は水の電気分解と呼ばれます。

1884年，スウェーデンのアレニウスは，③酸の正体を④水素イオンであると提唱しました。彼は，酸を「水溶液中で水素イオンを生じる物質」と定義しました。

現在，水素と酸素の反応を用いた⑤燃料電池は環境負荷の少ない発電手段として注目されています。

(1) **基本** 上の文章中の　X　に適するものはどれですか。
　ア．亜鉛に塩酸を加える
　イ．二酸化マンガンにうすい過酸化水素水を加える
　ウ．炭酸水素ナトリウムに塩酸を加える
　エ．塩化アンモニウムに水酸化カルシウムを加え加熱する
　オ．硫化鉄に塩酸を加える

(2) **基本** 下線部①の気体に関する記述のうち，誤りを含むものはどれですか。
　ア．赤熱した酸化銅を還元するはたらきがある。
　イ．無色・無臭である。
　ウ．この気体で満たされた風船は空気中で浮かぶ。
　エ．この気体の分子は原子2個からなる化合物である。

図4のような装置を用いて，下線部②を再現した【実験1】を行いました。

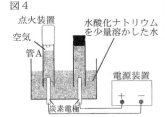
図4

【実験1】
　管Aにある量の空気が入ったまま，水酸化ナトリウムを少量溶かした水に電圧をかけ，管Aに空気と合わせて20.0 mLの気体が集まるまで電気分解を行った。その後，点火装置を用いて管Aに集まった気体に点火したところ，管A内の気体の体積が17.3 mLになった。また，点火した後，管A内に空気を混ぜて再び点火したところ音を立てて燃えた。

(3) **基本** 水を電気分解したときの化学反応式を書きなさい。

(4) **思考力** 電圧をかける前に管Aに入っていた空気（窒素と酸素の体積比が4：1の混合気体とします）の体積は何mLですか。ただし，燃焼によって生じた水はすべて液体としてその体積は無視できるものとします。

下線部③について，以下のような【実験2】を行いました。
【実験2】
　水素イオンの濃さの異なる酸の水溶液A，B，Cを同じ体積ずつビーカーに取り，それぞれにBTB液を1滴ずつ加えた。それらにA，B，Cのそれぞれと同じ体積のアルカリの水溶液Dを加えたところ，水溶液の色は表1のようになった。このとき，Dを加えた後のBと，Dを加える前のAの水素イオンの濃さは同じであった。また，Dを加えた後のA，Bをすべて混ぜると水溶液の色は緑色になった。

表1　水溶液Dを加えた後の水溶液A，B，Cの色

| 水溶液 | A | B | C |
|---|---|---|---|
| 色 | 青 | 黄 | 緑 |

(5) **難** 水溶液Dを加える前の水溶液A，B，Cの水素イオンの濃さを最も簡単な整数比で答えなさい。

(6) **基本** 下線部④のイオンは水素原子が電子を1個失うことで生じます。一方，水素原子が電子を1個受け取ると水素化物イオンと呼ばれるイオンを生じます。水素化物イオンのイオン式を書きなさい。

(7) **新傾向** 下線部⑤について，図5は家庭に設置されている燃料電池です。従来の火力発電所のような大規模集中型の発電による電気供給では，機構的に一部のエネルギーが失われます。このことを踏まえ，図5を参考に，各家庭に燃料電池を設置することの利点を二つ答えなさい。

図5

## 3 生物と環境

東京湾には，いくつかの干潟が点在しています。干潟にはたくさんの生き物が生息し，干潟で採れるスズキやアサリ，ノリなどは私たちの食卓に上がっています。

干潟には，川から運ばれた窒素やリン，有機物などが流入します。砂質の干潟では，ワカメのような大型の藻類は生育できないため，海中や海底には植物プランクトンやバクテリアが繁殖しています。干潟は魚の産卵場にもなり，マハゼやボラなどの幼魚が成育しています。砂の上には①コメツキガニが作った砂だんごや，ゴカイのとぐろを巻いた糞がいたるところで見られ，砂の中では，アサリや②ホンビノスガイなどの二枚貝が生息しています。干潟の陸側ではアシ（ヨシ）とよばれる水生植物やアシハラガニが生息し，シギやチドリなどの渡り鳥が飛来します。

高度成長期には，干潟の埋め立てが盛んに行われ，渡り鳥の餌となるカニやゴカイが減りました。そのため，渡り鳥への影響が心配されています。近年，③干潟の保全に対する意識が高まり，干潟の多様な生物集団や④水質浄化作用が見直されています。

(1) ある地域に生息する生物とそれをとりまく環境をまとめて何といいますか。漢字で答えなさい。

(2) (1)では「生物から環境への影響」と「環境から生物への影響」とが互いにはたらいています。次の文のうち，両方の関係を含む記述を二つ選びなさい。
　ア．植物プランクトンが光合成をすると，温室効果が促進される。
　イ．砂質の干潟では，有機物が蓄積しないので，カニやゴカイが減る。
　ウ．動物プランクトンが大量に発生すると，酸素が消費されて魚は生息できない。
　エ．アシハラガニは，アシ原に生息するゴカイを捕食する。
　オ．渡り鳥は，カニやゴカイを捕食するために干潟に飛来する。
　カ．流入する有機物はアサリなどに消費され，海底の藻類に光が届きやすくなる。

(3) 下線部①は，それらの生物の生活の痕跡を示しています。どのような活動の結果，作られたものですか。
ア．縄張りを作った跡である。
イ．砂の中に産卵をした跡である。
ウ．天敵から身を守るために，擬態をした跡である。
エ．巣穴から，砂をかき出した跡である。
オ．砂中のバクテリアや有機物を捕食した跡である。

(4) 下線部②のホンビノスガイは，かつて東京湾にはいなかったとされています。このような生物を何といいますか。漢字で答えなさい。

(5) 下線部③について，干潟の環境を保つことは大変重要であり，干潟のような湿地の保護と賢明な利用が国際的に図られています。このような取り組みに関係するものはどれですか。
ア．ワシントン条約
イ．京都議定書
ウ．ラムサール条約
エ．レッドデータリスト
オ．ウィーン条約

(6) 図6は干潟の生物の食物連鎖の概要を示したものです。矢印は被食される生物から捕食する生物へ向かって描かれています。次の文のうち適当なものはどれですか。
ア．ダイシャクシギは，他地域から入り込んだ生物なので駆除したほうがよい。
イ．アシハラガニとマメコブシガニの間で，食料をめぐる競争は生じていない。
ウ．ゴカイを除くと，干潟の海水温が大きく変化する。
エ．プランクトンが大量発生すると，干潟の食物連鎖はさらに複雑になる。
オ．干潟の食物連鎖において，コチドリは必ず三次消費者になる。

図6

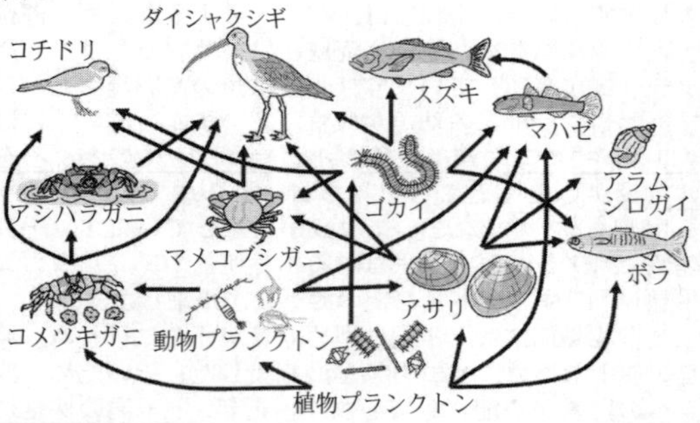

(7) ■難■ 下線部④について，窒素やリン，有機物は最終的にどのようにして干潟から除去されますか。図6を参考にして簡潔に説明しなさい。

**4** 地層の重なりと過去の様子，太陽系と恒星

地球は太陽とともに誕生し，非常に稀な環境によって，生命を育むことができました。しかし，生物の存在が確認されていない期間は非常に長く，生物が誕生するには恒星の寿命が長いことも必須の条件と考えられます。

地球は，微惑星の衝突により形成されたため，誕生当時の地表はマグマに覆われた状態でした。冷え固まった後もジャイアントインパクトにより，再びマグマに覆われることになったため，地表に生物は存在しなかったと考えられています。

35億年前の地層から細菌の一種だと考えられる化石が確認されており，これが最古の化石となっています。その後，光合成を行う生物が出現しました。この生物の出現により劇的に地球環境は変化していきました。このことは，数回にわたる全球凍結やエディアカラ生物群などの多細胞生物

の出現にも影響があったと考えられています。太古の生物の大進化によって多くの種が現れ，環境に適応したものがさらに発展を遂げるようになっていきました。

先カンブリア時代の年表.

| | |
|---|---|
| 46億年前 | 太陽系誕生 |
| 45.5億年前 | ジャイアントインパクト |
| 43億年前 | 最古の岩石(高圧力による変成岩) |
| 38億年前 | 最古の堆積岩(れき岩)・火成岩(玄武岩質の枕状溶岩) |
| 35億年前 | 最古の化石(バクテリア) |
| 27億年前 | 最古の光合成生物の化石(シアノバクテリア) |
| 22億年前 | 全球凍結 |
| 7億年前 | 全球凍結 |
| 6.5億年前 | 全球凍結 |
| 6億年前～ | エディアカラ生物群 |

(1) 地球のように液体の水をたたえる天体は珍しく，その可能性があるのは太陽系内でもごく一部の領域に限られます。このような領域を何といいますか。

(2) 地球のように海洋を保持することができた理由として，(1)の領域内に地球があったことに加え，他にどのような理由が考えられますか。
ア．地球に生物がいたから。
イ．地球が自転し昼と夜があったから。
ウ．地球がある程度の大きさになったから。
エ．地球の原始大気に酸素や水素が含まれていたから。
オ．地球誕生初期に月ができたから。

(3) ■基本■ 岩石に巨大な圧力やマグマの高温が加わると，ある岩石が別のタイプの岩石に変化することがあります。これを変成作用といい，このときつくられた岩石を変成岩といいます。43億年前につくられたと考えられる変成岩は巨大な圧力によりつくられました。このことから，この当時，すでにどんな運動(現象)があったと考えられますか。「対流」または「沈み込み」という言葉を用いて，要因と運動を20字以内で答えなさい。

(4) 38億年前の岩石から，当時の様子として考えられる状況はどれですか。
ア．気象現象が発生し，海と陸の間で水が循環していた。
イ．地球は海洋のみで，まだ大陸がなかった。
ウ．地球は大陸のみで，まだ大規模な海洋がなかった。
エ．氷河や氷床などの大規模な氷塊が存在していた。
オ．地球上の大陸は一つになっていた。

(5) 22億年前～6.5億年前に見られる全球凍結とは，赤道周辺まで氷河に覆われた状態です。海洋を含む地表全体が氷に覆われているため，太陽光の反射率が大きくなり，地球は非常に暖まりにくくなります。そのため，「一度全球凍結が起こると氷がとけることができなくなる可能性があり，地球史上全球凍結は起こっていない」という説もありました。現在では，全球凍結が起こっても，その都度解消されてきたと考えられています。どのような過程で地球が暖まったと考えられますか。以下の文中の 1 ～ 4 に適する語句を答えなさい。

　　 1 から噴出する 2 は，地表が氷に覆われているため 3 に吸収されにくく，徐々に大気中の 2 濃度が高まり， 4 が進行し気温が上昇した。

(6) ■難■ 光合成生物の出現により，当時の地球にはなかった酸素が生成されるようになりました。これに関して，その後起こったできごとの順序が「光合成生物の発生」→ 5 → 6 →「現在の濃度に近いオゾン層の形成」となるように， 5 ， 6 に適するものを，それぞれ選びなさい。
ア．地磁気の縞模様の形成
イ．熱圏の酸素濃度の増加

ウ．縞状鉄鉱層(床)の形成
エ．地球規模での寒冷化
オ．大陸の分裂開始

(7) 思考力 光合成生物のはたらきで，大気中の酸素濃度は増加しました。増加の様子を表したグラフとして正しいものはどれですか。ただし，グラフの縦軸は5億年前の大気中の酸素濃度を1とした割合で示されています。

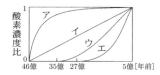

(8) 地球のオゾン層は，古生代初期のオルドビス紀には現在のオゾン層と同じ程度の濃度になったと考えられています。このことが，オルドビス紀後期からシルル紀にかけて起きたある大きな変化の要因になったと考えられます。理由とともにこの時期の変化(事象)とは何か，簡潔に答えなさい。

# 大阪星光学院高等学校

時間 40分　満点 70点　解答 p44　2月10日実施

## 出題傾向と対策

● 物理，化学各1題，生物・地学，物理・地学の複合問題各1題の計4題の出題であった。解答形式は記述式が多く，文章記述，計算問題が目立った。教科書の内容を超える出題も見られたが，問題文に沿って考えていくと解答を導くことができる。
● 基本事項をしっかりと理解したうえで，数多くの応用問題に取り組み，科学的思考力や論理的思考力，計算力を養っておこう。問題文中に条件やヒントが与えられているので，要点を読みとる読解力も必要である。

## 1 植物の体のつくりと働き，動物の仲間，地層の重なりと過去の様子，天気の変化

　大阪星光学院では，長野県信濃町にある黒姫山荘を利用して，長期休暇中に合宿を行っています。山荘の近くには，ナウマンゾウの化石が出土することで知られている野尻湖があります。下記の野尻湖を訪れた先生と生徒の会話文を読んで，以下の各問いに答えなさい。

先生　野尻湖の周辺には昔，ナウマンゾウがいたと考えられているよ。
生徒　このあたりで(1)ナウマンゾウの化石が発掘されたのですか？
先生　野尻湖では学生や専門家が集まって発掘調査が行われているんだ。
生徒　楽しそうですね。ナウマンゾウの他にも化石は発掘されているのですか？
先生　いろいろな(2)植物の化石や石器，ナウマンゾウの足跡などが見つかっているよ。これらの化石や，化石が見つかった地層の位置は，当時の環境や年代を推測するための重要な手掛かりになるんだ。
生徒　この間の授業で，(3)地層中の火山灰の層や(4)示準化石から，その地層の年代がわかると習いましたね。
先生　野尻湖では，化石の発掘と同時に地層の調査を行っていて，ナウマンゾウは約5.4～3.8万年前にいたと推定されているよ。
生徒　ナウマンゾウがいた時代は，今の野尻湖周辺と同じような環境だったのですか？
先生　当時この周辺に生育していた植物と，現在の野尻湖周辺に見られる植物を比較すると，当時のこの周辺の環境を想像することができるよ。ナウマンゾウの化石を産出する地層に含まれている花粉化石から，当時この周辺には，ブナ属やコナラ亜属などの樹木を主とする落葉広葉樹の森が広がり，トウヒ属やツガ属などの針葉樹も混じっていたことがわかっているよ。このような森は，近くの黒姫山の標高1300m程度の環境に当たるんだ。野尻湖の標高が657m，現在の野尻湖周辺の年平均気温が約9.7℃，標高100mにつき気温は0.6℃変化することから，(5)当時の野尻湖周辺の年平均気温を推定することができるね。
生徒　現在の黒姫山の標高1300mの風景を参考にして，ナウマンゾウがいた時代の風景を描くことができそうですね。そういえば，石器が発掘されたということは，( X )がいたということですか？
先生　それはまだ断定はできないんだ。ユーラシア大陸か

ら（ X ）が日本列島にわたって来たのは約3.8万年前であると考えられているから，もし直接の証拠が発掘されたら大発見だよ。近年の調査の大きな目的の一つになっているそうだよ。

問1. 基本 下線部(1)について，ナウマンゾウは背骨をもつ動物である。このような背骨をもつ動物をまとめて何というか。

問2. 基本 下線部(2)について，野尻湖ではさまざまな花粉の化石が発掘されている。その中の一つを分析すると，マツの花粉であることがわかった。マツの花粉を放出するつくりとして最も適当なものを下のア〜エから1つ選び，記号で答えよ。

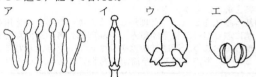

問3. 基本 下線部(3)について，地層中の火山灰の層のように，遠く離れた地層どうしを比較するのに役立つ特徴的な地層を何というか。

問4. 基本 下線部(4)について，三葉虫やアンモナイトなどの化石が，示準化石として用いられている理由を簡単に説明せよ。

問5. 新傾向 下線部(5)について，当時の野尻湖周辺の推定気温として最も適当なものを下のア〜エから1つ選び，記号で答えよ。
ア. 2℃　イ. 6℃　ウ. 10℃　エ. 14℃

問6. 新傾向 会話文中の空欄（ X ）に適する生物名を答えよ。

問7. 思考力 DNAの変化が原因で，生物が長い時間の間で世代を重ねるうちに姿などが変化することを生物の進化という。現在生きている多様な生物のすべては，約40億年前に誕生した最初の生物が進化することで現れた。この進化の道すじを示した図を系統樹という。
下の図は，ゾウの進化の道すじを示した系統樹である。この系統樹から，マルミミゾウ，アンティークスゾウ，ナルバダゾウ，　イ　はレッキゾウと共通の祖先から進化したということがわかる。また，マルミミゾウはナルバダゾウよりアンティークスゾウに近いということがわかる。
下記の(i)，(ii)，(iii)の条件を満たすとき，図中の空欄　ア　〜　エ　に入る動物名を答えよ。ただし，　ア　〜　エ　にはアジアゾウ，ナウマンゾウ，ケナガマンモス，アフリカゾウのいずれかが入る。
(i) アジアゾウは，ナウマンゾウよりケナガマンモスに近い。
(ii) ナルバダゾウは，ケナガマンモスよりアンティークスゾウに近い。
(iii)　ア　，マルミミゾウ，　ウ　は現生するゾウである。

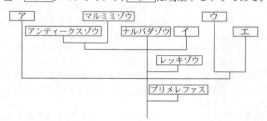

**2** 力と圧力，天気の変化

次の(A)，(B)の文章を読んで，あとの各問いに答えなさい。

(A) 地球の表面は大気で覆われており，大気中には水蒸気が含まれている。また，地表には多くの水が存在している。水は太陽光エネルギーを利用して地表と大気の間を大きく循環しているが，地球上の水の多くは海水として存在しており，その割合は約（ a ）％である。また，陸地に存在する水のうち，大部分は（ b ）に存在している。大気中に存在する水(水蒸気)は，地球上の水の約0.001％にすぎない。しかし，大気中の水蒸気は地球の天気の移り変わりに大きな影響をもたらしている。

ある温度の空気中に含まれる水蒸気の量には限界がある。この水蒸気量を「飽和水蒸気量」といい，気温によって変化する。ある空間中に，飽和水蒸気量を超える水蒸気は存在できない。冬の朝などに，部屋の窓ガラスに結露が発生するのは，これが原因である。

問1. 文章中の空欄（ a ），（ b ）に当てはまる数値，語句の組み合わせとして最も適当なものを，表のア〜カから1つ選び，記号で答えよ。

|   | a | b |
|---|---|---|
| ア | 87 | 湖沼 |
| イ | 87 | 地下水 |
| ウ | 87 | 氷河 |
| エ | 97 | 湖沼 |
| オ | 97 | 地下水 |
| カ | 97 | 氷河 |

問2. 文章中の下線部について，部屋内の気温25℃，湿度60％の状態から気温が10℃まで下がり，部屋の窓ガラスに結露が発生した。
(1) 部屋内に存在する水蒸気量の変化の様子を，下のグラフに実線で描き加えよ。グラフ中の点線はある気温における飽和水蒸気量を表している。ただし，結露が発生するまでは，部屋内に存在する水蒸気量に変化はないものとする。

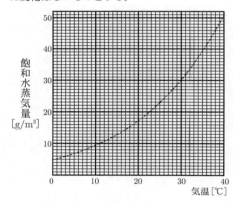

(2) このとき，露点は何℃か。

問3. 次のア〜ウは，ある3地点における気温・湿度の観測結果である。問2のグラフを利用して，3地点での露点が低い地点から順に並べ，ア〜ウの記号で答えよ。
ア. 10℃，70％　イ. 20℃，30％　ウ. 30℃，50％

(B) 地球は大気の層に包まれており，地表にいる我々は分厚い空気の重さによる圧力を受けている。この圧力を大気圧(気圧)という。
大気圧は水圧と違って感じにくい。その大気圧の存在を実験で証明したのは，イタリアの科学者トリチェリである。彼は，水銀(密度13.6 g/cm³)を満たした細長いガラス管を，水銀で満たした容器に逆さまにして立てたところ，ガラス管中の水銀が容器の水銀面から76 cmの高さで止まることを発見した。また，ガラス管の上端は真

空状態になっており，この部分を「トリチェリの真空」という。

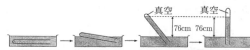

以上の現象から，76 cmの水銀柱による圧力と，容器の水銀面を押している大気による圧力が等しいことがわかる。

問4．**基本** トリチェリが行った実験を高い山の上で行ったところ，水銀柱の高さは76 cmに比べてどのように変化するか。「高くなる」「変わらない」「低くなる」の3つのうちから適当なものを選んで答えよ。

問5．トリチェリが行った実験において，76 cmの水銀柱による圧力[Pa]（右図水銀柱内のA点が受ける圧力）を求めよ。答えは，整数値で答えること。
ただし，地球上において100 gの物体にはたらく重力の大きさを1 Nとする。

問6．**基本** トリチェリが行った実験を，水銀の代わりに水（密度1.0 g/cm³）を用いて行ったとする。このときの水柱の高さ[m]を求めよ。答えは，小数第2位を四捨五入し，小数第1位まで求めること。ただし，水を用いて実験を行った際も，ガラス管の上端は真空状態になっているものとする。

### ③ 運動の規則性，力学的エネルギー

図のような三角台ABCを用意した。三角台ABCの辺はそれぞれAC = 50[cm]，BC = 40[cm]，AB = 30[cm]で，重さは20.4[N]である。三角台ABCを摩擦のない床面に置き，三角台ABCが動かないようにストッパーを取り付けた。三角台ABCの斜面ACに重さ15[N]の小球を置き，斜面ACに沿って図のように外力Fを加えて静止させた。斜面ACは摩擦がないものとする。以下の各問いに答えなさい。

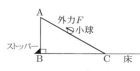

問1．**よく出る** 小球が三角台ABCから受ける垂直抗力の大きさを求めよ。

問2．**よく出る** 外力Fの大きさを求めよ。

問3．三角台ABCが小球から受ける力は，作用反作用の法則により，問1の垂直抗力と大きさは同じで，向きは反対向きにはたらく。三角台ABCが小球から受ける力を水平方向と鉛直方向に分解した。その鉛直方向に分解した力の大きさを求めよ。

問4．**思考力** 三角台ABCがストッパーから受ける力の大きさを求めよ。

問5．三角台ABCが床から受ける垂直抗力の大きさを求めよ。

外力Fを取り除いたところ，小球は斜面を滑り始めた。小球はCまで滑り，なめらかに床面に滑り降りた後，床面を等速で動き続けた。

問6．小球が床面を等速で動き続ける性質を何というか。

問7．**よく出る** 問6のとき，小球にはたらく力をすべて正しく図示したものを次のア〜エから1つ選び，記号で答えよ。

次に，ストッパーを外して，小球を斜面ACの元の位置に戻して，小球を静かに離した。このとき，小球と三角台ABCは同時に動き始めた。

問8．小球は斜面を滑り降りた後，床面を等速で動き続けた。床から見たときの小球の速さは，ストッパーが付いているときと比べて，どのようになるか。次のア〜ウから1つ選び，記号で答えよ。
ア．速くなる　イ．同じ　ウ．遅くなる

問9．問8で，その記号を選んだ理由を「力学的エネルギー」という言葉を用いて簡単に説明せよ。

### ④ 小問集合

次の文章を読んで，以下の各問いに答えなさい。
水は人類にとって最も身近な物質の一つであり，日常の生活になくてはならない物質である。水には次のような特徴がある。

＜液体よりも固体の方が，密度が（ a ）い＞
　ロウなど一般の物質の密度は，(1)液体から固体に状態変化すると，水とは逆の変化を示す。

＜いろいろな物質を溶解させることができる＞
　水は溶媒として優れた性質をもっている。非電解質の物質だけでなく，(2)水酸化カルシウムなど水中で（ b ）する物質をも溶解させることができる。そのため，日ごろ我々が口にしている水道水や(3)ミネラルウォーターには多くのイオンが溶け込んでいる。

＜温度を上昇させるのに必要な熱量が大きい＞
　水は，他の液体と比べて温まりにくく冷めにくい。一般的な物質1 gを1 ℃上昇させるのに必要な熱量は，液体の場合約2 Jであるが，(4)水1 gを1 ℃上昇させるのに必要な熱量は4.2 Jととても大きな値をとる。その性質を利用して，水は機械の冷却システムに利用されている。

上記の各性質は，いずれも水分子の状態に由来している。一般的に，分子全体では電気をもっていないが，細かく見てみるとわずかに＋の電気をもつ部分とわずかに−の電気をもつ部分が存在している場合がある。水分子はそのような分子の一つで，右図のように酸素原子がわずかに−の電気をもっており，水素原子はわずかに＋の電気をもっている。このようなわずかに＋の電気をもつ部分と−の電気をもつ部分の存在によって，上記に示した性質がみられる。

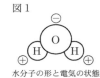

図1
水分子の形と電気の状態

問1．**基本** 文章中の空欄（ a ），（ b ）に当てはまる適切な語句を答えよ。

問2．**よく出る** 下線部(1)について，ビーカーにいれたロウと水それぞれを静置し，冷却して液体から固体に状態変化させると，どのような形状に変化するか。次のア〜カから1つずつ選び，記号で答えよ。ただし点線が変化前の液面，実線が変化後の固体の表面であるとする。

問3．**基本** 次のア〜オの物質から非電解質をすべて選び，記号で答えよ。
ア．砂糖　　　　　イ．水酸化ナトリウム
ウ．塩化ナトリウム　エ．エタノール
オ．硫酸銅

問4．下線部(2)について，水酸化カルシウム水溶液（石灰水）は炭酸水と中和反応をすることが知られている。この変化の様子を，化学反応式で表せ。

問5．下線部(3)について，以下の文章を読み，空欄

（ A ）に当てはまる適切な数値，空欄（ B ）に当てはまる適切な分類（軟水，中程度の硬水，硬水，非常な硬水）を答えよ。

　　ミネラルウォーターの種類には，硬度という指標で分類された硬水と軟水がある。硬度は，ミネラルウォーターに含まれているマグネシウムイオン（$Mg^{2+}$）やカルシウムイオン（$Ca^{2+}$）の量を，それぞれ炭酸カルシウムの量に換算して足し合わせた値として表され，単位はmg/Lである。WHO（World Health Organization）では，0～60 mg/L未満を軟水，60～120 mg/Lを中程度の硬水，120～180 mg/Lを硬水，180 mg/L以上を非常な硬水として定義している。

　　$Mg^{2+}$と$Ca^{2+}$と炭酸カルシウムの質量比は24：40：100であるので，例えば，$Mg^{2+}$濃度が4.8 mg/L，$Ca^{2+}$濃度が32 mg/Lのミネラルウォーターの硬度は（ A ）mg/Lとなり，（ B ）に分類される。

問6．**よく出る**　下線部(4)について，1000 Wの電力を消費する電気ケトルを用いて水を加熱する場合を考える。この電気ケトルでは消費する電気エネルギーの80 ％が水を加熱するのに使われるとすると，20℃の水1000 gを100℃で沸騰させるのに何分何秒かかるか。

問7．塩化ナトリウム水溶液中において，右図のイオンは，実際は水分子に取り囲まれて存在している。水分子内の原子がもつ電気の状態に着目して，ナトリウムイオンの周りに存在する水分子の様子を下の図に示せ。ただし，水分子は4つ図示すること。

# 開成高等学校

時間 **40**分　満点 **50**点　解答 P**45**　2月10日実施

## 出題傾向と対策

●例年通り，物理，化学，生物，地学各1題の計4題の出題であった。解答形式は選択式が多く，記述式では計算問題が目立った。科学的思考力や論理的思考力を必要とする問題が大半を占め，教科書の範囲を超える出題も多かったが，問題文に沿って考えていけば解答できる。
●基本事項をしっかりと理解したうえで，数多くの応用問題に取り組み，科学的思考力や論理的思考力をじゅうぶんに身につけておく必要がある。問題文中に条件やヒントが書かれているので，読解力も養っておこう。

## 1　物質の成り立ち，化学変化と物質の質量，水溶液とイオン，酸・アルカリとイオン　**基本**

　塩酸は塩化水素の水溶液であり，塩化水素は電解質であることが知られている。この水溶液の性質を2種類の実験を通して調べることにした。

[実験1]　右図のような装置を用いて塩酸に電流を流したところ，陽極付近と陰極付近の両方で気体が発生した。あらかじめ塩酸で満たしてゴム栓をした容器を炭素電極の上部に設置し，電極で発生した気体を集めたところ，陰極で発生した気体は集まったが，陽極で発生した気体はあまり集まらなかった。しばらく電流を流した後，陽極に設置した容器内の水溶液をスポイトで別の容器に取り，赤インクをたらしたところ，インクの色が薄くなった。一方，陰極で発生した気体に火のついたマッチを近づけたところ，ポンという音がして気体が燃焼した。

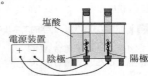

問1．陰極で生じた気体を発生させるために組み合わせて使われる試薬を，次のア～クの中から二つ選び，記号で答えよ。
　ア．マグネシウム　　　イ．オキシドール
　ウ．石灰石　　　　　　エ．炭酸水素ナトリウム
　オ．塩化アンモニウム　カ．硫酸
　キ．水酸化カルシウム　ク．二酸化マンガン

問2．[実験1]の結果から確認できることや考えられることとして，適切なものを次のア～エの中からすべて選び，記号で答えよ。
　ア．塩酸中では塩化水素の分子が電離して陽イオンと陰イオンが存在していたことがわかる。
　イ．陰極付近から発生した気体は空気よりも軽く，一方，陽極付近から発生した気体は空気よりも重いため，陰極から発生した気体をより多く集めることができた。
　ウ．発生した気体の性質から，塩酸の電気分解によって塩素と水素が発生したことがわかる。
　エ．集まった気体の体積から，塩酸中には水素イオンと塩化物イオンが1：1の個数比で存在していたことがわかる。

[実験2]　質量パーセント濃度2.7 ％の塩酸25 mLを100 mLのビーカーに入れ，BTB溶液を数滴たらして混ぜた後，水溶液をガラス棒でよくかき混ぜながら，質量パーセント濃度5.0 ％の水酸化ナトリウム水溶液を少しずつ加えた。水酸化ナトリウム水溶液を15 mL加えたと

ころで，体積40 mLの緑色の水溶液が得られた。さらに，この緑色の水溶液から水分をすべて蒸発させると，白色の固体が1.1 g得られた。この実験において，水溶液の密度はすべて1 g/cm³であるとする。

問3．[実験2]において，15 mLよりも水酸化ナトリウム水溶液をさらに多く加えていくと，水溶液の色は緑色から何色に変化するか。

問4．次の文中の空欄①と②に当てはまる数字や語句を答えよ。空欄①に当てはまる答えは小数第1位まで求めよ。
　　[実験2]の結果から，水溶液中に溶けている塩化水素と水酸化ナトリウムは，質量比で塩化水素：水酸化ナトリウム＝( ① )：1.0で反応することがわかる。この比は1：1ではないが，塩化水素と水酸化ナトリウムを構成する原子の質量を考え合わせると，水素イオンと( ② )イオンが1：1の個数比で反応することもわかる。

問5．文中の下線部で得られた，白色の固体を構成する物質の化学式を答えよ。元素記号を書く際は，大文字と小文字を例のように明確に区別して書くこと。

例

問6．[実験2]で得られた白色の固体が，緑色の水溶液に溶けていたときの質量パーセント濃度を求めよ。答えは小数第1位まで求めよ。

問7．[実験2]において，ビーカー内の水溶液中に存在する，すべての種類の陽イオンの総数は，塩酸に加えた水酸化ナトリウム水溶液の体積を横軸に，陽イオンの総数を縦軸にしてグラフを作るとどのような形状になるか。正しいものを次のア～ウの中から一つ選び，記号で答えよ。

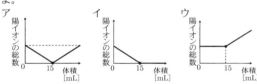

## 2　天体の動きと地球の自転・公転，太陽系と恒星

右の図1は，ある年の2月10日の明け方5時に日本のある場所で撮影した星空の写真を模式的に示した図である。
この日は，地球から見て金星が太陽から最も離れて見える日を少し過ぎていた。
これについて，以下の問いに答えよ。

図1

問1．[基本] 図1はどの方角を示したものか。最も近いものを次のア～エの中から一つ選び，記号で答えよ。
　ア．北東　イ．南東　ウ．南西　エ．北西

問2．[基本] 図1のときの木星と金星の位置として，それぞれ最も近いものを図2のア～シの中から一つずつ選び，記号で答えよ。

問3．[基本] 図1のときの木星と金星の形として，最も近いものを次のア～エの中から一つずつ選び，記号で答えよ。ただし，形は肉眼で見た

図2

※地球の北極側から見た図である。

ときと同じような向きで，かつ軌道の方向が横方向になるように描かれている。また，このとき木星と金星の形は異なるので，同じ記号を選ばないこと。

　ア　あまり欠けていない　イ　やや欠けている　ウ　半月型　エ　三日月型

問4．[難] 木星と金星についての記述として，それぞれ最も適当なものを次のア～キの中から二つずつ選び，記号で答えよ。ただし，同じ記号を重複して選んでもかまわない。
　ア．雲で覆われていて地面は見えない。
　イ．メタンを主成分とする濃い大気がある。
　ウ．自転周期が地球とほぼ同じである。
　エ．太陽系の惑星の中で平均の表面温度が最も高い。
　オ．太陽系の惑星の中で最も大きくて平均密度が地球より大きい。
　カ．多数の衛星をもつ。
　キ．小さな望遠鏡で簡単に環（リング）が見られる。

地球上の方角は東西南北で表す。地図上では上が北の場合，右が東で左が西である。
天球上の方位も東西南北で表すが，天球は内側から見上げているため，日本で南を向いて見上げると上が北になり，右が西で左が東である。これは，天球上では天体が日周運動をしていく方向を西としているからである。
毎日同じ時刻に空を見ると，太陽の位置は東西方向にはあまり動かないが，地球が公転しているため，夜空の恒星の位置は1日に約1度ずつ西へ動くように見える。そのため，図1のもとになる写真を撮った日（2月10日）の後，₁毎日明け方5時に同じように写真を撮ると恒星がだんだん右上（西の方向）に動いていき，惑星も太陽との位置関係の変化に応じて東西方向に位置を変えていく。
一方，23時間56分おきに空を見ると，夜空の恒星の位置は動かないが，太陽の位置は約1度ずつ東へ動くように見える。そのため，2月10日の明け方5時の後，₂23時間56分おきに同じように写真を撮ると，恒星は同じ位置に写るが，惑星は地球から見たときの方向の変化に応じて東西方向に位置を変えていく。

問5．下線部1のように写真を撮ると，木星と金星は写真の中でどのように位置を変えていくように見えるか。それぞれ最も近いものを次のア～オの中から一つずつ選び，記号で答えよ。
　なお，惑星は内側のものほど1周にかかる時間が短いので，図2で金星は地球や太陽に対して相対的に反時計回りに位置を変えていくように見える。一方，木星は地球より1周にかかる時間が長いので，地球や太陽に対して相対的に時計回りに位置を変えていくように見える。
　ア．右上に動いていく　イ．右下に動いていく
　ウ．左下に動いていく　エ．左上に動いていく
　オ．ほとんど動かない

問6．下線部2のように写真を撮ると，木星と金星が恒星を背景として（恒星に対して）どのように位置を変えていくように見えるか。それぞれ最も近いものを次のア～オの中から一つずつ選び，記号で答えよ。
　なお，惑星が恒星に対して西から東へ動くことを順行，東から西へ動くことを逆行という。金星については，逆行が起こるのは図2のウとエの間の狭い範囲だけなので，図2のア～カの位置ではすべて順行である。木星については，逆行が起こるのは図2の位置の中ではケとコだけである。
　ア．右上に動いていく　イ．右下に動いていく

ウ. 左下に動いていく　エ. 左上に動いていく
オ. ほとんど動かない

## 3 光と音

虫眼鏡を用いた物体の観察について考える。図1のように凸レンズに目を近づけ、A点にあるろうそくの火を見ると、A点から出た光が凸レンズを通過するときに（①）し、凸レンズを通過した後、B点から出たように進み、拡大されたろうそくの火がB点にあるように見える。このようにB点に見えるものを（②）と呼ぶ。

図1

問1. [よく出る] 空欄①と②に当てはまる語句を、それぞれ漢字2字で答えよ。

図2の方眼には、物体、凸レンズ、焦点、凸レンズの軸が描かれている。また、物体の先端から出た光のうち、凸レンズの軸と平行な光、凸レンズの中心を通る光、延長線（点線- - -）が焦点を通る光の進む向きが、それぞれ凸レンズの中心線に当たるまで描かれている。

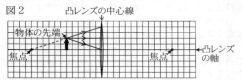

問2. [よく出る] 図2に描かれた3本の光線について、凸レンズの中心線を通過した後の進み方を下の方眼上に実線と矢印で描け。なお、図中のレンズは凸レンズであることを強調するためにある程度厚く描かれているが、薄い凸レンズの場合について考えるので、光の進む向きは凸レンズの中心線上だけで変わるものとして描け。

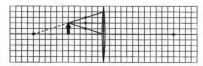

問3. [よく出る] 図2の物体の先端から出た光は、凸レンズを通過した後、ある1点から出たように進む。この点の凸レンズの軸からの距離を答えよ。
ただし、凸レンズの焦点距離を4.8 cm、凸レンズの中心線と物体の距離を2.4 cm、物体の先端から凸レンズの軸までの長さを0.8 cmとする。

物体を大きく見るためには物体と目を近づければよいが、人の目が物体をはっきり見るためには物体と目がある程度離れていなければならない。そのことを図3、図4のような人の目の模式図を用いて説明する。人の目が物体の1点を見るときは、図3のように1点から出た光が人の目の水晶体で向きを変えて網膜上で1点に集まり、1点として知覚される。図4のように網膜上で1点に集まらないときは、物体がぼやけてはっきりと見ることができない。水晶体は筋肉によってその厚みが調節されるが、調節にも限界があり、物体をはっきり見るためには物体と水晶体をある距離以上離しておかなければならない。この距離を明視の距離と呼ぶ。

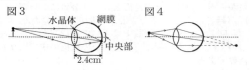

問4. 水晶体を凸レンズとして考え、その焦点距離がもっとも小さくなるときの値を答えよ。ただし、図3のように、人の目が見る物体は水晶体の軸の近くにあり、物体の1点から出た光は網膜の中央部の1点に集まるものとする。また、ここでは明視の距離を24.0 cm、水晶体の中心線から網膜の中央部までの距離を2.4 cmとし、網膜の中央部は水晶体の軸に垂直な平面として扱う。さらに、光の進む向きは水晶体の中心線上だけで変わるものとし、答えは小数第1位まで求めよ。

焦点距離4.8 cmの薄い凸レンズを虫眼鏡として用い、物体をもっとも大きく観察するためには、図5のように、明視の距離に物体があるように見えればよい。ここでも明視の距離は24.0 cmとし、虫眼鏡と人の目の間の距離は0 cmとする。

図5

※長さの比率が正しいとは限らない

問5. 下線部のように観察するためには、薄い凸レンズの中心線と物体の距離をいくらにすればよいか。

問6. 虫眼鏡を使わずに人の目で物体を直接観察するとき、物体を最も大きく観察するためには、物体と人の目の間の距離を明視の距離と等しくすることになる。このように物体を直接観察するときに比べて、同じ物体を下線部のように観察するときは、物体の大きさは何倍に見えるか。

## 4 動物の体のつくりと働き

ヒトの血液は肺循環と体循環を交互に循環する（図1）。心臓は規則正しく拍動することで、血液を循環させる役割を果たす。ヒトの心臓は四つの部屋で構成され、その拍動には、次の①〜③の段階がある。
① 心房が広がり内部圧力が低下すると、静脈から心房へ血液が流れる。
② 心房が収縮し内部圧力が高まると、心房から心室へ血液が流れる。
③ 心室が収縮し内部圧力が高まると、心室から動脈へ血液が流れる。

図2のように弁は各部屋の出口にあり、血液の逆流を防ぐ役割を果たす。心臓の各部屋では、圧力の変化が血液の移動をうながす力となり、血液が移動するときに部屋の体積が変化する。図3は拍動1回分の、左心室と右心室での体積と心室圧（心室内部の血圧）の関係を示したグラフである。1回の拍動で心室から出される血液の体積を1回拍出量という。それは、図3のグラフの体積変化として読み取ることができる。

図1　肺循環と体循環　　図2　ヒトの心臓

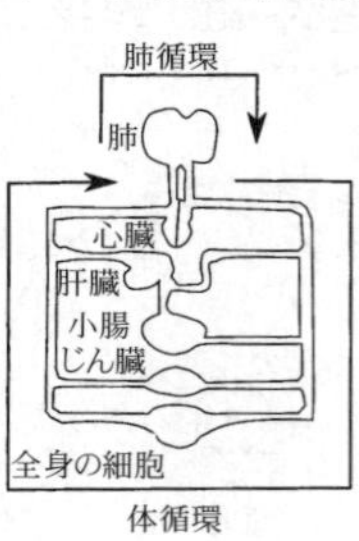

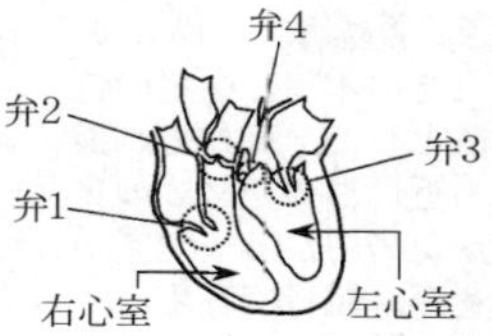

図3　拍動1回分の体積と心室圧の関係

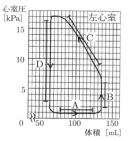
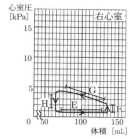

問1．図3から直接読み取ることができないことを次のア～エの中から一つ選び，記号で答えよ。
ア．左心室について1回の拍動期間中に，圧力が上昇しながらも体積変化がない期間がある。
イ．左心室について1回の拍動期間中に，右心室より高い心室圧を示す期間がある。
ウ．1回拍出量は左心室と右心室で等しい。
エ．拍動期間において，左心室と右心室は同時に収縮する。

問2．[思考力][新傾向]　図3のA～Hのうち，図2中の弁2，弁3が開いている段階をそれぞれ一つずつ選び，記号で答えよ。

問3．[思考力][新傾向]　図3から考えて，心臓が1分間に60回拍動するとき，体循環に送り出される血液量は毎分何mLになるか答えよ。

問4．一般に1回拍出量は左右の心室で等しいとされる。仮に1回拍出量が左右の心室で異なるとして，この場合に生じる不都合としてどのようなことが考えられるか。不都合を述べた説明として，適切なものを次のア～エの中から一つ選び，記号で答えよ。
ア．体循環において，異なる臓器の間で，供給される血液量に差が生じるという結果をまねき，血液循環を維持することができなくなる。
イ．体循環において，動脈と毛細血管の間で血流速度が異なるという結果をまねき，血液循環を維持することができなくなる。
ウ．体循環に入る血液量と体循環から出る血液量が異なるという結果をまねき，血液循環を維持することができなくなる。
エ．体循環に入る酸素量と体循環から出る酸素量が異なるという結果をまねき，細胞への酸素の供給を維持することができなくなる。

問5．[よく出る]　₁血液中の液体成分は，血管からしみ出した後，₂細胞を浸す液体になる。これに関連する次の(1)，(2)の問いに答えよ。
(1) 下線部1，2の名称をそれぞれ答えよ。
(2) 下線部2の特徴やはたらきを述べた文として，適切なものを次のア～エの中から二つ選び，記号で答えよ。
ア．この液体には，赤血球のヘモグロビンが含まれ，この液が酸素を細胞まで運搬する。
イ．この液体には，グルコースなどの小腸で吸収された養分が含まれ，この液が養分を細胞まで運搬する。
ウ．この液体には，細胞の活動で生じたアンモニアなどの不必要な物質が含まれ，この液が血管に戻される前にアンモニアは腎臓で尿素に変えられ体外へ排出される。
エ．この液体には，エネルギーを得るために細胞が行う呼吸で生じた二酸化炭素が含まれ，この液が二酸化炭素を細胞から運び去る。

# 久留米大学附設高等学校

時間 50分　満点 100点　解答 p46　1月26日実施

## 出題傾向と対策

● 物理，化学，生物，地学から各1題の計4題の出題。解答形式は記述式が多く，その内容は，文章記述，用語記述，計算，作図と多岐にわたった。教科書の内容を超える出題も見られたが，与えられたデータや条件をもとに答えを導くことができるものが多かった。
● 基本事項をじゅうぶん理解したうえで，数多くの応用問題に取り組み，科学的思考力や論理的思考力を身につけ，素早く正確に計算する力を養っておく必要がある。また，要点を整理する読解力も求められる。過去問研究も大切。

## 1　生物の観察，植物の体のつくりと働き，動物の体のつくりと働き，生物と環境

次の[Ⅰ]～[Ⅲ]を読み，以下の各問いに答えよ。

[Ⅰ]　生物は，まわりの水や空気，土などの環境や，自分以外の生物との間に，様々な関連をもって生きている。ある環境とそこにすむ生物とをひとつのまとまりと見たとき，これを（ ア ）という。
　（ ア ）の中で生物どうしの関連を「食べる・食べられる」という視点でとらえることができる。ある種類の生物を食べた生物は，次は自分が他の種類の生物に食べられることがある。生物の食べる・食べられるの関係によるつながりを（ イ ）という。
　植物は，太陽の光のエネルギーを使って光合成を行い，無機物である（ ウ ）と（ エ ）から有機物をつくり出している。多くの場合，（ イ ）は光合成を行う植物から始まる。
　（ ア ）において，植物などのように，無機物から有機物をつくり出す生物を（ オ ）という。水中では，(a)光合成をしながら水中に浮かんで生活している小さな生物が主な（ オ ）である。また，動物などの，(b)（ オ ）がつくり出した有機物を食べる生物を（ カ ）という。
　自然界では，（ カ ）は2種類以上の生物を食べ，（ オ ）あるいは下位の（ カ ）も，複数の（ カ ）に食べられることが多い。そのため，（ イ ）の関係は，複雑にいりくんだ関係になっている。これを（ キ ）という。

問1．[よく出る]　文中の（ ア ）～（ キ ）に適する語を答えよ。

問2．[よく出る]　下線部(a)のような生物を一般に何と呼んでいるか。

問3．下線部(b)について，（ カ ）は食べて体に取り込んだ有機物を何に利用しているか。2つあげよ。

[Ⅱ]　[新傾向]　似たような生活をしている動物どうしの間では，同種のえさを奪い合うだけでなく，生活空間をめぐって争うことも少なくない。
　ここで仮想の3種のリスA～Cについて考える。リスA～Cのえさの大きさや生息する標高は，それぞれが単独で生息している場合は図1のようになるが，リスAと

図1　リス3種（A～C）の生息する標高とえさの大きさ

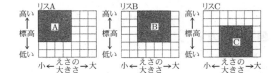

リスBの2種が同時に生息する場合は、えさや生活空間を奪い合う力の強さの関係で変化し、リスAとリスBの力の強さが同じであれば図2(a)(A＝B)のようになり、リスAよりもリスBが強ければ図2(b)(A＜B)のようになるものとする。

図2　リスAとリスBが同時に生息する場合

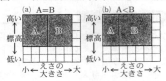

問4．3種のリスA～Cにおけるえさや生活空間を奪い合う力の強さが次の①～④の場合、3種のリスA～Cが同時に生息した場合に考えられる各リスのえさの大きさと生息する標高を、図2にならってそれぞれ下の図に示せ。ただし、標高においても図2のえさの大きさの場合と同様のことが起こるものとする。

①A＞B＞C　　　　②C＞A＞B
③A＞B＝C　　　　④A＝C＞B

① 　②

③ 　④

[Ⅲ]　**新傾向**　日本の河川の中流域でみられる代表的な魚として、オイカワ、カワムツ、アユの3種が存在する。図3のように、アユがいないときは、オイカワは主に中央部の流れが速い場所、カワムツは岸近くの深い場所で生活する。また、オイカワは主に川底の石に付着する藻類、カワムツは落下昆虫や水生昆虫などの昆虫類をえさとして多くとる。図4のように、夏になって藻類を食べるアユが川の中央部にすむようになると、オイカワは岸近くに移って昆虫類を食べるようになり、カワムツは中央部の水面近くへと移動する。

図3　アユがいないとき　　図4　アユがいるとき

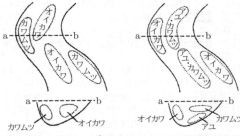

※図3，図4の下図は、いずれも上図のa----bの川の断面における分布図である。

問5．オイカワ、カワムツ、アユの力関係を問4の①～④にならって示せ。
問6．図4でアユとカワムツが川の中央部で共存できるのはなぜか。考えられる理由を2つあげよ。

## 2 力と圧力

次の会話文を読み、以下の各問に答えよ。ただし、水銀の密度を13.6 g/cm³，100 gの物体にはたらく重力の大きさを1Nとする。また、実験中に大気圧の大きさは変化せず、液体は蒸発しないものとする。

博士「助手君、イタリアの物理学者トリチェリが、水銀を用いて行った実験を知ってるかい？」

図1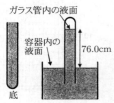

助手「水銀…？　どんな実験なの？」
博士「トリチェリの実験といって、トリチェリは1m程度の一端を閉じたガラス管に水銀を満たし、これを水銀の入った容器の中に逆さに立てると、大気が1気圧のとき、ガラス管内の水銀が容器の水銀の液面から76.0cmの高さで止まることを発見したんだ。」
助手「でもさ、博士。それなら、水銀の入っていない部分はどうなっている？」
博士「ガラス管内の水銀より上の部分は　あ　になっていて、これをトリチェリの　あ　というんだ。」
助手「自然界に　あ　が存在するの!?　水銀が　あ　を埋めるんじゃないの！？」
博士「一般的にはそう考えられていたんだけど、この実験から　あ　を作り出すことは、力が関係していることがわかったんだ。」
助手「力？」
博士「そう。たとえば、図1の状態を状態1とし、トリチェリの　あ　内に水を50 mL入れると、状態1と比べてガラス管内の水銀の液面は　い｛上がる・下がる｝。この状態を状態2とする。水の代わりに水よりも密度が大きく、水銀より密度が小さい液体を50 mL入れると状態2と比べてガラス管内の水銀の液面の高さは　う｛高くなる・低くなる｝んだ。」
助手「そうなんだ！　あれ？　でも博士？　水銀が上がろうとする性質があるなら、もし、ガラス管の底が動くようになったら、底はどう動くの？」
博士「面白い視点だね。じゃあそれを確かめるために実験をしてみよう。今度は図2のように110 cmの両端が開いているガラス管を用意する。このガラス管の一方の端に空気を通すふたAを動かないようにとりつけ、空気も水銀も通さないがガラス管内を自由に動けるピストン式のふたBをふたAとバネでつなぐ。このガラス管に水銀を満たし、水銀を入れた容器の中に逆さに立てたときの様子を観察してみよう。」

図2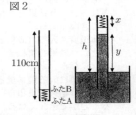

助手「最初はふたBが容器の液面と同じ高さになるようにするんだね。このとき　あ　はないね。」
博士「ふたAから水銀が入らないように気をつけてね。そのままガラス管を徐々に持ち上げてみようか。」
助手「あっ！　図2みたいにガラス管内に　あ　ができる高さまでガラス管を持ち上げたら、バネの長さは自然の長さと比べて、　え｛長い・変わらない・短い｝んだ！」
博士「このときの様子を観察すると、図3のグラフのように変化したね。どうやらトリチェリの実験とは大気圧に違いがあるから、水銀柱の高さは75.0cmに

図3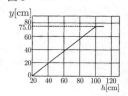

なったみたいだ。このグラフは図2のように縦軸を容器内の水銀の液面からガラス管内の液面の距離 $y$ [cm]、横軸を容器内の水銀の液面からふたAまでの距離 $h$ [cm]と設定してあるよ。」

助手「じゃあ、図2では大気圧は[お]N/cm² になるんじゃないかな?」

博士「お! よくわかったね!」

助手「ねえ、博士? このガラス管の断面積はいくら?」

博士「5 cm²だよ。」

助手「ということは…[あ]が出来たときにふたBが空気から受ける力は[か]Nになるよね。じゃあ!このバネの自然の長さは[き]cmで、バネを1cm伸ばすために必要な力の大きさは[く]Nだよね!」

博士「そのとおり!」

助手「そこまでわかれば、グラフが描けるんじゃないかな? やってみよう!」

問1.文章の空欄[あ]～[え]にあてはまる語句を答えよ。ただし{ }内の語句は適当なものを選び、答えよ。

問2. ▶難 文章の空欄[お]～[く]にあてはまる数値を答えよ。ただし、ふたA、ふたB、バネの重さ、ふたBの厚さは考えないものとする。

問3. ▶難 ▶思考力 図2の $h$ [cm]の長さが20 cmになるようにガラス管を沈めてから、$h$ [cm]が110 cmになるまでのバネの長さ $x$ [cm]の変化を、下のグラフに表せ。ただし、縦軸を $x$ [cm]、横軸を $h$ [cm]とする。

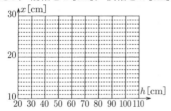

## 3 天気の変化

次の[Ⅰ]～[Ⅲ]を読み、以下の各問いに答えよ。ただし、湿度100%の空気の塊の温度は100 mの高度差につき0.5℃、湿度が100%に満たない空気の塊の温度は100 mの高度差につき1.0℃それぞれ変化するものとする。

[Ⅰ] 湿度が100%に満たない空気の塊が上昇すると、空気が( ① )して気温が( ② )する。気温が露点に達すると、雲が発生しはじめる。雲が発生しはじめる高さを「凝結高度」または「雲底高度」という(以下「凝結高度」を使用する)。

上昇する空気の塊は、気温の( ② )だけでなく、露点も( ② )する。露点は空気の塊が100 m上昇するごとに0.2℃ずつ( ② )する。

いま、標高0 mで気温が $T$ [℃]、露点が $t$ [℃]の空気が上昇したとき、標高 $h$ [m]で凝結高度に達して雲が発生しはじめるとする。気温は( ② )するので、標高 $h$ [m]の気温は( ③ )[℃]となる。一方、標高 $h$ [m]の露点は( ④ )[℃]となる。凝結高度 $h$ [m]では、気温と露点が等しいので、( ③ )[℃]=( ④ )[℃]となる。

問1. ▶よく出る 空欄①と②に適当な語句を以下の語群から選べ。
(語群) 膨張 収縮 上昇 低下

問2. 空欄③と④に適当な数式を記入せよ。係数が分数の場合は分母・分子は共に整数で表記せよ。また、約分できる分数は不正解とする。

問3. 凝結高度 $h$ を、$T$ と $t$ を用いて表せ。

問4. 標高0 mで気温26℃、湿度59.5%の空気の塊がある。この空気が上昇したときの凝結高度は何mになるか。文[Ⅰ]中の下線部と次の表1を参考にして答えよ。

表1 気温と飽和水蒸気量との関係

| 気温[℃] | 14 | 15 | 16 | 17 | 18 | 19 | 20 | 21 | 22 | 23 | 24 | 25 | 26 | 27 | 28 | 29 |
|---|---|---|---|---|---|---|---|---|---|---|---|---|---|---|---|---|
| 飽和水蒸気量[g/m³] | 12.1 | 12.8 | 13.6 | 14.5 | 15.4 | 16.3 | 17.3 | 18.3 | 19.4 | 20.6 | 21.8 | 23.1 | 24.4 | 25.8 | 27.2 | 28.8 |

[Ⅱ] 2018年の台風21号は日本列島に上陸し、関西地方を縦断していった。表2は、台風21号が神戸市に上陸した日時及び周辺各地点の緯度・経度と風向を示しているが、各地点とも風向は空欄になっている。なお、神戸市の緯度と経度はそれぞれ北緯34.7°、東経135.2°である。

表2 各地点の緯度・経度及び、台風が神戸市に上陸した時点の各地点の風向

| 神戸市上陸日時 | 地点名 | 緯度 | 経度 | 風向 |
|---|---|---|---|---|
| 9月4日14時 | A | 北緯34.6° | 東経134.0° | ( ① ) |
| | B | 北緯35.2° | 東経136.9° | ( ② ) |
| | C | 北緯35.5° | 東経135.4° | ( ③ ) |
| | D | 北緯34.2° | 東経135.2° | ( ④ ) |

問5. 各地点の緯度・経度とともに台風の特徴を参考にして、各地点の風向として最も適当なものを下のア～エからそれぞれ一つずつ選び、記号で答えよ。
ア.北東　イ.南西　ウ.北西　エ.南東

[Ⅲ] 台風通過時は潮位が上昇する。理由としては下図のように、気圧が低下することによって海面が吸い上げられる「吸い上げ効果」に併せ、強風が海岸に向かって吹き寄せることで海面が上がる「吹き寄せ効果」が生じているからである。なお、通常潮位時の風速を $a$ [m/秒]、台風通過時の風速を $b$ [m/秒]とすると、吹き寄せ効果による海面の上昇量は、(通常潮位)[cm]×$\left(\dfrac{b}{a}\right)^2$ となる。

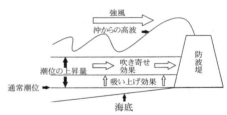

台風通過時における潮位上昇の模式図

問6. ▶難 神戸市の穏やかな晴天時の気圧と平均風速はそれぞれ1008 hPa、4.0 m/秒で、通常潮位は10 cmである。台風上陸時の神戸市の気圧と平均風速が955 hPa、18.0 m/秒であったとすると、台風上陸時の潮位は通常潮位より何cm上昇したと考えられるか。

(潮位の上昇量)=(吸い上げ効果による上昇量)+(吹き寄せ効果による上昇量)として小数第一位まで答えよ。なお、海水の密度を1.0 g/cm³とし、100 gの物体にかかる重力の大きさを1 Nとする。

## 4 水溶液、水溶液とイオン

次の文を読み、以下の各問いに答えよ。

日本独自の塩造りのプロセスは、海水の水分を飛ばして「かん水」と呼ばれる濃い塩水をつくる「採かん」と、かん水を煮詰めて塩として取り出す「煎ごう」という2段階で行われる。塩の主成分である塩化ナトリウムは温度による溶解度の差が小さいため、溶液を加熱して溶媒の量を減らし、飽和溶液に達した後、溶けきれなくなった溶質を結晶として取り出すという方法がとられている。

質量パーセント濃度がともに25％の塩化ナトリウム水溶液100gと硝酸カリウム水溶液100gの混合水溶液Aがある。下表は塩化ナトリウムと硝酸カリウムの温度ごとの溶解度である(溶解度とは水100gに溶ける溶質の質量[g]の値である)。また下図に塩化ナトリウムと硝酸カリウムの溶解度曲線を示す。これについて以下の問いに答えよ。なお、他の溶質の存在は溶解度に影響を及ぼさないものとする。

塩化ナトリウムと硝酸カリウムの溶解度[g/水100g]

| 温度[℃] | 10 | 20 | 30 | 40 | 50 | 60 |
|---|---|---|---|---|---|---|
| 塩化ナトリウム | 36 | 36 | 36 | 36 | 37 | 37 |
| 硝酸カリウム | 22 | 32 | 45 | 61 | 86 | 106 |

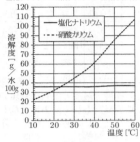

問1．塩化ナトリウム水溶液と硝酸カリウム水溶液を見分ける方法として次の方法は適しているか。見分けることができるものは○，できないものには×を記せ。
① 硝酸銀水溶液を入れる。
② 溶液を洗浄した白金線につけてガスバーナーの外炎に入れる。
③ スチールウールを入れる。
④ 水溶液を電気分解して刺激臭をもつ気体が発生するかどうか調べる。

問2．塩化ナトリウムのように，温度による溶解度の差が小さい固体を取り出すため，水溶液を熱して水を完全に蒸発させる方法を何というか。

問3．混合水溶液Aの水を100g蒸発させた後，溶液を冷却すると，6.0gの塩化ナトリウムの純粋な結晶が析出した。このとき，水溶液の質量に占める塩化ナトリウムと硝酸カリウムの質量の割合はそれぞれ何％か。答は小数点以下を四捨五入し，整数で答えよ。

問4．混合水溶液Aの水を100g蒸発させた後，溶液の温度を以下の温度にすると，溶液から析出する結晶は何か。下のア〜エからそれぞれ一つずつ選び記号で答えよ。
① 10℃　② 40℃　③ 60℃
ア．塩化ナトリウムの結晶のみが析出する。
イ．硝酸カリウムの結晶のみが析出する。
ウ．塩化ナトリウムと硝酸カリウムの結晶がともに析出する。
エ．結晶は析出しない。

問5．問3，問4から考えて，この方法で混合水溶液Aから塩化ナトリウムの結晶のみを得るには，冷却後の溶液の温度をどのような条件にすればよいか。ただし，蒸発させる水の量は100gとし，変化させないものとする。

問6．[思考力] 塩化ナトリウムと硝酸カリウムの混合物を水に溶かして加熱し，水を蒸発させる。さらに水溶液を10℃まで冷却したときに，混合物中の硝酸カリウムの割合が何％以下であれば，塩化ナトリウムの結晶のみが得られるか。答は小数第二位を四捨五入し，小数第一位まで答えよ。

# 青雲高等学校

時間 50分　満点 100点　解答 P47　1月12日実施

## 出題傾向と対策

● 例年通り，小問集合1題と物理，化学，生物，地学から各1題の計5題の出題であった。解答形式は記述式が多く，計算問題が目立った。教科書の内容を超える出題も見られたが，与えられたデータや条件をもとに答えを導くことができるものが多かった。
● 基本事項をしっかりと理解したうえで，数多くの応用問題に取り組み，科学的思考力や論理的思考力を身につけ，速く正確に計算する力を養っておく必要がある。また，問題文の要点を整理する読解力も求められる。

## 1 小問集合 (20点)

次の(1)〜(10)の問いについて，それぞれの選択肢の中から適当なものを1つずつ選んで，記号で答えよ。

(1) 植物に関して正しく述べたものはどれか。
ア．スギナは根，茎，葉の区別がないコケ植物である。
イ．シロツメクサの花は小さな花の集まりである。
ウ．ツツジの花は花弁が1枚1枚離れている離弁花である。
エ．タンポポの根は多数の細い根が広がっているひげ根である。
オ．スズメノカタビラの根は主根を中心に，そこから側根がひろがっている。

(2) 胃のレントゲン撮影に造影剤として使われる物質はどれか。
ア．塩化カルシウム
イ．炭酸水素ナトリウム
ウ．水酸化バリウム
エ．炭酸カルシウム
オ．炭酸ナトリウム
カ．硫酸バリウム

(3) [基本] 右図が示す風向と天気の組み合わせとして正しいものはどれか。
ア．北東の風・雨
イ．北東の風・曇り
ウ．北東の風・晴れ
エ．南西の風・雨
オ．南西の風・曇り
カ．南西の風・晴れ

(4) [基本] 軟体動物の組み合わせとして正しいものはどれか。
ア．ウニ・ミジンコ
イ．ミジンコ・イソギンチャク
ウ．イソギンチャク・ハマグリ
エ．ハマグリ・マイマイ
オ．マイマイ・カイメン

(5) 代表的なプラスチックの名称とその略号として，誤っているものはどれか。

| | 名称 | 略号 |
|---|---|---|
| ア | ポリエチレンテレフタラート | PET |
| イ | ポリエチレン | PE |
| ウ | ポリ塩化ビニル | PEV |
| エ | ポリプロピレン | PP |
| オ | ポリスチレン | PS |

(6) 思考力 光源Sから発したレーザー光線が右図の方向上に立てた鏡P，Q，Rで反射を繰り返した。鏡Qを図の実線の位置から点線の位置までわずかにずらすと，

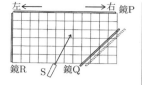

レーザー光線が鏡Pに2回目，3回目に当たる点は，鏡Qをずらす前に比べて左右どちら向きに移動するか。
ア．2回目，3回目の点はいずれも右側に移動する。
イ．2回目，3回目の点はいずれも左側に移動する。
ウ．2回目の点は右側に，3回目の点は左側に移動する。
エ．2回目の点は左側に，3回目の点は右側に移動する。
オ．2回目の点は右側に移動し，3回目の点はQをずらす前と同じ位置に戻る。

(7) 基本 酸素を多く含んだ血液が流れる血管の組み合わせとして正しいものはどれか。
ア．大動脈・肺動脈　イ．大動脈・肺静脈
ウ．大静脈・肺動脈　エ．大静脈・肺静脈

(8) 基本 炭素電極を用いて塩化銅水溶液の電気分解を行ったとき，陰極で起こる反応は次のどれか。
ア．$H_2 \rightarrow 2H^+ + 2e^-$
イ．$2H^+ + 2e^- \rightarrow H_2$
ウ．$Cl_2 + 2e^- \rightarrow 2Cl^-$
エ．$2Cl^- \rightarrow Cl_2 + 2e^-$
オ．$Cu \rightarrow Cu^{2+} + 2e^-$
カ．$Cu^{2+} + 2e^- \rightarrow Cu$

(9) 基本 天体について述べた文として誤っているものはどれか。
ア．月食が起こるとき，月は太陽と地球の間にある。
イ．太陽の黒点は，周囲よりも温度が低い部分である。
ウ．星座は1日当たり約1°西のほうに動いて見える。
エ．明けの明星は東の空に見える。
オ．新月の2日後の月は夕方西の空に見える。

(10) 右図のA点から小物体を静かに放して運動させると，B点をなめらかに通過し，曲面上のD点で一瞬静止してから曲面をすべり下り始めた。A点を動き出してからD点で一瞬静止するまでの，小物体の速さと時間の関係を表すグラフとして適切なものはどれか。ただし，AB間の斜面とCD間の曲面はなめらかで摩擦はなく，水平面BC間には一定の大きさの摩擦力がはたらくものとする。

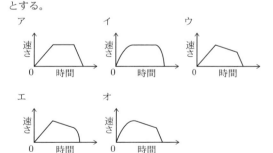

## 2 生物の観察　(15点)

光学顕微鏡に関する次の文章を読んで，後の問いに答えよ。

顕微鏡を持ち運ぶときは，一方の手でアームをにぎり，他方の手で（ ① ）を支える。顕微鏡は（ ② ）日光のあたらない明るく（ ③ ）な場所に置き，（ ④ ）内にほこりが入らないよう，接眼レンズ，対物レンズの順にとりつける。レボルバーを回して最低倍率にしたあと，しぼりを開き，反射鏡を動かして視野の全体が明るく見えるようにする。プレパラートの観察物が対物レンズの真下にくるように，ステージの上に置き，クリップでとめる。横から見ながら（ ⑤ ）ねじを回し，対物レンズとプレパラートをできるだけ近づける。接眼レンズをのぞきながら（ ⑤ ）ねじを反対方向にゆっくりと回してピントを合わせる。高倍率にすると，見える範囲はせまくなり，視野の明るさは暗くなる。
顕微鏡に使用している対物レンズは焦点距離の短い凸レンズ，接眼レンズは焦点距離の長い凸レンズである。まず，対物レンズが，焦点のa（ 内側・外側 ）にある観察物の拡大された倒立の（ ⑥ ）を（ ④ ）内につくる。この像は接眼レンズの焦点のb（ 内側・外側 ）に位置するので，接眼レンズを通して見ると，さらに拡大された正立の（ ⑦ ）が観察される。その結果，上下左右が逆に見えるのである。

問1．文章中の空欄（ ① ）〜（ ⑦ ）に適する語を2文字で記せ。
問2．文章中のa，bについて，適する語をそれぞれ選んで答えよ。
問3．下線部に関して説明した次の文章中の【 X 】・【 Y 】に適する整数または分数を答えよ。

縦横均等に配置された小さな光の集まりを顕微鏡で観察する場合を考える。接眼レンズ10倍，対物レンズ10倍のとき，光の粒が80個見えていたとする。レボルバーを回し，対物レンズを40倍にすると，見える範囲は【 X 】倍となるので，見える光の粒子は【 Y 】個となる。見える光の粒子が少なくなるので，視野の明るさは暗くなることがわかる。

## 3 火山と地震　(20点)

次の文章を読んで，後の問いに答えよ。

九州には現在も活動が盛んな火山が複数存在する。雲仙の普賢岳は1991年に大規模な噴火があり，現在も山頂に（ ① ）が見られる。（ ① ）の先端が崩壊し，火砕流が発生して大きな被害をもたらした。桜島は火山活動が活発で，小規模な噴火が断続的に起こっている。新燃岳や阿蘇山も桜島と同じようなタイプの火山である。1桜島の山肌は全体に灰色っぽく見えるが，普賢岳の山肌はそれよりも白っぽく見える。
火山活動の前兆として火山性の地震が観測されることがあるが，地震は火山活動だけではなく，2プレートや3活断層の動きによって生じるものもあり，その原因はさまざまである。ある場所で発生した地震は離れた場所でも観測することができ，最初に到達する地震波をP波，少し遅れて到達する地震波をS波という。P波による揺れを初期微動，S波による揺れを（ ② ）という。4P波による揺れだけが続いている時間は初期微動継続時間といい，震源から観測地までの距離によって異なる。

問1．基本 文章中の空欄（ ① ），（ ② ）に適する語を記せ。
問2．基本 下線部1に関して，溶岩が固まってできた岩石のうち，灰色っぽいものと白っぽいものを次のア〜カの中からそれぞれ1つずつ選んで，記号で答えよ。
ア．玄武岩　イ．花こう岩　ウ．斑れい岩
エ．流紋岩　オ．安山岩　カ．せん緑岩
問3．基本 溶岩が固まってできた岩石について述べた文として適当なものをすべて選んで，記号で答えよ。
ア．粘り気が強く流れにくいマグマが冷え固まった岩石は，セキエイやキ石を多く含んでいる。
イ．粘り気が強く流れにくいマグマが冷え固まった岩石は，チョウ石やセキエイを多く含んでいる。
ウ．粘り気が弱く流れやすいマグマが冷え固まった岩石は，キ石やカンラン石を多く含んでいる。

エ．粘り気が弱く流れやすいマグマが冷え固まった岩石は，チョウ石やクロウンモを多く含んでいる。

問4．**基本** 下線部2に関して，日本列島は4つのプレートが集まっているところにあるが，長崎県は何というプレート上に位置するか，その名称を答えよ。

問5．**思考力** 下線部3に関して，ある活断層が動いて地震が発生したときに，震央から東西南北に数十km離れた観測地点A〜Dの水平動地震計の記録から，最初に揺れた向きがA地点では西，B地点では東，C地点では南，D地点では北であることがわかった。この結果から推測される活断層の動きとして適当なものを次のア〜エの中から1つ選んで，記号で答えよ。ただし，図中の矢印は上空から見た断層が動いた方向を表している。

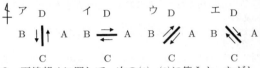

問6．下線部4に関して，次の(1)，(2)に答えよ。ただし，P波の速度は7.5 km/秒，S波の速度は4.0 km/秒とし，割り切れない場合は，四捨五入して小数第1位まで答えよ。
(1) 震源距離が150 kmの地点での初期微動継続時間は何秒か。
(2) 初期微動継続時間が4.7秒であれば，震源距離は何kmか。

## 4 物質のすがた，化学変化と物質の質量 (22点)

金属を用いた次の〔実験1〕〜〔実験4〕について，後の問いに答えよ。

〔実験1〕 三角フラスコに亜鉛を入れ，塩酸を加えたところ，気体が発生した。

〔実験2〕 鉄粉と硫黄の粉末を乳鉢に入れ，乳棒を用いてよくかき混ぜたのち2つに分け，それぞれ試験管A，Bに入れた。試験管Aの混合物の上端を加熱し，少し赤くなったら加熱をやめたが，混合物全体に反応が広がり，黒色の物質ができた。また，試験管Bは加熱することなく次の〔実験3〕で利用した。

〔実験3〕 〔実験2〕の試験管A，Bに，それぞれ塩酸を数滴加えたところ，試験管Aからは気体X，試験管Bからは気体Yが発生した。

〔実験4〕 マグネシウムの粉末をステンレス皿にうすく広げて加熱する実験を，4つの班が行ったところ，加熱前のマグネシウムの質量と加熱後の固体の質量の関係が下表のようになった。なお，1〜3班ではマグネシウムは全て酸化マグネシウムに変化したが，4班では完全に反応が進まず，未反応のマグネシウムが残った。

|  | 1班 | 2班 | 3班 | 4班 |
|---|---|---|---|---|
| 加熱前のマグネシウム[g] | 1.29 | 2.25 | 3.51 | 5.07 |
| 加熱後の固体[g] | 2.15 | 3.75 | ( a ) | 8.15 |

問1．**基本** 〔実験1〕で発生する気体の捕集法を漢字で記せ。

問2．〔実験1〕で発生する気体と同じ気体が発生する実験はどれか。次のア〜オの中から1つ選んで，記号で答えよ。
ア．銅にうすい硫酸を加える。
イ．酸化銀を加熱する。
ウ．炭酸水素ナトリウムを加熱する。
エ．水酸化バリウムと塩化アンモニウムを混合する。
オ．アルミニウムに水酸化ナトリウム水溶液を加える。

問3．**基本** 〔実験2〕で生じる黒色の物質は何か。名称を答えよ。

問4．〔実験2〕において，加熱を止めた後も反応が続く理由を答えよ。

問5．〔実験3〕において，試験管Aでおこる反応を化学反応式で記せ。

問6．**基本** 〔実験3〕で発生した気体Yの性質として最も適当なものを次のア〜オの中から1つ選んで，記号で答えよ。
ア．刺激臭があり，水でぬらした赤色リトマス紙を青色に変える。
イ．水に少し溶け，石灰水を白濁させる。
ウ．水に溶けにくく，非常に軽く燃えやすい。
エ．無色で，助燃性を示す。
オ．腐卵臭があり，有毒である。

問7．**よく出る** 〔実験4〕でおこる変化を化学反応式で記せ。

問8．**よく出る** 〔実験4〕の表中の( a )に適する数値を答えよ。

問9．〔実験4〕の4班の実験において，未反応のマグネシウムの質量は何gか。割り切れない場合は，四捨五入して小数第2位まで答えよ。

## 5 電流 (23点)

図1のように，豆電球L，抵抗値500Ωの抵抗R，電流計A，電源装置Eを直列接続し，豆電球Lに対して電圧計Vを並列接続した回路を組んだ。図2のグラフは，電源装置Eの電圧を0Vから少しずつ大きくして，電流計Aと電圧計Vの測定値の変化を調べ，豆電球Lにかかる電圧と豆電球Lに流れる電流の関係を表したものである。電流計Aにかかる電圧，電圧計Vに流れる電流，および導線の抵抗は考えないものとする。これについて後の問いに答えよ。ただし，割り切れない場合は，小数第1位を四捨五入して整数値で答えよ。

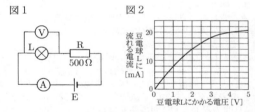

問1．抵抗Rに流れる電流は抵抗Rにかかる電圧に比例するが，豆電球Lに流れる電流は図2のように豆電球Lにかかる電圧に比例しない。これは，豆電球Lにかかる電圧が大きくなると豆電球Lのフィラメントに流れる電流も増え，その電流により発生する熱のためフィラメントの温度が高くなって抵抗値が変化するためである。図2のグラフから，フィラメントの温度が高くなっていくと，豆電球Lの抵抗値は「大きくなっていく」，「小さくなっていく」のどちらであるといえるか。「大」または「小」で答えよ。

問2．図1の回路について，次の(1)，(2)に答えよ。
(1) 電源装置Eの電圧を調節して，電圧計Vが2.0 Vを示したとき，
① 豆電球Lに流れる電流は何mAか。
② 豆電球Lの抵抗値は何Ωか。
③ 抵抗Rにかかる電圧は何Vか。
(2) 電源装置Eの電圧を調節して，電流計Aが20 mAを示したとき，
① 豆電球Lにかかる電圧は何Vか。
② 豆電球Lの抵抗値は何Ωか。
③ 電源装置Eの電圧は何Vか。

次に，豆電球L，同じ規格の豆電球M，電源装置E，抵抗R，電流計A，電圧計Vを用いて右の図3のような回路を組んだ。

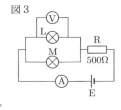
図3

問3．[思考力] 電源装置Eの電圧を調節して，電圧計Vが3.0Vを示したとき，
(1) 電流計Aは何mAを示すか。
(2) 電源装置Eの電圧は何Vか。

次に，豆電球L，M，同じ規格の豆電球N，電源装置Eを用いて右の図4のような回路を組んだ。これらの豆電球M，Nの消費電力をそれぞれ$P_M$，$P_N$とする。

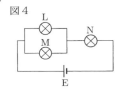
図4

問4．[難] 電源装置Eの電圧を0Vから少しずつ大きくしていくとき，$P_N$と$P_M$の比の値$\frac{P_N}{P_M}$はどのような値または範囲をとるか。正しい値または範囲を表しているものを次のア〜キの中から1つ選んで，記号で答えよ。

ア．$0 < \frac{P_N}{P_M} < \frac{1}{4}$　　イ．$\frac{P_N}{P_M} = \frac{1}{4}$

ウ．$\frac{1}{4} < \frac{P_N}{P_M} < 1$　　エ．$\frac{P_N}{P_M} = 1$

オ．$1 < \frac{P_N}{P_M} < 4$　　カ．$\frac{P_N}{P_M} = 4$

キ．$\frac{P_N}{P_M} > 4$

---

# 清風南海高等学校

時間 50分　満点 100点　解答 p48　2月10日実施

## 出題傾向と対策

● 例年通り，物理，化学，生物，地学各1題の計4題の出題であった。選択式と記述式がほぼ同数で，記述式では計算問題が目立った。科学的思考力や論理的思考力を必要とする問題が中心で，教科書の範囲を超える出題も多かったが，問題文に沿って考えていけば解答できる。
● 基本事項を確実に理解したうえで，数多くの過去問や応用問題に取り組み，科学的思考力や論理的思考力を身につけておく必要がある。問題文中に条件やヒントが書かれているので，読解力も求められる。

## 1 天気の変化

次の文章A，Bを読み，問1〜問6に答えなさい。
表1は，それぞれの温度での空気の飽和水蒸気量を示したものです。

A．温度30℃の空気を，容積500 cm³の透明容器に密閉して，徐々に冷やしていきます。容器内の温度が22℃になったときに，容器内の面に水滴が付きだしました。

問1．[基本] 空気中の水蒸気が水滴に変わり始める温度を何といいますか。漢字2文字で答えなさい。

問2．[基本] 温度30℃のときの容器内の湿度を答えなさい。割り切れない場合は，小数第1位を四捨五入して整数値で答えなさい。

問3．[基本] 容器をさらに10℃まで冷却したとき，容器内に水滴は何mgあるか求めなさい。

表1

| 温度[℃] | 飽和水蒸気量[g/m³] |
|---|---|
| 0 | 4.8 |
| 2 | 5.6 |
| 4 | 6.4 |
| 6 | 7.3 |
| 8 | 8.3 |
| 10 | 9.4 |
| 12 | 10.7 |
| 14 | 12.1 |

| 温度[℃] | 飽和水蒸気量[g/m³] |
|---|---|
| 16 | 13.6 |
| 18 | 15.4 |
| 20 | 17.3 |
| 22 | 19.4 |
| 24 | 21.8 |
| 26 | 24.4 |
| 28 | 27.2 |
| 30 | 30.4 |

B．空気が山の斜面に沿って上昇し，雲が出来て雨を降らせる現象について考えます。空気が上昇するとき，雲が出来ていないときは高度100 mにつき1℃，雲が出来ているときは高度100 mにつき0.5℃だけ温度が下がり，下降するときはそれぞれ同じ割合で温度が上がります。また，飽和水蒸気量は気圧の変化によらず温度によって表1のように決まるものとします。
　今，高度0 mで24℃の空気が山の斜面に沿って上昇を始めました。高度200 mで湿度は55％でした。

問4．[よく出る] この空気1 m³あたりに含まれる水蒸気量はいくらですか。答えは，小数第2位を四捨五入して，小数第1位まで答えなさい。

空気はさらに上昇し，雲が生じました。

問5．[よく出る] 雲が生じたときの，およその高度を求めなさい。

空気は雨を降らせながら上昇し，高度2000mの山頂で雲が消えました。さらに，山の斜面に沿って，高度200mの盆地に達しました。

問6. **よく出る** 空気が盆地に達したときのおよその温度と湿度を求めなさい。答えは小数第1位を四捨五入して，整数値で答えなさい。

## 2 物質のすがた，化学変化，水溶液とイオン

次の清くんと先生の会話文を読み，問1〜問7に答えなさい。

清くん「先生，僕は最近化学の勉強をしていて，銅に興味を持つようになりました。」

先生「それは素晴らしいことですね。銅は単体では金属の性質を示します。また，銅には様々な①化合物が存在します。」

清くん「最近学習した記憶があります。銅の化合物も少し覚えていますよ。酸化銅や塩化銅がありませんでしたか。」

先生「そうですね。では，銅の単体が酸素と反応し，酸化銅になる化学反応式はかけますか。」

清くん「はい。$2Cu + O_2 \rightarrow 2CuO$ ですね。」

先生「この反応で銅は銅イオンに変化しています。$Cu \rightarrow Cu^{2+} + 2\ominus$（$\ominus$は電子を表す）と考えることができます。」

清くん「なるほど，銅が酸化されるとは，電子を **A** と言い換えることができるんですね。」

先生「そうですね。では，次に塩化銅はどの単元で出てきましたか。」

清くん「たしか電気分解だったと思われます。」

先生「塩化銅水溶液を電気分解するとどのような反応が起きるかわかりますか。実際に電気分解してみましょうか。ここに塩化銅水溶液があります。炭素棒を電極として電気分解してみましょう。陰極と陽極を観察してください。」

清くん「②陰極では赤色の銅が付着し，陽極では塩素が発生しています。」

先生「塩化銅は水溶液中でほぼ完全に電離しています。さて，先ほどの電子のやり取りの考え方を踏まえると，この電気分解では銅は酸化されたでしょうか。還元されたでしょうか。」

清くん「電子を **B** ので **C** されたんですね！」

先生「その通りです。」

清くん「銅イオンは陽イオンでしたよね。もしかして，陽イオンは電子を受け取りやすいのではないでしょうか。ここにある塩化ナトリウム水溶液を電気分解すると，ナトリウムを取り出すことが出来ると思います。」

先生「実験してみましょう。同様に炭素電極を用いて電気分解を行います。」

清くん「陽極では塩素が発生しています。陰極では…気体が発生していて，ナトリウムは見られないです。③気体の発生も陽極より激しく発生しています。」

先生「実は④電子を受け取る力は陽イオンごとに異なり，ナトリウムイオンは電子を受け取る力が弱いです。そこで代わりに水が電子を受け取り，水素が発生したんです。」

清くん「ということは，電気分解でナトリウムを取り出すことはできないのですか。」

先生「いえ，⑤水が存在せず，ナトリウムイオンが自由に動ける状況を作れば可能ですよ。」

問1. **基本** 次の金属に関する文章のうち正しいものを次のア〜エからすべて選び，記号で答えなさい。
ア．固体の金属には，たたくと広がる性質がある。

イ．常温・常圧において，すべて固体とは限らない。
ウ．銅は磁石に引き寄せられる。
エ．亜鉛板と銅板で電池を作ると亜鉛板が正極になる。

問2. **基本** 下線部①について，次のア〜カの物質のうち化合物をすべて選び，記号で答えなさい。
ア．スチールウール　　イ．ドライアイス
ウ．エタノール　　　　エ．ダイヤモンド
オ．空気　　　　　　　カ．塩酸

問3. **よく出る** 下線部②の陽極で起こる反応を，電子（$\ominus$）を含む式で書きなさい。

問4. 文中のA，B，Cに当てはまる語句の組み合わせで適当なものをア〜カから1つ選び，記号で答えなさい。

| | ア | イ | ウ | エ | オ | カ |
|---|---|---|---|---|---|---|
| A | 失う | 受け取る | 失う | 受け取る | 失う | 受け取る |
| B | 受け取る | 失う | 失う | 受け取る | 受け取る | 失う |
| C | 還元 | 酸化 | 酸化 | 還元 | 酸化 | 還元 |

問5. **よく出る** 下線部③について，陰極での気体の発生が陽極に比べて激しい理由を以下に記しました。 □ に当てはまる文を，7文字以内で答えなさい。
【理由】陽極で発生する気体は，[　　　　　]から。

問6. 下線部④について，問題文から銅イオン，ナトリウムイオン，水のうち，電子を受け取りやすい順番に並べたものをア〜カから1つ選び，記号で答えなさい。
ア．銅イオン→ナトリウムイオン→水
イ．水→ナトリウムイオン→銅イオン
ウ．ナトリウムイオン→水→銅イオン
エ．銅イオン→水→ナトリウムイオン
オ．水→銅イオン→ナトリウムイオン
カ．ナトリウムイオン→銅イオン→水

問7. 下線部⑤の操作として適当なものを次のア〜エから1つ選び，記号で答えなさい。
ア．塩化ナトリウム水溶液の水を室温で蒸発させる。
イ．塩化ナトリウムを融解させる。
ウ．塩化ナトリウムを乳鉢と乳棒を使ってすりつぶす。
エ．塩化ナトリウムをさらに加え，飽和状態にする。

## 3 動物の体のつくりと働き

次の文章を読み，問1〜問4に答えなさい。

図1はブタの腎臓の外形をスケッチしたものです。この腎臓の中央部付近には，スケッチで描かれているとおり，3つの管がありました。管1から薄めた牛乳を注入すると，管2からは牛乳が出て，管3からは透明な液体が出てきました。ところが，管2から薄めた牛乳を注入しようとしてもうまく注入できませんでした。

図1

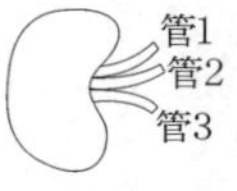

管1
管2
管3

問1. 図1の管1〜3について，次の問いに答えなさい。
① 管1〜3の名称の組合せとして適当なものを，次のア〜カから1つ選び，記号で答えなさい。

| | 管1 | 管2 | 管3 |
|---|---|---|---|
| ア | 輸尿管 | 動脈 | 静脈 |
| イ | 動脈 | 輸尿管 | 静脈 |
| ウ | 動脈 | 静脈 | 輸尿管 |
| エ | 輸尿管 | 静脈 | 動脈 |
| オ | 静脈 | 輸尿管 | 動脈 |
| カ | 静脈 | 動脈 | 輸尿管 |

② 管1と2それぞれに牛乳を入れたとき，管2で牛乳がうまく注入できなかったのはなぜですか。その理由として最も適当なものを，次のア〜ウから1つ選び，

記号で答えなさい。
ア．管2は，尿を運ぶための管であるため。
イ．管2が筋肉層の厚い壁からなっているため。
ウ．管2の内部が逆流を防ぐ構造になっているため。

腎臓の構造についてさらに詳しく観察するため，腎臓の一部を取り出し，顕微鏡を用いて観察しました。その模式図が図2です。観察されたものについて調べた結果，これは腎単位と呼ばれる，腎臓がはたらくための基本構造であることがわかりました。

ヒトの腎臓1個には，腎単位がおよそ100万個存在しています。ヒトは腎単位を通して，血液中の余分な水分，塩分や尿素などの不要物を尿として体外へ排出することができています。

尿の排出は，ろ過と再吸収という2つのしくみによって行われています。以降の話は，健康な人の場合の話です。まず，血液が図中の矢印の向きから血管内を流れてくると，図2の①から②へ，血しょうの一部がろ過されます。このとき，血液中に含まれるタンパク質や血球などはろ過されません。ろ過された液を原尿といい，原尿が③を流れているときに，ブドウ糖はすべて再吸収され，水や塩分もほとんど再吸収されます。また，尿素はあまり再吸収されず，再吸収されなかった物質は，④の尿として体外に排出されます（そのため，ブドウ糖は尿には含まれません）。

図2

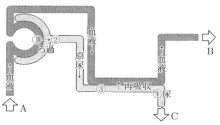

問2．図2のA〜Cは，図1の管1〜3のどれにつながっていますか。その組み合わせとして最も適当なものを，次のア〜カから1つ選び，記号で答えなさい。

| | A | B | C |
|---|---|---|---|
| ア | 1 | 2 | 3 |
| イ | 1 | 3 | 2 |
| ウ | 2 | 1 | 3 |
| エ | 2 | 3 | 1 |
| オ | 3 | 1 | 2 |
| カ | 3 | 2 | 1 |

腎臓の排出機能について調べるとき，イヌリンと呼ばれる物質を使う場合があります。イヌリンとは，ヒトの血液には含まれない物質で，ヒトはイヌリンを分解することも吸収することもできません。また，イヌリンを血管内に注射すると，図2の②ではすべてろ過されますが，③では全く再吸収されずにそのまま尿に含まれ体外に排出されます。次の表は，血しょう，原尿，尿中のイヌリンについての測定値です。

イヌリンの測定値

| 場所 | イヌリンの濃度[mg/mL] |
|---|---|
| 血しょう | $a$ |
| 原尿 | $a$ |
| 尿 | $b$ |

※[mg/mL]とは，1 mLあたりに対象の物質が何mg含まれているかを示しています。

いま，一定時間に生成される原尿量を$X$[mL]とすると，原尿のイヌリンの濃度は$a$[mg/mL]なので，その中に含まれるイヌリンの量は，（ ① ）mgとなります。同様に，一定時間内に生成される尿量を$Y$[mL]とすると，尿中のイヌリン濃度は$b$[mg/mL]なので，その中に含まれるイヌリンの量は（ ② ）mgとなります。イヌリンは，ろ過されるが再吸収されないため，原尿中と尿中で含まれる量は同じで，（ ① ）=（ ② ）という式が成り立ちます。この式を$X$の方程式として，すなわち原尿量を表す式として変形すると，$X=$（ ③ ）になります。

問3．上記の文中の空欄①〜③にあてはまる文字式を，次のア〜シからそれぞれ選び，記号で答えなさい。

ア．$a$  イ．$b$  ウ．$aX$
エ．$bX$  オ．$aY$  カ．$bY$
キ．$\dfrac{a}{b}$  ク．$\dfrac{b}{a}$  ケ．$\dfrac{a}{b}X$
コ．$\dfrac{a}{b}Y$  サ．$\dfrac{b}{a}X$  シ．$\dfrac{b}{a}Y$

いま，人にイヌリンを注射し，一定時間後に血しょう，原尿，尿それぞれを採取し，そこに含まれるブドウ糖とイヌリンの濃度を測定しました。すると，それぞれの原尿中と尿中での濃度はブドウ糖が1 mg/mLと（ ア ）mg/mL，イヌリンが0.1 mg/mLと12 mg/mLでした。また，1分間に生成される尿量は1.1 mLでした。ここから，1分間に作られる原尿の量は（ イ ）mLと計算できます。

問4．**思考力** 文中の空欄ア，イにあてはまる数値を答えなさい。

## 4 ｜ 電流 ｜

次のⅠ，Ⅱの文章を読み，問1〜問6に答えなさい。

Ⅰ．消費電力の異なる電球A，Bを用意し，以下の実験をしました。

問1．**よく出る** 図1のように，電球A，Bと電源を直列に接続したところ，電球Aは点灯し，電球Bも点灯しましたが，Aより暗くなりました。次のア〜ウから適当なものをすべて選び，記号で答えなさい。

図1
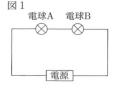

ア．電球Aの電流は，電球Bの電流より強い。
イ．電球Aの電圧は，電球Bの電圧より大きい。
ウ．電球Aの抵抗は，電球Bの抵抗より大きい。

問2．**よく出る** 図2のように，電球A，Bを並列につないで電源に接続します。これについて，選択肢1のア〜カから適当なものをすべて選び，記号で答えなさい。また，電球A，Bの明るさはどのようになりますか。選択肢2のア〜ウから適当なものを1つ選び，記号で答えなさい。

図2

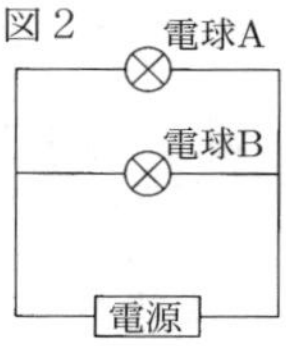

選択肢1
ア．電球Aの電圧は，電球Bの電圧より大きい。
イ．電球Bの電圧は，電球Aの電圧より大きい。
ウ．電球Aの電流は，電球Bの電流より強い。
エ．電球Bの電流は，電球Aの電流より強い。
オ．電球Aと電球Bの電圧は，等しい。
カ．電球Aと電球Bの電流は，等しい。

選択肢2
ア．電球Aのほうが明るい。
イ．電球Bのほうが明るい。
ウ．電球Aと電球Bは同じ明るさである。

問3. よく出る 同じ種類の2つの電球A₁, A₂を並列につなぎ, 図3のように電源に接続しました。図3の状態からスイッチを開いたときの電球A₁について, 選択肢1のア〜カから適当なものをすべて選び, 記号で答えなさい。また, スイッチを開くと電球A₁の明るさはどのようになりますか。選択肢2のア〜ウから適当なものを1つ選び, 記号で答えなさい。

図3

選択肢1
ア. 電球A₁の電流が強くなる。
イ. 電球A₁の電流が弱くなる。
ウ. 電球A₁の電流は変わらない。
エ. 電球A₁の電圧は大きくなる。
オ. 電球A₁の電圧は小さくなる。
カ. 電球A₁の電圧は変わらない。

選択肢2
ア. 明るくなる。
イ. 暗くなる。
ウ. 同じ明るさである。

Ⅱ. 電流計と電圧計を用いて回路に流れる電流と抵抗の電圧を測定します。ただし, 電流計, 電圧計の内部の抵抗は無視できるものとします。

問4. よく出る 抵抗Aと抵抗値6.0Ωの抵抗Bを並列につなぎ電源に接続します。図4のように電流計, 電圧計で電流と電圧を測定したところ, 電流計の値は0.50 Aを, 電圧計の値は1.2 Vを示しました。抵抗Aの抵抗値を求めなさい。

図4

問5. 2個の抵抗B, 1個の抵抗Cと電源を図5のように接続します。抵抗Cは, 抵抗値を0Ωから連続的に大きくすることができます。

図5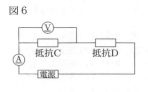

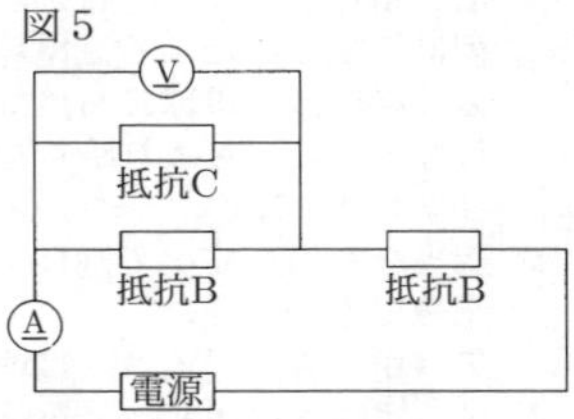

① 抵抗Cの抵抗値が0Ωのとき, 電圧計の値は0 V, 電流計の値は0.25 Aを示しました。電源の電圧を求めなさい。
② 電源の電圧を10 Vにして, 抵抗Cの抵抗値を十分大きくします。電圧計の値は何Vに近づきますか。

問6. 思考力 図6のように, 抵抗Cと抵抗Dを電源に接続します。電源の電圧を一定にして, 抵抗Cの抵抗値を変えながら電流計, 電圧計で電流と電圧を測定します。この結果の一部を下のグラフに示します。

図6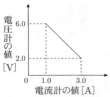

① 抵抗Cの抵抗値が0のとき, 電流計の値を求めなさい。
② 抵抗Dの抵抗値を求めなさい。

# 高田高等学校

時間 40分　満点 50点　解答 p49　1月26日実施

## 出題傾向と対策

●化学1題, 生物, 地学, 物理各2題, 計7題の出題であった。例年通り, 解答形式はすべてマークシート方式による選択式である。内容は教科書の基本的事項を問うものが中心で, 教科書の範囲を超える出題や難問はないが, 計算問題などでは思考力を必要とするものもあった。
●教科書の内容を「発展」も含めてしっかりと身につけておくことが重要である。そのあと, 問題演習によって計算力や科学的思考力をつけておこう。過去問などでマークシート方式に慣れておくことも必要である。

## 1 酸・アルカリとイオン

2種類の水酸化ナトリウム水溶液A・Bに関して, 次の5つの実験を行いました。あとの各問いに答えなさい。ただし, すべての溶液の密度は1.0 g/cm³とします。

〔実験1〕 40 cm³の水酸化ナトリウム水溶液Aをビーカーに入れて, BTB液を加えた。ここに4.0％塩酸を少しずつ加えると, 20 cm³加えたところで溶液の色が緑色になった。

〔実験2〕 20 cm³の水酸化ナトリウム水溶液Aをビーカーに入れて, BTB液を加えた。ここに2.0％塩酸を少しずつ加え, 15 cm³加えたところでの溶液の色を調べた。

〔実験3〕 60 cm³の水酸化ナトリウム水溶液Aをビーカーに入れて, BTB液を加えた。ここに6.0％塩酸を少しずつ加え溶液の色を調べた。

〔実験4〕 120 cm³の水酸化ナトリウム水溶液Bをビーカーに入れて, BTB液を加えた。ここに6.0％塩酸を少しずつ加えると, 10 cm³加えたところで溶液の色が緑色になった。

〔実験5〕 図1のように, 硝酸カリウム水溶液をしみこませたろ紙の上に赤色リトマス紙をのせた。その赤色リトマス紙の上に水酸化ナトリウム水溶液Aをしみこませたろ紙を置き, 電流を流した。

図1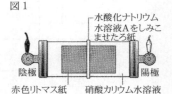

問. 基本 次の記述のうち, 酸とアルカリについて, 正しく説明しているものはどれですか。ア〜エから1つ選びなさい。　1
ア. 酸の水溶液は電気を通さない。
イ. 酸の水溶液は青色リトマス紙を赤色に変える。
ウ. アルカリの水溶液はpHが7より小さい。
エ. レモンの果汁は強いアルカリ性を示す。

問. よく出る 図2のようにメスシリンダーを用いて溶液の体積を測りました。正しく目盛りを読み取る目線はa〜cのどれですか。また, 目盛りを読む位置はd〜fのどれですか。答えの組合せとして正しいものを, 次のア〜カから1つ選びなさい。　2

図2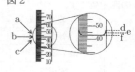

ア. (a, d)　イ. (a, f)　ウ. (b, e)
エ. (b, f)　オ. (c, d)　カ. (c, e)

問．実験2を終えたときの溶液の色は，何色ですか。次のア～オから1つ選びなさい。　3
ア．青色　　イ．緑色　　ウ．黄色
エ．無色　　オ．赤色

問．実験3で，実験1と同じ色の溶液の色を緑色にするには，6.0％塩酸が何cm³必要ですか。最も適切なものを，次のア～カから1つ選びなさい。　4
ア．10 cm³　　イ．15 cm³　　ウ．20 cm³
エ．30 cm³　　オ．40 cm³　　カ．45 cm³

問．**思考力** 水酸化ナトリウム水溶液Bの濃度は，Aのおよそ何倍と考えられますか。最も適切なものを，次のア～カから1つ選びなさい。　5
ア．0.25倍　　イ．0.38倍　　ウ．0.68倍
エ．1.5倍　　オ．2.8倍　　カ．4.0倍

問．次の記述のうち，実験5において赤色リトマス紙の色の変化とその理由を正しく述べているものはどれですか。ア～カから1つ選びなさい。　6
ア．陽極側の赤色リトマス紙も陰極側の赤色リトマス紙も，水酸化物イオンの移動により，青色に変わった。
イ．陽極側の赤色リトマス紙のみが，水酸化物イオンの移動により，青色に変わった。
ウ．陰極側の赤色リトマス紙のみが，水酸化物イオンの移動により，青色に変わった。
エ．陽極側の赤色リトマス紙も陰極側の赤色リトマス紙も，水素イオンの移動により，青色に変わった。
オ．陽極側の赤色リトマス紙のみが，水素イオンの移動により，青色に変わった。
カ．陰極側の赤色リトマス紙のみが，水素イオンの移動により，青色に変わった。

問．**基本** 実験中に，水酸化ナトリウム水溶液が誤って皮膚についてしまいました。このとき，どのような処置をすればよいですか。次のア～エから1つ選びなさい。　7
ア．中和すればよいので，すぐにうすい塩酸をつける。
イ．空気中の二酸化炭素と中和するので，何も処置しない。
ウ．すぐに乾いたタオルで，よくふきとる。
エ．すぐに流水でよく洗い流す。

問．酸性やアルカリ性を示す水溶液の性質を調べるために，BTB液の代わりにムラサキキャベツのしぼり汁を使うことがあります。うすい塩酸の入った容器に，ムラサキキャベツのしぼり汁を加えると赤色になりました。次の水溶液のうち，ムラサキキャベツのしぼり汁を加えると赤色になるものはどれですか。ア～カから1つ選びなさい。　8
ア．せっけん水　　　　イ．食酢
ウ．石灰水　　　　　　エ．砂糖水
オ．食塩水　　　　　　カ．アンモニア水

## 2 植物の体のつくりと働き，植物の仲間

図1～4について，あとの各問いに答えなさい。

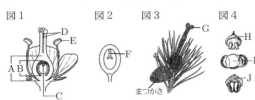

図1　図2　図3　図4　まつかさ

問．図1は，ある被子植物の花のつくりを示しています。図中のB・Dが示すものの組合せとして正しいものはどれですか。次のア～カから1つ選びなさい。　9

|   | B | D |   | B | D |
|---|---|---|---|---|---|
|ア|胚|精子|エ|胚珠|精細胞|
|イ|胚|精細胞|オ|子房|精子|
|ウ|胚珠|精子|カ|子房|精細胞|

問．図2は，図1で受精後にできた果実とそのなかにできたものの断面を示しています。図中のFは，図1中のA～Eのうちどれとどれが変化してできたものですか。次のア～カから1つ選びなさい。　10
ア．AとD　　イ．BとD　　ウ．CとD
エ．AとE　　オ．BとE　　カ．DとE

問．**よく出る** 図3は，マツの若い枝先を，図4は，マツの花に関するものを示しています。次の記述のうち，正しいものはどれですか。ア～カから1つ選びなさい。　11
ア．Gは雌花であり，そのリン片はHである。
イ．Gは雌花であり，そのリン片はIである。
ウ．Gは雌花であり，そのリン片はJである。
エ．Gは雄花であり，そのリン片はHである。
オ．Gは雄花であり，そのリン片はIである。
カ．Gは雄花であり，そのリン片はJである。

問．次の被子植物のうち，分類するうえで1つだけ異なるグループに属するものはどれですか。ア～カから1つ選びなさい。　12
ア．バラ　　　　　　イ．アサガオ
ウ．ツユクサ　　　　エ．ツツジ
オ．サクラ　　　　　カ．アブラナ

## 3 火山と地震

次の図A～Cは，代表的な火山の形を模式的に示したものです。あとの各問いに答えなさい。

図A　　図B　　図C

問．**よく出る** 図A～Cの形をした火山の組合せとして正しいものはどれですか。次のア～カから1つ選びなさい。　13

|   | A | B | C |   | A | B | C |
|---|---|---|---|---|---|---|---|
|ア|雲仙普賢岳|富士山|伊豆大島の火山|エ|富士山|伊豆大島の火山|雲仙普賢岳|
|イ|雲仙普賢岳|伊豆大島の火山|富士山|オ|伊豆大島の火山|富士山|雲仙普賢岳|
|ウ|富士山|雲仙普賢岳|伊豆大島の火山|カ|伊豆大島の火山|雲仙普賢岳|富士山|

問．**よく出る** 次の記述のうち，図Aの火山が爆発したときの一般的な様子を正しく述べているものはどれですか。ア～カから1つ選びなさい。　14
ア．噴火は，爆発的ではなく，粘性の強いマグマと比較的黒っぽい色の火山灰を噴出する。
イ．噴火は，爆発的ではなく，粘性の強いマグマと比較的白っぽい色の火山灰を噴出する。
ウ．噴火は，激しく爆発的で，粘性の強いマグマと比較的黒っぽい色の火山灰を噴出する。
エ．噴火は，激しく爆発的で，粘性の弱いマグマと比較的黒っぽい色の火山灰を噴出する。
オ．噴火は，激しく爆発的で，粘性の強いマグマと比較的白っぽい色の火山灰を噴出する。
カ．噴火は，激しく爆発的で，粘性の弱いマグマと比較的白っぽい色の火山灰を噴出する。

問．**基本** 次の岩石のうち，主に火山灰からなる岩石はどれですか。ア～カから1つ選びなさい。　15

ア．チャート　　イ．石灰岩　　ウ．凝灰岩
エ．泥岩　　　　オ．砂岩　　　カ．れき岩

問．図Aの火山の登山道を歩いたとき，地表面に最も多くみられると予測される岩石は何ですか。次のア～カから1つ選びなさい。 16
ア．玄武岩　　イ．斑れい岩　　ウ．安山岩
エ．せん緑岩　オ．流紋岩　　　カ．花こう岩

## 4 動物の仲間，地層の重なりと過去の様子

次のX・Y群に示した動物について，以下の文を読み，あとの各問いに答えなさい。

《X群の動物》　カメ，ブタ，カエル，ニワトリ，イカ，アユ，バッタ
《Y群の動物》　アンモナイト，三葉虫，マンモス

図1中の空欄A，B，Cそれぞれに，次に示す分類基準Ⅰ，Ⅱ，Ⅲのいずれかをあてはめ，その分類基準に「はい」「いいえ」で答えると，図1中の①～⑦のグループに，X群の動物を1つずつ分類することができ，ニワトリは①のグループに分類されます。

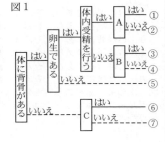
図1

『分類基準』　Ⅰ：外骨格をもつ。
　　　　　　Ⅱ：幼生はエラ呼吸，成体は肺呼吸を行う。
　　　　　　Ⅲ：体温が一定である。

問．図1中の空欄A，B，Cにあてはまる分類基準Ⅰ，Ⅱ，Ⅲの組合せとして正しいものはどれですか。次のア～カから1つ選びなさい。 17

|   | A | B | C |   | A | B | C |
|---|---|---|---|---|---|---|---|
| ア | Ⅰ | Ⅱ | Ⅲ | エ | Ⅱ | Ⅲ | Ⅰ |
| イ | Ⅰ | Ⅲ | Ⅱ | オ | Ⅲ | Ⅰ | Ⅱ |
| ウ | Ⅱ | Ⅰ | Ⅲ | カ | Ⅲ | Ⅱ | Ⅰ |

問．図1中の②，③，⑦のグループに分類されるX群の動物の組合せとして正しいものはどれですか。次のア～カから1つ選びなさい。 18

|   | ② | ③ | ⑦ |   | ② | ③ | ⑦ |
|---|---|---|---|---|---|---|---|
| ア | カメ | カエル | イカ | エ | アユ | カエル | バッタ |
| イ | カメ | アユ | イカ | オ | カエル | カメ | バッタ |
| ウ | アユ | カメ | イカ | カ | カエル | アユ | バッタ |

問．次の動物のうち，図1中の⑥のグループに分類されないものはどれですか。ア～カから1つ選びなさい。 19
ア．ミジンコ　イ．ザリガニ　ウ．トンボ
エ．ムカデ　　オ．クモ　　　カ．マイマイ

問．**基本**　Y群の動物は化石生物を示しています。これらの動物を生息していた時期が古い順にならべると，どのような順になりますか。次のア～カから1つ選びなさい。 20
ア．（アンモナイト→三葉虫→マンモス）
イ．（アンモナイト→マンモス→三葉虫）
ウ．（三葉虫→アンモナイト→マンモス）
エ．（三葉虫→マンモス→アンモナイト）
オ．（マンモス→三葉虫→アンモナイト）
カ．（マンモス→アンモナイト→三葉虫）

## 5 日本の気象

次の天気図は気象庁が発表した，2018年6月6日（図1），7月28日（図2），10月25日（図3），2019年1月8日（図4）の天気図です。図中のHは高気圧を，Lは低気圧を示しています。これらの天気図について，あとの各問いに答えなさい。（出展：気象庁HP）

図1
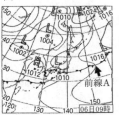

図2

図3
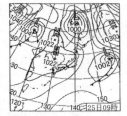

図4

問．**よく出る**　図1にある前線Aの名称は何ですか。次のア～エから1つ選びなさい。 21
ア．寒冷前線
イ．温暖前線
ウ．閉そく前線
エ．停滞前線

問．次の記述のうち，図2の日の天候を正しく説明しているものはどれですか。ア～エから1つ選びなさい。 22
ア．東～北日本を気圧の谷が通過し，夜は冬型気圧配置となった。
イ．移動性高気圧に覆われ，日本海側沿岸の一部でしぐれた他は，全国的に広く晴れた。
ウ．台風は八丈島の東から東海道沖へ北西に進み，東海～関東は大荒れとなった。
エ．近畿・東海・関東甲信で梅雨入りの発表があった。

問．次の記述のうち，図3の日の翌日，10月26日の三重県の天候を正しく説明しているものはどれですか。ア～エから1つ選びなさい。 23
ア．西から低気圧が接近し，夜には天候が崩れた。
イ．東から低気圧が接近し，夜には天候が崩れた。
ウ．北から低気圧が接近し，夜には天候が崩れた。
エ．停滞する高気圧に覆われ，晴れが続いた。

問．**よく出る**　図4にある高気圧Bの名称は何ですか。次のア～オから1つ選びなさい。 24
ア．移動性高気圧
イ．オホーツク海高気圧
ウ．シベリア高気圧
エ．太平洋高気圧
オ．ユーラシア高気圧

## 6 力と圧力

次のⅠ・Ⅱの文を読み，あとの各問いに答えなさい。ただし，ばねやおもりをつなぐ器具の質量と体積は無視できるものとします。

I．図1のようにばねにおもりを取り付け，ばねののびを測定しました。重さのみが異なり，体積は全く同じおもりA～Eをばねに取り付け，ばねののびを測定したところ，表1のような結果になりました。

表1

| おもり | A | B | C | D | E |
|---|---|---|---|---|---|
| おもりの重さ[N] | 0.2 | 0.4 | 0.6 | 0.8 | 1.0 |
| ばねののび[cm] | 0.8 | 1.6 | 2.4 | 3.2 | 4.0 |

問．ばねののびが6.0cmになるのは，何Nの力でばねを引いたときですか。最も適切なものを，次のア～カから1つ選びなさい。25
ア．1.1N　　イ．1.3N
ウ．1.5N　　エ．1.7N
オ．1.9N　　カ．2.1N

問．次の記述のうち，月面上で同じ実験を行った場合の予想結果を正しく述べているものはどれですか。ア～エから1つ選びなさい。26
ア．月面上でも物体の質量は地球上と変わらないので，おもりの種類に対するばねののびは変化しない。
イ．月面上でも物体にはたらく重力は地球上と変わらないので，おもりの種類に対するばねののびは変化しない。
ウ．月面上では物体の質量は地球上の約6分の1なので，おもりの種類に対するばねののびは約6分の1になる。
エ．月面上では物体にはたらく重力は地球上の約6分の1なので，おもりの種類に対するばねののびは約6分の1になる。

II．図2のように図1と同じばねにおもりCをつるし，メスシリンダーに入った水におもりCを沈めました。おもりの上端が水面から1cmの深さになるようにしたところ，ばねののびは0.4cmになりました。

問．おもりCにはたらく浮力は何Nですか。最も適切なものを，次のア～オから1つ選びなさい。27
ア．0.1N　　イ．0.2N
ウ．0.3N　　エ．0.4N
オ．0.5N

問．[思考力] おもりDとEを縦につなげて水に沈め，上のおもりの上端が水面から1cmの深さになるようにするとき，ばねののびは何cmになりますか。最も適切なものを，次のア～カから1つ選びなさい。28
ア．0.8cm　　イ．3.2cm　　ウ．4.6cm
エ．5.2cm　　オ．7.2cm　　カ．8.0cm

# 7 電流

図1のような装置を使って，電熱線に電流を流したときに水の温度がどのくらい上昇するかを，条件を変えて測定したところ，次の表1のような結果になりました。あとの各問いに答えなさい。ただし，5回目の実験の水の量は，*で示してあります。

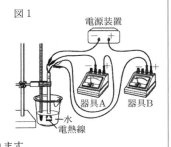

表1

|  | 1回目 | 2回目 | 3回目 | 4回目 | 5回目 |
|---|---|---|---|---|---|
| 水の量[g] | 100 | 100 | 100 | 160 | * |
| 電流[A] | 0.75 | 0.75 | 1.5 | 0.75 | 1.5 |
| 電圧[V] | 3 | 3 | 6 | 3 | 6 |
| 電流を流した時間[秒] | 300 | 600 | 300 | 300 | 150 |
| 水温上昇[℃] | 1.6 | 3.2 | 6.4 | 1.0 | 1.6 |

問．[基本] 図1中の器具A・Bは，電流計と電圧計のいずれかを示しています。電流計を示しているのは，器具A・Bのどちらですか。また，実験に使用した電熱線の抵抗の値は何Ωですか。答えの組合せとして最も適切なものを，次のア～カから1つ選びなさい。29
ア．(器具A，0.25Ω)　　イ．(器具A，2.25Ω)
ウ．(器具A，4Ω)　　　エ．(器具B，0.25Ω)
オ．(器具B，2.25Ω)　　カ．(器具B，4Ω)

問．1回目の実験のときに，電熱線から発生した熱量は何Jですか。最も適切なものを，次のア～カから1つ選びなさい。30
ア．2.25J　　イ．160J　　ウ．225J
エ．675J　　オ．900J　　カ．1440J

問．次の値のうち，表1中の*にあてはまる最も適切なものはどれですか。ア～カから1つ選びなさい。31
ア．25　　イ．50　　ウ．100
エ．160　　オ．200　　カ．400

滝高 理科 | 266

## 滝高等学校

| 時間 | 40分 | 満点 | 50点 | 解答 | P50 | 2月4日実施 |

### 出題傾向と対策

● 物理，化学，生物，地学各1題，計4題の出題。文章記述，計算，化学反応式など，記述式が多い。計算を中心に，科学的思考力を問う問題もあった。現代人の食生活について論じる文章記述も出題された。教科書の範囲を超える問題もあるが，問題文にある情報で対応できる。

● 教科書の内容をじゅうぶんに理解したうえで，応用問題や過去問で科学的思考力を養っておく必要がある。問題文は長いが，解答を導く情報や条件が示されている。迅速・正確に読みとる読解力をつけておくことが必須。

### 1 動物の体のつくりと働き

以下の文章を読み，あとの問いに答えよ。

私たちの身体の中では「呼吸」というはたらきによって，三大栄養素から身体を動かすためのエネルギー(熱量)が取り出されています。

物質からエネルギーを取り出すという点で，(a)「呼吸」は「燃焼」と似ている部分があります。「燃焼」が酸素を使って燃やすことで物質から光や熱のエネルギーを取り出すのに対し，「呼吸」は酸素を使い，栄養分から身体を動かすエネルギーを取り出しています。少しずつ身体の仕組みが明らかになってくると，生物が利用できるエネルギー，すなわち「生理的熱量」という考えは，とても重要なものとして認められるようになってきました。

生物は外界から摂取した食物のエネルギーを100％利用できるわけではありません。例えば，タンパク質は体内に吸収された量の一部が，尿素や尿酸などの形で尿中に排泄されてしまいます。食物毎に差があるのですが，生物が摂取した食物から実際に確保できるエネルギーは，食物が本来持っているエネルギー量(これを「物理的燃焼熱量」という)よりも少なくなってしまいます。一般に日本ではエネルギー量を表す単位として「カロリー」が使われており，食品のカロリー計算を行う際は，米国のアトウォーター博士が考案した「アトウォーター係数」を用いて，簡便にカロリー計算を行うことが多くなっています。

「アトウォーター係数」は，アトウォーター博士の実験結果から求められたもので，各成分の「物理的燃焼熱量」と，人体における「消化吸収率」，「排泄熱量」を考えて考案されました。具体的には，各成分の物理的燃焼熱量に消化吸収率を乗じ，そこから排泄熱量を減じて求めています。

表は，アトウォーター博士の行った実験の結果をまとめたものです。この結果からアトウォーター係数を求めると，炭水化物は( x )kcal/g，タンパク質は( y )kcal/g，脂質は( z )kcal/gとなり，図1に示したある食品Aでは，7.4g中に炭水化物が5.3g，タンパク質が0.4g，脂質が1.5g含まれるため，食品A7.4g当たりのエネルギー量は36kcal(小数第一位を四捨五入)となります。日本ではこのようにして食品に含まれる栄養分の量や，エネルギー量が求められ，その表示が義務づけられています。

近年，日本においては「カロリーゼロ」や「ノンカロリー」という表示が誇張されることから，カロリーの取り過ぎが問題となっているように思えます。一方で，今，日本の子どもたちの間に「栄養失調」が広がっているという驚くべき調査結果が報告されました。

2018年にハウス食品(株)が，日常的に三食食べている6

～8歳の子どもをもつ母親を対象に，直近3日間に子どもが食べた料理の食材と分量について調査を実施しました。その結果，約83％の子どもが，三大栄養素については必要量を摂取できているものの，三大栄養素の働きを調整し助ける役割を果たす「ビタミン」，「ミネラル」，「食物繊維」といった栄養素をあまり摂取できていないことがわかりました。ハウス食品(株)では，子どもが直近3日間に食べた食材の栄養素を計測し，(b)「鉄」，「カルシウム」，「ビタミンA・B₁・B₂・C」，「食物繊維」の全ての栄養素の必要量を1日分以下しか摂取できていない状態を「新型栄養失調」のリスクあり，と定義しています。「新型栄養失調」になると，疲れやすい，風邪をひきやすい，肩が凝るなどの体調不良を引き起こすと考えられており，最近では，老若男女問わず「新型栄養失調」になる人が増えているという報告もあります。

表．アトウォーター博士の実験結果のまとめ

| 成分 | 物理的燃焼熱量 | 消化吸収率 | 排泄熱量 |
|---|---|---|---|
| | kcal/g | ％ | kcal/g |
| 炭水化物 | 4.1 | 97 | 0 |
| タンパク質 | 5.7 | 92 | 1.25 |
| 脂質 | 9.4 | 95 | 0 |

図1 ある食品Aのラベル

| エネルギー | 36kcal |
|---|---|
| 炭水化物 | 5.3g |
| タンパク質 | 0.4g |
| 脂質 | 1.5g |

栄養成分表示 1製品7.4g当たり

図2 ある食品Bのラベル

| エネルギー | ( ① )kcal |
|---|---|
| 炭水化物 | 35.5g |
| タンパク質 | 9.4g |
| 脂質 | 25.4g |

栄養成分表示 1製品72g当たり

(1) 下線部(a)に関して，「呼吸」と「燃焼」は似ている現象だが違いがある。どのような違いがあるか。下の文の空欄に合うように10字以内で答えよ。
「燃焼」に比べて「呼吸」は，反応するときに□□□□□□□□□□。

(2) 文中の( x )～( z )に入る数値の組み合わせとして，次の(ア)～(カ)の中から最も適当なものを1つ選び，記号で答えよ。

| | x | y | z |
|---|---|---|---|
| (ア) | 3 | 4 | 6 |
| (イ) | 3 | 3 | 6 |
| (ウ) | 3 | 5 | 9 |
| (エ) | 4 | 4 | 9 |
| (オ) | 4 | 6 | 6 |
| (カ) | 5 | 3 | 9 |

(3) 図2は，ある食品Bにつけられたラベルである。この食品72g当たりのエネルギー量(図2の①)を求めよ。ただし小数第一位を四捨五入し，整数値で答えよ。

(4) 次の説明は消化と吸収に関するものである。次の(ア)～(カ)の中から正しいものを1つ選び，記号で答えよ。
(ア) 口から，食道，胃，小腸，大腸，肛門へつながる1本の管を消化器官という。
(イ) 小腸で吸収された三大栄養素は，その後，まず最初に肝臓へ運ばれる。
(ウ) ヒツジ，コヨーテ，ヒトで，体長に対する腸の長さを比べると，最も長いのはコヨーテで，最も短いのはヒツジである。
(エ) 胆汁は胆のうでつくられるが，ウマやシカなど胆のうを持たない生物もいる。
(オ) だ液とデンプンをよく混ぜて25℃で反応させた後，ベネジクト液を加えると赤褐色の沈殿が生じる。
(カ) すい液は，三大栄養素のすべての消化に関わる。

(5) 下線部(b)に関して，ヒトの身体の中で，「鉄」と「カル

● 旺文社 2021 全国高校入試問題正解

シウム」が最も多く含まれている部分の名前をそれぞれ答えよ。

(6) **新傾向** なぜ今，日本で「新型栄養失調」の人が増えているのか。その理由を考え，具体的な例をあげて，30字以上40字以内で説明せよ。ただし，句読点も1字と数える。

## 2 太陽系と恒星

次の太陽系の惑星の公転周期に関する表を参考に，以下の問いに答えよ。

| 惑星 | 公転周期 | グループ |
|------|---------|---------|
| 水 星 | 88日 | A |
| 金 星 | 225日 | |
| 地 球 | 1年 | |
| 火 星 | 1年322日 | |
| 木 星 | 11年315日 | B |
| 土 星 | 29年167日 | |
| 天王星 | 84年7日 | |
| 海王星 | 248年 | |

(1) 太陽系の惑星のうち，環を持つ惑星の数を数字で答えよ。

(2) **基本** 太陽系の惑星を表の2つのグループA，Bに分けたとき，グループAの惑星を何惑星と言うか答えよ。

(3) **よく出る** 次の文が正しく成り立つように空欄に適当な言葉を補充せよ。
　　グループAの惑星はグループBの惑星と比べると，（ ア ）が小さく（ イ ）が大きい特徴がある。

(4) 地球の公転周期は大まかに1年（365日）とされているが，正確には365日ちょうどではない。地球の公転周期として最も適当なものを，次の(ア)～(エ)の中から1つ選び，記号で答えよ。
　(ア) 364日12時間　　　(イ) 364日18時間
　(ウ) 365日6時間　　　(エ) 365日12時間

(5) 次の説明は，太陽系の惑星に関するものである。次の(ア)～(オ)の中から正しいものを1つ選び，記号で答えよ。
　(ア) どの惑星も公転軌道は交わらない。
　(イ) 水より密度が小さい惑星は，木星，土星，天王星の3つである。
　(ウ) 質量が小さい惑星は，より速く運動することができるので，公転周期がより短くなる。
　(エ) 全ての惑星は，自転の向きも公転の向きも同じである。
　(オ) 全ての惑星は，衛星を持つ。

## 3 物質のすがた，化学変化と物質の質量，水溶液とイオン

銅について以下の問いに答えよ。

(1) **よく出る** 銅は金属である。金属の性質を，以下の3つ以外に1つ答えよ。
　　「電気をよく通す」「熱をよく伝える」「みがくと特有の光沢が出る」

(2) 以下の物質から銅と同じように金属に分類されるものをすべて選び，その物質を構成する原子がイオンになったときのイオン式を示せ。答えはイオン式のみ示せばよい。
　　酸素　　硫黄　　ナトリウム　　水素
　　亜鉛　　銀　　カルシウム　　塩素

(3) 銅の化合物には「塩化銅」という物質がある。
　① **基本** 塩化銅を水に溶かしたときの変化を，イオン式を含む反応式で示せ。
　② 塩化銅水溶液を電気分解すると陰極で銅が得られ

る。この変化を，イオン式と電子を含む反応式で示せ。ただし，電子は$e^-$を用いること。

(4) 銅の針金を図のようにガスバーナーの外側の炎で加熱すると酸化銅になる。
　① この変化を化学反応式で示せ。
　② この酸化銅の色を下から1つ選んで答えよ。
　　　白　　青　　赤　　黒
　③ この酸化銅になった針金を，もとの銅の針金に戻すには，加熱して水素やエタノールにかざす以外に，ガスバーナーだけを使っても戻すことができる。その方法と，なぜそうなるか理由を答えよ。

(5) **思考力** 金属の酸化物には化学式の異なるものがいくつかある。例えば鉄の酸化物では$FeO$や$Fe_2O_3$などである。$Fe_2O_3$は，鉄原子$Fe$と酸素原子$O$の数の比が2：3であることを示している。
　今，銅の酸化物AとBについて考える。酸化物Aは(4)の手順で作成した酸化銅であり，酸化物Bは酸化物Aとは化学式の異なる銅の酸化物とする。
　<u>ある量のA</u>に対し，1.8倍の質量のBを混合した。この混合物中の銅と酸素の質量を分析したところ，銅が9.6g，酸素が1.6gであった。ただし，銅原子1個の質量は酸素原子1個の4倍とする。
　① 下線部「ある量のA」に含まれていた銅は何gか。
　② Bの化学式を示せ。

## 4 力と圧力

以下の文章を読み，あとの問いに答えよ。
　潜水艦はどうやって潜航や浮上をすることができるのだろうか。順を追って考えよう。
　一定面積（1 m²）あたりの面を垂直に押す力の大きさを圧力といい，単位はPaで表される。水中では深さが増すほど，その上にある水の量が多くなって水の重さが増すため，圧力が大きくなる。この水の重さによって生じる圧力を水圧という。
　水中にある物体には，四方八方から水圧がかかり，力がはたらく。同じ深さであれば，水平方向にはたらく水圧は大きさが同じで向きが反対なので，水平方向の力が（ a ）。ところが，上面と下面にはたらく水圧は下面の方が（ b ）ため，水圧によって生じる力も下面の方が（ b ）。この上面と下面にはたらく力の差によって生じる力が浮力である。
　潜水艦が潜航や浮上をするための重要装置として「海水槽」と「気蓄機」がある。「海水槽」は海水の入出を行うためのタンクで，「気蓄機」は空気を高圧で圧縮し蓄えるためのタンクである。
　潜航する時は（ c ）に海水を注水し，艦の重量を増加させる。浮上する時は（ d ）の空気を（ e ）に加えて海水を排水し，艦の重量を軽くして浮上する。これが潜水艦の潜航と浮上のための基本的なしくみである。
　必要であれば次の条件を利用せよ。

＜条件＞

- 1Lの海水（水）の質量を1kgとする。
- 1Lは1000 cm³である。
- 質量100gの物体にはたらく重力の大きさ（重さ）を1Nとする。
- 潜水艦Aの体積は100 m³とする。
- 海水を抜いた状態での潜水艦Aの総質量は50000 kgとする。
- 物体にはたらく浮力の大きさは，その物体の水中部分の体積と同じ体積の水にはたらく重力の大きさに等しい。（アルキメデスの原理）

旺文社 2021 全国高校入試問題正解

滝高・東海高　　　理科｜268

(1) 文章中の（　a　），（　b　）に当てはまる語を，それぞれ答えよ。

(2) 文章中の（　c　）～（　e　）に当てはまる装置の組み合わせとして正しいものを，次の(ア)～(ク)の中から1つ選び，記号で答えよ。

|  | （　c　） | （　d　） | （　e　） |
|---|---|---|---|
| (ア) | 海水槽 | 海水槽 | 海水槽 |
| (イ) | 海水槽 | 海水槽 | 気蓄機 |
| (ウ) | 海水槽 | 気蓄機 | 海水槽 |
| (エ) | 海水槽 | 気蓄機 | 気蓄機 |
| (オ) | 気蓄機 | 海水槽 | 海水槽 |
| (カ) | 気蓄機 | 海水槽 | 気蓄機 |
| (キ) | 気蓄機 | 気蓄機 | 海水槽 |
| (ク) | 気蓄機 | 気蓄機 | 気蓄機 |

(3) 床の上に$1m^2$の板を置き，その上に$2L$の海水が入ったペットボトル40本をバランス良く並べた。このとき床に加わる板の圧力は何Paか。ただし，板とペットボトルの質量は無視することができる。

(4) 潜水艦Aが，水深$200m$を航行している。
　① 水深$200m$における水圧は何Paか。
　② 潜水艦Aにはたらく浮力は何Nか。
　③ 思考力 海水槽内には何$m^3$の海水が入っていると考えられるか。

---

**東海高等学校**

| 時間 | **50**分 | 満点 | **100**点 | 解答 | **P50** | 2月4日実施 |
|---|---|---|---|---|---|---|

### 出題傾向と対策

●化学3題，物理・生物・地学各2題の計9題の出題。解答形式は選択式よりも記述式が多く，文章記述や作図もあった。用語記述など基本的な問題もあるが，計算問題では論理的思考力を必要とするものが多く，科学における望ましい姿勢を選ぶ新傾向の問題もあった。

●教科書を発展の内容を含め，じゅうぶんに理解したうえで，数多くの問題に取り組み，科学的・論理的な思考力を養っておく必要がある。問題文中の条件や実験操作など，問題文を正確に読みとる読解力も必要。

---

**1** ▌生物の観察，植物の仲間，生物と細胞，天気の変化▐

キノコやカビなどの菌類は胞子でふえる。胞子は空気中にもあるが，非常に小さく，普通，肉眼で見ることはできない。

(1) 胞子でふえる生物は，菌類だけでなく植物にも存在する。胞子でふえる植物に当てはまるものを，次のア～オからすべて選び，記号で答えなさい。
　ア．イヌワラビ　　　　　イ．スギ
　ウ．タンポポ　　　　　　エ．ゼニゴケ
　オ．イネ

(2) 肉眼で見ることができるものを，次のア～キからすべて選び，記号で答えなさい。ただし，「肉眼で見ることができる」とは，1つを認識できることを指すものとする。
　ア．ミジンコ
　イ．ヒトの手の細胞
　ウ．ヒトの赤血球
　エ．海底のれき
　オ．インフルエンザウイルス
　カ．水蒸気
　キ．乳酸菌

(3) 「1つの細胞」といえるものを，次のア～クから4つ選び，記号で答えなさい。
　ア．ゾウリムシ　　　　　イ．ヘモグロビン
　ウ．葉緑体　　　　　　　エ．受精卵
　オ．目の水晶体　　　　　カ．種子
　キ．胞子　　　　　　　　ク．精子

(4) キノコやカビの胞子は非常に小さいため，風に運ばれて上空にも移動することが知られている。このことが，気象（雲の形成）に影響を与える可能性があるという研究がある。
　① よく出る 次の文は，雲のでき方について述べたものである。空欄A～Dに適する語を答えなさい。
　　　地上の空気のかたまりが上昇すると，周囲の気圧が（　A　）なり，空気のかたまりが（　B　）して温度が下がる。そして，空気の温度が（　C　）に達すると，水蒸気が（　D　）して，雲ができる。
　② キノコやカビの胞子は，雲の形成において，どのような影響を与える可能性が考えられるか。

**2** ▌動物の体のつくりと働き▐

教科書に書いてある「デンプンに対するだ液のはたらき」を参考に次の実験をおこなった。

だ液を用意し，水でうすめた。（以下，これを「だ液」とする。）　次に，（Ⅰ）の試験管にデンプン溶液とだ液，（Ⅱ）の試

● 旺文社 2021 全国高校入試問題正解

験管にデンプン溶液と水をそれぞれ同量入れてよく混ぜ，36℃の水に10分間入れた。10分後，(I)，(II)の試験管の液体を半分に分けて，それぞれ次の実験 i，ii の操作をおこなった。

実験 i．(I)，(II)の試験管に，ヨウ素液を数滴加えて色の変化を見た。
実験 ii．(I)，(II)の試験管に，ベネジクト液を数滴加えて加熱した後，色の変化を見た。

(1) **基本** だ液や胃液などの消化液がデンプンやタンパク質を分解することができるのは，消化液の中にある物質がふくまれているからである。ある物質とは何かを答えなさい。

(2) **よく出る** ①タンパク質，②脂肪は，消化されて小腸で吸収されるときには，それぞれどのような形になっているかを分解された後の物質名ですべて答えなさい。

(3) A君は問題文と同様の手順で実験操作をおこなったが，実験 ii の(II)の試験管は，教科書の記述から予想されるものと異なる結果であった。再度，実験して確かめたかったが，ちょうど実験室の可溶性デンプンがなくなってしまったので，家で片栗粉を用いてデンプン溶液を準備し，翌日，実験室で同じ器具と試薬を用いて再挑戦した。その結果，実験 i，ii ともに教科書の記述と同様であった。
これについて，この結果の違いはデンプン溶液の違いによるものだと考えた。

① A君は，どのような実験をすれば，実験結果の違いの原因が時刻や天候ではなく，デンプン溶液であると明確にすることができるか。説明しなさい。ただし，実験の説明には，「問題文と同様の手順で，実験操作をおこなう。」という文を用いて答えなさい。

② **新傾向** A君は①で正しく実験をおこない，実験結果の違いの原因がデンプン溶液であると明確にすることができた。今回の結果をふまえた科学(理科)における望ましい姿勢を次のア～オからすべて選び，記号で答えなさい。
ア．実験をおこなう際の，時刻や天候によって，温度や湿度は変わるので，あらゆる実験は日によって異なる結果になることが多いと考えておくべきである。
イ．教科書は検定済みで記述に誤りはないので，教科書と同じ結果が得られるようになるまで訓練する。
ウ．可溶性デンプンで教科書と異なる結果が得られたことは，操作の失敗によるものではないことを確認することができた。今後は，可溶性デンプンと片栗粉のデンプンとの違いを調べて理解を深める。
エ．ベネジクト液が古くて反応しにくい状態であったと考えられるので，新しいベネジクト液を購入する。
オ．片栗粉を用いてデンプン溶液を用意した場合は，実験が予想通りになった事実をふまえると，教科書の「デンプン」という記述は，すべて「片栗粉」に変えるのが望ましい。

**3 物質のすがた，物質の成り立ち，化学変化と物質の質量**

図1の実験装置を用いて酸化銀を加熱し，発生する気体を水上置換法で捕集した。この実験に関して，次の問いに答えなさい。

(1) **よく出る** 酸化銀の熱分解を表す化学反応式を書きなさい。

(2) 発生した気体に関して，次のア～オから誤りを含むものをすべて選び，記号で答えなさい。

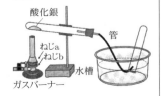
図1

ア．ものを燃やすはたらきがある。
イ．分子からなる単体である。
ウ．燃料電池に使われる気体である。
エ．空気よりわずかに軽い気体である。
オ．食品の変質を防ぐために，ビンや袋に封入する気体である。

(3) **基本** 発生した気体を捕集した後，実験を終了するのに最も適切な手順になるように，次の操作ア～エを並べ替えなさい。
ア．図中のねじaを閉める。
イ．図中のねじbを閉める。
ウ．管を水槽から取り出す。
エ．ガスの元栓を閉める。

(4) 銀原子と酸素原子の質量比は27：4で，酸化銀の密度は7.2g/cm³である。以上のことから，酸化銀1cm³あたり，最大何gの気体が得られるか求めなさい。なお，解答の際は小数第2位を四捨五入して小数第1位までで答えること。

**4 水溶液とイオン**

ある水溶液が電気を通すか確認するために，電源装置につないだ2本の炭素電極を，互いに接触させることなく，水溶液に入れた。このとき電気が流れ，2本の電極から気体が発生した。両極から発生した気体を，水で満たした試験管に集めようとしたところ，一方の極で発生した気体は，試験管にたまりにくかった。これに関して，次の問いに答えなさい。

(1) この水溶液の溶質として最も適当なものを，次のア～オから1つ選び，記号で答えなさい。
ア．エタノール　　イ．塩化銅
ウ．塩化水素　　　エ．砂糖
オ．水酸化ナトリウム

(2) 気体がたまりにくかった極で反応するイオンは陽子を17個持つ。反応前のイオン1個あたりに含まれる電子の個数を答えなさい。

(3) 気体がたまりにくかった極は次のア・イのうちどちらか。1つ選び，記号で答えなさい。また，気体をあまり集められなかった理由を簡潔に述べなさい。
ア．電源装置の＋極につないだ電極
イ．電源装置の－極につないだ電極

**5 水溶液，化学変化と物質の質量，酸・アルカリとイオン**

質量パーセント濃度3.2％の水酸化カリウム水溶液250gと質量パーセント濃度2.8％の硫酸水溶液250gを混合させたところ，過不足なく中和して，質量パーセント濃度2.5％の硫酸カリウム水溶液ができた。これに関して，次の問いに答えなさい。

(1) 過不足なく中和するとき，反応に使われた硫酸(溶媒は含めない)と反応で生じた硫酸カリウムの質量比(硫酸：硫酸カリウム)を最も簡単な整数比で答えなさい。

(2) **思考力** 硫酸カリウムの溶解度(水100gに溶かすことができる溶質の質量)を12gとする。水酸化カリウム水溶液50gと硫酸水溶液50gを過不足なく中和させて，硫酸カリウムの飽和水溶液をつくりたい。このとき，硫酸水溶液の質量パーセント濃度は何％以上でなければいけないか。整数値で答えなさい。ただし，割り切れない場合は小数第1位を四捨五入して答えること。

**6 力と圧力，運動の規則性**

台ばかりの上にビーカーを乗せ，台ばかりが1000gを指すように水を入れる(図2－ア)。この状態にした水に球体A(質量20g，体積10cm³)，球体B(質量20g，体積50cm³)を用いて次のイ～キの各実験を行った。水の密度を1.0g/cm³

として，以下の各問いに答えなさい。

図2

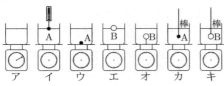

実験イ：Aをばねばかりにつるして水の入ったビーカーにAの半分まで沈める（図2－イ）。
実験ウ：Aをビーカーの底に置く（図2－ウ）。
実験エ：Bを水面に浮かべる（図2－エ）。
実験オ：Bとビーカーの底とを短い糸でつなぎ，Bが水面から出ないようにする（図2－オ）。
実験カ：Aに体積と質量を無視できる棒を取り付け，手で棒を持ってAがビーカーの底につかないように水中に沈める（図2－カ）。
実験キ：Bに体積と質量を無視できる棒を取り付け，手で棒を持ってBがビーカーの底につかないように水中に沈める（図2－キ）。

(1) 実験イで，ばねばかりは何gを指すか，求めなさい。
(2) 実験イで，台ばかりは何gを指すか，求めなさい。
(3) 実験ウ，エ，オ，カで，それぞれ台ばかりが指す値の大小関係を次の例のように等号（＝）と不等号（＜）を使って表しなさい。例：エ＜オ＝カ＜ウ
(4) 思考力 実験カと実験キとで，台ばかりの指す値の大小関係を前問の例のように等号（＝），もしくは不等号（＜，＞）を使って表し，そうなる理由を「浮力」「質量」「密度」「作用反作用」という言葉の内，2つを用いて説明しなさい。

**7** エネルギー，自然環境の保全と科学技術の利用

次の問い(1)，(2)に答えなさい。
(1) 次の発電方式の中から，タービンを回さずに発電するものを次のア～キからすべて選び，記号で答えなさい。
　ア．火力発電
　イ．水力発電
　ウ．太陽光発電
　エ．原子力発電
　オ．風力発電
　カ．地熱発電
　キ．燃料電池発電
(2) 放射性物質によってがんが発生する可能性が高くなると指摘されている。その仕組みについて説明した以下の文章の空欄A，Bにそれぞれ下の語群から最も適当な言葉を選んで書きなさい。

　　放射性物質は（ A ）を出して，別の物質に変わる。この（ A ）が細胞内の（ B ）を傷つけてがんが発生しやすくなる。

語群：ウラン，プルトニウム，二酸化炭素，オゾン，
　　　紫外線，活性酸素，フロン，窒素酸化物，
　　　小胞体，細胞質，養分，遺伝子，免疫，水分，
　　　塩分，陰極線，ニュートリノ，放射能，
　　　放射性同位体，放射線

**8** 天体の動きと地球の自転・公転，太陽系と恒星

次のⅠ・Ⅱの問いに答えなさい。
Ⅰ．名古屋のある地点で，日の出の位置と，日の出の時刻の月の位置と形を肉眼で観察した。さらに3日後の日の出の時刻に，同様の観察を行った。この2回の観察結果の一部を記録したものを次の図3に示す。

図3

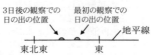

(1) 基本 2回の観察を行った時期として最も適当なものを，次のア～エの中から1つ選びなさい。
　ア．春分～夏至の間　　イ．夏至～秋分の間
　ウ．秋分～冬至の間　　エ．冬至～春分の間
(2) 3日後の日の出の時刻における月の位置と形は，最初の観察での月の位置と形と比べてどのように変わったか。最も適当な選択肢を○で囲み，文を完成させなさい。

　　月の位置は図3の（ア｜a・b・c・d）の方向にあり，形はかがやいて見える部分が（イ｜小さくなった・大きくなった）。

Ⅱ．図4はある日の地球の北極側から見た太陽・金星・地球の位置関係と，それぞれの惑星の公転軌道を示している。どちらの惑星も太陽の周りを円運動しており，公転軌道面は同一であるものとする。なお金星の公転周期は0.62年である。

図4

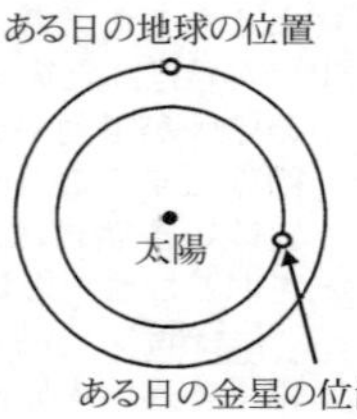

(1) 今後，金星と地球は，内合（一直線上に地球―金星―太陽の順に並ぶ）と外合（一直線上に地球―太陽―金星の順に並ぶ）のどちらが先におこるか。
(2) 太陽と地球の距離を1とすると，太陽と金星の距離は0.72となる。金星と地球が最も離れたときの距離は，最も近づいたときの距離の何倍か。小数第2位を四捨五入して小数第1位まで表しなさい。
(3) 1.5年後の金星を名古屋で観測したとすると，いつごろどの方角の空に見えると考えられるか。次のア～エから最も適当なものを1つ選びなさい。
　ア．明け方の東の空
　イ．明け方の西の空
　ウ．よいの東の空
　エ．よいの西の空
(4) (3)の金星は屈折式天体望遠鏡でどのような形で観察できるか。その見え方を記しなさい。ただし，太陽の光が当たっている部分を白で，当たってない部分を黒で表しなさい。点線はすべて見えたときの金星の形であり，大きさの変化は考慮しなくてよい。また屈折式天体望遠鏡下では，肉眼でみる場合と比べて上下左右が逆になって見える。

**9** 天体の動きと地球の自転・公転

紀元前三世紀ごろ，古代ギリシャのエラトステネスは地球の円周を推定した。彼の考え方は，同一子午線上で北半球にある高緯度のA地点と低緯度のB地点において，A地点の南中高度を$x$[°]，B地点の南中高度を$y$[°]，弧ABの距離を$s$[km]，地球の円周を$t$[km]とおくと$s:t$＝（ あ ）[°]：360°が成り立つというものである。
(1) 上の文中の（ あ ）にあてはまる式を，$x$，$y$を用いて

表しなさい。
(2) 弧ABの距離900 km，A地点の南中高度63.8°，B地点の南中高度71.0°とすると，地球の円周 t は何kmとなるか。整数値で答えなさい。
(3) 思考力 エラトステ 図5
ネスはシエネとアレキサンドリアという2都市での夏至の日の南中高度の差を用いた。実際の地球の円周は，エラトステネスが推定した地球の円周と比べて15％程度の誤差があった。誤差が生じた理由として誤っているものを，次のア〜エから1つ選びなさい。

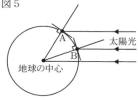

ア．地球は完全な球体ではない
イ．2都市間の距離が不正確
ウ．地軸が23.4°傾いている
エ．2都市は同一子午線上にない

# 同志社高等学校

時間 50分　満点 100点　解答 P52　2月10日実施

## 出題傾向と対策

●化学，地学各2題，物理，生物各1題の計6題の出題であった。解答形式は記述式よりも選択式のほうが多かった。教科書の内容を超える出題も見られたが，問題文に沿って考えていくと解答を導くことができるものが大半を占めた。

●基本事項をじゅうぶんに理解したうえで，数多くの応用問題に取り組み，科学的思考力や論理的思考力を養う必要がある。問題文中に条件やヒントが与えられているので，要点を読みとる読解力も求められる。

## 1 運動の規則性 よく出る

K君は各駅停車の電車に乗っていた。9:00にA駅を出発し，B駅，C駅，…と順番に停車した。距離と発車した時刻は表のようになった。以下の問いに答えなさい。ただし問1〜5については，電車は各駅の間を一定の速さで進み，駅に留まる時間は無視するものとする。

|  | 前駅との距離 | 時刻 |
|---|---|---|
| A駅 |  | 9:00 |
| B駅 | 1.0km | 9:03 |
| C駅 | 2.5km | 9:06 |
| D駅 | 1.0km | 9:08 |
| E駅 | 3.5km | 9:11 |

問1．基本　A駅からC駅までの平均の速さは何km/hか答えなさい。

問2．基本　横軸を時間，縦軸を距離としたグラフを右に描きなさい。

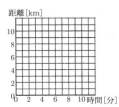

問3．急行電車が9:04にA駅を出発した。急行電車はE駅まで止まらずに一定の速さ90 km/hで進むとすると，各駅停車の電車を追い越したのはどこか。最も適切なものを次の①〜④から選び，記号で答えなさい。
① A駅とB駅の間　② B駅とC駅の間
③ C駅とD駅の間　④ D駅とE駅の間

問4．各駅停車の電車がD駅にいるとき，急行電車との距離は何km離れているか答えなさい。

問5．急行電車がE駅に到着してから，各駅停車の電車が到着するまでの時間は何分何秒か答えなさい。

問6．速さが変化する一般的な電車の運動について，正しいものを次の①〜④からすべて選び，記号で答えなさい。
① 前向きに運動しているとき，電車全体にはたらく力は前向きである。
② 前向きに運動していて速さが小さくなっていくとき，電車全体にはたらく力は後ろ向きである。
③ 横軸を時間，縦軸を移動距離としたグラフにおいて，グラフ上の2点を結んだ直線の傾きは，その間の平均の速さを表す。
④ 2本の電車がある駅を同時に出発して次の駅まで進

むとき，到着した時刻が早い電車の方が，常に速さが大きい。

## 2 物質の成り立ち，化学変化と物質の質量 ｜基本

銅原子1個と酸素原子1個の質量の比は4:1である。銅原子と酸素原子が，個数で1:1の割合で化合して酸化銅が生じる。マグネシウム原子1個と酸素原子1個の質量の比は3:8であり，マグネシウム原子と酸素原子が，個数で1:1の割合で化合して酸化マグネシウムが生じる。以下の問いに答えなさい。

問1．銅が酸化して酸化銅になる変化を化学反応式で表しなさい。

問2．銅0.60gを空気中でじゅうぶん加熱して冷ましたとき，その質量は何gになるか答えなさい。

問3．マグネシウム0.36gを空気中でじゅうぶん加熱して冷ましたとき，その質量は何gになるか答えなさい。

問4．マグネシウムと銅の混合物0.50gを空気中でじゅうぶん加熱して冷ましたとき，その質量は0.75gになった。混合物中に含まれていたマグネシウムの質量は何gであったか答えなさい。

## 3 物質のすがた，化学変化，水溶液とイオン，酸・アルカリとイオン ｜基本

次の①～⑧の変化について，以下の問いに答えなさい。
① 溶液Aに気体Bを溶かすと黄色になった。
② 気体Bを溶液Cに溶かすと白い沈殿ができた。
③ 溶液Dに気体Eを溶かすと赤色になった。
④ ①で生じた水溶液に気体Eを溶かしていくと緑色になった。
⑤ 気体Fに赤いバラの花を入れると花の色が変わった。
⑥ 銀白色のリボン状の固体Gを加熱すると明るい光を放ち，白い粉末になった。
⑦ 黒い粉末Hと別の黒い粉末を混ぜて加熱すると気体Bが発生し，赤色の固体Iができた。固体Iをこすると金属光沢を生じた。
⑧ 青い溶液Jに2本の炭素棒を入れて電流を流すと陰極には固体Iが生じ，陽極には気体Fが生じた。

問1．A～Jにあてはまるものを次の(a)～(n)から選び，記号で答えなさい。
(a) フェノールフタレイン溶液
(b) 石灰水　　　　(c) BTB溶液
(d) 食塩水　　　　(e) 鉄
(f) 塩化銅水溶液　(g) 炭素
(h) マグネシウム　(i) アンモニア
(j) 銅　　　　　　(k) 塩素
(l) 酸素　　　　　(m) 水素
(n) 二酸化炭素

問2．①および③～⑤の変化に関係することばを次の(ア)～(ク)よりそれぞれ1つずつ選び，記号で答えなさい。
(ア) 酸化　　　　(イ) 還元
(ウ) アルカリ　　(エ) 酸
(オ) 中和　　　　(カ) 分解
(キ) 化合　　　　(ク) 漂白

問3．⑥⑦⑧の変化を化学反応式で表しなさい。

## 4 地層の重なりと過去の様子

理科の授業で学校の近くにある図1のような小高い丘のボーリング調査を行い，その結果を図2に示した。実線は100mごとの等高線を表している。この丘はア，イ，ウ

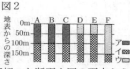

三つの地層からなっていることが分かった。地層の境界はほぼ平面を成しているとして，以下の問いに答えなさい。

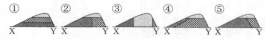

問1．この丘を図中のX—Yで切った断面を図の下方から見た図として最も適切なものを次の①～⑤から選び，記号で答えなさい。

① ② ③ ④ ⑤
X Y X Y X Y X Y X Y

問2．ア，イ，ウのできた順番として最も適切なものを次の①～⑥から選び，記号で答えなさい。
① ア→イ→ウ　　② ア→ウ→イ
③ イ→ア→ウ　　④ イ→ウ→ア
⑤ ウ→イ→ア　　⑥ ウ→ア→イ

問3．D，E，Fで見られるイとウの層の境界は凸凹していてこの境界面のすぐ上には多くのれきが含まれている。この境界はどのような出来事が起きたことを教えているか，最も適切なものを次の①～⑤から選び，記号で答えなさい。
① この部分を境にして両側の岩盤がずれ動き，地震を起こした。
② この場所は最後に隆起して，現在の姿になるまでは常に海底にあって，堆積が中断することなく進行した。
③ 昔海底であったこの場所は一度隆起して陸になり，再び沈降して海底になったことがある。
④ この境界が形成された前後で，堆積物を運搬してきた河川の流速が大きく変化した。
⑤ この境界が形成された前後で，堆積物を運搬してきた風の向きが大きく変化した。

## 5 天体の動きと地球の自転・公転 ｜思考力

図1のグラフがある。これは，北緯35°の京都において，ある日の太陽高度をグラフにしたものである。ただし，これは太陽の中心で測定したものなので，日の出，日の入りが高度0°ではない。

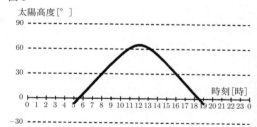

問1．この日は次のどの月であると考えてよいか。最も適切なものを次の①～⑦から選び，記号で答えなさい。
① 4～5月　　　② 7～8月
③ 10～11月　　④ 1～2月
⑤ 4～5月もしくは7～8月
⑥ 10～11月もしくは1～2月
⑦ 7～8月もしくは10～11月

問2．図1のグラフでは，正だけでなく，負の高度も表示されている。これは，水平線下で水平面に対して何度下向きに太陽があるかを表したものである。この日の南中高度が65°であるならば，太陽が最も低い位置にある北中高度は何度と考えられるか。最も適切なものを次の①～⑤から選び，記号で答えなさい。
① −25°　　② −35°　　③ −45°
④ −55°　　⑤ −65°

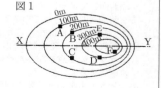

問3．図1のような太陽高度のグラフは，季節によっても，観測位置によっても大きく変化をする。図2は，京都と異なる場所での，異なる季節の太陽高度のグラフである。時間に対して，太陽高度が直線的に変化しているのが特徴である。このグラフを表しているのは，下にあげた観測場所，季節の組み合わせのうちどれか。最も適切なものを①～⑥から選び，記号で答えなさい。

図2

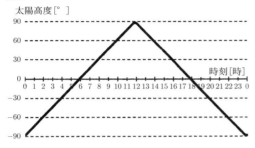

① 北緯0°，夏至　　② 北緯0°，春分
③ 北緯23°，夏至　　④ 北緯23°，春分
⑤ 北緯90°，夏至　　⑥ 北緯90°，春分

## 6 植物の体のつくりと働き，植物の仲間，生物の成長と殖え方

学校での観察によく用いられるオオカナダモとタマネギについて，以下の問いに答えなさい。

Ⅰ．オオカナダモを入れた6本の試験管A～Fに，うすい水酸化ナトリウム水溶液とBTB溶液を入れ，十分に息を吹き込んで溶液の色が黄色になったところでゴム栓をした。水温，光の強さをそれぞれ変え，発生した気泡の数と，十分な時間が経過した後にBTB溶液の色の変化を観察した結果は下の表のようになった。

|  | A | B | C | D | E | F |
|---|---|---|---|---|---|---|
| 水温[℃] | 10 | 10 | 25 | 25 | 25 | 25 |
| 光の強さ[4段階] | 強い | 弱い | 強い | 中程度 | 弱い | 非常に強い |
| 気泡の数[個] | 75 | 50 | 300 | 260 | 200 | 300 |
| BTB溶液の色 | 緑 | 黄緑 | 青 | 青 | 青緑 | 青 |

問1．表のデータを参考にしながら，オオカナダモが行う反応について正しいものを次の①～⑤からすべて選び，記号で答えなさい。
① 気泡の数は水温が高いほど多く，また光の強さが強いほど多い。
② 温度にかかわらず，光が強くなるとBTB溶液の色は青色に近づく。
③ 水温を一定にして，光の強さを強くしたとき，ある強さを超えると，光合成の量は増加しない。
④ すべての気泡は酸素である。
⑤ 気泡の数は温度が低い方が光の強さの影響を受けやすい。

問2．BTB溶液の色の変化はオオカナダモが行う反応によって生じたものである。それを証明するために，どのような条件の試験管をもう1本準備し，表のA～Fと同様の実験を行うと良いか答えなさい。

問3．水温が25℃の時，光の強さとオオカナダモの行う反応によって生じた気泡の数との関係を表すグラフとして最も適切なものを次の①～④から選び，記号で答えなさい。

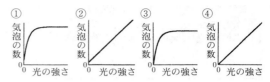

問4．試験管Cを，水温はそのままにして真っ暗な場所に一晩おくと，試験管の溶液にある気体が多く溶け込んでいたことがわかった。この溶液に溶け込んでいた気体を特定する方法を簡単に述べなさい。

Ⅱ．植物のつくりとはたらきについて以下の問いに答えなさい。

問5．タマネギの説明について誤っているものを次の①～④から1つ選び，記号で答えなさい。
① 葉脈は網目状である。
② 胚珠は子房に包まれている。
③ 花がさく。
④ 子葉の数は1枚である。

問6．タマネギの受粉においては，花粉がめしべの柱頭につく。マツの受粉においては，花粉がどこにつくか。その部分の名称を答えなさい。

問7．タマネギのひげ根が成長するしくみを，細胞の変化に着目して2点述べなさい。

# 東大寺学園高等学校

時間 60分　満点 100点　解答 P.53　2月6日実施

## 出題傾向と対策

● 物理、化学各2題、生物、地学各1題の計6題の出題であった。解答形式は記述式が多く、計算問題が目立った。教科書の内容を超える出題も見られたが、問題文に沿って考えていけば解答できるものが多かった。
● 基本事項をじゅうぶんに理解したうえで、数多くの応用問題に取り組み、科学的思考力や論理的思考力を身につけ、素早く正確に計算する力を養っておく必要がある。また、問題文中に条件やヒントが含まれているので、読解力も求められる。

## 1 動物の体のつくりと働き

次の文を読んで、下の問いに答えよ。

生物は常に変化のある環境に適応しながら生活をしている。動物はその変化を刺激として受容している。刺激を受容する器官を感覚器官という。例えばヒトの場合、空気の振動は[あ]で受容しており、光は[い]で受容している。受容したこれらの刺激は[う]を通して[え]に伝えられる。そして[え]で[お]や[か]といった感覚が生じる。

(1) 基本　文中の[あ]〜[か]に当てはまる語句を次のア〜ソからそれぞれ1つずつ選んで、記号で答えよ。ただし、[お]には[あ]から、[か]には[い]から伝えられた感覚を答えよ。

ア. 目　　　　イ. 耳　　　　ウ. 鼻
エ. 舌　　　　オ. 運動神経　カ. 嗅神経
キ. 感覚神経　ク. 小脳　　　ケ. 大脳
コ. 脳幹　　　サ. 触覚　　　シ. 視覚
ス. 味覚　　　セ. 嗅覚　　　ソ. 聴覚

(2) 基本　図1は刺激を受容してから反応するまでの様子を示している。脊髄や[え]と区別して、[う]や[き]を総称して何というか。

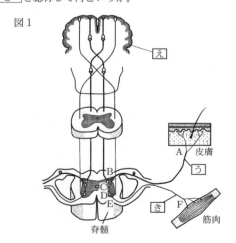

図1

(3) 刺激が伝わる速さを測定したい。そこで図1に示したA〜Fにそれぞれ測定電極を設置して実験を行った。図2はA〜Fを示す拡大図である。刺激は電気信号として神経を伝わっていくので、刺激が経路上を通過すると電気的な変化が観測される。皮膚に刺激を加えてから電気的な変化が観測されるまでの時間と、A〜Fの地点間の各距離を計測すると表1のような結果になった。また、BC間とDE間の距離はごくわずかで、10nm(ナノメートル)ほどしかない。ただし、表中の1ミリ秒とは1000分の1秒のことであり、1nmは100万分の1mmである。

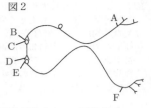

図2

表1

|  | A | B | C | D | E | F |
|---|---|---|---|---|---|---|
| 距離[cm] | 75.4 |  | 19.6 |  | 34.2 |  |
| 刺激を加えてから電気的な変化が観測されるまでの時間[ミリ秒] | 2.1 | 12.8 | 12.9 | 15.7 | 15.8 | 20.7 |

① 難　刺激はA→B→C→D→E→Fと伝わったとする。A点からF点までの平均の速さは何m/sと考えられるか。小数第2位を四捨五入して小数第1位まで答えよ。
② A点からB点まで刺激が伝わる速さは何m/sか。小数第2位を四捨五入して小数第1位まで答えよ。
③ B点からC点まで刺激が伝わる速さとして最も適当なものを次のア〜オから1つ選んで、記号で答えよ。
ア. 10000 m/s　イ. 100 m/s　ウ. 1 m/s
エ. $\dfrac{1}{100}$ m/s　オ. $\dfrac{1}{10000}$ m/s
④ 基本　①で示した経路のように[え]を経由しない反応を何というか。

## 2 天体の動きと地球の自転・公転、太陽系と恒星　難

地球は太陽の周りを公転する惑星で、月は地球の周りを公転する衛星である。また、月は地球に最も近い天体で、太陽は最も近い恒星である。次の文を読んで、下の問いに答えよ。

太陽の直径は地球の直径の110倍で月の直径は地球の直径の0.27倍だが、地球から見たとき両者はほぼ同じ大きさに見える。ただし、月の公転軌道は完全な円ではないので、地球から月までの距離は厳密には一定ではない。したがって、月が地球に近づいたときには月は大きく見え、遠ざかったときには小さく見える。このため、地上では皆既日食と金環日食の2つのタイプの日食が楽しめる(地球から見たときの太陽の大きさは一定であると考える)。また、惑星も月に隠されたり、太陽の前を通ることもある。

月が地球に最も近づく点を近地点といい、月が近地点付近にあるときに、満月もしくは新月になったときの月を「スーパームーン」と呼んでいる。しかし、これは天文学の正式な用語ではなく占星術の用語である。

(1) 下線部について、地球から太陽までの距離は地球から月までの距離のほぼ何倍になるか。小数第1位を四捨五入して整数で答えよ。
(2) スーパームーンのときに日食が起こったとすると、どちらの日食が見られるか。また、そのときに見える太陽表面から噴き出す炎のような赤い突起物を何というか。
(3) スーパームーンのときの真夜中に皆既月食になった。その日が冬至の日であったとすると、奈良市(北緯35°)における月の南中高度は、次のア〜オのうちどれに最も近いか。1つ選んで記号で答えよ。
ア. 31.6°　イ. 43.2°　ウ. 55.0°
エ. 66.6°　オ. 78.4°
(4) 日食と月食の見え方について、間違っているものを次のア〜オから1つ選んで記号で答えよ。
ア. 日食は地球の限られた地域(月の影に入る地域)でしか見られないが、月食はその時刻に月が見えるすべて

の地域で見られる。
イ．南の空で月食が起こったとき，月は向かって左(東)の方から欠け始める。
ウ．南の空で日食が起こったとき，太陽は向かって左(東)の方から欠け始める。
エ．皆既日食と皆既月食とでは，皆既月食の方が最大継続時間は長い。
オ．奈良と東京では，月食が起こる時刻は同じである。

(5) 月食と同じように，人工衛星でも太陽－地球－人工衛星が一直線に並んだ時に人工衛星が地球の影に入り，食が起こる。放送衛星は赤道の約36000 kmの上空を地球の自転周期と同じ周期で公転しているので，地上からは止まっているように見える。しかし，放送衛星が地球の影に入ると太陽電池での電力供給ができなくなってしまう。このようなことが起こり得るのはいつか。次のア～オから1つ選んで記号で答えよ。
ア．春分のころの夕方　　イ．夏至のころの真夜中
ウ．夏至のころの朝方　　エ．秋分のころの真夜中
オ．冬至のころの真夜中

(6) 金星が月に隠されることを金星食といい，図1は金星食が起こった時の金星と月の位置関係を模式的に表したものである。次の①～③の問いに答えよ。ただし，矢印は公転の向きを示しており，図1のような位置で金星食が起こったものと仮定する。

図1

① 金星食が起こる寸前に金星が見えるのは，いつ頃でどの方角の空か。最も適当なものを次のア～エから1つずつ選んで記号で答えよ。
ア．明け方の東の空　　イ．夕方の東の空
ウ．明け方の西の空　　エ．夕方の西の空

② ①のとき，月と金星はそれぞれどのような形に見えるか。最も適当なものを次のア～オからそれぞれ1つ選んで記号で答えよ。ただし，ア～オは右側を西として表示している。

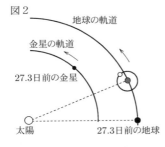

③ 図2は，金星食から27.3日(月の公転周期)後の地球と月の位置を模式的に表している。この時の月と金星の見え方は金星食のときと比較してどうなるか。最も適当なものを次のア～エから1つ選んで記号で答えよ。ただし，金星が1日で太陽の周りを公転する角度は地球の1.6倍である。
ア．金星食の時よりも月齢の小さい月が見え，望遠鏡で見た金星はより大きく見える。
イ．金星食の時よりも月齢の小さい月が見え，望遠鏡で見た金星はより小さく見える。
ウ．金星食の時よりも月齢の大きい月が見え，肉眼で見た金星はより明るく見える。
エ．金星食の時よりも月齢の大きい月が見え，肉眼で見た金星はより暗く見える。

## 3 物質のすがた，物質の成り立ち，化学変化と物質の質量

次の文を読んで，あとの問いに答えよ。なお，原子の質量の比は，水素を1とすると，炭素＝12，酸素＝16である。また，答えが割り切れない場合は，小数第3位を四捨五入して小数第2位まで答えよ。

昨今，A地球温暖化や大気汚染といった地球環境の悪化が問題となっている。そこで，風力・太陽光といった再生可能エネルギーや環境に優しい天然ガスの利用が盛んになっており，Bエネルギー資源の有効利用の技術も多く開発され実用化されている。

C天然ガスには，メタンやエタン，プロパンなどが含まれており，石油や石炭と比較して燃焼させても大気汚染物質の排出が少ないためクリーンな燃料として注目されている。また，水素と酸素を使って電気を起こすD燃料電池の反応では，水のみが生じて有害な排出ガスが出ないため，環境負荷が極めて少ない技術としてビルや家庭用の電源，自動車の動力に実用化されている。

(1) 下線部Aについて，地球温暖化の原因となっているのは温室効果ガスの増加と考えられている。次のア～オから温室効果ガスとして，適当でないものをすべて選び，記号で答えよ。
ア．二酸化炭素　　　　イ．アルゴン
ウ．塩化水素　　　　　エ．メタン
オ．フロンガス

(2) 下線部Bについて，発電をするときに発生する排熱を給湯や暖房などに再利用して有効利用する方法を何というか。カタカナで答えよ。

(3) 下線部Cについて，次の①，②の問いに答えよ。
① メタン($CH_4$)やプロパン($C_3H_8$)が燃焼した場合，水と二酸化炭素が生成する。メタンとプロパンのそれぞれについて，燃焼の化学反応式を書け。
② メタンとプロパンの混合気体を燃焼させたところ，酸素は2.24 g必要であり，水が1.08 g生じた。混合気体中のメタンとプロパンはそれぞれ何gであったか。

(4) 下線部Dについて，次の①～③の問いに答えよ。
① 燃料電池において，水素と酸素から電気エネルギーを得るときの化学反応式を書け。
② 燃料電池を用いた実験を行うための水素と酸素を得ようと，右図のようなH字管と電極にステンレス棒を用いて水酸化ナトリウム水溶液の電気分解を行った。このとき，陽極に発生した気体は，水素と酸素のどちらか。

③ ②の実験において，陽極で得られた気体の質量は0.768 gであった。陽極と陰極で得られた気体をすべて用いて，燃料電池から電気エネルギーを得た場合，生じた水は何gか。

## 4 化学変化と物質の質量，水溶液とイオン，酸・アルカリとイオン

T君は，化学変化を用いて銅をとかしたあと，ふたたび銅を析出させてみようと考えて，次のような実験を行った。あとの問いに答えよ。なお，原子の質量の比は，水素を1とすると，酸素＝16，ナトリウム＝23，銅＝64である。また，答えが割り切れない場合は，小数第3位を四捨五入して小数第2位まで答えよ。

[実験操作]
I．ビーカーに銅粉1.28 gを入れ，希硫酸と過酸化水素水を加えると，銅粉は完全にとけて，青色の硫酸銅水溶液となった。

Ⅱ．Ⅰの溶液に水酸化ナトリウム水溶液をガラス棒でかき混ぜながら加えていくと，①途中までは沈殿が生じなかったが，②途中から青色の沈殿が生じはじめた。さらに水酸化ナトリウムを加え続けて，しばらくするとそれ以上新たな沈殿は生じなくなった。

Ⅲ．この沈殿をおだやかに加熱すると，青色沈殿がすべて黒く変色した。この溶液をろ過すると，黒色沈殿を得ることができた。

Ⅳ．③黒色沈殿に希硫酸を十分に加えると，沈殿がとけて，Ⅰと同じ青色の硫酸銅水溶液となった。

Ⅴ．Ⅳの青色の水溶液に1.30gの④亜鉛板を入れると，溶液の色は薄くなっていき，亜鉛板上に赤色の固体が析出した。このとき⑤亜鉛板は水素を発生しながら，すべてとけて，赤色の固体のみが残った。発生した水素は0.02gであった。

Ⅵ．析出した固体をろ紙の上に取りだし，金属さじの裏の面でこすると，銅の金属光沢が現れたので，得られた赤色の固体が銅であることがわかった。

Ⅶ．得られた銅を乾燥させて質量をはかったところ0.64gであった。

(1) Ⅰの反応の化学反応式は次のようになる。□に当てはまる係数を答え。係数が1の場合も省略せずに書け。
　　a Cu + b H$_2$SO$_4$ + c H$_2$O$_2$
　　→ d CuSO$_4$ + e H$_2$O

(2) Ⅱの下線部①について，この時点では，加えた水酸化ナトリウムとⅠで未反応の硫酸との中和反応が起こっている。その中和反応の化学反応式を書け。

(3) Ⅱの下線部②について，水酸化ナトリウムから生じるあるイオンが銅イオンと結びついて沈殿する反応である。すべての銅イオンが沈殿したとすると，Ⅱで得られる青色沈殿は何gか。

(4) Ⅲで生じる黒色沈殿は，銅粉を空気中で加熱したときにできる黒色粉末と同一の物質である。この黒色沈殿の化学式を書け。また，この得られた黒色沈殿は何gか。

(5) Ⅳの反応の化学反応式を書け。

(6) Ⅳの下線部③において，希硫酸を加えすぎたために，Ⅴの操作では，亜鉛板に銅が析出する下線部④の反応と亜鉛板がとけて水素が発生する下線部⑤の反応（Zn + H$_2$SO$_4$ → ZnSO$_4$ + H$_2$）が同時に起こった。下線部④の化学反応式を書け。

(7) ⅤとⅦより，水素原子を1としたとき，亜鉛原子の質量の比はいくらになるか。

## 5 力と圧力，運動の規則性

物体の密度について，ⅠとⅡの実験を行った。下の□に当てはまる数値または語句を答えよ。ただし，物体A，Bは変形せず，糸の質量と体積，糸と滑車の摩擦は考えないものとする。また，水の密度は1g/cm³，100gの質量にかかる重力の大きさを1Nとする。

Ⅰ．図1のように，物体Aをばねばかりにつるすと100gを示していた。また，図2のように，容器に水を入れ，電子てんびんで測定したところ330gであった。そして，図3のように，容器内に物体Aをそっと沈めると，電子てんびんの値は□あ□gを示した。
　次に，図4のように，物体Aとばねばかりを糸でつないで，物体Aが水面から出ないようにそっと持ち上げて静止させた。このとき，ばねばかりは60gを示した。したがって，物体Aが水から受ける浮力は□い□Nであり，電子てんびんの値は□う□gとなる。アルキメデスの原理によると，「水中の物体にはたらく浮力は，物体が押しのけた体積に相当する水の重さに等しい」ので，物体Aの体積は□え□cm³となる。よって，物体Aの密度は□お□g/cm³となる。

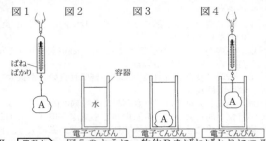

Ⅱ．思考力　図5のように，物体Bをばねばかりにつるすと20gを示していた。また，図6のように，容器の底に定滑車を取り付けて水を入れ，電子てんびんで測定したところ，400gであった。そして，図7のように，物体Bとばねばかりを糸でつなぎ，容器内に物体Bを沈めたところ，ばねばかりは80gを示した。このことから，物体Bの体積は□か□cm³となる。よって，物体Bの密度は□き□g/cm³となる。

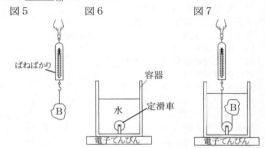

Ⅱの実験において，図7の電子てんびんの値が理論的にいくらになるかを，太郎君と次郎君が話し合っている。

太郎　「中学校で学んだ作用・反作用，力のつり合いを用いて予想してみよう。」

次郎　「電子てんびんが示す値を知るには，容器が電子てんびんを押す力がわかればいいのか。」

太郎　「容器，定滑車，水の重さが4Nだから，4Nの力で下向きに電子てんびんを押しているね。」

次郎　「でも，糸が定滑車を上に引っ張ってるからその力も考えないといけないよ。ばねばかりが80gを示してるから，糸の張力は0.8Nだね。ということは，糸が定滑車を上に引く力は□く□Nとなるね。」

太郎　「まとめると，容器が電子てんびんを押す力は，4Nと□く□Nの差だから……」

次郎　「太郎君，□け□の反作用を忘れているよ。」

太郎　「なるほど。それを考えに入れると，電子てんびんの値は□こ□gになるはずだね。」

## 6 電流

図1のように，1辺の長さがそれぞれd，2d，4dの直方体型の導体がある。この導体を抵抗器として用いることを考える。この導体の向かい合う2面をそれぞれⅠ，Ⅱ，Ⅲとし，図2〜図4のように，Ⅰ〜Ⅲのそれぞれの面に端子をつけて，回路に接続できるようにした導体を1個ずつ用意する（以下，これらの端子のついた導体をそれぞれ抵抗器Ⅰ，抵抗器Ⅱ，抵抗器Ⅲとよぶことにする）。導体の抵抗値は，長さに比例し，断面積に反比例するものとする。なお，端子部分の抵抗値は無視できるものとする。

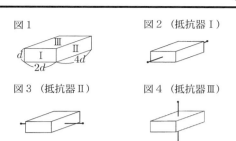

図1 図2（抵抗器Ⅰ） 図3（抵抗器Ⅱ） 図4（抵抗器Ⅲ）

(1) **基本** 抵抗器Ⅰの端子の両端に6Vの電圧を加えたとき，125 mAの電流が流れた。抵抗器Ⅰの抵抗値は何Ωか。

(2) **基本** 抵抗器Ⅱおよび，抵抗器Ⅲの抵抗値はそれぞれ何Ωか。

次に，図5のように，抵抗器Ⅰ～Ⅲのいずれかを10℃の水60 gの中に入れ，電源装置を用いて6Vの電圧を加えた。水の温度は場所によらず一定であるものとし，水は蒸発することなく，抵抗器で発生した熱はすべて，水に与えられるものとする。

図5

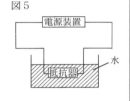

これらは以下の問題すべてに適用されるものとする。また，水1gの温度を1℃上昇させるのに必要な熱量を4.2Jとして計算せよ。

(3) **基本** 抵抗器Ⅰを用いたとき，抵抗器Ⅰで消費される電力は何Wか。

(4) この水を最も短い時間で40℃まで温めるには，抵抗器Ⅰ～Ⅲのどれを用いればよいか。また，その時間は何分何秒か。それぞれ答えよ。

(5) 次に，抵抗器Ⅰ～Ⅲをすべて用いて，下のア～オのようにそれぞれつないだ状態で，10℃の水60 gの中に入れた。そして，電源装置を用いて全体に6Vの電圧を加えた。
① この水を最も短い時間で40℃まで温めるには，抵抗器Ⅰ～Ⅲをどのように接続すればよいか。下のア～オから最も適当なものを1つ選んで，記号で答えよ。
② 電圧を1時間加え続けた直後に水の温度を測定した。このとき，40℃に最も近い温度になるのは抵抗器Ⅰ～Ⅲをどのように接続すればよいか。次のア～オから最も適当なものを1つ選んで，記号で答えよ。

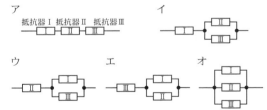

# 灘高等学校

時間 70分　満点 100点　解答 p54　2月10日実施

## 出題傾向と対策

● 物理，化学各2題，生物，地学各1題の計6題の出題であった。解答形式は記述式が多く，計算問題が目立った。教科書の内容を超える出題も多かったが，問題文に沿って考えていけば解ける問題もあった。
● 基本事項をしっかりと理解したうえで，数多くの応用問題に取り組み，科学的思考力や論理的思考力を身につけておく必要がある。また，問題数が多いので，速く正確に計算できるように演習しておくこと。問題文の要点を整理する読解力も求められる。

## 1 水溶液，水溶液とイオン

次の文を読んで下の問いに答えよ。ただし，Ⅰ，Ⅱ，Ⅲはローマ数字で，それぞれ1，2，3を表している。また，原子の質量の比は右の表の値を用いよ。

| 原子 | H | O | S | Cu |
|---|---|---|---|---|
| 質量比 | 1 | 16 | 32 | 64 |

銅粉を空気中で加熱して得られる（ ア ）色の酸化銅は，正確には「酸化銅（Ⅱ）」と表す。これは，銅のイオンには$Cu^{2+}$と$Cu^+$の2種類があり，その価数をローマ数字で付記して区別し，前者を「銅（Ⅱ）イオン」，後者を「銅（Ⅰ）イオン」と表すことによる。したがって，$Cu^{2+}$と（ イ ）からなる化合物は酸化銅（Ⅱ）と表す。一方，酸化銅（Ⅰ）は赤色の物質であり，(1)酸化銅（Ⅱ）を1100℃以上に加熱すると，一部は分解して酸化銅（Ⅰ）が生じる。また，鉄イオンにも2種類あるので，たとえば化学式（ ウ ）で表される物質は酸化鉄（Ⅲ）と表す。

(2)金属ナトリウムを乾いた空気中に放置すると，酸化ナトリウムという白色物質が生じる。これはナトリウムイオンと（ イ ）からなる物質である。この(3)酸化ナトリウムを水に入れるとすべて反応して溶解し，アルカリ性を示す水溶液が生じる。これは（ イ ）は水溶液中では安定に存在できないためである。

これらのように，陽イオンと陰イオンが多数集合することによって生じている物質には，さまざまなものがある。例えばナトリウムイオンと（ エ ）が多数集合した物質が炭酸水素ナトリウムであり，ナトリウムイオンと（ オ ）が多数集合した物質が炭酸ナトリウムである。

問1．空欄（ ア ）にはあてはまる語句を，（ イ ）～（ オ ）にはあてはまる化学式またはイオン式を，それぞれ記せ。ただし，同じ記号には同じものが入る。

問2．下線部(1)～(3)の反応をそれぞれ化学反応式で表せ。ただし，イオン式は用いないこと。

問3．次の{　}内の物質のうち，酸化銅（Ⅱ）や酸化ナトリウムのように，陽イオンと陰イオンが多数集合してできている物質をすべて選び，化学式で記せ。
{ 塩化ナトリウム　二酸化炭素　水　塩化水素　銀　硫黄　塩化アンモニウム }

青色の硫酸銅（Ⅱ）水溶液を加熱しながら水を蒸発させていくと，青色の結晶が残る。これは硫酸銅（Ⅱ）五水和物（化学式$CuSO_4 \cdot 5H_2O$）とよばれ，銅（Ⅱ）イオン，硫酸イオン，水分子が1：1：5の個数比で集まった結晶である。この結晶を金属の皿に移してさらに加熱すると分解して，最終的には含まれていた水分子がすべて水蒸気として蒸発し，白色の無水硫酸銅（Ⅱ）$CuSO_4$の固体が生じる。

問4. **よく出る** 硫酸銅(Ⅱ)五水和物が完全に分解して無水硫酸銅(Ⅱ)が生じるとき，結晶の質量は何%減少するか。

問5. 以下の文の カ ， キ にあてはまる $x$ を用いた式を記し， ク にあてはまる数値を小数第一位を四捨五入して記せ。

　100 gの水に対して，無水硫酸銅(Ⅱ)は20℃では20 gまで，60℃では40 gまで溶けることができる。いま60℃の硫酸銅(Ⅱ)の飽和水溶液350 gを20℃に冷却すると，硫酸銅(Ⅱ)五水和物の結晶が $x$ g析出した。その上澄み液は飽和水溶液になっているので，溶液と溶質の質量の比から， カ ： キ ＝ 120：20 の関係がある。この関係から $x = $ ク と求められる。

## 2 日本の気象　難

　風は気圧の高いほうから低いほうへ向かって吹こうとするが，天気図で見ると，風向は等圧線に直角になっていない。この原因の一つに地球の自転の影響がある。いま，反時計回りに回転する円板の上で中心にいる人Aが，円板の端にいる人Bに球を投げる(図1)。この様子を円板の外にいる人Cから見ると，球は直進し，Bが移動したように見える(図2)。しかし，円板の上のAとBには，球は進行方向に対して右に曲がったように見える(図3)。自転する地球でもこの円板と同じように，北半球では，地表にそって運動する物体の運動の向きを右に曲げるような力が働く。この力をXとする。北半球では，Xの向きは，物体の進行方向に対して常に直角右向きに働く。Xの大きさは緯度と物体の速さで変わるが，緯度が高いほど大きく，速さが速いほど大きくなる。

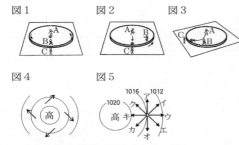

図1　図2　図3

図4　図5

問1. 上空と地表付近では風の向きが異なる。日本の上空ではいつも西よりの風が吹いている。
(1) この風を一般に何と呼ぶか。
(2) この風の特に強い部分を何と呼ぶか。

問2. いま日本上空の風向が正確に「西」であったとする。この上空の西風に働く力は，Xと気圧の差が空気を押す力Yの2つだけであり，XとYはつりあっているとする。
(1) このときの日本上空の風に働くXとYの向きをそれぞれ次のア～エから1つずつ選べ。
　ア. 東向き　　　イ. 西向き
　ウ. 南向き　　　エ. 北向き
(2) このときの上空の気圧配置として最も適当なものをオ～クから1つ選べ。
　オ. 西高東低　　　カ. 東高西低
　キ. 北高南低　　　ク. 南高北低

問3. **思考力** いま鹿児島と札幌の上空の同じ高さで西風が吹いていたとする。この上空の風に働くYがどちらも同じ大きさであったとすると，風速は鹿児島と札幌のどちらで大きくなるか。次のア～ウから1つ選べ。
　ア. 鹿児島　　　イ. 札幌　　　ウ. どちらも同じ

問4.
(1) 南半球の中緯度にあるオーストラリア上空の風もいつも西よりの風である。これも正確に風向が「西」とすると，南半球でのXの働く向きは，進行方向に対して直角どちら向きか。次のア・イから1つ選べ。
　ア. 直角右向き　　　イ. 直角左向き
(2) オーストラリア上空の気圧配置として最も適当なものを問2(2)のオ～クから1つ選べ。

問5. 北半球の高気圧の周囲の地表付近では，時計回りに吹き出る風が吹いている(図4)。このとき風に働く力はXとYの他に，地表との間に働く摩擦力Zがあり，この3つの力がつりあっているとする。3つの力はそれぞれどの向きか。力のつり合いを考え，最も近いものを図5の矢印ア～クから1つずつ選べ。

## 3 光と音

　凸レンズを通して遠くの景色を見ると，景色がさかさに見えることがある。これは，景色の実像がレンズと眼の間にできているからである。その実像がどの位置にできているかは，スクリーンに映すことでわかるが，スクリーンを使わずに「視差」という現象を用いて判断することもできる。

　例えば，右図で眼をOに置いて，2つの物体P，Qを見ると重なって見えるが，目をO′へ動かすと近い方にあるQが遠い方にあるPより左側に見えるようになる。「視差」とは，このように眼の位置を動かしたとき，遠・近2つの物体の相互の位置が見かけ上変わって見える現象のことである。

　以下の実験に用いる凸レンズ$L_1$，$L_2$と物体A，Bはそれぞれ同じ形状，種類のものを用い，レンズの焦点距離は15 cmである。光軸は全てそろえ，物体は光軸に対して垂直に置く。図の光軸の目盛りの間隔はすべて5 cmであり，図の左方向を前方，右方向を後方とする。眼は最初光軸上にあり，物体や像より十分な長さだけ後方にあるものとする。次の文中の{　}の中から適するものを記号で選び，(　)にはあてはまる数値を答えよ。

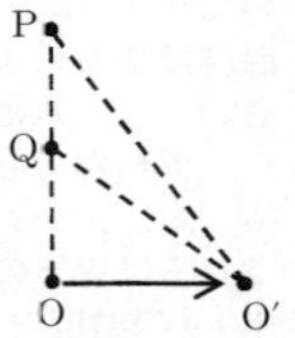

　図1の$L_1$の30 cm前方に物体Aを置き，後方からレンズを通してAを見る。レンズによって生じる像A′は，$L_1$の( ① )cm後方の位置(この位置をXとする)にできる実像である。

図1

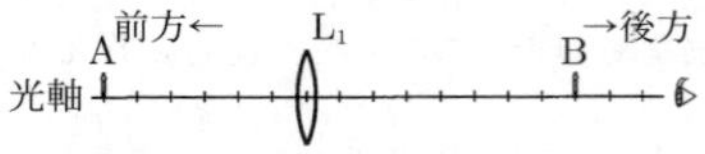

　像A′がXにあることを確認するために，Xより後方にもう一つの物体Bを置き，像A′と物体Bとを見比べる。眼の位置を紙面の表から裏への向き(奥の方)に少しだけずらす。ずらす前は右図のcのように見えたのが，ずらした後は②{ア. aのように　イ. bのように　ウ. cのように}見える(ただし図a，b，cは概念図で，左右の位置関係のみ表しており，大きさは正確とは限らない)。物体Bを置く位置をいろいろ変えて，先ほどと同様に眼の位置をずらすことを繰り返す。物体Bを置く位置が，Xと同じになったとき，眼の位置をずらすと，③{ア. aのように　イ. bのように　ウ. cのように}見える。視差の考え方から，像A′の位置はXであることが確認できる。

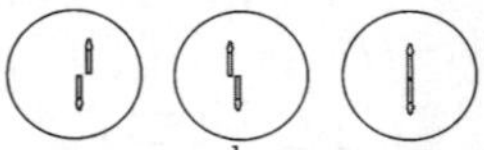

　今度は，$L_1$の7.5 cm前方に物体Aを置く。レンズ$L_1$によって生じた像$A_1′$は物体Aの( ④ )倍の大きさの⑤{ア. 実像　イ. 虚像}である。図2のようにレンズ$L_1$の15 cm後方にレンズ$L_2$を置き，後方からレンズ$L_1$，$L_2$の両方を通して物体Aを見る。レンズ$L_1$，$L_2$によって生じる像$A_1″$は$L_2$の( ⑥ )cm後方にできる⑦{ア. 実像　イ. 虚像}であり，物体Aの( ⑧ )倍の大きさである。次に$L_2$の50 cm後方

にもう一つの物体Bを置く。L₁, A, BはそのままでレンズL₂をL₁のycm後方に移動させたところ, レンズL₁, L₂によって生じた像A₂″が物体Bと同じ位置にできていることがわかった。この生じた像A₂″の大きさが物体Aの大きさの6倍であったとすると, yの値は(  ⑨  )である。
図2

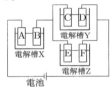

## 4  物質の成り立ち  よく出る

次の文を読んで, 下の問いに答えよ。なお, 原子の質量比は下の値であり, 電気分解を行うときの電極における水および水酸化物イオンの反応は右の式で表される。

$2H_2O + 2e^- \to H_2 + 2OH^-$
$2H_2O \to 4H^+ + O_2 + 4e^-$
$4OH^- \to 2H_2O + O_2 + 4e^-$

| 原子 | H | O | Na | Cl | Cu | Ag |
|---|---|---|---|---|---|---|
| 質量比 | 1 | 16 | 23 | 35 | 64 | 108 |

電解質の水溶液に, 炭素棒を電極に用いて直流の電流を流すと, 陽極では溶液中の①{陽, 陰}イオンまたは水分子が電子を②{放出する, 受け取る}反応が起こる。一方, 陰極では溶液中の③{陽, 陰}イオンまたは水分子が電子を④{放出する, 受け取る}反応が起こる。

いま, 炭素棒を電極とした3つの電解槽X〜Zを図のように接続し, 電解槽Xには塩化銅(Ⅱ)CuCl₂水溶液, 電解槽Yには硝酸銀AgNO₃水溶液, 電解槽Zには水酸化ナトリウム水溶液を入れて電気分解を行った。

この電気分解により, 電極Aの質量は0.16g, 電極Cの質量は0.324g増加し, 電極Aと電極Cでは気体が発生しなかった。また, 電極Dと電極Eでは水が反応し, 気体が発生した。ここでは発生した気体の水への溶解は考えないものとする。

問1. 文中の{　}のそれぞれについて, 適切な方を選んで, その語句を記せ。
問2. 電解槽Xの両極で起こる変化を1つにまとめ, イオン式を含まない化学反応式で記せ。
問3. 電極Cと電極Dで起こる変化を, それぞれ電子e⁻を用いた反応式で記せ。
問4. 電解槽Yを流れた電子の数と電解槽Zを流れた電子の数との比を求めよ。
問5. 電解槽Yで発生した気体と電解槽Zで発生した気体をそれぞれすべて集め, 質量を比較すると, その比はいくらになるか。

## 5  植物の仲間, 生物の成長と殖え方

植物の器官は, 根・茎・葉からなる「栄養器官」(以下「器官A」とする)と, 次世代を生むための, 花・実・種子などの「生殖器官」(以下「器官B」とする)に分けられる。

ある被子植物の寿命は, 子葉が開いてから100日である。これは, 子葉が開いた時点を0日として, 100日後には種子を落とし, 同時に枯れることを意味する。器官Aの成長率は, 土壌中の栄養状況が良好であれば, 質量比で毎日1.04倍(1.04倍／日)になるものとし, 0日(子葉が開いた時点)の乾燥質量は1gと仮定して以下の計算をする(以下, 質量はすべて乾燥質量とする)。

本来, 光合成でつくられた有機物および, その有機物に土壌から吸い上げた無機養分を加えることで合成された有機物は, 器官Aの成長と器官Bの成長に振り分けられる。しかし本問に限っては, 器官Aの成長から器官Bの成長への切り替え日(器官Aの成長が終わり, 器官Bの成長が始まる日)までは, 器官Aの成長に100%の有機物が使われ, 切り替え日以降は, 器官Bの成長に100%の有機物が使われるものとする。植物は繁殖に際し, 器官Bの最終質量を最大化することで, 最も有効に子孫を残せる。

ここで, 切り替え日に得られる器官Aの最終質量をx[g], 切り替え日から寿命までの残り日数をy[日]とすると, 「器官Bの最終質量[g] = x×y÷20」と計算されるものとする。

上記のプロセスに基づき, 様々な切り替え日を設定して計算したところ, 下のグラフ1が得られた。横軸は切り替え日, 縦軸は器官Aまたは器官Bの最終質量[g]を示す。

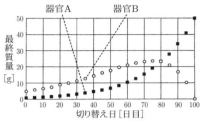

問1. 種子をつくる被子植物, 裸子植物に対して, 種子をつくらない陸上の植物には, シダ植物とコケ植物がある。
(1) 基本  シダ植物とコケ植物は, 何をつくって増えるか。漢字2字で答えよ。
(2) よく出る  ①シダ植物　②コケ植物　のそれぞれについて, 正しいものを次のア〜エから選べ。
  ア. 根・茎・葉の区別があり, 維管束も存在する。
  イ. 根・茎・葉の区別があるが, 維管束は存在しない。
  ウ. 根・茎・葉の区別はないが, 維管束は存在する。
  エ. 根・茎・葉の区別がなく, 維管束もない。
(3) よく出る  シダ植物の幼植物体の名称を漢字3字で答えよ。
問2. 肥料の三要素とは何か。窒素・リン以外に1つ答えよ。
問3. 新傾向  グラフ1より判断し, 最適な切り替え日を次のア〜オから1つ選べ。
  ア. 30日目前後　　イ. 45日目前後
  ウ. 60日目前後　　エ. 75日目前後
  オ. 90日目前後
問4. 仮に100日目まで器官Aの成長を続けた場合, 器官Bの最終質量はどうなるか。
問5. 新傾向  次に, 土壌中の栄養状況が劣悪で, 生育が悪かった場合を考える。この場合の器官Aの成長率を, 質量比で毎日1.02倍(1.02倍／日)になるものとして計算すると, グラフ2が得られる。これより判断し, 最適な切り替え日を次のア〜オから1つ選べ。

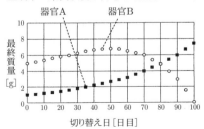

グラフ1とグラフ2で, 縦軸の目盛りは異なる。

  ア. 20日目前後　　イ. 35日目前後
  ウ. 50日目前後　　エ. 65日目前後
  オ. 80日目前後

## 6 力と圧力，運動の規則性　思考力

図1のように円筒容器が，仕切りと物体で2つの部屋に分けられている。円筒容器の半径は0.5 m，奥行きは0.2 mで，仕切りの両端は円筒容器の中心軸と内側の面にそれぞれ固定されている。物体は，図2のような底面が中心角90°の扇の形をした均一な密度の立体である。物体の端は円筒容器の中心軸に固定されて，物体はその中心軸のまわりを摩擦なく回転できる。円筒容器の2つの部屋の上方にはそれぞれ穴が空いており，右側の部屋の穴からは空気が自由に出入りできるため，右側の部屋の圧力は外と同じ1013 hPaに保たれている。左側の部屋の穴はポンプにつながっており，左側の部屋の圧力を調節することができる。図では物体に働く重力の作用点(重心)を＊で示している。

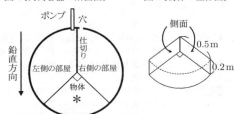

図1[円筒容器の断面図]　図2[物体の立体図]

問1．基本　ポンプで左側の部屋の圧力を833 hPaにすると，図3の位置で物体は静止した。このとき左側の部屋の空気が物体(側面)を押す力の大きさは何Nか。また右側の部屋の空気が物体(側面)を押す力の大きさは何Nか。

物体が静止しているとき，中心軸のまわりの「重力が物体を回転させる働き」と「空気の押す力が物体を回転させる働き」が一致している。

問2．再びポンプで左側の部屋の圧力を調節すると，図4の位置で物体は静止した。このとき左側の部屋の圧力は何hPaか。

問3．難　再びポンプで左側の部屋の圧力を調節すると，図5の位置で物体は静止した。このとき左側の部屋の圧力は何hPaか。

問4．難　物体を中心角が60°になるように切り取り，同様に円筒容器に取りつけた。そして再びポンプで左側の部屋の圧力を調節すると，図6のような位置で物体は静止した。このとき左側の部屋の圧力は何hPaか。

図3　　　図4　　　図5　　　図6

問6．難　思考力　新傾向　問3に対し，栄養状況が劣悪だったことで最適な切り替え日が問5のようになった理由を，文中の記号 $x$ と $y$ を用いて，1～2行(1行は30字程度)で記述せよ。

---

# 西大和学園高等学校

時間 50分　満点 80点　解答 P56　2月6日実施

## 出題傾向と対策

- 例年通り，物理，化学，生物，地学から各1題，計4題の出題であった。選択式がやや多く，記述式では計算問題が目立った。科学的思考力や論理的思考力を必要とする問題が大半を占め，教科書の範囲を超える出題も多かったが，問題文に沿って考えていけば解答できる。
- 基本事項をじゅうぶん理解したうえで，数多くの応用問題に取り組み，科学的思考力や論理的思考力を身につけておく必要がある。問題文中に条件やヒントが書かれているので，読解力を養っておこう。過去問研究も大切。

## 1 太陽系と恒星

表は，太陽系の惑星の特徴についてまとめたものである。表中の距離は太陽からの距離を表し，惑星の半径・質量・密度はそれぞれ地球を1としたときの値である。以下の問いに答えよ。ただし，惑星の公転軌道は円とみなす。

| 惑星 | 距離[億km] | 公転周期[年] | 惑星の半径 | 惑星の質量 | 惑星の密度 | ( A )の数 |
|---|---|---|---|---|---|---|
| 水星 | 0.58 | 0.24 | 0.38 | 0.055 | 0.98 | 0 |
| 金星 | 1.08 | 0.62 | 0.95 | 0.82 | 0.95 | 0 |
| 地球 | 1.50 | 1 | 1 | 1 | 1 | 1 |
| 火星 | 2.28 | 1.88 | 0.53 | 0.107 | 0.71 | 2 |
| 木星 | 7.8 | 11.9 | 11.2 | 318 | 0.24 | 67 |
| 土星 | 14.3 | 29.5 | 9.4 | 95 | 0.13 | 65 |
| 天王星 | 28.8 | 84 | 4.0 | 14.5 | 0.23 | 27 |
| 海王星 | 45 | 165 | 3.9 | 17.2 | 0.30 | 14 |

(1) 惑星は，太陽からの距離が大きいほどどのような特徴を示すか。次の中からすべて選び，記号で答えよ。
　ア．公転周期が長い。　　イ．半径が大きい。
　ウ．質量が大きい。　　　エ．密度が大きい。

(2) 基本　太陽系の惑星を木星型惑星と地球型惑星に分けた場合，木星型惑星はどれか。表からすべて選び，惑星名を答えよ。

(3) 表の( A )に当てはまる適切な語句を答えよ。

(4) 様々な惑星に関する次の文のうち，誤っているものを1つ選び，記号で答えよ。
　ア．水星の表面は，無数のクレーターでおおわれている。この理由は，大気がごくわずかしかないので侵食を受けず，形が残るからである。
　イ．金星の大気は，96.5％が二酸化炭素で，上空はおもに濃硫酸からなる厚い雲でおおわれている。そのため，普通の望遠鏡では地表面が見えない。
　ウ．火星は，酸化鉄を土の中に多く含むために青く見え，二酸化炭素を主成分とする薄い大気がある。
　エ．天王星は，木星・土星に比べてメタンが多いので，青色に見える。公転面に垂直な方向に対して自転軸が98度傾いているので，夜と昼が入れかわるのに42年かかる。

(5) 木星の体積は，地球の体積の何倍か。答えが小数になる場合は，小数第1位を四捨五入して整数で答えよ。ただし，地球，木星は完全な球ではないものとする。

(6) 金星，地球，火星について，公転軌道を移動する速さ

が速い順に並べよ。
(7) 火星に比べて地球は1日に何度多く公転するか。答えが小数になる場合は，小数第3位を四捨五入して小数第2位まで答えよ。ただし，1年は365日とする。
(8) 〈思考力〉 地球から見た惑星の見かけの明るさは，地球と惑星の距離の2乗に反比例する。地球から見た木星の見かけの明るさが最も明るいときは，最も暗いときの何倍になるか。答えが小数になる場合は，小数第2位を四捨五入して小数第1位まで答えよ。

## 2 小問集合

次の文章ⅠとⅡを読み，それぞれの問いに答えよ。

Ⅰ．
発生の初期のA細胞分裂を繰り返すことによって生じる細胞は，あらゆる種類の細胞になれる。しかし，発生が進んで体の様々な細胞に分かれていくと，それぞれ役割の決まった細胞となる。これを「分化が進む」と表現する。分化が進んだ細胞では，細胞によって異なる遺伝子がはたらいていて，発生初期の細胞のようにあらゆる種類の細胞になれるという能力は失われていく。これが，私たちが失った器官を再生できない理由の一つである。
しかし，動物の中にはヒトとは違い，器官など比較的広い範囲を再生できるものがいる。例えば，Bイモリは高い再生能力を持つ動物として有名である。
発生初期の細胞のように，様々な種類の細胞になることができる能力を持つ細胞を幹細胞という。イモリはひとたび体のある部分を失っても，幹細胞が分裂を繰り返して失った部分の細胞となり，体を補う。C私たちの体の組織にも何種類かの幹細胞があるが，その能力は限定されていて，イモリの幹細胞のようにすべての種類の細胞になることはできない。そこで，イモリの幹細胞のような能力をもつヒトの幹細胞を作り出す研究が進められてきた。
2012年にノーベル賞を受賞した山中伸弥博士は，ヒトの皮ふ細胞から人工的に幹細胞を作り出すことに成功し，この幹細胞はD人工多能性幹細胞とよばれる。人工多能性幹細胞を使えば，組織や器官を人工的に作り出すことが可能になると考えられている。

(1) 基本 下線部Aにおいて，細胞分裂のひとつに体細胞分裂がある。体細胞分裂の各段階を説明した以下のア～カの文を正常な体細胞分裂の順番通りに並べ替え，アから初めて4番目となる文を一つ選び，記号で答えよ。
　ア．染色体が複製され，2本ずつくっついた状態となる。
　イ．染色体が見えなくなり，核の形が現れ，2つの細胞となる。
　ウ．核の形が消え，2本ずつくっついた染色体がはっきり見えるようになる。
　エ．細胞の両端に2つの核ができ始める。細胞質も2つに分かれ始める。
　オ．染色体が細胞の中央部分に集まる。
　カ．2本ずつくっついた染色体が1本ずつに分かれ，それぞれ細胞の両端に移動する。

(2) 基本 下線部Bについて，ヒトの腕はイモリのように切除しても再生するということはないが，骨格はヒトとイモリでよく似ている。見かけや機能が異なっていても，基本的なつくりが同じで，起源が同じものであったと考えられる器官を何というか，漢字で答えよ。

(3) 基本 イモリについて述べた文として，最も適当なものを次の中から1つ選び，記号で答えよ。
　ア．イモリの卵は硬い殻を持っており，乾燥に強い。
　イ．イモリの運動神経は，脳や脊髄と共に中枢神経に属す。
　ウ．イモリの成体は肺呼吸以外に，皮ふ呼吸も行う。
　エ．イモリの体表面には，うろこがある。

(4) 下線部Cを証明する現象として，誤っているものを次の中から1つ選び，記号で答えよ。ただし，選択肢の現象は数値も含めて事実に即しているものとする。
　ア．皮ふを少しすりむいても，新しい細胞が傷口をふさぐため数週間後には治る。
　イ．古い赤血球は肝臓などで除去されるが，骨髄の細胞から新しい赤血球が供給されるため，血液中の赤血球の密度は常に一定の範囲に保たれている。
　ウ．口を開けていると，つばが多量に分泌される。
　エ．正常な肝臓は50％が切除されても，残り50％あれば元の大きさに戻る。

(5) 下線部Dにおいて，人工多能性幹細胞は別名何細胞と呼ばれるか，アルファベットを用いて答えよ。ただし，アルファベットの大文字，小文字も必要であれば使い分けること。

Ⅱ．
再生能力の高い動物としてプラナリアと呼ばれる動物が有名である。1～2cmほどで，体は平べったく，脳，神経系，消化管，光を感じる程度の目などを持つ。このプラナリアを用いて以下のような実験を行い，プラナリアの特徴を調べた。

【実験1】
最適な生育環境条件下において，プラナリアを真ん中で頭部側と尾部側に切断すると，切断面からは再生芽と呼ばれる細胞塊が生じ，頭部側の再生芽からは尾部が，尾部側の再生芽からは頭部が必ず生じ，最終的にそれぞれ完全な個体となった。

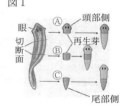
図1

プラナリアを3等分したときも，頭部側と尾部側の断片から同様の結果が得られた（図1のⒶとⒸ）。また，中央の断片では，頭部側に近い方の再生芽からは頭部が，尾部側に近い方の再生芽からは尾部が必ず生じ（図1のⒷ），最終的に完全な個体となった。

【実験2】
最適な生育環境条件下において，プラナリアを10等分しても，実験1と同様にそれぞれの断片から完全な個体が生じたが，20等分すると断片の両切断面から頭部どうしが生じたり，尾部どうしが生じたりする不完全な個体が生じた。

(6) 新傾向 実験1と実験2の結果をふまえて，プラナリアが再生する時の仕組みについて考察した次の文章の空欄E～Gに入る適語を選択肢より選び，それぞれ記号で答えよ。
　※実験3以降の E にも，(6)の E と同じ語が入る。
　プラナリアが再生する仕組みは色々考えられるが，例えば頭部側でのみ合成された化学物質が尾部側へと全身に流れており，尾部側に行くにしたがって化学物質が一定の割合で分解されると仮定してみると，頭部と尾部の間に化学物質の E の差が存在することになる。これにより，断片の長さがある一定の長さ以上ある場合は，その断片中にも E の差が存在するため，化学物質の多い方からは F が，少ない方からは G が生じることとなる。これより，断片にある程度の長さがあれば，再生芽から頭部側が生じるか尾部側が生じるかには方向性があり，もともと頭部側だった方からは頭部が，尾部側だった方からは尾部が生じ，逆はおこらないことが説明できる。一方，断片の長さがある一定の長さ以下になると， E の差がほとんど見られなくなるため，方向性が失われ，誤って不完全な個体が生じると考えられる。

【選択肢】
　ア．濃度　　　　イ．合成速度　　ウ．温度
　エ．再生芽　　　オ．頭部　　　　カ．脳
　キ．神経　　　　ク．尾部

【実験3】
　詳しく調べてみると，プラナリアの頭部側と尾部側からそれぞれ化学物質Hおよび化学物質Iが合成されており，化学物質Hは頭部側から尾部側に向かって　E　が徐々に低下するのに対して，化学物質Iはその逆であった。そして，化学物質Hのはたらきを化学物質Iが抑制していることもわかった。さらに，化学物質Iの合成を促進する化学物質Jが，頭部から尾部へと延びる神経の中を，頭部側から尾部側へと流れていることもわかった。神経が切断されない限り，化学物質Jが途中でもれ出すことはない。また再生には，化学物質H，I，J以外の物質は関与していなかった。

(7) 新傾向　実験3の結果をふまえて，化学物質Hと化学物質Iは体の頭部と尾部を結んだ軸に沿って相反する　E　の差を形成し，その結果，体の異なる領域（頭，首，腹と尾）が再生され，更にプラナリアの幹細胞は化学物質Hのはたらきによって頭部の細胞に分化するように予めプログラムされていると仮定した。プラナリアが再生する時の仕組みについて述べた次の文のうち，正しいものを2つ選び，記号で答えよ。

　ア．実験1のように切断した中央の断片（図1のⒷ）の尾部側では，化学物質Hのはたらきが高まっていると思われる。
　イ．実験1のように切断した中央の断片（図1のⒷ）の尾部側では，化学物質Iのはたらきが高まっていると思われる。
　ウ．実験1のように切断した中央の断片（図1のⒷ）の尾部側では，化学物質Jのはたらきが弱まっていると思われる。
　エ．仮説が正しいとすると，実験1のように切断した中央の断片（図1のⒷ）の化学物質Hのはたらきを高めると，尾部が生じやすくなるはずである。
　オ．仮説が正しいとすると，実験1のように切断した中央の断片（図1のⒷ）の化学物質Iのはたらきを高めると，頭部も尾部も生じにくくなるはずである。
　カ．仮説が正しいとすると，実験1のように切断した中央の断片（図1のⒷ）の化学物質Jのはたらきを弱めると，尾部が生じにくくなるはずである。

【実験4】
　切断片から生じた新しい個体は，元の個体の記憶をどこまで維持しているのかを調べるために，プラナリアの飼育環境（温度，時間，水の種類，餌の種類など）を徹底的に均一化して，次の実験を行った。
　まず，正常なプラナリアが50匹入ったシャーレの半分のみに青色光が当たるようにした。結果を次の図2に示す。
　そのプラナリアを2つのシャーレに半分ずつ分け，同じくシャーレの半分には青色光を当てた。さらに，一方には青色光の当たる部分に餌を置き，もう片方は餌を与えなかった。この訓練は十分な期間何度も行った。その最終的な結果を図3に示す。
　またこの餌の場所に関する記憶は，断片から新しい個体が再生するのに必要な期間より長く記憶されることも，別の実験から明らかとなった。
　青色光のあたる明るい場所に餌があると記憶したプラナリアのうちの15匹を体の中央付近で半分に切断し，頭部側と尾部側からそれぞれ新しい個体が再生されるまで飼育した。再生されたそれぞれの個体を再生頭部側個体と再生尾部側個体と呼ぶこととする。

元の記憶していた個体と記憶していない個体，切断後に生じた再生頭部側個体と再生尾部側個体の4種類を全個体混ぜ，同一のシャーレ上で飼育した。同じくシャーレの半分には青色光を当て，青色光の当たる部分には餌を置いた。餌に到達するまでの時間を計測し，その平均時間を図4に示した。

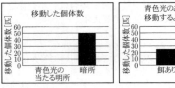
図2　移動した個体数

図3　青色光のあたる明るい場所に移動するようになった個体数

図4
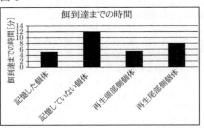
餌到達までの時間

(8) 新傾向　実験4の結果をふまえて，再生個体の記憶について考察した次の文章の空欄K〜Nに入る適語を選択肢より選び，それぞれ記号で答えよ。ただし，必要であれば同じ記号を何度用いてもよいものとし，またKとLに入る語の順は問わない。

　餌到達までの移動時間において　K　個体と　L　個体の間に差がないことから，記憶は脳に保持されていると考えられる。
　しかし，　M　個体は　N　個体に比べて餌までの到達時間が短いことから，記憶の一部は脳以外の組織にも存在していることが推測される。
　心臓などの臓器移植に伴って提供者の記憶の一部が受給者に移る現象が，科学的に論じられる日が来るのかもしれない。

【選択肢】
　ア．記憶した　　　　　イ．記憶していない
　ウ．再生頭部側　　　　エ．再生尾部側

## 3 物質のすがた，水溶液，状態変化，水溶液とイオン

次の文章ⅠとⅡを読み，それぞれの問いに答えよ。

Ⅰ．
　エタノール4.0 cm³と水20.0 cm³を混合した。この混合物と沸騰石を図1のように枝つきフラスコに入れ，穏やかに加熱した。出てきた液体を，3本の試験管に約3 cm³ずつ順に集め，火を消した。1本目に集めた液体と3本目に集めた液体を別々のろ紙に浸して，それぞれの蒸発皿に入れ，マッチの炎を近づけたところ，一方には火がついたが，もう一方には火がつかなかった。

図1

(1) よく出る　密度1.0 g/cm³の水20.0 cm³に，密度0.78 g/cm³のエタノール4.0 cm³を加えたところ，23.8 cm³のエタノール水溶液ができた。この水溶液の質量パーセント

濃度[%]と密度[g/cm³]を答えよ。答えが割り切れない場合は，小数第3位を四捨五入して小数第2位まで答えよ。

(2) ■基本■ 図2のように，ガスバーナーを分解して仕組みを調べた。Aの名称を答えよ。また次の文の①〜④に図中のA，B，a〜dの適切な記号を答えよ。

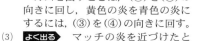

ガスを出すときは，（①）を（②）の向きに回し，黄色の炎を青色の炎にするには，（③）を（④）の向きに回す。

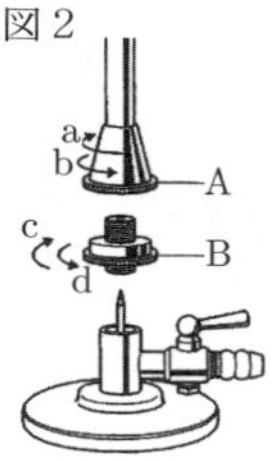

(3) ■よく出る■ マッチの炎を近づけたとき，火がついた液体とそのような結果になる理由の組み合わせとして最も正しいものを，次の中から1つ選び，記号で答えよ。

| 火がついた液体 | 理由 |
| --- | --- |
| ア | 1本目に集めた液体 | エタノールの沸点が水より低いから |
| イ | 1本目に集めた液体 | エタノールの沸点が水より高いから |
| ウ | 3本目に集めた液体 | エタノールの沸点が水より低いから |
| エ | 3本目に集めた液体 | エタノールの沸点が水より高いから |

(4) ■基本■ エタノールと水の混合物の分離と同じ方法で，食塩水を食塩の含まれる液体と水に分離した。枝付きフラスコの中に含まれている液体（X）と試験管に集められた液体（Y）をそれぞれ蒸発皿にとり，液体をすべて蒸発させたとき，固体が残るのはどちらか。XまたはYのいずれかの記号で答えよ。

Ⅱ.
水に比べると，水に溶質を溶かした水溶液の方が，溶質粒子が水面からの水の蒸発を妨げる。図3は，溶質粒子が水の蒸発を妨げるようすを表している。同じ数の水分子を蒸発させるためには，水溶液の方が水より高い温度にする必要がある。そのため，水溶液の方が水より沸点が高くなる。このような現象は沸点上昇と呼ばれ，溶媒の沸点と溶液の沸点の差を沸点上昇度という。蒸発を妨げる粒子の個数が多くなるほど，沸点上昇度は大きくなる。

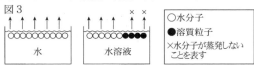

(5) 同じ個数の砂糖と食塩を溶かした水溶液の沸点上昇度を測定したとき，食塩水の方が沸点上昇度は大きくなる。この理由について，説明した次の文の空欄①〜③に当てはまる語句または数字を答えよ。

砂糖は（①）であり，1個の砂糖分子を水に溶かしても1個の分子のままである。一方，食塩水の溶質の塩化ナトリウムは，（②）のため，水に溶けると（③）個のイオンに分かれる。蒸発を妨げる粒子の個数が増えるため，砂糖水よりも食塩水のほうが沸点上昇度は大きくなる。

(6) ■難■ 沸点上昇度は，溶媒1kgあたりの溶質粒子の個数に比例する。例えば，砂糖（$C_{12}H_{22}O_{11}$）34.2gを1.00kgの水に溶かした水溶液の沸点が100.052℃とすると，砂糖68.4gを1.00kgの水に溶かした水溶液の沸点は100.104℃になる。エタノール（$C_2H_5OH$）2.30gを200gの水に溶かした水溶液の沸点は何℃になるか。答えが小数になる場合は，小数第4位を四捨五入し，小数第3位まで答えよ。ただし，水の沸点は100.000℃とし，原子1個当たりの質量比はH：C：O＝1.0：12：16とする。

(7) 水溶液が凝固するときも，溶質粒子が水の凝固を妨げるため，水の凝固点（0℃）よりも低い温度で凝固する。このような現象を凝固点降下という。次の溶質を溶かした際に，溶液の凝固点が最も低下すると予想されるものはどれか。ただし，それぞれの溶液に溶かした固体の溶質の個数は等しいものとする。
ア．砂糖　　　　　　　イ．塩化ナトリウム
ウ．塩化マグネシウム　エ．硫酸銅

(8) ■難■ 溶媒の凝固点と溶液の凝固点の差を凝固点降下度という。凝固点降下度も沸点上昇度と同様に溶媒1kgあたりの溶質粒子の個数に比例する。酢酸（$CH_3COOH$）120gを水1.00kgに溶かしたところ，凝固点が−3.700℃になるはずのところが，実際は−2.775℃になった。これは，酢酸の一部の分子が会合し，酢酸2分子が1分子であるかのようにふるまうためである（図4）。凝固点が−2.775℃のとき，もともとの酢酸の何％が会合したか。答えが小数になる場合は，小数第1位を四捨五入して整数で答えよ。

図4　酢酸の会合$(CH_3COOH)_2$

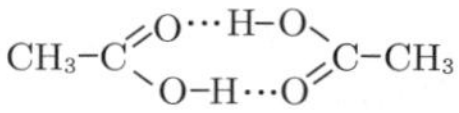

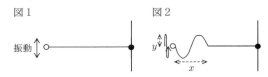

### 4 | 光と音

光や音は，振動が次々と隣に伝わっていく「波」という現象の一つである。
図1のように一端を固定したロープのもう一端を持ち振動させると，波が伝わっていく。いま，図2のようにロープを1回だけ振動させると，波が1つだけできる。図2の$x$の長さを波長，$y$の長さを（あ）という。波を伝える物質が1秒間に振動する回数$f$を（い）という。
ロープを1秒間に$f$回振動させると，波長$x$[m]の波が$f$個発生するので，波は（う）[m]先まで到達する。これが，「波の伝わる速さ$v$[m/s]」に相当する。すなわち，「$v=$（う）」（…式①とする）という関係が成り立つ。この関係は，光や音に限らず全ての波について成立する。
波の伝わる速さ$v$[m/s]は波の種類や，伝わる物質によって異なる。音が伝わる速さを空気中で340m/s，水中で1500m/sとして，以下の問いに答えよ。

図1　　　　　図2

(1) ■基本■ 文中の空欄（あ），（い）に入る適語，および（う）に入る式を答えよ。
(2) 波について述べた次の文のうち，誤っているものを次の中からすべて選び，記号で答えよ。
ア．光は真空中でも伝わる。
イ．大きい音は波長が長い。
ウ．人間が聞き取れないほど低い音を超音波という。
エ．音が空気中を伝わるとき，空気に密度の高いところと低いところができる。
オ．（い）の単位は[W]である。
(3) ■よく出る■ 雷の稲光が見えた5秒後に，雷鳴が聞こえた。観測者のいる地点は，雷が落ちた地点から何m離れているか。ただし，稲光が出てから目に届くまでの時間は無視できるものとする。
(4) 図3のように海上に浮かぶ船Aが発した音が，水中と空気中の両方を伝わり，Aから5000m離れた海上に浮かぶ船Bに到達した。船Bで空気中を伝わった音が聞こえるのは，水中を伝わった音が聞こえた何秒後か。答えが小数になる場合は，小数第2位を四捨五入し，小数第1位まで答えよ。

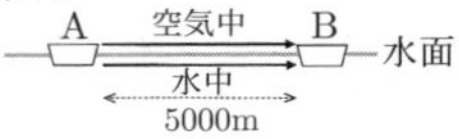

(5) (4)で発した音は，1秒間に200回振動する波であった。このとき水中を伝わる波の波長と空気中を伝わる波の波長のうち，長い方の波長は何mか。答えが小数になる場合は，小数第2位を四捨五入し，小数第1位まで答えよ。

前述の式①から，音の高さは波長$x$と波の伝わる速さ$v$により決まることがわかる。このことについて，弦を用いて詳しく調べた。

図4のように太さの均一な弦を張り，表1のように弦の長さ$p$[cm]とつるすおもりの数$q$[個]を様々に変えて弦をはじき，発生する音をオシロスコープで観測した。おもり1個の重さは全て等しいとする。同じ記号（C～F）の箇所はオシロスコープの波形も同じで，Cの波形は図5のようになった。

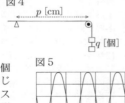

図4

図5

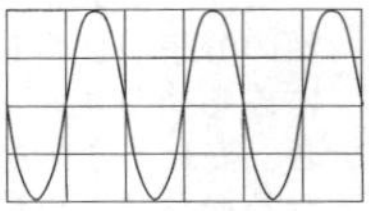

表1

| $p$[cm]＼$q$[個] | 1 | 2 | 3 | 4 | 5 | 6 | 7 | 8 | 9 |
|---|---|---|---|---|---|---|---|---|---|
| 10 | C | D | | | | | | | |
| 20 | E | F | | C | | | | D | |
| 30 | G | | | | | | | | C |
| 40 | | | | E | | | F | | |

ここで，$p$と$q$を変えると音の高さが変わる理由を考える。

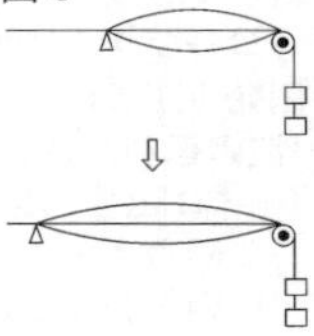

まず$p$は，波長を決める。図6のように$p$を大きくすると波長も長くなる。よって，音の高さも変わる。

図6

次に$q$は，弦を引く力の大きさを決める。弦を引く力が大きくなれば弦が元に戻る力も大きくなるので，弦を伝わる波の速さは（え：速く，遅く）なる。よって，音の高さも変わる。

なお，弦を伝わる波の速さを変えるには，他にも弦の重さを変えるという方法もある。弦の重さが変われば振動の速さも変わるためである。高い音にするためには，弦の重さをより（お：重い，軽い）ものに変えるとよい。

(6) 文中の（え），（お）に入る適語をそれぞれ選べ。
(7) Cの音とDの音はどちらの方が高いか。
(8) 【思考力】 Gの音のオシロスコープの波形はどのようになるか。右の図に概形を記入せよ。ただし，・を通るように書くこと。

図5の横軸の1目盛りは0.01秒である。以下では必要であれば$\sqrt{2}=1.41$，$\sqrt{3}=1.73$を用いよ。

(9) 【難】 Fの音が1秒間に振動する回数はいくらか。答えが小数になる場合は，小数第1位を四捨五入し，整数で答えよ。
(10) 【難】 おもりの数を3個にし，弦の長さを適当な長さにして発生した音を測っていたところ，おもりをつるす糸が途中で切れておもりの数が1個になった。このとき，発生する音が1秒間に振動する回数は，糸が切れる前と後で50回変化した。弦の長さは何cmか。答えが小数になる場合は，小数第2位を四捨五入し，小数第1位まで答えよ。糸は静かに切れ，切れたことにより残ったおもりが振動することはないとする。

# 函館ラ・サール高等学校

時間 50分　満点 100点　解答 p.57　2月18日実施

## 出題傾向と対策

● 例年通り，物理，化学，生物，地学各1題，計4題の出題。選択式より記述式が多く，とくに計算問題が多い。作図もあった。高校レベルの出題もあったが，大半が与えられたデータや条件から解答を導くことができる。
● 教科書をじゅうぶんに理解したうえで，応用問題に取り組み，計算力，与えられた条件から必要な情報を読みとる読解力や科学的思考力を養っておく必要がある。話題性のある出題が多いので，ふだんから科学に対して興味を持ち，本や新聞を読み知識を増やすことが大切。

## 1 力と圧力，気象観測

以下の問いに答えなさい。

問1．【基本】 次の文章中の空欄 1 および 2 に適語を漢字で入れ，文章を完成させなさい。
大気中の水蒸気が冷やされて水滴に変わることを 1 という。空気を冷やしていったとき，水蒸気の 1 が始まるときの温度を，その空気の 2 という。

問2．【基本】 気温30℃の空気2m³中に含まれている水蒸気量が27.2gのとき，この空気の湿度は何％になりますか。右の表を参考に，小数第1位まで答えなさい。必要があれば小数第2位を四捨五入すること。

| 温度[℃] | 飽和水蒸気量[g/m³] |
|---|---|
| 14 | 12.1 |
| 16 | 13.6 |
| 18 | 15.4 |
| 20 | 17.3 |
| 22 | 19.4 |
| 24 | 21.8 |
| 26 | 24.4 |
| 28 | 27.2 |
| 30 | 30.4 |

問3．【基本】 問2の空気を14℃に冷やしたとき，水蒸気から水滴に状態変化した水の量は1m³当たり何gになりますか。小数第1位まで答えなさい。必要があれば小数第2位を四捨五入すること。

問4．天気や雲のようす，気温，湿度，気圧，風向，風力，雨量，雲量などをまとめて何といいますか。漢字で答えなさい。

問5．【基本】 1気圧は1013 hPaです。1013 hPaは何N/m²か答えなさい。

問6．風に関する次の文章中の空欄 3 ～ 6 に適語および数字を入れ，文章を完成させなさい。
風向は 3 方位で表し，北西から南東に吹いている風は「 4 の風」という。風力は風力階級で表し，0～ 5 の 6 段階に分けられている。

問7．【よく出る】 『南西の風，風力3，くもり』を天気図に用いられる記号で右に表しなさい。

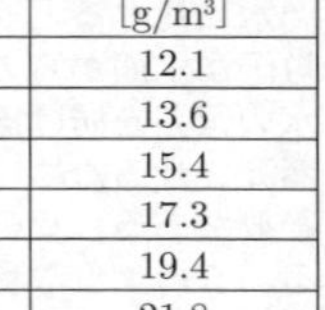

問8．予報期間が24時間で，そのときの天気が下の図のように変化したとき，この天気をどのように表現しますか。あとのア～オから1つ選び，記号で答えなさい。

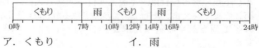

ア．くもり　　　　　　イ．雨
ウ．くもり時々雨　　　エ．くもり一時雨
オ．くもりのち雨

## 2 生物の成長と殖え方，遺伝の規則性と遺伝子

　ハツカネズミの毛の色にはさまざまなものがありますが，黄色毛と黒色毛とについては，ある1対の遺伝子Aとaによって決まります。黄色毛の遺伝子Aは黒色毛の遺伝子aに対して優性であり，遺伝子Aをもっている個体は黄色毛となります。しかし，遺伝子がAAのようにAが2つそろってしまった個体は，発生途中で死んでしまうため，生まれてきません。いま，ある黄色毛の個体と黒色毛の個体をかけあわせたところ多数の子が生まれ，その毛色の比は黄色毛：黒色毛＝1：1でした。

　遺伝現象の中には，□□□□の法則に従わない例が多数あります。たとえば，キンギョソウという植物には花の色を決める1対の遺伝子Bとbがあり，その組み合わせによって3種類の色（赤，ピンク，白）になります。遺伝子がBBのときは赤花，遺伝子がBbのときはピンク花，遺伝子がbbのときは白花になります。

問1．【基本】　文章の空欄□□□□にあてはまる人名を答えなさい。

問2．【よく出る】　□□□□が発見した法則のうち，「1対の遺伝子は，分かれて別々の生殖細胞に入る」というのは何の法則とよばれていますか。漢字で答えなさい。

問3．【基本】　ハツカネズミやヒトは卵と精子が合体することによって新しい個体がつくられますが，これとは異なり，ゾウリムシやジャガイモのように卵と精子によらない生殖方法もあります。後者の生殖方法を何といいますか。漢字4字で答えなさい。

問4．（編集部注：学校希望により削除）

問5．【基本】　細胞分裂を顕微鏡で観察したときに細胞内に見られる棒状の構造物には遺伝子が存在しています。この構造物の名称を漢字3字で答えなさい。

問6．ハツカネズミの黒色毛の個体と黒色毛の個体をかけあわせたとすると，生まれてくる子の中で黒色毛の個体は何%になると予想されますか。整数で答えなさい。必要があれば小数第1位を四捨五入すること。

問7．ハツカネズミの黄色毛の個体と黄色毛の個体をかけあわせたとすると，生まれてくる子の中で黄色毛の個体は何%になると予想されますか。整数で答えなさい。必要があれば小数第1位を四捨五入すること。

問8．キンギョソウの赤花の個体と白花の個体をかけあわせたとすると，次世代の個体の花の色はどのような比になると予想されますか。解答は，赤花：ピンク花：白花の最も簡単な整数比で答えなさい。（解答例…3：5：0）

問9．キンギョソウのピンク花の個体とピンク花の個体をかけあわせたとすると，次世代の個体の花の色はどのような比になると予想されますか。問8と同様に，解答は，赤花：ピンク花：白花の最も簡単な整数比で答えなさい。

## 3 物質の成り立ち，水溶液とイオン，電流

【A】　昨年（2019年）は，「周期表」が発表されてちょうど150年の記念すべき年でした。1869年，ロシアの化学者メンデレーエフは，当時知られていた63種類の元素（原子の種類のこと）を，原子の質量順に並べた表を作って発表しました。そして，メンデレーエフは，原子をその質量順に並べると，化学的性質が周期的に変化することに気づきました。また，1869年にはまだ見つかっていなかった元素の所を空欄にしておいて，その性質を予想しました。その後，空欄にしてあった部分に当てはまる元素が次々に発見され，その性質は予想通りだったことから，メンデレーエフは高く評価されました。

表1

|  |  |  |
|---|---|---|
| H |  |  |
|  | Be | Mg |
|  | B | Al |
|  | C | Si |
|  | N | P |
|  | O | S |
|  | F | Cl |
| Li | Na | K |

問1．表1は1869年に発表された周期表の一部です。この範囲には，当時メンデレーエフはその存在をまったく予想できませんでしたが，現在ではよく知られている元素が3種類含まれます。その元素は，現在使われている下の周期表（表2）において，a～tのどれに該当しますか。3つ選び，a～tの記号で答えなさい。

表2

| a |   |   |   |   |   |   |   |   | b |
|---|---|---|---|---|---|---|---|---|---|
| c | d |   |   | e | f | g | h | i | j |
| k | l |   |   | m | n | o | p | q | r |
| s | t | (以下省略) |

問2．表3は，1871年に発表された周期表の一部です（「？」は，当時未知だったことを表します）。これは，元素を原子の質量順に並べるとその性質が周期的に変化することから，より系統的に元素を分類できるように，1869年のものからさらに改良されています。性質が似た元素が縦に並ぶように整えられてグループごと（Ⅰ～Ⅷ）にまとめられており，これは，現在の周期表にも通じる考え方です。現在の周期表で，性質が似た縦のグループは何とよばれますか。あとのア～オから1つ選び，記号で答えなさい。

表3

|   | グループ |||||||||
|---|---|---|---|---|---|---|---|---|
|   | Ⅰ | Ⅱ | Ⅲ | Ⅳ | Ⅴ | Ⅵ | Ⅶ | Ⅷ |
| 1 | H |   |   |   |   |   |   |   |
| 2 | Li | Be | B | C | N | O | F |   |
| 3 | Na | Mg | Al | Si | P | S | Cl |   |
| 4 | K | Ca | ? | Ti | V | Cr | Mn | Fe,Co,Ni,Cu |
| 5 | (Cu) | Zn | ? | ? | As | Se | Br |   |

ア．科　　イ．族　　ウ．類
エ．組　　オ．周期

問3．現在の周期表において元素は，原子の質量順ではなく，原子番号順に並んでいます。次のア～エから，原子番号と同じ値になるものをすべて選び，記号で答えなさい。

ア．原子がもつ陽子の数
イ．原子がもつ中性子の数
ウ．原子がもつ電子の数
エ．水素原子の質量を1としたときの，原子の相対的な質量

【B】【新傾向】　昨年（2019年）のノーベル化学賞は，リチウムイオン電池の開発に関わった日本人を含む3人の科学者に授与されました。リチウムイオン電池は現代の人類の生活に欠かすことのできない存在です。

問4．2019年にノーベル化学賞を受賞した日本人を，次のア～オから1人選び，記号で答えなさい。

ア．鈴木章　　イ．野依良治　　ウ．根岸英一
エ．吉野彰　　オ．白川英樹

問5．リチウム原子が非常に電子を放出しやすい性質をもつことから，リチウムの単体はとても化学反応しやすく，電池への利用は大変困難でした。たとえば，リチウムLiは冷たい水とも反応して，水酸化リチウムLiOHに変化しながら水素ガスを発生します。この反応を化学反応式で表しなさい。

問6．満充電のリチウムイオン電池を用意してノートパソコンを使い続けると，やがて電流が流れなくなりました。このとき，リチウムイオン電池全体の質量はどうなったと考えられますか。次のア～ウから1つ選び，

記号で答えなさい。
　ア．増加する　イ．減少する　ウ．変化しない
　電圧が3.6Vのリチウムイオン電池とモーターを接続してスイッチを入れると1.6Aの電流が流れ，これを10分間続けました。このとき，リチウムイオン電池内で化学反応に関わった電極物質の質量は，合計1.7gでした。以下の問いに答えなさい。ただし，化学エネルギーから電気エネルギーへの変換は100％行われたとして考えること。

問7．このモーターの消費電力は何Wですか。小数第2位まで答えなさい。必要があれば小数第3位を四捨五入すること。

問8．この実験の放電により，リチウムイオン電池から得られた電気エネルギーは何Jですか。整数で答えなさい。必要があれば小数第1位を四捨五入すること。

問9．電池内で化学反応に関わる電極物質1g当たりのエネルギー量を「電池の重量エネルギー密度[J/g]」とよぶことにします。この実験で用いたリチウムイオン電池の重量エネルギー密度は何J/gですか。整数で答えなさい。必要があれば小数第1位を四捨五入すること。

問10．**思考力**　自動車などに広く使われている電池は鉛蓄電池(2.0V)とよばれる二次電池です。これを使って，ある回路に1.6Aの電流を10分間流し続けると，鉛蓄電池内で化学反応に関わった電極物質の質量は，合計2.3gでした。リチウムイオン電池の重量エネルギー密度は，鉛蓄電池の重量エネルギー密度の何倍ですか。小数第1位まで答えなさい。必要があれば小数第2位を四捨五入すること。

## 4　光と音　**新傾向**

私たちは音波の振動数の大小を，音の高低として感じます。主に，音源(発音体)となる物体の大きさが振動数を左右します。これは次の実験で確認できます。同形の試験管を複数用意し，それぞれに異なる量の水を入れ，次の〔A〕，〔B〕2通りの方法で音を出し，その音の高さを比較します。
　〔A〕各試験管の口を吹く。
　〔B〕各試験管を糸でつるして，試験管の口を棒でたたく。

問1．次の文章はこのときのようすを述べたものです。文章中の①～④の{　}に当てはまる語句として適切なものを，各選択肢ア，イから選び，それぞれ記号で答えなさい。

　　試験管の口を吹いたときに出る音は，主に①{ア．空気　イ．試験管}が振動して発生したものであり，入れた水の量が②{ア．多　イ．少な}いほど高い音が出る。一方，試験管の口を棒でたたいたときに出る音は，主に③{ア．空気　イ．試験管}が振動して発生したものであり，入れた水の量が④{ア．多　イ．少な}いほど高い音が出る。

このように，自然界には無数の振動数の音が存在しますが，私たちはある特定の振動数のみを選び出して音楽に利用しており，選び出した音を音階といいます。次の操作1～4は，ピタゴラスによる音の選び方を簡単にしたものです。

操作1．ある振動数の音を基準音に選ぶ。

操作2．基準音の振動数を$\frac{3}{2}$倍する。その振動数が基準音の振動数の2倍を超えていない場合はその音を音階に加え，さらにその振動数を$\frac{3}{2}$倍する。2倍を超えていた場合は$\frac{1}{2}$倍し，$\frac{1}{2}$倍した振動数の音を音階に加える。

操作3．操作2を繰り返し，音階に加えていく。ただし，計算によって得られた振動数が操作1で選んだ基準音の振動数の1～1.05倍の範囲に入ったとき，この音を基準音と同じ音とみなす。そして，この音は新たに音階には加えず，ここで計算を終了する。

操作4．以上の一連の操作で得られた音を，振動数の小さい方から順に並べて音階とする。

以上の操作を途中まで実行したようすを図1に示します。図中の□で示した振動数の音が音階に加えられた音です。この操作を最後まで続けると，基準音を含めて12の音からなる音階をつくることができます。これらの音は，ピアノの1オクターブ内の白鍵7個と黒鍵5個の音(図2)に相当するものです。

基準音の振動数を$n$とし，図1の☆印の音をドの音とよぶことにします。

図1

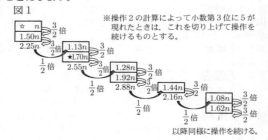

※操作2の計算によって小数第3位に5が現れたときは，これを切り上げて操作を続けるものとする。

以降同様に操作を続ける。

図2

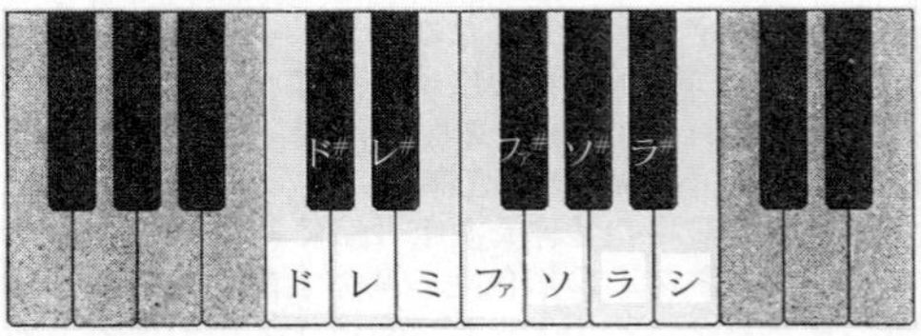

問2．操作1～4によって得られた12音のうち，図1中に書かれていない残りの3音の振動数を，$n$を用いて表しなさい。左から小さい順に記入すること。

問3．操作1～4によって得られた12音のうち，ソの音の振動数を$n$を用いて表しなさい。

問4．図2中のソの音が発生した場合，空気が1回振動するのにかかる時間は，図2中のドの音が発生したときの何倍ですか。小数第2位まで答えなさい。必要があれば小数第3位を四捨五入すること。

444Hzの音を図1の★印の音に選び，これをラの音とよびます。また，振動数がちょうど2倍の音を1オクターブ高い音といいます。

問5．150Hz以上1300Hz以下の範囲内に，ラの音はいくつありますか。

問6．**思考力**　★印のラの音とこれより1オクターブ低いラの音との間にあるレの音の振動数は何Hzですか。整数で答えなさい。必要があれば小数第1位を四捨五入すること。

# 洛南高等学校

時間 50分　満点 100点　解答 P58　2月10日実施

### 出題傾向と対策

●例年通り，物理，生物各2題，化学，地学各1題の計6題の出題であった。解答形式は選択式よりも記述式が多かった。科学的思考力や論理的思考力を必要とする問題が中心で，教科書の範囲を超える出題も見られたが，問題文に沿って考えていけば解答できる。

●基本事項をしっかりと理解したうえで，数多くの過去問や応用問題に取り組み，科学的思考力や論理的思考力をじゅうぶんに養っておこう。問題文中に条件やヒントが書かれているので，読解力も求められる。

## 1 動物の仲間

次の文章を読んで，あとの問1～問3に答えなさい。

アユモドキ（図）は淡水生魚類で，トビケラ・ユスリカの幼虫やイトミミズなどをえさとしています。現在は岡山県と京都府亀岡市にだけ生息している日本固有種で，『京都府レッドデータブック2015』にも掲載されています。亀岡市には約500匹（2018年調査）生息していますが，生息地付近にサッカースタジアムが建設され，アユモドキの更なる個体数の減少が心配されています。

問1．亀岡市には，アユモドキの他にもコイ・ドジョウ・アユなどが生息しています。コイ・ドジョウ・アユを，次の(ア)～(ク)の中からそれぞれ1つ選んで，記号で答えなさい。

問2．トビケラの幼虫と成虫の組み合わせを，あとの(ア)～(カ)の中から1つ選んで，記号で答えなさい。

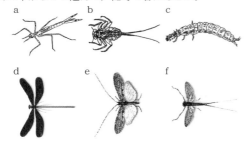

|   | (ア) | (イ) | (ウ) | (エ) | (オ) | (カ) |
|---|---|---|---|---|---|---|
| 幼虫 | a | b | c | a | b | c |
| 成虫 | f | d | e | d | e | f |

問3．基本　『京都府レッドデータブック2015』に掲載されている，次の(ア)～(ケ)の動物について，あとの(1)～(4)に記号で答えなさい。

(ア) ニホンイシガメ　　(イ) アカハライモリ
(ウ) ナミゲンゴロウ　　(エ) ホンモロコ
(オ) コノハズク　　　　(カ) ニホンカモシカ
(キ) ギフチョウ　　　　(ク) ウズラ
(ケ) オオサンショウウオ

(1) 胎生の動物を1つ選びなさい。
(2) 無せきつい動物をすべて選びなさい。
(3) 変態する動物をすべて選びなさい。
(4) 両生類をすべて選びなさい。

## 2 植物の仲間，生物の成長と殖え方

次の文章を読んで，あとの問1～問6に答えなさい。

冬が終わり春を迎えると，フキが地中から芽を出します。これを「ふきのとう」といいます。春先にしか手に入らない貴重な食材です。

フキの花が咲いた後に，ⓐ地下茎からⓑ葉が出ます。花にはⓒ雄花と雌花があり，自家ⓓ受粉はおこなわず，ⓔ花粉は主に昆虫が運びます。花弁をよく観察するとⓕ合弁花であることもわかります。

問1．下線部ⓐについて，地下茎が発達したものとして誤っているものを，次の(ア)～(オ)の中から2つ選んで，記号で答えなさい。

問2．下線部ⓑについて，フキの葉を，次の(ア)～(エ)の中から1つ選んで，記号で答えなさい。

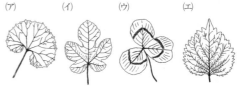

問3．基本　下線部ⓒについて，雄花と雌花をもつ植物を，次の(ア)～(カ)の中から2つ選んで，記号で答えなさい。

(ア) ナス　　　　(イ) アズキ
(ウ) トウモロコシ　(エ) ジャガイモ
(オ) ツルレイシ　(カ) サクラ

問4．よく出る　下線部ⓓについて，受粉はおこなわず栄養生殖で個体をふやす作物を，次の(ア)～(カ)の中から1つ選んで，記号で答えなさい。

(ア) ピーマン　　(イ) ダイズ
(ウ) ヤマノイモ　(エ) カボチャ
(オ) ハクサイ　　(カ) ニンジン

問5．下線部ⓔについて，花粉を昆虫が運ぶ植物を，次の(ア)～(カ)の中から2つ選んで，記号で答えなさい。

(ア) ヘチマ　　　(イ) オオカナダモ
(ウ) ユズ　　　　(エ) イチョウ
(オ) イネ　　　　(カ) ヨモギ

問6．よく出る　下線部ⓕについて，合弁花を，次の(ア)～(カ)の中から2つ選んで，記号で答えなさい。

洛南高　　　　　　　　理科 | 288

(ア) ナズナ　　　　　(イ) タンポポ
(ウ) アブラナ　　　　(エ) ツツジ
(オ) シロツメクサ　　(カ) ハコベ

### 3 ┃ 水溶液，物質の成り立ち，生物と環境 ┃

古い農家の土間などから白い粒が見つかることがあります。これは硝石で，火薬の原料です。江戸時代には，農家の副業としてつくられていたという記録も残っています。次の文章を読んで，あとの問1〜問4に答えなさい。

平成7年，五箇山の合掌造り集落は白川郷とともに，世界文化遺産に登録されました。五箇山の農家では⊕火薬の原料になる硝石がつくられていました。硝石は硝酸カリウム $KNO_3$ の結晶で，加賀藩では硝石のことを「塩硝」とよび，秘密裏に製造されていました。

[塩硝の製造]

堆積
　囲炉裏の両側に掘った溝に原料を入れる。原料はカイコやニワトリの糞を混ぜた土，ソバ殻や植物の葉を干したり蒸したりしたもの，人尿などである。何層にも積み重ね，最後に土をかぶせる。

腐敗
　囲炉裏の熱によって，◑腐敗を進める。年に1度掘り起こし，新しい空気に触れさせる。原料を足して混ぜ合わせ，また土をかぶせる。これを繰り返し，4〜5年かけてできたものを「塩硝土」という。

抽出
　「塩硝土」を桶に入れて水をかけ，一昼夜おく。⊙草や木を燃やした灰を加え，ろ過する。⊕ろ液を煮詰めて水を蒸発させると，結晶が生じてくる。

五箇山の硝石は「日本一良質」とされていたそうです。堆肥づくりを応用して，硝石づくりを完成させた知恵には驚かされます。他の地域では「農家の土間などから採集する」というものであったのに対し，五箇山では「硝石を製造していた」ことになります。

問1. **基本** 　下線部⊕について，わが国では，硝石以外の原料は比較的容易に入手できますが，硝石は天然に産出されず入手が困難です。その理由を述べた次の文章の □1□ 〜 □5□ にあてはまる語を，それぞれ漢字2字で答えなさい。

菌類や細菌類のはたらきによって，□1□ 物が □2□ 物になることを □3□ といいます。硝酸カリウムは，土壌中の窒素を含む □1□ 物が細菌類によって □3□ されて生じますが，水によく溶けるので，雨が降ると流されてしまいます。また，流されず残ったものも，植物の根の先端近くにある □4□ という組織から □5□ として，水と一緒に吸収されてしまいます。以上のように，硝石が天然に産出されるためには，「雨がかからないこと」，「植物が生育していないこと」という条件が必要ですが，緑豊かなわが国ではそれらの条件がそろいづらくなっています。

問2. 下線部◑では，生じてくるアンモニア $NH_3$ が細菌類のはたらきで亜硝酸 $HNO_2$ に，さらに別の細菌類のはたらきで硝酸 $HNO_3$ になります。次の □a□ 〜 □e□ にあてはまる数を入れ，それぞれの化学反応式を完成させなさい。

$$\boxed{a}\ NH_3 + \boxed{b}\ O_2 \rightarrow \boxed{c}\ H_2O + 2HNO_2$$
$$\boxed{d}\ HNO_2 + O_2 \rightarrow \boxed{e}\ HNO_3$$

問3. 下線部⊙の主な成分は，酸化カルシウム $CaO$ と炭酸カリウム $K_2CO_3$ です。問2で生じた硝酸 $HNO_3$ との変化は次の化学反応式で表せます。

$$CaO + 2HNO_3 + K_2CO_3 \rightarrow CaCO_3 + 2KNO_3 + H_2O$$

この複雑な化学反応式は，次の(1)〜(3)を化学反応式で表し，矢印の左側と右側とをそれぞれ足しあわせ，両側に

ある同じものを消去することによってつくることができます。(1)〜(3)を化学反応式で表しなさい。

(1) $CaO$ に $H_2O$ を加えると，水酸化カルシウム $Ca(OH)_2$ が生じる。
(2) $Ca(OH)_2$ と $HNO_3$ とが中和して，硝酸カルシウム $Ca(NO_3)_2$ と $H_2O$ を生じる。
(3) $Ca(NO_3)_2$ に $K_2CO_3$ が加わると，炭酸カルシウム $CaCO_3$ は水に溶けずに沈殿するが，$KNO_3$ は水に溶けたまま水溶液中に残る。

問4. **よく出る** 　下線部⊕について，その状態から少しでも水を蒸発させると，結晶が生じ始める60℃の硝酸カリウム水溶液が100 gあります。表は水100 gに溶解する硝酸カリウムの最大量です。溶液には硝酸カリウム以外は溶けていないものとして，次の(1)〜(3)に答えなさい。必要ならば，小数第1位を四捨五入して，整数で答えなさい。

| 20℃ | 40℃ | 60℃ | 80℃ |
|---|---|---|---|
| 32 g | 64 g | 110 g | 170 g |

(1) その状態から少しでも水を蒸発させると，結晶が生じ始める溶液を何といいますか。
(2) 溶液には水が何g含まれていますか。
(3) 水を20 g蒸発させたのち，溶液を20℃に冷却すると結晶が何g生じますか。

### 4 ┃ 火山と地震 ┃

次の2人の自由研究の要約を読んで，あとの問1〜問4に答えなさい。

＜いつきくんの自由研究＞

私は桜島について調べました。桜島は鹿児島県にあり，現在も噴火を続けています。火山の形は円すい状で，傾斜は昭和新山よりも □1□ です。マグマのねばりけはマウナロアよりも □2□ ので，噴火はやや激しいと考えられます。

さらに，桜島付近で観察した3つの火山噴出物について，次の表にまとめました。

| 噴出物 | 特徴 |
|---|---|
| □3□ | 直径は15 mmで，きらきらと輝いている。 |
| □4□ | 白っぽく，スポンジのような穴のあいた構造をしている。 |
| □5□ | ラグビーボールのような形をしている。 |

噴出物にはいろいろな種類や特徴があることがわかりました。

＜ひさのりくんの自由研究＞

私は地震について調べました。日本の地形を調べると，プレートの境界や断層がたくさんあり，地震が発生しやすいということがわかりました。地震の観測には地震計が用いられ，地震が起こると右の図のような波形を示します。震源の深さが180 kmの地点で起こった，ある地震におけるデータを下の表にまとめました。

| 地点 | 震央からの距離 | Xのゆれが始まった時刻 | Yのゆれが始まった時刻 |
|---|---|---|---|
| A | 75 km | 12時20分49秒 | 12時21分15秒 |
| B | □a□ km | 12時20分55秒 | 12時21分25秒 |
| C | 240km | 12時21分10秒 | 12時21分 □b□ 秒 |

この地震の発生時刻は12時 □c□ 分 □d□ 秒で，Yの波の速さは □e□ km/sと考えられます。

旺文社 2021 全国高校入試問題正解

問1. 基本 いつきくんの自由研究について，次の(1)・(2)に答えなさい。
(1) 1 ・ 2 にあてはまる語の組み合わせとして正しいものを，次の(ア)〜(エ)の中から1つ選んで，記号で答えなさい。

|   | (ア) | (イ) | (ウ) | (エ) |
|---|---|---|---|---|
| 1 | 急 | 急 | ゆるやか | ゆるやか |
| 2 | 大きい | 小さい | 大きい | 小さい |

(2) 3 〜 5 にあてはまるものを，次の(ア)〜(オ)の中からそれぞれ1つ選んで，記号で答えなさい。
(ア) 火山灰　(イ) 火山れき　(ウ) 軽石
(エ) 火山弾　(オ) 溶岩

問2. ひさのりくんの自由研究について，次の(1)・(2)に答えなさい。必要ならば，小数第1位を四捨五入して，整数で答えなさい。
(1) この地震のA地点における初期微動継続時間は何秒ですか。
(2) 難 a 〜 e にあてはまる数を答えなさい。

問3. よく出る 地震のゆれについて述べた文として正しいものを，次の(ア)〜(エ)の中から1つ選んで，記号で答えなさい。
(ア) マグニチュードは1〜7まで存在し，大きいほどゆれが大きい。
(イ) マグニチュードが大きくても，必ずしも最大震度は大きくならない。
(ウ) 震度は震央からの距離に関係なく，地盤が固い所では大きい。
(エ) 震度はゆれの大きさを表すものであり，7段階で示される。

問4. 地震について述べた文として正しいものを，次の(ア)〜(エ)の中から1つ選んで，記号で答えなさい。
(ア) せまい湾では津波の高さは小さくなる。
(イ) 緊急地震速報はP波とS波の到達時刻の差を利用している。
(ウ) 地盤がやわらかいところでは断層による地震が多い。
(エ) 地震によるゆれで河川などの水が浸水した状況を液状化という。

## 5 光と音

次の問1〜問3に答えなさい。
問1. 次の文章中の ア 〜 カ にあてはまる数値を，整数または既約分数で答えなさい。

公園に1つだけ外灯があります。身長160cmの人が，速さ50cm/sでこの外灯に向かって水平な地面を歩いています。ある瞬間，この人の影の長さが200cmでした。4秒後，影の長さは150cmになっていました。
光源・光源の真下の地面の点・影の先端の3点でできる直角三角形と，人の頭・足下・影の先端の3点でできる直角三角形は相似なので，辺の比は等しくなります。外灯の高さを$H$[m]として，影の長さが200cmのときには，外灯から人までの距離は（ ア $H-$ イ ）[m]になります。また，影の長さが150cmのときには，外灯から人までの距離は（ ウ $H-$ エ ）[m]となります。この間に人は， オ m歩いているので，外灯の高さ$H$は カ mとなります。

問2. 思考力 水平な地面から上向きに28°の角度で光線が出ています。次の(1)・(2)に答えなさい。
(1) この光線を鏡にあてて地面に水平な光線にするには，水平から何度傾けた鏡にあてなければなりませんか。90°より小さい角度で2つ答えなさい。
(2) この光線を鏡にあてて地面に垂直な光線にするには，水平から何度傾けた鏡にあてなければなりませんか。90°より小さい角度で2つ答えなさい。

問3. 地面に垂直に東向きに置いた鏡があります。この鏡の前にA君がいて，その後ろにB君がいます。この鏡を西へ3m/sで動かします。次の(1)〜(3)に答えなさい。
(1) A君が止まっているとき，止まっているB君から見て，鏡に映ったA君は，何m/sで遠ざかっているように見えますか。
(2) A君が西へ1m/sで歩くとき，止まっているB君から見て，鏡に映ったA君は，何m/sで遠ざかっているように見えますか。
(3) A君が東へ1m/sで歩くとき，止まっているB君から見て，鏡に映ったA君は，何m/sで遠ざかっているように見えますか。

## 6 運動の規則性，力学的エネルギー

<実験1>〜<実験3>をおこないました。あとの問1〜問7に答えなさい。
<実験1>
図1のように，台車に紙テープをつけ，水平な台上に置いた。台車を手で押し，台車が手から離れたあとの運動を，$\frac{1}{50}$秒間隔で点を打つ記録タイマーを用いて紙テープに記録した。図2は，記録された紙テープを5打点ごとに切って順に台紙に貼ったものである。

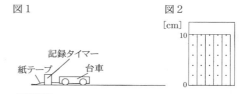

図1　　　図2

問1. 基本 <実験1>の結果から考えられることとして正しいものを，次の(ア)〜(エ)の中から1つ選んで，記号で答えなさい。
(ア) 台車には摩擦力がはたらき，大きさは一定である。
(イ) 台車には摩擦力がはたらき，大きさはだんだん大きくなっていく。
(ウ) 台車には摩擦力がはたらき，大きさはだんだん小さくなっていく。
(エ) 台車には摩擦力がはたらかない。

<実験2>
図3のように，辺の長さの比が7:24:25である斜面をつくり，台車を斜面上に置いて静止させた。このとき加えていた力は斜面に平行であった。この力を取り除き，台車が斜面を下るときの運動を，<実験1>と同じ記録タイマーを用いて紙テープに記録した。台車の前面が図3の点Aおよび点Bを通過したとき，紙テープに記録された打点をそれぞれa，bとする。なお，台車の重さは10Nで，図4は，記録された紙テープをaからbまで5打点ごとに切って順に台紙に貼ったものである。

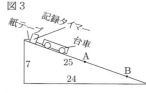

図3

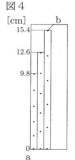

図4

問2. よく出る 下線部の大きさは何Nですか。
問3. 図4の縦軸・横軸が表しているものとして正しいものを，次の(ア)〜(エ)の中からそれぞれ

1つ選んで，記号で答えなさい。
(ア) 台車の速さ
(イ) 点Aから台車までの距離
(ウ) 台車がうける摩擦力の大きさ
(エ) 台車が点Aを通過してからかかった時間

問4．台車は1秒間に何cm/sずつ速くなっていますか。

問5．台車が点Aを通過してから点Bを通過するまでについて，横軸に点Aから台車までの距離をとるとき，次の①・②を表すグラフとして適当なものを，あとの(ア)～(シ)の中からそれぞれ選んで，記号で答えなさい。
① 台車にはたらく合力の大きさ
② 台車の運動エネルギー

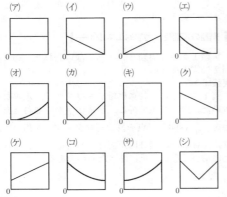

〈実験3〉
図5のようななめらかなジャンプ台を作った。Cの位置から小球を静かに離したところ，小球は斜めに飛び出した。なお，小球にはたらく摩擦や空気の抵抗は考えなくてよい。

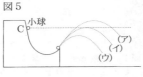
図5

問6．ジャンプ台から飛び出したあとの小球の道筋として最も適当なものを，図5の(ア)～(ウ)の中から1つ選んで，記号で答えなさい。

問7．小球が最高点を通る瞬間に，小球にはたらいている力を矢印で図示しなさい。ただし，矢印の長さは自由でよい。また，図の点線は小球の道筋を示している。

# ラ・サール高等学校

時間 50分　満点 50点　解答 p.59　1月26日実施

## 出題傾向と対策

●例年通り，物理，化学，生物，地学から各1題，計4題の出題であった。解答形式は選択式よりも記述式が多かった。各分野とも科学的思考力や論理的思考力を必要とする問題が中心で，教科書の範囲を超える出題もかなり見られ，高校レベルの知識が必要な問題もあった。
●基本事項をじゅうぶんに理解したうえで，数多くの応用問題に取り組み，科学的思考力や論理的思考力を身につけておく必要がある。問題文中にヒントがかくされているので，読解力も求められる。

**1** 天体の動きと地球の自転・公転，太陽系と恒星　(11点)

LS高校のA君，B君，C君の会話である。
B「先週の日曜日，開聞岳に登ったのだけど，遠くまではっきり見えて，素晴らしく気分が良かったよ。」
C「高いところに登ると，なぜ遠くまで見えるのだろう。」
A「それは，①地球が球だからだよ。」
C「えっ，なんで？」
A君は右の様な図(図1)を描き

図1

A「地球の半径を$R$，高度$h$の山頂から見渡せる距離を$x$としたとき，
$x = \sqrt{2(②) + (③)^2}$
という式で表せるわけだが，(③)は(②)に比べてとても小さいので，(③)$^2$を無視して式を簡単にすると
$x = \sqrt{2(②)}$
となって，高いところほど$x$が長くなることがわかるだろう。」
C「なるほど。ということは，地球の半径を6400 km，富士山の高さを3.8 kmとすると，$x$は地面に沿った距離とほぼ等しいので，障害物が無く，空が晴れ渡っていれば，富士山の山頂から(④)km先の(⑤)あたりまで，理論上見ることができるわけだ。」
B「⑥地球が球であることは，紀元前4世紀頃，アリストテレスが初めて発見したといわれているよ。」
A「地球一周の長さは，紀元前3世紀頃，エラトステネスが，エジプトのアスワンという町で，夏至の日の正午に太陽が頭の真上(南中高度が90°)にくることを知り，翌年の夏至の日の正午に，アスワンの北方930 kmにあるアレキサンドリアで太陽高度を観測したところ，南中高度が82.8°であったことから求めているんだよ。」

(1) 下線部①について，紀元前3000年頃のエジプトの人々は，地球は球ではなく円盤であると考えていた。地球の表面が球面ではなく，凹凸のない完全な平面であったとしたら，見る場所の高度と見渡せる距離の関係はどのようになるか。正しい説明を次から選べ。
ア．見る場所の高度に関係なく，どこまでも見渡せる。
イ．見渡せる距離は，見る場所の高度に比例する。
ウ．見渡せる距離は，見る場所の高度の2乗に比例する。
エ．見渡せる距離は，見る場所の高度に反比例する。
オ．見渡せる距離は，見る場所の高度の2乗に反比例する。

(2) ②，③に$R, h$を使った文字式を入れよ。
(3) ④にあてはまる数値を次から選べ。
ア．69　　イ．115　　ウ．220

エ. 380    オ. 690
(4) ⑤にあてはまる地名を次から選べ。なお，富士山から名古屋までの距離はおよそ160 kmである。
ア. 静岡    イ. 京都    ウ. 岡山
エ. 福岡    オ. 鹿児島
(5) 下線部⑥について，地球が球であることが原因となるものを次からすべて選べ。
ア. 月食のとき，月に映る地球の影が常に丸い。
イ. 山に登ると，気温が下がる。
ウ. 海が青く見える。
エ. 北極星の高度は，見る場所によって異なっている。
(6) 地球の断面を示した図2を参考にすると，アスワン，アレキサンドリアと地球の中心を結んだ線がなす角 $a$ は（⑦）°なので，地球一周の長さは（⑧）kmと計算できる。⑦，⑧に適当な数字を入れよ。なお，遠方から来る太陽光は平行と考えて良い。

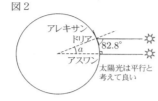
図2

(7) 現在の地図を見ると，アレキサンドリアとアスワンの位置は図3のようになっている。⑧の値は，現在知られている地球一周の長さ 40000 kmとは大きく異なっているが，異なった原因を図3を参考に考察せよ。

図3

## 2 運動の規則性，力学的エネルギー (13点)

〔A〕 流れる電流とかかる電圧との関係が図1のグラフのように表される2つの抵抗X，Yと，電源を用いて図2～4のような回路をつくった。ただし，図4においては抵抗X，Yを2つずつ用いており，それぞれ$X_1$, $X_2$, $Y_1$, $Y_2$のように表記してある。

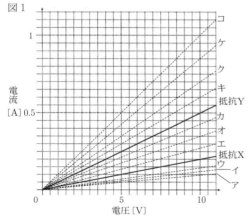
図1

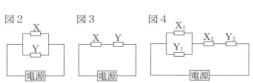
図2　図3　図4

図2の回路について
(1) 電源に流れる電流と電源の電圧との関係を表すグラフは図1のア〜コのうちどれか。

(2) 電源に流れる電流が0.35 Aのとき抵抗Xで消費する電力は何Wか。

図3の回路について
(3) 電源に流れる電流と電源の電圧との関係を表すグラフは図1のア〜コのうちどれか。
(4) 電源の電圧が10.5 Vのとき抵抗Yで消費する電力は何Wか。

図4の回路について
(5) 電源に流れる電流と電源の電圧との関係を表すグラフは図1のア〜コのうちどれか。
(6) 抵抗$X_1$で消費する電力は抵抗$Y_2$で消費する電力の何倍か。分数で答えよ。

〔B〕 摩擦のないレールを用いて，水平な床の上に【図1】のような装置をつくる。この装置は，左端Aから始まり，斜め軌道，水平軌道，2つのループ軌道（それぞれ半径が1 mと2 m）を経て，右端Dへと続く。はじめに，水平軌道上の点Oにある質量0.1 kgの小球を，床から高さ6 mの位置Aまで移動させ，その位置で静かにはなすと，小球は運動を始めた。以下の問いに答えよ。ただし，各軌道はなめらかに接続しており，小球の大きさや空気抵抗の影響は考えないものとする。また，質量1 kgの物体にはたらく重力を10 Nとする。

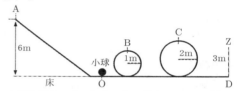
【図1】

(1) 水平軌道上の点Oにあった小球を，レールに沿って，位置Aまでゆっくりと移動させるのに要する仕事は何Jか。
(2) 2つのループ軌道の最高点をそれぞれ位置B，位置Cとすると，小球の位置Bにおける速さ$v_B$と位置Cにおける速さ$v_C$の関係について，適当なものを選べ。
ア. $v_B < v_C$    イ. $v_B = v_C$    ウ. $v_B > v_C$

【図1】の右端Dの先に続く円軌道の一部をなすレールとして，【図2】のような，位置Eで途切れる「レール1」と，位置Fで途切れる「レール2」の2種類を準備する。これらのレールは共に摩擦はなく，鉛直線XYが【図1】の鉛直線DZと一致するようになめらかに接続する。

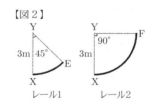
【図2】

以下，小球の運動は常に点Aから小球を静かにはなして始めるものとする。

(3) レール1を使ったとき，小球が位置Eから【図3】のイの向きに飛び出した。飛び出した直後の小球にはたらく力をすべて足し合わせた力の向きとして，適当なものを【図3】から選べ。ただし，【図3】のア〜クは，レール1を含む鉛直平面内にある。

【図3】

(4) レール1を使って小球が位置Eから飛び出した後に到達する最高点の床からの高さを$h_E$，レール2を使って小球が位置Fから飛び出した後に到達する最高点の床からの高さを$h_F$とする。これらの関係を表すものを以下から選べ。
ア. $h_E < h_F$    イ. $h_E = h_F$    ウ. $h_E > h_F$

(5) レール1を使って位置Eから飛び出した後の小球の運動エネルギーについて，小球が床に到達するまでの様子をグラフで表した。次の(i)，(ii)の様子を表すグラフの概形として最も適当なものを【図4】のグラフの中からそれぞれ選べ。
(i) 縦軸を運動エネルギー，横軸を飛び出してからの経過時間としたとき
(ii) 縦軸を運動エネルギー，横軸を床からの高さとしたとき

【図4】

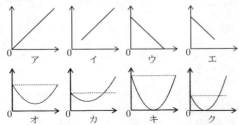

(6) **難** レール2を使って位置Fから飛び出した小球が，最高点に達した瞬間の時刻を基準として，それ以降の小球の速さ$v$[m/s]と経過時間$t$[s]の関係をグラフにすると，【図5】のようになった。1秒後における小球の床からの高さは何mか。

【図5】

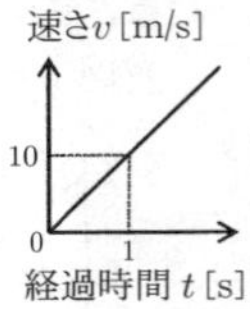

## 3 小問集合

〔A〕 **よく出る** ①～⑦は，アンモニア，水素，酸素，硫化水素，窒素，二酸化炭素，塩素の7種類の気体のいずれかである。これらについて実験を行った。
実験1．①～⑦をそれぞれ水に溶かしたところ，①，②，⑥はほとんど溶けなかった。
実験2．空気より軽い気体は①，⑤，⑥であり，同温同圧の下で，同じ質量の体積を比較すると，⑥＞⑤＞①の順であった。
実験3．⑦だけが有色であった。
実験4．過酸化水素水に物質Xを加えたら，②が発生した。
実験5．④，⑤，⑦だけに臭いがあった。
実験6．石灰水に③を吹き込むと白濁した。

(1) 実験4の反応を化学反応式で表せ。また，物質Xの名称を答えよ。
(2) ②と⑥を混ぜて点火したときの反応を化学反応式で書け。
(3) ⑤の捕集方法として適しているものを選べ。
　ア．水上置換　　イ．上方置換　　ウ．下方置換
(4) ④の臭いを一般に何というか。漢字3文字で答えよ。
(5) 実験3の有色は何色か選べ。
　ア．赤　　　　　イ．青　　　　　ウ．黄緑
　エ．赤褐　　　　オ．白　　　　　カ．紫
　キ．茶　　　　　ク．黒

〔B〕 海水に多く含まれる物質に食塩がある。食塩水にアンモニアと二酸化炭素を吸収させると白い沈殿物A（炭酸水素ナトリウム）が生成し，それを取り出して加熱するとガラス製造の原料となる白い物質Bができる。
(1) 海水中に存在する主なイオンを次の表に示す。表のイオンの中から①1価の陽イオン，②2価の陰イオンをそれぞれすべて選びイオン式で書け。

| ナトリウムイオン | マグネシウムイオン | カルシウムイオン |
| 塩化物イオン | 硫酸イオン | カリウムイオン |

(2) 下線部の反応の反応物は「塩化ナトリウム，水，アンモニア，二酸化炭素」で，生成物は「炭酸水素ナトリウムと塩化アンモニウム」である。化学反応式を書け。
(3) 下線部の反応で生じる炭酸水素ナトリウムと塩化アンモニウムの質量比は，およそ3：2である。また，これらの水100gに対する溶解度を下の表に示す。以下の文中の空欄に当てはまる数値を書け。ただし，2つの物質の溶解度は互いに影響を及ぼさない。

| 温度　　　［℃］ | 0 | 10 | 20 | 30 |
|---|---|---|---|---|
| 炭酸水素ナトリウム［g］ | 7 | 8 | 9.5 | 10 |
| 塩化アンモニウム　［g］ | 30 | 33 | 37 | 40 |

「炭酸水素ナトリウム150gと塩化アンモニウム100gを（あ）gの水に加え30℃に保ちよく混ぜた。このとき，塩化アンモニウムは完全に溶解したが，炭酸水素ナトリウムは100g溶け残っていた。この溶け残りを含む水溶液を10℃に冷やし，すばやくろ過すると得られた炭酸水素ナトリウムは（い）gであった。」

(4) **基本** 物質Bに当てはまるものを次の中からすべて選べ。
　ア．Bを溶かした水溶液は中性である。
　イ．Bを溶かした水溶液はアルカリ性である。
　ウ．Bを溶かした水溶液は酸性である。
　エ．BはAより水に溶けやすい。
　オ．BはAより水に溶けにくい。
　カ．Bはアンモニウムイオンを含む。
　キ．Bは炭酸イオンを含む。
　ク．Bは塩化物イオンを含む。
　ケ．Bは炭酸水素イオンを含む。
(5) 1000gのAを十分に加熱するとBは何gできるか。答えが割り切れないときは小数第1位を四捨五入して整数値で書け。ただし，原子1個あたりの質量比はH：C：O：Na＝1：12：16：23とする。
(6) Bを溶かした水溶液に水酸化カルシウム水溶液を加えたときどのような変化が観察されるか。10字以内で書け。

## 4 動物の体のつくりと働き，遺伝の規則性と遺伝子 (13点)

〔A〕 **思考力** 異なる人の血液を混ぜ合わせたときに，赤血球同士が互いにくっついてかたまりになることがある。これを赤血球の凝集といい，赤血球の表面にある物質（凝集原）に，血しょう中にあるタンパク質（凝集素）が結合することで，赤血球同士がつながることによって起こる。
凝集原にはAとBの2種類があり，凝集素にもαとβの2種類がある。凝集原Aと凝集素αが結合することで赤血球の凝集が起こる。同様に凝集原Bと凝集素βが結合することで赤血球の凝集が起こる。この凝集原と凝集素の組み合わせによってABO式血液型が決められている。各血液型の人の赤血球の凝集原と，血しょう中の凝集素を以下の表1に示す。

表1

| 血液型 | A型 | B型 | AB型 | O型 |
|---|---|---|---|---|
| 赤血球の凝集原 | A | B | AとB | なし |
| 血しょう中の凝集素 | β | α | なし | αとβ |

(1) 血液型の異なるア～エの4名の血液を採取し，赤血球と血しょうを分離した。これらを混ぜ合わせたところ，表2のような結果が得られ

表2

|  |  | 赤血球 |  |  |  |
|---|---|---|---|---|---|
|  |  | ア | イ | ウ | エ |
| 血しょう | ア | − | + | − | + |
| | イ | − | − | − | + |
| | ウ | − | − | − | − |
| | エ | − | + | + | − |

た。ア〜エの血液型を答えよ。なお，イの血しょうには凝集素αのみが存在していた。
表中の「＋」は赤血球が凝集したことを，「−」は赤血球が凝集しなかったことを示す。
(2) 50名の血液から赤血球を取り出し，凝集素αのみを含む血しょうと凝集素βのみを含む血しょうを用いて凝集反応の有無を調べ，次の①〜③の結果を得た。これをもとに各血液型の人数を答えよ。
① 凝集素αのみを含む血しょうに凝集反応を示した者
　　　　　　　　　　　　　　　　　　　　　　… 24名
② 凝集素βのみを含む血しょうに凝集反応を示した者
　　　　　　　　　　　　　　　　　　　　　　… 16名
③ どちらの血しょうにも凝集反応を示さなかった者
　　　　　　　　　　　　　　　　　　　　　　… 15名

〔B〕 生物のDNAには個体のもつ様々な遺伝情報が含まれている。DNAの中で，遺伝情報が含まれている領域を遺伝子という。同じ遺伝子であっても内容や長さには個体差があり，この違いが形質の差として現れる。ある形質に関する遺伝子(遺伝子X)の長さを調べた。

遺伝子の長さを調べるためには図1のように細長い穴を開けた寒天を用いる。DNAから目的の遺伝子を取り出して，この穴にその溶液を入れて電圧をかけると，遺伝子が寒天中を移動する。遺伝子の長さが長いほど，寒天の中を移動しにくく，遺伝子の長さが短いほど寒天の中を移動しやすい。このことを利用して，遺伝子を長さ(単位bp)によって分けることができる。

マウスA(オス)の体細胞のDNAから，遺伝子Xだけを取り出してその長さを調べると，図2のようになった。図中の丸で囲んだ帯の中に遺伝子Xが入っており，マウスAは2種類の遺伝子Xを持ち，それらの長さは400 bpと200 bpであった。同様に調べると，マウスB(メス)の遺伝子Xの長さは500 bpと300 bpであった。

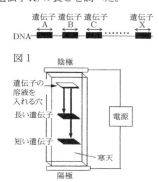

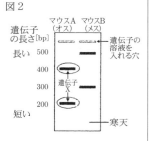

(1) ▎基本▎ DNAは核内のある構造体のもとになる。この構造体の名称を答えよ。
(2) マウスAのつくる精子1つのもつ遺伝子Xの長さを調べた。結果として考えられるものを図3のア〜カからすべて選べ。

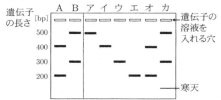

(3) マウスAとBが交配して生まれてくる子の体細胞の遺伝子Xの長さを調べた。このときに得られる結果として考えられるものを図4のア〜コからすべて選べ。

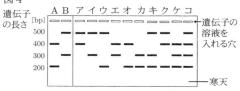

══〔理科　問題〕　終わり══

# MEMO

# MEMO

# MEMO

# CONTENTS

## 2020解答／理科

### 公立高校

| | |
|---|---|
| 北海道 | 2 |
| 青森県 | 3 |
| 岩手県 | 3 |
| 宮城県 | 4 |
| 秋田県 | 4 |
| 山形県 | 5 |
| 福島県 | 5 |
| 茨城県 | 6 |
| 栃木県 | 7 |
| 群馬県 | 7 |
| 埼玉県 | 8 |
| 千葉県 | 9 |
| 東京都 | 9 |
| 神奈川県 | 10 |
| 新潟県 | 11 |
| 富山県 | 11 |
| 石川県 | 12 |
| 福井県 | 13 |
| 山梨県 | 13 |
| 長野県 | 14 |
| 岐阜県 | 14 |
| 静岡県 | 15 |
| 愛知県（A・Bグループ） | 16 |
| 三重県 | 17 |
| 滋賀県 | 18 |
| 京都府 | 18 |
| 大阪府 | 19 |
| 兵庫県 | 19 |
| 奈良県 | 20 |
| 和歌山県 | 21 |
| 鳥取県 | 21 |
| 島根県 | 22 |
| 岡山県 | 23 |
| 広島県 | 23 |
| 山口県 | 24 |
| 徳島県 | 24 |
| 香川県 | 25 |
| 愛媛県 | 26 |
| 高知県 | 26 |
| 福岡県 | 27 |
| 佐賀県 | 27 |
| 長崎県 | 28 |
| 熊本県 | 29 |
| 大分県 | 29 |
| 宮崎県 | 30 |
| 鹿児島県 | 31 |
| 沖縄県 | 31 |

### 国立高校

| | |
|---|---|
| 東京学芸大附高 | 33 |
| お茶の水女子大附高 | 34 |
| 筑波大附高 | 35 |
| 筑波大附駒場高 | 37 |
| 大阪教育大附高（池田） | 38 |
| 大阪教育大附高（平野） | 39 |
| 広島大附高 | 40 |

### 私立高校

| | |
|---|---|
| 愛光高 | 42 |
| 市川高 | 43 |
| 大阪星光学院高 | 44 |
| 開成高 | 45 |
| 久留米大附設高 | 46 |
| 青雲高 | 47 |
| 清風南海高 | 48 |
| 高田高 | 49 |
| 滝高 | 50 |
| 東海高 | 50 |
| 同志社高 | 52 |
| 東大寺学園高 | 53 |
| 灘高 | 54 |
| 西大和学園高 | 56 |
| 函館ラ・サール高 | 57 |
| 洛南高 | 58 |
| ラ・サール高 | 59 |

### 高等専門学校

| | |
|---|---|
| 国立工業高専・商船高専・高専 | 41 |

# 公立高等学校

## 北海道 問題 P.1

**解答**

**1** 問1．① 静脈　② 吸熱　③ 示相
　　④ 質量保存　⑤ 力のはたらく点（作用点）
⑥ 虚像　問2．① 肝臓　② じん臓
問3．① 斑晶　② 石基　問4．エ，カ　問5．C
問6．3 g　問7．300 N
**2** 問1．(1) ① （例）最も低いところ（平らなところ）
② イ　(2)（密度）2.7 g/cm³，（記号）カ
問2．(1) ① 樹脂　② イ　③ ア
(2) $\dfrac{100}{3e}$ cm³
(3) 順に，T，Z，U，E
**3** 問1．(1) エ
(2)（例）右図
問2．(1) ウ　(2) ア
(3) ① イ　② ア　③ ア
**4** 問1．① 1.4 V　② ウ
問2．(1) ① ア　② ア
(2)（例）磁石のN極を上にしておく（磁石のS極を下にしてコイルの上に持っていく）
(3) イ
**5** 問1．(1)（例）視野が広く　(2) イ
問2．(1)（縦方向の長さ）0.15 mm，（伸びた長さ）0.1 mm
(2) ① オ　② カ　③ ケ

**解き方**

**1** 問1．① 心臓→肺動脈（酸素が少ないので静脈血）→肺（酸素を吸収）→肺静脈（酸素が多いので動脈血）　③ 堆積した当時の環境を推定するので示相化石。時代を推定できるのは示準化石。
問4．コケ植物のゼニゴケとシダ植物のスギナが正解。アブラナとサクラは被子植物，イチョウとマツは裸子植物。
問6．11℃のときの飽和水蒸気量は10 g/m³なので1 m³あたり10 g，湿度はその30%なので3 g。
問7．150 Pa＝150 N/m²なので1 m²あたり150 Nの力。底面積は2 m²なので300 Nの力を水平面に及ぼし，これは円柱にはたらく重力に等しい。
**2** 問1．(1) ② 測定器具は通常最小目盛りの$\dfrac{1}{10}$まで読みとる。
(2) Aの体積は増加した体積と同じ55.0－50.0＝5.0 [cm³]よって，密度は$\dfrac{13.5}{5.0}$＝2.7 [g/cm³]　また体積はC＜B＜Aで，各々の質量は等しいことから密度は体積に反比例する。よって，密度は$c＞b＞a$
問2．(1) ③ 実験2 [3] より，3種類のうち水に沈んだSが密度の最も大きいPETなので，Sがボトルの小片。
(2) 水の質量は50 gなので，質量の比より，50：エタノールの質量＝3：2　よって，エタノールの質量＝$50×\dfrac{2}{3}$＝$\dfrac{100}{3}$となり，エタノールの体積は質量÷密度＝$\dfrac{100}{3}÷e$＝$\dfrac{100}{3e}$ [cm³]　(3) 密度を比較すると，水＞エタノール（E）より水＞水とエタノールの混合液（Z）＞E，[3] より水より密度が大きい小片は水に沈むのでS＞水＞T，U，[4] よりS，T，U＞E，[5] よりS，T＞Z＞U　よって，[2]～[5] の結果から，S＞水＞T＞Z＞U＞Eとなる。水よりも密度が小さいものを大きい順に並べるので答えはT，Z，U，E
**3** 問1．(1) 日周運動のエが正解。アとウは地軸の傾きと地球の公転（太陽の年周運動），イは地球の公転が原因。
(2) 太陽は地球から見て東から西へ移動する。記録用紙上で太陽は左に動くので，記録用紙の左が地球から見た西。黒点は太陽の自転によって地球から見て西へ動き，約27日で一周するので，黒点AとBは5日分回った左に描く。太陽は球体なので，辺縁に移動した黒点は縦長に変形して見える。
問2．(1)・(2) 右図
(3) 右図で1か月後，地球より公転周期の短い金星は地球より先に進むので見かけの大きさは小さくなり，地球から見て太陽に近く（高度は低く）なる。公転周期の長い火星は地球に

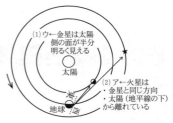

近くなるので太陽から離れて（高度は高く）見える。
**4** 問1．(1) $10×0.14＝1.4$ [V]
(2) 加わる電圧は$10×0.42＝4.2$ [V] より，流れる電流は$\dfrac{4.2}{10＋10}＝0.21$ [A]
問2．(1) ① フレミングの左手の法則を使うと，線Xから線Yの方向に見て，コイルの下側の線は左，上側の線は右に力を受けるので時計回りに回る。
(2) 磁界の向きを反対にする。
(3) エナメルをはがすと電流が流れ続け，4分の1回転を越えたところでコイルには回転方向と反対側の力がかかる。4分の1回転のところは回転方向に力がはたらかないので，そこで回転は止まる。
**5** 問1．(2) 細胞分裂後の間期（娘核）でイ。ウは前期から中期，アとエは減数分裂時。
問2．(1) 縦方向の長さは，図5の根Bで先端からの距離4 mmが実験 [1] で4つ目の位置で0.15 mm，24時間後は根Aで先端から10 mmの位置（下図参照）で0.25 mmになっている。よって，伸びた長さは0.25－0.15＝0.1 [mm]
(2) ① 右図より1～4 mmの範囲が伸びている。② 実験 [2] より0～1 mmは変化がないので細胞は縦方向に伸びない。1～4 mmは右図や図5から伸びることがわかる。右図で実験開始直後に4～8 mmの範囲にあった細胞は，図5から細胞の縦方向の長さは0.25 mm以下だったのが，24時間後には根の先端から10 mmより上の距離に位置し，縦方向の長さは0.25 mmと伸びている。このことから②の答えはカの約1 mm～約8 mm。しかし，上の図より4～8 mmの部分は根の伸びに影響していないので，③の答えはケの約4 mm～約8 mm。（補足：1～4 mm部分は小さい細胞が多数あり，それが長くなるのでよく伸びる。4～8 mm部分も細胞が長くなるが，もともと長いため数が少ないことと各細胞の長くなる割合が小さいことで，全体の伸びへの影響はほとんどない。）

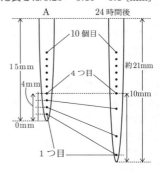

## 青森県

問題 P.5

**解答** 1 (1)ア. 単細胞生物　イ. 1
(2)ア. 感覚器官　イ. 1, 4
(3)ア. 3　イ. 105 km　(4)ア. 衛星　イ.① 3　② B
2 (1)ア. 1　イ. 4Ag, O_2
(2)ア. 中和(中和反応)
イ. 0.30 g (0.3 g)
(3)ア. フックの法則　イ. 35 g
(4)ア. 右図
イ. 3.0倍(3倍)
3 (1) 3　(2)(例)細胞どうし
がはなれやすくなるから。
(3)ア. DNA(デオキシリボ核酸)

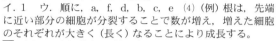

イ. 1　ウ. 順に, a, f, d, b, c, e　(4)(例)根は, 先端に近い部分の細胞が分裂することで数が増え, 増えた細胞のそれぞれが大きく(長く)なることにより成長する。
4 (1) 4　(2)(例)ろ紙のすきまより小さい水の粒子は通り抜けるが, デンプンの粒子は通り抜けることができないため。(3)飽和水溶液
(4)ア. 13.9 g　イ. 3　ウ. 43.8 g
5 (1)ア. 3　イ. 3.0 V (3 V)　ウ. 2.0 A (2 A)　エ. 2
(2)ア. ジュール　イ. 1, 3
6 (1)ア. 露点　イ. 2　ウ.(例)熱を伝えやすい
エ. 56%　(2)ア. 3　イ.(例)大気圧(気圧)が低くなる

**解き方** 1 (2)イ. 2. 光の刺激は網膜から神経(視神経)を通して脳に伝えられる。3. 耳でとらえた音ははじめに鼓膜を振動させ, 次に耳小骨を振動させる。耳小骨の振動は, うずまき管内の液体に伝えられる。
(3)ア. 地震のゆれの大きさは震度で表される。マグニチュードは地震の規模を表す。よって, 適切でないのは明らかに3である。しかし, 4についても, 地震のゆれは震央ではなく震源からまわりに伝わっている(地表で見ると震央から広がるように見える)ため, 表現が正しいとは言えない。イ. 初期微動継続時間は震源からの距離に比例するので, 震源から地点Bまでの距離を$x$kmとすると, $x:15 = 10:7$より$x = 105$ [km]　(4)イ. 太陽-地球-月と一直線に並んだときに月食が起こる。
2 (2)イ. この条件では塩酸が過剰。水酸化ナトリウム水溶液20 cm³がちょうど中和したときに得られる塩化ナトリウムの質量を$x$gとすると, $16:0.24 = 20:x$より$x = 0.30$ [g]
(3)イ. ばねの伸びが2.8 cmのときにばねに加えた力の大きさを$y$Nとすると, $0.50:4.0 = y:2.8$より$y = 0.35$ [N]　よって, つるしたおもりの質量は$100 \times 0.35 = 35$ [g]
(4)イ. 0.1秒から0.2秒の間の台車の平均の速さは, $\frac{11.7 - 2.9}{0.2 - 0.1} = 88$ [cm/s], 0.4秒から0.5秒の間の平均の速さは$\frac{73.3 - 46.9}{0.5 - 0.4} = 264$ [cm/s]　よって, $\frac{264}{88} = 3.0$ [倍]
3 (3)イ. 細胞分裂が始まる前に, それぞれの染色体が複製される。
4 (4)ア. $63.9 - 50.0 = 13.9$ [g]　イ. グラフより, 15℃の水100 gに塩化ナトリウムは約38 g, 硝酸カリウムは約26 g溶けるので, 15℃の水200 gには塩化ナトリウムは約76 g, 硝酸カリウムは約52 g溶ける。ウ. 含まれる硝酸カリウムは$300.0 \times \frac{30.0}{100} = 90.0$ [g]　水の質量は$300.0 - 90.0 = 210.0$ [g]　10℃の水210.0 gに溶ける硝酸カリウムの量を$x$gとすると, $100:22.0 = 210.0:x$より$x = 46.2$ [g]　出てきた結晶は$90.0 - 46.2 = 43.8$ [g]
5 (1)イ. $2.0 \times 1.5 = 3.0$ [V]　ウ. $\frac{6.0}{3.0} = 2.0$ [A]
エ. 回路全体の抵抗を$R$Ωとすると, $\frac{1}{R} = \frac{1}{2.0} + \frac{1}{3.0}$より$R = 1.2$ [Ω]　【別解】回路全体の電流を求めると, $\frac{6.0}{2.0} + 2.0 = 5.0$ [A]　回路全体の抵抗は$\frac{6.0}{5.0} = 1.2$ [Ω]
(2)イ. 直列につなぐと, それぞれの電熱線に流れる電流が電熱線1個のときよりも小さくなり, 発熱量も小さくなる。また, 並列につないだときの発熱量はそれぞれの電熱線の発熱量の和になる。よって, $Q_4 > Q_1 > Q_2 > Q_3$
6 (1)イ. 1と3は水の蒸発, 4は水の凝固である。
エ. $\frac{12.1}{21.8} \times 100 ≒ 56$ [%]　(2)ア. ピストンを引くと, フラスコ内の空気が膨張して温度が下がり水蒸気が細かい水滴に変わる。

## 岩手県

問題 P.9

**解答** 1 (1)ア　(2)ウ　(3)イ　(4)ウ　(5)ア
(6)ウ　(7)エ　(8)ウ
2 (1)イ　(2)イ　(3) 25%　(4)(例)親の細胞で対になっているそれぞれの染色体は, 分かれて別々の生殖細胞に入るから。
3 (1)ウ　(2)(例1)金星は地球よりも内側を公転しているから。(例2)金星は内惑星だから。
(3)ア　(4)エ
4 (1)エ

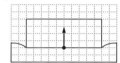

(2)右図
(3)イ
(4) 21 cm
5 (1)ウ　(2)エ　(3)(例)試験管の中の酸素がスチールウールと結びついて使われ, 減少したから。(4)(質量)変化しない, (理由)(例)炭が燃焼して発生した二酸化炭素は, フラスコの中から外に出ていかずに残っているから。
6 (1)ア　(2) X. 葉緑体　Y. 細胞壁　(操作)染色する。
(3)エ　(4)(例)無色鉱物である長石と石英の割合は, Aが96%, Bは38%である。
7 (1)(水酸化ナトリウム)5 g, (水) 95 g　(2) 2H_2, O_2
(3)イ　(②の電力量) 60 J, (③の電力量) 45 J

**解き方** 1 (2) Xは鼓膜で, 空気の振動を最初に受けとる。(5)三角州も扇状地も川の流れがゆるやかになったところに土砂が堆積してできる。(7)小球が斜面を下るにつれ位置エネルギーが運動エネルギーに変換するが, その和である力学的エネルギーは一定である。
(8)蛍光面のかげの位置から, 電子は電極Aから電極Bに向かって流れていることがわかる。電子は－極から＋極に流れる。
2 (2) 4で草たけが高い個体が低い個体の3倍になったことから, 草たけが高い形質が優性の形質である。純系どうしのかけ合わせでは, 子はすべて優性の形質になる。
(3)草たけを高くする遺伝子をA, 低くする遺伝子をaとすると, 孫の遺伝子の組み合わせの割合はAA:Aa:aa = 1:2:1となり, AAは全体の4分の1の25%。
(4)減数分裂により, 親の2本ずつある同じ形の染色体は1本ずつ分かれて別々の生殖細胞に入る。
3 (1)金星は地球より太陽に近く, 大気は温室効果ガスの二酸化炭素を主成分としているので, 表面の平均温度は地球よりかなり高い。(3)金星の形がほとんど欠けていなかったことから, 地球から見て太陽より遠い位置にある。
(4)図Ⅱで, 月が太陽に対して入ってくる方向が西なので, 図Ⅰの金星のある方向が西であり, 太陽はその方向へ動いて見える。
4 (1)置き方を変えても物体にはたらく重力の大きさは変化しない。(2)直方体Pにはたらく重力と垂直抗力はつり合っている。(3)表より, 底面積が大きいほどスポンジ

が沈んだ深さは小さくなる。また，底面積が2倍になると深さは$\frac{1}{2}$に，底面積が3倍になると深さは$\frac{1}{3}$になるので，深さは底面積に反比例している。(4) 表より，底面積とスポンジが沈んだ深さは反比例し，その積は一定になっているので，靴で立って雪に沈む深さを$x$cmとすると，$1470 \times 5.0 = 350 \times x$より$x = 21$〔cm〕

**5** (1) 予想のように，気体が発生して空気中に出ていくとすると，燃えたあとの物質は質量が小さくなるはずだが，スチールウールでは増えている。(2) 酸化鉄は電流を流さず塩酸と反応しない。(4) フラスコ内の物質の出入りがないので，質量は変化しない。

**6** (1) ルーペは目に近づけて持ったまま動かさない。(2) 核は酢酸オルセイン溶液や酢酸カーミン溶液などの染色液で染色しないと見えにくい。(4) 無色鉱物は石英と長石である。その割合は，火成岩Aでは$\frac{19 + 77}{19 + 77 + 4} \times 100 = 96$〔%〕，火成岩Bでは$\frac{38}{38 + 50 + 12} \times 100 = 38$〔%〕

**7** (1) 質量パーセント濃度5%の水酸化ナトリウム水溶液100g中の水酸化ナトリウムの質量は$100 \times 0.05 = 5$〔g〕で，水は$100 - 5 = 95$〔g〕 (3) 図Ⅰでは電気エネルギーで水を分解し，化学エネルギーに変換して水素と酸素にあたえた。図Ⅱでは水素と酸素から水を合成して，その反応で出るエネルギーを電気エネルギーに変換してとり出しオルゴールを鳴らした。(4) **2**の電気分解で消費した電力量は$3 \times 0.2 \times 100 = 60$〔J〕，**3**のオルゴールが消費した電力量は$0.5 \times 90 = 45$〔J〕

## 宮城県

**問題 P.13**

**解答** **1** 1. (1) ウ (2) ① 反射 ② イ
2.(1) 水上置換法 (2)(例1) 試験管Aにあった空気が入っているため。(例2) 発生した二酸化炭素だけを集めるため。(3) ア
3. (1) 音源（発音体も可） (2) ウ
(3) 345 m/s
4. (1) 右図 (2) ウ (3) ア
**2** 1.エ 2.ウ 3.中和 4.① 水 ② Na$^+$
③ Cl$^-$（②，③順不同） 5. イ
**3** 1.エ 2.衛星 3.(1)(例) 同じ時刻に観察したとき，月は，月の公転により，1日に約12°ずつ移動するのに対し，オリオン座は，地球の公転により，1日に約1°ずつ移動するから。(2) エ 4. イ
**4** 1.イ 2.蒸散 3.イ 4.ウ 5.(例)スズランEのほうがスズランFよりも水の減少量が多かったことから，葉先側に気孔が偏って分布していると考えられる。
**5** 1. 20 cm/s 2.ア 3.ア 4.エ 5.(例)アルミニウム棒にはたらく重力の分力である斜面下向きの力と，電流が流れるアルミニウム棒が磁石の磁界の中で受ける力がつり合っているから。

**解き方** **1** 1. (2) ② この反応では，せきずい(B)から命令の信号が出される。2. (3) 実験で発生した気体は二酸化炭素である。イでは酸素，エでは水素が発生する。ウでは気体は発生しない。3. (3) $\frac{690}{2.0} = 345$〔m/s〕 4. (2) 観測地での海風の風向は東，陸風の風向は西である。
**2** 1. アは非電解質の水溶液，イとウは酸性の水溶液の性質である。2. BTB溶液は酸性で黄色，中性で緑色，アルカリ性で青色になる。酸性はpH<7，中性はpH=7，アルカリ性はpH>7である。5. うすい塩酸を加えていくと，それぞれのイオンの数は次のように変化する。

| 加えた塩酸の体積 | <10mL | 10mL | >10mL |
|---|---|---|---|
| ナトリウムイオン | 一定 | 一定 | 一定 |
| 水酸化物イオン | 減少する | 0 | 0 |
| 水素イオン | 0 | 0 | 増加する |
| 塩化物イオン | 増加する | =Na$^+$ | 増加する |

**3** 3. (1) 月は太陽の向きに対して約30日で1周しているので，1日に$\frac{360}{30} = 12$〔°〕ずつ移動している。地球は約1年で太陽のまわりを1周公転しているので，1日に$\frac{360}{365} \fallingdotseq 1$〔°〕ずつ移動している。(2) 月食のときは，太陽-地球-月のように一直線に並ぶ。4. 30日後の同じ時刻にオリオン座は約30°西に移動して観察される。月は1日に12°ずつ西から東へ動いて，30日後の同じ時刻にはもとの位置で見られる。
**4** 3. 蒸散が行われている部分は，スズランAは葉の表＋葉の裏＋茎，スズランBは茎なので，スズランAの葉から出ていった水蒸気の量はA－B＝$7.6 - 0.5 = 7.1$〔cm³〕 4. 蒸散が行われている部分は，スズランCは葉の裏＋茎，スズランDは葉の表＋茎なので，葉の裏から出ていった水蒸気の量はC－B＝$5.8 - 0.5 = 5.3$〔cm³〕，葉の表から出ていった水蒸気の量はD－B＝$2.2 - 0.5 = 1.7$〔cm³〕 気孔1個あたりから出ていく水蒸気の量はすべて等しいので，葉の裏側の気孔の数は葉の表側の$\frac{5.3}{1.7} \fallingdotseq 3.1$〔倍〕となる。
**5** 1. $\frac{12}{0.2 \times 3} = 20$〔cm/s〕 2. 電流はアルミニウム棒の手前から奥に向かって流れているので，時計回りの磁界ができる。3. 「摩擦や空気の抵抗は考えない」とあるので，進行方向と同じ向きや逆向きには力がはたらいていない。4. 並列につながれた抵抗器の数が大きいほどアルミニウム棒に大きな電流が流れ，アルミニウム棒の平均の速さが速くなる。

## 秋田県

**問題 P.17**

**解答** **1** (1) ① イ，エ ② (記号) c，(書き直し) 運動神経 (2) ① 関節 ② W，Z
(3) ① 血液 ② (吸気に比べて) (例) 酸素の濃度は低く，二酸化炭素の濃度は高い
**2** (1) イ (2) ア，エ (3) エ (4) B，C，D
(5) X. (例) 大きく　Y. (例) 大きく (6) ウ
**3** (1) ① A，C ② ウ ③ ア ④ (例) 水に溶けやすい性質 (2) ① 0.72 g ② (例) 密度が小さい
**4** (1) ① イ ② 120 cm/s ③ 順に，ア，ウ，イ
(2) ① 1.5 N ② X.ア　Y. (例) 引く力の合力
**5** (1) ① P.ウ　Q.エ ② ア (2) ① 順に，38，2
② 発熱反応 ③ R.ウ　S.オ (3) ① (例) 熱をよく伝える性質 ② (過程) (例) 理科室内の水蒸気量は10.7 g/m³であり，20℃における飽和水蒸気量は17.3 g/m³なので，湿度を$x$とすると，$x = 10.7 \div 17.3 \times 100 \fallingdotseq 61.8$（答）61.8%
③ (例) 飽和水蒸気量をこえる
(4) ① 右図
② (例) 鏡にうつる範囲が広くなるようにする

**解き方** **1** (1) ② 感覚神経は皮ふやその他の感覚器官からの刺激を中枢神経に伝える役目をしている。(3) ② 激しい呼吸のとき，体内にはやく酸素を取り入れる必要があるため，酸素の濃度は吸気のほうが高く，呼気のほうが低い。

[2] (3) 西の空の天体（金星）は右下の方向へ動く。
(4) 右図のように，日の入り後，西の空に肉眼で観察できる金星は太陽の左側にあるBとCとDである。
(5) 金星の大きさは地球に近いほど大きく見える。Cの金星よりDの金星のほうが，太陽の光が当たって光る部分が細くなるので，大きく欠けて見える。
(6) 1か月で約30°移動しているので，10か月後には約300°移動している。図2と同じ位置に見えるのは(360－300)÷15＝4［時間］後になる。

[3] (1) ② 金属と塩酸が反応すると水素が発生する。
(2) ① 600×0.0012＝0.72［g］ ② 水素は上昇して天井についたことから，いちばん密度が小さいことがわかる。
[4] (1) ② 60÷0.5＝120［cm/s］
③ 右図のように，ア→ウ→イの順に大きい。(2) ① 2本の糸で引いているので，1本の糸が引く力は3÷2＝1.5［N］ ② aとfが糸を引く力は，おもりにはたらく重力の大きさより大きいので，糸が切れる。

[5] (2) ① 40×0.05＝2［g］ 40－2＝38［g］ よって，38gの水に2gの食塩を溶かした。
③ 活性炭は触媒といって他の物質の化学変化の速さを変えるはたらきをするだけで，自身は変化しない。よって，50分から温度が変化しなくなったのは鉄がなくなったからだと考えられる。
(4) ① 右図のように，鏡にうつった像をE'とすると，E'はEと鏡Cに対して線対称の位置にできるので，物体Eから出た光は鏡Cで反射してF点に届く。このとき，入射角と反射角は等しくなる。

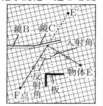

---

## 山形県　問題 P.20

**解答**
[1] 1. a. 葉緑体　b. 胞子　2. ア，イ
3. (1)（例）ろ液内の生きている微生物がほとんどいなくなった　(2) エ
[2] 1. a. 軟体　b. 外骨格　2. オ
3.（例）肺で呼吸する
[3] 1. ア　2. (1) 偏西風　(2) ウ
3.（例）海面から蒸発した水蒸気を含む
[4] 1. ウ　2.（例）地球より内側を公転しているから。
3. 黄道　4. イ　5. しし座
[5] 1. 溶媒　2. (式) $\dfrac{10+50}{54.5}$
($\dfrac{10+50}{54.4}$ や $\dfrac{10+50}{54.6}$ も可)，(答え) 1.1 g/cm³
3. (1) 再結晶　(2) エ
4. NaCl＋H₂O
[6] (1) NH₃　(2) ウ　(3) ア
2.（例）火や電気が使えないところでもあたためられる。
[7] 1. 導体
2. エ
3. 右図
4. 1.2 W
[8] 1. フック
2.(1) カ　(2) イ　(3) 0.4 N

**解き方** [1] 2. シダ植物と被子植物は師管と道管の束（維管束）を持ち，根，茎，葉の区別がある。

---

2. 3. セキツイ動物のうち，魚類はえら呼吸，両生類の子どもはえら呼吸，成体は肺呼吸と皮膚呼吸，ハチュウ類や鳥類，ホニュウ類は肺呼吸である。
[3] 1. 雲量7は晴れである。2. (2) 図2で大陸にある1024hPaの高気圧に注目する。3. 海面上であたためられた空気は飽和水蒸気量が大きくなるので，より多くの水蒸気を含むことができるようになる。それが上昇すると雲ができる。
[4] 4. 地球は $\dfrac{360}{12}$＝30［°］　5. 8月5日の午前0時にはやぎ座が真南の空で観察されるので，太陽，地球，やぎ座と並んでいる。このとき，太陽はかに座の位置にある。よって，その1か月後には，太陽はしし座の方向になる。
[5] 2. 図2から水溶液の体積は54.5 cm³と読みとれる (54.4 cm³，54.6 cm³も可)。3. (2) 20℃の水50gには，塩化ナトリウムは35.8×$\dfrac{50}{100}$＝17.9［g］，ミョウバンは11.4×$\dfrac{50}{100}$＝5.7［g］溶けるので，ミョウバンの固体が10－5.7＝4.3［g］出てくる。
[6] 1. (2) アンモニアが空気中へ出ていくので，質量は5.00gより小さい。(3) 発生したアンモニアは水に非常に溶けやすい。また，試験管内の液体がアルカリ性を示すのは発生したアンモニアよりも未反応の水酸化バリウムによるところが大きい。
[7] 2. －の電気を持った電子は電源装置の－極から＋極へ向かって流れる。3. 抵抗器Aにかかる電圧は，流れる電流が0 mAのときは0 V，20 mA＝0.02 Aのときは20×0.02＝0.4［V］，40 mA＝0.04 Aのときは20×0.04＝0.8［V］，60 mA＝0.06 Aのときは20×0.06＝1.2［V］，80 mA＝0.08 Aのときは20×0.08＝1.6［V］，100 mA＝0.1 Aのときは，20×0.1＝2.0［V］である。
4. 抵抗器Bには $\dfrac{6.0}{30}$＝0.2［A］の電流が流れる。抵抗器Bで消費される電力は6.0×0.2＝1.2［W］
[8] 2. (1) 水中におもり全体が入ったとき，おもりAのほうがおもりBよりもばねの伸びが小さいので，おもりAのほうがおもりBよりも大きな浮力がはたらいている。物体の体積が大きいほど大きな浮力がはたらくので，おもりAのほうがおもりBよりも体積が大きい。(3) 水中におもりA全体が入ったとき，ばねの伸びは10.0 cmである。おもりAにはたらく重力は1×$\dfrac{100}{100}$＝1.0［N］より，水中におもりA全体が入ったとき，おもりAがばねを引く力を$x$Nとすると，1.0：16.0＝$x$：10.0より $x$≒0.6［N］　よって，おもりAにはたらく浮力は1.0－0.6＝0.4［N］

---

## 福島県　問題 P.25

**解答** [1] (1) A. ひげ根　B. 単子葉　(2) ウ
(3) ① Q　② ク
[2] (1) 恒温　(2)（例）(ひだや柔毛があることで,) 表面積が大きくなるから。(3) ア　(4)（例）酸素を使って養分からエネルギーがとり出されている　(5) オ
[3] (1) カ　(2) イ　(3) エ　(4) ア
(5)（例）気温が低くなり気圧が高くなる
[4] (1) 惑星　(2) イ　(3) エ　(4) イ　(5) カ
[5] (1) 順に，イ，ア，ウ
(2) 二酸化炭素
(3) 右図
(4) 1.2 g
(5) 2.0 g
[6] (1)（例）熱をうばった
(2) 塩

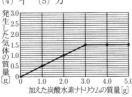

解　答　　　　　　　　　　　　　　　理科｜6

(3) ① $Ca(OH)_2$　② ウ　(4) エ
**7** (1) フック　(2) 5.4 cm　(3) ウ　(4) 1 N
(5) (例) 水中にある体積は物体BのほうがAよりも小さいため，物体Bにはたらく浮力がAよりも小さいから。
**8** (1) ウ　(2) イ　(3) 80 cm/s　(4) ア
(5) ① つり合っている　② 慣性

**解き方** **1** (4) 観察Ⅲで，作成したどのプレパラートも視野全体にすき間なく細胞が広がっていたが，表によるとcのプレパラートだけ特に細胞の数が多い。したがって，cの細胞はa，bの細胞に比べて小さいといえる。
**2** (3) アは正しい。イ.「中央がくぼんだ円盤形」は赤血球の特徴。ウ. 血小板は赤血球よりも小さい。エ. ヘモグロビンは赤血球に含まれる成分である。
**3** (4) 日中は太陽の光が地面や海面を暖めるが，海面は地面よりも暖まりにくく，陸上の気温のほうが高くなる。暖められた陸上の空気は膨張して密度が小さくなり，上昇気流が発生し陸上の気圧は低くなる。海上の空気は暖まりにくいので収縮して密度が大きくなり，下降気流が発生し海上の気圧は高くなる。夜は海面は地面より冷えにくいため海上の気温のほうが高くなる。
(5) 北西の季節風はユーラシア大陸上の気圧が高く太平洋上の気圧が低いときに吹く。空気が冷えると気圧が高くなり，空気が暖められると気圧が低くなるので，北西の季節風が吹くのはユーラシア大陸上の空気が冷たく，太平洋上の空気が暖かいときである。
**4** (3) 金星の光って見える部分は太陽光が当たっている。この後，太陽は東の空から昇ってくるので向かって左下が光っているエが正解。
(5) このときの金星は西方最大離角で，この後は地球より先に公転していくために満ちていく。また，金星は地球から離れていくため小さくなっていくように見える。
**5** (3) 発生した気体の質量は，反応前の全体の質量[g]から反応後の全体の質量[g]を引いて求める。
(4) $(86.4 − 85.4) × (24 ÷ 20) = 1.2$ [g]　(5) 実験1で，うすい塩酸30 cm³に対し過不足なく反応する炭酸水素ナトリウムの量は3.0 gであるから，うすい塩酸10 cm³に対し過不足なく反応する炭酸水素ナトリウムの量は1.0 gである。したがって，実験1ではうすい塩酸30 cm³と炭酸水素ナトリウム3.0 gが，実験2ではうすい塩酸10 cm³と炭酸水素ナトリウム6.0 gが反応せずに残る。これらを混ぜると，うすい塩酸40 cm³と炭酸水素ナトリウム4.0 gが反応して2.0 gの気体が発生する。
**6** (3) ② 水酸化カルシウムの水溶液はアルカリ性を示すため，緑色のBTB溶液を加えると青色に変化し，フェノールフタレイン溶液を加えると赤色に変化する。また，酸性でないためマグネシウムリボンを加えても水素は発生しない。水酸化カルシウムと塩化アンモニウムを混ぜ合わせて加熱するとアンモニアが発生する。よって，ウが正解。
**7** (2) てんびんがつり合っているため，物体AとおもりXの質量は等しく270 gである。ばねを引く力の大きさは物体Aにはたらく重力の大きさだから，$270 ÷ 100 = 2.7$[N] 2.7 Nの力でばねを引くときのばねの伸びを$x$ cmとすると，グラフから$3 : 6 = 2.7 : x$より$x = 5.4$ [cm]
(3) 月面上では，物体Aにはたらく重力の大きさが地球上の6分の1になり，したがって物体Aがばねを引く力の大きさとばねの伸びも地球上の6分の1になる。おもりXにはたらく重力の大きさも地球上の6分の1になるから，てんびんはつり合う。(4) 水中に入れた質量270 gの物体Aと質量170 gのおもりYがつり合っていることから，物体Aにはたらく浮力が$270 − 170 = 100$ [g] の質量を持ち上げている。100 gにはたらく重力の大きさは1 N。
(5) 浮力の大きさは水中にある物体と同じ体積の水の重さに等しく，水中にある体積が小さいほど浮力も小さくなる。

力も小さくなる。
**8** (1) 作用・反作用の法則から，$F_1$と$F_2$は等しい。
(3) 図4より，斜面B上を運動しているときの台車は0.1秒ごとに8.0 cmずつ一定の速さで進んでいる。このときの台車の速さは$8.0 ÷ 0.1 = 80$ [cm/s]

# 茨 城 県
問題 P.30

**解 答** **1** (1) ウ　(2) エ　(3) イ　(4) ア
**2** (1) ① B　② 蒸留　③ ア，ウ
(2) ① あ. 25　い. 240　② ア，イ　① 化石
② い. $O_2$　う. $CO_2$　③ ウ　④ イ　⑤ エ
**3** (1) (現象) ア，(電流の向き) a
(2) 電解質の水溶液と2種類の金属を組み合わせる。
(3) あ. 化学　い. 電気，(化学反応式) $2H_2 + O_2 → 2H_2O$
**4** (1) ア　(2) イ　(3) 分離の法則　(4) 体細胞分裂によって新しい個体をつくるため，もとの細胞(親)と遺伝子が変わらない　(5) う. 核　え. DNA(またはデオキシリボ核酸)
**5** (1) 電熱線から発生する熱による温度上昇を正確に求める　(2) 6.0 Ω　(3) 31.4　(4) イ
**6** (1) マグニチュード　(2) 7.0 km/s　(3) イ
(4) (S波の伝わる速さの方がP波の伝わる速さよりも遅いので，) P波とS波の到着時間の差が生まれ，震源からの距離が遠くなるほど初期微動継続時間が長くなる。
(5) 地震の揺れの運動エネルギーが，ゴムの弾性エネルギーに変換されるため。

**解き方** **1** (2) それぞれの圧力を求めて比べると，図2が$4.32$ [N] $÷ 0.0018$ [m²] $= 2400$ [Pa] で，ア が$6.24$ [N] $÷ 0.0024$ [m²] $= 2600$ [Pa]，イ が$6.24$ [N] $÷ 0.003$ [m²] $= 2080$ [Pa]，ウが$7.20$ [N] $÷ 0.0036$ [m²] $= 2000$ [Pa]，エが$8.64$ [N] $÷ 0.0036$ [m²] $= 2400$ [Pa] である。
(3) 図は双子葉類の特徴を示している。ツユクサやユリは単子葉類である。(4) 晴れた日は，大気に含まれている水蒸気量はあまり変化せず，気温が上がると飽和水蒸気量が増えるので，湿度が下がる。
**2** (2) ① 図2で，物体は2つの動滑車で支えられており，それぞれの動滑車は2本のロープで支えられている。つまり，物体は4本のロープで均等に支えられていることがわかる。よって，図2のロープを引く力の大きさは図3の$\dfrac{1}{4}$，つまり$100 × \dfrac{1}{4} = 25$ [N]　また，仕事の原理より (力の大きさ) × (ロープを引く距離) は一定なので，図2でロープを引いた距離は$60 × 4 = 240$ [cm]　② 1年を通して太陽の南中高度が変化するのは地球が自転軸を傾けたまま太陽のまわりを公転していることが原因である。
(3) ③ 下位の消費者が取り込んだ有機物の一部は呼吸に使われたり，排出されたりする。④・⑤ アは液胞，イは葉緑体，ウは細胞膜，エは細胞壁である。ア，イ，エは植物の細胞だけに見られる。
**3** (1) 亜鉛板は−極で$Zn → Zn^{2+} + 2\ominus$という現象が起こり，銅板は＋極で$2H^+ + 2\ominus → H_2$という現象が起こる。
(2) 電池になるためには，水溶液が電解質であることと，極板の金属の種類が異なることが必要である。
**4** (2) 受粉させる2つの個体の遺伝子はAaとaaなので，得られる遺伝子の組合せはAa，Aa，aa，aaである。Aaは丸い種子，aaはしわのある種子なので，数の割合は1：1である。
**5** (1) 水温と室温が異なっていると，電熱線に電流を流さなくても水温が変わるので，水温と室温は同じにしておく必要がある。(2) 表1のコップAで，オームの法則より$R = 3.0 ÷ 0.50 = 6.0$[Ω]　(3) 表1のコップAと比べると，電源装置の電圧を12.0 Vにすると，流れる電流の大きさは4倍，つまり$0.50 × 4 = 2.0$ [A] となり，電力は$12.0 × 2.0$

● 旺文社 2021 全国高校入試問題正解

＝24〔W〕になる。表2より，5分後の水の上昇温度は電力に比例し，コップBと比べると電力は4倍になるので，上昇温度は3.6×4＝14.4〔℃〕になり，水の温度は17.0＋14.4＝31.4〔℃〕になる。
⑷　図3では，それぞれの電熱線にかかる電圧の大きさは図1よりも小さくなるので，発熱量も小さくなる。また，図4では，それぞれの電熱線にかかる電圧の大きさは3.0Vなので，発熱量は同じである。
**6**　⑵　ABの距離の違いで考えると，P波は42kmの差で到達時刻が6秒の差であるから，P波の速さは42÷6＝7.0〔km/s〕　⑶　地点AとBからの距離がおよそ1：2になるところ，かつ震度分布にも比例しているとイが震央だとわかる。
⑷　初期微動継続時間は震源からの距離に比例する。図1の表でも，B地点の震源からの距離はA地点の2倍であり，B地点での初期微動継続時間はA地点での初期微動継続時間の2倍になっている。
⑸　地震で発生したエネルギーの一部が弾性エネルギーになるので，建物が受ける運動エネルギーが減り，揺れは小さくなる。

## 栃木県　問題P.35

**解答**　**1**　1．ウ　2．イ　3．エ　4．イ
5．発熱反応　6．マグニチュード
7．DNA（またはデオキシリボ核酸）
8．23 cm/s
**2**　1．黄道
2．右図
3．エ
**3**　1．0.60 A　2．（白熱電球の電力量）120 Wh，（LEDの使用時間）16時間
3．（例）LED電球は同じ消費電力の白熱電球より熱の発生が少ないから。
**4**　1．柱頭
2．ア
3．①葉，茎，根
②からだの表面
4．（例）胚珠が子房の中にあるかどうかという基準。
**5**　1．45 cm³
2．右の上図
3．右の下図
4．196 cm³
**6**　1．ウ
2．（例）小腸は栄養分を吸収し，肝臓はその栄養分をたくわえるはたらきがあるから。　3．40秒
**7**　1．1.5 g/cm³　2．エ
3．（液体）イ，（実験結果）（例）ポリプロピレンはなたね油に浮き，ポリエチレンはなたね油に沈む。
**8**　1．17℃
2．5705 g
3．C
4．イ，オ
**9**　1．0.30 N
2．0.50 N
3．右図
4．①×　②×　③○　④×

**解き方**　**1**　2．玄武岩は火成岩の火山岩。チャートと凝灰岩は堆積岩。　3．光のすじの正体は電子で，＋極に引かれて移動する。　8．区間Aを打点するのにかかった時間は5÷50＝0.1〔s〕であるから，2.3÷0.1＝23〔cm/s〕

**2**　3．おとめ座が真夜中に南中する日のカメラとボールは右図の位置にある。この日から半年後には，カメラは180°，ボールは360×$\frac{0.5}{0.62}$≒290〔°〕公転方向に移動している（右図の点線の位置）ので，ボールはふたご座とおとめ座の間に写る。

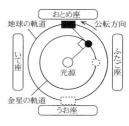

**3**　2．60 Wの白熱電球Pを2時間使用したときの電力量は120 Wh。LED電球の電力量は7.5 Wなので，120÷7.5＝16〔h〕　3．実験⑶より，電気エネルギーの一部は熱エネルギーに変換されることがわかる。エネルギーの保存より，熱エネルギーに変換される量が多いほど光エネルギーへの変換効率は悪くなる。
**4**　2．図2より葉脈が網状脈なので，キャベツは双子葉類と判断できる。　4．サクラとキャベツは胚珠が子房の中にある被子植物で，マツは胚珠がむき出しの裸子植物。
**5**　1．試験管Aの結果から，この実験で用いた塩酸と水酸化ナトリウム水溶液は体積比1：1の割合で過不足なく中和する。よって，試験管Cには8.0 cm³の塩酸が残っており，これがマグネシウムと反応して気体90 cm³を発生する。　4．5回目の加熱後の5班の粉末では，0.61－0.45＝0.16〔g〕の酸素がマグネシウムと結びついている。このとき酸化されずに残っているマグネシウムは0.45－0.16×$\frac{3}{2}$＝0.21〔g〕　よって，0.21 gのマグネシウムから発生する気体の体積を$x$ cm³とすると，0.12：112＝0.21：$x$より$x$＝196〔cm³〕
**6**　3．体循環とは心臓の左心室から送り出された血液が肺以外の全身の細胞に送られ心臓の右心房に戻る経路。よって，1秒間に左心室から送り出される血液は80×75÷60＝100〔mL/s〕　したがって，求める時間は4000÷100＝40〔s〕
**7**　3．実験⑶で水に浮いたのは，水よりも密度が小さいポリエチレンとポリプロピレン。この2つを区別するには密度が2つの間の値であるなたね油を用いればよい。
**8**　2．露点での飽和水蒸気量が実際に空気に含まれている水蒸気の質量なので，16.3×350＝5705〔g〕
3．気温が同じであれば，空気に含まれる水蒸気量が小さいほど湿度は低い（D＞C）。空気に含まれる水蒸気量が同じであれば，気温が高いほど湿度は低い（A＞B＞C）。
**9**　2．図4より5.00－4.50＝0.50〔N〕　3．容器Pにはたらく重力の大きさは実験⑴より0.30 N　図5では定滑車を用いているので，糸が容器Pを引く力とばねばかりが糸を引く力は等しい。よって，図6より，実験⑷で容器Pがすべて沈んだときの糸が引く力の大きさは0.20 Nである。

## 群馬県　問題P.39

**解答**　**1**　A．⑴　白血球　⑵　ウ　B．⑴　イ
⑵　断層　C．⑴　ア，ウ，エ　⑵（最も大きいもの）b，（最も小さいもの）c　D．⑴　3600 J　⑵　25％
**2**　⑴　①a．（例）太陽の動く速さが一定である　b．昼　c．イ　②イ　③ア　⑵　B　⑶　ウ
**3**　⑴　エ　⑵　①　イ　②（例）クモのえさが不足するから。
⑶　①（例）微生物を死滅させる　②（例）デンプンが分解されてなくなった　⑷（例）下水処理場における生活排水の浄化。
**4**　⑴　①a．（例）加熱回数が多くなると，加熱後の物質の質量が一定となっている　b．ウ　c．（例）空気中の酸素

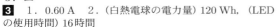

によって，一部酸化されていた　② 1.25 g　③ 28%
(2) ① a.○○　b.●○　●○
② a.ア　b.ア　c.ア　d.イ　③ 0.38倍
**5** (1) ア　(2) ①(例)台ばかりの示す値が大きくなるのに対して，ばねの伸びは一定の割合で小さくなる。
② a.0.5　b.1.5　c.2.0　d.(例)ばねが物体を引く力と台ばかりが物体を押す力の合力は，重力とつり合っている　(3) a.ア　b.ウ

**解き方** **1** A．(2) 吸気(空気)には，窒素と酸素がおよそ8：2の割合で含まれていることから，Yが吸気で，aが酸素である。B．(1) 海に引きずり込まれて沈んだ陸のプレートの先端がもとに戻ろうとして急激に隆起すると，プレート境界型地震が発生する。C．(2) aとbは体積が同じなので，密度は質量が大きいBのほうが大きい。bとcは質量が同じなので，密度は体積が小さいbのほうが大きい。よって，bが最も密度が大きい。およその密度を計算すると，aは47÷6≒7.8 [g/cm³]，cは54÷20＝2.7 [g/cm³]となり，cが最も密度が小さい。D．(2) LED電球が消費したエネルギーは6 [W]×300 [s]＝1800 [J]　そのうち，光エネルギーになったのは$\frac{450}{1800}$×100＝25 [%]

**2** (1) ① c．1か月後には，透明半球での太陽の動きを表す円の直径が小さくなることと，太陽が出ている昼の時間が短くなることより，XY間の長さは短くなる。② 観察した日に，太陽は透明半球上を1時間に1.5 cm移動した。日の出の時刻は，9時より5.25÷1.5＝3.5 [時間] 前の午前5時30分である。③ 南半球でも太陽は東から西へ動くが，太陽の動きは北側に傾く。(2) 棒の影は太陽の動きと反対に西から東へ動く。(3) 太陽の高度が最も低い冬至の朝・夕に影が最も長くなり，南中時の影も冬至が最も長くなる。

**3** (1) ルーペは目に近づけて持つ。(2) ① ダンゴムシ，ムカデ，クモは節足動物である。(3) ② デンプンが微生物によって分解されてなくなると，ヨウ素液の色は変化しなくなる。

**4** (1) ①b．表1より，マグネシウム1.50 gと化合する酸素は2.50－1.50＝1.00 [g]であることから，マグネシウムの質量：化合する酸素の質量＝1.50：1.00＝3：2
② 銅1.00 gと化合する酸素は1.00×$\frac{1}{4}$＝0.25 [g]で，生じる化合物は1.00＋0.25＝1.25 [g]　③ 銅1.00 gを加熱したときに銅と化合した酸素は1.18－1.00＝0.18 [g]で，このとき反応した銅は0.18×4＝0.72 [g]である。反応せずに残った銅は1.00－0.72＝0.28 [g]で，その割合は28%。(2) ② a・b．図Ⅱより，金属1.00 gに結びつく酸素の質量，酸素原子の数は，銅よりもマグネシウムのほうが多い。c・d．金属原子と酸素原子が1個ずつ結びつくことから，金属1.00 gに含まれる原子の数はマグネシウムのほうが多く，原子1個の質量は銅のほうが大きい。③ マグネシウム：酸素＝3：2，銅：酸素＝4：1＝8：2で結びつくことから，原子の質量の比は，マグネシウム：銅＝3：8　よって3÷8≒0.38 [倍]

**5** (1) 面積が小さい面を下にした方が圧力は大きくなる。物体Xを面Pを下にしたときの圧力は1÷2＝0.5 [N/cm²]，物体Yを面Rを下にしたときの圧力は2÷5＝0.4 [N/cm²]
(2) ② c．図Ⅵで，台ばかりの示す値が0のときに，ばねは物体にはたらく重力によって10 cm伸びている。図Ⅳより，ばねの伸びが10 cmのときのおもりの重さは2.0 Nである。d．物体にはたらいている上向きの力の合力と下向きの重力がつり合っている。(3) a，bの両方で，横軸が0のときのばねの伸びは重さが大きい物体Yのほうが大きいので，ア，ウがあてはまる。ばねの伸びが0になったときにグラフと横軸とが交わる位置は，aでは物体の重さが大きい物体Yのほうが大きいのでアになり，bでは圧力が大きい物体Xのほうが大きいのでウになる。

---

**埼玉県**　問題 P.43

**解答** **1** 問1．ウ
問2．ア
問3．エ　問4．イ　問5．月
問6．じん臓　問7．0.65 g
問8．右図

糸1　天井　糸2　糸3　おもり　おもりにはたらく重力

**2** 問1．露点　問2．(例)寒冷前線付近で寒気が暖気の下にもぐり込み，急激な上昇気流が生じるとき。
問3．(例)水滴や氷の粒がたがいにぶつかりあって大きくなる。
問4．(1) 23　(2) (最も高い地点)熊谷，(最も低い地点)札幌　問5．ウ
**3** 問1．エ　問2．(例)光が当たる　問3．デンプン
問4．Ⅰ．ア　Ⅱ．イ　問5．(葉の)裏(側)
(理由)(例)XとYを比較すると，葉の裏側にワセリンをぬったYのほうが水の減少量が少ないから。問6．エ
**4** 問1．H₂SO₄＋Ba(OH)₂→BaSO₄＋2H₂O
問2．質量保存の法則　問3．(例)Y3には，塩化ナトリウムが水に溶けているため，水中にイオンが多くあるのに対し，X3には，硫酸バリウムが水に溶けないため，水中にイオンがないと考えられるから。
問4．ウ　問5．イ
**5** 問1．150 Hz　問2．ア　問3．誘導電流
問4．(記号)エ，(Ⅲ)(例)電流の向きが交互に変わることによって，コイルをつらぬく磁界が変化し，固定された磁石によってコイルが振動する　問5．5.1 m

**解き方** **1** 問2．成虫の染色体の数が8のとき，生殖細胞の精子と卵1つずつが持つ染色体の数は8÷2＝4となり，受精卵1つが持つ染色体の数は4＋4＝8となる。問4．陰極線は－の電荷を帯びているので，－極の電極Qから離れるように進む。問7．求める質量を$x$ gとすると，1.00：0.25＝2.60：$x$より$x$＝0.65 [g]。問8．糸1と糸2を引く力の合力の大きさが，おもりにはたらく重力の大きさと等しく，向きは逆になる。

**2** 問3．「水滴や氷の粒が水蒸気を吸収して成長する」でも可。問4．(1) 福岡の空気1 m³中の水蒸気量を$x$ gとすると，$x$÷37.6×100＝55より$x$＝20.68 [g/m³]　Aは露点なので，表2の飽和水蒸気量が20.68 [g/m³]にいちばん近い23がAの数値となる。(2) 湿度がいちばん小さく，気温がいちばん高い熊谷の雲のでき始める高さが最も高く，湿度がいちばん大きく，気温がいちばん低い札幌の雲のでき始める高さが最も低い。【別解】B．43.9×0.45≒19.8 [g/m³]より，露点は22℃。C．100×(34－23)＝1100 [m]　D．100×(37－22)＝1500 [m]

**3** 問1．双子葉類の葉脈は網目状になっている。イヌワラビはシダ植物。問3．ヨウ素デンプン反応という。問4．Ⅰ．光が当たった葉の緑色の部分①とふの部分②を比較する。Ⅱ．光が当たった葉の緑色の部分①と光の当たらなかった緑色の部分③を比較する。問6．枝Zの減少量は茎からの蒸散量である。よって，葉の表側と裏側の蒸散量の合計は(5.4－0.6)＋(2.4－0.6)＝6.6 [g]

**4** 問3．実験2の中和反応はHCl＋NaOH→NaCl＋H₂Oで，できた塩の塩化ナトリウムは水に溶けてNa⁺とCl⁻のイオンになる。問4．Y1，Y2，Y3には塩として塩化ナトリウムができている。水溶液から塩化ナトリウムをとり出すためには水を蒸発させる。問5．水酸化バリウム水溶液の濃度を2倍の2%にしても，生じる沈殿(塩)の質量は0.3 gである。中性になるまでに加える水酸化バリウム水溶液の質量は22.5÷2＝11.25 [g]

旺文社 2021 全国高校入試問題正解

**5** 問1．0.02秒の間にaの波形が3個あるので，振動数は$3 \div 0.02 = 150$ [Hz] 問2．0.01秒間に表れるaの波形が多くなる。
問4．右図の矢印の向きに電流が流れると，振動板を取り付けたコイルの左側がS極になるので，固定した磁石と反発し，右向きに動く。また，逆の向きに電流が流れると，振動板を取り付けたコイルは左向きに動く。問5．空気中のスピーカーと点Pの距離を$x$ mとすると，$22.5 \div 1500 = x \div 340$ より $x = 5.1$ [m]

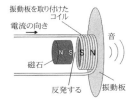

# 千葉県　問題 P.48

**解答**

**1** (1) ウ　(2) イ　(3) 屈折　(4) エ
**2** (1) エ　(2) 立体
(3) 順に，エ，ア，イ，ウ　(4) 10倍
**3** (1)（名称）硫化鉄，（化学式）FeS　(2) イ　(3)（方法）手であおいでかぐ，（x）イ　(物質名) 鉄，（質量）9.9 g
**4** (1) イ
(2) y．公転　z．太陽
(3)（1か月後）ア，（11か月後）エ
(4) ア
**5** (1) 8 N
(2)（物体Aと物体Bの運動エネルギーの大きさは）同じである。
(3) 右図
(4)（質量）1 kg，（仕事）3 J
**6** (1) ア
(2) エ
(3) ① 午前7時19分21秒
② (グラフ）右図，
（符号）ウ
**7** (1) エ　(2) 2700 J
(3)（最大）ウ，（最小）ア
(4) 20 Ω
**8** (1) 脊椎動物（セキツイ動物）　(2) ア，ウ
(3) 空気とふれる表面積が大きくなる
(4)（Ⅰ群）イ，（Ⅱ群）ア
**9** (1) Cl₂　(2) 発生した気体は水に溶けやすいため。
(3)（Ⅰ群）エ，（Ⅱ群）ウ　(4) イ

**解き方**

**1** (1) 炭素を含む物質が有機物。(2) 風向は風が吹いてくる方角を表す。実際の天気図用紙に描き込む際は，経線の方向が南北を表すことに注意する。
**2** (2) 左右の目の見え方の違いによって立体視ができる。
(3) 縮尺をもとにおよその大きさを出す。ア，イは少々難。
(4) 面積で$5^2$倍なので，顕微鏡の倍率が①の5倍であればよい。③の接眼レンズはすでに2倍になっているため，対物レンズは①の2.5倍。
**3** (1) Fe + S → FeS　(2) Ⅰは火がなくてもあたためられる弁当などに利用されている。Ⅱ，Ⅲはいずれも吸熱反応。
(3) ウは塩素。(4) 原子量の比からFe：S = 7：4で結合。ゆえに，硫黄3.6 gと反応する鉄は6.3 gより，$6.3 + 3.6 = 9.9$ [g]
**4** 年周運動は1か月で30°，日周運動は1時間で15°移動する。(1) 北の空は反時計回りに運動する。(3) 1か月後に同じ位置で見るには，図1より30°分（2時間）だけ時刻が前倒しになる。11か月後は1か月前と同じ位置。

(4) 北極星の高度＝観測場所の緯度で，リゲルの南中高度からリゲルが図2の方向にあるとわかる。この直線と平行かつ円（地球）に接する直線を引けば，これがリゲルを観測可能な緯度（$47 + 35 = 82$ [°]）の上限となる。

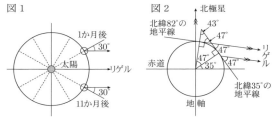

【別解】下の左図で天の赤道とリゲルのなす角が8°だとわかり，下の右図に当てはめると，北極星の高度が82°（北緯82°）とわかる。これより北ではリゲルは見えない。

**5** (1) Bを引くひもの力（張力）は，Aにはたらく重力の斜面に沿う分力とつり合っているので，$20 \times \dfrac{0.9}{1.5} = 12$ [N] ゆえに，支える力は$20 - 12 = 8$ [N] (2) 力学的エネルギーは保存するので，位置エネルギー（高さ）が同じなら運動エネルギーも等しい。(4) ばねの弾性力はばねの長さが$15 + 6 = 21$ [cm] のときの加えた力の大きさ（6N）と等しい。これがCにはたらく重力の斜面方向の分力とつり合っている。重力を$W$として，$W \times \dfrac{0.9}{1.5} = 6$ より $W = 10$ [N] よって，質量は1 kg。また，6 Nの力で0.5 m引き上げたので，$6 \times 0.5 = 3$ [J]

**6** (3) 表からP波は8 km/s，S波は4 km/sで伝わっている。① 地点AにP波が届く時間は$\dfrac{40}{8} = 5$ [s] ② 初期微動継続時間はP波が届いてからS波が届くまでの時間。作成したグラフで縦軸の18秒から横軸を推定する。

**7** (2) $1.5 \times 6.0 \times 5 \times 60 = 2700$ [J] (3) 抵抗値は電熱線Aが$\dfrac{6.0}{1.5} = 4.0$ [Ω]，Bが$\dfrac{6.0}{0.5} = 12$ [Ω] また，消費電力$P = I^2 R = \dfrac{V^2}{R}$ 図3では電流が一定より$P_B > P_A$で，図4では電圧が一定より$P_B < P_A$。(4) Aを流れる電流は$\dfrac{5.0}{4.0} = 1.25$ [A] ゆえに，Cには$1.5 - 1.25 = 0.25$ [A] が流れ，$\dfrac{5.0}{0.25} = 20$ [Ω]

**8** (4) イモリは"両生類，トカゲは"は虫類。

**9** 実験1は2HCl → H₂ + Cl₂，実験2は2H₂O → 2H₂ + O₂の電気分解。陽極では陰イオンが，陰極では陽イオンが集まり，各々で気体が発生する。(2) 塩素は水と反応し塩化水素に戻りやすい。(3) Ⅱ群で発生する気体は，アはCO₂，イは気体が生じない，エはO₂。(4) 発生した水素の体積は酸素の体積の2倍。

# 東京都　問題 P.54

**解答**

**1** 問1．イ　問2．ウ　問3．ア　問4．エ　問5．イ
**2** 問1．ウ　問2．ア　問3．ア　問4．エ
**3** 問1．ウ　問2．エ　問3．太陽の光の当たる角度が地面に対して垂直に近いほど，同じ面積に受ける太陽の光の量が多いから。問4．① ア　② ウ
**4** 問1．① ア　② ウ　③ ウ　問2．エ　問3．① イ

② ア ③ エ ④ イ 問4．柔毛で覆われていることで小腸の内側の壁の表面積が大きくなり，効率よく物質を吸収することができる点。
**5** 問1．イ
問2．① ウ ② ア
問3．NaCl→Na$^+$＋Cl$^-$
問4．(名称)ミョウバン，
(質量) 8.6 g
**6** 問1．右図，(電流) 1.5 A
問2．イ
問3．エ
問4．ア

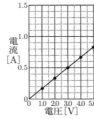

**解き方** **1** 問2．塩酸を電気分解すると，陰極からは水素(気体A)が発生し，陽極からは水に溶けやすい塩素(気体B)が発生する。問3．仕事率[W]＝力の大きさ[N]×力の向きに移動した距離[m]÷かかった時間[s] なので，1.5×1.6÷2＝1.2[W]
問5．酸化銀を加熱すると，酸素と銀に分解される。
$2Ag_2O → 4Ag + O_2$
**2** 問1．測定時の教室の温度は24℃で，コップAの表面に水滴がつき始めたときの温度(＝露点)は14℃なので，測定時の教室の湿度は12.1[g/m³]÷21.8[g/m³]×100≒55.5[％] 問4．個体数が多い上位2種類(シマトビケラとシマイシビル)を各2点，その他の生物(カワニナ，カワゲラ，ヒラタカゲロウ)を各1点として，水質階級ごとの点数を計算すればよい。
**3** 問1．結果1より，観察した日の太陽は透明半球上を1時間に2.4cmずつ移動している。日の入りの位置はGなので，9.6÷2.4＝4[時間]より，日の入りの時刻は15時の4時間後の19時である。問4．太陽の光が黒く塗った試験管に垂直に当たるとき，10分後の水温が最も高くなる。図8より，南中高度∠d＋∠c＝90[°]なので，試験管に垂直に太陽の光が当たるようにするには，∠a＝∠cにすればよい。また，∠e＝35.6°，∠f＝23.4°より，∠c＝35.6＋23.4＝59.0[°]
**4** 問2．結果1，2より，消化酵素Xの溶液は，デンプンは分解しないがゼラチン(タンパク質)は分解することがわかる。アミラーゼはデンプンを，ペプシンはタンパク質を分解する消化酵素である。また，結果3から，80℃の水で10分間温めることで，消化酵素Xは酵素としてはたらかなくなったと考えられる。
**5** 問1．加熱すると焦げて黒色の物質が残った物質Dは有機物のショ糖である。問2．実験1の(1)より，物質BとCは塩化ナトリウムと炭酸水素ナトリウムのいずれかである。図2のような装置で塩化ナトリウムを加熱しても何も発生しないが，炭酸水素ナトリウムを加熱すると水(液体)，二酸化炭素(気体)，炭酸ナトリウム(固体)に分解する。②のイは酸素，ウは水素，エはアンモニアの発生方法である。問4．実験1より，物質Aはミョウバン，物質Bは炭酸水素ナトリウムである。よって，すべてが溶けたのは40℃での溶解度が20gよりも大きいミョウバンである。ミョウバンの20℃での溶解度は11.4gなので，水溶液を20℃に冷やすと，20－11.4＝8.6[g]の結晶が得られる。
**6** 問1．電熱線Aの両端に加わる電圧の大きさが3.0Vのとき，回路に流れる電流は0.50Aなので，$0.50 × \frac{9.0}{3.0}$＝1.50[A] 問2．直列に接続したときの電熱線Bに流れる電流の大きさは0.5A。並列に接続したとき，電熱線Bの両端に5.0Vの電圧が加わるので，結果1より1.25Aの電流が流れる。よって，0.5：1.25＝2：5 問3．発熱量[J]＝電圧[V]×電流[A]×電流を流した時間[s]なので，5.0×2.1×300＝3150[J]

---

# 神奈川県

問題 P.60

**解答** **1** (ア) 4 (イ) 4 (ウ) 2
**2** (ア) 4 (イ) 4 (ウ) 6 (エ) 3
**3** (ア) 1 (イ) 5 (ウ) 3
**4** (ア) 3 (イ) 1 (ウ) (i) 4 (ii) 2
**5** (ア) 5 (イ) (i) 1 (ii) 3 (ウ) 5 (エ) X．2 Y．1
**6** (ア) (i) 2 (ii) 1 (イ) 2.7 cm³
(ウ) 塩素が水に溶けた(8字) (エ) 3
**7** (ア) 6 (イ) X．3 Y．2 (ウ) 2 (エ) 1
**8** (ア) 6 (イ) (i) 2 (ii) 4 (ウ) 午前4時
(エ) X．4 Y．5

**解き方** **1** (ウ) それぞれのばねについて，力の大きさが0.8Nのときのばねの伸びをもとに$a$，$b$，$c$の値を求めると，0.8：4＝2：$a$より$a$＝10[cm]，0.8：6＝3：$b$より$b$＝11.25[cm]，0.8：12＝0.7：$c$より$c$＝10.5[cm] よって，$a<c<b$
**2** (ア) 「窒素80％と酸素20％の混合物である」とあるので，空気の密度は，窒素100％の密度1.17g/Lより大きく，酸素100％の密度1.33g/Lより小さい。(イ) 表より，1本目の液体(温度73.5〜81.5℃)にはエタノールが，3本目の液体(温度90.5〜95.5℃)には水が多く含まれていることがわかる。2と5の内容は正しいが，この実験結果からは正確な沸点はわからない。
**3** (ア) 図のふえ方は無性生殖である。(イ) Aは鳥類，Bは両生類，Cはほ乳類，Dはは虫類，Eは魚類。(ウ) aは雌花，bは雄花。cは柱頭，dはおしべの先にあるやく，eはめしべのもとの子房である。花粉がつくられるのはbとd，受精が行われるのはaとe。
**4** (ウ) ハワイ島付近にあった海山Aが移動した距離は3500＋2500＝6000[km]＝6億[cm]，太平洋プレートは1年間で平均8.5cm移動するので，移動にかかった年数はおよそ7000万年。およそ7000万年前は中生代である。
**5** (イ) 弦を強くはじくと，振幅が大きくなる。弦のはじく部分を短くすると，振動数が多くなる。(ウ) 条件ⅡとⅢから，Aは誤りでBが正しい。条件ⅠとⅡから，Cが正しくDは誤り。(エ) 弦の長さと太さが同じならば，弦を張る強さが強いほど振動数は多くなるので，条件ⅤとⅥでは，Ⅴのほうが弦を張った力は強かった(Ⅴ＞Ⅵ)。また，弦の長さと弦を張る強さが同じならば，弦の太いほうが音は低くなるはずだが，条件ⅣとⅥの振動数は同じであることから，条件Ⅵで弦を張った力は条件Ⅳよりも強かったと考えられる(Ⅵ＞Ⅳ)。
**6** (ア) 塩化銅水溶液を電気分解すると，陽極からは塩素が発生し，陰極には銅が付着する。(イ) 表1より，たまる水素の体積と酸素の体積の差は，電圧をかけた時間が2分長くなるごとに0.6cm³ずつ増えている。(エ) 塩化ナトリウムは水に溶けるとNa$^+$とCl$^-$に電離する。また，溶媒である水は電気分解によりH$^+$とOH$^-$になる。
**7** (ア) 実験1で起こる反応は，意識して起こす反応なので，脳が関与する。(エ) 実験2で，記録1は目で光の刺激を受け取ってから反応までにかかった時間で，記録2は耳で音の刺激を受けとってから反応までにかかった時間である。全体的に記録1よりも記録2のほうがかかった時間は短い。
**8** (イ) (i) さそり座が夜中に南中するのは夏至のころである。地軸の北極側が太陽の方向に傾いている2が夏至のころの地球の位置。(ii) 2の方向にあるさそり座が午前6時(日の出のころ)に東の空に見えるのは，4の位置に地球があるときである。(ウ) 星の見える位置は1か月で約30°東から西へずれる。また，1日のうちでは1時間で約15°東から西へずれて見えるので，1か月後にアンタレスが〔観

察〕を行ったときとほぼ同じ位置に見えるのは，30°÷15°＝2より，午前6時の2時間前の午前4時である。(エ) Y．外側の惑星から見るほど地球と太陽はほぼ同じ方向になるので，地球からその惑星を見るとあまり欠けて見えない。

## 新潟県  問題 P.65

**解答**

**1** (1) ア (2) ウ (3) ① エ ② イ
**2** (1) ① 6N ② 2.4J (2) ① 3N
② 0.3W (3)（例）動滑車を使うと，ひもを引き上げる力は半分になるが，ひもを引き上げる距離が2倍になるので，仕事の大きさは変わらない。
**3** (1) エ (2) ア (3)（例）胚珠が子房の中にあるから。
**4** (1) イ (2) ① $H_2O$ ② ウ (3) ①（例）水に溶けるとアルカリ性を示す。②（例）アンモニアが水に非常に溶けやすく，かつ，空気より密度が小さいため。
**5** (1) 光合成 (2) 生産者 (3) 食物連鎖 (4) ア (5) イ
**6** (1) 200mA (2) 20Ω (3) 2.4V (4) 500mA
(5) 0.36倍
**7** (1) エ (2) $Na^+$ (3) $HCl + NaOH → H_2O + NaCl$
(4) エ
**8** (1) 順に，b，d，a，c (2) 37m (3) ウ
(4)（例）ある期間にだけ，広く分布していた生物。

**解き方** **1** (2) アは冬，イは夏，エは梅雨の天気の特徴である。(3) 寒冷前線が通過すると，気温が急に下がり，風向が北向きになる。
**2** (1) ① $1×\frac{600}{100}=6$ [N] ② 物体を40cm＝0.4m引き上げたので，$6×0.4=2.4$ [J] (2) ① $6×\frac{1}{2}=3$ [N]
② 物体を40cm引き上げるのにひもを$40×2=80$ [cm]引くので，かかった時間は$\frac{80}{10}=8$ [s] 仕事の大きさは図1のときと同じなので，仕事率は$\frac{2.4}{8}=0.3$ [W]
**3** (4) 網状脈を持つことからアブラナは双子葉類で，茎の維管束は輪のように並び，根は主根と側根からできている。
**4** (2) ① 水素が燃焼して水が生じる。② アでは二酸化炭素，イ，エでは酸素が発生する。
**5** (4) 生物Aが減少すると，生物Aを食べる生物Bも減少し，生物Aに食べられる植物は増加する。(5) 生物Aは草食動物，生物Bは肉食動物，生物Cは菌類・細菌類や土の中の小動物があてはまる。
**6** (1) $\frac{6.0}{30}=0.2$ [A]＝200 [mA] (2) 120mA＝0.12A より，回路全体の抵抗は$\frac{6.0}{0.12}=50$ [Ω] 抵抗器bの電気抵抗は$50-30=20$ [Ω] (3) $20×0.12=2.4$ [V] (4) 抵抗器aに流れる電流は200mA，抵抗器bに流れる電流は$\frac{6.0}{20}=0.3$ [A]＝300 [mA]なので，電流計は200＋300＝500 [mA]を示す。(5) 実験2で，抵抗器aの両端に加わる電圧は$6.0-2.4=3.6$ [V] 実験2で，抵抗器aが消費する電力は$3.6×0.12=0.432$ [W]，実験3では$6.0×0.2=1.2$ [W]であるから，抵抗器aが消費する電力は，実験2は実験3の$\frac{0.432}{1.2}=0.36$ [倍]
**7** (2) 青色になったので，うすい水酸化ナトリウム水溶液10cm³中のナトリウムイオンと水酸化物イオンの数は，うすい塩酸10cm³中の水素イオンと塩化物イオンより多い。混合後は水酸化物イオンの一部は中和に使われ，ナトリウムイオンよりも数が少なくなる。(4) うすい塩酸10＋2＝12 [cm³]にうすい水酸化ナトリウム水溶液10cm³を加

えると，ちょうど中和して中性を示す。うすい塩酸48cm³とちょうど中和するうすい水酸化ナトリウム水溶液を$x$ cm³とすると，12：10＝48：$x$より$x=40$ [cm³]
**8** (2) 地点Bの火山灰の層の上面の標高は$40-9=31$ [m] 地点Cの下でも火山灰の層の上面の標高は同じなので，地点Cの標高は$31+6=37$ [m]

## 富山県  問題 P.68

**解答**

**1** (1) 金星は地球より内側を公転するため。
(2)（月の位置）A，（金星の位置）c (3) エ
(4) エ (5) G
**2** (1) 水面からの水の蒸発を防ぐため。(2) 気孔
(3) $d=b+c-a$ (4) 6時間 (5) X．蒸散 Y．道管
**3** (1) 蒸留 (2) 12％ (3) 5分後
(4) 順に，E，B，D，C，A
**4** (1) 右図
(2) 100Ω
(3) Q．50Ω R．30Ω
S．60Ω
(4) $\frac{9}{64}$倍
**5** (1) DNA
(2) A
(3) エ
(4) イ
(5)（個体Y）Bb，（個体Z）bb
**6** (1) 右図
(2)（天気）くもり→雨，
（風向）南西→北
(3)（寒冷前線付近）ウ，
（温暖前線付近）カ
(4) イ，ウ
(5) 順に，②，①，③
**7** (1) 36cm/s
(2) ① X．0.6 Y．0.7 Z．等速直線 ② 12cm/s
(3) エ
(4) ① ア ② ア ③ ウ
**8** (1) ガラス管から空気が入って，銅と反応しないようにするため。
(2) $2CuO + C → 2Cu + CO_2$
(3) 4：1
(4) 銅が4.80g，炭素粉末が0.30g
(5) 右図

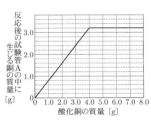

**解き方** **1** (2) 観測地点が明け方のときは太陽のある方向が東なので，真南に見える月の位置はA。また，東の空に見える金星の位置はc。bの金星は太陽と重なってしまうため見えない。(5) 月食は，太陽-地球-月と一直線に並び，地球の影に月がかくれる現象である。
**2** (3) 試験管Aでは葉の表・裏・茎，Bでは葉の表・茎，Cでは葉の裏・茎，Dでは茎で蒸散が行われる。よって，$d$（茎からの蒸散量）は，$b$（葉の表・茎からの蒸散量）＋$c$（葉の裏・茎からの蒸散量）－$a$（葉の表・裏・茎からの蒸散量）で求められる。(4) (3)より$a=b+c-d$なので，10時間放置したときの$a$の値は$7.0+11.0-2.0=16.0$ [g] したがって，$a=10.0$ [g]となるのにかかる時間を$x$時間とすると，10：16.0＝$x$：10.0より$x=6.25$
**3** (2) 質量パーセント濃度＝溶質の質量÷（溶質の質量＋溶媒の質量）×100より，9÷(9＋64)×100≒12 [％]
(4) 水とエタノールの混合物を加熱すると，沸点の低いエ

タノールを多く含む気体が先に出てきて，その後，水を多く含む気体が出てくる。エタノールにはにおいがあり，火をつけると燃える。**4**　(3) 直列回路の回路全体の抵抗は各抵抗器の抵抗の和になり，並列回路の回路全体の抵抗は各抵抗器の抵抗よりも小さくなることから，図5で，抵抗の大きい（電流が流れにくい）下のグラフが図3，抵抗の小さい（電流が流れやすい）上のグラフが図4の結果である。また，それぞれの回路全体の抵抗は，図3が $8 \div 0.1 = 80$ ［Ω］，図4が $10 \div 0.5 = 20$ ［Ω］と計算できる。よって，図3の抵抗器QとRは30Ωか50Ωのいずれかと判断できるので，図4の抵抗器Sが残りの60Ω。ここで抵抗器Rの抵抗を $x$ Ωとすると，$\frac{1}{x} + \frac{1}{60} = \frac{1}{20}$ より $x = 30$ ［Ω］となり，抵抗器Rが30Ω，抵抗器Qが50Ωとわかる。

**5**　(3) 孫に現れる形質は，優性の形質：劣性の形質 $= 3:1$
(4) 丸形の形質が現れた孫の個体の遺伝子の組み合わせは，$AA : Aa = 1:2$　よって，親である丸形の純系と同じ遺伝子（AA）を持つ個体のおおよその数は $5474 \times \frac{1}{3} \fallingdotseq 1800$

**6**　(4) 地点Aの気圧は約1008 hPa，地点Bの気圧は約996 hPaなので，イが正しく，アは誤り。寒冷前線付近には積乱雲が発達し，温暖前線付近には乱層雲が発達するので，ウが正しく，エは誤り。(5) 気温が高いほど飽和水蒸気量は大きいので，湿度が同じであれば，気温が高いほど空気1 $\text{m}^3$ 中に含まれる水蒸気量は多くなる。

**7**　(1) CE間の距離は $9.6 - 2.4 = 7.2$ ［cm］，移動にかかった時間は $\frac{1}{60} \times 12 = 0.2$ ［s］　よって，$7.2 \div 0.2 = 36$ ［cm/s］
(3) 等速直線運動している物体では運動の向きには力がはたらいていない。

**8**　(3) 図2で，酸化銅 $6.00$ gは炭素粉末 $0.45$ gと過不足なく反応し，試験管A中に銅 $4.80$ gができている。このとき取り除かれた酸素の質量は $6.00 - 4.80 = 1.20$ ［g］なので，銅：酸素 $= 4.80 : 1.20 = 4:1$　(5) 酸化銅と炭素粉末 $0.30$ gが過不足なく反応して生じる銅の質量を $x$ gとすると，$0.45 : 4.80 = 0.30 : x$ より $x = 3.20$ ［g］　銅 $3.20$ gを得るために必要な酸化銅の質量は $3.20 \times \frac{5}{4} = 4.0$ ［g］　よって，原点 $(0, 0)$ と $(4.0, 3.2)$ を直線で結び，それ以降は横軸に平行な直線をかけばよい。

---

## 石　川　県

問題 P.71

**解答**　**1**　問1．(1) 無性生殖　(2) ア，イ，ウ
問2．(1) 斑状組織　(2) エ　問3．(1) ウ
(2) アンモニアの気体は，水に溶けやすく，空気よりも軽いから。問4．(1) イ　(2) 175 m
**2**　問1．被子植物　問2．多くの日光を葉で受けるため。
問3．（アジサイ）イ，（トウモロコシ）エ　問4．(1) 水面から水が蒸発するのを防ぐため。(2) アジサイでは葉の表側よりも裏側の蒸散量が多いという結果から，気孔が葉の表側よりも裏側のほうに多く，トウモロコシでは葉の表側と裏側で蒸散量がほぼ同じであるという結果から，気孔が葉の表側と裏側にほぼ同数あること。
**3**　問1．(1) オームの法則　(2) 2.5倍　問2．(1) ウ
(2) イ　(3) ある地点までは，電流がつくる磁界の影響を受けたが，その地点からは，電流がつくる磁界の影響を受けなくなったから。(4) 順に，エ，ア，イ，ウ
**4**　問1．状態変化　問2．ウ　問3．(1) 試験管内の液体が枝つきフラスコに逆流するのを防ぐため。(2) イ
(3) $\text{C}_2\text{H}_6\text{O} + 3\text{O}_2 \rightarrow 2\text{CO}_2 + 3\text{H}_2\text{O}$　問4．192 $\text{cm}^3$
**5**　問1．恒星　問2．C　問3．エ　問4．53.4度
問5．ア　問6．(符号) ア，(理由) 地球は地軸を中心とし

---

て西から東へ自転しているので，図2より，地点Xはこれから光が当たるので朝方であると判断でき，また図2より，北極側が明るいことから，地軸の北極側が太陽の方向に傾いていることがわかるので，北極側にある地点Xは夏至であると判断できるから。
**6**　問1．塩化水素
問2．75 g
問3．ア
問4．(1) エ　(2) 右図
問5．(化学式) $\text{H}_2$，(理由) 金
属板どうしが触れることで，
亜鉛板から生じた電子が銅板に移動し，銅板の表面で塩酸の中の水素イオンが電子を受けとり水素原子となり，その水素原子が2個結びついて水素分子になったから。

**解き方**　**1**　問1．(2) ミカヅキモのような単細胞生物は無性生殖で増える。イソギンチャクは分裂を行い，オランダイチゴは茎から新個体をつくる栄養生殖を行う。問2．(2) 傾斜がゆるやかな形の火山をつくったマグマはねばりけが弱く有色鉱物を多く含む。また，気体が抜けやすいため噴火はおだやかだが，溶岩が広い範囲に流れ広がる。問3．(2) アンモニアは非常に水に溶けやすいので水上置換法は使えない。問4．(2) 1秒間に自動車の進んだ距離と音が伝わった距離の合計が音を出した地点と壁までの距離の2倍になる。$(10 + 340) \div 2 = 175$ ［m］
**2**　問3．茎の横断面では，アジサイの維管束は輪状に並び，トウモロコシの維管束は全体に散らばっている。
問4．(2) アジサイはAとBで減少量に差があるが，トウモロコシではDとEで減少量にあまり差がない。
**3**　問1．(2) 抵抗器aの抵抗の大きさは $\frac{5.0}{1.0} = 5$ ［Ω］，抵抗器bの抵抗の大きさは $\frac{5.0}{0.4} = 12.5$ ［Ω］なので，$12.5 \div 5 = 2.5$ ［倍］　問2．(1) 直流回路では，電流の大きさはどこも同じになる。(2) 上から見て，コイルの右側では右回り，コイルの左側では左回りの磁界が生じる。(4) 抵抗器に流れる電流の大きさを同じにすると，抵抗が小さいほど，抵抗器に加わる電圧が小さくなり，消費電力も小さくなる。また，並列に接続すると1個のときよりも抵抗が小さくなり，直列に接続すると，合成抵抗は2つの抵抗器の抵抗の和になる。よって，抵抗の小さいものから，（cとdを並列に接続）＜ c ＜ d ＜（cとdを直列に接続）となる。
**4**　問2．液体が気体になると，分子の運動が激しくなって自由に飛び回るようになり，分子どうしの間隔が広くなる。問4．混ぜたあとの液体の密度は $\frac{93}{100} = 0.93$ ［g/$\text{cm}^3$］で，質量は $79 + 100 = 179$ ［g］である。混合液の体積を $x\,\text{cm}^3$ とすると，$\frac{179}{x} = 0.93$ ［g/$\text{cm}^3$］より，$x \fallingdotseq 192$ ［$\text{cm}^3$］
**5**　問3．太陽は天球上を24時間で約360度動くので，2時間では $360 \times \frac{2}{24} = 30$ ［度］動く。問4．春分の日に太陽は赤道上にあるので，南中高度は $90 - 36.6 = 53.4$ ［度］
問5．記録した太陽の動きを示す弧の直径は春分の日には透明半球の直径になり最も大きくなる。問6．図2の境界線の傾きから，北半球を太陽のほうに向けているので夏であることがわかる。地球は西から東へ自転しているので東側の地域から夜が明けていく。
**6**　問2．5%の塩酸50 gに含まれる塩化水素は $50 \times 0.05 = 2.5$ ［g］で，これをうすめて作った2%の塩酸全体の質量は $2.5 \times \frac{100}{2} = 125$ ［g］である。加えた水は $125 - 50 = 75$ ［g］
問4．(1) 発熱反応では，反応後の物質の持つ化学エネルギーの和は反応前の物質の持つ化学エネルギーの和よりも発生した熱エネルギーの分だけ小さくなる。(2) 光は水そうから出るときに屈折するが，太郎さんには目に入った光が直進してきたように見えるため，実際の位置より左にずれて見える。問5．金属板が接触すると，亜鉛板が一極，

銅板が＋極の電池になる。銅板の表面では，亜鉛板から流れてきた電子を塩酸中の水素イオンが受けとり，水素が発生する。

# 福井県

問題 P.75

## 解答

**1** (1) D (2) (A, B, Dは，)根から吸収する。(Cは，)からだの表面全体から吸収する。
(3) エ (4) (記号)ウ，(本数)30本 (5) 発生
**2** (1) 対照実験 (2) ア (3) アミラーゼ
(4) 20℃，30℃，40℃でデンプンを分解する。
(5) (沸騰石を入れて)加熱すると，赤褐色の沈殿ができる。
(6) 毛細血管（または血管）
**3** (1) 投影板を接眼レンズから遠ざけた。(2) 地球の自転によるもの。（または太陽の日周運動によるもの。）
(3) ① ウ ② イ (4) (南中高度)77.5度，(緯度)北緯35.9度
**4** (1) 石英 (2) ハザードマップ (3) (海の深さは，)時間とともに浅くなっていった。(4) 東 (5) 石灰岩 (6) オ
**5** (1) ア，エ (2) 50g (3) イ
(4) (名称)酸素，(記号)イ (5) ア
**6** (1) ア．黄(色) イ．青(色) (2) $H^+ + OH^- \to H_2O$
(3) 発熱反応 (4) (水素イオン)エ，(ナトリウムイオン)オ
(5)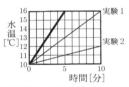
**7** (1) 弦が単位時間あたりに振動する回数。（または弦が1秒間に振動する回数。） (2) ア，ウ (3) (光の)屈折
(4) エ (5) カ
**8** (1) ウ，カ
(2) 8.4 W
(3) (記号)エ，(グラフ)右図
(4) (気温が水温より高く，)熱が空気から水に伝わるため，水温の上昇が大きくなる。

## 解き方

**1** (1) 植物Aは被子植物のアサガオ，Bはシダ植物のイヌワラビ，Cはコケ植物のスギゴケ，Dは裸子植物のマツである。(4) ある「1個の細胞」とは受精卵のことである。
**2** (6) ブドウ糖とアミノ酸は柔毛で吸収されたあと毛細血管に入る。脂肪酸とモノグリセリドは柔毛で吸収されたあと再び脂肪になってリンパ管に入る。
**3** (4) 南中高度は $90 - 12.5 = 77.5$ [°] 夏至の日の南中高度＝90－観測地点の緯度＋23.4より，観測地点の緯度は $90 + 23.4 - 77.5 = 35.9$ [°]
**4** (4) 火山灰の層の上面の標高は，A地点は $80 - 3 = 77$ [m]，B地点は $86 - 4 = 82$ [m]，C地点は $82 - 5 = 77$ [m] なので，南北方向には地層の傾きは見られないが，東に向かって下がっていることがわかる。(6) フズリナの化石が見つかったので，れきYのもとになった岩石は古生代にできたことがわかる。ビカリアの化石が見つかったので，れきの層の下にある砂の層は新生代につくられたことがわかる。よって，れきの層も新生代に形成されたことになる。
**5** (2) 30％の塩酸10gに含まれる塩化水素は $10 \times \dfrac{30}{100} = 3$ [g] 加える水の量を $x$ g とすると，$\dfrac{3}{10+x} \times 100 = 5$ より $x = 50$ [g] (4) 陰極に固体(銅)が付着したので，液体Cは塩化銅水溶液で，陽極に発生した気体Zは塩素である。よって，陽極に気体Z(塩素)が発生した液体Bは塩酸，残った液体Aは水酸化ナトリウム水溶液で，水が分解されて陰極から水素(気体X)，陽極から酸素(気体Y)が発生する。(5) 発生した気体の粒子数の比はX：Z＝1：1であるが，塩素(気体Z)は非常に水に溶けやすい。
**6** (4) 水酸化ナトリウム水溶液を加える前は，水素イオンの数は塩化物イオンと同数なので $n$ 個であったが，中和に使われてしだいに減少し，水酸化ナトリウム水溶液を12cm³加えたところで0になる。ナトリウムイオンの数はしだいに増加し，水酸化ナトリウム水溶液を12cm³加えたところで $n$ 個となる。(5) $20 - 12 = 8$ [cm³] の水酸化ナトリウム水溶液とちょうど中和する塩酸の体積を $x$ cm³とすると，$x:8 = 10:12$ より $x ≒ 6.7$ [cm³]
**7** (2) ア．図2で，たとえば弦を張る力の大きさが40 Nの場合，弦の長さが $\dfrac{1}{2}$，$\dfrac{1}{4}$ になると，振動数が2倍，4倍になっている。力の大きさが異なるものについても，同様の傾向を示す。ウ．たとえば振動数が200 Hzの場合，弦の長さが0.50 mのときは弦を張る力は10 N，1.0 mのときは40 Nである。(4) まち針Qはガラスを通ったあとの光の道筋上にあるので，ガラス越しに見えるまち針PはQに重なっている。
**8** (2) $4.0 \times 2.1 = 8.4$ [W] (3) 図2より，電熱線Xのほうが消費電力が大きいので，電熱線X 2つを並列につなぐ。この場合，回路全体の消費電力は実験1のときの2倍になるので，5分後の水温は $(13 - 10) \times 2 = 6$ [℃] 上昇する。

# 山梨県

問題 P.79

## 解答

**1** 1．(1) 順に，イ，エ，オ，ウ (2) 発生
2．(1) ① イ ② ア ③ イ (2) 40倍
(3) (例) 親の染色体をそのまま受けつぐので親と同じ形質が現れる
**2** 1．溶媒 2．イ 3．① ア ② ア ③ 再結晶
4．ウ
**3** 1．ウ
2．(名称)温暖前線，(前線記号)右図
3．ア
4．(例) 日本の上空に吹いている偏西風の影響を受ける 5．ア，エ，ⓑ
**4** 1．(1) 等速直線運動
(2) エ，オ
(3) 48 cm/s
2．(1) 右図
(2) ウ
**5** 1．0.18秒
2．(1) エ (2) (例) 立体的に見える
(3) (例) 感覚神経を通ってせきずいに伝わり脳に伝えられると同時に運動神経を通って運動器官 (4) 中枢神経
**6** 1．(記号)ウ，(語句)しゅう曲 (2) エ
(2) マグニチュード (2) 36 km
**7** 1．順に，ウ，イ，ア 2．(例) 試験管Aの中に入っていた空気が多く 3．ア 4．(例) 炭素が酸化されて二酸化炭素に，酸化銅が還元されて銅
5．X．◎◎ Y．◯◯ ◎◎
**8** 1．(1) エ
(2) 右図
2．(1) イ
(2) 10 cm
(3) ⓐ 虚像 ⓑ (例) 丸底フラスコの球の部分と焦点の間

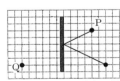

## 解き方

**1** 2．(2) 顕微鏡の倍率が低いほど広い視野で観察できるので，10倍の接眼レンズと4倍の対物レンズを使う。$10 \times 4 = 40$ [倍]
**2** 4．50℃の水100 gには85 gの硝酸カリウムが溶けるので，実験3で蒸発した水を $x$ gとすると，$100:85 = (100 - x):80$ より $x ≒ 6$ [g]
**3** 1・2．前線Xは寒冷前線，前線Yは温暖前線である。寒冷前線付近では強い上昇気流によって積乱雲，温暖前線

付近ではゆるやかな上昇気流によって乱層雲ができる。
3．理科室内の空気1m³に含まれる水蒸気量は$14.5 \times \dfrac{54}{100} = 7.83$ [g/m³]　表から，飽和水蒸気量が7.83 g/m³に近いときの気温を読みとる。

④　1．(3) $\dfrac{1+3+5+7+8}{0.1 \times 5} = 48$ [cm/s]　2．(1) 力学的エネルギーの保存より，AとCでは運動エネルギーは0，Bで持つ運動エネルギーはA，Cで持つ位置エネルギーと等しい。(2) 金属球はAと同じ高さまでしか上がらない。

⑤　1．3回の実験結果の平均は$\dfrac{1.98+1.71+1.80}{3} = 1.83$ [s]　手を下げる反応とストップウオッチを止める反応は同じ反応と考えるので，10人が反応している。よって，1人あたりの時間は$\dfrac{1.83}{10} ≒ 0.18$ [s]　2．(1) アは虹彩，イはレンズ（水晶体），ウは視神経，エは網膜である。

⑥　1．(2) 大陸プレートの先端は海洋プレートに引きずられて沈み込み，そのひずみに耐えられなくなると反発して上昇する。2．(2) P波の速さは$\dfrac{120-90}{49-44} = 6$ [km/s]　地点XにP波が到着するのにかかった時間は10秒なので，震源からの距離は$6 \times 10 = 60$ [km]　三平方の定理より，震源の深さは$\sqrt{60^2 - 48^2} = 12\sqrt{5^2 - 4^2} = 36$ [km]

⑦　5．マグネシウムのほうが炭素よりも酸素と結びつきやすい。化学反応式は$2Mg + CO_2 \rightarrow 2MgO + C$

⑧　1．(1) 光が水中から空気中に進むとき，入射角＜屈折角　(2) 鏡をはさんで線対称の位置に像があるように見える。点Pと点Qを直線で結んだとき，鏡との交点で光が反射する。

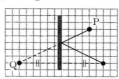

2．(2) 凸レンズの中心から物体までの距離と凸レンズの中心からスクリーンまでの距離が等しいとき，その距離は焦点距離の2倍となる。$X = 15$，$Y = 15$のとき，焦点距離は$\left(15 + \dfrac{10}{2}\right) \times \dfrac{1}{2} = 10$ [cm]

# 長野県　問題P.84

【解答】　① Ⅰ.(1) 細胞　(2) エ　(3) あ．ア　い．イ　う．(例) 光合成によって放出された酸素の量が呼吸によって吸収された酸素の量よりも少ない
Ⅱ.(1) タンパク質　(2) けん　(3) ウ　(4) i．イ，エ，コ，サ　ⅱ．イ　ⅲ．(例) 環境に合う
② Ⅰ.(1) あ．$Al^{3+}$　い．電子　う．－(負,マイナス)
(2) ◎　(3) ア　Ⅱ.(1) イ，エ　(2) 下方置換法　(3) ウ
(4) (例) 水温が高いほど溶けにくくなる。(5) イ
③ Ⅰ.(1) (例) 透明半球の中心　(「P」も可。)　(2) k　(3) ア
(4) (例) 地球の公転面に対して，地軸が傾いているため。
Ⅱ．(1) い．水蒸気　う．エ　(2) 順に，エ，ア，ウ，イ
(3) え．露点　お．2.9　か・き．(例) 鏡の表面付近の空気の温度（鏡の表面温度），(例) 脱衣所の気温
④ Ⅰ.(1) エ　(2) あ．(例) 小さ　い．(例) 低　う．(例) 小さ
(3) i．ウ，エ，オ　ⅱ．(記号) イ，(理由) (例) 大気圧の大きさは一定であるため，大気圧を受ける面積が小さいほど，吸盤が受ける力は小さくなるから。
Ⅱ．(1) え．1000　お．3600　か．360000
(2) i．き．並列　く．46.5　ⅱ．ウ

【解き方】 ① Ⅰ．(3) 植物は呼吸で酸素を取り入れ光合成で酸素を放出する。呼吸よりも光合成のほうが盛んに行われると全体として酸素を放出することになるが，呼吸のほうが盛んに行われると全体として酸素を取り入れることになる。Ⅱ．(1) タンパク質は分解される

と最終的にアミノ酸になる。(3) 筋肉は関節をはさんで反対側の骨についている。
② Ⅰ．(1) あ・い．アルミニウム原子が電子を3つ失ってアルミニウムイオン($Al^{3+}$)となる。う．電流の流れる向きは電子が移動する向きの逆向きである。(2) 表と図4より，イオンになりやすい金属ほどモーターがよく回転することがわかる。(3) 銅と亜鉛では亜鉛のほうがイオンになりやすいので，亜鉛原子が電子を失って亜鉛イオンとなり，亜鉛板から銅板に向かって電子が移動する。よって，＋極になるのは銅板で，モーターは右に回転する。
Ⅱ．(1)～(3) 石灰岩にうすい塩酸を加えると二酸化炭素が発生する。二酸化炭素は空気よりも密度が大きいので，下方置換法によって集められる。
③ Ⅰ．(2) 図1で太陽が最も低い位置にあるときの透明半球上での位置はiなので，そこから数えて2つ目にあたるAがkに対応している。(3) 夏至のころ，地球は地軸の北極側を太陽のほうに傾けた状態で自転しているため，北極圏では1日中太陽が沈まない。一方，地軸の南極側が太陽のほうに傾いている冬至の日には南極圏で1日中太陽が沈まなくなる。Ⅱ．(1) う．観察で，脱衣所の鏡のくもりがとれはじめたときの鏡の表面温度12℃が露点であることに注意する。脱衣所の気温は20℃なので，このときの湿度は$10.7 \div 17.3 \times 100 = 61.8…$ [％]　(3) お．表2の夏の日の空気1m³に実際に含まれている水蒸気の質量は$30.4 \times 0.8 = 24.32$ [g/m³]　気温28℃での飽和水蒸気量は27.2 g/m³なので，$27.2 - 24.32 = 2.88$ [g/m³] より，あと約2.9gの水蒸気を含むことができる。
④ Ⅰ．(2) 実験1ではおもりの質量が3000gで吸盤がはがれ落ち，実験2では700gではがれ落ちている。実験2で容器内の空気を可能なかぎり抜いているので，容器内は減圧された状態になっている。大気圧は空気による圧力なので，空気が少なくなると大気圧は小さくなる。
(3) i．気圧1000 hPa（高度0 m）で5000gのおもりをつり下げたときにはがれ落ちるのだから，グラフから読みとれる約760 hPa（高度2000 m）で吸盤がはがれ落ちるときのおもりの質量を$x$gとすると，$1000 : 5000 = 760 : x$ より $x = 3800$ [g]
Ⅱ．(1) お．1 Wh $= 1$ W $\times (60 \times 60)$s $= 3600$ J　か．1000 kWh $= 1000000$ Wh $= 3600000000$ J　また，質量100 kgの物体を重力に逆らって1回10 m持ち上げるときの仕事の大きさは1000 [N] $\times 10$ [m] $= 10000$ [J／回] なので，3600000000 [J] $\div 10000$ [J／回] $= 360000$ [回]
(2) i．く．ドライヤーのスイッチを入れたときに使用していた電気製品の総消費電力は，$150 + 1000 + 500 + 600 + 800 + 400 + 1200 = 4650$ [W]　電力＝電圧×電流より，このとき流れた電流の大きさは$4650 \div 100 = 46.5$ [A]

# 岐阜県　問題P.88

【解答】　① 1．(1) ア　(2) ウ
2．(1) 示相化石　(2) オ
3．(1) イ，エ　(2) イ，ウ
4．(1) エ　(2) エ
② 1．0.26秒　2．運動（神経）　3．BCACD
4．反射　5．(例) (外界からの刺激の信号が，)脳に伝わらず，せきずいから直接筋肉に伝わるから。6．ア　7．イ
③ 1．$NH_3$　2．エ　3．ウ　4．ア，ウ
5．(例) 出てくる蒸気（「出てくる気体」も可。）の温度を測るため。6．ア　7．順に，2，3　8．イ，エ，オ
④ 1．C　2．エ　3．5時45分
4．(1) ア　(2) ウ　(3) オ
5．（秋分の日）ウ，（南中高度）55.4°

6．イ
5 1．180 mA
2．右図
3．エ
4．3：2
5．0.24倍
6．X

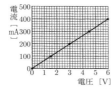

3 (1) ① 発熱反応
② Fe＋S→FeS
③ a．あ塩化物　い2　b．エ
(2) ① 二酸化炭素
② a．右図
b．20 cm³
4 (1) ① 恒星
② (例) 周りより温度が低いから。
(2) ① エ　② ウ
5 (1) ア　(2) ① ウ
② a．(標高) 1100 m，(温度) 2℃
b．34.4％
6 (1) ① 等速直線運動　② 右図
(2) ① ア　② オ　③ (記号) イ，
(理由) (例) 同じ高さからはなすと
位置エネルギーが等しいため，コイ
ルを通過する速さは等しくなるか
ら。④ 10.7倍

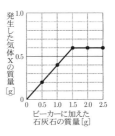

**解き方** 1 1．(1) 塩化銅は電離してCuCl₂→Cu²⁺＋2Cl⁻となるので，陽イオンのCu²⁺が陰極であるアに引かれて付着する。(2) 電離したイオンが両極に引かれて銅と塩素になるので，塩化銅水溶液の濃度は時間がたつほど低くなる。(2) 凝灰岩は火山灰が堆積した岩石である。火山灰が風で運ばれて堆積している場合は鉱物が角ばっている。石灰岩の主な成分は炭酸カルシウム(CaCO₃)で，うすい塩酸と反応して二酸化炭素を発生して溶ける。4．(2) 3.2÷0.0016＝2000 [N/m²]＝2000 Pa
2 1．1.56÷6＝0.26 [秒]　3．握られてから隣の人の手を握るまでの信号は，皮膚→せきずい→脳→せきずい→筋肉　と伝わる。4・5．反射では，脳は関わらない。
3 3．アンモニアはアルカリ性なので青色になる。4．塩化アンモニウムと水酸化バリウムの化学反応は吸熱反応。
6．Aの液体はほとんどがエタノールで，Cの液体はほとんど水なので，Cの液体のほうが密度が大きい。7．矢印の左右で各原子の数が同じになるように係数を求める。
4 1．Bが南なのでCである。3．7.8÷2.4＝3.25 [時間]　0.25時間＝15分なので，9時の3時間15分前の5時45分。4．秋分の日から2か月後には，日の出の時刻は遅くなり，日の出の位置は南へずれる。5．太陽の光が赤道に平行なウとエが春分または秋分。夏至の日がアで，そこから地球が90°公転すると太陽光が地球の向こう側からあたる形になるので，ウが秋分である。また，南中高度は (90°－緯度) より，90°－34.6°＝55.4°　6．北半球と南半球では，太陽の位置と高度は逆になる。
5 4．電源装置の電圧をE，抵抗器aを流れる電流をIₐ，抵抗器bを流れる電流をIᵦとすると，オームの法則より，それぞれE＝10Iₐ，E＝15Iᵦが成り立つ。よって，$I_a : I_b = \frac{E}{10} : \frac{E}{15} = 3 : 2$　5．図1の合成抵抗は10＋15＝25 [Ω]　図2の合成抵抗をRとすると，$\frac{1}{R} = \frac{1}{10} + \frac{1}{15}$よりR＝6 [Ω]　図1で電流を流す時間をt₁，図2で電流を流す時間をt₂，電圧をEとすると，$\frac{E^2}{25}t_1 = \frac{E^2}{6}t_2$より$t_2 = \frac{6}{25}t_1$　よって，0.24倍。6．PをX，Y，Zのどれかにつなぐと並列回路になり，回路全体の抵抗をR'とすると，3.9＝0.39R'よりR'＝10 [Ω]　このとき，並列回路の上の部分(抵抗器a側)の全体の抵抗をrとすると，$\frac{1}{r} + \frac{1}{15} = \frac{1}{10}$よりr＝30 [Ω]　よって，抵抗器aを3個直列につないでいるので，PはXに接続したことがわかる。

# 静岡県　問題 P.92

**解答** 1 (1) 食物連鎖 (食物網も可)　(2) エ
(3) (記号) イ，(理由) (例) 水の深さが深いほど水圧が大きくなるから。(4) (マグマのねばりけ) 強い (または大きい)，(噴火のようす) 激しく爆発的
2 (1) ① 単子葉類　② a．(接眼) 10倍，(対物) 40倍　b．ウ　③ ア　(2) ① (例) 酸素の多いところでは酸素と結びつき，酸素の少ないところでは酸素を放す性質。
② 70秒　③ エ　④ (例) 酸素を使って養分からとり出されるエネルギーが，より多く必要になるから。

**解き方** 1 (2) ろ過では，ろうとの足のとがったほうをビーカーの壁につけ，ガラス棒に伝わらせて水溶液を注ぐ。(4) 無色鉱物を多く含み白っぽい火山灰のもとになったマグマはねばりけが強く，噴火はマグマから火山ガスが抜けにくいため激しく爆発的になることが多い。
2 (1) ② 顕微鏡の倍率＝接眼レンズの倍率×対物レンズの倍率　(2) ① ヘモグロビンは酸素の多い肺胞では酸素と結びつき，酸素の少ない体の各部の組織では酸素を放す。② 1分間に左心室から全身へ送り出される血液は64×75＝4800 [cm³]　なので，1秒間では4800÷60＝80 [cm³]　5600 cm³を送り出すには，5600÷80＝70 [秒] かかる。
③ デンプンなどの消化によってできたブドウ糖は小腸から血液に吸収されて肝臓に運ばれる。④ 体の各部の細胞では，つねに細胞の呼吸により酸素を使って養分からエネルギーをとり出しているが，運動時に筋肉細胞などでは多量のエネルギーを必要とする。
3 (1) ③ a．鉄は電子を2個失ってイオンになる。Fe→Fe²⁺＋⊖⊖　鉄の失った電子を水素イオンがもらって水素分子になる。2H⁺＋⊖⊖→(2H→)H₂　(2) ② a．発生した二酸化炭素の質量＝(反応前のビーカー全体の質量＋加えた石灰石の質量)－反応後のビーカー全体の質量　b．実験より，塩酸12 cm³と石灰石1.5 gが過不足なく反応して二酸化炭素が0.6 g発生する。これより，二酸化炭素が1.0 g発生するのに必要な塩酸は$12 \times \frac{1.0}{0.6} = 20$ [cm³]，石灰石は$1.5 \times \frac{1.0}{0.6} = 2.5$ [g] である。石灰石はじゅうぶんにあるので，ビーカーFに入れた塩酸は20 cm³である。
4 (2) 3月1日は，真夜中にしし座が南の空に見えることから，地球は太陽の反対の方向にしし座がある位置にある。3か月ごとの地球と火星の位置を書き込むと右の図のようになる。① 右の図から，6月1日の真夜中にはさそり座が南の空に，みずがめ座が東の空に見える。② 右の図から，地球から見て，太陽と同じ方向に火星があるのは9月である。

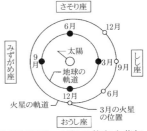

5 (2) ② a．地点Aでの水蒸気量は，16℃の飽和水蒸気量と湿度より，$13.6 \times \frac{50}{100} = 6.8$ [g/m³]　これと表2から，露点が5℃とわかり，温度が地点Aより16－5＝11 [℃] 下がるのは標高1100 mの地点である。山頂までさらに600 m上昇すると，温度は$600 \times \frac{0.5}{100} = 3$ [℃] 下がって2℃になる。b．山頂での水蒸気量は，2℃の飽和水蒸気量より，

5.6g/m³。空気のかたまりが標高が1700 m 低い地点Bに到達すると，温度が17℃上昇し19℃になるので，湿度は $\frac{5.6}{16.3} \times 100 ≒ 34.4$ [%]
**6** (2)① N極をコイルの⑥側から近づけると，検流計の指針は右に振れることから，S極が⑥側から近づくと検流計の指針は左に振れ，遠ざかるときには右に振れる。
② コイルを通過するたびに，台車の持つ運動エネルギーの一部が電気エネルギーに変換されるので，台車の持つ運動エネルギーは減少する。④ 白熱電球を10分間つけたときの電力量は 40 [W] × 600 [s] = 24000 [J] エネルギー変換効率が10%なので，電力量の90%である 24000×0.9 = 21600 [J] が熱になる。LED電球も同様に計算すると，4.8×600×0.7 = 2016 [J] が熱になる。よって，白熱電球はLED電球の 21600÷2016 ≒ 10.7 [倍] の熱エネルギーが発生する。

# 愛知県

問題 P.95

## 《Aグループ》

**解答**
**1** (1) キ (2) オ
**2** (1) イ，エ (2) ウ (3) イ
(4) 下の左図

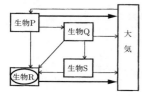
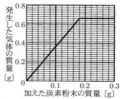

**3** (1) エ (2) $2CuO + C → 2Cu + CO_2$ (3) 上の右図
(4) (赤色)コ，(黒色)イ
**4** (1) 0.2 N (2) Ⅰ.ア Ⅱ.エ Ⅲ.キ
(3) Ⅰ.イ Ⅱ.カ Ⅲ.コ (4) 6 cm
**5** (1) (風向)南東，(風力)1，(天気)くもり (2) ウ
(3) (風向)ア，(地点)カ (4) イ
**6** (1) ウ (2) イ

**解き方** **1** (2) ビーカーA，B，Cのそれぞれの水溶液の量を合計すると，濃度aの塩酸 80 + 60 + 70 = 210 [cm³]，濃度bの水酸化ナトリウム水溶液 50 + 40 + 50 = 140 [cm³] で，その割合は，塩酸：水酸化ナトリウム水溶液 = 210：140 = 3：2となり，ビーカーBと同じである。よって，ビーカーA～Cを混ぜ合わせると中性になる。同様に，ビーカーD，E，Fのそれぞれの水溶液の量を合計すると，濃度cの塩酸 60 + 30 + 30 = 120 [cm³]，濃度bの水酸化ナトリウム水溶液 50 + 40 + 50 = 140 [cm³] である。ビーカーEと同じ割合，塩酸：水酸化ナトリウム水溶液 = 3：4にするには濃度bの水酸化ナトリウム水溶液を 20 cm³ 加えればよい。
**2** (1) 体が菌糸からできているのはカビやキノコなどの菌類である。(2) デンプンが分解されてなくなっていると，試験管aのようにヨウ素液の色は変化しない。糖ができていると，試験管bのようにベネジクト液が赤褐色に変化する。(3) デンプンの分解が微生物のはたらきであることを確認するには，ろ液に微生物がいるかいないかという条件だけを変えて対照実験を行う。ろ液を沸騰させると，微生物は死んで活動が停止する。(4) 他のすべての生物P，Q，Sから矢印が向かう生物Rが，他の生物の遺体や排出物を分解する分解者である。また，すべての生物は呼吸により二酸化炭素を排出しているので，生物P，Rからも大気に向かって矢印が出る。

**3** (1) 酸化と還元は同時に行われる。(3) 二酸化炭素の質量 =（酸化銅の質量＋炭素粉末の質量）−（反応後の試験管Aの中にある物質の質量） (4) 問題文に「加えた炭素粉末が〜のいずれかのとき，酸化銅と炭素がそれぞれ全て反応し〜」とあるので，表または(3)で描いたグラフより，2.40 gの酸化銅と0.18 gの炭素が過不足なく反応し1.92 gの銅ができる。3.60 gの酸化銅と反応する炭素をxgとすると，2.40：0.18 = 3.60：x より x = 0.27 [g] となり，この実験では炭素0.21 gがすべて反応し酸化銅の一部が反応せずに残ることがわかる。0.21 gの炭素がすべて反応すると，銅（赤色の物質）は $1.92 \times \frac{0.21}{0.18} = 2.24$ [g] できる。このとき反応した酸化銅は $2.40 \times \frac{0.21}{0.18} = 2.80$ [g] なので，3.60 − 2.80 = 0.80 [g] の酸化銅（黒色の物質）が反応せずに試験管に残っている。
**4** (1) 物体Aにはたらく浮力＝物体Aの重さ（物体Aにはたらく重力）−ばねばかりの示す値（糸が物体Aを引く力の大きさと等しい）＝ 1.0 − 0.8 = 0.2 [N]
(2) 図2のとき，物体Aにはたらく浮力は 1.0 − 0.2 = 0.8 [N] で，重力＞浮力なので物体Aは沈む。
(4) 物体Bにはたらく重力の大きさは2.0 Nで，図4のように水面から底面までの距離が1 cm増加するごとに，ばねばかりの示す値は0.2 Nずつ減少していく。ばねばかりの示す値が0.8 Nになったときの水面から物体Bまでの距離をx cmとすると，0.8 = 2.0 − 0.2x より x = 6 [cm]
**5** (3) 風は台風の中心に向かって反時計回りに吹き込むので，地点Xでは午後6時から6時間の間に，風向は北東，北，北西と北寄りから西寄りへ反時計回りに変化したと考えられる。また，表の地点Bは，気圧が最も低くなった24時ごろに最も台風が接近し，風向が東寄りから南寄りへ変化したことから台風が北側を通過したと考えられ，地点Bがあてはまる。(4) 台風は高気圧のへりを進むので，秋になり高気圧が弱まると日本に近づくように北上し，中緯度に達すると偏西風の影響で進路を東向きに変える。
**6** (2) ある恒星が南中する時刻は1か月に2時間ずつ早くなるので，ベテルギウスは2月1日には午後9時ごろに南中する。また，1月1日午後5時と同じ位置にくるのは7月1日午前5時，8月1日午前3時である。

## 《Bグループ》

**解答**
**1** (1) カ (2) イ，オ
**2** (1) ウ (2) (脳)イ，(せきずい)ウ
(3) 相同器官 (4) (ヒト)ウ，(ニワトリ)オ
**3** (1) $2H_2O → 2H_2 + O_2$
(2) 右図
(3) (炭素棒) A，
(化学式) $Cl_2$
(4) ウ
**4** (1) 0.25 A (2) キ
(3) ウ (4) 1.6 A
**5** (1) (岩石)ウ，
(鉱物の集まりの部分)キ
(2) ア (3) カ (4) エ
**6** (1) イ，エ (2) オ

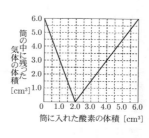

**解き方** **1** (1) 加えた力の大きさと物体に力を加え続けた距離が等しいので，$W_1$，$W_2$ はどちらも 4.0×0.090 = 0.36 [J] 点Bにおいて，物体P，Qは運動エネルギーが等しいので，質量の小さい物体Pのほうが速さが大きい。(2) ア．蒸留は沸点の違いを利用している。イ．ポリプロピレンが沈んだことより，試験管bの液体は密度が 0.90 g/cm³ より小さく，4 cm³ の質量は 3.6 gより小さい。

## 2

(2) 感覚器官で受けとった信号が伝わる順に矢印をたどっていくと，感覚器官(ア)→せきずい(ウ)→脳(イ)→せきずい(ウ)→運動器官(エ)となる。
(4) ヒトは胎生なのでウ，ニワトリは卵生で恒温動物なのでオがあてはまる。

## 3

(2) 実験2の結果の表から，反応する酸素と水素の体積比は1：2である。合わせて6.0 cm³になるような酸素，水素の体積の組み合わせごとに，6.0 cm³から反応に使われた気体の体積を引いて，筒の中に残った気体の体積を計算して，まとめると下の表のようになる。表内の数値の単位はcm³で，（　）の中は反応に使われて減少した気体の体積である。

| 酸素 | 0 | 1.0 (−1.0) | 2.0 (−2.0) | 3.0 (−1.5) | 4.0 (−1.0) | 5.0 (−0.5) | 6.0 |
|---|---|---|---|---|---|---|---|
| 水素 | 6.0 | 5.0 (−2.0) | 4.0 (−4.0) | 3.0 (−3.0) | 2.0 (−2.0) | 1.0 (−1.0) | 0 |
| 残った気体 | 6.0 | 3.0 | 0 | 1.5 | 3.0 | 4.5 | 6.0 |

(4) 図5で，炭素棒の表面についた金属の質量はどの時間でも0.75 Aは0.25 Aのときの3倍になっているので，金属の質量は電流の大きさに比例することがわかる。このことから，20分電流を流したときの金属の質量の合計は0.1＋0.2＋0.3＝0.6 [g] で，図5より，金属の質量は電流を流した時間にも比例するので，金属の質量の合計が1.5 gになった時間を$x$分とすると，0.6：1.5＝20：$x$より$x$＝50 [分]

## 4

(1) 10÷40＝0.25 [A] (2) 図3で，PA間が10 cmのときに電流計の示す値が，PA間が40 cmのときの4倍であることより，PA間が10 cmのときの抵抗は40 cmのときの$\frac{1}{4}$で40×$\frac{1}{4}$＝10 [Ω] 同様に，PA間が20 cmのときに電流計の示す値が，PA間が40 cmのときの2倍であることから，20 cmのときの抵抗は40 cmのときの$\frac{1}{2}$で40×$\frac{1}{2}$＝20 [Ω] よって，PA間の抵抗はPA間の距離に比例する。(3) Ⅰ．40＋40＝80 [Ω] Ⅱ．PA間が40 cmのときにPA間にかかる電圧は40×$\frac{10}{80}$＝5 [V]，PA間が10 cmのときにPA間にかかる電圧は10×$\frac{10}{40＋10}$＝2 [V]で，PA間の距離を小さくすると電圧も小さくなる。Ⅲ．抵抗器a，抵抗器bにかかる電圧の合計が10 Vになるので，PA間の距離が小さいほど抵抗器bにかかる電圧は大きくなる。（また，PA間の距離が小さいほど回路全体の抵抗が小さくなるので，抵抗器bに流れる電流が大きくなる。）よって，PA間の距離を小さくすると，抵抗器bの消費電力は大きくなる。
(4) 図5は10 cmと30 cmの電熱線を並列につないだことと同じで，(2)より，抵抗の大きさは電熱線の長さに比例することから，それぞれ抵抗は10 Ωと30 Ωである。10 cmの電熱線に流れる電流は12÷10＝1.2 [A] 30 cmの電熱線に流れる電流は12÷30＝0.4 [A] よって，電流計は1.2＋0.4＝1.6 [A]を示す。

## 5

(2) 1 km＝1000 m＝10万cm カウアイ島，オアフ島間で移動の速さを計算すると，(4900−3200) [万cm] ÷(530−370) [万年] ≒10.63 [cm/年] ミッドウェー島，カウアイ島間で計算すると，8.41 cm/年となり，最も適当なのはアである。(3) ユーラシアプレートとフィリピン海プレートの境界で起こる地震の震源は太平洋側から大陸側に向かって深くなる。

## 6

(1) ツユクサとトウモロコシは単子葉類，アブラナとエンドウは双子葉類なので，単子葉類と双子葉類の特徴の違いを選ぶ。(2) 左側が大きく欠けていることから，金星はbの位置にあり夕方西の空に見える。

---

## 三　重　県

問題 P.104

### 解答

1 (1) 組織液 (2) ア (3) h (4) b, c
2 (1) 露点 (ろてん) (2) A. 14.7　B. イ
(3) イ
3 (1) 510 m (2) (例) 音が伝わる速さは光の速さより遅いから。(3) X. 振動 (しんどう)　Y. 波 (なみ)
4 (1) A. $CO_2$　B. $NH_3$ (2)(a) (例) 空気より密度が小さいという性質があるから。(b) エ
5 (1)(a) 西から東の向き (b) 公転 (c) (例) 地球から星座の星までの距離と比べて，地球から太陽までの距離が短いから。(2)(a) 66.6度 (b) 8時間後 (c) J (d) 32.6度
(3) イ
6 (1)(a) $2Mg＋O_2→2MgO$ (b) A. 熱　B. 光(順不同)
(2)(a) 3：2 (b) 0.65 g (3)(a) 炭素 (b) 還元 (かんげん)
7 (1)(a) イ (b) 葉緑体 (c) (例) 脱色するため。
(d) デンプン (2)(a) (例) (試験管Aで見られたBTB溶液の色の変化は) オオカナダモのはたらきによるものであることを明らかにするため。
(b) あ. イ　い. オ　う. ア　え. ウ (c) ア
8 (1)(a) ウ (b) 18 cm/秒 (c) (位置エネルギー) (例) 小さくなる。(運動エネルギー) (例) 大きくなる。
(d) 等速直線運動 (2) ア (3) ウ

### 解き方

1 (2) 食物が消化されてできたブドウ糖やアミノ酸は小腸(Y)で吸収されて毛細血管に入り，門脈(e)を通って肝臓(X)に運ばれる。(3) 尿素はじん臓(Z)で血液中から尿へこし出され，排出される。(4) 肺静脈(b)，大動脈(c)には動脈血が流れている。
2 (2) A. 27.2×0.54＝14.7 [g] (3) X. 湿度は測定2と同じだが，室温が高く飽和水蒸気量が大きかったので水滴がついた。Y. 室温は測定2と同じだが，湿度が高く水蒸気量が大きかったので水滴がついた。Z. 室温も湿度も測定2と同じだが，水温が低かったので水滴がついた。
3 (1) 340×(3.5−2)＝510 [m]
4 (2)(b) 気体Bであるアンモニアは水に非常に溶けやすく，赤色リトマス紙をぬらした水に溶けて，水溶液がアルカリ性を示すので，リトマス紙は青色に変化する。
5 (1)(a) 地球が公転する向きと同じ向きに太陽は星座の間を西から東へ移動して見える。(2)(a) 夏至の日に太陽は地球の中心と北緯23.4度の地点を結んだ線上の点Dにある。よって，∠ZXY＝∠DXY＝90−23.4＝66.6 [度]
(b) 太陽が黄道上の点Gの位置になる日に，日の入り後に南中するのは点Jの位置にある星で，点Jから4つ目の点Bの位置にある星が南中するのは日の入りから2×4＝8[時間] 後である。
(c) 夏至の日に太陽が点Dにあることより，春分の日に太陽は点Aにある。午前0時には点Gの位置にある星が南中し，点Jの位置にある星が東の地平線からのぼり始める。
(d) この日，日の出に南中するのは点Gの位置にある星なので，太陽は点Jの位置にあり，冬至の日である。冬至の日の太陽の南中高度は90−(23.4＋34)＝32.6 [度]
(3) 太陽が黄道上を1周する時間は365日より約$\frac{1}{4}$日長いため，約4年に一度うるう年を設けている。
6 (2)(a) 表より，0.60 gのマグネシウムをじゅうぶんに酸化させると1.00 gの酸化マグネシウムになり，このときに化合した酸素は0.40 gである。質量比は，マグネシウム：酸素＝0.60：0.40＝3：2 (b) 1回目の加熱で化合した酸素は0.86−0.60＝0.26 [g] で，化合した酸化マグネシウムを$x$ [g] とすると，酸素：酸化マグネシウム＝2：5＝0.26：$x$より$x$＝0.65 [g] (3)(b) 二酸化炭素が還元されて酸素が奪われ，炭素になった。

**7** (2)(b) 試験管Aでは溶けている二酸化炭素が減少して中性の緑色のBTB溶液がアルカリ性に変化して青色になった。(c) 試験管Aでは、光合成と呼吸が同時に行われていたが、呼吸で出る二酸化炭素よりも光合成でとり入れる二酸化炭素のほうが多かったので、溶けている二酸化炭素が減少した。

**8** (1)(b) $(0.9+1.8+2.7)÷0.3=18$ [cm/秒] (c) 斜面を下りるにしたがい位置エネルギーが運動エネルギーに変換される。(2) 斜面Ⅰの傾きが大きい②のほうが速さが増加する割合が大きい。また、②は台車をはなした位置が高いので、B点に達したときの速さは①よりも速くなり、水平面を通過する時間が短い。(3) 木片の持つ運動エネルギーはすべて水平面との間に生じる音や熱に変換されて、木片が静止した。

## 滋 賀 県  問題 P.109

**解答**

**1** 1. 恒星 2. (夏至)ウ, (冬至)エ 3.(例)昼の時間が長い, 太陽の南中高度が高い 4. 順に, A, B, C 5.(例)地球は地軸が傾いたまま太陽のまわりを公転しているため、初日の出のときは、昼と夜の境界の傾きが犬吠埼と納沙布岬を結ぶ線の傾きより大きくなるから。

**2** 1. ア, エ 2.(例)食物の栄養分を吸収されやすい形に変えること。 3. 生産者 4.(例)水がデンプン溶液を変化させないこと。 5.(例)大根のしぼり汁にはデンプンを分解するだ液に似たはたらきがある。デンプンを分解するはたらきは発芽したばかりのときからあるが、大根のしぼり汁のほうがデンプンを早く分解する。

**3** 1.(例)火のついたマッチを近づけて気体が燃えるかどうかを確かめる。
2. ウ
3. NaCl
4. 右図
5.(例)うすい塩酸6.0 cm³をすべて中和させるために必要な水酸化ナトリウム水溶液の体積は7.2 cm³だが、反応後の溶液においては、その量よりも少ないので、水素の発生によってその分だけ水素イオンの数が減っていたことがわかるから。

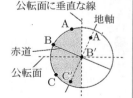

**4** 1. 放射 2. ア 3. 9W 4. 26.4℃, 2880 J
5.(例)2本の電熱線Bを並列につなげる場合は、2本の電熱線Bに加わる電圧がそれぞれ6.0Vとなり、回路全体の電力は2本の電熱線Bの電力の和となるから。

**解き方** **1** 3. 調べ学習から、夏至が最も昼の時間(日の出から日の入りまでの時間)が長いことがわかる。また図3と図4から、地軸が太陽側に傾いている夏至に南中高度が高いことがわかる。太陽の光を地面が受ける角度が地表面に対して垂直に近いほど地表面をよく温めるため、南中高度の高い夏に気温が高くなる。 4. 図3のAからCの3地点は地球の自転に伴って移動し、公転面に垂直な線を超えると太陽の光が当たって日の出をむかえる。図3からちょうど地球が90°自転したときの3地点の位置は右図のA', B', C'のようになる。このとき、地点A'はすでに日の出をむかえていて、地点B'はちょうど日の出をむかえる瞬間、地点C'はまだ太陽の光が当たっていない。

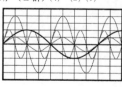

**2** 1. 図1から、かいわれ大根の子葉の数は2枚で、かいわれ大根は双子葉類である。選択肢のうち双子葉類なのはエンドウとタンポポ。 4. デンプン溶液と水の試験管は水がデンプン溶液を変化させないことを確かめるために用意する。これによって、他の試験管でデンプンに起こった変化がだ液や、大根やかいわれ大根のしぼり汁のはたらきによるものであると示すことができる。 5. 表2から、どちらの試験管でもデンプンの分解が起こっているので、大根のしぼり汁にはだ液に似たはたらきがあることと、このはたらきは発芽したばかりの大根にもあることがわかる。さらに試験管AとBを比べると、ヨウ素液の色が変化するまでの時間が試験管Aのほうが短く、大根のしぼり汁のほうがデンプンを早く分解するといえる。

**3** 3. レポートより、うすい塩酸10.0 cm³に対し水酸化ナトリウム水溶液を12.0 cm³を加えると、完全に中和されてBTB溶液の色が緑になる。このとき、溶液中に溶けているのは塩化ナトリウム(NaCl)で、水を蒸発させると結晶が残る。 4. レポートと話し合いの内容から、図中の■と●はそれぞれ1つにつき水酸化ナトリウム水溶液3 cm³中に含まれるナトリウムイオンと水酸化物イオンを表している。図3が水酸化ナトリウム水溶液12.0 cm³を加えたときのようすであるから、水酸化ナトリウム水溶液15.0 cm³を加えたときのようすは図3のビーカーにさらに■と●を1つずつ描き加えればよい。 5. レポートより、うすい塩酸6.0 cm³をすべて中和させるために必要な水酸化ナトリウム水溶液の体積は$(12.0÷10.0)×6.0=7.2$ [cm³]

**4** 3. 電熱線Aに流れた電流の大きさは、オームの法則より、$6.0÷4.0=1.5$ [A] よって、電熱線Aが消費した電力は$6.0×1.5=9.0$ [W] 4. 表1より、電熱線Bに6.0Vの電圧を加えて電流を流すと、電流を流した時間が1分増えるごとに水温が0.8℃上昇する。8分間(480秒間)電流を流すと水温は$20.0+0.8×8=26.4$ [℃]となる。このとき電熱線Bに流れる電流の大きさは、オームの法則より、$6.0÷6.0=1.0$ [A] よって、電熱線Bが消費した電力量は$6.0$ [V] $×1.0$ [A] $×480$ [秒] $=2880$ [J]

## 京 都 府  問題 P.113

**解答**

**1** (1)(ウ) (2)(吸収する器官)Z, (貯蔵する器官)W, (ウ)

**2** (1)(ア), ぶんり(の法則) (2)(ウ) (3)(ア), (イ), (エ)

**3** (1)こうせい, (エ) (2)(イ)

**4** (1)ていたい (2)順に, (キ), (オ)
(3)(例)海面より高い (6字)

**5** (1)(ア), (エ), (オ) (2) 2.8 g (3) 1.6 g

**6** (1)じょうりゅう, (ⅰ群)(イ), (ⅱ群)(キ) (2)(ウ)

**7** (1)(イ)
(2) 右図, (イ)

**8** (1) 75 cm/s
(2) 1.2秒
(3)(0.1秒から0.3秒までの間)(ア), (0.6秒から0.8秒までの間)(エ)

**解き方** **1** (1)唾液に含まれるアミラーゼがデンプンを分解する。ペプシンは胃液に含まれ、タンパク質を分解する。(2)小腸から吸収されたブドウ糖は肝臓でグリコーゲンに変わり、一時的に貯えられる。胆汁は脂肪を分解している。

**2** (1)純系であるので同じ遺伝子が対になっている。(2)種子の形を丸くする遺伝子が優性。操作④の種子の遺伝子の組み合わせはAA:Aa:aa=1:2:1 操作②はすべてAaであるので$\frac{2}{4}$となる。

**3** (2)写真の中央が天頂となっていることから、星の動きは東から西へ向く。また、天の赤道上の星は直線的に動いて見える。北半球では天頂の星は天の赤道より北にある

理科 | 19　解 答

ので，北の空と同じように北極星のまわりをまわるように弧を描く。

**4** (2) 前線Aが寒冷前線，前線Bが温暖前線。停滞前線上に低気圧ができて渦をまき始めると，東側に温暖前線，西側に寒冷前線ができる。選択肢(ア)(ク)(ケ)は温暖前線の説明であり，(イ)(エ)(カ)は風の吹き方の説明である。(3) 大気圧はその地点より上にある大気の圧力。標高1000 mの地点ではおよそ100 hPa下がる。正しく比較するために，すべて海面の高さでの大気圧に換算している（海面更正値という）。

**5** (1) 金属や金属の化合物は分子からできていない。(2) 反応式は$2Mg + O_2 → 2MgO$　結果の表から，Mg：MgO = 3：5で，Mgの質量を$x$gとすれば，3：5 = $x$：7より，$x = 3×7÷5 = 4.2$ [g]　よって，結合した酸素の質量は$7.0 - 4.2 = 2.8$ [g]　(3) Mgが2.1 gのとき，MgOは$2.1×5÷3 = 3.5$ [g]だけ生成される。このことから，CuO（酸化銅）は$5.5 - 3.5 = 2.0$ [g]生成されたと分かる。はじめのCuの質量を$y$gとすれば，4：5 = $y$：2.0より$y = 4×2.0÷5 = 1.6$ [g]

**6** (1) 蒸留は混合物の沸点の違いを利用して物質を分離する操作で，ガソリンの精製などに利用されている。エタノールの沸点は78℃で水より低い。(2) 水蒸気を上部の冷水で冷やし，容器の球面を利用して集めた水を受けることで水をとり出せる。

**7** (1) Ⅱ図から1回振動するのにかかる時間は0.002 sより，振動数は$\frac{1}{0.002} = 500$ [Hz] (2) "振幅は一定"とあるので，実質2択。弦が長いほうが振動数が少ない。

**8** (1) 単位時間あたりの移動距離が速さであるから，$(13.5 - 6.0) ÷ (0.3 - 0.2) = 75$ [cm/s] (2) 0.4 s以降は，動いた距離がすべて0.1秒間に12 cmで，120 cm/sの等速直線運動である。0.7 sのとき60 cmの位置にいるので，120 cmの位置に達するのは$(120 - 60) ÷ 120 = 0.5$ [s]後。よって，$0.7 + 0.5 = 1.2$ [s]後。(3) 速さを変化させる原因が力であり，この場合，重力の斜面に平行な分力がそれである。斜面の傾斜が変化しないかぎり力の大きさも変化しない。水平面では運動の向きと重力は垂直なので，進行方向に力ははたらいていない。

---

### 大阪府
問題 P.117

**解 答** **1** (1) 活火山 (2) ① イ　② エ
(3) ⓐ 石基　ⓑ 斑状組織 (4) ウ (5) イ
(6) 12 cm (7) (例) 主に生息していた水温の範囲が最も狭い (8) オ
**2** ① イ　② ⓐ イ　ⓑ エ (2) ① エ　② イ
③ 4.8 g (3) ① ア　② エ　55% (4) ① エ　② ウ
(5) ウ
(6) 沸点の低い
**3** (1) エ (2) 被子 (3) ① イ　② ウ (4) (例) 同じ個体の中で花粉がめしべにつく現象。(5) 優性形質 (6) 3倍
(7) 1：2：1 (8) イ，エ　ア，カ
**4** (1) ア
(2) 右図
(3) ① イ　② ウ
(4) ⓐ 3　ⓑ ア
(5) 電子
(6) ① ア　② エ　③ キ　④ ケ
(7) 4 L

**解き方** **1** (4) 斑晶はマグマが地下深くにあるときにゆっくり冷えてできた結晶で，石基の部分はマグマが地表近くに上がってから急速に冷やされてできた。(6) 地球誕生は46億年前なので，$\frac{5.4}{46} × 100 ≒ 12$ [cm]

---

(8) 火成岩体Gは断層Fによって切れていないことから，断層Fのほうが先にできた。地層群B，Aが堆積したあと，断層Fによって分断された。

**2** (1) ② 純粋な物質は沸騰し続けている間，温度が一定のまま上昇しない。(2) ② エタノールが燃焼すると，炭素原子が空気中の酸素と化合して二酸化炭素が生じ，水素原子が酸素と化合して水が生じる。③ $(4.4 + 2.7) - 2.3 = 4.8$ [g]
(3) エタノールの割合が大きい液体ほど燃えやすい。
(4) 液体(i)1.0 cm³中のエタノールの質量を$x$g，水の質量を$y$gとすると，質量について$x + y = 0.88$，体積について$\frac{x}{0.80} + \frac{y}{1.0} = 1.0$が成り立つ。これらより$x = 0.48$ [g]なので，割合は$\frac{0.48}{0.88} × 100 ≒ 55$ [%] (5) 図Ⅲより，エタノールが10%含まれる水溶液を沸騰させると，蒸気中のエタノールは約45%になるので，1回目の蒸留でエタノールが約45%になる。この水溶液を沸騰させた2回目の蒸留では，エタノールが約65%になる。(6) 沸点の低い物質は温度を下げても気体のまま上方の段に上がる。

**3** (1) カニは節足動物の中の甲殻類に分類される。(3) ② 受精後，胚珠が種子に，子房が果実になる。(6) $5474 ÷ 1850 ≒ 3$ [倍] (8) 対になった染色体が1個ずつ分かれるので，操作2，操作4があてはまる。(9) ●が種子を丸形に，○種子をしわ形にする遺伝子とするとアになり，●が種子をしわ形に，○が種子を丸形にする遺伝子とするとカになる。

**4** (1) ニクロムのような金属は導体である。(2) 空中で静止しているときには，チョウにはたらく重力と電気の力がつり合っている。(3) 足の長いbを電源装置の＋極につなぐ。aとbは一続きにつながっているので，aとbを流れる電流の大きさは等しい。(4) ⓐ $10×0.3 = 3$ [V]
(6) ③ 1分間にdから出る水の量は，1本の管が0.84 Lで，2本では2倍の$0.84×2 = 1.68$ [L]になる。④ 実験で，管を2本にすると，dから出る水の量は1本のときの2倍になるので，水の流れにくさは$\frac{1}{2}$倍になる。同様に，並列につないだQの抵抗も抵抗器1個のときの$\frac{1}{2}$倍になる。
(7) 1分間にくみ上げる水の重さを$x$Nとすると，ポンプが1分間にする仕事量$x×0.3 = 0.2×60 = 12$ [J]より$x = 40$ [N]で，質量は4 kg，体積は4 Lである。

---

### 兵庫県
問題 P.121

**解 答** **1** 1. (1) エ (2) 屈折
2. (1) （レンズ）ウ，（網膜）エ (2) イ
3. (1) ア (2) ウ　4. (1) ア　(2) エ
**2** 1. (1) ① ウ　② ウ (2) 9.5 mm (3) イ (4) ア
2. (1) ア (2) イ (3) ウ，オ
**3** 1. (1) ア (2) エ (3) ウ　2. (1) C
(2) （最も多い）C，（最も少ない）A (3) ① ウ　② イ
**4** 1. (1) ア (2) エ (3) イ (4) ウ (5) エ
2. (1) イ (2) ア
**5** 1. (1) ① オ　② イ　③ ウ (2) エ (3) 21.4 J
2. (1) 4Ω (2) 1.8 A (3) イ (4) イ

**解き方** **1** 1. 光がガラス中や水中から空気中に進むときは，入射角＜屈折角となるように境界面で屈折する。3. (2) 二酸化炭素が水に溶けると，その水溶液は酸性を示す。4. (1) 地軸の北極側が太陽のほうに傾いているアが夏至のころの地球の位置。
**2** 1. (2) $14.0 - 4.5 = 9.5$ [mm] (3) 表2より，Y，Zに比べて視野の中の細胞の数が多いXで細胞分裂がさかんに起こっていることがわかる。また，Y，Zで視野の中の細胞の数が少なくなっているのは細胞ひとつひとつの大き

---

旺文社 2021 全国高校入試問題正解

さが大きくなっているためである。 2．(1) 生殖細胞 (卵と精子) の染色体の数は体細胞の半分だが，受精することで受精卵の染色体の数は体細胞と同じになる。(3) まず，「卵生である」かどうかでほ乳類とそれ以外に区別できる。次に，「一生肺で呼吸する」かどうかで魚類・両生類と，は虫類・鳥類の２つのグループに分けられる。最後に，「体表がうろこでおおわれている」かどうかで５つのなかまをすべて区別することができる。

③ 1．(1)・(2) 塩化銅水溶液では，$CuCl_2 \rightarrow Cu^{2+} + 2Cl^-$ というように電離しており，電圧をかけると，陰極 (炭素棒A) には銅が付着し，陽極 (炭素棒B) では塩素が発生する。
2．(1) 図２は100gの水に溶ける物質の質量を表していることに注意。(2) 温度による溶解度の差が多い物質ほど多くの結晶が出てくる。(3) ① 40℃の水140gに溶ける物質Cの質量は64 [g] × 1.4 = 89.6 [g]　よって，出てくる結晶の質量は180 − 89.6 = 90.4 [g]
② 89.6 ÷ (89.6 + 140) × 100 ≒ 39 [%]

④ 1．(1) れき岩，砂岩，泥岩の順に堆積しており，堆積物の粒の大きさがしだいに小さくなっている。(3) かぎ層である火山灰の層の標高をもとに考える。地点Aにおける火山灰の層の上端の標高は19 m，地点Bでも19 m，地点Dでは17 mなので，南北方向への傾きはなく，西が低くなるように傾いている。
(4) 地点C (標高19 m) は地点Dの南に位置するので，火山灰の層の上端の標高は17 m。つまり，地表からの深さが2 mのところに火山灰の層の上端がある。また，その他の層の重なりは地点Dと同じになる。

⑤ 1．(2) 同じ電圧を加えたときに流れる電流の大きさが小さいほど抵抗が大きいので，表１より，豆電球＜抵抗がつけられた発光ダイオード。また表２から，豆電球より抵抗がつけられた発光ダイオードのほうが手ごたえは軽い。よって，エが正しい。 2．(1) 抵抗器Xの抵抗は3.0 ÷ 0.75 = 4 [Ω] (2) 並列回路では，回路全体を流れる電流は各抵抗を流れる電流の和に等しい。抵抗器Xに流れる電流は0.75 × 2 = 1.5 [A], Zに流れる電流は0.15 × 2 = 0.3 [A] なので，1.5 + 0.3 = 1.8 [A] (3) 抵抗器Yの抵抗は8 Ω，抵抗器Zの抵抗は20 Ωである。スイッチ１を入れると，①と③の直列回路になる。このとき，回路全体の抵抗は6.0 ÷ 0.25 = 24 [Ω]　よって，①と③は抵抗器X (4 Ω) と抵抗器Z (20 Ω) のいずれか。次に，スイッチ２を入れると，②と③の直列回路になる。このとき，回路全体の抵抗は6.0 ÷ 0.5 = 12 [Ω]　よって，②と③は抵抗器X (4 Ω) と抵抗器Y (8 Ω) のいずれか。以上より，①がZ，②がY，③がXである。

## 奈良県

問題 P.126

**解答**

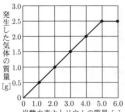

① (1) $2H_2 + O_2 \rightarrow 2H_2O$ (2) ① エ　② 57
② (1) 5.5 cm
(2) (圧力) 160 Pa，(関係) ア
(3) 右図
(4) (例) ケーブルa，bの間の角度が小さくなるため，引く力の大きさは小さくなる。

③ (1) 精細胞　(2) AA，Aa
(3) イ　(4) DNA　(5) ウ
④ (1) (用語) 主要動，(理由) エ
(2) 15時15分34秒
(3) ウ　(4) (例) 海洋プレートが大陸プレートの下に沈み込む境界があるから。
(5) ア
⑤ (1) イ　(2) 右図

(3) (例) 菌類や細菌類が葉の有機物を分解したから。
⑥ (1) $SO_4^{2-}$
(2) ウ
(3) (グラフ) 右図，
(考察) イ
(4) 22%
(5) (例) 密閉された容器の中で物質を反応させる方法。

**解き方**　① (2) ② 利用される電気エネルギーの量は40 × 600 = 24000 [J]　電気エネルギーの割合は40であるから，燃料が持つエネルギーの量は24000 ÷ 0.4 = 60000 [J]　利用される熱エネルギーの量は34200 Jであるから，その割合Xは34200 ÷ 60000 × 100 = 57

② (1) 表１より，10 gの質量に対するばねの伸びは0.5 cmであるから，110 gの物体をつるしたときのばねの伸びは0.5 ÷ 10 × 110 = 5.5 [cm] (2) 物体Aの底面積は0.05 × 0.05 = 0.0025 [m²]，計量皿が受けた力の大きさは40 ÷ 100 = 0.4 [N] であるから，圧力の大きさは0.4 ÷ 0.0025 = 160 [Pa] (3) 一直線上にない２力の合力は，２力の矢印を隣り合う２辺とする平行四辺形の対角線で表される。(4) 実験３の結果をもとに考える。糸１と糸２の角度が大きくなるほど，ばねの伸びが大きくなっていることがわかる。また，ばねの伸びが大きいほど糸を引く力は大きい。図６では，ケーブルa，bの間の角度が小さくなっているので，引く力の大きさも小さくなる。

③ (2) 実験１でできた孫の種子の遺伝子の組み合わせはAA，Aa，aaの３種類である。このうち，丸い種子が持つ遺伝子の組み合わせはAの遺伝子が含まれるAA，Aaである。(3) 苗①が持つ遺伝子の組み合わせがAAであれば，かけ合わせる苗が持つ遺伝子の組み合わせによらず，できる種子の形質はすべて丸い種子となるので不適。よって，苗①が持つ遺伝子の組み合わせはAaであり，適する選択肢はイまたはエである。さらに，苗②が持つ遺伝子の組み合わせがaaであれば，苗①とかけ合わせた場合，しわのある種子ができるので不適。よって，苗②が持つ遺伝子の組み合わせはAAである。以上より，適する選択肢はイである。

④ (2) P波はB地点とA地点の距離の差150 − 90 = 60 [km] を59 − 49 = 10 [s] で伝わっているので，P波の速さは60 ÷ 10 = 6 [km/s] である。よって，P波がB地点に到着するまでの時間は90 ÷ 6 = 15 [s] である。したがって，地震が発生した時刻は15時15分49秒の15秒前の15時15分34秒である。(3) マグニチュードが１大きくなると地震のエネルギーは約32倍大きくなるので，マグニチュードが7.6 − 5.6 = 2.0大きくなると地震のエネルギーは約32² = 1024 [倍] 大きくなる。
(5) イ…誤り。液状化現象とは，水を含んだ砂の地盤が地震のゆれによって液体のようになる現象である。エ…誤り。緊急地震速報は，地震が発生した直後，これから大きなゆれが来ることを事前に知らせるものである。

⑥ (1) 白い沈殿は硫酸バリウムである。硫酸バリウムはバリウムイオン$Ba^{2+}$と硫酸イオン$SO_4^{2-}$が結びついてできる。(3) ア…誤り。発生した気体は二酸化炭素である。イ…正しい。ウ，エ…誤り。(3)のグラフより，うすい塩酸40 cm³と過不足なく反応する炭酸水素ナトリウムの質量は5.0 gである。(4) 実験２の表より，炭酸水素ナトリウム5.0 gで発生した気体の質量は175.0 − 172.5 = 2.5 [g] であるから，炭酸水素ナトリウムの質量は発生した気体の質量の5.0 ÷ 2.5 = 2 [倍] である。よって，気体が0.22 g発生したとき，炭酸水素ナトリウムの質量は0.22 × 2 = 0.44 [g] である。したがって，ベーキングパウダー2.0 gに含まれる炭酸水素ナトリウムの質量の割合は0.44 ÷ 2.0 × 100 = 22 [%]

# 和歌山県

問題 P.129

**解答** 1 問1. (1) エ (2) 再生可能エネルギー(または自然エネルギー) (3) 燃料電池 (4) (例) 有害な物質を出さない。(または、二酸化炭素を出さない。) 問2. (1) 衛星 (2) ア (3) 作用・反作用 (4) Z. 肺胞，(理由)(例) 空気に触れる表面積が大きくなるから。
2 問1. エ 問2. シダ 問3. (例) むき出しになっている 問4. イ，エ
問5. (1) ウ (2) 右図
問6. (葉脈のようす) 下の左図，(根のようす) 下の右図

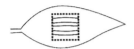
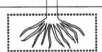

問7. (記号) ア，イ，(特徴)(例) 花弁が分かれている。
3 問1. イ，ウ 問2. ア 問3. 太平洋高気圧(または小笠原気団) 問4. 18.48(18.5) g 問5. ① イ ② イ 問6. ウ 問7. (例) 気圧の低下により海面が吸い上げられることで発生する。(または、強風で海水が陸に吹き寄せられることで発生する。)
4 問1. Cu 問2. (例) 手であおぐようにしてかぐ。問3. 4. 180 g 問5. X. (例) 音を立てて燃えた，(気体) 水素 問6. (1) 漂白作用 (2) ① ア ② ア (3) (例) 塩素のほうが水に多く溶けたから。(または、塩素のほうが水に溶けやすいから。)
5 問1. パスカル 問2. イ，エ 問3. (例) 力のはたらく面積が大きくなると、圧力が小さくなるため。
問4. エ 問5. X. 0.40 Y. 0.80 Z. (例) 変わらない 問6. 250 N 問7. (例) 容器内の空気がゴム板を押す力が、おもり、ゴム板、フック、糸にはたらく重力の和よりも小さくなったため。

**解き方** 1 問1. (4) 化石燃料を燃焼すると，二酸化炭素や有害物質(窒素酸化物や硫黄酸化物など)を生じるが，水素と酸素が化合しても，生じるのは水だけである。問2. (2) 図3の月(上弦の月)は，地球から見て，月の右側から太陽の光が当たっているので，アの位置である。イでは満月，ウでは下弦の月，エでは新月になる。(3) ロケットが気体を下向きに噴射すると，その反作用で気体がロケットを上向きに押し返す力が生じ，その力によってロケットは上方向に打ち上げられる。(4) 7〜8億個の肺胞に分かれることで毛細血管と空気が触れる内側の表面積が大きくなる。
2 問3. 裸子植物の花には子房がなく胚珠がむき出しになっている。問6. 単子葉類の葉脈は平行脈で，根はひげ根である。また，茎の横断面では維管束が全体に散らばっている。問7. タンポポやツツジは花弁が1枚につながった合弁花類である。
3 積乱雲は寒冷前線のように強い上昇気流があるところで生じる。強い上昇気流によって狭い範囲に背の高い雲ができるので，局地的に激しい雨が降る。問4. 23.1×0.80 = 18.48 g/m³ 問6. 南または東寄りの風が台風の中心に向かって吹き込んでいることや，風向が時計回りに変化していることから，観測地点は台風の進行方向の右側にあるアかウと考えられる。北半球では自転の影響で，風向は等圧線に垂直な向きよりも右側に傾くことから，たとえば13:00の風向が南南東なのでウが適当である。
4 問3. 塩化銅は水溶液中でCuCl₂ → Cu²⁺ + 2Cl⁻と電離し，陽イオン：陰イオン＝1：2の割合で生じる。

問4. 水溶液に含まれる塩酸の質量は20×0.35 = 7.0 [g] うすめて作った3.5%のうすい塩酸の質量は7.0÷0.035 = 200 [g] 加えた水は200 − 20 = 180 [g] 問6. (2) 原子が電子を受けとると，塩化物イオンのような−の電気を帯びた陰イオンになる。
5 問2. 物体を2つ重ねると重さが2倍になるので，圧力を同じにするにはスポンジと接する面積を面Cの2倍の100 cm²にする。問4. 水圧は水の深さが深いほど大きくなる。問5. 浮力の大きさは(浮力)＝(重力)−(ばねばかりが示す値)で求められる。X. 1.00 − 0.60 = 0.40 [N] Y. 1.00 − 0.20 = 0.80 [N] 問6. 25 cm² = 0.0025 m²，また，1000 hPa = 100000 Pa = 100000 N/m² したがって，0.0025 m²のゴム板が大気から受ける力は100000×0.0025 = 250 [N]

# 鳥取県

問題 P.134

**解答** 1 問1. ① 子房 ② 胚珠
問2. (1)③ 二酸化炭素 ④ 葉緑体
(2) (例) 水に溶けやすい (3) ア
2 問1. 1.2 g/cm³ 問2. ウ 問3. ① 0.90 ② 0.95 問4. エ 問5. 生分解性プラスチック
3 問1. 活断層 問2. 15時22分45秒 問3. ア 問4. (1) イ (2) 51 km
4 問1. (1) ア (2) ウ 問2. (例) コイルAの中の磁界が変化しなくなったから。問3. (例) (コイルAの左側から)棒磁石のS極を実験2のときよりもすばやく入れる。
問4. イ
5 問1. ウ 問2. エ 問3.(1)(例) 試験管Ⅰに空気(酸素)が入り，銅が酸化されて酸化銅に戻るのを防ぐため。
(2) 2CuO + C → 2Cu + CO₂ (3) 3.60
6 問1. 感覚器官 問2. (記号) d，(名称) 網膜
問3. ウ 問4. ミミズ，ダンゴムシ
7 問1. (1) 下の左図 (2) ア. ＝ イ. ＞
問2. 下の右図 問3. ① イ ② イ 問4. ウ

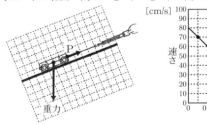

8 問1. 地球型惑星 問2. エ 問3. エ 問4. イ 問5. (例) 金星は地球よりも太陽の近くを公転しているため。

**解き方** 1 問1. カキノキの花では，受粉が行われると子房が成長して果実に，胚珠が成長して種子になる。問2. (2) デンプンは分解されて糖になり，糖は水に溶けて師管を通って根や茎，果実に運ばれる。(3) ナシは，葉脈が網状脈であることから双子葉類である。維管束では，師管の束は外側にある。
2 問1. 12÷10 = 1.2 [g/cm³] 問2. 表1より，1.0 g/cm³＜Aの密度＜1.2 g/cm³ 問3. 密度が0.90 g/cm³より大きく0.95 g/cm³より小さい液体を使うと，ポリプロピレンは浮き，ポリエチレンは沈む。
3 問2. 表の①，②より，P波の伝わる速さは$\frac{120-96}{5-1}$ = 6 [km/s]なので，地点Aで初期微動が始まった時刻の96÷6 = 16 [秒] 前に地震が発生した。問4. (2) 震源から12 kmの地点でP波を感知するのは地震発生の12÷6 = 2

［秒］後。よって，緊急地震速報が発表されるのは地震発生の7秒後。また，S波の伝わる速さは$\frac{120-96}{25-17}=3$［km/s］なので，緊急地震速報が発表されてから10秒後，すなわち地震発生から17秒後にS波が到達するのは，震源から3×17＝51［km］の地点である。
4 問1．(1) 右ねじの法則より導線のまわりの磁界は右まわり。(2) 操作2より導線に近いほど，操作3より導線に流れる電流が大きいほど，磁界が強くなることがわかる。問3．図4のときとは逆の向きに電流を流すには，S極を近づけたり，コイルに入れたN極を遠ざけたりする。電流を大きくするには磁石をすばやく動かして磁界の変化を大きくする。問4．コイルBは右端がN極になっているので，検流計の針は図4のときと同様に右に振れる。電流を流し続けると磁界が変化しなくなるので，電流は流れなくなり，指針は0を示す。
5 問1．化合した酸素の質量は4.0－3.2＝0.8［g］　銅：酸素＝3.2：0.8＝4：1　問3．(3) B班では，酸化銅4.0gと活性炭0.30gが過不足なく反応し，銅が3.20gできた。活性炭がB班の$\frac{1}{2}$の質量のA班では，活性炭0.15gと酸化銅4.0gのうちの$\frac{1}{2}$の2.0gが反応して銅が1.60gでき，酸化銅2.0gが反応せずに残っている。1.60＋2.0＝3.60［g］
6 問3．ヒメダカは今の位置を保とうとする本能があるので，操作2では流れに流されないように流れと逆向きに，操作3では同じ景色のところにとどまろうとして横じま模様の紙が回転する向きに泳ぐ。問4．ミミズやダンゴムシは落ち葉を食べて分解する分解者である。他は生きた生物を食べる。
7 問1．(1) 糸が力学台車を引く力は重力の斜面に平行な分力とつり合っている。(2) イ．重力の斜面に平行な分力は斜面の傾きが大きいほど大きくなる。問4．力学台車には斜面を上るときと同じ大きさの力が逆向きにはたらいているので，0.1秒後にD，0.2秒後にC，0.3秒後にBの位置にある。
8 問2．太陽のある左側が輝いている。また，太陽の近くなので欠け方が大きい。問3．金星の位置はほとんど変わらないが，月は月の出の時刻が遅くなり，位置が東側・下側に移動する。問4．金星は地球から離れていくので，形は満ちていき，しだいに小さく見える。

## 島根県

問題 P.139

**解答** 1 問1．1．イ　2．イ，エ　3．屈折　4．日周運動　問2．1．（水）94g，（食塩）6g　2．（力のつり合い）AとB，（作用と反作用）AとC
問3．1．停滞前線　2．順に，イ，ウ，ア
2 問1．1．(例) 突沸を防ぐため。2．麦芽糖　3．(例) デンプンは水ではなくだ液によって分解されたことを確かめるため。2．ウ，エ　問2．1．二酸化炭素　2．
3．ウ　4．(例) 細胞の呼吸によってたくさんのエネルギーをとり出すために，酸素や有機物を全身の細胞にたくさん届ける必要があるから。
3 問1．1．電解質　2．(番号) ①，(イオン式) $H^+$　3．イ
問2．1．(化学反応式) $BaCl_2 + H_2SO_4 \rightarrow BaSO_4 + 2HCl$，(物質名) 硫酸バリウム　2．0.81g　3．エ
4 問1．1．電子　2．ア
3．B．(例) 電極Xのほうに曲がる　C．－　4．＋極
問2．1．右図
2．20Ω
3．10Ω
4．D．抵抗器a　E．0.25

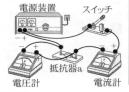

5 問1．1．初期微動継続時間　2．下図　3．(例) 地震が発生した時刻　4．X．(例) 地震によるゆれの大きさ　Y．(例) 地震の規模　問2．1．ウ　2．b　3．(例) 日本海溝から日本列島に向かい，海のプレートが陸のプレートの下にだんだんと深く沈み込んでいるから。　4．活断層

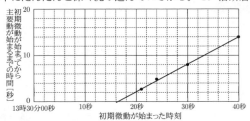

**解き方** 1 問1．2．アは水素，ウは酸素が発生する。4．1日における動きなので日周運動である。1年における動きを年周運動という。問2．1．100gの食塩水に含まれる食塩の質量は100×0.06＝6［g］で，水の質量は100－6＝94［g］　2．「○が□にはたらく力」と「□が○にはたらく力」が作用・反作用の関係になる。
2 問1．2．デンプンはだ液中のアミラーゼによって麦芽糖に分解される。麦芽糖は小腸でマルターゼによってブドウ糖に分解される。3．調べたい条件以外はすべて同じにして行う実験を対照実験という。4．2℃ではヨウ素液によって青紫色に変化しているので，デンプンが分解されずに残っていることがわかる。よって，だ液ははたらいていない。問2．2．血管bは心臓を出たあと消化管を通るので，そこを流れる血液はそのとき分解された栄養分を吸収し肝臓に運ぶ。3．右心房から右心室に流れる血液の量を調整するものである。
3 問1．2．水溶液A中には水素イオンと塩化物イオンが存在し，水素イオンは青色のリトマス紙を赤色に変化させる。操作1の結果から，水素イオンがクリップXに移動したことがわかるので，クリップXが電源装置の－極につながっている。よって，①は水素イオン，②は塩化物イオン，③はナトリウムイオン，④は水酸化物イオンである。3．水溶液C中にはナトリウムイオンと水酸化物イオンが存在し，水酸化物イオンは赤色のリトマス紙を青色に変化させる。水酸化物イオンは電源装置の＋極に移動するので，クリップYのほうに移動する。
問2．2．図2より，0.27×3＝0.81［g］
3．表2から，この実験では，うすい塩化バリウム水溶液とうすい硫酸が体積比1：1で過不足なく反応することがわかる。表3のF，Gではうすい硫酸がすべて反応するので，沈殿した物質の質量は操作1と同じで，順に0.27g，0.81gである。Hでは両方とも過不足なく反応し，沈殿物は1.35gできる。I，Jではうすい塩化バリウム水溶液がすべて反応する。このとき，同じ体積のうすい硫酸が反応するので，沈殿物の質量は順に0.81g，0.27gとなる。したがって増加と減少は直線のグラフになる。
4 問1．3．電子は－の電気を持っているので，電極X（＋極）のほうに曲がる。4．雲が図2の－極，地表が図2の＋極と考える。問2．2．結果1の①より，4.0÷0.20＝20［Ω］　3．結果1の②より，合成抵抗が3.0÷0.10＝30［Ω］なので，30－20＝10［Ω］　4．抵抗が大きくなると，電流が流れにくくなるので，Pを流れた電流は抵抗が小さい抵抗器aを流れるようになる。抵抗器aでオームの法則により，5÷20＝0.25［A］
5 問2．1．海嶺は海底が山脈のように盛り上がっているところで新しいプレートがつくられている場所である。3．②のような地震を直下型地震という。4．直下型地震はプレートに力がかかり活断層がずれることによって発生する。

# 岡山県

問題 P.143

**解答**

**1** ① 小笠原気団　② NaCl→Na⁺＋Cl⁻
③ ア　④ (1) 下の左図　(2) (A) ア　(B) ウ
⑤ 側根　⑥ エ

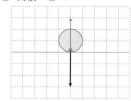 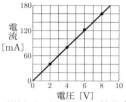

**2** ①(1) 電磁誘導　(2) エ　(3)(X)イ　(Y)イ　(4)(例) 棒磁石をより速く動かす。
②(1) 上の右図　(2) 順に，イ，ウ，ア　③ 9300 J
**3** ① 衛星　② イ　③(例) 大陸プレートの下に海洋プレートがもぐり込む。その後，引きずり込まれた大陸プレートの先端が，急激に隆起してもとに戻ることで地震が起こる。④ 斑晶　⑤ エ　⑥ オ　⑦ 順に，ウ，イ，ア
**4** ① (あ)ウ　(い)オ　②(1) (液体)ウ，(気体)イ
(2)(例) 同じ質量の場合，液体にすると気体よりも体積が小さくなるので，より多くの量を貯蔵できる。
③(1)(例) 電流を流しやすく　(2) 300 g　④ イ
**5** ① ア，オ　② ウ　③ トリプシン
④(例) 分解できる食品の主成分が決まっている
⑤(例) 表面積が大きくなるから。⑥ ウ

**解き方**

**1** ④(1) 床が小球を押す力を表す矢印と同一直線上で，逆向きで長さと作用点が同じ矢印をかく。(2) 小球が点Pから点Qまで移動するとき，小球の速さは大きくなるので運動エネルギーは大きくなる。
⑥ このプラスチックの密度は 5.6÷4＝1.4 [g/cm³]
**2** ①(3)(X)・(Y) N極を下にした棒磁石をaからbの位置に動かしたときと流れる電流の向きは逆になる。②(2) 消費電力＝電圧×電流であり，ア〜ウで電圧が同じことから，消費電力の大きさは流れる電流の大きさに比例する。回路に流れる電流の大きさはイ，ウ，アの順に大きいので消費電力もイ，ウ，アの順に大きい。③ 白熱電球の消費する電力量は 36×5×60＝10800 [J]，LED電球の消費する電力量は 5×5×60＝1500 [J]　よって，電力量の差は 10800－1500＝9300 [J]
**3** ② 図1は古生代に栄えたサンヨウチュウの化石である。⑤ 石英（セキエイ），長石（チョウ石）は無色・白色の鉱物である。また，黒雲母（クロウンモ）は板状の鉱物である。⑥ 岩石Xのつくりは等粒状組織なので，岩石Xは深成岩である。また図3から，岩石Xには有色鉱物が 8÷25×100＝32 [%] 含まれていることがわかる。よって図2より，岩石Xはせん緑岩と考えられる。⑦ 図4から，図5の柱状図はC，A，Bの順に深い地層を表していることがわかる。さらに火山灰の層に着目すると，ウ，イ，アの順に堆積したことがわかる。
**4** ③(2) 質量パーセント濃度5%の水酸化ナトリウム水溶液200 gに含まれる水酸化ナトリウムの質量は 200×5÷100＝10 [g]，水の質量は 200－10＝190 [g]　水酸化ナトリウム10 gで質量パーセント濃度が2%の水溶液をつくるときに必要な水の質量は 10÷(2÷100)－10＝490 [g]　よって，加える水の質量は 490－190＝300 [g]　④ 実験Aでは水素2 cm³と酸素1 cm³が反応する。実験B〜Dではそれぞれ水素6 cm³と酸素3 cm³が反応する。よって，実験Aでできる水の量が実験B〜Dでできる水の量よりも少なく，実験B〜Dでできる水の量が等しいグラフを選ぶ。
**5** ① 生産者は自ら栄養分をつくる生物である。オオカナダモやアブラナは光合成で自ら有機物をつくっている。② 試験管a，bではデンプンはだ液によって分解されて麦芽糖などに変化している。よって，試験管aの溶液の色は変化せず，試験管bの溶液は赤褐色になる。また，試験管c，dではデンプンがそのまま残っているので，試験管cの溶液は青紫色に変化し，試験管dの溶液の色は変化しない。⑥ 実験1ではだ液がデンプンを別の物質に変化させるはたらきがあることがわかる。実験2では，デンプンを分解する消化酵素がアミラーゼであることと，タンパク質を分解する消化酵素がペプシンであることがわかる。実験3では，試験管Bの片栗粉（デンプン）が分解されなかったことから，混合溶液中のアミラーゼがペプシンによって分解されて別の物質に変化したと考えられる。

# 広島県

問題 P.147

**解答**

**1** 1.（小球の重さ）0.5 N，（仕事の量）0.1 J
2. エ　3. 9.0 cm
4.（例）小球とレールとの間にはたらく摩擦力などにより，X点とY点の間で小球が持つエネルギーが失われるため。
5. ア，エ，オ
**2** 1.（例）流水で運ばれながら岩石の角がけずられるため。2. エ　3.（例）気体が発生する。4. イ，エ
5.（1）A. 凝灰岩　B. 火山灰　C.（例）広い範囲
（2）D. イ　E. ア　F. ア
**3** 1.（体の特徴）(イ)，（生物名）(エ)，(カ)　2.（例）この生物にはうろこがないため。3.(エ)，(オ)　4.（1）A. ア
B. エ　C. イ　D. ウ（AとB，CとDは順不同）
（2）X.（例）異なる　Y.（例）同じである　Z. エ
（3）（例）あたたかくて浅い海であった。
**4** 1. 中和　2. A. 硫酸バリウム　B. NaCl　3.（名称）質量保存の法則，X. 数　Y. 種類（XとYは順不同）
4.（記号）イ，（理由）（例）容器内の気体が空気中に出ていくため。5.（1）ア　（2）（例）一定量の銅に化合する酸素の質量には限界があるため。（銅がすべて酸素と化合したため。）（3）0.20 g

**解き方**

**1** 1. 小球の重さは 50.0÷100＝0.50 [N]
仕事の量は 0.50×20.0÷100＝0.1 [J]
2. 木片にはレールとの間に移動の向きと反対向きに摩擦力がかかる。小球が当たったあと木片には移動の向きと同じ向きの力ははたらかず木片は減速している。
3. 質量20.0 gの小球を30.0 cmの高さから静かに転がしたときの木片の移動距離は12.0 cmである。グラフから，質量50.0 gの小球を転がして木片が12.0 cm移動するのは小球の高さが9.0 cmのときである。
5. おもりが持つ位置エネルギーは，a点とc点では同じ大きさで，b点では他の2点より小さくなる。力学的エネルギーの大きさはつねに一定だから，運動エネルギーの大きさは，a点とc点では同じ大きさであり，b点では他の2点より大きくなる。
**2** 2. イとウは角ばった鉱物の結晶があり，4つの中では火成岩の花こう岩と安山岩であるとわかる。イは結晶が大きく等粒状組織が見られるので深成岩の花こう岩，ウは結晶がまばらで斑状組織が見られるので火山岩の安山岩である。残ったアとエのうち，粒の大きさがより大きいのが砂岩，小さいのが泥岩であるから，アが泥岩，エが砂岩と判断できる。3. 石灰岩には炭酸カルシウムが含まれているため，うすい塩酸をかけると二酸化炭素が発生する。
5.（1） C. 解答は「広い範囲」だけでなく，「短期間かつ広範囲」のほうがより望ましい。また，問題文の続きには「地層の広がりを知る手がかりになる」とあるが，地層の対比に役立つのであるから，「同時期にできた地層がどれなの

かを異なる地域で比べる手がかりになる」であろう。(2) 海面が下降して水深が浅くなった場所では，だんだん河口が近くなり，粒の大きいものが上に堆積していくので，下になるほど小さい粒でできている層になる。
**3** 1．軟体動物は内臓がやわらかい外とう膜に覆われているのが特徴で，イカや貝類，タコなどが当てはまる。
2．ノートのまとめに挙げられた項目のうち，「うろこがない」はハチュウ類に当てはまらず，両生類の特徴である。他の項目はハチュウ類にも当てはまる。
4．(2) 相同器官とは，形やはたらきが異なっていても，つくりに共通点があり，もとは同じ器官であったと考えられるもののことである。ホニュウ類のつばさ，ひれ，うでは代表的な相同器官である。(3) サンゴはあたたかく浅い海に生息するため，サンゴの化石からその場所の当時の環境を推定できる。
**4** 4．化学変化によって気体が発生した分，プラスチック容器の中の気圧は高まっていると考えられる。そのためふたを開けると，容器内の気体が空気中に出て，再びふたを閉めたときの容器全体の質量は減少する。5．(3) グラフの加熱後の物質の質量が変化しなくなったところを読みとると，加熱後の物質の質量は1.25 gである。したがって銅の粉末が1.00 gのとき，銅に化合した酸素の質量は1.25 − 1.00 = 0.25 [g]　銅の粉末が0.80 gのとき，銅に化合した酸素の質量は0.25 × 0.80 = 0.20 [g] と考えられる。

## 山口県　問題 P.151

**解答**
**1** (1) 静電気　(2) 3
**2** (1) 溶媒　(2) (例) 温度が変わっても，溶解度があまり変化しないから。
**3** (1) 栄養生殖　(2) (例) 子が親と全く同じ遺伝子を受けつぐから。
**4** (1) 露点　(2) 1
**5** (1) a. 感覚神経　b. 運動神経　(2) (例) 測定値には誤差があるから。(3) 2　(4) (例) 手で受けとった刺激の信号がせきずいに伝えられると，せきずいから直接，手を引っこめるという信号が出されるから。
**6** (1) 4　(2) 6.1 g　(3) HCl + NaOH → NaCl + H₂O
(4) (バリウムイオン) ア，(硫酸イオン) イ
**7** (1) 1.7倍
(2) 右図
(3) (例) 運動の向きにはたらく力が大きくなるから。
(4) 3
**8** (1) 1　(2) 2　(3) (例) 火山灰は広範囲に（同時に）堆積するから。
(4) (区間) B，(地層にはたらいた力) 1
**9** (1) CO₂　(2) 乱反射　(3) あ. 水　い. (例) 白くにごったまま　(4) (例) 温度が高いほど短い

**解き方**
**1** (2) 2種類の物質をたがいに摩擦すると，どちらか一方の物質が＋の電気を帯び，もう一方の物質が−の電気を帯びる。
**2** (2) 塩化ナトリウムの溶解度はグラフから60℃のときは約37 gである。この飽和水溶液を例えば20℃にすると，溶解度は約36 gなので，37 − 36 = 1 [g] しか析出しない。
**3** (1) 無性生殖のうち，ゾウリムシは分裂，ヒドラは出芽，アオカビは胞子生殖。
**4** (2) コップの表面がくもり始める温度が最も高いということは，露点（水蒸気が凝結し始める温度）が最も高い，つまり水蒸気量が最も大きいということ。4つの選択肢のうち，気温が最も高く（含むことのできる水蒸気量が最も大きく）かつ湿度が最も高い4月15日12時が答え。

**5** (3) 平均値は $(19.0 + 20.8 + 18.5 + 20.0 + 19.2) \div 5 = 19.5$ [cm]　右図参照。

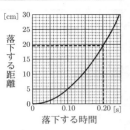

**6** Mg + 2HCl → MgCl₂ + H₂の反応で（無色無臭で空気より密度が小さい）水素が発生する。(2) 加えた水酸化ナトリウムを $x$ gとおいて，$\frac{x}{300+x} \times 100 = 2$ を解く。
(4) 硫酸と水酸化バリウムの化学反応式は，H₂SO₄ + Ba(OH)₂ → BaSO₄ + 2H₂O　このとき，BaSO₄は水に溶けにくく沈殿する。右図より，バリウムイオンは残らず，硫酸イオンは1個残る。

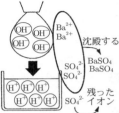

**7** (1) P₂P₃間の平均の速さ ÷ P₁P₂間の平均の速さ = $\frac{8.4}{0.1} \div \frac{5.0}{0.1} = 1.68$　小数第2位を四捨五入して1.7倍。
(2) 小球が水平面に支えられている力→垂直抗力　(4) 実験の⑦より，斜面の角度が大きいほうが速さの変化の割合が大きい。また，力学的エネルギー保存の法則から，手をはなす高さhが同じなら小球の持つ位置エネルギーは等しく，水平面での小球の速さも同じになる。よって，グラフは，30°のときのほうが経過時間に対して傾きが大きく，一定になったときの速さは同じになる。

**8** (2) キ石は緑〜かっ色，カクセン石はこい緑〜黒色，カンラン石は黄緑〜かっ色。(3) 県の解答は「広範囲に堆積するから」となっているが，火山灰は広範囲に同時に堆積することで離れた地層を比較する手がかりとなる。「広範囲かつ同時に」という意味の解答が望ましい。(4) 火山灰の層の下面の深さを標高で表す。㋐ 235 − 15 = 220 [m]　㋑ 240 − 20 = 220 [m]　㋒ 250 − 20 = 230 [m]　㋓ 255 − 25 = 230 [m] となるので，220 mの㋑と230 mの㋒の間，区間Bを選択。地層にはたらいた力は正断層なので1を選択。2の力の向きは逆断層になるはずだが地層のずれが反対になっている。

**9** (1) 砂糖は炭素（C），水素（H），酸素（O）の化合物なので燃やすと，CからCO₂，HからH₂O（水蒸気）が発生。タンパク質を構成する主な元素はC，H，O，窒素（N），硫黄（S）なので，水蒸気以外に共通する気体はCから発生するCO₂である。

## 徳島県　問題 P.155

**解答**
**1** (1) (a) ① ア　② ア　(b) 胎生
(2) (a) P波　(b) イ　(3) (a) 炭素　(b) A
(4) (a) エ　(b) X線
**2** (1) 食物連鎖　(2) ウ　(3) ① 消費者　② 草食動物，肉食動物　(4) (a) (B) イ　(C) ア　(b) (例) 肉食動物がいなくなり草食動物が増える。草食動物が増えたことで，植物が減っていき，いなくなる。植物がいなくなったことで，草食動物がいなくなる。
**3** (1) 音源　(2) イ　(3) 400 Hz　(4) ア，エ　(5) 338 m/s
**4** (1) (a) イ　(b) 76　(2) あ. 100　い. 露点　(3) (例) 山頂の気圧よりふもとの気圧が高いから。(4) 25℃
**5** (1) 分解　(2) (例) 水そうの水が試験管に逆流しないようにするため。(3) ① イ　② イ　③ ア　(4) 1.7 g
(5) (a) (例) 炭酸水素ナトリウム水溶液にフェノールフタレイン溶液を加えたとき，うすい赤色になったため，アルカリ性が弱いことがわかったから。(b) 水に溶けにくく

**解き方** 
**1** (3) (b) 水の密度(1.00 g/cm³)<プラスチックの密度<飽和食塩水の密度(1.19 g/cm³)となるものを探す。(4) (a) 岩石や生物体，空気などには放射性物質が含まれている。また，宇宙からも放射線が降り注いでいる。このように，自然にある放射線を自然放射線という。
**2** (2) クモとカエルは肉食動物である。(4) (a) (A)肉食動物が増加すると草食動物の数が減少する(エ)。(B)草食動物の数が減少すると肉食動物の数が減少し，植物の数が増加する(イ)。(C)植物の数が増加すると草食動物の数が増加する(ア)。(D)草食動物の数が増加すると植物の数が減少する(ウ)。やがて肉食動物の数が増加し，元のつり合いに戻る。
**3** (2) 振動数が図2と同じで振幅が大きいものを選ぶ。(3) 0.005秒間で弦が2回振動しているので，振動数は2÷0.005＝400[Hz] (4) 弦の長さが長いほど，また弦のはりが弱いほど振動数が小さくなり低い音が出る。(5) 花火の破裂する音が4900－2200＝2700[m]進むのに，8時20分23秒－8時20分15秒＝8[s]かかるので，音の伝わる速さは $\frac{2700}{8}$ ≒338[m/s]
**4** (1) (b) 乾球と湿球の示度の差は26－23＝3[℃] (2) 山頂に着いたとき，山頂は霧に包まれていたので，山頂の空気は露点に達している。よって，山頂の湿度は100％である。霧が消えたのは，気温が露点より高くなり，空気中の小さな水滴が水蒸気になったためである。(4) ふもとの気温は28℃，湿度は85％なので，空気1m³中の水蒸気量は $27×\frac{85}{100}$ ≒23[g/m³] この水蒸気量が飽和水蒸気量となる気温を図2のグラフから探す。
**5** (2) 水そうの水が加熱している試験管Xに逆流すると試験管が割れるおそれがある。(3) ① マッチの火を近づけると燃えるのは水素である。② 火のついた線香を入れると線香が激しく燃えるのは酸素である。(4) 2.0gの炭酸水素ナトリウムが分解すると，1.3gの炭酸ナトリウムが生じるので，生じた二酸化炭素と水の質量は2.0－1.3＝0.7[g] 炭酸水素ナトリウム4.0gを加熱すると，試験管に3.2gの物質が残ったので，生じた二酸化炭素と水の質量は4.0－3.2＝0.8[g] このとき，生じた炭酸ナトリウムを $x$ gとすると，1.3:0.7＝$x$:0.8より$x$≒1.5[g] よって，反応せずに残っている炭酸水素ナトリウムの質量は3.2－1.5＝1.7[g]
【別解】反応した炭酸水素ナトリウムを$x$gとすると，2.0:0.7＝$x$:0.8より$x$≒2.3[g] よって，反応せずに残っている炭酸水素ナトリウムは4.0－2.3＝1.7[g]
(5) (b) 粉を振りかけてぬれたスポンジでこすると，水に溶けやすいとスポンジに含まれている水分に粉が溶けてしまい，粉で汚れをけずり落とすことができない。

---

# 香川県

問題 P.159

**解答**
**1** A．(1) a．ウ　b．偏西　(2) エ
(3) a．(例)(日が当たったとき，砂は水と比べて)あたたまりやすく高温になる。(このため，砂の上の空気が，水の上の空気より)あたためられて膨張し，密度が小さくなった(ため。) b．イ
B．(1) a．木星型惑星　b．(例)(Yのグループの惑星は，Xのグループの惑星に比べて，質量は)小さく，(太陽からの距離は)小さい。(2) a．エ　b．(位置)T，(言葉)ウとキ
(3) イ
**2** A．(1) a．中枢　b．0.12秒
(2) a．反射　b．(筋肉)X，(つながり方)ウ　c．イとエ
B．(1) 胞子　(2) ア　(3) ウ　(4) アとエ
C．(1) a．光合成　b．エ
(2) (例)森林の中に含まれていた微生物が，デンプンを分解したから。

**3** A．(1) $CuCl_2 → Cu^{2+} + 2Cl^-$　(2) 60％　(3) イ
(4) エ　(5) 0.6 g　B．(1) a．(例)(火のついた線香を陽極に発生した気体に近づけると，)線香が炎を出して激しく燃える(ことを確認する。)
b．ウ　c．イ
(2) エ　(3) 2.7 g
**4** A．(1) 右図
(2) ウ
B．(1) 10秒
(2) 2.0 J
(3) イとウ
(4) イとウ　(5) 88 W

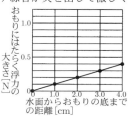

C．(1) 3.6 V　(2) ア　(3) (例)コイルに流れる電流を大きくする。コイルの巻き数を増やす。より強力なU字型磁石に変える。などから1つ。(4) 30 Ω　(5) イとエ

**解き方**
**1** A．(3) b．夏には南高北低の気圧配置になり南東の季節風が吹く。B．(1) a．Xのグループは木星型惑星と呼ばれ，木星，土星，天王星，海王星が含まれる。b．Yのグループは地球型惑星と呼ばれ，水星，金星，地球，火星が含まれる。太陽からの距離が小さいほうから順に，水星，金星，地球，火星，木星，土星，天王星，海王星となる。(2) b．金星は約0.62年で1回公転するので，半年で公転する角度は $360°×\frac{0.50}{0.62}$ ≒290[°]
**2** A．(1) b．刺激を受けとってから筋肉に伝わるまでの時間が最も短くなるとき，脳での判断は0.10秒，信号が神経を伝わる速さは90 m/sとなる。右手で受けた刺激の信号が脳に伝わるまでにかかった時間は $\frac{75+25}{90×100}=\frac{1}{90}$[s]，命令の信号が左腕の筋肉に伝わるまでにかかった時間は $\frac{25+55}{90×100}=\frac{8}{900}$[s] したがって，全体の時間は $\frac{1}{90}+0.10+\frac{8}{900}=0.12$[s]
**3** A．(2) $\frac{50+100}{50+100+100}×100=60$[％]
(4) 実験Ⅱより，20℃の水100gに150g以上の砂糖が溶けるので，図ⅢのAのグラフが砂糖の溶解度曲線である。水の温度を変えても溶解度があまり変わらないDが塩化ナトリウムのグラフである。また，BとCを比べると40℃のときの溶解度が大きいCが硝酸カリウム，小さいBがミョウバンの溶解度曲線である。
(5) 80℃の水5.0gに溶ける塩化ナトリウムの質量を$x$gとすると，100:38＝5.0:$x$より$x$＝1.9[g]
よって，溶け残っている塩化ナトリウムは2.5－1.9＝0.6[g]
B．(1) b．アは二酸化炭素，イはアンモニアや塩化水素，エは窒素の性質である。
(3) 5.8gの酸化銀が完全に分解されると5.4gの銀ができるので，生じた酸素は5.8－5.4＝0.4[g]で，1回目の加熱後に生じた酸素は5.8－5.6＝0.2[g] このときにできた銀を$y$gとすると，5.4:0.4＝$y$:0.2より$y$＝2.7[g]
**4** B．(1) 糸を引く距離は20×2＝40[cm]なので，かかった時間は $\frac{40}{4.0}=10$[s] (2) 40 cm＝0.40 mなので，5.0×0.40＝2.0[J] (5) 仕事率は，花子さんが $\frac{240×2.0}{6.0}=80$[W]，太郎さんが $\frac{210×2.0}{5.0}=84$[W]，春子さんが $\frac{110×2.0}{2.5}=88$[W]　C．(1) 180 mA＝0.18 Aなので，20×0.18＝3.6[V] (4) 400 mA＝0.40 Aなので，電熱線Xに流れる電流は $0.40-\frac{4.8}{20}=0.16$[A]，電熱線Xの抵抗は $\frac{4.8}{0.16}=30$[Ω]

## 愛媛県

問題 P.165

**解答**

1  1.(1) ① ア　② ウ　③ 全反射
(2) f
2.(1) 右図
(2) 50 g
(3) 9.0 cm
3. ① 3.0　② イ　③ ウ

2  1.(1) 電離
(2) ① イ　② エ
(3) A
2.(1)(例)ガラス管を水から取り出す。(2) ア
(3) $2NaHCO_3 \rightarrow Na_2CO_3 + H_2O + CO_2$　(4) 5回
(5)(指示薬)フェノールフタレイン(溶液)，(記号)R

3  1.(1) 葉緑体　B と D　ウ　2.(1) 外とう
(2) ① イ　② エ　(3)(胎生)R，(変温動物)Q
(4)(例)形やはたらきは異なっていても，基本的なつくり
(5) ① イ　② ウ

4  1.(1)(風向)東南東，(風力) 1，(天気)快晴
(2) 16 hPa　(3) イ　(4) ① イ　② エ
2.(1) 日周運動　(2) ウ
(3) ① イ　② ウ　(4) ① ア　② エ

5  1.(1) ウ　(2) イ　2.(1) (X) B，(助言)エ　(2) ウ
3.(1) 9.0 g/cm³　(2) B，C，F　(3) エ　4.(1)(例)流水
によって運搬されたことで，丸みを帯びた形となっている。
(2) ① ア　② エ

**解き方**

1 1.
(2) 右図の
ように，光bは面Aで屈
折，面B，面Cで反射，
面Dで屈折してfに達す
る。2.(2) (1)のグラフ
から読みとる。(3) 手が
ばねYを引く力の大きさ
は1.20 − 0.75 = 0.45 [N]
である。

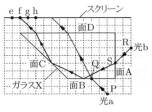

3. ① 図4の力のつり合いから，おもりJの重さは3.0 N
である。② おもりJの重さは変わらないので，糸Iと糸G
が結び目を引く力の合力は図4と同じである。

2 1.(3) 酸性の水溶液には陽イオン(H⁺)が含まれてい
るので陰極に引かれ，リトマス紙の色の変化は青→赤とな
る。2.(4) 固体Y1.0 gが完全に溶ける水の量をxgとす
ると，100 : 22.1 = x : 1.0 より x = 4.52…[g]　よって，
5回行う。

3 1.(2) 装置Bではツバキは呼吸のみを行っている。
(3) Aの結果より，光合成でとり入れられる二酸化炭素の
ほうが呼吸で放出される二酸化炭素より多く，光合成で放
出される酸素のほうが呼吸でとり入れられる酸素より多い
ことがわかる。2.(3) コウモリはホニュウ類である。

4 1.(1) 24日と25日の地点Bは等圧線4本の差がある
ので，気圧は4 × 4 = 16 [hPa]の差がある。地点Bの気圧
は，24日は1020 hPa，25日は1004 hPaである。2.(2) 太
陽が南中する時刻は，経度が15°違うごとに1時間ずれる。
よって，(141° − 135°) ÷ 15° = 0.4 [時間] = 24 [分]

5 1.(1) 電力 = 電流 × 電圧　なので，同じ電流のとき，
図1より，抵抗器cが消費する電力は抵抗器aの2倍になる。
(2) 抵抗の大きさは，a = 6 ÷ 0.3 = 20 [Ω]，b = 6 ÷ 0.2 =
30 [Ω]，c = 4 ÷ 0.1 = 40 [Ω]　図3の回路全体の抵抗は
6 ÷ 0.1 = 60 [Ω]なので，a，cはAB間とBC間につなが
れている。図4の回路で，BC間に流れる電流は，6 V の
とき0.5 − 6 ÷ 30 = 0.3 [A]より，抵抗の大きさは6 ÷ 0.3
= 20 [Ω]

2.(1) デンプンが存在すれば，ヨウ素液を加えると青紫色
に変化する。試験管Aの上ずみ液には微生物が含まれてい
て，じゅうぶんな時間があればデンプンをすべて分解する
ため，ヨウ素液を加えても青紫色に変化しない。試験管B
では上ずみ液を沸騰させているので微生物が死滅している
ため，ヨウ素液を加えると青紫色に変化する。
3.(1) 18 ÷ 2.0 = 9.0 [g/cm³]　(2) 原点とA～Gを線で結
ぶと，B，C，Fは同一直線上で，密度は8 g/cm³なので鉄
だと考えられる。(3) 体積と質量の関係を表すグラフの傾
きが急なほど密度が大きくなるので，領域Ⅲの物質の密度
は領域Ⅰよりも小さい。
4.(1) 地層Q～Sの岩石は堆積岩である。(2) ビカリアは
新生代の海で生息していた。

## 高知県

問題 P.169

**解答**

1  1.(1) 反射　(2) 感覚神経　(3) イ
2.(1) 8.3%　(2) 5 g
3.(1) Y. 7　Z. 10　(2) イ　(3) マグニチュード
4.(1) あ. −　い. +　う. −　(2) 放電

2  1. 胞子　2.(例)からだの表面から直接水を吸収し
ている。3.(1) 裸子　(2) ア　(3)(例)葉脈が葉の細長い
方向に平行に並んでいる。(4) ウ

3  1. $NaHCO_3 + HCl \rightarrow NaCl + H_2O + CO_2$
2. 質量保存の法則　3. ア　4.(例)火のついた線香を
気体Yの中に入れる。5.(銀) 1.58 g，(気体Y) 0.12 g

4  1. エ　2.(例)金星は地球より内側の軌道を公転し
ているから。3. ウ　4. イ　5. 衛星
6.(例)月が地球のかげに入るから。

5  1. エ　2. ウ　3.(例)糸を引く力の大きさと糸を
引く距離を変えずに，力の向きを変えるはたらきがある。
4. 0.05 W　5.(力の大きさ) 200 N，(距離) 18 m

**解き方**

1 1.(3) Ⅱは意識して起こる反応で，脳
で判断し命令の信号が出される。命令の信号
は脳からせきずいを通り運動神経によって筋肉に伝わる。
2.(1) $\frac{9}{109} \times 100 \fallingdotseq 8.3$ [%]　(2) 60℃のホウ酸の飽和水
溶液115 gは，表より，ホウ酸15 gが水100 gに溶けている。
これに水を100 g加えると，15 gのホウ酸が水200 gに溶け
ていることになる。表より，20℃の水200 gに溶けるホウ
酸の質量は10 gなので，20℃まで冷やすと，15 − 10 = 5 [g]
が再結晶する。3.(1) 震度は，0～7の数値で表されるが
5と6が強と弱の2段階に分かれているので，10段階になる。
(2) P波が初期微動，S波が主要動を伝える。
4.(1) +の電気を帯びたガラス棒と引き合ったことから，
ストローは−の電気を帯びている。

2 2. コケ植物は体の表面全体から水を吸収している。
根のような仮根を持つが，仮根は地面などに体を固定する
はたらきをしている。3.(1) イチョウは，マツなどと同
じ裸子植物である。(2) 植物B，Cは被子植物で，植物B
は樹木であることからサクラ，植物Cは合弁花であること
からアサガオである。(3) 植物Dは茎の維管束が散らばっ
ていることから単子葉類のツユクサである。(4) イ．顕微
鏡のピントは対物レンズとプレパラートを遠ざけながら合
わせる。エ．顕微鏡の倍率は接眼レンズの倍率と対物レン
ズの倍率の積になる。

3 4. 燃焼は酸素と結びつく化学変化なので，火のつい
た線香を酸素の中に入れると空気中よりも激しく燃える。
5. 表より，酸化銀と分解されてできた銀の質量の比は，
酸化銀：銀 = 100 : 93　1.70 gの酸化銀が分解すると，銀
が $1.70 \times \frac{93}{100} \fallingdotseq 1.58$ [g] でき，酸素は 1.70 − 1.58 = 0.12 [g]
発生する。

④ 2．金星は内惑星なので，地球から見るといつも太陽の近くにあるため明け方か夕方にしか見えない。
4．木星型惑星は大型であるが，気体でできている部分が大きく密度は小さい。6．月食は，図のように，地球から見て月が太陽と反対の位置にあるときに太陽，地球，月と一直線に並ぶことがあり，そのときに月が地球のかげに入って起こる。
⑤ 1．$A = B = 2 \times 0.1 = 0.2$ [J]，$C = 1 \times 0.2 = 0.2$ [J]
2．一定の速さで引き上げているので運動エネルギーは一定であるが，位置エネルギーが増加し力学的エネルギーも増加する。3．定滑車を用いない実験Ⅰと定滑車を用いた実験Ⅱでは，「糸を引く力の大きさ」と「糸を引く距離」は変わらない。4．実験Ⅲの仕事は0.2 Jで，糸を20 cm引き上げるのに$20 \div 5 = 4$［秒］かかる。仕事率は$0.2 \div 4 = 0.05$［W］
5．120 kgの荷物にはたらいている重力は1200 N。荷物の重さは6本のワイヤーに均等にかかり1本のワイヤーにかかる力は$1200 \div 6 = 200$ [N] なので，ワイヤーを引く力も200 Nである。荷物を3 m引き上げる仕事は$1200 \times 3 = 3600$ [J]　仕事の原理より，ワイヤーを引く距離は$3600 \div 200 = 18$ [m]

## 福岡県　問題 P.172

### 解答

①　問1．(例) 葉を脱色するはたらきがあるから。問2．ア．(例) 緑色の部分
イ．A，B（順不同）問3．P．b　Q．師管　R．水
②　問1．感覚器官　問2．4　問3．(名称)反射，(番号)1
問4．(例) せきずいから脳へ伝え，脳で判断して
③　問1．ア．a　イ．X　問2．(1) (例) 加熱の回数が増えるとともに増加し，やがて変化しなくなった　(2) 0.32 g
問3．$O_2$，$2CuO$
④　問1．青色　問2．NaCl
問3．① 水素イオン
② 水酸化物イオン
問4．(例) 右図
⑤　問1．(例) 線香のけむりを入れる
問2．① P　② S　X．(例)水　Y．(例)霧　問3．(例)飽和水蒸気量が減り，フラスコ内の湿度は高くなる。
⑥　問1．(名称)日周運動，(理由)(例) 地球が自転しているから。問2．(例) 北極星が地軸のほぼ延長上にあるから。
問3．(内容)(例) 公転している　① a　② 6
⑦　問1．2　問2．(内容)(例) 焦点距離の2倍のとき，等しくなる，(数値)15　問3．(例) 下の左図

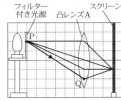
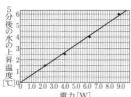

⑧　問1．2　問2．(作図)(例) 上の右図，(内容)(例) 電力の大きさと電流を流した時間
問3．(1) 150　(2) (熱)伝導　問4．① 光　② ア

### 解き方

①　問2．緑色の部分の細胞には光合成を行う葉緑体が含まれているが，ふの部分の細胞には葉緑体が含まれない。問3．a は根から吸収した水などが通る道管，b は葉でつくられた養分が通る師管。
②　問2．腕の筋肉の両端はけんになっていて，関節を隔てた2つの骨についている。反応2では，せきずいから命令の信号が出される。
③　問1．a は空気調節ねじ，b はガス調節ねじ。赤色の炎は空気が不足している。問2．(2) C班の2回目では，

$19.97 - (2.00 + 17.55) = 0.42$ [g] の酸素と化合している。4回目以降の結果から，2.00 gの銅は$20.05 - (2.00 + 17.55) = 0.50$ [g] の酸素と化合するので，2回目に酸素と化合した銅の質量を$x$ gとすると，$x : 0.42 = 2.00 : 0.50$より$x = 1.68$ [g]　酸素と化合していない銅は$2.00 - 1.68 = 0.32$ [g]
④　問1．その後，A液を加えると液が緑色になったので，A液5 mLにB液6 mLを加えた液はアルカリ性である。問4．〇は水素イオン，⊗は塩化物イオン，◎はナトリウムイオン，●は水酸化物イオンである。A液$5 + 1 = 6$ [mL] とB液6 mLを混ぜ合わせると中性を示すので，B液3 mLには◎が1個，●が1個含まれている。イでは，〇は中和に使われて1個になり，⊗は2個のまま，◎は1個，●は中和に使われて存在しない。
⑤　問1．線香のけむりは凝結するときの核になる。問2．Y．県の解答は霧となっているが，本来，霧は地面に接していて，雲は地面に接していないので，霧は雲とは区別される。問3．飽和水蒸気量は気温が低いほど小さくなる。露点に達すると湿度は100％になる。
⑥　問3．同じ時刻に見える星の位置は，1か月で$\frac{360}{12} = 30$［度］反時計回りに動いて見えるので，2か月後には$30 \times 2 = 60$［度］反時計回りに動いているように見える。星の位置は，1時間に$\frac{360}{24} = 15$［度］反時計回りに動いて見えるので，60度動くのに$\frac{60}{15} = 4$［時間］かかる。
⑦　問2．$\frac{30}{2} = 15$ [cm]　問3．図2の1目盛りは5 cm。① 凸レンズの中心を通る光は直進する。② 光軸に平行な光は焦点を通る。③ 焦点を通った光は光軸に平行に進む。①～③のうち2つの直線を引き，スクリーン上にできる像のP点に対応する位置P′を求め，P′点とQ点を直線でつなぐ。【別解】実験の結果より凸レンズAではX = 30のときY = 15であり，図2のスクリーンの位置に実像ができているとわかる。上記①～③のうち1つの直線を引いてスクリーン上のP′を求め，Q点とつなぐ。
⑧　問1．電流計ははかりたい部分に直列，電圧計ははかりたい部分に並列につなぐ。問2．読みとった値を示す•がグラフの上下に同じように散らばるように直線を引く。問3．(1) 5分間電流を流したときの発熱量は$4.0 \times 5 \times 60 = 1200$ [J]　水が得た熱量は$4.2 \times 100 \times 2.5 = 1050$ [J]　逃げてしまった熱は$1200 - 1050 = 150$ [J]

## 佐賀県　問題 P.176

### 解答

①　1．(1) (天気)くもり，(風向)南東
(2) ウ　2．(1) 60 J　(2) 12 N　3．(1) a，b
(2) エ　4．(2) 27.1％
（編集部注：4.(1)は出題に不備があったため，受験者全員を正解としています）
②　1．(1) a．$Na^+$　b．$OH^-$　(2) 水酸化物イオン
(3) C　(4) $Cl_2$　2．(1) ア　(2) 中和　(3) 溶けにくい
(4) ア
③　1．(1) 道管　(2) (理由)(例) (水面からの水の) 蒸発を防ぐため，(装置) E　(3) ア　(4) A > C > B > D　(5) ア，オ
2．(1) ウ　(2) ան
④　1．(1) 右図
(2) 1.58 V　(3) イ　(4) 20 Ω　(5) 48 J
2．(1) a．0.3　b．6.0　(2) c．等しい
d．大きい　e．小さい　3．エ
⑤　1．B　2．夏は小笠原のほうが短く，冬は小笠原のほうが長い。
3．X．80　Y．63　4．エ

5．イ　6．天頂　7．エ

**解き方** ① 2.(1) 20×3＝60 [J]
(2) 60÷5＝12 [N]　3.(1) 心臓から全身へ流れる大動脈(b)と肺から心臓に戻る肺静脈(a)に動脈血が流れている。(2) dは大動脈である。
4.(2) 37.1÷(37.1＋100)×100≒27.1 [%]

② 1.(2) 水酸化物イオン($OH^-$)は－の電気を帯びていてアルカリ性を示すので，陽極側の赤色リトマス紙を青く変化させる。(3) 塩化水素は$H^+$＋$Cl^-$と電離する。$H^+$は＋の電気を帯びていて酸性なので，陰極の青色リトマス紙(C)を赤く変色させる。(4) $2Cl^-$→$Cl_2$　2.(1) こまごめピペットのゴム球部分には液体が入らないようにする。こまごめピペットは親指と人差し指でゴム球部分をはさみ，残りの指でガラス部分をにぎる。液体を加えるときは，ガラスの先は他の液体に入れないようにする。(4) 中性になるまでは，硫酸イオンは水に溶けにくい塩である硫酸バリウムを生じるのに使われるので，その数は0のままである。中性をこえると，塩を生成するのに使われなくなるので，増えていく。

③ 1.(3) Dは茎からの蒸散量を調べているので，同じ条件にするには，すべての葉の表側と裏側にワセリンを塗ればよい。(4) 実験後の水の量が少ない順が，蒸散量が大きかった順になる。(5) 葉の裏側からのみの蒸散量は，Aの葉の表側と裏側と茎からの蒸散量とBの葉の表側と茎からの蒸散量を比べる。また，Cの葉の裏側と茎からの蒸散量とDの茎からの蒸散量を比べる。

④ 1.(4) 4÷0.2＝20 [Ω]　(5) 0.2×4.0×60＝48 [J]
2.(1) a.点Bと同じ0.3 A。b.電源装置の電圧と同じ6.0 V。(2) 図2より，太い電熱線に6.0 Vの電圧を加えたときに流れる電流は6.0÷2.0×0.3＝0.9 [A] 細い電熱線に流れる電流は6.0÷20＝0.3 [A] これより，実験1と実験2でそれぞれの電熱線に流れる電流の大きさは等しい。回路全体を流れる電流の大きさは1.2 Aなので，それぞれの電熱線を流れる電流より大きい。電圧が一定のとき電流と抵抗は反比例するので，回路全体の抵抗の大きさはそれぞれの電熱線の抵抗の大きさよりも小さい。
3. 2.(2)より，2本の電熱線を並列につないだときの回路全体の抵抗の大きさは1本のときより小さくなることがわかる。太い電熱線の抵抗の大きさは6.0÷0.9≒6.7 [Ω]で細い電熱線の抵抗より小さい。よって，回路全体の抵抗の大きさが最も小さくなるのは太い電熱線2本を並列につないだとき。

⑤ 3. X.夏至の日の南中高度は90°－北緯＋23.4°≒80°　Y.Aと同じなので63°　4.南中高度が最も低いD(冬至の日)の札幌の影の長さが長くなる。7.アは6月に太陽が真東から出ているので誤り。イは6月に太陽が天頂より北になっているので誤り。ウは6月と12月で太陽の動きは平行であるので誤り。

# 長　崎　県

問題 P.180

**解答** ① 問1．B　問2．(例)花弁が互いにくっついて，1枚になっている。問3．胞子
問4．ウ　問5．X.花粉管　Y.受精卵
② 問1．20000 Pa　問2．① 変わらない　② 大きくなる　問3．0.2 N　問4．(物体) B，(理由)(例)物体Aと物体Bの質量は等しいが，物体Bのほうが大きな浮力を受けているので，物体Bのほうが体積が大きいから。
③ 問1．ア　問2．エ　問3．$NaOH$→$Na^+$＋$OH^-$
問4．(電極)イ，(理由)(例)Bの色が変化したのは水酸化物イオンによるものであり，陰イオンである水酸化物イオンは陽極側に移動するから。

④ 問1．堆積岩　問2．(例)角がとれて丸みを帯びている。
問3．火山の噴火　問4．X.かぎ層　Y.南西
⑤ 問1．エ　問2．(例)急に沸騰するのを防ぐため。
問3．イ　問4．ブドウ糖
問5．X.胆汁　Y.モノグリセリド
⑥ 問1．2倍　問2．6.0 V　問3．① 0.6　② 2.0
問4．ウ
⑦ 問1．イ　問2．95　問3．X.鉄粉　Y.酸素
問4．吸熱反応　問5．エ
⑧ 問1．温暖前線　問2．順に，イ，ア，ウ
問3．① 低く　② 大きく　③ 下がる　問4．1008 hPa

**解き方** ① 問3．A，Dは雌花である。問4．ア，イ，エはいずれもスギゴケの特徴である。

② 問1．太郎さんが体重計に加える力の大きさは40000÷100＝400 [N]であるから，圧力の大きさは400÷0.02＝20000 [Pa]　問2．立ち方を変えても体重の大きさは変わらないので，太郎さんが床に加える力の大きさは変わらない。一方，圧力の大きさは力を加える面積の大きさに反比例するので，片足で立っているときのほうが圧力の大きさは大きくなる。

③ 問2．イオンは原子が＋または－の電気を帯びたものである。原子が電子を受けとると全体として－の電気を帯びた陰イオンになる。一方，原子が電子を失うと全体として＋の電気を帯びた陽イオンになる。

④ 問4．図2，図3から，P地点の凝灰岩層の標高よりもQ地点，R地点の凝灰岩層の標高が低いことがわかる。よって図1から，この地域の地層が東から西へ，北から南へ向かって低くなっていることがわかる。

⑤ 問3．デンプンはだ液によって分解され糖に変化するので，水でうすめただ液を入れた試験管は，ヨウ素液を加えても変化しなかったAと，ベネジクト液を加えると赤褐色の沈殿が生じたDである。

⑥ 問1．図2より，抵抗器Aの抵抗の大きさは4.0÷0.4＝10 [Ω]，抵抗器Bの抵抗の大きさは4.0÷0.8＝5 [Ω]である。よって，抵抗器Aの抵抗の大きさは抵抗器Bの大きさの10÷5＝2 [倍]である。【別解】図2のグラフより，たとえば電圧2.0 Vのとき，抵抗器Bに流れる電流は0.4 Aで抵抗器Aに流れる電流0.2 Aの2倍。抵抗の大きさは電流に反比例する。
問2．図3の回路は直列回路であり，回路に流れる電流はどの点でも等しく0.4 Aである。よって，抵抗器Aの両端に加わる電圧は10×0.4＝4.0 [V]，抵抗器Bの両端に加わる電圧は5×0.4＝2.0 [V]である。よって，電圧の和は4.0＋2.0＝6.0[V]　【別解】図2のグラフより，電流が0.4 Aのときの電圧から電圧の和を求める。
問4．図5の回路に流れる電流は10÷(30＋20)＝0.2 [A]であり，抵抗器Pの両端に加わる電圧は20×0.2＝4.0 [V]である。よって，抵抗器Pの消費する電力は4.0×0.2＝0.8 [W]である。同様に，抵抗器Qの消費する電力は1.2 Wとわかる。図6の抵抗器R，抵抗器Sの両端に加わる電圧は10 Vであるから，抵抗器Rに流れる電流は10÷20＝0.5 [A]である。よって，抵抗器Rの消費する電力は10×0.5＝5[W]である。同様に，抵抗器Sの消費する電力は約3.3 Wとわかる。【別解】図5は電流が一定なので，消費電力の大小は電圧の大小で決まる。抵抗が大きいほうにより大きな電圧がかかる。図6は電圧が一定なので，消費電力の大小は電流の大小で決まる。抵抗が小さいほうにより大きな電流が流れる。

⑦ 問2．5gの食塩で5%の水溶液をつくると，$5 \div \dfrac{5}{100}$＝100 [g]の水溶液ができる。このうち，水の質量は100－5＝95 [g]である。問5．塩化アンモニウムと水酸化バリウムを混ぜ合わせると，アンモニアが発生する。

⑧ 問2．アの高積雲は大気の中層に現れる小さいかたまりが規則的に並んでいる雲である。イの巻雲は大気の上層

に現れる白い羽毛のような雲である。ウの乱層雲は大気の中層に見られる灰色で層状の雲であり、広範囲にわたっておだやかな雨を降らせる。

## 熊本県
問題 P.184

**解答** 1 1．(1)（雄花）B，(2年前の雌花）D (2)① 花粉のう ② ア (3) 風によって運ばれやすい点。(4) ① C ② A ③ <u>種子に養分が蓄えられていたから</u> (5) ア，カ
2．(1) ① ウ ② イ (2) 目が前向きについており、前方の広い範囲を立体的に見ることができるから。(3) ① 2 ② 3 (4) アカミミガメはニホンイシガメよりも短期間で個体数をふやすことができ、成長も早いため、ニホンイシガメの生活場所とえさが減ってしまうから。
2 1．(1) ① 惑星 ② イ (2) ① イ ② ア ③ イ (3) エ (4) ① エ ② イ
2．(1) 右図

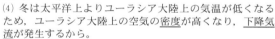

(2) ① ア ② ア ③ イ (3) ① イ ② ウ (4) 冬は太平洋上よりユーラシア大陸上の気温が低くなるため、ユーラシア大陸上の空気の<u>密度</u>が高くなり、<u>下降気流</u>が発生するから。
3 1．(1) エ (2)（記号）エ，(イオン式）$Zn^{2+}$ (3) $2N$個 (4) ① アルミニウムが<u>イオン</u>となって電子を放出し、その電子が導線を通って備長炭のほうへ移動した ② イ
2．(1) ウ、エ (2) ア、エ (3) 有機物の一部が炭にならず、<u>ろ過</u>によって取り除けなかったから。
(4) イ
4 1．(1) ウ
(2) 右図
(3) ア、エ
(4)（1番目）D、(2番目）C

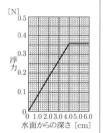

2．(1) 0.10 m/s
(2) ① イ ② イ ③ ウ
(3) 0.50 J
(4) ① イ ② ウ ③ ア

**解き方** 1 2．(3) ニホンイシガメの10個の卵のうち成体になるのは$10 \times 0.5 \times 0.2 = 1$［匹］なので、1年では$1 \times 2 = 2$［匹］が成体になる。アカミミガメの20個の卵のうち成体になるのは$20 \times 0.5 \times 0.2 = 2$［匹］なので、1年では$2 \times 3 = 6$［匹］が成体になる。よって、$6 \div 2 = 3$［倍］である。
2 1．(2) 月の公転周期は約1か月なので、9日間で移動する大きさは木星や恒星よりも大きい。(4) 地球が1か月で公転する角度は$360 \div 12 = 30$［°］で、木星が1か月で公転する角度は$360 \div (11.9 \times 12) ≒ 2.5$［°］である。13か月後には地球は元の位置から30°、木星は32.5°のところにあるから、地球が追いついて再び一直線上に並ぶには13か月より長くかかる。 2．(2) 砂（陸）は水（海）よりも暖まりやすく冷めやすい。よって、日中は陸上の温度が高くなり、そこに上昇気流が発生し、海上には下降気流が発生する。このため日中では、海から陸に向けて風（海風）が吹く。(3) ① 等圧線の間隔がせまいほど風が強くなる。(4) 陸は冷めやすく、海水は冷めにくいので、陸上では下降気流、海上では上昇気流が発生する。そのため、太平洋上で低気圧、ユーラシア大陸上で高気圧が発生する。
3 1．(2) 亜鉛と銅では亜鉛のほうがイオンになりやすいので、亜鉛原子は電子を2個放出して亜鉛イオンになり水溶液中に溶ける。(3) $2H^+ + 2\ominus \rightarrow H_2$より、水素分子$N$個発生するには、水素イオンは$2N$個必要である。
(4) アルミニウムはくに穴が空いたのは、図20で亜鉛がイオンになって溶けた現象と同じである。電子を放出しているので、−極である。 2．(4) 10.0 cm³のしょう油から1.36 gの食塩が得られたので、1.7 gの食塩を得るためには$1.7 \div 1.36 \times 10.0 = 12.5$［cm³］のしょう油が必要である。$12.5 \div 5.0 = 2.5$より、小さじ2.5杯分である。
4 1．(3) 浮力の大きさは物体の水中にある体積が大きいほど大きくなるが、球体の場合、深さと水中にある体積が比例しないので、浮力の大きさも比例しない。また、球体の重力の大きさは一定である。(4) A、Bは浮いているので、浮力の大きさは等しい。CとDは球体全体が沈んでいるので、浮力の大きさはA、Bより大きく、CとDでは体積が大きいDのほうが大きい。 2．(1) $0.50 \div 5 = 0.10$［m/s］ (2) ① おもりは一定の速さで動いているので速さが速いほうが運動エネルギーも大きい。② 運動エネルギーの大きさは同じであるが、位置エネルギーがBのほうが大きいので、その分だけ力学的エネルギーが大きい。③ どちらの実験も位置エネルギーの分だけ点Bのほうが大きい。
(3) $2.5 \times 0.040 \times 5.0 = 0.50$［J］ (4) 点Aから点Bまでは、糸が0.20 Nの力で0.50 m持ち上げるので、その仕事は$0.20 \times 0.50 = 0.10$［J］である。これは実験Iのときの電力量0.50 Jの2割で、これが位置エネルギー（力学的エネルギー）に変換されたエネルギーである。

## 大分県
問題 P.188

**解答** 1 (1) 突沸（突然沸騰すること） (2) ① ア ② ウ ③ イ ④ エ (3) エ (4) a．ア、ウ、エ b．イ、ウ、エ (5) ア (6)（例）（ひだと柔毛があることで、）養分を吸収する表面積が大きくなるから。
2 (1) イ (2) 3.3倍 (3) ①（北緯）エ，（南中高度）ウ ② $(113.4 - x)$度 (4) エ (5)（例）同じ<u>面積</u>にあたる<u>光の量</u>が多い (6)（例）（夏のほうが冬よりも、）太陽光が当たる時間が長いから。
3 (1) 蒸留 (2) イ (3)（例）沸騰が始まってからも、少しずつ液体の温度が上がり続けている。(4) a．塩化コバルト b．赤 (5) ① 0.82 g/cm³ ② 94％ (6) ウ
4 (1) 下の左図・中図 (2) 下の右図

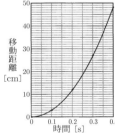

(3) a．140 b．240 (4) c．0.102$x$ d．0.306$x$ (5) ウ
(6) h．（例）質量が大きい i．（例）・質量50 gと100 gの金属球が、10 cmの高さから斜面を下るときに ・質量の違う2つの金属球が、同じ高さから斜面を下るときに
5 (1) ① 6秒 ② $8x$ km ③ 18秒後 (2) ① ア ② 胚珠 ③ カ (3) ① 酸化マグネシウム ② a．MgO b．C ② 0.59 g ② c．電磁誘導 d．（例）変化する磁界 ③ ア、イ

**解き方** 1 (2) デンプンの有無はヨウ素液の反応で調べる。デンプンが分解されてなくなると変化しない。ベネジクト液の反応では、デンプンが分解されて糖（ブドウ糖が2つつながった麦芽糖など）ができると赤褐色の沈殿ができる。(3) 体外の試験管の中でも消化酵

素がはたらいている。(5) 図3で，消化酵素はデンプンやタンパク質などの養分を分解して小さな分子のブドウ糖やアミノ酸などにしている。

**2** (2) 黒点の直径が地球の直径の$a$倍だとすると，直径について，黒点：太陽＝3：100＝$a$：109より$a$≒3.3 (3) ② 南中高度ウ＝90－イ，またイ＝北緯エ－23.4＝$x$－23.4　よって，南中高度＝90－($x$－23.4)＝(113.4－$x$)[度] (4) 図2において北緯が公転面に立てた垂線よりも高い地域では，1日中，太陽光が当たり続ける。該当するのは北緯が90－23.4＝66.6[度]以上の地域である。(5) 図6では板に当たる太陽光線はAが6本，Bが4本なので，板Aのほうが同じ面積に当たる光の量が多い。(6) 7月下旬のほうが1月下旬よりも昼が長い。

**3** (2) 空気調節ねじ（ねじX）を開いて空気の量を多くする。(3) 純粋な物質は，沸騰が始まると，すべてが気体になるまで温度が上昇しない。(5) ① 0.80÷0.98≒0.82[g/cm³] (6) 密度を計算すると，試験管Bの液体0.92 g/cm³，試験管Cの液体0.97 g/cm³と密度が大きくなるが，水の密度よりも小さいことから試験管A～Cの液体はすべて混合物で，図3より，密度が大きいほどエタノールの割合が小さい。

**4** (1) 球には重力以外に垂直抗力がはたらいている。斜面上の球にはたらく垂直抗力は，重力の斜面に垂直な分力とつり合っている。作用点は斜面と球との接点になる。

(3) a. $\dfrac{66-52}{0.1}=140$[cm/s]　b. $\dfrac{96-72}{0.1}=240$[cm/s]

(4) c. $x$[N]×$\dfrac{10.2}{100}$[m]＝0.102$x$[J] (6) 調べたい条件（金属球の質量）だけを変えて，ほかの条件（高さなど）は同じにした対照実験を用意する。

**5** (1) ② 表1より求めると，初期微動継続時間$x$は震源からの距離に比例しているので，震源からの距離を$ax$と表すと，A地点では24＝3$a$　よって，$a$＝8　震源からの距離＝8$x$　③ A地点とB地点の震源からの距離の差と主要動の始まった時刻から，S波の伝わる速さは$\dfrac{48-24}{10-6}$＝4[km/秒]である。震源からの距離が120 kmの地点では，主要動はC地点より(120－72)÷4＝12[秒]遅れて9時30分28秒に始まる。よって，速報を聞いてから18秒後。
(2) ③ 合弁花類と離弁花類を区別するには花弁bを，双子葉類と単子葉類を区別するには葉eをみる。(3) ③ マグネシウムと化合した酸素は4.00－2.40＝1.60[g]で，反応した二酸化炭素中で1.60 gの酸素と結びついていた炭素は1.60×$\dfrac{27}{73}$≒0.59[g]　(4) ① 電圧＝電流×抵抗なので，同じ大きさの電流が流れたときは抵抗が大きいほど電圧が大きい。したがって，発生する熱量（＝電流×電圧×時間）も大きくなる。② 交流によってコイルがつくる磁界が変化し，電磁誘導により鍋の底に誘導電流が流れる。③ ア．読みとり機の磁界の変化によりICカードに誘導電流が流れる。イ．磁界の中でコイルを回転させてコイルに誘導電流を発生させて発電する。

---

## 宮崎県

**問題 P.194**

**解答** **1** 1. (1) a. 胞子　b. 被子　(2) ア
2. (1) 右図
(2) (例) 植物が光合成でとり入れた二酸化炭素の量と，呼吸で出した二酸化炭素の量が等しいから。

**2** 1. (1) エ　(2) 鉱物　(3) イ
2. (1) 60 m　(2) ウ

**3** 1. (1) イ　(2) ウ
2. (1) エ　(2) (例) 速さのふえ方は

小さいが，レールを走る時間が長い

**4** 1. ウ　2. エ
3. A. ア　B. イ　4. A. 0.38　B. ア

**5** 1. (1) ウ　(2) 13：15　(3) ア　2. (1) イ　(2) 28日

**6** 1. (例) ヘルツ　2. (例) (音が空気中を伝わる速さは，) 光の速さと比べると非常に小さいから。3. ア，エ
4. 組み合わせは①，②，③の順に以下の4つ（順不同）。
イ，ア，B　イ，ウ，E　イ，エ，C　エ，ウ，B

**7** 1. (1) ア　(2) 消化酵素　2. (1) E ア　F ア
G ア　H ウ　(2) (例) 小腸の表面積が大きくなるから。

**8** 1. (例) 46.5 cm³　2. 2.7 g/cm³　3. (例) アルミニウムの密度は，水の密度より大きいから。4. エ

**解き方** **1** 1. (2) 維管束がないのはコケ植物だけである。

**2** 2. (1) C地点の海面からの高さは80 mで，X層とY層の境の地表からの深さは20 mなので，海面からの高さは80－20＝60[m] (2) A～Cの各地点での火山灰層の海面からの高さは75 m，75 m，70 mなので，A－B方向（南北）については水平で，A－C方向（東西）については東のほうが低い。

**3** 1. (1) 1÷0.5＝2[m/s]なので，表から高さは20 cm。
2. (1) 移動距離は時間の2乗に比例する。また，斜面の角度が大きいほうが同じ移動距離に達するまでの時間は短いので，エのグラフになる。

**4** 2. 試験管Yにできた物質は硫化鉄（FeS）で，分子というまとまりは持たない。3. A. 図5の－極で起きている反応はZn→Zn²⁺＋2e⁻，＋極で起きている反応は2H⁺＋2e⁻→H₂↑　B. うすい塩酸は電離してH⁺，Cl⁻というイオンになっている。H⁺は＋の電気を持つので，陰極に引きつけられて次の反応が起こり水素が発生する。2H⁺→H₂↑　4. 鉄：硫黄＝2.8：1.6＝7：4　混ぜ合わせた鉄粉と硫黄の質量の割合は3.5：2.5＝7：5なので，化学反応せずに残るのは硫黄である。試験管Yには，鉄3.5×$\dfrac{3}{4}$＝2.625[g]，硫黄2.5×$\dfrac{3}{4}$＝1.875[g]が入っている。反応する硫黄の質量を$x$gとすると，2.625：7＝$x$：4より$x$＝1.5[g]　これより化学変化せずに残る硫黄の質量は1.875－1.5≒0.38[g]

**5** 1. (2) 表から，11:00までに1時間ごとに記録した点の間の長さは2.4 cmで，Xから14:00までの長さは1.8 cmである。1.8 cm移動する時間を$x$分とすると，60：2.4＝$x$：1.8より$x$＝45[分]　14時の45分前の時刻Xは13時15分。(3) 秋分の日の太陽は真東から昇り真西に沈む。また北海道は宮崎より北緯が大きいので，南中高度（90°－北緯）は低くなる。2. (2) 1周は360°で，2日で26°移動するので，1周するのにかかる日数は360÷26×2≒28[日]となる。また，問題文では黒点が太陽の上を移動しているように記述されているが，その表現は正しくない。黒点は移動せず，太陽の自転によって見かけの位置が動いているように観測されているのである。

**6** 4. 実験より，音の高低は振動数によることがわかる。高い音が出るのは輪ゴムをはじく部分の長さが短いか，輪ゴム全体の伸びが大きいときである。

**7** 1. (1) うすめた唾液が入った試験管Aと水だけの試験管Bのヨウ素溶液の結果から，試験管Aにはデンプンがないことがわかる。同様に，うすめた唾液を入れた試験管Cと水だけの試験管Dの結果から，ベネジクト溶液に反応した試験管Cには糖ができていることがわかる。
2. (1) 試験管EとFには水，糖ができた試験管GとHには糖が入っているので，試験管Hのみベネジクト溶液と反応し，他はヨウ素溶液にもベネジクト溶液にも反応しない。

**8** 2. 40÷14.8≒2.7[g/cm³]　4. 密度＝質量÷体積より，同じ質量では，体積が小さい銅のおもりの密度のほうが，銅と亜鉛でできた5円硬貨より大きいので，銅と亜鉛では銅のほうが密度が大きいことがわかる。

旺文社 2021 全国高校入試問題正解

## 鹿児島県

問題 P.200

**解答**

**1** 1. 菌類 2. 偏西風 3. ア, エ, オ
4. ① ア ② ウ 5. イ, ウ
6. (1) 交流 (2) ① イ ② ア 7. ウ

**2** Ⅰ. 1. しゅう曲
2. (例)東側の川岸に川原の堆積物があることから, 東側が川の曲がっているところの内側となっているQである。
3. 順に, イ, ウ, ア, エ
Ⅱ. 1. イ 2. 日周運動
3. (1) 右図 (2) 81.8°

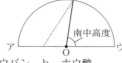

**3** Ⅰ. 1. イ 2. a. ミョウバン b. ホウ酸
3. (例)(Cは, 水溶液の温度を下げると,)溶解度が小さくなり, 溶けきれない分が結晶として出てきたから。
4. $\frac{30}{S} - 10$ Ⅱ. 1. NaOH→Na⁺+OH⁻ 2. エ
3. (1) 燃料電池 (2) (化学式)O₂, (分子の個数)4個

**4** Ⅰ. 1. 酢酸オルセイン 2. 順に, (ア,) オ, ウ, エ, イ
3. (例)根は, 先端に近い部分で細胞の数が増え, それぞれの細胞が大きくなることで成長する。 4. (例)染色体が複製されるから。
Ⅱ. 1. 対照実験 2. (例)ヒトの体温に近づけるため。
3. (1) (例)だ液のはたらきによってデンプンがなくなった。 (2) (例)だ液のはたらきによって麦芽糖などができた。
4. ③

**5** Ⅰ. 1. 30° 2. エ
3. 右図
Ⅱ. 1. 0.02J 2. ウ
3. 作用・反作用
4. 12cm 5. (例)小球の位置エネルギーの大きさは変わらないので, 木片の移動距離は変わらない。

**解き方**

**1** 3. ワニはハチュウ類, ニワトリは鳥類, コウモリはホニュウ類, サケは魚類, イモリは両生類。 4. BTB溶液は, 酸性で黄色, 中性で緑色, アルカリ性で青色。酸性はpH<7, 中性はpH=7, アルカリ性はpH>7。 5. 融点<50℃<沸点 となる物質を探す。 6. (2) 乾電池2個を並列につないだとき, それぞれの乾電池から流れ出る電流は乾電池1個のときよりも小さいので, 点灯する時間は長くなる。 7. 台風の中心に向かって反時計回りに風が吹き込むので, 台風は種子島の南側から西側, その後, 北側に移動したことがわかる。

**2** Ⅰ. 3. ホタテガイの化石が見つかっている砂岩の層が浅い海で堆積した(イ)あと, 上に凝灰岩の層があるので, 火山が噴火して火山灰が堆積した(ウ)ことがわかる。その後, シジミの化石が見つかっている砂岩の層が海水と淡水の混ざる河口で堆積した(ア)。西の地層のほうが東の地層よりも高い位置にあるので, 断層ができて地層がずれた(エ)と考えられる。 Ⅱ. 3. (2) 夏至の日の南中高度=90°-その地点の緯度+23.4° より, 90-31.6+23.4=81.8[°]

**3** Ⅰ. 2. 30℃の水10gに3.0gずつ入れているので, 図1で, 30℃のときに溶解度が30gよりも小さい物質がBとDで, 溶解度が小さいほど溶け残りが多いので, Dがホウ酸, Bがミョウバン。 3. Aは塩化ナトリウム, Cは硝酸カリウム。 4. 3.0gのDを溶かすのに必要な水の量を $x$ g とすると, $10:S=x:3.0$ より $x=\frac{30}{S}$ 加える水の質量は $\left(\frac{30}{S}-10\right)$ g Ⅱ. 2. 気体Aは水素, 気体Bは酸素。アでは二酸化炭素, イでは酸素, ウでは塩素が発生する。 3. (2) 2H₂+O₂→2H₂O という反応が起こるので, 反応する気体Aの分子の数:気体Bの分子の数=2:1より, 気体Aの分子4個と反応する気体Bの分子の数は2個。

**4** Ⅰ. 1. 酢酸カーミン, 酢酸ダーリアでも可。
Ⅱ. 2. だ液に含まれる消化酵素は体温に近い温度で最もよくはたらく。 4. この実験は, 試験管内(体外)で行われている。

**5** Ⅰ. 1. 90-60=30[°]
2. 右図のように, 目と鏡の上端, 目と鏡の下端を結ぶ直線を反射光とする入射光を考える。
3. 鏡を軸として対称の位置に像ができる。
Ⅱ. 1. 10cm=0.1mより, $1×\frac{20}{100}×0.1=0.02$ [J]
4. 質量20gの小球を15cmの高さから静かに離した場合, 基準面で小球が持つ運動エネルギーは, 力学的エネルギー保存則より $1×\frac{20}{100}×0.15=0.03$ [J] この0.03Jのエネルギーで木片を6.0cm動かす仕事ができるので, 質量25gの小球をある高さから離して, 同様に基準面で0.03Jの運動エネルギーが得られればよい。よって, 小球を離す高さを $x$ cmとすると, $1×\frac{25}{100}×\frac{x}{100}=0.03$ より $x=12$ [cm]

## 沖縄県

問題 P.203

**解答**

**1** 問1. フック
問2. (1) 右図
(2) 2cm
問3. オ
問4. 2N
問5. 200cm³

**2** 問1. オ 問2. オ 問3. ウ
問4. ア 問5. ウ, エ
問6. 12時34分

**3** 問1. ウ 問2. ア 問3. イ
問4. せきずい 問5. 0.26秒 問6. イ

**4** 問1. (電流)0.2A, (電圧)3V 問2. 0.8A
問3. ア 問4. ① イ ② 15 問5. エ

**5** 問1. (気体X)Cl₂, (気体Y)H₂ 問2. イ
問3. 塩化水素 問4. HCl→H⁺+Cl⁻

**6** 問1. イ 問2. ウ 問3. ア, エ 問4. ウ
問5. 食物網 問6. ア, エ

**7** 問1. ア 問2. 深成 問3. カ 問4. ア
問5. エ

**8** 問1. 二酸化炭素 問2. エ 問3. (1) ウ (2) H₂O
問4. イ 問5. (1) エ (2) カ

**解き方**

**1** 問2. (1) 密閉容器が150gなので, おもり2個(25g×2)のとき, ばねにはたらく力の大きさは2Nである。 問4. (a)のとき, ばねにはたらく力の大きさは3.5Nであり, (c)のとき, ばね全体の長さは3.5cmなので, ばねにはたらく力の大きさは1.5Nである。よって, 浮力の大きさは3.5-1.5=2[N] 問5. 2Nの浮力を受けるためには, 密閉容器の体積と同じ体積の水の質量が200gであればよい。水の密度が1g/cm³なので, 密閉容器の体積は200cm³である。

**2** 問5. 長さと時間の関係がわかればよいので, 基準となる1時間あたりの長さ(エ)と時間を求めたい部分の長さ(ウ)が必要である。日の出の時刻がわかっても, PQの長さに相当する時間がわからなければ南中時刻はわからない。
問6. 経度の差が1°に相当する時間は24×60÷360=4[分]である。東経127°の地点のほうが先に南中するので,

東経126°の地点は4分遅れる。

**3** 問5．$(2.9 + 2.4 + 2.5) \div 3 \div 10 = 0.26$ [秒]
問6．$2.0 \div 0.26 \fallingdotseq 7.7$ [m/秒]　この速さが50 m/秒よりも遅いのは，信号がC中枢神経で判断や命令を行うのに時間がかかるからである。

**4** 問2．電熱線1の抵抗は$3 \div 0.2 = 15$[Ω]　これに6.0 Vの電圧をかけると，$6.0 \div 15 = 0.4$ [A] の電流が流れる。電熱線2も同様なので，$0.4 + 0.4 = 0.8$ [A]　問3．並列回路では，電圧が同じで電流が流れる経路が増えれば合成抵抗の値が小さくなるので，必ず流れる電流は多くなる。
問5．求める時間を$x$分とすると，$50 \times x \times 60 = 1200 \times 5 \times 60$より$x = 120$[分]

**5** 問1．陰極では水素イオンが電子を受け取り水素になり，陽極では塩化物イオンが電子を失い塩素になる。

**6** 問2．スケッチからわかることは平行脈，ひげ根である。問4．先生の話している内容から，「花が咲くこと」と「ほふく茎で分かれて別の個体ができること」がわかる。

**7** 問5．凝灰岩層の底面の標高を求めると，A 60m，B 50m，C 60m，D 50mであるから，A－CやB－Dの南北方向には傾いておらず，A－BやC－Dの東西方向について東に傾いている。

**8** 問2．イ．マグネシウムは酸化され，二酸化炭素は還元される。エ．pHが7より小さいときが酸性である。
問4．固体Bは炭酸ナトリウムで，炭酸水素ナトリウムよりも水によく溶け強いアルカリ性を示す。
問5．(1) 1～3回目から，炭酸水素ナトリウム1.00 gにつき気体が0.50 g発生していることがわかる。炭酸水素ナトリウム4.00 gでは2.00 gの気体が発生するはずであるが，4回目では1.75 gしか気体が発生していないので，反応の途中で塩酸がなくなったと考えられる。(2) グラフから25.00 gの塩酸とちょうど反応した炭酸水素ナトリウムは3.50 gで，発生した気体の質量は1.75 gであることがわかる。炭酸水素ナトリウム7.00 gとちょうど反応する塩酸を$x$gとすると，$3.50 : 25.00 = 7.00 : x$より$x = 50.00$ [g]

# 国立高校・高専

## 東京学芸大学附属高等学校

問題 P.210

### 解答

**1** (1) ① (2) 0.6 J (3) ② (4) ④
**2** (1) ② (2) ⑤ (3) ②
(4) カ. OH⁻ キ. Na⁺ ク. H⁺ ケ. SO₄²⁻
**3** (1) ③ (2) ⑥
**4** (1) ① (2) ① (3) (例)うすい酢を中和してから再びストローで息を吹き込む。
**5** (1) ② (2) ③ (3) ① (4) ④
(5) (噴火のようす)②, (ねばりけ)② (6) ⑥
**6** (1) ア. ① イ. ②
(2) (Pに流れる電流)③,
(Pの消費電力)⑥,
(Qの消費電力)⑤,
(Qに流れる電流)②,
(Qの電気抵抗)⑩
(3) 1200 J (1.2 kJ)
(4) 右図
**7** (1) X. 熱 Y. 状態変化
(2) ④ (3) ① (4) 97.8 cm³ (5) ①
**8** (1) ④ (2) ③ (3) ④ (4) ア. ① イ. ① (5) 胚
(6) ③, ⑥
**9** (1) 444 (2) ア. ② イ. ① ウ. ② エ. ① オ. ①
カ. ② (3) 右図
(4) ⑤
(5) ③
(6) ①
**10** 105 cm

### 解き方

**1** 糸の張力の大きさは場所によらず12Nであることに注意する。(1) 下図aのように、糸を手で押し下げていくほど、手が糸から受ける力は大きくなっていく。(2) 仕事の原理より、求める仕事はおもりを持ち上げる仕事に等しい。よって、12×0.05 = 0.6 [J] (3)・(4) 下図bのように、滑車を台ばかりのほうに近づけていくほど、糸の張力の鉛直分力の和は大きくなっていく。よって、糸が物体を上向きに引く力が大きくなり、台ばかりが物体を上向きに押す力が小さくなる(台ばかりの指す値は小さくなる)。

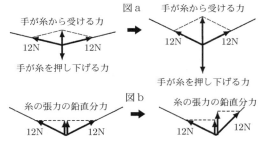

**2** (1) 塩化銅水溶液を電気分解すると陰極では、反応Cu²⁺ + 2e⁻ → Cuが起こり、赤色の銅Cuが析出する。一方、陽極では、反応2Cl⁻ → Cl₂ + 2e⁻が起こり、気体の塩素Cl₂が発生する。塩化銅水溶液の中にある「銅原子のもと」は銅イオンCu²⁺、「塩素原子のもと」は塩化物イオンCl⁻である。(2) 硫酸ナトリウムは中性の塩なので、BTB溶液の色は緑である。硫酸ナトリウム水溶液を電気分解すると、水が電気分解され、陰極では、反応2H₂O + 2e⁻ → H₂ + 2OH⁻が起こり、気体の水素H₂が発生し、アルカリ性のもとで

あるOH⁻も生成する。陽極では、反応2H₂O → O₂ + 4H⁺ + 4e⁻が起こり、気体の酸素O₂が発生し、酸性のもとであるH⁺が生成する。よって、陰極では、アルカリ性になり、BTB溶液は青色に変化する。一方、陽極では、酸性になり、BTB溶液は黄色に変化する。(3) 水の電気分解の反応式は2H₂O → 2H₂ + O₂で、気体の水素、酸素が発生する。アボガドロの法則より、発生した気体の体積比はH₂ : O₂ = 2 : 1である。(4) 硫酸ナトリウム水溶液を電気分解すると、陰極では、OH⁻が生成し、Na⁺が引き寄せられる。また、陽極では、H⁺が生成し、SO₄²⁻が引き寄せられる。
**3** (1) ア. 倍率を変えるときは対物レンズBではなくレボルバーAを動かす。対物レンズを持って回すと光軸がずれて観察できなくなることがある。イ. 光学顕微鏡像は上下左右が反転している。ウ. 反射鏡Dは一度調整したら動かさない。絞りCを使って焦点深度を調節している。
(2) コムギ、トウモロコシ、イネが単子葉植物で、残りが双子葉植物。エは単子葉、オは双子葉の数をきいている。カ. 子葉に養分を蓄えるのは無胚乳種子。ヨウ素液が青紫色に変化したのはデンプンが蓄えられていたから。キ. ジャガイモのイモは塊茎。
**4** (1) 光合成のはたらきを確かめるので、光合成が行われたAと行われないDを比較する。AとFでは明るさの違いが色に影響をおよぼす可能性を否定できない。
(2) 光合成では二酸化炭素を吸収して酸素を放出する。呼吸では酸素を吸収して二酸化炭素を放出する。
(3) BTB溶液の色をうすい酢(酢酸)を加えて緑色にしているため、たとえ息を吹き込むなどして二酸化炭素を加えても、BTB溶液内に酢酸が残る限り、BTB溶液は緑色から青色にはできない。酢酸を除去するには中和が必要になる。溶液を中和すれば、酢酸によるBTB溶液の色の変化がなくなることで青色に戻るが、これはオオカナダモの光合成による色の変化ではない。そこで、中和後息を吹き込んでBTB溶液を緑色にすれば、再びオオカナダモの光合成によって青色に変化させることができる。
**5** (1) 表1より、A地点の初期微動継続時間は7秒である。A地点の震源からの距離は50 km、C地点の初期微動継続時間が10秒なので、C地点の震源からの距離は50÷7×10 ≒ 71 [km]が適している。(2) 地点Bは初期微動継続時間が6秒で、地点Aより震源に近いから振幅が大きい。(3) A地点は震源から50 kmで、震央から40 kmであるから、震源の深さは30 kmである。(4) 地点Aと地点Cとで、P波の到着時刻の差が6秒、震源までの距離の差が21 kmであるから、P波の速度は3.5 km/sである。地点Aに伝わるまでには50÷3.5 ≒ 14 [秒]かかるから、発生したのは9時20分11秒である。(5) マウナ・ケア山をはじめハワイ諸島の火山は玄武岩質で粘性の小さいマグマが活動していて噴火は穏やかである。(6) 図3の溶岩には縄目状の模様が見られ、これは玄武岩質の溶岩の特徴である。溶岩は斑状組織になる。
**6** (1) 電流計は電熱線に直列に接続し、電圧計は電熱線に並列に接続する。(2) Pに流れる電流は、オームの法則より8÷16 = 0.5 [A] Pの消費電力は、ジュールの法則より8×0.5 = 4 [W] 図2より、Qを用いたときの水の温度上昇はPを用いたときの0.5倍であることがわかる。よって、Qの消費電力はPの消費電力の0.5倍。4×0.5 = 2 [W] Qに流れる電流を$I_Q$とすると、ジュールの法則より、2 = 8×$I_Q$ よって、$I_Q$ = 0.25 [A] Qの電気抵抗は、オームの法則より8÷0.25 = 32 [Ω] (3) 4 [W] × 300 [秒] = 1200 [J] (4) このときのPの消費電力はジュールの法則より4²÷16 = 1 [W] これは、Pに8 Vの電圧を加えたときの消費電力の0.25倍である。よって、このときの水の温度上昇は、Pに8 Vの電圧を加えたときの0.25倍になる。
**7** (1) エタノールや水などの液体の純物質をおだやかに加熱すると、やがて沸騰が始まる。沸騰が始まると、液体

が残っていれば，その液体の温度は一定となり，この温度を沸点と呼ぶ。温度が一定の間は，加えられた熱がすべて状態変化に使われたからである。(2) 石灰岩にかけて二酸化炭素が発生するのは塩酸などの酸である。(3) 液体の温度上昇は加えられたエネルギーの量に比例する。図1のグラフでは，水とエタノールの質量が異なる条件で実験をしているので，2つのグラフの傾きだけで温まりやすさを比較できない。(4) 混合物の体積は単純な足し算では求まらない。水とエタノールを混ぜたとき，体積は小さくなる。混合物の質量（重さ）は $1.0 \times 50 + 0.80 \times 50 = 90$ [g]，密度は $0.92$ g/cm³ なので，求める体積を $x$ cm³ とすると，$0.92 = \dfrac{90}{x}$ より $x ≒ 97.8$ [cm³] (5) エタノールと水の混合物なので，エタノールの沸点78℃前後から温度上昇がゆるやかになる。①は混合物の温度が78℃付近に達する時間が短かすぎる。

**8** (1) 球の表面積の公式は $S = 4\pi r^2$。半径 $r = 8$ cm なので，$4\pi r^2 = 803.84$ [cm²] (2) あなの数の平均は14個なので，$14 \times 800 = 11200$ [個] (3) ニワトリの卵のほうが明らかに表面積が小さいのに，あなの数はほぼ同じ。(4) ア．始祖鳥は中生代の地層から出土。イ．教科書通り。(5) 教科書通り。

**9** (1) 地球の全周と求める距離の比は360°と4°の比になるので，$40000 \times \dfrac{4}{360} ≒ 444$ [km] (2) 太陽の南中高度は北ほど低い。夏至のころは北極圏で白夜になることを考えれば，夏至の日の昼の長さは北ほど長く，季節変化も北ほど大きい。春分・秋分の日はどこでも太陽は真東から昇る。冬の降水量は雪も含むので秋田のほうが多い。夏の平均気温は南である東京のほうが高い。風力記号の1の横の線は他と違って風向を表す線の半分のところから出す。角度は60°で外側に向かって右につける。(4) 表1より，乾球が25℃で湿度84%になるのは湿球との差が2℃のときである。温暖前線に伴って雨を降らせるのは乱層雲である。(5) 表2より，露点が22℃のときの飽和水蒸気量は19.4 g/m³ であるから，$19.4 \div 30.3 \times 100 ≒ 64$ [%] (6) 内惑星でクレーターだらけなのは水星，そうでないのは金星である。

**10** 壁Aからスタートした白い車の速さを $v$，壁Bからスタートした黒い車の速さを $v'$ とする。2台の車がスタートしてから初めてすれ違うまでに白い車と黒い車はそれぞれ $(L-40)$cm，40 cm 走ったから，この間の時間を $t_1$ とすると，$L - 40 = vt_1$，$40 = v't_1$ が成り立つ。ゆえに，$\dfrac{v}{v'} = \dfrac{L-40}{40}$ …① また，2台の車がスタートしてから二度目のすれ違いが起こるまでに白い車と黒い車はそれぞれ $(2L-15)$cm，$(L+15)$cm 走ったから，この間の時間を $t_2$ とすると，$2L - 15 = vt_2$，$L + 15 = v't_2$ が成り立つ。ゆえに，$\dfrac{v}{v'} = \dfrac{2L-15}{L+15}$ …② 式①，②より $\dfrac{v}{v'} = \dfrac{L-40}{40} = \dfrac{2L-15}{L+15}$ 分母を払って整理すると $L^2 - 105L = 0$ を得る。$L > 0$ より $L = 105$ [cm]

## お茶の水女子大学附属高等学校

問題 P.215

**解答**

**1** (1) オ (2) イ，オ，カ (3) ウ，カ (4) ア，ウ，オ (5) ウ，カ (6) ア，エ (7) ア，ウ (8) エ

**2** (1) 16倍 (2) 有機物 (3) 柔毛
(4) 子がもつ染色体（遺伝子）の組み合わせが多様になる。
(5) ① しゅう曲 ② 地震
(6) 右図
(7) ① V ② A ③ V ④ A
(8) 20 Ω

**3** (1) X．ブラックホール Y．クレーター (2) オ
(3) 16分40秒後 (4) （惑星1）火星，（惑星2）木星
(5) 水によって侵食を受けるから (6) オ (7) ア，カ
(8) イ，ウ，オ

**4** (1) Cu (2) （電極E）塩素，（電極F）水素
(3) （電極E）C，（電極F）B (4) B←C (5) イ (6) ウ
(7) 30 mL

**5** (1) 400 g (2) 1250 Pa (3) 4 cm (4) 120 g (5) オ
(6) ア (7) N極 (8) 下図

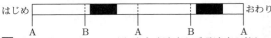

**6** (1) ミトコンドリア (2) 光合成速度と呼吸速度が等しい
(3) ① 2.4 mg ② 酸素 ③ 温室効果 ④ 0.36 mg
⑤ 気孔 (4) ⑥ 1.0倍 ⑦ 2.8倍 ⑧ 4.0倍
(5) 呼吸量が少ない

**解き方** **1** (1) ア～オの中で室温で固体なのは，ろうとマグネシウムのみ。ろうは弱い火で融ける。
(2) イはマグネシウムの燃焼である。加熱することによって起こる反応である。オは炭酸水素ナトリウム $NaHCO_3$，カは酸化銀 $Ag_2O$ の熱分解である。$2NaHCO_3 \to Na_2CO_3 + CO_2 + H_2O$，$2Ag_2O \to 4Ag + O_2$ ア，エは室温で起こる反応，ウは水の電気分解である。
(3) ピストンを引くと圧力が下がって温度が下降し，露点を下回って水蒸気が凝結する。逆に押すと圧力が上がって温度が上昇する。(4) 雲は上昇気流によって発生する。
(5) ア．カモノハシはオーストラリアに生息。イ．クジラは口のまわりにしか毛がない。オ．カモノハシは卵生。
(6) ア．タマネギは単子葉植物。イ．タマネギは種子で殖える。タマネギの食用部分は鱗茎（鱗葉）で根ではない。ウ．タマネギの鱗葉は光合成をしないため葉緑体はない。代わりに白色体という色素体があるが，色がないため観察するのは難しい。オ・カ．根の先端部に分裂組織があるため，先端の細胞は小さく，染色体が観察しやすい。(8) 水温を上昇させるときの熱量は水の質量と温度変化の積に比例する。
ア．$100 \times (30 - 10) = 2000$ イ．$50 \times (20 - 10) = 500$
ウ．$200 \times (30 - 20) = 2000$ エ．$120 \times (60 - 40) = 2400$
オ．$30 \times (30 - 10) = 600$

**2** (1) 水素原子の質量を $x$g，酸素原子の質量を $y$g とする。水 $H_2O$ 分子10個の質量は水素原子H100個の質量の1.8倍なので，$(2x + y) \times 10 = x \times 100 \times 1.8$ より $y = 16x$ よって，16倍。(2) 有機物はおもに炭素C，水素Hから成り，燃焼すると二酸化炭素 $CO_2$ と水 $H_2O$ が生成する。
(4) 親子やきょうだいで形質が異なることを示してもよい。
(5) 波打ったように見えるのはしゅう曲で，地震とともに割れてずれ動いたのは断層。(6) 断層面の上側の地盤がずり上がるのは逆断層で，両側から押されるような力が加わってできる。(7) 電流計は抵抗器に直列に接続し，電圧計は抵抗器に並列に接続する。(8) オームの法則を用いる。抵抗器Xにかかる電圧は，$10 \times 0.30 = 3.0$ [V] これより，抵抗器Y，Zにかかる電圧は $5.0 - 3.0 = 2.0$ [V] よって，抵抗器Yに流れる電流は $2.0 \div 10 = 0.20$ [A] これより，抵抗器Zに流れる電流は $0.30 - 0.20 = 0.10$ [A] よって，求める抵抗器Zの抵抗の大きさは $2.0 \div 0.10 = 20$ [Ω]

**3** (2) 銀河系のことを天の川銀河ともいう。太陽系はその中心から2.8万光年離れた円盤部にある。(3) 光速は秒速30万kmなので，3億 [km] $\div$ 30万 [km/秒] $= 1000$ [秒] $= 16$分40秒 (4) 小惑星は主に火星と木星の軌道の間を回っているが，例外もある。リュウグウはほぼ地球と火星の軌道の間を回っていて地球に近づく。(5) 地球には空気があるので，隕石が落下時に高温になって溶けたり壊れたり減速することができ，クレーターができにくい。さらに地球には水があるので，できたクレーターも長い時間が経つうちに雨や川によって侵食を受け消えてしまう。(6) 3億km離れたところの900 mが，38万km離れたところの $x$ mに相

当するとすれば，3億[km]：900[m]＝38万[km]：$x$[m]
より$x ≒ 1.1$[m]　(7) ガラスはケイ素と酸素と少しの金属で，1円玉はアルミニウムでできている。生物に関係する化合物（有機化合物）は炭素や酸素，水素を含む。(8) 玄武岩は火成岩のうちの火山岩で，玄武岩質マグマはねばりけが弱い。

**4** NaOH水溶液の陽極では$4OH^- → O_2 + 2H_2O + 4e^-$
　　　　　　陰極では$2H_2O + 2e^- → H_2 + 2OH^-$
$CuCl_2$水溶液の陽極では$2Cl^- → Cl_2 + 2e^-$
　　　　　　陰極では$Cu^{2+} + 2e^- → Cu$
塩酸の陽極では$2Cl^- → Cl_2 + 2e^-$
　　　　陰極では$2H^+ + 2e^- → H_2$

(1) 電極Dは$CuCl_2$水溶液の電気分解の陰極である。よって，付着した物質は銅Cuである。(2) 電極E，Fは塩酸の電気分解の陽極，陰極である。電極Eでは塩素$Cl_2$が発生する。電極Fでは水素$H_2$が発生する。(3) 塩素は$CuCl_2$水溶液の電気分解の陽極でも発生する。水素はNaOH水溶液の電気分解の陰極でも発生する。(4) 電子は電池の負極から出て正極に流れていく。(5) NaOH水溶液を電気分解すると，陽極（電極A）で酸素$O_2$，陰極（電極B）で水素$H_2$が発生する。水の電気分解の反応式$2H_2O → O_2 + 2H_2$より，発生する酸素$O_2$と水素$H_2$の体積比は$O_2：H_2 = 1：2$である。よってイ。(6) 塩酸を電気分解すると，陽極で塩素$Cl_2$，陰極で水素$H_2$が発生する。塩素は水に溶けやすいため，装置にはたまらない。
(7) 電極で起こる反応はそれぞれ次の通り。
電極X) $2H^+ + 2e^- → H_2$　／　電極Y) $2Cl^- → Cl_2 + 2e^-$
まず，問いの最後にある条件から，電極Yで生成した塩素$Cl_2$が塩酸の濃度に影響を与えないので，水酸化ナトリウム水溶液の消費量は単純に「塩酸中のHCl（が電離して生じた$H^+$）と反応した量」と考えてよいことになる。（※塩素$Cl_2$は水$H_2O$と一部反応してHClを生じるが，本問ではそれを無視するということ。$Cl_2 + H_2O → HCl + HClO$）　またグラフより，電流を流した時間と電極Xで生成する水素$H_2$の体積は比例関係にあることがわかるので，電流を流す時間と塩酸中の$H^+$の減少量も比例関係にあるといえる。電気分解開始から5分後，12分後の塩酸を中和するのに要した水酸化ナトリウム水溶液の体積について，以下のように考える。

| 時間 | 塩酸 | 要した水酸化ナトリウム水溶液 | 用いた塩酸が3mLだった場合 |
|---|---|---|---|
| 反応前 | 3mL | $x$ mL | $x$ mL |
| 5分後 | 2mL | 18mL | $18 × \frac{3}{2} = 27$[mL] |
| 12分後 | 5mL | 38mL | $38 × \frac{3}{5} = 22.8$[mL] |

以上より，電気分解を7分間続けることで，塩酸中の$H^+$が減少し，中和に要する水酸化ナトリウム水溶液は$27 - 22.8 = 4.2$[mL]減少することがわかる。この減少量と電気分解を行った時間は比例することから，5分間の電気分解では，$4.2 × \frac{5}{7} = 3.0$[mL]だけ水酸化ナトリウム水溶液の消費量が減少すると求められる。よって，$x - 3.0 = 27$[mL]より$x = 30$[mL]

**5** このばねを1cm伸ばすのに必要な力は$\frac{1[N]}{1.5[cm]}$である。(1) よって，ばねがおもりを引く力は$\frac{1[N]}{1.5[cm]} × 6.0$[cm]$= 4$[N]より，求める質量は400g　(2) ばねがおもりを引く力は1Nであるから，机がおもりを押す力は$4 - 1 = 3$[N]。よって，$24 cm^2 = 0.0024 m^2$より，求める圧力は$3 ÷ 0.0024 = 1250$[Pa]　(3) 水は伸び縮みしないので，円柱の体積分だけ水が上昇する。円柱の体積は$24 × 5 = 120$[$cm^3$]であるから，求める長さは$120 ÷ 30 = 4$[cm]

(4) ばねがおもりを引く力は$\frac{1[N]}{1.5[cm]} × 4.2$[cm]$= 2.8$[N]
ばねがおもりを引く力が小さくなったのは，おもりがビーカー内の水から浮力を受けるためであり，この浮力の大きさは$4 - 2.8 = 1.2$[N]である。水が上向きに1.2Nの力でおもりを押し上げるので，水はおもりから浮力の反作用として下向き1.2Nの力を受ける。これによりビーカーは，おもりを水の中に入れる前と比べて1.2N大きい力で台ばかりを押す。よって，台ばかりの示す値は120gだけ大きくなる。(5) 磁石どうしは反発し合う。(4)と同様，ばねが磁石を引く力が小さくなった分だけ，台ばかりが磁石を押す力が大きくなる。(6) 磁石どうしは引き合う。ばねが磁石を引く力が大きくなった分だけ，台ばかりが磁石を押す力が小さくなる。(7) 右ねじの法則より，図4の矢印の向きから，発光ダイオードの点灯時，コイルの上側がN極であることがわかる。磁石がコイルに近づくときコイルの上側がN極になることから，レンツの法則により，磁石の下側はN極であることがわかる。
(8) 発光ダイオードが点灯するのはコイルの上側がN極になるときであり，そのようになるのはレンツの法則により，S極が遠ざかるときである。また，図5より，発光ダイオードが点灯するのはABの中間付近からBで止まる手前までであることがわかる。このことは，磁石が速く動き（力学的エネルギー保存の法則により，磁石の位置が同じであれば磁石の速さは同じである），磁石の磁力が強いほど誘導電流が大きくなることに対応している。

**6** (1) 細胞呼吸を行うものを答える。(2) 単位時間あたりの光合成量と呼吸量が等しいことを示す。(3) ① 0ルクスのときの二酸化炭素の放出量＝呼吸量。2500ルクスのときの光合成量は呼吸量と等しいので，グラフからこれを読みとる。④ 二酸化炭素0.5Lの質量は0.9g。その400ppmなので$900$[mg]$× \frac{400}{1000000} = 0.36$[mg]　(4)⑥ (A)と(B)の面積比は$18.9：25.2 = 3：4$　比率を求めればよいので，面積を求める必要はない。2500ルクスでの値は，(A) 2.4 mg/10分，(B) 2.4 mg/10分 + 0.8 mg/10分 = 3.2mg/10分（見かけの光合成量と呼吸量の和が真の光合成量）。(B)を基準にすると，$\left(2.4 × \frac{4}{3}\right) ÷ 3.2 = 1.0$[倍]　⑦ 同様に，10000ルクスでの値は，(A) 6.0 mg/10分 + 2.4 mg/10分 = 8.4 mg/10分，(B) 3.2 mg/10分 + 0.8 mg/10分 = 4.0 mg/10分　よって，$\left(8.4 × \frac{4}{3}\right) ÷ 4.0 = 2.8$[倍]
⑧ 呼吸速度は，(A) 2.4 mg/10分，(B) 0.8 mg/10分なので，$\left(2.4 × \frac{4}{3}\right) ÷ 0.8 = 4.0$[倍]　(5) 光合成でつくられるデンプンが少なくても，呼吸で消費されるデンプンがほとんどなければ，デンプンは蓄えられる。

## 筑波大学附属高等学校

問題 P.219

**解答**

**1** (1) ① B，E　② C　(2) 54.3°
(3) 5度東

**2** (1) 15Ω　(2) ア　(3) イ　(4) カ

**3** (1) ①，②
(2) 右図
(3) シソチョウ
(4) 相同器官

**4** ① ア　② ウ　③ オ
④ イ　⑤ ウ　⑥ カ
(3) 赤い色のついた結晶が得られる。(4) 活性炭を用いて赤色色素を除いた無色のシロップを蒸発乾固させる。

**5** (1) C　(2) イ，オ　(3) ア，エ，オ

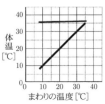

解　答　　　　　　　　　　　　　　　　　　　　　　　理科 | 36

**6** (1) 0.5 m/秒　(2) イ　(3) ウ　(4) ① ア　② ア
**7** (1) A. 胚珠　B. 子房　C. いない　(2) ウ
(3) ア，ウ，カ　(4) 減数分裂，胞子のう
**8** (1) イ　(2) 3：8　(3) 二酸化炭素　(4) 11 g

**解き方** **1** (1) ① 緯度が同じなら冬至の日の南中高度も同じになる。② 日本国内では，冬至の日は南の地点ほど南中高度が高くなり太陽が出ている時間が長くなる。(2) 秋分の日と冬至の日の南中高度の差は23.4°である。E地点の夏至の日の南中高度が78.7°なので，夏至と冬至の日の南中高度の差は46.8°となることからもわかる。よって，A地点の秋分の日の南中高度は30.9＋23.4＝54.3°となる。(3) 経度15°あたりで南中時刻は60分異なり，東に行くほど南中時刻は早くなる。B地点の南中時刻はE地点より20分早いため，経度で5°東にあることがわかる。

**2** (1) $R = \dfrac{V}{I} = \dfrac{3.0}{0.2} = 15$〔Ω〕 (2) 豆電球は一般的に非線形抵抗と呼ばれ，抵抗値が一定にならず，電流量やかかる電圧が大きくなるにつれて抵抗値が増加する。AにBを並列につなぐと，Bにも電流が流れて豆電球全体の電流量が大きくなるので，豆電球全体の抵抗値が小さくなる。図1と比べて豆電球の抵抗値が小さいので，豆電球にかかる電圧およびA，Bそれぞれを流れる電流量が小さくなり，A，Bの抵抗値はさらに小さくなる。よって，回路全体の合成抵抗値は図1＞図2，回路全体の電流量は図1＜図2となる。また，豆電球にかかる電圧が小さくなるので，抵抗器にかかる電圧は大きくなり，電圧計の表示値は図1＜図2となる。(3) 並列接続されている下半分のAと抵抗器の関係は図1の関係と同じなので，電流量および抵抗器にかかる電圧は等しい。しかし，その上にCが接続されており，回路全体を流れる電流量にはこのCを流れる電流量が加わるので，回路全体の電流量は図1＜図3になる。(4) 一般的に豆電球の明るさは豆電球の電力に比例する。(3)よりAの状態は図1と図3で同じなので，図1と図3のAの電力は等しい（$P_1 = P_3$）。また，電力＝電流×電圧と表すことができ，(2)から図2のAに加わる電圧および電流量は図1に比べて小さいので，電力は図1のほうが大きい（$P_1 > P_2$）。よって，最も明るく光るのは図1および図3の豆電球A。

**3** (1) 表中の①は鳥類，②はホニュウ（哺乳）類，③は両生類，④は魚類，⑤はハチュウ（爬虫）類である。この中で恒温動物は①の鳥類と②のホニュウ類である。(2) ③，④，⑤は変温動物なので，外界の温度に応じて体温が変化する。(3) ハチュウ類と鳥類の特徴を合わせ持つ生物の化石が1億5000万年前のドイツ南部の地層で発見され，この生物をシソチョウ（始祖鳥）と名付けた。始祖鳥は絶滅し現在の鳥類の直接の祖先ではないが，鳥類はハチュウ類から進化して現れたと考えられている。(4) 共通の祖先から受け継いだ器官を相同器官といい，はたらきや形態は似ているが，発生上の起源が異なる器官を相似器官という。

**4** (1) シロップは，水に赤色色素・ショ糖・香料が溶解しており，これらの溶質はろ過では除去できない。つまり，シロップがそのままろ紙を通過することになる。
(2)・(3) シロップを蒸留することで，揮発性（蒸発しやすい）物質が試験管へ移動する。赤色色素とショ糖は不揮発性で枝付きフラスコ内に残留するが，香料は揮発性（シロップから香りがするということは，その香りの元となる物質が気体になって鼻に届いたということ）なので，試験管には水と香料が移動すると考えられる。

**5** (1) 東京に強い南風が吹くのは等圧線の間隔が小さく東京の北西側に低気圧がある場合である。(2) Aは小笠原気団が発達していることから夏の気圧配置である。ア．停滞前線ができるのは梅雨や秋雨の季節である。イ．夏の昼には地上付近の気温が高くなり上空に寒気が入ると，大気が不安定になって激しい上昇気流が起こる。エ．低気圧と

高気圧が数日ごとに交互に訪れるのは春や秋の特徴である。(3) Bはシベリア気団が発達した西高東低の冬型の気圧配置である。陸は海に比べて冷えやすいため，冬には大陸の空気が冷やされ高気圧が発達しやすい。さらに，天気のよい夜は放射冷却により地表の熱がうばわれやすく気温が低下しやすい。また，ユーラシア大陸は南にヒマラヤ山脈があることで大陸の北側と南側の空気が循環しにくい。

**6** (1) XとYは糸でつながっているので，Yが床に着くまでの間，XとYの速さは等しい。速さの変化の仕方から，Yが床に着いたのは動き始めてから0.8秒後。この0～0.8秒の間，速さが時間に比例しているので，平均の速さは中点（0.4秒後）の瞬間の速さに等しい。(Yが床に着いたのが動き始めてから0.8秒後であることは，「速さ-時間」グラフの面積が物体の移動距離を表すという点からも求めることもできる。0.8×1.0÷2 = 0.4 〔m〕) (2) 図2から，Yが床に着いたあとXの速さは小さくなっていくので，一定時間ごとに打たれる記録テープの点の間隔は徐々に小さくなっていく。(3) 物体に力が加わると物体は力の向きに加速する（速度が大きくなっていく）。Yは落下し始めて床に着くまで加速し続けているので，つねにT＜Wである。
(4) ① Yに糸がついておらず，重力だけがはたらいて落下する場合，「Yの位置エネルギー」と「Yの運動エネルギー」の和は変化しない（力学的エネルギー保存の法則）。一方，この場合はYに糸がついており，落下する向きと逆向きに糸がYを引っ張っているので，床に着く直前のYの速さは糸がついていない場合と比べて小さくなり，運動エネルギーは小さくなる。よって，ア。② 台に摩擦がない場合，XとY（と糸）は一体となって運動し，Yにはたらく重力のみによって加速するので，「Yの位置エネルギー」と「Yの運動エネルギー」と「Xの運動エネルギー」の和は変化しない。一方，この場合は台に摩擦があるので，床に着く直前のX，Yの速さは摩擦がない場合と比べて小さくなり，運動エネルギーは小さくなる。よって，ア。（ここで減少した力学的エネルギーは本文にあるように摩擦によって生じた熱エネルギーに変化している。）
【発展的な別解】(4) 一般的に力が物体に仕事をする（物体を力の向きまたは力と逆向きに動かす）と，物体の持つエネルギーは変化する。重力や弾性力などの保存力だけが物体に仕事をすると，運動エネルギー，位置エネルギー，弾性エネルギーそれぞれは変化しても，力学的エネルギー全体（運動エネルギーと位置エネルギーと弾性エネルギーの和）は一定に保たれる。これが力学的エネルギー保存の法則である。一方，張力や摩擦力などの非保存力が物体に仕事をすると，非保存力がした仕事の分，物体が持つ力学的エネルギーは変化する。① Yが床に着くまでの間，Yは重力の向き（糸の張力と逆向き）に運動するので，重力はYに正の仕事，張力はYに負の仕事をする。非保存力である張力が負の仕事をしているので，Yの力学的エネルギーは減少する。よって，ア。② ①と同様に考えると，重力はYに正の仕事，摩擦力はXに負の仕事，張力はXに正の仕事，Yに負の仕事をし，張力がXにした仕事は互いに相殺される。このようにX，Y全体では非保存力である摩擦力が負の仕事をしているので，X，Y全体の力学的エネルギーは減少する。よって，ア。

**7** (2) 図1の○で示されたものはイチョウの雌花である。(3) イヌワラビはシダ植物で根・茎・葉の区別があり維管束がある。(4) EからFができる過程で，染色体数が80本から40本に半減しているので，減数分裂が起こっていることがわかる。

**8** (1) グラフより，金属X 7 gから硫化物が11 g得られるから，化合物中のX原子と硫黄原子の質量比は7：4。個数の比が1：1であるから，原子1個あたりの質量比も7：4。金属Y 3 gから硫化物が7 g得られるから，化合物中のY原子と硫黄原子の質量比は3：4。個数の比が1：1であるから，

● 旺文社 2021 全国高校入試問題正解

原子1個あたりの質量比も3：4。よって，$x：y：z=7：3：4$とわかる。(2) AとSは原子数比1：2で化合するから，$AS_2$と表せる。化合物中のA原子と硫黄原子の質量比は3：16。個数の比が1：2であるから，原子1個あたりの質量比について，$a：z=3：8$ (3) 無色透明で，石灰水を白濁させる気体Gは二酸化炭素。(4) $CO_2$が発生したことから，化合物Mには炭素Cが含まれているとわかる。つまり，化合物Mは$CS_2$（二酸化炭素）であり，酸素との反応は
$$CS_2 + 3O_2 \rightarrow CO_2 + 2SO_2 \quad \cdots\cdots(※)$$
と考えられる。気体Hは二酸化硫黄$SO_2$で，化合物中のS原子とO原子の質量比が1：1であることから，原子1個あたりの質量比は，S原子：O原子$=2：1=8：4$とわかる。(2)から原子1個あたりの質量比は，C原子：S原子$=3：8$なので，C原子：O原子：S原子$=3：4：8$と導くことができる。上記（※）式に注目し，気体Gの質量を$w$としたとき，反応に関わる分子の個数について，$CS_2：CO_2=1：1=\dfrac{19}{3\times1+8\times2}：\dfrac{w}{3\times1+4\times2}$より$w=11$〔g〕

## 筑波大学附属駒場高等学校

**問題 P.223**

**解答**

**1** 1．ア，ウ　2．イ，エ，カ
3．① ア　② カ
**2** 1．ア　2．イ，ウ　3．ウ，オ，ク
**3** 1．(星)ア，(月)エ　2．(天体)彗星（または小惑星），(時間)ウ　3．富士山，箱根山（順不同）
4．(地域)イ，(種類)ア，エ，オ　5．ア
**4** 1．(指示薬)フェノールフタレイン溶液，(色の変化)赤色→無色　2．(前)ア，エ，(後)ア，キ
3．(前)イ，ク，(後)ウ，キ　4．オ
**5** 1．① 電子　② 陽子　③ 中性子
2．電気の量が等しい（8字）　3．$Na_2S \rightarrow 2Na^+ + S^{2-}$
**6** 1．エ　2．(目的)(例)こすっていない端に静電気が発生したかを調べるため　(内容)(例)ストローのこすっていない端どうしを近づける
**7** 1．A．5 cm　C．80 cm　D．80 cm
2．(側面)エ，(底面)オ　3．(側面)ア，(底面)ア

**解き方**

**1** 1．海水温を下げる選択肢を選ぶ。ア．台風で波が高くなれば，表層の暖かい水と深層の冷たい水が混ぜられて，サンゴの生息する浅い海の水温が下がると考えられる。ウ．日照時間が少なくなれば，海水が温められることが減り，水温が下がると考えられる。2．本文の説明と合致する選択肢を選ぶ。ア．サンゴは海水温が30℃以上の状態が長期間続くと，白化して死に至る。イ・ウ．ポリプ中の褐虫藻の大半がいなくなると，サンゴは栄養不足になり死に至る。したがって，サンゴはプランクトンだけでなく褐虫藻から得られる物質がないと生きていけないと考えられる。エ．褐虫藻はポリプの中で増殖しているので正しい。オ．サンゴ礁のつくる地形はさまざまな海洋生物のすみか，かくれが，産卵の場として機能している。カ．褐虫藻は光合成を行うのでサンゴにとっても光は必要。キ．北半球では北上しないと海水温は下がらない。3．① 二酸化炭素が水に溶けると酸性の水溶液になる。② 炭酸カルシウムの殻を持つのはホタテ。イワシの骨格はリン酸カルシウム。
**2** 1・2．教科書通り。ルーペは目に近づけたまま試料とルーペの距離を調節する。3．穂のスケッチに種子があること，葉のスケッチが平行脈であることを読みとる。
**3** 1．恒星の南中時刻は1日4分ずつ早くなる。南中高度は同じ星ならば季節に関係なく同じである。一方，月は毎日位置が大きく変わり，南中時刻は平均で1日約50分遅くなる。満月はほぼ太陽の反対側に位置するので，夏は低く冬は高くなる。2．流れ星の粒子は彗星や小惑星が放出

したものと考えられている。流星群の流星の原因は，もととなる天体の軌道に沿って運動する粒子が地球に飛び込んでくることなので，見える数が多いのが何時ごろかはそのときどきで決まっている。一方，流星群でない流星（散在流星）については，夜中から明け方に多く見える。
3．火山灰は風（偏西風）によって運ばれるので，その場所から西のほうにある火山から放出されたものが多い。4．2019年9月に上陸した台風15号は千葉県に大きな被害をもたらし，強風によって建築物に被害があり，鉄塔が倒れて停電が起こったり，それによって浄水施設に影響が出て断水が起こった。5．波打ち際であったところが海岸から離れた崖に見られるということは，標高が上がったことになるので，地震のときに大地が隆起したと考えられる。
**4** 1．フェノールフタレイン溶液はアルカリ性で赤色，中性・酸性で無色になる。水酸化ナトリウム水溶液に塩酸を加え，フェノールフタレイン溶液が赤から無色になった瞬間が中和点。2．塩酸$HCl$と水酸化ナトリウム$NaOH$の中和の反応式は$HCl + NaOH \rightarrow NaCl + H_2O$である。塩である$NaCl$は水に溶けやすく$Na^+$と$Cl^-$に電離している。中和点までは，$HCl$を加えても，$H^+$と$OH^-$が結合するため，イオンの数は変化しない。中和後は，加えた塩酸の分，$H^+$と$Cl^-$が増加する。3．硫酸$H_2SO_4$と水酸化バリウム$Ba(OH)_2$の中和の反応式は$H_2SO_4 + Ba(OH)_2 \rightarrow BaSO_4 + 2H_2O$である。この中和反応で生じる$BaSO_4$は水に溶けにくく，沈殿し，水溶液中では電離していない。よって中和点までは，陽イオンの数も陰イオンの数も減少する。中和後は，加えた$H_2SO_4$の分，陽イオンの数も陰イオンの数も増加するが，その際，陰イオンよりも陽イオンのほうが多い。4．中和反応は発熱反応である。よって中和点までは，温度は上がる。塩酸を加えた分，溶液の体積は増加するので，温度の上がり方は小さくなる。また中和後は，塩酸を加えても発熱せず，加えた塩酸の分，体積が増加するので，温度は下がる。
**5** 1．原子は＋の電気を持つ原子核と－の電気を持つ電子から成る。そして，原子核は＋の電気を持つ陽子と電気を持たない中性子から成る。2．陽子1個と電子1個が持つ電気量は符号が違うだけで絶対値は等しい。また，1つの原子に含まれている陽子の数と電子の数は等しいので，原子は電気的に中性である。3．電子の数が18，陽子の数が16のSのイオンは$S^{2-}$で，電子の数が10，陽子の数が11のNaのイオンは$Na^+$である。よって，この電解質の化学式は$Na_2S$である。$Na_2S$が水に溶けて電離するようすは$Na_2S \rightarrow 2Na^+ + S^{2-}$と表せる。
**6** 1．①までの先生の話と実験結果から，ティッシュペーパーでこすったストローが帯びる静電気の正負はわからないので，ア，イは不適。①までにストローのこすっていない端どうしを近づける実験をしていないので，オは不適。①の直前で，ストローのこすった端とフタの上のストローのこすっていない端を近づける実験をして引き寄せられたという結果が得られ，先生の話からこすった端に静電気が生じていたことはわかるが，フタの上のこすっていない端に静電気が生じていたかどうかはわからない…（＊）。よって，ウは不適。①までの先生の話と実験結果だけからエの文中の「おたがい反発する」を読みとることは難しいが，以上からエが最も適当。2．上記の（＊）について，①の直前の実験結果から，フタの上のこすっていない端には「こすって発生した静電気と異なる種類の静電気が発生した」とも考えられるし，こすっていないのだから，そこには「静電気が発生していない」とも考えられる。ストローのこすっていない端どうしを近づける実験をすると，前者であればおたがい反発する力が生じ，後者であればおたがい力が生じない。そのほかには，ストローをこすったティッシュペーパーをフタの上のストローのこすった端やこすっていない端に近づける実験をして，反発するか引き寄せられる

かから，ティッシュペーパーの静電気の種類を調べることができる，という解答なども考えられる。

**7** 1．立方体の底面積は$10^2$cm$^2$，体積は$10^3$cm$^3$であり，水の密度を$1$g/cm$^3$とする。立方体Bは，Bにはたらく重力とBにはたらく浮力とがつり合って止まっているので，Bの質量はBが押しのけた水の質量に等しく，1[g/cm$^3$]×$10^3$[cm$^3$]＝1000[g]である。立方体の上面が水面に接するようにしてゆっくりはなすと，Bより軽いAは上向きに動き出し（浮かび），Bより重いC，Dは下向きに動き出す（沈む）。まず，Aについて考えよう。A，Bの質量比が1:2より，Aの質量は500gである。Aが止まったとき，Aにはたらく重力とAにはたらく浮力とがつり合うので，Aが押しのけた水の質量はAの質量500gに等しい。求める深さを$d$cmとすると，Aが押しのけた水の質量は1[g/cm$^3$]×$10^2$[cm$^2$]×$d$[cm]＝$100d$[g]　よって，$100d=500$より$d=5$[cm]　次に，Cについて考えよう。Cにはたらく重力と浮力はともに深さによらず一定だから，Cは下向きに動き続けて水槽の底で止まる。Dについても同様。
2．水圧の向きはゴム膜に垂直で立方体の内向きで，その大きさは水の深さに比例する。側面よりも底面のほうが深い位置にあることから，側面のゴム膜のへこみ方よりも底面のゴム膜のへこみ方のほうが大きくなる。3．前問と同じ深さだから，側面のゴム膜も底面のゴム膜もゴム膜のへこみ方は前問のときと比べて変化しない。

## 大阪教育大学附属高等学校　池田校舎
**問題 P.227**

**解答**

**1** (1) X　(2) 斑状組織　(3) ウ　(4) エ
(5) aは地表や地表近くで急激に冷え固まった。(20字)　bは地下深くでゆっくり冷え固まった。(18字)
(6) ウ　(7) イ　(8) ア　(9) 地熱発電
**2** (1) アンモニアはとても水に溶けやすくフラスコ内の圧力が下がったから。(2) ④　(3) 上方　(4) 水に溶けやすく空気よりも軽いため。(5) 水酸化物イオン　(6) 0.14%
**3** (1) メンデル　(2) ① 葉脈が網状脈である。主根と側根がある。形成層がある。
(3) 黄色，緑色，灰
(4) ① 酢酸カーミン溶液（酢酸オルセイン溶液）　② 葉緑体，細胞壁　(5) ① タンパク質，DNA　② タンパク質を分解する物質かDNAを分解する物質のどちらか(28字)
**4** (1) 2NaHCO$_3$→Na$_2$CO$_3$＋H$_2$O＋CO$_2$　(2)（前）無色，(後)白色　(3) 炭酸水素ナトリウム水溶液に比べ加熱後の物質の水溶液のほうが濃い赤色になる。(4)（問題点）試験管の口を加熱部よりも下げていなかった。（理由）生じた水が水滴となって加熱部に戻り試験管が急に冷やされたから。(5)（前）青色，(後)桃色（赤色）　(6) 空気中の水分を吸収し色が変わってしまうから。(7) ①
**5** (1) 400 Hz　(2) エ　(3) 下の左図　(4) 下の右図
(5) あ．4　い．0.5　(6) マイクロフォン
(7) エネルギー保存の法則　(8) 12.5 W
(9) (A：B：C＝) 8：30：25　(10) 2.8 J

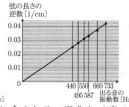

**解き方**
**1** (1) マグマに含まれる二酸化ケイ素の割合が大きいほどマグマの粘性が大きく岩石の色が白っぽくなる。(2) 結晶になっていない石基の中に大きな鉱物の結晶である斑晶が散らばっている構造を斑状組織といい，石基がなく粒の大きさがほぼそろった鉱物の結晶だけからできている構造を等粒状組織という。(3) 火成岩中の鉱物は有色鉱物と無色鉱物に分けられ，有色鉱物のうち黒色の六角板状でうすくはがれるように割れるものがクロウンモである。(4) 肉眼で見分けられる大きさの3種類の鉱物から成りクロウンモを含むことから花こう岩とわかる。(5) 岩石aはマグマが地表や地表近くで急激に冷え固まった。地下でゆっくり冷えてできた鉱物のみが大きな結晶となった。岩石bはマグマが地下深くでゆっくりと冷え固まったことでそれぞれの結晶が大きくなった。
(6)・(7)・(8) マグマの粘性が大きい場合，爆発的な噴火となりドーム状の火山をつくる。粘性が小さい場合，溶岩が流れ出しやすいため比較的おだやかな噴火で傾斜がゆるやかな火山となる。マグマの粘性がそれらの中間の場合，溶岩や火山灰が交互に積み重なり円すい状の火山となる。
(9) 地熱発電は火山が多い日本では有効だが，その付近の環境が破壊されることが問題となることが多い。
**2** (2) 塩化アンモニウムと反応する水酸化カルシウムの代わりに用いるのは，水酸化カルシウムと同じく強アルカリ性の物質である水酸化ナトリウムが適当。(5) フェノールフタレインはアルカリ性になると無色から赤色へ変化する。アルカリ性の水溶液には水酸化物イオンが多く含まれる。NH$_3$＋H$_2$O→NH$_4^+$＋OH$^-$　(6) 起こる中和反応はNH$_3$＋HCl→NH$_4$Cl　塩酸中に含まれていたHClの質量を$w$gとおき，反応に関わるNH$_3$とHClの質量比について考えると，NH$_3$：HCl＝17.0：36.5＝$17×\dfrac{0.98}{25}$：$w$より$w=1.4308$[g]　よって，$\dfrac{1.4308}{1.0×1000×1.0}×100=0.14308$≒0.14[%]
**3** (2) ② 黄色の形質を示すエンドウにはAAとAaがある。これらどうしをかけ合わせるので，AAとAA，AAとAa（AaとAA），AaとAaが考えられる。生まれてくる子の子葉の色として考えられるのはAA，Aaの黄色とaaの緑色の可能性がある。(5) ① 形質は遺伝子によって決定される。その遺伝子が，「タンパク質とDNAのどちらにあるのかわかっていなかった。」と本文中にある。また，「科学者Cが発見した現象は病原性のある菌を加熱殺菌したものと病原性のない菌を混ぜ合わせると病原性のない菌の形質が病原性のある菌の形質に変化したというものである。」とあるが，この現象を形質転換という。② 形質転換についての実験は1928年のグリフィスの実験と1944年のエイブリーらの実験による。この問題は，エイブリーらの実験を参考にすると，試験管Ⅱにはタンパク質分解酵素を加えてから病原性のない菌を入れ，試験管ⅢにはDNA分解酵素を加えてから病原性のない菌を入れる。その結果，試験管Ⅰ・Ⅱにおいては形質転換が起き，試験管Ⅲでは形質転換が起きない。このことから，形質転換にはタンパク質とDNAのうち，DNAが関わっていることがわかる。
**4** (2) 生じた二酸化炭素により，石灰水は白濁する。Ca(OH)$_2$＋CO$_2$→CaCO$_3$＋H$_2$O　(3) 炭酸水素ナトリウム水溶液は弱アルカリ性であるのに対し，炭酸ナトリウム水溶液は強アルカリ性であるためフェノールフタレインの赤色はより濃く見える。(7) 三角フラスコは熱や圧力にそれほど強くない。また，中の液体が加熱により沸騰した場合，三角フラスコは口に向かって細くなっているため，熱い液体が急激に噴き出すおそれがある。
**5** (1) 振動数とは1秒あたりの振動回数のことであり，この音は0.01秒間に4回振動しているから，振動数を$f$Hzとすると，$f=\dfrac{4}{0.01}=400$[Hz]と求められる。(2) 図1の音よりも大きさが高さが低い音は振幅が大きく振動数が小さい音。振動数が小さくなると同じ時間あたりに振動する回数（発生する音波の数）が少なくなるので，これらの条件に合うのはエ。(3)・(4) 表1，表2の値を用いてグラフ用

紙上に適切に点を取り，これらの点を曲線状（直線状）に結ぶ。(5) い．表1から，出る音の振動数は弦を張る強さの平方根に比例する。つまり，弦を張る強さを4倍にすると振動数が2倍になるので，4倍。い．表2から，出る音の振動数は弦の長さの逆数に比例する。つまり，弦の長さを0.5倍にすると振動数が2倍になるので，0.5倍。(6) 例えば，ムービングコイル型というタイプのマイクロフォンは内部に振動板，コイル，永久磁石があり，マイクロフォンに音波が入射すると，振動板およびその先にあるコイルが永久磁石によって生じる磁場中で振動し，電磁誘導の原理で音エネルギーが電気エネルギーに変換される。(8)「電力[W]＝電流$[A]^2$×抵抗[Ω]＝電圧$[V]^2$÷抵抗[Ω]」と表せる。直列接続しているBとCの消費電力の比が3：5であり電流量は等しいから，Bの抵抗値は$100×3÷5＝60$[Ω]，BとCの合成抵抗値は160Ω。並列接続の場合，電流量は抵抗値に反比例し，AとB，Cの電流量の比が1：5であるから，Aの抵抗値は$160×5＝800$[Ω]　よって，Aの消費電力は$100^2÷800＝12.5$[W]　(9) 一定量の水の温度上昇幅は加えた熱量に比例し，「熱量[J]＝電力[W]×時間[s]」と表すことができるので，一定量の水の温度上昇幅は電力に比例する。(8)の式から電圧が等しい場合，電力は抵抗値の逆数に比例する。BとCの電力比からBC全体の電力比を8とすると，Aの電力比$x＝800：160＝8：x$より$x＝1.6$　よって，電力比はA：B：C＝1.6：3：5＝8：15：25　同じ熱量を加えた場合，水の温度上昇幅は質量に反比例するので，Bを入れたビーカーのみ水の温度上昇幅が他の2倍になる。このことから，水の温度上昇の比はA：B：C＝8：30：25　(10) (9)より水の温度上昇の比はB：C＝30：25＝6：5　液体をXに変えたことで液体の温度上昇が1.5倍になったので，液体X1gの温度を1℃上昇させるために必要な熱量は，水の$\frac{1}{1.5}＝\frac{2}{3}$[倍]　よって，$4.2×\frac{2}{3}＝2.8$[J]

---

**大阪教育大学附属高等学校 平野校舎**

問題 P.230

### 解答

**1** 問1．② 問2．ア．大きい イ．高い 問3．3000回 問4．336m/s 問5．④ 問6．27m

**2** 問1．A．おしべ B．めしべ C．やく D．がく 問2．②，③ 問3．(Yに花粉がつくこと)受粉，(Zは何になるか)果実 問4．④ 問5．ア．対立形質 イ．減数 ウ．分離 エ．メンデル 問6．(1) ($P_1$) A，($P_2$) a (2) 3：1 問7．(1) 優性の法則 (2) 1：2：1 (3) ③

**3** 問1．ア．質量保存 イ．③ ウ．④ 問2．②，⑤ 問3．0.50g 問4．空気より重い二酸化炭素がまだ容器内に残っていたから。問5．(1) エ．2 オ．$H_2O$ カ．$CO_2$(オとカは順不同) (2) 44倍 (3) 106倍

**4** 問1．③ 問2．停滞前線 問3．④ 問4．(1) シベリア気団 (2) 季節風 問5．ア．小さ イ．気圧 オ．露点 問6．ウ．② エ．② 問7．カ．14.72 キ．380 ク．1900

### 解き方

**1** 問1．振幅とは，振動の最大値と振動中心の値の差であり，グラフ中の②に相当する(①は振動の周期)。問2．ア．BはAと比べて振幅が大きい。振幅が大きいときは音は大きくなる。イ．BはCと比べて周期が小さい(振動数が大きい)。振動数が大きくなると音は高くなる。問3．振動数は1秒あたりの振動回数を表している。振動数が200Hzということは1秒あたりの振動回数が200回ということであるから，ハエが羽ばたいた回数は$200×15＝3000$[回]　問4．直接音と反射音が同時に耳に届くためには，1回目に発した音が壁で反射してスピーカーに達した瞬間に2回目の音が発生しなければな

らない。1秒間に3回の間隔で音が発生しているので，音が壁で反射してスピーカーの位置まで往復する時間は$\frac{1}{3}$秒。スピーカーから壁までの距離は56mなので，音の速さは$(56×2)÷\frac{1}{3}＝336$[m/s]　問5．① ○：野鳥の鳴き声の振動数を調べることで鳴き声の高さがわかるので，鳴き声の性質を知ることができる。② ○：野鳥の声の反射音が届く距離を調べることで，野鳥の声を用いて図3のような実験を行う場合，どのようなスケールで行えばよいかわかる。③ ○：昆虫の発する音が1秒間に何回の間隔で発せられているかを調べることで，反射音が往復するまでの時間を何秒間に設定すればよいかがわかる。④ ×：校庭で音の速さを測っているだけなので，この場合，計測しようとしている音が昆虫(または野鳥)が発した音とはかぎらない。計測しようとしている音が昆虫(または野鳥)が発した音でなければ昆虫(または野鳥)が発した音に関する実験が行えるかどうかわからない。問6．コウモリは0.15秒間に入口から$20×0.15＝3$[m]奥の地点まで進むので，音を発してから0.15秒後のコウモリと洞穴奥の壁との距離は$(L-3)$m。0.15秒後にコウモリが反射音を聞くためには，コウモリが発した音波が0.15秒間で$L+(L-3)＝(2L-3)$m進めばよいので，$340×0.15＝2L-3$より$L＝27$[m]

**2** 問7．マルバアサガオの花を赤くする遺伝子をR，白くする遺伝子をrとする。(1) RRとrrをかけ合わせることによって$F_1$ができる。できた$F_1$はすべてRrとなる。メンデルの優性の法則がはたらくとRrは赤花か白花のどちらかになるはずだが，今回$F_1$(Rr)の花の色は桃色になったということから，優性の法則があてはまらないことがわかる。このように優性の法則が成り立たず中間形質である桃色の花をつける個体(中間雑種)が生じることを不完全優性という。(2) $F_1$どうしの自家受粉(RrとRrのかけ合わせ)で生じる$F_2$はRR(赤花)：Rr(桃色)：rr(白花)＝1：2：1となる。(3) $F_2$の自家受粉(RRとRR，RrとRr，rrとrrのかけ合わせ)によって生じる$F_3$はRR(赤花)：Rr(桃色)：rr(白花)＝3：2：3となる。(2)の$F_1$どうしの自家受粉で得られた$F_2$の全個体のうち桃色の花をつける個体の割合は$\frac{2}{4}＝\frac{1}{2}$，$F_2$どうしの自家受粉で得られた$F_3$の全個体のうち桃色の花をつける個体の割合は$\frac{2}{8}＝\frac{1}{4}$より，自家受粉をくり返していくたびに桃色の花をつける割合は減少する。

**3** 問1．原子は固有の質量を持つ。また，化学変化によって原子は新たに生成・消滅することはなく，「物質の変化」は「原子の組み換え」によって起こる。問2．気体Xは二酸化炭素$CO_2$である。空気より重い無色・無臭の気体であり，また水に溶けてその水溶液は弱い酸性を示す。問3．1.54gの二酸化炭素を発生させる炭酸カルシウムの質量を$w$gとおくと，$1.00：0.44＝w：1.54$より$w＝3.50$[g]　実験Ⅱのbと比べることで石灰石はあと0.50g必要とわかる。問4．出ていった気体は二酸化炭素と空気の混合物なので，直後はまだ発生した二酸化炭素の一部は残っている。しばらく放置することでほとんどの二酸化炭素が空気に置換され，0.44gを二酸化炭素の質量と見なせる。問5．(2) $CO_2$分子はC原子1個とO原子2個でできているため，水素原子1個の質量を1としたときの$CO_2$分子1個の質量は$12×1+16×2＝44$　つまり，水素原子1個の質量の44倍。(3) 二酸化炭素を0.88g発生させるためには，炭酸カルシウム$CaCO_3$が2.00g，$Na_2CO_3$は2.12g必要である。化学反応に関わる物質の個数に注目すると，$CaCO_3：CO_2$も$Na_2CO_3：CO_2$も1：1　つまり，同じ量の$CO_2$を発生させるためには，炭酸ナトリウム1個の質量比を$x$とおくと，$CaCO_3：Na_2CO_3＝1：1＝\frac{2.00}{100}：\frac{2.12}{x}$より$x＝106$　よって，炭酸ナトリウム1個の質量

解　答　　　　　　　　　　　　　理科｜40

は水素原子1個の質量の106倍である。
**4** 問1．文Ⅰは6月上旬，文Ⅱは8月上旬，文Ⅲは2月中旬を示すと考えられる。また，気圧配置や前線のようすなどから，天気図aは8月，天気図bは6月，天気図cは2月のものと考えられる。問2．梅雨前線や秋雨前線は，寒気と暖気の勢力がつり合っていて同じ位置に長時間とどまり，停滞前線と呼ばれる。問3．① 台風では外側から中心に風が吹き込む。② 一般的な低気圧の中心付近は上昇気流だが，大きな台風の中心付近は台風の目と呼ばれ弱い下降気流が生じて雲が消えて風も弱く天気がよい。③・④ 台風は熱帯低気圧と呼ばれ，暖気と寒気がぶつかって発達する温帯低気圧とはでき方が異なる。そのため，台風は前線をともなわず同心円状の等圧線となる。問4．冬型の気圧配置は大陸の高気圧であるシベリア気団が発達した西高東低の配置である。日本付近には北西の季節風が吹き日本海で多量の水蒸気が供給され，また大きな山脈の存在から，日本海側では雪や雨，太平洋側は晴れて乾燥した天気になりやすい。問7．カ．21.0℃の空気の飽和水蒸気量が18.4g/m³，湿度が80％なので，$18.4 × 0.8 = 14.72$ [g/m³] となる。キ．表より17.2℃の飽和水蒸気量が14.7g/m³なので，この気温で露点を下回ることになる。したがって，気温差は $21 − 17.2 = 3.8$ [℃] であり，この空気は飽和していないので380m上昇することになる。ク．380mよりさらに$x$m上昇すると考える。これより上では飽和しながら上昇するため，空気のかたまりの温度は$(17.2 − 0.005x)$℃となる。一方，まわりの空気の気温は地上から100m上昇するごとに0.6℃下がるので，$(21 − 0.006(380 + x))$℃となる。この2つが等しくなることから，$x = 1520$ [m] となり，標高は1900mとわかる。

---

## 広島大学附属高等学校
問題 P.233

**解答**

**1** 問1．マグニチュード　問2．(1) 〇
(2) 〇　(3) 〇　問3．イ　問4．ア　問5．1.7倍　問6．(5時) 33分16秒　問7．イ，エ　問8．ウ
**2** 問1．イ　問2．$W_1 + ③ = ②$　問3．イ
問4．XからYの向き，$\frac{1}{2}$倍　問5．$\frac{1}{\sqrt{3}}$倍　問6．ウ
**3** 問1．(1) 液に麦芽糖が含まれているかどうかを調べるため。(2) ア．$C_1$　イ．$A_2$　ウ．$A_1$　エ．$C_1$　オ．$A_1$　カ．$A_2$
※ウとエ，オとカはそれぞれ順不同。問2．(1) すい液
(2) オ　問3．(1) デンプンの粒より小さく，ブドウ糖の粒より大きい。(2) E．変化しない　F．赤褐色に変化する
(3) (条件) ア，(どう変えるか) 穴がデンプンの粒より大きなセロハンチューブを使う。問4．(1) 組織液　(2) ア
(3) グリコーゲンという水に溶けない物質に変える
**4** 問1．A．ウ　B．ア　C．オ　問2．(物質) 電解質，
あ．陽イオン　い．陰イオン　う．電離　え．陰　お．陽
問3．イ，オ，$H_2O$　①　$CO_2$　②　①

**解き方**

**1** 問4．海底直下の浅いところで大きな地震が起こると，津波が発生する可能性がある。Y，Zはそれぞれプレート境界の近くなので，浅いところで地震が起こる。問5．初期微動と主要動それぞれの始まった時刻が同じなので，地点Qと地点q，地点Rと地点rの震源からの距離はそれぞれ等しい。震源からの距離が図2の点aから点bになるまでの間にP波は14秒，S波は24秒かかっているので，P波の伝わる速さはS波の伝わる速さの$\frac{24}{14} ≒ 1.7$ [倍] となる。問6．図2のa点，b点それぞれのP波の始まった時刻とS波が始まった時刻の時間差 (初期微動継続時間) はそれぞれ12秒，22秒である。P波が図2のa点の距離からb点の距離まで伝わるのに14秒かかっていて，初期微動継続時間は震源からの距離に比例するこ

とより，P波がa点の距離まで伝わる時間を$T$秒とすると，$T : (T + 14) = 12 : 22$より$T ≒ 17$ [秒] となる。よって，地震が発生した時刻は5時33分33秒の17秒前の5時33分16秒である。問7．震央はQqの垂直二等分線上で，かつRrの垂直二等分線上にある。アはこの条件に合う地点がない。ウはQqの中点とRrの中点を通る直線上ならどこでもこの条件に合ってしまう。問8．震源の深さを$D$km，震源から地点Qまでの距離を$A$km，震源から地点Rまでの距離を$B$kmとすると三平方の定理より，
$$D^2 + 100^2 = A^2 \cdots ① \quad D^2 + 185^2 = B^2 \cdots ②$$
の関係が成り立つ。また，初期微動継続時間が震源からの距離に比例することより，$B = \frac{22}{12}A \cdots ③$となる。①〜③の式より$D^2 = 260$となり，選択肢ア〜コのうち，2乗の値が最も近いのはウの15km (2乗の値は225) となる。
**2** 問1．①は磁石が鉄枠を引く力，②は鉄枠が磁石を引く力であり，①と②は作用・反作用の関係である。③は糸が磁石を引く力，④は鉄枠が糸を引く力なので，③，④について作用・反作用の関係にある，磁石が糸を引く力と糸が鉄枠を引く力を書き加える。この2つの力のみが描かれているのはイ。問2．磁石に注目すると，鉄枠が磁石を上向きに引く力(②)，糸が磁石を下向きに引く力(③)，磁石にはたらく重力($W_2$) の3力がつり合っている。上向きの力の大きさの和と下向きの力の大きさの和とが等しくなる。問3．①と②は互いに作用・反作用の関係にあるのでその大きさは等しい。また，糸にはたらく力はつり合っており，糸の重さは考えないので，磁石が糸を引く力と鉄枠が糸を引く力(④) の大きさは等しい。また，磁石が糸を引く力と，作用・反作用の関係にある糸が磁石を引く力(③) の大きさは等しい。したがって，③と④は等しい。また，問2より③＜②であることがわかる。以上をまとめるとイとなる。問4．金属棒Aが支えられているため，斜面に沿って上向きに金属棒Aに力がはたらくことがわかる。フレミング左手の法則より，電流がXからYの向きに流れると，斜面に沿って上向きに力がはたらくことがわかる。この電流が磁場から受ける大きさ$F$の力は，金属棒Aにはたらく重力$W_2$の斜面に沿って下向きにはたらく分力とつり合いの関係にある。角度が30°，60°の直角三角形の三辺の比は$1 : 2 : \sqrt{3}$となることが知られているので，この比を使用して式を立てる。重力の斜面に平行な分力の大きさを$W_{2x}$とすると，$W_2 : W_{2x} = 2 : 1$ よって，$F = W_{2x} = \frac{1}{2}W_2$
問5．問4より金属棒Aには斜面に沿って下向きにはたらく重力の分力の大きさが$\frac{W_2}{2}$であることがわかっているので，これを支えるために必要な水平方向の力の大きさを求めればよい。$\frac{W_2}{2} × \frac{2}{\sqrt{3}} = \frac{W_2}{\sqrt{3}}$　問6．金属棒Bをレール上に置くと，Bには図中右向きに電流が流れているので，A，B，レールによってつくられる円形導線内には下向きの磁場が生じる。Bはこの後レール上を転がって磁石の方に進むので，円形導線内側の面積が小さくなり，円形導線内には自発的に下向きの磁場をつくるように電流が流れる (電磁誘導)。その結果，Aには左向きに誘導電流が流れるので，Aを流れる右向きの電流が小さくなることで電流が磁場から受ける斜面上向きの力が小さくなってAはレールの下側に動く。
**3** 問1．(2) ア・イ．デンプンの有無だけが違っているものどうしを比べる。ウ・エ．だ液を入れたことでデンプンがなくなったことがわかるのは$A_1$，$C_1$である。オ・カ．$A_1$ではデンプンがなくなり，$A_2$では麦芽糖ができた。
問3．(2) ブドウ糖だけが，セロハンの穴を通り抜けて，しみ出てきた。(3) ブドウ糖の粒より小さい穴のセロハンチューブを使ってもよい。問4．(2) アだけを見て正しいとは判断しにくいが，イ〜エは明らかに事実と異なってい

る。イ．静脈の壁は動脈より薄い。ウ．ここの静脈がリンパ管と合流することはない。エ．小腸で吸収された脂肪はリンパ管内に入る。

**4** 問1．実験1について，砂糖，食塩は水によく溶け，重曹は水に少し溶け，小麦粉とチョーク($CaCO_3$)は水にほとんど溶けない。実験2について，BTB溶液は酸性で黄色，アルカリ性で青色，中性で緑色を示す。実験3について，有機物は成分として一般に炭素(C)と水素(H)を含み，燃やすと酸素と結びつき二酸化炭素($CO_2$)と水($H_2O$)ができる。実験5について，塩酸を加えて気体が発生するのは重曹とチョークのみであり，発生する気体は二酸化炭素である。問2．水に溶かしたときに陽イオンと陰イオンに電離する物質を電解質という。電圧をかけると，陽イオンは陰極，陰イオンは陽極に移動する。問3．気体は無色のものが多いが，塩素は特有の黄緑色である。また，塩素は水に溶けやすく漂白作用がある。マッチの火を近づけると音を立てて燃えるのは水素の特徴，火のついた線香を入れると激しく燃えるのは酸素の特徴である。問4．砂糖は有機物であり成分として炭素(C)，水素(H)を含む。そのため，燃焼させると炭素と酸素が結びついて二酸化炭素が，水素と酸素が結びついて水が生成する。

問5．図3のグラフは，塩酸を加えると発生する気体の体積が塩酸の量に比例して増加することがわかるが，塩酸を20 cm³加えたところで気体の体積が変化していないことから，粉末C 1.0 gを反応させるには20 cm³の塩酸が必要で，225 cm³の気体が発生することがわかる。粉末Cの量を1.0 gから2.0 gに増量したため，反応させるために必要な塩酸は2倍の40 cm³であり，そのとき発生する気体の量は2倍の450 cm³になると考えられる。

## 国立工業高等専門学校 / 国立商船高等専門学校 / 国立高等専門学校　問題 P.236

**解答**

**1** 問1．1．イ　2．エ　問2．1．イ，エ　2．①×　②○　③○　④×

**2** 問1．オ，カ　問2．(1)ウ　(2)エ　問3．1．オ　2．エ　3．ウ

**3** 問1．①ク　②キ　③カ　④オ　⑤エ　⑥ア　問2．①ウ　②エ　③カ　問3．イ　問4．(1)オ　(2)ア　(3)ア　(4)オ　(5)ア

**4** 問1．ア．1　イ．5　問2．⑤　問3．ア．5　イ．0　問4．ウ

**5** 問1．ウ　問2．イ　問3．オ　問4．①オ　②ア　③エ

**6** 問1．(1)エ　(2)オ　問2．(a)2　(b)4　(c)1　問3．ア，ウ，エ　問4．ア．0　イ．0　ウ．7　問5．ア．5　イ．5　ウ．8

**7** 問1．(1)オ　(2)イ　(3)エ　(4)ア　問2．(名称)イ，(特徴)カ　問3．ウ　問4．1．エ　2．ウ

**解き方**

**1** 問1．1．流れる電流が0.30 Aになるときの抵抗 $R$ の大きさは $\frac{3.0}{2.0+R} = 0.30$ より $R = 8.0$ [Ω] よって，8.0 Ωよりも小さければスイッチが開く。2．流れる電流が0.30 Aになるときの抵抗 $R$ の大きさは $\frac{3.0}{30} + \frac{3.0}{R} = 0.30$ より $R = 15$ [Ω] よって，15 Ωよりも小さければスイッチが開く。問2．2．250 Vの電圧をかけたとき，エアコンは $\frac{1500}{250} = 6$ [A]，電子レンジは $\frac{1250}{250} = 5$ [A]，掃除機は $\frac{750}{250} = 3$ [A]の電流が流れる。使うことができるのは電流の大きさの和が10 Aよりも小さい組み合わせ。

**2** 問1．試薬Xはベネジクト液，試薬Yはヨウ素液であ

る。問2．だ液と水を入れて実験した結果，ベネジクト液(試薬X)の反応がなければ，だ液がデンプンの分解物に変化したわけではないことがわかる。問3．1は胃，2は胆のう，3は肝臓の説明である。

**3** 問3．目はレンズの厚さを変えて焦点距離を変化させピントを合わせる。問4．対頂角は等しいので，∠POQ = ∠P'OQ'，∠OPQ = ∠OP'Q' = 90° より △PQO ∽ △P'Q'O となるので，PQ:P'Q' = $a:b$　同様に考えて，△P'Q'F₂ ∽ △OAF₂ より OA:P'Q' = $f:(b-f)$　PQ = OAより $a:b = f:(b-f)$ となり，$f = \frac{ab}{a+b}$

**4** 問1．$\frac{60}{4.0} = 15$ [s]

問2．右図のように，地点Aから50.0 kmの距離にあるのは地点⑤で，Cなど他の地点からの震央距離も合っている。問3．右図から地点Zの震央までの距離は40 kmなので，震源からの距離は $\sqrt{40^2 + 30^2} = 50$ [km]

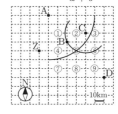

問4．$\frac{50}{4.0} - \frac{50}{6.0} ≒ 4.2$ [s]　【別解】図2より，震源からの距離が60 kmの地点の初期微動継続時間は5.0秒なので，震源からの距離が50 kmの地点Zの初期微動継続時間を $x$ sとすると，$60:5.0 = 50:x$ より $x ≒ 4.2$ [s]

**5** 問3．実験1，2の結果から，ビーカーBの水溶液は中性を示すことがわかる。よって，ちょうど中和するときの塩酸aと水酸化ナトリウム水溶液bの体積の割合は 12:30 = 2:5　塩酸aの体積の和は 10 + 12 + 14 + 16 + 18 = 70 [cm³]　水酸化ナトリウム水溶液bの体積の和は 30 + 30 + 30 + 30 + 30 = 150 [cm³]　塩酸aをちょうど中和するのに必要な水酸化ナトリウム水溶液bの体積を $x$ cm³とすると，$70:x = 2:5$ より $x = 175$ [cm³]　よって，水酸化ナトリウム水溶液bは 175 - 150 = 25 [cm³] 加える。

問4．ナトリウムイオンの数は増加していく。塩化物イオンの数は変化しない。ちょうど中和するまでは水酸化物イオンは水溶液中に存在しないが，その後は増加していく。

**6** 問4．13.56 - 13.49 = 0.07 [g]　問5．酸化銀1.00 gをじゅうぶんに加熱したときに生成する銀の質量は 1.00 - 0.07 = 0.93 [g]　酸化銅6.00 gをじゅうぶんに加熱したときに生成する銀の質量を $x$ gとすると，$1.00:0.93 = 6.00:x$ より $x = 5.58$ [g]

**7** 問1．(1) 太陽光線が照らす面積は $\frac{3}{2} \times \frac{3}{2} = \frac{9}{4}$ [倍]

(2) 単位面積あたりの光のエネルギー量は $1 \div \frac{9}{4} = \frac{4}{9}$ [倍]

(3) 太陽からの光を受ける面は地球の $\frac{1}{2} \times \frac{1}{2} = \frac{1}{4}$ [倍]

(4) 火星全体が受け取るエネルギー量は，地球の $\frac{1}{4} \times \frac{4}{9} = \frac{1}{9}$ [倍]　問3．火星の大気の主成分は二酸化炭素。

問4．1．$R = E + P + F + G$ より $P = R - E - F - G$　2．100 m² = 1000000 cm²，5 mm = 0.5 cm より 0.5 × 1000000 × 0.10 = 50000 [cm³] = 50 [L]

解 答　　　　　　　　　　　　　理科｜**42**

# 私立高等学校

## 愛光高等学校

問題
**P.241**

**解答**

**1** (1) ① (ウ), (カ) ② (イ), (エ) (2) 順に, (エ), (ア), (ウ), (イ) (3) (エ) (4) (イ) (5) (ウ) (6) (イ)

**2** (1) 恒温動物 (2) (エ) (3) 核心部 (4) (イ) (5) (ア), (エ)

**3** (1) 液状化 (現象) (2) (イ) (3) 火山噴出物
(4) X. 熱帯　Y. 偏西風
(7) ハザードマップ (8) 4800000000 L

**4** (1) $HNO_3 + KOH \rightarrow KNO_3 + H_2O$ (2) (キ) (3) (イ)
(4)硝酸カリウム (5) (A, B) d, (C, D, E) a (6) d

**5** (1) $C + O_2 \rightarrow CO_2$ (2) 8
(3) $C_3H_8 + 5O_2 \rightarrow 3CO_2 + 4H_2O$ (4) 240 L
(5) (水の量)毎秒80 cm³, (プロパンガス)毎分7 L

**6** (1) R₁. 0.6 A　R₂. 0 A (2) (抵抗)6 Ω, (電力)6 W
(3) R₂, R₆ (4) (端子)d, (電力)3.6 W

**7** Ⅰ. (1) 2.2 g/cm³ (2) 30 N (3) 2000 Pa (4) 27.6 cm
(5) 8% (6) 大きくなる　Ⅱ. ① (カ) ② (ク) ③ (ア)

**解き方** **1** (4) 完全花は, 1つの花におしべとめしべがあるため, 自家受粉が行われやすく, 人工受粉がしにくい。(5) 下線部⑥に「遺伝子Xを働かなくすると, 正常に機能する花粉ができるようになる」とあるので, 遺伝子Xは花粉をつくる遺伝子のはたらきを抑制していることがわかる。花粉をつくる遺伝子を持っていなかったり, 花粉をつくる遺伝子が正常に機能していなかったりすれば, 遺伝子Xをはたらかなくしても花粉はつくられない。(6) 花粉がつくられなければ自家受粉は行われないので, 人工受粉を行うことができる。
**2** (2) 恒温動物の鳥類とほ乳類の心臓は2心房2心室である。(3) 室温20℃でも室温35℃でも核心部の温度は37℃に保たれている。(4) 外気温度が皮膚温度よりも低いときは, 外郭部の温度が低く, 体の表面の血管を拡張させ, 皮膚血流を増加させ, 血液の温度を下げる。(5) 水が蒸発するときにまわりの熱を奪うので, 汗をふき取らないほうがよい。乾きにくい服を着ていると, 皮膚周辺の空気の湿度が上がり, 汗に含まれる水分が蒸発しにくくなる。
**3** (2)(イ) 地下のマグマの熱でつくられた水蒸気を利用して行われているのは地熱発電である。バイオマス発電は作物の残りかすや間伐材などの生物資源を利用した発電である。(5)(ア) 津波は地震に伴って海底が大きく変動することで発生するので, 表面だけでなく全体が振動する。
(6)(イ) 緊急地震速報は初期微動と主要動の伝わる速さの差を利用したものである。(8) 3時間の降水量は, $4 \times 3 = 12$ [mm] $= 0.012$ [m]　流域面積が400 km² $= 400000000$ m²の河川全域で降った雨は $0.012 \times 400000000 = 4800000$ [m³] $= 4800000000$ [L]。
**4** (2) 水素イオンは中和に使われてなくなってしまう。(3) 中和が行われている間は, 中和に使われる水素イオンと加えた水酸化カリウム水溶液中のカリウムイオンの数が等しいので, イオンの総数は変化しない。ちょうど中和したあとは, 加えた水酸化カリウム水溶液中のカリウムイオンと水酸化物イオンの分だけ総数が増える。(4) 水素イオンと水酸化物イオン以外のイオンは硝酸イオンとカリウムイオンである。(5) 水溶液A, Bは酸性なので, 水素イオンが陰極のほうへ引かれ, 陰極側の青色リトマス紙dの色が変わる。水溶液C, D, Eはアルカリ性なので, 水酸化物イオンが陽極のほうへ引かれ, 陽極側の赤色リトマス紙aの色が変わる。(6) 水溶液Aは硝酸と水酸化カリウム水溶液を5：1の割合, 水溶液Eは硝酸と水酸化カリウム水溶

を1：1の割合で混合している。水溶液Fは硝酸と水酸化カリウム水溶液を $\left(10 \times \frac{5}{6} + 5 \times \frac{1}{2}\right) : \left(10 \times \frac{1}{6} + 5 \times \frac{1}{2}\right)$ $= 13：5$ の割合で混合していることになる。この割合は水溶液Aと水溶液Bの間になるので, 水溶液Fは酸性を示す。
**5** (2) 上昇した温度を $x$℃とすると, $4.2 \times 1 \times 1000 \times x$ $= 33 \times 1000$ より $x \doteqdot 8$ [℃] (4) 水が吸収した熱量の合計は $4.2 \times 1 \times (190 + 10) \times 1000 \times (42 - 22) = 16800000$ [J] プロパンガス1Lあたりに発生した熱のうち, 水に吸収される熱量は $100 \times 1000 \times 0.7 = 70000$ [J]　よって, 使われたプロパンガスは $\frac{16800000}{70000} = 240$ [L] (5) 1秒間に水が得た熱量の合計は $4.2 \times 1 \times 120 \times (40 - 22) = 9072$ [J] 蛇口で混合する水の量を $x$ cm³ とすると, $4.2 \times 1 \times (120 - x) \times (76 - 22) = 9072$ より $x = 80$ [cm³] プロパンガス1Lあたりに発生した熱のうち, 水に吸収される熱量は $100 \times 1000 \times 0.81 = 81000$ [J]　よって, 1分間に消費されるプロパンガスは $\frac{9072}{81000} \times 60 \doteqdot 7$ [L]
**6** (1) 導線のみと抵抗が並列につながれていると, 電流は導線のほうに流れる。端子aを端子bと接続すると, R₁には電流が流れるが, R₂には電流が流れない。R₁に流れる電流は $\frac{6}{10} = 0.6$ [A] (2) 端子aを端子cと接続すると, R₅とR₇が並列につながった部分とR₄が直列につながり, それがR₃と並列つなぎになっている。R₅とR₇が並列につながった部分の合成抵抗を $x$ Ω とすると, $\frac{1}{x} = \frac{1}{10} + \frac{1}{10}$ より $x = 5$ [Ω]　回路全体の合成抵抗を $y$ Ω とすると, $\frac{1}{y} = \frac{1}{10 + 5} + \frac{1}{10}$ より $y = 6$ [Ω]　回路全体の消費電力は, $6 \times \frac{6}{6} = 6$ [W] (3) 端子aを端子bと接続するとR₁に電流が流れる。端子aを端子cに接続するとR₃, R₄, R₅, R₇に電流が流れる。端子aを端子dに接続するとR₅, R₇に電流が流れる。(4) 端子aを端子cに接続したときよりも端子dに接続したときのほうが大きな電圧がR₅に加わる。このとき, R₅とR₇は並列つなぎなので, R₅の両端に6Vの電圧がかかるので, R₅の消費電力は, $6 \times \frac{6}{10} = 3.6$ [W]
**7** Ⅰ. (1) 物体の重さは $1 \times \frac{49.5}{0.5} = 99$ [N]　よって, 物体の質量は $100 \times 99 = 9900$ [g] より, 密度は $\frac{9900}{15 \times 10 \times 30}$ $= 2.2$ [g/cm³] (2) 物体を20 cm沈めたとき, ばねの伸びは34.5 cmなので, ばねを引く力の大きさは $1 \times \frac{34.5}{0.5} = 69$ [N]　よって, このときはたらいている浮力の大きさは $99 - 69 = 30$ [N] (3) 物体を20 cm沈めたとき, 物体の底面は30 Nの浮力を受ける。このとき, 物体の底面にはたらく水圧は $1 \times \frac{30}{0.15 \times 0.10} = 2000$ [Pa] (4) 氷の質量は $0.92 \times 15 \times 10 \times 30 = 4140$ [g] なので, 氷の重さは $1 \times \frac{4140}{100}$ $= 41.4$ [N]　氷は水に浮かんでいるので, 氷にはたらく浮力の大きさは41.4 Nである。(2)より, 物体を20 cm沈めたときにはたらく浮力の大きさは30 Nなので, ばねの伸びが0 cmになったとき, 氷の底面の深さを $x$ cm とすると, $20：30 = x：41.4$ より $x = 27.6$ [cm] (5) 水面より上に出ている氷の高さは $30 - 27.6 = 2.4$ [cm] であるから, 氷全体の体積の $1 \times \frac{2.4}{30} \times 100 = 8$ [%] が水面より上に出ている。(6) 氷にはたらく浮力は氷の重さと等しく, 氷が押しのけた海水の重さに相当する。海水の密度は水よりも大きいので, 水の場合よりも押しのけた海水の体積 (＝海水中にある氷の体積) は小さくなる。よって, 海面より上に出ている部分の体積の割合は大きくなる。
Ⅱ. ① 点Pより高い位置から放すので, 物体が持ってい

● 旺文社 2021 全国高校入試問題正解

る位置エネルギーが図3のときより大きくなり，水平面での物体の速さも大きくなる。② 点Pと同じ高さから放すので，物体の持っている位置エネルギーは図3のときと同じになり，水平面での物体の速さも同じになる。斜面の傾きが小さくなると重力の斜面に沿った分力が小さくなるので，水平面に達するまでの時間は図3のときよりも長くなる。③ 点Pより低い位置から放すので，物体の持っている位置エネルギーは図3のときより小さくなり，水平面での物体の速さも小さくなる。斜面の傾きが大きくなると重力の斜面に沿った分力は大きくなるので，水平面に達するまでの時間は図3のときよりも短くなる。

## 市川高等学校 問題 P.244

**解答** 1 (1) 5.0 N (2) 4.0 cm
(3) 右図 (4) 鉛直下向き
(5) 1. 等しい 2. ① 3. ①
(6) ①＝②＝③
2 (1) ア (2) エ (3) $2H_2O \rightarrow 2H_2 + O_2$ (4) 4.5 mL
(5) 1:5:3 (6) $H^-$ (7) エネルギー変換効率がよい。送電によるエネルギーロスがない。
3 (1) 生態系 (2) ウ，カ (3) オ (4) 外来生物 (5) ウ
(6) イ (7) 有機物は動物や動物プランクトンなどに食べられて分解され，二酸化炭素と水や無機物の窒素化合物やリンの化合物になる。そこでできた窒素やリンの化合物は植物プランクトンに吸収され，食物連鎖に入っていく。
4 (1) ハビタブルゾーン (2) ウ (3) マントルの対流によるプレートの沈み込み(19字) (4) ア (5) 1. 火山
2. 二酸化炭素 3. 水 4. 温暖化 (6) 5. ウ 6. エ
(7) エ (8) オゾン層によって生物に有害な紫外線が吸収されたため，生物が陸上に進出していった。

**解き方** 1 (1) 物体には鉛直下向きに3.0 Nの重力が働いており，糸が物体を引く力，ばねが物体を引く力とつりあいの関係にある。したがって，糸が物体を引く力とばねが物体を引く力の合力は，鉛直上向きに3.0 Nである。図中の直角三角形の三辺の比が3:4:5であることがわかるので，糸が物体を引く力の大きさを$x$とすると，$x = 3.0 \times \frac{5}{3} = 5.0$ [N]

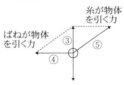

(2) (1)と同様に，ばねが物体を引く力を$y$とすると，$y = 3.0 \times \frac{4}{3} = 4.0$ [N] ばねは1.0 Nあたり1.0 cm伸びるので，4.0 Nでは4.0 cm伸びる。(3) 糸が外れており，空気抵抗を無視するので，物体にはたらく力は重力だけである。物体の中心を作用点として，鉛直下向きの矢印を描く。
(4) A点では物体を静かにばねから外しているので，最初の速さは0である。B点はA点と同じ高さなので，このときの運動エネルギーは0。したがって，B点の位置で物体は一度静止する。その瞬間に糸が外れたと考えられるので，自由落下になると考えられる。(5) 力学的エネルギーの大きさは位置エネルギーと運動エネルギーの和を示しており，①～③すべてA点から運動を始めており，力学的エネルギーは等しい。B点で物体は静止するので，糸が外れてもB点が最高点であり，運動エネルギーは0，位置エネルギーは最大となる。C点で糸が外れると物体は斜め上向きに飛び出し，水平方向の速度を持つので，水平方向では等速直線運動を続け，最高点で運動エネルギーは0にはならない。したがって，最高点はB点よりも低い位置になる。D点で糸が外れると，物体は水平方向に投げ出されるので，D点が最高点となる。力学的エネルギーは保存するので，

力学的エネルギーの大きさはどれも等しい。運動エネルギーが最も少ないのは最高点で静止している①，力学的エネルギーは保存されるので，位置エネルギーが最も大きいのも①である。(6) ①～③ともにA点で運動を始めているので，このときの床に対する位置エネルギーはどれも等しい。床に到達するときの運動の向きは①～③ともに異なるが，位置エネルギーは0となるため，力学的エネルギーが保存されると考えると，運動エネルギーの大きさは同じになり，①＝②＝③となる。

2 (1) アは水素，イは酸素，ウは二酸化炭素，エはアンモニア，オは硫化水素がそれぞれ発生する。どれも基本なので定着させたい。(2) 赤熱した酸化銅に水素を通じると銅と水が生成する。化学反応式は $CuO + H_2 \rightarrow Cu + H_2O$
水素は無色・無臭である。水素は空気よりも軽い気体である。厳密にはゴム風船のふくらませ具合とゴム風船の重さとの関係を検討する必要があるが，一般にヘリウムの風船は浮かぶという日常体験があり，水素はヘリウムよりも密度が小さな気体なので，常識的には浮かぶと考えてよいだろう。化合物は種類の異なる原子が結びついているので，水素分子は化合物とは呼ばない。(3) 水酸化ナトリウムが溶けているが，化学反応式には表れない。(4) 点火した後に管A内に空気を混ぜて再び点火すると音を立てて燃えたことから，反応後にはまだ水素が残っており，もともと水素が過剰であったことがわかる。燃焼によって減少した気体の体積は20.0 - 17.3 = 2.7 [mL] 気体の分子の数と体積は比例するので，酸素の体積は$2.7 \times \frac{1}{3} = 0.9$ [mL] したがって，もともと入っていた空気の体積は$0.9 \times 5 = 4.5$ [mL] (5) ビーカーA～Cの水溶液中の水素イオン個数をそれぞれ$a$，$b$，$c$としたとき，題意より$a = \frac{b-c}{2}$，$a + b = 2c$が成り立つ。$a = 1$としてこれを解くと$a:b:c = 1:5:3$となる。体積が等しいので，個数の比と濃度の比は同じ。(7) 発電所からの送電によるエネルギーのロスがなく，化学エネルギーから電気エネルギーへの変換効率が高い。

3 (2) アとイは内容が間違っている。エとオは生物どうしの関係しか述べていない。(3) コメツキガニは，有機物を含んだ砂を口に入れ，有機物を吸いとってから砂をはき出す。これが砂だんごとなる。(4) 外来種ということもある。答えウのラムサール条約の日本語の正式名は「特に水鳥の生息地として国際的に重要な湿地に関する条約」。(6) 図6からアシハラガニとマメコブシガニとでは食べている生物が違うので食料をめぐる競争は生じない。ア．渡り鳥は自力で移動しているので外来生物とは考えない。ウ．ゴカイと海水温とは大きな関係はない。エ．プランクトンが大量発生すると酸素が欠乏して魚がすめなくなったりして多様性はむしろ減少する。オ．図6を見ると，コチドリは二次消費者にもなっている。

4 (2) 地球がある程度以上大きいことで重力が大きくなり，気圧が高く，液体の水を保持することができた。
(4) れき岩があるので海と陸があったことがわかり，玄武岩質の枕状溶岩は水中に出たマグマによってできるので，海があったことがわかる。(6) 光合成生物がつくる酸素と鉄が結びついて縞状鉄鉱層ができていった。これは25億年前ごろである。光合成生物によって二酸化炭素は吸収されて減少し，これによって温室効果が減少して地球全体が寒冷化して，22億年前の全球凍結が起こった。イの記述のようなことは起こらない。熱圏はオゾン層のある成層圏よりも上の層で，大気はとてもうすい。またアとオは光合成生物の酸素の生成とは直接関係しない現象である。(7) 光合成生物の化石が見つかるのは27億年前なので，このころから大気中の酸素濃度が増加し始めたと考えられる。答えはエ。

# 大阪星光学院高等学校

問題 P.247

## 解答

**1** 問1．せきつい動物　問2．エ
問3．かぎ層　問4．三葉虫やアンモナイトは，限られた時代に，広い地域に（数多く）生息していた生物だから。問5．イ　問6．ヒト
問7．ア．アフリカゾウ　イ．ナウマンゾウ
ウ．アジアゾウ　エ．ケナガマンモス

**2** 問1．カ
問2．(1) 右図
(2) 16℃
問3．順に，イ，ア，ウ
問4．低くなる
問5．103360 Pa
問6．10.3 m

**3** 問1．12 N　問2．9 N
問3．9.6 N　問4．7.2 N
問5．30 N　問6．慣性　問7．ア　問8．ウ
問9．力学的エネルギー保存則により，三角台ABCにも運動エネルギーが使われたから。

**4** 問1．a．小さ　b．電離
問2．(ロウ) ウ，(水) エ
問3．ア，エ
問4．Ca(OH)$_2$ + H$_2$CO$_3$ → CaCO$_3$ + 2H$_2$O
問5．A．100　B．中程度の硬水
問6．7分0秒
問7．右図

### 解き方

**1** 問2．エがマツの雄花のりん片で花粉のうから花粉が出る。ウはマツの雌花のりん片で胚珠がある。アはアブラナのおしべ，イはアブラナのめしべである。問5．当時の野尻湖周辺の年平均気温は，現在のこの付近の標高1300 m地点の気温と同じくらいと考えられる。野尻湖の標高が657 m，現在の野尻湖周辺の年平均気温が9.7℃で，100 m上昇するごとに気温は0.6℃下がるのだから，当時の野尻湖周辺の年平均気温は9.7 − $\frac{1300 − 657}{100}$ × 0.6 ≒ 6 [℃]
問7．(iii)より ア ， ウ はアジアゾウ，アフリカゾウのいずれかである。(ii)より イ はケナガマンモスではないことがわかるので， イ はナウマンゾウ， エ はケナガマンモスとなる。また，(i)より ウ がアジアゾウとわかる。

**2** 問2．(1) 気温25℃のときの飽和水蒸気量はグラフより23.0 g/m$^3$なので，湿度60%のときの水蒸気量は23.0×0.6 = 13.8 [g/m$^3$] となる。気温を下げていくと露点に達するまではこの水蒸気量は変わらない。露点に達し，露点より温度が低くなると，その温度の飽和水蒸気量が13.8 g/m$^3$より少なくなるので，飽和水蒸気量をこえた分の水は水蒸気から水滴に変わる。(2) このときの水蒸気量13.8 g/m$^3$が飽和水蒸気量と等しくなる温度が露点である。グラフより，16℃となる。問3．空気中に含まれる水蒸気量が少ないほど露点が低い。ア～ウそれぞれの水蒸気量は，グラフから読みとった温度の飽和水蒸気量と湿度から，アが9×0.7 = 6.3 [g/m$^3$]，イが17×0.3 = 5.1 [g/m$^3$]，ウが30×0.5 = 15 [g/m$^3$] となる。問4．水銀柱の高さは気圧の大きさに応じて上下するので，高い山の上に行って気圧が下がると水銀柱の高さは低くなる。問5．高さ76 cmの水銀柱の断面積1 cm$^2$あたりの重さは76×13.6 = 1033.6 [g] となる。この水銀にかかる重力によって生じる圧力は10.336 N/cm$^2$である。1 Pa = 1 N/m$^2$なので，1 m$^2$ = 10000 cm$^2$あたりにかかる圧力は103360 Paとなる。問6．水の密度は水銀

の$\frac{1}{13.6}$なので，水銀柱76 cmと同じ質量になるには，76×13.6 = 1033.6 [cm] ≒ 10.3 [m] の高さが必要となる。
**3** 問1．小球に対してはたらく重力の大きさは15 N。斜面に対して垂直にはたらく重力の分力の大きさは15×$\frac{4}{5}$ = 12 [N] となる。小球にはたらく力は斜面に対して垂直方向でつり合っている。したがって，垂直抗力は重力の斜面に対して垂直下向きの分力の値と等しくなる。
問2．斜面に沿って下向きにはたらく重力の分力の大きさは15×$\frac{3}{5}$ = 9 [N] 小球にはたらく力は斜面に沿った方向でつり合っている。したがって，小球にはたらく外力は重力の斜面に沿って下向きの分力の大きさと等しくなる。
問3．12×$\frac{4}{5}$ = 9.6 [N]　問4．三角台ABCが小球から受ける力の水平方向の分力と，三角台ABCがストッパーから受ける力はつり合っており，力の大きさは等しい。12×$\frac{3}{5}$ = 7.2 [N]　問5．三角台ABCが小球から鉛直下向きに受ける力の大きさは9.6 N，三角台ABCにはたらく重力の大きさは20.4 Nなので，三角台ABCが床から受ける垂直抗力の大きさは20.4 + 9.6 = 30.0 [N]　問6．物体が力を受けないとき，静止している物体はそのまま静止し続け，運動している物体はそのまま等速直線運動を続ける。このような性質を慣性という。問7．小球には鉛直方向に重力と垂直抗力がはたらくが，2力はつり合っており，合力は0である。問8・9．小球と三角台ABCの力学的エネルギーは保存される。小球が斜面を滑り始めると，小球の位置エネルギーは減少し，三角台ABCの位置エネルギーは変化しない。一方，小球が滑り始めると，台は小球から押されて動き始め，小球と三角台ABCはともに運動エネルギーを持つ。したがって，小球の位置エネルギーの一部が三角台ABCの運動エネルギーに変化したことで，三角台ABCが動かなかったときと比べて小球の運動エネルギーは小さくなり，小球は遅くなる。
**4** 問1．a．一般に液体が固体になると物質をつくる粒子がより密に集まるため，液体よりも固体のほうが密度が大きくなる。水は液体よりも固体のほうが密度が小さくなる。b．電解質と非電解質を水に入れると，電解質は陽イオンと陰イオンに電離した状態で溶け，非電解質は分子の状態で溶けている。問2．ロウが液体から固体に変化すると体積が減少する。壁面の最初の位置より低い位置になり中央部分が大きくへこむ。水が液体から固体になると体積が増加する。壁面の最初の位置より高い位置になり中央付近が大きくふくらむ。問3．水に溶かしたとき，アの砂糖は分子の状態で溶けている。イの水酸化ナトリウムはナトリウムイオンと水酸化物イオンに電離する。ウの塩化ナトリウムはナトリウムイオンと塩化物イオンに電離する。エのエタノールは分子の状態で溶けている。オの硫酸銅は銅イオンと硫酸イオンに電離する。したがって，電解質はイ，ウ，オ，非電解質はア，エ。問4．二酸化炭素は水に溶けて炭酸H$_2$CO$_3$を生じ酸性を示す。CO$_2$ + H$_2$O → H$_2$CO$_3$
問5．1 Lあたりの炭酸カルシウムの質量に換算すると，4.8×$\frac{100}{24}$ + 32×$\frac{100}{40}$ = 100 [mg/L] 本文の分類から，中程度の硬水に該当する。
問6．求める時間を$t$ [s] とすると，水を加熱するのに使われた電気エネルギーと水が受けとった熱量が等しいので，1000×$\frac{80}{100}$×$t$ = 4.2×1000×(100 − 20) より $t$ = 420 [s]
問7．ナトリウムイオンは+の電気を帯びており，水分子は酸素側がやや−の電気を帯び，水素側がやや+の電気を帯びている。したがって，ナトリウムイオンは水分子の酸素側に囲まれるようになる。

# 開成高等学校

問題 P.250

## 解答

**1** 問1．ア，カ 問2．ア，ウ 問3．青色 問4．① 0.9 ② 水酸化物 問5．NaCl 問6．2.8% 問7．ウ

**2** 問1．イ 問2．(木星)ク，(金星)イ 問3．(木星)ア，(金星)イ 問4．(木星)ア，カ，(金星)ア，エ 問5．(木星)ア，(金星)ウ 問6．(木星)ウ，(金星)ウ

**3** 問1．① 屈折 ② 虚像 問2．下図 問3．1.6 cm 問4．2.2 cm 問5．4.0 cm 問6．6倍

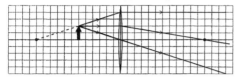

**4** 問1．エ 問2．(弁2)G，(弁3)A 問3．4200 mL 問4．エ 問5．(1)(下線部1)血しょう，(下線部2)組織液 (2)イ，エ

## 解き方

**1** 問1．陰極で発生した気体は水素。水素を発生させるには，選択肢の中だとマグネシウムと希硫酸を反応させればよい。$Mg + H_2SO_4 \rightarrow MgSO_4 + H_2$ 問2．ア．電気分解できたといいうことは，この水溶液には電気伝導性があるということ。つまり，塩化水素は電解質であり水に溶けてイオンを生じることがわかる。(正) イ．陽極から発生した気体は塩素 (赤インクの色が薄くなったのは塩素が水に溶けた水溶液には漂白作用があるから)。塩素があまり集まらなかったのは塩素が水に溶けやすい性質を持つから。(誤) ウ．点火すると音を出して燃焼した気体は水素。水に溶けやすく，その水溶液が赤インクの色を脱色した気体は塩素。(正) エ．塩酸中に同数の水素イオンと塩化物イオンが含まれていることは正しいが，この実験からその事実は判断できない。(誤)

問3．水酸化ナトリウム水溶液を15 mLよりも多く加えると，水溶液はアルカリ性になる。BTB溶液を加えると青色になる。問4．① 反応した塩化水素の質量は $25 \text{[mL]} \times 1 \text{[g/cm}^3\text{]} \times \frac{2.7}{100} = 0.675 \text{[g]}$ 反応した水酸化ナトリウムの質量は $15 \text{[mL]} \times 1 \text{[g/cm}^3\text{]} \times \frac{5.0}{100} = 0.75 \text{[g]}$ よって，塩化水素：水酸化ナトリウム $= 0.675 : 0.75 = 0.9 : 1.0$ ② $H^+ + OH^- \rightarrow H_2O$ 問5．$HCl + NaOH \rightarrow NaCl + H_2O$

問6．$\frac{1.1 \text{[g]}}{40 \text{[mL]} \times 1 \text{[g/cm}^3\text{]}} \times 100 \fallingdotseq 2.8 \text{[\%]}$

問7．水溶液中の陽イオンについて問われているので，水素イオン$H^+$とナトリウムイオン$Na^+$について考える。それらの水溶液中の数と加えた水酸化ナトリウム水溶液の体積との関係は下のグラフのようになる。

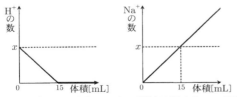

この2つのグラフを合わせると，縦軸は陽イオンの総数となり，ウのようになる。

**2** 問1．明け方に金星が見られるのは東の空である。また，2月ごろ太陽は真東より少し南側から昇るので，図1は南東の方角と考えられる。問2．明け方に地球から見て金星が太陽から最も離れて見える位置(西方最大離角)を過ぎているということから金星はイの位置，木星は金星よりやや西側に見えることからクとなる。問3．西方最大離角の位置ではウのように見え，それを過ぎるとイのように変化していく。木星は外惑星で大きく欠けないのでアとなる。問4．イ．金星は二酸化炭素，木星は水素を主成分とする大気である。ウ．自転周期は金星は遅く木星は速い。エ．金星は温室効果のため太陽に近い水星より表面温度が高い。オ．惑星で最も大きいのは木星だが，平均密度が最も大きいのは地球である。カ．内惑星は衛星を持たない。キ．木星より外側の惑星には環が確認されているが，簡単に見られるのは土星だけである。問5．毎日明け方5時に写真を撮ると，金星は西方最大離角を過ぎると太陽に近づいていくように見える。木星は地球に対して相対的に時計回りに位置を変えていくように見えることから，クの位置の木星は西へ位置を変えるように見える。問6．題意より，イの位置の金星は順行しているので西から東へ動くように見え，クの位置の木星も順行しているのでウとなる。

**3** 問1．① A点から出た光が凸レンズに入射するとき，光軸と交わる点以外の場所では，光が空気と凸レンズの境界面に斜めに入射するので境界面で屈折する。② 物体から出て凸レンズで屈折した光が図1のように1点に集まらずに発散する場合，観測者の目には発散した光線を逆向きに延長して交わった1点から光が出ているように見え，そこに物体の像が見える。人間の目にこのように見えた像を虚像という。問2．物体の先端から出た光のうち，①レンズの中心を通る光はそのまま直進する。②光軸に平行にレンズに入射した光は屈折して反対側の焦点を通る。①，②の光の進み方から，この場合はレンズを通った光が1点で交わらずに発散する。このとき物体の先端の虚像が見える位置は，この発散した光線を逆向きに伸ばして，凸レンズの中心線から左に12目盛り，凸レンズの軸から上に4目盛りの位置であることがわかる。したがって，物体の先端から斜め上向きにレンズに入射した光は，レンズで屈折したのち，この左に12目盛り，上に4目盛りの位置から光が直進してくるように屈折する。結果的に光軸に平行になる。問3．問題文の条件から，図中の1目盛りは0.4 cmであることがわかる。また，問2より，物体の先端から出た光は凸レンズを通過したのち，凸レンズの軸から4目盛り上の点から出たように進むので，この点の凸レンズの軸からの距離は $0.4 \times 4 = 1.6$ [cm] 【別解】凸レンズによって虚像ができる場合，レンズから物体までの距離$a$，レンズから虚像までの距離$b$，凸レンズの焦点距離$f$の間には，$\frac{1}{a} - \frac{1}{b} = \frac{1}{f}$ の関係が成り立つので，$\frac{1}{2.4} - \frac{1}{b} = \frac{1}{4.8}$ より $b = 4.8$ [cm] このとき，像の倍率は $\frac{b}{a} = \frac{4.8}{2.4} = 2$ [倍] となるので，この点の凸レンズの軸からの距離は $0.8 \times 2 = 1.6$ [cm] 問4．図3の状態から網膜の中央部に実像ができるときの条件を考えるので，$\frac{1}{a} + \frac{1}{b} = \frac{1}{f}$ の関係を用いる。$b = 2.4$ [cm] として$a$を$f$で表すと $a = \frac{2.4f}{2.4 - f}$ となり，一方で，$a$の条件は明視の距離以上すなわち $a \geq 24.0$ であるから，$\frac{2.4f}{2.4 - f} \geq 24.0$ より $f \geq \frac{24.0 \times 2.4}{26.4} \fallingdotseq 2.2$ となるので，焦点距離の最小値は2.2 cm。問5．下線部のように観察するためには「明視の距離に物体があるように見えればよい」と本文にあるので，凸レンズによって虚像が観察される状態で，$b = 24.0$ [cm] となればよい。したがって，$\frac{1}{24.0} - \frac{1}{b} = \frac{1}{4.8}$ より $a = 4.0$ [cm] レンズの中心線と物体の距離を4.0 cmにすればよい。問6．下線部のように観察した場合，人の目と物体の距離を明視の距離と等しくした場合と比べて，像の倍率分だけ物体が拡大されて大きく見える。この場合の像の倍率は $\frac{b}{a} = \frac{24.0}{4.0} = 6$ [倍] よって，物体の大きさは6倍に見える。

## 解 答

**4** 問1．ア．左心室では図3のB・Dで圧力が上昇しながらも体積変化がない。イ．左心室ではB・C・Dで右心室よりも高い心室圧を示している。ウ．1回拍出量は135－65＝70〔mL〕で，左心室と右心室で等しい。エ．記述自体は正しいが，図3から直接読みとることはできない。問2．弁2が開くのは右心室が収縮し心室から動脈へ血液が流れるときである。弁3が開くのは左心房が収縮し心房から心室に血液が流れるときである。問3．1回拍出量は図3より135－65＝70〔mL〕である。心臓は1分間に60回拍動するので，70×60＝4200より，体循環に送り出される血液量は毎分4200 mLになる。問4．1回拍出量が左右の心室で異なると，各組織・器官に送り届けられる酸素量に偏りが生じ，細胞への酸素の供給を維持することができなくなる。

### 久留米大学附設高等学校
問題 P.253

**解答**

**1** 問1．ア．生態系 イ．食物連鎖 ウ．二酸化炭素 エ．水（ウ・エ順不同）オ．生産者 カ．消費者 キ．食物網 問2．植物プランクトン 問3．呼吸，運動 問4．下図

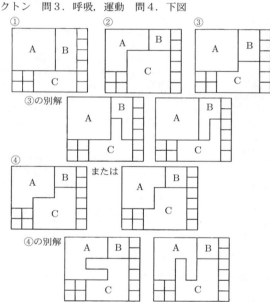

（注）③と④の別解は現実的ではないが，問題文の条件のみから考えると正解とせざるを得ない。
問5．アユ＞オイカワ＞カワムツ
問6．アユとカワムツは食べるものが違うから。アユとカワムツは生活する水の深さが違うから。

**2** 問1．あ．真空 い．下がる う．低くなる え．長い
問2．お．10.2 か．51 き．20 く．10.2
問3．右図

**3** 問1．① 膨張 ② 低下 問2．③ $T-\dfrac{h}{100}$ ④ $t-\dfrac{h}{500}$ 問3．$h=125(T-t)$ 問4．1125 m
問5．① ウ ② エ ③ ア ④ イ 問6．255.5 cm

**4** 問1．① 〇 ② 〇 ③ × ④ 〇 問2．蒸発乾固
問3．（塩化ナトリウム）20％，（硝酸カリウム）27％
問4．① ウ ② ア ③ ア 問5．34℃より高い温度にする必要がある。問6．37.9％

**解き方**

**1** 問4．① A＞Bより，AとBの生活空間は図2(b)の逆となる。次にB＞Cより，BとCの生活空間が重なる部分はBが占有することとなり，Bと生活空間が重ならない部分のみがCの生活空間となる。② C＞Aより，Cの生活空間はそのまま確保される。次にA＞Bより，AとBの生活空間が重なる部分はAが占有することとなり，Aと生活空間が重ならない部分のみがBの生活空間となる。③ A＞Bより，AとBの生活空間はそのまま確保される。次にB＝Cより，BとCの生活空間が重なる部分はBとCで半分ずつ占有することとなる。④ A＝Cより，AとCの生活空間が重なる部分はAとCで半分ずつ占有することとなる。A・Cと生活空間が重ならない部分のみがBの生活空間となる。問5．アユが川の中央部にすむようになると，オイカワが中央部の流れが速い場所から岸近くの深い場所に移動しているので，アユ＞オイカワとなる。次に，カワムツは岸近くの深い場所から中央部の流れが速い場所に移動しているので，オイカワ＞カワムツとなる。オイカワが藻類から昆虫類を食べるようになっていることにも注目。問6．図4を見ると，川の中央部の流れが速いところでアユとカワムツは共存しているが，生活する水深が異なること，問題文より，アユは藻類を食べ，カワムツは落下昆虫や水生昆虫などの昆虫類をえさとして多く食べることに注目すること。

**2** 問1．あ．図1のように，水銀で満たした1 m程度のガラス管を逆さに立てると，ガラス管内に高さ76.0 cmの水銀の柱ができる。これは容器内の液面を押す大気の圧力とガラス管内部の水銀柱の重力による圧力がつり合うためである。仮にガラス管を傾けたとしても，この水銀柱の高さは変化しない。このように，地上での大気の圧力は水銀を高さ76.0 cmまで押し上げるはたらきがある。また，ガラス管内の水銀柱の上にできた空間はもともと水銀が入っていた場所であるため，物質が何もない状態（真空）になる。い．トリチェリの真空内に水を入れると，水の重力が水銀柱上面を押し，水銀＋水の重力による圧力が大気圧とつり合うので，水銀の液面は下がる。う．水の代わりに入れた液体を液体aとすると，この液体aは水銀よりも密度が小さいので水銀柱の上，トリチェリの真空内にたまる。また，本文から液体はどれも蒸発せずとあり，液体aは水よりも密度が大きいので，同じ50 mLの質量および重力の大きさを比べると，水＜液体aとなる。このように，液体aは水よりも大きい力で水銀柱上面を押すので，状態2と比べて水銀の液面の高さは低くなる。え．仮にBにバネがついていなかった場合，Aから空気が自由に出入りできるので，Bは大気に押されて容器内の液面と同じ高さまで下がる。一方，この場合はBにバネがついているので，大気がBを押す力はバネがBを引き上げる力とつり合う。バネに引き上げる力がはたらくのは自然の長さより長いとき。よって，このときのバネの長さは自然の長さより長い。
問2．お．図2では水銀は75.0 cmの高さまで押し上げられているので，断面積が1 cm²の水銀柱を考えた場合，水銀柱の体積は75.0×1＝75.0〔cm³〕，質量は13.6×75.0＝1.02×10³〔g〕，水銀柱にはたらく重力の大きさは1.02×10³÷100＝10.2〔N〕 よって，大気圧の大きさ（＝水銀柱の重力による圧力の大きさ）は10.2÷1＝10.2〔N/cm²〕
か．Bは空気も水銀も通さないので，Bの面積とガラス管の断面積は等しい。大気が面を押す力の大きさは1 cm²あたり10.2 Nなので，B全体が空気から受ける力の大きさは10.2×5＝51〔N〕になる。き．容器の水銀の液面からAまでの距離$h$が20 cmのとき，水銀とガラス管内の液面の距離$y$が0 cmになっており，Bの高さは容器内の液面の高さと等しい。これは大気がA側からBを押す力

の大きさと大気が容器の液面側からBを押し上げる力の大きさが等しいことを意味する。したがってh＝20〔cm〕のとき，Bはバネから力を受けておらず，このときのAまでの距離20cmがバネの自然の長さである。
く．図2のガラス管を徐々に引き上げ，hを20cmから大きくした場合，右図のように，BにはA側から大気が押す大きさ$F_1$の力，バネがBを引き上げる大きさ$F_2$の力，水銀柱の上面がBを押し上げる大きさ$F_3$の力がはたらき，これらの3力がつり合う（$F_1 = F_2 + F_3$）。また，容器内の液面と同じ高さのガラス管内の水銀面を水銀柱の下面とすると，$F_3$は水銀柱の下面を大気が押し上げる大きさ$F_4$の力と水銀柱が下面を押し下げる大きさ$F_5$の力の差になる（$F_3 = F_4 - F_5$）。これらのことから，$F_1$，$F_2$，$F_4$，$F_5$の間には$F_1 = F_2 + F_4 - F_5$の関係が成り立つ。$F_1$，$F_4$はそれぞれ大気が面を押す力の大きさで一定，$F_5$はhが大きくなると大きくなるので，式の関係から$F_2$も大きくなる。つまり，ガラス管を持ち上げるにつれてバネは伸びていく。図3のグラフからh＝100〔cm〕に達すると水銀柱の高さが変わらなくなるので，これ以上hを大きくした場合，水銀柱の高さは変化せず，ガラス管上部に真空ができはじめる。以上のことから，hを20cmから大きくしていくと，hに比例してバネは伸びていき，h＝100〔cm〕でバネの伸びは5（＝100－20－75）cmになる。このとき$F_3 = 0$，$F_1 = F_2 = 51$〔N〕であり，Bがバネを伸ばす力の大きさは$F_2$と等しいので，バネを1cm伸ばすために必要な力の大きさは51÷5＝10.2〔N〕　問3．問2の「く」の説明にあるように，hを20cmから大きくしていくとバネの伸びはhに比例し，h＝100〔cm〕でバネの長さはx＝25（＝20＋5）cmになる。これ以上hを大きくした場合，$F_3 = 0$，$F_1 = F_2 = 51$〔N〕になるため，バネの長さは変化しない。よって，解答のようなグラフになる。

③　問1．空気の塊が上昇すると，上空の気圧が低いため膨張し気温が低下する。これを断熱膨張という。問2．凝結高度の標高hmまでは湿度が100％に満たないため，100m上昇するごとに1.0℃下がり，露点は100m上昇するごとに0.2℃下がる。問3．題意より$T - \dfrac{h}{100} = t - \dfrac{h}{500}$より$h = 125(T - t)$　問4．気温26℃，湿度59.5％より，この空気中の水蒸気量は24.4×0.595＝14.518〔g/m³〕よって，露点は17℃。ゆえに，h＝125(26－17)＝1125〔m〕問5．緯度と経度より，神戸市と地点A～Dの位置関係は右図のようになり，日本付近の台風では台風の中心に向かって反時計回りに風が吹き込むことから風向が推測できる。

問6．まず，「吸い上げ効果」による海面上昇量を求める。晴天時の気圧と台風上陸時の気圧差は53hPa，つまり5300N/m²である。また，海水の密度より海中の深さ1cmでの水圧は100N/m²なので，気圧低下による海水面の吸い上げ効果は5300÷100＝53〔cm〕となる。また，「吹き寄せ効果」による海面上昇量は，題意より$10 \times \left(\dfrac{18}{4}\right)^2 = 202.5$〔cm〕となる。よって，潮位の上昇量は53＋202.5＝255.5〔cm〕となる。

④　問1．①　塩化ナトリウム水溶液に硝酸銀水溶液を加えると，塩化銀の沈殿が生じて白濁する。硝酸カリウム水溶液では変化が見られない。②　この操作は炎色反応を見るもの。ナトリウムを含むと黄色，カリウムを含むと赤紫色の炎が観察される。③　ともに鉄とは反応しないから見分けられない。④　塩化ナトリウム水溶液の電気分解では塩素（刺激臭）と水素（無臭）が，硝酸カリウム水溶液の電気分解では酸素（無臭）と水素（無臭）が発生する。

問3．混合水溶液Aは水150gに塩化ナトリウム25gと硝酸カリウム25gが溶けている。ここから水を100g蒸発させて冷却すると塩化ナトリウムのみが6.0g析出したことから，残った水溶液は水50gに塩化ナトリウム25－6.0＝19〔g〕，硝酸カリウム25gが溶けているとわかる。よって，塩化ナトリウムの割合は$\dfrac{19}{50+19+25} \times 100 \fallingdotseq 20$〔％〕，硝酸カリウムの割合は$\dfrac{25}{50+19+25} \times 100 \fallingdotseq 27$〔％〕
問4．混合水溶液Aから水を100g蒸発させると，容器内にあるのは水50g，塩化ナトリウム25g，硝酸カリウム25gである。これをすべて2倍にして考えると，水100g，塩化ナトリウム50g，硝酸カリウム50gである。それぞれの温度での溶解度と50gとを見比べ，「50g」が溶解度より大きければ析出する（○）が，溶解度より小さければ析出しない（×）。

|  | ① 10℃ | ② 40℃ | ③ 60℃ |
|---|---|---|---|
| 塩化ナトリウム | 36（○） | 36（○） | 37（○） |
| 硝酸カリウム | 22（○） | 61（×） | 106（×） |
| 答え | ウ | ア | ア |

問5．100gの水に硝酸カリウム50gが溶けて飽和状態になる温度は溶解度曲線から34℃と読むことができる。つまり，34℃を下回ると硝酸カリウムも析出してしまうため，これよりも高い温度で塩化ナトリウムを析出させる必要がある。問6．水を一部蒸発させたのち，水溶液中の水が100gであったと考える。これを10℃まで冷却したとき，塩化ナトリウムが析出するためには容器内に36g以上存在する必要がある。また，硝酸カリウムが析出しないためには22g以下でなければならない。よって，このときの硝酸カリウムの占める割合は$\dfrac{22}{36+22} \times 100 \fallingdotseq 37.9$〔％〕　この値は「塩化ナトリウムは析出するが，硝酸カリウムは析出しない」という条件を満たす上限値となる。

# 青雲高等学校

問題 P.256

## 解答

**1** (1) イ　(2) カ　(3) オ　(4) エ　(5) ウ　(6) エ　(7) イ　(8) カ　(9) ア　⑩ エ

**2** 問1．① 鏡台　② 直射　③ 水平　④ 鏡筒　⑤ 調節　⑥ 実像　⑦ 虚像　問2．a．外側　b．内側　問3．X．$\dfrac{1}{16}$　Y．5

**3** 問1．① 溶岩ドーム　② 主要動　問2．（灰）オ，（白）エ　問3．イ，ウ　問4．ユーラシアプレート　問5．ウ　問6．(1) 17.5秒　(2) 40.3km

**4** 問1．水上置換法　問2．オ　問3．硫化鉄　問4．反応で発生する熱を利用して，反応が進行するから。問5．FeS＋2HCl → FeCl₂＋H₂S　問6．ウ　問7．2Mg＋O₂ → 2MgO　問8．5.85　問9．0.45g

**5** 問1．大　問2．(1) ① 14mA　② 143Ω　③ 7V　(2) ① 4V　② 200Ω　③ 14V　問3．(1) 36mA　(2) 21V　問4．キ

### 解き方

**1** (1) ア．スギナはシダ植物。ウ．ツツジの花は合弁花。エ．タンポポは双子葉類なので，根は主根と側根からできている。オ．スズメノカタビラは単子葉類なので，根はひげ根である。(2) 硫酸と水酸化バリウムの中和反応で生じる塩で，白色の沈殿になる。(4) 選択肢の動物の分類は次のとおり。軟体動物：ハマグリ，マイマイ　節足動物：ミジンコ　棘皮動物：ウニ　刺胞動物（腔腸動物）：イソギンチャク　海綿動物：カイメン　(5) ポリ塩化ビニル（polyvinyl chloride）の略号はPVC。(6) 鏡Qは角度を変えずにわずかに移動し

ただけなので，ずらす前後のそれぞれの光線は互いに平行であることに注意して，図を用いて検討するとよい。

(7) 心臓から他の器官へ血液が送られる血管を動脈，心臓以外の器官から心臓へ血液が送られる血管を静脈という。肺静脈を流れる血液は肺を通った直後なので酸素を多く含む。大動脈では酸素はまだ多く含まれている。全身を巡って，大静脈に戻った血液は全身の器官等で酸素が使われているので，含まれる酸素の量は少ない。(8) 塩化銅水溶液には銅イオン $Cu^{2+}$ と $Cl^-$ が存在している。陰極では＋の電気をもった銅イオン $Cu^{2+}$ が電子を2個受け取り，銅原子になり，炭素棒に析出する。(9) 月食が起こるとき，月は地球をはさんで太陽の反対側にある。(10) AB間では小物体が進む向きに一定の大きさの力が加わり続けるので，時間とともに速さが増加する直線のグラフになる。BC間では小物体が進む向きとは反対向きに摩擦の力がはたらくので，時間とともに速さが減少するグラフになる。CD間では小物体が進む向きとは反対向きに力が加わり続けるので，時間とともに速さが減少するグラフになる。ただし，斜面が湾曲しているので，グラフも曲線となり，速さが減少する割合がだんだん大きくなる。これらの条件を満たすグラフはエである。

**2** 問3. 対物レンズの倍率を10倍から40倍にすると，見えるものの長さが4倍となるので，見える範囲の面積は $\frac{1}{4^2}=\frac{1}{16}$ となる。見える範囲が $\frac{1}{16}$ になるので，光の粒子の数も $\frac{1}{16}$ となる。

**3** 問1. ① 粘り気が強いマグマでは溶岩ドームができやすい。溶岩ドームは溶岩円頂丘ともいう。問2. 溶岩が固まってできた岩石は火山岩である。火山岩を白っぽい順に並べると，流紋岩，安山岩，玄武岩となる。問3. セキエイ，チョウ石は無色鉱物，クロウンモ，キ石，カンラン石は有色鉱物である。マグマの粘り気は二酸化ケイ素の含有量が多いほど強くなる。二酸化ケイ素が多いほど無色鉱物ができやすいので白っぽい岩石ができる。問4. 西日本はユーラシアプレートの上にあり，東日本は北アメリカプレートの上にある。問5. 活断層が動いて地震が起こるとき，地表は右図の矢印の方向に動く。水平動地震計は1台で1つの方向のゆれだけしか感知できないので，各地点には東西のゆれを感知できるものと南北のゆれを感知できるものの2台が設置されている。ウとエでは断層が斜めになっているので，東西のゆれを感知する地震計と南北のゆれを感知する地震計の両方が作動しているはずだが，文章の条件に合うのはウである。問6. (1) 初期微動継続時間は震源で地震が起こった後，観測地点にP波が到達してからS波が到達するまでの時間である。よって，S波が150km進む時間とP波が150km進む時間の差で求められる。したがって，$\frac{150}{4.0}-\frac{150}{7.5}=17.5$ [秒] (2) 震源距離を $x$ kmとすると，$\frac{x}{4.0}-\frac{x}{7.5}=4.7$ 両辺を60倍し $15x-8x=282$ より $x=40.28\cdots\fallingdotseq40.3$ [km]

**4** 問1. 実験1で発生する気体は水素。水素は水に溶けにくい気体なので，水上置換法で集める。問2. アでは気体は発生しない。イでは酸化銀が熱分解して酸素が発生。ウでは炭酸水素ナトリウムが熱分解して二酸化炭素が発生。エはアンモニアの発生法。オについて，アルミニウムは水酸化ナトリウムにも反応し，水素が発生する。問3. 鉄Feと硫黄Sが化合して硫化鉄FeSが生成する。問4. この反応は発熱反応なので，反応によって発生した熱でつぎつぎと反応が起こる。問5. この反応では，有毒な硫化水素 $H_2S$ が発生し，塩化鉄ができる。問6. アはアンモニアの性質。イは二酸化炭素の性質。ウは水素の性質。エは酸素の性質。オは硫化水素の性質。問7. マグネシウムの燃焼である。マグネシウムと酸素が結びついて酸化物である酸化マグネシウムが生成する。問8. 1～3班ではすべて酸化マグネシウムに変化したとあるので，2班のデータを参考にすると，反応前のマグネシウムの質量は2.25g，反応後の酸化マグネシウムの質量は3.75gとわかる。したがって，$2.25:3.75=3.5:a$ より $a=5.85$ [g] 問9. 2班のデータでは，マグネシウムの質量2.25g，酸化マグネシウムの質量3.75gであるから，化合した酸素は $3.75-2.25=1.50$ [g] 4班のデータより，結びついた酸素の質量は $8.15-5.07=3.08$ [g] 加熱後の固体は酸化マグネシウムだけでなく未反応のマグネシウムも含むので，まちがえないように注意する。未反応のマグネシウムの質量を $x$ gとすると，$1.50:2.25=3.08:(5.07-x)$ より $x=0.45$ [g]

**5** 問1. グラフの傾きが小さいほど抵抗は大きい。問2. (1) ① グラフを読みとる。2.0Vでは14mAである。② $\frac{2.0}{0.014}\fallingdotseq143$ [Ω] 1A=1000mAであることに注意。③ $500\times0.014=7$ [V] (2) ① グラフを読みとる。20mAでは4Vである。② $\frac{4}{0.020}=200$ [Ω] ③ 抵抗Rにかかる電圧は $500\times0.02=10$ [V] 電源装置Eの電圧は $10+4=14$ [V] 問3. (1) L，Mどちらの豆電球にも3.0Vの電圧がかかるので，グラフから読みとると，それぞれの豆電球に18mAの電流が流れる。したがって，回路全体に流れる電流の強さは $18\times2=36$ [mA] (2) 抵抗Rにかかる電圧は $500\times0.036=18$ [V] 電源装置Eの電圧は $18+3=21$ [V] 問4. 豆電球Nと豆電球Mを比べると，豆電球Mを流れる電流の強さは豆電球Nの $\frac{1}{2}$ である。もしも抵抗値が同じであると仮定すれば，豆電球Mにかかる電圧は豆電球Nの $\frac{1}{2}$ なので，$\frac{P_N}{P_M}=\frac{RI^2}{R\left(\frac{1}{2}I\right)^2}=4$ となる。しかし実際には，電流の強さが大きい豆電球Nのほうが抵抗がわずかに大きくなるので，$P_N$ の値もわずかに大きな値をとる。したがって $\frac{P_N}{P_M}>4$ が妥当である。

## 清風南海高等学校　　問題 P.259

**解答**

**1** 問1. 露点　問2. 64%　問3. 5mg
問4. 10.7g　問5. 1200m
問6. (温度) 26℃，(湿度) 34%

**2** 問1. ア，イ　問2. イ，ウ　問3. $2Cl^-\to Cl_2+2\ominus$
問4. ア　問5. 水に溶けやすい（7字）　問6. エ
問7. イ

**3** 問1. ① ウ　② ウ　問2. ア　問3. ① ウ　② カ
③ シ　問4. ア.0　イ.132

**4** 問1. イ，ウ
問2. (選択肢1) エ，オ，(選択肢2) イ
問3. (選択肢1) ウ，カ，(選択肢2) ウ　問4. 4.0Ω
問5. ① 1.5V　② 5V　問6. ① 4.0A　② 2.0Ω

**解き方** **1** 問2. 露点が22℃なので，この空気に含まれる水蒸気量は22℃のときの飽和水蒸気量に等しく，表1より19.4 g/m³である。30℃のときの飽和水蒸気量は表1より30.4 g/m³なので，この空気の30℃のときの湿度は $19.4\div30.4\times100\fallingdotseq64$ [%] 問3. 飽和している22℃の空気1m³の温度を10℃まで下げたときにできる水滴の量は表1より $19.4-9.4=10.0$ [g/m³] となる。容器の容積は500 cm³なので，このとき容器内にできる水滴の量は $10.0$ [g] $\times\frac{500 [cm^3]}{1 [m^3]}=10000$ [mg] $\times\frac{500 [cm^3]}{1000000 [cm^3]}=5$ [mg] 問4. 高度0mで24℃なので高度200mでは22℃となる。22℃での飽和水蒸気量は表1から19.4 g/m³。湿度は55%なので，この空気1m³あたりの水蒸気量は $19.4\times0.55\fallingdotseq10.7$ [g] 問5. 温度が下がって飽和水蒸気

量が10.7 g/m³になったときに雲が生じ始める。このときの温度は表1より12℃である。雲ができていないときは高度100 m上昇すると1℃気温が下がる。22℃の空気が12℃まで下がったのだから1000 m上昇した。よって，このときの高度は200 + 1000 = 1200 [m] である。問6．雲のある状態では100 mごとに0.5℃下がるので，1200 mから2000 mまで上昇すると4℃温度が下がる。よって，山頂でのこの空気の温度は8℃である。この空気が雲のない状態で高度200 mまで下降すると18℃温度が上がる。よって，高度200 mの盆地での温度は8 + 18 = 26 [℃] となる。山頂では8℃で飽和していた空気が26℃になったので，このときの湿度は $\dfrac{8℃での飽和水蒸気量}{26℃での飽和水蒸気量} \times 100 = \dfrac{8.3}{24.4} \times 100 ≒ 34$ [%]

**2** 問1．ア．性質は展性で，金属特有の性質なので正しい。イ．液体の金属（水銀）があるので正しい。ウ．銅は磁石に引き寄せられないので正しくない。磁石に引き寄せられるのは金属の一般的な性質ではない。エ．亜鉛は負極になるので正しくない。問2．アは鉄で単体。イは二酸化炭素で炭素と酸素の化合物。ウは炭素と水素と酸素の化合物。エは炭素で単体。オは窒素，酸素などの混合物。カは塩化水素の水溶液なので混合物。問3．塩化物イオン2個がそれぞれ陽極で電子を1個ずつ放出して塩素原子となり，それらが結びついて塩素分子となる。問4．Aについて，銅原子が銅イオンになるとき銅原子1個あたり電子2個を失う。Bについて，銅イオン1個あたり電子2個を受けとっている。Cについて，中学校の教科書では酸化物が酸素を失う反応を還元と狭義に定義しているが，電子を受けとる反応を酸化としていることから類推することができるだろう。問5．水素と塩素がそれぞれの電極付近で同体積発生していると考えられるが，塩素は水に溶けやすいため，見た目の発生量には差が見られる。問6．塩化銅水溶液中で銅が析出することから，電子の受けとりやすさは，銅イオン＞水　といえる。また，塩化ナトリウム水溶液中で水素が発生することから，電子の受けとりやすさは，水＞ナトリウムイオン　といえる。問7．アでは塩化ナトリウムの結晶が生成し，ナトリウムイオンは動くことができない。融解塩ではナトリウムイオンは動くことができる。ウ．結晶が細かくなるだけで，ナトリウムイオンと塩化物イオンが分かれるわけではない。エ．飽和水溶液としても，水は存在する。

**3** 問1．透明な液体が出てきたことから管3はろ過された液体が出てくる輸尿管である。牛乳が注入できなかったことから管2には逆流を防ぐ弁があると考えられるので静脈である。問2．動脈から入った血液は図2のAに入り，Bから出た血液は静脈に送られる。そして，Cから出てきた尿は輸尿管に送られる。問4．ア．ブドウ糖はすべて再吸収される。イ．原尿中と尿中ではイヌリンの濃度は120倍になっているので，生成される原尿の量は尿の量の120倍である。よって，1分間に生成される原尿の量は1.1 × 120 = 132 [mL]

**4** 問1．明るさは電流と電圧の積，つまり電力で決まる。電球A，Bは直列につながれているので，電流の強さは等しい。抵抗が大きい電球の電圧がより大きくなり，明るさも明るくなる。問2．電球A，Bは並列につながれているので，それぞれの電球にかかる電圧は等しい。問1から，抵抗の小さい電球Bにより強い電流が流れ，明るく点灯する。問3．電球$A_1$と電球$A_2$は並列に接続されているので，それぞれの電球にかかる電圧は電源の電圧に等しい。スイッチを開いた場合，電球$A_1$にかかる電圧は電源の電圧に等しい。電圧，電流ともに変わらず，明るさも同じになる。問4．抵抗Bに流れた電流の強さは $\dfrac{1.2}{6.0} = 0.20$ [A] 抵抗Aに流れた電流の強さは0.50 − 0.20 = 0.30 [A] 抵抗Aの抵抗は $\dfrac{1.2}{0.30} = 4.0$ [Ω] 問5．① 抵抗Cの抵抗値

が0 Ωのとき Cは導線と同じであり，すべての電流はC側に流れて並列接続のBには流れない（電圧計の値からもわかる）。したがって，回路全体の合成抵抗値は右側のBの抵抗値6 Ωになるため，電源の電圧は0.25 × 6 = 1.5 [V] ② 抵抗Cの値を十分に大きくすると，抵抗Cにほとんど電流が流れなくなり，回路全体は2つの抵抗Bが直列接続した回路とみなせるようになる。電源が10 Vで左右の抵抗の値がほぼ等しくなるので，電圧計は5 V。問6．① 抵抗Cが0のとき，電圧計は0を示すと考えられる。グラフの線を延長して考えると，電圧が0のとき，電流は4.0 Aであると推測できる。② 抵抗Dの抵抗の値を$R_D$としたとき，①より，電源の電圧は$R_D × 4.0$で表される。また，グラフより，電源の電圧は$R_D × 1.0 + 6.0$で表される。よって，$R_D × 4.0 = R_D × 1.0 + 6.0$より$R_D = 2.0$ [Ω]

---

## 高田高等学校

問題 P.262

**解答**

**1** 1．イ 2．エ 3．ア 4．ウ 5．ア 6．イ 7．エ 8．イ

**2** 9．エ 10．ウ 11．ア 12．ウ

**3** 13．ア 14．オ 15．ウ 16．オ

**4** 17．カ 18．ア 19．カ 20．オ

**5** 21．エ 22．ウ 23．ア 24．ウ

**6** 25．ウ 26．エ 27．オ 28．イ

**7** 29．カ 30．エ 31．オ

**解き方**

**1** 1．ア．酸の水溶液，アルカリの水溶液とも，液中にイオンが存在するので電気を通す。ウ．アルカリの水溶液はpHが7より大きい。2．メスシリンダーは，目線を液面の位置にして，水面のへこんだところの目盛りを読みとる。3．〔実験1〕より，40 cm³の水溶液Aと4.0%塩酸20 cm³が完全に中和する。〔実験2〕では，水溶液Aの体積を〔実験1〕の$\dfrac{1}{2}$の20 cm³，塩酸の濃度も〔実験1〕の$\dfrac{1}{2}$の2.0%にしたので，塩酸を20 cm³加えると完全に中和する。塩酸を15 cm³加えたところでは，溶液はアルカリ性でBTB溶液は青色を示す。4．〔実験3〕は水溶液Aの体積を〔実験1〕の1.5倍の60 cm³，塩酸の濃度を〔実験1〕の1.5倍の6.0%にしているので，溶液を中性にするのに必要な6.0%塩酸は20 cm³である。5．4より，6.0%塩酸10 cm³を完全に中和する水溶液Aは30 cm³で，水溶液Bの$\dfrac{1}{4}$の体積である。よって，水溶液Bの濃度は水溶液Aの0.25倍である。6．陰イオンである水酸化物イオンは陽極のほうへ移動する。8．せっけん水，石灰水，アンモニア水はアルカリ性，砂糖水と食塩水は中性である。

**2** 9．Aは子房，Bは胚珠，Cは卵細胞，Dは精細胞である。10．Fは胚で，卵細胞と精細胞が受精してできた受精卵が成長したものである。11．枝の先にあるGは雌花で，1対の胚珠がついているHが雌花のリン片である。12．ツユクサは単子葉類，他は双子葉類である。

**3** 14．マグマの粘性が強いと溶岩が流れにくいので図Aのような盛り上がった形の火山になり，噴火は，マグマ中のガスが抜けにくいので圧力が上昇し，激しく爆発的になることが多い。また，粘性の強いマグマは二酸化ケイ素を多く含むため，火山灰は無色鉱物の割合が多く白っぽい色になる。16．地表面に多く見られることから火山岩で，二酸化ケイ素が多く無色鉱物を多く含むのは流紋岩である。

**4** 17．A．卵生で体内受精を行うセキツイ動物は鳥類とハ虫類で，分類基準のうち鳥類だけにあてはまるのは「体温が一定」である。C．X群の動物のなかで，無セキツイ動物はイカとバッタで，節足動物のバッタは外骨格を持つが，軟体動物のイカは持たない。18．②はハ虫類があては

まるのでカメ，③は両生類があてはまるのでカエル。20. 三葉虫は古生代，アンモナイトは中生代，マンモスは新生代の示準化石である。

**5** 21. ６月ごろには，北のオホーツク海気団と南の小笠原気団の勢力がつり合い，間に梅雨前線と呼ばれる停滞前線が東西に伸びる。22. 図２では，東海〜関東地方の南の海上に台風が見られる。23. 図３では，交互に並んだ高気圧と低気圧が西から東へ移動してくる。24. 冬には，大陸でシベリア高気圧が発達する。

**6** 25. 表１のEより，このばねは1.0 Nの力で引くと4.0 cm伸びる。伸びが6.0 cmになったときには，$6.0 \div 4.0 = 1.5$ [N] の力で引いた。26. 月面上では物体にはたらく重力が地球上の約$\frac{1}{6}$になるので，ばねの伸びも約$\frac{1}{6}$になる。27. 表より，ばねの伸びが0.4 cmになったとき，ばねがおもりを支えている力は0.1 N。おもりCの重さは0.6 Nなので，浮力は$0.6 - 0.1 = 0.5$ [N] 28. おもりDとおもりEの重さの合計は$0.8 + 1.0 = 1.8$ [N] おもりの体積はすべて等しいので，全体を水中に入れたときおもり１個にはたらく浮力はCの浮力と同じ0.5 N。ばねがおもりD，Eを支えている力は$1.8 - 2 \times 0.5 = 0.8$ [N] となり，表より，ばねの伸びは3.2 cmである。

**7** 29. 電流計は，回路に直列につなぐので，器具Bである。３回目の実験結果から，電熱線の抵抗は$6 \div 1.5 = 4$ [Ω]である。30. $0.75 \times 3 \times 300 = 675$ [J] 31. ５回目の実験で電熱線から発生した熱量は$1.5 \times 6 \times 150 = 1350$ [J] ５回目の水の量を$x$ gとし，水温上昇が等しい１回目の実験と比べると，水の量は発熱量に比例するので，$100 : x = 675 : 1350$より$x = 200$ [g]

---

## 滝高等学校

問題 P.266

**解答** **1** (1) あまり高温にならない（10字）
(2) (エ) (3) 408 kcal (4) (カ)
(5) (鉄) 血液 (または赤血球)，(カルシウム) 骨
(6) カップめんなど，高カロリーだが栄養素の偏りが大きい食品が多く流通しているから。（39字）

**2** (1) 4 (2) 地球型惑星 (3) ア. 体積（または質量，半径） イ. 密度 (4) (ウ) (5) (ア)

**3** (1) たたくと薄く広がる。(2) $Na^+$，$Zn^{2+}$，$Ag^+$，$Ca^{2+}$
(3) ① $CuCl_2 \rightarrow Cu^{2+} + 2Cl^-$ ② $Cu^{2+} + 2e^- \rightarrow Cu$
(4) ① $2Cu + O_2 \rightarrow 2CuO$ ② 黒 ③ （方法）炎の内側に当てる。（理由）炎の内側は酸素が不足し，還元作用があるから。(5) ① 3.2 g ② $Cu_2O$

**4** (1) (a) つり合う (b) 大きい (2) (ウ) (3) 800 Pa
(4) ① 2000000 Pa ② 1000000 N ③ 50m³

**解き方** **1** (1) 呼吸はエネルギーを得るために行うので，燃焼のように大量のエネルギーを熱や光として放出しない。とり出したエネルギーは化学エネルギーとして細胞内に蓄えられる。また，反応が一気に進むのではなく，多くの酵素のはたらきで段階的に進む。
(2) 文章に示されたアトウォーター係数を求める方法を式の形に直すと，（物理的燃焼熱量）×（消化吸収率）−（排泄熱量）である。この式に表の数値を代入して各成分のアトウォーター係数を求めると，$x = 4.1 \times 0.97 ≒ 4$，$y = 5.7 \times 0.92 - 1.25 ≒ 4$，$z = 9.4 \times 0.95 ≒ 9$ 各成分のエネルギー量は（質量）×（アトウォーター係数）で求められる。$35.5 \times 4 + 9.4 \times 4 + 25.4 \times 9 = 408.2 ≒ 408$ (4) すい液は，デンプン分解酵素のアミラーゼ，タンパク質分解酵素のトリプシン，脂肪分解酵素のリパーゼを含み，三大栄養素のすべての消化に関わっている。(ア) 消化器官ではなく消化管。(イ) 脂肪は小腸からリンパ管に入るので，肝臓へは運ばれない。(ウ) 肉食動物や雑食動物に比べ，草食動物は腸

が長い。(エ) 胆汁は肝臓でつくられる。(オ) ベネジクト液は加えたあと加熱する必要がある。(5) 赤血球中のヘモグロビンは鉄を含むタンパク質である。骨は主成分がリン酸カルシウムである。(6) 簡単に食べられるためカップめんやコンビニのおにぎりなどで食事をすませると，鉄やカルシウムが不足する。

**2** (1) 木星型惑星の木星，土星，天王星，海王星の4つの惑星は環を持つ。(2) グループAを地球型惑星，グループBを木星型惑星という。(3) 地球型惑星は小型で半径や質量は小さいが，表面は岩石，内部は金属でできているので平均密度が大きい。木星型惑星は半径や質量は大きいが，表面が水素やヘリウムのような気体で，内部はおもに軽い物質でできているので平均密度が小さい。(4) ４年に一度うるう年があるので，公転周期は365日より約６時間多いと考えられる。(5) 惑星どうしの公転軌道は交わらない。(イ) 水より平均密度が小さい惑星は土星だけである。(ウ) 火星は地球より質量が小さいが公転周期は長い。(エ) すべての惑星の公転の向きはそろっているが，金星の自転の向きは逆回りである。(オ) 水星と金星は衛星を持たない。

**3** (1) 金属は，たたくと広がる展性や，引っぱると伸びる延性を持つ。(2) 金属原子はすべて陽イオンになる。(3) ① 塩化銅は水に溶けて銅イオンと塩化物イオンに電離する。② 陰極で銅イオン$Cu^{2+}$は，電源の負極から流れてきた電子を２個受けとって，銅原子Cuになる。(4) ①・② 銅は空気中の酸素と化合して黒色の酸化銅になる。③ ガスバーナーの内炎は空気が入りにくく酸素が不足している。燃えやすいメタンなどの気体が酸化銅の酸素と化合して燃焼し，酸化銅は還元されて銅になる。
(5) ① 混合物の質量は$9.6 + 1.6 = 11.2$ [g] 酸化物Aの質量を$x$ [g] とすると，$x + 1.8x = 11.2$より$x = 4.0$ [g] 酸化物A(CuO)4.0 gに含まれる銅原子の質量は$4.0 \times \frac{4}{4+1} = 3.2$ [g] ② ①より，酸化物Aに含まれる酸素の質量は$4.0 - 3.2 = 0.8$ [g] したがって，酸化物Bに含まれる銅原子の質量は$9.6 - 3.2 = 6.4$ [g]，酸素原子の質量は$1.6 - 0.8 = 0.8$ [g] よって，酸化物Bに含まれる原子の個数の比は銅：酸素$= \frac{6.4}{4} : 0.8 = 2 : 1$ したがって，酸化物Bの化学式は$Cu_2O$

**4** (1) (b) 水中の物体にはたらく水圧は，上面よりも深いところにある下面のほうが大きい。(2) 海水槽に海水を注水すると潜水艦の質量が大きくなり，平均の密度も大きくなるので，潜水艦は沈む。海水槽から海水を排出して，代わりに気畜機にためた空気を入れると，潜水艦の質量が小さくなり，平均の密度も小さくなるので，浮上する。
(3) ペットボトル40本の海水の質量は$2 \times 40 = 80$ [kg] であり，その重さは800 Nなので，床に加わる板の圧力は$800$ [N/m²] $= 800$ [Pa] (4) $1m^3 = 1000 L$なので，海水$1m^3$の重さは１万N。① 水深１mで１万Paの水圧がはたらくので，水深200 mでは１万$\times 200 = 200$万 [Pa] ② 潜水艦Aの体積は$100 m^3$なので，水中の潜水艦Aにはたらく浮力はアルキメデスの原理より$100 \times 1$万$= 100$万 [N] ③ （浮力）＝（潜水艦Aの重さ）＋（海水槽内の海水の重さ）が成り立っている。（海水槽内の海水の重さ）＝（浮力）−（潜水艦Aの重さ）＝100万−50万＝50万 [N] なので，その体積は50万 [N] ÷１万 [N/m³] $= 50$ [m³]

---

## 東海高等学校

問題 P.268

**解答** **1** (1) ア，エ (2) ア，エ (3) ア，エ，キ，ク (4) ① A. 低く B. 膨張 C. 露点 D. 凝結 ② 水蒸気が雲になるときの凝結核になる。
**2** (1) 酵素 (2) ① アミノ酸 ② 脂肪酸，モノグリセリド

理科 | 51 | 解 答

(3) ① 可溶性デンプンおよび片栗粉を用いたデンプン溶液を用意し，それぞれ同時に問題文と同様の手順で実験操作を行う。② ウ
**3** (1) 2Ag₂O→4Ag＋O₂ (2) エ，オ
(3) 順に，ウ，ア，イ，エ (4) 0.5 g
**4** (1) ウ (2) 18個 (3)（記号）ア，（理由）塩素は水に溶けやすい気体であるため。
**5** (1) 14：25 (2) 12％
**6** (1) 15 g (2) 1005 g (3) カくウ＝エ＝オ (4) カくキ（理由）Bのほうが体積が大きく受ける浮力も大きい。その浮力と作用反作用の関係にある水が受ける下向きの力もBのほうが大きいから。
**7** (1) ウ，キ (2) A．放射線　B．遺伝子
**8** Ⅰ．(1) ア
(2) ア．d イ．小さくなった
Ⅱ．(1) 内合 (2) 6.1倍 (3) エ
(4) 右図

**9** (1) $y－x$ (2) 45,000 km
(3) ウ

**解き方** **1** (1) シダ植物とコケ植物は種子をつくらず胞子で増える。(2) ミジンコは節足動物で1mm程度の大きさなので，肉眼で見ることができる。(3) ゾウリムシは単細胞生物である。卵，精子，胞子は生殖細胞で1つの細胞である。(4) ① 大気は上空ほど気圧が低い。また，気体は膨張すると温度が下がる。② 水が凝結する際，小さな粒があるとそれを芯にして集まって水滴をつくり，雲ができやすい。この芯になる粒を凝結核という。フラスコ内に雲をつくる実験で，あらかじめ線香の煙を入れておくのは，煙の粒が凝結核になるためである。
**2** (1) だ液にはデンプンを分解する酵素アミラーゼが含まれ，胃液にはタンパク質を分解する酵素ペプシンが含まれている。酵素はタンパク質でできていて，生体内の化学反応を促進するはたらきをしている。(2) ②脂肪はすい液に含まれるリパーゼのはたらきで，脂肪酸とモノグリセリドに分解される。(3) 実験ⅱの（Ⅱ）の試験管の結果が予想とは違っていたことより，可溶性デンプンの水溶液には糖が含まれていたことがわかる。① 2つの実験を時刻や気温や湿度の条件を同一にして行うためには，同時に同じ場所で行えばよい。② 片栗粉を用いたデンプン溶液では教科書と同じ結果になったことから，ア，エは妥当ではない。
**3** (2) エ．酸素は空気よりやや重い。オ．酸素はいろいろな物質と化合しやすく，食品の成分が酸化されると変質する。それを防ぐために，食品の袋には化学反応を起こしにくい窒素を封入したり，酸素を吸収する脱酸素剤を入れたりしている。(3) ガスバーナーの火を消す前には，管を水槽からとり出して，冷たい水が熱くなっている試験管に流れ込まないようにする。ガスバーナーは，点火のときに開く順とは逆に，空気調節ねじ，ガス調節ねじ，元栓の順に閉める。(4) 密度より，酸化銀1 cm³の質量は7.2 g。化学反応式より，反応した酸化銀と生成した酸素の質量比は2Ag₂O：O₂＝2(27×2＋4)：4×2＝29：2なので，7.2 gの酸化銀が分解すると，$7.2 \times \frac{2}{29} ≒ 0.5$ [g]の酸素が発生する。
**4** (1) 水溶液が電気を通すことから，電解質であるイ，ウ，オのどれかである。電気分解をすると両極から気体が発生するのはウ，オで，ウは塩素と水素が，オは酸素と水素が発生する。一方の極で試験管にたまりにくい気体が発生したとあるので，水に溶けやすい塩素が発生するウである。(2) 塩化物イオンCl⁻は電子を1個とり入れてイオンになったので，電子の個数は陽子の個数よりも1個多い。(3) 塩化物イオンは陰イオンなので陽極に引かれ，陽極で電子を奪われて塩素原子になり，2個結びついて塩素分子になる。
**5** (1) 反応に使われた硫酸の質量は$250 \times \frac{2.8}{100} = 7.0$ [g]，

反応で生じた硫酸カリウムの質量は$500 \times \frac{2.5}{100} = 12.5$ [g]なので，質量比は7.0：12.5＝14：25　(2) 100 gの飽和水溶液に溶けている硫酸カリウムの質量は$100 \times \frac{12}{112}$ [g]で，これをつくるのに必要な硫酸の質量は$100 \times \frac{12}{112} \times \frac{14}{25} = 6$ [g]　よって，硫酸6 gが溶けている50 gの水溶液の濃度は$\frac{6}{50} \times 100 = 12$ [％]
**6** (1) 質量100 gの物体にはたらく重力の大きさを1Nとすると，イは半分まで沈んでいるので，Aにはたらく浮力は0.05 N。ばねばかりにかかる力は（Aの重さ）－（浮力）＝0.2－0.05＝0.15 [N]で，ばねばかりは15 gを指す。(2) 水は，浮力の反作用である下向きの力を受け，それと同じ大きさの力を台ばかりが受ける。台ばかりにかかる力は10＋0.05＝10.05 [N]なので，台ばかりは1005 gを指す。(3) ウ，エ，オでは，球体の重さと水・容器の重さの合計10.20 Nが台ばかりにかかる。カでは棒が（Aの重さ）－（浮力）＝0.20－0.10＝0.10 [N]の力で支えているので，台ばかりにかかる力は10.10 Nで，ウ，エ，オよりも小さい。(4) カでは棒が上向きの力でAを支えているが，キでは浮き上がらないように棒でBを下向きに0.3 Nの力で押している。このとき浮力に相当する力が台ばかりにかかるので，台ばかりは，カでは1010 g，キでは1050 gを指す。
**7** (1) 風力発電は風車（タービン）を回す。太陽光発電は太陽パネルを用いて発電し，燃料電池は化学変化によって直接エネルギーをとり出すので，タービンを回さない。(2) 放射能は放射線を出す能力のことである。放射性同位体は同じ元素の原子であるのに放射線を出す原子を指す。自然界にはわずかだが，水素や炭素などの放射性同位体が存在する。
**8** Ⅰ．(1) 日の出の位置が真東よりも北寄りで，3日後にはさらに北寄りに移動していることから，春分から夏至の間である。(2) 図3では，月の光っている部分が太陽の方向と合っていないので，月の位置は図のもっと右のほうだと考えられる。月は3日後には太陽のほうに近づくので，この図ではアは正解がない。また，月の形が不明確で高度が何度ぐらいかわからないため，3日後に見えるかどうかもわからない。このように出題に問題点が多いが，出題の意図をくんで解答すれば，明け方の東の空にある月なので，3日後には左斜め下のdへ動いた位置にあり，より欠けていることになる。Ⅱ．(1) 公転周期の短い金星が地球に追いつき，内合が起こる。(2) 最も近づいたときの距離は1－0.72＝0.28，最も離れたときの距離は1＋0.72＝1.72より1.72÷0.28≒6.1[倍]　(3) 1.5年後には地球は1.5回転，金星は1.5÷0.62≒2.4回転する。そのとき金星は，地球からは太陽の左側に見えるので，夕方，西の空に見られる「よいの明星」である。(4) 地球から金星の軌道に引いた接線の接点（最大の離角の位置）より遠い位置にあるので半月形よりふくらんでいて，実際には左上が欠けて見えるが，望遠鏡では右下が欠けて見える。
**9** (1) この日を太陽光が赤道と平行になる春分と考えると，A地点の緯度は90°－x°，B地点の緯度は90°－y°，A地点とB地点の緯度の差はy°－x°となるから，s：t＝(y－x)：360°が成り立つ。なお，問題文の地球の「円周」という表現は，本来は「全周」（または「子午線長」）と表記されるべきである。(2) 式に代入すると，900：t＝(71.0－63.8)：360よりt＝45000　(3) 2都市の南中高度の差から緯度の差を求めているので，地軸の傾きは影響しない。ア．地球は完全な球体ではなく，赤道方向が長い回転楕円体であるため，同じ緯度差でも距離が異なる。エ．2都市が同一子午線上になければ緯度の差と弧の長さの関係は成り立たないが，実際にはシエネ（現在のアスワン）はアレキサンドリアを通る子午線よりも東にある。

解 答　　　　　　　　理科 | 52

## 同志社高等学校

問題 P.271

### 解答

**1**
問1. 35 km/h
問2. 右図
問3. ③
問4. 1.5 km
問5. 1分40秒
問6. ②、③

[距離[km] のグラフ（縦軸 距離[km] 0〜10、横軸 時間[分] 0〜10）]

**2** 問1. $2Cu + O_2 \rightarrow 2CuO$
問2. 0.75 g　問3. 0.60 g
問4. 0.30 g

**3** 問1. A.(c)　B.(n)　C.(b)　D.(a)　E.(i)　F.(k)
G.(h)　H.(g)　I.(j)　J.(f)
問2. ①(エ)　③(ウ)　④(オ)　⑤(ク)
問3. ⑥$2Mg + O_2 \rightarrow 2MgO$　⑦$C + 2CuO \rightarrow CO_2 + 2Cu$
⑧$CuCl_2 \rightarrow Cu + Cl_2$

**4** 問1.④　問2.③　問3.③

**5** 問1.⑤　問2.③　問3.②

**6** 問1.②、③　問2. オオカナダモを入れない試験管
問3.①　問4. 石灰水にこの気体を吹き込んで色の変化
を確認する。問5.④　問6. 胚珠　問7. 成長点の細胞
が分裂して数を増やす。分裂してできた細胞が成長する。

### 解き方

**1**　問1. AC間の距離は3.5 km, 移動時間
は6分なので, この間の平均の速さ$v$[km/h]
は, $v = 3.5 \div \dfrac{6}{60} = 35$ [km/h]　問2. 速さと距離, 時間
の関係から, 速さは「距離-時間」グラフの傾きとして表す
ことができる。問題文に「電車は各駅の間を一定の速さで
進み」とあるので, 各時刻間の「距離-時間」グラフの傾き
は一定。表の値からB〜E各駅のA駅からの移動時間およ
びA駅からの移動距離を求め, グラフ上に点を取る。その
各点を直線で結び, 解答のグラフのような結果を得る。
問3. 90 km/hで走る電車は1分あたり$90 \div 60 = 1.5$[km]
進む。各駅停車の電車がC駅に到着したとき, 急行電車は
A駅から$1.5 \times 2 = 3$[km]の地点(B駅とC駅の間)におり,
各駅停車の電車がD駅に到着したとき, 急行電車はA駅か
ら$1.5 \times 4 = 6$[km]の地点(D駅とE駅の間)にいる。C駅
とD駅の間で急行電車と各駅停車の電車の前後関係が逆転
しているので, 急行電車が各駅停車の電車を追い越したの
はC駅とD駅の間。問4. 問3より, 各駅停車の電車がD
駅にいるときの急行電車との距離は$6 - 4.5 = 1.5$ [km]
問5. 表の値からA-E間の距離は8 km。急行電車の移動
時間は$\dfrac{8}{1.5} = 5\dfrac{1}{3}$ [分] $= 5$分20秒で, 急行電車のE駅へ
の到着時刻は9時9分20秒となるので, 各駅停車の電車が
到着するまでの時間は11分 − 9分20秒 = 1分40秒。
問6. ①×: 電車が前向きに運動していても電車の速度が
一定のときには電車に力がはたらかない。②○: 物体に力
がはたらくと物体は力のはたらいた向きに加速する。前向
きに運動していて速さが小さくなるのは, 電車が後ろ向き
に加速しているためであるから, 電車全体には後ろ向きに
力がはたらいている。③○: 問2参照。(平均の速さとは,
速度が変化する運動において, 物体が一定の速度で運動し
ているとみなしたときの速度の大きさのこと) ④×: 2
本の電車はつねに一定の速度で移動しているわけではない
ので, 例えば電車Aがつねに一定の速度で走行しており,
もう一方の電車Bが加速, 減速して走行していた場合, 平
均の速さが「電車A > 電車B」であっても瞬間の速さが「電
車A < 電車B」ということは起こり得る。このとき, 次の
駅には電車Aのほうが先に到着するが電車Aのほうがつね
に速さが大きいとはいえない。
**2**　問2. 質量について, Cu原子:O原子=4:1である

から, Cu原子:CuO = 4:5となる。酸化銅の質量を$wg$
としたとき, 化学反応式の係数の比は個数の比と一致する
から, 個数について, Cu:CuO $= 2:2 = \dfrac{0.60}{4} : \dfrac{w}{5}$ より
$w = 0.75$ [g]　問3. 質量について, Cu原子:O原子 $=$
$4:1 = 8:2$, Mg原子:Cu原子 $= 3:8$　よって, O原子:
Mg原子:Cu原子 $= 2:3:8$となることから, Mg原子:
MgO $= 3:5$である。マグネシウムの燃焼は$2Mg +$
$O_2 \rightarrow 2MgO$なので, 酸化マグネシウムの質量を$wg$とし
たとき, 個数について, Mg:MgO $= 2:2 = \dfrac{0.36}{3} : \dfrac{w}{5}$ より
$w = 0.60$[g]　問4. マグネシウムの質量を$xg$とおけば,
銅の質量は$(0.50 - x)$gと表せる。燃焼によって生じた酸
化物についてその質量は, 酸化マグネシウムが$\dfrac{5}{3} xg$, 酸化
銅が$\dfrac{5}{4}(0.50 - x)$gと表せる。よって, $\dfrac{5}{3} x + \dfrac{5}{4}(0.50 - x)$
$= 0.75$より $x = 0.30$ [g]

**3**　① BTB溶液(A $=$(c))に酸性物質の二酸化炭素(B $=$
(n))を溶かすと黄色になる。② 二酸化炭素(B $=$(n))を石灰
水(C $=$(b))に通すと水に溶けにくい炭酸カルシウムが生成
して白く濁る。③ フェノールフタレイン溶液(D $=$(a))に
アルカリ性の気体であるアンモニア(E $=$(i))を溶かすと赤
色になる。④ 二酸化炭素の水溶液(酸性)にアンモニア(E
$=$(i))を溶かしていくと水溶液はやがて中性になりBTB溶
液の色は緑色になる。⑤ 塩素(F $=$(k))には漂白作用があ
りバラの花の色が薄くなっていく。⑥ マグネシウムリボ
ン(G $=$(h))を加熱すると明るい光を放ち酸化マグネシウム
の白色粉末が得られる。⑦ 黒色粉末の炭素(H $=$(g))と酸
化銅(黒色粉末)とを混ぜて加熱すると, 酸化銅は還元され
て二酸化炭素(B $=$(n))と赤色の銅(I $=$(j))ができる。⑧ 青
色の塩化銅水溶液(J $=$(f))を電気分解すると銅(I $=$(j))と
塩素(F $=$(k))が生成する。

**4**　問1. 図1のA〜F地点の標高と図2の地表からの深
さに注意して各地層の標高を求める。図2のBとCの比較
から, ア層とイ層の境界面の標高が等しいので, この境界
面はBC方向には水平であることがわかる。また, A, B,
Cの比較から, イ層の上面はAからB・C方向へ上がってい
ることがわかる。さらにDとEとFの比較から, ウ層の下
面は水平であることがわかる。問2. 地層の境界はほぼ平
面ということから, しゅう曲などがないと考えられ, 地層
累重の法則から下にある層が古いと推測できる。問3. イ
とウの層の境界が凸凹しているということから不整合と考
えられ, 境界面すぐ上に多くのれきが含まれていることか
ら, 浅い場所で堆積したと考えられる。このことから, 海
底のような場所でイの地層, アの地層の順に堆積したのち,
傾きながら隆起して陸になって上面が侵食され, その後,
沈降してウの地層が堆積し, その後, 再び隆起して現在の
小高い丘になったと考えられる。

**5**　問1. 図1より, この日, 最も太陽が高くなったとき
の高度(南中高度)が約65°とわかる。また, 北緯35°の地
点では, 春分(3月20日頃)と秋分(9月23日頃)の日の南
中高度は$90° - 35° = 55°$であり, 夏至(6月21日頃)の日
の南中高度は$55° + 23.4° = 78.4°$である。このことから,
この観測が行われた日は春分と夏至の日の間か, もしくは
夏至と秋分の日の間と考えられる。問2. 次の左図のよう
な天球を横から見た図を考える。春分や秋分の日の太陽の
動きは天の赤道と一致するので点線アのようになることか
ら, 南中高度は55°, 水平線下の北中高度は$-55°$となる。
一方, この日の太陽の南中高度がこれより10°高い65°な
ので, この日の太陽の動きは点線イのようになる。したがっ
て, 北中高度は$-55° + 10° = -45°$と考えられる。
問3. 太陽高度が直線的に変化するのは, 次の右図のよう
に太陽が水平線に対して垂直に動くように見えるためで,
これは赤道(北緯0°)での太陽の動きである。また, 赤道
で太陽の南中高度が90°になるのは太陽が天の赤道上にあ

る春分か秋分の日である。

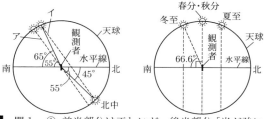

**6** 問1．① 前半部分は正しいが，後半部分「光が強いほど（気泡が）多い。」は試験管CとFの気泡の数が300個と等しいことから正しいとはいえない。④ 酸素の気泡と二酸化炭素の気泡が発生するので正しいとはいえない。⑤ 温度が低いほうが光の強さの影響を受けやすいとあるが，試験管BとAを比較すると気泡の数は50個（弱い）と75個（強い）で1.5倍，EとCを比較すると気泡の数は200個（弱い）と300個で1.5倍となり，温度によらないことがわかるので正しいとはいえない。問2．この実験の結果がオオカナダモによるものかどうかを調べるためには，オオカナダモがない以外の条件をすべて同一にした実験と比較する必要がある（これを対照実験という）。問3．光の強さが0でもオオカナダモは呼吸をしているので，二酸化炭素の気泡は出てくるはずである。問7．根の成長は，成長点（根端分裂組織）において細胞分裂が起こり，分裂した細胞1つ1つが成長することによって起こる。

## 東大寺学園高等学校

問題 P.274

**解答**

**1** (1) あ．イ　い．ア　う．キ　え．ケ　お．ソ　か．シ　(2) 末しょう神経
(3) ① 69.5 m/s　② 70.5 m/s　③ オ　④ 反射
**2** (1) 407倍　(2) 皆既日食，プロミネンス　(3) オ
(4) ウ　(5) エ　(6) ① ア　②（月）オ，（金星）エ　③ イ
**3** (1) イ，ウ　(2) コージェネレーション
(3) （メタン）$CH_4 + 2O_2 \to CO_2 + 2H_2O$，
（プロパン）$C_3H_8 + 5O_2 \to 3CO_2 + 4H_2O$
② （メタン）0.16 g，（プロパン）0.44 g
(4) ① $2H_2 + O_2 \to 2H_2O$　② 酸素　③ 0.86 g
**4** (1) $a = 1, b = 1, c = 1, d = 1, e = 2$
(2) $H_2SO_4 + 2NaOH \to Na_2SO_4 + 2H_2O$
(3) 1.96 g　(4)（化学式）CuO，1.6 g
(5) $CuO + H_2SO_4 \to CuSO_4 + H_2O$
(6) $Zn + CuSO_4 \to ZnSO_4 + Cu$　(7) 65
**5** あ．430　い．0.4　う．370　え．40　お．2.5
か．100　き．0.2　く．1.6　け．物体Bの浮力　こ．340
**6** (1) 48Ω　(2) Ⅱ．12Ω　Ⅲ．3Ω　(3) 0.75 W
(4)（抵抗器）Ⅲ，（時間）10分30秒　(5) ① オ　② ウ

**解き方**

**1** (1) 文章と図1をともに参考にすると解きやすい。感覚をつかさどるのは大脳。
(2) き は運動神経。(3) ① A点からF点までの距離は75.4 + 19.6 + 34.2 = 129.2［cm］，かかった時間は20.7 − 2.1 = 18.6［ミリ秒］　よって，$(129.2 \times 10^{-2})$［m］÷ $(18.6 \times 10^{-3})$［秒］≒ 69.5［m/s］　BC間，DE間の距離は短すぎるので無視してよい。② A点からB点までの距離は75.4 cm，かかった時間は12.8 − 2.1 = 10.7［ミリ秒］　よって，$(75.4 \times 10^{-2})$［m］÷ $(10.7 \times 10^{-3})$［秒］≒ 70.5［m/s］　③ BC間の距離は10 nm = $1.0 \times 10^{-8}$ m，かかった時間は12.9 − 12.8 = 0.1［ミリ秒］= $1 \times 10^{-4}$［秒］　よって，$(1 \times 10^{-8}) \div (1 \times 10^{-4}) = 1 \times 10^{-4}$［m/s］　④ 図2で示されているのは脊髄反射だが，「大脳を経由しない反応」をきいているので，単に反射でよい。

**2** (1) 見込む角度（視直径）が同じならば距離と実直径は比例するので，太陽までの距離：月までの距離＝太陽の直径：月の直径　となる。110 ÷ 0.27 ≒ 407［倍］　(2) 日食は新月のときに起こり，そのときスーパームーンであるならば月が大きく見えるから，月が太陽をすべて覆い隠す皆既日食になる。プロミネンスは太陽表面から噴き出しているわけではないが，炎が噴き出すように見える。(3) 月食は満月のときに起こり，そのときの月は太陽の正反対の方向にあるから，夏至の日の太陽と同じ南中高度になる。90° − 35° + 23.4° = 78.4°　(4) 月食は月が地球の影に右から侵入するので月の左から欠けるが，日食は月が太陽に対して右から侵入するので太陽は右から欠ける。日食は場所によって起こる時刻が異なるが，月食は月そのものが欠けるので場所によらず同じように見える。(5) 静止衛星は赤道上空にあるので，太陽が赤道面上の反対側にあるとき，つまり春分や秋分の日前後の真夜中には太陽光が衛星に当たらなくなる。(6) ① 図1の位置関係だと，金星が地球から見て太陽の右（西）側にあるから，明け方太陽が出る前に東の空に見える（明けの明星）。② 月は太陽の少し右（西）に位置しているので，左側が光っていて右側が大きく欠けて見える。金星は地球から金星の軌道に引いた接線上にあるので，西方最大離角になっていて，金星の左半分が光って見える。③ 月の公転周期は27.3日であるが，満ち欠けの周期（新月から新月まで）は29.5日であるから，27.3日後だとまだ同じ月齢にはならない。また，金星は地球より公転周期が短いので，より速く回っていくから距離が遠くなって小さく見える。

**3** (1) 温室効果ガスは，水蒸気，二酸化炭素，メタン，一酸化炭素，フロンなどである。(2) コージェネレーションとは，天然ガス，石油，LPガス等を燃料として，エンジン，タービン，燃料電池等の方式により発電し，その際に生じる廃熱も同時に回収するシステムのことである。回収した廃熱は給湯や暖房などに利用できる。(3) ① メタン$CH_4$が燃焼すると$O_2$と反応し$CO_2$と$H_2O$が生成する。すなわち$CH_4 + 2O_2 \to CO_2 + 2H_2O$　プロパン$C_3H_8$が燃焼すると$O_2$と反応し$CO_2$と$H_2O$が生成する。すなわち$C_3H_8 + 5O_2 \to 3CO_2 + 4H_2O$

② $CH_4$ + $2O_2$ → $CO_2$ + $2H_2O$
　$12+4×1$　$2×16×2$　$12+16×2$　$2×(1×2+16)$
　$=16$　$=64$　$=44$　$=36$
　$C_3H_8$ + $5O_2$ → $3CO_2$ + $4H_2O$
　$12×3+1×8$　$5×16×2$　$3×(12×1+16×2)$　$4×(1×2+16)$
　$=44$　$=160$　$=132$　$=72$

メタンが$x$ g，プロパンが$y$ gとする。
酸素が2.24g必要であったので，
$x \times \dfrac{64}{16} + y \times \dfrac{160}{44} = 2.24$ ……①式
水が1.08 g生成したので，
$x \times \dfrac{36}{16} + y \times \dfrac{72}{44} = 1.08$ ……②式
①式，②式より，$x = 0.16$［g］，$y = 0.44$［g］
(4) ① 燃料電池では$H_2$と$O_2$から$H_2O$が生成する。すなわち$2H_2 + O_2 \to 2H_2O$　② 水酸化ナトリウムNaOH水溶液を電気分解したときの反応は，（陽極）$4OH^- \to O_2 + 2H_2O + 4e^-$，（陰極）$2H_2O + 2e^- \to H_2 + 2OH^-$　よって，陽極に発生した気体は酸素$O_2$。
③ 水の電気分解の反応式は，
　$2H_2O$　→　$2H_2$　+　$O_2$
　$2×(1×2+16)$　$2×1×2$　$16×2$
　$=36$　$=4$　$=32$
酸素が0.768 g得られたので，水の質量を$x$ gとすると，
$x \times \dfrac{32}{36} = 0.768$より$x ≒ 0.86$［g］

**4** (1) $aCu + bH_2SO_4 + cH_2O_2 \to dCuSO_4 + eH_2O$
Hについて$2b + 2c = 2e$，Sについて$b = a$，Oについて

$4b+2c=4d+e$，Cuについて$a=d$
以上より，$a:b:c:d:e=1:1:1:1:2$
(2) 硫酸$H_2SO_4$と水酸化ナトリウム$NaOH$の中和反応は
$H_2SO_4 + 2NaOH \rightarrow Na_2SO_4 + 2H_2O$
(3) 水酸化ナトリウム$NaOH$から生じる$OH^-$と銅イオン$Cu^{2+}$で$Cu(OH)_2$の沈殿が生じる。
$Cu^{2+} + 2OH^- \rightarrow Cu(OH)_2$
　64　　$2\times(16+1)$　　$64+2\times(16+1)$
　　　　　　$=34$　　　　　$=98$
銅$Cu$の質量は1.28 gなので，$1.28\times\dfrac{98}{64}=1.96$ [g]
(4) $Cu(OH)_2$を加熱すると酸化銅$CuO$が生成する。すなわち$Cu(OH)_2\rightarrow CuO+H_2O$　1つのCuから1つのCuOが生成するので，$1.28\times\dfrac{CuO}{Cu}=1.28\times\dfrac{64+16}{64}=1.6$ [g]
(5) $CuO$に硫酸$H_2SO_4$を反応させると硫酸銅$CuSO_4$になる。すなわち$CuO+H_2SO_4\rightarrow CuSO_4+H_2O$
(6) 硫酸銅水溶液に亜鉛を入れると亜鉛が溶けて銅が析出する。すなわち$Zn+CuSO_4\rightarrow ZnSO_4+Cu$
(7) 亜鉛1.30 gが次の①式と②式の反応に使われている。
$Cu^{2+} + Zn \rightarrow Cu + Zn^{2+}$ ……①式
　　　　$Ag$　　　0.64 g
$H_2SO_4 + Zn \rightarrow ZnSO_4 + H_2$ ……②式
　　　　$Bg$　　　　　0.02 g
①式で反応したZnの質量を$Ag$，②式で反応したZnの質量を$Bg$とする。また，水素原子1個の質量を1としたとき，Znの質量を$x$とすると，
①式より$x:64=A:0.64$　よって，$A=0.01x$ [g]
②式より$x:1\times 2=B:0.02$　よって，$B=0.01x$ [g]
$A$と$B$の和が1.30 gなので，$A+B=0.01x+0.01x=0.02x=1.30$より$x=65$

**5** あ．容器が電子てんびんを押す力は，浮力の有無に関係なく，物体Aの重さ1 Nと水と容器の重さ3.3 Nの和だから，$1+3.3=4.3$ [N]　い・う．求める浮力の大きさを$f$，電子てんびんが容器を押す力の大きさを$F$とする。このとき，物体Aおよび水と容器にはたらく力は，右図aのようになる（「物体Aが水から受ける浮力」の反作用に注意すること）。物体Aにはたらく力のつり合いの式は$0.6+f=1$，水と容器にはたらく力のつり合いの式は$F=3.3+f$となる。これら2式より$f=0.4$ [N]，$F=3.7$ [N]　え．物体Aにはたらく浮力が0.4 Nだから，物体Aの体積は水40 gの体積に等しい。お．$100\div 40=2.5$ [g/cm³]　か．求める浮力の大きさを$f'$とすると，物体Bにはたらく力は，右図bのようになる。物体Bにはたらく力のつり合いより，$f'=0.2+0.8=1$ [N]　よって，物体Bにはたらく浮力は1 Nなので，物体Bの体積は100 cm³。き．20$\div 100=0.2$ [g/cm³]　く・け・こ．電子てんびんが容器を押す力の大きさを$F'$とすると，水と定滑車と容器にはたらく力は右図cのようになる（「物体Bの浮力…（け）」の反作用に注意すること）。糸の張力は場所によらず0.8 Nであり，糸が滑車を引く力は$0.8\times 2=1.6$ [N]…（く）　水と定滑車と容器にはたらく力のつり合いの式は$F'+0.8\times 2=4+f'$となる。この式に$f'=1$[N]を代入して解くと$F'=3.4$ [N]…（こ）

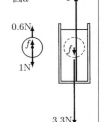

図a

図b

図c

**6** (1) オームの法則より$6\div 0.125=48$ [Ω]　(2) 抵抗値は長さに比例し断面積に反比例することを用いる。抵抗器Ⅱは抵抗器Ⅰに比べて長さが$\dfrac{1}{2}$倍，断面積が2倍だから，

その抵抗値は$48\times\dfrac{1}{2}\div 2=12$ [Ω]　抵抗器Ⅲの抵抗値も同様に$48\times\dfrac{1}{4}\div 4=3$ [Ω]　(3) $6^2\div 48=0.75$ [W]
(4) 抵抗器に一定の電圧が加わるとき，抵抗値が小さいほど消費電力が大きいから，(2)より抵抗器Ⅲを用いればよい。このときの消費電力は$6^2\div 3=12$ [W]　求める時間を$t$とすると，水を40℃まで温めるのに必要な熱量は抵抗器Ⅲで消費される電力量に等しいから，$60\times 4.2\times(40-10)=12\times t$より$t=630$ [秒]　(5) ① 抵抗器をすべて並列に接続したとき，合成抵抗値は最も小さくなる。② 電圧を1時間加え続けた直後に水が40℃になる抵抗値を$R$とすると，$60\times 4.2\times(40-10)=\dfrac{6^2}{R}\times 3600$より$R=\dfrac{72}{4.2}\fallingdotseq 17.1$ [Ω]　ア～オの抵抗値はそれぞれ63 Ω，50.4 Ω，14.8 Ω，12.6 Ω，2.3 Ωとなるから，$R\fallingdotseq 17.1$ [Ω]に最も近くなるのはウ。

## 灘高等学校　　問題 P.277

**解答**　**1**　問1．ア．黒　イ．$O^{2-}$　ウ．$Fe_2O_3$
エ．$HCO_3^-$　オ．$CO_3^{2-}$
問2．(1) $4CuO\rightarrow 2Cu_2O+O_2$　(2) $4Na+O_2\rightarrow 2Na_2O$
(3) $Na_2O+H_2O\rightarrow 2NaOH$
問3．$NaCl$，$NH_4Cl$　問4．36%
問5．カ．$350-x$　キ．$100-\dfrac{16}{25}x$　ク．88
**2**　問1．(1) 偏西風　(2) ジェット気流　問2．(1) X．ウ　Y．エ　(2) ク　問3．ア　問4．(1) イ　(2) キ
問5．X．カ　Y．ウ　Z．ク
**3**　① 30　② イ　③ ウ　④ 2　⑤ イ　⑥ 30　⑦ ア　⑧ 2　⑨ 5
**4**　問1．① 陰　② 放出する　③ 陽　④ 受け取る
問2．$CuCl_2\rightarrow Cu+Cl_2$　問3．（電極C）$Ag^++e^-\rightarrow Ag$，（電極D）$2H_2O\rightarrow 4H^++O_2+4e^-$
問4．電解槽Y：電解槽Z＝3：2
問5．電解槽Y：電解槽Z＝2：15
**5**　問1．(1) 胞子　(2) ① ア　② エ　(3) 前葉体
問2．カリウム　問3．エ　問4．$y=0$なので0 gになる。
問5．ウ　問6．$x$の1日あたりの伸び率が小さくなるので，$y$を大きくしないと器官Bが大きくならないから。
**6**　問1．(左側の部屋) 8330 N，(右側の部屋) 10130 N
問2．1193 hPa　問3．1373 hPa　問4．1193 hPa

**解き方**　**1**　問1．ア．酸化銅(Ⅱ)は黒色，酸化銅(Ⅰ)は赤色である。イ．酸化銅(Ⅱ) $CuO$は$Cu^{2+}$と$O^{2-}$から成る。ウ．酸化鉄(Ⅲ) $Fe_2O_3$は$Fe^{3+}$と$O^{2-}$から成る。エ．炭酸水素ナトリウム$NaHCO_3$は$Na^+$と$HCO_3^-$から成る。オ．炭酸ナトリウム$Na_2CO_3$は$Na^+$と$CO_3^{2-}$から成る。問2．(1) 酸化銅(Ⅱ)を1100℃以上に加熱すると$Cu_2O$と$O_2$が生成する。よって，$4CuO\rightarrow 2Cu_2O+O_2$
(2) 金属ナトリウムNaを乾いた空気中に放置すると酸化ナトリウム$Na_2O$が生成する。よって，$4Na+O_2\rightarrow 2Na_2O$
(3) 酸化ナトリウム$Na_2O$を水に入れると水酸化ナトリウムが生成する。よって，$Na_2O+H_2O\rightarrow 2NaOH$
問3．イオンから成る物質は塩化ナトリウム$NaCl$と塩化アンモニウム$NH_4Cl$である。$NaCl$は$Na^+$と$Cl^-$から，$NH_4Cl$は$NH_4^+$と$Cl^-$から成る。問4．$\dfrac{5H_2O}{CuSO_4\cdot 5H_2O}\times 100$
$=\dfrac{5\times(1\times 2+16)}{64+32+16\times 4+5\times(1\times 2+16)}\times 100=\dfrac{90}{250}\times 100$
$=36$ [%]　問5．カ．350 gの飽和溶液を20℃に冷却したとき，上澄み液は飽和水溶液になっている。このとき，溶液[g]：溶質[g]＝(100+20)：20求める溶液の質量は$(350-x)$g　キ．60℃の350 gの飽和溶液中の溶質の質量は

$350 \times \dfrac{40}{100+40} = 100$ [g]　また，析出した$x$ gに含まれるCuSO₄の質量は $x \times \dfrac{CuSO_4}{CuSO_4 \cdot 5H_2O} = \dfrac{160}{250}x = \dfrac{16}{25}x$

よって，20℃に冷却したときの溶液中のCuSO₄の質量は $\left(100 - \dfrac{16}{25}x\right)$ g

ク．$(350 - x) : \left(100 - \dfrac{16}{25}x\right) = 120 : 20$ より $x ≒ 88$

**2** 問1．日本のような中緯度の上空で恒常的に吹いている西風を偏西風という。そのうち特に強い流れのところをジェット気流という。

問2．Xは転向力（コリオリの力）で，運動方向の直角右向きにはたらくから，風が西から東に向かうのでXは南向きとなる。一方，YはXとつり合っているのでXの正反対の向きになるから北向きである。そのとき，Yは気圧の高いほうから低いほうへ向かう力だから，気圧配置は南高北低である。

問3．問題文より，Xの転向力の大きさは緯度が高いほど大きく，速さが速いほど大きい。したがって，Yの大きさが同じなら，緯度が低い鹿児島のほうが速さは大きくなる。

問4．南半球の大気の動きについては，北半球と比べて南北が逆になり，東西は同じである。つまり，南半球で西風が吹いているときは北高南低の気圧配置になり，Yのはたらく向きは南向きになる。Xはその正反対の向きになるから北向きである。したがって，Xのはたらく向きは進行方向に対して直角左向きである。問5．図4より，風の吹く向きは図5のエの向きになっている。Xはそれに対して直角右向きであるから力の向きである。Yは等圧線に対して直角で気圧の高いほうから低いほうへ向かうのでウの向きである。摩擦力Zは風の向きに対して反対方向になるのでクの向きになる。

**3** ① 物体Aから出て光軸に平行な光とL₁の中心を通る光は下図aのようになり，L₁の30 cm後方の位置に実像A′

が生じる（焦点距離の2倍の位置にある物体から出た光は，凸レンズで屈折すると，焦点距離の2倍の位置で1点に集まり，物体と同じ大きさの実像が生じる）。②・③ 眼の位置を奥のほうにずらした後，図aを紙面の上方から下方を見ると，下図bのようになる。眼に近いほうにある物体Bが，

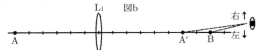

遠いほうにある実像A′より左側に見えるようになる（②）。物体Bと像A′が同じ位置にあれば，「視差」はなくなる（③）。④・⑤ 物体Aから出て光軸に平行な光とL₁の中心を通る光は下図cのようになり，L₁の15 cm前方の位置に

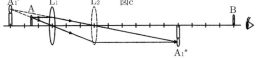

虚像A₁′が生じる（⑤）。倍率はレンズから物体までの距離とレンズから像までの距離の比で求められ，$\dfrac{15}{7.5} = 2$ [倍]となる…（④）。⑥・⑦・⑧ 図cで，L₁を通った光はL₂の30 cm前方の虚像A₁′から出たかのように進んでL₂に入る。その光線はL₂の30 cm後方の位置で1点に集まり，A₁′と同じ大きさの実像が生じる。倍率はレンズL₁，L₂による倍率の積で求められ，$2 \times 1 = 2$ [倍]となる。⑨ L₁，Aがそのままであれば，レンズL₁によって生じる虚像A₁′は位置も倍率も変わらない。また，レンズL₁，L₂によって生じる実像A₂″の倍率が6倍であったならば，レンズL₂によ

る倍率は $\dfrac{6}{2} = 3$ [倍]となる。ここで，下図dのように，物体Bの位置に虚像A₁′の3倍の実像A₂″を描き，虚像A₁′から実像A₂″に直線を引く。この直線は虚像A₁′から出てレンズL₂の中心を通り実像A₂″に集まった直進光線と見なせる。よって，この直線と光軸の交点にレンズL₂の中心があるということで，これはL₁の5 cm後方である。

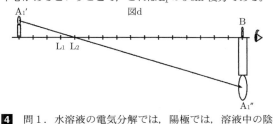

**4** 問1．水溶液の電気分解では，陽極では，溶液中の陰イオンまたは水分子が電子を放出する反応が起こる。一方，陰極では，溶液中の陽イオンまたは水分子が電子を受けとる反応が起こる。問2．CuCl₂水溶液の電気分解では，
陰極でCu²⁺ + 2e⁻ → Cu　…①
陽極で2Cl⁻ → Cl₂ + 2e⁻　…②
の反応が起こる。両極で起こる反応を1つにまとめると，①+②より，Cu²⁺ + 2Cl⁻ → Cu + Cl₂　よって，
CuCl₂ → Cu + Cl₂　問3．AgNO₃水溶液の電気分解では，陰極（電極C）でAg⁺がe⁻を受けとり，Agが析出する。すなわちAg⁺ + e⁻ → Ag　…③
陽極（電極D）でH₂O分子がe⁻を放出しO₂が発生する。すなわち2H₂O → 4H⁺ + O₂ + 4e⁻　…④

問4．電解槽Xの電極Aで0.16 gのCuが析出している。原子の質量比から，原子1個の質量[g]をCu：$64n$，Ag：$108n$，H：$n$，O：$16n$とする。Cuが $\dfrac{0.16}{64n} = \dfrac{0.0025}{n}$ [個] 生成したとすると，e⁻は①式より $\dfrac{0.16}{64n} \times 2 = \dfrac{0.005}{n}$ [個] 流れたことになる。つまり，電解槽Xには$\dfrac{0.005}{n}$個分e⁻が流れたことになる。この値は電解槽Yと電解槽Zに流れたe⁻の数の和に相当する。電解槽Yの電極Cで0.324 gのAgが析出している。原子の質量比より，Agは$\dfrac{0.324}{108n} = \dfrac{0.003}{n}$ [個] 生成したとすると，e⁻は③式よりe⁻も$\dfrac{0.003}{n}$個流れたことになる。よって，電解槽Zに流れたe⁻の数は $\dfrac{0.005}{n} - \dfrac{0.003}{n} = \dfrac{0.002}{n}$ [個]　よって，電解槽Y：電解槽Z $= \dfrac{0.003}{n} : \left(\dfrac{0.005}{n} - \dfrac{0.003}{n}\right) = 3 : 2$　問5．電解槽Yでは，陽極（電極D）でO₂が発生する。e⁻は$\dfrac{0.003}{n}$個流れるので，O₂は④式より$\dfrac{0.003}{n} \times \dfrac{1}{4}$個分発生することになる。よって，質量比は$\dfrac{0.003}{n} \times \dfrac{1}{4} \times 16n \times 2 = 0.024$

電解槽Zの水酸化ナトリウム水溶液の電気分解では，
陰極（電極E）で2H₂O + 2e⁻ → H₂ + 2OH⁻　…⑤
陽極（電極F）で4OH⁻ → 2H₂O + O₂ + 4e⁻　…⑥
電解槽Zの陰極ではH₂が，陽極ではO₂が発生する。

H₂の質量比は $\dfrac{0.02}{n} \times \dfrac{1}{2} \times (n \times 2) = 0.02$

O₂の質量比は $\dfrac{0.02}{n} \times \dfrac{1}{4} \times (16n \times 2) = 0.16$

よって，電解槽Zから発生する気体の質量比は$0.02 + 0.16 = 0.18$　よって，電解槽Y：電解槽Z $= 0.024 : 0.18 = 2 : 15$

**5** 問3・問5．本文中に「植物は繁殖に際し，器官Bの最終質量を最大化することで，最も有効に子孫を残せる。」とあるので，器官Bの最終質量が最大となる切り替え日をグラフから読みとる。問4．この植物の寿命は100日であるから，100日目には$y = 100 - 100 = 0$ [日]　よって，

器官Bの最終質量は $x×0÷20=0$ [g] となる。問6．器官Bの最終質量は $x×y÷20$ で与えられている。貧栄養条件では1日あたりの$x$の増分が小さくなるが，$y$は栄養条件にかかわらず1日に1ずつ減少していく。そのため，まだ$y$がじゅうぶん残っているうちに切り替える必要が出てくる。

**6** 問1．「力の大きさ＝圧力×面積」を用いる。左側の部屋の空気が物体の側面を押す力の大きさは 833 hPa＝83300 Pa, $0.5×0.2=0.1[m^2]$ より，$83300×0.1=8330[N]$ 右側も同様。問2．「力が物体を回転させるはたらき」は，てこの問題と同様に，「回転の中心から力点までの距離」と「回転の中心と力点を結ぶ直線に垂直な方向の分力の大きさ」の積で決まることを用いる。以下，中心角が90°の物体の中心軸と重心の距離を$x$m，重さを$W$Nとする。空気の圧力の大きさは場所によらず一定であると見なせるので，空気が物体（側面）を押す力点は面の中心となること，また，空気の圧力の向きは物体（側面）に垂直になることに注意すると，図3のとき物体（側面）を押す力は次の図aのようになる（左右の空気が物体（側面）を押す力は矢

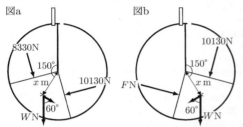

印の先端が力点を表している）。このとき「空気の押す力が物体を回転させるはたらき」は，左右の空気の押す力の回転させるはたらきの差で求められ，$0.25×10130-0.25×8330=0.25×1800$ となり，これが「重力が物体を回転させるはたらき」とつり合う。よって，「重力が物体を回転させるはたらき」は反時計回りに$0.25×1800$ となる。一方，図4のとき物体（側面）を押す力は，図bのようになる。図4のとき「重力が物体を回転させるはたらき」は左右の対称性から，時計回りに$0.25×1800$となる。このときの「物体を回転させるはたらき」のつり合いの式は左側の部屋の空気が物体を押す力を$F$Nとして$0.25×F-0.25×10130=0.25×1800$ となり，$F=11930$ [N] したがって，求める圧力は1193 hPa 問3．図5のとき物体（側面）を押す力は次の図cのようになる。「重力が物体を回転させるはたらき」は，図4（図b）のとき時計回りに$x×\frac{W}{2}$となり，図5（図c）のとき時計回りに$x×W$となる。よって，図5のときの「重力が物体を回転させるはたらき」は図4のときの2倍になる。「物体を回転させるはたらき」の

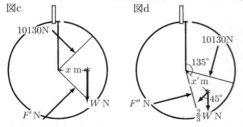

つり合いの式は左側の部屋の空気が物体を押す力を$F'$Nとして$0.25×F'-0.25×10130=0.25×3600$ となり，$F'=13730$ [N] したがって，求める圧力は1373 hPa。問4．図6のとき物体（側面）を押す力は，図dのようになる。ここで，中心角が60°の物体の中心軸と重心の距離を$x'$mとし，左側の部屋の空気が物体を押す力の大きさを$F''$Nとした。高校程度の数学では，扇形の頂点から重

心までの距離は，弦の長さに比例し，弧の長さに反比例することが知られており，このことを用いると，

$$\frac{x'}{x}=\frac{\frac{1}{\sqrt{2}}}{\frac{60}{90}}=\frac{3}{2\sqrt{2}}$$ を得る。よって，図6のとき「重力が

物体を回転させるはたらき」は時計回りに $x'×\frac{\frac{2}{3}W}{\sqrt{2}}=x×\frac{W}{2}$で，図4（図b）のときと同じになる。「物体を回転させるはたらき」のつり合いの式は$0.25×F''-0.25×10130=0.25×1800$ となり，$F''=11930[N]$ したがって，求める圧力は1193 hPa となる。

## 西大和学園高等学校

問題 P.280

**解答** **1** (1) ア (2) 木星，土星，天王星，海王星 (3) 衛星 (4) ウ (5) 1325倍 (6) 金星，地球，火星 (7) 0.46度 (8) 2.2倍
**2** (1) エ (2) 相同器官 (3) ウ (4) ウ (5) iPS細胞
(6) E．ア F．オ G．ク (7) イ，カ
(8) K．ア L．ウ（KとLは順不同）M．エ N．イ
**3** (1)（質量パーセント濃度）13.49%，（密度）0.97 g/cm³
(2) 空気調節ねじ ① B ② d ③ A ④ b (3) ア
(4) X (5) ① 非電解質 ② 電解質 ③ 2
(6) 100.130℃ (7) ウ (8) 50%
**4** (1) あ．振幅 い．振動数
う．$fx$ (2) イ，ウ，オ
(3) 1700回 (4) 11.4秒後
(5) 7.5 m (6) え．速く
お．軽い (7) D (8) 右図
(9) 35回 (10) 7.3 cm

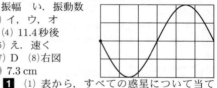

**解き方** **1** (1) 表から，すべての惑星について当てはまるのはアのみである。(2) 木星型惑星は木星と木星より外側にある惑星で，体積は大きく，密度は小さいという特徴がある。(4) 火星は赤く見える。(5) 質量を密度で割った値が体積となる。表の値から，地球の体積が$1÷1$となるのに対し，木星の体積は$318÷0.24=1325$となる。また，木星は完全な球ではないので，半径から体積は求められない。(6) 公転軌道1周の長さは，2π×半径（太陽からの距離）となる。その値を公転周期で割った値が公転軌道を移動する速さとなる。それぞれの惑星の値は，金星は$2π×1.08÷0.62=2π×1.74…$，地球は$2π×1.5÷1=2π×1.5$，火星は$2π×2.28÷1.88=2π×1.21…$となる。(7) 地球が1日に公転する角度は$\frac{360}{365}≒0.986$[度]，火星が1日に公転する角度は，火星の公転周期が1.88年であることから，$\frac{360}{365}×\frac{1}{1.88}≒0.525$[度] よって，答えは$0.986-0.525=0.461≒0.46$[度] (8) 地球と木星が最も近くなるのは，木星が地球から見て太陽の反対側に来たときである。このときの地球と木星との距離は表より$7.8-1.5=6.3$[億km] また，地球と木星が最も遠くなるのは，木星が地球から見て太陽と同じ方角に来たときで，このときの地球と木星との距離は表より$7.8+1.5=9.3$[億km]となる。明るさは距離の2乗に反比例するので，答えは$\left(\frac{9.3}{6.3}\right)^2=2.179…≒2.2$[倍]
**2** (1) 体細胞分裂の順番はア，オ，カ，エ，イ，ウとなる。(3) イモリは両生類である。ア，エは爬虫類または鳥類の特徴である。イでは，どの脊椎動物でも運動神経が中枢神経に含まれることはない。(4) ア，イ，エでは細胞がふえているが，ウでのつばの分泌は細胞がふえているわけでは

ない。(5) iは小文字，P，Sは大文字である。(7) 化学物質Hのはたらきが高まると，頭部が生じやすくなり，化学物質I，Jのはたらきが高まると尾部が生じやすくなる。

**3** (1) 質量パーセント濃度なので，密度と体積から質量を求める。

$$\frac{0.78 \times 4.0}{1.0 \times 20.0 + 0.78 \times 4.0} \times 100 ≒ 13.49 [\%]$$

密度を求める際は，混合すると体積が減っていることに注意する。

$$\frac{1.0 \times 20.0 + 0.78 \times 4.0}{23.8} ≒ 0.97 [g/cm^3]$$

(2) Bがガス調節ねじ，Aが空気調節ねじ。a，cは閉める向き，b，dは開ける向き。(3) エタノールと水の混合物を加熱すると，より沸点の低いエタノールのほうがより蒸発しやすいため，1本目の蒸留物ではエタノールの割合が多い。そのため，液体に火がつく。3本目はエタノールの多くが蒸発してしまっているため，蒸留物のほとんどは水であると考えられる。(4) 試験管に集められた液体(Y)は蒸留物であり，水である。枝付きフラスコの中に含まれている液体(X)は最初の食塩水よりもより濃い食塩水になっていると考えられる。(5) 砂糖は非電解質であり，分子の状態で溶けている。塩化ナトリウムは電解質であり，$NaCl \rightarrow Na^+ + Cl^-$というように電離する。(6) 砂糖の分子$(C_{12}H_{22}O_{11})$1個とエタノールの分子$(C_2H_5OH)$1個の質量比は$(12 \times 12 + 1 \times 22 + 16 \times 11) : (12 \times 2 + 1 \times 6 + 16 \times 1) = 342 : 46 = 171 : 23$ エタノールの沸点上昇度を$t$℃とすると，次の式が成り立つ。

$$\frac{34.2}{171} : \frac{2.30}{23} \times \frac{1000}{200} = 0.052 : t$$

これを解くと，$t = 0.13 [℃]$ したがって，沸点は$100.00 + 0.13 = 100.13 [℃]$。(7) アの砂糖分子は水に溶かしても粒子の数は変わらないので，砂糖分子1個あたり粒子の数は1個である。イの塩化ナトリウムは水に溶かして$Na^+$と$Cl^-$に電離するため，塩化ナトリウム1個あたり粒子の個数は2個になる。ウの塩化マグネシウムでは$MgCl_2$ 1個あたり，$Mg^{2+}$1個，$Cl^-$2個に電離するため，粒子の個数は3個になる。エの硫酸銅では，$CuSO_4$ 1個あたり$Cu^{2+}$1個，$SO_4^{2-}$1個に電離するため，粒子の個数は2個になる。粒子の個数が最も多いのはウ。(8) 凝固点降下度は粒子の個数の比となる。求める割合を$x$％とすると，

$$3.700 : 2.775 = 1 : (1 - \frac{x}{100} \times \frac{1}{2})$$

これを解くと，$x = 50 [\%]$

**4** (2) ア．光は真空中でも伝わる。恒星の光を考えるとよい。イ．音の大小は振幅に関係する。ウ．人間が聞き取れないほど高い音を超音波という。エ．音波は縦波なので，粗密な場所ができる。オ．ヘルツ[Hz]で表す。(3) $340 \times 5 = 1700 [m]$ (4) 空気中を伝わる時間から水中を伝わる時間を引く。

$$\frac{5000}{340} - \frac{5000}{1500} ≒ 11.4 [秒]$$

(5) 空気中の波長を$x_1$ mとすると，$200x_1 = 340$より$x_1 = 1.7 [m]$ 水中の波長を$x_2$ mとすると，$200x_2 = 1500$より$x_2 = 7.5 [m]$

(6) (1)より$v = fx$の式が成り立つので，$f = \frac{v}{x}$と表すこともできる。振動数は音の速さに比例し，波長に反比例する。(7) $p = 10 [cm]$でCとDを比較すると，CよりDのほうがおもりの個数が多く，弦を伝わる波の速さは速くなると考えられるので，振動数も大きい値となる。(8) 同じ記号を比較すると，$p$を2倍，3倍にすると，振動数$f$は$\frac{1}{2}$倍，$\frac{1}{3}$倍となり，$q$を2倍，3倍にすると，振動数$f$は$\sqrt{2}$倍，$\sqrt{3}$倍になるという傾向がある。$q = 1$で比較して考えると，Gの振動数はCの$\frac{1}{3}$になると考えられる。

(9) Cについて，1回振動する時間は$0.01 \times 2 = 0.02 [秒]$なので，1秒間に振動する回数は$\frac{1}{0.02} = 50 [回]$ Fの振動回数を求めると，$50 \times \frac{\sqrt{2}}{2} ≒ 35 [回]$

(10) おもりが1個のときの1秒あたりの振動数を$f_x$とすると，おもりが3個のときは$\sqrt{3} f_x$となる。$\sqrt{3} f_x - f_x$

$= 50 [回]$なので，$f_x = \frac{50}{\sqrt{3} - 1} [回]$ Cの振動回数が50回であることから，$q = 1$，$p = 10$のときに振動回数が50回であることがわかる。求める弦の長さを$p_x$ cmとすると，$50 \times \frac{10}{p_x} = \frac{50}{\sqrt{3} - 1}$ これを解くと，$p_x ≒ 7.3 [cm]$

## 函館ラ・サール高等学校　　問題 P.284

**解答**

**1** 問1．1．凝結（凝縮）　2．露点
問2．44.7%　問3．1.5g
問4．気象要素（気候要素）
問5．101300 N/m²
問6．3．16　4．北西　5．12　6．13
問7．右図
問8．ウ

**2** 問1．メンデル　問2．分離の法則　問3．無性生殖
問4．（削除）　問5．染色体　問6．100%　問7．67%
問8．0：1：0　問9．1：2：1

**3** 問1．b, j, r（順不同）　問2．イ　問3．ア，ウ
問4．エ　問5．$2Li + 2H_2O \rightarrow 2LiOH + H_2$　問6．ウ
問7．5.76 W　問8．3456 J　問9．2033 J/g
問10．2.4倍

**4** 問1．① ア　② ア　③ イ　④ イ
問2．$1.22n$，$1.38n$，$1.83n$　問3．$1.50n$
問4．0.67倍　問5．3音　問6．295（296）Hz

**解き方** **1** 問2．この空気の1m³あたりの水蒸気量は$27.2 \div 2 = 13.6 [g/m^3]$なので，湿度は$\frac{13.6}{30.4} \times 100 ≒ 44.7 [\%]$　問3．$13.6 - 12.1 = 1.5 [g]$
問5．$1013$ hPa$= 101300$ Pa$= 101300 [N/m^2]$　問6．風向は風が吹いてくる方向を16方位で表す。風力は0から12までの13階級で表す。問8．「時々」と「一時」の意味は気象用語として決められている。「時々」は現象の発現期間の合計時間が予報期間の2分の1未満で，現象の切れ間が1時間以上，「一時」は現象の発現期間の合計時間が予報期間の4分の1未満で，現象の切れ間が1時間未満となっている。雨は午前に3時間，午後に2時間続き，その間が4時間あいているので「くもり時々雨」が適当である。

**2** 問2．生殖細胞がつくられるときには減数分裂が行われ，そのときに1対の染色体が1本ずつ分かれて別々の生殖細胞に入るので，染色体にのった1対の遺伝子も別々の細胞に入る。問6．黒色毛の個体aaどうしのかけ合わせでは子はすべてaaになる。問7．AAは生まれないことから黄色毛の個体はすべてAaで，Aaどうしのかけ合わせはメンデルの法則ではAA：Aa：aa＝1：2：1となるが，AAは発生途中で死んでしまうのでAa：aa＝2：1となる。問8．赤花BBと白花bbのかけ合わせでは次世代の個体はすべてBbでピンク花になる。問9．Bbどうしのかけ合わせではBB：Bb：bb＝1：2：1になり，Bbはピンク花になるので，赤花：ピンク花：白花＝1：2：1の割合で現れる。

**3** 問1．表1には，18族のb(He)，j(Ne)，r(Ar)がない。問2．周期表の縦の列を族といい，同じ族の元素は性質が似ているので同族元素と呼ばれる。問3．周期的に現れる元素の性質は陽子の数によって決まり陽子の数を原子番号としている。原子は電気的に中性なので（陽子の数）＝（電子の数）である。問5．水酸化リチウムの係数を1として化学反応式を書いてみると$Li + H_2O \rightarrow LiOH + \frac{1}{2} H_2$となるので，全体を2倍すると$2Li + 2H_2O \rightarrow 2LiOH + H_2$ 問6．リチウムイオン電池は充電するともとの状態に戻る充電式電池なので，内部の原子の数は変わらず，質量は保存されると考えられる。実際は，電解質の溶液の中を，$Li^+$

が放電時には負極側から正極側に移動し，充電時には正極側から負極側に移動する。外部から物質をとり込んだり，外部へ物質を放出したりしないので，質量は変化しない。問7．$3.6 \times 1.6 = 5.76$ [W]　問8．$5.76 \times 600 = 3456$ [J]　問9．$3456 \div 1.7 \fallingdotseq 2033$ [J/g]　問10．鉛蓄電池の重量エネルギー密度は $2.0 \times 1.6 \times 600 \div 2.3 \fallingdotseq 835$ [J/g]，$2033 \div 835 \fallingdotseq 2.4$ [倍]

**4** 問1．試験管の口を吹いたときは空気が振動するので水を多く入れて空気の部分を短くするほど高い音が出る。
問2．図1のあとを続けて計算していく。$1.62n \times \frac{3}{2} = 2.43n$，$2.43n \times \frac{1}{2} \fallingdotseq 1.22n$ となるので音階に加える。$1.22n \times \frac{3}{2} = 1.83n$ となるので音階に加える。$1.83n \times \frac{3}{2} \times \frac{1}{2} \fallingdotseq 1.38n$ となるので音階に加える。問3．ソは高いほうから5つめの音なので，音階の音を振動数の多いほうから5つ並べると，$1.92n, 1.83n, 1.70n, 1.62n, 1.50n$ となり，ソの音の振動数は $1.50n$ である。問4．ソの振動数はドの1.5倍なので，1回の振動にかかる時間はソはドの $\frac{2}{3}$ 倍。
問5．222 Hz，444 Hz，888 Hz の3音。問6．同オクターブでのラの音の振動数は $1.70n$，レの音の振動数は $1.13n$ なので，$444 \times \frac{1.13n}{1.70n} \fallingdotseq 295$ [Hz]

## 洛南高等学校

問題 P.287

**解答**

**1** 問1．(コイ)(ケ)，(ドジョウ)(イ)，(アユ)(オ)　問2．(ウ)　問3．(1)(カ)　(2)(ウ)，(キ)　(3)(イ)，(ウ)，(キ)，(ケ)，(イ)，(ケ)
**2** 問1．(ア)，(イ)　問2．(ア)　問3．(ウ)　問4．(ウ)　問5．(ア)，(ウ)　問6．(イ)，(エ)
**3** 問1．1．有機　2．無機　3．分解　4．根毛　5．養分　問2．a．2　b．3　c．2　d．2　e．2
問3．(1) $CaO + H_2O \rightarrow Ca(OH)_2$
(2) $Ca(OH)_2 + 2HNO_3 \rightarrow Ca(NO_3)_2 + 2H_2O$
(3) $Ca(NO_3)_2 + K_2CO_3 \rightarrow CaCO_3 + 2KNO_3$
問4．(1) 飽和（溶液）　(2) 48 g　(3) 44 g
**4** 問1．(1)(ウ)　(2)　3．(イ)　4．(ウ)　5．(エ)
問2．(1) 26秒　(2) a．135　b．50　c．20　d．10　e．3　問3．(イ)　問4．(イ)
**5** 問1．ア．$\frac{5}{4}$　イ．2　ウ．$\frac{15}{16}$　エ．$\frac{3}{2}$　オ．2　カ．8
問2．(1) 14度，76度　(2) 31度，59度
問3．(1) 6 m/s　(2) 5 m/s　(3) 7 m/s
**6** 問1．(エ)　問2．2.8 N　問3．(縦軸)(ア)，(横軸)(エ)
問4．280 cm/s
問5．① (ア)　② (ケ)
問6．
問7．右図

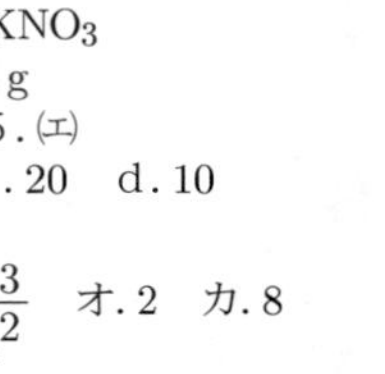

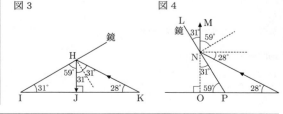

**解き方**　**1** 問3．ニホンイシガメはハチュウ類，アカハライモリ，オオサンショウウオは両生類，ナミゲンゴロウ，ギフチョウは昆虫類，ホンモロコは魚類，コノハズク，ウズラは鳥類，ニホンカモシカはホニュウ類である。

**2** 問5．オオカナダモは水流，イチョウやイネ，ヨモギは風によって花粉が運ばれる。

**3** 問4．(2) 溶液に含まれる水の質量を $x$ g とすると，$100 : 110 = x : (100 - x)$ より $x = 47.6... \fallingdotseq 48$ [g]
(3) 60℃のときに溶けていた硝酸カリウムは $100 - 47.6 = 52.4$ [g]　水を20g蒸発させたのちに，20℃に冷却した溶液に溶けることができる硝酸カリウムの質量を $y$ g とすると，$100 : 32 = (47.6 - 20) : y$ より $y \fallingdotseq 8.8$ [g]　生じる結晶は $52.4 - 8.8 \fallingdotseq 44$ [g]　（注）(3)の答えは，(2)での四捨五

入した解答48gを用いた場合43gとなるが，これも正解とする。
**4** 問2．(1) 12時21分15秒 − 12時20分49秒 = 26 [秒]
(2) a．A地点の震源からの距離は $\sqrt{180^2 + 75^2} = 195$ [km] である。B地点の初期微動継続時間は 12時21分25秒 − 12時20分55秒 = 30 [秒]　B地点の震源からの距離を $x$ km とすると，$195 : 26 = x : 30$ より $x = 225$ [km]　B地点の震央からの距離は $\sqrt{225^2 - 180^2} = \sqrt{(45 \times 5)^2 - (45 \times 4)^2} = 45 \times 3 = 135$ [km]　b．C地点の震源からの距離は $\sqrt{180^2 + 240^2} = 300$ [km] である。C地点の初期微動継続時間を $y$ 秒とすると，$195 : 26 = 300 : y$ より $y = 40$ [秒]　C地点でYのゆれが始まった時刻は 12時21分10秒 + 40秒 = 12時21分50秒　e．Yのゆれの速さは $\frac{300 - 195}{50 - 15} = 3$ [km/s]　c・d．地震が発生してからA地点までYの波が伝わるまでの時間は $\frac{195}{3} = 65$ [秒] なので，地震の発生時刻は 12時21分15秒 − 65秒 = 12時20分10秒

**5** 問1．ア・イ．影の長さが200 cm のとき，外灯から影の先端までの距離を $x$ m とすると，$\frac{160}{100} : 2 = H : x$ より $x = \frac{5}{4}H$　外灯から人までの距離は $\left(\frac{5}{4}H - 2\right)$ [m]
ウ・エ．影の長さが150 cm のとき，外灯から影の先端までの距離を $y$ m とすると，$\frac{160}{100} : \frac{150}{100} = H : y$ より $y = \frac{15}{16}H$　外灯から人までの距離は $\left(\frac{15}{16}H - \frac{3}{2}\right)$ [m]
オ．$50 \times 4 = 200$ [cm] = 2 [m]
カ．$\left(\frac{5}{4}H - 2\right) - \left(\frac{15}{16}H - \frac{3}{2}\right) = 2$ より $H = 8$ [m]

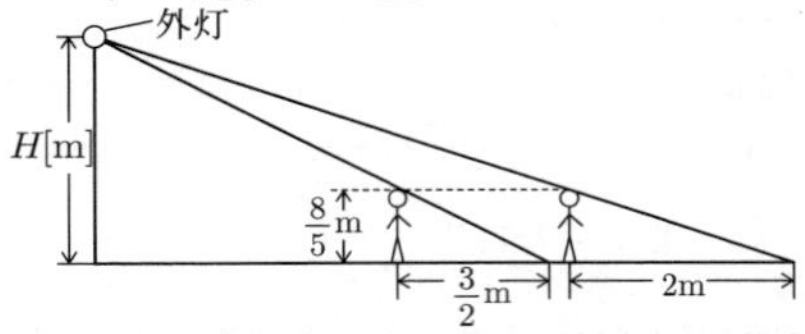

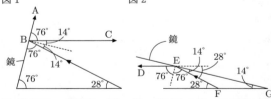

問2．(1) 図1で，錯角の関係から，入射角 + 反射角 = 28° なので，入射角 = 反射角 = 28 ÷ 2 = 14 [°] となり，∠ABC = 90 − 14 = 76 [°]　同位角の関係より，鏡を水平から76°傾ける。図2で，∠DEF = 180 − 28 = 152 [°] なので，入射角 = 反射角 = 152 ÷ 2 = 76 [°]　よって，∠FEG = 90 − 76 = 14 [°] より，鏡を水平から 28 − 14 = 14 [°] 傾ける。

図1　　　図2

(2) 図3で，∠JHK = 90 − 28 = 62 [°] より，入射角 = 反射角 = 62 ÷ 2 = 31 [°]　∠IHJ = 90 − 31 = 59 [°] より，鏡を水平から 90 − 59 = 31 [°] 傾ける。図4で，入射角 + 反射角 = 28 + 90 = 118 [°] より，入射角 = 反射角 = 118 ÷ 2 = 59 [°]　∠LNM = 90 − 59 = 31 [°] で，対頂角の関係から，∠ONP = 31° となるので，鏡を水平から 90 − 31 = 59 [°] 傾ける。

図3　　　図4

**理科 | 59**　　　　　　　　　　　　　　　　　　　　　　　　　**解答**

**6** 問2．$10 \times \dfrac{7}{25} = 2.8$ [N]　問4．図4で，0.1秒ごとの速さは98 cm/s，126 cm/s，154 cm/sなので，0.1秒ごとに28 cm/sずつ速くなっている。よって，1秒ごとに280 cm/sずつ速くなっている。問6．最高点に達したとき，小球の速さは0ではないので，運動エネルギーは0ではない。よって，小球はCの高さまでは達しない。問7．最高点にあるときに小球にはたらく力は重力だけである。

## ラ・サール高等学校

問題
P.290

**解答**

**1** (1) ア　(2) ② $Rh$　③ $h$　(3) ウ
(4) イ　(5) ア，エ　(6) ⑦ 7.2　⑧ 46500
(7) 同一経線上の2点をとらずに，斜めにとったため。
**2** 〔A〕(1) ク　(2) 0.5 W　(3) ウ　(4) 0.45 W　(5) イ
(6) $\dfrac{10}{49}$倍　〔B〕(1) 6 J　(2) ウ　(3) オ　(4) ア　(5)(i) カ
(ii) エ　(6) 1 m
**3** 〔A〕(1)（反応式）$2H_2O_2 \rightarrow 2H_2O + O_2$，（名称）二酸化マンガン　(2) $2H_2 + O_2 \rightarrow 2H_2O$　(3) イ　(4) 腐卵臭
(5) ウ　〔B〕(1) ① $Na^+$，$K^+$　② $SO_4^{2-}$
(2) $NaCl + H_2O + NH_3 + CO_2 \rightarrow NaHCO_3 + NH_4Cl$
(3) あ. 500　い. 110　(4) イ，エ，キ　(5) 631 g
(6) 水溶液が白くにごる（9字）
**4** 〔A〕(1) ア. O型　イ. B型　ウ. AB型　エ. A型
(2)（A型）19名，（B型）11名，（AB型）5名，（O型）15名
〔B〕(1) 染色体　(2) イ，エ　(3) ア，ウ，エ，カ

**解き方**

**1** (2) 三平方の定理より，$(R + h)^2 = R^2 + x^2$　よって，$x = \sqrt{2Rh + h^2}$　(3) 地球の半径を6400 km，富士山の高さを3.8 kmとするので，$x = \sqrt{2Rh} = \sqrt{2 \times 6400 \times 3.8} \fallingdotseq 220$ [km]　選択肢の数値を二乗し，見当をつけるとよい。(5) イ．標高が高くなると，気圧が下がり，気温も下がる。ウ．太陽の光のうち，青色以外の光は海水に吸収されるが，青色の光は散乱するため海が青く見える。(6) ⑦ $90 - 82.8 = 7.2$ [°]
⑧ $930 \times \dfrac{360}{7.2} = 46500$ [km]

**2** 〔A〕(1) たとえば電源の電圧が10 Vのとき，抵抗Xには0.2 A，抵抗Yには0.5 Aの電流が流れるので，電源に流れる電流は$0.2 + 0.5 = 0.7$ [A]　(2) Xの抵抗は$\dfrac{10}{0.2} = 50$ [Ω]，Yの抵抗は$\dfrac{10}{0.5} = 20$ [Ω]　よって，回路全体の抵抗 $R$ は，$\dfrac{1}{R} = \dfrac{1}{50} + \dfrac{1}{20}$ より $R = \dfrac{100}{7}$ [Ω]　電源に流れる電流が0.35 Aのとき，電源の電圧は$\dfrac{100}{7} \times 0.35 = 5$ [V]なので，抵抗Xで消費する電力は$5 \times \dfrac{5}{50} = 0.5$ [W]　(3) 回路全体の抵抗は$50 + 20 = 70$ [Ω]　電源の電圧が7 Vのとき，電源に流れる電流は$\dfrac{7}{70} = 0.1$ [A]　(4) 電源の電圧が10.5 Vのとき，抵抗Yに流れる電流は$\dfrac{10.5}{70} = 0.15$ [A]なので，抵抗Yで消費する電力は$20 \times 0.15 \times 0.15 = 0.45$ [W]　(5) 回路全体の抵抗は$\dfrac{100}{7} + 50 + 20 = \dfrac{590}{7}$ [Ω]　電源の電圧が10 Vのとき，電源に流れる電流は$10 \times \dfrac{7}{590} \fallingdotseq 0.12$ [A]　(6) 図4で，電源に流れる電流を $I$ [A] とすると，抵抗$X_1$に加わる電圧は$\dfrac{100}{7} I$ [V]，流れる電流は$\dfrac{100}{7} I \times \dfrac{1}{50} = \dfrac{2}{7} I$ であるから，消費する電力は$\dfrac{100}{7} I \times \dfrac{2}{7} I = \dfrac{200}{49} I^2$　$Y_2$に流れる電流は$I$，加わる電圧は$20 \times I = 20 I$

であるから，消費する電力は$20 I \times I = 20 I^2$　よって，抵抗$X_1$で消費する電力は抵抗$Y_2$で消費する電力の$\dfrac{200}{49} I^2 \div 20 I^2 = \dfrac{10}{49}$ [倍]　〔B〕(1) $1 \times 6 = 6$ [J]　(2) 位置Cは位置Bよりも高いので，小球の持つ位置エネルギーが大きく，運動エネルギーは小さい。(5) 最高点での小球の速さは0ではない。(i) 最高点に達するまでは重力が逆向きにはたらくので，小球の速さは遅くなり，運動エネルギーが小さくなる。最高点に達したあとは，重力が同じ向きにはたらくので，小球の速さは速くなる。(ii) 床からの高さが高くなるほど，小球の速さは遅くなる。(6) レール2を使うと，小球は真上に飛び出すので，最高点の高さは6 mになる。最高点に達したあとは，小球は自由落下を行う。重力加速度を $g$ [m/s²] とすると，$v = gt$ なので，$10 = g \times 1$ より $g = 10$　よって，移動距離を $x$ とすると $x = \dfrac{1}{2} g t^2$ より，最高点に達してから1秒間に小球が移動する距離は$\dfrac{1}{2} \times 10 \times 1^2 = 5$ [m]なので，1秒後における小球の床からの高さは$6 - 5 = 1$ [m]

**3** 〔A〕①は窒素，②は酸素，③は二酸化炭素，④は硫化水素，⑤はアンモニア，⑥は水素，⑦は塩素である。〔B〕(1) マグネシウムイオンとカルシウムイオンは2価の陽イオン，塩化物イオンは1価の陰イオンである。
(3) あ. 溶けた炭酸水素ナトリウムの質量は$150 - 100 = 50$ [g]　溶かした水の質量を $x$ [g] とすると，$10 : 50 = 100 : x$ より $x = 500$ [g]　い. 10℃の水500 gに溶ける炭酸水素ナトリウムの質量を $y$ [g] とすると，$8 : y = 100 : 500$ より $y = 40$ [g]　ろ過して得られる量は$50 - 40 + 100 = 110$ [g]　(4) Bは炭酸ナトリウムである。(5) 炭酸水素ナトリウムの熱分解は$2NaHCO_3 \rightarrow Na_2CO_3 + H_2O + CO_2$　質量比は$2NaHCO_3 : Na_2CO_3 = 2 \times (23 + 1 + 12 + 16 \times 3) : (23 \times 2 + 12 + 16 \times 3) = 168 : 106$よって，できる炭酸ナトリウムの質量は$1000 \times \dfrac{106}{168} \fallingdotseq 631$ [g]
(6) このとき，$Na_2CO_3 + Ca(OH)_2 \rightarrow CaCO_3 + 2NaOH$という化学変化が起こり，水に溶けにくい炭酸カルシウムができる。

**4** 〔A〕(1) 凝集素がないAB型の血しょうとほかの血液型の人の赤血球を混ぜ合わせても凝集しないので，ウはAB型である。また，凝集原がないO型の赤血球とほかの血液型の人の血しょうを混ぜ合わせても凝集しないので，アはO型である。血しょうに凝集素$\alpha$のみが存在するイはB型，残りのエがA型である。(2) ①の24名はA型＋AB型，②の16名はB型＋AB型，③の15名はO型である。AB型の人数は①＋②＋③－50＝24＋16＋15－50＝5 [名]　A型の人数は$24 - 5 = 19$ [名]，B型の人数は$16 - 5 = 11$ [名]
〔B〕(2) マウスAは減数分裂によって遺伝子Xの長さが400 bpの精子と200 bpの精子をつくる。(3) マウスBは減数分裂によって遺伝子Xの長さが500 bpの卵と300 bpの卵をつくる。マウスAとBが交配して生まれてくる子の遺伝子の長さは次の表のようになる。

| B＼A | 400bp | 200bp |
|---|---|---|
| 500bp | 500bp，400bp | 500bp，200bp |
| 300bp | 400bp，300bp | 300bp，200bp |

━━〔理科　解答〕　終わり━━

旺文社 2021 全国高校入試問題正解

# MEMO

# MEMO

# MEMO

# MEMO

# MEMO